KB151865

INTRODUCTION TO OPTIMUM DESIGN

FOURTH EDITION

JASBIR SINGH ARORA

The University of Iowa,
College of Engineering,
Iowa City, Iowa

ELSEVIER

AMSTERDAM • BOSTON • HEIDELBERG • LONDON
NEW YORK • OXFORD • PARIS • SAN DIEGO
SAN FRANCISCO • SINGAPORE • SYDNEY • TOKYO

Academic Press is an imprint of Elsevier

Copyright © 2017 by Elsevier Inc.
ISBN : 9780128008065
Translated Edition ISBN : 9788964212936
Publication Date in Korea : 5 April 2017
Translation Copyright © 2017 by Elsevier Korea L.L.C

Translated by Hantee Media.
Printed in Korea

제 **4** 판

Jasbir Singh Arora

Introduction to Optimum Design

최적설계입문

임오강 · 류연선 · 이권희 · 이두호 · 이태희 · 조선호 옮김

ELSEVIER

한티미디어

역자 소개

임오강 oklim@pusan.ac.kr
부산대학교 기계공학부

류연선 ynsnryu@gmail.com
부경대학교 해양공학과

이권희 leekh@dau.ac.kr
동아대학교 기계공학과

이두호 dooho@deu.ac.kr
동의대학교 기계공학과

이태희 thlee@hanyang.ac.kr
한양대학교 미래자동차공학과

조선호 secho@snu.ac.kr
서울대학교 조선해양공학과

제4판

Introduction to Optimum Design
최적설계입문

발행일 2017년 4월 5일 1쇄
2022년 7월 30일 2쇄
지은이 Jasbir Singh Arora
옮긴이 임오강 류연선 이권희 이두호 이태희 조선호
펴낸이 김준호
펴낸곳 한티미디어 | **주 소** 서울시 마포구 동교로 23길 67 Y빌딩 3층
등 록 제 15-571호 2006년 5월 15일
전 화 02)332-7993~4 | **팩 스** 02)332-7995
ISBN 978-89-6421-293-6
정 가 42,000원

마케팅 노호근 박재인 최상욱 김원국 김택성 | **관 리** 김지영 문지희
편 집 김은수 유채원
인 쇄 우일프린테크

이 책에 대한 의견이나 잘못된 내용에 대한 수정정보는 한티미디어 홈페이지나 이메일로 알려주십시오.
독자님의 의견을 충분히 반영하도록 늘 노력하겠습니다.

홈페이지 www.hanteemedia.co.kr | **이메일** hantee@hanteemedia.co.kr

서문

최적설계입문 제4판은 공학 시스템 설계의 최적화에 관한 체계적인 과정을 담고 있다. 최적화의 기본 개념과 과정이 예제를 통하여 제시되고 공학설계문제에 대한 응용을 보여준다. 설계 최적화 문제의 정식화를 자세히 다루고, 초기 정식화를 개선하는 수치해석 과정도 예시한다. 초기 정식화를 이용하여 해를 구할 수 없거나 만족스러운 해를 얻을 수 없는 경우, 이 초기 정식화를 수정하는 방법을 예시하는 것이다. 이러한 과정과 최적설계의 수치해법 과정은 6장에서 집약적으로 다룬다.

또 최적설계에 대한 과목의 첫 번째 교육과정의 내용을 학생 및 교수의 관점에서 교육적 측면을 염두에 두고 기술하였다(1~12장). 즉, 좀 더 상세한 계산 과정을 예시하고, 여러 가지 개념의 핵심 내용은 쉽게 찾아 볼 수 있도록 요약하였다.

최적화 기법은 실무 응용에 빠르게 확산되고 있으므로 이를 예시하기 위하여 공학설계 예를 이 책의 전반에 걸쳐 제시하였다(6, 7, 14장). 연습문제에는 실용적 문제(*표시된 연습문제)도 다수 포함되어 있으므로 과제로서 활용할 수 있다(2, 3, 6, 7, 14, 15, 17장).

확률론적 개념을 사용하지 않는 직접 탐색법이 논의되었다(13, 17장). 이러한 방법들은 함수의 도함수를 필요로 하는 것이 아니므로 실무 문제에 널리 응용되며 프로그램을 작성하거나 이용하는 데 비교적 용이하다.

강의 매뉴얼은 매우 포괄적이며 사용자 위주로 작성되었다. 연습문제에 대한 근본적 문제 설명이 해답집에 수록되었으며, 매트랩 및 엑셀 파일도 다수 포함되어 있다.

이 책은 크게 세 부분으로 구성되었다. 1부에서는 최적설계 및 최적성 조건에 관련된 기본 개념을 다룬다(1~5장). 2부에서는 연속형 변수의 최적화 문제에 대한 수치해법을 다룬다(6~14장). 3부에서는 최적설계에 대한 실무 관심사의 주제로서, 도함수의 정보를 사용하지 않는 메타휴리스틱 방법(metaheuristic method) 등이 포함된다(15~19장).

이 책은 학습 목적에 따라서 몇 가지의 교과과정에 사용될 수 있다. 여기에서는 세 가지 교과과정을 제시하는데 목적에 따라 변경하는 것도 가능하리라 생각된다.

학부 또는 대학원 1년차 과정

- 최적화 문제의 정식화(1, 2장)
- 도식 해법을 이용한 최적화의 개념(3장)
- 비제약 및 제약 최적화 문제의 최적성 조건(4장)
- 엑셀과 매트랩을 이용한 실용적 문제의 최적설계(6, 7장)
- 선형계획법(8장)

- 비제약 및 제약 최적화 문제의 수치해법(10, 12장)

엑셀과 매트랩의 사용법이 학기 중에 소개되어야 한다. 연습문제에서 별표(*)가 있는 것은 이 과정에서는 제외할 수 있다.

대학원 전기 과정

- 비제약 최적화의 이론과 수치해법(1~4, 10, 11장)
- 제약 최적화의 이론과 수치해법(4, 5, 12, 13장)
- 선형계획법과 2차 계획법(8, 9장)

이 과정에서는 진도를 좀 더 빨리 할 수 있다. 학생들은 몇 개의 알고리즘에 대하여 컴퓨터 프로그램을 작성하고, 실제 응용문제를 풀 수 있다.

대학원 후기 과정

- 비선형 계획법의 쌍대이론, 반복 알고리즘의 수렴률, 수치해법의 유도, 직접 탐색법(1~14장)
- 이산변수 최적설계방법(15장)
- 전역 최적화(16장)
- 자연 영감 탐색법(17장)
- 다목적 최적화(18장)
- 반응표면법, 강건설계, 신뢰성 기반 설계 최적화(19장)

이 과정에서 학생들은 수치해법의 컴퓨터 프로그램을 작성하고, 프로그래밍의 경험을 얻으며 실용적인 문제를 풀게 된다.

감사의 글

여러모로 도와주신 다음의 여러 교수 및 동료에게 감사드린다.

Professor Karim Abdel-Malek;

Professor Tae Hee, Dr Tim Marler, Professor G. J. Park, Dr Marcelo A. da Silva, Dr. Qian Wang;

Dr Yujiang Xiang, Dr Rajan Bhatt, Dr Hyun-Joon Chung, John Nicholson, Robert Lucente;

Jun Choi, John Nicholson, Palani Permeswaran, Karlin Stutzman, Dr Hyun-Jung Kwon, Dr Hyun-Joon Chung, Dr Mohammad Bataineh;

Professors Karim Abdel-Malek, Asghar Bhatti, Kyung Choi, Vijay Goel, Ray Han, Harry Kane, George Lance, Emad Tanbour;

Elsevier: Steve Merken, Peter Jardim, Kiruthika Govindaraju;

The University of Iowa: Department of Civil and Environmental Engineering, Center for Computer-Aided Design, College of Engineering;

가족과 친구들께도 감사드린다.

역자 서문

공동의 안전과 복지를 위하여, 수학과 자연과학의 법칙을 기초로 인문과 사회과학의 지식까지도 이용하여 유용한 사물이나 환경을 구축하는 것이 공학의 역할이다. 따라서 공학에서는 지금은 존재하지 않는 상태나 물건을 현실에 만들 수 있을까를 추구하는 설계방법에 대한 관심이 비교적 큰 비중을 차지하여야 할 것이다. 카르만은 "엔지니어는 자연세계에 존재하지 않는 것을 만들려고 한다. 엔지니어는 발명을 강조한다. 발명을 실현화하기 위해서는 아이디어를 실체화해서 모든 사람이 쓸 수 있는 형체로 설계해야 한다"라고 공학에서의 설계의 중요성을 확인시켜 주고 있다.

문제의 정의, 개념설계, 상세설계, 생산설계 등의 일반적인 설계 절차에서 적용할 수 있는 구체적인 설계 방법에 대한 다양한 연구는 있으나 모든 경우에 공통적으로 사용할 수 있는 방법은 아직까지 찾지 못한 것으로 생각된다. 그러나 다양한 설계 방법론의 근본적인 방향이나 개념은 대부분 유사한 점들이 있는 것으로 생각된다. 우수한 설계라는 당연한 의미에서 모든 설계가 최적설계가 되어야 함은 당연하지만, 설계 방법론에서의 최적설계는 설계 문제의 정의를 물리적인 법칙을 표현하고 있는 수학적인 형식으로 요구하는 성능과 제약조건 등을 설정하고, 수학과 수치해석의 기초이론으로 설계 변수를 결정하는 방법으로 다양한 분야에서 활용되어 왔다.

최근 인공지능에 의한 다양한 활용 방법에서 보듯이 최적설계는 고전적인 수학적 방법에만 국한된 것이 아니라 이산변수 설계, 다분야 통합설계, 전역적 최소화 설계 등의 실제적인 설계 문제를 해결하기 위하여 모사 풀림과 자연 영감 탐색법과 같은 확률론적 방법에 의한 연구가 이루어져 왔다. 이러한 고전적인 최적화 알고리즘뿐만 아니라 자연 영감 탐색의 다양한 알고리즘을 포함하고 있는 아로라 교수의 최적설계 제4개정판을 번역하여 최신의 최적설계 기법을 쉽게 학습할 수 있도록 하였다.

보호주의와 세계화의 복합적인 환경에서 첨단의 제품을 개발하기 위한 설계 능력을 향상하기 위한 설계 교육에서 최적설계 방법은 상당한 기여를 할 것으로 생각된다. 제품에서의 설계가 가지는 부가가치의 비중을 공감하고 학부뿐만 아니라 대학원에서도 설계에 대한 교육이 강조되고 있는 이때에 설계 능력의 향상은 반드시 되어야 할 것이다. 따라서 학부에서 수행되는 종합설계과제의 수행에서부터 산업 현장의 실제적인 개발 문제에도 활용될 수 있는 최적설계에 대한 학습이 이루어지는 데 이 역서가 도움이 되기를 기대한다.

이 책을 출판할 수 있도록 준비하여 주신 한티미디어에 감사드리며, 수식과 그림 등의 원고를 편집하고 교정하신 편집부에 고마운 마음을 전한다.

2017년 역자 일동

주요 기호와 약어

$(\mathbf{a} \cdot \mathbf{b})$	Dot product of vectors $\mathbf{a}$ and $\mathbf{b}$; $\mathbf{a}^T\mathbf{b}$
$\mathbf{c}(\mathbf{x})$	Gradient of cost function, $\nabla f(\mathbf{x})$
$f(\mathbf{x})$	Cost function to be minimized
$g_j(\mathbf{x})$	jth inequality constraint
$h_i(\mathbf{x})$	ith equality constraint
m	Number of inequality constraints
n	Number of design variables
p	Number of equality constraints
$\mathbf{x}$	Design variable vector of dimension n
x_i	i th component of design variable vector $\mathbf{x}$
$\mathbf{x}^{(k)}$	k th design variable vector
ACO	Ant colony optimization
BBM	Branch-and-bound method
CDF	Cumulative distribution function
CSD	Constrained steepest descent
DE	Differential evolution; Domain elimination
GA	Genetic algorithm

ILP	Integer linear programming
KKT	Karush–Kuhn–Tucker
LP	Linear programming
MV-OPT	Mixed variable optimization problem
NLP	Nonlinear programming
PSO	Particle swarm optimization
QP	Quadratic programming
RBDO	Reliability-based design optimization
SA	Simulated annealing
SLP	Sequential linear programming
SQP	Sequential quadratic programming
TS	Traveling salesman (salesperson)

Note: A superscript "*" indicates (1) optimum value for a variable, (2) advanced material section, and (3) a projecttype exercise.

차례

기본 개념
The Basic Concepts

설계최적화 입문

Introduction to Design Optimization

이 장의 주요내용:

- 설계시스템의 전반적인 흐름 설명
- 공학적 설계와 공학적 해석의 구분
- 전통적 설계와 최적설계과정의 구분

- 최적설계와 최적제어문제의 구분
- 벡터, 행렬, 함수 및 도함수의 연산에 사용되는 기호의 이해

공학은 잘 다듬어진 몇 개의 활동, 즉 시스템의 해석(analysis), 설계(design), 제작(fabrication), 판매, 연구와 개발로 구성된다. 이 책의 주제인 시스템의 설계는 공학의 주된 분야 중의 하나이다. 시스템의 설계 및 조립과정은 수 세기에 걸쳐 사용되고 개발되었으며, 정교한 건축물, 교량, 도로, 자동차, 항공기, 우주선과 기타 복합적 시스템 등이 그 좋은 예라 하겠다. 그러나 이러한 시스템들은 개발과정에서 시간과 경비가 많이 소요될 뿐 아니라 많은 인력과 재료를 필요로 하게 된다. 따라서 비록 그 시스템이 최선의 것은 아니라 할지라도 그것의 설계, 제작 및 사용을 위한 과정은 알려져왔다. 상당한 투자가 이루어진 연후에야 개선된 시스템이 설계되었으며, 이러한 새로운 시스템은 더많은 과업을 수행하며 경비가 적게 들고 효율적인 것이 되었다.

전술한 바와 같이 수 개의 시스템이 보통 동일한 과업을 수행한다 해도 그중에는 다른 것보다 더좋은 시스템이 있기 마련이다. 예를 들면, 교량의 목적은 한편에서 다른 편으로의 교통의 연속성을 제공하는 데 있다. 여러 가지 형태의 교량이 이 목적에 부합될 수 있다. 그러나 모든 가능한 형태를 해석하고 설계하는 것은 시간과 경비가 너무 많이 소요된다. 따라서 보통 하나의 교량이 선택되고 상세히 설계된다.

시스템의 설계는 **최적화 문제**로 정식화될 수 있으며 여기서는 모든 제약조건(constraint)을 만족하면서 기능의 척도를 최적화하게 된다. 최근에는 수치적 최적화 방법이 광범위하게 개발되었으며, 많은 방법들이 더 좋은 시스템을 설계하는 데 이용되어 왔다. 이 책에서는 최적화 방법과 이들의 공학시스템 설계에의 응용법을 기술한다. 최적화 이론보다는 설계과정이 강조되었으며 여러 가지 정리들을 엄밀하게 증명하지는 않고 결과만 서술하였다. 그러나 공학적 관점에서 이들이 의미하는 바를

자세히 논의하였다.

어떤 변량이 제약조건을 만족하는 범위에서 결정되어야 하는 문제는 최적설계문제로 정식화될 수 있으며, 이러한 정식화가 이루어지면 이 책에서 기술된 개념과 방법을 이용하여 그러한 문제를 풀 수 있다. 최적화 기법은 매우 일반적이며 다양한 분야에 광범위하게 응용될 수 있다. 최적화의 개념과 기법의 응용성을 이 책과 같은 입문서에서 모두 논의하는 것은 불가능하지만, 간단한 응용 예를 통하여 수많은 응용 문제에 적용할 수 있는 개념과 기초적 원리 및 기본적 기법을 논의하고자 한다. 따라서 학생들은 이 책에서 사용된 기호나 용어 또는 특정 응용 분야에 구애되지 않고 전체적인 개념을 이해해야 한다.

1.1 설계과정

시스템 설계는 어떻게 시작하는가?

대부분의 공학시스템 설계는 상당히 복잡한 과정이다. 이용 가능한 방법들을 동원하여 해석할 수밖에 없는 모형을 개발하는 데는 여러 가지 가정이 수반되어야 하며 이러한 모형들은 실험을 통하여 검증되어야 한다. 문제의 정식화 단계 전반을 통하여 여러 가지 가능성과 수많은 인자를 고려해야 한다. 또 비용절감의 시스템을 설계하는 데는 **경제성을 고려**하는 것이 매우 중요하며, 이 점에 대해서는 부록 A의 경제성 해석방법이 유용하다. 공학시스템의 설계를 완성하기 위해서는 여러 공학 분야의 기술자들이 협력해야 한다. 예를 들어 고층건물의 설계에는 건축, 구조, 기계, 전기 및 환경기술자는 물론 시공관리의 전문가도 동참하게 된다. 승용차의 설계에는 구조공학, 기계공학, 자동차공학, 전기공학, 인간공학, 화학공학, 그리고 유체공학의 기술자들의 협력이 필요하기도 한다. 따라서 설계팀 간의 상당한 상호교류가 프로젝트를 완성하기 위해 필요하게 된다. 대부분의 실무응용에서 전체 설계과업은 서로 독립적으로 취급되는 수 개의 부문제(subproblem)들로 분할해야 하며 이들 각각의 부문제는 최적설계문제로 정립될 수 있다.

시스템의 설계는 각종의 조건을 해석함으로써 시작된다. 부분시스템과 그의 성분을 확인하고 그들이 전체를 이루도록 설계되고 시험되어야 한다. 시스템 설계의 결과로서 도면과 계산결과 보고서 등이 얻어지며, 이들을 토대로 시스템이 제작된다. 여기서는 시스템 공학의 모형을 **설계과정**을 기술하는 것으로 간주한다. 이 내용에 관한 완전한 논의는 이 책의 범주를 벗어나는 것이기는 하지만, 몇 가지의 기본개념만 간단한 그림을 이용하여 설명하기로 한다.

설계는 **반복적 과정**이며 대부분의 공학 분야(즉 항공우주, 토목, 자동차, 화학공학, 산업공학, 전기, 기계, 수리학, 교통공학 등)에서 시스템의 설계에는 설계자의 경험, 직관 및 창의성을 필요로 한다. **반복**이 의미하는 바는 수용할 만한 설계를 얻을 때까지 여러 개의 시험적 시스템을 순차적으로 해석해 본다는 것이다. 기술자는 최선의 시스템을 설계하기 위해서 노력하며, 설계 명세에 따라서는 최선의 설계에 다른 의미를 내포할 수도 있다. 그러나 일반적 의미의 최선의 설계는 비용절감, 효율성, 신뢰성 및 내구성을 가진 시스템을 말한다. 설계과정에는 각기 다른 분야의 전문가들이 팀을 구성하여 참여할 수 있으며 이들 상호간의 상당한 의견교환을 필요로 한다. 이 책에는 최소의 경비로 최단시간에 시스템을 설계하는 데 기술자에게 도움이 되도록 몇 가지의 기본개념이 기술되어 있다.

설계과정은 잘 구성된 활동이어야 한다. 이의 논의를 위해 그림 1.1의 **시스템 개발 모형**을 생각해 보기로 하자. 설계과정의 시작은 기술자 또는 기술자가 아닌 사람들에 의해 필요한 요구조건의 확인으로부터 비롯된다. 그림의 개발 모형에서 5개의 단계를 기술해 보자.

1. 개발과정의 1단계는 시스템이 필요로 하는 요구조건을 정확히 **규정**하는 것이다. 시스템의 요구조건을 정량화하기 위해서는 기술자와 발주자 사이에 상당한 의견교환이 필요하게 된다. 요구조건의 확인이 끝나면 시스템 설계의 과업이 시작될 수 있다.

2. 두 번째 중요한 단계는 시스템의 **예비설계**를 고안하는 것이다. 이때는 시스템의 여러 가지 개념이 연구되어야 한다. 이러한 작업은 보통 비교적 짧은 시간에 이루어져야 하므로, 고도로 이상화된 모형이 활용된다. 여러 가지 부분시스템들이 확인되고 이들의 예비설계가 평가된다. 이 단계에서 결정된 사항들은 일반적으로 시스템의 최종모형과 기능에 막대한 영향을 미친다. 예비설계의 결과로써 심도 있는 분석을 요하는 몇 개의 유망한 개념들이 도출된다.

3. 세 번째 단계는 모든 부분시스템에 대한 **상세설계**를 수행하는 것이다. 여러 가지 가능성을 고려하기 위해서는 이전 단계에서 도출된 모든 유망한 개념에 대한 상세설계를 행해야 한다. 설계변수의 값이 결정되면 이를 바탕으로 부분시스템이 제작될 수 있도록 되어야 하며, 이들이 기술적 및 시스템의 기능요구조건이 만족되도록 해야 한다. 또 부분시스템들은 전체 시스템의 기능이 극대화되며 비용이 극소화되도록 설계되어야 한다. 상세설계과정을 가속화하는 데는 체계적인 최적화의 방법이 설계자에게 도움이 되며, 이 과정의 최종단계에서는 보고서나 도면을 이용하여 시스템이 기술되어야 한다.

4. 그림 1.1의 마지막 4와 5단계는 모든 시스템에 있어서 필요할 수도 있고 그렇지 않을 수도 있다. 여기에는 실물 크기 시스템의 제작과 그의 시험이 포함된다. 이 단계들은 시스템이 대량 생산되어야 하거나 막대한 인명이 관계되는 시스템일 경우 꼭 필요하다. 이 단계들은 설계과정의 최종단계들로서 나타나지만, 제작된 시스템은 시험과정에서 원래 시스템이 가져야 하는 요구조건에 못 미칠 경우도 있다. 따라서 이러한 경우에는 시스템의 요구조건을 수정해야 하거나 다른 개념들이 검토되어야 할 수도 있다. 실제로 이러한 재검토 과정은 설계 전과정의 매 단계에서 **피드백 루프**(*feedback loop*)가 있게 마련이다. 이러한 반복과정은 만족할 만한 시스템이 개

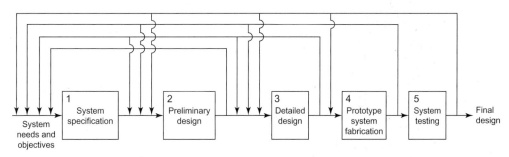

그림 1.1 시스템 개발 모형

발될 때까지 계속되어야 하며, 시스템이 얼마나 복잡한가에 따라 수 일 또는 수개월이 걸릴 수도 있다.

그림 1.1에 기술된 시스템 개발의 모형은 단순화된 것에 불과하다. 실무에서는 매 단계를 몇 개의 부분으로 세분화하여 합리적인 결론에 이르도록 연구해야 할 필요도 있다. 특기할 점은 매 단계마다 최적화의 개념과 방법이 도움이 된다는 것이다. 이러한 방법과 적당한 소프트웨어를 동시에 사용하면 짧은 시간에 다양한 설계 가능성을 연구하는 데 매우 유용하다.

1.2 공학설계와 공학해석

해석하지 않고 설계할 수 있는가?

아니다. 해석은 꼭 필요하다.

공학해석과 설계 활동의 차이를 인식하는 것은 매우 중요하다. 해석문제는 주로 기존의 시스템이나 주어진 과업에 대해 설계된 시험적 시스템의 거동(behavior)을 결정하는 것이다. 시스템의 거동결정은 주어진 입력 하에서 시스템의 응답(response)을 계산하는 것을 의미한다. 따라서 해석문제에는 여러 부분의 크기나 그들의 배치 등이 주어져 있다. 다시 말하면 시스템의 설계를 알고 있는 것이다. 반면, 설계문제는 기능요구조건에 맞도록 시스템의 부분들의 형상이나 크기 등을 계산하는 것이다.

시스템의 설계는 반복의 과정이라 할 수 있다. 즉, 하나의 설계를 산정하고 이것이 설계요구조건에 맞는 기능을 발휘하는지 여부를 해석하며 요구조건을 만족하면 만족할 만한 설계, 즉 **유용설계**(*feasible design*)가 얻어진다. 여기서 우리는 시스템의 기능을 향상시키도록 설계를 변경할 수도 있다. 만약 시험적 설계가 설계요구조건을 만족하지 못하면 그것을 유용설계가 될 때까지 변경해 나간다. 이 모든 경우에 있어서 우리는 한층 더 심도 있는 결정을 위해 설계자체를 해석할 수 있어야 하며, 이러한 해석능력이 설계과정에서는 필수적이다.

이 책은 공학의 각 분야에서 사용 가능하도록 계획되어 있다. 따라서 이 책을 읽는 독자는 학부과정의 공업역학 및 물리학 등에서 다루는 해석방법을 충분히 이해하고 있다고 간주한다. 그러나 해석능력이 부족하여 최적설계의 체계적 과정을 이해하는 데 장애가 되지 않도록, 필요할 때마다 시스템해석에 필요한 방정식을 제시할 것이다.

1.3 전통적 설계과정과 최적설계과정

왜 최적화가 필요한가?

경쟁에서 이기고 최저 한계를 개선하고 싶기 때문이다.

기술자에게 있어서 성실성을 가지고 효율적이며 비용절감 효과를 가지는 시스템을 설계하는 것은 항상 해볼만한 일이다. 그림 1.2a에 종래의 설계과정에 대한 흐름도를 보여주고 있는데, 이는 설명

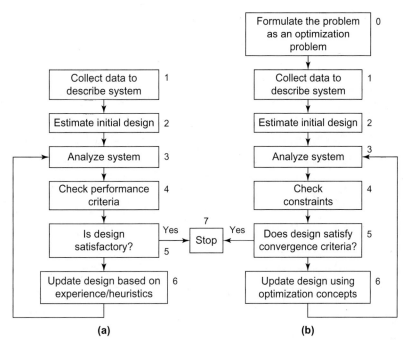

그림 1.2 전통적 설계과정(a)과 최적설계과정(b)의 비교

이 필요 없이 자명하다. 그림 1.2b는 비슷한 흐름도로서 최적설계과정을 보여 주고 있다. 두 과정은 공통적으로 반복과정이며, 3단계와 6단계를 반복한다. 각각의 단계에서 수행하는 계산내용은 비슷하거나 약간 다르다. 두 과정의 주된 특징은 다음과 같다.

0. 최적설계과정에는 0단계가 있는데, 여기에서 최적화 문제가 정식화된다(2장 참조). 목적함수도 여기에서 정의된다.

1. 두 과정에서 모두 시스템을 기술하는 자료가 필요하다(1단계)

2. 두 과정에서 모두 초기설계의 추정치가 필요하다(2단계)

3. 두 과정에서 모두 시스템의 해석이 필요하다(3단계)

4. 4단계에서 전통적 설계과정은 성능 기준의 만족 여부를 점검하고, 최적설계과정에서는 1단계에서 정식화된 제약조건의 만족 여부를 점검한다.

5. 5단계에서는 설계종료 여부를 점검하고, 종료 기준을 만족하면 반복과정을 종료한다.

6. 6단계에서는 설계를 새로운 설계로 변경하는데, 전통적 설계과정은 설계자의 경험이나 직관 및 이전의 설계에서 얻은 정보에 의존하고, 최적설계과정에서는 최적화의 개념이나 과정을 이용한다.

이상의 두 과정을 비교해 볼 때 우리는 전통적 설계과정이 더 정연하지 않다는 것을 알 수 있다. 즉 설계의 장점에 대한 척도가 되는 목적함수를 정의하지 않으며, 설계 개선에 필요한 경향정보를 계산하지 않을 뿐 아니라 이를 6단계에서 이용하지도 않는다. 그러나 최적설계과정은 더 조직적이며 경향정보를 이용하여 설계개선을 하게 된다.

1.4 최적설계와 최적제어

최적제어란 무엇인가?

시스템의 최적설계와 최적제어(optimal control)는 상이한 분야이다. 최적설계의 방법이 시스템의 설계 및 제작에 응용되는 예는 대단히 많으며 최적제어의 개념을 필요로 하는 응용 예 또한 다수이다. 또 어떤 응용 예에서는 최적설계와 최적제어의 개념이 모두 활용되어야 하는데 로보틱스(*robotics*)와 항공기 구조가 그 좋은 예라 하겠다. 이 책에는 최적제어의 문제와 방법이 전혀 소개되지는 않지만 이 두 분야의 근본적 차이만을 간략히 설명하기로 한다. 알고 보면 최적제어문제는 최적설계문제로 변환할 수 있으며 이 책에 제시된 방법들을 이용하여 다룰 수 있다. 따라서 최적설계방법은 매우 유력한 방법이며 이들을 명확히 이해해야만 한다. 간단한 최적제어문제가 이 책에 기술되어 있으며 이를 최적설계방법을 이용하여 풀 것이다.

최적제어문제는 원하는 출력을 낼 수 있도록 시스템에 대한 피드백 제어장치를 찾아내는 것이다. 시스템은 출력의 변동추이를 감지할 수 있는 작동요소(active elements)를 가지고 있으며 시스템 제어장치는 상황에 따라 수정하며 기능척도를 최적화하도록 자동적으로 조정된다. 따라서 제어문제는 그 본질이 동적이라 하겠다. 반면 최적설계에서는 목적함수가 최적화되도록 시스템 및 그 요소들을 설계한다. 이때 시스템 자체는 전 내구 연한 동안 불변으로 남는다.

예로서 승용차의 자동속도제어기구를 생각해 보기로 하자. 이 피드백 시스템의 기본개념은 자동차가 일정 속도를 유지하도록 연료의 주입을 제어하는 것이다. 따라서 시스템의 출력, 즉 자동차의 속도를 알고 있다. 제어기구가 해야 할 일은 속도의 변동추이를 감지하여 이에 따라 연료 주입량을 조절하는 것이다.

1.5 기본 용어와 표현

어떤 기호들을 알아야 하는가?

최적설계의 방법을 이해하고 이와 친숙해지기 위해서는 선형대수(벡터와 행렬연산) 및 기본적인 해석학의 지식이 필요하다. 선형대수에서의 연산은 부록 A에 수록되어 있으므로 이에 익숙하지 않은 학생들은 철저히 복습해야 한다. 단일변수 또는 다변수의 함수해석학도 꼭 이해하고 있어야 하며 이 개념들은 이 책의 필요한 부분에서 복습할 것이다. 여기서는 이 책의 전 부분에 걸쳐 사용된 표준용어와 기호들을 정의하기로 한다.

1.5.1 벡터와 점

실제의 시스템에는 여러 개의 변수가 관련되므로 편리하고도 간결한 기호를 정의하여 이용할 필요가 있다. 집합과 벡터의 표기는 이러한 목적에 잘 부합되며 이들을 이 책 전반에 걸쳐 사용할 것이다.

점은 숫자의 순서적 나열을 의미한다. 즉 (x_1, x_2)는 2개의 숫자로 구성된 점이며, $(x_1, x_2, \ldots, x_n)$은 n개의 숫자로 구성된 점이다. 이러한 점을 n-순서쌍(n-tuple)이라고 한다. 각각의 숫자는 벡터

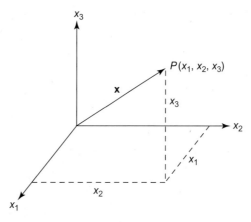

그림 1.3 3차원(3D) 공간에서 점 *P*의 벡터 표기

(점)의 성분(component)이라 한다. 즉 x_1은 첫 번째 성분, x_2는 두 번째 성분 등과 같이 부른다. n개의 성분 $x_1, x_2, \ldots, x_n$은 열벡터(column vector)의 형태로 쓸 수 있다.

$$\mathbf{x} = \begin{bmatrix} x_1 \\ x_2 \\ \vdots \\ x_n \end{bmatrix} = \begin{bmatrix} x_1 \ x_2 \ldots x_n \end{bmatrix}^T \tag{1.1}$$

여기서 상첨자 T는 벡터나 행렬의 **전치**(*transpose*)를 표시하며 이 표기는 이 책의 전 과정에서 사용될 것이다(벡터와 행렬의 대수에 관한 상세한 것은 부록 B 참조).

n차원 공간상의 점 또는 벡터를 표시하는 데는 다음과 같은 기호를 사용한다.

$$\mathbf{x} = \left(x_1, x_2, \ldots, x_n \right) \tag{1.2}$$

3차원 공간에서 벡터 $x = [x_1, x_2, x_3]^T$는 그림 1.3에 표시된 점 P를 나타낸다. 마찬가지로 식 (1.1)과 (1.2)의 벡터에서와 같이 n개의 성분이 있을 때는 x가 n차원 실공간(real space) R^n 상의 점을 나타낸다. 공간 R^n은 실수의 n벡터(점)들의 집합이다. 예를 들면 실수 직선은 R^1, 평면은 R^2 등과 같다.

벡터와 점이란 용어는 서로 교체하여 사용될 것이며 획이 굵은 소문자로 표기할 것이다. 또 굵은 활자의 대문자는 행렬을 표시한다.

1.5.2 집합

경우에 따라서는 어떤 조건을 만족하는 점들의 **집합**을 취급할 때도 있다. 예로서 3개의 성분을 가진 점으로서 마지막 성분이 0인 점들의 집합을 생각해 보자. 이 집합을 *S*라고 하면 다음과 같이 쓸 수 있다.

$$S = \left\{ \mathbf{x} = \left(x_1, x_2, x_3 \right) \middle| \ x_3 = 3 \right\} \tag{1.3}$$

즉 집합의 내용을 중괄호 { }안에 표시한 것이다. 식 (1.3)은 "S는 $x_3 = 0$인 모든 점(x_1, x_2, x_3)의 집합이다"라고 읽는다. 수직으로 그어진 선은 집합 S의 내용을 두 부분으로 나누는데, 왼쪽에는 집합의 점들의 차원을 표기하고 오른쪽에는 그 집합에 포함되는 점과 포함되지 않는 점을 구별하는 기준을 표기한다(즉, 점이 집합에 속하기 위해 꼭 만족되어야 할 특성).

집합을 구성하는 요소를 **원소**(*element*)라 한다. 한 점 x가 집합 S의 원소이면, $x \in$ S라고 쓰며 "x는 S의 원소이다(S에 속한다)"와 같이 읽는다. 반대로 $x \notin$ S는 "x는 S의 원소가 아니다(S에 속하지 않는다)"라고 읽는다.

한 집합 S에 속하는 원소가 모두 다른 집합 T의 원소이면 S를 T의 **부분집합**(*subset*)이라 하며, $S \subset T$라 쓰고 "S는 T의 부분집합" 또는 "S는 T에 포함된다"라고 읽는다. 다르게 말하면, T는 S의 초집합(superset)이라 하고 $T \supset S$라고도 쓴다.

집합 S의 예로서 $x_1 - x_2$ 평면에서 중심이 점 (4, 4)이고 반경이 3인 원으로 둘러싸인 영역을 생각해 보자. 이 영역은 그림 1.4에 보인 바와 같으며, 원 내부의 점들은 수학적으로 다음 식과 같이 표현될 수 있다.

$$S = \left\{ \mathbf{x} \in R^2 \,\middle|\, (x_1 - 4)^2 + (x_2 - 4)^2 \leq 9 \right\} \tag{1.4}$$

원의 중심 (4, 4)는 식 (1.4)의 부등식을 만족하므로 집합 S에 속하게 된다. 따라서 (4, 4) $\in$ S와 같이 쓴다. 또 원점 (0, 0)은 부등식을 만족하지 않으므로 집합에 속하지 않게 되고, (0, 0) $\notin$ S와 같이 쓴다. 마찬가지로 다음의 점들이 집합 S에 속한다는 것은 쉽게 알 수 있다: (3, 3), (2, 2), (3, 2), (6, 6). 실제로 집합 S에 무수히 많은 점들이 포함되어 있으며 집합에 포함되어 있지 않은 점들도 대단히 많다. 예를 들면 다음의 점들이 집합에 속해 있지 않다는 것은 쉽게 증명할 수 있다: (1, 1), (8, 8), (-1, 2).

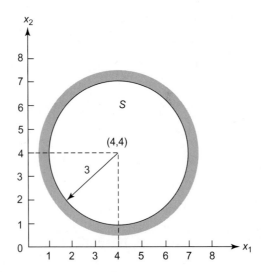

그림 1.4 집합 $S = \left\{ \mathbf{x} \,\middle|\, (x_1 - 4)^2 + (x_2 - 4)^2 \leq 9 \right\}$의 도식 표현

1.5.3 제약조건의 표현

최적설계문제에서는 제약조건들이 나타나게 마련이다. 예를 들면, 시스템의 재료가 파괴되지 않아야 하며, 수요를 충족시켜야 하고, 자원이 초과되지 않아야 하는 것 등이다. 2장에서 제약조건에 대해 상세히 논의될 것이며 여기서는 그에 대한 용어와 기호에 대해 언급할 것이다.

그림 1.4에서 이미 제약조건을 접한 적이 있으며 거기에서는 집합 S가 반경 3인 원의 내부 및 원주상의 점들로 정의되었다. 이것은 다음과 같은 제약조건으로 표기된다.

$$(x_1 - 4)^2 + (x_2 - 4)^2 \leq 9 \tag{1.5}$$

이와 같은 형태의 제약조건을 **이하형**(*less than or equal to type*)이라 하며 이를 줄여서 "≤ 형"이라 표기하기로 한다. 마찬가지로 **이상형**(*greater than or equal to type*)의 제약조건도 있을 수 있는데 이것들은 줄여서 "≥형"이라 표기하기로 한다. 이들은 모두 **부등호제약조건**(*inequality constraint*)이다.

1.5.4 상첨자/하첨자와 합의 표현

이 책의 뒷부분에서는 벡터의 집합, 벡터의 성분, 행렬과 벡터의 곱셈 등이 사용된다. 이러한 양을 재래의 형식으로 표현하기 위해서는 일관성 있고 간명한 기호가 사용된다. 따라서 여기에서는 이들의 표기방법을 정의하기로 하자. **상첨자**(*superscript*)는 서로 다른 벡터와 행렬들을 나타내는 데 사용한다. 예를 들면, $\mathbf{x}^{(i)}$는 어떤 집합에 속해 있는 i번째 벡터를, 또 $\mathbf{A}^{(k)}$는 k번째 행렬을 나타낸다. **하첨자**(*subscript*)는 벡터와 행렬의 성분을 표기하는 데 사용한다. 즉, x_j는 벡터 x의 j번째 성분을, a_{ij}는 행렬 $\mathbf{A}$의 i–j 원소를 나타낸다. 행렬의 원소를 표기하는 데는 이중 하첨자가 이용된다.

상첨자 또는 하첨자의 범위를 지시하기 위해서는 다음과 같은 기호를 사용한다.

$$x_i; \; i = 1 \text{ to } n \tag{1.6}$$

이것은 $x_1, x_2, \ldots, x_n$의 수를 나타낸다. "$i = 1, \ldots, n$"은 첨자 i의 범위를 나타내고 있음을 기억해야 하며 "i는 1부터 n까지"라고 읽는다. 마찬가지로, k개의 벡터는 다음과 같이 표기한다.

$$\mathbf{x}^{(j)}; \; j = 1 \text{ to } k \tag{1.7}$$

이것은 k개의 벡터 $\mathbf{x}^{(1)}, \mathbf{x}^{(2)}, \ldots, \mathbf{x}^{(k)}$를 나타낸다. 여기서 특기할 것은 식 (1.6)의 하첨자 i와 식 (1.7)의 상첨자 j가 **자유첨자**(*free index*)라는 점이다. 즉, 이들은 어떤 다른 변수를 사용하여도 무방하다. 예를 들면, 식 (1.6)은 $x_j; \; j = 1, \ldots, n$과 같이 쓸 수도 있으며, 식 (1.7)은 $\mathbf{x}^{(i)}; \; i = 1, \ldots, k$와 같이 쓸 수도 있다. 또한 식 (1.7)의 상첨자 j는 x의 제곱수(지수)가 아니고 벡터 집합의 j번째 벡터를 표시하는 첨자임을 명심해 두어야 한다.

이 책에서는 **합의 기호**(*summation notation*)를 자주 사용한다. 즉, 식 (1.8)을 식 (1.9)와 같은 기호를 이용하여 표기한다.

$$c = x_1 y_1 + x_2 y_2 + \ldots + x_n y_n \tag{1.8}$$

$$c = \sum_{i=1}^{n} x_i y_i \tag{1.9}$$

또 $m \times n$ 행렬 A에 n차원 벡터 $\mathbf{x}$를 곱하면 m차원 벡터 $\mathbf{y}$가 얻어지는데, 이는 다음과 표기한다.

$$\mathbf{y} = \mathbf{Ax} \tag{1.10}$$

한편 합의 기호를 사용하면 $\mathbf{y}$의 i번째 성분($i = 1, \ldots, m$)은 다음과 같이 표시된다.

$$y_i = \sum_{j=1}^{n} a_{ij} x_j = a_{i1} x_1 + a_{i2} x_2 + \ldots + a_{in} x_n; \quad i = 1 \text{ to } m \tag{1.11}$$

식 (1.10)의 행렬곱셈을 표시하는 데는 다른 방법도 있다. 즉, m차원 벡터 $\mathbf{a}^{(i)}$; $i = 1, \ldots, n$를 행렬 $\mathbf{A}$의 열(column)이라 하면 $\mathbf{y} = \mathbf{Ax}$는 다음 식으로 표시된다.

$$\mathbf{y} = \sum_{j=1}^{n} \mathbf{a}^{(j)} x_j = \mathbf{a}^{(1)} x_1 + \mathbf{a}^{(2)} x_2 + \ldots + \mathbf{a}^{(n)} x_n \tag{1.12}$$

식 (1.12)의 우변을 행렬 $\mathbf{A}$의 열의 **선형결합**(*linear combination*)이라 하며, 여기서 x_j, $j = 1, \ldots, n$ 은 선형결합의 승수이다. 즉, $\mathbf{y}$가 행렬 $\mathbf{A}$의 열의 선형결합으로 표시된 것이다(벡터의 선형결합에 관한 것은 부록 B 참조).

경우에 따라서는 이중합(double summation)의 기호를 사용해야 할 때도 있다. 예를 들면, $m = n$이라 가정하고 식 (1.11)의 y_i를 식 (1.9)에 대입하면 이중합이 얻어진다.

$$c = \sum_{i=1}^{n} x_i \left(\sum_{j=1}^{n} a_{ij} x_j \right) = \sum_{i=1}^{n} \sum_{j=1}^{n} a_{ij} x_i x_j \tag{1.13}$$

식 (1.13)에서 합의 첨자 i와 j는 서로 위치를 바꾸어도 상관없다. 이것은 c가 **스칼라량**(*scalar quantity*)이기 때문에 가능하며 이 값은 i나 j 중 어느 것에 대해 먼저 더하느냐에 따라 영향을 받지 않는다. 식 (1.13)은 또 다음 절에 나타나는 행렬의 형식을 빌려 쓸 수도 있다.

1.5.5 벡터의 노름/크기

$\mathbf{x}$와 $\mathbf{y}$를 2개의 n차원 벡터라 할 때, 이들의 **내적**(*dot product*)은 다음과 같이 정의된다.

$$(\mathbf{x} \bullet \mathbf{y}) = \mathbf{x}^T \mathbf{y} = \sum_{i=1}^{n} x_i y_i \tag{1.14}$$

따라서 내적은 벡터 $\mathbf{x}$와 $\mathbf{y}$의 대응성분들끼리의 곱의 합이다. 두 벡터의 내적이 0이면 두 벡터는 **직교**(*orthogonal*)한다고 한다. 즉, $\mathbf{x} \bullet \mathbf{y} = 0$이면 $\mathbf{x}$와 $\mathbf{y}$가 직교한다. 만약 두 벡터가 직교하지 않으면, 이들의 사잇각을 내적의 정의로부터 구할 수 있다.

$$(\mathbf{x} \bullet \mathbf{y}) = \|\mathbf{x}\| \|\mathbf{y}\| \cos \theta, \tag{1.15}$$

여기서 θ는 벡터 $\mathbf{x}$와 $\mathbf{y}$의 사잇각이고, $\|\mathbf{x}\|$는 벡터의 **크기**이며 벡터의 크기는 성분제곱의 합의 제곱근으로 정의한다.

$$\|\mathbf{x}\| = \sqrt{\sum_{i=1}^{n} x_i^2} = \sqrt{(\mathbf{x} \bullet \mathbf{x})} \tag{1.16}$$

식 (1.13)의 이중합은 행렬을 이용하여 다음과 같이 표현할 수 있다.

$$c = \sum_{i=1}^{n} \sum_{j=1}^{n} a_{ij} x_i x_j = \sum_{i=1}^{n} x_i \left(\sum_{j=1}^{n} a_{ij} x_j \right) = \mathbf{x}^T \mathbf{A} \mathbf{x} \tag{1.17}$$

$\mathbf{Ax}$는 벡터이므로 식 (1.17)의 3중적은 내적으로 표현할 수 있다.

$$c = \mathbf{x}^T \mathbf{A} \mathbf{x} = (\mathbf{x} \bullet \mathbf{A} \mathbf{x}) \tag{1.18}$$

1.5.6 다변수함수

단일변수의 함수를 $f(x)$로 표시하듯이 n개의 독립변수 $x_1, x_2, \ldots, x_n$의 함수는 다음과 같이 쓴다.

$$f(\mathbf{x}) = f(x_1, x_2, \ldots, x_n) \tag{1.19}$$

이 책에서는 벡터변수의 함수를 많이 다루게 될 것이며 여러 개의 함수를 구별하기 위해서는 하첨자를 사용할 것이다.

$$g_i(\mathbf{x}) = g_i(x_1, x_2, \ldots, x_n) \tag{1.20}$$

만약 m개의 함수 $g_i(x); i = 1, \ldots, m$이 있다면 이들을 벡터의 형태로 나타낼 수 있다.

$$\mathbf{g}(\mathbf{x}) = \begin{bmatrix} g_1(\mathbf{x}) \\ g_2(\mathbf{x}) \\ \vdots \\ g_m(\mathbf{x}) \end{bmatrix} = \begin{bmatrix} g_1(\mathbf{x}) \, g_2(\mathbf{x}) \ldots g_m(\mathbf{x}) \end{bmatrix}^T \tag{1.21}$$

이 책의 전반에 걸쳐 모든 함수는 **연속**(*continuous*)이며 최소한 두 번 미분가능(*twice-differentiable*)하다고 가정한다. n변수의 함수 $f(\mathbf{x})$는 임의 $\varepsilon > 0$에 대하여 다음 조건을 만족하는 $\delta > 0$가 존재할 때, 한 점 $\mathbf{x}^*$에서 **연속**이라 한다.

$$|f(\mathbf{x}) - f(\mathbf{x}^*)| < \varepsilon \tag{1.22}$$

여기서 δ는 $\|\mathbf{x} - \mathbf{x}^*\| < \delta$를 만족하는 것만을 모두 고려한다. 따라서 점 $\mathbf{x}^*$ 근방의 모든 점 $\mathbf{x}$에 대하여, 함수가 연속일 때는 $\mathbf{x}^*$ 및 $\mathbf{x}$에서의 함수값의 변화가 충분히 작다는 것을 의미한다. 연속인 함수가 항상 미분가능한 것은 아니다. 그러나 함수의 두 번 연속 미분가능성(*twice-continuous differentiability*)은 그 함수가 두 번 미분가능할 뿐만 아니라 2계 도함수까지 연속되어야 함을 의미한다.

그림 1.5a와 b는 연속함수의 예이다. 그림 1.5a의 함수는 모든 점에서 미분가능한 것이고, 그림 1.5b는 점 x_1, x_2 및 x_3에서 미분가능하지 않다. 그림 1.5c는 점 x_1에서 무한히 많은 함수값을 가지므로 함수가 아닌 예이며, 그림 1.5d는 불연속함수의 예이다. 예를 들어 $f(x) = x^3$과 $f(x) = \sin x$는 모든 점에서 연속이며 또 연속적으로 미분가능하다. 그러나 $f(x) = |x|$는 모든 점에서 연속이기는 하

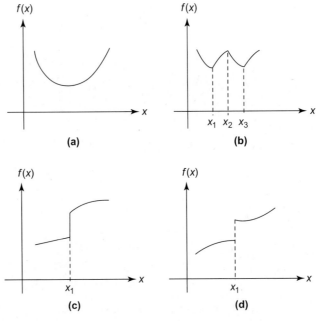

그림 1.5　연속함수와 불연속함수: (a), (b) 연속함수, (c) 함수 아님, (d) 불연속함수

지만 $x = 0$에서 미분가능한 것은 아니다.

1.5.7 함수의 편도함수

여기에서는 다변수함수에 대한 편도함수의 기본 표기법을 소개한다.

1계 편도함수

n변수함수 $f(\mathbf{x})$에 대한 1계 편도함수는 다음과 같다.

$$\frac{\partial f(\mathbf{x})}{\partial x_i} \, ; \, i = 1 \text{ to } n \tag{1.23}$$

식 (1.23)의 n개의 편도함수를 보통 열벡터로 정렬하고, 이를 함수 $f(\mathbf{x})$의 **경사도**(*gradient*)라고 하며 다음과 같이 표기한다.

$$\nabla f(\mathbf{x}) = \frac{\partial f(\mathbf{x})}{\partial \mathbf{x}} = \begin{bmatrix} [\partial f(\mathbf{x})]/\partial x_1 \\ [\partial f(\mathbf{x})]/\partial x_2 \\ \vdots \\ [\partial f(\mathbf{x})]/\partial x_n \end{bmatrix} \tag{1.24}$$

식 (1.23) 및 (1.24)에서 경사도의 성분은 벡터 $\mathbf{x}$의 함수이다.

2계 편도함수

식 (1.24)의 경사도 벡터의 성분을 다시 미분하여 함수 $f(\mathbf{x})$의 2계 도함수를 얻는다.

$$\frac{\partial^2 f(\mathbf{x})}{\partial x_i\, \partial x_j}\; ; \; i, j = 1 \text{ to } n \tag{1.25}$$

식 (1.25)에는 n^2개의 편도함수가 있다. 이들을 행렬로 배열할 수 있으며 이를 헷세행렬(*Hessian matrix*)이라고 한다. 헷세행렬은 $\mathbf{H}(\mathbf{x})$ 또는 함수 $f(\mathbf{x})$의 2계 편도함수 행렬이라 하고, 다음과 같이 표기한다.

$$\mathbf{H}(\mathbf{x}) = \nabla^2 f(\mathbf{x}) = \left[\frac{\partial^2 f(\mathbf{x})}{\partial x_i\, \partial x_j}\right]_{n \times n} \tag{1.26}$$

함수 $f(\mathbf{x})$가 2회 연속 미분가능하면 식 (1.26)의 헷세행렬 $\mathbf{H}(\mathbf{x})$는 대칭행렬이다.

벡터함수의 편도함수

식 (1.21)의 벡터함수 $\mathbf{g}(\mathbf{x})$를 미분하여 얻은 경사도 벡터들은 $n \times m$ 매트릭스가 된다. 이를 벡터함수 $\mathbf{g}(\mathbf{x})$의 경사도 행렬(gradient matrix)이라 하고 다음과 같이 표기한다.

$$\nabla \boldsymbol{g}(\boldsymbol{x}) = \frac{\partial \boldsymbol{g}(\boldsymbol{x})}{\partial \boldsymbol{x}} = \left[\nabla g_1(\boldsymbol{x})\ \nabla g_2(\boldsymbol{x})\ \ldots\ \nabla g_m(\boldsymbol{x})\right]_{n \times m} \tag{1.27}$$

경사도 행렬은 보통 행렬 $\mathbf{A}$라고 표기한다.

$$A = \left[a_{ij}\right]_{n \times m} ; \; a_{ij} = \frac{\partial g_j}{\partial x_i} ; \; i = 1 \text{ to } n; \; j = 1 \text{ to } m \tag{1.28}$$

1.5.8 영미 단위계와 국제표준단위계

설계문제의 정식화에 대한 개념이나 과정 및 최적화 방법들은 계량의 단위와는 무관하다. 따라서 문제를 정의하는 데 어떤 단위를 쓰는가 하는 것은 관계없지만 수식의 표현은 사용단위에 따라 달라진다. 이 책에서는 영미 단위와 국제표준단위(SI unit)를 예제와 연습문제에서 사용할 것이므로 이 단위들은 알아두어야 한다. 하나의 단위계에서 다른 단위계로 변환하는 것은 비교적 간단하다. 영미 단위와 SI 단위 사이의 변환에는 표 1.1의 변환상수를 이용하면 편리하다. 표에는 흔히 사용되는 양에 대한 변환상수가 수록되어 있으며 좀 더 완전한 표는 IEEE/ASTM(2010) 발간물을 참고하면 된다.

표 1.1 단위변환 상수

To convert from US–British	To SI units	Multiply by
Acceleration		
Foot/second^2 (ft./s^2)	Meter/second^2 (m/s^2)	0.3048*
Inch/second^2 (in./s^2)	Meter/second^2 (m/s^2)	0.0254*
Area		
Foot^2 (ft.^{2})	Meter^2 (m^2)	0.09290304*
Inch^2 (in.^{2})	Meter^2 (m^2)	6.4516E–04*
Bending moment or torque		
Pound force inch (lbf·in.)	Newton meter (N·m)	0.1129848
Pound force foot (lbf·ft.)	Newton meter (N·m)	1.355818
Density		
Pound mass/inch^3 (lbm/in.^{3})	Kilogram/meter^3 (kg/m^3)	27,679.90
Pound mass/foot^3 (lbm/ft.^{3})	Kilogram/meter^3 (kg/m^3)	16.01846
Energy or work		
British thermal unit (BTU)	Joule (J)	1055.056
Foot pound force (ft.·lbf)	Joule (J)	1.355818
Kilowatt-hour (KWh)	Joule (J)	3,600,000*
Force		
Kip (1000 lbf)	Newton (N)	4448.222
Pound force (lbf)	Newton (N)	4.448222
Length		
Foot (ft.)	Meter (m)	0.3048*
Inch (in.)	Meter (m)	0.0254*
Inch (in.)	Micron (μ); micrometer (μm)	25,400*
Mile (mi), US statute	Meter (m)	1609.344
Mile (mi), International, nautical	Meter (m)	1852*
Mass		
Pound mass (lbm)	Kilogram (kg)	0.4535924
Ounce	Grams	28.3495
Slug (lbf·s^{2}ft.)	Kilogram (kg)	14.5939
Ton (short, 2000 lbm)	Kilogram (kg)	907.1847
Ton (long, 2240 lbm)	Kilogram (kg)	1016.047
Tonne (t, metric ton)	Kilogram (kg)	1000*
Power		
Foot pound/minute (ft.·lbf/min)	Watt (W)	0.02259697
Horsepower (550 ft. lbf/s)	Watt (W)	745.6999

표 1.1 단위변환 상수(계속)

To convert from US–British	To SI units	Multiply by
Pressure or stress		
Atmosphere (std) (14.7 lbf/in.^{2})	Newton/meter^2 (N/m^2 or Pa)	101,325*
One bar (b)	Newton/meter^2 (N/m^2 or Pa)	100,000*
Pound/foot^2 (lbf/ft.^{2})	Newton/meter^2 (N/m^2 or Pa)	47.88026
Pound/inch^2 (lbf/in.^{2} or psi)	Newton/meter^2 (N/m^2 or Pa)	6894.757
Velocity		
Foot/minute (ft./min)	Meter/second (m/s)	0.00508*
Foot/second (ft./s)	Meter/second (m/s)	0.3048*
Knot (nautical mi/h), international	Meter/second (m/s)	0.5144444
Mile/hour (mi/h), international	Meter/second (m/s)	0.44704*
Mile/hour (mi/h), international	Kilometer/hour (km/h)	1.609344*
Mile/second (mi/s), international	Kilometer/second (km/s)	1.609344*
Volume		
Foot^3 (ft.^{3})	Meter^3 (m^3)	0.02831685
Inch^3 (in.^{3})	Meter^3 (m^3)	1.638706E–05
Gallon (Canadian liquid)	Meter^3 (m^3)	0.004546090
Gallon (UK liquid)	Meter^3 (m^3)	0.004546092
Gallon (UK liquid)	Liter (L)	4.546092
Gallon (US dry)	Meter^3 (m^3)	0.004404884
Gallon (US liquid)	Meter^3 (m^3)	0.003785412
Gallon (US liquid)	Liter (L)	3.785412
One liter (L)	Meter^3 (m^3)	0.001*
One liter (L)	Centimeter^3 (cm^3)	1000*
One milliliter (mL)	Centimeter^3 (cm^3)	1*
Ounce (UK fluid)	Meter^3 (m^3)	2.841307E–05
Ounce (US fluid)	Meter^3 (m^3)	2.957353E–05
Ounce (US fluid)	Liter (L)	2.957353E–02
Ounce (US fluid)	Milliliter (mL)	29.57353
Pint (US dry)	Meter^3 (m^3)	5.506105E–04
Pint (US liquid)	Liter (L)	4.731765E–01
Pint (US liquid)	Meter^3 (m^3)	4.731765E–04
Quart (US dry)	Meter^3 (m^3)	0.001101221
Quart (US liquid)	Meter^3 (m^3)	9.463529E–04

* Exact conversion factor.

Reference

IEEE/ASTM, 2010. American National Standard for Metric Practice. SI 10-2010. The Institute of Electrical and Electronics Engineers/American Society for Testing of Materials, New York.

2

최적설계문제의 정식화

Optimum Design Problem Formulation

이 장의 주요내용:

- 설계문제의 서술문을 최적화를 위한 수학적 표현으로의 변환
- 문제의 설계변수의 확인 및 정의
- 최적화 목적함수의 확인 및 정의
- 설계 제약조건의 확인 및 정의
- 정식화된 설계문제를 설계최적화의 표준 모형으로 변환

일반적으로 어떤 문제의 정확한 정식화에 소요되는 노력은 그 문제를 풀기 위한 전체 노력의 약 50% 정도가 필요하다. 그러므로 설계최적화 문제의 정식화에는 잘 정돈된 과정을 따르는 것이 매우 중요하며, 이 장에서는 수 개의 설계 예로서 시스템/하위 시스템을 가지고 이 과정을 설명하고자 한다. 문제의 해법은 다음의 여러 장에서 논의하기로 하고, 여기에서는 최적화 문제의 정식화만을 다룬다.

정식화 과정을 예시하기 위하여 단순한 문제 및 약간 복잡한 응용 문제를 다루기로 한다. 더 높은 수준의 응용 문제는 6장, 7장 및 14~19장에서 논의된다.

최적해의 좋고 나쁨은 정식화의 합리성 여하에 의해 좌우되는 것이나 다름없으므로 최적설계문제를 적절하게 정식화하는 것은 매우 중요하다. 예를 들어 만약 정식화 과정에서 어떤 매우 중요한 제약조건을 포함시키지 않았다면, 여기에서 얻어진 최적해는 그 제약조건에 위배될 가능성이 높기 때문이다. 또 제약조건이 너무 많거나 제약조건들 사이에 일관성이 없으면 최적해가 존재하지 않을 수도 있다. 그러나 적정한 정식화가 이루어진다면, 문제를 풀 수 있는 소프트웨어는 통상적으로 가용하다.

실용적 문제의 최적설계에 대한 적정한 정식화의 과정은 원래 반복적인 과정이다. 만족스러운 정식화를 얻기 위해서는 수차례의 반복과정이 필요하고, 이러한 반복과정이 6장에서 논의된다.

대부분의 설계최적화 문제는 다음과 같이 5단계를 통하여 정식화된다.

1단계: 과제/문제 설정

2단계: 자료 및 정보 수집

3단계: 설계변수 정의

4단계: 최적화 기준 정의

5단계: 제약조건 정의

최적설계문제의 정식화는 서술형 문장으로 표현된 문제를 잘 정리된 수학적 표현으로 변환하는 것이다.

2.1 문제 정식화 과정

최적설계문제의 수학적 정식화를 위하여 전술한 5단계에 따라 수식으로 표현할 것이다. 이들 과정은 다음 절에서 몇 가지 예제를 통해 예시될 것이다.

2.1.1 1단계: 과제/문제 설정

과제의 목표는 명확한가?

정식화 과정은 과제 책임자나 스폰서에 의해 대부분 결정되는 과제/문제에 대한 서술적인 표현을 개발하는 것으로 시작된다. 여기에는 과제의 전반적인 목적과 요구사항을 포함하며, 이를 과업의 서술이라 한다.

예제 2.1   **외팔보의 설계, 문제 설명**

외팔보는 토목, 기계, 항공 공학 등의 실용적인 응용 분야에 자주 사용된다. 문제 설명의 단계를 예시하기 위하여 중공 정사각형 단면을 가진 외팔보를 고려하자. 이 보의 자유단에 20 kN의 하중이 작용한다. 보의 재료는 강철이며, 길이는 그림 2.1과 같이 2 m이다. 보의 파괴에 대한 요구조건은 다음과 같다. (1) 하중 작용하에 재료적 파괴가 발생하지 않아야 하고, (2) 자유단의 처짐이 1 cm 이하라야 한다. 보 단면의 폭/두께 비는 8이하라야 한다(단면의 국소좌굴 방지). **최소 질량의 보**를 설계하고자 하며, 단면의 폭(w) 및 두께(t)에 대하여는 다음을 만족해야 한다.

$$60 \leq w \leq 300 \text{ mm} \tag{a}$$

$$3 \leq t \leq 15 \text{ mm} \tag{b}$$

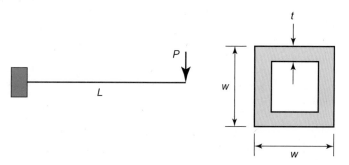

그림 2.1 중공 정사각형 단면의 외팔보

2.1.2 2단계: 자료 및 정보 수집

문제를 푸는 데 필요한 모든 정보가 준비되었는가?

문제의 수학적 정식화를 진행하기 위해 재료의 성질, 성능 요구조건, 자원의 한계, 원자재의 가격, 그리고 관련 정보를 수집할 필요가 있다. 또, 대부분의 문제에서는 **예비설계**를 해석할 수 있는 능력이 필요하다. 그러므로 이 단계에서 해석과정과 해석기법이 확인되어야 한다. 예를 들면, 구조해석에는 유한 요소법이 통상적으로 사용되는데, 이러한 해석 도구의 가용성을 확인할 필요가 있다. 과업의 설명이 모호한 경우에는 문제의 모형에 대한 가정을 도입하여 정식화하고 풀어야 한다.

예제 2.2 **외팔보에 대한 자료 및 정보 수집**

예제 2.1의 외팔보 설계문제에 필요한 정보는 굽힘응력과 전단응력에 관한 공식 및 자유단의 처짐에 관한 공식이다. 이러한 자료에 대한 기호 및 공식은 표 2.1에 보인 바와 같다.

다음은 보에 관한 유용한 공식들이다.

$$A = w^2 - (w - 2t)^2 = 4t(w - t), \text{mm}^2 \tag{c}$$

$$I = \frac{1}{12} w \times w^3 - \frac{1}{12}(w - 2t) \times (w - 2t)^3 = \frac{1}{12} w^4 - \frac{1}{12}(w - 2t)^4, \text{mm}^4 \tag{d}$$

$$Q = \frac{1}{2} w^2 \times \frac{w}{4} - \frac{1}{2}(w - 2t)^2 \times \frac{(w - 2t)}{4} = \frac{1}{8} w^3 - \frac{1}{8}(w - 2t)^3, \text{mm}^3 \tag{e}$$

$$M = PL, \text{N/mm} \tag{f}$$

$$V = P, \text{N} \tag{g}$$

$$\sigma = \frac{Mw}{2I}, \text{N/mm}^2 \tag{h}$$

$$\tau = \frac{VQ}{2It}, \text{N/mm}^2 \tag{i}$$

$$q = \frac{PL^3}{3EI}, \text{mm} \tag{j}$$

표 2.1 외팔보에 관한 기호와 자료

Notation	Data
A	Cross-sectional area, mm^2
E	Modulus of elasticity of steel, 21×10^4 N/mm^2
G	Shear modulus of steel, 8×10^4 N/mm^2
I	Moment of inertia of the cross-section, mm4
L	Length of the member, 2000 mm
M	Bending moment, N/mm
P	Load at the free end, 20,000 N
Q	Moment about the neutral axis of the area above the neutral axis, mm3
q	Vertical deflection of the free end, mm
q_a	Allowable vertical deflection of the free end, 10 mm
V	Shear force, N
w	Width (depth) of the section, mm
t	Wall thickness, mm
σ	Bending stress, N/mm^2
σ_a	Allowable bending stress, 165 N/mm^2
τ	Shear stress, N/mm^2
τ_a	Allowable shear stress, 90 N/mm^2

2.1.3 3단계: 설계변수 정의

설계변수는 무엇이며, 어떻게 이를 확인하는가?

정식화의 다음 단계는 시스템을 표현하는 변수들의 집합을 명시하는 것으로, 이들을 **설계변수**(*design variable*)라 한다. 일반적으로 이들은 **최적화 변수**(*optimization variable*) 또는 단순히 **변수**라 하며, 이 변수들이 어떤 값이라도 취할 수 있으므로 **자유** 변수로 간주된다. 변수 값이 달라지면, 설계가 달라짐을 의미한다. 설계변수는 가능한 한 각각 독립적이어야 한다. 만약 이들이 종속적이라 한다면, 그 값들은 독립적일 수 없고 변수들 사이에 제약조건이 있게 된다. 독립적인 설계변수의 개수를 문제의 **설계자유도**(*design degrees of freedom*)라 한다.

어떤 문제에서는 같은 시스템을 서술하기 위하여 다른 변수의 조합을 설정할 수도 있다. 문제의 정식화는 선택된 변수의 조합에 따라 좌우될 것이다. 예제를 통하여 이를 확인하게 될 것이다.

일단 설계변수에 수치값이 지정되면, 시스템에 대한 하나의 설계를 갖게 된다. 이 설계가 **모든 요구조건을 만족하는가**는 것은 별개의 문제다. 다음 장에서는 이러한 문제를 조사하기 위한 많은 개념들을 접하게 될 것이다.

만약 적절한 설계변수가 설정되지 않으면, 정식화가 올바르지 않게 되거나 아예 불가능할 수도 있다. 설계문제 정식화의 초기 단계에서 설계변수를 설정할 수 있는 모든 경우들이 검토되어야 한다. 때로는 명백한 설계자유도보다도 더 많은 설계변수를 정하는 것이 나을 수 있다. 이것은 정식화의 유연성을 더할 수 있기 때문이다. 나중에는 어떤 변수의 값을 고정할 수 있고, 그렇게 함으로써 변수의 집합에서 이를 제외시킬 수 있다.

때로는 설계변수를 명확히 정하기가 힘들 수 있다. 이러한 경우 모든 변수의 목록을 준비하고, 각각의 변수를 하나씩 검토하여 **최적화 변수**로 취급할 것인가 여부를 결정할 수 있다. 만약 이것이 타당한 설계변수라면, 여기에 수치를 부여하여 예비설계를 선정할 수 있다.

앞으로 최적화 문제의 모든 최적화 변수를 '설계변수'라는 용어로 사용할 것이며, 이를 벡터 **x**로 표기할 것이다. 요약하자면, 문제를 위한 설계변수를 설정함에 있어서 다음을 고려해야 한다.

- 일반적으로 설계변수들은 상호 독립적이어야 한다. 만약 그렇지 않으면 독립적이 아닌 변수들 사이에는 어떠한 등호제약조건이 존재해야 한다(나중에 예제를 통하여 설명한다).
- 최적설계문제에는 이를 적절히 정식화하는 데 필요한 설계변수의 최소 개수가 틀림없이 존재한다.
- 최초의 정식화 단계에서는 가능한 한 많은 독립변수를 설계변수로 설정하는 것이 좋다. 이후에는 몇몇 변수에 고정값을 부여하여 설계변수에서 제외할 수 있을 것이다.
- 예비설계가 설정된다는 것은 각 설계변수에 수치값이 부여된다는 것이다.

예제 2.3 **외팔보에 대한 설계변수**

예제 2.1의 외팔보 설계문제에서 단면의 치수를 설계변수로 취급하며, 그 외의 자료는 주어진 것으로 간주한다.

w = 단면의 외부 폭(깊이), mm

t = 두께, mm

설계변수를 정의할 때는 사용되는 단위도 같이 정의되어야 한다.

다른 형태의 설계변수도 선택할 수 있다: w_o = 단면의 외부 폭, w_i = 단면의 내부 폭. 이러한 설계변수를 이용하여 설계문제의 정식화도 가능하다. 그러나 식 (c)~(j)는 w_o 및 w_i를 이용하여 다시 정식화되어야 한다. 따라서 동일한 설계문제에 대하여 서로 다르게 보이는 2개의 정식화가 가능하지만, 최종적으로 얻어지는 해는 동일하게 된다.

벽 두께 t를 w_o 및 w_i와 함께 설계변수로 정할 수도 있다. 이러한 설계변수를 사용하면, 이전의 2개 정식화와 매우 다른 결과를 얻는다. 그러나 이 경우에는 또 하나의 제약조건 $t = 0.5(w_o - w_i)$이 반드시 정식화에 포함되어야 한다. 그렇지 않으면 이러한 정식화에서 얻은 해는 무의미한 해가 될 것이다.

계산 예를 보여 주기 위해서 하나의 설계로 w = 60 mm, t = 10 mm라 하고 식 (c)~(j)의 값을 구해 보자.

$$A = 4t(w-t) = 4(10)(60-10) = 2{,}000 \, \text{mm}^2 \tag{k}$$

$$I = \frac{1}{12}w^4 - \frac{1}{12}(w-2t)^4 = \frac{1}{12}(60)^4 - \frac{1}{12}(60-2\times10)^4 = 866{,}667\,\text{mm}^4 \tag{l}$$

$$Q = \frac{1}{8}w^3 - \frac{1}{8}(w-2t)^3 = \frac{1}{8}(60)^3 - \frac{1}{8}(60-2\times10)^3 = 19{,}000\,\text{mm}^3 \tag{m}$$

$$M = PL = 20{,}000\times2{,}000 = 4\times10^7\,\text{N/mm} \tag{n}$$

$$V = P = 20{,}000\,\text{N} \tag{o}$$

$$\sigma = \frac{Mw}{2I} = \frac{4\times10^7(60)}{2\times866{,}667} = 1{,}385\,\text{N/mm}^2 \tag{p}$$

$$\tau = \frac{VQ}{2It} = \frac{20{,}000\times19{,}000}{2\times866{,}667\times10} = 21.93\,\text{N/mm}^2 \tag{q}$$

$$q = \frac{PL^3}{3EI} = \frac{20{,}000\times(2{,}000)^3}{3\times21\times10^4\times866{,}667} = 262.73\,\text{mm} \tag{r}$$

2.1.4 4단계: 최적화 기준 정의

가장 좋은 설계라는 것은 어떻게 알 수 있는가?

하나의 시스템에 대하여 많은 유용 설계가 존재할 수 있고, 어떤 것은 다른 것들보다 더 나을 수도 있다. 서로 다른 설계결과를 비교하기 위해서는 기준을 정해야 한다. 이 기준은 하나의 설계에 대하여 수치값을 얻을 수 있는 스칼라 함수여야 한다. 즉, 이것은 **설계변수 벡터 x**의 함수여야 한다. 이러한 기준은 대개 문제의 요구사항에 따라 최대화 또는 최소화되어야 할 필요가 있는 함수로서, 이를 최적설계문제의 **목적함수**(*objective function*)라 한다. 공학 분야에서 최소화하는 기준을 **비용함수**(*cost function*)라 하며, 이는 이 책의 전반에 걸쳐 사용된다. 유효한 목적함수는 설계변수에 의해 직간접적으로 영향을 받게 되지만, 그렇지 않다면 그것은 적절한 목적함수가 아니라는 점을 명심해야 한다. 최적설계는 목적함수의 값 중 가장 좋은 값을 가진다는 것을 말한다.

　적절한 목적함수의 선택은 설계과정에서 중요한 결정사항이다. 목적함수의 몇 가지 예를 든다면 비용(최소화), 이윤(최대화), 중량(최소화), 에너지소비(최소화), 승차감(최대화) 등이 있다. 대부분의 경우 목적함수는 자명하다. 예를 들어, 제품의 제조비용은 최소화되어야 하고 투자이익은 최대화 되어야 한다는 것 등이다. 어떤 상황에서는 2개 또는 더 많은 목적함수가 설정될 수도 있다. 예를 들어, 구조물의 중량은 최소화하면서 동시에 특정 부분의 처짐이나 응력이 최소가 되도록 할 수도 있다. 이를 다목적 최적설계문제(*multiobjective design optimization problem*)라 하며, 18장에서 논의하기로 한다.

　몇 가지 설계문제에 대해 목적함수가 무엇이어야 한다든가 설계변수와 얼마나 연관이 있어야 하는가는 명확하지 않다. 어느 정도의 통찰력이나 경험이 적절한 목적함수를 설정하는 데 필요할 수도 있다. 예를 들어, 자동차의 최적화를 생각해보자. 자동차를 위한 설계변수에는 어떤 것이 있을까? 목적함수는 무엇이며 그것의 설계변수 항의 함수형식은 무엇일까? 이것이 아주 실질적인 문제라 할지라도 매우 복잡하다. 이러한 문제는 주로 작은 몇 개의 하위문제로 나뉘고 이들 각각은 최적설계문제로 정식화되는 것이 보통이다. 주어진 용량과 특정한 성능재원에 대한 자동차의 설계는 트렁크 크기, 도어, 측면패널, 천장, 좌석, 서스팬션 시스템, 변속시스템, 차대, 후드, 발전기, 범퍼 등과 같은 많은 하위문제로 나눌 수 있다. 각각의 하위문제는 이제 다루기 쉽고 최적설계문제로서 정식화하기 용이하게 된다.

예제 2.4　**외팔보 문제의 최적화 기준**

예제 2.1의 외팔보 설계문제에서 설계목표는 최소 질량의 외팔보를 설계하는 것이다. 질량은 보의 단면적에 비례하므로 이 문제의 최소화 목적함수(가격함수)는 보의 단면적이다.

$$f(w,t) = A = 4t(w-t), \text{ mm}^2 \tag{s}$$

설계가 $w = 60$ mm, $t = 10$ mm일 때 목적함수 값은

$$f(w,t) = 4t(w-t) = 4 \times 10(60-10) = 2,000 \text{ mm}^2$$

2.1.5 5단계: 제약조건 정의

설계에 대한 제약조건은 무엇인가?

설계에 대한 제한 사항을 총체적으로 제약조건(*constraints*)이라 한다. 정식화 과정의 마지막 단계는 모든 제약조건을 수립하고, 그것을 수학적 표현으로 전개하는 것이다. 가장 현실적인 시스템은 주어진 자원과 성능요구의 범위를 벗어나지 않게 설계되고 제작되어야 한다. 예를 들어, 구조부재는 일상적인 하중상태에서 파괴되지 않아야 한다. 구조물의 진동수는 그것을 지지하는 기계의 사용 주파수와 달라야 하지만, 만약 그렇지 않다면 공진이 비극적인 파괴를 야기할 것이다. 부재는 사용공간에 적합해야 한다.

제약조건은 설계변수의 함수이어야 한다. 그래야만 제약함수의 값이 설계에 따라 달라진다. 즉 의미있는 제약조건은 적어도 하나의 설계변수의 항을 포함하는 함수로 되어야 한다는 것이다. 제약조건에 관련된 용어와 개념을 설명하기로 한다.

선형제약조건과 비선형제약조건

제약함수가 설계변수의 1차식으로 표현될 때, 이를 선형제약조건(*linear constraints*)이라 한다. 선형계획문제(*linear programming problem*)에는 선형제약조건 및 선형목적함수만 있다. 일반적인 문제에서는 목적함수 또는 제약함수 중 적어도 하나는 비선형함수이다. 이러한 문제를 비선형계획문제(*nonlinear programming problem*)라 한다. 이 책에는 선형 및 비선형제약조건을 모두 취급할 수 있는 방법들이 제시된다.

유용설계

설계변수에 대응하는 수치의 집합(즉, 특정 설계변수의 벡터 **x**)을 한 시스템의 설계라 한다. 이 설계가 불합리한 것(예를 들면, 반경이나 두께가 음수인 것 등)이거나 기능상 부적합한 것이라 하더라도 그것은 설계라 할 수 있다. 모든 요구조건을 만족하는 설계를 유용설계(가용설계, *feasible design*)라 한다. 불용설계(*infeasible design*)는 설계요구조건 중 적어도 하나를 만족하지 않는 것을 뜻한다.

등호제약조건과 부등호제약조건

설계문제에서 등호제약조건(equality constraint) 및 부등호제약조건(inequality constraint)을 가질 수 있다. 예를 들어 어떤 요구기능을 수행하기 위해 기계요소가 꼭 Δ만큼 움직여야 한다면 이것은 등호제약조건으로 취급해야 한다. 유용설계는 모든 등호제약조건을 만족해야 한다. 또 대부분의 설계문제에는 부등호제약조건들이 있는데, 이를 **일방 제약조건**(*unilateral or one-sided constraint*)이라고도 한다. 일반적으로 부등호제약조건에 대한 **유용영역**은 그 제약함수가 등호제약조건으로 표시된 경우에 비해 훨씬 넓게 된다.

등호제약조건과 부등호제약조건의 차이를 좀 더 자세히 알기 위해 하나의 제약함수가 등호 및 부등호로 표현된 경우를 생각해 보자. 그림 2.2a는 등호제약조건 $x_1 = x_2$를 나타낸다. 이 제약조건에 대한 유용설계는 직선 A~B상에 존재해야 한다. 그러나 이것을 부등호제약조건 $x_1 \le x_2$로 쓰면, 유용영역은 그림 2.2b와 같이 훨씬 넓어진다. 이때는 직선 A~B 위의 점 또는 그 상부의 모든 점이 유용설계이다. 그러므로 등호제약조건과 부등호제약조건은 적절하게 확인해야 한다. 그렇지 않으면 문제에 대한 의미있는 설계를 얻지 못할 수도 있다.

예제 2.5	외팔보 문제의 제약조건

식 (c)~(j)를 이용하여 예제 2.1의 외팔보 설계문제의 제약조건을 다음과 같이 정식화할 수 있다.

굽힘응력 제약조건: $\delta \le \delta_a$

$$\frac{PLw}{2I} \le \sigma_a \tag{t}$$

전단응력 제약조건: $\tau \le \tau_a$

$$\frac{PQ}{2It} \le \tau_a \tag{u}$$

처짐 제약조건: $q \le q_a$

$$\frac{PL^3}{3EI} \le q_a \tag{v}$$

폭－두께 비 제약조건: $\dfrac{w}{t} \le 8$

$$w \le 8t \tag{w}$$

치수 제약조건:

$$60 \le w, \text{mm}; \ w \le 300, \text{mm} \tag{x}$$

$$3 \le t, \text{mm}; \ t \le 15, \text{mm} \tag{y}$$

따라서 외팔보의 최적설계에 대한 정식화(최적화 문제)를 정리하면, 설계변수: w, t, 최소화 목적함수: 식 (s), 부등호제약조건(8개): 식 (t)~(y). 여기에서 제약조건 (t)~(v)는 비선형함수이고 나머지는 선형함수이

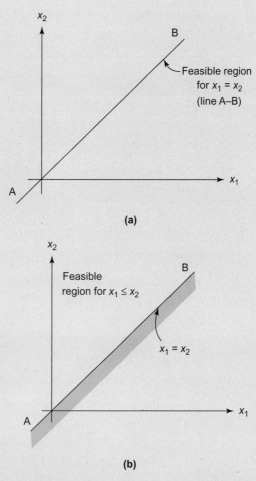

(a)

(b)

그림 2.2   **등호제약조건과 부등호제약조건.** (a) 등호제약조건 $x_1 = x_2$ 에 대한 유용영역(선 A – B), (b) 부등호제약조건 $x_1 \le x_2$에 대한 유용영역(선 A – B와 그 상부영역)

다(식 (w)는 선형으로 변환하였다). 부등호제약조건은 8개이며 등호제약조건은 없다. 각각의 제약함수는 설계변수의 함수이다. 제약함수 식은 모두 필요시 설계변수의 명시적 함수로 표시할 수 있다. 경우에 따라서는 제약함수를 중개변수 I와 Q의 함수로 표기하여 사용할 수도 있다. 이 장의 후반부의 판형의 설계 예제에서는 이러한 중개변수를 종속변수로 취급하게 된다.

식 (k)~(r)의 계산값을 이용하여, 외팔보 설계문제의 제약조건의 상태를 점검해 보자. 설계변수의 값은 $w = 60$ mm, $t = 10$ mm이다.

굽힘응력 제약조건: $\sigma \le \sigma_a$; $\sigma = 1385$ N/mm^2, $\sigma_a = 165$ N/mm^2; ∴ 위배

전단응력 제약조건: $\tau \le \tau_a$; $\tau = 21.93$ N/mm^2, $\tau_a = 90$ N/mm^2; ∴ 만족

처짐 제약조건: $q \le q_a$; $q = 262.73$ mm, $q_a = 10$ mm; ∴ 위배

폭–두께 비 제약조건: $\dfrac{w}{t} \le 8$; $\dfrac{w}{t} = \dfrac{60}{10} = 6$; ∴ 만족

폭 w는 허용 최솟값이며 두께 t는 허용치의 범위 내에 있다. 따라서 이 설계($w = 60$ mm, $t = 10$ mm)는 굽힘응력 제약조건과 처짐 제약조건을 위배하므로 이 문제의 유용설계가 아니다.

2.2 캔 설계

1단계: 과제/문제 설정. 설계요구조건을 만족하면서, 그림 2.3과 같은 통에는 **최소 400 ml의 액체**를 담을 수 있어야 한다(1 mL = 1 cm³). 이 통은 수십만 개씩 생산할 것이므로 제작가격을 최소화하는 것이 바람직하다. 이 가격은 사용될 금속판의 표면적에 직접적으로 관계되기 때문에 이 통을 제작하는 데 필요한 금속판의 면적을 최소화하는 것이 합리적이다. 제작, 취급, 미관 및 적재의 문제를 고려해 볼 때 통의 크기에 대한 다음의 제약을 가하기로 한다. 통의 직경을 8 cm 이하로 한다. 또 직경이 3.5 cm보다는 작지 않아야 한다. 통의 높이는 8 cm 이상 18 cm 이하로 한다.

2단계: 자료 및 정보 수집. 문제 설정 과정에서 주어진 바와 같다.

3단계: 설계변수 정의. 2개의 설계변수를 정의한다.

D = 캔의 직경, cm

H = 캔의 높이, cm

4단계: **최적화 기준 정의.** 설계의 목적은 금속판의 표면적 S를 최소화하기 위한 것으로 이 원통형 캔의 표면적은 세 부분으로 구성된다. 원통의 표면적(원 둘레 × 높이) 및 양 끝의 표면적이다. 따라서 목적함수(전체 금속판의 면적)는 다음과 같다.

$$S = \pi DH + 2\left(\frac{\pi}{4}D^2\right), \text{cm}^2 \qquad (a)$$

5단계: 제약조건 정의. 첫번째 제약조건은 통의 들이가 최소 400 cm³라는 것이다.

$$\frac{\pi}{4}D^2 H \geq 400, \text{cm}^3 \qquad (b)$$

만약 문제의 설정에서 "통 들이가 400 mL이어야 한다"라고 되어 있다면, 이 제약조건은 등호제

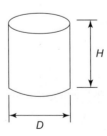

그림 2.3 캔

약조건으로 정식화된다.

캔의 치수에 대한 제약조건들은

$$3.5 \le D \le 8, \text{cm}$$
$$8 \le H \le 18, \text{cm} \tag{c}$$

식 (c)와 같은 설계변수 제약조건은 문헌에 따라 여러 가지로 불려진다(side constraints, technological constraints, simple bounds, sizing constraints, upper and lower limits on the design variables). 식 (c)에는 실제로 4개의 제약조건이 있다. 따라서 이 문제에는 2개의 설계변수, 5개의 부등호제약조건이 정의되어 있다. 또 목적함수와 첫 번째 제약함수가 비선형함수이며 나머지 제약함수들은 선형이다.

수학적 정식화. 설계변수: D, H, 최소화 목적함수: 식 (a), 부등호제약조건(5개): 식 (b)와 (c).

2.3 단열 구형 탱크 설계

1단계: 과제/문제 설정. 이 과제의 목표는 구형 탱크에서 냉각비용을 최소화하는 단열재의 두께 t 를 선정하는 것이다. 냉각비용에는 냉각장치를 설치하고 운용하는 비용이 포함되며 또 단열재의 설치 비용도 포함된다. 수명연한을 10년이라 가정하고 연리 10%로 하며 잔존가치(salvage value)는 고려하지 않는다. 여기에서 r(m)은 구의 반경이다.

2단계: 자료 및 정보 수집. 이 설계최적화 문제를 정식화하기 위해 몇 가지 자료와 수식이 필요하다. 단열재의 부피를 계산하기 위해 구형탱크의 표면적이 요구된다.

$$A = 4\pi r^2, \text{m}^2 \tag{a}$$

냉각장치의 용량과 이 장비의 운용비용을 계산하기 위해 아래와 같이 주어지는 연간 열 흡수(heat gain) G (Watt-hours)를 계산한다.

$$G = \frac{(365)(24)(\Delta T)A}{c_1 t}, \text{Wh} \tag{b}$$

여기서 ΔT는 내부와 외부의 평균 온도 차로서 단위는 Kelvin(K)이고, c_1은 단위 두께당 열 저항률로서 단위는 K-m/Watt이다. 그리고 이 문제의 설계변수는 단열두께 t(m)이다. ΔT는 이 탱크가 사용될 지역의 온도에 관한 역사적 자료를 통해 추정 가능하다. 다음의 기호를 사용하자. c_2 = 단위 부피당 단열비용($/m^3), c_3 = 냉각비용($/Wh), c_4 = 냉각장비 운용비($/Wh).

3단계: 설계변수의 정의. 이 문제의 설계변수는 1개이다.

t = 단열재 두께, m

4단계: 최적화 기준 정의. 구형 탱크를 10년 이상 사용하는 데 대한 냉각장비의 생애주기 냉각비용을 최소화하는 것이 목적이다. 생애주기 비용은 단열비용, 냉각장치 비용, 10년간 운영비용으로 구성된다. 일단 연간 운영비를 현재의 비용으로 환산하면 총 비용은 다음과 같이 주어지고,

$$Cost = c_2 At + c_3 G + c_4 G[uspwf(0.1, 10)] \tag{c}$$

여기에서 $uspwf(0.1, 10) = 6.14457$은 균등불 현가계수(uniform series present worth factor)이며, 다음 식으로 계산된다.

$$uspwf(i,n) = \frac{1}{i}[1-(1-i)^{-n}] \tag{d}$$

여기에서 i는 기간별 회수율(rate of return per dollar per period), n은 기간의 수(number of periods)이다. 단열 부피(volume of the insulation) At의 계산에는 단열 두께가 구형 탱크의 반경에 비해 매우 작다($t \ll r$)는 가정하에 계산된 것이다.

5단계: 제약조건 정의. 문제의 설정에서 제약조건이 나타나 있지는 않지만, 단열재의 두께는 음수가 아니라는 것은 중요한 요구조건이다(즉, $t \geq 0$). 이것은 문제의 수학적 정식화에 포함될 필요가 없는 명백한 요구조건일지라도 정식화 과정에는 포함시키는 것이 중요하다. 양의 값을 가진다는 것을 포함하지 않는다면, 별 의미는 없을지라도 최적화 과정에서 두께가 음의 값을 가질 수도 있다. 실제의 t 또한 G의 수식에서 분모의 값에 위치하므로 0일 수 없다는 것을 잊지 말자. 그러므로 제약조건은 실제로 $t > 0$으로 표현되어야 한다. 그러나 해를 구하는 과정에서 완전한 부등호는 수학적으로나 수치적으로 다룰 수 없다. 등호로서 부등식을 만족하는 가능성, 즉 풀이 과정에서 $t = 0$일 가능성을 염두에 두어야 한다. 그러므로 더 현실적인 제약조건은 $t \geq t_{min}$이고, 여기서 t_{min}은 시중에서 구할 수 있는 단열재의 최소 두께이다.

예제 2.6 **중개변수를 이용한 구형 탱크 문제의 정식화**

중개변수를 이용한 구형탱크 설계문제 정식화를 위하여 단열재의 최적설계 정식화 문제를 요약하면 다음과 같다.

주어진 자료: r, ΔT, c_1, c_2, c_3, c_4, tmin
설계변수: t, m
중개변수: A, m; G, Watt-hours

$$A = 4\pi r^2$$
$$G = \frac{(365)(24)(\Delta T)A}{c_1 t} \tag{e}$$

목적함수: 구형 탱크 냉각장치의 생애주기 냉각비용을 최소화한다.

$$Cost = c_2 At + c_3 G + 6.14457 c_4 G, \$ \tag{f}$$

제약조건:

$$t \geq t_{min} \tag{g}$$

이 정식화에서 A와 G도 설계변수와 같이 취급된다. 이러한 경우 r은 이미 상수이므로 A도 상수이며, G

에 대한 표현은 등호제약조건과 같이 취급된다.

수학적 정식화. 설계변수: t, G, 최소화 목적함수: 식 (f), 등호제약조건: 식 (e), 부등호제약조건: 식 (g).

| 예제 2.7 | **설계변수만을 이용한 구형 탱크 문제의 정식화** |

설계변수만을 이용하여 구형탱크 설계문제를 정식화하자. 단열재의 최적설계 정식화 문제를 요약하면 다음 과 같다.

주어진 자료: r, ΔT, c_1, c_2, c_3, c_4, t_{min}

설계변수: t, m

목적함수: 구형 탱크 냉각장치의 생애주기 냉각비용을 최소화한다.

$$Cost = at + \frac{b}{t}, \ a = 4c_2\pi r^2,$$
$$b = \frac{(c_3 + 6.14457c_4)}{c_1}(365)(24)(\Delta T)(4\pi r^2)$$

(h)

제약조건:

$$t \geq t_{min}$$

(i)

수학적 정식화. 설계변수: t, 최소화 목적함수: 식 (h), 부등호제약조건: 식 (i).

2.4 제재소 운영

1단계: 과제/문제의 설정. 어느 회사가 2개의 제재소와 2개의 임야를 가지고 있다. 표 2.2에 제재소의 처리능력(logs/day) 및 임야와 제재소 간의 거리(km)가 표시되어 있다. 각 임야에서는 통나무를 하루 200개까지 생산할 수 있으며 통나무 운송비는 $10/km/log로 추산된다. 최소한 300개의 통나무가 매일 필요하다고 할 때, 제재소의 능력과 수요의 제약조건하에서 매일의 통나무 운송비를 최소화시키는 문제이다.

2단계: 자료 및 정보수집. 표 2.2와 같다.

3단계: 설계변수 정의. 설계문제는 그림 2.4에 보인 바와 같이 임야 i로부터 제재소 j까지 얼마나 많은 수의 통나무를 운송할 수 있는지를 결정하는 것이다. 그러므로 이 문제를 위한 설계변수는 아래와 같이 설정한다.

x_1 = 임야 1에서 제재소 A까지 운송되는 통나무의 개수
x_2 = 임야 2에서 제재소 A까지 운송되는 통나무의 개수
x_3 = 임야 1에서 제재소 B까지 운송되는 통나무의 개수
x_4 = 임야 2에서 제재소 B까지 운송되는 통나무의 개수

표 2.2 제재소 운영 자료

Mill	Distance from Forest 1	Distance from Forest 2	Mill capacity per day
A	24.0 km	20.5 km	240 logs
B	17.2 km	18.0 km	300 logs

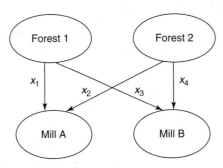

그림 2.4 제재소 운영에 대한 설계변수

만약 이들 변수에 수치값을 부여한다면, 이 과업의 운영 계획이 정의되고 일일 통나무 운송비용을 계산할 수 있다. 즉, 설계변수들이 독립적이라는 것이다. 선정된 설계는 모든 제약조건을 만족할 수도 있고 아닐 수도 있다.

4단계: 최적화 기준 정의. 제재소까지 통나무를 운송하는 일일 비용을 최소화하는 것이 목적이다. 운송비용은 임야와 제재소 간의 거리(표 2.2)에 의해서 좌우되며 다음 식으로 주어진다.

$$\begin{aligned} Cost &= 24(10)x_1 + 20.5(10)x_2 + 17.2(10)x_3 + 18(10)x_4 \\ &= 240.0x_1 + 205.0x_2 + 172.0x_3 + 180.0x_4 \end{aligned} \tag{a}$$

5단계: 제약조건 정의. 이 문제의 제약조건은 제재소의 능력과 임야의 산출량을 근거로 정식화된 것이다.

$$\begin{aligned} x_1 + x_2 &\leq 240 \, (\text{Mill A Capacity}) \\ x_3 + x_4 &\leq 300 \, (\text{Mill B Capacity}) \\ x_1 + x_3 &\leq 200 \, (\text{Forest 1 yield}) \\ x_2 + x_4 &\leq 200 \, (\text{Forest 2 yield}) \end{aligned} \tag{b}$$

매일 필요로 하는 통나무의 수에 관한 제약조건은

$$x_1 + x_2 + x_3 + x_4 \geq 300 \, (\text{demand for logs}) \tag{c}$$

현실적인 문제에서 볼 때 모든 설계변수는 음수가 아니어야 한다.

$$x_i \geq 0; \quad i = 1 \text{ to } 4 \tag{d}$$

수학적 정식화. 이 문제에는 4개의 설계변수와 5개의 부등호제약조건 및 설계변수의 제약조건 4개가 있다. 설계변수: $x_1 \sim x_4$, 최소화 목적함수: 식 (a), 부등호제약조건: 식 (b)~(d). 또 이 문제의 모든 함수는 설계변수에 관하여 선형이므로 **선형계획문제**이다. 이 문제가 의미있는 해를 갖기 위해서는 설계변수의 값이 모두 정수값이어야 한다. 이러한 문제를 **정수계획문제**(*integer programming problem*)라 하며 이를 풀기 위해서는 특별한 방법이 필요하다. 이와 같은 방법은 15장에서 소개될 것이다.

제재소 운영 문제는 **운송문제**(*transportation problem*)의 일종으로 분류할 수 있다. 몇 개의 화물 집하소에서 여러 개의 판매소로 화물을 운송하는 문제 등이 여기에 속하며, 이러한 문제를 풀기 위한 특별한 방법들이 개발되어 있다.

2.5 2부재 구조물 설계

1단계: 과제/문제 설정. 문제는 그림 2.5와 같은 2부재 구조를 설계하는 것으로 하중 W를 구조적 파괴가 일어나지 않고 지지하는 것이다. 하중은 θ만큼의 각도를 가지고 가해지며 이는 $0°$에서 $90°$ 사이에 있다. h는 구조물의 높이이며 s는 저면 폭이다. 이러한 구조물이 대량으로 제작될 것이다. 이는 또한 브라켓의 총 비용(재료, 제작, 유지보수 등)이 두 부재의 크기에 직접적으로 관련된다는 것이라 할 수 있다. 설계목표는 구조물의 질량을 최소화하며 조립 및 공간의 제약을 만족시키는 것이다.

2단계: 자료 및 정보 수집. 정식화를 위해 몇몇 자료와 정보가 필요하다.

첫째, 하중 W와 하중 작용각 θ를 설정할 필요가 있다. 브라켓은 서로 다른 장소에서 사용될 수 있으므로 W가 단지 한 방향으로 작용하는 것은 아니다. 각도 θ의 범위를 명시하는 것으로 최적설계 문제를 정식화하는 것이 가능하다. 즉, 하중 W는 주어진 범위 내의 어떤 각도로 작용될 것이다. 이 경우 성능요구조건이 각각의 하중 작용각을 모두 만족해야 하기 때문에 정식화는 좀 더 복잡하게 된다. 지금의 정식화에서는 각도 θ가 주어진다고 가정한다.

둘째, 재료의 물성이 최적화 기준과 성능 요구조건을 정식화할 때 필요하기 때문에 부재에 사용될 재료가 미리 결정되어야 한다. 두 부재가 같은 재료를 사용하는지의 여부 또한 결정할 필요가 있

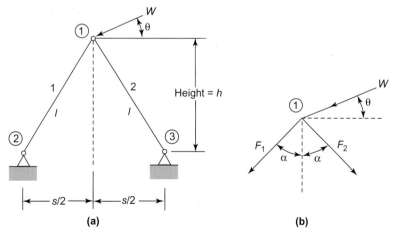

그림 2.5   2부재 구조물. (a) 구조물, (b) 절점 1의 자유물체도

다. 좀 더 고급 응용에서는 재료가 상이하다고 조심스레 가정할 수도 있지만, 지금의 정식화에서는 두 부재가 같은 재료를 사용한다고 가정한다. 게다가 브라켓의 제작과 공간의 한계, 즉 구조물의 크기와 높이, 그리고 바닥의 너비에 대한 한계를 결정할 필요가 있다.

설계문제의 정식화에서 **구조의 파괴**에 대해 좀 더 엄밀히 정의할 필요가 있다. 부재력 F_1과 F_2를 파괴조건을 정의하는 데 이용할 수 있다. 부재력을 계산하기 위해서 정역학적 평형의 원리를 이용하기로 하자. 절점 1의 자유물체도(그림 2.5b)를 이용하면 수직 및 수평방향의 힘의 평형으로부터 다음 식을 얻을 수 있다.

$$-F_1 \sin\alpha + F_2 \sin\alpha = W\cos\theta$$
$$-F_1 \cos\alpha - F_2 \cos\alpha = W\sin\theta$$

(a)

그림 2.5에서 $\sin\alpha = s/l$, $\cos\alpha = h/l$이다. 여기서 l은 부재의 길이로서 $l = \sqrt{h + (0.5s)^2}$이다. 자유물체도에는 부재력 F_1과 F_2가 인장력으로 표시되었으며 **인장력을 양으로 가정**한다. 따라서 해석결과 부재력이 음이면 압축력이다.

앞의 두 방정식을 F_1과 F_2에 대해서 풀면,

$$F_1 = -0.5Wl\left[\frac{\sin\theta}{h} + \frac{2\cos\theta}{s}\right]$$
$$F_2 = -0.5Wl\left[\frac{\sin\theta}{h} - \frac{2\cos\theta}{s}\right]$$

(b)

과응력에 의한 부재의 파괴를 피하기 위해 부재의 응력을 계산할 필요가 있다. 만약 부재력을 알고 있다면, 응력 σ는 부재력을 단면적으로 나눔으로써 구할 수 있다(응력 = 부재력/단면적). 응력의 SI 단위는 Newtons/m^{2}고 이를 파스칼(Pa)이라 하며 영미 단위는 pounds/in^2 (psi)이다. 단면적에 대한 수식은 사용되는 부재의 단면 형상과 선택된 설계변수에 의해 좌우된다. 그러므로 부재의 구조적 형상과 관련된 설계변수를 선택해야 한다. 이는 정식화 과정 후반에 예시할 것이다.

구조 해석에 더하여 사용 재료의 물성을 정의해야 한다. 사용에 대한 요구조건에 따라 여러 가지의 최적설계 정식화가 가능하다. 이를 설명하기 위해 우선 재료의 물성치를 알고 있다고 가정해 보자. 그러나 조립비용과 함께 다른 재료를 사용하여서 최적화될 수 도 있다. 이렇게 구해진 해들을 비교하여 구조물에 대한 최선의 재료를 선택할 수 있다.

선택된 재료에 대해 단위밀도를 ρ로, 허용설계응력을 $\rho_a > 0$이라 하자. 성능요구조건으로서 응력이 허용값을 초과하면 부재는 파괴된다고 가정한다. **허용응력**(*allowable stress*)은 재료의 파괴응력을 1보다 큰 안전계수로 나눈 값이라고 정의한다. 이것을 설계응력이라고도 한다. 허용응력에는 압축부재의 좌굴응력(buckling stress)도 포함되어야 한다.

3단계: 설계변수 정의. 2부재 구조를 위한 몇 가지의 설계변수 집합이 정의될 수 있다. 초기의 정식화에서는 높이 h와 폭 s를 설계변수로 취급할 수 있다. 다음에는 이들에 수치를 부여하고 정식화에서 제외시킬 수 있다. 다른 설계변수들은 부재 1과 2의 단면형상에 관계될 것이다. 몇 개의 단면형상이 그림 2.6에 보인 바와 같으며, 그림에는 각 단면별로 설계변수가 표시되어 있다.

대부분의 단면형상에서 설계변수를 선택하는 방법이 유일하지는 않다. 예를 들어, 그림 2.6a의 원

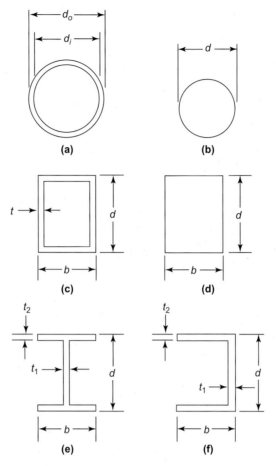

그림 2.6　부재 단면 형상. (a) 원형 관, (b) 원형, (c) 직사각형 관, (d) 직사각형, (e) I-형, (f) ㄷ-형

형관의 경우에 외경 d_o와 내경과 외경의 비 $r = d_i/d_o$를 설계변수로 설정할 수도 있다. 또는 d_o와 d_i를 설계변수로 선택할 수도 있다. 그러나 d_o, d_i 및 r을 모두 설계변수로 선택하는 것은 바람직스럽지 못하다. 왜냐하면 이들은 서로 독립이 아니기 때문이다. 만약 이들을 설계변수로 정의한다면 이들 사이의 관계식을 등호제약조건으로 정식화해야 한다. 이와 비슷한 고찰을 그림 2.6의 다른 단면에 대해서도 할 수 있을 것이다.

　예로서 그림 2.6a의 중공 원형관을 사용하는 경우의 설계문제를 생각해 보자. 내경 d_i 및 외경 d_o, 그리고 벽면의 두께 t를 설계변수로 설정할 수 있을 것이다. 그러면 이들은 서로 독립이 아니다. 이들 변수의 값이 $d_i = 10$, $d_o = 12$, $t = 2$와 같이 지정될 수는 없다. 왜냐하면 이는 물리적 조건인 $t = 0.5(d_o - d_i)$에 위배되기 때문이다. 그러므로 만약 d_i, d_o 및 t를 설계변수로 하여 문제를 정식화하려면 제약조건으로서 $t = 0.5d_o - d_i$)를 부가시켜야 한다. 정식화의 예로서 다음과 같이 설계변수를 정의하자.

　　x_1 = 트러스의 높이 h

x_2 = 트러스의 폭 s

x_3 = 부재 1의 외경

x_4 = 부재 1의 내경

x_5 = 부재 2의 외경

x_6 = 부재 2의 외경

이때 부재 1과 2의 단면적 A_1 및 A_2는 각각 다음 식과 같다.

$$A_1 = \frac{\pi}{4}(x_3^2 - x_4^2); \; A_2 = \frac{\pi}{4}(x_5^2 - x_6^2) \tag{c}$$

이 문제가 일단 6개의 설계변수를 이용하여 정식화되면, 특별한 요구조건을 만족하도록 변형하는 것도 가능하다. 예를 들어, 높이 x_1을 상수로 둔다면 문제의 정식화에서 소거된다. 또 제작의 편의를 위해 구조물의 대칭성이 요구되기도 하는데, 이때는 2개 부재의 단면 형상 및 치수, 재료 등을 같게 해야 한다. 즉, 정식화에서 $x_3 = x_5$ 및 $x_4 = x_6$를 추가한다. 이러한 정식화는 연습문제로 남겨둔다.

4단계: 최적화 기준 정의. 구조물의 질량이 문제 설정과정의 목적함수로 정의되었다. 이것은 최소화되어야 하므로 **비용함수**라 부른다. 수식은 부재단면의 형상과 그에 따른 설계변수에 의해 결정된다. 중공 원형관과 선정된 설계변수에 대응하는 구조물의 총 질량은 다음과 같이 계산된다(밀도 × 재료의 부피).

$$Mass = \rho[l(A_1 + A_2)] = \left[\rho\sqrt{x_1^2 + (0.5x_2)^2} \right] \frac{\pi}{4}(x_3^2 - x_4^2 + x_5^2 - x_6^2) \tag{d}$$

만약 외경 및 내경과 외경의 비를 설계변수로 잡으면 목적함수의 식은 달라진다. 따라서 **최종형태**는 문제에서 설정된 설계변수에 따라 좌우된다.

5단계: 제약조건 정의. 설계문제에 모든 제약조건을 정식화하는 것은 매우 중요하다. 왜냐하면 궁극적으로 해가 이들에 의해 좌우되기 때문이다. 2부재 구조에서 제약조건은 부재의 응력과 설계변수의 한계에 관한 것이다. 이 제약조건들을 전술한 설계변수를 이용하여 원형관을 대상으로 정식화하기로 한다. 그 외의 단면형상 및 그에 대응하는 설계변수의 집합에 대해서도 마찬가지로 정식화될 수 있다.

과도한 응력발생을 방지하기 위해서는 계산된 응력(인장응력 또는 압축응력)이 재료의 허용응력 $\sigma_a > 0$보다 작거나 같아야 한다. 부재의 응력 σ_1과 σ_2는 (힘/단면적)으로 다음과 같다.

$$\sigma_1 = \frac{F_1}{A_1} \; \text{(stress in bar 1)}$$
$$\sigma_2 = \frac{F_2}{A_2} \; \text{(stress in bar 2)} \tag{e}$$

양과 음의 응력(인장과 압축)을 취급하기 위해서는 계산된 응력의 절댓값을 사용해야 한다는 것을 주목해 주기 바란다($|\sigma| \leq \sigma_a$). 절댓값의 제약조건은 최적화 방법에서 특별하게 다룬다. 여기에서는 절댓값 제약조건을 2개의 제약조건으로 분리할 것이다. 예를 들어, 부재 1의 응력 제약조건은 다음과 같이 2개의 제약조건으로 분리한다.

$$\sigma_1 \le \sigma_a \text{ (tensile stress in bar 1)}$$
$$-\sigma_1 \le \sigma_a \text{ (compressive stress in bar 1)}$$

(f)

이렇게 하면 부재 1이 인장일 때 두 번째 제약조건은 자동적으로 만족되고, 압축이면 첫 번째 제약조건이 자동으로 만족된다.

$$\sigma_2 \le \sigma_a \text{ (tensile stress in bar 2)}$$
$$-\sigma_2 \le \sigma_a \text{ (compressive stress in bar 2)}$$

(g)

마지막으로 제작 및 공간적 한계를 고려하기 위하여 설계변수의 제약조건을 사용한다.

$$x_{iL} \le x_i \le x_{iU} \; ; \quad i = 1 \text{ to } 6$$

(h)

여기서 x_{iL} 및 x_{iU}는 i번째 설계변수의 최소치 및 최대치이며 문제를 풀기 전에 그 값을 지정해 둔다.

원형관에 대한 설계변수를 다르게 정의하거나 또는 전혀 다른 단면을 사용하게 되면 응력에 관한 식은 달라진다. 예를 들어, 내반경과 외반경, 평균 반경과 벽 두께, 또는 외경과 내경-외경의 비 등을 설계변수로 정의한다면, 단면적이나 응력의 식 등이 전혀 달라질 것이다. 이는 설계변수의 정의가 문제의 정식화에 지대한 영향을 미친다는 것을 뜻한다.

여기서 주의해야 할 것은 적절한 제약조건 식을 표현하기 위해 먼저 구조물을 해석(주어진 입력자료에 대한 구조응답의 계산)했었다는 사실이다. 부재력을 계산해야만 제약조건 식을 쓸 수 있었다. 이것은 어떤 공학설계문제의 정식화에서도 중요한 단계이다. 즉, 설계최적화 문제를 정식화하기 전에 시스템의 해석이 선행되어야 한다는 것이다.

다음의 예제를 통해 최적설계문제의 두 가지 정식화를 요약해보자. 첫 번째 정식화는 중개변수를 이용한 것인데 설계 정식화를 컴퓨터 프로그램으로 변환했을 때 유용하다. 여기에는 함수식들이 간단하여 프로그램을 쓰기 쉽고 오류 찾기(debug)도 쉽다. 두 번째 정식화에서는 전적으로 설계변수의 함수만 사용하므로 모든 중개변수가 소거된다. 여기에서는 수식이 좀 더 복잡하게 표현된다. 어떤 문제에서는 함수식이 설계변수의 잠재함수로만 존재하여 두 번째 정식화 형식이 가능하지 않을 수 있다. 이와 같은 예는 14장에서 다루도록 한다.

예제 2.8 **중개변수를 이용한 2부재 구조물의 정식화**

중개변수를 이용한 2부재 구조물의 최적설계의 정식화는 다음과 같이 요약된다.

주어진 자료: $W, \theta, \sigma_a > 0, x_{iL}, x_{iU}, i = 1 \text{ to } 6$

설계변수: $x_1, x_2, x_3, x_4, x_5, x_6$

중개변수:

부재 단면적:

$$A_1 = \frac{\pi}{4}(x_3^2 - x_4^2); A_2 = \frac{\pi}{4}(x_5^2 - x_6^2)$$

(a)

부재 길이:

$$l = \sqrt{x_1^2 + (0.5x_2)^2} \tag{b}$$

부재력:

$$F_1 = -0.5Wl\left[\frac{\sin\theta}{x_1} + \frac{2\cos\theta}{x_2}\right]$$

$$F_2 = -0.5Wl\left[\frac{\sin\theta}{x_1} - \frac{2\cos\theta}{x_2}\right] \tag{c}$$

부재응력:

$$\sigma_1 = \frac{F_1}{A_1}; \quad \sigma_2 = \frac{F_2}{A_2} \tag{d}$$

목적함수: 부재의 총 질량을 최소화

$$Mass = \rho l(A_1 + A_2) \tag{e}$$

제약조건:

부재응력:

$$-\sigma_1 \le \sigma_a; \, \sigma_1 \le \sigma_a; \, -\sigma_2 \le \sigma_a; \, \sigma_2 \le \sigma_a \tag{f}$$

설계변수의 범위:

$$x_{iL} \le x_i \le x_{iU}; \quad i = 1 \text{ to } 6 \tag{g}$$

수학적 정식화. 설계변수: A_1, A_2, l, F_1, F_2, σ_1, σ_2, $x_1 \sim x_6$, 최소화 목적함수: 식 (e), 등호제약조건(7개): 식 (a)~(d), 부등호제약조건(16개): 식 (f), 식 (g).

예제 2.9 　설계변수만을 이용한 2부재 구조물의 정식화

모든 식에서 중개변수를 소거하여 설계변수의 항으로만 구성된 2부재 구조물의 최적설계의 정식화는 다음과 같이 요약된다.

주어진 자료: W, θ, $\sigma_a > 0$, x_{iL}, x_{iU}, $i = 1$ to 6
설계변수: x_1, x_2, x_3, x_4, x_5, x_6
목적함수: 부재의 총 질량을 최소화

$$Mass = \frac{\pi\rho}{4}\sqrt{x_1^2 + (0.5x_2)^2}\,(x_3^2 - x_4^2 + x_5^2 - x_6^2) \tag{a}$$

제약조건:

부재응력:

$$\frac{2W\sqrt{x_1^2 + (0.5x_2)^2}}{\pi(x_3^2 - x_4^2)}\left[\frac{\sin\theta}{x_1} + \frac{2\cos\theta}{x_2}\right] \le \sigma_a \tag{b}$$

$$\frac{-2W\sqrt{x_1^2 + (0.5x_2)^2}}{\pi(x_3^2 - x_4^2)}\left[\frac{\sin\theta}{x_1} + \frac{2\cos\theta}{x_2}\right] \leq \sigma_a \tag{c}$$

$$\frac{2W\sqrt{x_1^2 + (0.5x_2)^2}}{\pi(x_5^2 - x_6^2)}\left[\frac{\sin\theta}{x_1} - \frac{2\cos\theta}{x_2}\right] \leq \sigma_a \tag{d}$$

$$\frac{-2W\sqrt{x_1^2 + (0.5x_2)^2}}{\pi(x_5^2 - x_6^2)}\left[\frac{\sin\theta}{x_1} - \frac{2\cos\theta}{x_2}\right] \leq \sigma_a \tag{e}$$

설계변수의 범위:

$$x_{iL} \leq x_i \leq x_{iU}; \quad i = 1 \text{ to } 6 \tag{f}$$

수학적 정식화. 설계변수: $x_1 \sim x_6$, 최소화 목적함수: 식 (a), 부등호제약조건(16개): 식 (b)~(f).

최적화 문제의 정식화에서 중개변수를 설계변수로 취급할 수 있다. 이때, 비교적 단순한 식들로 정식화되지만 부가적인 등호제약조건이 필요하게 된다.

2.6 캐비닛 설계

1단계: 과제/문제 설정. 어떤 캐비닛을 조립하는데 부품 C_1, C_2 및 C_3를 필요로 하며, 캐비닛마다 8개의 C_1, 5개의 C_2 및 15개의 C_3가 소요된다. 또 C_1을 제작하는 데는 5개의 볼트 또는 5개의 리벳이 필요하며, C_2의 제작에는 6개의 볼트 또는 6개의 리벳이, C_3의 제작에는 3개의 볼트 또는 3개의 리벳이 각각 필요하다. 볼트의 장착비용은 볼트 값을 포함하여 C_1에 대해서는 \$0.70, C_2에 대해서는 \$1.00, C_3에 대해서는 \$0.60이 각각 든다. 매일 조립되어야 하는 캐비닛은 100개이며, 하루에 볼트 및 리벳을 장착할 수 있는 능력은 각각 6000 및 8000이다. 이제 비용을 최소화하기 위해 볼트 및 리벳을 사용하여 제작할 부품의 개수를 결정하고 싶다[Siddal, 1972].

2단계: 자료 및 정보 수집. 이 문제를 위한 모든 정보는 과제 설정에서 주어졌다. 이 문제는 가정하기에 따라 여러 가지 방법으로 정식화할 수 있다. 세 가지 정식화가 제시되고, 각 정식화에 대하여 적절한 설계변수가 정의되며 비용함수와 제약함수에 대한 식은 3단계~5단계와 같이 유도된다.

2.6.1 캐비닛 설계 정식화 1

3단계: 설계변수 정의. 첫 번째 정식화를 위해 100개의 캐비닛에 대한 다음의 설계변수를 설정한다.

x_1 = 볼트로 제작할 C_1의 개수

x_2 = 리벳으로 제작할 C_1의 개수

x_3 = 볼트로 제작할 C_2의 개수

x_4 = 리벳으로 제작할 C_2의 개수

x_5 = 볼트로 제작할 C_3의 개수

x_6 = 리벳으로 제작할 C_3의 개수

4단계: 최적화 기준 정의. 설계목적함수는 캐비닛의 조립비용을 최소화하는 것으로서 각 부품에 대한 볼트와 리벳의 비용으로부터 얻어진다.

$$\begin{aligned} Cost &= 0.70(5)x_1 + 0.60(5)x_2 + 1.00(6)x_3 + 0.80(6)x_4 + 0.60x_5 + 1.00(3)x_6 \\ &= 3.5x_1 + 3.0x_2 + 6.0x_3 + 4.8x_4 + 1.8x_5 + 3.0x_6 \end{aligned} \quad \text{(a)}$$

5단계: 제약조건 정의. 제약조건은 리벳 및 볼트의 장착능력과 매일 조립될 캐비닛의 개수에 관한 것으로 이루어진다. 100개의 캐비닛이 매일 조립되어야 하므로 C_1, C_2 및 C_3의 소요개수는 다음의 제약조건으로 주어진다.

$$\text{Number of } C_1 \text{ used must be } 8 \times 100 : x_1 + x_2 = 8 \times 100$$

$$\text{Number of } C_2 \text{ used must be } 5 \times 100 : x_3 + x_4 = 5 \times 100 \quad \text{(b)}$$

$$\text{Number of } C_3 \text{ used must be } 15 \times 100 : x_5 + x_6 = 15 \times 100$$

볼트와 리벳의 장착능력이 초과되지 않아야 한다.

$$\text{Bolting capacity: } 5x_1 + 6x_3 + 3x_5 \le 6000$$

$$\text{Riveting capacity: } 5x_2 + 6x_4 + 3x_6 \le 8000 \quad \text{(c)}$$

마지막으로 설계변수는 음수가 아니어야 한다.

$$x_i \ge 0; i = 1 \text{ to } 6 \quad \text{(d)}$$

수학적 정식화. 설계변수(6개): $x_1 \sim x_6$, 최소화 목적함수: 식 (a), 등호제약조건(3개): 식 (b), 부등호제약조건(8개): 식 (c)~(d).

2.6.2 캐비닛 설계 정식화 2

3단계: 설계변수 정의. 제약조건을 좀 더 완화시켜서 각각의 부품이 볼트 또는 리벳으로 장착되어야 한다고 하면 다음의 설계변수를 설정할 수 있다.

x_1 = 모든 C_1에 소요되는 볼트의 총 개수
x_2 = 모든 C_2에 소요되는 볼트의 총 개수
x_3 = 모든 C_3에 소요되는 볼트의 총 개수
x_4 = 모든 C_1에 소요되는 리벳의 총 개수
x_5 = 모든 C_2에 소요되는 리벳의 총 개수
x_6 = 모든 C_3에 소요되는 리벳의 총 개수

4단계: 최적화 기준 정의. 여기서도 설계목적함수는 100개의 캐비닛을 조립하는 데 소요되는 비용을 최소화하는 것이다.

$$Cost = 0.70x_1 + 1.00x_2 + 0.60x_3 + 0.60x_4 + 0.80x_5 + 1.00x_6, \$ \quad \text{(e)}$$

5단계: 제약조건 정의. 매일 100개의 캐비닛이 제작되어야 하므로 800개의 C_1과 500개의 C_2 및 1500개의 C_3가 소요되고 이들 부품에 볼트와 리벳의 총 개수는 다음의 조건으로 표시된다.

등호제약조건:

$$\text{Bolts and rivets needed for } C_1 : x_1 + x_4 = 5 \times 800$$

$$\text{Bolts and rivets needed for } C_2 : x_2 + x_5 = 6 \times 500 \qquad \text{(f)}$$

$$\text{Bolts and rivets needed for } C_3 : x_3 + x_6 = 3 \times 1500$$

부등호제약조건:

$$\text{Bolting capacity: } x_1 + x_2 + x_3 \leq 6000$$

$$\text{Riveting capacity: } x_4 + x_5 + x_6 \leq 8000 \qquad \text{(g)}$$

설계변수 제약조건:

$$x_i \geq 0; i = 1 \text{ to } 6 \qquad \text{(h)}$$

수학적 정식화. 설계변수(6개): $x_1 \sim x_6$, 최소화 목적함수: 식 (e), 등호제약조건(3개): 식 (f), 부등호제약조건(8개): 식 (g)~(h).

2.6.3 캐비닛 설계 정식화 3

3단계: 설계변수 정의. 만약 모든 캐비닛이 동일한 것이라면 문제의 또 다른 정식화가 가능하다. 이때 다음의 설계변수를 선정한다.

x_1 = 하나의 캐비닛에 볼트 장착된 C_1의 개수
x_2 = 하나의 캐비닛에 리벳 장착된 C_1의 개수
x_3 = 하나의 캐비닛에 볼트 장착된 C_2의 개수
x_4 = 하나의 캐비닛에 리벳 장착된 C_2의 개수
x_5 = 하나의 캐비닛에 볼트 장착된 C_3의 개수
x_6 = 하나의 캐비닛에 리벳 장착된 C_3의 개수

4단계: 최적화 기준 정의. 정의된 설계변수를 이용하여, 매일 100개의 캐비닛을 조립하는 비용을 표현하면 다음과 같다.

$$
\begin{aligned}
Cost &= 100[0.70(5)x_1 + 0.60(5)x_2 + 1.00(6)x_3 + 0.80(6)x_4 + 0.60x_5 + 1.00(3)x_6] \\
&= 350x_1 + 300x_2 + 600x_3 + 480x_4 + 180x_5 + 300x_6
\end{aligned}
\qquad \text{(i)}
$$

5단계: 제약조건 정의. 하나의 캐비닛에 $8C_1$, $5C_2$, 및 $15C_3$의 부품이 필요하므로 다음의 등호제약조건을 얻는다.

$$
\begin{aligned}
x_1 + x_2 &= 8 \ (\text{number of } C_1 \text{ needed}) \\
x_3 + x_4 &= 5 \ (\text{number of } C_2 \text{ needed}) \\
x_5 + x_6 &= 15 \ (\text{number of } C_3 \text{ needed})
\end{aligned}
\qquad \text{(j)}
$$

또 볼트와 리벳의 장착능력에 관한 제약조건은

$$(5x_1 + 6x_3 + 3x_5)100 \leq 6000 \text{ (bolting capacity)}$$
$$(5x_2 + 6x_4 + 3x_6)100 \leq 8000 \text{ (riveting capacity)}$$

(k)

설계변수의 제약조건은 다음과 같다.

$$x_i \geq; \quad i = 1 \text{ to } 6$$

(l)

수학적 정식화. 설계변수(6개): $x_1 \sim x_6$, 최소화 목적함수: 식 (i), 등호제약조건(3개): 식 (j), 부등호제약조건(8개): 식 (k)~(l)

이들 3개의 정식화에 대하여 다음과 같이 정리해보자.

1. 이상의 3개의 정식화에서 모든 목적함수와 제약함수가 각각 선형이다. 따라서 이들은 선형계획 문제이다. 3개의 정식화에서 서로 다른 3개의 최적해가 구해질 것이며, 문제를 푼 다음 설계자는 캐비닛의 조립에 대한 최선책을 선택할 수 있다.

2. 위의 모든 정식화에 각각 3개의 **등호제약조건**이 있으며 이들 각각에는 2개의 설계변수가 관련되어 있다. 이 등식으로부터 3개의 변수를 소거할 수 있고, 따라서 문제의 차원(설계변수의 개수)을 줄일 수 있다. 이러한 사실은 계산상의 측면에서 볼 때 바람직한 것이다. 왜냐하면 설계변수 및 제약조건의 수를 줄일 수 있기 때문이다. 그러나 대부분의 복잡한 문제에서는 변수를 소거하는 것이 불가능한 경우가 많기 때문에 등호제약조건 및 부등호제약조건을 함께 취급할 수 있는 방법들을 개발해야 한다.

3. 이 정식화에서 물리적으로 의미 있는 해가 되기 위해서는 모든 설계변수가 정수값을 가져야 한다. 이러한 문제를 **정수계획문제**(*integer programming problem*)라고 하며 실제로 자주 나타나는 문제이다. 이러한 종류의 문제를 취급하기 위한 수치해석과정은 15장에서 논의하게 된다.

2.7   최소무게 관상 기둥 설계

1단계: 과제/문제 설정. 구조요소로서 곧은 기둥은 토목, 기계, 항공, 농업 및 자동차 구조물에 널리 사용된다. 일상생활에서도 기둥이 응용되는 경우는 자주 관찰할 수 있는데, 예를 들면 가로등의 기둥, 신호등의 지주, 국기 게양대, 물탱크의 지주, 고속도로 표지판의 지주, 전주 등이다. 따라서 이들을 가급적 잘 설계하는 것은 중요하다. 이 절의 내용은 길이 l인 원통형 기둥을 좌굴과 과도한 응력을 발생시키지 않고 하중 P를 지지하며 무게가 최소화되도록 설계하는 것이다. 기둥은 그림 2.7과 같이 저면은 고정 지지, 상단은 자유단이다. 이와 같은 형태의 구조물을 캔틸레버 기둥(cantilever column)이라고 한다.

2단계: 자료 및 정보 수집. 캔틸레버 기둥의 좌굴하중(buckling load, 임계하중, critical load)은

$$P_{cr} = \frac{\pi^2 EI}{4l^2}$$

(a)

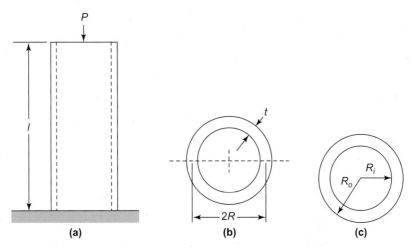

그림 2.7 (a) 원통형 관상 기둥, (b) 정식화 1의 설계변수, (c) 정식화 2의 설계변수

지지조건에 따라 기둥의 좌굴하중은 달라진다[Crandall et al, 2012]. 여기서 I는 기둥의 단면에 대한 단면 2차 모멘트(moment of inertia)이며 E는 재료의 성질로서 탄성계수(Young 계수)이다. 이와 같이 좌굴하중은 기둥의 설계(즉, 단면 2차 모멘트 I)에 따라 달라진다. 그리고 좌굴하중은 기둥에 작용할 수 있는 하중의 한계를 말한다. 즉, 작용하중이 좌굴하중보다 커지면 기둥이 파괴된다는 것이다. 기둥에 발생하는 재료의 응력 σ는 P/A로 정의되며 여기서 A는 기둥의 단면적이다. 축하중이 작용할 때의 재료의 허용응력(allowable stress)은 σ_a이며 재료의 밀도는 ρ(단위체적당의 질량)이다.

원통형 기둥과 그 단면이 그림 2.7에 표시되어 있다. 이 설계문제에 대해서 설계변수를 정의하는 방법에 따라 여러 가지의 정식화가 가능하다. 여기서 두 가지의 정식화에 대해 기술하기로 한다.

2.7.1 기둥 설계 정식화 1

3단계: 설계변수 정의. 첫 번째 정식화에서는 설계변수를 다음과 같이 정의한다.

R = 기둥의 평균 반경
t = 벽 두께

기둥 벽이 얇은 경우($R \gg t$)에는 단면적과 단면 2차 모멘트가 다음과 같다.

$$A = 2\pi Rt; \, I = \pi R^3 t \tag{b}$$

4단계: 최적화 기준 정의. 목적함수는 기둥 전체의 질량으로서 최소화되어야 한다.

$$Mass = \rho(lA) = 2\rho l\pi Rt \tag{c}$$

5단계: 제약조건 정의. 첫 번째 제약조건은 응력(P/A)이 σ_a를 초과하지 않아야 한다는 것이다. 이 것은 $\sigma \leq \sigma_a$와 같은 부등식으로 표현되며 여기에 σ를 P/A로 대치하고 A의 식을 대입하면 다음의 제약조건을 얻는다.

$$\frac{P}{2\pi Rt} \le \sigma_a \tag{d}$$

기둥은 작용하중 P에 의해 좌굴되지 않아야 한다. 즉, 작용하중이 좌굴하중보다 크지 않아야 한다 ($P \le P_{cr}$). 식 (a)를 이용하여 이를 다시 쓰면,

$$P \le \frac{\pi^3 E R^3 t}{4 l^2} \tag{e}$$

마지막으로 R과 t는 하한(R_{min}, t_{min}) 및 상한(R_{max}, t_{max}) 사이에 있어야 한다.

$$R_{min} \le R \le R_{max} \, ; \, t_{min} \le t \le t_{max} \tag{f}$$

수학적 정식화. 설계변수(2개): R, t, 최소화 목적함수: 식 (c), 부등호제약조건(6개): 식 (d)~(f).

2.7.2 기둥설계 정식화 2

3단계: 설계변수 정의. 다음과 같이 설계변수를 정의하여 정식화할 수 있다.

R_o = 기둥의 외반경
R_i = 기둥의 내반경

이 설계변수를 이용하여 단면적 A와 단면 2차 모멘트 I를 표현하면

$$A = \pi(R_o^2 - R_i^2); \, I = \frac{\pi}{4}(R_o^4 - R_i^4) \tag{g}$$

4단계: 최적화 기준 정의. 기둥의 전체 질량이 최소화 목적함수이다.

$$Mass = \rho(lA) = \pi\rho l(R_o^2 - R_i^2) \tag{h}$$

5단계: 제약조건 정의. 재료의 파괴에 대한 제약조건($P/A \le \sigma_a$):

$$\frac{P}{\pi(R_o^2 - R_i^2)} \le \sigma_a \tag{i}$$

좌굴에 대한 제약조건($P \le P_{cr}$):

$$P \le \frac{\pi^3 E}{16 l^3}(R_o^4 - R_i^4) \tag{j}$$

설계변수의 하한($R_{o\,min}$, $R_{i\,min}$)과 상한($R_{o\,max}$, $R_{i\,max}$):

$$R_{o\,min} \le R_o \le R_{o\,max} \, ; \quad R_{i\,min} \le R_i \le R_{i\,max} \tag{k}$$

이 문제를 수치해법을 이용하여 풀 때는 $R_o > R_i$라는 제약조건을 부가하여야 한다. 그렇지 않으면 어떤 해법에서는 $R_o < R_i$인 설계를 줄 수도 있다. 이는 물리적으로 불가능하지만 수치해로서는 가능하므로 설계문제의 수치해법에서는 이 조건을 분명히 포함시켜야 한다.

두 번째의 정식화는 벽 두께가 매우 얇다는 가정을 하지 않았다. 따라서 두 가지의 정식화에서 얻은 최적해가 달라질 수도 있다. 필요하다면 단면의 벽 두께가 얇다는 가정을 분명히 부가시킬 수 있

으며 이를 위해서는 평균 반경과 벽 두께의 비가 어떤 상수 k보다 크다고 하면 된다.

$$\frac{(R_o + R_i)}{2(R_o - R_i)} \leq k \text{ or } \frac{R}{t} \leq k \tag{l}$$

여기서 R은 평균 반경, k는 재료의 탄성계수와 항복응력(yield stress)에 관련된 상수이다. 강철의 경우, E = 29,000 ksi, 항복응력은 50 ksi, k = 32이다(AISC, 2011).

수학적 정식화. 설계변수(2개): R_o, R_i, 최소화 목적함수: 식 (h), 부등호제약조건(6개): 식 (i)~(l).

2.8 최소 비용 원통 탱크 설계

1단계: 과제/문제 설정. 일정한 부피 V만큼의 액체를 담을 수 있고 양끝이 막혀 있는 원통형 용기를 최소가로 설계해 보자. 비용은 사용된 철판 면적에 직접 좌우된다는 것을 알고 있다.

2단계: 자료 및 정보 수집. 강판의 단위면적당 비용을 c라 하자. 다른 정보는 과제 설정에 주어졌다.

3단계: 설계변수 정의. 이 문제에서 사용한 설계변수는

R = 탱크의 반경
H = 탱크의 높이

4단계: 최적화 기준 정의. 문제의 목적함수는 용기에 사용된 철판의 가격이다. 양끝 및 원통을 포함한 철판의 전체 면적은 다음 식으로 주어진다.

따라서 c를 철판의 단위 면적당 가격이라 하면 이 문제의 목적함수는 다음과 같다.

$$A = 2\pi R^2 + 2\pi RH \tag{a}$$

$$f = c(2\pi R^2 + 2\pi RH) \tag{b}$$

5단계: 제약조건 정의. 탱크의 부피($\pi R^2 H$)는 V이다.

$$\pi R^2 H = V \tag{c}$$

또 설계변수 R과 H에는 하한과 상한이 있다.

$$R_{\min} \leq R \leq R_{\max} \,;\, H_{\min} \leq H \leq H_{\max} \tag{d}$$

수학적 정식화. 설계변수(2개): R, H, 최소화 목적함수: 식 (b), 등호제약조건(1개): 식 (c), 부등호제약조건(4개): 식 (d). 이 문제는 2.2절에서 다루었던 캔 문제와 매우 유사하다. 부피에 대한 제약조건이 다를 뿐이다. 2.2절에서는 부등호제약조건이었으나 여기에서는 등호제약조건이다.

2.9 코일 스프링의 설계

1단계: 과제/문제 설정. 코일 스프링은 매우 실용적으로 사용되며 이를 해석하고 설계하는 상세기법

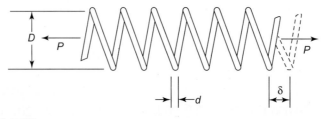

그림 2.8   코일 스프링

이 지난 수년간 개발되었다(Spotts, 1953; Wahl, 1963; Haug and Arora, 1979; Budynas and Nisbett, 2014). 이 과제의 목적은 주어진 축하중을 전달하는 최소 질량의 스프링(인장-압축스프링이라 한다)을 설계하는 것이다(그림 2.8). 다음 두 가지의 성능 요구조건을 만족하면서 재료의 파괴가 발생하지 않아야 한다. 즉, 스프링의 변형이 최소한 Δ(in.)는 되어야 하고, 서지파(surge waves)의 주파수가 ω_0 (Hz)보다 작아야 한다.

2단계: 자료 및 정보 수집. 정식화에 필요한 자료는 표 2.3에 수록되었다.

스프링이 인장 또는 압축될 때 철사(wire)는 비틀림을 받는다. 따라서 철사의 비틀림 전단응력이 계산되어야 하고, 이를 정식화에 포함시켜야 한다. 또 서지파의 주파수도 계산되어야 한다. 이러한 설계식들은 다음과 같다.

하중–변형 관계식:

$$P = K\delta \tag{a}$$

표 2.3   코일 스프링의 설계자료

Notation	Data
Deflection along the axis of spring	δ, in.
Mean coil diameter	D, in.
Wire diameter	d, in.
Number of active coils	N
Gravitational constant	$g = 386$ in./s^2
Frequency of surge waves	ω, Hz
Weight density of spring material	$\gamma = 0.285$ lb/in^3
Shear modulus	$G = (1.15 \times 10^7)$ lb/in^2
Mass density of material ($\rho = \gamma/g$)	$\rho = (7.38342 \times 10^{-4})$ lb-s^2/in^4
Allowable shear stress	$\tau_a = 80,000$ lb/in^2
Number of inactive coils	$Q = 2$
Applied load	$P = 10$ lb
Minimum spring deflection	$\Delta = 0.5$ in.
Lower limit on surge wave frequency	$\omega_0 = 100$ Hz
Limit on outer diameter of coil	$D_o = 1.5$ in.

스프링 상수, K:

$$K = \frac{d^4 G}{8D^3 N} \tag{b}$$

전단응력, τ:

$$\tau = \frac{8kPD}{\pi d^3} \tag{c}$$

Wahl 응력집중계수, k:

$$k = \frac{(4D - d)}{4(D - d)} + \frac{0.615d}{D} \tag{d}$$

서지파 주파수, ω:

$$\omega = \frac{d}{2\pi N D^2} \sqrt{\frac{G}{2\rho}} \tag{e}$$

식 (d)의 Wahl 응력집중계수 k에 대한 표현은 스프링의 특정 위치에서 주로 큰 응력 때문에 경험적으로 결정된다. 이 해석식들은 제약조건을 정의하기 위해 사용된다.

3단계: 설계변수 정의. 이 문제에서 3개의 설계변수는 다음과 같이 정의된다.

d =강선 직경, in.
D =평균 코일직경, in.
N =가변코일의 수, integer

4단계: 최적화 기준 정의. 스프링의 최소 질량을 구하는 것이다.

$$Mass = \frac{\pi}{4} d^2 [(N + Q)\pi D]\rho = \frac{1}{4}(N + Q)\pi^2 D d^2 \rho \tag{f}$$

5단계: 제약조건 정의.

변형 제약조건. 하중 P에 대한 변위가 최소한 Δ이어야 한다. 그러므로 계산된 변위 δ는 Δ보다 크거나 같아야 한다는 것이다. 이러한 제약조건은 스프링 설계에서 보편적이다. 많은 응용에서 스프링의 기능은 운동학적 기능을 수행하는 동안 큰 변위를 견디는 부품으로서 적당한 복원력을 제공하는 것이다. 수학적으로 이 성능요구조건($\delta \geq \Delta$)은 아래와 같은 식 (a)를 이용한 부등식으로 표현한다.

$$\frac{P}{K} \geq \Delta \tag{g}$$

전단응력 제약조건. 재료의 과다 응력을 예방하기 위해 강선의 **전단응력**은 τ_a보다 커서는 안 되며, 이는 수학적으로 다음과 같이 표현할 수 있다.

$$\tau \leq \tau_a \tag{h}$$

파의 주파수 제약조건. 서지파(스프링의 종방향 파)의 주파수를 가급적 크게 만들어 동역학적 응용에서 공진을 피하고자 한다. 즉, 스프링의 주파수가 최소 ω_0 (Hz)가 되도록 한다.

$$\omega \geq \omega_0 \tag{i}$$

직경 제약조건. 스프링의 외경은 D_0보다 크지 않아야 한다.

$$D + d \leq D_0 \tag{j}$$

설계변수 제약조건. 제작이나 또 다른 실질적인 어려움을 피하기 위해 강선 직경, 코일 직경, 그리고 감는 수에 대한 최소와 최대의 한계를 설정한다.

$$\begin{aligned} d_{\min} \leq d \leq d_{\max} \\ D_{\min} \leq D \leq D_{\max} \\ N_{\min} \leq N \leq N_{\max} \end{aligned} \tag{k}$$

수학적 정식화. 설계변수(3개): d, D, N, 최소화 목적함수: 식 (f), 부등호제약조건(10개): 식 (g)~(k).

예제 2.10 스프링 설계문제의 설계변수만을 이용한 정식화

코일 스프링의 최적설계를 위한 문제의 정식화는 다음과 같이 요약할 수 있다.

주어진 자료: Q, P, ρ, γ, τ_a, G, Δ, ω_0, D_0, $d_{\min}$, $d_{\max}$, $D_{\min}$, $D_{\max}$, $N_{\min}$, $N_{\max}$

설계변수: d, D, N

목적함수: 스프링의 질량은 식 (f)와 같다.

제약조건:

변형의 한계:

$$\frac{8PD^3N}{d^4G} \geq \Delta \tag{l}$$

전단응력:

$$\frac{8PD}{\pi d^3}\left[\frac{(4D-d)}{4(D-d)} + \frac{0.615d}{D}\right] \leq \tau_a \tag{m}$$

서지파의 주파수:

$$\frac{d}{2\pi ND^2}\sqrt{\frac{G}{2\rho}} \geq \omega_0 \tag{n}$$

직경 제약조건: 식 (j)

설계변수 제약조건: 식 (k)

수학적 정식화. 설계변수(3개): d, D, N, 최소화 목적함수: 식 (f), 부등호제약조건(10개): 식 (j), (k), (l)~(n).

2.10 최소 무게 대칭형 3부재 트러스 설계

1단계: 과제/문제 설정. 좀 더 복잡한 설계문제의 예로서 그림 2.9와 같은 구조물을 생각해 보기로 한다(Schmit, 1960; Haug and Arora, 1979). 이 구조물은 부정정 구조이며, 하중 P를 지지하는 최소체적(즉, 최소질량)의 구조물로 설계하고자 한다. 이것은 다양한 기능 및 기술적인 제약조건이 만족되도록 하여야 하는데 부재응력, 부재좌굴, 절점 4의 과도한 처짐에 의한 파괴, 그리고 고유진동주기가 한계주파수 이하일 때의 공진에 의한 파괴 등이 여기에 포함된다.

2단계: 자료 및 정보 수집. 이 문제를 해결하기 위해 필요한 정보로는 기하학적 정보, 사용재료의 물성, 그리고 하중이 있다. 또, 이 구조물은 부정정 구조물이므로 정역학적 평형방정식만으로는 해석할 수 없다. 제약조건을 정식화하기 위한 부재력, 절점변위 및 고유진동주기를 결정하기 위해서 고급의 해석과정을 사용해야 한다. 여기서 이런 식들을 구해 보자.

이 구조물은 대칭이므로 부재 1과 3의 단면적은 같으며(A_1), 부재 2의 단면적은 A_2이다. 부정정 구조의 해석과정을 이용하면 트러스의 절점 4의 수평 및 수직변위 u 및 v는 다음과 같이 얻어진다.

$$u = \frac{\sqrt{2}lP_u}{A_1 E}; \quad v = \frac{\sqrt{2}lP_v}{(A_1 + \sqrt{2}A_2)E} \tag{a}$$

여기서 E는 재료의 탄성계수이고 P_u와 P_v는 하중 P의 수평 및 수직성분이다. $P_u = P\cos\theta$, $P_v = P\sin\theta$. 여기서 l은 그림 2.9에 표시되어 있다. 또, 각 부재의 응력은

$$\sigma_1 = \frac{1}{\sqrt{2}}\left[\frac{P_u}{A_1} + \frac{P_v}{A_1 + \sqrt{2}A_2}\right] \tag{b}$$

$$\sigma_2 = \frac{\sqrt{2}P_v}{(A_1 + \sqrt{2}A_2)} \tag{c}$$

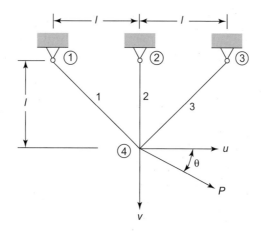

그림 2.9 3부재 트러스

$$\sigma_3 = \frac{1}{\sqrt{2}} \left[-\frac{P_u}{A_1} + \frac{P_v}{A_1 + \sqrt{2}A_2} \right] \tag{d}$$

부재력(응력)은 구조물의 설계변수인 부재 단면적에 의해 좌우된다.

보통 구조물은 가동의 기계류를 지지하거나 동적하중을 받게 된다. 이러한 구조물은 특정의 진동주기를 가지는데 이를 **고유주기**(*natural frequency*)라 한다. 이것은 구조시스템에 내재하는 동역학적 특성인데, 특유의 고유주기를 가진 수 개의 진동 모드가 있을 수 있다. **공진현상**(*resonance*)은 이러한 고유진동 중의 하나가 기계의 작동주기 또는 작용하중의 주기와 일치할 때 발생하는 것으로서 구조물에 급작스런 파괴를 초래한다.

따라서 기계의 작동주기가 구조물의 고유진동주기에 근접하지 않도록 하는 것이 합리적이다. 가장 작은 고유주기에 대응하는 진동 모드가 매우 중요한 것인데, 이는 이 모드가 최초로 공진을 일으킬 수 있기 때문이다. 그러므로 공진의 가능성을 피하기 위해서는 가장 낮은 고유주기(기본고유주기, fundamental natural frequency)를 가급적 높게 하여야 한다. 이렇게 함으로써 구조의 강성(stiffness)을 크게 할 수 있다. 구조물의 고유주기를 계산하는 데는 고유값 문제(eigenvalue problem)를 풀어야 하는데, 여기에는 구조물의 강성과 질량의 성질이 관련된다. 대칭형 3부재 트러스의 기본 고유주기에 관련되어 있는 최소의 고유값 ζ를 일치 질량(consistent mass)의 모형으로부터 계산하면

$$\zeta = \frac{3EA_1}{\rho l^2 (4A_1 + \sqrt{2}A_2)} \tag{e}$$

여기서 ρ는 재료의 질량밀도이다. 이로써 구조물 해석은 완료되었으며, 이제 여러 가지 제약조건의 식을 쓸 수 있다.

3단계: 설계변수의 정의. 구조물이 대칭이어야 하므로 다음과 같이 설계변수를 설정한다.

A_1 = 부재 1과 3의 단면적
A_2 = 부재 2의 단면적

부재단면의 형상에 따라서 다른 설계변수를 이용할 수도 있다. 이때는 그림 2.6의 형상을 사용할 수 있다.

4단계: 최적화 기준 정의. 설계의 상대적 장점은 사용재료의 무게로 가늠할 수 있으므로 구조물에 사용될 재료의 무게(부재의 무게=단면적×길이× 비중)를 목적함수로 한다.

$$Volume = l\gamma(2\sqrt{2}A_1 + A_2) \tag{f}$$

여기에서 γ는 비중(weight density), l은 트러스의 높이이다.

5단계: 제약조건 정의. 이 구조물은 두 가지로 이용되도록 설계한다. 각각의 경우에 구조물은 서로 다른 하중을 지지하며 이를 구조물의 하중상태(loading condition)라 한다. 이 문제의 경우, 다음의 두 가지 하중상태를 고려하면 대칭구조를 얻게 된다. 첫 번째로는 하중이 θ각도로 작용하는 것이고, 다음으로는 하중이 $(\pi - \theta)$의 각도로 작용하는 경우이다. 여기에서 각도 θ는 그림 2.9에 표시되어 있다. 만약 부재 1과 3이 동일하다고 하면 두 번째 하중상태는 고려하지 않아도 상관없으므로 여

기서는 하중이 각도 $\theta(0 \le \theta \le 90°)$로 작용하는 경우만 생각하기로 한다.

식 (b)와 (c)로부터, σ_1과 σ_2는 항상 양수(인장응력)임을 알 수 있다. 또, 재료의 허용응력을 σ_a라 하면 부재 1과 2에 대한 **응력 제약조건**은 다음과 같이 쓸 수 있다.

$$\sigma_1 \le \sigma_a \;;\; \sigma_2 \le \sigma_a \tag{g}$$

그러나 식 (c)로부터 부재 3의 응력은 하중의 작용 각도에 따라 양수(인장) 또는 음수(압축)가 됨을 알 수 있다. 따라서 이 두 가지 가능성을 모두 고려하여 부재 3의 응력 제약조건을 써야 한다.

그중 하나의 방법이 2.5절에 설명되었다. 또 다른 방법은 다음과 같다.

$$\text{IF } (\sigma_3 < 0) \text{ THEN } -\sigma_3 \le \sigma_a \text{ ELSE } \sigma_3 \le \sigma_a \tag{h}$$

부재응력이 부호는 설계변수 값에 따라서 변하는 것은 아니므로 부재력이 압축이면 최적화 전 과정에서 압축부재이다. 따라서 위의 제약함수는 연속이며 미분가능인 함수가 된다.

동일한 과정을 부재 1과 2에 대하여 적용할 수 있다. 즉, 하중의 방향이 반대로 되면 응력의 부호도 반대로 된다는 것이다. 절점 4의 수평 및 수직변위는 주어진 한계 Δ_u 및 Δ_v 내에 있어야 한다. 식 (a)로부터 **처짐의 제약조건**은 다음과 같이 표현된다.

$$u \le \Delta_u \;;\; v \le \Delta_v \tag{i}$$

앞에서 논의된 바와 같이 구조물의 **기본 고유주기**는 주어진 주기 ω_0 헤르츠(Hz)보다 커야 한다. 이 제약조건은 구조물의 최소 고유값의 식으로 나타낼 수 있으며, 주기 ω_0 Hz에 대응하는 고유값은 $(2\pi\omega_0)^2$으로 주어진다. 따라서 구조물의 최소 고유값은 $(2\pi\omega_0)^2$보다 커야 한다.

$$\varsigma \ge (2\pi\omega_0)^2 \tag{j}$$

압축부재의 좌굴 제약조건을 부가하기 위해서는 부재단면과 단면 2차 모멘트의 관계를 파악해야 한다. 일반적으로 응용 가능한 단면 2차 모멘트 I와 단면적 A와의 관계식은 $I = \beta A^2$으로서 β는 무차원 상수이다. 이 관계식은 단면의 형상은 고정적이며 단면의 치수가 비례적으로 변하는 경우에 사용할 수 있다.

부재 i에 발생하는 부재력은 $F_i = A_i\sigma_i$이며 여기서 $i = 1, 2, 3$이고 인장력은 양으로 한다. 트러스의 부재는 양단이 핀으로 지지된 기둥처럼 간주한다. 따라서 i번째 부재의 좌굴하중은 $\pi^2 EI/l_i^2$이며 여기서 l_i는 부재 i의 길이이다(Crandall et al., 2012). 좌굴 제약조건은 $i = 1, 2, 3$에 대해서 $-F_i \le \pi^2 EI/l_i^2$으로 표현되며, 부재력이 압축력일 때 제약조건 식의 좌변이 양이 되도록 하기 위해서 F_i에 음의 부호를 붙였다. 인장부재에 대하여는 좌굴 제약조건은 부과할 필요가 없다. 이상의 수식을 이용하면 인장부재에 대한 좌굴 제약조건은 자동적으로 만족된다. 계산된 값을 대입하여 다음의 부재 좌굴 제약조건을 얻게 된다.

$$-\sigma_1 \le \frac{\pi^2 E\beta A_1}{2l^2} \le \sigma_a \;;\; -\sigma_2 \le \frac{\pi^2 E\beta A_2}{l^2} \le \sigma_a \;;\; -\sigma_3 \le \frac{\pi^2 E\beta A_1}{2l^2} \le \sigma_a \tag{k}$$

식 (k)에서 우변의 좌굴하중은 이미 부재의 단면적으로 나누어진 값이다. 좌굴응력은 허용 좌굴응력 σ_a보다 작아야 한다. 또 이 식은 그림 2.9의 하중 P가 어느 방향으로 작용하여도 사용된다.

마지막으로 A_1과 A_2는 음이 아니어야 한다. 즉, A_1, $A_2 \geq 0$. 대부분의 실제 설계문제에서 각각의 부재는 어떤 최소 단면적 A_{min}을 가질 것이 요구된다. 따라서 제약조건은

$$A_1, A_2 \geq A_{min} \tag{l}$$

수학적 정식화. 이 최적설계문제는 식 (f)의 체적을 최소화하면서 식 (g)~(l)의 제약조건을 만족하는 단면적 A_1, $A_2 \geq A_{min}$을 찾는 것이다. 이렇게 작은 규모의 문제에도 11개의 부등호제약조건과 2개의 설계변수가 있다. 이 문제는 14장에서 수치적 최적화 방법을 이용하여 풀게 될 것이다.

2.11 최적설계의 일반적 수학 모형

최적화의 개념과 방법을 설명하기 위해서는 최적설계문제에 대한 일반적인 수학적 모형이 필요하다. 이러한 수학적 모형은 등호 및 부등호제약조건하에서 목적함수를 최소화하는 것으로 정의된다. 부등호제약조건은 항상 "≤형"으로 변형한다. 이것을 이 책에서는 **표준설계최적화 모형**(*standard design optimization model*)이라 한다. 최적화에 관한 문헌에서는 이를 **비선형계획문제**(*nonlinear programming problem*, NLP)라고도 한다. 이러한 설계문제가 이 책의 뒷부분에서 다루어지며 모든 설계문제들은 쉽게 표준형으로 변환될 수 있다.

2.11.1 표준설계최적화 모형

이제까지 몇 개의 설계문제를 정식화하였다. 모든 문제에는 시스템의 설계를 비교할 수 있는 목적함수가 있었다. 대부분의 문제에는 만족되어야 할 제약조건도 있다. 어떤 문제에는 부등호제약조건만 있었고 다른 문제에는 등호제약조건만이 있었으며, 부등호 및 등호제약조건이 모두 있는 문제도 있었다. 따라서 이 모든 가능성들을 포함하는 최적설계문제에 대한 일반적인 수학적 모형을 정의할 수 있다. 이 책의 전반에 걸쳐 취급할 표준 모형을 먼저 기술하고, 여러 가지 문제를 표준 모형으로 변화하는 것에 대해 설명하기로 한다.

표준설계최적화 모형
설계변수(n차원 벡터): $\mathbf{x} = (x_1, x_2, \ldots, x_n)$
최소화 목적함수:

$$f(\mathbf{x}) = f(x_1, x_2 \ldots, x_n) \tag{2.1}$$

p개의 등호제약조건:

$$h_j(\mathbf{x}) = h_j(x_1, x_2, \ldots, x_n) = 0; \ j = 1 \text{ to } p \tag{2.2}$$

m개의 부등호제약조건:

$$g_i(\mathbf{x}) = g_i(x_1, \ldots, x_n) \leq 0; \ i = 1 \text{ to } n \tag{2.3}$$

부등호제약조건의 식 (2.3)에는 설계변수의 제약조건, 즉 $x_i \geq 0$; $i = 1$, n이나 $x_{iL} \leq x_i \leq x_{iU}$($x_{iL}$

및 x_{iU}는 x_i의 하한 및 상한) 등도 포함되어 있다고 생각한다. 수치해법에서는 이러한 제약조건을 식 (2.3)의 형태로 변환하지 않고 원형 그대로 취급하는 것이 효율적일 수도 있다. 그러나 기본개념과 이론적 논의에서는 이들이 식 (2.3)에 포함된 것으로 간주할 것이다.

2.11.2 최대화 문제

일반적인 최적설계모형이 최소화 문제만을 취급한다는 것이 제한사항은 아니다. 왜냐하면 $F(x)$를 최대화하는 것은 함수 $f(x) = -F(x)$를 최소화하는 문제로 변환할 수 있기 때문이다. 이러한 사실은 그림 2.10(a)의 함수 $F(x)$의 그래프를 보면 알 수 있다. 함수 $F(x)$는 점 x^*에서 최대이다. 다음으로 함수 $f(x) = -F(x)$의 그래프를 그림 2.10b에서 살펴보자. 여기에서 보다시피 $f(x)$는 $F(x)$를 x축에 관하여 대칭이동한 것이다. 그래프로부터 $f(x)$는 동일점인 $x^*(F(x)$가 최대인 점)에서 최소치를 가짐을 알 수 있다. 그러므로 $f(x)$를 최소화하는 것은 $F(x)$를 최대화하는 것과 동등하다.

2.11.3 "이상형(≥)" 제약조건

표준설계최적화 모형에서는 "≤형"의 부등호제약조건만을 취급하게 되어 있다. 그러나 많은 문제에서 "≥형"의 부등호제약조건도 있을 수 있으며, 이러한 제약조건은 별 어려움 없이 표준형으로 변환할 수 있다. "≥형"의 제약조건 $G_j(\mathbf{x}) \geq 0$는 다음과 같이 "≤형"의 부등호제약조건과 동등하다. 즉,

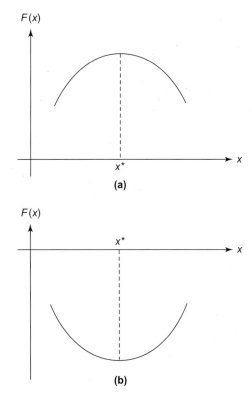

그림 2.10   (x)의 최대점과 −F(x)의 최소점. (a) 함수 $F(x)$의 그래프, (b) 함수 $f(x) = -F(x)$의 그래프

$g_j(\mathbf{x}) = -G_j(\mathbf{x}) \leq 0$. 따라서 어떤 "≥형"에도 –1을 곱함으로써 "≤형"의 제약조건으로 변환시킬 수 있다.

2.11.4 공학 분야의 응용

공학의 각 분야에서 나타나는 최적설계문제는 상기의 표준화 모형으로 변환시킬 수 있다. 다른 공학 시스템이라도 전반적인 설계과정은 동일하다는 것을 이해해야 한다. 시스템의 해석을 위한 분석기법과 수치기법은 다를 수 있다. 설계문제의 정식화에는 응용 분야의 개별적 영역으로 특화된 용어가 포함될 수 있다. 예를 들어, 구조, 기계, 우주공학의 영역에서는 구조물과 부재의 온전함에 관심을 둔다. 성능요구조건은 부재응력, 변형률, 절점변위, 진동주파수, 좌굴파괴 등에 대한 제약조건을 포함한다. 이러한 조건은 각 분야에 특화되고, 그 분야에서 일하는 설계자는 그것의 의미와 제약조건을 이해한다. 이와 유사하게 다른 공학적 분야에는 최적설계문제를 표현하기 위한 그들만의 용어가 있다. 그러나 다른 분야의 문제도 표준 표기법을 이용하여 수학적으로 표현하면 같은 수식을 얻을 수 있다. 그들은 식 (2.1)~(2.3)에 정의한 표준설계최적화 모형으로 수용할 수 있다. 예를 들어, 이 장에서 언급한 모든 문제를 식 (2.1)~(2.3)의 형식으로 변환할 수 있다. 그러므로 이 책에 기술된 최적화의 개념과 기법은 매우 일반적이며, 다양한 분야의 문제를 풀기 위해 사용할 수 있다. 이 기법들은 어떤 설계 응용분야에 구애되지 않고 개발될 수 있다. 최적화의 개념과 기법을 연구하는 동안 이것을 잊지 말아야 한다.

2.11.5 표준 모형에 관한 고찰

표준화 모형에 관련된 다음의 몇 가지를 분명하게 이해하고 있어야 한다.

1. **설계변수의 함수**: 먼저 함수 $f(\mathbf{x})$, $h_j(\mathbf{x})$ 및 $g_i(\mathbf{x})$는 몇 개 또는 전부의 설계변수의 함수이다. 또 그러할 경우에만 설계문제에 대한 식으로서 유효하다. 어느 설계변수와도 관련되지 않은 함수는 설계문제와 무관한 것이므로 무시해도 좋다.

2. **등호제약조건의 개수**: 상호 독립적인 등호제약조건의 수는 설계변수의 수보다 적거나 기껏해야 같아야 한다. 즉, $p \leq n$. $p > n$이면 **과잉결정계**(*overdetermined system*)가 된다. 이 경우는 **잉여 등호제약조건**(다른 제약조건과 1차 종속)이 있거나 **불능**(*inconsistent*)인 식이 된다. 잉여제약조건의 경우는 그것을 제거하여 $p < n$이 되면 문제의 최적해를 구하는 것이 가능하다. 불능의 경우는 해를 구할 수 없으며 이때는 정식화 모형을 자세히 살펴보아야 한다. 또 $p = n$이면 등호제약조건 방정식의 해가 바로 최적해의 후보이므로 최적화의 필요성이 없게 된다.

3. **부등호제약조건의 개수**: 등호제약조건의 개수에 대한 제한은 있지만 **부등호제약조건의 개수에 대한 제한은 없다.** 또 어떤 부등호제약조건의 경우는 최적해에서 엄격히 만족될 수도 있다. 그러나 최적해에서 등호로서 만족되는 활성제약조건(active constraint)의 수는 보통 설계변수의 개수보다 적거나 같다.

4. **비제약 최적화 문제**: 어떤 설계문제에서는 제약조건이 전혀 없을 수도 있다. 이러한 문제를 비제약 최적화문제(unconstrained optimization problem)라 하며 다른 것들은 제약 최적화문제(constrained optimization problem)라 한다.

5. **선형계획문제**: 모든 함수 $f(\mathbf{x})$, $h_j(\mathbf{x})$, 및 $g_i(\mathbf{x})$가 설계변수의 선형함수이면 이러한 문제를 선형계획문제(linear programming problem)라고 한다. 이들 중 어느 함수라도 비선형이면 비선형계획문제(nonlinear programming problem)라 한다.

6. **함수의 스케일링**(*scaling*): 목적함수에 양의 상수를 곱해도 최적설계가 변하지 않는다는 것이다. 단지 최적의 목적함수 값만이 변할 따름이다. 또 목적함수에 임의의 상수를 더하여도 최적설계에는 영향을 미치지 않는다. 마찬가지로 부등호제약조건에는 임의의 양의 상수를 곱해도 상관 없으며 등호제약조건에는 어떤 상수를 곱해도 된다. 이렇게 하여도 유용영역에 영향을 미치지 않으며 따라서 최적해에도 영향을 주지 않는다. 그러나 이상의 모든 변환이 후에 정의되는 라그랑지 승수(*Lagrange multipliers*)의 값에는 영향을 미치게 되며 이에 관한 것은 4장에 예시될 것이다. 또한 수치해법의 성능은 이들 변화에 의해 영향을 받는다.

2.11.6 유용집합

유용집합(*feasible set*)이라는 용어가 이 책의 전반에 걸쳐 사용되는데, 설계문제에 대한 유용집합이란 모든 유용설계의 집합을 뜻한다. 제약집합(*constraint set*)과 유용설계영역(*feasible design space*)이라는 용어는 설계의 유용집합을 표현하기 위해 사용된다. 문자 S를 제약집합을 나타내는 기호로 사용하면, 수학적으로 S는 모든 제약조건을 만족하는 점(설계)의 집합이다:

$$S = (\mathbf{x} \mid h_j(\mathbf{x}) = 0, j = 1 \text{ to } p; g_i(\mathbf{x}) \leq 0, i = 1 \text{ to } m) \tag{2.4}$$

때로는 유용설계집합은 특히 2변수 최적화 문제에서 유용영역으로 언급되곤 한다. 설계모형에 제약조건이 부가되면 유용영역은 보통 축소되며, 몇 개의 제약조건을 제거하면 유용영역은 확장된다. 유용영역이 줄어들면 목적함수를 최적화할 가능성이 있는 설계의 수가 적어지며 이는 유용영역의 수가 감소함을 뜻한다. 이러한 경우에는 목적함수의 최솟값이 증가하기 쉽다. 이러한 현상은 몇 개의 제약조건이 제거되었을 때 정반대로 나타낸다. 이 현상은 실제 설계에서 매우 중요하므로 명확히 이해해야 한다.

2.11.7 활성/만족/위배제약조건

어떤 제약조건을 대하여 활성(*active*), 엄격(*tight*), 만족(*inactive*) 및 위배(*violated*)의 개념을 자주 사용한다. 이 개념을 정의해 보자. 부등호제약조건 $g_i(\mathbf{x}) \leq 0$이 등호로서 만족할 때, 즉 $g_i(\mathbf{x}^*) = 0$일 때, 이를 설계점 $\mathbf{x}^*$에서 활성제약조건이라 한다. 이것을 엄격제약조건 또는 구속(*binding*)제약조건이라고도 한다. 유용설계에 있어서 부등호제약조건은 활성제약조건일 수도 있고 그렇지 않을 수도 있다. 그러나 등호제약조건은 모두 유용설계에 대하여 활성제약조건이다.

부등호제약조건 $g_i(\mathbf{x}) \leq 0$에서 부등호가 엄격히 만족되면, 즉 $g_i(\mathbf{x}^*) < 0$이면 이것을 설계점 $\mathbf{x}^*$에서 만족제약조건이라 한다. 또 부등호제약조건의 값이 양이면, 즉 $g_i(\mathbf{x}^*) > 0$이면 부등호제약조건 $g_i(\mathbf{x}) \leq 0$은 설계점 $\mathbf{x}^*$에서 위배제약조건이라 한다. 등호제약조건 $h_i(\mathbf{x}) = 0$은 $h_i(\mathbf{x}^*)$의 값이 0이 아니면 $\mathbf{x}^*$에서 위배제약조건이다. 이러한 정의에 따르면 등호제약조건은 임의의 설계점에서 활성화 또는 위배제약조건이 된다.

2.11.8 이산형과 정수형 설계변수

이제까지 우리는 일반적 모형에서 설계변수 x_i가 유용영역 내에서 임의의 수치를 가질 수 있는 것으로 가정하였다. 그러나 많은 경우에 있어서 어떤 설계변수는 이산값(discrete value) 또는 정수값만을 취할 때가 있다. 이러한 변수는 공학설계문제에서 가끔 나타나는데 2.4절과 2.6절 및 2.9절의 문제에서는 정수값만을 취하는 경우를 보았다. 이들을 취급하는 방법을 논의하기 전에 먼저 이산형 및 정수형 변수를 정의해 보자.

유한 개의 값 중에서 변수값을 취할 수 있는 설계변수를 이산형(discrete) 설계변수라 한다. 예를 들면 평판의 두께가 상품으로 가용한 1/8, 1/4, 3/8, 1/2, 5/8, 3/4, 1, 등 중의 하나이어야 한다는 것 등이다. 마찬가지로 제작가격을 줄이기 위해서는 구조부재들이 규격제품 중에서 선택되어야 한다. 이러한 변수들은 표준 정식화에서 이산형으로 간주되어야 한다.

정수형 변수란 이름 자체가 암시하듯이 정수값만을 취하는 변수이다. 운송될 통나무의 개수, 사용될 볼트의 개수, 적재물건의 개수 등이 그 예이다. 이들은 이산 정수 계획문제(discrete and integer programming problems)라 한다. 함수의 형식에 따라 문제를 다섯 가지의 다른 형식으로 분류할 수 있다. 이들 분류와 그들의 해법은 15장에서 논하도록 하자.

어떤 의미에서는 이산형 및 정수형 변수는 설계문제에 부가적인 제약조건을 가한 것으로 생각할 수 있다. 따라서 이전에 기술한 바와 같이 연속형 변수(continuous variable) 문제와 비교해 볼 때 목적함수의 최적해가 증가할 가능성이 있다. 모든 설계변수를 연속으로 취급하면 목적함수의 최소치는 이산형 또는 정수형 변수문제의 최소 목적함수 값의 하한(lower bound)을 나타낸다. 이것이 모든 변수를 연속인 것으로 취급함으로써 최적해를 얻을 수 있다는 아이디어를 제공해 준다. 최적 목적함수 값은 변수를 이산형 변수로 취급하면 증가하는 경향이 있다는 것이다. 따라서 처음 추천하는 방법은 연속형 설계변수로 가정하고 문제를 푸는 것이다. 그런 다음 인근의 이산/정수값을 변수에 대입하여 유용성을 점검한다. 몇 번의 시행착오를 거쳐 연속형 최적해에 가까운 최적 유용해를 얻을 수 있다. 이때 유용해가 될 수 있는 변수의 조합은 수없이 많을 수 있다는 것을 기억해 두어야 한다.

다음의 방법은 적응 수치 최적화 과정(adaptive numerical optimization procedure)을 이용하는 것이다. 연속형 변수에 대한 최적해를 먼저 구한다. 그런 다음 이산값 또는 정수값에 가까운 변수만을 선정하여 이들을 정수 또는 이산값으로 고정시킨 후 문제를 다시 최적화한다. 모든 변수에 적절한 값이 얻어질 때까지 이 과정을 반복한다. 이렇게 해서 얻어진 최종설계는 유용한 것이 된다. 최적의 목적함수 값을 개선하기 위해서 몇 번의 시행을 더 할 수도 있다. 이 과정은 Arora와 Tseng (1988)에 의해 예시되었다.

이상의 두 방법은 부가적인 계산 노력을 필요로 하며 참된 최솟값을 보장하지는 못하지만, 상당히 개념적으로 단순한 것이며 별도의 방법이나 소프트웨어를 필요로 하지 않는다.

2.11.9 최적화 문제의 유형

표준설계최적화 모형은 여러 종류의 문제를 표현할 수 있다. 선형계획문제, 제약문제와 비제약문제,

비선형계획문제 등의 정식화에 사용할 수 있다는 것은 이미 확인하였다. 실무의 응용에서 접하는 다른 최적화 문제를 이해하는 것은 중요하다. 이러한 문제는 표준 모형으로 변환될 수 있으며, 이 책에서 논의되고 제시되는 최적화 방법을 이용하여 풀 수 있다. 여기에서는 최적화 문제의 유형을 개괄적으로 살펴 보기로 한다.

연속형/이산형 변수의 최적화 문제

설계변수가 허용범위 내에서 임의의 수치 값을 취할 수 있을 때, 이러한 문제를 **연속형 변수 최적화 문제**(*continuous-variable optimization problem*)라 한다. 설계변수가 이산형/정수형 변수로만 이루어진 문제를 **이산형/정수형 변수 최적화 문제**(*discrete/integer-variable optimization problem*)라 한다. 문제의 설계변수가 이산형 및 연속형으로 이루어진 경우에는, 이를 혼합형 변수 최적화 문제 (mixed-variable optimization problem)라 한다. 이러한 유형의 문제에 대한 수치 해법이 개발되었으며, 이는 이 책의 뒷부분에서 공부하기로 한다.

미분 가능/불가능 문제

문제의 모든 함수가 연속적이며 미분가능할 때 이를 미분가능 문제(smooth or differentiable)라 한다. 함수가 연속적이며 미분가능한 형태로 정식화할 수 있는 실용적 최적화 문제는 대단히 많다. 또 불연속이거나 미분 불가능한 함수들로 정식화되는 실무 응용문제도 많다. 이러한 문제를 미분 불가능 문제(nonsmooth or nondifferentiable)라 한다.

이러한 2종류의 문제를 풀기 위한 수치해법은 다를 수 있다. 미분가능 문제에 대한 이론이나 수치해법은 잘 개발되어 있다. 그러므로 가능한 한 미분가능 문제로 정식화하는 것이 바람직하다. 때로는 불연속/미분불가능 함수가 관련된 문제를 연속/미분가능 함수로 변환하여 정식화함으로써 미분가능 문제의 해법을 사용하기도 한다. 이러한 응용법이 14장에서 논의될 것이다.

내재 제약조건을 가진 문제

어떤 제약조건은 설계변수의 최소치 및 최대치처럼 매우 단순한 반면, 설계변수에 의해 간접적으로 영향을 받는 복잡한 것들도 있다. 예를 들면, 대형 구조물에서 어느 한 점의 변위는 설계변수의 함수이기는 하지만 이를 설계변수의 명시적 함수(explicit function)로 표시하기는 거의 불가능하다. 이러한 함수의 제약조건을 내재 제약조건(*implicit constraints*)이라 한다. 문제의 정식화에 내재함수가 포함되면, 문제의 함수를 설계변수만의 명시적 함수로 표현하는 것이 불가능하다. 이러한 경우에는 정식화에 중개변수(*intermediate variable*)를 사용하게 된다. 14장에서 이들을 좀 더 상세히 논의할 것이다.

네트워크 최적화 문제

네트워크 또는 그래프는 점과 점들을 연결하는 선으로 구성된다. 네트워크 모형은 다양한 공학 분야의 실무적 문제나 과정을 나타낸다. 컴퓨터과학(computer science), OR(operations research), 교통공학(transportation), 통신공학(telecommunication), 의사결정(decision support), 제조공정(manufacturing), 운항계획(airline scheduling) 등과 같이 여러 분야가 여기에 속한다. 응용 분야의 형태에 따라서 네트워크 최적화 문제는 교통문제(transportation problem), 할당문제 (assignment problem), 최단경로문제(shortest-path problem), 최대유통문제(maximum-flow problem), 최소비용 유통문제(minimum-cost-flow problems), 임계경로문제(critical path problem) 등과 같이 분류한다.

네트워크 문제의 개념을 이해하기 위해 교통문제를 좀 더 상세히 살펴보자. 교통모형은 물류 및 공급체인의 비용 절감과 서비스 향상 차원에서 중요한 역할을 한다. 그러므로 최종 목표는 상품 수송의 가장 효율적인 방법을 찾는 것이다. 어떤 운수업자가 m개의 창고를 가지고 있고 i번째 창고에는 s_i개의 물자가 있다. 이를 지역적으로 산재한 n개의 소매상에 배송하는데, 각각의 공급량이 d_j 라하자. 목적함수는 최소비용 수송 시스템을 결정하는 것인데, 여기서 i창고에서 j소매상으로의 수송단가는 c_{ij}이다.

이 문제는 선형계획문제로 정식화할 수 있다. 네트워크 최적화 문제는 다양한 분야에서 나타나므로 실시간으로 효율적으로 풀기 위한 특별한 방법들이 개발되었다. 많은 교과서에서 이 문제를 취급하고 있으며, 이 책에서는 15~19장에 몇 가지의 방법을 소개할 것이다.

동적 응답 최적화 문제

실제의 시스템은 동하중을 받는 경우가 많다. 이 경우, 제약조건 중 일부는 시간 종속이 된다. 이러한 제약조건은 전체적인 시간 영역에 대하여 고려해야 한다. 제약조건은 주어진 시간영역의 모든 시각에 대하여 각각 고려해야 하므로 제약조건의 개수가 무한히 많아진다. 이러한 제약조건을 다루는 통상적인 방법은 몇 개(유한 개)의 시각에서만 제약조건을 고려하는 것이다. 이렇게 하면 문제를 표준형으로 변환할 수 있고, 이 책에서 제시한 방법을 이용하여 취급할 수 있게 된다.

함수로 주어진 설계변수

어떤 응용문제에서는 설계변수가 하나의 변수(parameter)가 아니고 하나의 함수로 표시되며, 그 설계변수 함수를 하나 또는 둘 이상의 변수의 함수로 나타낼 수 있다. 이러한 설계변수는 최적 제어 문제(optimal control problem)에서 발생하는데, 이 문제에서는 시스템의 거동을 제어하기 위하여 주어진 시간영역에서 입력자료가 결정되어야 하는 것이다. 이러한 설계함수의 통상적인 취급방법은 계수화하는 것이다. 즉, 하나의 설계함수를 기지 함수들의 결합으로 표시하고, 그 기지함수에 곱해진 계수를 설계변수로 취급한다는 것이다. 이 함수 결합에 사용되는 기지함수를 *기저함수(basis functions)*라 한다. 이렇게 하면 문제를 표준형으로 변환할 수 있고, 이 책에서 제시한 방법을 이용하여 취급할 수 있게 된다.

2.12 실용적 문제의 정식화

경험에 의하면, 실제의 설계최적화 문제에 대하여 만족스러운 정식화가 이루어지기까지 여러 번의 반복 수행이 필요하다. 어떤 경우에도 맨 처음의 정식화가 있기 마련이다. 이러한 초기 정식화로부터 해를 찾는다면, 여러 가지의 결점이 발견될 것이고 이들은 반복 수행 과정에서 시행착오에 의해 수정될 것이다. 예를 들면, 해법 알고리즘이 모든 제약조건을 만족시키지 못할 수도 있다. 즉, 문제에 유용해가 없다는 것이다. 이러한 경우에는 문제에 유용설계가 존재하도록 위배제약조건을 다시 정식화하여야 할 필요가 있다. 이 자체가 여러 번의 반복 수행을 요하는 것이다.

또 다른 경우에는 유용설계는 찾지만 최적해에는 수렴하지 않을 수도 있다. 이런 경우는 유용집합이 무계(unbounded)일 가능성이 높으며, 설계변수에 대한 현실적인 한계를 정의할 필요가 있다. 어떤 경우에는 해법과정이 최적해에 수렴도 하지만 그 해가 이상하게도 실용성이 결여되기도 한다. 이러한 경우는 아마도 실용적인 성능 제약조건이 정식화에 포함되지 않았을 것이므로 설계변수에 대한 실용적 한계를 다시 정식화하고 문제를 풀어야 한다.

해법과정에서 최적해를 얻지 못하거나 비현실적인 해를 얻은 경우에는 정식화의 전 과정을 다시 검사할 필요가 있다. 이 경우 설계변수, 최적화 기준 및 모든 제약조건을 재점검하여 다시 정식화해야 한다. 실용적인 해를 얻기 위하여 부가적인 목적함수를 정식화에 도입할 때도 있다. 정식화에 2개 이상의 목적함수가 있는 문제는 다목적 최적화 방법(multiobjective optimization method)을 이용하여 풀어야 한다.

따라서 실용적인 문제에 대하여 적정한 정식화가 이루어지기까지는 초기 정식화를 반복적으로 수차례 수정해야 한다는 것을 알았다. 정식화의 수정을 위해서는 효율적인 수치 최적화 알고리즘과 그에 상응하는 프로그램을 이용하여 문제를 풀어야 한다. 이러한 중요 사항에 대한 고찰이 6장에 제시될 것이다.

실용적 설계최적화 문제에 대하여 적정한 정식화의 개발은 반복적인 과정이며, 여기에는 만족스러운 정식화가 구현될 때까지 여러 차례의 시행을 필요로 한다.

2장의 연습문제

Transcribe the problem statements to mathematical formulation for optimum design

2.1 A 100×100-m lot is available to construct a multistory office building. At least 20,000 m^2 of total floor space is needed. According to a zoning ordinance, the maximum height of the building can be only 21 m, and the parking area outside the building must be at least 25% of the total floor area. It has been decided to fix the height of each story at 3.5 m. The cost of the building in millions of dollars is estimated at $0.6h + 0.001A$, where A is the cross-sectional area of the building per floor and h is the height of the building. Formulate the minimum-cost design problem.

2.2 A refinery has two crude oils:
1. Crude A costs $120/barrel (bbl) and 20,000 bbl are available.
2. Crude B costs $150/bbl and 30,000 bbl are available.
The company manufactures gasoline and lube oil from its crudes. Yield and sale price per barrel and markets are shown in Table E2.2. How much crude oil should the company use to maximize its profit? Formulate the optimum design problem.

TABLE E2.2   Data for Refinery Operations

Product	Yield/bbl		Sale price per bbl ($)	Market (bbl)
	Crude A	Crude B		
Gasoline	0.6	0.8	200	20,000
Lube oil	0.4	0.2	400	10,000

2.3 Design a beer mug, shown in Fig. E2.3, to hold as much beer as possible. The height and radius of the mug should be no more than 20 cm. The mug must be at least 5 cm in radius. The surface area of the sides must be no greater than 900 cm² (ignore the bottom area of the mug and mug handle). Formulate the optimum design problem.

2.4 A company is redesigning its parallel-flow heat exchanger of length *l* to increase its heat transfer. An end view of the unit is shown in Fig. E2.4. There are certain limitations on the design problem. The smallest available conducting tube has a radius of 0.5 cm, and all tubes must be of the same size. Further, the total cross-sectional area of all of the tubes cannot exceed 2000 cm² to ensure adequate space inside the outer shell. Formulate the problem to determine the number of tubes and the radius of each one to maximize the surface area of the tubes in the exchanger.

2.5 Proposals for a parking ramp have been defeated, so we plan to build a parking lot in the downtown urban renewal section. The cost of land is $200W + 100D$, where W is the width along the street and D is the depth of the lot in meters. The available width along the street is 100 m, whereas the maximum depth available is 200 m. We want the size of the lot to be at least 10,000 m². To avoid unsightliness, the city requires that the

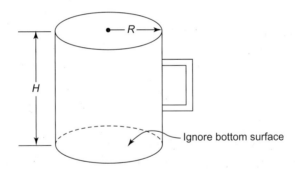

FIGURE E2.3   **Beer mug.**

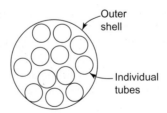

FIGURE E2.4   **Cross-section of a heat exchanger.**

Vitamin	1 kg bread provides	1 kg milk provides
A	1 unit	2 units
B	3 units	2 units
Cost/kg, $	2	1

longer dimension of any lot be no more than twice the shorter dimension. Formulate the minimum-cost design problem.

2.6 A manufacturer sells products A and B. Profit from A is $10/kg and is $8/kg from B. Available raw materials for the products are 100 kg of C and 80 kg of D. To produce 1 kg of A, we need 0.4 kg of C and 0.6 kg of D. To produce 1 kg of B, we need 0.5 kg of C and 0.5 kg of D. The markets for the products are 70 kg for A and 110 kg for B. How much of A and B should be produced to maximize profit? Formulate the design optimization problem.

2.7 Design a diet of bread and milk to get at least 5 units of vitamin A and 4 units of vitamin B daily. The amount of vitamins A and B in 1 kg of each food and the cost per kilogram of the food are given in Table E2.7. For example, one kg of bread costs 2$ and provides one unit of vitamin A and 3 units of vitamin B. Formulate the design optimization problem so that we get at least the basic requirements of vitamins at the minimum cost.

2.8 Enterprising engineering students have set up a still in a bathtub. They can produce 225 bottles of pure alcohol each week. They bottle two products from alcohol: (1) wine, at 20 proof, and (2) whiskey, at 80 proof. Recall that pure alcohol is 200 proof. They have an unlimited supply of water, but can only obtain 800 empty bottles per week because of stiff competition. The weekly supply of sugar is enough for either 600 bottles of wine or 1200 bottles of whiskey. They make a $1.00 profit on each bottle of wine and a $2.00 profit on each bottle of whiskey. They can sell whatever they produce. How many bottles of wine and whiskey should they produce each week to maximize profit? Formulate the design optimization problem (created by D. Levy).

2.9 Design a can closed at one end using the smallest area of sheet metal for a specified interior volume of 600 m^3. The can is a right-circular cylinder with interior height h and radius r. The ratio of height to diameter must not be less than 1.0 nor greater than 1.5. The height cannot be more than 20 cm. Formulate the design optimization problem.

2.10 Design a shipping container closed at both ends with dimensions $b \times b \times h$ to minimize the ratio: (round-trip cost of shipping container only)/(one-way cost of shipping contents only). Use the data in Table E2.10. Formulate the design optimization problem.

TABLE E2.10 Data for Shipping Container

Mass of container/surface area	80 kg/m^2
Maximum b	10 m
Maximum h	18 m
One-way shipping cost, full or empty	$18/kg gross mass
Mass of contents	150 kg/m^3

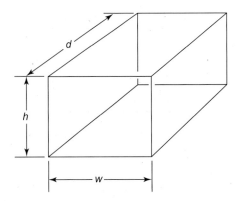

FIGURE E2.13   Steel frame.

2.11 Certain mining operations require an open-top rectangular container to transport materials. The data for the problem are as follows:

Construction costs:
- *Sides*: $50/m^2
- *Ends*: $60/m^2
- *Bottom*: $90/m^2

Minimum volume needed: 150 m^3

Formulate the problem of determining the container dimensions at a minimum cost.

2.12 Design a circular tank closed at both ends to have a volume of 250 m^3. The fabrication cost is proportional to the surface area of the sheet metal and is $400/m^2. The tank is to be housed in a shed with a sloping roof. Therefore, height H of the tank is limited by the relation $H \le (10 - D/2)$, where D is the tank's diameter. Formulate the minimum-cost design problem.

2.13 Design the steel framework shown in Fig. E2.13 at a minimum cost. The cost of a horizontal member in one direction is $20\,w$ and in the other direction it is $30\,d$. The cost of a vertical column is $50\,h$. The frame must enclose a total volume of at least 600 m^3. Formulate the design optimization problem.

2.14 Two electric generators are interconnected to provide total power to meet the load. Each generator's cost is a function of the power output, as shown in Fig. E2.14. All costs and power are expressed on a per-unit basis. The total power needed is at least 60 units. Formulate a minimum-cost design problem to determine the power outputs P_1 and P_2.

2.15 *Transportation problem*. A company has m manufacturing facilities. The facility at the ith location has capacity to produce b_i units of an item. The product should be shipped to n distribution centers. The distribution center at the jth location requires at least a_j units of the item to satisfy demand. The cost of shipping an item from the ith plant to the jth distribution center is c_{ij}. Formulate a minimum-cost transportation system to meet each of the distribution center's demands without exceeding the capacity of any manufacturing facility.

2.16 *Design of a two-bar truss*. Design a symmetric two-bar truss (both members have the same cross-section), as shown in Fig. E2.16, to support a load W. The truss consists of

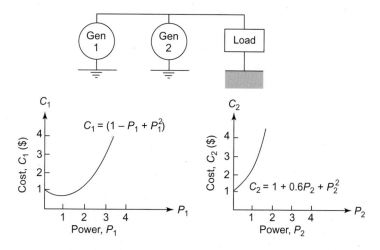

FIGURE E2.14   Graphic of a power generator.

two steel tubes pinned together at one end and supported on the ground at the other. The span of the truss is fixed at s. Formulate the minimum-mass truss design problem using height and cross-sectional dimensions as design variables. The design should satisfy the following constraints:

1. Because of space limitations, the height of the truss must not exceed b_1 and must not be less than b_2.
2. The ratio of mean diameter to thickness of the tube must not exceed b_3.
3. The compressive stress in the tubes must not exceed the allowable stress σ_a for steel.
4. The height, diameter, and thickness must be chosen to safeguard against member buckling.

Use the following data: $W = 10$ kN; span $s = 2$ m; $b_1 = 5$ m; $b_2 = 2$ m; $b_3 = 90$; allowable stress $\sigma_a = 250$ MPa; modulus of elasticity $E = 210$ GPa; mass density $\rho = 7850$ kg/m³; factor of safety against buckling $FS = 2$; $0.1 \leq D \leq 2$ (m); and $0.01 \leq t \leq 0.1$ (m).

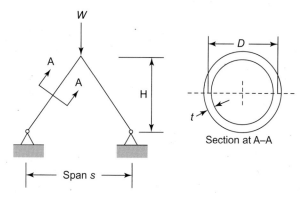

FIGURE E2.16   Two-bar structure.

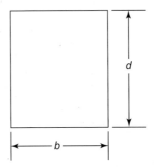

FIGURE E2.17 **Cross-section of a rectangular beam.**

2.17 A beam of rectangular cross-section (Fig. E2.17) is subjected to a maximum bending moment of M and a maximum shear of V. The allowable bending and shearing stresses are σ_a and τ_a, respectively. The bending stress in the beam is calculated as

$$\sigma = \frac{6M}{bd^2}$$

and the average shear stress in the beam is calculated as

$$\tau = \frac{3V}{2bd}$$

where d is the depth and b is the width of the beam. It is also desirable to have the depth of the beam not exceed twice its width. Formulate the design problem for minimum cross-sectional area using this data: $M = 140$ kN m, $V = 24$ kN, $\sigma_a = 165$ MPa, $\tau_a = 50$ MPa.

2.18 A vegetable oil processor wishes to determine how much shortening, salad oil, and margarine to produce to optimize the use its current oil stock supply. At the present time, he has 250,000 kg of soybean oil, 110,000 kg of cottonseed oil, and 2000 kg of milk-base substances. The milk-base substances are required only in the production of margarine. There are certain processing losses associated with each product: 10% for shortening, 5% for salad oil, and no loss for margarine. The producer's back orders require him to produce at least 100,000 kg of shortening, 50,000 kg of salad oil, and 10,000 kg of margarine. In addition, sales forecasts indicate a strong demand for all products in the near future. The profit per kilogram and the base stock required per kilogram of each product are given in Table E2.18. Formulate the problem to maximize profit over the next production-scheduling period (created by J. Liittschwager)

TABLE E2.18   Data for the Vegetable Oil Processing Problem

Product	Profit per kg	Parts per kg of base stock requirements		
		Soybean	Cottonseed	Milk base
Shortening	1.00	2	1	0
Salad oil	0.80	0	1	0
Margarine	0.50	3	1	1

Section 2.11: A General Mathematical Model for Optimum Design

2.19 *Answer true or false*:

1. Design of a system implies specification of the design variable values.
2. All design problems have only linear inequality constraints.
3. All design variables should be independent of each other as far as possible.
4. If there is an equality constraint in the design problem, the optimum solution must satisfy it.
5. Each optimization problem must have certain parameters called the design variables.
6. A feasible design may violate equality constraints.
7. A feasible design may violate "≥ type" constraints.
8. A "≤ type" constraint expressed in the standard form is active at a design point if it has zero value there.
9. The constraint set for a design problem consists of all feasible points.
10. The number of independent equality constraints can be larger than the number of design variables for the problem.
11. The number of "≤ type" constraints must be less than the number of design variables for a valid problem formulation.
12. The feasible region for an equality constraint is a subset of that for the same constraint expressed as an inequality.
13. Maximization of $f(x)$ is equivalent to minimization of $1/f(x)$.
14. A lower minimum value for the cost function is obtained if more constraints are added to the problem formulation.
15. Let f_n be the minimum value for the cost function with n design variables for a problem. If the number of design variables for the same problem is increased to, say, $m = 2n$, then $f_m > f_n$, where f_m is the minimum value for the cost function with m design variables.

2.20 A trucking company wants to purchase several new trucks. It has $2 million to spend. The investment should yield a maximum of trucking capacity for each day in tons × kilometers. Data for the three available truck models are given in Table E2.20: truck load capacity, average speed, crew required per shift, hours of operation for three shifts, and cost of each truck. There are some limitations on the operations that need to be considered. The labor market is such that the company can hire at most 150 truck drivers. Garage and maintenance facilities can handle at the most 25 trucks. How many trucks of each type should the company purchase? Formulate the design optimization problem.

TABLE E2.20   Data for Available Trucks

Truck model	Truck load capacity (tonnes)	Average truck speed (km/h)	Crew required per shift	No. of hours of operations per day (3 shifts)	Cost of each truck ($)
A	10	55	1	18	40,000
B	20	50	2	18	60,000
C	18	50	2	21	70,000

2.21 A large steel corporation has two iron-ore-reduction plants. Each plant processes iron ore into two different ingot stocks, which are shipped to any of three fabricating plants where they are made into either of two finished products. In total, there are two reduction plants, two ingot stocks, three fabricating plants, and two finished products. For the upcoming season, the company wants to minimize total tonnage of iron ore processed in its reduction plants, subject to production and demand constraints. Formulate the design optimization problem and transcribe it into the standard model.
Nomenclature (values for the constants are given in Table E2.21)
$a(r, s)$ = tonnage yield of ingot stock s from 1 ton of iron ore processed at reduction plant r
$b(s, f, p)$ = total yield from 1 ton of ingot stock s shipped to fabricating plant f and manufactured into product p
$c(r)$ = ore-processing capacity in tonnage at reduction plant r
$k(f)$ = capacity of fabricating plant f in tonnage for all stocks
$D(p)$ = tonnage demand requirement for product p
Production and demand constraints:
1. The total tonnage of iron ore processed by both reduction plants must equal the total tonnage processed into ingot stocks for shipment to the fabricating plants.
2. The total tonnage of iron ore processed by each reduction plant cannot exceed its capacity.
3. The total tonnage of ingot stock manufactured into products at each fabricating plant must equal the tonnage of ingot stock shipped to it by the reduction plants.
4. The total tonnage of ingot stock manufactured into products at each fabricating plant cannot exceed the plant's available capacity.
5. The total tonnage of each product must equal its demand.

2.22 *Optimization of a water canal.* Design a water canal having a cross-sectional area of 150 m^2. The lowest construction costs occur when the volume of the excavated materia equals the amount of material required for the dykes, that is, $A_1 = A_2$ (see Fig. E2.22). Formulate the problem to minimize the dugout material A_1. Transcribe the problem into the standard design optimization model.

TABLE E2.21   Constants for Iron Ore Processing Operation

$a(1,1) = 0.39$	$c(1) = 1,200,000$	$k(1) = 190,000$	$D(1) = 330,000$
$a(1,2) = 0.46$	$c(2) = 1,000,000$	$k(2) = 240,000$	$D(2) = 125,000$
$a(2,1) = 0.44$		$k(3) = 290,000$	
$a(2,2) = 0.48$			
		$b(1,1,1) = 0.79$	$b(1,1,2) = 0.84$
		$b(2,1,1) = 0.68$	$b(2,1,2) = 0.81$
		$b(1,2,1) = 0.73$	$b(1,2,2) = 0.85$
		$b(2,2,1) = 0.67$	$b(2,2,2) = 0.77$
		$b(1,3,1) = 0.74$	$b(1,3,2) = 0.72$
		$b(2,3,1) = 0.62$	$b(2,3,2) = 0.78$

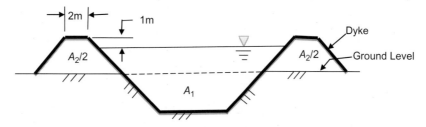

FIGURE E2.22 **Cross-section of a canal.** *(Created by V. K. Goel.)*

2.23 A cantilever beam is subjected to the point load P (kN), as shown in Fig. E2.23. The maximum bending moment in the beam is PL (kN·m) and the maximum shear is P (kN). Formulate the minimum-mass design problem using a hollow circular cross-section. The material should not fail under bending or shear stress. The maximum bending stress is calculated as

$$\sigma = \frac{PL}{I} R_o \tag{a}$$

where I = moment of inertia of the cross-section. The maximum shearing stress is calculated as

$$\tau = \frac{P}{3I}(R_o^2 + R_o R_i + R_i^2) \tag{b}$$

Transcribe the problem into the standard design optimization model (also use $R_o \leq 40.0$ cm, $R_i \leq 40.0$ cm). Use this data: $P = 14$ kN; $L = 10$ m; mass density $\rho = 7850$ kg/m^3; allowable bending stress $\sigma_b = 165$ MPa; allowable shear stress $\tau_a = 50$ MPa.

2.24 Design a hollow circular beam-column, shown in Fig. E2.24, for two conditions: When the axial tensile load $P = 50$ (kN), the axial stress σ must not exceed an allowable value σ_a, and when $P = 0$, deflection δ due to self-weight should satisfy the limit $\delta \leq 0.001L$. The limits for dimensions are: thickness $t = 0.10–1.0$ cm, mean radius $R = 2.0–20.0$ cm, and $R/t \leq 20$ (AISC, 2011). Formulate the minimum-weight design problem and transcribe it into the standard form. Use the following data: deflection $\delta = 5wL^4/384EI$; w = self-weight force/length (N/m); $\sigma_a = 250$ MPa; modulus of elasticity $E = 210$ GPa;

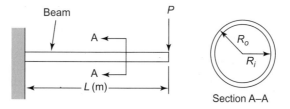

FIGURE E2.23 **Cantilever beam.**

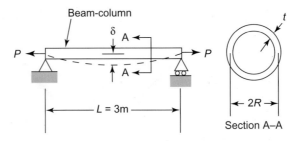

Beam-column

Section A–A

FIGURE E2.24 Beam column with hollow circular cross-section.

mass density of beam material $\rho = 7800 \text{ kg/m}^3$; axial stress under load P, $\sigma = P/A$; gravitational constant $g = 9.80 \text{ m/s}^2$; cross-sectional area $A = 2\pi R t$ (m^2); moment of inertia of beam cross-section $I = \pi R^3 t$ (m^4). Use Newton (N) and millimeters (mm) as units in the formulation.

References

AISC, 2011. Manual of Steel Construction, fourteenth ed. American Institute of Steel Construction, Chicago.

Arora, J.S., Tseng, C.H., 1988. Interactive design optimization. Eng. Optimiz. 13, 173–188.

Budynas, R., Nisbett, K., 2014. Shigley's Mechanical Engineering Design, tenth ed. McGraw-Hill, New York.

Crandall, S.H., Dahl, H.C., Lardner, T.J., Sivakumar, M.S., 2012. An Introduction to Mechanics of Solids, third ed. McGraw-Hill, New York.

Haug, E.J., Arora, J.S., 1979. Applied Optimal Design. Wiley-Interscience, New York.

Schmit L.A., 1960. Structural design by systematic synthesis. Proceedings of the second ASCE conference on electronic computations, Pittsburgh, Reston, VA, American Society of Civil Engineers, pp. 105–122.

Siddall, J.N., 1972. Analytical Decision-Making in Engineering Design. Prentice-Hall, Englewood Cliffs, NJ.

Spotts, M.F., 1953. Design of Machine Elements, second ed. Prentice-Hall, Englewood Cliffs, NJ.

Wahl, A.M., 1963. Mechanical Springs, second ed. McGraw-Hill, New York.

3

도식해법과 기본 최적화 개념

Graphical Solution Method and
Basic Optimization Concepts

이 장의 주요내용:

- 2개의 설계변수를 가진 최적화 문제를 도식해법으로 풀이
- 제약조건들을 그려서 나타내고, 그 유용/불용영역 확인
- 그래프에서 문제의 유용집합/불용영역 집합 확인

- 유용영역에서 목적함수의 등측선 그리기
- 도해적으로 문제의 최적해의 위치를 표시하고, 활성화/만족 제약조건을 확인
- 복수해 문제, 무한해 문제, 불용해 문제를 확인
- 최적 설계에 관련된 기본적 개념과 용어 설명

설계변수가 2개인 최적화 문제는 그래프를 이용하여 관찰에 의해 풀 수 있다. 문제의 모든 제약조건 함수들을 그리고, 유용영역설계(유용집합)를 확인하여 목적함수의 등측선들을 그린 다음 시각적 조사에 의해 최적설계를 결정한다.

이 장에서는 도식해법의 과정을 보여주고, 최적화 설계문제와 관련된 몇 가지 개념들을 소개한다. 이러한 개념과 용어는 다음에도 이용되므로 잘 이해해야 한다. 3.1절에서는 최적화 설계문제를 정식화하고, 이를 이용하여 도식해법을 설명한다. 뒤의 절에서 더 많은 예제 문제를 풀고 개념과 과정을 예시하게 될 것이다.

3.1 도식해법 과정

3.1.1 이익 최대화 문제 – 정식화

1단계: 과제/문제 설정. 어떤 회사가 두 가지의 기계A와 B를 생산한다. 사용 가능한 자원을 이용해서 28개의 기계A 또는 14개의 기계B를 매일 생산할 수 있다. 판매 부서에서는 하루에 최대 14개의

기계A 또는 24개의 기계B를 팔 수 있다. 선적 시설은 하루에 최대로 16개의 기계를 취급할 수 있다. 회사는 기계A로 400달러, 기계B로 600달러의 이익을 얻을 수 있다. 몇 대의 기계A와 기계B를 생산해야 회사는 최대의 이익을 얻을 수 있을까?

2단계: 자료 및 정보 수집. 문제 설정에서 모두 정의되었으므로 더 이상의 정보는 불필요하다.

3단계: 설계변수의 정의. 다음과 같이 2개의 설계변수를 정의한다.

x_1 = 하루에 생산하는 기계A의 수

x_2 = 하루에 생산하는 기계B의 수

4단계: 최적화 기준 정의. 목적은 하루 이익을 최대화하는 것이며, 이는 1단계에서 주어진 자료를 이용하여 다음과 같은 설계변수의 함수로 표시할 수 있다.

$$P = 400x_1 + 600x_2 , \$ \tag{a}$$

5단계: 제약조건 정의. 설계조건들은 제조 능력, 판매 사원의 한계, 선적과 취급 시설의 제약 등이다. 선적과 취급 시설의 제약조건은 바로 다음과 같이 표현된다.

$$x_1 + x_2 \leq 16 \text{ (shipping and handling constraint)} \tag{b}$$

생산과 판매 시설에 대한 제약조건들은 "이것" 아니면 "저것" 형태의 조건이므로 좀 더 까다롭다. 첫째로 생산할 수 있는 한계를 생각한다. 회사가 하루에 x_1개의 기계A를 생산한다고 가정하면, 남은 자원들과 장비들이 기계B를 생산하는 데 사용된다는 것이다. 따라서 $x_1/28$이 기계A를 생산하는 데 사용되는 자원인 것을 고려하면, $x_2/14$만큼의 부분이 기계B에 사용되며 제약조건은 다음과 같이 표현된다.

$$\frac{x_1}{28} + \frac{x_2}{14} \leq 1 \text{ (manufacturing constraint)} \tag{c}$$

마찬가지로 판매부서 자원의 제약조건은 다음과 같다.

$$\frac{x_1}{14} + \frac{x_2}{24} \leq 1 \text{ (limitation on sale department)} \tag{d}$$

마지막으로 설계변수의 제약조건은

$$x_1, x_2 \geq 0 \tag{e}$$

수학적 정식화. 이 문제의 정식화에서 유의할 점은 설계변수가 0의 값을 가져도 된다는 것이다. 이 문제에는 2개의 설계변수(x_1, x_2), 이윤 최대화의 목적함수 식 (a), 5개의 부등호제약조건 식 (b)~(e)이 있다. 모든 함수는 설계변수의 1차식이므로 이 문제는 선형계획문제이다. 또, 이 문제의 최적해는 설계변수가 정수이어야 한다.

3.1.2 단계적 도식해법 절차

1단계: 좌표계 설정. 해석과정의 처음 단계는 x-y 좌표계의 원점과 x, y축에 따른 눈금을 설정하는 것이다. 제약조건함수를 살펴보면 이 문제는 x축, y축의 눈금을 0~25의 범위에서 설정할 수 있다. 어

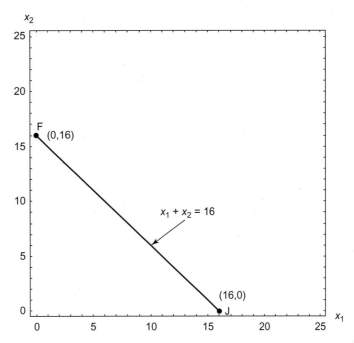

그림 3.1　**이익 극대화 문제에서 부등호제약조건** $x_1 + x_2 \leq 16$의 경계선

떤 경우에는 문제가 그림으로 표시된 후에 눈금을 조정해야만 한다. 그 이유는 원래의 눈금이 문제에 적용시키기에는 너무 작거나 크기 때문이다.

　2단계: **부등호제약조건의 경계 표시.** 제약조건 그리기를 보여주기 위하여 식 (b)의 부등호제약조건 $x_1 + x_2 \leq 16$을 고려하자. 제약조건을 그림으로 나타내기 위하여 먼저 제약조건의 경계를 그려야 한다. 즉, 등호로 만족하는 함수 $x_1 + x_2 = 16$을 그려야 한다. 이는 변수 x_1과 x_2의 선형함수이므로 이를 그리기 위해서는 이 직선상에 놓인 두 점을 찾고 이들을 연결하면 된다. 이 두 점을 (16,0)과 (0,16)이라 하고, 그래프에 표시한 후 직선으로 연결하면 그림 3.1과 같은 선 F~J를 얻는다. 선 F~J는 부등호제약조건 $x_1 + x_2 \leq 16$에 대한 유용영역 경계선이다. 이 선의 한 쪽에 있는 점은 제약조건을 만족하고 다른 쪽의 점은 위배된다.

　3단계: **부등호제약조건의 유용영역 확인.** 다음으로 할 일은 경계선 F~J의 어느 쪽이 부등호제약조건 $x_1 + x_2 = 16$의 유용영역인가를 결정하는 것이며, 이는 선 F~J의 한 쪽에 있는 점을 선택하여 제약함수 값을 계산해 보면 된다. 예를 들어, 선 F~J의 왼쪽(아래쪽)에 있는 점 (0,0)에서 제약함수의 좌변을 계산하면 그 값이 0이고 이는 16보다 작으므로 제약조건이 만족된다. 따라서 선 F~J의 아래 쪽은 이 제약조건의 유용점이라는 것이다. 반대편의 다른 점 (10,10)을 고려하면 좌변 값이 20이고 이는 16보다 크므로 제약조건을 위배한다. 따라서 그림 3.2에 보인 바와 같이 선 F~J의 위쪽 영역은 이 제약조건의 불용영역을 나타낸다. 불용영역은 "빗금" 또는 "음영"으로 표시하였으며, 이를 이 책 전체에서 사용하기로 약속한다.

　만일 등호제약조건 $x_1 + x_2 = 16$이라면, 제약조건의 유용영역은 오직 선 F~J 위의 점들이 된다

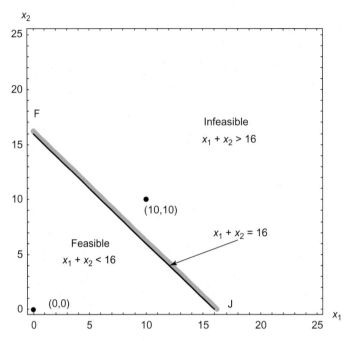

그림 3.2 이익 극대화 문제에서 부등호제약조건 $x_1 + x_2 \leq 16$의 유용/불용영역

는 사실에 주목하라. 비록 F~J 위에 무한개의 점이 있지만, 등호제약조건의 유용영역은 부등호로 주어지는 같은 제약조건의 영역보다 훨씬 작다.

4단계: 유용영역의 확인. 3단계에서 설명한 과정을 따라서 모든 제약조건들이 도표에 그려지면 각 제약조건에 따른 유용영역을 알 수 있다. 조건 x_1, $x_2 \geq 0$은 좌표계에서 유용영역을 1사분면으로 제한하는 것이다. 모든 제약조건들의 유용영역들의 교집합이 이익 최대화 문제의 유용영역 (그림 3.3에서 ABCDE로 표시된)을 제공한다. 이 영역 내 또는 경계선 위의 모든 점이 이 문제의 유용해가 된다.

5단계: 목적함수 등측선 그리기. 다음으로 할 일은 목적함수를 그래프에 그리고 최적값을 찾는 것이다. 이 문제는 2개의 설계변수 x_1, x_2에 대하여 이익 $P = 400x_1 + 600x_2$를 최대화하는 것이다. 이 함수를 그래프에 표시하여 P값을 비교함으로써 최선의 설계를 찾는다. 그러나 유용점의 개수가 무한하므로 모든 점에서 목적함수 값을 계산하는 것은 불가능하다. 이 문제점을 극복하는 한 방법은 목적함수 값이 같은 점들을 연결하는 등측선을 그리는 것이다.

등측선(*contour*)은 같은 목적함수 값을 가진 모든 점들을 연결하여 그래프에 표시한 곡선이다. 등측선 상의 점들의 집합을 **단계집합**(*level set*)이라고 한다. 만약 목적함수를 최소화하는 문제에서는 등측선들은 **등가곡선**(*isocost curve*)이라고 한다. 유용영역에 등측선을 그리려면 그 값을 먼저 지정한다. 이 값들을 구하기 위하여 유용영역 안의 한 점을 고려하여 그곳에서 이익함수의 값을 계산한다. 예를 들어, 점 (6,4)에서 $P = 6 \times 400 + 4 \times 600 = 4800$이 P값이다. $P = 4800$의 등측선을 그리기 위하여 $400x_1 + 600x_2 = 4800$의 함수를 그리면 되고, 그 등측선은 그림 3.4에 보인 바와 같은 직선이다.

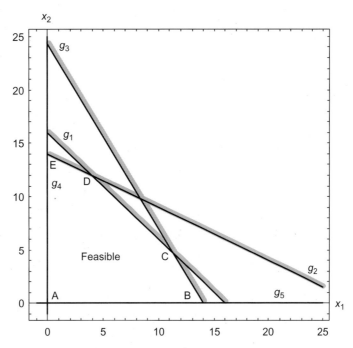

그림 3.3 이익 극대화 문제의 유용영역 ABCDE

유용영역에서 목적함수의 등측선을 그리려면 먼저 유용집합 내의 한 점을 선택하여 그 점에서 목적함수 값을 계산하라. 이 값을 등측선의 값으로 하여 목적함수 식의 그래프를 그려라.

6단계: 최적해의 확인. 목적함수의 최적점의 위치를 찾기 위하여 유용영역을 통과하는 등고선이 적어도 2개가 필요하다. 이로부터 여러 개의 점에서 목적함수 값들의 변화 경향을 관찰할 수 있고, 최선의 해를 갖는 점을 찾을 수 있다. $P = 2400, 4800, 7200$에 대한 등측선들이 그림 3.5에 그려져 있다. 여기서 우리가 관찰할 수 있는 경향은 등측선이 점 D를 향해서 올라가면, P값이 더 큰 유용설계를 찾을 수 있다는 것이다. 좌표점 D (4,12)에서 함수값 $P = 8800$을 간단히 읽을 수 있는데 이 점이 실은 이익함수 값이 최대인 점이다. 점 C 또는 E는 최대점이 아니다. 왜냐하면 이 점에서 점 D 쪽으로 움직이면 함수 값이 증가하기 때문이다.

4장에서 우리는 최적해에 대한 엄밀한 정의를 하는데, 이를 이용하여 이 문제의 그래프 상의 임의 점에 대한 최적성(optimality)을 공부하게 될 것이다. 그러면 도식해법에서 목적함수의 최소점 및 최대점을 확인할 수 있게 된다.

따라서 회사의 최선의 전략은 기계A 4대와 기계B 12대를 생산하여 하루 이익을 최대화하는 것이다. 식 (b)와 (c)의 부등호제약조건들은 최적점에서 활성화(active)된다. 즉, 등식으로 만족된다. 이것들은 선적과 취급 시설 및 생산의 능력에서 한계점까지 이르러야 함을 나타낸다. 회사는 이익을 개선하기 위하여 이들 제약조건들을 완화하는 것을 고려할 수 있다. 모든 다른 부등호조건들은 엄격하게 만족하므로 만족제약조건(*inactive*)이다.

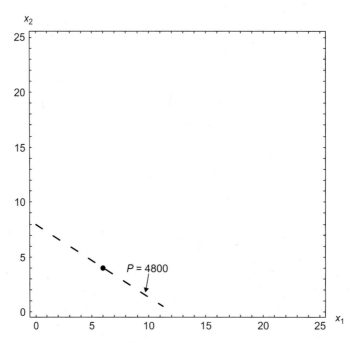

그림 3.4 중공 정사각형 단면의 외팔보

최적해의 보고서에는 설계변수 값, 목적함수 값, 제약조건의 활성/만족 등이 포함되어야 한다.

이 예제의 설계변수들은 정수값이어야 한다. 다행히도 최적해는 정수값들이다. 만약 정수값 문제가 아니었다면, 문제를 풀기 위해서 2.11.8절에 제안된 과정을 이용했을 것이다.

또 이 예제의 모든 함수들은 설계변수에 대하여 선형이라는 것을 유념하라. 그러므로 그림 3.1부터 그림 3.5까지의 모든 선들이 직선이다. 일반적으로 설계문제들은 비선형적일 수 있다. 그런 경우 곡선들이 유용영역을 나타내며 최적설계를 확인하려면 등가곡선(*isocost curve*)이 그려져야 한다. 비선형함수를 그리려면 x_1과 x_2의 수치의 표를 함수로부터 작성하고 이 점들을 도표에 찍은 다음 부드러운 곡선으로 연결해야 한다.

3.2 도식 최적화를 위한 매쓰매티카 사용

앞 절에서 설명한 단계적 과정을 거쳐 컴퓨터 화면에서 도식 해를 구하는 데는 매쓰매티카(Mathematica)와 매트랩(MATLAB) 같은 프로그램이 활용된다. 매쓰매티카는 많은 능력을 가진 대화적 소프트웨어이다. 2변수 최적화 문제를 풀기 위하여 모든 함수들을 컴퓨터 화면에 그려서 푸는 과정을 설명하려 한다. 함수 그리기의 명령어는 여러 가지가 있으나 부등호제약조건들과 목적함수 등측선의 작업에는 `ContourPlot` 명령어가 가장 편리하다. 대부분의 매쓰 명령어와 마찬가지로 이 명령어도 그림 그리기의 특성을 정의하는 부명령어(argument)를 수반한다. 모든 매쓰 명령어들은 대

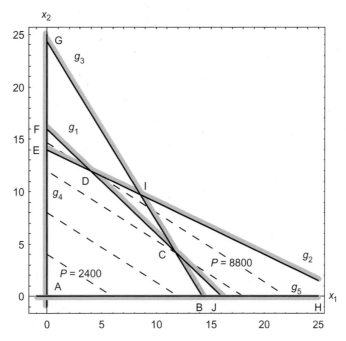

그림 3.5 이익 극대화 문제의 도식해: 최적점 $D = (4,12)$, 최대 이익, $P = \$8800$

소문자에 민감하다(*case-sensitive*). 따라서 어떤 문자를 대문자로 할 것인가에 주의하여야 한다.

매쓰 입력은 **노트북**(*notebook*)이라고 부르는 것에 정리되어야 한다. 노트북은 셀(cell)들로 구성되며 각 셀에는 독립적으로 실행되는 입력이 포함된다. 매쓰매티카의 도식 최적화 능력을 설명하기 위하여 이익 최대화 문제를 다시 다루어 보자. (여기서 사용된 명령어들은 추후에 프로그램이 바뀌면 변경될 수 있다.) 문제의 함수들을 다음과 같이 노트북에 입력하는 것으로 시작하자(처음 2개의 명령어는 프로그램의 초기화를 위한 것이다).

```
<<Graphics`Arrow`
Clear[x1,x2];

P=400*x1+600*x2;
g1=x1+x2-16;  (*shipping and handling constraint*)
g2=x1/28+x2/14-1;  (*manufacturing constraint*)
g3=x1/14+x2/24-1;  (*limitation on sales department*)
g4=-x1;  (*non-negativity*)
g5=-x2;  (*non-negativity*)
```

이 입력들은 매쓰 형식의 기본 형태를 보여준다. ENTER 키는 단순히 다음 줄의 깜빡이는 커서을 위한 줄 바꿈을 해준다는 데 유의하라. SHIFT와 ENTER 키를 함께 누르면 매쓰에 입력된 내용들을 실제로 넣게 된다. 매쓰가 바로 요구된 출력을 하지 않도록 하려면 각 입력줄에 세미콜론(;)으로 끝내야 한다. 세미콜론을 쓰지 않으면, 매쓰는 입력을 단순화하여 화면에 표시하거나 수학적 표현을 실행하여 그 결과를 화면에 표시할 것이다. 주석은 (*comment*)처럼 괄호로 묶인다. 또한 모든 제약조건들은 표준적인 "≤형"으로 변환되어야 한다. 이렇게 함으로써 *ContourPlot* 명령어를 사용하여 화면에 표시되는 유용영역을 확인하는 데 도움이 될 것이다.

3.2.1 함수 그리기

매쓰 명령어를 이용하여 함수 $g_1 = 0$의 등측선을 그리려면 다음과 같다.

```
Plotg1=ContourPlot[g1,{x1,0,25},{x2,0,25}, ContourShading→False,
Contours→{0}, ContourStyle→{{Thickness[.01]}}, Axes→True,
AxesLabel→{"x1","x2"}, PlotLabel→"Profit Maximization Problem",
Epilog→{Disk[{0,16},{.4,.4}], Text["(0,16)",{2,16}], Disk[{16,0},{.4,.4}],
Text["(16,0)",{17,1.5}], Text["F",{0,17}], Text["J",{17,0}],
Text["x1+x2=16",{13,9}],
Arrow[{13,8.3},{10,6}]}, DefaultFont→{"Times",12}, ImageSize→72.5];
```

*Plotg1*은 단순히 *ContourPlot* 명령어에 의해서 결정된 g1 함수의 자료값들에 관련된 임의의 이름이다. 이 특정한 그림(plot)은 앞으로의 연관된 명령어들에 사용한다. *ContourPlot* 명령어는 그림 3.1과 같이 g1 = 0에 의해 정의되는 등고선을 그린다. *ContourPlot* 명령어의 인자들(내부 입력값)은 여러 개의 부명령어들 다음과 같이 포함하고 있다. 인자들은 쉼표로 구분되어 있고 대괄호([ ])로 묶여 있음에 주의하라.

g1: 그려야 할 함수

{x1, 0, 25}, {x2, 0, 25}: 변수 x1과 x2의 영역; 0에서 25까지.

ContourShading → 거짓(False): 음영은 그림 영역에서 사용될 수 없음을 가리키고,

ContourShading → 진실(True): 음영은 사용할 수 있음을 가리킨다(대부분의 부명령어들에는 화살표가 따르고 매개변수들은 중괄호{ } 안에 쓴다).

Contours → {0}: g1의 등고선 값들, 하나의 등고선은 0의 값을 가져야 한다.

ContourStyle → {{Thickness[.01]}}: 등고선의 굵기와 색 등의 특색을 정의한다. 여기서 등고선의 굵기는 ".01"로 표시하였다. 이는 그래프의 전체 굵기값의 부분값으로 여러 번 실행하여 결정하여야 한다.

Axes → *True*: 축들을 원점에서 그린다. 현 경우에 원점 (0, 0)은 그래프의 왼쪽 구석에 위치한다. 이 명령어는 *AxesLabel*이라는 부명령어만 있다.

AxesLabel → {"*x1*", "*x2*"}: 각 축의 라벨을 가리키도록 허용한다.

PlotLabel → "이익 최대화 문제": 그래프 맨 위에 라벨을 넣는다.

Epilog → {...}: 화면의 그림에 도해적 원선(primitives)과 문자를 추가적으로 삽입하도록 허용한다. Disk[{0,16},{.4,.4}]는 (0,16)에 반지름 0.4의 점을 삽입한다.

Text["(0,16)", (2,16)]는 (2,16)의 위치에 "(0,16)"을 표시한다.

ImageSize → 72.5: 그림의 폭은 5인치이고 그림의 크기는 매쓰매티카의 이미지를 선택하여 조정점을 끌어내림으로써 바꿀 수 있다. 매쓰매티카의 이미지는 복사하여 워드프로세서 파일에 붙여 넣을 수 있다.

DefaultFont → {"Times",12}: 문자에 사용할 선택한 폰트와 크기를 정한다.

3.2.2 부등식 조건에 관한 불용영역의 확인과 빗금치기

그림 3.2는 앞에 있는 그림 3.1에서 *ContourPlot* 명령어를 약간 수정하여 만든 것이다.

```
Plotg1=ContourPlot[g1,{x1,0,25},{x2,0,25}, ContourShading→False,
Contours→{0,.65}, ContourStyle→{{Thickness[.01]},
{GrayLevel[.8],Thickness[.025]}}, Axes→True, AxesLabel→{"x1","x2"},
PlotLabel→"Profit Maximization Problem", Epilog→{Disk[{10,10},{.4,.4}],
Text["(10,10)",{11,9}], Disk[{0,0},{.4,.4}], Text["(0,0)",{2,.5}],
Text["x1+x2=16",{18,7}], Arrow[{18,6.3},{12,4}], Text["Infeasible",{17,17}],
Text["x1+x2>16",{17,15.5}], Text["Feasible",{5,6}],
Text["x1+x2<16",{5,4.5}]}, DefaultFont→{"Times",12}, ImageSize→72.5];
```

여기서 두 등측선이 표시되어 있는데, 두 번째 선은 작은 양의 값을 갖는다. 이는 *Contours* → {0..65} 명령으로 표시되었다. 제약경계는 g1 = 0의 등고선으로 표시되었다. 등측선 g1 = 0.65 은 불용영역을 지나갈 것이고, 양의 값 0.65는 시행착오로 결정되었다.

불용영역을 음영처리하기 위해서 등고선의 특색이 바뀌었다. *ContourStyle* 부명령어의 각 괄호{}의 집합은 특정한 등측선과 연관되어 있다. 이 경우, {Thickness[.01]}는 첫 번째 등측선 g1 = 0의 특성을 정하고, {GrayLevel[.8],Thickness[0.025]}는 두 번째 등고선 g1 = 0.65의 특성을 정한다. *GrayLevel*은 등측선의 색을 지시한다. Gray level 0은 검은 선으로 나타나고, 1은 흰 선으로 나타난다. 그러므로 *ContourPlot* 명령어는 하나의 가는 검은 선과 하나의 굵은 회색 선을 그린다. 이런 방법으로 부등식의 불용영역을 음영으로 처리한다.

3.2.3 유용영역의 확인

앞의 과정들을 이용하여 문제의 모든 제약함수들을 그렸고 그 유용영역을 확인하였다. g1에서 g5까지 다섯 제약조건들을 Plotg1, Plotg2, Plotg3, Plotg4, Plotg5라고 이름지었다. 이 모든 함수들은 3.2.2절에서 설명한 *ContourPlot* 명령어로 그린 것들과 매우 비슷하다. 예를 들어, Plotg4 함수는 다음과 같다.

```
Plotg4=ContourPlot[g4,{x1,-1,25},{x2,-1,25}, ContourShading→False,
Contours→{0,.35}, ContourStyle→{{Thickness[.01]},
{GrayLevel[.8],Thickness[.02]}}, DisplayFunction→Identity];
```

DisplayFunction → *Identify* 부명령어는 *ContourPlot* 명령어에 추가하여 사용하는데, 각 Plotg*i* 함수의 출력 화면을 표시하지 않도록 한다. 매쓰매티카는 각 Plotg*i* 함수를 실행하여 그 결과를 표시한다. 다음은 Show 명령어로 다섯 개의 그림을 합쳐서 완전한 유용집합을 그림 3.3에 표시하였다.

```
Show[{Plotg1,Plotg2,Plotg3,Plotg4,Plotg5},
Axes→True,AxesLabel→{"x1","x2"}, PlotLabel→"Profit Maximization
Problem", DefaultFont→{"Times",12}, Epilog→ {Text["g1",{2.5,16.2}],
Text["g2",{24,4}], Text["g3",{2,24}], Text["g5",{21,1}], Text["g4",{1,10}],
Text["Feasible",{5,6}]}, DefaultFont→{"Times",12},
ImageSize→72.5,DisplayFunction→ $DisplayFunction];
```

Text 부명령어는 그래프의 여러 위치에 문자를 추가한다. *DisplayFunction → $DisplayFunction* 부명령어는 최종 그래프를 화면에 표시하기 위해 사용한다. 이 명령어가 없으면 화면에 표시되지 않는다.

3.2.4 목적함수 등측선 그리기

다음에 할 일은 목적함수 등측선을 표시하고 그 최적점을 찾는 것이다. 그림 3.4에 보인 바와 같이 목적함수 등측선의 값은 2400, 4800, 7200, 8800이며, *ContourPlot* 명령어를 사용하였다.

```
PlotP=ContourPlot[P,{x1,0,25},{x2,0,25}, ContourShading→False,
Contours→{4800}, ContourStyle→{{Dashing[{.03,.04}], Thickness[.007]}},
Axes→True, AxesLabel→{"x1","x2"}, PlotLabel→"Profit Maximization
Problem", DefaultFont→{"Times",12}, Epilog→{Disk[{6,4},{.4,.4}], Text["P=
4800",{9.75,4}]}, ImageSize→72.5];
```

ContourStyle 부명령어는 각 등측선에 하나씩, 네 개의 특성 집합을 제공한다. *Dashing[{a,b}]*는 대시 길이가 "a"이고 간격이 "b"인 대시를 그린다. 이들 매개변수들은 그래프의 전체 폭의 비율을 나타낸다.

3.2.5 최적해의 확인

그림 3.3의 문제에 대하여 유용영역을 그리는 데 사용된 *Show* 명령어는 이익 함수의 등측선을 그리는 데도 사용할 수 있다. 그림 3.5는 다음과 같이 *Show* 명령어를 사용하여 구한 문제의 도식 표시를 나타낸다.

```
Show[{Plotg1,Plotg2,Plotg3,Plotg4,Plotg5, PlotP}, Axes→True,
AxesLabel→{"x1","x2"}, PlotLabel→"Profit Maximization Problem",
DefaultFont→{"Times",12}, Epilog→{Text["g1",{2.5,16.2}],
Text["g2",{24,4}],Text["g3",{3,23}], Text["g5",{23,1}], Text["g4",{1,10}],
Text["P= 2400",{3.5,2}], Text["P= 8800",{17,3.5}], Text["G",{1,24.5}],
Text["C",{10.5,4}], Text["D",{3.5,11}], Text["A",{1,1}], Text["B",{14,−1}],
Text["J",{16,−1}], Text["H",{25,−1}], Text["E",{−1,14}], Text["F",{−1,16}]},
DefaultFont→{"Times",12}, ImageSize→72.5, DisplayFunction→
$DisplayFunction];
```

부가적으로 사용된 *Text* 부명령어는 서로 다른 목적함수 등측선 및 점에 라벨을 추가하는 것이다. 최종 그래프는 도식해를 구하는 데 사용한다. *Disk* 부명령어를 *Epilog* 명령어에 추가하면 최적점에 점을 찍을 수 있다.

3.3 도식 최적화를 위한 매트랩 사용

매트랩(MATLAB)은 공학 문제를 풀 수 있는 많은 능력을 가진 소프트웨어이다. 예를 들어, 함수들을 그릴 수 있고 2변수 최적화 문제를 도해적으로 풀 수 있다. 이 절에서는 이러한 목적으로 프로그램을 사용하는 방법을 설명할 것이다. 최적화 문제들을 푸는 다른 용도들은 후에 설명할 것이다.

MATLAB의 입력에는 두 가지 방법이 있다. 즉, 한 번에 하나씩 명령어를 대화적으로 입력하고 그 결과는 즉시 화면에 표시되게 하는 대화식 방법(interactive mode)이다. 다른 방법은 m-파일이라는 입력 파일을 만들어 한 번에 실행하는 방법(batch mode)이다. m-파일은 MATLAB의 문자편집기를 사용하여 만들 수 있다. 이 편집기를 사용하려면 "File"에서 "New"를 선택하고 다음에 "m-file"을 선택하면 된다. 저장하면 이 파일은 ".m(dot m)"의 확장자를 갖는다. 파일을 실행하려면, MATLAB을 시작한 다음에 단순히 확장자를 뺀 파일 이름 입력하면 된다. 반드시 현재 디렉토리(current derectory) 위치에 그 파일이 있어야 한다. 이 절에서는, 앞 절의 이익 최대화 문제를 MATLAB 2015를 이용하여 풀 것이다. 다음에 설명하는 명령어들은 나중에 새로 배포되는 프로그램에서는 바뀔 수도 있다는 점에 유의하라.

3.3.1 함수 등측선 그리기

매트랩을 이용하여 모든 제약함수를 그리고 유용영역을 확인하기 위하여 모든 부등호제약조건은 "이하형(≤ 0)"으로 변환되어야 한다. 표 3.1에는 이익 최대화 문제에 대한 m-파일과 설명이 제시되어 있다. m-파일에서 코멘트는 퍼센트 표(%) 다음에 쓰게 되며, 매트랩의 수행에서 코멘트는 무시된다. 등측선을 그리기 위한 첫 번째 명령은 다음과 같다.

```
[x1,x2]=meshgrid(-1.0:0.01:25.0, -1.0:0.01:25.0);                    (a)
```

이 명령문은 매트랩에 의해서 그리거나 계산하는 모든 함수들의 점들의 배열 또는 그물눈을 생성한다. 이 명령문은 x1과 x2는 -1.0에서 시작해서 증가분 0.01로 25.0까지 증가함을 의미한다. 이 변수들은 2차원 배열을 표시하며 그들을 다루는 데 특별한 주의를 요한다. "*"(star)와 "/"(slash)는 각각 스칼라 곱셈과 나눗셈을 의미하며 ". *"과 ". /"는 요소별로 곱하고 나누는 것을 의미한다.

". *"(dot-star)와 ". /"(dot-slash)는 배열의 요소별 곱셈 및 나눗셈을 의미하고, ". ^"(dot-hat)는 배열의 각 요소의 지수(exponent)를 표시한다. 이러한 연산자들이 매트랩에서 비선형 함수를 입력할 때 사용된다.

명령문 뒤의 ";"(세미콜론)은 MATLAB이 즉시 수치적 결과, 즉 모든 x1과 x2의 값들을 화면에 표시하는 것을 방지한다. MATLAB에서 세미콜론의 사용은 대부분의 명령에서 편리하다. 또한 행렬 곱셈과 나눗셈 능력은 현재 예제에 사용하지 않았음에 유의하라. 문제의 함수들은 오직 스칼라 곱셈과 나눗셈만 하기 때문이다. 따라서 연산자 "*"와 "/"만을 사용하여 함수를 입력하였다(표 3.1). 만약 함수 $f = 2x_1 x_2 + 3x_1^2$를 입력하려면, "dot" 연산자를 사용하여 다음과 같이 변환된다.

```
f=2*x1.*x2 + 3*x1.^2;                                                (b)
```

"contour" 명령은 문제의 모든 함수들을 화면에 표시하는 데 사용한다. 부등식을 위한 2개의 등측선을 그렸는데 하나는 0의 값을 갖고, 다른 하나는 양의 작은 값을 갖는다. 두 번째 등측선은 문제의 불용영역을 통과한다. 불용영역의 두께(thickness)는 부등식의 불용 쪽을 표시하기 위하여 바뀔 수 있는데, 이는 다음 절에서 설명할 그래프 편집 기능을 이용한다. 즉, 간격이 좁은 등측선을 촘촘하게 불용영역에 그려서 음영을 만들 수 있다. 이러한 명령어는 다음과 같다(표 3.1에도 표시되어 있다).

표 3.1 이익 최대화 문제에 대한 MATLAB File

The m-file with explanatory comments

```
%Create a grid from -1 to 25 with an increment of 0.01 for the variables x1 and x2
%This grid parameters were determined after several trials to obtain a
% reasonable size graph
%In MATLAB, this generates vectors of values for x1 and x2
[x1,x2]=meshgrid(-1:0.01:25.0, -1:0.01:25.0);


%Enter functions to be plotted for the profit maximization problem
f=400*x1+600*x2;
g1=x1+x2-16;
g2=x1./28+x2./14-1; %"./" also works for scalar division although only "/" is needed
%It is important to note that for nonlinear functions, MATLAB requires you
%to use the "dot" operators, such as ".*", "./", ".^"
g3=x1/14+x2/24-1;
g4=-x1;
g5=-x2;


%Initialization statements; these need not end with a semicolon
cla reset
axis auto    %Minimum and maximum values for axes are determined automatically
             %Limits for x- and y-axes may be specified with the command
             %axis ([xmin xmax ymin ymax])
%Specify labels for x- and y-axes
xlabel('x1 - Number of A Machines'),ylabel('x2 - Number of B Machines')
title('Profit Maximization Problem')    %Title for the figure
hold on      %Retains the current plot and axes properties for all subsequent plots


%Use the "contour" command to plot constraint and cost functions
cv1=[0 0]; %Specifies two contour values; must specify at least two values
const1=contour(x1,x2,g1,cv1,'k','LineWidth',3); %Plots two specified contours of g1
                                                 %k=black color; Linewidth
                                                 %is 3 units
%clabel(const1)        %Automatically puts the contour value on the graph
text(2,16,'g1')        %Writes g1 at the location (2,16)


%Shading out the infeasible region
cv11=[0.15:0.02:0.9]; %Defines a series of closely spaced contours between
                      %0.15 and 0.9 in increments of 0.02; for shading out
                      %the infeasible region
const1=contour(x1,x2,g1,cv11,'r');
```

표 3.1   이익 최대화 문제에 대한 MATLAB File(계속)

The m-file with explanatory comments

```
const2=contour(x1,x2,g2,cv1,'k','LineWidth',3);
%clabel(const2)
text(15.5,5.4,'g2')
cv21=[0.01:0.002:0.05];
const2=contour(x1,x2,g2,cv21,'r');

const3=contour(x1,x2,g3,cv1,'k','Linewidth',3);
const3=contour(x1,x2,g3,cv21,'r');
%clabel(const3)
text(2,23,'g3')
cv41=[0.1:0.01:.6];

const4=contour(x1,x2,g4,cv1,'k','Linewidth',3);
const4=contour(x1,x2,g4,cv41,'r');
%clabel(const4)
text(.25,20,'g4')

const5=contour(x1,x2,g5,cv1,'k','Linewidth',3);
%clabel(const5)
const5=contour(x1,x2,g5,cv41,'r');
text(19,1,'g5')

text(2,5,'Feasible Region')      %Label feasible region

fv=[2400, 4800, 7200, 8800];      %Defines 4 contours for the profit function
fs=contour(x1,x2,f,fv,'k--');     %'k--'specifies black dashed lines for contours
clabel(fs)
hold off      %Indicates end of this plotting sequence
              %Subsequent plots will appear in separate windows
```

```
    cv11=[0.15:0.02:0.9];    %[Starting contour value: Increment: Final    (c)
    contour value]
    const1=contour(x1,x2,g1,cv11,'r');    %r=red color                     (d)
```

이런 방식으로 모든 제약함수들을 그리고 문제의 유용영역을 확인한다. 목적함수 등측선의 경향을 관찰함으로써 문제의 최적점을 확인할 수 있다.

표 3.1의 매트랩 명령어들은 반복과정 형식이며 이는 합리적인 그래프를 얻기 위함이다. 예를 들어, meshgrid 명령어를 조정하여 세부확대가 가능하고 적당한 크기의 유용영역을 얻게 된다. 또한 불용영역의 빗금치기에도 적절한 빗금 효과를 연기 위해 조정이 필요하다. 이러한 과정은 합리적인 도식 표현을 위해 통상적으로 사용되는 것이다.

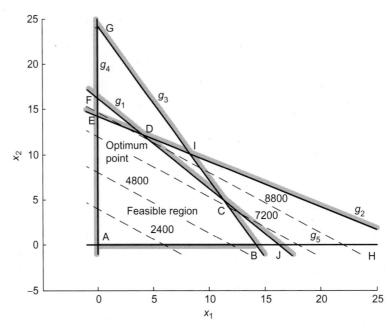

그림 3.6   MATLAB을 이용한 이익 극대화 문제에 대한 도식 표현

3.3.2 그래프 편집

앞의 명령어들을 사용하여 그래프가 그려지면 인쇄 또는 문자편집기로 복사하기 전에 편집할 수 있다. 특히, 제약조건들의 불용등고선들의 모양과 그래프의 문자를 수정해야 할 필요가 있을 때 사용한다. 이를 위해 첫 번째로 그래프 창의 "Edit" 탭 아래 "Current Object Properties ..."를 선택한다. 다음 그래프의 그 성질을 편집하고자 하는 항목을 더블 클릭한다. 예를 들어, 불용영역에서 불용등고선을 뚜렷하게 하기 위해서 두께를 증가시킬 수 있다. 또한, 문자는 원하는 대로 추가, 삭제, 또는 이동할 수 있다. 만일 MATLAB이 다시 실행되면 그래프에 수정한 내용들이 없어진다는 점에 유의하라. 따라서 그래프를 MATLAB에서 다시 부를 수 있는 ".fig" 파일로 저장하는 것이 이상적인 방법이다.

   그래프를 다른 문서에 옮기는 두 가지 방법이 있다. 첫 번째는 "Edit" 탭 아래 "Copy Figure"를 선택한다. 그림은 비트맵으로 다른 문서에 붙여진다. 또 하나의 방법은 "File" 탭 아래 "Export ..."를 선택하는 것이다. 그림을 지시된 파일 형태로 추출하여 다른 문서에 "Insert" 명령으로 삽입할 수 있다. MATLAB을 이용한 이익 최대화 문제의 최종 그래프가 그림 3.6에 있다.

3.4   복수해를 갖는 설계문제

목적함수의 등측선에 평행한 제약조건을 가진 문제를 고려해보자. 만약 그 제약조건이 최적점에서 활성제약조건이라면 문제에는 복수의 해가 존재한다. 이런 경우를 보여주기 위하여 다음과 같이 표준형으로 표현된 설계문제를 고려해보자.

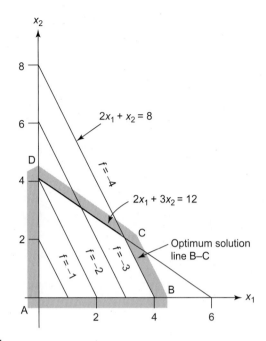

그림 3.7 복수해 문제의 예

최소화

$$f(x) = -x_1 - 0.5x_2 \tag{a}$$

제약조건

$$2x_1 + 3x_2 \le 12, \ 2x_1 + x_2 \le 8, \ -x_1 \le 0, \ -x_2 \le 0 \tag{b}$$

이 문제에서 두 번째 제약조건은 목적함수와 평행하다. 따라서 **복수 최적설계**(*multiple optimum design*)의 가능성이 있다. 그림 3.7은 위 문제의 도식해를 보여준다. 선 B~C 위의 점들은 모두 최적해임을 알 수 있고, 따라서 이 문제는 무한히 많은 최적해를 가진다.

3.5 무한해를 갖는 설계문제

어떤 설계문제에는 유한값의 해가 없을 수 있다. 이는 정식화 과정에서 어떤 제약조건을 고려하지 않았거나 정식화의 오류 때문에 일어날 수 있다. 이러한 예로서 다음과 같은 설계문제를 고려해 보자.

최소화

$$f(x) = -x_1 + 2x_2 \tag{c}$$

제약조건

$$-2x_1 + x_2 \le 0, \ -2x_1 + 3x_2 \le 6, \ -x_1 \le 0, \ -x_2 \le 0 \tag{d}$$

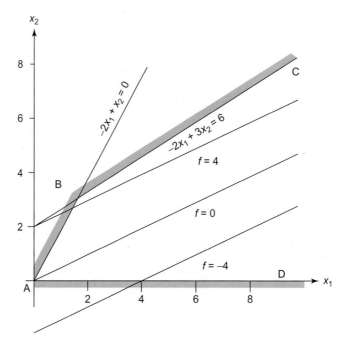

그림 3.8 무한해 문제의 예

　문제의 유용영역 집합과 목적함수의 등측선을 그림 3.8에 나타내었다. 유용영역 집합의 경계가 유한하지 않음을 알 수 있다. 따라서 목적함수 등측선의 경향을 살펴보면, 유한값의 최적해가 있을 수 없다. 이러한 경우에는 문제의 정식화를 다시 검사해야 한다. 그림 3.8에서 문제의 제약조건들이 부족한(underconstrained) 것을 알 수 있다. 한편, 무한 유용영역 문제에서도 유한값의 최적해가 존재할 수도 있는데 이는 복적함수의 형태에 좌우된다.

3.6　불용설계문제

설계문제를 정식화하는 데 주의를 기울이지 않으면 서로 상반되는 요구조건이나 일관성이 없는(inconsistent) 제약 방정식들이 있을 수 있고, 이때는 해가 없을 수 있다. 너무 많은 제약조건들이 있는 문제에서는 제약조건들이 너무 한정적(restrictive)이 되어서 유용해를 구하는 것이 불가능할 수 있다. 이런 것들을 불용문제(infeasible problem)라 한다. 이런 경우를 설명하기 위해 다음 문제를 고려해 보자.

최소화

$$f(\mathbf{x}) = x_1 + 2x_2 \tag{e}$$

제약조건

$$3x_1 + 2x_2 \le 6,\; 2x_1 + 3x_2 \ge 12,\; x_1,\, x_2 \le 5,\; x_1,\, x_2 \ge 0 \tag{f}$$

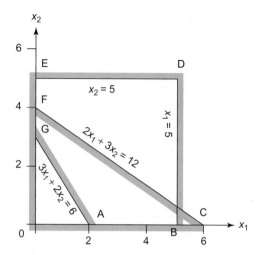

그림 3.9 불용설계 최적화 문제의 예

문제의 제약조건들은 그림 3.9에 그려져 있고 불용영역에 음영처리하였다. 모든 제약조건들을 만족하는 영역이 설계공간 안에는 없음을 알 수 있다. 즉, 유용영역이 없는 것이다. 그러므로 이 문제는 불용문제이다. 원래 처음 2개의 제약조건들은 모순된 요구 조건들이다. 첫 번째 조건은 선 A~G 아래가 유용설계이고, 두 번째 조건은 선 C~F의 위쪽이 유용영역이다. 두 선이 1사분면에서 교차하지 않기 때문에 이 문제에는 유용영역이 없다. 따라서 정식화를 재점검하여 유용영역이 존재하도록 조정하여야 한다.

3.7 최소 무게 관상 기둥의 도식해법

2.7절의 설계문제를 도식해법을 이용하여 풀어보자. 설계자료는 다음과 같다: $P = 10$ MN, $E = 207$ GPa, $\rho = 7833$ kg/m^3, $l = 5.0$ m, $\sigma_a = 248$ MPa. 이 자료를 이용한 문제의 정식화 1은 질량함수 $f(R, t)$를 최소화하는 두께 $t(m)$와 평균반경 $R(m)$을 구하는 것이다.

$$f(R,t) = 2\rho l\pi Rt = 2(7833)(5)\pi Rt = 2.4608\times10^5 Rt, \text{kg} \tag{a}$$

4개의 부등호제약조건

$$g_1(R,t) = \frac{P}{2\pi Rt} - \sigma_a = \frac{10\times10^6}{2\pi Rt} - 248\times10^6 \leq 0 \text{ (stress constraint)} \tag{b}$$

$$g_2(R,t) = P - \frac{\pi^3 ER^3 t}{4l^2} = 10\times10^6 - \frac{\pi^3(207\times10^9)R^3 t}{4(5)(5)} \leq 0 \text{ (buckling load constraint)} \tag{c}$$

$$g_3(R,t) = -R \leq 0 \tag{d}$$

$$g_4(R,t) = -t \leq 0 \tag{e}$$

2.7절에 논의된 명시적 한계 제약조건들은 단순히 g_3와 g_4로 대치되었다. 제약조건은 그림 3.10에 그렸으며, 유용영역이 표시되었다. 목적함수의 등측선이 $f = 1000, 1500, 1579$ kg에 대하여

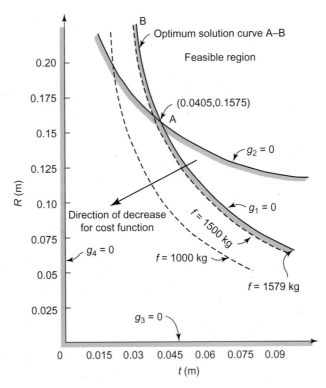

그림 3.10 최소 무게 관상 기둥 설계문제의 도식해법

그려졌다. 목적함수의 등측선은 응력 제약조건 g_1과 평행하다. 최적해에서 g_1이 활성제약조건이므로 이 문제의 최적해는 무한히 많다. 즉, 그림 3.10의 곡선 A~B 위의 모든 점이 최적해이다. 곡선 A~B 상의 한 점 A를 보면(이 점에서 제약조건 g_1과 g_2이 교차한다), 역시 최적점이며 $t^* = 0.0405$ m, $R^* = 0.1575$ m이다. 최적 목적함수 값은 1579 kg이고, 제약조건 g_1과 g_2이 활성제약조건이다.

상첨자 (*)는 최적해를 표시하며, 이 기호는 이 책 전반에 걸쳐 사용한다. 최적해의 보고서에 다음의 내용이 꼭 필요하다.

1. 최적 설계변수 값
2. 최적 목적함수 값
3. 최적해에서 활성제약조건

3.8 보 설계문제의 도식해법

1단계: 과제/문제 설정. 직사각형 단면의 보가 굽힘 모멘트 M (N·m)과 최대 전단력 V(N)을 받고 있다. 굽힘응력 공식은 $\sigma = 6M/bd^2$ (Pa)이고 평균 전단응력 공식은 $\tau = 3V/2bd$ (Pa)이며, 여기서 b와 d는 보의 폭과 깊이이다. 굽힘과 전단의 허용응력은 각각 10 MPa, 2 MPa이며, 보의 깊이가 폭의 2배를 넘지 말아야 한다. 보의 단면적을 최소화하자. 이 절에서는 문제를 정식화하고 도식해법으로 풀 것이다.

2단계: 자료 및 정보 수집. 굽힘 모멘트 $M = 40 \text{ kN} \cdot \text{m}$, 전단력 $V = 150 \text{ kN}$이라 하자. 다른 자료는 문제 설정에 주어진 바와 같고 단위는 N과 mm를 쓰기로 한다.

3단계: 설계변수 정의. 설계변수는 2개로 다음과 같다.

d = 보의 깊이, mm
b = 보의 폭, mm

4단계: 최적화 기준 정의. 목적함수는 단면적이며 다음과 같다.

$$f(b,d) = bd \tag{a}$$

5단계: 제약조건 정의. 제약조건으로는 굽힘응력, 전단응력, 폭-깊이의 비가 있다.
굽힘응력과 전단응력:

$$\sigma = \frac{6M}{bd^2} = \frac{6(40)(1000)(1000)}{bd^2}, \text{N/mm}^2 \tag{b}$$

$$\tau = \frac{3V}{2bd} = \frac{3(150)(1000)}{2bd}, \text{N/mm}^2 \tag{c}$$

허용 굽힘응력 σ_a 및 허용 전단응력 τ_a

$$\sigma_a = 10 \text{ Mpa} = 10 \times 10^6 \text{ N/m}^2 = 10 \text{ N/mm}^2 \tag{d}$$

$$\tau_a = 2 \text{ Mpa} = 2 \times 10^6 \text{ N/m}^2 = 2 \text{ N/mm}^2 \tag{e}$$

식 (b~e)에서 굽힘 및 전단응력 제약조건은

$$g_1 = \frac{6(40)(1000)(1000)}{bd^2} - 10 \leq 0 \text{ (bending stress)} \tag{f}$$

$$g_2 = \frac{3(150)(1000)}{2bd} - 2 \leq 0 \text{ (shear stress)} \tag{g}$$

폭-깊이의 비에 대한 제약조건은

$$g_3 = d - 2b \leq 0 \tag{h}$$

마지막으로 설계변수 제약조건은

$$g_4 = -b \leq 0; \ g_5 = -d \leq 0 \tag{i}$$

실제로 b와 d는 0이 될 수 없다. 따라서 하한값을 사용한다(즉, $b \geq b_{\min}$, $d \geq d_{\min}$).

도식해법

MATLAB으로 문제의 제약조건들을 그림 3.11에 그리고 유용영역을 표시하였다. 목적함수는 제약조건 g_2(두 함수는 같은 형태이다: bd = 상수)와 평행임에 유의하라. 그러므로 곡선 A~B 상의 어떤 점이라도 최적해를 나타낸다. 설계자가 필요에 맞도록 최적해를 폭넓게 선택을 할 수 있기 때문에

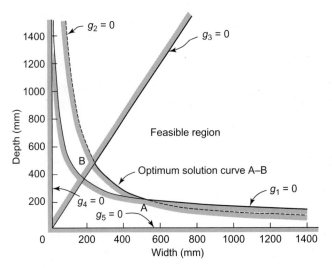

그림 3.11　최소 단면 보 설계문제의 도식해법

바람직한 경우이다.

　단면적의 최적값은 112,500 mm²이다. 점 B는 $b = 237$ mm와 $d = 474$ mm인 최적설계이고, 점 A는 $b = 527.3$ mm와 $d = 213.3$ mm인 최적설계이다. 이 두 점이 극한 최적해이고, 다른 해들은 곡선 A~B에서 이 두 점 사이에 놓여 있다.

3장의 연습문제

Solve the following problems using the graphical method.

3.1 Minimize $f(x_1, x_2) = (x_1 - 3)^2 + (x_2 - 3)^2$
　　subject to $x_1 + x_2 \leq 4$
　　$x_1, x_2 \geq 0$

3.2 Maximize $F(x_1, x_2) = x_1 + 2x_2$
　　subject to $2x_1 + x_2 \leq 4$
　　$x_1, x_2 \geq 0$

3.3 Minimize $f(x_1, x_2) = x_1 + 3x_2$
　　subject to $x_1 + 4x_2 \geq 48$
　　$5x_1 + x_2 \geq 50$
　　$x_1, x_2 \geq 0$

3.4 Maximize $F(x_1, x_2) = x_1 + x_2 + 2x_3$
　　subject to $1 \leq x_1 \leq 4$
　　$3x_2 - 2x_3 = 6$
　　$-1 \leq x_3 \leq 2$
　　$x_2 \geq 0$

3.5 Maximize $F(x_1, x_2) = 4x_1x_2$
subject to $x_1 + x_2 \leq 20$
$x_2 - x_1 \leq 10$
$x_1, x_2 \geq 0$

3.6 Minimize $f(x_1, x_2) = 5x_1 + 10x_2$
subject to $10x_1 + 5x_2 \leq 50$
$5x_1 - 5x_2 \geq -20$
$x_1, x_2 \geq 0$

3.7 Minimize $f(x_1, x_2) = 3x_1 + x_2$
subject to $2x_1 + 4x_2 \leq 21$
$5x_1 + 3x_2 \leq 18$
$x_1, x_2 \geq 0$

3.8 Minimize $f(x_1, x_2) = x_1^2 - 2x_2^2 - 4x_1$
subject to $x_1 + x_2 \leq 6$
$x_2 \leq 3$
$x_1, x_2 \geq 0$

3.9 Minimize $f(x_1, x_2) = x_1x_2$
subject to $x_1 + x_2^2 \leq 0$
$x_1^2 + x_2^2 \leq 9$

3.10 Minimize $f(x_1, x_2) = 3x_1 + 6x_2$
subject to $-3x_1 + 3x_2 \leq 2$
$4x_1 + 2x_2 \leq 4$
$-x_1 + 3x_2 \geq 1$

Develop an appropriate graphical representation for the following problems and determine the minimum and the maximum points for the objective function.

3.11 $f(x, y) = 2x^2 + y^2 - 2xy - 3x - 2y$
subject to $y - x \leq 0$
$x^2 + y^2 - 1 = 0$

3.12 $f(x, y) = 4x^2 + 3y^2 - 5xy - 8x$
subject to $x + y = 4$

3.13 $f(x, y) = 9x^2 + 13y^2 + 18xy - 4$
subject to $x^2 + y^2 + 2x = 16$

3.14 $f(x, y) = 2x + 3y - x^3 - 2y^2$
subject to $x + 3y \leq 6$
$5x + 2y \leq 10$
$x, y \geq 0$

3.15 $f(r, t) = (r - 8)^2 + (t - 8)^2$
subject to $12 \geq r + t$
$t \leq 5$
$r, t \geq 0$

3.16 $f(x_1, x_2) = x_1^3 - 16x_1 + 2x_2 - 3x_2^2$
subject to $x_1 + x_2 \leq 3$

3.17 $f(x, y) = 9x^2 + 13y^2 + 18xy - 4$
subject to $x^2 + y^2 + 2x \geq 16$

3.18 $f(r, t) = (r - 4)^2 + (t - 4)^2$
subject to $10 - r - t \geq 0$
$5 \geq r$
$r, t \geq 0$

3.19 $f(x, y) = -x + 2y$

subject to $-x^2 + 6x + 3y \leq 27$

$18x - y^2 \geq 180$

$x, y \geq 0$

3.20 $f(x_1, x_2) = (x_1 - 4)^2 + (x_2 - 2)^2$

subject to $10 \geq x_1 + 2x_2$

$0 \leq x_1 \leq 3$

$x_2 \geq 0$

3.21 Solve graphically the rectangular beam problem of Exercise 2.17 for the following data: $M = 80$ kN·m, $V = 150$ kN, $\sigma_a = 8$ MPa, and $\tau_a = 3$ MPa.

3.22 Solve graphically the cantilever beam problem of Exercise 2.23 for the following data: $P = 10$ kN; $l = 5.0$ m; modulus of elasticity, $E = 210$ GPa; allowable bending stress, $\sigma_a = 250$ MPa; allowable shear stress, $\tau_a = 90$ MPa; mass density, $\rho = 7850$ kg/m^3; $R_o \leq 20.0$ cm; $R_i \leq 20.0$ cm.

3.23 For the minimum-mass tubular column design problem formulated in Section 2.7, consider the following data: $P = 50$ kN; $l = 5.0$ m; modulus of elasticity, $E = 210$ GPa; allowable stress, $\sigma_a = 250$ MPa; mass density $\rho = 7850$ kg/m^3. Treating mean radius R and wall thickness t as design variables, solve the design problem graphically, imposing an additional constraint $R/t \leq 50$. This constraint is needed to avoid local crippling (buckling) of the column. Also impose the member size constraints as

$$0.01 \leq R \leq 1.0 \text{ m}; \ 5 \leq t \leq 200 \text{ mm}$$

3.24 For Exercise 3.23, treat outer radius R_o and inner radius R_i as design variables, and solve the design problem graphically. Impose the same constraints as in Exercise 3.23.

3.25 Formulate the minimum-mass column design problem of Section 2.7 using a hollow square cross-section with outside dimension w and thickness t as design variables. Solve the problem graphically using the constraints and the data given in Exercise 3.23.

3.26 Consider the symmetric (members are identical) case of the two-bar truss problem discussed in Section 2.5 with the following data: $W = 10$ kN; $\theta = 30°$; height $h = 1.0$ m; span $s = 1.5$ m; allowable stress, $\sigma_a = 250$ MPa; modulus of elasticity, $E = 210$ GPa. Formulate the minimum-mass design problem with constraints on member stresses and bounds on design variables. Solve the problem graphically using circular tubes as members.

3.27 Formulate and solve the problem of Exercise 2.1 using the graphical method.

3.28 In the design of the closed-end, thin-walled cylindrical pressure vessel shown in Fig. E3.28, the design objective is to select the mean radius R and wall thickness t to minimize the total mass. The vessel should contain at least 25.0 m^3 of gas at an internal pressure of 3.5 MPa. It is required that the circumferential stress in the pressure vessel should not exceed 210 MPa and the circumferential strain should not exceed (1.0E − 03). The circumferential stress and strain are calculated from the equations

$$\sigma_c = \frac{PR}{t}, \ \varepsilon_c = \frac{PR(2-v)}{2Et}$$

where ρ is mass density (7850 kg/m^3); σ_c is circumferential stress (Pa); ε_c is circumferential strain; P is internal pressure (Pa); E is Young's modulus (210 GPa); and v is Poisson's ratio (0.3). Formulate the optimum design problem, and solve it graphically.

3.29 Consider the symmetric three-bar truss design problem formulated in Section 2.10. Formulate and solve the problem graphically for the following data: $l = 1.0$ m; $P = 100$ kN;

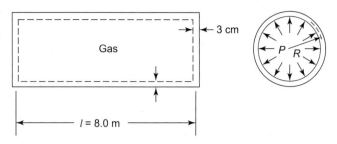

FIGURE E3.28 Cylindrical pressure vessel.

$\theta = 30°$; mass density, $\rho = 2800$ kg/m^3; modulus of elasticity, $E = 70$ GPa; allowable stress, $\sigma_a = 140$ MPa; $\Delta_u = 0.5$ cm; $\Delta_v = 0.5$ cm; $\omega_o = 50$ Hz; $\beta = 1.0$; $A_1, A_2 \geq 2$ cm^2.

3.30 Consider the cabinet design problem in Section 2.6. Use the equality constraints to eliminate three design variables from the problem. Restate the problem in terms of the remaining three variables, transcribing it into the standard form.

3.31 Graphically solve the insulated spherical tank design problem formulated in Section 2.3 for the following data: $r = 3.0$ m, $c_1 = \$10,000$, $c_2 = \$1000$, $c_3 = \$1$, $c_4 = \$0.1$, $\Delta T = 5$.

3.32 Solve graphically the cylindrical tank design problem given in Section 2.8 for the following data: $c = \$1500/\text{m}^2$, $V = 3000$ m^3.

3.33 Consider the minimum-mass tubular column problem formulated in Section 2.7. Find the optimum solution for it using the graphical method for the data: load, $P = 100$ kN; length, $l = 5.0$ m; Young's modulus, $E = 210$ GPa; allowable stress, $\sigma_a = 250$ MPa; mass density, $\rho = 7850$ kg/m^3; $R \leq 0.4$ m; $t \leq 0.1$ m; $R, t \geq 0$.

3.34 Design a hollow torsion rod, shown in Fig. E3.34, to satisfy the following requirements (created by J.M. Trummel):

1. The calculated shear stress τ shall not exceed the allowable shear stress τ_a under the normal operating torque T_o (N·m).

2. The calculated angle of twist, θ, shall not exceed the allowable twist, θ_a (radians).

3. The member shall not buckle under a short duration torque of T_{max} (N·m).

Notations for the problem, requirements for the rod, material properties and some useful expressions for the rod are given in Tables E3.34a–E3.34d (select a material for one rod). Use the following design variables: $x_1 =$ outside diameter of the rod; $x_2 =$ ratio of inside/outside diameter, d_i/d_o.

Using graphical optimization, determine the inside and outside diameters for a minimum-mass rod to meet the preceding design requirements. Compare the hollow rod solution with an equivalent solid rod ($d_i/d_o = 0$) solution that also meets all the design requirements. Use a consistent set of units (eg, Newtons and millimeters) and the minimum and maximum values for design variables are given as

$$0.02 \leq d_0 \leq 0.5 \text{ m}, 0.60 \leq \frac{d_i}{d_o} \leq 0.999$$

3.35 Formulate and solve Exercise 3.34 using the outside diameter d_o and the inside diameter d_i as design variables.

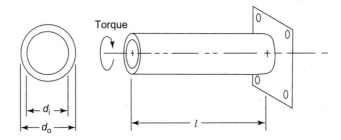

FIGURE E3.34 Hollow torsion rod.

TABLE E3.34(a) Notation for Torsion Rod Design Problem

Notations	Units
M	Mass (kg)
d_o	Outside diameter (m)
d_i	Inside diameter (m)
ρ	Mass density of material (kg/m^3)
l	Length (m)
T_o	Normal operating torque (N·m)
c	Distance from rod axis to extreme fiber (m)
J	Polar moment of inertia (m^4)
θ	Angle of twist (radians)
G	Modulus of rigidity (Pa)
T_{cr}	Critical buckling torque (N·m)
E	Modulus of elasticity (Pa)
ν	Poisson's ratio

TABLE E3.34(b) Rod Requirements

Torsion rod no.	Length l (m)	Normal torque T_o (kN·m)	Maximum T_{max} (kN·m)	Allowable twist θ_a (degrees)
1	0.50	10.0	20.0	2
2	0.75	15.0	25.0	2
3	1.00	20.0	30.0	2

3.36 Formulate and solve Exercise 3.34 using the mean radius R and wall thickness t as design variables. Let the bounds on design variables be given as $5 \leq R \leq 20$ cm and $0.2 \leq t \leq 4$ cm.

3.37 Formulate the problem in Exercise 2.3 and solve it using the graphical method.

3.38 Formulate the problem in Exercise 2.4 and solve it using the graphical method.

3.39 Solve Exercise 3.23 for a column pinned at both ends. The buckling load for such a column is given as $\pi^2 EI/l^2$. Use the graphical method.

TABLE E3.34(c)   Possible Materials and their Properties for the Torsion Rod

Material	ρ, density (kg/m³)	τ_a, allowable shear stress (MPa)	E, elastic modulus (GPa)	G, shear modulus (GPa)	v, poisson ratio
1. 4140 alloy steel	7850	275	210	80	0.30
2. Aluminum alloy 24 ST4	2750	165	75	28	0.32
3. Magnesium alloy A261	1800	90	45	16	0.35
4. Berylium	1850	110	300	147	0.02
5. Titanium	4500	165	110	42	0.30

TABLE E3.34(d)   Useful Expressions For Torsion Rod Design Problem

Items	Expressions
Mass	$M = \dfrac{\pi}{4}\rho l(d_o^2 - d_i^2)$, kg
Calculated shear stress	$\tau = \dfrac{c}{J}T_o$, Pa
Calculated angle of twist	$\theta = \dfrac{l}{GJ}T_o$, rad
Critical buckling torque	$T_{cr} = \dfrac{\pi d_o^3 E}{12\sqrt{2}(1-v^2)^{0.75}}\left(1 - \dfrac{d_i}{d_o}\right)^{2.5}$, N·m

3.40 Solve Exercise 3.23 for a column fixed at both ends. The buckling load for such a column is given as $4\pi^2 EI/l^2$. Use the graphical method.

3.41 Solve Exercise 3.23 for a column fixed at one end and pinned at the other. The buckling load for such a column is given as $2\pi^2 EI/l^2$. Use the graphical method.

3.42 Solve Exercise 3.24 for a column pinned at both ends. The buckling load for such a column is given as $\pi^2 EI/l^2$. Use the graphical method.

3.43 Solve Exercise 3.24 for a column fixed at both ends. The buckling load for such a column is given as $4\pi^2 EI/l^2$. Use the graphical method.

3.44 Solve Exercise 3.24 for a column fixed at one end and pinned at the other. The buckling load for such a column is given as $2\pi^2 EI/l^2$. Use the graphical method.

3.45 Solve the cylindrical-can design problem formulated in Section 2.2 using the graphical method.

3.46 Consider the two-bar truss shown in Fig. 2.5. Using the given data, design a minimum-mass structure where $W = 100$ kN; $\theta = 30°$; $h = 1$ m; $s = 1.5$ m; modulus of elasticity $E = 210$ GPa; allowable stress $\sigma_a = 250$ MPa; mass density $\rho = 7850$ kg/m³. Use Newtons and millimeters as units. The members should not fail in stress and their buckling should be avoided. Deflection at the top in either direction should not be more than 5 cm. Use cross-sectional areas A_1 and A_2 of the two members as design variables and let the moment of inertia of the members be given as $I = A^2$. Areas must also satisfy the constraint $1 \leq A_i \leq 50$ cm².

3.47 For Exercise 3.46, use hollow circular tubes as members with mean radius R and wall thickness t as design variables. Make sure that $R/t \leq 50$. Design the structure so that member 1 is symmetric with member 2. The thickness and radius must also satisfy the constraints $2 \leq t \leq 40$ mm and $2 \leq R \leq 40$ cm.

3.48 Design a symmetric structure defined in Exercise 3.46, treating cross-sectional area A and height h as design variables. The design variables must also satisfy the constraints $1 \le A \le 50$ cm^2 and $0.5 \le h \le 3$ m.

3.49 Design a symmetric structure defined in Exercise 3.46, treating cross-sectional area A and span s as design variables. The design variables must also satisfy the constraints $1 \le A \le 50$ cm^2 and $0.5 \le s \le 4$ m.

3.50 Design a minimum-mass symmetric three-bar truss (the area of member 1 and that of member 3 are the same) to support a load P, as was shown in Fig. 2.9. The following notation may be used: $P_u = P \cos \theta$; $P_v = P \sin \theta$; A_1, cross-sectional area of members 1 and 3; A_2, cross-sectional area of member 2. The members must not fail under the stress, and the deflection at node 4 must not exceed 2 cm in either direction. Use Newtons and millimeters as units. The data is given as $P = 50$ kN; $\theta = 30°$; mass density, $\rho = 7850$ kg/m^3; $l = 1$ m; modulus of elasticity, $E = 210$ GPa; allowable stress, $\sigma_a = 150$ MPa. The design variables must also satisfy the constraints $50 \le A_i \le 5000$ mm^2.

3.51 Design of a water tower support column. As an employee of ABC Consulting Engineers, you have been asked to design a cantilever cylindrical support column of minimum mass for a new water tank. The tank itself has already been designed in the teardrop shape, shown in Fig. E3.51. The height of the base of the tank (H), the diameter of the tank (D), and the wind pressure on the tank (w) are given as $H = 30$ m, $D = 10$ m, and $w = 700$ N/m^2. Formulate the design optimization problem and then solve it graphically (created by G. Baenziger).

In addition to designing for combined axial and bending stresses and buckling, several limitations have been placed on the design. The support column must have an inside diameter of at least 0.70 m (d_i) to allow piping and ladder access to the interior of the tank. To prevent local buckling of the column walls, the diameter/thickness ratio (d_o/t) cannot be greater than 92. The large mass of water and steel makes deflections critical, as they add to the bending moment. The deflection effects, as well as an assumed construction eccentricity (e) of 10 cm, must be accounted for in the design process. Deflection at the center of gravity (CG) of the tank should not be greater than Δ. Limits on the inner radius and wall thickness are $0.35 \le R \le 2.0$ m and $1.0 \le t \le 20$ cm.

Pertinent data and useful expressions for the problem are given in Table E3.51.

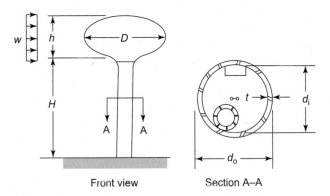

Front view   Section A–A

FIGURE E3.51   Water tower support column.

TABLE E3.51 Pertinent Data and Formulas for the Water Tower Support Column

Item	Data/formulas
Height of water tank	$h = 10$ m
Allowable deflection	$\Delta = 20$ cm
Unit weight of water	$\gamma_w = 10$ kN/m³
Unit weight of steel	$\gamma_s = 80$ kN/m³
Modulus of elasticity	$E = 210$ GPa
Moment of inertia of the column	$I = \dfrac{\pi}{64}[d_o^4 - (d_o - 2t)^4]$
Cross-sectional area of column material	$A = \pi t(d_o - t)$
Allowable bending stress	$\sigma_b = 165$ MPa
Allowable axial stress	$\sigma_a = \dfrac{12\pi^2 E}{92(H/r)^2}$ (calculated using the critical buckling load with a factor of safety of 23/12)
Radius of gyration	$r = \sqrt{I/A}$
Average thickness of tank wall	$t_t = 1.5$ cm
Volume of tank	$V = 1.2\pi D^2 h$
Surface area of tank	$A_s = 1.25\pi D^2$
Projected area of tank, for wind loading	$A_p = \dfrac{2Dh}{3}$
Load on the column due to weight of water and steel tank	$P = V\gamma_w + A_s t_t \gamma_s$
Lateral load at the tank CG due to wind pressure	$W = wA_p$
Deflection at CG of tank	$\delta = \delta_1 + \delta_2$, where $\delta_1 = \dfrac{WH^2}{12EI}(4H + 3h)$ $\delta_2 = \dfrac{H}{2EI}(0.5Wh + Pe)(H + h)$
Moment at base	$M = W(H + 0.5h) + (\delta + e)P$
Bending stress	$f_b = \dfrac{M}{2I}d_o$
Axial stress	$f_a(= P/A) = \dfrac{V\gamma_w + A_s\gamma_s t_t}{\pi t(d_o - t)}$
Combined stress constraint	$\dfrac{f_a}{\sigma_a} + \dfrac{f_b}{\sigma_b} \leq 1$
Gravitational acceleration	$g = 9.81$ m/s²

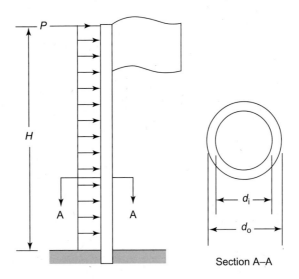

FIGURE E3.52   Flagpole.

3.52 Design of a flagpole. Your consulting firm has been asked to design a minimum-mass flagpole of height H. The pole will be made of uniform hollow circular tubing with d_o and d_i as outer and inner diameters, respectively. The pole must not fail under the action of high winds.

  For design purposes, the pole will be treated as a cantilever that is subjected to a uniform lateral wind load of w (kN/m). In addition to the uniform load, the wind induces a concentrated load of P (kN) at the top of the pole, as shown in Fig. E3.52. The flagpole must not fail in bending or shear. The deflection at the top should not exceed 10 cm. The ratio of mean diameter to thickness must not exceed 60. The minimum and maximum values of design variables are $5 \le d_o \le 50$ cm and $4 \le d_i \le$ 45 cm. Formulate the design problem and solve it using the graphical optimization technique. Pertinent data and useful expressions for the problem are given in Table E3.52. Assume any other data if needed.

3.53 Design of a sign support column. A company's design department has been asked to design a support column of minimum weight for the sign shown in Fig. E3.53. The height to the bottom of the sign H, the width b, and the wind pressure p on the sign are as follows: $H = 20$ m; $b = 8$ m; $p = 800$ N/m^2.

  The sign itself weighs 2.5 kN/m^2 (w). The column must be safe with respect to combined axial and bending stresses. The allowable axial stress includes a factor of safety with respect to buckling. To prevent local buckling of the plate, the diameter/thickness ratio d_o/t must not exceed 92. Note that the bending stress in the column will increase as a result of the deflection of the sign under the wind load. The maximum deflection at the sign's center of gravity should not exceed 0.1 m.

TABLE E3.52   Pertinent Data and Formulas for the Flag Pole

Item	Data/formulas
Cross-sectional area	$A = \dfrac{\pi}{4}(d_o^2 - d_i^2)$
Moment of inertia	$I = \dfrac{\pi}{64}(d_o^4 - d_i^4)$
Modulus of elasticity	$E = 210$ GPa
Allowable bending stress	$\sigma_b = 165$ MPa
Allowable shear stress	$\tau_s = 50$ MPa
Mass density of pole material	$\rho = 7800$ kg/m^3
Wind load	$w = 2.0$ kN/m
Height of flag pole	$H = 10$ m
Concentrated load at top	$P = 4.0$ kN
Moment at base	$M = (PH + 0.5wH^2)$, kN·m
Bending stress	$\sigma = \dfrac{M}{2I}d_o$, kPa
Shear at base	$S = (P + wH)$, kN
Shear stress	$\tau = \dfrac{S}{12I}(d_o^2 + d_o d_i + d_i^2)$, kPa
Deflection at top	$\delta = \dfrac{PH^3}{3EI} + \dfrac{wH^4}{8EI}$
Minimum and maximum thickness	0.5 and 2 cm

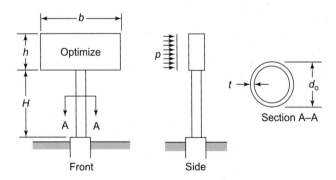

FIGURE E3.53   Sign support column.

TABLE E3.53 Pertinent Data and Formulas for the Sign Support Column

Item	Data/formulas
Height of sign	$h - 4.0$ m
Cross-sectional area	$A = \dfrac{\pi}{4}\left[d_o^2 - (d_o - 2t)^2\right]$
Moment of inertia	$I = \dfrac{\pi}{64}\left[d_o^4 - (d_o - 2t)^4\right]$
Radius of gyration	$r = \sqrt{I/A}$
Young's modulus (aluminum alloy)	$E = 75$ GPa
Unit weight of aluminum	$\gamma = 27$ kN/m³
Allowable bending stress	$\sigma_b = 140$ MPa
Allowable axial stress	$\sigma_a = \dfrac{12\pi^2 E}{92(H/r)^2}$
Wind force	$F = pbh$
Weight of sign	$W = wbh$
Deflection at center of gravity of sign	$\delta = \dfrac{F}{EI}\left(\dfrac{H^3}{3} + \dfrac{H^2 h}{2} + \dfrac{H h^2}{4}\right)$
Bending stress in column	$f_b = \dfrac{M}{2I}d_o$
Axial stress	$f_a = \dfrac{W}{A}$
Moment at base	$M = F\left(H + \dfrac{h}{2}\right) + W\delta$
Combined stress requirement	$\dfrac{f_a}{\sigma_a} + \dfrac{f_b}{\sigma_b} \le 1$

The minimum and maximum values of design variables are $25 \le d_o \le 150$ cm and $0.5 \le t \le 10$ cm. Pertinent data and useful expressions for the problem are given in Table E3.53. (created by H. Kane).

3.54 **Design of a tripod.** Design a minimum mass tripod of height H to support a vertical load $W = 60$ kN. The tripod base is an equilateral triangle with sides $B = 1200$ mm. The struts have a solid circular cross-section of diameter D (Fig. E3.54).

   The axial stress in the struts must not exceed the allowable stress in compression, and the axial load in the strut P must not exceed the critical buckling load, P_{cr} divided by a safety factor, $FS = 2$. Use consistent units of Newtons and centimeters. The minimum and maximum values for the design variables are $0.5 \le H \le 5$ m and $0.5 \le D \le 50$ cm. Material properties and other relationships are given in Table E3.54.

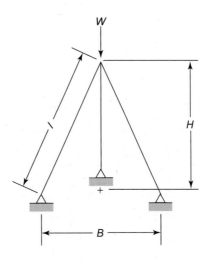

FIGURE E3.54   Tripod.

TABLE E3.54   Pertinent Data and Formulas for the Tripod

Item	Data/formulas
Material	Aluminum alloy 2014-T6
Allowable compressive stress	$\sigma_a = 150$ MPa
Young's modulus	$E = 75$ GPa
Mass density	$\rho = 2800$ kg/m^3
Strut length	$I = \left(H^2 + \dfrac{1}{3}B^2 \right)^{0.5}$
Critical buckling load	$P_{cr} = \dfrac{\pi^2 EI}{I^2}$
Moment of inertia	$I = \dfrac{\pi}{64}D^4$
Strut load	$P = \dfrac{Wl}{3H}$

최적설계 개념: 최적성 조건

Optimum Design Concepts: Optimality Conditions

이 장의 주요내용:

- 비제약조건 및 제약조건 최적화 문제에서 국소적 및 전역적 최소(최대)의 정의
- 비제약조건 최적화 문제에 대한 최적성 조건의 기술
- 제약조건 최적화 문제에 대한 최적성 조건의 기술
- 비제약조건 및 제약조건 문제에서 주어진 점에 대

한 최적성 조건의 검토
- 후보 최소점을 위한 1차 최적성 조건의 풀이
- 함수와 설계 최적화 문제의 볼록성 검토
- 제약조건의 변동에 따른 목적함수의 최적값 변화를 연구하기 위한 라그랑지 승수의 활용

이 장에서는 설계 최적화(최소화 문제)에 이용될 기본적인 아이디어, 개념, 이론에 대하여 논의한다. 관련 주제에 관한 정리는 증명 없이 제시하며 최적화 과정 중에 그들의 의미와 사용법에 대하여 논의할 것이며, 최적성 조건에 대한 유용한 통찰력에 대하여 소개하고 설명한다. 변수가 연속이고 문제를 구성하는 모든 함수가 연속이며, 적어도 2회 연속 미분이 가능하다는 것을 가정으로 한다. 문제를 구성하는 함수의 도함수가 필요하거나 또는 필요하지 않은 이산변수 문제에 대한 방법은 이후의 장에 소개되어 있다.

학생들은 이 장과 교재 이후에도 동일한 용어와 표기법을 사용하므로 1.5절에서 설명한 용어와 표기법을 복습해 두어야 한다.

그림 4.1은 연속변수를 갖는 제약조건 및 비제약조건 최적화 문제에 대한 최적화 접근 방법을 광범위하게 분류한 것이다. 그림에서 개념적으로 다른 두 개의 관점(최적성 기준과 탐색법)을 볼 수 있다.

최적성 기준법: 최적성 기준은 함수가 최소점에서 만족해야 하는 조건이다. 최적성 기준의 해(수치적방법을 사용하여)를 찾는 최적화 방법을 최적성 기준법이라 부르기도 한다. 이 장과 다음 장에서는 이 접근법에 관한 방법을 설명하고 있다.

탐색법: 탐색법은 최적설계를 위해 설계공간을 수치적으로 탐색하는 다른 철학에 근거하고 있다. 이때, 해당 문제의 최적설계의 추정으로부터 시작한다. 보통 시작 설계는 최적성 기준을 만족하지

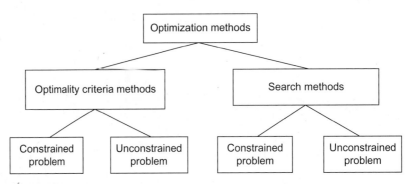

그림 4.1　최적화법의 분류

않을 것이다. 따라서 만족할 때까지 반복하여 개선한다. 즉, 직접법은 최적점을 위한 설계공간을 탐색한다. 이 접근법에 기초한 방법은 이후의 장에 설명되어 있다.

　이 교재의 뒷부분에서 논의할 다양한 수치적(탐색) 방법들의 성능을 이해하기 위해서는 최적성 조건에 대한 완전한 이해가 필요하다. 이 장과 다음 장에서는 최적성 조건과 이 조건에 기초한 해법을 집중적으로 취급한다. 간단한 예제를 이용하여 기본적인 개념과 아이디어를 설명한다. 또한 이 예제들을 통하여 이 방법의 실질적인 응용 한계도 보게 될 것이다.

　탐색법은 6~13장에 설명되어 있고, 이 장에서 논의한 결과를 참조할 것이다. 따라서 이 장에서 소개한 내용을 완벽히 이해해야 한다. 먼저 함수의 국소적 최적에 관한 개념과 그 것을 특성화하는 조건에 대해 살펴본다. 함수의 전역적 최적에 관한 문제는 이 장 이후에 논의하기로 한다.

4.1　전역적 최소와 국소적 최소

함수의 최소점에 대한 최적성 조건은 뒤에 있는 절에서 논의한다. 이 절에서는 **국소적 최소**와 **전역적 최소**의 개념을 정의하였고, 그 개념을 2장에서 정의된 설계 최적화를 위한 표준 수학적 모형을 이용하여 설명하고 있다. 설계 최적화 문제는 항상 등호 및 부등호제약조건을 만족시키면서 목적함수를 최소화시키는 형태로 변환시켜야 한다. 문제를 다음과 같이 다시 기술할 수 있다.

등호제약조건 $h_j(x) = 0(j = 1, \ldots, p)$**과 부등호제약조건** $g_i(x) \leq 0(i = 1, \ldots, m)$**을 만족시키면서 목적함수** $f(\mathbf{x})$**를 최소화하는 설계변수 벡터 x를 찾아라.**

4.1.1　최소/최대

2.11절에서 설계문제의 유용집합(제약집합, 유용영역, 또는 **유용설계영역**) S를 유용 설계의 집합이라고 정의하였다.

$$S = \{\mathbf{x} \mid h_j(\mathbf{x}) = 0, j = 1 \text{ to } p; \quad g_i(\mathbf{x}) \leq 0; \quad i = 1 \text{ to } m\} \tag{4.1}$$

비제약조건 문제에서는 제약조건이 없으므로 전체 설계공간이 유용영역이 된다. 최적화 문제는 유용영역 내에서 목적함수를 최소화하는 설계를 찾는 것이다. 함수의 이러한 점들을 찾는 방법들이 이 책의 전반에 걸쳐 논의되고 있다.

함수의 최소점은 전역적 최소점과 국소적 최소점 두 가지 유형이 있다. 함수의 국소 최소점과 전역적 최소점의 차이를 이해하기 위해 그림 4.2에 표시한 한 개의 변수를 갖는 함수 $f(x)$의 그래프를 살펴보자. 그림 4.2a에서 x는 $(-\infty \leq x \leq \infty)$ 사이의 값이며, 점 x_B와 x_D는 그들 근방에서 함수값이 최소이므로 국소적 최소점들이다. 만약 이 점들이 왼쪽 또는 오른쪽으로 이동한다면, 함수값은 증가할 것이다. 이들은 그 점들의 작은 근방에서만 검토되므로 이들을 **국소적 최소점**이라고 부른다. 마찬가지로, x_A와 x_C 두 점 모두 해당 함수의 국소적 최대가 되는 점들이다. **전역적 최소(최대)점**의 경우, 함수의 전체 영역을 검토하고 전체 영역에 걸쳐 최소(최대)가 있는지를 결정해야 한다. 이러한 정의에 따르면, 그림 4.2a의 함수에서는 영역과 함수 $f(x)$가 무계이므로 전역적 최소 또는 전역적 최대가 없다. 즉, x와 $f(x)$는 $-\infty$와 ∞의 사이의 어떤 값도 가질 수 있다. 그림 4.2b와 같이 x를 $-a$와 b 사이에 있도록 제한하면, 점 x_E는 함수의 전역적 최소가 되고 점 x_F는 함수의 전역적 최대가 된다. 이 두 점 모두에서는 활성제약조건을 갖게 되지만, 반면에 점 x_A, x_B, x_C, x_D는 비제약조건 점이 된다.

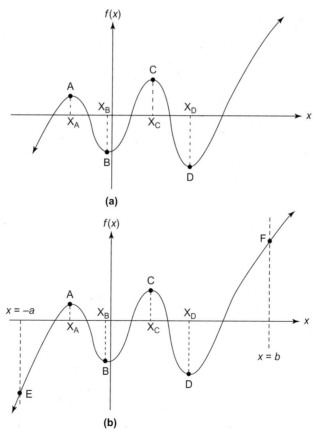

그림 4.2　최적점의 표시.　(a) 무계 영역 및 함수(전역적 최적 없음), (b) 유계 영역 및 함수(전역적 최소 및 전역적 최대 존재)

- 전역적 최소점(또는 절대적 최소)은 그 점보다 더 좋은 목적함수를 갖는 유용점이 없을 경우의 점이다.
- 국소적 최소점(또는 상대적 최소)은 '그 점 근방'에서 그 점보다 더 좋은 목적함수를 갖는 유용점이 없을 경우의 점이다.

이제 전역적 최소와 국소적 최소를 명확히 정의할 준비가 되었다. 다음에서 $\mathbf{x}^*$는 유용집합 내의 특정한 한 점을 표시하고 있다.

전역적(절대적) 최소

n개의 변수를 갖는 함수 $f(\mathbf{x})$는 $\mathbf{x}^*$에서의 함수값이 유용집합 S 내의 다른 어떤 점 $\mathbf{x}$에서의 함수값보다 작거나 같다면 전역적(절대적) 최소 $\mathbf{x}^*$를 갖는다. 즉, 유용집합 S 내의 모든 $\mathbf{x}$에 대해 다음을 만족시키는 경우이다.

$$f(\mathbf{x}^*) \leq f(\mathbf{x}) \tag{4.2}$$

만일 식 (4.2)에서 $\mathbf{x}^*$이외의 모든 $\mathbf{x}$에 대해 엄격한 부등호가 성립한다면 $\mathbf{x}^*$를 강한(엄격한) 전역적 최소라고 한다. 그렇지 않은 경우에는 약한 전역적 최소라고 한다.

국소적(상대적) 최소

n개의 변수를 갖는 함수 $f(\mathbf{x})$는 $\mathbf{x}^*$에서의 함수값이 유용집합 S 내에서 $\mathbf{x}^*$의 작은 근방(근처) N에서의 모든 $\mathbf{x}$에 대하여 식 (4.2)의 부등 방정식을 만족시킨다면 국소적(상대적) 최소 $\mathbf{x}^*$를 갖는다. 만일 엄격한 부등 방정식이 $\mathbf{x}^*$를 강한(엄격한) 국소적 최소라고 한다면, 그렇지 않은 경우에는 약한 국소적 최소라고 한다.

점 $\mathbf{x}^*$의 근방 N은 그 점의 근처에서 다음과 같은 점들의 집합으로 정의한다.

$$N = \{\mathbf{x} \mid \mathbf{x} \in S \text{ with } \| \mathbf{x} - \mathbf{x}^* \| < \delta\} \tag{4.3}$$

여기서 $\delta > 0$은 어떤 작은 수이다. 기하학적으로는 이것은 점 $\mathbf{x}^*$ 주위의 작은 유용영역을 의미한다.

어떤 함수 $f(\mathbf{x})$는 오직 한 점에서 엄격한 전역적 최소를 가질 수 있음을 주의하라. 그렇지만 어떤 경우에는 여러 점에서 전역적 최소를 가질 수 있는데, 이는 각 전역적 최소점에서 동일한 함수값을 가질 때이다. 마찬가지로 어떤 함수 $f(\mathbf{x})$는 $\mathbf{x}^*$의 근방(근처) N내의 단 한 점에서만 엄격한 국소적 최소를 가질 수 있다. 그러나 어떤 경우에는 여러 점에서 국소적 최소를 가질 수 있는데, 이는 각 국소적 최소점에서 동일한 함수값을 가질 때이다.

식 (4.2)의 부등호를 단순히 반대로 하면 **전역적 최대**와 **국소적 최대**를 비슷한 방법으로 정의할 수 있다. 즉, $f(\mathbf{x}^*) \geq f(\mathbf{x})$. 여기서 주의할 점은 이러한 정의들이 최소점을 찾기 위한 방법을 제공하지는 않는다는 것이다. 그렇지만 이 정의들을 이용하여 최소점을 찾기 위한 해석과 계산 절차를 개발할 수 있다. 또한 이러한 정의들은 3장에 소개한 도해적 과정에서 점의 최적성을 검토하는 데 이용할 수 있다.

예제 4.1~4.3을 통해 제약 문제에 대한 이러한 개념을 좀 더 설명하고자 한다.

예제 4.1 | **최소의 정의에 대한 도해적 이해**

최적설계문제는 다음과 같이 변수 x와 y의 항으로 구성된 표준식으로 정식화하고 정리할 수 있다.

　최소화

$$f(x, y) = (x-4)^2 + (y-6)^2 \tag{a}$$

　제약조건

$$g_1 = x + y - 12 \le 0 \tag{b}$$

$$g_2 = x - 8 \le 0 \tag{c}$$

$$g_3 = -x \le 0 \, (x \ge 0) \tag{d}$$

$$g_4 = -y \le 0 \, (y \ge 0) \tag{e}$$

도해적 방법을 이용하여 함수 $f(x, y)$의 국소적 최소와 전역적 최소를 찾아라.

풀이

3장에 설명한 도해적 최적화를 위한 절차를 이용하여 그림 4.3에 이 문제에 대한 제약조건을 그리고 유용집합 S를 ABCD 내부로 정의하였다. 중심이 (4, 6)인 원의 방정식인 목적함수 $f(x, y)$의 함수값이 1과 2가 되는 등고선도 표시가 되어 있다.

비제약조건 점: 최소점의 위치를 찾기 위해 국소적 최소의 정의를 이용하고, 후보 유용점 (x^*, y^*)의 작은 유용 근방 내의 그 점에서 부등식 $f(x^*, y^*) \le f(x, y)$을 검토한다. 식 (a)에서 목적함수는 원의 중심에서 가장 작은 0의 값을 갖고 다른 어떠한 점에서도 음의 값을 갖지 않는다는 것을 주의하라. 점 E(4, 6)에서 원의 중심이 유용이므로 이것은 목적함수가 0인 국소적 최소점이다. 또한, 점 E로부터 어떠한 식으로든 약간 이동하게 하는 점 E의 작은 근방을 검토해 보면, 이는 목적함수의 증가를 가져온다는 것을 알 수 있다. 그러므로 점 E는 비제약조건 국소적 최소점이다.

제약조건 점: 식 (4.2)의 정의를 이용하여 몇 개의 다른 점에서 국소적 최소 조건을 검토해 보자.

점 A(0, 0): $f(0, 0) = 52$는 국소적 최소점이 아니다. 왜냐하면 국소 최소를 정의하는 부등식 $f(0, 0) \le f(x, y)$가 점 A로부터 유용영역으로의 어떤 약간의 이동에도 위배되기 때문이다; 즉, 목적함수를 감소시키 위해 점 A로부터 유용영역으로 이동(점 A에서 점 B, D, E을 향한 이동)을 할 수 있다.

점 F(4, 0): $f(4, 0) = 36$은 또한 국소적 최소점이 아니다. 왜냐하면 목적함수를 감소시키기 위해 그 점으로부터 유용한 영역으로 약간의 이동(예를 들어, 점 F에서 점 E를 향한 이동)을 할 수 있기 때문이다.

점 D(8, 0): $f(8, 0) = 52$는 국소적 최소점이 아니다. 왜냐하면 점 D에서 점 E를 향한 유용영역으로의 약간의 이동은 목적함수 값을 감소시키기 때문이다.

점 G는 또한 국소적 최소점이 아니다. 왜냐하면 점 G에서 점 E를 향한 유용영역으로의 약간의 이동은 목적함수 값을 감소시키기 때문이다.

점 B, C가 또한 국소적 최소점이 될 수 없다는 것을 알 수 있다. 사실, 목적함수에 대한 또 다른 국소적 최소점은 존재하지 않는다. 그러므로 점 E는 이 함수에 대한 전역적 최소점이자 국소적 최소점이다. 이 최

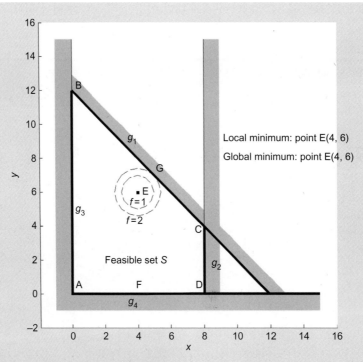

Local minimum: point E(4, 6)

Global minimum: point E(4, 6)

그림 4.3 예제 4.1에 대한 비제약조건 최소의 표시

소점에서는 어떤 제약조건도 활성이 아니라는 것에 주의하라. 즉, 제약조건은 이 문제의 최소점을 결정하는 데 어떤 역할도 하지 않는다는 것이다. 그러나 예제 4.2에서 볼 수 있듯이 이러한 사실이 언제나 성립하는 것은 아니다.

예제 4.2   최소점 정의의 이용: 제약조건 최소

다음과 같은 변수 x, y의 항으로 정식화된 최적설계문제를 해결하라.

최소화

$$f(x, y) = (x - 10)^2 + (y - 8)^2 \tag{a}$$

제약조건: 예제 4.1의 식 (b)~(e)와 동일한 제약조건

풀이

이 문제의 유용영역은 그림 4.4에 표시한 바와 같이 예제 4.1의 경우와 동일한 ABCD 내부이다. 목적함수는 중심점 E(10, 8)을 갖는 원의 방정식이다. 그러나 이 점은 불용이다. 목적함수 값 8과 18을 갖는 등고선을 그림에 표시하였다. 이제 이 문제는 점 E에 가장 가까운 유용영역의 점을 찾는 즉, 목적함수가 가장 작게 되는 점을 찾는 것이다. 이 점은 점 E로부터 가장 가까운 좌표 (7, 5)의 점 G가 되며 그때의 $f = 18$임을 알 수 있다. 이 점에서 제약조건 g_1은 활성이다. 그러므로 현재의 목적함수에 대해 제약조건은 문제의 최소점을 결

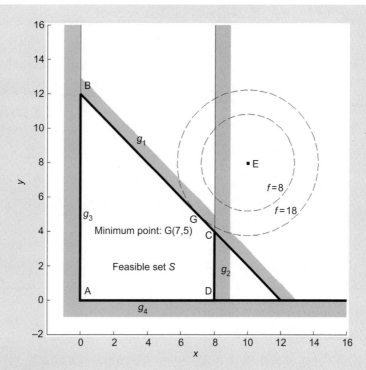

그림 4.4 예제 4.2에 대한 제약조건 최소의 표시

정하는 데 있어서 중요한 역할을 하고 있다.

　　최소 정의의 이용: 또한 국소적 최소점의 정의를 이용하면 점 G로부터 어떠한 유용한 영역으로의 이동도 목적함수를 증가시키기 때문에 점 G가 진정한 함수의 국소적 최소라는 것을 알 수 있다. 즉 점 (7, 5)의 근방의 모든 유용한 x, y에 대해 $f(7, 5) \leq f(x, y)$이 성립한다. 또한 국소적 최소점의 정의를 이용하면 다른 국소 최소점이 없다는 것을 알 수 있다.

예제 4.3	최대점 정의의 이용

다음과 같은 변수 x, y의 항으로 정식화된 최적설계문제를 해결하라.

　　최대화

$$f(x, y) = (x - 4)^2 + (y - 6)^2 \tag{a}$$

　　제약조건: 예제 4.1의 식 (b)~(e)와 동일한 제약조건

풀이

이 문제는 예제 4.1의 함수를 최소화하는 것이 아니라 최대화한다는 것만 제외하면 같은 문제이다. 이 문제의 유용영역은 그림 4.3에서와 같이 ABCD 내부이다. 목적함수는 중심점 E(4, 6)을 갖는 원의 방정식이다.

두 개의 목적함수 값을 그림 4.3에 등고선으로 표시하였다. 점 D(8, 0)가 국소적 최적해가 되는데 그 이유는 그 점으로부터 유용영역으로의 약간의 이동(예를 들면 D에서 C, F, E를 향한 이동)도 국소 최대점의 정의인 $f(x^*, y^*) \geq f(x, y)$을 만족시키면서 목적함수 값의 감소를 가져오기 때문이다.

점 C(8, 4)는 국소적 최대점이 아니다. 그 이유는 선 CD를 따른 유용영역으로의 약간의 이동은 목적함수가 증가하는 결과를 초래하므로 국소 최대점의 정의인 $f(x^*, y^*) \geq f(x, y)$을 위배하고 있다.

또한 점 A와 점 B도 국소적 최대점이고, 점 G는 국소적 최대점이 아니라는 것을 증명할 수 있다. 그러므로 이 문제에서는 다음과 같은 세 개의 국소적 최대점을 갖는다.

점 A(0, 0): $f(0, 0) = 52$
점 B(0, 12): $f(0, 12) = 52$
점 D(8, 0): $f(8, 0) = 52$

목적함수가 세 점에서 모두 같은 값을 가진다는 것을 알 수 있다. 그러므로 모든 점들은 전역적 최대점들이다. 이 예제는 목적함수가 유용영역 내에서 몇 개의 전역적 최적점을 가질 수 있다는 것을 보여준다.

4.1.2 최소점의 존재

일반적으로 문제를 풀기 전에 최소점이 존재하는지의 여부를 알 수 없다. 어떤 경우에는 최소점을 찾는 방법에 대해서 알지 못해도 **최소의 존재**를 확인할 수 있다. 다음의 바이어슈트라스(Weier-strass) 이론은 특정한 조건을 만족하는 경우의 최소점의 존재를 보장하는 이론이다.

정리 4.1   바이어슈트라스 이론 – 전역적 최소의 존재

닫혀 있고 유계이면서 공집합이 아닌 유용집합 S상에서 함수 $f(\mathbf{x})$가 연속이면, $f(\mathbf{x})$는 S내에서 전역적 최소를 갖는다.

이 정리를 이용하기 위해서는 닫혀 있고 유계인 집합의 의미를 이해해야 한다. 어떤 집합 S가 모든 경계점들이 그 집합에 포함되고 또 점의 모든 수열이 집합 내의 한 점에 수렴하는 부분 수열을 가질 때 닫혀 있다고 말한다. 문제의 정식화에서 등호가 제외된 "<형" 또는 ">형"의 부등호제약조건이 구성하는 집합은 폐집합이 될 수 없다는 것을 의미한다. 이유는 등호가 제외된 부등호는 유용영역이 되는 경계점을 허용치 않기 때문이다.

c를 유한값이라고 할 때 임의의 점이 $\mathbf{x} \in S$이고 $\mathbf{x}^T\mathbf{x} < c$이면 그 집합은 유계이다. 그림 4.2a의 함수 영역이 닫혀 있지 않고 그 함수는 또한 무계이므로 이 함수의 전역적 최소 또는 전역적 최대의 존재는 보장되지 않는다. 실제로 이 함수에 대한 전역적 최소 또는 전역적 최댓값은 존재하지 않는다. 그러나 그림 4.2b에서는 유용영역이 $-a \leq x \leq b$로서 닫혀 있고, 유계이며 함수가 연속이므로 그 함수는 전역적 최대뿐만 아니라 전역적 최소를 갖는다.

일반적으로는 집합 S 내에 무한개의 점이 있으므로 유계 조건 $\mathbf{x}^T\mathbf{x} < c$를 검토하는 것이 어렵다는 것을 알아두자. 앞의 예제들은 단순하여 도해적 표시가 가능하고 이 조건을 검토하기 용이하였다. 그럼에도 불구하고 최적화 문제를 풀기 위해 수치해법을 이용하는 동안 이 정리를 꼭 명심해야 한다. 만약 수치적 과정이 해에 수렴하지 않는다면 아마도 이 정리의 몇 가지 조건을 만족시킬 수 없고, 문제의 정식화는 세심하게 다시 검토해 볼 필요가 있다. 예제 4.4는 바이어슈트라스 이론의 이용을 좀 더 세밀하게 설명하고 있다.

예제 4.4	바이어슈트라스 이론을 이용한 전역적 최소점의 존재

집합 $S = \{x \mid 0 < x \leq 1\}$ 내에서 정의된 함수 $f(x) = -1/x$를 생각해보자. 이 함수의 전역적 최소점이 존재하는지를 검토하라.

풀이

유용집합 S는 경계점 $x = 0$을 포함하지 않으므로 닫혀 있지 않다. 비록 f가 S상에서 연속이라 할지라도 바이어슈트라스 이론의 조건을 만족시키지 못한다. 전역적 최소점의 존재는 보장되지 않고, 실제로 모든 $x \in S$에 대해 $f(x^*) \leq f(x)$을 만족하는 점 x^*는 존재하지 않는다. 만일 $S = \{x \mid 0 \leq x \leq 1\}$이라고 정의하면, 그때의 유용집합은 닫혀 있는 유계집합이다. 그러나 f가 $x = 0$에서 정의되지 않아(연속이 아님) 이 정리의 조건을 여전히 만족시킬 수 없어 집합 S 내의 f에 대한 전역적 최소점의 존재를 확신할 수 없다.

바이어슈트라스 이론의 조건을 만족시킬 때 전역적 최적해의 존재는 보장된다. 그러나 그 조건이 만족되지 않는 경우에도 전역적 최적해가 존재할 수는 있다는 것을 이해하는 것이 중요하다. 즉, 이 정리는 '필요충분조건'이 아니다. 이 정리는 이 조건이 만족되지 않아도 전역적 최소점이 존재할 수 있는 가능성을 배제하지는 않는다. 차이점은 전역적 최소점의 존재가 보장되지 않는다는 것이다. 예를 들어 제약조건 $-1 < x < 1$을 만족시키면서 $f(x) = x^2$을 최소화시키는 문제를 생각해보자. 유용영역이 닫혀있지 않기 때문에 바이어슈트라스 이론의 조건을 만족하지 못한다. 그러나 이 함수는 점 $x = 0$에서 전역적 최소점을 가진다.

이 정리는 심지어 이 정리의 조건을 만족해도 전역적 최소점을 찾기 위한 방법을 제공하지는 않는다. 단지 존재성에 대한 정리이다.

4.2　기본 해석학의 복습

최소점에 대한 최적성 기준은 이후 절에서 논의될 것이다. 대부분의 최적화 문제는 여러 개의 변수를 갖는 함수들을 포함하므로 이 기준들은 벡터 계산법에서 나온 아이디어를 이용한다. 따라서 이 장에서는 벡터와 행렬 기호를 사용하여 계산법의 기본적인 개념을 복습한다. 벡터와 행렬 계산법(선형

대수)과 관련된 기초 내용은 부록 A에 수록되어 있다. 최적성 기준을 이해하기 위해서는 이 내용들에 익숙해지는 것이 필요하다.

다변수 함수의 편도함수 표기법을 소개한다. 함수의 1차 편도함수를 필요로 하는 다변수 함수의 경사도 벡터가 정의된다. 그 다음 함수의 2차 편도함수를 필요로 하는 함수의 헷세행렬이 정의된다. 단일변수 함수와 다변수 함수의 테일러 급수 전개에 대하여 논의한다. 최적성 조건의 충분조건을 논의하기 위해서는 2차식 형식 개념을 필요로 한다. 따라서 2차식 형식과 관계된 기호와 해석이 소개되어 있다.

이와 같은 복습 내용의 주제는 한번에 모두 취급하거나 이 장의 다양한 주제의 범위 내에서 적절한 시기에 필요한 만큼 복습할 수도 있다.

4.2.1 경사도 벡터: 함수의 편도함수

n개의 변수 $x_1, x_2, \ldots, x_n$를 갖는 함수 $f(\mathbf{x})$를 생각해 보자. 어떤 주어진 점 $\mathbf{x}^*$에서 x_1에 관한 함수의 편도함수는 $\partial f(\mathbf{x}^*)/(\partial x_1)$, x_2에 관한 함수의 편도함수는 $\partial f(\mathbf{x}^*)/(\partial x_2)$ 등으로 정의된다. 점 $\mathbf{x}^*$에서 x_i에 관한 $f(\mathbf{x})$의 **편도함수**를 c_i로 표시하자. 그러면 1.5절의 첨자 기호를 이용하면 $f(\mathbf{x})$의 모든 편도함수를 다음과 같이 표시할 수 있다.

$$c_i = \frac{\partial f(\mathbf{x}^*)}{\partial x_i}; \quad i = 1 \text{ to } n \tag{4.4}$$

편하고 간편한 표기를 위해 편도함수 $(\partial f(\mathbf{x}^*)/(\partial x_1), \partial f(\mathbf{x}^*)/(\partial x_2) \ldots \partial f(\mathbf{x}^*)/(\partial x_n))$을 경사도 벡터로 불리는 열벡터로 나열하고 이를 다음의 어떤 기호로도 표시할 수 있다: $\mathbf{c}$, ∇f, $\partial f / \partial \mathbf{x}$, grad f 등으로 표기한다. 즉,

$$\mathbf{c} = \nabla f(\mathbf{x}^*) = \begin{bmatrix} \dfrac{\partial f(\mathbf{x}^*)}{\partial x_1} \\ \dfrac{\partial f(\mathbf{x}^*)}{\partial x_2} \\ \vdots \\ \dfrac{\partial f(\mathbf{x}^*)}{\partial x_n} \end{bmatrix} = \begin{bmatrix} \dfrac{\partial f(\mathbf{x}^*)}{\partial x_1} & \dfrac{\partial f(\mathbf{x}^*)}{\partial x_2} \cdots & \dfrac{\partial f(\mathbf{x}^*)}{\partial x_n} \end{bmatrix}^T \tag{4.5}$$

여기서 상첨자 T는 벡터나 행렬의 전치를 의미한다. 모든 편도함수가 주어진 점 $\mathbf{x}^*$에서 계산된다는 것을 주의하라. 즉 경사도 벡터의 각 성분들은 주어진 점 $\mathbf{x}^*$에서 계산되어야 하는 함수가 된다.

기하학적으로는 경사도 벡터는 3개의 변수를 갖는 함수를 표시한 그림 4.5와 같이 점 $\mathbf{x}^*$에서 접평면에 수직하다. 또한 경사도 벡터의 방향은 함수가 최대로 증가하는 방향이 된다. 이러한 성질들은 매우 중요하며 10장에서 증명하고 논의할 것이다. 이 성질들은 최적성 조건과 최적설계의 수치적 방법을 개발하는 데 이용된다. 예제 4.5에서 함수의 경사도 벡터를 계산하였다.

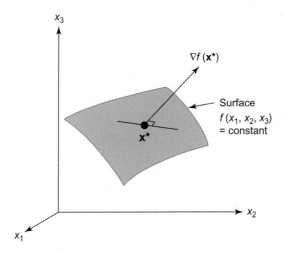

그림 4.5 점 x*에서 $f(x1, x2, x3)$의 경사도 벡터

예제 4.5 **경사도 벡터의 계산**

점 $\mathbf{x}^* = (1.8, 1.6)$에서 함수 $f(\mathbf{x}) = (x_1 - 1)^2 + (x_2 - 1)^2$의 경사도 벡터를 계산하라.

풀이

주어진 함수는 중심이 $(1, 1)$인 원의 방정식이다. $f(1.8, 1.6) = (1.8 - 1)^2 + (1.6 - 1)^2 = 1$이므로 점 $(1.8, 1.6)$은 반경 1인 원주상에 있으며, 이것이 그림 4.6의 점 A이다.

점 $(1.8, 1.6)$에서 편도함수를 계산하면 다음과 같다.

$$\frac{\partial f}{\partial x_1}(1.8, 1.6) = 2(x_1 - 1) = 2(1.8 - 1) = 1.6 \tag{a}$$

$$\frac{\partial f}{\partial x_2}(1.8, 1.6) = 2(x_2 - 1) = 2(1.6 - 1) = 1.2 \tag{b}$$

즉, 점 $(1.8, 1.6)$에서 $f(\mathbf{x})$의 경사도 벡터는 $\mathbf{c} = (1.6, 1.2)$와 같이 주어진다. 이것을 그림 4.6에 표시하였다. 벡터 $\mathbf{c}$는 점 $(1.8, 1.6)$에서 원의 접선과 수직이 됨을 알 수 있다. 이것은 경사도가 표면과 수직하게 된다는 사실과 부합하는 것이다.

4.2.2 헷세행렬: 2차 편도함수

경사도 벡터를 한번 더 미분하면 함수 $f(\mathbf{x})$에 대한 2차 편도함수로 구성되는 행렬을 얻는데 이를 헷세행렬 또는 단순히 헷시안이라고 한다. 즉, 식 (4.5)에 주어진 경사도 벡터의 각 성분을 $x_1, x_2, \ldots, x_n$으로 미분하면 다음을 얻는다.

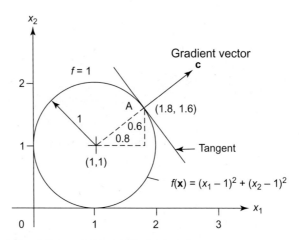

그림 4.6 점 (1.8, 1.6)에서 예제 4.5의 함수에 대한 경사도 벡터

$$\frac{\partial^2 f}{\partial \mathbf{x}\, \partial \mathbf{x}} = \begin{bmatrix} \dfrac{\partial^2 f}{\partial x_1^2} & \dfrac{\partial^2 f}{\partial x_1\, \partial x_2} & \cdots & \dfrac{\partial^2 f}{\partial x_1\, \partial x_n} \\[2mm] \dfrac{\partial^2 f}{\partial x_2\, \partial x_1} & \dfrac{\partial^2 f}{\partial x_2^2} & \cdots & \dfrac{\partial^2 f}{\partial x_2\, \partial x_n} \\ \vdots & \vdots & & \vdots \\ \dfrac{\partial^2 f}{\partial x_n\, \partial x_1} & \dfrac{\partial^2 f}{\partial x_n\, \partial x_2} & \cdots & \dfrac{\partial^2 f}{\partial x_n^2} \end{bmatrix} \tag{4.6}$$

여기서 모든 도함수의 값은 주어진 점 $\mathbf{x}^*$에서 계산된다. 헷세행렬은 $n \times n$ 행렬로서, $\mathbf{H}$ 또는 $\nabla^2 f$로 표기한다. 헷세행렬의 각 원소는 주어진 점 $\mathbf{x}^*$에서 계산된다는 것을 주의해야 한다. 또한 $f(\mathbf{x})$가 연속적으로 두 번 미분 가능하다고 가정하기 때문에 이차 편도함수는 편도함수의 순서에 관계없이 동일하다는 것이다. 즉,

$$\frac{\partial^2 f}{\partial x_i\, \partial x_j} = \frac{\partial^2 f}{\partial x_j\, \partial x_i}; \quad i = 1 \text{ to } n, j = 1 \text{ to } n \tag{4.7}$$

그러므로 헷시안은 항상 대칭행렬이다. 이 장의 뒷부분에서 논의할 최적성의 충분조건에서는 헷시안이 중요한 역할을 하게 된다. 헷세행렬은 다음과 같이 쓸 수 있다.

$$\mathbf{H} = \left[\frac{\partial^2 f}{\partial x_i\, \partial x_j} \right]; \quad i = 1 \text{ to } n, j = 1 \text{ to } n \tag{4.8}$$

예제 4.6의 함수의 경사도 벡터와 헷세행렬을 구해보자.

예제 4.6 함수의 경사도 벡터와 헷세행렬의 계산

다음 함수에서 점 (1.2)에서의 경사도 벡터와 헷세행렬을 계산하라.

$$f(\mathbf{x}) = x_1^3 + x_2^3 + 2x_1^2 + 3x_2^2 - x_1 x_2 + 2x_1 + 4x_2 \tag{a}$$

풀이

함수의 1차 편도함수는 다음과 같이 얻을 수 있다.

$$\frac{\partial f}{\partial x_1} = 3x_1^2 + 4x_1 - x_2 + 2; \quad \frac{\partial f}{\partial x_2} = 3x_2^2 + 6x_2 - x_1 + 4 \tag{b}$$

점 $x_1 = 1$, $x_2 = 2$를 대입하면, 경사도 벡터는 $\mathbf{c} = (7, 27)$로 주어진다. 함수의 2차 편도함수는 1차 편도함수를 한 번 더 미분하여 다음과 같이 계산할 수 있다.

그러므로 헷세행렬은 다음과 같이 구해진다.

$$\frac{\partial^2 f}{\partial x_1^2} = 6x_1 + 4; \quad \frac{\partial^2 f}{\partial x_1 \partial x_2} = -1; \quad \frac{\partial^2 f}{\partial x_2 \partial x_1} = -1; \quad \frac{\partial^2 f}{\partial x_2^2} = 6x_2 + 6. \tag{c}$$

점 $(1, 2)$에서의 헷세행렬은 다음과 같이 구해진다.

$$\mathbf{H}(\mathbf{x}) = \begin{bmatrix} 6x_1 + 4 & -1 \\ -1 & 6x_2 + 6 \end{bmatrix} \tag{d}$$

$$\mathbf{H}(1, 2) = \begin{bmatrix} 10 & -1 \\ -1 & 18 \end{bmatrix} \tag{e}$$

4.2.3 테일러 급수 전개

테일러 급수 전개의 아이디어는 최적설계 개념과 수치적 기법의 개발에 기본이 되므로 이에 대한 설명을 하고자 한다. 테일러 급수 전개를 이용하면, 함수를 임의점의 근처에서 함수의 값과 도함수의 항으로 표시되는 다항식으로 근사화시킬 수 있다. 먼저 단일변수 함수 $f(x)$를 고려해 보자. 점 x^*에 관한 테일러 급수 전개는 다음과 같다.

$$f(x) = f(x^*) + \frac{df(x^*)}{dx}(x - x^*) + \frac{1}{2}\frac{d^2 f(x^*)}{dx^2}(x - x^*)^2 + R \tag{4.9}$$

여기서 R은 나머지 항으로서 x가 x^*에 충분히 가깝게 되면 그 크기가 전 항들에 비해 작다. 만일 $x - x^* = d$(점 x^*에서의 미소 변화량)라고 하면, 식 (4.9)의 테일러 급수 전개는 다음의 d에 대한 2차 다항식이 된다.

$$f(x^* + d) = f(x^*) + \frac{df(x^*)}{dx}d + \frac{1}{2}\frac{d^2 f(x^*)}{dx^2}d^2 + R \tag{4.10}$$

이변수 함수 $f(x_1, x_2)$에 대하여 점 (x_1^*, x_2^*)에서 테일러 급수 전개는 다음과 같다.

$$f(x_1, x_2) = f(x_1^*, x_2^*) + \frac{\partial f}{\partial x_1}d_1 + \frac{\partial f}{\partial x_2}d_2 + \frac{1}{2}\left[\frac{\partial^2 f}{\partial x_1^2}d_1^2 + 2\frac{\partial^2 f}{\partial x_1 \partial x_2}d_1 d_2 + \frac{\partial^2 f}{\partial x_2^2}d_2^2\right] \tag{4.11}$$

여기서 $d_1 = x_1 - x_1^*$, $d_2 = x_2 - x_2^*$이고 모든 편도함수는 주어진 점 (x_1^*, x_2^*)에서 계산된다. 나머지 항 R은 식 (4.11)에서 생략되어 있다. 함축적인 표기를 위하여 식 (4.11)에서 괄호 안의 인수를 생략하였고 이는 이후의 전개에서도 적용된다. 식 (4.11)의 테일러 급수 전개를 1.5절에서 정의한 합기호를 이용하여 다음과 같이 표시할 수 있다.

$$f(x_1, x_2) = f(x_1^*, x_2^*) + \sum_{i=1}^{2} \frac{\partial f}{\partial x_i} d_i + \frac{1}{2} \sum_{i=1}^{2} \sum_{j=1}^{2} \frac{\partial^2 f}{\partial x_i \partial x_j} d_i d_j \qquad (4.12)$$

식 (4.12)에서 합을 전개하면 식 (4.11)을 얻을 수 있음을 알 수 있다. 주어진 점 $\mathbf{x}^*$에서 $\partial f / \partial x_i$의 값을 식 (4.5)에서의 함수의 경사도 벡터 성분들이고 $\partial^2 f / \partial x_i \partial x_j$를 식 (4.8)의 헷세행렬의 원소들이라는 것을 인식하면, 테일러 급수 전개는 다음과 같이 행렬 기호를 이용해 표시할 수 있다.

$$f(\mathbf{x}^* + \mathbf{d}) = f(\mathbf{x}^*) + \nabla f^T \mathbf{d} + \frac{1}{2} \mathbf{d}^T \mathbf{H} \mathbf{d} + R \qquad (4.13)$$

여기서 $\mathbf{x} = (x_1, x_2)$, $\mathbf{x}^* = (x_1^*, x_2^*)$, $\mathbf{x} - \mathbf{x}^* = \mathbf{d}$이며 $\mathbf{H}$는 2×2의 헷세행렬이다. 이러한 행렬 기호를 이용하면 식 (4.13)의 테일러 급수 전개를 n변수의 함수에 대해 일반화시킬 수 있다. 이 경우에는 $\mathbf{x}$, $\mathbf{x}^*$ 및 ∇f가 n차원 벡터가 되고 $\mathbf{H}$는 $n \times n$의 헷세행렬이 된다.

$\mathbf{x}$가 $\mathbf{x}^*$의 근방에 있을 때 종종 함수에서의 변화를 기대한다. 그 변화를 $\Delta f = f(\mathbf{x}) - f(\mathbf{x}^*)$로 정의하면 식 (4.13)은 다음과 같이 된다.

$$\Delta f = \nabla f^T \mathbf{d} + \frac{1}{2} \mathbf{d}^T \mathbf{H} \mathbf{d} + R \qquad (4.14)$$

점 $\mathbf{x}^*$에서 함수 $f(\mathbf{x})$의 1계 변화량(δf로 표기)은 식 (4.14)에서 첫 번째 항만을 고려하면 다음과 같다.

$$\delta f = \nabla f^T \delta \mathbf{x} = \nabla f \cdot \delta \mathbf{x} \qquad (4.15)$$

여기서 $\delta \mathbf{x}$는 $\mathbf{x}^*$의 작은 변화량($\delta \mathbf{x} = \mathbf{x} - \mathbf{x}^*$)이다. 식 (4.15)에서 주어진 함수의 1계 변화량은 단순히 벡터 ∇f와 $\delta \mathbf{x}$의 내적임을 주의하라. 1계 변화량은 $\mathbf{x}$가 $\mathbf{x}^*$에 가까울 때 원래 함수의 변화량에 대한 허용가능한 근사값이 된다.

다음으로, 예제 4.7~4.9를 통해 몇 가지 함수를 주어진 $\mathbf{x}^*$에서 테일러 급수 전개를 이용하여 근사화해 보자. 식 (4.13)을 사용하고 나머지 항인 R은 생략한다.

예제 4.7 **일변수 함수의 테일러 급수 전개**

$f(x) = \cos x$를 점 $x^* = 0$ 근처에서 근사화하라.

풀이

함수 $f(x)$의 도함수는 다음과 같다.

$$\frac{df}{dx} = -\sin x, \quad \frac{d^2 f}{dx^2} = -\cos x \qquad (a)$$

따라서 식 (4.9)를 이용하면 $\cos x$의 점 $x^* = 0$에서 2계 테일러 급수 전개는 다음과 같이 된다.

$$\cos x \approx \cos 0 - \sin 0(x-0) + \frac{1}{2}(-\cos 0)(x-0)^2 = 1 - \frac{1}{2}x^2 \tag{b}$$

예제 4.8 **이변수 함수의 테일러 급수 전개**

점 $\mathbf{x}^* = (1, 1)$에서 함수 $f(\mathbf{x}) = 3x_1^3 x_2$에 대한 2계 테일러 급수 전개를 구하라.

풀이

식 (4.5)를 이용하면 점 $\mathbf{x}^* = (1, 1)$에서 함수 $f(\mathbf{x})$의 경사도 벡터는 다음과 같이 구해진다.

$$\nabla f(\mathbf{x}) = \begin{bmatrix} \dfrac{\partial f}{\partial x_1} \\[2mm] \dfrac{\partial f}{\partial x_2} \end{bmatrix} = \begin{bmatrix} 9x_1^2 x_2 \\ 3x_1^3 \end{bmatrix} = \begin{bmatrix} 9 \\ 3 \end{bmatrix} \tag{a}$$

함수의 헷세행렬은 식 (4.8)을 이용하거나 x_1과 x_2에 대하여 식 (a)의 일차 편도함수를 직접 한 번 더 미분하면 다음과 같이 구해진다.

$$\frac{\partial^2 f}{\partial x_1^2} = 18x_1 x_2; \quad \frac{\partial^2 f}{\partial x_2 x_1} = 9x_1^2; \quad \frac{\partial^2 f}{\partial x_1 x_2} = 9x_1^2; \quad \frac{\partial^2 f}{\partial x_2^2} = 0 \tag{b}$$

다음으로 $\mathbf{x}^* = (1, 1)$에서 헷세행렬은 식 (b)에서 이차 편도함수를 이용하여 다음과 같이 계산된다.

$$\mathbf{H} = \begin{bmatrix} 18x_1 x_2 & 9x_1^2 \\ 9x_1^2 & 0 \end{bmatrix} = \begin{bmatrix} 18 & 9 \\ 9 & 0 \end{bmatrix} \tag{c}$$

식 (a)와 (c)를 식 (4.12)에서 주어진 테일러 급수 식의 행렬 형태에 대입하면 $f(\mathbf{x})$의 근사식 $\bar{f}(\mathbf{x})$를 다음과 같이 얻을 수 있다.

$$\bar{f} = 3 + \begin{bmatrix} 9 \\ 3 \end{bmatrix}^T \begin{bmatrix} (x_1 - 1) \\ (x_2 - 1) \end{bmatrix} + \frac{1}{2} \begin{bmatrix} (x_1 - 1) \\ (x_2 - 1) \end{bmatrix}^T \begin{bmatrix} 18 & 9 \\ 9 & 0 \end{bmatrix} \begin{bmatrix} (x_1 - 1) \\ (x_2 - 1) \end{bmatrix} \tag{d}$$

여기서 $f(\mathbf{x}^*) = 3$이 이용되었다. 벡터와 행렬 곱의 연산을 하고 수식을 단순화시키면 점 $(1, 1)$에 관한 $f(\mathbf{x})$의 테일러 급수 전개는 다음과 같다.

$$\bar{f}(\mathbf{x}) = 9x_1^2 + 9x_1 x_2 - 18x_1 - 6x_2 + 9 \tag{e}$$

이 수식은 점 $\mathbf{x}^* = (1, 1)$에 대한 함수 $3x_1^3 x_2$의 2차 근사함수가 된다. 즉, $\mathbf{x}^*$의 매우 가까운 근방에서 이 수식은 원래 함수 $f(\mathbf{x})$의 값과 거의 동일한 값을 갖게 된다. $\bar{f}(\mathbf{x})$가 얼마나 정확하게 $f(\mathbf{x})$에 근접해 있는지를 알아보기 위해 주어진 점 $(1, 1)$에서 30% 변화에 대한 이 함수값들을 계산해 보면 즉, $\bar{f}(\mathbf{x}) = 8.2200$와 $f(\mathbf{x}) = 8.5683$이 구해진다. 그러므로 근사함수는 기존함수에 비해 4% 정도 과소평가되고 있다. 이 정도는 많은 실제 응용의 경우에 매우 합리적인 근사로 평가된다.

함수의 선형 테일러 급수 전개

점 $x^* = (1, 2)$에서 다음 함수의 선형 테일러 급수를 구하라. 점 $(1, 2)$의 근방에서 근사 함수와 원래 함수를 비교하라.

$$f(\mathbf{x}) = x_1^2 + x_2^2 - 4x_1 - 2x_2 + 4 \tag{a}$$

풀이

점 $(1, 2)$에서 함수의 경사도 벡터를 구하면 다음과 같다.

$$\nabla f(\mathbf{x}) = \begin{bmatrix} \dfrac{\partial f}{\partial x_1} \\ \dfrac{\partial f}{\partial x_2} \end{bmatrix} = \begin{bmatrix} (2x_1 - 4) \\ (2x_2 - 2) \end{bmatrix} = \begin{bmatrix} -2 \\ 2 \end{bmatrix} \tag{b}$$

$f(1, 2) = 1$이므로 식 (4.13)으로부터 $f(\mathbf{x})$의 선형 테일러 급수는 다음과 같이 구해진다.

$$\bar{f}(\mathbf{x}) = 1 + [-2 \ \ 2]\begin{bmatrix} (x_1 - 1) \\ (x_2 - 2) \end{bmatrix} = -2x_1 + 2x_2 - 1 \tag{c}$$

점 $(1, 2)$의 근방에서 $\bar{f}(\mathbf{x})$가 얼마나 정확하게 원래 함수 $f(\mathbf{x})$를 근사시키는지를 알아보기 위해 그 점에서 10% 변화된 점 $(1.1, 2.2)$에서의 함수값들을 계산해 보면 $\bar{f}(\mathbf{x}) = 1.20$과 $f(\mathbf{x}) = 1.25$을 얻는다. 근사 함수는 원래 함수에 비해 4% 정도 과소평가됨을 알 수 있다. 이 정도의 오차는 실제 응용에서 충분히 수용할 수 있는 정도다. 그러나 이러한 오차가 다른 함수에 대하여 차이가 있을 수 있고, 비선형성이 큰 함수에 대해 더욱 크게 될 수도 있음을 주의하라.

4.2.4 2차식 형식과 확정 행렬

2차식 형식

2차식 형식은 이차항(또는 변수의 자승이나 두 변수끼리의 곱)만을 가지는 특수한 비선형 함수이다. 예를 들면 다음의 3변수 함수는 2차식 형식이다.

$$F(\mathbf{x}) = x_1^2 + 2x_2^2 + 3x_3^2 + 2x_1x_2 - 2x_2x_3 + 4x_3x_1 \tag{4.16}$$

2차식 형식은 최적화 이론과 방법에서 중요한 역할을 한다. 따라서 이 세부절에서는 이와 관련된 몇 가지 결과를 논의한다. 식 (4.16)에서 3변수의 2차식 형식을 n변수에 대해 일반화하고 이중합(합 기호는 1.5절 참조)으로 표기하면 다음을 얻을 수 있다.

$$F(\mathbf{x}) = \sum_{i=1}^{n} \sum_{j=1}^{n} p_{ij} x_i x_j \tag{4.17}$$

여기서 p_{ij}는 식 (4.16)에서와 같이 여러 개 항의 계수와 관계된 상수들이다.

2차식 형식에 대한 행렬

2차식 형식은 행렬 기호로 표현할 수 있다. $\mathbf{P} = [p_{ij}]$를 $n \times n$ 행렬, $\mathbf{x} = (x_1, x_2, \ldots, x_n)$를 n차원

벡터라고 하자. 그러면 식 (4.17)의 이차 형식은 다음과 같이 쓸 수 있다.

$$F(\mathbf{x}) = \mathbf{x}^T \mathbf{P} \mathbf{x} \tag{4.18}$$

$\mathbf{P}$를 2차 형식 $F(\mathbf{x})$의 행렬이라고 한다. $\mathbf{P}$의 요소는 함수 $F(\mathbf{x})$에서 각 항의 계수로부터 구할 수 있다. 예를 들어 다음의 두 개(3 × 3) $\mathbf{P}$행렬은 식 (4.16)의 2차식 형식과 관련이 있다.

$$\mathbf{P}_1 = \begin{bmatrix} 1 & 4 & -5 \\ -2 & 2 & -3 \\ 9 & 1 & 3 \end{bmatrix}; \quad \mathbf{P}_2 = \begin{bmatrix} 1 & -1 & 5 \\ 3 & 2 & -5 \\ -1 & 3 & 3 \end{bmatrix} \tag{a}$$

이 행렬들에서 대각 원소들은 식 (4.16)에서 2차항의 계수이다. 비대각요소는 다음의 제약을 갖는 교차곱 항의 계수로부터 구할 수 있다.

$$p_{ij} + p_{ji} = \text{the coefficient of } x_{ij} \tag{b}$$

그러므로 식 (a)에서 행렬 $\mathbf{P}_1$의 비대각요소는 다음과 같이 식 (b)의 조건을 만족하도록 선택되었다.

$$\begin{aligned} p_{12} + p_{21} &= 4 + (-2) = 2; \text{ coefficient of } x_1 x_2 \\ p_{13} + p_{31} &= -5 + 9 = 4; \text{ coefficient of } x_1 x_3 \\ p_{23} + p_{32} &= -3 + 1 = -2; \text{ coefficient of } x_2 x_3 \end{aligned} \tag{c}$$

유사하게 식 (a)의 $\mathbf{P}_2$의 요소들은 식 (b)의 조건을 만족시키도록 결정된 것이다.

그러므로 주어진 이차 형식에 관련된 행렬이 많이 존재한다는 것을 알 수 있다. 사실 그러한 행렬은 무한히 많이 존재한다. 모든 행렬은 한 행렬을 제외하고 비대칭이다. 2차식 형식과 관계된 대칭행렬 $\mathbf{A}$는 $p_{ij} = p_{ji}$와 식 (b)를 만족시키는 조건을 이용하여 구할 수 있다. 즉, 2차식 형식에서 교차곱 항들의 계수들은 해당 비대각요소들에 균등히 분할된다. 2차식 형식에 대한 대칭 행렬 $\mathbf{A}$는 임의의 비대칭 행렬 $\mathbf{P}$로부터 구할 수 있다.

$$\mathbf{A} = \frac{1}{2}(\mathbf{P} + \mathbf{P}^T) \quad \text{or} \quad a_{ij} = \frac{1}{2}(p_{ij} + p_{ji}), \quad i, j = 1 \text{ to } n \tag{4.19}$$

즉, 식 (4.16)의 2차식 형식과 관련된 대칭 행렬은 다음과 같이 식 (b)의 행렬 $\mathbf{P}_1$을 이용하여 얻을 수 있다.

$$\mathbf{A} = \frac{1}{2} \left(\begin{bmatrix} 1 & 4 & -5 \\ -2 & 2 & -3 \\ 9 & 1 & 3 \end{bmatrix} + \begin{bmatrix} 1 & -2 & 9 \\ 4 & 2 & 1 \\ -5 & -3 & 3 \end{bmatrix} \right) = \begin{bmatrix} 1 & 1 & 2 \\ 1 & 2 & -1 \\ 2 & -1 & 3 \end{bmatrix} \tag{d}$$

행렬 $\mathbf{P}_2$를 이용해도 동일한 대칭 행렬을 얻게 된다.

식 (4.19)에서 대칭 행렬의 정의를 이용하면 행렬 $\mathbf{P}$는 대칭 행렬 $\mathbf{A}$로 대치할 수 있으며, 식 (4.18)의 2차식 형식은 다음과 같이 된다.

$$F(\mathbf{x}) = \mathbf{x}^T \mathbf{A} \mathbf{x} \tag{4.20}$$

2차식 형식의 값 또는 수식은 $\mathbf{P}$가 $\mathbf{A}$로 대치되었다고 해서 변경되지 않는다. 대칭 행렬 $\mathbf{A}$는 2차식 형식의 성질을 결정하는 데 유용하며, 이 성질은 이 절의 후반부에 논의된다. 예제 4.10은 2차식 형식에 관련된 행렬의 특성을 설명하는 것이다.

2차식 형식은 변수 x에 대한 하나의 스칼라 함수이다. 즉, 주어진 x에 대하여 2차 형식은 한 숫자를 산출한다. 2차식 형식과 관련된 행렬이 많이 존재한다. 그렇지만 2차식 형식과 관련된 대칭 행렬은 단지 한 개만 존재한다.

식 (4.20)의 2차식 형식은 n개의 변수에 대한 식 (4.12)의 테일러 급수 전개의 2차항과 일치한다는 것을 알 수 있다.

예제 4.10 **2차식 형식의 행렬**

2차식 형식과 관련된 행렬 한 개를 정의하라.

$$F(x_1, x_2, x_3) = 2x_1^2 + 2x_1x_2 + 4x_1x_3 - 6x_2^2 - 4x_2x_3 + 5x_3^2 \tag{a}$$

풀이

F를 행렬 형태로 쓰면 ($F(\mathbf{x}) = \mathbf{x}^T\mathbf{P}\mathbf{x}$) 다음과 같다.

$$F(\mathbf{x}) = [x_1 \ x_2 \ x_3] \begin{bmatrix} 2 & 2 & 4 \\ 0 & -6 & -4 \\ 0 & 0 & 5 \end{bmatrix} \begin{bmatrix} x_1 \\ x_2 \\ x_3 \end{bmatrix} \tag{b}$$

2차식 형식의 행렬 $\mathbf{P}$는 앞에서 취급한 식 (4.18)과 비교해 보면 쉽게 확인할 수 있다. i번째의 대각요소 p_{ii}는 x_i^2의 계수이다. 따라서 $p_{11} = 2$로 x_1^2의 계수이고 $p_{22} = -6$은 x_2^2의 계수이며 $p_{33} = 5$는 x_3^2의 계수이다. 합 $p_{ij} + p_{ji}$가 x_ix_j의 계수와 동일하다는 조건하에서, x_ix_j의 계수를 행렬 $\mathbf{P}$의 요소 p_{ij}와 p_{ji}에 어떠한 식으로든 배분할 수 있다. 위의 행렬에서는 $p_{12} = 2$, $p_{21} = 0$으로서 $p_{12} + p_{21} = 2$가 되며 이는 x_1x_2의 계수이다. 같은 방법으로 p_{13}, p_{31}, p_{23}, p_{32}를 계산할 수 있다.

x_ix_j의 계수를 p_{ij}와 p_{ji}로 배분할 때 어떠한 식으로든 가능하기 때문에 2차식 형식에 관련된 행렬은 많이 존재한다. 예를 들면 다음의 행렬도 위의 2차식 형식에 관련된 행렬이다.

$$\mathbf{P} = \begin{bmatrix} 2 & 0.5 & 1 \\ 1.5 & -6 & -6 \\ 3 & 2 & 5 \end{bmatrix}; \quad \mathbf{P} = \begin{bmatrix} 2 & 4 & 5 \\ -2 & -6 & 4 \\ -1 & -8 & 5 \end{bmatrix} \tag{c}$$

각 계수를 마주 보고 있는 두 개의 비대각요소에 똑같이 분배하면 식 (a)에서 2차식 형식과 관계된 대칭 행렬을 다음과 같이 얻게 된다.

$$\mathbf{A} = \begin{bmatrix} 2 & 1 & 2 \\ 1 & -6 & -2 \\ 2 & -2 & 5 \end{bmatrix} \tag{d}$$

대칭 형렬 $\mathbf{A}$의 대각요소는 앞의 경우와 마찬가지로 x_i^2의 계수로부터 구할 수 있다. 비대각요소는 x_ix_j 항의 계수를 a_{ij}와 a_{ji}에 동일하게 배분해서 얻을 수 있다. 식 (b)~(d)의 어떤 행렬도 2차식 형식에 관련된 행렬에 해당한다.

행렬의 형식

2차식 형식 $F(\mathbf{x}) \neq \mathbf{x}^T \mathbf{A} \mathbf{x}$는 $\mathbf{x} \neq \mathbf{0}$인 모든 $\mathbf{x}$에 대하여 양수, 음수, 또는 0의 어떤 값이 될 수도 있다. 함수 $F(\mathbf{x})$의 가능한 형식은 다음과 같다. 여기서 $\mathbf{A}$는 관련된 대칭 행렬이다.

1. **양정**(*positive definite*): $\mathbf{x} \neq \mathbf{0}$인 모든 $\mathbf{x}$에 대하여 $F(\mathbf{x}) > 0$이 되는 경우이다. 이때 행렬 $\mathbf{A}$를 양정이라고 한다.

2. **양반정**(*positive semidefinite*): $\mathbf{x} \neq \mathbf{0}$인 모든 $\mathbf{x}$에 대하여 $F(\mathbf{x}) \geq 0$이 되는 경우이다. 이때 행렬 $\mathbf{A}$를 양반정이라고 한다.

3. **음정**(*negative definite*): $\mathbf{x} \neq \mathbf{0}$인 모든 $\mathbf{x}$에 대하여 $F(\mathbf{x}) < 0$이 되는 경우이다. 이때 행렬 $\mathbf{A}$를 음정이라고 한다.

4. **음반정**(*negative semidefinite*): $\mathbf{x} \neq \mathbf{0}$인 모든 $\mathbf{x}$에 대하여 $F(\mathbf{x}) \leq 0$이 되는 경우이다. 이때 행렬 A를 음반정이라고 한다.

5. **부정**(*indefinite*): 어떤 벡터 $\mathbf{x}$에 대해서는 양수가 되고 또 다른 경우에 대해서는 음수가 되는 2차식 형식을 부정이라고 한다. 이때 행렬 $\mathbf{A}$를 부정이라고 한다.

예제 4.11   행렬의 형식 결정

다음의 행렬의 형식을 결정하라.

$$(1)\,\mathbf{A} = \begin{bmatrix} 2 & 0 & 0 \\ 0 & 4 & 0 \\ 0 & 0 & 3 \end{bmatrix} \quad (2)\,\mathbf{A} = \begin{bmatrix} -1 & 1 & 0 \\ 1 & -1 & 0 \\ 0 & 0 & -1 \end{bmatrix} \tag{a}$$

풀이

행렬 (1)과 관계된 2차식 형식은 아래와 같이 $x_1 = x_2 = x_3 = 0$ ($\mathbf{x} = \mathbf{0}$)의 경우를 제외하고는 항상 양수이므로 양정이다. 즉, 행렬 A는 양정이다.

$$\mathbf{x}^T \mathbf{A} \mathbf{x} = (2x_1^2 + 4x_2^2 + 3x_3^2) > 0 \tag{b}$$

행렬 (2)와 관계된 2차식 형식은 $\mathbf{x} \neq \mathbf{0}$인 모든 $\mathbf{x}$에 대하여 아래와 같으므로 음반정이다.

$$\mathbf{x}^T \mathbf{A} \mathbf{x} = (-x_1^2 - x_2^2 + 2x_1 x_2 - x_3^2) = \{-x_3^2 - (x_1 - x_2)^2\} \leq 0 \tag{c}$$

이때 $x_3 = 0$, $x_1 = x_2$(예를 들어 $\mathbf{x} = (1, 1, 0)$)일 때 $\mathbf{x}^T \mathbf{A} \mathbf{x} = 0$이다. 0이 아닌 $\mathbf{x}$에 대하여 0의 값을 가질 수 있기 때문에 2차식 형식은 음정이 아니라 음반정이다. 그러므로 이와 관계된 행렬 또한 음반정이다.

다음으로 2차식 형식이나 행렬의 양정 또는 반정을 검토하기 위한 방법에 대해 논의해 보자. 이를 위해 행렬의 고유값 계산이나 주소행렬식 계산이 필요하므로 먼저 부록 A.3절과 A.6절을 복습해야 한다.

정리 4.2 행렬의 형식 결정을 위한 고유값 검토

$\lambda_i(i = 1, \ldots, n)$를 2차식 형식 $F(\mathbf{x}) = \mathbf{x}^T\mathbf{A}\mathbf{x}$에 관련된 $n \times n$ 대칭 행렬 $\mathbf{A}$의 고유값이라고 하자($\mathbf{A}$가 대칭이므로 모든 고유값은 실수이다). 행렬 $\mathbf{A}$의 2차식 형식 $F(\mathbf{x})$에 대하여 다음의 결론을 내릴 수 있다.

1. $F(\mathbf{x})$가 양정이기 위한 필요충분조건은 $\mathbf{A}$의 모든 고유값이 양수인 것이다. 즉, $\lambda_i > 0$ $(i = 1, \ldots, n)$.
2. $F(\mathbf{x})$가 양반정이기 위한 필요충분조건은 $\mathbf{A}$의 모든 고유값이 음이 아닌 것이다. 즉, $\lambda_i \geq 0(i = 1, \ldots, n)$ (양반정이 되기 위하여 적어도 하나의 고유값은 0이어야 한다).
3. $F(\mathbf{x})$가 음정이기 위한 필요충분조건은 $\mathbf{A}$의 고유값이 모두 음수인 것이다. 즉, $\lambda_i < 0(i = 1, \ldots, n)$.
4. $F(\mathbf{x})$가 음반정이기 위한 필요충분조건은 $\mathbf{A}$의 모든 고유값이 양수가 아닌 것이다. 즉 $\lambda_i \leq 0, (i = 1, \ldots, n)$ (음반정이 되기 위해서 적어도 하나의 고유값은 0이어야 한다).
5. $F(\mathbf{x})$는 일부 $\lambda_i < 0$이고, 일부 $\lambda_j > 0$이면 부정이다.

행렬의 형식을 점검하기 위한 또 다른 방법을 정리 4.3으로 소개한다.

정리 4.3 주소행렬식을 이용한 행렬의 형식점검

$n \times n$의 대칭 행렬 $\mathbf{A}$에서 마지막의 $(n - k)$개의 행과 열을 제거하여 $k \times k$의 부분 행렬을 구성한다. 그 다음, $\mathbf{A}$의 k번째 선행 주소행렬식을 M_k라 하자(A.3절). 연속되는 2개의 주소행렬식이 0이 아니라고 가정한다. 그 때에 다음이 성립된다.

1. $\mathbf{A}$가 양정행렬이기 위한 필요충분조건은 모든 $M_k > 0(k = 1, \ldots, n)$이어야 한다.
2. $\mathbf{A}$가 양반정행렬이기 위한 필요충분조건은 $M_k > 0(k = 1, \ldots, r)$이어야 한다. 여기서 r은 $r < n$으로 $\mathbf{A}$의 계수(rank)이다. A.4절의 행렬의 계수에 대한 정의를 참조하라.
3. $\mathbf{A}$가 음정행렬이기 위한 필요충분조건은 홀수 k에 대하여는 $M_k < 0$, 짝수 k에 대하여서는 $M_k > 0$인 것이다$(k = 1, \ldots, n)$.
4. $\mathbf{A}$가 음반정행렬이기 위한 필요충분조건은 $k = 1, \ldots, r < n$인 경우 k가 홀수일 때 $M_k \leq 0$이고, k가 짝수일 때는 $M_k \geq 0$이어야 한다.
5. 위의 어느 것에도 만족되지 않으면 $\mathbf{A}$는 부정행렬이다.

이 정리는 연속되는 2개의 주소행렬식이 0이 아니어야 한다는 가정이 만족될 경우에 한해서 적용할 수 있다. 2개의 주소행렬식이 연속적으로 0이 되면 정리 4.2의 고유값 검사법을 이용하면 된다. 또한 양정행렬의 주대각요소는 0 또는 음수를 가질 수 없다는 것을 주의하라. 예제 4.12는 행렬의 형식을 결정하는 문제이다.

2차식 형식에 관련된 이론은 4.4절에서 국소적 최적점에 대한 2계 조건에 사용된다. 또한 이것은 최적화 문제에서 함수의 볼록성을 결정할 때도 이용된다. 볼록함수는 4.8절에 소개되는 전역적 최적점의 결정에 중요한 역할을 한다.

$\mathbf{A}$가 음정이 되기 위해서는 정리 4.3에서 M의 부호는 다음과 같이 번갈아가며 바뀐다는 것을 주의하라.

$$M_1, M_3, M_5, \ldots < 0 \text{ 그리고 } M_2, M_4, M_6, \ldots > 0$$

예제 4.12 | **행렬 형식의 결정**

예제 4.11에서 주어진 행렬의 형식을 결정하라.

풀이

주어진 행렬 $\mathbf{A}$에 대해 고유값 문제는 $\mathbf{Ax} = \lambda\mathbf{x}$와 같이 정의되며, 여기서 λ은 고유값이고 $\mathbf{x}$는 이에 대응하는 고유벡터(자세한 내용은 부록 A.6절 참조)이다. 고유값을 결정하기 위해 특성 행렬식이라고 불리는 값이 0이 되어야 한다. 즉, $|(\mathbf{A} - \lambda\mathbf{I})| = 0$이다. 주어진 행렬[예제 4.11에서 (1)]이 대각행렬이므로, 이것의 고유값은 대각요소가 된다(즉, $\lambda_1 = 2$, $\lambda_2 = 3$, $\lambda_3 = 4$). 모든 고유값이 명백하게 양수이므로 이 행렬은 양정이다. 정리 4.3의 주소행렬식을 이용하여 검토하면 다음과 같은 3개의 주소행렬식을 구할 수 있다.

$$M_1 = a_{11} = 2; \quad M_2 = \begin{vmatrix} 2 & 0 \\ 0 & 4 \end{vmatrix} = 8; \quad M_3 = \begin{vmatrix} 2 & 0 & 0 \\ 0 & 4 & 0 \\ 0 & 0 & 3 \end{vmatrix} = 24 \tag{a}$$

모든 주소행렬식이 양수(즉 $M_i > 0$)이므로 이 행렬은 양정이다.

예제 4.11의 (2)번 행렬에 대하여 고유값 문제 $\mathbf{Ax} = \lambda\mathbf{x}$의 특성 행렬식 $|(\mathbf{A} - \lambda\mathbf{I})|$은 다음과 같다.

$$\begin{vmatrix} -1-\lambda & 1 & 0 \\ 1 & -1-\lambda & 0 \\ 0 & 0 & -1-\lambda \end{vmatrix} = 0 \tag{b}$$

세 번째 행을 기준으로 행렬식을 전개하면 다음을 얻을 수 있다.

$$(-1-\lambda)[(-1-\lambda)^2 - 1] = 0 \tag{c}$$

따라서 식 (b)의 3개의 근이 고유값이며 그 값이 $\lambda_1 = -2$, $\lambda_2 = -1$, $\lambda_3 = 0$이다. 두 개의 고유값은 음수이고 세 번째 고유값은 0이므로 이 행렬은 음반정이다. 한편 이 행렬의 계수는 2이다.

정리 4.3을 이용하려면 다음과 같은 3개의 선행 주소행렬식을 계산할 수 있다.

$$M_1 = -1, \quad M_2 = \begin{vmatrix} -1 & 1 \\ 1 & -1 \end{vmatrix} = 0, \quad M_3 = \begin{bmatrix} -1 & 1 & 0 \\ 1 & -1 & 0 \\ 0 & 0 & -1 \end{bmatrix} = 0 \tag{d}$$

2개의 연속되는 주소행렬식이 0이므로 이 행렬은 정리 4.3을 이용할 수 없다.

2차식 형식의 미분

2차식 형식의 경사도 벡터와 헷세행렬을 구해야 할 경우가 종종 있다. 식 (4.17)의 2차식 형식에서 계수 p_{ij}를 식 (4.20)에서와 같이 대칭 요소로 대치하여 생각해 보자. $F(\mathbf{x})$의 도함수를 계산하기 위하여 먼저 합을 전개한 다음 그 식을 x_i에 대해 미분하고, 합과 행렬 기호를 다시 이용하면 다음을 얻을 수 있다.

$$\frac{\partial F(\mathbf{x})}{\partial x_i} = 2\sum_{j=1}^{n} a_{ij}x_i; \quad \text{or} \quad \nabla F(\mathbf{x}) = 2\mathbf{A}\mathbf{x} \tag{4.21}$$

식 (4.21)을 x_i에 대해 한 번 더 미분하면 다음을 얻는다.

$$\frac{\partial^2 F(\mathbf{x})}{\partial x_j \partial x_i} = 2a_{ij}; \quad \text{or} \quad \mathbf{H} = 2\mathbf{A} \tag{4.22}$$

예제 4.13은 2차식 형식의 경사도 벡터와 헷세행렬의 계산에 대한 문제이다.

예제 4.13 2차식 형식의 경사도 벡터와 헷세행렬의 계산

다음 2차식 형식에서 경사도 벡터와 헷세행렬을 계산하라.

$$F(\mathbf{x}) = 2x_1^2 + 2x_1x_2 + 4x_1x_3 - 6x_2^2 - 4x_2x_3 + 5x_3^2 \tag{a}$$

풀이

$F(\mathbf{x})$를 x_1, x_2, x_3에 대해 각각 미분하면 다음의 경사도 벡터의 성분을 얻는다.

$$\frac{\partial F}{\partial x_1} = (4x_1 + 2x_2 + 4x_3); \quad \frac{\partial F}{\partial x_2} = (2x_1 - 12x_2 - 4x_3); \quad \frac{\partial F}{\partial x_3} = (4x_1 - 4x_2 + 10x_3) \tag{b}$$

이를 벡터 형식으로 쓰면, $F(\mathbf{x})$의 경사도 벡터를 다음과 같이 얻을 수 있다.

$$\nabla F(\mathbf{x}) = \begin{bmatrix} \dfrac{\partial F}{\partial x_1} \\ \dfrac{\partial F}{\partial x_2} \\ \dfrac{\partial F}{\partial x_3} \end{bmatrix} = \begin{bmatrix} (4x_1 + 2x_2 + 4x_3) \\ (2x_1 - 12x_2 - 4x_3) \\ (4x_1 - 4x_2 + 10x_3) \end{bmatrix} \tag{c}$$

경사도 벡터의 성분을 한 번 더 미분하면 다음과 같이 헷세행렬의 원소를 얻는다.

$$\frac{\partial^2 F}{\partial x_1^2} = 4, \ \frac{\partial^2 F}{\partial x_1 \partial x_2} = 2, \ \frac{\partial^2 F}{\partial x_1 \partial x_3} = 4$$

$$\frac{\partial^2 F}{\partial x_2 \partial x_1} = 2, \ \frac{\partial^2 F}{\partial x_2^2} = -12, \ \frac{\partial^2 F}{\partial x_2 \partial x_3} = -4 \tag{d}$$

$$\frac{\partial^2 F}{\partial x_3 \partial x_1} = 4, \ \frac{\partial^2 F}{\partial x_3 \partial x_2} = -4, \ \frac{\partial^2 F}{\partial x_3^2} = 10$$

헷시안을 행렬 형식으로 표현하면 다음을 얻는다.

$$\mathbf{H} = \begin{bmatrix} 4 & 2 & 4 \\ 2 & -12 & -4 \\ 4 & -4 & 10 \end{bmatrix} \tag{e}$$

주어진 2차식 형식을 행렬의 형식으로 표현하면 대칭 행렬 $\mathbf{A}$가 다음과 같게 된다.

$$\mathbf{A} = \begin{bmatrix} 2 & 1 & 2 \\ 1 & -6 & -2 \\ 2 & -2 & 5 \end{bmatrix} \tag{f}$$

식 (e)에서 F의 헷세행렬 $\mathbf{H}$을 갖는 행렬 $\mathbf{A}$의 원소들을 비교해 보면, $\mathbf{H} = 2\mathbf{A}$가 됨을 알 수 있다. 식 (4.21)을 이용하여 2차식 형식의 경사도 벡터를 계산하면 $\nabla F(\mathbf{x}) = 2\mathbf{A}\mathbf{x}$로 구해진다.

$$\nabla F(\mathbf{x}) = 2 \begin{bmatrix} 2 & 1 & 2 \\ 1 & -6 & -2 \\ 2 & -2 & 5 \end{bmatrix} \begin{bmatrix} x_1 \\ x_2 \\ x_3 \end{bmatrix} = \begin{bmatrix} (4x_1 + 2x_2 + 4x_3) \\ (2x_1 - 12x_2 - 4x_3) \\ (4x_1 - 4x_2 + 10x_3) \end{bmatrix} \tag{g}$$

4.3 필요조건과 충분조건의 개념

이 장의 나머지 부분에서는 비제약조건 및 제약조건 최적화 문제의 최적성에 대한 필요조건과 충분조건을 설명한다. 필요 및 충분의 의미를 이해하는 것은 매우 중요하다. 이들 용어는 수학의 해석학에서 일반적인 의미를 가지지만 우리는 최적화 문제만을 고려하여 논의하기로 한다.

4.3.1 필요조건

최적성 조건을 유도하기 위해서는 최적점을 찾았다고 가정한 다음, 그 점에서 함수와 도함수들의 상태를 검토해야 한다. 최적점에서 반드시 만족해야 할 조건들을 필요조건이라고 한다. 달리 말하면, 어느 점에서 필요조건을 만족하지 않으면 그 점은 최적점이 될 수 없다. 그러나 필요조건이 만족되었다고 해서 그 점이 최적점이 된다고 보장할 수 없다. 즉 필요조건을 만족하면서도 최적점이 아닐 수 있다. 이는 필요조건을 만족하는 점의 개수가 최적점의 수보다 많을 수 있음을 의미한다. 필요조건을 만족하는 점을 **후보 최적점**이라고 한다. 따라서 필요조건을 만족하는 점들 중에서 최적점과 비최적점을 구별해 내기 위한 검사를 추가적으로 수행해야 한다.

4.3.2 충분조건

어떤 후보 최적점이 충분조건을 만족하면 그 점은 실제로 최적점이다. 그렇지만 충분조건이 만족되지 않거나 또는 충분조건을 이용할 수 없는 경우에는 그 후보 최적점이 최적점이 아니라는 결론을 내리는 것이 불가할 수 있다. 이러한 결론은 충분조건을 유도하는 데 이용된 가정과 제한으로부터 유추된 것이다. 이러한 경우에는 최적점에 관한 명확한 결론을 내리기 위하여 해당 문제에 대한 추가 해석이나 고차항 조건을 필요로 하게 된다.

필요조건 및 충분조건의 의미를 다음과 같이 정리할 수 있다.

1. 최적점은 반드시 필요조건을 만족해야 한다. 필요조건을 만족하지 않는 점은 최적점이 될 수 없다. 최적성의 1계 필요조건은 함수의 일차 편도함수를 포함하고 2계 필요조건은 함수의 이차 편도함수를 포함하고 있다.

2. 어떤 점이 필요조건을 만족한다고 해서 반드시 최적점일 필요는 없다. 즉, 비최적점도 필요조건을 만족시킬 수 있다.
3. 후보 최적점이 충분조건을 만족한다면 후보 최적점은 실제로 최적점이다. 이 조건에는 함수의 이차 편도함수 또는 그 이상의 고차 편도함수를 포함하고 있다.
4. 충분조건을 사용할 수 없거나 충분조건을 만족하지 않는 경우, 후보점의 최적성에 관한 어떤 결론도 도출하지 못할 수 있다.

4.4 최적성 조건: 비제약조건 문제

이제 최적설계의 이론과 개념들을 논의할 준비가 되었다. 이 절에서는 'x에 대한 어떠한 제약조건이 없는 상태에서 $f(x)$를 최소화하라'로 정의되는 비제약조건 최적화 문제에 대한 필요조건과 충분조건을 논의한다. 이러한 문제는 실제 공학 문제에서 자주 나타나는 것은 아니다. 그렇지만 제약조건 문제의 최적성 조건들은 비제약조건 문제에 대한 조건들을 논리적으로 확장한 것이기 때문에 먼저 이들을 고려하기로 한다. 또한 제약조건 문제를 해결하는 수치적 전략 중의 하나는 제약조건 문제를 순차적으로 비제약조건 문제로 변환하는 것이다. 즉, 비제약조건 최적화의 개념을 완벽히 이해하는 것이 중요하다.

비제약조건 문제 또는 제약조건 문제에 대한 최적성 조건은 다음의 두 가지 방법으로 이용할 수 있다.

1. **어떤 설계점이 주어지면 최적성 조건을 이용하여 그 점이 후보 최적점인지 아닌지를 검사할 수 있다.**
2. **최적성 조건을 풀어서 후보 최적점을 구할 수 있다.**

여기서는 비제약조건 문제의 국소적 최적성 조건만을 논의한다. 전역적 최적성은 4.8절에서 논의한다. 먼저 필요조건을 논의하고 그 이후에 충분조건을 논의한다. 앞에서 언급한 바와 같이 **최소점에서 필요조건은 반드시 만족해야 하며, 이를 만족시키지 않으면 최소점이 될 수 없다.** 그렇지만 이러한 조건들은 최소점이 아닌 점에서도 만족될 수 있다. 필요조건을 만족하는 점을 단순히 후보 국소적 최소점이라고 한다. 충분조건을 이용하면 최소점과 그렇지 않은 점을 구분할 수 있다. 예제를 통해 이 개념을 좀 더 살펴보게 될 것이다.

4.4.1 최적성 조건과 관련된 개념

국소적 최적성 조건을 유도하기 위한 기본적인 개념은 우리가 지금 최소점 x^*(그림 4.2에서 x_D와 같은 점)에 있다고 가정한 다음, 함수의 성질과 함수의 도함수를 검토하기 위하여 최소점 근방을 확인한다고 가정하는 것이다. 그림 4.2의 함수에서 점 x_D에서는 그 함수가 0의 기울기와 양의 곡률을 갖는 볼록함수처럼 보인다. 최적성 조건을 유도하기 위해서 식 (4.2)의 부등식에서 주어진 국소적 최소점의 정의를 이용한다. 최소점의 좁은 근방에서의 성질만을 조사하므로 이 조건을 국소적 최적성 조건이라고 한다.

$\mathbf{x}^*$를 $f(\mathbf{x})$에 대한 국소적 최소점이라고 하자. 그 점의 근방을 조사하기 위해 $\mathbf{x}$를 $\mathbf{x}^*$ 주변의 어떤 점이라고 하자. $\mathbf{x}^*$와 $f(\mathbf{x}^*)$에서 증분 $\mathbf{d}$와 Δf를 $\mathbf{d} = \mathbf{x} - \mathbf{x}^*$와 $\Delta f = f(\mathbf{x}) - f(\mathbf{x}^*)$로 정의하자. $f(\mathbf{x})$는 $\mathbf{x}^*$에서 최소점을 갖기 때문에 $\mathbf{x}^*$ 주변으로 조금 움직인다면 조금도 감소되지 않을 것이다. 그러므로 $\mathbf{x}^*$의 좁은 근방에서 어떠한 움직임에 대하여도 함수의 변화량은 음수가 되서는 안 된다. 즉, 함수 값은 일정하게 유지되거나 증가한다. 이 조건은 식 (4.2)에서 주어진 국소적 최소의 정의로부터 직접 구할 수도 있으며, 이 조건은 다음의 부등식과 같이 표현할 수 있는데 $\mathbf{x}^*$에서 작은 변화량 $\mathbf{d}$에 대하여 성립해야 한다.

$$\Delta f = f(\mathbf{x}) - f(\mathbf{x}^*) \geq 0 \tag{4.23}$$

식 (4.23)의 부등 방정식은 국소적 최소점에 대한 필요조건과 충분조건을 유도하는 데 이용할 수 있다. $\mathbf{d}$가 작으므로 Δf는 $\mathbf{x}^*$에서의 테일러 급수 전개하여 근사화할 수 있으며 이를 이용하여 최적성 조건을 유도할 수 있다.

4.4.2 단일변수 함수의 최적성 조건

1계 필요조건

변수가 하나뿐인 함수를 먼저 생각해 보기로 하자. 주어진 점 x^*에서 $f(x^*)$의 테일러 급수 전개는 다음과 같다.

$$f(x) = f(x^*) + f'(x^*)d + \frac{1}{2}f''(x^*)d^2 + R \tag{4.24}$$

여기서 R은 d의 고차항을 포함하는 나머지 항이며 "프라임($'$)"은 도함수의 계수를 표시한다. 이 식으로부터 x^*에서 함수값의 변화량[즉, $\Delta f = f(x) - f(x^*)$]은 다음과 같이 주어진다.

$$\Delta f(x) = f'(x^*)d + \frac{1}{2}f''(x^*)d^2 + R \tag{4.25}$$

식 (4.23)의 부등식은 x^*은 $f(x)$의 국소적 최소점이므로 Δf의 수식은 음수가 될 수 없다(≥ 0). d는 작은 값이므로 1차항인 $f'(x^*)d$가 다른 항들에 비해 지배적이 된다. 따라서 $\Delta f = f'(x^*)d$로 근사화시킬 수 있다. 다음으로 이 식에서 Δf가 양이냐 음이냐 하는 것은 항 $f'(x^*)d$의 부호에 좌우된다는 것을 알 수 있다. 또한 $d(x^*$에서의 작은 증분)는 임의값이므로 양수일 수도 있고 음수일 수도 있다. 따라서 만일 $f'(x^*) \neq 0$이면, 항 $f'(x^*)d$ (따라서 Δf의 부호)는 음수가 될 수도 있다.

이것을 더 명확히 이해하기 위해 어떤 증분 d_1이 부등식 (4.23) (즉, $\Delta f = f'(x^*)d_1 > 0$)을 만족하여 그 항이 양수가 된다고 생각하자. 그러면 증분 d는 임의로 택할수 있으므로 $d_2 = -d_1$도 가능한 증분이 된다. 이러한 d_2에 대하여 Δf는 음수가 되며 이는 부등식 (4.23)을 위배한다. 즉, $f'(x^*)d$의 양은 $f'(x^*)$가 0이 아니면 이의 부호에 관계없이 $f'(x^*)d$는 음수가 될 수도 있다. x^* 근방의 모든 d에 대하여 음수가 될 수 없도록 하는 유일한 방법은 다음 식이 성립할 때이다.

$$f'(x^*) = 0 \tag{4.26}$$

정상점

식 (4.26)을 x^*에서 $f(x)$가 국소적 최소점이기 위한 1계 필요조건이라고 한다. 여기서 '1계'라고 부르는 이유는 여기에 1계 미분만 관련되기 때문이다. 이상의 전개는 식 (4.26)의 조건이 국소적 최대점을 위한 필요조건이 된다는 것을 보이는 데도 이용할 수 있다. 식 (4.26)을 만족시키는 점들은 국소적 최소점, 국소적 최대점일수도 있고 최소점이나 최대점이 아닌 점(변곡점)이 될수도 있다. 이렇기 때문에 이 점들을 정상점이라고 부른다.

충분조건

충분조건은 정상점들 중에 어느 것이 실제로 함수의 최소인지를 결정하는 데 이용한다. 정상점에서는 필요조건인 $f'(x^*) = 0$을 만족하므로 식 (4.24)의 함수 변화량 Δf는 다음과 같이 된다.

$$\Delta f(x) = \frac{1}{2} f''(x^*)d^2 + R \tag{4.27}$$

2차항이 다른 모든 고차항에 비해 지배적인 항이 되므로 이 항에 관심을 가질 필요가 있다. 모든 $d \neq 0$에 대하여 다음의 조건을 만족하면 이 항은 양수가 된다.

$$f''(x^*) > 0 \tag{4.28}$$

식 (4.28)의 부등식을 만족하는 정상점은 식 (4.23)의 부등식($\Delta f > 0$)을 만족하기 때문에 최소한 국소 최소점이 된다. 즉, 그때의 함수는 양의 곡률을 갖는다. 식 (4.28)의 부등식은 x^*가 국소적 최소점이기 위한 충분조건이 된다. 따라서 어느 점 x^*가 식 (4.26)과 식 (4.28)의 두 조건을 모두 만족시키면, 그 점에서 약간 움직였을 때 함수값이 증가하거나 일정값을 갖게 된다. 이러한 사실은 $f(x^*)$가 점 x^*의 좁은 근방에서 가장 작은 값(국소적 최소)을 갖는다는 것을 의미한다. 2계 도함수가 곡률을 의미하기 때문에 앞의 조건은 함수의 곡률의 항으로 표현될 수 있다는 것을 주의하자.

2계 필요조건

만일 $f''(x^*) = 0$이면 x^*가 최소점이 아니라고 결론을 내릴 수 없다. 그렇지만 식 (4.23)과 식 (4.27)로부터 $f(x^*)$는 다음 조건을 만족하지 못하면 최소점이 될 수 없다.

$$f''(x^*) \geq 0 \tag{4.29}$$

즉, 후보점 x^*에서 계산된 f''의 값이 0보다 작으면 식 (4.23)의 부등식을 위배하기 때문에 x^*는 국소적 최소점이 아니다. 식 (4.29)의 부등식을 2계 필요조건이라고 하며, 따라서 이 조건을 위배하는 어떤 점도(즉, $f''(x^*) < 0$) 국소적 최소가 될 수는 없다(실제로 그러한 점은 함수의 국소적 최대점이다).

만일 식 (4.28)의 충분조건을 만족하면, 그때 식 (4.29)의 2계 필요조건은 자동적으로 만족된다. 그렇지만 만일 $f''(x^*) = 0$이면 그 점이 국소적 최소인지를 알기 위해서 고계 도함수를 계산해 보아야 한다(예제 4.14~4.18 참조). 식 (4.26)을 유도할 때와 마찬가지 방법에 의하여 $f'''(x^*)$는 정상점(필요 조건)에서 0이 되어야만 하며, x^*가 국소적 최소점이기 위해서는 $f''''(x^*) > 0$이어야 한다.

일반적으로 정상점(필요조건)이 되려면 0이 아닌 최저계 도함수가 짝수계의 도함수이어야 하며, 국소적 최소점(충분조건)이 되려면 그 값이 양수여야 한다. 필요조건은 0이 아닌 짝수계의

표 4.1(a)　비제약조건 일변수 문제에 대한 최적성 조건

문제: $f(x)$를 최소화시키는 x를 찾아라.

1계 필요조건: $f' = 0$. 이 조건이 만족되는 점을 정상점이라고 한다. 이것은 국소적 최소점, 국소적 최대점 둘 다 아닐 수 있다(변곡점).

국소적 최소점에 대한 2계 필요조건: $f'' \geq 0$

국소적 최대점에 대한 2계 필요조건: $f'' \leq 0$

국소적 최소점에 대한 2계 충분조건: $f'' > 0$

국소적 최대점에 대한 2계 충분조건: $f'' < 0$

국소적 최소점 또는 국소적 최대점에 대한 고계 필요조건: 0이 아닌 고계 도함수를 구하라. 이 항의 아래에 있는 모든 홀수계 도함수는 반드시 0이어야 한다.

국소 최소점에 대한 고계 충분조건: 0이 되지 않는 가장 높은 고계 도함수는 짝수계여야 하고 반드시 양수여야 한다.

도함수보다 낮은 홀수계의 모든 도함수값이 0이어야 한다는 것이다. 최소점에서는 필요조건을 반드시 만족해야야 한다. 그렇지 않다면 최소점이 될 수 없다.

1. 1계 필요조건은 최소점이 아니어도 만족될 수 있다. 1계 필요조건을 만족하는 점은 단지 후보 최소점이다.
2. 후보점이 충분조건을 만족한다면, 그 점은 최소점인 것이 확실하다.

단일변수 함수에 대한 최적성 조건을 표 4.1(a)에 요약하였다.

| 예제 4.14 | **1계 필요조건을 이용한 국소적 최소점의 결정** |

아래 함수의 국소적 최소점을 찾아라.

$$f(x) = \sin x \tag{a}$$

풀이

주어진 함수를 두 번 미분하면 다음과 같다.

$$f' = \cos x; \quad f'' = -\sin x; \tag{b}$$

$f'(x) = 0$ ($\cos x = 0$)의 근을 구하면 정상점은 다음과 같이 구해진다.

$$x = \pm\pi/2, \pm 3\pi/2, \pm 5\pi/2, \pm 7\pi/2, \ldots \tag{c}$$

국소적 최소점은 다음과 같다.

$$x^* = 3\pi/2, 7\pi/2, \ldots; \quad -\pi/2, -5\pi/2, \ldots \tag{d}$$

이 점들은 식 (4.28) (이 점들에서는 $f'' = -\sin x > 0$)의 충분조건을 만족한다. 이들 점 x^*에서 $\sin x$의 값은 -1이다. 이것은 함수 $\sin x$의 그래프로부터 알 수 있다. 이러한 최소점은 무한히 많이 존재하며 그들은 모두 실제로 전역적 최소점이 된다.

점 $\pi/2$, $5\pi/2$, . . . , 및 $-3\pi/2$, $-7\pi/2$, . . . 는 모두 전역적 최대점들이며 그때의 sin x는 1의 값을 가진다. 이들 점에서 $f'(x) = 0$이고 $f''(x) < 0$이다.

예제 4.15 **1계 필요조건을 이용한 국소적 최소점의 결정**

다음 함수의 국소적 최소점을 찾아라.

$$f(x) = x^2 - 4x + 4 \tag{a}$$

풀이

그림 4.7에 함수 $f(x) = x^2 - 4x + 4$의 그래프를 표시하였다. 이 함수는 $x = 2$에서 0이고 나머지의 모든 점에서 양의 값을 가진다. 그러므로 $x = 2$가 이 함수의 국소적 최소점이 되며 동시에 전역적 최소점이 된다. 이 점이 필요조건과 충분조건을 이용하여 어떻게 결정되는가를 보기로 하자.

이 함수를 두 번 미분하면 다음과 같다.

$$f' = 2x - 4; \quad f'' = 2 \tag{b}$$

필요조건인 $f' = 0$으로부터 $x^* = 2$가 정상점임을 알 수 있다. $x^* = 2$에서 $f'' > 0$(실제로는 모든 점에서 성립)이므로 식 (4.28)의 충분조건이 만족된다. 따라서 $x^* = 2$는 $f(x)$의 국소적 최소점이다. 이때 f의 최소값은 $x^* = 2$에서 0이다.

$x^* = 2$에서 $f''(2) = 2 > 0$이므로 국소적 최대점에 대한 2계 필요조건인 $f'' \leq 0$을 위배한다. 그러므로 점 $x^* = 2$는 국소적 최대점이 될 수 없다. 실제로 함수의 그래프를 보면 이 함수의 국소적 최대점 또는 전역적 최대점이 존재하지 않는다는 것을 알 수 있다.

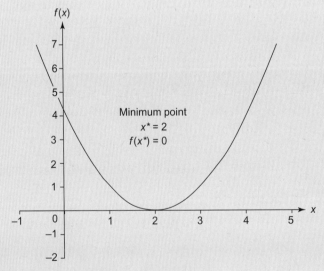

그림 4.7 $f(x) = x^2 - 4x + 4$의 그래프

주어진 점의 최적성을 검토하라. 만일 주어진 점에서 최적성 확인을 요구한다면, 예를 들어 $x = 1$에서 최적성 검토를 할 때 그 점을 필요조건에 대입하여 만족하는지의 여부를 알 수 있다. 식 (b)로부터 $x = 1$일 때 $f' = -2$이다. 그러므로 필요조건을 위배하여 $x = 1$은 후보 최소점이 아니다.

예제 4.16 **1계 필요조건을 이용한 국소적 최소점의 결정**

다음 함수의 국소적 최소를 찾아라.

$$f(x) = x^3 - x^2 - 4x + 4 \tag{a}$$

풀이

그림 4.8은 이 함수의 그래프를 표시한 것이다. 그림에서 점 A가 함수의 국소적 최소점이며 점 B는 함수의 국소적 최대점임을 알 수 있다. 이러한 사실을 증명하기 위해 필요조건과 충분조건을 이용해 보자. 함수를 미분하면 다음을 얻는다.

$$f' = 3x^2 - 2x - 4; \quad f'' = 6x - 2 \tag{b}$$

이 예제의 경우 식 (4.26)의 필요조건을 만족하는 점인 정상점은 2개 있다. 이들은 식 (b)의 이차방정식인 $f'(x) = 0$의 근으로 얻어진다. 이 근들은 $(-b \pm \sqrt{b^2 - 4ac})/2a$이며 여기서 a, b, c는 이차방정식의 계수이다. $a = 3$, $b = -2$, $c = 4$를 대입하면 식 (b)에서 두 개의 근은 다음과 같다.

$$x_1^* = \frac{1}{2 \times 3}\left(-(-2) + \sqrt{(-2)^2 - 4 \times 3 \times (-4)}\right) = 1.535 \text{ (Point A)} \tag{c}$$

$$x_2^* = \frac{1}{2 \times 3}\left(-(-2) - \sqrt{(-2)^2 - 4 \times 3 \times (-4)}\right) = -0.8685 \text{ (Point B)} \tag{d}$$

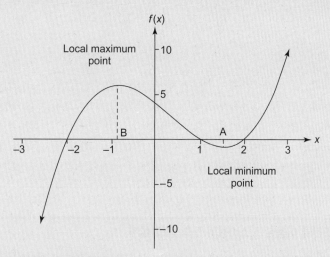

그림 4.8 $f(x) = x^3 - x^2 - 4x + 4$의 그래프

식 (b)를 이용하여 f''의 값을 계산하면 다음과 같다.

$$f''(1.535) = 6 \times 1.535 - 2 = 7.211 > 0 \tag{e}$$

$$f''(-0.8685) = 6 \times (-0.8685) - 2 = -7.211 < 0 \tag{f}$$

x_1^*만이 국소 최소점에 대한 식 (4.28)의 충분조건($f'' > 0$)을 만족한다. 그림 4.8의 그래프로부터 국소적 최소인 $f(x_1^*)$는 전역적 최소가 아니라는 것을 알 수 있다. 실제로 함수 $f(x)$ 및 그 영역이 유계가 아니므로 전역적 최소는 존재하지 않는다(정리 4.1). 국소적 최소점에서의 함수값은 $x_1^* = 1.535$를 $f(x)$에 대입하여 −0.88을 얻을 수 있다.

여기서 주목할 것은 $f''(x_2^*) < 0$이므로 $x_2^* = -0.8685$는 국소적 최대점이라는 것이다. 이 최대점에서 함수값은 6.065이다. 이 함수에 대한 전역적 최대점은 존재하지 않는다.

2계 필요조건의 검토: $x_2^* = -0.8685$에서 국소적 최소점에 대한 2계 필요조건($f''(x^*) \geq 0$)을 위배한다는 것을 알 수 있다. 그러므로 이 정상점은 국소적 최소점이 될 수 없다. 이와 유사하게, 정상점 $x_1^* = 1.535$는 국소적 최대점에 대한 2계 필요조건을 위배한다.

주어진 점에서의 최적성 검토: 앞서 설명했듯이, 최적성 조건은 주어진 점의 최적성을 검토하는 데 사용할 수 있다. 이것을 설명하기 위해 점 $x = 1$의 최적성을 확인해보자. 식 (b)를 이용하면 $f' = 3(1)^2 - 2(1) - 4 = -3 \neq 0$ 인데, 이것은 1계 필요조건을 위배하는 것이다. 그러므로 $x = 1$은 정상점이 아니기 때문에 함수의 국소적 최소점 또는 최대점이 될 수 없다.

예제 4.17 필요조건을 이용한 국소적 최소의 결정

다음 함수의 최솟값을 찾아라.

$$f(x) = x^4 \tag{a}$$

풀이

주어진 함수를 두 번 미분하면 다음을 얻는다.

$$f' = 4x^3; \quad f'' = 12x^2 \tag{b}$$

필요조건($f' = 0$)으로부터 정상점 $x^* = 0$을 얻는다. $f''(x^*) = 0$이므로 식 (4.28)의 충분조건으로부터 x^*가 최소점이라고 결론지을 수 없다. 그렇지만 2계 필요조건의 식 (4.29)가 만족되므로 x^*가 최소가 될 가능성은 배제할 수 없다. 실제로 $f(x)$의 그래프를 그려 보면, x^*가 전역적 최소점이라는 사실을 알 수 있다. $f''' = 24x$는 $x^* = 0$에서 그 값이 0이 된다. $f''''(x^*) = 24$가 되어 0보다 명확히 크게 된다. 즉, 사계 충분조건을 만족하여 $x^* = 0$은 최소점이 된다. 이 점이 실제의 전역적 최소점이며 최솟값은 $f(0) = 0$이다.

예제 4.18 필요조건을 이용한 최소비용의 구형 탱크 설계

2.3절에서 문제 정식화를 한 결과, 목적함수는 다음과 같이 단열 구형 탱크의 전체 수명 동안의 냉각 비용으로 설정하였다.

$$f(x) = ax + b/x, \quad a, b > 0 \tag{a}$$

여기서 x는 단열재의 두께, a와 b는 양의 상수이다.

풀이

f를 최소화하기 위해 다음 방정식(필요조건)을 풀어야 한다.

$$f' = a - \frac{b}{x^2} = 0 \tag{b}$$

해는 $x^* = \sqrt{b/a}$이다. 근 $x^* = -\sqrt{b/a}$는 단열재의 두께 x가 음수가 될 수 없으므로 기각된다는 것을 주의하라. 만일 x의 음수값이 허용된다면 $x^* = -\sqrt{b/a}$는 $f''(x^*) < 0$이므로 국소적 최대에 대한 충분조건을 만족하고 있다.

정상점 $x^* = \sqrt{b/a}$이 국소적 최소인지를 확인하기 위해 다음 식을 평가해보자.

$$f''(x^*) = \frac{2b}{x^{*3}} \tag{c}$$

b와 x^*가 양수이므로, $f''(x^*)$는 양수이고 x^*는 국소적 최소점이다. x^*에서의 함수값은 $2\sqrt{b/a}$ 이다. 이 문제는 물리적 성질 때문에 함수가 음의 값을 가질 수 없으므로 x^*는 이 문제의 전역적 최소점이 된다.

4.4.3 다변수 함수의 최적성 조건

변수 $\mathbf{x}$가 n벡터인 경우의 다변수 함수 $f(\mathbf{x})$에 대하여 다음과 같은 다차원 형태의 테일러 급수 전개를 이용하면 필요조건과 **충분조건**을 유도할 수 있다.

$$f(\mathbf{x}) = f(\mathbf{x}^*) + \nabla f(\mathbf{x}^*)^T \mathbf{d} + \frac{1}{2}\mathbf{d}^T \mathbf{H}(\mathbf{x}^*)\mathbf{d} + R \tag{4.30}$$

따라서 함수의 변화량 $\Delta f = f(\mathbf{x}) - f(\mathbf{x}^*)$으로 구해진다.

$$\Delta f = \nabla f(\mathbf{x}^*)^T \mathbf{d} + \frac{1}{2}\mathbf{d}^T \mathbf{H}(\mathbf{x}^*)\mathbf{d} + R \tag{4.31}$$

만일 $\mathbf{x}^*$가 국소적 최소점이면 식 (4.2)의 부등식인 $\Delta f \geq 0$에서 주어진 국소적 최소의 정의에 의해 음수가 될 수 없다. 식 (4.31)의 일차항만을 주목하면 다음 조건을 만족할 때 Δf는 모든 가능한 $\mathbf{d}$에 대하여 음수가 되지 않음을 알 수 있다(앞과 동일).

$$\nabla f(\mathbf{x}^*) = \mathbf{0} \tag{4.32}$$

다시 말해 $\mathbf{x}^*$에서의 함수의 경사도 벡터가 0이어야 한다. 성분 형식으로 이 **필요조건**을 쓰면 다음과 같이 된다.

$$\frac{\partial f(\mathbf{x}^*)}{\partial x_i} = 0; \quad i = 1 \text{ to } n \tag{4.33}$$

식 (4.33)을 만족하는 점을 정상점이라고 한다.

정상점에서 계산한 식 (4.31)의 두 번째 항을 고려하고, $\mathbf{d} \neq \mathbf{0}$인 모든 $\mathbf{d}$에 대하여 다음이 성립되면 Δf는 양수가 된다.

$$\mathbf{d}^T \mathbf{H}(\mathbf{x}^*)\mathbf{d} > 0 \tag{4.34}$$

이 부등식은 햇세행렬 $\mathbf{H}(\mathbf{x}^*)$가 양정행렬일 때 만족되며(4.2절 참조), 이것은 $\mathbf{x}^*$에서 $f(\mathbf{x})$의 국소적 최소이기 위한 충분조건이 된다. 조건식 또는 식 (4.33)과 (4.34)는 각각 식 (4.26)과 (4.28)의 다차원 경우에 대한 동등한 표현이다. 이 절에서 전개한 내용을 정리 4.4에 요약하였다.

정리 4.4   국소적 최소에 대한 필요조건과 충분조건

필요조건: $\mathbf{x}^*$에서 $f(\mathbf{x})$가 국소적 최소를 갖게 되면 다음이 성립한다.

$$\frac{\partial f(\mathbf{x}^*)}{\partial x_i} = 0; \quad i = 1 \text{ to } n \tag{a}$$

2계 필요조건: $\mathbf{x}^*$에서 $f(\mathbf{x})$가 국소적 최소를 갖게 되면 식 (4.8)의 햇세행렬은 다음과 같고 이 행렬은 $\mathbf{x}^*$에서 양반정 또는 양정이다.

$$\mathbf{H}(\mathbf{x}^*) = \left[\frac{\partial^2 f}{\partial x_i \, \partial x_j} \right]_{(n \times n)} \tag{b}$$

이계 충분조건: 행렬 $\mathbf{H}(\mathbf{x}^*)$가 정상점 $\mathbf{x}^*$에서 양정이면 $\mathbf{x}^*$는 함수 $f(\mathbf{x})$의 국소적 최소점이다.

정상점 $\mathbf{x}^*$에서 $\mathbf{H}(\mathbf{x}^*)$가 부정이면 $\mathbf{x}^*$는 국소적 최소점도 국소적 최대점도 아닌데, 그 이유는 두 경우에 모두 2계 필요조건을 위배하기 때문이라는 것을 주의하자. 이러한 정상점을 **변곡점**이라 한다. 또한 만일 $\mathbf{H}(\mathbf{x}^*)$가 적어도 양반정이라면 $f(\mathbf{x})$의 국소적 최대에 대한 2계 필요조건을 위배하므로, $\mathbf{x}^*$는 국소적 최대점이 될 수 없다. 다시 말해, 어떠한 점이라도 동시에 국소적 최소점과 국소적 최대점이 될 수는 없다. 다변수 함수에 대한 최적성 조건을 표 4.1(b)에 정리하였다.

또한 이들 조건은 함수의 값이 아니라 $f(\mathbf{x})$의 도함수를 필요로 한다는 것을 알아두자. 만일 $f(\mathbf{x})$에 하나의 상수를 추가하면 최소화 문제의 해 $\mathbf{x}^*$는 변경되지 않는다. 마찬가지로 $f(\mathbf{x})$에 어떤 양의 상수를 곱하면 $f(\mathbf{x}^*)$의 값은 변하지만 최소점 $\mathbf{x}^*$는 변경되지 않는다.

$\mathbf{x}$에 대한 $f(\mathbf{x})$의 그래프에서 어떤 상수를 $f(\mathbf{x})$에 더하면 좌표계에서의 위치를 변화시키지만 그래프 표면 형상은 변화하지 않게 된다. 마찬가지로 $f(\mathbf{x})$에 어떤 양의 상수를 곱하면 $f(\mathbf{x}^*)$의 값은 변하지만 최소점 $\mathbf{x}^*$는 변경되지 않는다. $\mathbf{x}$에 대한 $f(\mathbf{x})$의 그래프에서 이러한 수정은 $f(\mathbf{x})$축을 따른 그래프의 축척의 균일한 변화를 가져오는 것으로 생각할 수 있으며, 그래프 표면 형상 역시 변화하지 않게 된다. $f(\mathbf{x})$에 음수를 곱하면 $\mathbf{x}^*$에서의 최솟값은 최댓값이 된다. 이러한 특성을 이용하면 앞의 2.11절에서 설명한 바와 같이, $f(\mathbf{x})$에 -1을 곱하여 최대화 문제를 최소화 문제로 변환할 수 있다. 함수에 상수를 이용하여 축척과 더하기한 후의 효과는 예제 4.19에 설명되어 있다. 예제 4.20과 4.23

표 4.1(b) 다변수 비제약조건 함수에 대한 최적성 조건

문제: $f(\mathbf{x})$를 최소화시키는 $\mathbf{x}$를 찾아라.

1계 필요조건: $\nabla f = 0$. 이 조건이 만족되는 점을 정상점이라고 한다. 이것은 국소적 최소점, 국소적 최대점 둘 다 아닐 수 있다(변곡점).

국소적 최소점에 대한 2계 필요조건: $\mathbf{H}$가 최소한 양반정이어야 한다.

국소적 최대점에 대한 2계 필요조건: $\mathbf{H}$가 최소한 음반정이어야 한다.

국소적 최소점에 대한 2계 충분조건: $\mathbf{H}$가 양정이어야 한다.

국소적 최대점에 대한 2계 충분조건: $\mathbf{H}$가 음정이어야 한다.

은 함수의 국소적 최소점을 최적성 조건을 이용하여 구하는 문제이고, 예제 4.21과 4.22는 필요조건 이용에 관한 문제이다.

예제 4.19 | **함수에 상수를 더하거나 축척한 효과**

함수 $f(x) = x^2 - 2x + 2$에 대하여 앞에서 설명한 변동에 대한 효과를 설명하라.

풀이

그림 4.9의 그래프들을 보자. 그림 4.9a는 함수 $f(x) = x^2 - 2x + 2$을 표시하는데, 그 함수는 $x^* = 1$에서 최솟값을 갖는다. 그림 4.9b, c, d는 원래 함수에 상수를 더하거나[$f(x) + 1$], 원래 함수에 양수를 곱하거나 [$2f(x)$], 원래 음수를 곱하여[$-f(x)$] 각각의 그래프를 표시한 것이다. 모든 경우에서 정상점은 변하지 않게 된다.

예제 4.20 | **필요조건을 이용한 2변수 함수의 국소적 최소**

다음 함수의 국소적 최소점을 구하라.

$$f(\mathbf{x}) = x_1^2 + 2x_1 x_2 + 2x_2^2 - 2x_1 + x_2 + 8 \tag{a}$$

풀이

이 문제의 필요조건은 다음과 같다.

$$\frac{\partial f}{\partial \mathbf{x}} = \begin{bmatrix} (2x_1 + 2x_2 - 2) \\ (2x_1 + 4x_2 + 1) \end{bmatrix} = \begin{bmatrix} 0 \\ 0 \end{bmatrix} \tag{b}$$

이 방정식들은 변수 x_1과 x_2에 관한 선형이며, 이 방정식들을 연립으로 풀면 정상점 $x^* = (2.5, -1.5)$를 얻는다.

이 정상점이 국소적 최소점이 되는지를 검토하기 위해 식 (b)에서의 경사도 벡터 성분을 x_1과 x_2에 대해 다시 미분하면 $\mathbf{x}^*$에서의 $\mathbf{H}$의 각 요소를 다음과 같이 구할 수 있다.

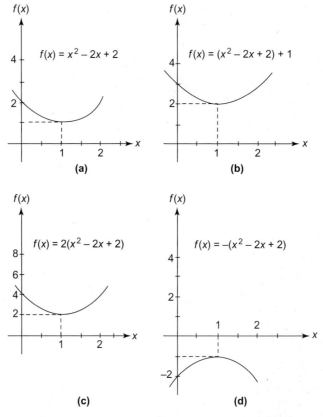

그림 4.9 예제 4.19의 그래프. 함수에 상수를 더하거나 축척한 효과. (a) $f(x) = x^2 - 2x + 2$의 그래프, (b) $f(x)$에 상수를 더한 효과, (c) $f(x)$에 양수를 곱한 효과, (d) $f(x)$에 −1을 곱한 효과

$$\frac{\partial^2 f}{\partial x_1^2} = 2; \quad \frac{\partial^2 f}{\partial x_2 \, \partial x_1} = 2; \quad \frac{\partial^2 f}{\partial x_1 \, \partial x_2} = 2; \quad \frac{\partial^2 f}{\partial x_2^2} = 4 \tag{c}$$

헷세행렬은 다음과 같이 된다.

$$\mathbf{H}(2.5, -1.5) = \begin{bmatrix} \dfrac{\partial^2 f}{\partial x_1^2} & \dfrac{\partial^2 f}{\partial x_1 \, \partial x_2} \\[2ex] \dfrac{\partial^2 f}{\partial x_2 \, \partial x_1} & \dfrac{\partial^2 f}{\partial x_2^2} \end{bmatrix} = \begin{bmatrix} 2 & 2 \\ 2 & 4 \end{bmatrix} \tag{c}$$

정리 4.2를 이용하여 헷세행렬의 형식을 검토하기 위해 이 헷세행렬에 대한 고유값 문제를 정의하여 고유값을 다음과 같이 계산할 수 있다.

$$\begin{vmatrix} 2-\lambda & 2 \\ 2 & 4-\lambda \end{vmatrix} = 0, \quad \text{or} \quad (2-\lambda)(4-\lambda) - 2 \times 2 = 0 \tag{d}$$

$\lambda^2 - 6\lambda + 4 = 0$ which gives eigenvalues $\lambda_1 = 5.236$, $\lambda_2 = 0.764$

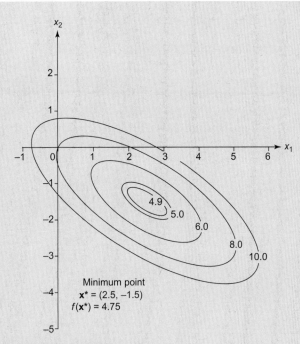

그림 4.10 예제 4.20의 함수에 대한 등비용 곡선

고유값 두 개가 모두 양수이므로 헷세행렬 **H**는 양정이다.

정리 4.3을 이용하여 헷세행렬의 형식을 검토하기 위해 주소행렬식을 계산하면 다음과 같다.

$$M_1 = 2; \ M_2 = \begin{vmatrix} 2 & 2 \\ 2 & 4 \end{vmatrix} = 2 \times 4 - 2 \times 2 = 4 \tag{e}$$

두 가지의 주소행렬식이 모두 양수이므로 **H**는 정상점 **x***에서 양정이다. 따라서 점 (2.5, –1.5)는 국소적 최소점이며 이때의 $f(\mathbf{x}^*)$ = 4.75이다. 그림 4.10은 이 문제 함수에 대한 몇 개의 등비용 곡선을 표시한 것이다. 이 그림에서 점 (2.5, –1.5)가 이 함수의 최소점이 되는 것을 알 수 있다.

주어진 점에서의 최적성 검토: 앞에서 언급한 바와 같이, 최적성 조건은 주어진 점에서 최적성을 확인하기 위해 사용할 수 있다. 이것을 설명하기 위해 점 (1, 2)에서의 최적성을 검토해 보자. 이 점에서 식 (b)를 이용하면 경사도 벡터는 0이 아닌 (4, 11)로 계산된다. 그러므로 이 점은 국소적 최소점이나 국소적 최대점에 대한 1계 필요조건을 위배하여 이 점은 정상점이 아니다.

예제 4.21 필요조건을 이용한 원통 탱크 설계

2.8절에서 최소 비용의 원통저장탱크 문제를 정식화하였다. 이 탱크의 양끝은 막혀 있으며 부피가 반드시 V 이어야 한다. 반경 R과 높이 H를 설계변수로 선정하였다. 표면적이 최소가 되도록 탱크를 설계하고자 한다.

풀이
이 문제에 대하여 목적함수를 다음과 같이 단순화시킬 수 있다.

$$\overline{f} = R^2 + RH \tag{a}$$

부피의 제약조건은 다음의 등식으로 표현된다.

$$h = \pi R^2 H - V = 0 \tag{b}$$

이 제약조건은 R 또는 H가 0이면 만족될 수 없다. R과 H의 값으로서 양수만을 취하기로 하면 이들이 음수가 아니어야 한다는 제약조건은 무시할 수 있다. 등호제약조건 (b)를 이용하면 다음과 같이 목적함수에서 H를 소거할 수 있다.

$$H = \frac{V}{\pi R^2} \tag{c}$$

따라서 식 (a)의 목적함수는 다음과 같이 된다.

$$\overline{f} = R^2 + \frac{V}{\pi R} \tag{d}$$

이것은 R만의 항으로 표시된 비제약조건 문제이며 이에 대한 필요조건은 다음과 같다.

$$\frac{d\overline{f}}{dR} = 2R - \frac{V}{\pi R^2} = 0 \tag{e}$$

필요조건에 대한 해는 다음과 같다.

$$R^* = \left(\frac{V}{2\pi}\right)^{1/3} \tag{f}$$

식 (c)를 이용하면 다음을 얻는다.

$$H^* = \left(\frac{4V}{\pi}\right)^{1/3} \tag{g}$$

식 (e)를 이용하면 정상점에서 R에 대한 $\overline{f}$의 이차미분을 다음과 같이 구할 수 있다.

$$\frac{d^2\overline{f}}{dR^2} = \frac{2V}{\pi R^3} + 2 = 6 \tag{h}$$

모든 양수 R에 대하여 이차미분은 양수이므로 식 (f)와 (g)의 해는 국소적 최소점이다. 식 (a) 또는 (d)를 이용하면 최적점에서의 목적함수를 다음과 같이 구할 수 있다.

$$\overline{f}(R^*, H^*) = 3\left(\frac{V}{2\pi}\right)^{2/3} \tag{i}$$

예제 4.22   1계 필요조건의 수치해

다음 함수의 정상점을 구하고 그 점에 대한 충분조건을 검토하라.

$$f(x) = \frac{1}{3}x^2 + \cos x \qquad \text{(a)}$$

풀이

이 함수를 그림 4.11에 표시하였다. 이 함수에 3개 상점이 있는 것을 알 수 있다. 그 점들은 $x = 0$(점 A), 1과 2 사이의 x(점 C), –1과 –2 사이의 x(점 B)이다. 점 $x = 0$은 이 함수의 국소적 최대점이며 다른 두 점은 국소적 최소점들이다.

1계 필요조건은 다음과 같다.

$$f'(x) = \frac{2}{3}x - \sin x = 0 \qquad \text{(b)}$$

$x = 0$은 식 (b)를 만족하므로 정상점이다. 식 (b)의 다른 해를 구해보자. 해석적으로 이 방정식을 풀기는 어려우므로 수치해법을 이용해야 한다.

x대 $f'(x)$의 그림을 그리고 $f'(x) = 0$이 되는 점을 찾거나 뉴턴-랩슨법과 같은 비선형방정식을 풀기 위한 수치해법을 이용해야 한다. 이들 중 어느 한 방법을 사용하면 $x^* = 1.496$과 $x^* = -1.496$을 얻을 수 있고, 이들은 식 (b)의 $f'(x) = 0$을 만족한다. 따라서 이들은 또 다른 2개의 정상점이다.

이점들이 국소적 최소점, 국소적 최대점, 또는 변곡점인지를 결정하려면 정상점에서 f''를 결정하고 정리 4.4의 충분조건을 이용해야 한다. $f'' = 2/3 - \cos x$이므로 다음을 얻을 수 있다.

1. $x^* = 0$; $f'' = -1/3 < 0$이므로 이 점은 국소적 최대점이며 $f(0) = 1$이다.
2. $x^* = 1.496$, $f'' = 0.592 > 0$이므로 이 점은 국소적 최소점이며 $f(1.496) = 0.821$이다.
3. $x^* = -1.496$, $f'' = 0.592 > 0$이므로 이 점은 국소적 최소점이며 $f(-1.496) = 0.821$이다.

이 결과는 그림 4.11에서 찾을 수 있는 도해적 해와 일치한다.

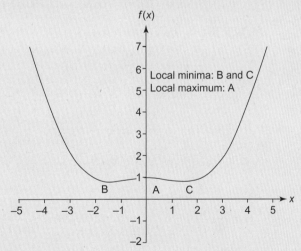

그림 4.11 예제 4.22의 $f(x) = \frac{1}{3}x^2 + \cos x$ 그래프

전역적 최적화: 비록 이 함수가 무계이고 유용영역이 닫혀 있지 않았어도 $x^* = 1.496$과 $x^* = -1.496$은 실제로 전역적 최소점이 되는 것을 주의하라. 따라서 비록 정리 4.1의 바이어슈트라스 이론을 만족시키 않아도 이 함수는 전역적 최소점을 갖는다. 이 사실로부터 정리 4.1이 '필요충분조건' 정리가 아닌 것을 알 수 있다. 이 함수가 무계이고 x는 어떠한 값도 가질 수 있으므로 함수에 대한 전역적 최대점은 존재하지 않는다는 것 또한 명심하자.

예제 4.23 최적성 조건을 이용한 2변수 함수의 국소적 최소

다음 함수의 국소적 최소를 찾아라.

$$f(\mathbf{x}) = x_1 + \frac{(4 \times 10^6)}{x_1 x_2} + 250 x_2 \tag{a}$$

풀이

최적성의 필요조건은 다음과 같다.

$$\frac{\partial f}{\partial x_1} = 0; \quad 1 - \frac{(4 \times 10^6)}{x_1^2 x_2} = 0 \tag{b}$$

$$\frac{\partial f}{\partial x_2} = 0; \quad 250 - \frac{(4 \times 10^6)}{x_1 x_2^2} = 0 \tag{c}$$

식 (b)와 식 (c)를 정리하면 다음을 얻는다.

$$x_1^2 x_2 - (4 \times 10^6) = 0; \ 250 x_1 x_2^2 - (4 \times 10^6) = 0 \tag{d}$$

식을 다시 정리하면 다음과 같다.

$$x_1^2 x_2 = 250 x_1 x_2^2, \text{ or } x_1 x_2 (x_1 - 250 x_2) = 0 \tag{e}$$

x_1과 x_2 모두 0이 될 수 없으므로(함수는 $x_1 = 0$나 $x_2 = 0$에서 특이성을 가진다), 앞의 식으로부터 $x_1 = 250 x_2$를 얻는다. 이것을 식 (c)에 대입하면 $x_2 = 4$를 얻는다. 그러므로 $x_1^* = 1000$과 $x_2^* = 4$는 함수 $f(\mathbf{x})$의 정상점이다.

식 (b)와 식 (c)를 이용하면 목적함수의 2차 편도함수는 다음과 같이 구해진다.

$$\frac{\partial^2 f}{\partial x_1^2} = 2 \times \frac{4 \times 10^6}{x_1^3 x_2}; \quad \frac{\partial^2 f}{\partial x_2 \, \partial x_1} = \frac{4 \times 10^6}{x_1^2 x_2^2}; \quad \frac{\partial^2 f}{\partial x_2^2} = 2 \times \frac{4 \times 10^6}{x_1 x_2^3} \tag{f}$$

이 도함수를 이용하면 $\mathbf{x}^*$에서 $f(\mathbf{x})$에 대한 헷세행렬을 다음과 같이 얻을 수 있다.

$$\mathbf{H} = \frac{(4 \times 10^6)}{x_1^2 x_2^2} \begin{bmatrix} \dfrac{2 x_2}{x_1} & 1 \\ 1 & \dfrac{2 x_1}{x_2} \end{bmatrix}; \quad \mathbf{H}(1000, 4) = \frac{(4 \times 10^6)}{(4000)^2} \begin{bmatrix} 0.008 & 1 \\ 1 & 500 \end{bmatrix} \tag{f}$$

헷세행렬 $\mathbf{H}$의 고유값은 다음의 고유값 문제를 정의하여 계산할 수 있다(1/4의 계수가 행렬 안으로 곱해졌음을 주의할 것).

$$\begin{vmatrix} 0.002-\lambda & 0.25 \\ 0.25 & 125-\lambda \end{vmatrix} = (0.002-\lambda)(125-\lambda) - 0.25^2 = 0 \tag{g}$$

이 방정식의 근이 두 개의 고유값이며, 그들은 $\lambda_1 = 0.0015$과 $\lambda_2 = 125$이다. 두 개의 고유값이 모두 양수이다: $\mathbf{x}^*$에서의 $f(\mathbf{x})$의 헷세행렬은 양정이다(또한 두 개의 주소행렬식 모두 양수이다. 그들은 $M_1 = 0.002$, $M_2 = 0.4375$이다). 따라서 $\mathbf{x}^* = (1000, 4)$는 국소적 최소점에 대한 충분조건을 만족하며 $f(\mathbf{x}^*) = 3000$이 된다. 그림 4.12는 이 문제의 함수에 대한 몇 개의 등비용 곡선을 표시한 것이다. 그림에서도 $x_1 = 1000$, $x_2 = 4$가 최소점인 것을 알 수 있다(그림 4.12에서 수평축과 수직축의 척도가 매우 다르게 사용되었는데, 이는 지면관계상 합리적인 등비용 곡선을 얻기 위해서이다).

4.5 필요조건: 등호제약조건 문제

대부분의 설계문제는 해당 시스템의 변수와 성능에 대한 제약조건들을 포함하고 있다는 것을 2장에서 설명하였다. 그러므로 제약조건은 최적성 조건을 논의하는 과정에 반드시 포함되어야 한다. 2.11절에서 소개한 표준설계최적화 모형을 고려할 필요가 있다. 복습 차원에서 이 모형을 표 4.2에서 다시 언급한다.

먼저 이 절에서의 논의는 정식화에서 등호제약조건만이 포함된 제약조건 문제에 대한 최적성 조건으로 시작한다. 즉, 식 (4.37)의 부등식은 잠시 무시한다. 그 이유는 등호제약조건의 성질은 부등

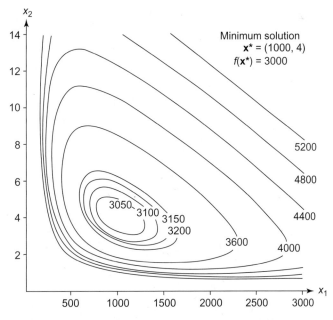

그림 4.12 예제 4.23의 함수에 대한 등비용 곡선(수평축 및 수직축의 척도가 다름)

표 4.2 일반 설계 최적화 모형

설계변수벡터	$\mathbf{x} = (x_1, x_2, \ldots, x_n)$
목적함수	$f(\mathbf{x}) = f(x_1, x_2, \ldots, x_n)$ (4.35)
등호제약조건	$h_i(\mathbf{x}) = 0; \quad i = 1 \text{ to } p$ (4.36)
부등호제약조건	$g_i(\mathbf{x}) \leq 0; \quad i = 1 \text{ to } m$ (4.37)

호제약조건과 크게 다르기 때문이다. 등호제약조건은 어떠한 유용 설계에서도 항상 활성이지만, 반면에 부등호제약조건은 유용점에서 활성이지 않을 수 있다. 이러한 특성은 부등호가 포함된 문제에 대한 필요조건의 성질을 변화시키는데 이것을 4.6절에서 설명할 것이다.

등호제약조건 문제의 필요조건은 예제를 통해 설명하고 논의할 것이다. 이 조건들은 일반적으로 미적분학의 교재에서 언급되는 라그랑지 승수 정리에 포함되어 있다. 일반적인 제약조건 최적화문제에 대한 필요조건은 이후 절에서 소개되는 라그랑지 승수 정리를 확장하여 얻을 수 있다.

4.5.1 라그랑지 승수

라그랑지 승수라고 불리는 스칼라 승수는 명확히 각 제약조건과 관계가 있다. 이 승수는 수치해법에서 뿐만 아니라 최적화 이론에서도 커다란 역할을 하고 있다. 이 값들은 목적함수와 제약조건 함수의 형식에 의존한다. 만일 어떤 제약조건의 함수적 형식이 변하면 라그랑지 승수 또한 변한다. 이 특징들은 4.7절에서 설명된다.

먼저 단순한 예제 문제를 통하여 라그랑지 승수의 개념을 소개하고자 한다. 해당 예제를 통해 라그랑지 승수 정리에 대한 전개 과정을 대략 설명한다. 예제 문제를 시작하기 전에 먼저 유용집합 내의 정칙점의 중요한 개념에 대해 생각해 보자.

*정칙점: 제약조건 $h_i(\mathbf{x}) = 0; i = 1, \ldots, p$을 만족하면서 $f(\mathbf{x})$를 최소화하는 제약조건 최적화 문제를 고려해 보자. 제약조건 $\mathbf{h}(\mathbf{x}^*) = 0$을 만족하는 점 $\mathbf{x}^*$는 만일 $f(\mathbf{x}^*)$가 미분 가능하고 그 점 $\mathbf{x}^*$에서의 모든 제약조건의 경사도 벡터들이 선형독립이면 유용집합 내의 **정칙점**이라고 부른다. **선형독립**이란 어떠한 두 개의 벡터가 서로 평행하지 않고 어떠한 경사도 벡터도 다른 벡터들의 선형 조합으로 표시될 수 없는 성질을 의미한다(벡터 집합의 선형독립성에 대한 추가 설명은 부록 A를 참조하라). 부등호제약조건이 문제 정의 시 포함될 경우, 어떤 점이 정칙점이 되기 위해서는 부등호제약조건을 포함한 모든 활성 부등호제약조건의 경사도 벡터들도 역시 선형독립이어야 한다.

예제 4.24 **라그랑지 승수 및 그 기하학적 의미**

다음 함수를 최소화하라.

$$f(x_1, x_2) = (x_1 - 1.5)^2 + (x_2 - 1.5)^2 \tag{a}$$

여기서 등호제약조건은 다음과 같다.

$$h(x_1, x_2) = x_1 + x_2 - 2 = 0 \qquad \text{(b)}$$

풀이

이 문제는 2개의 변수를 갖고 있고 그림 4.13에서와 같이 도해 최적화 기법을 이용하면 쉽게 풀 수 있다. 직선 A-B와 그 연장선은 등호제약조건을 나타내며 이 문제의 유용영역이다. 그러므로 최적해는 직선 A-B 및 그 연장선 상에 존재해야 한다. 목적함수는 중심이 (1.5, 1.5)인 원의 방정식이다. 또한 그림에서 함수값이 0.5 및 0.75인 등비용 곡선을 볼 수 있다. 좌표 (1, 1)의 점 C가 이 문제의 최적해임을 알 수 있다. 함수값이 0.5인 목적함수 곡선은 직선 A-B와 접하여 이 점에서 목적함수가 최소가 됨을 알 수 있다.

라그랑지 승수: 최소점 C에서 어떤 수학적 조건이 만족되는지를 살펴보기로 하자. 최적점을 (x_1^*, x_2^*)로 표기하자. 조건을 유도하고 라그랑지 승수를 도입하기 위해 먼저 등호제약조건을 이용하여 하나의 변수를 다른 변수의 항으로 풀 수 있다고 가정한다(최소한 상징적으로 표시). 즉, 다음과 같이 쓸 수 있다고 가정한다.

$$x_2 = \phi(x_1) \qquad \text{(c)}$$

여기서 ϕ는 x_1으로 표시되는 어떤 적절한 함수이다. 많은 문제에서 명시적으로 함수 $\phi(x_1)$을 쓰는 것이 가능하지 않을 수도 있으나 여기서는 유도를 목적으로 명시함수가 존재한다고 가정한다. 뒤에 설명이 되겠지만 이 함수가 꼭 양함수가 될 필요는 없다. 이 예제의 경우 식 (b)로부터 $\phi(x_1)$는 다음과 같이 구해진다.

$$x_2 = \phi(x_1) = -x_1 + 2 \qquad \text{(d)}$$

식 (c)를 식 (a)에 대입하여 목적함수에서 x_2를 소거하면 다음과 같이 x_1만의 항으로 비제약조건 최소화 문제를 얻을 수 있다.

$$f(x_1, \phi(x_1)) \qquad \text{(e)}$$

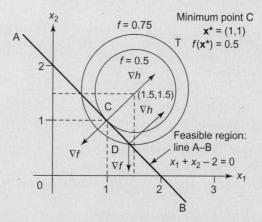

그림 4.13 예제 4.24의 도해적 해. 필요조건의 기하학적 설명(벡터들은 척도되지 않았음)

이 예제의 경우 식 (d)를 식 (a)에 대입하면 x_2가 소거되고 x_1만의 항으로 최소화 문제를 얻게 된다.

$$f(x_1) = (x_1 - 1.5)^2 + (-x_1 + 2 - 1.5)^2 \tag{f}$$

식 (f)에서 비제약조건 함수에 대한 필요조건은 $df/dx_1 = 0$이며 이로부터 $x_1^* = 1$을 얻는다. 그 다음, 식 (d)로부터 $x_2^* = 1$을 얻고 점 $(1, 1)$에서의 목적함수는 0.5가 된다. 충분조건 $d^2f/dx_1^2 > 0$도 만족하는 것을 알 수 있으며, 따라서 이 점은 그림 4.13과 같이 국소적 최소점이 된다.

이 함수에 대한 양함수 $\phi(x_1)$을 얻을 수 없다면(이것이 일반적인 경우이다), 그때는 최적해를 구하기 위해 약간의 다른 절차로 전개해야 한다. 우리는 이러한 과정을 유도할 것이며 이 과정에서 자연스럽게 제약조건에 대한 라그랑지 승수가 도입되는 것을 알 것이다. 미분의 연쇄법칙을 이용하면 식 (e)와 같이 정의된 문제의 필요조건 $df/dx_1 = 0$은 다음과 같이 쓸 수 있다.

$$\frac{df(x_1, x_2)}{dx_1} = \frac{\partial f(x_1, x_2)}{\partial x_1} + \frac{\partial f(x_1, x_2)}{\partial x_2} \frac{dx_2}{dx_1} = 0 \tag{g}$$

식 (c)를 대입하면, 식 (g)는 최적점 (x_1^*, x_2^*)에서 다음과 같이 고쳐쓸 수 있다.

$$\frac{\partial f(x_1^*, x_2^*)}{\partial x_1} + \frac{\partial f(x_1^*, x_2^*)}{\partial x_2} \frac{d\phi}{dx_1} = 0 \tag{h}$$

함수 ϕ를 알지 못하므로 식 (h)에서 $d\phi/dx_1$을 제거할 필요가 있다. 이를 위해 점 (x_1^*, x_2^*)에서 제약조건 방정식인 $h(x_1, x_2) = 0$을 미분하면 다음과 같다.

$$\frac{dh(x_1^*, x_2^*)}{dx_1} = \frac{\partial h(x_1^*, x_2^*)}{\partial x_1} + \frac{\partial h(x_1^*, x_2^*)}{\partial x_2} \frac{d\phi}{dx_1} = 0 \tag{i}$$

또한 위 식을 $d\phi/dx_1$에 관하여 풀면 다음의 관계식을 얻는다($\partial h/\partial x_2 \neq 0$이라고 가정)

$$\frac{d\phi}{dx_1} = -\frac{\partial h(x_1^*, x_2^*)/\partial x_1}{\partial h(x_1^*, x_2^*/\partial x_2)} \tag{j}$$

다음으로, 식 (j)의 $d\phi/dx_1$를 식 (h)에 대입하면 다음을 얻는다.

$$\frac{\partial f(x_1^*, x_2^*)}{\partial x_1} - \frac{\partial f(x_1^*, x_2^*)}{\partial x_2} \left(\frac{\partial h(x_1^*, x_2^*)/\partial x_1}{\partial h(x_1^*, x_2^*/\partial x_2)} \right) = 0 \tag{k}$$

어떤 양 v를 다음과 같이 정의하고

$$v = -\frac{\partial f(x_1^*, x_2^*)/\partial x_2}{\partial h(x_1^*, x_2^*)/\partial x_2} \tag{l}$$

이 식을 식 (k)에 대입하면 다음을 얻는다.

$$\frac{\partial f(x_1^*, x_2^*)}{\partial x_1} + v \frac{\partial h(x_1^*, x_2^*)}{\partial x_1} = 0 \tag{m}$$

또한, v를 정의한 식 (l)을 재배열하면 다음을 얻는다.

$$\frac{\partial f(x_1^*, x_2^*)}{\partial x_2} + v \frac{\partial h(x_1^*, x_2^*)}{\partial x_2} = 0 \tag{n}$$

등호제약조건 $h(x_1, x_2) = 0$과 함께 식 (m)과 식 (n)은 이 문제의 최적성에 대한 필요조건이다. 이 조건을 위배하는 점은 최소점이 될 수 없다. 식 (l)에 정의된 스칼라량 v를 라그랑지 승수라고 한다. 최소점을 알면 식 (l)을 이용하여 v를 계산할 수 있다. 이 예제의 경우 $\partial f(1, 1)/\partial x_2 = -1$, $\partial h(1, 1)/\partial x_2 = 1$이다. 그러므로 식 (l)로부터 최적점에서 등호제약조건에 대한 라그랑지 승수를 $v^* = 1$로 얻는다.

필요조건은 후보 최소점을 계산하는 데 이용할 수 있음을 기억하라. 즉, 식 (m), 식 (n), $h(x_1, x_2) = 0$을 이용하여 x_1, x_2 및 v를 구할 수 있다. 이 예제에서 이 식들은 다음과 같다.

$$2(x_1 - 1.5) + v = 0; \; 2(x_2 - 1.5) + v = 0; \; x_1 + x_2 - 2 = 0 \tag{o}$$

이 방정식들의 해는 $x_1^* = 1$, $x_2^* = 1$, 그리고 $v^* = 1$이다.

라그랑지 승수의 기하학적 의미: 필요조건을 기술할 때 라그랑지 함수라고 알려진 함수를 일반적으로 이용한다. 이 함수는 L이라고 표기하며 목적함수와 제약조건 함수를 사용하여 다음과 같이 정의한다.

$$L(x_1, x_2, v) = f(x_1, x_2) + vh(x_1, x_2) \tag{p}$$

식 (m)과 식 (n)의 필요조건은 L의 항으로 다음과 같이 주어진다.

$$\frac{\partial L(x_1^*, x_2^*)}{\partial x_1} = 0, \; \frac{\partial L(x_1^*, x_2^*)}{\partial x_2} = 0 \tag{q}$$

또는 벡터 표기법을 사용하면 L의 경사도 벡터가 후보 최소점에서 0임을 알 수 있다. 즉, $\nabla L(x_1^*, x_2^*) = 0$이다. 식 (p)를 이용하여 이 조건을 쓰거나 또는 식 (m)과 식 (n)을 벡터 형식으로 표현하면 다음과 같다.

$$\nabla f(\mathbf{x}^*) + v\nabla h(\mathbf{x}^*) = 0 \tag{r}$$

여기서 목적함수와 제약조건 함수에 대한 경사도 벡터는 다음과 같이 구해진다.

$$\nabla f(\mathbf{x}^*) = \begin{bmatrix} \dfrac{\partial f(x_1^*, x_2^*)}{\partial x_1} \\ \dfrac{\partial f(x_1^*, x_2^*)}{\partial x_2} \end{bmatrix}, \nabla h(\mathbf{x}^*) = \begin{bmatrix} \dfrac{\partial h(x_1^*, x_2^*)}{\partial x_1} \\ \dfrac{\partial h(x_1^*, x_2^*)}{\partial x_2} \end{bmatrix} \tag{s}$$

이 예제의 경우에는 식 (r)을 이용하면 식 (o)의 방정식을 정확히 유도해 낼 수 있다.

식 (r)은 다음과 같이 정리된다.

$$\nabla f(\mathbf{x}^*) = -v\nabla h(\mathbf{x}^*) \tag{t}$$

이 식으로부터 필요조건의 기하학적 의미를 유추해 낼 수 있다. 즉, 현재 예제의 후보 최소점에서 목적함수 및 제약조건 함수들의 경사도 벡터들은 동일 직선 상에 있고 서로 비례하며, 라그랑지 승수 v는 비례상수이다.

현재 예제의 경우, 후보 최적점에서 목적함수와 제약함수의 경사도 벡터는 다음과 같이 구해진다.

$$\nabla f(1, 1) = \begin{bmatrix} -1 \\ -1 \end{bmatrix}, \nabla h(1, 1) = \begin{bmatrix} 1 \\ 1 \end{bmatrix} \tag{u}$$

이 벡터들을 그림 4.13의 점 C에서 표시하였다. 이 벡터들은 동일 직선 상에 있음을 명심하라. 직선 A-B 상의 어떠한 다른 유용점에 대하여 예를 들어 점 (0.4, 1.6)을 생각하면, 목적함수와 제약조건 함수의 경사도 벡터들이 다음 결과와 같이 동일 직선 상에 있지 않게 된다.

$$\nabla f(0.4, 1.6) = \begin{bmatrix} -2.2 \\ 0.2 \end{bmatrix}, \nabla h(0.4, 1.6) = \begin{bmatrix} 1 \\ 1 \end{bmatrix} \tag{v}$$

또 다른 예로서 그림 4.13의 점 D는 이 점에서 목적함수와 제약조건 함수의 경사도 벡터가 동일 직선 상에 있지 않기 때문에 후보 최소점이 아니다. 또한 이러한 점들에서의 목적함수값은 최소점에서의 값과 비교하면 더 큰 값을 갖는다. 즉, 점 D는 점 C를 향해 이동하는 것이 가능하고 목적함수를 감소시킬 수 있다.

등호제약조건에 대한 라그랑지 승수의 부호: 재미있는 사실은 등호제약조건에 -1을 곱해도 최소점에 영향을 주지 않는다는 것이다. 즉, 등호제약조건은 $-x_1 - x_2 + 2 = 0$으로 쓸 수 있다. 최적해는 여전히 역시 x_1^* $= 1$, $x_2^* = 1$ 및 $f(\mathbf{x}^*) = 0.5$으로서 동일하다. 그렇지만 라그랑지 승수의 부호는 바뀌게 된다($v^* = -1$). 이 사실은 등호제약조건에 대한 라그랑지 승수의 부호에는 어떠한 제한도 없다. 즉, 라그랑지 승수의 부호는 제약조건함수의 형식에 따라 결정된다.

또 한가지 재미있는 사실은 유용영역(즉, 직선 AB 선상)에서 점 C로부터 작은 이동은 목적함수의 증가를 야기하며, 목적함수를 감소시키는 이동은 제약조건의 위배를 야기한다. 따라서 점 C는 그 근방에서 가장 작은 값을 가지므로 국소 최소점에 대한 식 (4.2)에서 주어진 충분조건을 만족하고 있다. 식 (4.2)의 국소적 최소의 정의로 알 수 있다. 즉, 점 C는 실제로 국소적 최소점이다.

4.5.2 라그랑지 승수 이론

라그랑지 승수의 개념은 상당히 일반적이다. 최적설계 이외의 많은 공학 응용 문제에서 볼 수 있다. 어떤 제약조건에 대한 라그랑지 승수는 해당 제약조건을 부과하는 데 필요한 힘으로 해석될 수 있다. 라그랑지 승수의 물리적인 의미는 4.7절에서 논의할 것이다. 예제 4.24에서 소개한 등호제약조건에 대한 라그랑지 승수의 아이디어는 많은 등호제약조건으로 일반화시킬 수 있다. 또한 이 아이디어는 이후의 절에서 기술한 바와 같이 부등호제약조건으로 확장시킬 수 있다.

먼저 정리 4.5에서는 다수의 등호제약조건을 갖는 필요조건을 논의할 것이고, 그 다음에 이후의 절에서는 부등호제약조건도 포함된 문제에 대하여 확장하여 설명할 것이다. 비제약조건 문제의 경우와 마찬가지로 필요조건의 해가 후보 최소점을 제공한다는 것을 주지하는 것이 중요하다. 5장에서 소개한 충분조건은 한 후보점이 실제로 국소 최소점이 되는지를 결정하는 데 사용될 수 있다.

정리 4.5 라그랑지 승수 정리

식 (4.35)와 (4.36)에서 정의한 최적화 문제를 고려하자.

최소화 $f(\mathbf{x})$

등호제약조건

$$h_i(\mathbf{x}) = 0, i = 1, \ldots, p$$

$\mathbf{x}^*$를 이 문제의 국소적 최솟값인 정칙점이라고 하자. 그렇다면 다음 식을 만족시키는 유일한 라그랑지 승수 $v_j^*, j = 1, \ldots , p$가 존재한다.

$$\frac{\partial f(\mathbf{x}^*)}{\partial x_i} + \sum_{j=i}^{p} v_j^* \frac{\partial h_j(\mathbf{x}^*)}{\partial x_i} = 0;\ i = 1 \text{ to } n \tag{4.38}$$

$$h_j(\mathbf{x}^*) = 0;\ j = 1 \text{ to } p \tag{4.39}$$

이 조건들은 다음과 같이 라그랑지 함수의 형태로 표현하는 것이 편리하다.

$$L(\mathbf{x,v}) = f(\mathbf{x}) + \sum_{j=1}^{p} v_j h_j(\mathbf{x}) \tag{4.40}$$
$$= f(\mathbf{x}) + \mathbf{v}^{\mathrm{T}} \mathbf{h}(\mathbf{x})$$

식 (4.38)은 다음과 같이 된다.

$$\nabla L(\mathbf{x}^*, \mathbf{v}^*) = \mathbf{0},\ \text{or}\ \frac{\partial L(\mathbf{x}^*, \mathbf{v}^*)}{\partial x_i} = 0;\quad i = 1 \text{ to } n \tag{4.41}$$

$L(\mathbf{x, v})$를 v_j에 관해 미분하면 다음과 같이 등호제약조건이 다시 구해진다.

$$\frac{\partial L(\mathbf{x}^*, \mathbf{v}^*)}{\partial v_j} = 0 \Rightarrow h_j(\mathbf{x}^*) = 0;\quad j = 1 \text{ to } p \tag{4.42}$$

식 (4.41)과 (4.42)의 경사도 조건들은 라그랑지 함수의 $\mathbf{x}$와 $\mathbf{v}$에 관한 **정상점**을 찾는 조건임을 보여준다. 그러므로 이 함수는 정상점을 결정하기 위해서 변수 $\mathbf{x}$와 $\mathbf{v}$를 갖는 비제약조건 함수로 취급할 수 있다. 이 정리의 조건들을 만족하지 않는 어떤 점도 국소적 최소점이 될 수 없다는 것을 주의하라. 그렇지만 이 조건들을 만족하는 점이라 해서 또한 반드시 최소점이 될 필요는 없다. 이 점들은 단순히 후보 최소점이며 실제로는 변곡점이나 최대점일 수도 있다. 5장에서 설명한 2계 필요조건과 충분조건으로 최소점, 최대점, 변곡점을 구별할 수 있다.

n개의 변수 $\mathbf{x}$와 p개의 승수 $\mathbf{v}$는 미지수이며, 식 (4.41)과 (4.42)의 필요조건들은 이 미지수들을 풀기에 충분한 방정식이 된다. 라그랑지 승수 v_i의 부호에 제한이 없다. 즉, 이 값들은 양수, 음수, 또는 0이 될 수도 있다. 이것은 뒤의 절에서 논의되겠지만, 부등호제약조건에 대한 라그랑지 승수는 음이 될 수 없다는 사실과 상반되는 것이다.

식 (4.38)의 경사도 벡터는 다음과 같이 정리하여 표현할 수 있다.

$$\frac{\partial f(\mathbf{x}^*)}{\partial x_i} = -\sum_{j=1}^{p} v_j^* \frac{\partial h_j(\mathbf{x}^*)}{\partial x_i};\quad i = 1 \text{ to } n \tag{4.43}$$

이 형식은 후보 최소점에서 목적함수의 경사도 벡터는 제약조건의 경사도 벡터들의 선형 결합으로 표시되는 것을 보여준다. 라그랑지 승수 v_j^*는 선형결합의 계수처럼 작용한다. 필요조건에 대한 이와 같은 선형결합의 해석은 한 개의 제약조건을 가진 예제 4.24에서 논의한 개념 "후보 최소점에서 목적함수와 제약조건 함수의 경사도 벡터는 동일 직선 상에 있다"를 일반화한 것이다. 예제 4.25에서는 등호제약조건 문제에 대한 필요조건을 설명하고 있다.

원통탱크 설계—라그랑지 승수의 이용

라그랑지 승수법을 이용하여 원통저장탱크 문제(예제 4.21)를 다시 풀어보자. 이 문제는 다음과 같이 원통의 반지름 R과 길이 H를 구하는 것이다.

최소화

$$\overline{f} = R^2 + RH \tag{a}$$

제약조건

$$h = \pi R^2 H - V = 0 \tag{b}$$

풀이

이 문제에 대한 식 (4.40)의 라그랑지 함수 L은 다음과 같이 정의된다.

$$L = R^2 + RH + v(\pi R^2 H - V) \tag{c}$$

라그랑지 승수 정리 4.5의 필요조건을 적용하면 다음과 같이 된다.

$$\frac{\partial L}{\partial R} = 2R + H + 2\pi v RH = 0 \tag{d}$$

$$\frac{\partial L}{\partial H} = R + \pi v R^2 = 0 \tag{e}$$

$$\frac{\partial L}{\partial H} = \pi R^2 H - V = 0 \tag{f}$$

이들은 세 개의 미지수 v, R, H로 구성된 세 개의 방정식이다. 이 방정식들이 비선형임을 주의하라. 그렇지만 이 문제에 대하여 소거법을 이용하면 다음과 같은 필요조건의 해를 얻을 수 있다.

$$R^* = \left(\frac{V}{2\pi}\right)^{1/3}; \quad H^* = \left(\frac{4V}{\pi}\right)^{1/3}; \quad v^* = -\frac{1}{\pi R} = -\left(\frac{2}{\pi^2 V}\right)^{1/3}; \quad f^* = 3\left(\frac{V}{2\pi}\right)^{2/3} \tag{g}$$

이것은 이 문제를 비제약조건 문제로 취급한 예제 4.21에서 구한 해와 동일하다. 최적해에서 목적함수와 제약조건 함수의 경사도 벡터는 동일한 직선 상에 있다는 것도 역시 증명할 수 있다.

이 문제는 단지 한 개의 등호제약조건을 가진다는 것을 주의하라. 그러므로 활성제약조건의 경사도 벡터에 대한 선형독립성에 대한 궁금증은 생기지 않는다. 즉, 정칙성 조건은 만족될 수밖에 없다.

때로 라그랑지 승수 정리의 필요조건은 해석적으로 풀 수 없는 비선형 연립방정식을 생성하기도 한다. 그러한 경우에는 뉴턴-랩슨법과 같은 수치적 알고리즘을 이용하여 근을 구하고 후보 최소점을 찾아야 한다. 엑셀, 매트랩, 매쓰매티카와 같은 몇몇 상업용 소프트웨어 패키지를 이용하여 비선형 방정식의 근을 구하는 것도 가능하다.

4.6 일반적 제약조건 문제의 필요조건

4.6.1 부등호의 역할

이 절에서는 라그랑지 승수 정리를 부등호제약조건이 포함되도록 확장할 것이다. 그러나 먼저, 필요조건과 풀이 과정에서 부등호제약조건의 역할을 이해하는 것이 중요하다. 앞에서 언급한 바와 같이 부등호제약조건은 최소점에서 활성 또는 만족 상태일 수 있다. 그러나 최소점은 미리 알 수 없다. 그러므로 최소점에서 어떤 부등호제약조건이 활성이거나 만족인지를 미리 알 수 없다. 그렇다면 어떻게 최소점에서 부등호제약조건의 상태를 결정할 수 있을까하는 질문이 생긴다. 부등호제약조건의 상태를 결정하는 것이 해당 문제에 대한 필요조건의 일부라는 것이 그 질문에 대한 답이다.

부등호제약조건의 상태가 활성인지 만족인지의 여부는 최적화 문제에 대한 풀이의 한 부분으로서 결정되어야 한다는 것을 이해해야 한다.

예제 4.26~4.28에서는 최소점의 결정 시 부등호제약조건의 역할을 설명해주고 있다.

예제 4.26 **활성 부등호제약조건**

최소화

$$f(\mathbf{x}) = (x_1 - 1.5)^2 + (x_2 - 1.5)^2 \qquad \text{(a)}$$

제약조건

$$g_1(\mathbf{x}) = x_1 + x_2 - 2 \leq 0 \qquad \text{(b)}$$

$$g_2(\mathbf{x}) = -x_1 \leq 0; \; g_3(\mathbf{x}) = -x_2 \leq 0 \qquad \text{(c)}$$

풀이

이 문제는 이미 표준 형식으로 기술하였다. 따라서 어떠한 변환도 필요 없다. 이 문제에 대한 유용집합 S는 그림 4.14에서와 같이 삼각형 영역이다. 만일 제약조건을 무시하면 $f(\mathbf{x})$는 점 (1.5, 1.5)에서 최솟값을 가지며, 여기서 $f^* = 0$의 값을 갖는다. 그러나 이 값은 제약조건 g_1을 위배하고 그 점은 불용점이 된다. $f(\mathbf{x})$의 등고선이 원이라는 것에 주목하자. 원은 $f(\mathbf{x})$가 증가하면 지름이 증가한다. $f(\mathbf{x})$의 최솟값은 유용집합과 교차하는 최소의 반지름을 갖는 원과 일치한다. 이것은 점 (1, 1)이며, 여기서 $f(\mathbf{x}) = 0.5$이다. 이 점은 유용영역의 경계상에 존재하며, 이 위치에서의 부등호제약조건 $g_1(\mathbf{x})$는 활성이다(즉, $g_1(\mathbf{x}) = 0$). 즉, 최적점의 위치는 목적함수의 등고선뿐만 아니라 이 문제의 제약조건에 지배를 받는다.

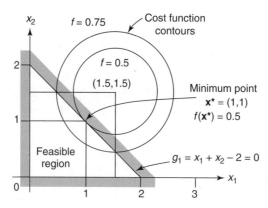

그림 4.14 **예제 4.26의 도해적 표시.** 제약조건 최적점

예제 4.27 **만족 부등호제약조건**

최소화

$$f(\mathbf{x}) = (x_1 - 0.5)^2 + (x_2 - 0.5)^2 \qquad \text{(a)}$$

제약조건: 예제 4.26에서와 같은 동일한 제약조건

풀이

이 문제는 이미 표준 형식으로 기술하였다. 그러므로 어떠한 형태 변환도 필요 없다. 유용집합 S는 예제 4.26과 동일하다. 그렇지만 목적함수는 수정되었다. 제약조건을 무시하면 $f(\mathbf{x})$는 (0.5, 0.5)에서 최솟값을 가진다. 이 점은 또한 모든 제약조건을 만족시키므로 최적해가 된다. 이 문제의 해는 유용영역의 내부에 있고 제약조건은 그 위치에서 어떠한 역할도 하지 않는다. 모든 부등호제약조건은 만족된다.

제약조건최적화 문제의 해는 존재하지 않을 수도 있다는 것에 주의하라. 이러한 경우는 시스템을 과도하게 제약할 시 발생할 수 있다. 설계요구조건이 서로 모순되어 이들을 모두 만족하는 시스템을 구성할 수 없는 경우가 있다. 이러한 경우에는 해당 문제의 정식화를 다시 검토하여 제약조건을 완화시켜야 한다. 예제 4.28을 통해 이러한 상황을 살펴보기로 한다(이러한 상황은 3.6절에서도 설명되어 있다).

예제 4.28 **불용문제**

최소화

$$f(\mathbf{x}) = (x_1 - 2)^2 + (x_2 - 2)^2 \qquad \text{(a)}$$

제약조건

$$g_1(\mathbf{x}) = x_1 + x_2 - 2 \leq 0 \qquad\qquad \text{(b)}$$

$$g_2(\mathbf{x}) = -x_1 + x_2 + 3 \leq 0 \qquad\qquad \text{(c)}$$

$$g_3(\mathbf{x}) = -x_1 \leq 0; \quad g_4(\mathbf{x}) = -x_2 \leq 0 \qquad\qquad \text{(d)}$$

풀이

이 문제는 이미 표준 형식으로 기술하였다. 그러므로 어떠한 형태 변환도 필요 없다. 그림 4.15에 이 문제에 대한 제약조건을 표시하였다. 모든 제약조건을 만족하는 점이 없음을 알 수 있다. 이 문제에 대한 유용영역 S는 공집합이므로 어떤 해도 존재하지 않는다(즉, 불용설계). 기본적으로 제약조건 $g_1(\mathbf{x})$과 $g_2(\mathbf{x})$가 서로 대립하므로 이 문제에 대한 유용해를 구하기 위해 제약조건들을 수정할 필요가 있다.

4.6.2 카루쉬–쿤–터거 필요조건

이제 부등호제약조건 $g_i(\mathbf{x}) \leq 0$을 포함하고 식 (4.35)~(4.37)에서 정의된 일반적인 설계 최적화 모형을 생각해보자. 완화변수라고 불리는 새로운 변수를 제약조건에 추가하여 부등호제약조건을 등호제약조건으로 변환할 수 있다. "≤형"의 제약조건은 유용점에서 음수 또는 0이 된다. 즉, 부등호를 등호로 만들기 위해 완화변수는 항상 음수가 아니어야(즉, 양수 또는 0) 한다.

부등호제약조건 $g_i(\mathbf{x}) \leq 0$은 등호제약조건 $g_i(\mathbf{x}) + s_i = 0$과 동등하며, 여기서 $s_i \geq 0$은 완화변수다. 변수 s_i는 원래의 설계변수와 함께 설계문제에서 미지수로 취급한다. 그 값들은 해의 일부로서 결정된다. 변수 s_i의 값이 0일 때 이에 대응하는 부등호제약조건은 등식에서 성립된다. 이러한 부등호제약조건을 **활성제약조건**이라 한다. 즉, 제약조건에 '이완'이 없다. 어떤 설계점에서 임의의 $s_i > 0$에 대하여 대응하는 제약조건은 엄격한 부등식이 된다. 이것을 만족 제약조건이라고 하고, s_i만큼의 이완을 갖게 된다. 즉, 부등호제약조건의 상태는 이 문제의 해의 한 부분으로 결정된다.

이상의 과정과 함께 각 부등호제약조건을 취급하기 위해서는 한 개의 설계변수 s_i를 추가하고 한 개의 제약조건 $s_i \geq 0$을 추가로 도입해야만 하는 것을 주의하라. 이러한 조치는 한 개의 부등호제약조건을 또 다른 부등호제약조건으로 대치하므로 유익하지 않다. 완화변수로서 s_i 대신 s_i^2을 사용하면

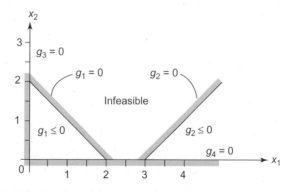

그림 4.15 예제 4.28의 제약조건 표시. 불용 문제

제약조건 $s_i \geq 0$의 도입을 피할 수 있다. 그러므로 부등호제약조건 $g_i \leq 0$은 다음과 같이 등호제약조건으로 변환된다.

$$g_i + s_i^2 = 0 \tag{4.44}$$

여기서 s_i는 어떤 실수 값을 가질 수 있다. 이 형식은 부등호제약조건을 취급하기 위해 라그랑지 승수 정리에 사용되며 해당하는 필요조건을 유도하는 데도 사용된다. 완화변수를 결정하기 위해서는 m개의 새로운 방정식을 필요로 하는데, 이 방정식은 라그랑지 함수 L이 완화변수에 대해 정상점이 되도록 하는 조건식(즉, $\partial L/\partial s = 0$)을 이용하여 얻을 수 있다.

어떤 설계점이 정해지면 식 (4.44)를 이용하여 완화변수 s_i^2을 계산할 수 있다. 그때

$s_i^2 = 0$이면 해당 제약조건은 활성이다(즉, $g_i = 0$).

$s_i^2 > 0$이면 해당 제약조건은 만족하고/비활성이다(즉, $g_i < 0$).

$s_i^2 < 0$이면 해당 제약조건은 위배되고 주어진 점은 불용이다.

다음과 같은 "≤형" 제약조건의 라그랑지 승수에 대한 추가적인 제약조건이 필요하다.

$$u_j^* \geq 0; \quad j = 1 \text{ to } m \tag{4.45}$$

여기서 u_j^*는 j번째 부등호제약조건에 대한 라그랑지 승수이다. 즉, 각각의 "≤형" 부등호제약조건은 각각의 대응하는 라그랑지 승수를 갖고 있으며, 이들 값은 음수가 아니어야 한다. 식 (4.45)의 조건은 4.7절에서 물리적 관점으로 설명될 것이다. 또한 g_j가 만족 제약조건($s_j^2 > 0$)이면 해당 라그랑지 승수는 0이다($g_j < 0 \Rightarrow u_j = 0$). 만일 그것이 활성제약조건이면($s_j^2 = 0 \Rightarrow g_j = 0$) 대응하는 라그랑지 승수는 음수가 아니다($g_j = 0 \Rightarrow u_j \geq 0$). 예제 4.29에서는 부등호제약조건 문제에서 필요조건의 용법을 설명해 준다.

예제 4.29 **부등호제약조건 문제—필요조건의 이용**

예제 4.24에서 제약조건을 부등호제약조건으로 취급하여 다시 풀어보자.

최소화

$$f(x_1, x_2) = (x_1 - 1.5)^2 + (x_2 - 1.5)^2 \tag{a}$$

제약조건

$$g(\mathbf{x}) = x_1 + x_2 - 2 \leq 0 \tag{b}$$

풀이

이 문제의 도식적 표시는 예제 4.24의 그림 4.13에서의 것과 비교하면 유용영역이 확대된 것을 제외하곤 동일하다. 유용영역은 직선 AB와 그 아래 부분이다. 이 문제의 최소점은 전과 동일하다. 즉, $x_1^* = 1$, $x_2^* = 1$, $f(\mathbf{x}^*) = 0.5$이다.

부등호제약조건에 대한 완화변수 s^2을 도입하면 이 문제에 대한 식 (4.40)의 라그랑지 함수는 다음과 같이 정의된다.

$$L = (x_1 - 1.5)^2 + (x_2 - 1.5)^2 + u(x_1 + x_2 - 2 + s^2) \tag{c}$$

여기서 u는 부등호제약조건에 대한 라그랑지 승수이다. 라그랑지 승수 정리의 필요조건으로부터 다음을 얻는다(x_1, x_2, u, s는 미지수로 취급한다).

$$\frac{\partial L}{\partial x_1} = 2(x_1 - 1.5) + u = 0 \tag{d}$$

$$\frac{\partial L}{\partial x_2} = 2(x_2 + 1.5) + u = 0 \tag{e}$$

$$\frac{\partial L}{\partial u} = x_1 + x_2 - 2 + s^2 = 0 \tag{f}$$

$$\frac{\partial L}{\partial s} = 2us = 0 \tag{g}$$

$$u \geq 0; \quad s^2 \geq 0 \tag{h}$$

이들은 4개의 미지수 x_1, x_2, u, s에 관한 4개의 방정식이다. 미지수를 구하기 위해서는 이 방정식을 연립으로 풀어야 한다. 이 모든 방정식들은 비선형임을 주의하라. 그러므로 이들은 여러 개의 근을 가질 수 있다.

한 개의 해는 부등호제약조건이 활성제약조건이라고 가정하고, 식 (g)에서 소위 **전환조건**이라고 불리는 $2us = 0$을 만족하도록 $s = 0$으로 하여 얻을 수 있다. 나머지 방정식 (d)~(f)를 풀면 $x_1^* = x_2^* = 1, u^* = 1 > 0, s = 0$을 얻는다. 이것은 라그랑지 승수의 정상점이므로 후보 최소점이 된다. 그림 4.13을 보면 x^*로부터의 작은 이동이 제약조건의 위배와 목적함수의 증가를 야기시키기 때문에 실제로 최소점이 된다.

두 번째 정상점은 식 (g)의 전환조건을 만족하도록 $u = 0$으로 설정하고 x_1, x_2, s에 대해 나머지 방정식을 풀어 얻을 수 있다. 이 과정은 $x_1^* = x_2^* = 1.5, u^* = 0, s^2 = -1$을 얻게 한다. 그러나 이 경우는 $g = -s_2 = 1 > 0$이기 때문에 점 $\mathbf{x}^*$에서 제약조건을 위배하므로 유효한 해가 아니다.

부등호제약조건 문제에 대한 필요조건의 기하학적 표현을 확인하는 것은 매우 흥미롭다. 후보점 $(1, 1)$에서 목적함수와 제약조건 함수의 경사도 벡터는 다음과 같이 계산된다.

$$\nabla f = \begin{bmatrix} 2(x_1 - 1.5) \\ 2(x_2 - 1.5) \end{bmatrix} = \begin{bmatrix} -1 \\ -1 \end{bmatrix}; \quad \nabla g = \begin{bmatrix} 1 \\ 1 \end{bmatrix} \tag{i}$$

이 경사도 벡터들은 그림 4.13에 표시한 것과 같이 동일 선상에 있지만 방향은 반대이다. 또한 점 C로부터의 작은 이동은 목적함수의 증가를 야기시키거나 또는 목적함수를 좀 더 감소시키기 위해 불용영역으로 움직이게 한다[즉 식 (4.2)에서 주어진 국소적 최소의 조건을 위배한다]. 즉, 점 $(1, 1)$은 사실상 국소적 최소점이다. 이러한 기하학적 조건을 국소적 최소점에 대한 충분조건이라고 한다.

필요조건 $u \geq 0$은 목적함수의 경사도 벡터와 제약조건 함수의 경사도 벡터가 반드시 서로 반대 방향을 가르키게 한다. 이는 제약조건을 위배하지 않고 목적함수에 대한 음의 경사도 벡터의 방향으로 진입하여 f를 더 이상 줄일 수 없게 한다. 즉, 목적함수를 보다 더 감소시키게 하면 후보 최소점에서 유용영역을 벗어나도록 만든다. 불용영역으로 진입할 수밖에 없는 것이다. 이러한 사실을 그림 4.13에서 확인할 수 있다.

등호제약조건 문제와 부등호제약조건 문제에 대한 필요조건은 식 (4.35)~(4.37)에서와 같은 표준 형식으로 기술할 수 있고, 이는 정리 4.6의 카루쉬-쿤-터커(KKT) 1계 필요조건으로 알려져 있다.

정리 4.6   카루쉬-쿤-터커 최적성 조건

$\mathbf{x}^*$를 $h_i(\mathbf{x}) = 0;\ i = 1, \ldots, p$와 $g_j(\mathbf{x}) \leq 0;\ j = 1, \ldots, m$을 만족하는 $f(\mathbf{x})$의 국소적 최소점인 유용집합 내의 정칙점이라고 하자. 그러면 라그랑지 함수가 점 $\mathbf{x}^*$에서 x_j, v_i, u_j, s_j에 관하여 정상점이 되도록 하는 라그랑지 승수 $\mathbf{v}^*$ (p-vector)와 $\mathbf{u}^*$(m-vector)가 존재한다.

1. 표준 형식으로 쓰여진 문제에 대한 라그랑지 함수

$$L(\mathbf{x},\mathbf{v},\mathbf{u},\mathbf{s}) = f(\mathbf{x}) + \sum_{i=1}^{p} v_i h_i(\mathbf{x}) + \sum_{j=1}^{m} u_j(g_j(\mathbf{x}) + s_j^2) \tag{4.46}$$
$$= f(\mathbf{x}) + \mathbf{v}^\mathsf{T}\mathbf{h}(\mathbf{x}) + \mathbf{u}^\mathsf{T}(\mathbf{g}(\mathbf{x}) + \mathbf{s}^2)$$

2. 경사도 벡터 조건

$$\frac{\partial L}{\partial x_k} = \frac{\partial f}{\partial x_k} + \sum_{i=1}^{p} v_1^* \frac{\partial h_i}{\partial x_k} + \sum_{j=1}^{m} u_j^* \frac{\partial g_j}{\partial x_k} = 0; \quad k = 1 \text{ to } n \tag{4.47}$$

$$\frac{\partial L}{\partial v_i} = 0 \Rightarrow h_i(\mathbf{x}^*) = 0; \quad i = 1 \text{ to } p \tag{4.48}$$

$$\frac{\partial L}{\partial u_j} = 0 \Rightarrow (g_j(\mathbf{x}^*) + s_j^2) = 0; \quad j = 1 \text{ to } m \tag{4.49}$$

3. 부등호제약조건의 유용성

$$s_j^2 \geq 0;\ \text{or equivalently } g_j \leq 0; \quad j = 1 \text{ to } m \tag{4.50}$$

4. 전환조건

$$\frac{\partial L}{\partial s_j} = 0 \Rightarrow 2u_j^* s_j = 0; \quad j = 1 \text{ to } m \tag{4.51}$$

5. 부등호제약조건에 대한 라그랑지 승수의 비음수성

$$u_j^* \geq 0; \quad j = 1 \text{ to } m \tag{4.52}$$

6. 정칙성 검토: 활성제약조건들의 경사도 벡터들은 선형독립이어야 한다. 이 경우 제약조건에 대한 라그랑지 승수는 유일하다.

경사도 벡터 조건의 기하학적 의미

KKT 조건의 용도를 이해하는 것이 중요하다.

1. 주어진 점의 최적성을 검토하는 것
2. 후보 국소적 최소점을 결정하는 것

먼저 식 (4.48)~(4.50)에 의하여 후보 최소점은 반드시 유용해야 하고, 따라서 모든 제약조건의 만

족여부를 검토해야만 한다는 것을 주의하라. 또한 식 (4.47)의 경사도 벡터 조건을 동시에 만족해야 한다. 이 조건에서 **기하학적 의미**를 유추할 수 있다. 이것을 보이기 위해 식 (4.47)을 다음과 같이 고쳐 쓸 수 있다.

$$-\frac{\partial f}{\partial x_j} = \sum_{i=1}^{p} v_i^* \frac{\partial h_i}{\partial x_j} + \sum_{i=1}^{m} u_i^* \frac{\partial g_i}{\partial x_j}; \quad j=1 \text{ to } n \tag{4.53}$$

이것은 정상점에 대하여 좌변에 있는 목적함수의 음의 경사도 벡터 방향(**최속강하 방향**)은 제약조건의 경사도 벡터에 라그랑지 승수를 곱한 벡터의 선형결합이다. 여기서 라그랑지 승수는 선형결합 시 스칼라 계수의 역할을 한다.

전환조건

식 (4.51)에서 m개의 조건을 **전환조건** 또는 **보충 이완조건**이라고 한다. 이들을 만족하기 위해서는 s_i = 0(완화변수 값 0은 활성 부등호제약조건을 의미함, $g_i = 0$) 또는 $u_i = 0$(이 경우 유용성이 만족되기 위해서는 $g_i \le 0$이어야 한다)이어야 한다. 이 조건들로부터 풀이를 위한 여러 경우의 수가 결정되므로 이 조건들을 명확히 이해해야 한다. 기본적으로 이러한 조건들은 서로 다른 부등호제약조건들을 활성 상태로 간주하게 하는 경우들을 정의하게 된다. 예제 4.29에서는 한 개의 전환조건이 있었는데 이로부터 2개의 가능한 경우를 얻는다. 경우 1은 완화변수가 0인 경우이고, 경우 2는 부등호제약조건에 대응하는 라그랑지 승수가 0인 경우이다. 각 경우에 대하여 미지수를 구하였다.

일반적인 문제에서 식 (4.51)의 전환조건의 수는 한 개 이상이다. 전환조건의 수는 해당 문제의 부등호제약조건의 수와 동일하다. 이러한 조건의 다양한 조합으로 인해 해를 구해야 하는 경우의 수를 얻게 된다. 일반적으로 m개의 부등호제약조건은 전환조건으로부터 2^m가지의 해를 구하기 위한 서로 다른 경우의 수를 산출한다(비정상적인 경우는 동시에 $u_i = 0$과 $s_i = 0$이 되는 경우이다). 각각의 경우에서 후보 국소적 최소점을 찾기 위해 나머지 필요조건들을 풀어야 한다. 또한 각각의 경우에 몇 개의 후보 최소점이 산출될 수 있다. 문제의 함수에 따라 각 경우에 필요조건을 해석적으로 푸는 것이 불가능할 수도 있다. 함수가 비선형이면, 근을 찾는 데 수치적 방법을 사용해야 한다. 이 내용은 6장에서 논의할 것이다.

m개의 부등호제약조건에 대한 풀이의 경우의 수 = 2^m

KKT 조건

KKT 조건을 기술하기 위해 최적설계 문제는 식 (4.35)~(4.37)에 표시된 것과 같은 표준 형식으로 먼저 전개해야 한다. 몇 가지 예제 문제를 통해 KKT 조건에 대한 사용법을 설명할 것이다. 예제 4.29에서는 한 개의 라그랑지 승수와 한 개의 완화변수의 두 개의 변수만 있다. 일반적인 문제에서 미지수는 **x, u, s, v**이다. 이들은 각각 n, m, m, p차원 벡터이다. 즉, $(n + 2m + p)$개의 미지변수가 있고, 그 미지변수를 결정하기 위한 $(n + 2m + p)$개의 방정식이 필요하다. 풀이에 필요한 방정식은 KKT 필요조건에서 사용할 수 있다. 방정식의 수는 식 (4.47)~(4.51)의 $(n + 2m + p)$이다. 이 방정식들은 후보 최소점 산출을 위해 연립으로 풀어야 한다. 식 (4.50)과 (4.52)의 남은 필요조건들은 후보 최소점 검토를 위해 사용되어야 한다. 식 (4.50)의 조건으로부터 후보점의 유용성(즉, $g_i(\mathbf{x}) \le 0; i = 1, \dots, m$)을 확인할 수 있다. 그리고 식 (4.52)는 "≤형"의 부등호제약조건에 대한 라그랑지 승수가 음이 아니어야 한다는 것을 의미한다.

$s_i^2 = -g_i(\mathbf{x})$이므로 s_i의 값을 계산하는 것은 근본적으로 제약조건 함수 $g_i(\mathbf{x})$의 계산을 의미한다. 이 계산으로 제약조건 $g_i(\mathbf{x}) \leq 0$에 대한 후보점의 유용성을 점검할 수 있다. 또한 다음 조건들을 주의하는 것이 중요하다:

1. 부등호제약조건 $g_i(\mathbf{x}) \leq 0$이 후보 최소점 $\mathbf{x}^*$에서 만족인 경우(즉, $g_i(\mathbf{x}^*) < 0$ 또는 $s_i^2 > 0$), 그때 대응하는 라그랑지 승수 $u_i^* = 0$은 식 (4.51)의 전환조건을 만족시킨다.

2. 부등호제약조건 $g_i(\mathbf{x}) \leq 0$이 후보 최소점 $\mathbf{x}^*$에서 활성인 경우(즉, $g_i(\mathbf{x}^*) = 0$), 그때 라그랑지 승수는 음이 아니어야 한다($u_i^* \geq 0$).

$$g_i < 0 \ (\text{만족}) \Rightarrow u_i = 0$$
$$g_i = 0 \ (\text{활성}) \Rightarrow u_i \geq 0$$

이러한 조건들을 이용하면 후보점 $\mathbf{x}^*$에서 i번째 제약조건 $g_i(\mathbf{x}^*) \leq 0$에 관하여 목적함수값을 더 감소시킬 수 있는 유용방향이 존재하지 않는다는 것을 확신할 수 있다. 달리 설명하면, $\mathbf{x}^*$에서 목적함수를 감소시키기 위해서는 제약조건 $g_i(\mathbf{x}^*) \leq 0$의 불용영역으로 침범할 수밖에 없다는 것이다.

또한, 식 (4.47)~(4.52)의 필요조건은 일반적으로 변수 $\mathbf{x}$, $\mathbf{u}$, $\mathbf{s}$, $\mathbf{v}$로 표시되는 비선형 연립방정식이다. 이 방정식을 해석적으로 풀기가 어려울 수도 있다. 그러므로 이 방정식의 근을 구하기 위해 뉴턴-랩슨법과 같은 수치적 방법을 이용할 수도 있다. 다행히도 엑셀, 매트랩, 매쓰매티카 등과 같은 프로그램을 이용하여 비선형 연립방정식을 풀 수 있다. 엑셀 사용법은 6장에 설명하였고 매트랩 사용법은 이 장의 후반부와 7장에 설명하였다.

KKT 조건에 관한 중요한 사항

식 (4.35)~(4.37)에서와 같이 표준 형식으로 나타낸 문제에 대한 KKT 1계 필요조건의 중요한 내용은 다음과 같다.

1. 정칙점이 아닌 점에서는 KKT 조건을 적용할 수 없다. 이러한 경우에 그 조건들을 이용하면 최소점이 구해지기도 한다. 그렇지만 제약조건에 관련된 라그랑지 승수는 유일하지 않을 수 있다. 이에 관련된 예제는 5장에서 다룰 것이다.

2. KKT 조건을 만족하지 않는 어떤 점도 그것이 비정칙점(이 경우에 KKT 조건을 적용할 수 없음)이 아니라면, 국소적 최소점이 될 수 없다. 이 조건들을 만족하는 점을 KKT 점이라고 한다.

3. KKT 조건을 만족하는 점들은 제약조건 점 또는 비제약조건 점일 수 있다. 등호제약조건이 없고 모든 부등호제약조건이 만족일 때 KKT 점은 비제약조건 점이 된다. 후보점이 비제약조건 점이면 그 점은 목적함수의 햇세행렬의 형식에 따라 국소적 최소, 국소적 최대 또는 변곡점일 수 있다(비제약조건 문제의 필요조건과 충분조건에 대해서는 4.4절 참조).

4. 등호제약조건이 있고 어떠한 부등호제약조건도 활성이지 않다면(즉, $\mathbf{u} = \mathbf{0}$), KKT 조건을 만족하는 점들은 단지 정상점이다. 이들은 최소, 최대, 변곡점의 어느 것일 수 있다.

5. 일부 부등호제약조건이 활성이고 그에 대응하는 라그랑지 승수가 양이면, KKT 조건을 만족하는 점은 목적함수의 국소적 최대점이 될 수는 없다(활성 부등호제약조건의 라그랑지 승수가 0

이면 그 점은 국소적 최대점일 수 있다). 그 점은 또한 국소적 최소점이 아닐 수도 있다. 이러한 판단은 5장에서 논의할 2계 필요조건과 충분조건에 따라 결정된다.

6. 각 제약조건의 **라그랑지 승수** 값은 제약조건의 함수 형태에 따라 결정된다. 예를 들어 제약 조건 $x/y - 10 \leq 0 (y > 0)$에 대한 라그랑지 승수는 동일하게 표현된 제약조건 $x - 10y \leq 0$ 또는 $0.1x/y - 1 < 0$에 대한 라그랑지 승수와 다르다. 문제의 최적해는 제약조건 형식을 변화시켜도 변하지 않지만 라그랑지 승수는 변한다. 이 내용은 4.7절에서 보다 자세히 설명될 것이다.

예제 4.30~4.32에서는 KKT 필요조건을 이용하여 후보 국소적 최소점을 찾는 다양한 문제에 대해 설명하고 있다.

예제 4.30 **KKT 필요조건의 해법**

KKT 필요조건을 쓰고 다음의 문제에 대해 그 조건들을 풀어보자.

최소화

$$f(x) = \frac{1}{3}x^3 - \frac{1}{2}(b+c)x^2 + bcx + f_0 \tag{a}$$

제약조건

$$a \leq x \leq d \tag{b}$$

여기서 $0 < a < b < c < d$ 및 f_0는 지정된 상수이다(류연선 교수 출제).

풀이

목적함수와 제약조건 함수의 그래프를 그림 4.16에 표시하였다. $f(x)$의 그래프에서 점 A는 제약조건 국소적 최소이다. 점 B는 비제약조건 국소적 최대, 점 C는 비제약조건 국소적 최소, 점 D는 제약조건 국소적 최대이다. KKT 조건을 이용하여 이 점들을 어떻게 구별하는지 살펴보자. 후보 최소점에서 단지 한 개의 제약조건만이 활성이므로(x는 점 a와 점 d로 동시에 될 수 없음), 모든 유용점은 정칙점이다.

식 (b)를 두 개의 부등호제약조건으로 생각하여 다음과 같이 표준 형식으로 표시할 수 있다.

$$g_1 = a - x \leq 0; \quad g_2 = x - d \leq 0 \tag{c}$$

식 (4.46)의 라그랑지 함수는 다음과 같이 얻을 수 있다.

$$L = \frac{1}{3}x^3 - \frac{1}{2}(b+c)x^2 + bcx + f_0 + u_1(a - x + s_1^2) + u_2(x - d + s_2^2) \tag{d}$$

여기서 u_1과 u_2는 라그랑지 승수이고, s_1과 s_2는 식 (c)의 부등호제약조건 g_1과 g_2에 대응하는 완화변수다. KKT 조건은 다음과 같다.

$$\frac{\partial L}{\partial x} = x^2 - (b+c)x + bc - u_1 + u_2 = 0 \tag{e}$$

$$(a - x) + s_1^2 = 0, \, s_1^2 \geq 0; \quad (x - d) + s_2^2 = 0, \, s_2^2 \geq 0 \tag{f}$$

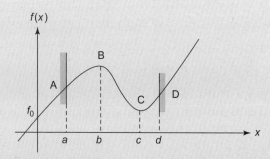

그림 4.16 예제 4.30의 도해적 표시. 점 A는 제약조건 국소적 최소, 점 B는 비제약조건 국소적 최대, 점 C는 비제약조건 국소적 최소, 점 D는 제약조건 국소적 최대

$$u_1 s_1 = 0; \quad u_2 s_2 = 0 \tag{g}$$

$$u_1 \geq 0; \quad u_2 \geq 0 \tag{h}$$

식 (g)의 전환조건으로부터 KKT 조건에 대한 해를 구하기 위해 네 가지의 경우의 수를 얻는다. 각각의 경우에 대하여 분리해서 풀이를 해야 한다.

경우 1: $u_1 = 0(g_1$ 만족), $u_2 = 0(g_2$ 만족)

이 경우, 식 (e)로부터 두 개의 해 $x = b$와 $x = c$를 얻는다. 이 점들에서 완화변수가 식 (f)로부터 다음과 같이 계산되므로 부등호제약조건은 엄격히 만족된다.

$$\text{for } x = b: s_1^2 = b - a > 0; \quad s_2^2 = d - b > 0 \tag{i}$$

$$\text{for } x = c: s_1^2 = c - a > 0; \quad s_2^2 = d - c > 0 \tag{j}$$

따라서 모든 KKT 조건이 충족되며 이들은 후보 최소점이다. 이 점들은 비제약조건 점이므로 실제로는 정상점이다. 다음과 같이 두 후보점에서 목적함수의 곡률을 계산하여 충분조건을 확인할 수 있다.

$$x = b; \quad \frac{d^2 f}{dx^2} = 2x - (b + c) = b - c < 0 \tag{k}$$

$b < c$이므로 $d^2 f / dx^2$는 음수이다. 그러므로 국소적 최소에 대한 충분조건을 만족하지 못한다. 실제로 국소적 최소에 대한 식 (4.29)의 2계 필요조건을 위배하여 그 점은 이 함수의 국소적 최소점이 될 수 없다. 그 점은 국소적 최대에 대한 충분조건을 만족하므로 실제로 국소적 최대점이며 이것을 그림 4.16에서 확인할 수 있다.

$$x = c; \quad \frac{d^2 f}{dx^2} = c - b > 0 \tag{l}$$

$b < c$이므로 $d^2 f / dx^2$는 양수이다. 따라서 식 (4.28)의 이계 충분조건을 만족하며, 이것은 그림 4.16에서와 같이 격리된 국소적 최소점이다. 이 점은 국소적 최대에 대한 2계 필요조건을 위배하므로 국소적 최대점이 될 수 없다.

경우 2: $u_1 = 0(g_1$ 만족), $s_2 = 0(g_2$ 활성)

이 경우에 식 (c)에서 $s_2 = 0$, $x = d$이므로 g_2는 활성제약조건이다. 식 (e)로부터 다음을 얻는다.

$$u_2 = -[d^2 - (b+c)d + bc] = -(d-c)(d-b) \tag{m}$$

$d > c > b$이므로 $u_2 < 0$이다. 실제로 대괄호 안에 있는 항은 $x = d$에서 함수의 기울기를 나타내는데, 이것이 양수이므로 식 (m)에서 $u_2 < 0$이다. KKT 필요조건을 위배하므로 이 경우에는 해가 없다. 즉 $x = d$는 후보 최소점이 아니다. 이러한 사실은 그림 4.16의 점 D를 관찰해 보면 알 수 있다. 또한, 실제로 그 점이 국소적 최대점에 대한 KKT 필요조건을 만족하는지 검토해 볼 수 있다.

경우 3: $s_1 = 0(g_1$ 활성$)$, $u_2 = 0(g_2$ 만족$)$

$s_1 = 0$이라는 것은 g_1이 활성제약조건임을 의미하며, 따라서 식 (c)로부터 $x = a$를 얻는다. 식 (e)로부터 다음을 얻는다.

$$u_1 = a^2 - (b+c)a + bc = (a-b)(a-c) > 0 \tag{n}$$

또한 u_1이 $x = a$에서 함수의 기울기이기 때문에, 그 값이 양이므로 모든 KKT 조건이 충족된다. 그러므로 $x = a$는 후보 국소적 최소점이다. 실제로 $x = a$에서 유용영역으로 약간 움직이게 되면 목적함수가 증가하므로 그 점은 국소적 최소점이다. 이것이 충분조건이며 이에 관해서는 5장에서 설명할 것이다.

경우 4: $s_1 = 0(g_1$ 활성$)$, $s_2 = 0(g_2$ 활성$)$

이 경우는 두 개의 모든 제약조건이 활성제약조건이 되는 경우로서, x가 동시에 a 및 d가 될 수 없으므로 어떠한 해도 얻을 수 없다. 즉, 변수 한 개에 대해 두 개의 방정식을 만족해야 한다.

예제 4.31 KKT 필요조건의 해

다음을 최소화하는 문제에 대한 KKT 조건을 풀어보자.

최소화

$$f(\mathbf{x}) = x_1^2 + x_2^2 - 3x_1 x_2 \tag{a}$$

제약조건

$$g = x_1^2 + x_2^2 - 6 \leq 0 \tag{b}$$

풀이

식 (b)로부터 이 문제에 대한 유용영역은 중심이 $(0, 0)$이고 반경이 $\sqrt{6}$인 원의 내부가 된다. 이것을 그림 4.17에 표시하였고 일부 목적함수 등고선을 나타내었다. 그림에서 보는 바와 같이 제약조건의 경계상의 점 A와 B는 목적함수에 대한 최소가 된다. 이 점에서의 목적함수와 제약조건 함수의 경사도 벡터는 동일 직선상에 있고 방향이 반대이므로 KKT 필요조건을 만족한다. 우리는 이러한 조건을 기술하고 풀어서 후보 최소점을 구하여 앞의 결론을 증명할 것이다.

KKT 조건을 기술하려면 문제를 표준 형식으로 정식화해야 한다. 이 문제는 이미 표준 형식으로 주어져 있기 때문에 식 (4.46)의 라그랑지 함수는 다음과 같이 얻을 수 있다.

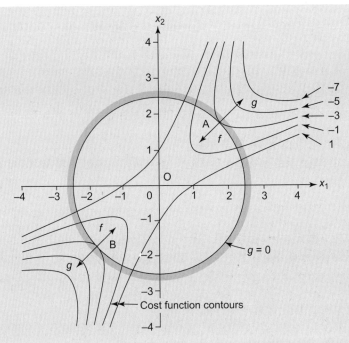

그림 4.17 **예제 4.31의 도해** . 국소적 최소점 A와 B(벡터들은 척도시키지 않았음)

$$L = x_1^2 + x_2^2 - 3x_1x_2 + u(x_1^2 + x_2^2 - 6 + s^2) \tag{c}$$

이 문제는 단 한 개의 제약조건이 있고 유용영역 내의 모든 점이 정칙점이므로 KKT 필요조건을 적용할 수 있다. KKT 조건은 다음과 같다.

$$\frac{\partial L}{\partial x_1} = 2x_1 - 3x_2 + 2ux_1 = 0 \tag{d}$$

$$\frac{\partial L}{\partial x_2} = 2x_2 - 3x_1 + 2ux_2 = 0 \tag{e}$$

$$x_1^2 + x_2^2 - 6 + s^2 = 0, s^2 \geq 0, u \geq 0 \tag{f}$$

$$us = 0 \tag{g}$$

식 (d)~(g)는 4개의 미지수 x_1, x_2, s, u에 대한 4개의 방정식이다. 따라서 원칙적으로 모든 미지수를 풀기에 충분한 방정식들을 갖고 있다. 이 연립방정식은 비선형이다. 그렇지만 모든 근을 찾기 위해 해석적으로 푸는 것이 가능하다.

식 (g)의 전환조건을 만족시키기 위한 세 가지 경우가 존재한다. (1) $u = 0$, (2) $s = 0(g$가 활성임을 의미), 또는 (3) $u = 0$ 및 $s = 0$이다. 우리는 필요조건의 근을 찾기 위해 각 경우를 분리하여 고려하고 풀 것이다.

경우 1: $u = 0(g$ 만족)
이 경우에 부등호제약조건은 최소점에서 만족될 수 있다. 먼저 x_1과 x_2에 대해서 풀고 부등호제약조건을 점검한다. 식 (d)와 (e)를 정리하면 다음을 얻는다.

$$2x_1 - 3x_2 = 0; \quad -3x_1 + 2x_2 = 0 \tag{h}$$

이것은 2 × 2의 제차 선형 연립방정식이다(우변이 0이다). 이러한 연립방정식은 계수행렬의 행렬식이 0일 때 0이 아닌 유용해를 찾는다. 그러나 행렬식이 –5이므로 무용해인 $x_1 = x_2 = 0$만을 갖는다. 이 경우의 해는 식 (f)로부터 $s^2 = 6$을 얻고, 따라서 부등호제약조건은 활성제약조건이 아니다. 따라서 이 경우에서는 다음과 같은 후보 최소점을 얻는다.

$$x_1^* = 0, \, x_2^* = 0, \, u^* = 0, \, f(0, 0) = 0 \tag{i}$$

경우 2: $s = 0(g$ 활성)

이 경우에서 $s = 0$은 부등호제약조건이 활성임을 의미한다. x_1, x_2, u에 대하여 식 (d)~(f)를 연립으로 풀어야 한다. 이것은 비선형 연립방정식이므로 여러 개의 근이 존재할 수 있다는 것을 주의하라. 식 (d)를 통해 $u = -1 + 3x_2/2x_1$을 얻을 수 있다. 식 (e)에서 u를 대입하면 $x_1^2 = x_2^2$을 얻는다. 식 (f)에 이 식을 이용하고 x_1와 x_2에 대하여 푼 다음, u에 대하여 풀면 식 (d)~(f)의 4개의 근을 다음과 같이 구할 수 있다.

$$x_1 = x_2 = \sqrt{3}, \, u = \frac{1}{2}; \quad x_1 = x_2 = -\sqrt{3}, \, u = \frac{1}{2} \tag{j}$$

$$x_1 = -x_2 = \sqrt{3}, \, u = -\frac{5}{2}; \quad x_1 = -x_2 = -\sqrt{3}, \, u = -\frac{5}{2} \tag{k}$$

식 (k)에서 마지막 두 개의 근은 KKT 필요조건 $u \geq 0$을 위배한다. 따라서 이 경우에서는 식 (j)의 2개의 후보 최소점이 있다. 첫 번째 후보 최소점은 그림 4.17의 점 A에 해당되고 두 번째 후보 최소점은 점 B에 해당된다.

경우 3: $u = 0, \, s = 0(g$ 활성)

이러한 조건들을 이용하면 식 (d)와 (e)로부터 $x_1 = 0, \, x_2 = 0$이 된다. 이들을 식 (f)에 대입하면 $s^2 = 6$ $\neq 0$을 얻는다. 따라서 $s \neq 0$(이 경우에 $s = 0$으로 가정되었음)이므로, 이 경우에는 KKT 조건을 만족하는 해를 얻지 못한다.

u와 s가 모두 0이 되는 경우는 보통 어떠한 KKT 점도 생성하지 않기 때문에 이 경우를 무시할 수도 있다. 마지막으로 이 문제에 대해 KKT 필요조건을 만족하는 점들을 다음과 같이 요약할 수 있다.

1. $x_1^* = 0, \, x_2^* = 0, \, u^* = 0, \, f^*(0,0) = 0$, 그림 4.17의 점 O
2. $x_1^* = x_2^* = \sqrt{3}, \, u^* = 1/2, \, f^*(\sqrt{3}, \sqrt{3}) = -3$, 그림 4.17의 점 A
3. $x_1^* = x_2^* = -\sqrt{3}, \, u^* = 1/2, \, f^*(-\sqrt{3}, -\sqrt{3}) = -3$, 그림 4.17의 점 B

점 A와 B는 그림 4.17에서 볼 수 있듯이 국소적 최소점이기 위한 충분조건을 만족한다. 이 점들로부터 유용영역으로의 약간의 이동은 목적함수의 증가를 야기하며, 목적함수를 보다 더 감소시키면 제약조건의 위배를 야기한다. 이 문제에 대한 충분조건은 5장에서 점검할 것이다.

점 O로부터 유용영역으로의 약간의 이동은 목적함수의 감소를 야기하므로 점 O는 충분조건을 만족시키지 못한다는 것을 알 수 있다. 따라서 점 O는 단지 정상점이다. 또한, 이 점은 비제약조건 점이므로 비제약조건 문제에 대한 최적성 조건을 적용할 수 있다. 따라서 목적함수의 헷세행렬을 다음과 같이 구하고 그 형식을 점검해 본다.

$$\mathbf{H} = \begin{bmatrix} 2 & -3 \\ -3 & 2 \end{bmatrix} \tag{l}$$

이 헷세행렬은 $M_1 = 2 > 0$이고 $M_2 = -5 < 0$이기 때문에 부정이다(또한 고유값은 −1과 5임). 그러므로 이 점은 국소적 최소 또는 국소적 최대에 대한 이계 충분조건을 만족하지 못한다.

매트랩을 이용한 최적성 조건의 해: 도해적 최적화를 위해 3장에서 소개한 매트랩은 공학 계산과 해석을 위한 많은 기능을 갖고 있다. 또한 비선형 방정식을 풀 때 사용할 수도 있다. 이 목적을 위해 사용되는 주 명령어는 fsolve이다. 이 명령어는 컴퓨터에 설치해야 하는 매트랩 최적화 도구상자(7장 참조)에 포함되어 있다. 이 기능을 이용하여 예제 4.31의 문제에 대한 KKT 조건을 푸는 방법에 대하여 설명하기로 한다. 최적화 도구 상자를 사용하여 설계 최적화 문제를 해결하는 방법은 7장에서 설명할 것이다.

매트랩을 사용할 때 먼저 분리된 m-파일을 만들고, 그 안에 방정식을 $\mathbf{F}(\mathbf{x}) = \mathbf{1}$의 형식으로 포함시켜야 한다. 현재 예제에서 벡터 x의 성분은 x(1) = x_1, x(2) = x_2, x(3) = u, x(4) = s이다. 식 (d)~(g)의 KKT 조건을 이들 변수의 항으로 표시하면 다음과 같다.

$$2 * x(1) - 3 * x(2) + 2 * x(3) * x(1) = 0 \tag{m}$$

$$2 * x(2) - 3 * x(1) + 2 * x(3) * x(2) = 0 \tag{n}$$

$$x(1)^2 + x(2)^2 - 6 + x(4)^2 = 0 \tag{o}$$

$$x(3) * x(4) = 0 \tag{p}$$

방정식을 정의하는 파일은 다음과 같이 준비한다.

```
Function F=kktsystem(x)
F=[2*x(1)-3*x(2)+2*x(3)*x(1);
2*x(2)-3*x(1)+2*x(3)*x(2);
x(1)^2+x(2)^2-6+x(4)^2;
x(3)*x(4)];
```

첫 번째 줄은 변수 x의 벡터를 받아 함수 값 F의 벡터로 내보내는 kktsystem 함수를 정의하는 것이다. 이 파일의 이름은 kktsystem(함수 명칭과 동일한 이름)이어야 하며 다른 매트랩 파일과 마찬가지로 접미사 .m으로 하여 함께 저장해야 한다. 다음으로 주요 명령어는 대화식으로 입력되거나 다음과 같이 별도의 파일에 입력된다.

```
x0=[1;1;1;1];
options=optimset('Display','iter')
x=fsolve(@kktsystem,x0,options)
```

x0는 비선형 방정식의 근을 찾기 위한 시작점 또는 초기 추정치이다. options 명령어는 각 반복에 대한 출력을 표시하고 있다. options = optimset ('Display', 'off') 명령을 사용하면 최종해만 제공된다. 명령어 fsolve는 함수 kktsystem에서 제공한 연립방정식의 근을 찾게 한다. 많은 잠재적 해가 있을 수 있지만, 초기 추정치에 가장 가까운 해가 구해지고 제공된다. 따라서 KKT 조건을 만족하는 다른 해을 찾기 위해서는 서로 다른 시작점을 사용해야 한다. 주어진 점을 시작점으로 하면 해는 (1.732, 1.732, 0.5, 0)으로 구해진다.

위의 두 개의 예제를 통하여 후보 국소적 최소점을 찾기 위한 KKT 필요조건을 풀기 위한 과정을 살펴보았다. 이 과정을 명확히 이해하는 것이 중요하다. 예제 4.31에서는 한 개의 부등호제약조건만을 갖고 있었다. 식 (g)의 전환조건은 단지 정상적인 두 개의 경우를 제시한다. 그 것은 $u = 0$ 또는 $s = 0$($u = 0$와 $s = 0$인 비정상적인 경우는 추가 후보점을 거의 제공하지 않으므로 무시할 수 있음)이다.

각 경우는 후보 최소점 $\mathbf{x}^*$를 산출한다. 경우 1($u = 0$)에서는 식 (d)~(f)를 만족하는 유일한 점 $\mathbf{x}^*$가 있었다. 그렇지만 경우 2($s = 0$)에서는 식 (d)~(f)의 해로서 네 개의 근을 산출하였다. 네 개의 근 중 두 개는 라그랑지 승수가 음이 아니어야 한다는 조건을 만족하지 못하고 있다. 따라서 이 두 개의 해는 후보 국소적 최소점이 아니었다.

이러한 절차는 보다 더 일반화한 비선형 최적화 문제에서도 유효하다. 두 개의 설계변수와 두 개의 부등호제약조건을 가진 예제 4.32를 통하여 이 과정을 설명하겠다.

예제 4.32 **KKT 필요조건의 해**

최대화

$$F(x_1, x_2) = 2x_1 + 2x_2 - x_1^2 - x_2^2 - 2 \tag{a}$$

제약조건

$$2x_1 + x_2 \geq 4, \, x_1 + 2x_2 \geq 4 \tag{b}$$

풀이

먼저 이 문제를 식 (4.35)~(4.37)의 표준 형식으로 표시하면 다음과 같다.

최소화

$$f(x_1, x_2) = x_1^2 + x_2^2 - 2x_1 - 2x_2 + 2 \tag{c}$$

제약조건

$$g_1 = -2x_1 - x_2 + 4 \leq 0, \, g_2 = -x_1 + 4 \leq 0 \tag{d}$$

이 문제에 대한 도해적 설명을 그림 4.18에 표시하였다. 두 개의 제약조건함수와 유용영역을 표시하였다. 점 A(4/3, 4/3)가 이 문제의 최적해이며, 두 개의 부등호제약조건이 모두 활성화되어 있음을 알 수 있다. 이 문제는 이변수 문제이므로 단지 두 개의 벡터만이 선형독립이 될 수 있다. 그림 4.18에서 보는 바와 같이 제약조건 함수의 경사도 벡터 ∇g_1과 ∇g_2는 선형독립이며(따라서 최적점은 정칙점임), 따라서 어떠한 벡터도 이들의 선형결합으로 표시할 수 있다. 특히, $-\nabla f$(목적함수의 음의 경사도 벡터)는 양수로 된 선형결합의 승수와 함께 ∇g_1과 ∇g_2의 선형결합으로 표시할 수 있는데, 이는 정확히 식 (4.47)의 KKT 필요조건과 일치하게 된다. 다음에는 도해적 해를 증명하기 위해 이 조건들을 기술하고 그 조건들을 풀기로 한다.

식 (a)와 (b)에서 정의한 문제에 대한 라그랑지 승수는 다음과 같다.

$$L = x_1^2 + x_2^2 - 2x_1 - 2x_2 + 2 + u_1(-2x_1 - x_2 + 4 + s_1^2) + u_2(-x_1 - 2x_2 + 4 + s_2^2) \tag{e}$$

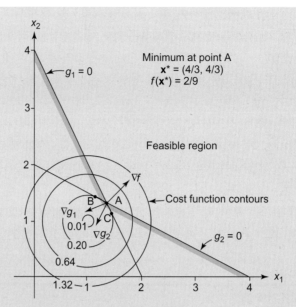

그림 4.18 예제 4.32의 도해적 해(벡터는 척도화되어 있지 않음)

KKT의 필요조건은 다음과 같다.

$$\frac{\partial L}{\partial x_1} = 2x_1 - 2 - 2u_1 - u_2 = 0 \tag{f}$$

$$\frac{\partial L}{\partial x_2} = 2x_2 - 2 - u_1 - 2u_2 = 0 \tag{g}$$

$$g_1 = -2x_1 - x_2 + 4 + s_1^2 = 0; \; s_1^2 \geq 0, \; u_1 \geq 0 \tag{h}$$

$$g_2 = -x_1 - 2x_2 + 4 + s_2^2 = 0; \; s_2^2 \geq 0, \; u_2 \geq 0 \tag{i}$$

$$u_i s_i = 0; \; i = 1, 2 \tag{j}$$

식 (f)~(j)는 6개의 미지수 x_1, x_2, s_1, s_2, u_1, u_2로 표시되는 여섯 개의 방정식이다. 후보 국소적 최소점을 구하기 위해서는 이 연립방정식을 풀어야만 한다. 식 (j)의 전환조건을 만족시키기 위한 한 방법은 다양한 경우를 지정하고 그들의 근을 구하는 것이다. 이 문제는 네 가지의 경우가 있는데, 각 경우를 분리하여 생각하고 모든 미지수를 구해야 한다. 여기에는 다음과 같은 네 가지 경우가 있다.

1. $u_1 = 0$ (g_1 만족), $u_2 = 0$ (g_2 만족)
2. $u_1 = 0$ (g_1 만족), $s_2 = 0$ ($g_2 = 0$, 활성)
3. $s_1 = 0$ ($g_1 = 0$, 활성), $u_2 = 0$ (g_2 만족)
4. $s_1 = 0$ ($g_1 = 0$, 활성), $s_2 = 0$ ($g_2 = 0$, 활성)

경우 1: $u_1 = 0(g_1$ 만족$)$, $u_2 = 0(g_2$ 만족$)$
식 (f)와 (g)로부터 $x_1 = x_2 = 1$을 얻는다. 이 경우는 식 (h)와 (i)로부터 $s_1^2 = -1$(즉, $g_1 = 1$)과 $s_2^2 = -1$(즉, $g_2 = 1$)이 되므로 타당한 해가 되지 못한다. 이것은 두 개의 부등호제약조건이 모두 위배하는 것을 의미한다. 즉, $x_1 = 1$과 $x_2 = 1$은 유용설계가 아니다.

경우 2: $u_1 = 0(g_1$ 만족$)$, $s_2 = 0(g_2$ 활성$)$

이 조건들을 이용하면 식 (f), (g), (i)는 다음과 같이 된다.

$$2x_1 - 2 - u_2 = 0, \; 2x_2 - 2 - 2u_2 = 0, \; -x_1 - 2x_2 + 4 = 0 \tag{k}$$

이것은 세 개의 미지수 x_1, x_2, u_2로 표시되는 세 개의 선형방정식이다. 이 선형 연립방정식은 근을 찾기 위해 가우스 소거법이나 행렬식 법(크레이머 법칙) 등과 같은 방법을 이용해서도 풀 수 있다. 소거 과정을 이용하면, $x_1 = 1.2$, $x_2 = 1.4$, $u_2 = 0.4$를 얻을 수 있다. 그러므로 이 경우에 대한 해는 다음과 같다.

$$x_1 = 1.2, \, x_2 = 1.4; \, u_1 = 0, \, u_2 = 0.4; \, f = 0.2 \tag{l}$$

이 설계점을 후보 국소적 최소점으로 판단하기 전에 제약조건 g_1에 대한 이 설계점의 유용성을 검토할 필요가 있다. $x_1 = 1.2$와 $x_2 = 1.4$를 식 (h)에 대입하면 $s_1^2 = -0.2 < 0(g_1 = 0.2)$이 되는데, 이것은 제약조건 g_1이 위배되는 것을 의미한다. 그러므로, 경우 2 역시 어떠한 후보 국소적 최소점도 제공하지 않는다. 그림 4.18로부터 점 (1.2, 1.4)는 유용집합 내에 존재하지 않는 점 B와 일치하는 것을 알 수 있다.

경우 3: $s_1 = 0(g_1$ 활성$)$, $u_2 = 0(g_2$ 만족$)$

이 조건들을 이용하면 식 (f)~(h)는 다음과 같이 된다.

$$2x_1 - 2 - 2u_1 = 0; \; 2x_2 - 2 - u_1 = 0; \; -2x_1 - x_2 + 4 = 0 \tag{m}$$

이것은 다시 변수 x_1, x_2, u_1로 표시되는 선형방정식이다. 이 선형 연립방정식을 풀면 다음과 같은 해를 얻는다.

$$x_1 = 1.4, \, x_2 = 1.2; \, u_1 = 0.4, \, u_2 = 0; \, f = 0.2 \tag{n}$$

이 설계점을 제약조건 g_2에 대해 유용성을 점검해 보면, 식 (i)로부터 $s_2^2 = -0.2 < 0$(즉, $g_2 = 0.2$)을 얻는다. 이 설계는 유용설계가 아니다. 그러므로 이 경우에도 어떠한 후보 국소적 최소점을 제공하지 않는다. 그림 4.18로부터 점 (1.4, 1.2)는 유용집합 내에 존재하지 않는 점 C와 일치하는 것을 알 수 있다.

경우 4: $s_1 = 0(g_1$ 활성$)$, $s_2 = 0(g_2$ 활성$)$

이 경우에서는 네 가지 미지수 x_1, x_2, u_1, u_2로 표시되는 식 (f)~(i)를 풀어야만 한다. 이 연립방정식은 마찬가지로 선형이 되어 쉽게 풀 수 있다. 앞에서와 마찬가지로 소거 과정을 이용하면 식 (h)와 (i)로부터 x_1과 x_2를, 식 (f)와 (g)로부터 u_1과 u_2를 얻을 수 있다.

$$x_1 = \frac{4}{3}, \, x_2 = \frac{4}{3}, \, u_1 = \frac{2}{9} > 0, \, u_2 = \frac{2}{9} > 0 \tag{o}$$

이 점의 정칙성 조건을 검토하기 위해 활성제약조건의 경사도 벡터를 계산하고, 제약조건의 경사도 행렬 $\mathbf{A}$를 다음과 같이 정의한다.

$$\nabla g_1 = \begin{bmatrix} -2 \\ -1 \end{bmatrix}, \; \nabla g_2 = \begin{bmatrix} -1 \\ -2 \end{bmatrix}, \; \mathbf{A} = \begin{bmatrix} -2 & -1 \\ -1 & -2 \end{bmatrix} \tag{p}$$

rank ($\mathbf{A}$)는 활성제약조건의 수이므로, 경사도 벡터 ∇g_1과 ∇g_2는 선형독립이다(벡터의 선형독립성 검토는 부록 A를 참조). 그러므로 이 해는 모든 KKT 조건을 만족하며 후보 국소적 최소점이 된다. 이 해는 그림 4.18의 점 A에 해당한다. 이 점에서 목적함수값은 2/9 이다.

그림 4.18로부터 벡터 $-\nabla f$는 점 A에서 벡터 ∇g_1과 ∇g_2의 선형결합으로 표시 가능하다는 것을 알 수 있다. 이 점은 식 (4.53)의 필요조건을 만족시킨다. 그림에서 보는 바와 같이 점 A는 실제로 국소적 최소이다. 그 이유는 이 점에서 목적함수가 감소하기 위해서는 불용영역으로 진입할 때만 가능하기 때문이다. 점 A에서 유용영역으로의 어떠한 이동도 목적함수의 증가를 가져온다.

4.6.3 KKT 해 처리법의 요약

KKT 1계 필요조건에 관한 다음 내용을 유념해야 한다:

1. KKT 조건은 주어진 점이 후보 최소점인지의 여부를 점검하는 데 사용될 수 있다. 그 점은 반드시 유용점이어야 한다. 설계변수에 대한 라그랑지 함수의 경사도 벡터는 반드시 0이어야 한다. 그리고 부등호제약조건의 라그랑지 승수는 반드시 음수가 되지 않아야 한다.
2. 주어진 문제에서 KKT 조건은 후보 최소점을 찾는 데 사용될 수 있다. 전환조건을 이용하면 몇 가지 경우들을 정의하게 되고, 이 경우들을 고려하고 각각에 대하여 풀어야 한다. 각 경우에서 다수의 해를 가질 수도 있다.
3. 각각의 풀이에서 다음을 기억하라.
   a. 유용성을 위해 모든 부등호제약조건을 검토하라(즉, $g_i \leq 0$ 또는 $s_i^2 \geq 0$).
   b. 각 풀이에서 모든 라그랑지 승수를 계산하라.
   c. 모든 부등호제약조건에 대한 라그랑지 승수가 음수가 아닌지를 확인하라.

KKT 해법의 한계

문제 정식화에서 하나의 부등호제약조건이 추가되면 KKT 풀이의 경우의 수가 두 배가 된다. 2개의 부등호제약조건은 4개의 KKT 경우의 수를 파생시켰다. 3개의 부등호제약조건을 갖는다면 8개의 경우의 수가 파생된다. 4개의 부등호제약조건을 갖는다면 16개의 경우의 수가 파생된다(표 4.3 참조). 그러므로 경우의 수는 급격히 늘어나게 되고, 따라서 이 풀이과정은 대부분의 실제 문제를 푸는 데 사용할 수 없다. 그렇지만 이러한 조건들에 기초해서 수치적 방법들이 많은 등호제약조건과 부등호제약조건을 갖더라도 계산이 가능하게끔 개발되고 있다. 4.9절에서는 각각 16개와 32개의 경우의 수를 갖는 두 문제를 풀어 볼 것이다.

표 4.3에서 주어진 16개의 경우의 수는 다음을 고려하여 체계적으로 작성된 것이다.

- 어떠한 활성제약조건도 없음
- 한 번에 한 개의 활성제약조건
- 한 번에 세 개의 활성제약조건
- 네 개의 모든 활성제약조건

표 4.3 네 개의 부등호제약조건을 갖는 KKT 경우의 정의

번호	경우	활성제약조건
1	$u_1 = 0, u_2 = 0, u_3 = 0, u_4 = 0$	활성 부등호제약조건 없음
2	$s_1 = 0, u_2 = 0, u_3 = 0, u_4 = 0$	한 개의 활성 부등호제약조건: $g_1 = 0$
3	$u_1 = 0, s_2 = 0, u_3 = 0, u_4 = 0$	한 개의 활성 부등호제약조건: $g_2 = 0$
4	$u_1 = 0, u_2 = 0, s_3 = 0, u_4 = 0$	한 개의 활성 부등호제약조건: $g_3 = 0$
5	$u_1 = 0, u_2 = 0, u_3 = 0, s_4 = 0$	한 개의 활성 부등호제약조건: $g_4 = 0$
6	$s_1 = 0, s_2 = 0, u_3 = 0, u_4 = 0$	두 개의 활성 부등호제약조건: $g_1 = 0, g_2 = 0$
7	$u_1 = 0, s_2 = 0, s_3 = 0, u_4 = 0$	두 개의 활성 부등호제약조건: $g_2 = 0, g_3 = 0$
8	$u_1 = 0, u_2 = 0, s_3 = 0, s_4 = 0$	두 개의 활성 부등호제약조건: $g_3 = 0, g_4 = 0$
9	$s_1 = 0, u_2 = 0, u_3 = 0, s_4 = 0$	두 개의 활성 부등호제약조건: $g_1 = 0, g_4 = 0$
10	$s_1 = 0, u_2 = 0, s_3 = 0, u_4 = 0$	두 개의 활성 부등호제약조건: $g_1 = 0, g_3 = 0$
11	$u_1 = 0, s_2 = 0, u_3 = 0, s_4 = 0$	두 개의 활성 부등호제약조건: $g_2 = 0, g_4 = 0$
12	$s_1 = 0, s_2 = 0, s_3 = 0, u_4 = 0$	세 개의 활성 부등호제약조건: $g_1 = 0, g_2 = 0, g_3 = 0$
13	$u_1 = 0, s_2 = 0, s_3 = 0, s_4 = 0$	세 개의 활성 부등호제약조건: $g_2 = 0, g_3 = 0, g_4 = 0$
14	$s_1 = 0, u_2 = 0, s_3 = 0, s_4 = 0$	세 개의 활성 부등호제약조건: $g_1 = 0, g_3 = 0, g_4 = 0$
15	$s_1 = 0, s_2 = 0, u_3 = 0, s_4 = 0$	세 개의 활성 부등호제약조건: $g_1 = 0, g_2 = 0, g_4 = 0$
16	$s_1 = 0, s_2 = 0, s_3 = 0, s_4 = 0$	네 개 모두 활성 부등호제약조건

4.7 후최적성 해석: 라그랑지 승수의 물리적 의미

원래 문제의 매개변수 중의 일부를 변화시켰을 때 최적해에서의 변동에 관한 연구는 **후최적성** 또는 **민감도 해석**이라고 알려져 있다. 최적해에 관한 통찰력을 얻을 수 있기 때문에 이 해석은 공학계의 최적설계에 대한 중요한 주제가 된다. 특정 문제의 매개변수의 변화에 기인한 최적해에서의 목적함수와 설계변수의 변동을 연구한다. 제약조건 한계값의 변동에 대한 목적함수의 민감도는 추가적인 계산 없이 검토할 수 있으므로 여기서는 민감도 해석만에 초점을 맞춰 논의할 것이다.

4.7.1 제약조건 한계 변화의 영향

최소화 문제는 $h_i(\mathbf{x}) = 0$와 $g_j(\mathbf{x}) \leq 0$을 갖고 풀어야 한다고 가정할 것이다. 즉, 현재의 제약조건에 대한 한계값은 0으로 설정한다. 만일 보다 많은 자원의 사용이 가능하거나(어떤 제약조건이 완화되는 것을 의미) 또는 만일 자원이 감소된다면(어떤 제약조건이 엄격해 지는 것을 의미) 최적해에서의 목적함수 값이 어떻게 되는지에 대해 알고 싶은 것이다

최적설계에서 라그랑지 승수 $(\mathbf{v}^*, \mathbf{u}^*)$는 이러한 민감도 문제에 대한 해답을 제공한다는 것은 알려진 사실이다. 또한 이 질문에 대해 검토해 보면 실제의 응용에서 매우 유용한 라그랑지 승수의 물리적 의미를 파악할 수 있게 된다. 이러한 해석은 또한 어떤 이유로 "≤형" 제약조건에 대한 라그랑지 승수가 음수가 되어서는 안 되는지 증명할 수 있다.

제약조건 한계의 변화에 따른 목적함수의 변화를 논의하기 위해 다음과 같이 수정된 문제를 생각해 보자.

최소화

$$f(\mathbf{x}) \tag{4.54}$$

제약조건

$$h_i(\mathbf{x}) = b_i; \quad i = 1 \text{ to } p \tag{4.55}$$

$$g_j(\mathbf{x}) \le e_j; \quad j = 1 \text{ to } m \tag{4.56}$$

여기서 b_i와 e_j는 0 근방에서의 매우 작은 변화량이다. 변형된 문제의 최적해는 분명히 벡터 $\mathbf{b}$와 $\mathbf{e}$에 좌우된다. 즉, 최적해는 $\mathbf{b}$와 $\mathbf{e}$의 함수이고, $\mathbf{x}^* = \mathbf{x}^*(\mathbf{b}, \mathbf{e})$로 쓸 수 있다. 또 최적해에서의 목적함수 값도 $\mathbf{b}$와 $\mathbf{e}$에 좌우되어 $f^* = f^*(\mathbf{b}, \mathbf{e})$이다. 그러나 $\mathbf{b}$와 $\mathbf{e}$에 관한 설계변수나 목적함수의 명확한 함수관계를 알 수 없다. 즉, 식 f^*를 b_i와 e_j의 항으로 표시할 수 없다. 다음의 정리는 편도함수 $\partial f^*/\partial b_i$와 $\partial f^*/\partial e_j$를 구할 수 있는 방법을 제공한다.

정리 4.7   제약조건 변화의 민감도 정리

$f(\mathbf{x})$와 $h_i(\mathbf{x})$, $i = 1, \ldots, p$, $g_j(\mathbf{x})$, $j = 1, \ldots, m$은 연속적으로 두 번 미분 가능하다고 가정하자. $\mathbf{x}^*$는 정상점으로서 라그랑지 승수 v_i^* 및 u_j^*와 함께 식 (4.35)~(4.37)에서 정의한 문제에 대한 격리된 국소적 최소점에서 KKT 필요조건과 충분조건 모두를 만족한다고 하자.

만일 각 $g_j(\mathbf{x}^*)$에 대해 $u_j^* > 0$가 성립하면 식 (4.54)~(4.56)에서 정의한 수정된 최적화 문제의 해 $\mathbf{x}^*(\mathbf{b}, \mathbf{e})$는 $\mathbf{b} = \mathbf{0}$과 $\mathbf{e} = \mathbf{0}$의 근방에서 $\mathbf{b}$와 $\mathbf{e}$에 관하여 연속적으로 미분가능한 함수가 된다. 또한 다음을 얻을 수 있다.

$$\frac{\partial f^*}{\partial b_i} = \frac{\partial f(\mathbf{x}^*(\mathbf{0},\mathbf{0}))}{\partial b_i} = -v_i^*; \quad i = 1 \text{ to } p \tag{4.57}$$

$$\frac{\partial f^*}{\partial e_j} = \frac{\partial f(\mathbf{x}^*(\mathbf{0},\mathbf{0}))}{\partial e_j} = -u_j^*; \quad j = 1 \text{ to } m \tag{4.58}$$

목적함수에서의 일계 변화량

이 정리를 이용하면 우변의 제약조건의 매개변수 b_i 및 e_j에 관한 목적함수 f^*의 내재적 1계 도함수를 계산할 수 있다. 미분값은 b_i와 e_j가 변화할 때 목적함수의 변화를 계산하는 데 사용할 수 있다. 이 정리는 부등호제약조건이 "≤형"으로 표시되는 경우에만 적용할 수 있다는 것을 주의하라. 이 정리를 이용하면 제약조건의 우변을 0의 근처에서 조절하기로 했을 때 목적함수의 변화량을 추정할 수 있다. 이를 위하여 목적함수를 b_i와 e_j에 대해 테일러 급수 전개를 한다. i번째 등호제약조건과 j번째 부등호제약조건의 b_i 및 e_j를 변화시키고 싶다고 가정하자. $b_i = 0$과 $e_j = 0$에 관한 목적함수 $f(b_i, e_j)$의 1계 테일러 급수 전개는 다음과 같다.

$$f(b_i, e_j) = f^*(0,0) + \frac{\partial f^*(0,0)}{\partial b_i} b_i + \frac{\partial f^*(0,0)}{\partial e_j} e_j \tag{4.59}$$

또는, 여기에 식 (4.57), (4.58)을 대입하여 다음을 얻는다.

$$f(b_i, e_j) = f^*(0,0) - v_i^* b_i - u_j^* e_j \tag{4.60}$$

여기서 $f(0, 0)$은 $b_i = 0$과 $e_j = 0$으로 구한 최적의 목적함수 값이다. 식 (4.60)을 이용하면, 작은 변화량 b_i와 e_j에 의한 목적함수의 1계 변화량 δ_f는 다음과 같이 구해진다.

$$\delta f^* = f(b_i, e_j) - f^*(0,0) = -v_i^* b_i - u_j^* e_j \tag{4.61}$$

주어진 값 b_i와 e_j에 대하여 식 (4.60)으로부터 새로운 목적함수를 추정할 수 있다. 또한 라그랑지 승수의 물리적 의미의 해석을 위해 식 (4.60), (4.61)을 이용할 수 있다. 라그랑지 승수는 어떤 제약조건을 완화시켜 얻은 혜택이나 또는 그 제약조건을 엄격하게 하는 데 관계한 벌칙을 정량적으로 제공한다는 것을 알 수 있다. 완화란 의미는 유용집합의 확대이며 엄격하게 한다는 것은 그 반대이다.

보다 많은 제약조건들의 우변을 변경하고 싶다면 그들을 식 (4.61)에 포함시켜 다음과 같이 목적함수의 변화량을 얻을 수 있다.

$$\delta f^* = -\sum v_i^* b_i - \sum u_j^* e_j \tag{4.62}$$

정리 4.7의 조건들이 만족되지 않을 경우 식 (4.57)과 (4.58)의 내재적 도함수의 존재가 배제되는 것은 아니다. 즉, 그 도함수는 존재할 수 있지만 그 존재가 정리 4.7에 의해 보장되지 않는다는 것이다.

이 내용은 4.9.2절의 예제를 통해 다룰 것이다.

라그랑지 승수의 비음수성

식 (4.61)은 "≤형"의 제약조건에 대응하는 라그랑지 승수는 음이 아니어야 한다는 것을 증명하는 데도 이용할 수 있다. 이 상황을 보기 위해 최적점에서 활성제약조건($g_j = 0$)인 부등호제약조건 $g_j \leq 0$을 완화시켜 보자. 즉, 식 (4.56)에서 $e_j > 0$을 선택하자. 제약조건이 완화되면 설계문제의 유용영역은 확장된다. 후보 최소점이 될 수 있는 유용 설계점이 많아지게 된 것이다. 그러므로 확장된 유용영역을 포함한 영역에서 최적의 목적함수가 보다 더 감소하거나 최소한 그 값으로 유지하기를 기대한다(예제 4.33). 식 (4.61)로부터 $u_j^* < 0$이면, 제약조건이 완화($e_j > 0$)되면 목적함수가 증가(즉, $\delta f^* = -u_j^* e_j > 0$)하게 되는 것을 발견할 수 있다. 이 현상은 제약조건을 완화하였음에도 불구하고 어떤 벌칙으로 작용하고 있으므로 모순이다. 그러므로 "≤형"의 부등호제약조건에 대응하는 라그랑지 승수는 음이 아니어야 한다.

예제 4.33	최적의 목적함수에 미치는 제약조건 한계의 변동의 영향

제약조건 변화의 민감도 정리 사용법을 설명하기 위해 예제 4.31에서 풀었던 다음과 같은 문제를 고려하고

제약조건 한계값 변화에 대한 영향을 논의해보자.

최소화

$$f(x_1, x_2) = x_1^2 + x_2^2 - 3x_1x_2 \qquad \text{(a)}$$

제약조건

$$g(x_1, x_2) = x_1^2 + x_2^2 - 6 \leq 0 \qquad \text{(b)}$$

풀이

이 문제의 도해는 그림 4.17과 같다. 필요조건과 충분조건을 만족하는 점은 다음과 같다.

$$x_1^* = x_2^* = \sqrt{3},\, u^* = \frac{1}{2},\, f(x^*) = -3 \qquad \text{(c)}$$

제약조건의 우변을 0에서 e로 변화시켰을 때 어떤 현상이 발생하는지 살펴보자. 제약조건 $g(x_1, x_2) \leq 0$ 은 그림 4.17과 같이 중심 (0, 0)이고 반경이 $\sqrt{6}$인 원의 유용영역을 갖는다. 그러므로 제약조건 우변의 변화는 원의 반지름을 변화시킨다.

정리 4.7로부터 다음을 얻는다.

$$\frac{\partial f(x^*)}{\partial e} = -u^* = -\frac{1}{2} \qquad \text{(d)}$$

만일 $e = 1$로 설정하고 식 (4.60)을 이용하면 새로운 목적함수 값이 약 –3 + (–1/2)(1) = –3.5 정도가 된다. 이것은 새로운 유용집합의 관찰로 내릴 수 있는 결론과 일치하는데, 그 이유는 $e = 1$일 때 원의 반경은 $\sqrt{7}$이 되며 유효영역은 확장되기 때문이다(그림 4.17 참조). 그러므로 목적함수의 감소를 기대할 수 있다.

만일 $e = -1$로 설정하면 앞의 결과와는 반대의 효과가 나타난다. 즉 유용영역은 축소되고 식 (4.60)을 이용하면 목적함수는 –2.5로 증가한다.

라그랑지 승수의 실용적인 사용

이상의 논의와 예제를 통해 최적해에서의 라그랑지 승수는 해당 문제에 관한 매우 유용한 정보를 제공한다는 것을 알 수 있다. 설계자는 활성제약조건들에 대한 승수의 크기를 비교할 수 있다. 비교적 큰 값의 승수를 갖는다는 것은 이 승수에 대응하는 제약조건이 변할 경우 최적의 목적함수 값에 지대한 영향을 준다는 것을 의미한다. 라그랑지 승수의 값이 크면 클수록 대응하는 제약조건을 완화시키면 이익이 더욱 많아지게 되거나 또는, 대응하는 제약조건을 엄격하게 하면 더 많은 벌칙이 부과되게 한다. 설계자가 이러한 사실을 알면 목적함수에 지대한 영향을 미치는 제약조건들을 선택할 수 있고, 그 다음엔 이 제약조건들을 완화시켜 최적의 목적함수 값이 얼마나 감소되는지를 해석할 수 있다.

4.7.2 라그랑지 승수에 목적함수 척도가 미치는 효과

최적화 문제에서 목적함수에 양의 상수가 곱해져 있는 경우가 많이 있다. 4.4.3절에서 언급한 바와 같이 목적함수를 척도화해도 최적점을 변화시키지 않는다. 그렇지만 이는 최적해의 목적함수 값은 변하게 한다. 또한 척도화는 제약조건 함수의 우변에 있는 매개함수에 관한 식 (4.57)과 식 (4.58)의 내재적 도함수 값에 영향을 준다. 이 식들로부터 모든 라그랑지 승수들 역시 동일한 상수로 곱해진다는 것을 알 수 있다.

u_j^* 및 v_i^*가 각각 부등호제약조건과 등호제약조건에 대한 라그랑지 승수라 하고, $f(\mathbf{x}^*)$를 최적해 $\mathbf{x}^*$에서의 최적의 목적함수 값이라 하자. $K > 0$인 상수에 대해 목적함수가 $\bar{f}(\mathbf{x}) = Kf(\mathbf{x})$와 같이 척도화되고, 이렇게 척도화된 목적함수를 갖는 변경된 문제에서 부등호제약조건과 등호제약조건에 대응하는 라그랑지 승수를 각각 $\bar{u}_j^*$ 및 $\bar{v}_i^*$라고 하자. 그때 변경된 문제의 최적해는 여전히 $\mathbf{x}^*$이다. 그러나 두 문제의 라그랑지 승수는 다른 값을 가진다. 라그랑지 승수의 관계는 KKT 필요조건을 이용하여 유도할 수 있으며 다음과 같이 얻을 수 있다.

$$\bar{u}_j^* = Ku_j^* \quad \text{and} \quad \bar{v}_i^* = Kv_i^* \tag{4.63}$$

따라서 모든 라그랑지 승수는 동일한 계수 K로 척도화된다. 예제 4.34는 목적함수의 척도화가 라그랑지 승수에 미치는 영향을 설명해 주는 문제이다.

예제 4.34 **목적함수의 척도화에 따른 라그랑지 승수의 영향**

표준 형식으로 표현된 예제 4.31을 생각해 보자.

최소화

$$f(\mathbf{x}) = x_1^2 + x_2^2 - 3x_1x_2 \tag{a}$$

제약조건

$$g(\mathbf{x}) = x_1^2 + x_2^2 - 6 \leq 0 \tag{b}$$

목적함수를 상수 $K > 0$로 척도화시켰을 때 최적해에 대한 영향을 조사하라.

풀이

이 문제에 대한 도해는 그림 4.17에 표시하였다. 필요조건과 충분조건을 모두 만족하는 점은 다음과 같다.

$$x_1^* = x_2^* = \sqrt{3}, \, u^* = \frac{1}{2}, \, f(\mathbf{x}^*) = -3 \tag{c}$$

$$x_1^* = x_2^* = -\sqrt{3}, \, u^* = \frac{1}{2}, \, f(\mathbf{x}^*) = -3 \tag{d}$$

축척화된 문제를 KKT 조건을 이용하여 풀어보자. 라그랑지 함수는 다음과 같이 구해진다(문자위의 ¯표시는 변동된 문제에 대한 것임).

$$L = K(x_1^2 + x_2^2 - 3x_1x_2) + \bar{u}(x_1^2 + x_2^2 - 6 + \bar{s}^2) \tag{e}$$

필요조건은 다음과 같다.

$$\frac{\partial L}{\partial x_1} = 2Kx_1 - 3Kx_2 + 2\bar{u}x_1 = 0 \tag{f}$$

$$\frac{\partial L}{\partial x_2} = 2Kx_2 - 3Kx_1 + 2\bar{u}x_2 = 0 \tag{g}$$

$$x_1^2 + x_2^2 - 6 + \bar{s}^2 = 0; \quad \bar{s}^2 \geq 0 \tag{h}$$

$$\bar{u}\bar{s} = 0, \quad \bar{u} \geq 0 \tag{i}$$

예제 4.31에서와 마찬가지로 $\bar{s} = 0$일 때 후보 최소점이 얻어진다. 식 (f)~(h)를 풀면 다음과 같은 두 개의 KKT점을 얻는다.

$$x_1^* = x_2^* = \sqrt{3}, \bar{u}^* = K/2, \bar{f}(x^*) = -3K \tag{j}$$

$$x_1^* = x_2^* = -\sqrt{3}, \bar{u}^* = K/2, \bar{f}(x^*) = -3K \tag{k}$$

따라서 이 값들을 예제 4.31에서 구한 값과 비교해 보면 $\bar{u}^* = Ku^*$라는 것을 알 수 있다.

4.7.3 라그랑지 승수에 대한 제약조건 척도화의 영향

제약조건을 양의 상수로 척도화시키는 경우가 많다. 이러한 제약조건의 척도화가 대응하는 라그랑지 승수에 미치는 영향을 파악해 보자.

제약조건의 척도화는 제약조건의 경계를 변화시키지 않는다는 것을 주의하라. 따라서 제약조건의 척도화는 최적해에 영향을 미치지는 않는다. 단지 척도화시킨 제약조건의 라그랑지 승수만이 영향을 받는다. 식 (4.57)과 (4.58)에서 제약조건의 우변의 매개변수에 대한 목적함수의 내재적 도함수를 살펴보면, 척도화된 제약조건에 대한 라그랑지 승수가 척도 매개변수로 나누어진 것을 발견할 수 있다.

$M_j > 0$과 P_i를 j번째 부등호제약조건과 i번째 등호제약조건에 대한 척도 매개변수($\bar{g}_j = M_j g_j$, $\bar{h}_i = P_i h_i$)라 하고, u_j^*와 v_i^* 및 $\bar{u}_j^*$와 $\bar{v}_i^*$를 각각 원래의 제약조건과 척도화된 제약조건에 대응하는 라그랑지 승수라고 하자. 그 다음, 원래 문제와 척도화된 문제에 대한 KKT 조건들을 비교하여 얻어진 라그랑지 승수들은 다음의 관계식을 만족한다.

$$\bar{u}_j^* = \frac{u_j^*}{M_j} \quad \text{and} \quad \bar{v}_i^* = \frac{v_i^*}{P_i} \tag{4.64}$$

예제 4.35는 라그랑지 승수에 대한 척도화된 제약조건의 영향을 파악하는 문제이다.

예제 4.35 **라그랑지 승수에 대한 제약조건 척도화의 영향**

예제 4.31을 고려하고 부등호제약조건에 상수 $M > 0$을 곱했을 때의 영향을 조사하라.

풀이

척도화시킨 후의 문제에 대한 라그랑지 함수는 다음과 같다.

$$L = x_1^2 + x_2^2 - 3x_1x_2 + \overline{u}[M(x_1^2 + x_2^2 - 6) + \overline{s}^2] \tag{a}$$

KKT 조건은 다음과 같다.

$$\frac{\partial L}{\partial x_1} = 2x_1 - 3x_2 + 2\overline{u}Mx_1 = 0 \tag{b}$$

$$\frac{\partial L}{\partial x_2} = 2x_2 - 3x_1 + 2\overline{u}Mx_2 = 0 \tag{c}$$

$$M(x_1^2 + x_2^2 - 6) + \overline{s}^2 = 0; \ \overline{s}^2 \geq 0 \tag{d}$$

$$\overline{u}\,\overline{s} = 0, \ \overline{u} \geq 0 \tag{e}$$

예제 4.31에서와 같이 $\overline{s} = 0$인 경우에만 후보 최적점이 구해지며, 그 경우를 풀면 다음과 같은 두 개의 KKT점을 얻는다.

$$x_1^* = x_2^* = \sqrt{3}, \overline{u}^* = \frac{1}{2M}, f(\mathbf{x}^*) = -3 \tag{f}$$

$$x_1^* = x_2^* = -\sqrt{3}, \overline{u}^* = \frac{1}{2M}, f(\mathbf{x}^*) = -3 \tag{g}$$

따라서 예제 4.31의 해와 비교하면 $\overline{u}^* = u^*/M$이라는 것을 알 수 있다.

4.7.4 제약조건 변화 민감도 결과의 일반화

복잡한 방법으로 제약조건 식에 포함되어 있는 매개변수에 관해 다수의 변화를 기대한다. 그러므로 식 (4.57)과 (4.58)에서 주어진 민감도 식을 일반화할 필요가 있다. 다음 단락에서는 단지 부등호제약조건에 대한 일반화를 추구한다. 등호제약조건도 유사한 방법(예제 4.24에서 식 (l)을 참조할 것)으로 취급할 수 있다. 부등호제약조건에 대한 최적의 목적함수의 민감도는 다음과 같이 구해진다.

$$\frac{\partial f(\mathbf{x}^*)}{\partial g_j} = u_j^*, \ j = 1 \text{ to } m \tag{4.65}$$

만일 제약조건 함수가 $g_j(s)$와 같이 매개변수 s에 의존한다면, 매개변수 s에 대한 변화는 다음과 같이 미분의 연쇄법칙을 이용하여 표현할 수 있다.

$$\frac{df(\mathbf{x}^*)}{ds} = \frac{\partial f(\mathbf{x}^*)}{\partial g_j}\frac{dg_j}{ds} = u_j^*\frac{dg_j}{ds} \tag{4.66}$$

그러므로 매개변수 s에서 작은 변화 δs에 의한 목적함수의 변화는 다음과 같다.

$$\delta f^* = \frac{df}{ds}\delta s = u_j^*\frac{dg_j}{ds}\delta s \tag{4.67}$$

이러한 작은 변화를 목적함수로 표현하는 또 다른 방법은 식 (4.65)를 이용하여 제약조건 함수 자신을 변화시키는 항으로 표현하는 것으로 다음과 같이 쓸 수 있다.

$$\delta f^* = \frac{\partial f}{\partial g_j}\delta g_j = u_j^* \delta g_j \tag{4.68}$$

때때로 단지 우변 e_j만이 매개변수 s에 종속적이 된다. 이런 경우에는 s에 대한 목적함수 f의 민감도 (s에 대한 f의 미분)는 미분의 연쇄법칙을 이용하여 식 (4.57)로부터 다음과 같이 직접 얻을 수 있다.

$$\frac{df(\mathbf{x}^*)}{ds} = \frac{\partial f(\mathbf{x}^*)}{\partial e_j}\frac{de_j}{ds} = -u_j^* \frac{de_j}{ds} \tag{4.69}$$

4.8   전역적 최적성

시스템의 최적설계 시 해의 전역적 최적성에 대한 질문이 항상 대두된다. 일반적으로 만족할 만한 해답을 얻는 것은 어렵다. 그러나 다음과 같은 두 가지 방법으로 해답을 제시하고자 한다.

1. 만일 목적함수 $f(\mathbf{x})$가 닫혀있고 유계인 유용집합에서 연속이라고 하면, 바이어슈트라스 이론 4.1은 전역적 최소의 존재를 보장한다. 그러므로 만일 해당 문제에 대한 모든 국소적 최소점을 구할 수 있으면, 그중에 목적함수가 최소가 되게 하는 점을 그 함수의 전역적 최소로 선택할 수 있다. 이를 유용 설계공간에서의 **전체 탐색**이라고 한다.
2. 만일 최적화 문제가 볼록하다고 밝혀지면, 그때의 어떠한 국소적 최소는 또한 전역적 최소가 된다. 또한 이 경우에 KKT 필요조건은 최소점에 대한 충분조건뿐만 아니라 필요조건이 된다.

두 가지 방법 모두 실질적인 컴퓨터 계산을 수반할 수 있다. 첫 번째 방법은 16장에 설명되어 있다. 이 절에서는 두번째 방법을 채택하고 볼록성과 볼록계획법 문제의 주제에 대해 논의한다. 이러한 문제는 볼록집합과 볼록함수의 형태로 정의할 수 있는데, 명확히 말하면 유용집합과 목적함수의 볼록성으로 정의할 수 있다. 따라서 이러한 개념들을 소개하고 전역적 최적해에 관한 결과를 논의할 것이다.

4.8.1 볼록집합

볼록집합 S는 다음의 성질을 갖는 점들(벡터 $\mathbf{x}$)의 집합이다. 만일 P_1과 P_2가 S 내의 임의의 점이라면 선분 P_1-P_2 역시 S 내에 존재한다. 이것이 집합 S의 볼록성에 대한 필요조건과 충분조건이다. 그림 4.19는 볼록집합과 비볼록집합의 몇 가지 예를 보여주고 있다.

볼록집합을 보다 자세히 설명하기 위해 x축을 따른 직선 상의 점들을 생각해 보자(그림 4.20). 이 직선 상의 임의의 구간에 있는 점들은 볼록집합에 해당한다. 그림 4.20과 같이 점 a와 점 b 사이 구간을 생각해 보자. 이 구간이 볼록집합이 되는 것을 보이기 위해 x_1과 x_2가 구간 내의 두 점이라고 하자. 두 점 사이의 선분은 다음과 같이 표현된다.

$$x = \alpha x_2 + (1-\alpha)x_1; \quad 0 \le \alpha \le 1 \tag{4.70}$$

이 식에서 $\alpha = 0$일 때 $x = x_1$이고, $\alpha = 1$일 때 $x = x_2$이다. 식 (4.70)에서 정의된 선분은 구간 [a,

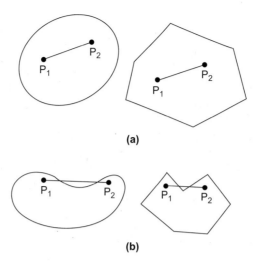

(a)

(b)

그림 4.19   (a) 볼록집합, (b) 비볼록집합

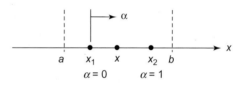

그림 4.20   직선 상의 a와 b 사이의 볼록 구간

$b]$ 안에 있는 것이 분명하다. 전체 선분은 a와 b 사이의 직선상에 존재한다. 따라서 a와 b 사이의 점들의 집합은 볼록집합이다.

일반적으로 n차원 공간에 대해 임의의 두 점 $\mathbf{x}^{(1)}$와 $\mathbf{x}^{(2)}$의 사이의 선분은 다음과 같이 표현할 수 있다.

$$\mathbf{x} = \alpha\mathbf{x}^{(2)} + (1-\alpha)\mathbf{x}^{(1)}; \quad 0 \le \alpha \le 1 \tag{4.71}$$

식 (4.71)은 식 (4.70)을 일반화한 것이고, 점 $\mathbf{x}^{(1)}$와 $\mathbf{x}^{(2)}$ 사이의 선분의 매개변수식 표현이라고 한다. 만일 식 (4.71)의 전체 선분이 집합 S 내에 존재한다면 이는 볼록집합이다. 예제 4.36은 어떤 집합에 대하여 볼록성을 검토하는 문제이다.

예제 4.36   **집합의 볼록성 검토**

다음 집합의 볼록성을 검토해보자.

$$S = \{\mathbf{x} \mid x_1^2 + x_2^2 - 1.0 \le 0\} \tag{a}$$

집합 S를 도해적으로 검토하기 위해 먼저 그림 4.21에서와 같이 중심이 $(0, 0)$이고 반지름 1인 원으로 표시되는 등호제약조건을 그린다. 원 상이나 내부의 점은 S 내에 존재한다. 기하학적으로 원 내부의 임의의 두 점에 대해 이들 사이의 선분 역시 원의 내부에 존재한다. 따라서 S는 볼록집합이다.

또한 식 (4.71)을 이용하여 S의 볼록성을 증명할 수 있다. 이것을 위해 S 내의 임의의 두 점 $\mathbf{x}^{(1)}$와 $\mathbf{x}^{(2)}$를 선택한다. $\mathbf{x}$를 계산하기 위한 식 (4.71)과, $\mathbf{x}^{(1)}$ 및 $\mathbf{x}^{(2)}$사이의 거리는 음수가 아니라는 조건(즉, $\|\mathbf{x}^{(1)} - \mathbf{x}^{(2)}\| \geq 0$)을 이용하면 $\mathbf{x} \in S$가 되는 것을 보일수 있다. 이것으로부터 S의 볼록성을 증명할 수 있고 예제에서 취급할 것이다.

만일 앞의 집합 S가 부등호를 바꾸어 $x_1^2 + x_2^2 - 1.0 \geq 0$로 정의된다면 유용집합 S는 원의 외부점으로 구성이 될 것이다. 이 집합은 내부에 존재하는 임의의 두 점에 의해 정의된 식 (4.71)의 선분의 전체가 집합 내에 존재하지 않기 때문에 분명히 비볼록이다.

4.8.2 볼록함수

단일변수 함수 $f(x) = x^2$을 생각해보자. 이 함수의 그래프를 그림 4.22에 표시하였다. 만일 어떤 직선이 곡선 상의 임의의 두 점 $(x_1, f(x_1))$과 $(x_2, f(x_2))$의 사이에서 작성되었다면 이 선은 점 x_1와 x_2사이의 모든 점에서 $f(x)$ 곡선 위에 놓여 있게 된다. 이러한 성질이 볼록함수의 특징이다.

단일변수를 갖는 볼록함수 $f(x)$가 볼록집합 상에서 정의된다. 즉, 독립변수 x는 볼록집합 내에 있어야만 한다. 만일 함수의 그래프가 곡선 $f(x)$ 상의 임의의 두 점과 만나는 선 아래에 있다면, 함수 $f(x)$는 볼록집합 S 상에서 볼록이라고 한다. 볼록함수의 기하학적 설명을 그림 4.23에 표시하였다. 기하학적 특징을 이용하면 볼록함수에 대한 앞에서의 정의를 부등호로 표현할 수 있다.

$$f(x) \leq \alpha f(x_2) + (1-\alpha)f(x_1) \tag{4.72}$$

$x = \alpha x_2 + (1 - \alpha)x_1$이므로 부등호제약조건은 다음과 같이 된다.

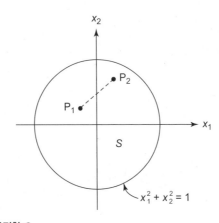

그림 4.21　예제 4.36의 볼록집합 S

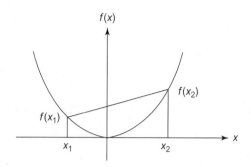

그림 4.22 볼록함수 $f(x) = x^2$

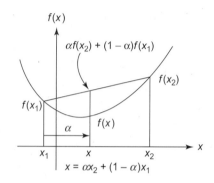

그림 4.23 볼록함수의 특징

$$f(\alpha x_2 + (1-\alpha)x_1) \le \alpha f(x_2) + (1-\alpha)f(x_1) \quad \text{for} \quad 0 \le \alpha \le 1 \tag{4.73}$$

일변수 볼록함수에 대한 앞의 정의는 n변수 함수로 일반화시킬 수 있다. 볼록집합 S 상에 정의된 함수 $f(\mathbf{x})$는 S 내에서 임의의 두 점 $\mathbf{x}^{(1)}$과 $\mathbf{x}^{(2)}$에 대하여 다음의 부등 방정식을 만족하면 볼록이다.

$$f(\alpha \mathbf{x}^{(2)} + (1-\alpha)\mathbf{x}^{(1)}) \le \alpha f(\mathbf{x}^{(2)}) + (1-\alpha)f(\mathbf{x}^{(1)}) \quad \text{for} \quad 0 \le \alpha \le 1 \tag{4.74}$$

볼록집합 S는 볼록성 조건을 만족하는 n차원 공간에서의 영역이라는 것을 주의하라. 식 (4.73)과 (4.74)는 함수의 볼록성에 대한 **필요충분조건**을 제공한다. 그렇지만 그러한 조건들은 무한히 많은 점을 검토해야 하기 때문에 실제로 이용하는 것은 어렵다. 다행스럽게도 다음의 정리가 함수의 볼록성을 검토하는 데 보다 쉬운 방법을 제공해 주고 있다.

정리 4.8 함수의 볼록성에 대한 검토

만일 n변수 함수 $f(x_1, x_2, \ldots, x_n)$의 헷세행렬이 집합 S 내의 모든 점에서 **양반정**이거나 양정이라면 볼록집합 S상에서 정의된 그 함수는 볼록이다(즉, 필요충분조건임). 만일 유용집합의 모든 점에서 헷세행렬이 양정이라면 f는 순볼록함수(strict convex function)라고 한다(이 설명의 역은 성립되지 않는다. 어떤 순볼록함수는 일부 점들에서 양반정 헷세행렬만을 가질수도 있다. 예를 들어 $f(x) = x^4$는 순볼록함수지만 $x = 0$에서의 이계 미분은 0이다).

정리 4.8의 헷세행렬 조건은 필요조건과 충분조건의 두 가지에 관한 것임을 주의하라. 즉, 만일 집합 S의 모든 점에서 함수의 헷세행렬이 적어도 양반정이 아니라면 그 함수는 볼록이 아니다. 그러므로 만일 함수의 헷세행렬이 집합 S의 일부 점에서 양정이나 양반정이 아니라면, 그 함수는 정리 4.8의 조건을 위배하므로 볼록이 아니다.

1차원 문제에서 볼록성 검토에 대한 이 정리는 함수의 이차 미분이 음수가 되어서는 안 된다는 조건으로 귀결된다. 음의 곡률을 갖지 않는 함수의 그래프를 그림 4.22와 4.23에 표시하였다. 이 정리는 함수 $f(\mathbf{x})$에 대한 테일러 급수 전개를 하고 식 (4.73)과 (4.74)의 정의를 이용하면 증명이 가능하다.

예제 4.37과 4.38은 함수의 볼록성 검토를 파악하는 문제이다.

예제 4.37 함수의 볼록성 검토

$$f(\mathbf{x}) = x_1^2 + x_2^2 - 1 \tag{a}$$

풀이

함수의 영역(x_1과 x_2의 모든 값)은 볼록이다. 함수의 경사도 벡터와 헷세행렬은 다음과 같다.

$$\nabla f = \begin{bmatrix} 2x_1 \\ 2x_2 \end{bmatrix}, \quad \mathbf{H} = \begin{bmatrix} 2 & 0 \\ 0 & 2 \end{bmatrix} \tag{b}$$

정리 4.2와 4.3($M_1 = 2$, $M_2 = 4$, $\lambda_1 = 2$, $\lambda_2 = 2$)에서 주어진 두 가지 점검법 중 어느 방법을 이용해도 $\mathbf{H}$는 모든 점에서 양정이라는 것을 알 수 있다. 그러므로 f는 순볼록함수다.

예제 4.38 함수의 볼록성 검토

$$f(\mathbf{x}) = 10 - 4x + 2x^2 - x^3 \tag{a}$$

풀이

함수의 이차 미분은 $d^2 f / dx^2 = 4 - 6x$. 이 함수가 볼록이기 위해서는 $d^2 f / dx^2 \geq 0$이어야 한다. 따라서 함수의 영역은 $4 - 6x \geq 0$ 또는 $x \leq 2/3$일 경우에만 볼록이 된다. 따라서 볼록성 점검을 함으로써 실제로 볼록하게 되는 함수에 대한 영역을 정의하게 된다. 이 함수를 그림 4.24에 표시하였다. 이 함수는 $x \leq 2/3$에서는 볼록하게 되고 $x \geq 2/3$에서는 오목하게 되는 것을 알 수 있다(만일 $-f(x)$가 볼록이면 함수 $f(x)$는 오목이다).

4.8.3 볼록계획법 문제

만일 함수 $g_i(\mathbf{x})$이 볼록이라면 집합 $g_i(\mathbf{x}) \leq e_i$은 볼록이다. 여기서 e_i는 임의의 상수다. 만일 함수 $g_i(\mathbf{x})$, $i = 1, \ldots, m$이 볼록이라면, $g_i(\mathbf{x}) \leq e_i, i = 1, \ldots, m$으로 정의된 집합 또한 볼록이다. 집합 $g_i(\mathbf{x})$

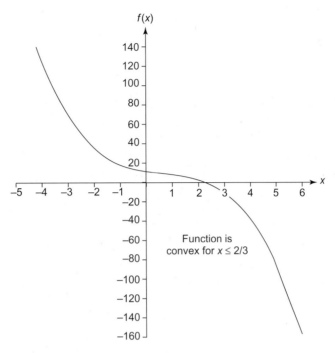

그림 4.24 예제 4.38의 $f(x) = 10 - 4x + 2x^2 - x^3$ 함수에 대한 그래프

$\leq e_i$, $i = 1, \dots, m$은 각각의 제약조건인 $g_i(\mathbf{x}) \leq e_i$에 의해 정의된 집합들의 공통영역이다. 그러므로 볼록집합들의 공통영역도 볼록집합이 된다. 볼록집합의 교차점은 볼록집합이다. 함수와 집합의 볼록성을 정리 4.9를 이용해 관련성을 이해할 수 있다.

정리 4.9　**볼록함수와 볼록집합**

유용집합 S가 식 (4.35)~(4.37)의 표준 형식으로 주어진 일반적인 최적화 문제의 제약조건에 의해 다음과 같이 정의되었다고 하자.

$$S = \{ \mathbf{x} \mid h_i(\mathbf{x}) = 0, i = 1 \text{ to } p; \quad g_j(\mathbf{x}) \leq 0, j = 1 \text{ to } m \} \tag{4.75}$$

그때 만일 함수 g_j가 볼록이고 함수 h_i가 선형이라면 S는 볼록집합이다.

　　예제 4.36의 집합 S는 볼록함수에 의해 정의되므로 볼록이다. 만일 문제에서 비선형 등호제약조건 $h_i(\mathbf{x}) = 0$이 있다면, 그때의 유용집합 S는 항상 볼록이 되지 않는 것을 이해해야 한다. 이것은 볼록집합의 정의로부터 쉽게 알 수 있다. 어떤 등호제약조건에 대해 집합 S는 표면 $h_i(\mathbf{x}) = 0$ 상에 놓인 점들의 집합이다. 만일 표면 위의 임의의 두 점을 선택한다면, 그 두 점을 연결하는 직선은 면 위에 존재할 수 없다. 그렇지 않다면 그 표면은 평면이다(선형 등호제약조건). 그러므로 어떠한 비선형 등호제약조건에 의해 정의된 유용집합은 언제나 볼록이 아니다. 반면에 선형 등호제약조건이나 선형 부등호제약조건에 의해 정의된 유용집합은 언제나 볼록이 된다.

만일 최적설계 문제에서 모든 부등호제약조건 함수가 볼록이고, 모든 등호제약조건 함수가 선형이라면 그때의 유용집합 S는 정리 4.9에 의해 볼록이 된다. 만일 목적함수 또한 집합 S에서 볼록이라면, 우리가 알고 있는 볼록계획법 문제가 된다. 이러한 문제들은 KKT 필요조건이 또한 충분조건이 되고, 어떠한 국소적 최소도 전역적 최소가 된다는 매우 유용한 특성을 갖는다.

정리 4.9는 제약조건 함수가 볼록성이 보장이 안 된다고 해서 유용집합 S가 볼록이 될 수 없다는 것을 의미하지 않음을 명심해야 한다(즉, 필요충분조건이 아니다). 일부 문제에서는 제약조건 함수의 볼록성 검토에 실패하지만, 그럼에도 불구하고 유용영역이 볼록이 되는 경우가 있다. 따라서 이 정리의 조건은 문제의 볼록성에 대한 필요조건이 아니고 충분조건이다.

정리 4.10   전역적 최소

만일 $f(\mathbf{x}^*)$가 볼록 유용집합 S상에서 정의된 볼록함수 $f(\mathbf{x})$에 대한 국소적 최소라면, 이 값은 또한 전역적 최소다.

이 정리는 만일 문제의 함수가 볼록성 검토에 실패한다면, $\mathbf{x}^*$는 전역적 최소점이 될 수 없다는 것을 의미하는 것은 아님을 명심해야 한다. 이 점은 실제로 전역적 최소가 될 수도 있다. 그렇지만 정리 4.10을 이용하여 전역적 최적성을 요구할 수는 없다. 그런 경우에 전체탐색과 같은 방법을 이용하여 전역적 최적해를 찾을 수 있다. 또한 이 정리는 전역적 최소가 유일하게 존재하다는 것을 의미하는 것이 아님을 주의하라. 즉, 유용집합에서 모두 동일한 목적함수값을 갖는 다수의 최소점이 있을 수 있다. 예제 4.39~4.41을 통해 몇 개의 문제에 대한 볼록성을 검토할 것이다.

예제 4.39   문제의 볼록성 검토

최소화

$$f(x_1, x_2) = x_1^3 - x_2^3 \tag{a}$$

제약조건

$$x_1 \geq 0, \quad x_2 \leq 0 \tag{b}$$

풀이

식 (b)에서 두 개의 제약조건은 실제로 함수 $f(\mathbf{x})$에 대한 영역을 정의하고 있는데, 이것은 그림 4.25와 같이 평면의 제4분면이다. 이 영역은 볼록하다. f의 헷세행렬은 다음과 같이 얻어진다.

$$\mathbf{H} = \begin{bmatrix} 6x_1 & 0 \\ 0 & -6x_2 \end{bmatrix} \tag{c}$$

헷시안은 제약조건($x_1 \geq 0$, $x_2 \leq 0$)에 의해 정의된 영역에 걸쳐 양반정이나 양정이다. 그러므로 목적함수는 볼록이고 이 문제는 볼록문제이다. 만일 제약조건 $x_1 \geq 0$과 $x_2 \leq 0$이 부과되지 않는다면 목적함수는 모든 유용영역 x에 대해 볼록이 되지 않을 것이다. 이것을 그림 4.25에서 관찰할 수 있는데, 여기에 몇 개의

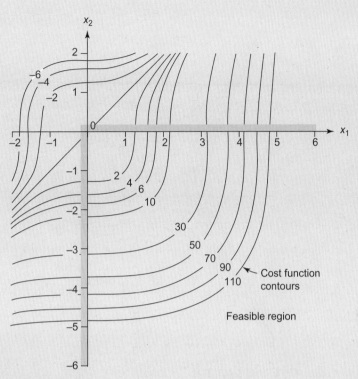

그림 4.25 예제 4.39의 도식적 표시

목적함수 등고선을 표시하였다. 즉, 헷세행렬이 양반정으로 될 수 있는 조건($6x_1 \geq 0$, $-6x_2 \geq 0$)으로 함수가 볼록이 되도록 하는 영역을 정의할 수 있다.

예제 4.40	문제의 볼록성 검토

최소화

$$f(x_1, x_2) = 2x_1 + 3x_2 - x_1^3 - 2x_2^2 \tag{a}$$

제약조건

$$x_1 + 3x_2 \leq 6, \quad 5x_1 + 2x_2 \leq 10, \quad x_1, x_2 \geq 0 \tag{b}$$

풀이

모든 제약조건 함수가 변수 x_1, x_2에 대해 선형이므로 이 문제의 유용영역은 볼록이다. 만일 목적함수 f 역시 볼록이면, 그때의 이 문제는 볼록문제가 된다. 목적함수의 헷세행렬은 다음과 같다.

$$\mathbf{H} = \begin{bmatrix} -6x_1 & 0 \\ 0 & -4 \end{bmatrix} \tag{c}$$

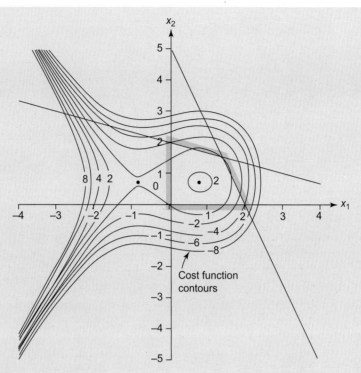

그림 4.26 예제 4.40의 도식적 표시

H의 고유값은 $-6x_1$과 -4이다. 첫 번째 고유값이 $x_1 \geq 0$에 대해 양의 값이 아니고, 두 번째 고유값은 음수이므로, 이 함수는 볼록이 아니므로(정리 4.8) 이 문제는 볼록계획법 문제로 분류될 수 없다. 국소적 최소의 전역적 최적성은 보장되지 않는다.

이 문제의 유용영역과 몇 개의 등비용 곡선을 그림 4.26에 표시하였다. 유용집합은 볼록이지만 목적함수는 그렇지 않다는 것을 알 수 있다. 즉, 이 문제는 다른 목적함수 값을 갖는 다수의 국소적 최소를 갖는 문제이다.

예제 4.41	문제의 볼록성 검토

최소화

$$f(x_1, x_2) = 9x_1^2 - 18x_1x_2 + 13x_2^2 - 4 \tag{a}$$

제약조건

$$x_1^2 + x_2^2 + 2x_1 \geq 16 \tag{b}$$

풀이

이 문제의 볼록성을 검토하기 위해 다음과 같이 제약조건을 표준 형식으로 쓸 수 있다.

$$g(x) = -x_1^2 - x_2^2 - 2x_1 + 16 \leq 0 \qquad \text{(c)}$$

$g(\mathbf{x})$의 헷세행렬은 다음과 같다.

$$\mathbf{H} = \begin{bmatrix} -2 & 0 \\ 0 & -2 \end{bmatrix} \qquad \text{(d)}$$

헷세행렬의 고유값은 −2(중근)이다. 헷세행렬은 양정도 아니고 양반정도 아니기 때문에, $g(\mathbf{x})$는 볼록이 아니다(사실 헷세행렬은 음정이므로 $g(\mathbf{x})$는 오목이다). 그러므로 이 문제는 볼록계획법 문제로 분류될 수 없으며, 해에 대한 전역적 최적성은 정리 4.10에 의해 보장되지 않는다.

4.8.4 제약조건의 변형

제약조건 함수는 원래의 함수와 등가가 되는 다른 형식으로 변형할 수 있다. 즉 이 문제에 대한 제약조건의 경계와 유용집합은 변하지 않지만, 함수의 형식은 변한다. 그렇지만 제약조건 함수의 변형은 볼록성 검토에 영향을 줄 수 있다. 변형된 제약조건 함수는 볼록성 검토에 실패할 수도 있다. 그렇지만 유용집합의 볼록성은 변형에 의해 영향을 받지 않는다.

변형의 영향을 살펴보기 위해 $x_1 > 0$, $x_2 > 0$과 함께 다음의 부등호제약조건을 고려해보자.

$$g_1 = \frac{a}{x_1 x_2} - b \leq 0 \qquad \text{(a)}$$

여기서 a와 b는 주어진 양수이다. 제약조건의 볼록성을 검토하기 위해 헷세행렬을 다음과 같이 계산할 수 있다.

$$\nabla^2 g_1 = \frac{2a}{x_1^2 x_2^2} \begin{bmatrix} \dfrac{x_2}{x_1} & 0.5 \\ 0.5 & \dfrac{x_1}{x_2} \end{bmatrix} \qquad \text{(b)}$$

앞 행렬의 선행 주소행렬식뿐만 아니라 두 개의 고유값 모두 명확히 양수이므로 이 행렬은 양정이고 제약조건 함수 g_1은 볼록이다. g_1에 대한 유용집합은 볼록이다.

제약조건에 $x_1 x_2$ ($x_1 > 0$, $x_2 > 0$이고 부등호 방향은 변경되지 않음)를 곱하여 변형하면 다음과 같이 된다.

$$g_2 = a - b x_1 x_2 \leq 0 \qquad \text{(c)}$$

제약조건 g_1과 g_2는 등가이며 이 문제에 대한 동일한 최적해를 제공할 것이다. 제약조건 함수의 볼록성을 검토하기 위해 다음과 같이 헷세행렬을 구할 수 있다.

$$\nabla^2 g_2 = \begin{bmatrix} 0 & -b \\ -b & 0 \end{bmatrix} \qquad \text{(d)}$$

위 행렬의 고유값은 $\lambda_1 = -b$와 $\lambda_2 = b$이다. 그러므로 이 행렬은 정리 4.2와 정리 4.8에 의해 부정이고, 제약조건 함수 g_2는 볼록이 아니다. 즉, 제약조건 함수의 볼록성을 상실하여 정리 4.9에 의해 유용집합이 볼록성이라고 주장할 수 없다. 이 문제는 볼록일 수 없기 때문에 볼록계획법 문제와 관련된 결과들을 이용할 수 없다.

4.8.5 볼록계획법 문제에 대한 충분조건

만일 문제의 볼록성을 확인할 수 있으면 필요조건의 어떠한 해도 자동적으로 충분조건을 만족한다 (예제 4.42 참조). 더욱이, 이 해는 전역적 최소가 된다. 4.4절의 절차를 따르면 해를 구할 때까지 식 (4.51)의 전환조건에 의해 정의되는 다양한 KKT 경우의 수를 고려해야 한다. 그 해가 **전역적 최적설계**를 찾게 되면 종료할 수 있다.

정리 4.11 볼록계획법 문제에 대한 충분조건

만일 $f(\mathbf{x})$가 볼록 유용집합상에서 정의된 볼록 목적함수라면, 그때의 일계 KKT 조건은 전역적 최소에 대한 충분조건뿐만 아니라 필요조건이 된다.

예제 4.42 문제의 볼록성 검토

예제 4.29를 다시 고려하고 그 문제의 볼록성을 검토하라.

최소화

$$f(\mathbf{x}) = (x_1 - 1.5)^2 + (x_2 - 1.5)^2 \tag{a}$$

제약조건

$$g(\mathbf{x}) = x_1 + x_2 - 2 \le 0 \tag{b}$$

풀이

KKT 필요조건은 $x_1^* = 1$, $x_2^* = 1$, $u^* = 1$의 후보 국소적 최소점을 산출한다. 제약조건 함수 $g(\mathbf{x})$는 선형이므로 볼록이다. 부등호제약조건 함수가 볼록이고 등호제약조건이 없으므로, 이 문제의 유용집합 S는 볼록이다. 목적함수에 대한 헷세행렬은 다음과 같다.

$$\mathbf{H} = \begin{bmatrix} 2 & 0 \\ 0 & 2 \end{bmatrix} \tag{c}$$

$\mathbf{H}$는 정리 4.2 또는 정리 4.3에 의해 모든 위치에서 양정이므로 목적함수 $f(\mathbf{x})$는 정리 4.8에 의해 순볼록이 된다. 그러므로 이 문제는 볼록문제이고, 해 $x_1^* = 1$, $x_2^* = 1$은 정리 4.11의 충분조건을 만족한다. 이것은 이 문제에 대한 엄격한 전역적 최소점이다.

볼록성 결과는 표 4.4에 정리하였다.

표 4.4 볼록계획법 문제—결과 요약

문제는 표준 형식으로 표현되어야 한다: $h_i(\mathbf{x})$, $g_i(\mathbf{x}) \leq 0$을 만족하면서 $f(\mathbf{x})$를 최소화하는 형식

1. 볼록집합	집합 내의 두 점을 연결하는 선은 집합 내에 존재해야 한다는 기하학적 조건은 집합의 볼록성에 대한 **필요충분조건**이다.
2. 유용집합 S의 볼록성	모든 제약조건함수는 볼록이어야 한다. 이 조건은 필요조건이 아니라 다만 **충분조건**이다. 즉, 볼록성 검토에 실패한 함수도 볼록집합을 정의할지도 모른다. 비선형 등호제약조건은 언제나 비볼록집합을 제공한다. 선형 등호제약조건 또는 선형 부등호제약조건은 언제나 볼록집합을 제공한다.
3. 볼록함수	헷세행렬이 적어도 어디서나 **양반정**이면 항상 함수는 볼록이 된다. 헷세행렬이 모든 위치에서 양정이라면 이 함수는 순볼록이다. 그렇지만 그 역은 성립하지 않는다. 순볼록함수는 모든 위치에서 양정 헷세행렬을 가지지 않을수도 있다. 따라서, 이 조건은 필요조건이 아니라 다만 **충분조건**이다.
4. 제약조건 함수의 형식	제약조건 함수의 형식을 바꾸면 새로운 제약조건에 대한 볼록성 검토에 실패하는 결과를 초래할 수 있고, 역도 마찬가지이다.
5. 볼록계획법 문제	$f(\mathbf{x})$는 볼록 유용집합 S 상에서 볼록이다. KKT 일계 조건은 전역적 최소점에 대한 충분조건일 뿐만 아니라 필요조건이 된다. 어떠한 국소적 최소점 역시 전역적 최소점이 된다.
6. 비볼록계획법 문제	만일 어떤 함수가 볼록성 검토에 실패했다고 해서 이 문제에 대한 전역적 최소가 존재하지 않는다는 것을 의미하지 않는다. 유용집합 S에서 단지 한 개의 국소적 최소를 갖는 문제가 있다면, 그때는 국소적 최소가 역시 전역적 최소가 된다.

4.9 공학설계의 예

앞의 절에서 설명한 과정을 이용하여 두 개의 공학설계 예제를 풀어 보기로 한다. 문제를 정식화하고 볼록성을 검증하며, KKT 필요조건을 기술하고 풀며, 그리고 제약조건 변화 민감도 정리를 설명하고 논의할 것이다.

4.9.1 벽면 지지대의 설계

그림 4.27에 표시한 벽면 지지대가 하중 $W = 1.2$ MN을 지지하도록 설계하고자 한다. 지지대 구조가 봉에 작용하는 작용력 하에서 파손되지 않도록 한다. 이것을 다음과 같은 응력 제약조건으로 표현할 수 있다.

$$\text{봉 1: } \sigma_1 \leq \sigma_a \tag{a}$$

$$\text{봉 2: } \sigma_2 \leq \sigma_a \tag{b}$$

여기서 σ_a = 재료의 허용응력(16,000 N/cm²), σ_1 = 봉 1의 응력(F_1/A_1, N/cm²), σ_2 = 봉 2의 응력(F_2/A_2, N/cm²), A_1 = 봉 1의 단면적(cm²), A_2 = 봉 2의 단면적(cm²), F_1 = 하중 W에 의

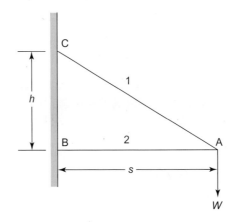

그림 4.27 벽면 지지대. $h = 30$ cm, $s = 40$ cm, $W = 1.2$ MN

한 봉 1의 작용력(N), F_2 = 하중 W에 의한 봉 2의 작용력(N)이다.

지지대의 전체 체적을 최소화하고자 한다.

문제 정식화

이 문제에서 두 개의 설계변수는 단면적 A_1과 A_2이며 목적함수는 체적으로서 다음과 같다.

$$f(A_1, A_2) = l_1 A_1 + l_2 A_2,\ \text{cm}^3 \tag{c}$$

여기서 $l_1 = \sqrt{30^2 + 40^2} = 50$ cm는 1번 부재($h = 30$과 $s = 40$ cm)의 길이이고 $l_2 = 40$ cm는 2번 부재의 길이이다. 응력 제약조건을 전개하기 위하여 부재에 작용하는 힘이 필요한데, 이 힘은 절점 A에서의 정역학적 평형을 이용하면 다음과 같이 구할 수 있다. $F_1 = 2.0 \times 10^6$ N(인장), $F_2 = 1.6 \times 10^6$ N(압축)이다. 따라서 식 (a)와 (b)의 응력 제약조건은 다음과 같이 얻어진다.

$$g_1 = \frac{2.0 \times 10^6}{A_1} - 16{,}000 \le 0 \tag{d}$$

$$g_2 = \frac{1.6 \times 10^6}{A_2} - 16{,}000 \le 0 \tag{e}$$

2번 부재는 압축을 받고 있지만 식 (e)의 응력 제약조건은 힘의 절댓값을 이용해서 표시하고 있는 것을 주의하라.

단면적은 다음과 같이 음수를 가질 수 없다.

$$g_3 = -A_1 \le 0,\ g_4 = -A_2 \le 0 \tag{f}$$

이 문제의 제약조건들을 그림 4.28에 표시하였으며, 유용영역을 확인할 수 있다. 몇 개의 목적함수 등고선을 표시하였다. 최적해는 점 A이고, 이 점에서 $A_1^* = 125$ cm^2, $A_2^* = 100$ cm^2, $f^* = 10{,}250$ cm^{3}인 것을 알 수 있다.

볼록성

식 (c)의 목적함수는 설계변수에 관한 선형함수이므로 이는 볼록함수이다. 제약함수 g_1의 헷세행렬

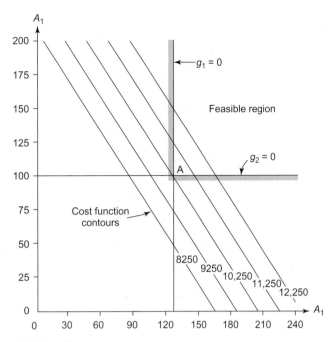

그림 4.28 벽면 지지대 문제의 도해

을 계산하면 다음과 같다.

$$\nabla^2 g_1 = \begin{bmatrix} \dfrac{(4.0 \times 10^6)}{A_1^3} & 0 \\ 0 & 0 \end{bmatrix} \tag{g}$$

이것은 $A_1 > 0$에 대하여 양반정행렬이므로 g_1은 볼록함수이다. 마찬가지로 g_2도 볼록함수이며 g_3와 g_4는 선형함수이므로 역시 볼록함수이다. 따라서 볼록계획법 문제다. KKT 필요조건이 또한 충분조건이 되며, KKT 1계 필요조건을 만족하는 어떠한 설계도 전역적 최소점이 된다.

KKT 필요조건

KKT 조건을 사용하기 위해 제약조건에 완화변수를 도입하고, 이 문제에 대한 식 (4.46)의 라그랑지 함수를 다음과 같이 정의한다.

$$L = (l_1 A_1 + l_2 A_2) + u_1 \left[\frac{(2.0 \times 10^6)}{A_1} - 16,000 + s_1^2 \right] + u_2 \left[\frac{(1.6 \times 10^6)}{A_2} - 16,000 + s_2^2 \right] \\ + u_3(-A_1 + s_3^2) + u_4(-A_2 + s_4^2) \tag{h}$$

필요조건은 다음과 같이 된다.

$$\frac{\partial L}{\partial A_1} = l_1 - u_1 \frac{(2.0 \times 10^6)}{A_1^2} - u_3 = 0 \tag{i}$$

$$\frac{\partial L}{\partial A_2} = l_2 - u_2 \frac{(1.6 \times 10^6)}{A_2^2} - u_4 = 0 \tag{j}$$

$$u_i s_i = 0, \quad u_i \geq 0, \quad g_i + s_i^2 = 0, \quad s_i^2 \geq 0; \quad i = 1 \text{ to } 4 \tag{k}$$

식 (k)의 전환조건을 이용하면 풀이를 위한 16개의 경우의 수를 얻게 된다. 이 경우들은 앞의 표 4.3에서와 같은 체계적인 분류과정을 이용하여 만들 수 있다. 이 중에서 $s_3 = 0$(즉, $g_3 = 0$)일 때는 단면적 $A_1 = 0$이 된다는 것을 주의하라. 이런 경우에는 식 (d)의 제약조건 g_1을 위배하므로 후보 최적해를 얻을 수 없다. 마찬가지로 $s_4 = 0$일 때는 $A_2 = 0$이 되어 식 (e)의 제약조건을 위배한다. 더욱이 A_1과 A_2는 해의 물리적 의미를 고려하면 음수가 될 수 없다. 그러므로 $s_3 = 0$ 또는 $s_4 = 0$을 포함하는 경우에서는 후보 최적해를 얻을 수 없다. 따라서 이런 경우들은 더 이상 고려할 필요가 없다. 이렇게 하면 단지 표 4.3에서 경우 1에서 3, 그리고 경우 6만을 남기게 되고, 그 경우만을 다음과 같이 풀면된다($A_1 < 0$ 또는 $A_2 < 0$를 갖는 경우는 제외한다).

경우 1: $u_1 = 0$, $u_2 = 0$, $u_3 = 0$, $u_4 = 0$. 이 경우에는 식 (i)와 (j)에서 $l_1 = 0$ 및 $l_2 = 0$이 되는데 이는 허용할 수 없는 결과이다.

경우 2: $s_1 = 0$, $u_2 = 0$, $u_3 = 0$, $u_4 = 0$. 이 경우는 식 (j)에서 $l_2 = 0$이 되므로 허용할 수 없는 결과이다.

경우 3: $u_1 = 0$, $s_2 = 0$, $u_3 = 0$, $u_4 = 0$. 이 경우는 식 (i)에서 $l_1 = 0$이 되므로 허용할 수 없는 결과이다.

경우 6: $s_1 = 0$, $s_2 = 0$, $u_3 = 0$, $u_4 = 0$. 이 경우는 식 (d)와 (e)에서 $A_1^* = 125 \text{ cm}^2$, $A_2^* = 100 \text{ cm}^2$를 얻는다. 식 (i)와 (j)에서 라그랑지 승수를 구하면 $u_1 = 0.391$, $u_2 = 0.25$가 되어 모두 음수가 아니므로 모든 KKT 1계 필요조건이 만족된다. 최적해에서의 목적함수는 $f^* = 50(125) + 40(100) = 10{,}250 \text{ cm}^3$를 얻는다. 활성제약조건의 경사도 벡터는 $[(-(2.0 \times 10^6)/A_1^2, 0), (0, -(1.0 \times 10^6)/A_2^2)]$이다. 이들 벡터는 선형독립이므로 최소점은 유용집합에서 정칙점이 된다. 볼록성에 의해서 이 점은 f의 전역적 최소점이다.

민감도 해석

만일 허용응력이 16,000 N/cm²에서 16,500 N/cm²(즉, 제약조건이 완화되는 것)으로 변하면 목적함수의 값은 얼마만큼 변화(이 경우에는 감소를 의미)할 것인가를 알 필요가 있다. 식 (4.61)을 이용하면 목적함수의 변화를 다음과 같이 구할 수 있다. $\delta f^* = -u_1 e_1 - u_2 e_2$, 여기서 $e_1 = e_2 = 16{,}500 - 16{,}000 = 500 \text{ N/cm}^2$이다. 그러므로 목적함수의 변화량 $\delta f^* = -0.391(500) - 0.25(500) = -320.5 \text{ cm}^3$이다. 즉, 지지대의 체적은 320.5 cm³만큼 줄게 된다.

4.9.2 직사각형 단면보의 설계

3.8절에서는 직사각형 단면보의 설계문제를 정식화하고 도해적으로 해결하였다. 이 절에서는 동일한 문제를 KKT 필요조건을 이용하여 풀기로 한다. 이 문제의 설계변수는 b와 d이며 정식화는 다음과 같다.

최소화

$$f(b, d) = bd \tag{a}$$

제약조건

$$g_1 = \frac{(2.40 \times 10^8)}{bd^2} - 10 \le 0 \tag{b}$$

$$g_2 = \frac{(2.25 \times 10^5)}{bd} - 2 \le 0 \tag{c}$$

$$g_3 = -2b + d \le 0 \tag{d}$$

$$g_4 = -b \le 0, \quad g_5 = -d \le 0 \tag{e}$$

볼록성

제약조건 g_3, g_4, g_5는 b와 d에 관한 선형함수이므로 볼록함수들이다. 또 제약조건 g_1의 헷세행렬은 다음과 같다.

$$\nabla^2 g_1 = \frac{(4.80 \times 10^8)}{b^3 d^4} \begin{bmatrix} d^2 & bd \\ bd & 3b^2 \end{bmatrix} \tag{f}$$

이 행렬은 $b > 0$ 와 $d > 0$에 대하여 양정행렬이므로(이것을 증명해 보기 바람), g_1은 순볼록함수이다. 제약조건 함수 g_2의 헷세행렬은 다음과 같다.

$$\nabla^2 g_2 = \frac{(2.25 \times 10^5)}{b^3 d^3} \begin{bmatrix} 2d^2 & bd \\ bd & 2b^2 \end{bmatrix} \tag{g}$$

이 행렬은 양정이므로 g_2도 순볼록함수이다. 이 문제의 모든 제약조건 함수가 볼록함수이므로 유용집합은 볼록하다.

제약조건 함수 g_1과 g_2를 다음과 같이 변환시켜보자($b > 0$, $d > 0$이므로 부등호의 방향은 불변임).

$$\bar{g}_1 = (2.40 \times 10^8) - 10bd^2 \le 0 \tag{h}$$

$$\bar{g}_2 = (2.25 \times 10^5) - 2bd \le 0 \tag{i}$$

함수 $\bar{g}_1$와 $\bar{g}_2$의 헷세행렬은 다음과 같이 얻어진다.

$$\nabla^2 \bar{g}_1 = \begin{bmatrix} 0 & -20d \\ -20d & -20b \end{bmatrix}; \quad \nabla^2 \bar{g}_2 = \begin{bmatrix} 0 & -2 \\ -2 & 0 \end{bmatrix} \tag{j}$$

이 두 행렬은 모두 양정 또는 양반정이 아니다. 그러므로 식 (h)와 (i)의 제약조건 함수 $\bar{g}_1$와 $\bar{g}_2$는 볼록함수가 아니다. 이는 제약조건 함수를 다른 형식으로 변경했을 때, 함수의 볼록성을 상실할 수 있다는 것을 보여주고 있다. 이 사실은 매우 중요하여 제약조건을 변환할 때 조심해야 한다. 그렇지만 제약조건을 변환한다해도 최적해가 달라지지 않는다는 것에 주목하라. 그러나 4.7절에서 논의한 바와 같이 제약조건 함수에 대한 라그랑지 승수는 달라지게 된다.

목적함수의 볼록성을 검토하기 위하여 그 헷세행렬을 다음과 같이 표시해 보자.

$$\nabla^2 f = \begin{bmatrix} 0 & 1 \\ 1 & 0 \end{bmatrix} \tag{k}$$

이 행렬은 부정이므로 목적함수는 볼록함수가 아니다. 이 문제는 정리 4.9의 볼록성 검토에 실패하게 되고, 정리 4.10에 의해 해의 전역적 최적성을 보장할 수 없다. 이것이 국소적 최소가 전역적 최소가 될 수 없다는 것을 의미하지 않음을 명심하라. 국소적 최소가 전역적 최소일 수도 있으나 단지 정리 4.10에 의해 보장할 수는 없다는 것이다.

카루쉬-쿤-터커 필요조건

KKT 조건을 이용하기 위하여 제약조건에 완화변수를 도입하고 이 문제에 대한 라그랑지함수를 다음과 같이 정의한다.

$$L = (bd) + u_1 \left(\frac{(2.40 \times 10^8)}{bd^2} - 10 + s_1^2 \right) + u_2 \left(\frac{(2.25 \times 10^5)}{bd} - 2 + s_2^2 \right) + u_3 (d - 2b + s_3^2)$$
$$+ u_4(-b + s_4^2) + u_5(-d + s_5^2) \tag{l}$$

필요조건은 다음과 같다.

$$\frac{\partial L}{\partial b} = d + u_1 \frac{(-2.40 \times 10^8)}{b^2 d^2} + u_2 \frac{(-2.25 \times 10^5)}{b^2 d} - 2u_3 - u_4 = 0 \tag{m}$$

$$\frac{\partial L}{\partial b} = b + u_1 \frac{(-4.80 \times 10^8)}{bd^3} + u_2 \frac{(-2.25 \times 10^5)}{bd^2} + u_3 - u_5 = 0 \tag{n}$$

$$u_i s_i = 0, \quad u_i \geq 0, \quad g_i + s_i^2 = 0; \quad s_i^2 \geq 0; \quad i = 1 \text{ to } 5 \tag{o}$$

식 (o)의 전환조건을 이용하면 필요조건에 대한 32가지의 경우의 수를 얻는다. 그렇지만 $s_4 = 0$ 또는 $s_5 = 0$을 포함하거나 이 둘 모두 0이 되는 경우에는 식 (b)와 (c) 또는 식 (d)의 제약조건을 위배하므로 후보 최적점을 제공하지 않는다. 그러므로 이러한 경우는 더 이상 고려하지 않을 것이며 나머지의 경우에는 $u_4 = 0$과 $u_5 = 0$으로 놓고 풀 수 있다. 이러한 요약은 다음의 여덟 가지 경우를 생성한다.

1. $u_1 = 0, u_2 = 0, u_3 = 0, u_4 = 0, u_5 = 0$
2. $u_1 = 0, u_2 = 0, s_3 = 0, u_4 = 0, u_5 = 0$
3. $u_1 = 0, s_2 = 0, u_3 = 0, u_4 = 0, u_5 = 0$
4. $s_1 = 0, u_2 = 0, u_3 = 0, u_4 = 0, u_5 = 0$
5. $u_1 = 0, s_2 = 0, s_3 = 0, u_4 = 0, u_5 = 0$
6. $s_1 = 0, s_2 = 0, u_3 = 0, u_4 = 0, u_5 = 0$
7. $s_1 = 0, u_2 = 0, s_3 = 0, u_4 = 0, u_5 = 0$
8. $s_1 = 0, s_2 = 0, s_3 = 0, u_4 = 0, u_5 = 0$

각각의 경우를 고려하고 후보최적점을 계산한다. 여기서 $b < 0$ 또는 $d < 0$를 갖는 해는 각 제약조건 g_4와 g_5를 위배하므로 제외시킨다.

경우 1: $u_1 = 0, u_2 = 0, u_3 = 0, u_4 = 0, u_5 = 0$. 이 경우에서는 식 (m)와 (n)에서 $d = 0, b =$

0을 산출하지만, 이 경우는 해가 아니다.

경우 2: $u_1 = 0$, $u_2 = 0$, $s_3 = 0$, $u_4 = 0$, $u_5 = 0$. 식 (d)에서 $d = 2b$를 얻으며 식 (m)과 (n)에서 $d - 2u_3 = 0$과 $b + u_3 = 0$을 얻는다. 이 방정식에서 해가 $b = 0$, $d = 0$으로 구해지나 이것은 유용해가 아니다.

경우 3: $u_1 = 0$, $s_2 = 0$, $u_3 = 0$, $u_4 = 0$, $u_5 = 0$. 식 (m), (n), (c)를 이용하면 다음을 얻는다.

$$d - u_2 \frac{(2.25 \times 10^5)}{b^2 d} = 0 \tag{p}$$

$$b - u_2 \frac{(2.25 \times 10^5)}{b d^2} = 0 \tag{q}$$

$$\frac{(2.25 \times 10^5)}{bd} - 2 = 0 \tag{r}$$

이 방정식을 풀면 해는 $u_2 = (5.625 \times 10^4)$와 $bd = (1.125 \times 10^5)$로 얻게 된다. $u_2 > 0$이므로 이 해는 유용해이다. 실제로 $bd = (1.125 \times 10^5)$에 의해 해의 군집으로 주어진다. 임의의 $d > 0$에 대하여 b를 앞의 식을 이용하여 구할 수 있다. 그렇지만 이 해의 군집에서 b와 d의 값에 대한 어떤 한계가 있어야만 한다. 이 범위는 $s_1^2 \geq 0$과 $s_3^2 \geq 0$, 또는 $g_1 \leq 0$과 $g_3 \leq 0$를 만족하도록 결정되어야 한다.

식 (r)로부터 $b = (1.125 \times 10^5)/d$를 식 (b)의 g_1에 대입하면 다음을 얻는다.

$$\frac{(2.40 \times 10^8)}{(1.125 \times 10^5)d} - 10 \leq 0; \quad \text{or} \quad d \geq 213.33 \text{ mm} \tag{s}$$

식 (r)로부터 $b = (1.125 \times 10^5)/d$를 식 (d)의 g_3에 대입하면 다음을 얻는다.

$$d - \frac{2.25 \times 10^5}{d} \leq 0; \quad \text{or} \quad d \leq 474.34 \text{ mm} \tag{t}$$

이런 과정으로 깊이 d의 한계를 구할 수 있다. 식 (s)와 (t)를 식 (r)로부터 구해진 $bd = (1.125 \times 10^5)$에 대입하여 폭 b의 한계를 찾을 수 있다.

$$d \geq 213.33, \quad b \leq 527.34 \tag{u}$$

$$d \leq 474.33, \quad b \geq 237.17 \tag{v}$$

따라서 이 경우에서 무한개의 해는 다음과 같다.

$$237.17 \leq b \leq 527.34 \text{ mm}; \quad 213.33 \leq d \leq 474.33 \text{ mm} \tag{w}$$

$$bd = (1.125 \times 10^5) \text{ mm}^2 \tag{x}$$

경우 4: $s_1 = 0$, $u_2 = 0$, $u_3 = 0$, $u_4 = 0$, $u_5 = 0$. 식 (m)과 (n)은 다음과 같이 정리할 수 있다.

$$d - \frac{(2.40 \times 10^8)}{b^2 d^2} = 0; \quad \text{or} \quad b^2 d^3 = (2.40 \times 10^8) \tag{y}$$

$$b - \frac{(4.80 \times 10^8)}{b d^3} = 0; \quad \text{or} \quad b^2 d^3 = (4.80 \times 10^8) \tag{z}$$

b^2d^3가 식 (y)와 (z)에서 다른 값을 갖기 때문에 이 두 방정식은 불일치한다. 따라서 이 경우에 해는 존재하지 않는다.

경우 5: $u_1 = 0$, $s_2 = 0$, $s_3 = 0$, $u_4 = 0$, $u_5 = 0$. 식 (c)와 (d)에서 b와 d를 구할 수 있다. 예를 들어, 식 (d)로부터 $b = 2d$를 얻은 후 이를 식 (c)에 대입하면 $b = 237.17$ mm가 구해진다. 따라서 $d = 2(237.17) = 474.34$ mm이다. 식 (m)와 (n)에서 u_2와 u_3를 계산하면 $u_2 = (5.625 \times 10^4)$, $u_3 = 0$을 얻는다. b와 d의 값을 식 (b)에 대입하면 $g_1 = -5.5 < 0$을 얻는데, 이는 제약조건을 만족한다(즉 $s_1^2 > 0$). 후보점에서의 g_2와 g_3의 경사도 벡터가 선형독립이 되는 것이 증명 가능하고, 따라서 정칙성 조건을 만족하게 된다. 모든 필요조건을 만족하므로 이 점은 타당한 해이다. 제약조건 민감도 정리 4.7과 식 (4.57)로부터 $u_3 = 0$이기 때문에 최적의 목적함수 값에는 영향을 주지 않고 제약조건을 유용영역을 향해 이동시킬 수 있다는 것을 알 수 있다. 이러한 상황은 이 문제의 도해인 그림 3.11에서도 발견할 수 있다. 그림에서 점 B는 이 경우의 해를 표시하고 있다. 여기서 제약조건 g_3를 위아래로 이동시킬 수 있는데, 이때 최적의 목적함수 값은 변하지 않는다.

경우 6: $s_1 = 0$, $s_2 = 0$, $u_3 = 0$, $u_4 = 0$, $u_5 = 0$. 식 (b)와 (c)에서 b와 d에 관하여 풀면 $b = 527.34$ mm와 $d = 213.33$ mm을 얻는다. 식 (m)과 (n)으로부터 $u_1 = 0$과 $u_2 = (5.625 \times 10^4)$을 얻는다. b와 d의 값을 식 (d)에 대입하면 $g_3 = -841.35 < 0$을 얻고, 이 제약조건은 만족된다(즉, $s_3^2 \geq 0$). 이 점 또한 정칙성 조건을 만족한다는 것을 증명할 수 있다. 모든 KKT 조건이 만족되므로 이 점은 타당한 해이다. 이 해는 경우 5와 매우 유사하다. 이 해는 그림 3.11의 점 A에 대응한다. 여기서 제약조건 g_1을 위아래로 이동시켜도 최적의 목적함수 값에는 영향을 주지 않는다. 그렇지만 최적설계 변수값은 변한다.

경우 7: $s_1 = 0$, $u_2 = 0$, $s_3 = 0$, $u_4 = 0$, $u_5 = 0$. 식 (b)와 (d)로부터 $b = 181.71$ mm와 $d = 363.42$ mm를 얻을 수 있다. 식 (m)과 (n)으로부터 라그랑지 승수 $u_1 = 4402.35$와 $u_3 = -60.57$을 얻는다. 그러나 $u_3 < 0$이므로 이것은 타당한 해가 아니다.

경우 8: $s_1 = 0$, $s_2 = 0$, $s_3 = 0$, $u_4 = 0$, $u_5 = 0$. 이 경우에는 두 개의 미지수에 대하여 세 개의 방정식(과결정계)이 존재하게 되어 해는 없다.

민감도 해석

어떤 후보 최소점(그림 3.11의 점 A와 B, 그리고 곡선 A-B)도 다음 장에서 소개되는 충분조건을 만족하지 않는다는 것을 알아야 한다. 그러므로 식 (4.58)에서 우변의 매개변수에 관한 목적함수의 편도함수의 존재는 정리 4.7에 의해 보장되지 않는다. 그렇지만 그림 3.11의 문제에 대한 도해적 해법이 있기 때문에, 민감도 정리를 이용하면 어떤 일이 발생하는지 확인해 볼 수 있다.

그림 3.11의 점 A에 대하여(경우 6), 제약조건 g_1와 g_2는 활성이고, $b = 527.34$ mm, $d = 213.33$ mm, $u_1 = 0$, $u_2 = (5.625 \times 10^4)$이다. $u_1 = 0$이므로, 식 (4.58)로부터 $\partial f / \partial e_1 = 0$을 얻는다. 이것은 제약조건 한계의 어떠한 작은 변화에도 최적의 목적함수 값은 변하지 않는다는 것을 의미한다. 이러한 사실은 그림 3.11에서 관찰할 수 있다. 최적점 A는 변하지만 제약조건 g_2는 활성으로 남는다. 즉, $bd = (1.125 \times 10^5)$는 점 A가 g_2 경계 안에 있으므로 만족해야만 한다. g_2에서의 어떠한 변화는 최적해를 변화시키면서 제약조건 자신을 평행으로 이동하게 한다(설계변수 및 목적함수). $u_2 = (5.625 \times 10^4)$이므로, 식 (4.58)로부터 $\partial f / \partial e_2 = (-5.625 \times 10^4)$가 구해진다. 이상의

내용으로부터 민감도 계수로 목적함수의 변화를 정확히 예측할 수 있다는 것을 알 수 있다.

다른 두 가지 경우(경우 3과 5)에서도 민감도 계수를 가지고 목적함수의 변화량을 정확히 얻을 수 있다는 것을 보일 수 있다.

4장의 연습문제

Section 4.2 Review of Some Basic Calculus Concepts

4.1 *Answer true or false.*

1. A function can have several local minimum points in a small neighborhood of $\mathbf{x}^*$.
2. A function cannot have more than one global minimum point.
3. The value of the function having a global minimum at several points must be the same.
4. A function defined on an open set cannot have a global minimum.
5. The gradient of a function $f(\mathbf{x})$ at a point is normal to the surface defined by the level surface $f(\mathbf{x}) = $ constant.
6. The gradient of a function at a point gives a local direction of maximum decrease in the function.
7. The Hessian matrix of a continuously differentiable function can be asymmetric.
8. The Hessian matrix for a function is calculated using only the first derivatives of the function.
9. Taylor series expansion for a function at a point uses the function value and its derivatives.
10. Taylor series expansion can be written at a point where the function is discontinuous.
11. Taylor series expansion of a complicated function replaces it with a polynomial function at the point.
12. Linear Taylor series expansion of a complicated function at a point is only a good local approximation for the function.
13. A quadratic form can have first-order terms in the variables.
14. For a given $\mathbf{x}$, the quadratic form defines a vector.
15. Every quadratic form has a symmetric matrix associated with it.
16. A symmetric matrix is positive definite if its eigenvalues are nonnegative.
17. A matrix is positive semidefinite if some of its eigenvalues are negative and others are nonnegative.
18. All eigenvalues of a negative definite matrix are strictly negative.
19. The quadratic form appears as one of the terms in Taylor's expansion of a function.
20. A positive definite quadratic form must have positive value for any $\mathbf{x} \neq \mathbf{0}$.

Write the Taylor's expansion for the following functions up to quadratic terms.

4.2 $\cos x$ about the point $x^* = \pi/4$
4.3 $\cos x$ about the point $x^* = \pi/3$
4.4 $\sin x$ about the point $x^* = \pi/6$
4.5 $\sin x$ about the point $x^* = \pi/4$

4.6 e^x about the point $x^* = 0$

4.7 e^x about the point $x^* = 2$

4.8 $f(x_1, x_2) = 10x_1^4 - 20x_1^2 x_2 + 10x_2^2 + x_1^2 - 2x_1 + 5$ about the point (1, 1). Compare approximate and exact values of the function at the point (1.2, 0.8).

Determine the nature of the following quadratic forms.

4.9 $F(\mathbf{x}) = x_1^2 + 4x_1 x_2 + 2x_1 x_3 - 7x_2^2 - 6x_2 x_3 + 5x_3^2$

4.10 $F(\mathbf{x}) = 2x_1^2 + 2x_2^2 - 5x_1 x_2$

4.11 $F(\mathbf{x}) = x_1^2 + x_2^2 + 3x_1 x_2$

4.12 $F(\mathbf{x}) = 3x_1^2 + x_2^2 - x_1 x_2$

4.13 $F(\mathbf{x}) = x_1^2 - x_2^2 + 4x_1 x_2$

4.14 $F(\mathbf{x}) = x_1^2 - x_2^2 + x_3^2 - 2x_2 x_3$

4.15 $F(\mathbf{x}) = x_1^2 - 2x_1 x_2 + 2x_2^2$

4.16 $F(\mathbf{x}) = x_1^2 - x_1 x_2 - x_2^2$

4.17 $F(\mathbf{x}) = x_1^2 + 2x_1 x_3 - 2x_2^2 + 4x_3^2 - 2x_2 x_3$

4.18 $F(\mathbf{x}) = 2x_1^2 + x_1 x_2 + 2x_2^2 + 3x_3^2 - 2x_1 x_3$

4.19 $F(\mathbf{x}) = x_1^2 + 2x_2 x_3 + x_2^2 + 4x_3^2$

4.20 $F(\mathbf{x}) = 4x_1^2 + 2x_1 x_3 - x_2^2 + 4x_3^2$

Section 4.4 Optimality Conditions: Unconstrained Problems

4.21 *Answer True or False.*

    1. If the first-order necessary condition at a point is satisfied for an unconstrained problem, it can be a local maximum point for the function.

    2. A point satisfying first-order necessary conditions for an unconstrained function may not be a local minimum point.

    3. A function can have a negative value at its maximum point.

    4. If a constant is added to a function, the location of its minimum point is changed.

    5. If a function is multiplied by a positive constant, the location of the function's minimum point is unchanged.

    6. If curvature of an unconstrained function of a single variable at the point x* is zero, then it is a local maximum point for the function.

    7. The curvature of an unconstrained function of a single variable at its local minimum point is negative.

    8. The Hessian of an unconstrained function at its local minimum point must be positive semidefinite.

    9. The Hessian of an unconstrained function at its minimum point is negative definite.

    10. If the Hessian of an unconstrained function is indefinite at a candidate point, the point may be a local maximum or minimum.

    Write optimality conditions and find stationary points for the following functions (use a numerical method or a software package like Excel, MATLAB, or Mathematica, if needed to solve the optimality conditions). Also determine the local minimum, local maximum, and inflection points for the functions (inflection points are those stationary points that are neither minimum nor maximum).

4.22 $f(x_1, x_2) = 3x_1^2 + 2x_1 x_2 + 2x_2^2 + 7$

4.23 $f(x_1, x_2) = x_1^2 + 4x_1 x_2 + x_2^2 + 3$

4.24 $f(x_1, x_2) = x_1^3 + 12x_1 x_2^2 + 2x_2^2 + 5x_1^2 + 3x_2$

4.25 $f(x_2, x_2) = 5x_1 - \dfrac{1}{16}x_1^2 x_2 + \dfrac{1}{4x_1}x_2^2$

4.26 $f(x) = \cos x$

4.27 $f(x_1, x_2) = x_1^2 + x_1 x_2 + x_2^2$

4.28 $f(x) = x^2 e^{-x}$

4.29 $f(x_1, x_2) = x_1 + \dfrac{10}{x_1 x_2} + 5x_2$

4.30 $f(x_1, x_2) = x_1^2 - 2x_1 + 4x_2^2 - 8x_2 + 6$

4.31 $f(x_1, x_2) = 3x_1^2 - 2x_1 x_2 + 5x_2^2 + 8x_2$

4.32 The annual operating cost U for an electrical line system is given by the following expression

$$U = \frac{(21.9 \times 10^7)}{V^2 C} + (3.9 \times 10^6)C + 1000\,V$$

where V = line voltage in kilovolts and C = line conductance in mhos. Find stationary points for the function, and determine V and C to minimize the operating cost.

4.33 $f(x_1, x_2) = x_1^2 + 2x_2^2 - 4x_1 - 2x_1 x_2$

4.34 $f(x_1, x_2) = 12x_1^2 + 22x_2^2 - 1.5x_1 - x_2$

4.35 $f(x_1, x_2) = 7x_1^2 + 12x_2^2 - x_1$

4.36 $f(x_1, x_2) = 12x_1^2 + 21x_2^2 - x_2$

4.37 $f(x_1, x_2) = 25x_1^2 + 20x_2^2 - 2x_1 - x_2$

4.38 $f(x_1, x_2, x_3) = x_1^2 + 2x_2^2 + 2x_3^2 + 2x_1 x_2 + 2x_2 x_3$

4.39 $f(x_1, x_2) = 8x_1^2 + 8x_2^2 - 80\sqrt{x_1^2 + x_2^2 - 20x_2 + 100} - 80\sqrt{x_1^2 + x_2^2 + 20x_2 + 100} - 5x_1 - 5x_2$

4.40 $f(x_1, x_2) = 9x_1^2 + 9x_2^2 - 100\sqrt{x_1^2 + x_2^2 - 20x_2 + 100} - 64\sqrt{x_1^2 + x_2^2 + 16x_2 + 64} - 5x_1 - 41x$

4.41 $f(x_1, x_2) = 100(x_2 - x_1^2)^2 + (1 - x_1)^2$

4.42 $f(x_1, x_2, x_3, x_4) = (x_1 - 10x_2)^2 + 5(x_3 - x_4)^2 + (x_2 - 2x_3)^4 + 10(x_1 - x_4)^4$

Section 4.5 Necessary Conditions: Equality Constrained Problem

Find points satisfying the necessary conditions for the following problems; check if they are optimum points using the graphical method (if possible).

4.43 Minimize $f(x_1, x_2) = 4x_1^2 + 3x_2^2 - 5x_1 x_2 - 8x_1$
subject to $x_1 + x_2 = 4$

4.44 Maximize $f(x_1, x_2) = 4x_1^2 + 3x_2^2 - 5x_1 x_2 - 8x_1$
subject to $x_1 + x_2 = 4$

4.45 Minimize $f(x_1, x_2) = (x_1 - 2)^2 + (x_2 + 1)^2$
subject to $2x_1 + 3x_2 - 4 = 0$

4.46 Minimize $f(x_1, x_2) = 4x_1^2 + 9x_2^2 + 6x_2 - 4x_1 + 13$
subject to $x_1 - 3x_2 + 3 = 0$

4.47 Minimize $f(x_1, x_2) = (x_1 - 1)^2 + (x_2 + 2)^2 + (x_3 - 2)^2$
subject to $2x_1 + 3x_2 - 1 = 0$
$x_1 + x_2 + 2x_3 - 4 = 0$

4.48 Minimize $f(x_1, x_2) = 9x_1^2 + 18x_1 x_2 + 13x_2^2 - 4$
subject to $x_1^2 + x_2^2 + 2x_1 = 16$

4.49 Minimize $f(x_1, x_2) = (x_1 - 1)^2 + (x_2 - 1)^2$
subject to $x_1 + x_2 - 4 = 0$

4.50 Consider the following problem with equality constraints:
Minimize $(x_1 - 1)^2 + (x_2 - 1)^2$
subject to $x_1 + x_2 - 4 = 0$
$x_1 - x_2 - 2 = 0$
1. Is it a valid optimization problem? Explain.
2. Explain how you would solve the problem? Are necessary conditions needed to find the optimum solution?

4.51 Minimize $f(x_1, x_2) = 4x_1^2 + 3x_2^2 - 5x_1x_2 - 8$
subject to $x_1 + x_2 = 4$

4.52 Maximize $F(x_1, x_2) = 4x_1^2 + 3x_2^2 - 5x_1x_2 - 8$
subject to $x_1 + x_2 = 4$

Section 4.6 Necessary Conditions for General Constrained Problem

4.53 *Answer True or False.*
1. A regular point of the feasible region is defined as a point where the cost function gradient is independent of the gradients of active constraints.
2. A point satisfying KKT conditions for a general optimum design problem can be a local max-point for the cost function.
3. At the optimum point, the number of active independent constraints is always more than the number of design variables.
4. In the general optimum design problem formulation, the number of independent equality constraints must be "≤" to the number of design variables.
5. In the general optimum design problem formulation, the number of inequality constraints cannot exceed the number of design variables.
6. At the optimum point, Lagrange multipliers for the "≤ type" inequality constraints must be nonnegative.
7. At the optimum point, the Lagrange multiplier for a "≤ type" constraint can be zero.
8. While solving an optimum design problem by KKT conditions, each case defined by the switching conditions can have multiple solutions.
9. In optimum design problem formulation, "≥ type" constraints cannot be treated.
10. Optimum design points for constrained optimization problems give stationary value to the Lagrange function with respect to design variables.
11. Optimum design points having at least one active constraint give stationary value to the cost function.
12. At a constrained optimum design point that is regular, the cost function gradient is linearly dependent on the gradients of the active constraint functions.
13. If a slack variable has zero value at the optimum, the inequality constraint is inactive.
14. Gradients of inequality constraints that are active at the optimum point must be zero.
15. Design problems with equality constraints have the gradient of the cost function as zero at the optimum point.

Find points satisfying KKT necessary conditions for the following problems; check if they are optimum points using the graphical method for two variable problems.

4.54 Maximize $F(x_1, x_2) = 4x_1^2 + 3x_2^2 - 5x_1x_2 - 8$
subject to $x_1 + x_2 \leq 4$

4.55 Minimize $f(x_1, x_2) = 4x_1^2 + 3x_2^2 - 5x_1x_2 - 8$
subject to $x_1 + x_2 \le 4$

4.56 Maximize $F(x_1, x_2) = 4x_1^2 + 3x_2^2 - 5x_1x_2 - 8x_1$
subject to $x_1 + x_2 \le 4$

4.57 Minimize $f(x_1, x_2) = (x_1 - 1)^2 + (x_2 - 1)^2$
subject to $x_1 + x_2 \ge 4$
$\qquad\quad x_1 - x_2 - 2 = 0$

4.58 Minimize $f(x_1, x_2) = (x_1 - 1)^2 + (x_2 - 1)^2$
subject to $x_1 + x_2 = 4$
$\qquad\quad x_1 - x_2 - 2 \ge 0$

4.59 Minimize $f(x_1, x_2) = (x_1 - 1)^2 + (x_2 - 1)^2$
subject to $x_1 + x_2 \ge 4$
$\qquad\quad x_1 - x_2 \ge 2$

4.60 Minimize $f(x, y) = (x - 4)^2 + (y - 6)^2$
subject to $12 \ge x + y$
$\qquad\quad x \ge 6, y \ge 0$

4.61 Minimize $f(x_1, x_2) = 2x_1 + 3x_2 - x_1^3 - 2x_2^2$
subject to $x_1 + 3x_2 \le 6$
$\qquad\quad 5x_1 + 2x_2 \le 10$
$\qquad\quad x_1, x_2 \ge 0$

4.62 Minimize $f(x_1, x_2) = 4x_1^2 + 3x_2^2 - 5x_1x_2 - 8x_1$
subject to $x_1 + x_2 \le 4$

4.63 Minimize $f(x_1, x_2) = x_1^2 + x_2^2 - 4x_1 - 2x_2 + 6$
subject to $x_1 + x_2 \ge 4$

4.64 Minimize $f(x_1, x_2) = 2x_1^2 - 6x_1x_2 + 9x_2^2 - 18x_1 + 9x_2$
subject to $x_1 + 2x_2 \le 10$
$\qquad\quad 4x_1 - 3x_2 \le 20; x_i \ge 0; i = 1, 2$

4.65 Minimize $f(x_1, x_2) = (x_1 - 1)^2 + (x_2 - 1)^2$
subject to $x_1 + x_2 - 4 \le 0$

4.66 Minimize $f(x_1, x_2) = (x_1 - 1)^2 + (x_2 - 1)^2$
subject to $x_1 + x_2 - 4 \le 0$
$\qquad\quad x_1 - x_2 - 2 \le 0$

4.67 Minimize $f(x_1, x_2) = (x_1 - 1)^2 + (x_2 - 1)^2$
subject to $x_1 + x_2 - 4 \le 0$
$\qquad\quad 2 - x_1 \le 0$

4.68 Minimize $f(x_1, x_2) = 9x_1^2 - 18x_1x_2 + 13x_2^2 - 4$
subject to $x_1^2 + x_2^2 + 2x_1 \ge 16$

4.69 Minimize $f(x_1, x_2) = (x_1 - 3)^2 + (x_2 - 3)^2$
subject to $x_1 + x_2 \le 4$
$\qquad\quad x_1 - 3x_2 = 1$

4.70 Minimize $f(x_1, x_2) = x_1^3 - 16x_1 + 2x_2 - 3x_2^2$
subject to $x_1 + x_2 \le 3$

4.71 Minimize $f(x_1, x_2) = 3x_1^2 - 2x_1x_2 + 5x_2^2 + 8x_2$
subject to $x_1^2 - x_2^2 + 8x_2 \le 16$

4.72 Minimize $f(x, y) = (x - 4)^2 + (y - 6)^2$
subject to $x + y \le 12$
$\qquad\quad x \le 6$
$\qquad\quad x, y \ge 0$

4.73 Minimize $f(x, y) = (x - 8)^2 + (y - 8)^2$
subject to $x + y \le 12$
$\qquad x \le 6$
$\qquad x, y \ge 0$

4.74 Maximize $F(x, y) = (x - 4)^2 + (y - 6)^2$
subject to $x + y \le 12$
$\qquad 6 \ge x$
$\qquad x, y \ge 0$

4.75 Maximize $F(r, t) = (r - 8)^2 + (t - 8)^2$

4.76 Maximize $F(r, t) = (r - 3)^2 + (t - 2)^2$
subject to $10 \ge r + t$
$\qquad t \le 5$
$\qquad r, t \ge 0$

4.77 Maximize $F(r, t) = (r - 8)^2 + (t - 8)^2$
subject to $r + t \le 10$
$\qquad t \ge 0$
$\qquad r \le 0$

4.78 Maximize $F(r, t) = (r - 3)^2 + (t - 2)^2$
subject to $10 \ge r + t$
$\qquad t \ge 5$
$\qquad r, t \ge 0$

4.79 Consider the problem of designing the "can" formulated in Section 2.2. Write KKT conditions and solve them. Interpret the necessary conditions at the solution point graphically.

4.80 A minimum weight tubular column design problem is formulated in Section 2.7 using mean radius R and thickness t as design variables. Solve the KKT conditions for the problem imposing an additional constraint $R/t \le 50$ for this data: $P = 50$ kN, $l = 5.0$ m, $E = 210$ GPa, $\sigma_a = 250$ MPa and $\rho = 7850$ kg/m^3. Interpret the necessary conditions at the solution point graphically.

4.81 A minimum weight tubular column design problem is formulated in Section 2.7 using outer radius R_o and inner radius R_i as design variables. Solve the KKT conditions for the problem imposing an additional constraint $0.5(R_o + R_i)/(R_o - R_i) \le 50$ Use the same data as in Exercise 4.80. Interpret the necessary conditions at the solution point graphically.

4.82 An engineering design problem is formulated as
Minimize $f(x_1, x_2) = x_1^2 + 320x_1x_2$
subject to $\dfrac{1}{100}(x_1 - 60x_2) \le 0$

$\qquad 1 - \dfrac{1}{3600}x_1(x_1 - x_2) \le 0$

$\qquad x_1, x_2 \ge 0$

Write KKT necessary conditions and solve for the candidate minimum designs. Verify the solutions graphically. Interpret the KKT conditions on the graph for the problem.

Formulate and solve the following problems graphically. Verify the KKT conditions at the solution point and show gradients of the cost function and active constraints on the graph.

Section 4.7 Physical Meaning of Lagrange Multipliers

Solve the following problems graphically, verify the KKT necessary conditions for the solution points and study the effect on the cost function of changing the boundary of the active constraint(s) by one unit.

Section 4.8 Global Optimality

4.132 *Answer true or false.*

1. A linear inequality constraint always defines a convex feasible region.
2. A linear equality constraint always defines a convex feasible region.
3. A nonlinear equality constraint cannot give a convex feasible region.
4. A function is convex if and only if its Hessian is positive definite everywhere.
5. An optimum design problem is convex if all constraints are linear and the cost function is convex.
6. A convex programming problem always has an optimum solution.
7. An optimum solution for a convex programming problem is always unique.
8. A nonconvex programming problem cannot have global optimum solution.
9. For a convex design problem, the Hessian of the cost function must be positive semidefinite everywhere.
10. Checking for the convexity of a function can actually identify a domain over which the function may be convex.

4.133 Using the definition of a line segment given in Eq. (4.71), show that the following set is convex $S = \{\mathbf{x} \mid x_1^2 + x_2^2 - 1.0 \leq 0\}$

4.134 Find the domain for which the following functions are convex: (1) $\sin x$, (2) $\cos x$.

Check for convexity of the following functions. If the function is not convex everywhere, then determine the domain (feasible set S) over which the function is convex.

4.135 $f(x_1, x_2) = 3x_1^2 + 2x_1x_2 + 2x_2^2 + 7$

4.136 $f(x_1, x_2) = x_1^2 + 4x_1x_2 + x_2^2 + 3$

4.137 $f(x_1, x_2) = x_1^3 + 12x_1x_2^2 + 2x_2^2 + 5x_1^2 + 3x_2$

4.138 $f(x_1, x_2) = 5x_1 - \dfrac{1}{16}x_1^2x_2^2 + \dfrac{1}{4x_1}x_2^2$

4.139 $f(x_1, x_2) = x_1^2 + x_1x_2 + x_2^2$

4.140 $U = \dfrac{(21.9 \times 10^7)}{V^2C} + (3.9 \times 10^6)C + 1000\ V$

4.141 Consider the problem of designing the "can" formulated in Section 2.2. Check convexity of the problem. Solve the problem graphically and check the KKT conditions at the solution point.

Formulate and check convexity of the following problems; solve the problems graphically and verify the KKT conditions at the solution point.

4.142 Exercise 2.1

Section 4.9 Engineering Design Examples

4.150 The problem of minimum weight design of the symmetric three-bar truss of Fig. 2.6 is formulated as follows:
Minimize $f(x_1, x_2) = 2x_1 + x_2$
subject to the constraints

$$g_1 = \frac{1}{\sqrt{2}}\left[\frac{P_u}{x_1} + \frac{P_v}{(x_1 + \sqrt{2}x_2)}\right] - 20,000 \le 0$$

$$g_2 = \frac{\sqrt{2}P_v}{(x_1 + \sqrt{2}x_2)} - 20,000 \le 0$$

$$g_3 = -x_1 \le 0$$

$$g_4 = -x_2 \le 0$$

where x_1 is the cross-sectional area of members 1 and 3 (symmetric structure) and x_2 is the cross-sectional area of member 2, $P_u = P\cos\theta$, $P_v = P\sin\theta$, with $P > 0$ and $0 \le \theta \le 90$. Check for convexity of the problem for $\theta = 60$ degree.

4.151 For the three-bar truss problem of Exercise 4.150, consider the case of KKT conditions with g_1 as the only active constraint. Solve the conditions for optimum solution and determine the range for the load angle θ for which the solution is valid.

4.152 For the three-bar truss problem of Exercise 4.150, consider the case of KKT conditions with only g_1 and g_2 as active constraints. Solve the conditions for optimum solution and determine the range for the load angle θ for which the solution is valid.

4.153 For the three-bar truss problem of Exercise 4.150, consider the case of KKT conditions with g_2 as the only active constraint. Solve the conditions for optimum solution and determine the range for the load angle θ for which the solution is valid.

4.154 *For* the three-bar truss problem of Exercise 4.150, consider the case of KKT conditions with g_1 and g_4 as active constraints. Solve the conditions for optimum solution and determine the range for the load angle θ for which the solution is valid.

5

최적설계 개념에 관한 보완: 최적성 조건

More on Optimum Design Concepts: Optimality Conditions

이 장의 주요내용:

- 제약조건 문제에 대한 최적성 조건의 대안 형식 기술
- 일반적인 제약조건 문제에 대하여 후보 최소점에서 2계 최적성 조건 검토
- 후보 최소점이 비정칙인지를 판단하는 법
- 비선형 계획의 쌍대성 이론 기술

이 장에서는 제약조건 문제에 대한 최적성 조건에 관련된 몇 가지 추가적인 주제를 논의하고, 카루쉬-쿤-터커(KKT) 필요조건의 요구조건인 정칙성에 대한 의미를 논의한다. 그리고 문제에 대한 2계 최적성 조건을 소개하고 논의한다. 이러한 주제들은 보통 최적화의 기초 과정에서는 다루지 않는다. 또한 이 주제들은 이 책을 처음 배우는 사람들에게는 생략될 수도 있다. 이 내용들은 중급 과정이나 대학원 과정에서 취급하는 것이 보다 적합할 것이다.

5.1 KKT 필요조건의 대안 형식

KKT 필요조건과 완전히 등가이면서 대체할 수 있는 형식이 있다. 이 형식에서는 완화변수가 추가되지 않으며 식 (4.46)~(4.52)의 부등호제약조건은 완화변수 없이 표기된다. 식 (4.46)~(4.52)의 필요조건에서 완화변수 s_i는 단지 2개의 식에만 나타난다. 즉, 식 (4.49)의 $g_i(\mathbf{x}^*) + s_i^2 = 0$과 식 (4.51)의 $u_i^* s_i = 0$이다. 이 2개의 식 모두 완화변수 s_i 없이 동등한 형식으로 표기 가능하다.

먼저 식 (4.49)인 $g_i(\mathbf{x}^*) + s_i^2 = 0$, $i = 1, \ldots, m$를 생각해 보자. 이 식의 목적은 후보 최소점에서 모든 부등호제약조건들을 만족시키는 것이다. 이 식은 $s_i^2 = -g(\mathbf{x}^*)$로 쓸 수 있고, 그리고 $s_i^2 \geq 0$일 때 제약조건의 만족을 의미하므로 $-g_i(\mathbf{x}^*) \geq 0$, 즉 $g_i(\mathbf{x}^*) \leq 0$, $i = 1, \ldots, m$을 얻을 수 있다.

표 5.1 KKT 필요조건의 대안 형식

문제: 제약조건 $h_i(\mathbf{x}) = 0, i = 1, p$과 $g_j(\mathbf{x}) \leq 0, j = 1, m$을 만족하는 $f(\mathbf{x})$를 최소화하라.

1. 라그랑지 함수의 정의: $L = f + \sum_{i=1}^{p} v_i h_i + \sum_{j=1}^{m} u_j g_j$ (5.1)

2. 경사도 조건: $\dfrac{\partial L}{\partial x_k} = 0$; $\dfrac{\partial f}{\partial x_k} + \sum_{i=1}^{p} v_i^* \dfrac{\partial h_i}{\partial x_k} + \sum_{j=1}^{m} u_j^* \dfrac{\partial g_j}{\partial x_k} = 0$; $k = 1$ to n (5.2)

3. 유용성 검토: $g_j(\mathbf{x}^*) \leq 0; j = 1 \sim m$ (5.3)

4. 전환조건: $u_j^* g_j(\mathbf{x}^*) = 0; j = 1 \sim m$ (5.4)

5. 부등호제약조건에 대한 라그랑지 승수의 비음수성: $u_j^* \geq 1: j = 1 \sim m$ (5.5)

6. **정칙성 검토:** 활성제약조건의 경사도 벡터는 선형독립이어야 한다. 이와 같은 경우, 제약조건에 대한 라그랑지 승수는 유일하다.

따라서 식 (4.49)의 $g_i(\mathbf{x}^*) + s_i^2 = 0 (s_i^2 \geq 0)$은 단순히 $g_i(\mathbf{x}^*) \leq 0$으로 대치할 수 있다.

완화변수를 포함하고 있는 두 번째 식인 식 (4.51)은 $u_i^* s_i = 0, i = 1, \ldots, m$이다. 이 식에 s_i를 곱하면 $u_i^* s_i^2 = 0$을 얻는다. 여기에 $s_i^2 = -g(\mathbf{x}^*)$를 대입하면 $u_i^* g_i(\mathbf{x}^*) = 0, i = 1, \ldots, m$을 얻는다. 이렇게 하면 방정식에서 완화변수를 제거할 수 있으며 식 (4.51)의 전환조건은 $u_i^* g_i(\mathbf{x}^*) = 0$, $i = 1, \ldots, m$으로 표기 가능하다. 이러한 조건들로부터 $u_i = 0$ 또는 $g_i = 0 (s_i = 0$ 대신 사용)과 같은 다양한 경우의 수를 정의할 수 있다. 표 5.1은 정리 4.6의 KKT 조건을 완화변수 없이 표현한 대안 형식을 정리한 것이며, 예제 5.1과 5.2는 대안 형식 사용에 대한 문제이다.

예제 5.1 **KKT 조건의 대안 형식 이용**

최소화

$$f(x, y) = (x - 10)^2 + (y - 8)^2 \tag{a}$$

제약조건

$$g_1 = x + y - 12 \leq 0 \tag{b}$$

$$g_2 = x - 8 \leq 0 \tag{c}$$

풀이

이 문제는 이미 표준 형식으로 표현되었으므로 또 다른 변환이 필요하지 않다. KKT 조건은 다음과 같다.

1. 식 (5.1)의 라그랑지 함수 정의:

$$L = (x - 10)^2 + (y - 8)^2 + u_1(x + y - 12) + u_2(x - 8) \tag{d}$$

2. 식 (5.2)의 경사도 조건:

$$\frac{\partial L}{\partial x} = 2(x-10) + u_1 + u_2 = 0$$

$$\frac{\partial L}{\partial y} = 2(y-8) + u_1 = 0 \tag{e}$$

3. 식 (5.3)의 유용성 검토:

$$g_1 \le 0,\ g_2 \le 0 \tag{f}$$

4. 식 (5.4)의 전환조건:

$$u_1 g_1 = 0,\ u_2 g_2 = 0 \tag{g}$$

5. 식 (5.5)의 라그랑지 승수의 비음수성:

$$u_1,\ u_2 \ge 0 \tag{h}$$

6. 정칙성 검토

식 (g)의 전환조건은 다음 네 가지의 경우의 수를 파생시킨다.

1. $u_1 = 0$, $u_2 = 0$ (g_1, g_2 모두 만족)
2. $u_1 = 0$, $g_2 = 0$ (g_1 만족, g_2 활성화)
3. $g_1 = 0$, $u_2 = 0$ (g_1 활성화, g_2 만족)
4. $g_1 = 0$, $g_2 = 0$ (g_1, g_2 모두 활성화)

경우 1: $u_1 = 0$, $u_2 = 0$ (g_1, g_2 모두 만족)

식 (e)로부터 $x = 10$, $y = 8$의 해를 얻는다. 이 점의 유용성 검토를 해보면 $g_1 = 6 > 0$, $g_2 = 2 > 0$을 얻는다. 따라서 두 제약조건은 위배되므로 이 경우에는 후보 최소점을 갖지 않는다.

경우 2: $u_1 = 0$, $g_2 = 0$ (g_1 만족, g_2 활성화)

$g_2 = 0$이므로 $x = 8$이다. 식 (e)로부터 $y = 8$과 $u_2 = 4$를 얻는다. 점 (8.8)에서 $g_1 = 4 > 0$은 제약조건을 위배하고 있다. 즉, 점 (8.8)은 불용점이고, 이 경우 또한 어떠한 유용 후보 최소점도 갖지 않는다.

경우 3: $g_1 = 0$, $u_2 = 0$ (g_1 활성화, g_2 만족)

식 (e)와 $g_1 = 0$으로부터 $x = 7$, $y = 5$, $u_1 = 6 > 0$을 얻는다. 유용성 검토를 하면 $g_2 = -1 < 0$으로 제약조건을 만족한다. 단 한 개의 활성제약조건만이 존재하므로 활성제약조건들의 경사도 벡터가 선형독립이어야 한다는 검토는 필요가 없다. 그러므로 정칙성 조건을 만족한다. 즉, 점 (7, 5)는 모든 KKT 필요조건을 만족한다.

경우 4: $g_1 = 0$, $g_2 = 0$ (g_1, g_2 모두 활성화)

$g_1 = 0$, $g_2 = 0$인 경우는 $x = 8$, $y = 4$를 얻는다. 식 (e)를 통해 $u_1 = 8$, $u_2 = -4 < 0$을 얻는데, 이는 필요조건을 위배한다. 그러므로 이 경우 또한 어떤 후보 최소점도 제공하지 않는다.

이것은 제약조건이 선형이고 목적함수가 볼록이므로 볼록 계획법 문제라는 것을 확인할 수 있다. 그러므로 4.8절의 볼록성 결과에 따라 경우 3으로부터 얻어진 점은 실제로 전역적 최소점이 된다.

어떤 최적화 문제가 한 개의 등호제약조건 h와 한 개의 부등호제약조건 g를 갖고 있다. 다음 정보를 이용하여 최소점이라고 여겨지는 점에서 KKT 필요조건을 검토하라.

$$h = 0, \ g = 0, \quad \nabla f = (2,3,2), \quad \nabla h = (1,-1,1), \quad \nabla g = (-1,-2,-1) \tag{a}$$

풀이

후보 최소점에서 h와 g의 경사도는 선형독립이므로 주어진 점은 정칙점이다. 선형독립을 확인하기 위해 ∇h와 ∇g의 선형결합을 구성하고 이것을 0으로 하면 다음을 얻는다(부록 A 참조).

$$c_1 \begin{bmatrix} 1 \\ -1 \\ 1 \end{bmatrix} + c_2 \begin{bmatrix} -1 \\ -2 \\ -1 \end{bmatrix} = \begin{bmatrix} 0 \\ 0 \\ 0 \end{bmatrix} \tag{b}$$

여기서 c_1과 c_2는 선형결합을 위한 매개변수이다. 만일 $c_1 = 0$, $c_2 = 0$이 식 (b)의 선형방정식의 유일해라고 하면, 그때의 벡터들은 선형독립이다. 식 (b)의 선형방정식에서 첫 번째와 세 번째 방정식이 동일하다. 첫 번째와 두 번째 방정식의 계수행렬의 행렬식은 -3이다. 따라서 유일한 해는 $c_1 = 0$, $c_2 = 0$이다.

이 문제의 KKT 조건은 다음과 같다.

$$\nabla L = \nabla f + v\nabla h + u\nabla g = 0$$
$$h = 0, \quad g \leq 0, \quad ug = 0, \quad u \geq 0 \tag{c}$$

$\nabla f, \nabla h, \nabla g$를 $\nabla L = 0$에 대입하면 다음의 세 개의 방정식을 얻는다.

$$2 + v - u = 0, \quad 3 - v - 2u = 0, \quad 2 + v - u = 0 \tag{d}$$

이들은 두 개의 미지수를 갖는 세 개의 방정식으로 구성되지만, 그중 두 식만이 선형독립이다. u와 v에 대해 풀면 $u = 5/3 \geq 0$과 $v = -1/3$를 얻는다. 즉, 모든 KKT 필요조건을 만족한다.

5.2 비정칙점

지금까지의 모든 예제에서는 암묵적으로 정리 4.6의 KKT 조건 또는 정리 4.5의 라그랑지 정리를 만족한다고 가정하였다. 특히 $\mathbf{x}^*$가 유용 설계 공간 내의 **정칙점**이라고 가정하였다. 즉, $\mathbf{x}^*$에서의 모든 활성제약조건의 경사도 벡터가 선형독립이라고 가정한 것이다(즉, 그 경사도들이 서로 평행하지도 않고, 또한 어떤 경사도 벡터를 다른 것들의 선형결합으로 표시할 수 없다는 것이다). 여기서 중요한 점은 $\mathbf{x}^*$에 대한 **정칙성의 가정**이 만족될 경우에만 이 필요조건들을 적용할 수 있다는 것이다. $\mathbf{x}^*$가 정칙점이 아닐 경우 이 필요조건을 적용할 수 없다는 것을 보이기 위해 다음의 예제 5.3을 고려해 보자.

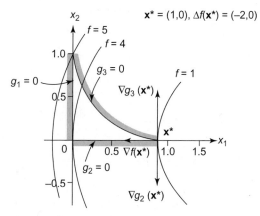

그림 5.1   예제 5.3의 도해: 비정칙 최적점

| 예제 5.3 | 비정칙점에서 KKT 조건의 점검 |

최소화

$$f(x_1, x_2) = x_1^2 + x_2^2 - 4x_1 + 4 \tag{a}$$

제약조건

$$g_1 = -x_1 \leq 0 \tag{b}$$

$$g_2 = -x_2 \leq 0 \tag{c}$$

$$g_3 = x_2 - (1 - x_1)^3 \leq 0 \tag{d}$$

최소점 $(1, 0)$이 KKT 필요조건을 만족하는지 점검하라(McCormick, 1967).

풀이

그림 5.1에서와 같이 도해를 통해 이 문제의 전역적 최소점으로 $\mathbf{x}^* = (1, 0)$을 얻는다. 이 해가 KKT 필요조건을 만족하는지 확인해 보자.

1. 식 (5.1)의 라그랑지 함수의 정의:

$$L = x_1^2 + x_2^2 - 4x_1 + 4 + u_1(-x_1) + u_2(-x_2) + u_3[x_2 - (1 - x_1)^3] \tag{e}$$

2. 식 (5.2)의 경사도 조건:

$$\frac{\partial L}{\partial x_1} = 2x_1 - 4 - u_1 + u_3(3)(1 - x_1)^2 = 0$$

$$\frac{\partial L}{\partial x_2} = 2x_2 - u_2 + u_3 = 0 \tag{f}$$

3. 식 (5.3)의 유용성 검토:

$$g_i \leq 0, \; i = 1, 2, 3 \tag{g}$$

4. 식 (5.4)의 전환조건:

$$u_i g_i = 0, \quad i = 1, 2, 3 \tag{h}$$

5. 식 (5.5)의 라그랑지 승수의 비음수성:

$$u_i \geq 0, \quad i = 1, 2, 3 \tag{i}$$

6. 정칙성 검토

$\mathbf{x}^* = (1, 0)$에서 첫째 제약조건 (g_1)은 만족되고, 두 번째와 세 번째 제약조건은 활성이다. 식 (h)의 전환조건은 $u_1 = 0$, $g_2 = 0$, $g_3 = 0$인 경우이다. 해를 식 (f)에 대입하면, 첫 번째 방정식에서 $-2 = 0$이 되므로 방정식을 만족하지 않는다. 그러므로 최소점에서 KKT 조건을 만족하지 않는다.

이런 분명한 모순의 원인은 최소점 $\mathbf{x}^* = (1, 0)$에서 정칙성을 검토해 보면 찾을 수 있다. 활성제약조건 g_2와 g_3의 경사도는 다음과 같이 주어진다.

$$\nabla g_2 = \begin{bmatrix} 0 \\ -1 \end{bmatrix}; \quad \nabla g_3 = \begin{bmatrix} 0 \\ 1 \end{bmatrix} \tag{j}$$

이 벡터들은 선형독립이 아니다. 이들은 그림 5.1과 같이 동일선상에 있고 단지 방향이 반대이다. 따라서 $\mathbf{x}^*$는 유용집합의 정칙점이 아니다. 이것을 KKT 조건에서 가정하였으므로 이 문제에서 KKT 조건의 적용은 타당하지 않다. 식 (4.53)의 KKT 조건에 대한 기하학적 해석에서도 위배하고 있음을 알 수 있다. 즉, 이 예제에서 점 $(1, 0)$에서의 ∇f는 활성제약조건 g_2와 g_3의 경사도의 선형결합으로써 표시될 수 없다는 것이다. 실제로 ∇f는 그림 (5.1)에서와 같이 ∇g_2와에 ∇g_3 수직이다. 그러므로 ∇f는 활성제약조건의 경사도의 선형결합으로 표시할 수 없다.

일부 문제에서는 비정칙점이 KKT 조건의 해로서 구해질 수 있지만, 이와 같은 경우에서는 활성제약조건의 라그랑지 승수가 유일하다고 장담할 수 없다. 또한 4.7절의 제약조건 변화 민감도 결과를 라그랑지 승수의 일부 값에 대해 적용할 수도 있고 못할 수도 있다.

5.3 제약조건 최적화 문제의 2계 조건

1계 필요조건의 해는 국소적 후보 최소점이다. 이 절에서는 제약조건 최적화 문제에 대한 2계 필요조건과 2계 충분조건에 대해 논의한다. 비제약조건 문제의 경우에서와 같이 후보점 $\mathbf{x}^*$에서 함수의 2계 정보는 그 점이 실제로 국소적 최소가 되는지를 결정하는 데 사용된다. 비제약조건 문제의 경우를 상기해보면, 정리 4.4의 국소적 충분조건은 $\mathbf{x}^*$에서 함수를 테일러 급수 전개했을 때 이차항이 0이 아닌 모든 $\mathbf{d}$의 변화에 대해 양수가 되어야 한다는 것이었다. 제약조건 문제의 경우에서는 유용영역으로의 변화량 $\mathbf{d}$를 결정하기 위해 $\mathbf{x}^*$에서 활성제약조건들을 고려해야만 한다. 활성제약조건 식을 만족하는 $\mathbf{x}^*$의 근방에서 점 $\mathbf{x} = \mathbf{x}^* + \mathbf{d}$만을 고려하기로 한다.

1계 조건으로부터 구해진 활성제약조건을 만족하는 임의의 $\mathbf{d} \neq 0$은 제약조건의 접초평면(*tangent hyper-plane*) 내에 있어야 한다(그림 5.2). 그러한 $\mathbf{d}$는 제약조건의 경사도가 제약조건의 접초평면에 수직하므로 활성제약조건의 경사도와 직교한다. 그러므로 $\mathbf{d}$와 각각의 활성제약조건의 경사도 ∇h_1,

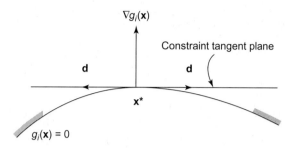

그림 5.2 2계 조건에서 사용된 방향 d

∇g_1와의 내적은 0이어야만 한다. 즉, $\nabla h_i^T \mathbf{d} = 0$, $\nabla g_i^T \mathbf{d} = 0$이다. 이 방정식들은 점 $\mathbf{x}^*$의 주위에서 어떤 유용영역을 정의하는 $\mathbf{d}$를 결정하는 데 사용된다. 단지 활성 부등호제약조건($g_i = 0$)만이 $\mathbf{d}$를 결정하는 데 이용된다는 것에 주의하라. 이러한 상황을 한 개의 부등호제약조건의 예를 들어 그림 5.2에 설명하였다.

2계 조건을 유도하기 위해서 라그랑지 함수의 테일러 급수 전개식을 쓰고 전술한 조건을 만족하는 $\mathbf{d}$만을 고려한다. 테일러 전개에서 이차항이 제약조건의 접초평면 내의 모든 $\mathbf{d}$에 대해 양수이면 $\mathbf{x}^*$는 국소적 최소점이다. 이것이 격리된 국소적 최소점을 위한 충분조건이다. 2계 필요조건은 이차항이 음수가 될 수 없다는 것이다. 이 결과를 정리 5.1과 5.2에서 요약하였다.

정리 5.1 일반적인 제약조건 문제에 대한 2계 필요조건

$\mathbf{x}^*$를 일반적인 최적설계 문제에 대한 1계 KKT 필요조건을 만족하는 점이라 하자. $\mathbf{x}^*$에서 라그랑지 함수 L의 헷세행렬을 다음과 같이 정의할 수 있다.

$$\nabla^2 L = \nabla^2 f + \sum_{i=1}^{p} v_j^* \nabla^2 h_i + \sum_{j=1}^{m} u_j^* \nabla^2 g_j \tag{5.6}$$

$\mathbf{x}^*$에서 다음의 선형방정식을 만족하면서, $\mathbf{d} \neq \mathbf{0}$인 유용방향 $\mathbf{d}$가 있다고 하자.

$$\nabla h_i^T \mathbf{d} = 0; \quad = i \text{ to } p \tag{5.7}$$

모든 활성 부등식에 대하여 $\nabla g_i^T \mathbf{d} = 0$인(즉, $\nabla g_i^T \mathbf{d} = 0$이 되는 j) $\tag{5.8}$

그러면 만일 $\mathbf{x}^*$가 최적설계문제의 국소적 최소라면, 다음은 반드시 성립한다.

$$Q \geq 0 \text{ 여기서 } Q = \mathbf{d}^T \nabla^2 L(\mathbf{x}^*) \mathbf{d} \tag{5.9}$$

어떤 점이 2계 필요조건을 만족하지 않는다면 그 점은 국소적 최소점이 될 수 없다는 것을 명심하라.

정리 5.2   일반적인 제약조건 문제에 대한 충분조건

$\mathbf{x}^*$가 일반적인 최적설계문제에 대한 1계 KKT 필요조건을 만족한다고 하자. 식 (5.6)에서와 같이 $\mathbf{x}^*$에서 라그랑지 함수 L의 헷세행렬을 정의하라. $\mathbf{d} \neq \mathbf{0}$인 유용방향 $\mathbf{d}$를 정의하고 그 방향이 다음 선형방정식의 해라고 하자.

$$\nabla h_i^T \mathbf{d} = 0; \ i = 1 \text{ to } p \tag{5.10}$$

$$u_j^* > 0\text{인 모든 활성부등식에 대하여 } \nabla g_j^T \mathbf{d} = 0 \tag{5.11}$$

또한, $u_j^* = 0$인 활성 부등식에 대해서는 $\nabla g_j^T \mathbf{d} \leq 0$이라고 하자. 만일

$$Q > 0, \ \text{여기서 } Q = \mathbf{d}^T \nabla^2 L(\mathbf{x}^*)\mathbf{d} \tag{5.12}$$

이 성립하면 $\mathbf{x}^*$는 격리된 국소적 최소점이다(정리의 의미는 $\mathbf{x}^*$ 근방에서 다른 국소적 최소점이 없다는 뜻이다).

2계 조건의 이해

1. 먼저 필요조건에 대한 식 (5.8)에서의 방향 $\mathbf{d}$와 충분조건에 대한 식 (5.11)에서의 방향 $\mathbf{d}$의 차이에 주목하라. 식 (5.8)에서는 음이 아닌 라그랑지 승수를 갖는 모든 부등식이 포함되는 반면, 식 (5.11)에는 양의 승수를 갖는 활성 부등식이 포함된다는 것이다.

2. 식 (5.10)과 식 (5.11)은 단순히 ∇h_i와 $\mathbf{d}$, 그리고 $\nabla g_j(u_j^* > 0$인 g_j에 대해)와 $\mathbf{d}$의 내적이 0이 되어야만 한다는 것을 의미한다. 즉, 등호제약조건과 $u_j^* > 0$을 갖는 활성 부등호제약조건의 경사도에 수직한 $\mathbf{d}$만을 고려한다. 달리 말하면, 후보 최소점에서 활성제약조건의 접초평면 내에 있는 $\mathbf{d}$만을 고려한다는 것이다.

3. 식 (5.12)는 라그랑지 함수의 헷세행렬이 제약조건의 접초평면 상에 존재하는 모든 $\mathbf{d}$에 대하여 양정이어야만 한다는 것을 의미한다. 여기서 ∇h_i, ∇g_j, 및 $\nabla^2 L$이 KKT 필요조건을 만족하는 후보 국소적 최소점 $\mathbf{x}^*$에서 계산되는 것을 명심하라.

4. 또한 강조해야 할 내용은 식 (5.12)의 부등식을 만족하지 못한다고 해서(즉, $Q \not> 0$), $\mathbf{x}^*$가 국소적 최소가 아니라는 결론을 내릴 수 없다는 것이다. 그럼에도 불구하고 이러한 점은 국소적 최소가 될 수도 있지만 격리된 최소점은 될 수 없다. 또한 이 정리에 대한 가정을 만족하지 않는 경우에는 어떠한 $\mathbf{x}^*$에 대해서도 이 정리를 이용할 수 없다는 것을 주의하라. 이러한 경우에는 점 $\mathbf{x}^*$에 대해 어떠한 결론도 내릴 수 없다.

5. 행렬 $\nabla^2 L(\mathbf{x}^*)$가 음정 또는 반음정이 되면 국소적 최소점에 대한 식 (5.9)의 2계 필요조건을 위배하고 $\mathbf{x}^*$는 국소적 최소점이 될 수 없다.

6. 만일 행렬 $\nabla^2 L(\mathbf{x}^*)$가 양정이면 즉, 식 (5.12)의 Q가 $\mathbf{d} \neq \mathbf{0}$인 어떠한 $\mathbf{d}$에 대해서 양수이면, $\mathbf{x}^*$는 격리된 국소적 최소의 충분조건을 만족하여 더 이상의 다른 검토가 필요 없게 된다. 그 이유는 만일 $\nabla^2 L(\mathbf{x}^*)$이 양정행렬이면 식 (5.10)과 (5.11)을 만족시키는 $\mathbf{d}$에 대해서도 양정이 되기 때문이다. 그렇지만 만일 $\nabla^2 L(\mathbf{x}^*)$가 양정행렬이 아니라고 해서(즉, 양반정이나 부정인 경우) $\mathbf{x}^*$가 격리된 국소적 최소가 아니라는 결론을 내릴 수 없다. 식 (5.10)과 (5.11)을 만족시키는 $\mathbf{d}$를 계산하고 정리 5.2에 주어진 충분조건을 검사해 보아야 한다. 이 결과를 정리

5.3에 요약하였다.

정리 5.3 강한 충분조건

x*가 일반적인 최적설계 문제에 대한 1계 KKT 필요조건을 만족한다고 하자. 식 (5.6)에서와 같이 **x***에서 라 그랑지 함수의 헷세행렬 $\nabla^2 L(\mathbf{x}^*)$를 정의하라. $\nabla^2 L(\mathbf{x}^*)$가 양정이면 **x***는 격리된 국소적 최소점이다.

---

7. 일부 적용 사례에서 특별한 언급을 요하는 경우가 있다. 이러한 경우는 후보 최소점 **x***에서 활성제약조건의 수(최소한 하나의 부등호제약조건 포함)가 독립 설계변수의 수와 동일할 때 발생한다. 즉, 후보 최소점에서는 어떠한 설계 자유도가 생기지 않는다. **x***가 KKT 필요조건을 만족하므로 모든 활성제약조건의 경사도는 선형독립이다. 즉, 식 (5.10)과 (5.11)의 선형연립방정식의 해는 **d** = **0**으로서 유일해이므로 이 경우는 정리 5.2를 이용할 수 없다. 그렇지만 **d** = **0**이 유일해이므로 **x***의 근방에서 목적함수를 더 이상 감소시킬 수 있는 유용방향이 없다. 즉, 점 **x***는 실제로 목적함수에 대한 국소적 최소가 된다(4.1.1절의 국소적 최소의 정의를 참조할 것). 예제 5.4~5.6은 최적성에 관한 2계 조건을 설명하는 문제들이다.

예제 5.4 2계 조건의 점검 1

예제 4.30에 대해 충분조건을 검토해 보자.

최소화

$$f(\mathbf{x}) = \frac{1}{3}x^3 - \frac{1}{2}(b+c)x^2 + bcx + f_0 \tag{a}$$

제약조건

$$a \leq x \leq d \tag{b}$$

여기서 $0 < a < b < c < d$와 f_0는 주어진 상수이다.

풀이

이 문제에서는 제약조건 후보 국소적 최소점(constrained candidate local minimum point)은 단 하나가 있으며 $x = a$이다. 설계변수가 단지 한 개이고 활성제약조건이 한 개이므로, 식 (5.11)의 조건 $\nabla g_1 \bar{d} = 0$에서 $\bar{d} = 0$의 유일해를 얻는다(여기서 d는 예제에서 상수로 사용하였으므로 충분조건의 조사를 위한 방향벡터로는 $\bar{d}$를 사용하였다). 그러므로 충분조건을 점검하는 데 정리 5.2를 이용할 수 없다. 또한 $x = a$에서 $d^2 L/dx^2 = (a - b) + (a - c)$인데, 이것은 항상 음수이기 때문에 충분조건을 검토하기 위해서 라그랑지 함수의 곡률을 이용할 수 없게 된다(강한 충분조건에 대한 정리 5.3). 그렇지만 그림 4.16으로부터 $x = a$가 실제로 격리된 국소적 최소점이 되는 것을 확인할 수 있다.

이 예제를 통하여 활성 부등호제약조건의 수가 독립 설계변수의 수와 동일하고 모든 KKT 조건을 만족하면, 후보점이 실제로 국소적 최소가 되는 것을 알 수 있다.

2계 조건의 점검 2

예제 4.31의 최적화 문제를 생각해 보자.

최소화

$$f(\mathbf{x}) = x_1^2 + x_2^2 - 3x_1 x_2 \tag{a}$$

제약조건

$$g(\mathbf{x}) = x_1^2 + x_2^2 - 6 \leq 0 \tag{b}$$

후보 최소점에서 충분조건을 검토하라.

풀이

예제 4.31의 해로부터 KKT 필요조건을 만족하는 점들은 다음과 같다.

$$\text{(i) } \mathbf{x}^* = (0,0), \ u^* = 0; \quad \text{(ii) } \mathbf{x}^* = (\sqrt{3}, \sqrt{3}), \ u^* = \frac{1}{2}; \quad \text{(iii) } \mathbf{x}^* = (-\sqrt{3}, -\sqrt{3}), \ u^* = \frac{1}{2} \tag{c}$$

예제 4.31과 그림 4.17에서와 같이 점 (0, 0)은 충분조건을 만족하지 않으며 다른 두 점은 충분조건을 만족한다. 이러한 기하학적 관찰에 의한 판단은 2계 최적성 조건들을 이용하여 수학적으로 증명할 수 있다. 목적함수와 제약조건함수의 헷세행렬은 다음과 같다.

$$\nabla^2 f = \begin{bmatrix} 2 & -3 \\ -3 & 2 \end{bmatrix}, \quad \nabla^2 g = \begin{bmatrix} 2 & 0 \\ 0 & 2 \end{bmatrix} \tag{d}$$

부록 A의 방법에 의하면, $\nabla^2 g$의 고유값은 $\lambda_1 = 2$, $\lambda_2 = 2$이다. 두 개의 고유값이 모두 양수이므로 g는 볼록함수이고, 정리 4.9에 의하면 $g(\mathbf{x}) \leq 0$에 의해 정의되는 유용집합은 볼록임을 알 수 있다. 그러나 $\nabla^2 f$의 고유값은 -1과 5이므로 f는 볼록이 아니다. 따라서 이 문제는 볼록 계획법 문제에 속하지 않고, 볼록성에 대한 정리 4.11을 이용하여 충분조건을 보일 수 없다. 따라서 일반적인 충분조건에 대한 정리 5.2를 적용해야만 한다. 라그랑지 함수의 헷세행렬은 다음과 같다.

$$\nabla^2 L = \nabla^2 f + u \nabla^2 g = \begin{bmatrix} 2+2u & -3 \\ -3 & 2+2u \end{bmatrix} \tag{e}$$

1. 먼저 점 $\mathbf{x}^* = (0, 0)$, $u^* = 0$에 대하여 $\nabla^2 L = \nabla^2 f$이다(제약조건 $g(\mathbf{x}) \leq 0$은 만족이다). 이 경우에는 문제가 비제약조건 문제와 같아지며 국소적 충분조건으로서 모든 $\mathbf{d}$에 대하여 $\mathbf{d}^T \nabla^2 f(\mathbf{x}^*) \mathbf{d} > 0$을 만족해야 한다. 즉, $\nabla^2 f$가 $\mathbf{x}^*$에서 양정이어야 한다. 그러나 $\nabla^2 f$의 고유값이 모두 양수가 아니므로 앞에서 언급한 조건을 만족하지 못한다. 그러므로 $\mathbf{x}^* = (0, 0)$은 국소적 최소에 대한 2계 충분조건을 만족하지 않는다. 즉, $\lambda_1 = -1$, $\lambda_2 = 5$이므로 행렬 $\nabla^2 f$는 $\mathbf{x}^*$에서 부정이다. 그러므로 점 $\mathbf{x}^* = (0, 0)$은 후보 최소점에서 $\nabla^2 f$가 양정 또는 양반정이어야 한다는 정리 4.4의 2계 필요조건을 위배하고 있다. 따라서 $\mathbf{x}^* = (0, 0)$은 국소적 최소점이 될 수 없다. 이것은 예제 4.31의 그래프에서 확인한 결과와 일치한다.

2. 점 $\mathbf{x}^* = (\sqrt{3}, \sqrt{3})$, $u^* = \frac{1}{2}$과 점 $\mathbf{x}^* = (-\sqrt{3}, -\sqrt{3})$, $u^* = \frac{1}{2}$에서

$$\nabla^2 L = \nabla^2 f + u \nabla^2 g = \begin{bmatrix} 2+2u & -3 \\ -3 & 2+2u \end{bmatrix} = \begin{bmatrix} 3 & -3 \\ -3 & 3 \end{bmatrix} \tag{f}$$

$$\nabla g = \pm (2\sqrt{3}, 2\sqrt{3}) = \pm 2\sqrt{3}(1,1) \tag{g}$$

위의 두 점에서 $\nabla^2 L$은 양정이 아님을 증명할 수 있다. 그러므로 정리 5.3을 이용하여 $\mathbf{x}^*$가 격리된 국소적 최소점이라는 결론을 확인하는 것이 불가능하다. 식 (5.10)과 (5.11)을 만족하는 $\mathbf{d}$를 찾아야 한다. $\mathbf{d} = (d_1, d_2)$라고 놓고 $\nabla g^T \mathbf{d} = 0$으로부터 다음을 얻을 수 있다.

$$\pm 2\sqrt{3}\begin{bmatrix} 1 & 1 \end{bmatrix}\begin{bmatrix} d_1 \\ d_2 \end{bmatrix} = 0; \quad \text{or} \quad d_1 + d_2 = 0 \tag{h}$$

즉, $d_1 = -d_2 = c$이라 하고, 여기서 $c \neq 0$은 임의의 상수라고 할 때, $\nabla g^T \mathbf{d} = 0$을 만족하는 $\mathbf{d} \neq 0$은 $\mathbf{d} = c(1, -1)$과 같이 구해진다. 식 (5.12)의 충분조건은 다음과 같다.

$$Q = \mathbf{d}^T(\nabla^2 L)\mathbf{d} = c[1 -1]\begin{bmatrix} 3 & -3 \\ -3 & 3 \end{bmatrix}c\begin{bmatrix} 1 \\ -1 \end{bmatrix} = 12c^2 > 0 \text{ for } c \neq 0 \tag{i}$$

점 $\mathbf{x}^* = (\sqrt{3}, \sqrt{3})$과 $\mathbf{x}^* = (-\sqrt{3}, -\sqrt{3})$은 식 (5.12)의 충분조건을 만족한다. 따라서 이들은 격리된 국소적 최소점이며 이는 예제 4.31과 그림 4.17에서도 확인할 수 있다. 이 예제에서는 $\mathbf{x}^*$에서 $\nabla^2 L$가 양정행렬이 아니지만, 그럼에도 불구하고 $\mathbf{x}^*$가 격리된 최소점이 되는 것을 목격하였다.

f가 연속이고 유용영역이 닫혀 있으며 유계이므로 바이어슈트라스 이론 4.1을 적용하면 전역적 최소가 틀림없이 존재하는 것을 알 수 있다. 또한 필요조건을 만족하는 모든 가능한 점에 대해 검토하였다. 그러므로 $\mathbf{x}^* = (\sqrt{3}, \sqrt{3})$과 $\mathbf{x}^* = (-\sqrt{3}, -\sqrt{3})$은 전역적 최소점이라고 결론을 내려야만 한다. 이 점들에서의 목적함수의 값은 $f(\mathbf{x}^*) = -3$이다.

예제 5.6	2계 조건의 점검 3

예제 4.32를 살펴보자.

최소화

$$f(x_1, x_2) = x_1^2 + x_2^2 - 2x_1 - 2x_2 + 2 \tag{a}$$

제약조건

$$g_1 = -2x_1 - x_2 + 4 \leq 0 \tag{b}$$

$$g_2 = -x_1 - 2x_2 + 4 \leq 0 \tag{c}$$

후보 최소점에서 2계 조건을 점검하라.

풀이

예제 4.32으로부터 KKT 필요조건을 만족하는 점은 다음과 같다.

$$x_1^* = \frac{4}{3}, \quad x_2^* = \frac{4}{3}, \quad u_1^* = \frac{2}{9}, \quad u_2^* = \frac{2}{9} \tag{d}$$

모든 제약조건이 선형이므로 유용집합 S는 볼록이다. 목적함수의 헷세행렬은 양정이다. 그러므로 목적함수도 볼록이며, 따라서 이 문제는 볼록 계획법 문제이고 정리 4.11에 의해 $x_1^* = \dfrac{4}{3}$, $x_2^* = \dfrac{4}{3}$는 전역적 최소에 대한 충분조건을 만족하며 목적함수 $f(\mathbf{x}^*) = \dfrac{2}{9}$를 갖는다.

국소적 충분조건은 정리 5.2의 방법을 이용하여 증명할 수는 없다는 것을 명심하라. 그 이유는 식 (5.11)의 조건으로부터 두 개의 미지수를 갖는 두 개의 방정식을 얻기 때문이다.

$$-2d_1 - d_2 = 0, \quad -d_1 - 2d_2 = 0 \tag{e}$$

이 방정식들은 계수행렬로서 정칙행렬을 갖는 제차 연립방정식이다. 그러므로 이 연립방정식의 유일해는 $d_1 = d_2 = 0$이다. 즉, 식 (5.12)의 조건식에 이용할 수 있는 $\mathbf{d} \neq \mathbf{0}$을 찾을 수 없어 정리 5.2를 이용할 수 없다. 그렇지만 앞에서 설명하였고 그림 4.18에서 알 수 있듯이 이 점은 실제로 격리된 전역적 최소점이다. 이 문제는 이변수 문제이고 KKT 점에서 두 개의 제약조건이 활성이므로, 국소적 최소에 대한 조건을 만족한다.

5.4 직사각형 단면보 설계문제의 2계 조건

직사각형 단면보 설계문제는 3.8절에서 정식화하였고 그림 3.11에서와 같이 도해를 구하였다. KKT 필요조건과 그 풀이에 관하여 4.9.2절에서 설명하였다. KKT 조건을 만족하는 몇 개의 점을 구하였다. 그림 3.11의 이 문제에 대한 도식적 표시로부터 이 모든 점들이 이 문제에 대한 전역적 최소가 되는 것을 볼 수 있었다. 그렇지만 이들 점 중 어떠한 점도 격리된 국소적 최소가 아니다. 정리 5.2의 2계 충분조건이 이들 어느 점에 대해서도 만족하지 않는 것을 증명해 보자.

4.9.2절의 경우 3, 5, 6은 모든 KKT 필요조건들을 만족하는 해를 제공하였다. 경우 5와 6은 두 개의 활성제약조건을 갖는데 여기서 활성제약조건 중 g_1의 라그랑지 승수 값은 0이었다. 그렇지만 양의 승수를 갖는 제약조건만이 식 (5.11)에서 고려되어야 한다. 충분조건에 대한 정리 5.2에서는 단지 $u_i > 0$를 갖는 제약조건에 대하여 식 (5.12)를 적용하기 위한 유용 방향을 계산하여야 한다. 그러므로 제약조건 g_2만이 충분조건을 검토하는 데 고려된다. 즉, 세 가지 경우 모두 동일한 충분조건을 검토한다. 목적함수의 헷세행렬과 두 번째 제약조건만을 필요로 하는 것이다.

목적함수와 두 번째 제약조건의 헷세행렬을 다음과 같이 계산해야 한다.

$$\nabla^2 f = \begin{bmatrix} 0 & 1 \\ 1 & 0 \end{bmatrix}, \quad \nabla^2 g_2 = \frac{(2.25 \times 10^5)}{b^3 d^3} \begin{bmatrix} 2d^2 & bd \\ bd & 2b^2 \end{bmatrix} \tag{a}$$

여기서 $bd = (1.125 \times 10^5)$이고, $\nabla^2 g_2$는 다음과 같다.

$$\nabla^2 g_2 = 2 \begin{bmatrix} \dfrac{2}{b^2} & (1.125 \times 10^5)^{-1} \\ (1.125 \times 10^5)^{-1} & \dfrac{2}{d^2} \end{bmatrix} \tag{b}$$

라그랑지 함수의 헷세행렬은 다음과 같다.

$$\nabla^2 L = \nabla^2 f + u_2 \nabla^2 g_2 = \begin{bmatrix} 0 & 1 \\ 1 & 0 \end{bmatrix} + 2(56, 250) \begin{bmatrix} \dfrac{2}{b^2} & (1.125 \times 10^5)^{-1} \\ (1.125 \times 10^5)^{-1} & \dfrac{2}{d^2} \end{bmatrix} \quad \text{(c)}$$

$$\nabla^2 L = \begin{bmatrix} \dfrac{(2.25 \times 10^5)}{b^2} & 2 \\ 2 & \dfrac{(2.25 \times 10^5)}{d^2} \end{bmatrix} \quad \text{(d)}$$

$bd = (1.125 \times 10^5)$에 대하여 $\nabla^2 L$의 행렬식이 0이므로 이 행렬은 단지 양반정이다. 그러므로 강한 충분조건 정리 5.3은 $\mathbf{x}^*$의 충분조건 검토를 위해 이용할 수 없다. 즉, 식 (5.12)의 충분조건을 점검해야 한다. 이를 위해 식 (5.11)을 만족하는 방향 $\mathbf{y}$를 찾아야만 한다($\mathbf{d}$가 설계변수로 사용되어 방향벡터로 $\mathbf{d}$ 대신 $\mathbf{y}$를 이용하였음). g_2의 경사도는 다음과 같다.

$$\nabla g_2 = \left[\frac{-(2.25 \times 10^5)}{b^2 d}, \quad \frac{-(2.25 \times 10^5)}{b d^2} \right] \quad \text{(e)}$$

$bd = (1.125 \times 10^5)$를 만족하는 점에서 유용방향 $\mathbf{y}$는 $\nabla g_2^T \mathbf{y} = 0$에 의해 얻을 수 있고 다음과 같다.

$$\frac{1}{b} y_1 + \frac{1}{d} y_2 = 0, \quad \text{or} \quad y_2 = -\frac{d}{b} y_1 \quad \text{(f)}$$

그러므로 벡터 $\mathbf{y}$는 $\mathbf{y} = (1, -d/b)c$로 주어지고, 여기서 $c = y_1$로 임의의 상수이다. $\nabla^2 L$과 $\mathbf{y}$를 이용하면 식 (5.12)의 Q는 다음과 같이 얻는다.

$$Q = \mathbf{y}^T \nabla^2 L \mathbf{y} = 0 \quad \text{(g)}$$

즉, 정리 5.2의 충분조건이 만족되지 않는다. $bd = (1.125 \times 10^5)$를 만족하는 점들은 격리된 국소적 최소점들이 아니다. 물론 이러한 사실은 그림 3.11에서도 쉽게 확인할 수 있다. 그러나 $Q = 0$이므로 경우 3은 정리 5.1의 2계 필요조건을 만족한다는 것에 주의하라. 이와 같이 이변수 문제이면서 활성제약조건이 두 개일 때, $\mathbf{y}$가 $\mathbf{0}$이 되지 않는 어떠한 $\mathbf{y}$도 없으므로 경우 5와 6의 해에 대하여 2계 필요조건을 검토하는 데 정리 5.1을 이용할 수 없다.

이 문제는 볼록 계획법 문제의 조건을 만족하지 않고 있으며, KKT 조건을 만족하는 모든 점이 격리된 국소적 최소점이 되기 위한 충분조건을 만족하지도 않는다. 그러나 이 모든 점들이 실제로는 전역적 최소점이다. 이 예제를 통하여 다음과 같은 두 개의 결론을 유추할 수 있다.

1. 전역적 최적해는 볼록 계획법 문제로 분류되지 않은 문제에 대해서도 얻어질 수 있다. 닫혀 있고 유계인 유용집합에서 모든 국소적 최적해를 찾지 않는다면, 어떤 점의 전역적 최적성을 증명할 수 있는 방법은 없다(바이어슈트라스 이론).
2. 2계 충분조건을 만족하지 않는다면 이는 후보점이 격리된 국소적 최소점은 아니라는 결론

을 유추할 수 있을 뿐이다. 즉, 근방에 많은 국소 최적점들이 있을 수도 있고, 그들이 실제로 전역적 최소점이 될 수도 있다.

5.5 비선형계획법의 쌍대성

비선형계획법 문제가 주어지면 그것과 매우 밀접한 관계의 또 다른 비선형계획법 문제가 존재한다. 전자를 기본문제라고 하고, 후자를 **쌍대문제**라고 한다. 확실한 볼록성의 가정하에서 기본문제와 쌍대문제는 동일한 최적의 목적함수 값을 갖는다. 그러므로 쌍대문제를 풀게 하여 기본문제를 간접적으로 푸는 것이 가능하다. 쌍대성 이론 중 하나의 부산물로서 **안장점 필요조건**을 얻을 수 있다.

쌍대성은 최적화 이론과 수치 방법에 중요한 역할을 하고 있다. 쌍대성 이론의 개발에서는 문제의 볼록성에 대한 가정을 필요로 한다. 그렇지만 폭넓은 적용을 위해서 이 이론은 최소한의 볼록성 가정을 요구한다. 이러한 접근은 국소적 쌍대성의 개념과 국소적 쌍대성 이론으로 이어진다.

이 절에서는 국소적 쌍대성에 대해서만 설명한다. 이 이론은 최적화 문제를 풀기 위한 계산 방법을 개발하는 데 사용될 수 있다. 이 이론이 11장에서 **증대 라그랑지 방법**을 개발하는 데 사용되는 것을 볼 수 있다.

5.5.1 국소적 쌍대성: 등호제약조건의 경우

국소적 쌍대성 이론의 전개를 위해 등호제약조건 문제를 먼저 고려해 보자.

문제 E

n 벡터 $\mathbf{x}$를 찾아라.

최소화

$$f(\mathbf{x}) \tag{5.13}$$

제약조건

$$h_i(\mathbf{x}) = 0; \quad i = 1 \text{ to } p \tag{5.14}$$

이후에 이 이론을 등호제약조건, 부등호제약조건이 모두 있는 경우로 확장할 것이다. 여기에 소개하는 이론을 때로는 **강한 쌍대성** 또는 **라그랑지 쌍대성**이라고도 한다. 함수 f와 h_i를 두 번 연속 미분 가능하다고 가정하자. 먼저 문제 E와 관계된 쌍대함수를 정의하고 그 성질을 연구해 보자. 그 다음, 문제 E와 관계있는 쌍대문제를 정의한다.

문제 E에 대한 쌍대성 결과를 나타내기 위해서는 다음과 같은 표기가 사용된다.

라그랑지 함수:

$$L(\mathbf{x}, \mathbf{v}) = f(\mathbf{x}) + \sum_{i=1}^{p} v_i h_i = f(\mathbf{x}) + (\mathbf{v} \cdot \mathbf{h}) \tag{5.15}$$

$\mathbf{x}$에 대한 라그랑지 함수의 헷세행렬:

$$\mathbf{H}_x(\mathbf{x}, \mathbf{v}) = \frac{\partial^2 L}{\partial \mathbf{x}^2} = \frac{\partial^2 f(\mathbf{x})}{\partial \mathbf{x}^2} + \sum_{i=1}^{p} v_i \frac{\partial^2 h_i}{\partial \mathbf{x}^2} \tag{5.16}$$

등호제약조건의 경사도 행렬:

$$\mathbf{N} = \left[\frac{\partial h_j}{\partial x_i} \right]_{n \times p} \tag{5.17}$$

이 방정식들에서 $\mathbf{v}$는 등호제약조건을 위한 p차원 라그랑지 승수 벡터이다.

$\mathbf{x}^*$를 유용영역 내의 정칙점이면서 문제 E의 국소적 최솟값이라고 하자. 그러면 다음과 같은 1계 필요조건을 만족하도록 각 제약조건에 대한 유일한 라그랑지 승수 v_i^*가 존재한다.

$$\frac{\partial L(\mathbf{x}^*, \mathbf{v}^*)}{\partial \mathbf{x}} = 0, \quad \text{or} \quad \frac{\partial f(\mathbf{x}^*)}{\partial \mathbf{x}} + \sum_{i=1}^{p} v_i^* \frac{\partial h_i(\mathbf{x}^*)}{\partial \mathbf{x}} = 0 \tag{5.18}$$

국소적 쌍대성 이론의 전개를 위해서 최소점 $\mathbf{x}^*$에서 라그랑지 함수의 헷세행렬 $\mathbf{H}_x(\mathbf{x}^*, \mathbf{v}^*)$이 양정이라고 가정한다. 이 가정으로 인해 식 (5.15)의 라그랑지 함수가 $\mathbf{x}^*$에서 국소적으로 볼록하다는 것을 확신할 수 있다. 또한 이 가정은 $\mathbf{x}^*$가 문제 E의 격리된 국소적 최소이기 위한 충분조건을 만족하게 한다. 이 가정을 적용하면, 점 $\mathbf{x}^*$가 문제 E의 국소적 최소일뿐만 아니라 다음의 비제약조건 문제의 국소적 최소도 된다.

$$\underset{\mathbf{x}}{\text{minimize}} \ L(\mathbf{x}, \mathbf{v}^*) \quad \text{or} \quad \underset{\mathbf{x}}{\text{minimize}} \left(f(\mathbf{x}) + \sum_{i=1}^{p} v_i^* h_i \right) \tag{5.19}$$

여기서 $\mathbf{v}^*$는 $\mathbf{x}^*$에서 라그랑지 승수 벡터이다. 앞에서의 비제약조건 문제에 대한 필요조건과 충분조건은 제약조건 문제인 문제 E($\mathbf{H}_x(\mathbf{x}^*, \mathbf{v}^*)$가 양정)와 동일하다. 더욱이 $\mathbf{v}^*$와 충분히 가까운 임의의 $\mathbf{v}$에 대해 라그랑지 함수 $L(\mathbf{x}, \mathbf{v})$는 $\mathbf{x}^*$의 근방 점 $\mathbf{x}$에서 국소적 최소를 갖게 된다. 다음으로 $\mathbf{x}(\mathbf{v})$가 존재하고 $\mathbf{v}$에 대한 미분 가능한 함수의 조건을 설정할 것이다.

$(\mathbf{x}^*, \mathbf{v}^*)$의 근방의 점 $(\mathbf{x}, \mathbf{v})$에서 필요조건은 다음과 같다.

$$\frac{\partial L(\mathbf{x}, \mathbf{v})}{\partial \mathbf{x}} = \frac{\partial f(\mathbf{x})}{\partial \mathbf{x}} + \sum_{i=1}^{p} v_i \frac{\partial h_i}{\partial \mathbf{x}} = \mathbf{0}, \quad \text{or} \quad \frac{\partial f(\mathbf{x})}{\partial \mathbf{x}} + \mathbf{N}\mathbf{v} = \mathbf{0} \tag{5.20}$$

$\mathbf{H}_x(\mathbf{x}^*, \mathbf{v}^*)$가 양정이므로 이는 정칙행렬이다. 또한 이 양정행렬로 인해 $\mathbf{H}_x(\mathbf{x}, \mathbf{v})$는 $(\mathbf{x}^*, \mathbf{v}^*)$의 근방에서도 양정행렬이고 정칙행렬이다. 이것이 해석학에서 일반화한 정리이다. 만일 어떤 함수가 한 점에서 양정이면, 그 함수는 그 점의 근방에서도 양정이다. $\mathbf{H}_x(\mathbf{x}, \mathbf{v})$는 또한 $\mathbf{x}$에 관한 식 (5.20)의 필요조건에 대한 야코비(Jacobian)이다. 그러므로 식 (5.20)은 $\mathbf{v}$가 $\mathbf{v}^*$의 근처에 있을 때 $\mathbf{x}^*$의 근처에서 해 $\mathbf{x}$를 갖는다. 따라서 국소적으로 다음의 비제약조건 문제에 대한 해를 통해 $\mathbf{v}$와 $\mathbf{x}$의 사이에는 고유한 일치성이 존재한다.

$$\underset{\mathbf{x}}{\text{minimize}} \; L(\mathbf{x}, \mathbf{v}) \quad \text{or} \quad \underset{\mathbf{x}}{\text{minimize}} \left[f(\mathbf{x}) + \sum_{i=1}^{p} v_i h_i \right] \tag{5.21}$$

더욱이 주어진 $\mathbf{v}$에 대하여 $\mathbf{x}(\mathbf{v})$는 $\mathbf{v}$에 대해 미분 가능한 함수이다(해석학에서의 음함수 정리).

쌍대함수

$\mathbf{v}^*$의 근처에서 쌍대함수 $\phi(v)$는 다음 식으로 정의된다.

$$\phi(\mathbf{v}) = \underset{\mathbf{x}}{\text{minimize}} \; L(\mathbf{x}, \mathbf{v}) \quad \text{or} \quad \underset{\mathbf{x}}{\text{minimize}} \left[f(\mathbf{x}) + \sum_{i=1}^{p} v_i h_i \right] \tag{5.22}$$

여기서 최소는 $\mathbf{x}^*$의 근처에 있는 $\mathbf{x}$에 관해 국소적으로 결정된다.

쌍대문제

$$\underset{\mathbf{v}}{\text{maximize}} \; \phi(\mathbf{v}) \tag{5.23}$$

이러한 쌍대함수의 정의로부터 원래의 국소적 제약조건 문제인 문제 E는 $\mathbf{v}$를 갖는 쌍대함수 $\phi(v)$의 국소적 최대화와 등가라는 것을 알 수 있다. 즉, $\mathbf{x}$를 갖는 제약조건 문제와 $\mathbf{v}$를 갖는 비 제약조건 문제 사이의 등가성을 설정할 수 있다. 쌍대성 관계를 설정하기 위해서는 두 개의 보조 정리를 증명해야만 한다.

보조 정리 5.1

쌍대함수 $\phi(\mathbf{v})$에 대한 경사도는 다음과 같다.

$$\frac{\partial \phi(\mathbf{v})}{\partial \mathbf{v}} = \mathbf{h}(\mathbf{x}(\mathbf{v})) \tag{5.24}$$

증명

$\mathbf{x}(\mathbf{v})$를 라그랑지 함수에 대한 국소적 최소를 나타낸다고 하자.

$$L(\mathbf{x}, \mathbf{v}) = f(\mathbf{x}) + (\mathbf{v} \cdot \mathbf{h}) \tag{5.25}$$

따라서 쌍대함수는 식 (5.22)로부터 다음과 같이 명시적으로 표현할 수 있다.

$$\phi(\mathbf{v}) = [f(\mathbf{x}(\mathbf{v})) + (\mathbf{v} \cdot \mathbf{h}(\mathbf{x}(\mathbf{v})))] \tag{5.26}$$

여기서 $\mathbf{x}(\mathbf{v})$는 식 (5.10)의 필요조건에 대한 해이다.

이제 식 (5.26)의 $\phi(\mathbf{v})$를 $\mathbf{v}$에 대해 미분하고 $\mathbf{x}(\mathbf{v})$가 $\mathbf{v}$에 대한 미분 가능한 함수라는 사실을 이용하면, 다음을 얻을 수 있다.

$$\frac{\partial \phi(\mathbf{x}(\mathbf{v}))}{\partial \mathbf{v}} = \frac{\partial \phi(\mathbf{v})}{\partial \mathbf{v}} + \frac{\partial \mathbf{x}(\mathbf{v})}{\partial \mathbf{v}} \frac{\partial \phi}{\partial \mathbf{x}} = \mathbf{h}(\mathbf{x}(\mathbf{v})) + \frac{\partial \mathbf{x}(\mathbf{v})}{\partial \mathbf{v}} \frac{\partial L}{\partial \mathbf{x}} \tag{5.27}$$

여기서 $\dfrac{\partial \mathbf{x}(\mathbf{v})}{\partial \mathbf{v}}$는 $p \times n$의 행렬이다. 그러나 식 (5.27)의 $\partial L / \partial \mathbf{x}$는 $\mathbf{x}(\mathbf{v})$가 식 (5.25)의 라그랑지 함수를 최소화하므로 0이 된다. 이것이 식 (5.24)의 결과에 대한 증명이다.

보조 정리 5.1은 실제로 매우 중요한데 그 이유는 쌍대함수의 경사도가 매우 쉽게 계산된다는 것을 보여주고 있기 때문이다. 쌍대함수가 $\mathbf{x}$에 관한 최소화로써 계산된다면, 대응하는 $\mathbf{h}(\mathbf{x})$, 즉 $\phi(\mathbf{v})$의 경사도는 더 이상 계산 없이 구해질 수있다.

보조 정리 5.2

쌍대함수의 헷세행렬은 다음과 같다.

$$\mathbf{H}_\mathbf{v} = \frac{\partial^2 \phi(\mathbf{v})}{\partial \mathbf{v}^2} = -\mathbf{N}^\mathsf{T}[\mathbf{H}_x(\mathbf{x})]^{-1}\mathbf{N} \tag{5.28}$$

증명

식 (5.24)를 $\mathbf{v}$에 대해 미분하면 다음을 얻는다.

$$\mathbf{H}_\mathbf{v} = \frac{\partial}{\partial \mathbf{v}}\left\{\frac{\partial \phi(\mathbf{x}(\mathbf{v}))}{\partial \mathbf{v}}\right\} = \frac{\partial \mathbf{h}(\mathbf{x}(\mathbf{v}))}{\partial \mathbf{v}} = \frac{\partial \mathbf{x}(\mathbf{v})}{\partial \mathbf{v}}\mathbf{N} \tag{5.29}$$

$\dfrac{\partial \mathbf{x}(\mathbf{v})}{\partial \mathbf{v}}$를 계산하기 위해 식 (5.20)의 필요조건을 $\mathbf{v}$에 대해 미분하면 다음을 얻는다.

$$\mathbf{N}^\mathsf{T} + \frac{\partial \mathbf{x}(\mathbf{v})}{\partial \mathbf{v}}\mathbf{H}_x(\mathbf{x}) = \mathbf{0} \tag{5.30}$$

식 (5.30)으로부터 $\dfrac{\partial \mathbf{x}(\mathbf{v})}{\partial \mathbf{v}}$에 대하여 풀면 다음을 얻는다.

$$\frac{\partial \mathbf{x}(\mathbf{v})}{\partial \mathbf{v}} = -\mathbf{N}^\mathsf{T}[\mathbf{H}_x(\mathbf{x})]^{-1} \tag{5.31}$$

식 (5.31)을 식 (5.29)에 대입하고 $\mathbf{h}(\mathbf{x}(\mathbf{v}))$는 분명히 $\mathbf{v}$에 의존하지 않는다는 사실을 이용하면, 증명하고자 하는 식 (5.28)의 결과를 얻는다.

$[\mathbf{H}_x(\mathbf{x})]^{-1}$는 양정이므로 그리고 $\mathbf{N}$이 $\mathbf{x}$ 근처의 전체열계수(full column rank)를 갖기 때문에 $p \times p$ 행렬인 $\mathbf{H}_\mathbf{v}(\mathbf{v})$는 음정이 된다. 이러한 점과 $\phi(\mathbf{v})$의 헷세행렬은 쌍대법의 해석에서 중요한 역할을 한다.

정리 5.4 국소적 쌍대성 이론

문제 E에 대하여

$\mathbf{x}^*$는 국소적 최소점이다.

$\mathbf{x}^*$는 정칙점이다.

$\mathbf{v}^*$는 $\mathbf{x}^*$에서 라그랑지 승수이다.

$\mathbf{H}_x(\mathbf{x}^*, \mathbf{v}^*)$는 양정이다.

그렇다면 쌍대문제는 다음과 같다.

최대화

$$\phi(\mathbf{v}) \tag{5.32}$$

는 $\mathbf{x}^* = \mathbf{x}(\mathbf{v}^*)$를 갖는 $\mathbf{v}^*$에서 국소적 해를 갖는다. 쌍대함수의 최댓값은 다음과 같이 $f(\mathbf{x})$의 최솟값과 동일하다.

$$\phi(\mathbf{v}^*) = f(\mathbf{x}^*) \tag{5.33}$$

증명

식 (5.20)의 필요조건에 대한 해는 쌍대함수 $f(\mathbf{v})$의 정의시 사용된 $\mathbf{x} = \mathbf{x}(\mathbf{v})$를 제공한다. 그러므로 $\mathbf{v}^*$에서 $\mathbf{x}^* = \mathbf{x}(\mathbf{v}^*)$이다. 다음으로 $\mathbf{v}^*$에 대해 보조 정리 5.1을 기술하면 다음과 같다.

$$\frac{\partial \phi(\mathbf{v}^*)}{\partial \mathbf{v}} = \mathbf{h}(\mathbf{x}) = \mathbf{0} \tag{a}$$

또한 보조 정리 5.2에 의해 $\phi(\mathbf{v})$의 헷세행렬은 음정이다. 즉, $\mathbf{v}^*$는 $\phi(\mathbf{v})$의 비제약조건 최대점을 위한 1계 필요조건과 2계 충분조건을 만족하고 있다.

$\mathbf{v}^*$를 식 (5.26)에서 $\phi(\mathbf{v})$의 정의식에 대입하면 증명하고자 하는 다음을 얻는다.

$$\begin{aligned} \phi(\mathbf{v}^*) &= [f(\mathbf{x}(\mathbf{v}^*)) + (\mathbf{v}^* \cdot \mathbf{h}(\mathbf{x}(\mathbf{v}^*)))] \\ &= [f(\mathbf{x}^*) + (\mathbf{v}^* \cdot \mathbf{h}(\mathbf{x}^*))] \\ &= f(\mathbf{x}^*) \end{aligned} \tag{b}$$

예제 5.7	쌍대문제의 해

이 변수를 갖는 다음의 문제를 생각해 보자. 이 문제를 쌍대문제로 변환하여 풀어라.

최소화

$$f = -x_1 x_2 \tag{a}$$

제약조건

$$(x_1 - 3)^2 + x_2^2 = 5 \tag{b}$$

풀이

먼저 최적성 조건을 이용하여 기본 문제를 풀어보자. 이 문제에 대한 라그랑지 함수는 다음과 같다.

$$L = -x_1 x_2 + v[(x_1 - 3)^2 + x_2^2 - 5] \tag{c}$$

1계 필요조건은 다음과 같다.

$$-x_2 + (2x_1 - 6)v = 0 \tag{d}$$

$$-x_1 + 2x_2 v = 0 \tag{e}$$

식 (b)의 등호제약조건과 함께 위의 방정식을 풀면 다음의 해를 얻는다.

$$x_1^* = 4, \, x_2^* = 2, \, v^* = 1, \, f^* = -8 \tag{f}$$

라그랑지 함수의 헷세행렬은 다음과 같다.

$$\mathbf{H}_x(\mathbf{x}^*, \mathbf{v}^*) = \begin{bmatrix} 2 & -1 \\ -1 & 2 \end{bmatrix} \tag{g}$$

이것은 양정행렬이므로 구해진 해는 2계 충분조건을 만족하고, 따라서 이 해는 격리된 국소적 최소점이라고 결론 내릴 수 있다.

$\mathbf{H}_x(\mathbf{x}^*, \mathbf{v}^*)$가 양정이므로 해 근처에서 국소적 쌍대 이론을 적용할 수 있다. 쌍대함수를 다음과 같이 정의할 수 있다.

$$\phi(\mathbf{v}) = \underset{\mathbf{x}}{\text{minimize}} \; L(\mathbf{x}, \mathbf{v}) \tag{h}$$

식 (d)와 (e)를 풀고, 식 (i)가 성립하면 x_1, x_2를 식 (j)와 같이 v의 항으로 표시할 수 있다.

$$4v^2 - 1 \neq 0 \tag{i}$$

$$x_1 = \frac{12v^2}{4v^2 - 1}, \; x_2 = \frac{6v}{4v^2 - 1} \tag{j}$$

식 (j)를 식 (c)에 대입하면, 식 (h)의 쌍대함수는 다음과 같이 구해진다.

$$\phi(v) = \frac{4v + 4v^3 - 80v^5}{(4v^2 - 1)^2} \tag{k}$$

이것은 $v \neq \pm\frac{1}{2}$에 대해 성립한다. $\phi(\mathbf{v})$는 $v^* = 1$에서 국소적 최대를 갖는다. v = 1을 식 (j)에 대입하면 식 (f)의 것과 동일한 해를 얻는다. $\phi(v^*) = -8$은 식 (f)에서 f^*와 동일하다는 것을 주의하라.

5.5.2 국소적 쌍대성: 부등호제약조건의 경우

등호제약조건/부등호제약조건 문제를 고려해보자.

문제 P

문제 E의 등호제약조건에 부등호제약조건을 부과해보자.

$$g_i(\mathbf{x}) \le 0; \quad i = 1 \text{ to } m \tag{5.34}$$

문제 P의 유용집합 S는 다음과 같이 정의된다.

$$S = \{\mathbf{x} \mid h_i(\mathbf{x}) = 0, \; i = 1 \text{ to } p; \; g_j(\mathbf{x}) \le 0, \; j = 1 \text{ to } m\} \tag{5.35}$$

라그랑지 함수는 다음과 같이 정의된다.

$$\begin{aligned} L(\mathbf{x}, \mathbf{v}, \mathbf{u}) &= f(\mathbf{x}) + \sum_{i=1}^{p} v_i h_i + \sum_{j=1}^{m} u_j g_j \\ &= f(\mathbf{x}) + (\mathbf{v} \cdot \mathbf{h}) + (\mathbf{u} \cdot \mathbf{g}); \quad u_j \ge 0, \; j = 1 \text{ to } m \end{aligned} \tag{5.36}$$

문제 P를 위한 쌍대함수는 다음과 같이 정의된다.

$$\phi(\mathbf{v}, \mathbf{u}) = \underset{\mathbf{x}}{\text{minimize}} \; L(\mathbf{x}, \mathbf{v}, \mathbf{u}); \quad u_j \ge 0, \; j = 1 \text{ to } m \tag{5.37}$$

쌍대문제는 다음과 같이 정의된다.

$$\underset{\mathbf{v}, \mathbf{u}}{\text{maximize}} \; \phi(\mathbf{v}, \mathbf{u}); \quad u_j \ge 0, \; j = 1 \text{ to } m \tag{5.38}$$

정리 5.5 강한 쌍대성 이론

다음을 적용해보자.

$\mathbf{x}^*$는 문제 P의 국소적 최소점이다.
$\mathbf{x}^*$는 정칙점이다.
$\mathbf{H}_x(\mathbf{x}^*, \mathbf{v}^*, \mathbf{u}^*)$는 양정이다.
$\mathbf{v}^*$, $\mathbf{u}^*$는 최적점 $\mathbf{x}^*$에서 라그랑지 승수이다.

그러면 $\mathbf{v}^*$와 $\mathbf{u}^*$는 식 (5.38)에서 정의된 쌍대문제의 해이며 $f(\mathbf{x}^*) = \phi(\mathbf{v}^*, \mathbf{u}^*)$와 $\mathbf{x}^* = \mathbf{x}^*(\mathbf{v}^*, \mathbf{u}^*)$의 관계가 있다.

$\mathbf{H}_x(\mathbf{x}^*, \mathbf{v}^*, \mathbf{u}^*)$가 양정이어야 한다는 가정을 세우지 않을 경우에는 약한 쌍대성 이론을 얻는다.

정리 5.6 약한 쌍대성 이론

$\mathbf{x}$를 문제에 대한 유용해라고 하고, $\mathbf{v}$와 $\mathbf{u}$를 식 (5.38)에서 정의한 쌍대문제의 유용해라고 하자. 즉, 제약조건은 $h_i(\mathbf{x}) = 0, \; i = 1, \ldots, p$와 $g_j(\mathbf{x}) \le 0$과 $u_j \ge 0, \; j = 1, \ldots, m$이다. 그러면 다음과 같은 식을 얻는다.

$$\phi(\mathbf{v}, \mathbf{u}) \le f(\mathbf{x}) \tag{5.39}$$

증명

정의에 의해 다음을 얻는다.

$$\phi(\mathbf{v}, \mathbf{u}) = \underset{\mathbf{x}}{\text{minimize}} \ L(\mathbf{x}, \mathbf{v}, \mathbf{u})$$

$$= \underset{\mathbf{x}}{\text{minimize}} \ [f(\mathbf{x}) + (\mathbf{v} \cdot \mathbf{h}) + (\mathbf{u} \cdot \mathbf{g})]$$

$$\leq [f(\mathbf{x}) + (\mathbf{v} \cdot \mathbf{h}) + (\mathbf{u} \cdot \mathbf{g})] \leq f(\mathbf{x})$$

$u_i \geq 0$이므로 $g_i(\mathbf{x}) \leq 0$이고, $u_i g_i(\mathbf{x}) = 0$이다($i = 1, \ldots, m$). 그리고 $h_i(\mathbf{x}) = 0$이다($i = 1, \ldots, p$).

정리 5.5로부터 다음과 같은 결과를 얻는다.

1. 최솟값 $[f(\mathbf{x}), \mathbf{x} \in S] \geq$ 최댓값$[\phi(\mathbf{v}, \mathbf{u}), u_i \geq 0, i = 1, \ldots, m]$
2. 만일 $f(\mathbf{x}^*) = \phi(\mathbf{v}^*, \mathbf{u}^*)$, $u_i \geq 0$, $j = 1, \ldots, m$이고 $\mathbf{x}^* \in S$이면, $\mathbf{x}^*$와 $(\mathbf{v}^*, \mathbf{u}^*)$는 각각 기본문제와 쌍대문제의 해이다.
3. 만일 최솟값 $[f(\mathbf{x}), \mathbf{x} \in S] = -\infty$이면, 쌍대문제는 불용이 되며 역도 성립한다(즉, 쌍대문제가 불용이면 기본문제는 무계가 된다.).
4. 만일 최댓값 $[\phi(\mathbf{v}, \mathbf{u}), u_i \geq 0, j = 1, \ldots, m] = \infty$이면, 기본문제는 유용해를 가지지 않고 역도 성립한다(즉, 기본문제가 불용이면 쌍대문제는 무계가 된다).

보조 정리 5.3   기본 목적함수에 대한 하한

$u_i \geq 0, i = 1, \ldots, m$을 갖는 임의의 $\mathbf{v}$와 $\mathbf{u}$에 대하여 다음이 성립한다.

$$\phi(\mathbf{v}, \mathbf{u}) \leq f(\mathbf{x}^*) \tag{5.40}$$

증명

$\phi(\mathbf{v}, \mathbf{u}) \leq \text{maximum } \phi(\mathbf{v}, \mathbf{u}); u_i \geq 0, i = 1 \text{ to } m$

$$= \underset{\mathbf{v}, \mathbf{u}}{\text{maximize}} \left\{ \underset{\mathbf{x}}{\text{minimize}} \ [f(\mathbf{x}) + (\mathbf{v} \cdot \mathbf{h}) + (\mathbf{u} \cdot \mathbf{g})]; u_i \geq 0, i = 1 \text{ to } m \right\}$$

$$= \underset{\mathbf{v}, \mathbf{u}}{\text{maximize}} \left\{ f(\mathbf{x}(\mathbf{v}, \mathbf{u})) + (\mathbf{v} \cdot \mathbf{h}) + (\mathbf{u} \cdot \mathbf{g}) \right\}; u_i \geq 0, i = 1 \text{ to } m$$

$$= f(\mathbf{x}(\mathbf{v}^*, \mathbf{u}^*)) + (\mathbf{v}^* \cdot \mathbf{h}) + (\mathbf{u}^* \cdot \mathbf{g}) = f(\mathbf{x}^*)$$

보조 정리 5.3은 현실적인 적용시 매우 유용하다. 이것은 최적의 기본 목적함수에 대한 하한을 찾는 방법을 설명해 주고 있다. 임의의 $v_i, i = 1, \ldots, p$와 $u_i \geq 0, i = 1, \ldots, m$에 대한 쌍대 목적함수는 기본 목적함수에 대한 하한을 제공한다. 또한 임의의 $\mathbf{x} \in S$에 대하여 $f(\mathbf{x})$는 최적의 목적함수에 대한 상한을 제공한다.

안장점

$L(\mathbf{x}, \mathbf{v}, \mathbf{u})$를 라그랑지 함수라고 하자. 만일 아래의 부등식이 $u_i \geq 0$, $i = 1, \ldots , m$을 갖는 $\mathbf{x}^*$ 근처의 모든 $\mathbf{x}$에 대하여 그리고 $(\mathbf{v}^*, \mathbf{u}^*)$ 근처의 $(\mathbf{v}, \mathbf{u})$에 대해 성립하고, $u_i \geq 0$, $i = 1, \ldots , m$을 만족하면 L은 $\mathbf{x}^*$, $\mathbf{v}^*$, $\mathbf{u}^*$에서 안장점을 가진다.

$$L(\mathbf{x}^*, \mathbf{v}, \mathbf{u}) \leq L(\mathbf{x}^*, \mathbf{v}^*, \mathbf{u}^*) \leq L(\mathbf{x}, \mathbf{v}^*, \mathbf{u}^*) \tag{5.41}$$

정리 5.7   안장점 이론

문제 P에서 모든 함수는 두 번 연속으로 미분 가능하며 $L(\mathbf{x}, \mathbf{v}, \mathbf{u})$은 다음과 같이 정의된다고 하자.

$$L(\mathbf{x}, \mathbf{v}, \mathbf{u}) = f(\mathbf{x}) + (\mathbf{v} \cdot \mathbf{h}) + (\mathbf{u} \cdot \mathbf{g}); \quad u_j \geq 0, \quad j = 1 \text{ to } m \tag{5.42}$$

$L(\mathbf{x}^*, \mathbf{v}^*, \mathbf{u}^*)$은 $u_i \geq 0$, $i = 1, \ldots , m$과 함께 존재한다고 하자. 또한 $\mathbf{H}_x(\mathbf{x}^*, \mathbf{v}^*, \mathbf{u}^*)$가 양정이라고 하자. 그 다음, 적합한 제약조건을 만족하는 $\mathbf{x}^*$는 $(\mathbf{x}^*, \mathbf{v}^*, \mathbf{u}^*)$가 라그랑지 함수의 안장점이라면 문제 P에 대한 국소적 최소이다(필요충분조건임). 즉,

$$L(\mathbf{x}^*, \mathbf{v}, \mathbf{u}) \leq L(\mathbf{x}^*, \mathbf{v}^*, \mathbf{u}^*) \leq L(\mathbf{x}, \mathbf{v}^*, \mathbf{u}^*) \tag{5.43}$$

여기서 부등식이 $u_i \geq 0$, $i = 1, \ldots , m$을 갖고 $\mathbf{x}^*$ 근처의 모든 $\mathbf{x}$에 대하여 그리고 $(\mathbf{v}^*, \mathbf{u}^*)$ 근처의 모든 $(\mathbf{v}, \mathbf{u})$에 대해 성립해야 한다.

정리 5.7의 증명은 [Bazarra et al.(2006)]을 참고하라.

5장의 연습문제

5.1 *Answer true or false.*

   1. A convex programming problem always has a unique global minimum point.
   2. For a convex programming problem, KKT necessary conditions are also sufficient.
   3. The Hessian of the Lagrange function must be positive definite at constrained minimum points.
   4. For a constrained problem, if the sufficiency condition of Theorem 5.2 is violated, the candidate point $\mathbf{x}^*$ may still be a minimum point.
   5. If the Hessian of the Lagrange function at $\mathbf{x}^*$, $\nabla^2 L(\mathbf{x}^*)$ is positive definite, the optimum design problem is convex.
   6. For a constrained problem, the sufficient condition at $\mathbf{x}^*$ is satisfied if there are no feasible directions in a neighborhood of $\mathbf{x}^*$ along which the cost function reduces.

5.2 Formulate the problem of Exercise 4.84. Show that the solution point for the problem is not a regular point. Write KKT conditions for the problem, and study the implication of the irregularity of the solution point.

5.3 Solve the following problem using the graphical method:

Minimize $f(x_1, x_2) = (x_1 - 10)^2 + (x_2 - 5)^2$

subject to $x_1 + x_2 \le 12$, $x_1 \le 8$, $x_1 - x_2 \le 4$

Show that the minimum point does not satisfy the regularity condition. Study the implications of this situation.

Solve the following problems graphically. Check necessary and sufficient conditions for candidate local minimum points and verify them on the graph for the problem.

5.4 Minimize $f(x_1, x_2) = 4x_1^2 + 3x_2^2 - 5x_1x_2 - 8x_1$
subject to $x_1 + x_2 = 4$

5.5 Maximize $F(x_1, x_2) = 4x_1^2 + 3x_2^2 - 5x_1x_2 - 8x_1$
subject to $x_1 + x_2 = 4$

5.6 Minimize $f(x_1, x_2) = (x_1 - 2)^2 + (x_2 + 1)^2$
subject to $2x_1 + 3x_2 - 4 = 0$

5.7 Minimize $f(x_1, x_2) = 4x_1^2 + 9x_2^2 + 6x_2 - 4x_1 + 13$
subject to $x_1 - 3x_2 + 3 = 0$

5.8 Minimize $f(\mathbf{x}) = (x_1 - 1)^2 + (x_2 + 2)^2 + (x_3 - 2)^2$
subject to $2x_1 + 3x_2 - 1 = 0$
$x_1 + x_2 + 2x_3 - 4 = 0$

5.9 Minimize $f(x_1, x_2) = 9x_1^2 + 18x_1x_2 + 13x_2^2 - 4$
subject to $x_1^2 + x_2^2 + 2x_1 = 16$

5.10 Minimize $f(x_1, x_2) = (x_1 - 1)^2 + (x_2 - 1)^2$
subject to $x_1 + x_2 - 4 = 0$

5.11 Minimize $f(x_1, x_2) = 4x_1^2 + 3x_2^2 - 5x_1x_2 - 8$
subject to $x_1 + x_2 = 4$

5.12 Maximize $F(x_1, x_2) = 4x_1^2 + 3x_2^2 - 5x_1x_2 - 8$
subject to $x_1 + x_2 = 4$

5.13 Maximize $F(x_1, x_2) = 4x_1^2 + 3x_2^2 - 5x_1x_2 - 8$
subject to $x_1 + x_2 \le 4$

5.14 Minimize $f(x_1, x_2) = 4x_1^2 + 3x_2^2 - 5x_1x_2 - 8$
subject to $x_1 + x_2 \le 4$

5.15 Maximize $F(x_1, x_2) = 4x_1^2 + 3x_2^2 - 5x_1x_2 - 8x_1$
subject to $x_1 + x_2 \le 4$

5.16 Minimize $f(x_1, x_2) = (x_1 - 1)^2 + (x_2 - 1)^2$
subject to $x_1 + x_2 \ge 4$
$x_1 - x_2 - 2 = 0$

5.17 Minimize $f(x_1, x_2) = (x_1 - 1)^2 + (x_2 - 1)^2$
subject to $x_1 + x_2 = 4$
$x_1 - x_2 - 2 \ge 0$

5.18 Minimize $f(x_1, x_2) = (x_1 - 1)^2 + (x_2 - 1)^2$
subject to $x_1 + x_2 \ge 4$
$x_1 - x_2 \ge 2$

5.19 Minimize $f(x, y) = (x - 4)^2 + (y - 6)^2$
subject to $12 \ge x + y$
$x \ge 6, y \ge 0$

5.20 Minimize $f(x_1, x_2) = 2x_1 + 3x_2 - x_1^3 - 2x_2^2$
subject to $x_1 + 3x_2 \le 6$
$5x_1 + 2x_2 \le 10$
$x_1, x_2 \ge 0$

5.21 Minimize $f(x_1, x_2) = 4x_1^2 + 3x_2^2 - 5x_1x_2 - 8x_1$
subject to $x_1 + x_2 \leq 4$

5.22 Minimize $f(x_1, x_2) = x_1^2 + x_2^2 - 4x_1 - 2x_2 + 6$
subject to $x_1 + x_2 \geq 4$

5.23 Minimize $f(x_1, x_2) = 2x_1^2 - 6x_1x_2 + 9x_2^2 - 18x_1 + 9x_2$
subject to $x_1 + 2x_2 \leq 10$
$\qquad\qquad 4x_1 - 3x_2 \leq 20; x_i \geq 0; i = 1, 2$

5.24 Minimize $f(x_1, x_2) = (x_1 - 1)^2 + (x_2 - 1)^2$
subject to $x_1 + x_2 - 4 \leq 0$

5.25 Minimize $f(x_1, x_2) = (x_1 - 1)^2 + (x_2 - 1)^2$
subject to $x_1 + x_2 - 4 \leq 0$
$\qquad\qquad x_1 - x_2 - 2 \leq 0$

5.26 Minimize $f(x_1, x_2) = (x_1 - 1)^2 + (x_2 - 1)^2$
subject to $x_1 + x_2 - 4 \leq 0$
$\qquad\qquad 2 - x_1 \leq 0$

5.27 Minimize $f(x_1, x_2) = 9x_1^2 - 18x_1x_2 + 13x_2^2 - 4$
subject to $x_1^2 + x_2^2 + 2x_1 \geq 16$

5.28 Minimize $f(x_1, x_2) = (x_1 - 3)^2 + (x_2 - 3)^2$
subject to $x_1 + x_2 \leq 4$
$\qquad\qquad x_1 - 3x_2 = 1$

5.29 Minimize $f(x_1, x_2) = x_1^3 - 16x_1 + 2x_2 - 3x_2^2$
subject to $x_1 + x_2 \leq 3$

5.30 Minimize $f(x_1, x_2) = 3x_1^2 - 2x_1x_2 + 5x_2^2 + 8x_2$
subject to $x_1^2 - x_2^2 + 8x_2 \leq 16$

5.31 Minimize $f(x, y) = (x - 4)^2 + (y - 6)^2$
subject to $x + y \leq 12$
$\qquad\qquad x \leq 6$
$\qquad\qquad x, y \geq 0$

5.32 Minimize $f(x, y) = (x - 8)^2 + (y - 8)^2$
subject to $x + y \leq 12$
$\qquad\qquad x \leq 6$
$\qquad\qquad x, y \geq 0$

5.33 Maximize $F(x, y) = (x - 4)^2 + (y - 6)^2$
subject to $x + y \leq 12$
$\qquad\qquad 6 \geq x$
$\qquad\qquad x, y \geq 0$

5.34 Maximize $F(r, t) = (r - 8)^2 + (t - 8)^2$
subject to $10 \geq r + t$
$\qquad\qquad t \leq 5$
$\qquad\qquad r, t \geq 0$

5.35 Maximize $F(r, t) = (r - 3)^2 + (t - 2)^2$
subject to $10 \geq r + t$
$\qquad\qquad t \leq 5$
$\qquad\qquad r, t \geq 0$

5.36 Maximize $F(r, t) = (r - 8)^2 + (t - 8)^2$
subject to $r + t \leq 10$
$\qquad\qquad t \geq 0$
$\qquad\qquad r \geq 0$

5.37 Maximize $F(r, t) = (r - 3)^2 + (t - 2)^2$
subject to $10 \geq r + t$
$$t \geq 5$$
$$r, t \geq 0$$

5.38 Formulate and graphically solve Exercise 2.23 of the design of a cantilever beam using hollow circular cross-section. Check the necessary and sufficient conditions at the optimum point. The data for the problem are $P = 10$ kN; $l = 5$ m; modulus of elasticity, $E = 210$ GPa; allowable bending stress, $\sigma_a = 250$ MPa; allowable shear stress, $\tau_a = 90$ MPa; and mass density, $\rho = 7850$ kg/m³; $0 \leq R_o \leq 20$ cm, and $0 \leq R_i \leq 20$ cm.

5.39 Formulate and graphically solve Exercise 2.24. Check the necessary and sufficient conditions for the solution points and verify them on the graph.

5.40 Formulate and graphically solve Exercise 3.28. Check the necessary and sufficient conditions for the solution points and verify them on the graph.

Find optimum solutions for the following problems graphically. Check necessary and sufficient conditions for the solution points and verify them on the graph for the problem.

5.41 A minimum weight tubular column design problem is formulated in Section 2.7 using mean radius R and thickness t as design variables. Solve the problem by imposing an additional constraint $R/t \leq 50$ for the following data: $P = 50$ kN, $l = 5.0$ m, $E = 210$ GPa, $\sigma_a = 250$ MPa, and $\rho = 7850$ kg/m³.

5.42 A minimum weight tubular column design problem is formulated in Section 2.7 using outer radius R_o and inner radius R_i as design variables. Solve the problem by imposing an additional constraint $0.5(R_o + R_i)/(R_o - R_i) \leq 50$. Use the same data as in Exercise 5.41.

5.43 Solve the problem of designing a "can" formulated in Section 2.2.

5.44 Exercise 2.1

*5.45 Exercise 3.34

*5.46 Exercise 3.35

*5.47 Exercise 3.36

*5.48 Exercise 3.54

5.49 *Answer true or false.*
1. Candidate minimum points for a constrained problem that do not satisfy second-order sufficiency conditions can be global minimum designs.
2. Lagrange multipliers may be used to calculate the sensitivity coefficient for the cost function with respect to the right side parameters even if Theorem 4.7 cannot be used.
3. Relative magnitudes of the Lagrange multipliers provide useful information for practical design problems.

5.50 A circular tank that is closed at both ends is to be fabricated to have a volume of 250π m³. The fabrication cost is found to be proportional to the surface area of the sheet metal needed for fabrication of the tank and is \$400/m². The tank is to be housed in a shed with a sloping roof which limits the height of the tank by the relation $H \leq 8D$, where H is the height and D is the diameter of the tank. The problem is formulated as minimize $f(D, H) = 400(0.5\pi D^2 + \pi DH)$ subject to the constraints $\frac{\pi}{4}D^2 H = 250\pi$, and $H \leq 8D$. Ignore any other constraints.
1. Check for convexity of the problem.
2. Write KKT necessary conditions.

3. Solve KKT necessary conditions for local minimum points. Check sufficient conditions and verify the conditions graphically.
4. What will be the change in cost if the volume requirement is changed to $255\pi\,\text{m}^3$ in place of $250\pi\,\text{m}^3$?

5.51 A symmetric (area of member 1 is the same as area of member 3) three-bar truss problem is described in Section 2.10.

1. Formulate the minimum mass design problem treating A_1 and A_2 as design variables.
2. Check for convexity of the problem.
3. Write KKT necessary conditions for the problem.
4. Solve the optimum design problem using the data: $P = 50\,\text{kN}$, $\theta = 30°$, $\rho = 7800\,\text{kg/m}^3$, $\sigma_a = 150\,\text{MPa}$. Verify the solution graphically and interpret the necessary conditions on the graph for the problem.
5. What will be the effect on the cost function if σ_a is increased to 152 MPa?

Formulate and solve the following problems graphically; check necessary and sufficient conditions at the solution points; verify the conditions on the graph for the problem and study the effect of variations in constraint limits on the cost function.

5.52 Exercise 2.1
5.53 Exercise 2.3
5.54 Exercise 2.4
5.55 Exercise 2.5
5.56 Exercise 2.9
5.57 Exercise 4.92
5.58 Exercise 2.12
5.59 Exercise 2.14
5.60 Exercise 2.23
5.61 Exercise 2.24
5.62 Exercise 5.41
5.63 Exercise 5.42
5.64 Exercise 5.43
5.65 Exercise 3.28
5.66 Exercise 3.34
*5.67 Exercise 3.35
*5.68 Exercise 3.36
*5.69 Exercise 3.39
*5.70 Exercise 3.40
*5.71 Exercise 3.41
*5.72 Exercise 3.46
*5.73 Exercise 3.47
*5.74 Exercise 3.48
*5.75 Exercise 3.49
*5.76 Exercise 3.50
*5.77 Exercise 3.51
*5.78 Exercise 3.52
*5.79 Exercise 3.53
*5.80 Exercise 3.54

References

Bazarra, M.S., Sherali, H.D., Shetty, C.M., 2006. Nonlinear Programming: Theory and Applications, third ed. Wiley-Interscience, Hoboken, NJ.

McCormick, G.P., 1967. Second-order conditions for constrained optima. SIAM J. Appl. Math. 15, 641–652.

SECTION II

연속변수 최적화의 수치해법

Numerical Methods for Continuous Variable Optimization

최적설계: 수치해석 과정과 엑셀 해찾기

Optimum Design: Numerical Solution
Process and Excel Solver

이 장의 주요내용:

- 도함수 기반법, 직접 탐색법, 도함수를 이용하지 않는 법, 자연모사 최적화법의 기본 개념의 설명
- 실제 설계 최적화 문제에 적합한 정식화를 전개하기 위한 체계적인 과정을 이용하는 것
- 수치해석 과정이 최적해를 찾지 못할 경우에 문제 정식화를 분석하는 것
- 사용자의 최적화 문제를 해결하기 위한 범용 소프

트웨어를 사용하기 위해 무엇이 필요한지를 파악하는 것
- 사용자의 문제를 엑셀 해찾기를 이용하여 해결할 시, 엑셀 워크시트를 준비하는 과정
- 엑셀 해찾기를 이용하여 선형 최적화 문제, 비제약조건 및 제약조건 비선형 최적화 문제를 해결하는 방법

최적화 문제를 정식화 할 수 있으면 그 문제를 해결하기 위해 엑셀의 **해찾기**, 매쓰매티카의 최적화 툴박스, 매트랩 최적화 툴박스 및 여러 상업용 컴퓨터 프로그램들을 사용할 수 있다고 알려져 있다. 이러한 프로그램들은 오랜 기간 동안 개발된 최적화 방법과 개념들을 적용하고 있다. 이러한 방법들의 기본 개념과 최적화 풀이 과정을 이해하는 것이 중요하다. 이러한 기초 지식은 각 사용자의 최적화 문제를 해결하기 위한 적절한 컴퓨터 프로그램을 사용하는 데 도움을 줄 것이다. 또한 풀이 과정이 문제를 해결하지 못하는 경우, 정식화를 분석하는 데 도움을 줄 것이다.

이 장에서는 다양한 최적화 방법의 기본 개념을 설명하고 있으며 풀이과정으로부터 산출된 결과를 분석하는 방법에 대해 기술하고 있다. 일부 수치적 최적화 방법의 자세한 내용은 이후의 장에 소개되어 있다. 이 장에서는 마이크로소프트 수이트(Suite) 제품에서 사용 가능한 엑셀 **해찾기**라 불리는 일반화된 소프트웨어의 사용법을 설명하고 있다. 이 장은 **해찾기**에서 사용자의 최적화 문제를 정의하기 위한 엑셀 워크시트를 준비하는 방법을 설명하고 있다. 이 장에서는 **해찾기** 사용의 예시를 위

해 두 개의 실제 문제를 정식화하고 해결하였다. 그 이외의 실제 설계 최적화 예제들은 14장에서 소개하고 분석한다.

이 교재의 앞부분에서 수치 최적화 프로그램을 소개하는 목적은 학생들이 현장의 최적화 문제가 포함되어 있는 프로젝트 과제를 수행할 수 있도록 하기 위한 것이고, 강사들이 수업 중에 기본 개념과 수치해법을 보완할 수 있도록 하기 위한 것이다. 학생들은 학기 초반에 프로젝트 과제를 시작할 수 있을 뿐만 아니라 숙제의 풀이를 검증하기 위해 이러한 프로그램들을 사용할 수도 있다. 이러한 접근법은 최적화 개념과 컴퓨터 알고리즘을 배우는 데 도움이 되리라 믿는다.

이 장의 처음 세 절은 다양한 수치 탐색법, 정식화의 수치적 특징, 풀이과정의 수치적 특징과 같은 최적설계를 위한 수치적 풀이과정과 관계된 주제를 설명하고 있다. 특히 최종해를 산출하지 못하는 경우에 있어서도 위와 같은 내용을 포함하고 있다. 그 이외의 절들은 비제약조건, 선형 및 비선형제약조건 최적화 문제들을 해결하기 위한 엑셀 **해찾기** 사용법에 대해 설명하고 있다. 또한 두 개의 설계 최적화 문제에 대한 정식화와 엑셀 **해찾기**를 이용한 풀이가 설명되어 있다.

6.1 수치 탐색법 서론

지금까지 앞 장에서는 최적설계 문제의 정식화, 도해적 최적화 및 최적성 조건에 대하여 논의하였다. 도해적 방법은 2변수 문제에만 적용할 수 있다. 여러 장(4장, 5장)에서 설명된 최적성 조건을 풀기 위한 접근법 등은 변수의 수 그리고/또는 제약조건 수가 3개 이상일 때 사용하기 어렵게 된다. 또한 그러한 접근법은 어차피 수치해법을 이용해서 풀어야 하는 비선형 연립방정식을 생성하게 된다. 따라서 수치해법은 많은 변수 및 제약조건을 취급할 수 있고, 또한 직접 최적점을 찾기 위한 탐색법이 개발되어 왔다. 이러한 방법들은 초기설계 추정으로 시작되며 최적설계를 위한 유용집합을 찾는다.

이 절에서는 수치 최적화 방법과 관련된 기본 개념들을 설명한다. 비선형 최적화 문제를 위한 여러 종류의 탐색법에 대한 개요가 소개되어 있다. 선형 최적화 문제를 위한 방법들은 8장, 9장에 설명되어 있다.

6.1.1 도함수 기반법

평탄한 최적화 문제를 위한 탐색법은 그 문제를 구성하고 있는 모든 함수가 연속이고 최소한 연속적으로 두 번 미분이 가능하다는 가정을 기반으로 한다. 또한 모든 함수의 정확한 일계 미분이 구해져야 한다. 이외에도 설계변수는 설계변수의 허용범위 이내에서 연속이라고 가정한다. 이러한 방법들은 경사도 기반 **탐색법**이라 알려진 방법들이다.

비제약조건 및 제약조건 문제들을 위한 도함수 기반 탐색법들은 10장, 11장, 12장에 설명되어 있다. 이러한 방법들은 1950년대 이후 광범위하게 개발되었으며 많은 우수한 방법들로 평탄한 최적화 문제를 풀 수 있다. 지금부터 이러한 종류의 방법들에 관련된 기본 개념을 설명한다.

대부분의 비제약조건 및 제약조건 문제들을 위한 도함수 기반 탐색법들은 다음의 반복적 표시법에 기초한다.

벡터형

$$\mathbf{x}^{(k+1)} = \mathbf{x}^{(k)} + \Delta\mathbf{x}^{(k)}; \quad k = 0, 1, 2, \ldots \tag{6.1}$$

성분형

$$x_i^{(k+1)} = x_i^{(k)} + \Delta x_i^{(k)}; \quad k = 0, 1, 2\ldots; \quad i = 1 \text{ to } n \tag{6.2}$$

위의 식에서 위 첨자 k는 반복 수나 설계 사이클 수를 표시하며 아래 첨자 i는 i번째 설계변수에 관한 것이고, $\mathbf{x}^{(0)}$는 초기설계 추정치이며 $\Delta\mathbf{x}^{(k)}$는 k번째 반복에서 설계변화량을 표시한다. 모든 탐색법은 최적설계를 위한 반복탐색과정을 시작하기 위해 한 개의 초기 설계점 $\mathbf{x}^{(0)}$가 필요하다.

설계변화량 $\Delta\mathbf{x}^{(k)}$는 다음과 같이 세분화할 수 있다.

$$\Delta\mathbf{x}^{(k)} = \alpha_k \mathbf{d}^{(k)} \tag{6.3}$$

여기서 $\alpha_k > 0$은 탐색방향 $\mathbf{d}^{(k)}$에서 이동거리이다. 즉, 설계의 향상은 탐색방향을 찾고 그 방향으로의 이동거리 결정을 위한 계산으로 이루어진다. 두 개의 분리된 부문제는 첫 번째의 탐색방향 계산과 두 번째의 이동거리 계산으로 정의된다. 두 개의 부문제의 풀이 중에 현재 설계점에서 목적함수와 제약조건함수의 함수값 및 미분값을 필요로 할 수 있다. 설계 변화량 $\Delta x_i^{(k)}$이 계산되면 설계는 다음에 식 (6.1)과 (6.2)를 이용하여 갱신되고, 그 과정은 종료기준을 만족시킬 때까지 반복된다. 다른 초기 설계점을 선택하게 되면 다른 최적해가 얻어질 수 있다.

식 (6.1)에 기초한 방법들은 문제를 구성하는 함수들에 대한 국소적 정보만을 사용하기 때문에 그 방법들은 항상 **국소적 최소점으로만 수렴한다**는 것을 인지하는 것이 중요하다. 그러나 이러한 방법에 기초한 전략은 평탄한 최적화 문제의 전역적 해를 찾을 수 있도록 전개될 수 있다. 이러한 전략은 16장에 소개되어 있다.

식 (6.1)의 반복적 개념에 기초하여 많은 도함수 기반 방법들이 지난 수십년간 개발되고 분석되고 있다. 이러한 작업들로 인해 몇몇의 우수한 알고리즘들은 엑셀, 매트랩, 매쓰매티카 등과 같은 상업용 프로그램에 포함되어 있다. 비제약조건 및 제약조건 비선형 최적화 문제를 위한 일부 방법들은 10장, 11장, 12장에서 소개되고 논의될 것이다.

6.1.2 직접 탐색법

'직접 탐색법'은 탐색 과정에서 문제를 구성하는 함수들의 도함수나 도함수 근사치를 계산하거나 사용하지 않는 방법에 속한다. 그 함수들은 연속이고 미분 가능하다고 가정되지만 그 함수들의 도함수는 구하기 불가능하거나 신뢰하지 못할 수 있다. 탐색 과정 중에 단지 함수값만이 계산되고 사용된다. 심지어 함수의 수치값이 허용 가능한 것이 아니라도 이 방법들은 다른 점과 비교하여 목적함수가 향상되는 점을 결정할 수 있는 한 계속 진행한다.

이 방법들은 1960년대와 1970년대에 개발되었다. 이 방법들은 단순함과 사용 편의성 때문에 그 이후 매우 폭넓게 사용되어 왔다. 이 방법의 수렴성에 대한 연구가 지속되고 있는데, 특정한 조건 하에서 함수의 최소점으로 수렴한다는 것이 알려져 있다(Lewis et al., 2000; Kolda et al., 2003). 이런 부류의 방법 중 룩-지브법, 넬더-미드법의 두 개의 우수한 방법들에 대해 11장에서 논의할 것이다.

6.1.3 도함수를 이용하지 않는 법

도함수를 이용하지 않는다는 것은 함수의 해석적 도함수의 명시적 계산을 필요로 하지 않는 방법을 의미한다. 그러나 도함수의 근사화는 국소적 모델을 생성하기 위해 사용된다. 함수는 연속이며 미분 가능하다고 가정해야 한다. 도함수에 대한 근사화는 유한차분법과 같이 함수값만을 이용하여 생성된다. 이러한 종류로는 단지 함수값과 회귀분석을 이용하여 복잡한 최적화 함수들에 대한 근사모델을 생성하는 반응표면법이 있다(Box and Wilson, 1951). 반응표면을 생성하는 방법은 19장에 설명되어 있다.

6.1.4 자연 영감 탐색법

지난 수 년 동안 몇몇 자연현상의 관찰로부터 기초한 많은 방법들이 제안되고 평가되어 왔다. 이러한 방법들 역시 풀이과정에서 문제를 구성하고 있는 함수값만을 필요로 한다. 따라서 이러한 방법들도 직접 탐색법으로 분류할 수 있다. 대부분의 이러한 방법들은 한 개의 풀이점을 향해 탐색을 진전시키기 위하여 통계적 개념과 난수를 이용한다. 한 부류의 방법들은 초기 설계로 시작하며 초기 설계를 다양한 통계적 계산을 이용하여 새로운 설계로 갱신한다(15장 참조). 유전적 알고리즘이라고 불리는 또 다른 부류에서는 설계의 초기 집합으로 시작하며 초기의 집합, 난수, 통계적 개념을 이용하여 새로운 집합을 생성한다. 유전적 알고리즘과 일부 다른 자연 영감법은 17장에 소개되어 있다.

이런 부류의 방법들은 평탄한 문제, 비평탄한 문제, 이산/정수 계획 문제, 네크워크 최적화 문제와 함수의 미분 계산이 어렵거나 고가인 잡음 함수를 갖는 문제 등의 모든 종류의 최적화 문제들을 해결하는 데 사용될 수 있다. 이러한 방법들의 또 다른 장점은 경사도 기반 방법들이 국소 최소점에 수렴하는 것과 달리 전역적 최소점에 수렴하는 경향이 있다는 것이다. 이 방법들은 어떤 수단을 이용해서라도 구할 수 있는 함수값만을 이용한다. 이러한 방법은 문제를 구성하는 함수에 관한 어떠한 경향 정보도 이용하지 않기 때문에 일반적으로 허용할 만한 해를 얻기 위해서는 매우 많은 수의 함수 계산을 필요로 한다. 이것은 꽤 많은 시간이 소요될 수 있다. 그렇지만 현대의 컴퓨터와 병렬 계산으로 복잡한 문제를 푸는 계산 시간을 줄일 수 있다. 또 다른 단점은 이 방법들이 좋은 종료 기준을 갖고 있지 않다는 것이다(어떠한 최적성 조건도 사용하지 않기 때문에). 따라서 언제 반복과정을 종료해야 할지 결정하는 것이 어렵다.

6.1.5 방법의 선택

최적화 문제를 정식화하면 문제를 해결하기 위해 적절한 방법과 에에 관련된 컴퓨터 프로그램을 선택해야 한다. 어떤 방법을 선택할지는 다음 질문에 대한 답변에 좌우된다.

1. 설계변수들이 연속(설계변수 범위에서 어떤 값도 가질 수 있는 경우), 이산(특정 목록에서 선택되어야 할 경우) 또는 정수인가?
2. 문제를 구성하는 함수들이 연속이며 미분가능한가?
3. 문제를 구성하는 모든 함수들의 도함수를 구하는 것이 가능한가(효율적으로 계산되는가)?

이러한 질문들의 답변에 의존해서 도함수 기반법, 도함수를 이용하지 않는 법, 직접 탐색법, 또는 자연 영감법, 그리고 관련된 프로그램이 해당 문제를 해결하기 위해 선택되어야 한다. 혼합된 연속 및 이산 변수 문제를 풀기 위한 방법들은 15장에 설명되어 있다. 자연영감법의 일부는 17장에 설명되어 있다. 직접 탐색법은 11장에 소개되어 있다.

6.2 최적설계: 문제 정식화의 수치 측면

6.2.1 일반적 지침

최적설계문제의 정식화에 대한 기본적인 과정은 2장에 설명되고 예시되어 있다. 최적화 문제에 대한 설계 과제의 정식화는 고려 중인 공학계의 현실적인 모델을 정의하기 위한 중요한 단계이다. 최적화 방법의 수학은 불합리하거나 물리 법칙을 위반하는 상황을 야기할 수 있다. 설계 과제를 최적화를 위한 수학적 모델로 표기하기 위해서 설계자는 공학 지식, 직관, 경험을 이용해야 한다. 다음 사항들은 실제 설계 과제에 충실한 수학적 최적화 모델을 생성하는 데 지침 원칙의 역할을 할 수 있다.

1. 문제의 초기 정식화에서 모든 가능한 매개변수를 잠재적인 설계변수로 검토해야 한다. 즉, 폭넓은 유연성과 자유도를 갖고 여러 가지의 가능성을 분석해야 한다. 설계자가 문제에 대한 더 많은 지식을 획득하게 되면 잉여 설계변수를 고정값으로 할당할 수도 있고 모델에서 제외할 수도 있다.
2. 설계 최적화 모델에 대한 **최적해의 존재**는 그 모델의 정식화에 따라 좌우된다. 제약조건이 너무 엄격하면 그 문제에 대한 어떤 유용해도 없을 수 있다. 그러한 경우에 제약조건은 부등제약조건에서의 보다 큰 자원한계를 허용함으로써 완화시켜야 한다.
3. 한 개 이상의 목적함수를 동시에 최적화하는 문제(다목적 문제)는 각 목적함수에 해당하는 각각의 가중치를 부여하고 그들을 단일 목적함수로 결합함으로써 표준문제로 변형할 수 있다 (18장 참고). 또는 가장 중요한 기준을 목적함수로, 나머지 목적함수들을 제약조건으로 취급할 수 있다.
4. 많은 구조, 기계, 자동차, 항공계에서 **가능한 목적함수**는 중량, 체적, 질량, 기본 진동수, 한 점에서의 응력, 일부 다른 성능 측정량, 계 신뢰성 및 기타 등이다.
5. 일반적으로 모든 제약조건은 6.2.2절에 설명한 것과 같이 각각의 한계값으로 정규화시키는 것이 바람직하다. 수치 계산에서 이러한 절차는 풀이과정 중 보다 안정적인 수치 계산 결과를 가져온다.

6. 때로는 문제 정식화에 대한 유용성을 결정하기 위해 초기에 하나의 유용 설계를 설정하는 것이 바람직하다. 문제 정식화에 대한 유용성을 설정하는 방법은 이후 6.3.2절에 설명되어 있다.

6.2.2 제약조건의 척도

최적화를 위한 수치적 방법에서 반복과정을 종료하기 위해서는 어떤 기준이 필요하다. 제약조건 문제에서는 최적점이 유용해야 한다는 것이 기본적인 요구사항이다. 즉 최적점은 등호제약 및 부등호 제약조건을 만족시켜야 한다. 또한 최적점은 최적성 조건을 만족해야 한다. 수치 계산에서 등호제약 조건을 정확히 0과 같게 하는 것은 가능하지 않다. 이와 유사하게, 활성 부등호제약조건이 정확히 0이 되도록 요구하는 것은 불가능하다. 이러한 제약조건의 유용성 검토를 위해 어떠한 수치적 허용 오차가 사용되어야 한다. 이러한 조건을 검토하기 위해 사용되는 매개변수를 **유용허용오차**라고 부른다. 만일 $\varepsilon > 0$이 작은 유용허용오차 매개변수라면, 그때의 설계점 $\mathbf{x}$는 다음 조건을 만족할 경우 제약조건 $h(\mathbf{x}) = 0$와 $g(\mathbf{x}) \leq 0$에 대해 유용하다고 선언할 수 있다.

$$|h(\mathbf{x})| \leq \varepsilon \quad \text{and} \quad g(\mathbf{x}) \leq \varepsilon \tag{6.4}$$

즉, 유용한 것으로 선언된 해에 대하여 제약조건이 약간 위배되는 것은 수용할 수 있다. 어떤 문제에서 제약조건을 매우 정확하게 만족해야 한다면 그때의 ε를 10^{-7} 또는 심지어 그 이하의 값과 같이 매우 작은 수로 설정하면 된다. 좀 더 큰 위배량도 허용 가능하다면 그때의 ε은 0.05나 심지어 그 이상의 값과 같은 보다 큰 수로 설정하면 된다.

보통 하나의 유용허용오차 ε의 값(0.01과 같이)이 임의 설계점에서 모든 제약조건의 상태를 점검하기 위해 사용된다. 그렇지만 다른 제약조건은 다른 차수의 양을 가질 수 있기 때문에 모든 제약조건이 적절히 척도화되지 않은 경우, 모든 제약조건에 대하여 동일한 ε을 사용하는 것은 적절하지 않다. 따라서 수치 계산에서 모든 제약조건이 비슷한 값을 가질 수 있도록 그들의 한계값에 대하여 모든 제약조건 함수들을 척도화하는 것이 중요하다. 이것을 **제약조건의 척도**라고 한다.

제약조건의 척도의 개념을 추가로 설명하기 위해 다음의 한 개 응력 제약조건과

$$\sigma \leq \sigma_a, \quad \text{or} \quad g_1 = \sigma - \sigma_a \leq 0 \tag{6.5}$$

하나의 변위 제약조건을 생각해 보자.

$$\delta \leq \delta_a, \quad \text{or} \quad g_2 = \delta - \delta_a \leq 0 \tag{6.6}$$

여기서 σ는 한 점에서 계산된 응력(> 0이라고 가정), σ_a는 허용응력(> 0), δ는 한 점에서 계산된 처짐량(> 0이라고 가정), δ_a는 허용 처짐량(> 0)이다.

두 제약조건의 단위가 서로 매우 차이가 난다는 것을 관찰하는 것이 중요하다. 식 (6.5)의 제약조건은 파스칼[Pa, 제곱미터당 뉴턴(N/m^2)] 단위를 갖는 응력을 포함하고 있다. 예를 들어, 강의 허용응력 σ_a가 250 MPa이라고 하자. 식 (6.6)에서 제약조건은 한 점에서의 구조의 처짐량을 포함하고 있는데, 이 처짐량은 단지 수 cm가 될 수도 있다. 허용 처짐량 δ_a는 단지 2 cm라고 하자. 따라서 두 제약조건의 값들은 매우 다른 양의 차수를 갖고 있다. 만일 제약조건을 위배했을 경우, 제약조건의 위배량의 심각성을 판단하는 것이 어렵다. 예를 들어, 응력 제약조건에서 100 MPa의 위배량이

허용될 수도 있지만, 비록 변위 제약조건에서 위배량의 절댓값이 응력 제약조건의 것보다 매우 작음에도 불구하고 변위 제약조건에서 1 cm의 위배량도 허용되지 않을 수도 있다. 그러므로 제약조건의 상태를 검토할 때 모든 제약조건에 대한 유용허용오차 ε의 값을 동일하게 사용하는 것은 적절하지 않다.

또한 식 (6.5)에서 응력 제약조건의 값은 응력에 사용된 단위에 의존한다는 것을 주의하라. 예를 들어, 한 설계점에서 응력 제약조건은 응력 계산에 사용된 메가파스칼(MPa), 킬로파스칼(kPa) 또는 파스칼과 같은 단위에 따라 다른 수치 값을 가질 수 있다. 이와 유사하게 변위 제약조건의 값은 미터(m), 센티미터(cm), 또는 밀리미터(mm)와 같이 어떤 단위가 사용되느냐에 따라 달라질 수 있다. 그렇지만 다음과 같이 어떤 단위도 갖지 않는 정규화된 제약조건을 얻기 위해 제약조건의 값들을 각각의 허용값으로 나누어 제약조건을 척도화 할 수 있다.

$$R - 1.0 \leq 0 \tag{6.7}$$

여기서 응력 제약조건의 경우 $R = \sigma / \sigma_a$이며 처짐량 제약조건의 경우 $R = \delta / \delta_a$이다. 이때 σ_a와 δ_a의 두 가지 모두 양의 상수값이라고 가정한다. 그렇지 않다면 부등호제약조건의 방향은 부등호제약조건을 한계값으로 나눌 때 바뀐다. 이러한 정규화를 통해 하나의 ε 값으로 제약조건의 유용성을 검토하기 위해 두 제약조건 모두에 사용될 수 있다는 것을 알 수 있다.

제약조건들을 각각의 공칭값으로 정규화시켰을 때 $1.0 - R \leq 0$으로 표현되는 제약조건이 있을 수 있다. 예를 들어, 어떤 구조나 구조 요소의 기본 진동수 ω가 주어진 한계값 ω_a보다 커야 한다고 하자(즉, $\omega \geq \omega_a$). 그때 제약조건을 정규화하고 표준의 이하형으로 변환하게 되면 $R = \omega / \omega_a$이라면 식 $1.0 - R \leq 0$을 얻을 수 있다.

다음의 논의에서 부등호제약조건뿐만 아니라 모든 등호제약조건은 동일한 양의 차수를 갖도록 적당히 척도화되어 있다는 것을 가정으로 한다.

예제 6.1 | **제약조건 정규화: 응력 및 변위 제약조건**

한 설계점에서 어떠한 구조 요소의 응력 및 변위가 다음과 같이 계산되었다: 응력 $\sigma = 310$ MPa, $\delta = 10.1$ cm. 응력 및 변위에 대한 한계값은 $\sigma_a = 300$ MPa, $\delta_a = 10$ cm이다. 유용허용오차 $\varepsilon = 0.05$를 이용하여 이 제약조건들의 상태를 점검하라.

풀이

식 (6.5)를 이용하여 제약조건 g_1을 MPa과 Pa 단위로 점검해 보자.

$$\text{메가파스칼 (MPa): } g_1 = 310 - 300 = 10 > \varepsilon (0.05); \text{ 위배} \tag{a}$$

$$\text{파스칼 (Pa): } g_1 = 310 \times 10^6 - 300 \times 10^6 = 10 \times 10^6 > \varepsilon (0.05); \text{ 위배} \tag{b}$$

응력 제약조건의 값들은 두 단위로 표기했을 때 매우 다르다는 것을 알 수 있다. 어느 경우도 제약조건이 유용허용오차를 만족하지 못하고 있다. 따라서 해당되는 설계점은 응력 제약조건에 대하여 불용이라고 선언할 수 있다.

식 (6.6)을 이용하면 변위 제약조건 g_2를 다음과 같이 계산할 수 있다.

$$\text{미터 (m)}: g_2 = 0.101 - 0.100 = 0.001 < \varepsilon\,(0.05);\ \text{만족} \tag{c}$$

$$\text{센티미터 (cm)}: g_2 = 10.1 - 10.0 = 0.1 > \varepsilon\,(0.05);\ \text{위배} \tag{d}$$

$$\text{밀리미터 (mm)}: g_2 = 101 - 100 = 1.0 > \varepsilon\,(0.05);\ \text{위배} \tag{e}$$

사용된 단위에 따라서 변위 제약조건은 현재 설계점에서 만족되는 것(미터를 이용했을 경우)으로 선언할 수도 있고 위배되는 것(센티미터나 밀리미터를 사용했을 경우)으로 선언할 수도 있다.

여기서 식 (6.7)에서 사용된 각각의 한계값에 대하여 제약조건을 정규화하고 제약조건을 다시 계산하면

$$\bar{g}_1 = \frac{\sigma}{\sigma_a} - 1.0 = \frac{310}{300} - 1.0 = 0.033 < \varepsilon\,(0.05) \tag{f}$$

$$\bar{g}_2 = \frac{\delta}{\delta_a} - 1.0 = \frac{10.1}{10.0} - 1.0 = 0.01 < \varepsilon\,(0.05) \tag{g}$$

따라서 정규화된 두 개의 제약조건 모두 현재 설계점에서 유용허용오차를 만족하고 있으며, 식 (a)~(e)에서와 상반되는 결론이 얻어짐을 알 수 있다. 즉, 정규화는 제약조건의 상태에 대한 결론에 영향을 줄 수 있다. 응력 및 변위 제약조건이 식 (f)~(g)로 정규화되면 제약조건이 무차원이 된다는 것도 알 수 있다.

제약조건의 척도는 반복적 수치해석 과정에 중대한 영향을 줄 수 있다.

일부 제약조건들은 척도화시키기 위한 상수항이 없어 보통 방법으로 정규화시킬 수 없다. 또는 허용값이 0이 되는 경우도 있다. 비근한 예로 일부 설계변수들의 하한값이 $0 \le x$와 같이 되는 경우가 있다. 그러한 제약조건은 하한값으로 정규화할 수 없다. 그러한 제약조건들은 원래 형태를 유지시키거나 적당한 상수로 나누어야 한다. 즉, 제약조건을 백분율로 변형하기 위해 100이나 적당한 상수(제약조건 함수에 대한 어떤 전형적인 값)로 나눌 수 있다.

제약조건의 척도는 그 미분도 동일한 상수로 척도시킨다는 것을 주의하라.

예제 6.2는 제약조건 정규화 과정과 제약조건 상태의 검토에 대해 설명하고 있다.

예제 6.2 **제약조건 정규화: 등호제약조건**

다음의 등호제약조건에 대하여 주어진 점에서 등호제약조건 상태를 점검하라. 유용허용오차 $\varepsilon = 0.01$을 이용하라.

$$h(x_1, x_2) = x_1^2 + \frac{1}{2}x_2 - 18 = 0\ \text{ at the points } (4.0, 4.2)\ \text{and}\ (-4.5, -4.8) \tag{a}$$

풀이

식 (6.4)를 이용하여 두 개의 주어진 점에서 식 (a)의 등호제약조건의 유용성을 검토해 보자.

$$|h(4.0, 4.2)| = \left| (4.0)^2 + \frac{1}{2} \times 4.2 - 18 \right| = |+0.1| > \varepsilon\,(0.01);\ \text{위배} \tag{b}$$

$$\left| h(-4.5, \ -4.8) \right| = \left| (-4.5^2) + \frac{1}{2} \times (-4.8) - 18 \right| = \left| -0.15 \right| > \varepsilon(0.01); \ \text{위배} \tag{c}$$

따라서 제약조건은 두 점 모두에서 유용허용오차를 만족시키지 못하는 것을 알 수 있다. 이번에는 상수 18 로 제약조건을 정규화 해보자.

$$\bar{h}(x_1, x_2) = \frac{1}{18} x_1^2 + \frac{1}{36} x_2 - 1 = 0 \tag{d}$$

정규화된 제약조건의 유용성을 검토하기 위해 두 개의 주어진 점에서 제약조건을 다시 계산해 보자.

$$\left| \bar{h}(4.0, 4.2) \right| = \left| \frac{1}{18} (4.0)^2 + \frac{1}{36} \times 4.2 - 1 \right| = \left| +0.0056 \right| < \varepsilon(0.01); \ \text{만족} \tag{e}$$

$$\left| \bar{h}(-4.5, \ -4.8) \right| = \left| \frac{1}{18} (-4.5)^2 + \frac{1}{36} \times (-4.8) - 1 \right| = \left| -0.0083 \right| < \varepsilon(0.01); \ \text{만족} \tag{f}$$

따라서 정규화 후에 제약조건은 두 점 모두에서 유용허용오차를 만족시키고 있어 두 점 모두에서 이 제약조건에 대하여 유용하다고 선언할 수 있다. x_1과 x_2에 대한 h와 $\bar{h}$의 미분은 서로 다르다. 그 미분은 동일한 척도 계수로 척도시킬 수 있다. 즉, $\frac{\partial h}{\partial x_1} = 2x_1$ 그리고 $\frac{\partial \bar{h}}{\partial x_1} = \frac{2}{18} x_1$이 된다.

예제 6.3	제약조건 정규화: 부등호제약조건

다음의 부등호제약조건에 대하여 주어진 점에서 제약조건 상태를 점검하라. 유용허용오차 $\varepsilon = 0.01$을 이용하라.

$$g(x_1, x_2) = 500x_1 - 30{,}000x_2 \le 0 \text{ at the points } (80, 1) \text{ and } (60, 0.995) \tag{a}$$

풀이

식 (6.4)를 이용하여 두 개의 주어진 점에서 부등호제약조건의 유용성을 검토해 보자.

$$g(80, 1) = 500 \times 80 - 30{,}000 \times 1 = 10{,}000 > \varepsilon(0.01); \ \text{위배} \tag{b}$$

$$g(60, 0.995) = 500 \times 60 - 30{,}000 \times 0.995 = 150 > \varepsilon(0.01); \ \text{위배} \tag{c}$$

따라서 두 점은 모두 유용허용오차를 검토해 보면 불용이다. 그러면 이제 식 (a)에서 제약조건이 어떻게 정규화 되는지를 보자. 제약조건 식에는 어떠한 상수항도 없기 때문에 보통 방법으로 정규화할 수 없다. x_1 이나 x_2는 음의 값을 가질 수 있어 부등호의 방향이 바뀔 수 있으므로 제약조건을 $500x_1$이나 $30{,}000x_2$로 나누어 정규화 할 수 없다. 제약조건 함수를 정규화하기 위해서는 오로지 양의 상수나 양의 부호를 갖는 변수를 이용해서만 가능하다. 이러한 사실을 감안하면, 제약조건을 $30{,}000|x_2|$로 나누어 정규화된 제약조건을 $\dfrac{x_1}{60|x_2|} - \dfrac{x_2}{|x_2|} \le 0$로 얻을 수 있다. 그렇지만 이런 유형의 정규화는 제약조건의 특성을 선형에서 비선형으로 변화시키므로 바람직하지 않다. 선형제약조건은 수치 계산에서 비선형제약조건보다 보다 효율적으로 처리할 수 있다. 이와 더불어 이 함수는 $x_2 = 0$에서 특이점을 갖고 있다. 그러므로 일부 제약조건을 정규화할 때

는 주의와 판단이 필요하다. 만일 정규화 과정에서 제약조건의 본성을 변화시킨다면 그때는 다른 방법을 사용해야 한다.

특히 등호제약조건과 같은 어떤 경우에는 제약조건을 원래 형태 그대로 이용하는 것이 더 좋을 수도 있다. 따라서 수치 계산 시, 어떤 제약조건 형태에서는 제약조건 정규화에 대한 실험적 접근이 필요하다. 식 (a)의 현재 상태의 제약조건에서 그 제약조건을 상수 30,000(제약조건에서 두 수중 보다 큰 것)으로 정규화하면 다음과 같은 정규화된 형태를 얻을 수 있다.

$$\bar{g}(x_1, x_2) = \frac{1}{60} x_1 - x_2 \leq 0 \qquad\qquad (d)$$

주어진 두 개의 점에서 정규화된 제약조건의 유용성을 점검해 보자.

$$\bar{g}(80, 1) = \frac{1}{60} \times 80 - 1 = 0.33 > \varepsilon (0.01); \text{위배} \qquad\qquad (e)$$

$$\bar{g}(60, 0.995) = \frac{1}{60} \times 60 - 0.995 = 0.005 < \varepsilon (0.01); \text{만족} \qquad\qquad (f)$$

그러므로 정규화된 제약조건은 점 (80, 1)에서 위배하고 있으며 점 (60, 0.995)에서의 유용허용오차를 만족시키고 있다. 즉, 두 번째 점은 제약조건의 정규화로 인해 변화가 있었다.

- 제약조건의 정규화로 인해 주어진 점에서 유용성에 관한 다른 결론을 얻을 수 있다.
- 정규화는 최적화 알고리즘에서 반복 계산의 과정을 변화시킬 수 있다.
- 수치 계산 시 모든 제약조건은 비슷한 값을 갖도록 제약조건을 적절하게 척도시키는 것이 중요하다.
- 제약조건을 척도시키는 것은 또한 설계변수에 대한 제약조건의 미분을 변화시킨다.

6.2.3 설계변수의 척도

최적화 문제에서 설계변수들이 다른 차수의 크기를 가질 경우 비슷한 차수를 갖도록 설계변수들을 척도시키는 것이 바람직하다. 설계변수를 척도시키는 몇가지 방법이 있다. 일부 진보된 방법에서는 해 점에서 목적함수나 라그랑지 함수의 헷세 행렬의 정보나 그 근사치를 필요로 한다(11장 참고). 그러한 방법들은 반복 절차의 수렴 속도를 가속시키는 데 매우 유용하다. 그렇지만 그 방법들은 우리가 찾고자 하는 해 점에서 문제를 구성하는 함수들의 미분 정보를 필요로 하므로 그 방법들을 실제로 최적화 알고리즘에 포함시키는 것이 복잡하다. 그러므로 이 절에서는 수치 계산에서 유용한 몇 개의 다른 단순한 척도 방법을 논의한다. 변수 x가 하한 a, 상한 b를 갖고 $b > a$라고 하자.

$$a \leq x \leq b \qquad\qquad (6.8)$$

다음의 과정에서 a와 b는 설계변수에 대한 현실적이고 실제적인 경계라고 가정하자(즉, 그 값들은 임의의 매우 큰 값이나 작은 값이 아니다). 이 점은 그렇지 않다면 척도시키는 절차가 실제로 반복 최적화 과정에 해롭게 작용할 수 있으므로 매우 중요하다.

1. 척도화된 변수 y가 -1과 1 사이에서 변하기를 원한다면, 그때의 변수 변환은 다음과 같이 정의된다.

$$y = \frac{2x}{(b-a)} - \frac{(b+a)}{(b-a)}; \quad -1 \le y \le 1; \quad \text{or} \quad x = \frac{1}{2}[(b+a)+(b-a)y] \tag{6.9}$$

2. 척도화된 변수 y의 최댓값이 1이 되기를 원한다면, 그때의 변수 변환은 다음과 같이 정의된다.

$$y = \frac{x}{b}; \quad \frac{a}{b} \le y \le 1 \quad \text{or} \quad x = by \tag{6.10}$$

3. 척도화된 변수 y가 x의 범위 내 중간에 있기를 원한다면, 그때의 변수 변환은 다음과 같이 정의된다.

$$y = \frac{2x}{(b+a)}; \quad \frac{2a}{(b+a)} \le y \le \frac{2b}{(b+a)} \quad \text{or} \quad x = \frac{1}{2}(b+a)y \tag{6.11}$$

4. 두 개의 설계변수가 다른 차수의 크기를 갖고 있다면, 척도화된 변수가 동일 차수의 크기를 갖도록 척도시킬 수 있다. 예를 들어, x_1이 10^5 차수를 갖고 x_2가 10^{-5} 차수를 갖는다고 할 때 척도화된 변수 y_1과 y_2는 다음의 변환을 이용하여 정의된다.

$$x_1 = 10^5 y_1; \quad x_2 = 10^{-5} y_2 \tag{6.12}$$

이 방법은 척도화된 변수 y_1과 y_2가 차수 1을 갖도록 한다. x_1과 x_2에 대한 경계는 척도화된 변수 y_1과 y_2에 대한 경계를 구하기 위해 동일 상수로 척도시켜야 한다.

식 (6.9)~(6.12)의 변환들은 원래의 문제 정식화를 새로운 변수 y_1과 y_2로 표시하기 위해 원래의 문제 정식화에 대입한다. 변수의 변환은 새로운 변수에 대한 모든 함수의 미분을 갱신시키는 것 역시 필요하다는 것을 명심하라. 예를 들어 y에 대한 f의 미분은 $\frac{\partial f}{\partial y} = \frac{\partial f}{\partial x}\frac{dx}{dy}$로 계산된다.

6.2.4 문제 정식화를 위한 반복 과정

실제 적용은 많은 경우에 초기 문제의 정식화를 반복적으로 갱신하는 것을 요구하면서 복잡하게 된다. 몇 가지 수정이 필요할 수 있으며 그 문제를 허용 가능한 정식화가 형성되기 전까지 반복적으로 풀어야 할 수도 있다. 초기 정식화에서 일부 실제적인 제약조건이 제외될 수도 있다. 또한 일부 제약조건의 한계가 현실적이지 않을 수도 있다. 이러한 상황들은 수정되어야 하고 문제를 다시 풀어야 한다. 또 다른 상황으로서 정식화에서 대립하는 제약조건들이 있을 수도 있고, 또한 제약조건의 한계가 너무 엄격하여 문제의 유용해가 없을 수도 있다. 이러한 상황들은 문제를 푸는 시도 후에나 알 수 있다. 풀이 과정에서 보통 '불용 문제'란 메시지를 받게 된다. 이 경우에 불용을 유발하는 제약조건을 인지해야 하며 그 문제의 유용해가 나오도록 제약조건을 갱신해야 한다. 다음 절에서 문제의 유용점을 결정하는 절차를 설명한다.

실제 적용에 대한 경험에 기초해서 대부분의 문제들은 문제의 허용 가능한 정식화를 형성하기 전까지 반복적인 과정이 필요하다고 단정지을 수 있다. 다음 예제에서는 단순한 문제로 이러한 반복 과정을 설명할 것이다. 추가적인 실제적 예제들은 14장에 소개되어 있다.

예제 6.4   **문제 정식화의 전개: 예**

이 예제에서는 3.8절에서 설명한 보 설계문제를 고려하고 최적설계를 위한 무게 정식화 전개 과정을 설명한다. 과정을 시작하기 위해 보의 굽힘 하중만을 생각해 보자.

보의 설계변수는 높이 d(mm), 너비 b(mm)로 정의한다. 보의 최대 굽힘응력 σ은 다음과 같이 극단에서 발생한다.

$$\sigma = \frac{Mc}{I} \tag{a}$$

여기서 M = 작용된 굽힘하중 40,000 Nm, c = 중립축에서 극단까지의 거리 $\frac{d}{2}$ mm, I = 관성모멘트 $\frac{bd^3}{12}$, mm^4.

보의 굽힘응력 제약조건은 다음과 같다.

$$\sigma \leq \sigma_a \tag{b}$$

여기서 σ_a = 허용 굽힘응력 10 MPa (10 N/mm^2)이다.

설계변수는 보의 크기를 표시하기 때문에 두 변수 모두 음수가 될 수 없다.

$$b \geq 0, \, d \geq 0 \tag{c}$$

이 문제에 대한 엑셀 시트를 이 장의 다음 절에서 설명한 절차로 준비하고 이 문제를 해결하기 위해 **해찾기**를 이용한다. 목적함수가 보의 단면적 $f = bd$임을 기억하자. b = 200 mm, d = 500 mm로 시작하면 다음의 최적해를 해찾기로 찾을 수 있다.

$$b = 1.664 \times 10^{-6} \text{ mm}, d = 3.798 \times 10^6 \text{ mm}, f = 6.3194 \text{ mm}^2. \tag{d}$$

몇 개의 다른 시작점을 이용해도 필연적으로 동일한 해 점이 찾아진다. 최적점에서 굽힘응력 제약조건이 활성제약조건이 된다. 이 문제에서 제시된 모든 제약조건을 만족하고 있다. 그렇지만 최종해는 실제적 관점에서 합리적이지 않다. 보의 너비는 거의 0에 가깝고 높이는 매우 크다. 너비 b는 0으로 접근하려 하고 높이 d는 무한대로 가려하기 때문에 실제로 이 문제의 해는 존재하지 않는다. 보의 전단응력은 매우 크며 이는 전단하중 V = 150 kN에 대하여 35,605 N/mm^{2}로 계산된다.

정식화의 제1차 개선

전단응력이 매우 크므로 전단응력에 대한 제약조건을 부여하는 것이 논리에 맞다. 보에서 평균 전단응력 τ는 아래와 같이 계산된다.

$$\tau = \frac{3V}{2bd} \tag{e}$$

여기서 V = 보에 작용하는 전단력 150 kN이다.

보의 전단응력 제약조건은 아래와 같이 주어진다.

$$\tau \le \tau_a \tag{f}$$

여기서 τ_a = 허용전단응력 2 MPa (2 N/mm²)이다.

전단응력 제약조건을 엑셀 시트에 추가하고 문제를 다시 푼다. 설계변수의 시작점을 바꾸면 몇 개의 다른 해를 구할 수 있는데, 이들 모두 112,500 mm²의 동일한 목적함수를 갖고 전단응력 제약조건이 활성화된다. 지정된 시작점에 대하여 다음과 같은 최적점이 구해진다.

$$\begin{aligned}
(500, 20) &\to (269, 418.2) \\
(600, 150) &\to (501, 224.5) \\
(100, 600) &\to (591, 190.4)
\end{aligned} \tag{g}$$

전단응력 등고선이 목적함수 등고선들과 평행하다는 것을 알 수 있다. 그러므로 그림 3.11에서 볼 수 있듯이 이 문제는 무한개의 해를 갖고 있다. 일부 최적점에서 보의 폭은 높이보다 크다.

정식화의 제2차 개선

이곳에서부터 보의 사용가능한 물리적 공간에 기초해서 설계변수에 대한 현실적인 상한과 하한을 다음과 같이 정의해 보자.

$$100 \le b \le 200; \quad \text{and} \quad 200 \le d \le 400 \, \text{mm} \tag{h}$$

이 경계를 갖고 해찾기를 이용하면 이 문제에 대한 유용해를 찾을 수 없다. 그러므로 이 경계는 너무 제한적이어서 이 문제가 불용이 되도록 하고 있다. 높이에 대한 상한을 600 mm로 완화시켜 보자. 이 설계변수 한계값을 이용하면 시작점 (100, 600)으로부터 최적해 $b = 196.2$mm, $d = 573.5$ mm를 구할 수 있으며 이때의 목적함수 값은 112,500 mm²이다. 따라서 높이에 대한 완화된 상한을 이용하면 이 문제의 유용영역이 존재한다는 것을 알 수 있다.

정식화의 제3차 개선

앞의 해에서는 보의 높이가 너비보다 두 배 이상 큰 것을 알 수 있는데, 이것은 바람직한 것이 아닐 수도 있다. 따라서 보의 높이가 너비의 두 배를 초과하지 않도록 하는 또 다른 제약조건을 정의해 보자.

$$d \le 2b \tag{i}$$

설계변수의 하한과 상한은 동일하게 유지한다.

$$100 \le b \le 200 \, \text{mm}; \quad \text{and} \quad 200 \le d \le 600 \, \text{mm} \tag{j}$$

이 제약조건들을 갖고 해찾기를 이용하면 이 문제를 유용해를 찾을 수 없다. 너비에 대한 상한을 250 mm로 완화시키면 최적해가 (237.2, 474.3)으로 구해진다. 목적함수는 동일한 $f = 112,500$ mm²이다. 전단응력 제약조건과 식 (i)의 폭 제한이 최적해에서 활성화되며 그들의 라그랑지 승수는 (112500, 0)이다.

따라서 이와 같이 매우 단순한 문제에서조차 문제의 허용할 만한 정식화를 얻기 위해서는 정식화에 대한 수 회의 개선과 매개변수의 조절이 필요하다는 것을 알 수 있었다. 이러한 경우는 대부분의 설계 최적화의 실제 적용에서 흔히 볼 수 있다.

6.3 최적설계의 수치해석 과정

최적화 방법은 반복적이고 각 반복은 적용하는 문제에 따라 좌우되지만, 많은 계산을 필요로 한다. 평탄화 문제에서 이러한 반복은 식 (6.1)에서 주어진 설계 갱신 절차에 기초하고 있다. 평탄화 문제를 위한 최적화 알고리즘의 반복의 기본적인 단계는 다음과 같다.

1. 현재점에서 목적함수 및 제약조건 함수, 그리고 경사도 계산
2. 설계 갱신을 위한 탐색 방향을 결정하기 위해 함수값과 경사도를 이용한 부문제의 정의와 이후 탐색 방향을 위한 부문제의 해 산출
3. 현재 설계점을 갱신하기 위한 탐색 방향에서의 이동 거리 결정

앞의 각 단계는 적용 예의 복잡한 정도에 따라 상당한 계산량을 필요로 할 수 있다. 반올림 및 단절오차가 축적될 수도 있으며 최종해를 산출하지 못하고 반복과정이 멈출 수도 있다. 풀이과정 또한 설계문제의 정식화가 부정확하거나 예제 6.4에서 논의한 바와 같이 모순이 있으면 실패할 수 있다. 이 절에서는 이러한 상황을 분석하고 최적화 과정 중의 실패 원인을 제거하는 데 이용할 수 있는 몇 가지 단계에 대해 논의한다.

6.3.1 범용 소프트웨어 응용을 위한 통합

앞에서 언급한 바와 같이 실제 적용은 최적해를 구하기 전까지 수많은 컴퓨터 계산을 필요로 한다. 어떤 특정한 적용을 위해서 문제를 정의하는 함수, 경사도 계산 소프트웨어뿐만 아니라 최적화 소프트웨어를 통합하여 최적설계 기능을 생성해야 한다. 적용 예제에 따라 이러한 소프트웨어 요소들은 매우 광범위할 수 있다. 따라서 설계 최적화 기능을 생성하기 위한 가장 세련되면서 현대적인 컴퓨터 사용법은 다양한 소프트웨어 요소들은 통합하여 이용하는 것이다.

어떤 구조가 유한요소방법을 이용하여 모델링되었을 때 그 구조를 해석하기 위해 대용량의 해석 소프트웨어가 사용되는 예를 보자. 해석 결과를 이용하여 제약조건 함수가 정식화되고 구해진다면 목적함수 및 제약조건 함수들의 경사도를 계산하는 프로그램이 개발되어야 한다. 모든 이러한 소프트웨어 요소들은 유한요소로 모델링된 구조를 위한 최적설계 기능을 생성하기 위해 통합되어야 한다.

범용 최적화 소프트웨어를 다른 용용 소프트웨어와의 통합을 위해 선택하기 전에 몇가지 논점에 관해 생각해 볼 필요가 있다. 다음 질문에 대한 답변으로부터 각자의 적용예제에 대한 최적화 소프트웨어의 적절성을 판단할 수 있다.

1. 프로그램이 어떤 종류의 변수를 취급하고 있는가?
2. 부등호제약조건뿐만 아니라 등호제약조건도 취급해야 하는가?
3. 다른 응용프로그램을 통합하기 위한 연계성이 얼마나 편리한가?
4. 프로그램의 출력은 얼마나 좋은가?
5. 프로그램의 입력 자료를 준비하는 것이 얼마나 쉬운가?
6. 프로그램은 사용자가 알고리즘과 관계된 매개변수를 제공하도록 요구하는가?
7. 프로그램을 사용하기 위해 얼마큼의 프로그래밍이 필요한가?

6.3.2 유용점을 찾는 법

풀이 과정을 시작하려면 문제가 유용점이 있는지를 확인하는 것이 좋다. 유용점 존재 여부를 판단하기 위한 몇 가지 방법이 있다. 그렇지만 효과 좋은 간단한 방법은 목적함수를 상수로 대체하여 문제의 원래 정식화를 사용하는 것이다. 즉, 최적화 문제는 다음과 같이 다시 정의할 수 있다.

$$\text{최소화 } f = \text{상수, 제약조건 모든제약조건} \tag{6.13}$$

이런 방법을 이용하면 원래 목적함수는 당연히 무시되며 최적화 반복은 유용점을 찾기 위해 제약조건이 위배되는 것을 수정하도록 이루어진다. 원래 문제를 위해 이용할 알고리즘을 동일하게 상수 목적함수를 갖는 문제를 해결하기 위해 사용할 수 있다. 이렇게 하면 해를 찾기 위한 알고리즘 및 관계된 소프트웨어뿐만 아니라 원래 정식화로 그 문제의 유용성을 검토하는 데 이용할 수 있는 장점이 있게 된다.

이 과정은 단지 한 개의 유용점만을 얻는다는 것을 주의하라. 다수의 시작점을 갖고 이 과정을 반복하면 유용점 집합을 얻을 수 있다.

6.3.3 구할 수 없는 유용점

이 조건에는 몇 가지 이유가 있을 수 있다. 이러한 상황을 분석하고 문제를 수정하기 위해 다음 단계를 따라야 한다.

1. 제약조건이 적절하게 정식화가 되었는지, 그리고 제약조건들 사이에 모순이 없는지를 보장하기 위해 정식화를 검토하라. 평탄한 최적화 알고리즘에서는 모든 함수들이 연속이고 미분가능한지를 확인하라.
2. 제약조건이 서로 다른 차수의 양을 가질 경우 그들을 척도시켜라.
3. 식 (6.13)에 정의된 문제는 각각의 제약조건 또는 제약조건 일부의 유용성을 나머지 제약조건을 무시한 상태에서 검토하는 데 사용될 수 있다.
4. 정식화 및 자료가 적절하게 최적화 소프트웨어에 표현이 되었는지 확인하라.
5. 제약조건 한계가 너무 엄격할 수 있다. 불확실성을 확대하는지를 검토하고 가능하면, 제약조건 한계를 완화시켜라.
6. 제약조건의 유용한계오차를 검토하라. 불용성을 해결할 수 있는지 알아보기 위해 유용한계오차를 완화하라.
7. 제약조건 함수에서 경사도의 유도 및 구현 과정을 검토하라. 경사도가 유한차분법을 이용하여 구해진다면 그 정도를 확인하는 것이 필요하다.
8. 가능하면 모든 계산의 정확성을 높이도록 하라.

6.3.4 수렴하지 않는 알고리즘

이 조건에는 몇 가지 이유가 있을 수 있다. 이러한 상황을 분석하고 문제를 수정하기 위해 다음 단계가 도움이 될 수 있다.

1. 제약조건 및 목적함수가 적절하게 정식화되었는지를 확인하기 위해 정식화를 점검하라. 평탄

한 최적화 알고리즘에서 모든 함수가 연속이고 미분 가능한지를 확인하라.

2. 제약조건들과 목적함수가 서로 다른 차수의 양을 가질 경우 그들을 척도시켜라.

3. 목적함수와 제약조건 함수의 계산에 대한 구현 과정을 점검하라.

4. 모든 함수의 경사도의 유도 및 구현 과정을 검토하라. 경사도가 유한차분법을 이용하여 구해진다면 그 정도를 확인하는 것이 필요하다.

5. 프로그램에서 보고된 최종점을 검토하라. 그것이 실제 해 점일 수 있다. 종료/멈춤 기준이 너무 엄격해서 알고리즘이 그 기준을 만족시킬 수 없을 수도 있다. 그것을 완화시켜 보라.

6. 계산 시 넘침(오버플로우)이 보고되면 무계 문제일 수 있다. 한정된 해 점을 찾는 데 추가적인 제약조건이 필요할 수 있다.

7. 다른 시작점을 시도해 보라.

8. 일부 제약조건을 무시하고 문제를 풀어라. 만일 알고리즘이 수렴할 경우, 일부 무시된 제약조건을 추가하고 그 문제를 다시 풀어라. 알고리즘이 수렴이 되지 않을 때까지 이 과정을 계속하라. 이렇게 하면 문제가 되는 제약조건을 찾아내고 분석할 수 있다.

9. 보다 작은 반복 수를 사용하고 프로그램의 이전 실행에서의 최종점을 시작점으로 설정하여 알고리즘을 재개하라.

10. 두 개의 설계변수가 서로 다른 차수의 양을 갖고 있다면 앞의 식(6.12)에서 설명한 바와 같이 동일한 차수의 양을 갖도록 그들을 척도시켜라.

11. 어떤 초기점에서도 국소 최소점으로 수렴이 되는지가 증명된 최적화 알고리즘인가를 확인하라. 그리고 그 알고리즘이 강건하게 도구화되어 있는지도 확인하라.

12. 가능하면 모든 계산의 정확성을 높이도록 하라.

6.4 엑셀 해찾기: 소개

이 절에서는 엑셀 해찾기에 대해 설명하고 비선형 방정식에 대한 풀이를 예를 들어 설명한다. 해찾기를 위한 엑셀 워크시트의 준비에 대해 설명하고, 마찬가지로 풀이 조건 및 매개변수를 부여하는 해찾기 대화상자에 대해 설명한다. 또한 해찾기는 선형 및 비선형계획문제들에 사용될 수 있다. 따라서 해찾기가 다음의 모든 절 및 이후 장에서 사용되므로 이 절에서의 내용을 완전히 이해하여야 한다.

6.4.1 엑셀 해찾기(Solver)

엑셀은 공학 계산용으로서 많은 유용한 기능을 갖고 있는 스프레드시트 프로그램이다. 특히, 선형 연립방정식과 최적화 문제를 푸는 데 엑셀을 사용할 수 있다. 온라인 도움말로 프로그램의 사용을 지원할 수 있다. 프로그램을 호출하면 '통합문서'라는 프로그램이 열린다. 통합문서는 '워크시트'라고 불리는 몇 개의 페이지를 포함하고 있다. 이러한 워크시트는 관련 자료와 정보를 저장하는 데 사용된다. 각 워크시트는 위치(즉, 셀들의 열과 행 수)가 참조되는 셀들로 나누어져 있다. 모든 정보와 자료, 그리고 각종 처리를 셀 단위로 정리해야 한다. 셀에는 원 자료, 수식 및 다른 셀과의 관계를 포함한다.

해찾기는 비선형 방정식, 선형/비선형 연립방정식, 그리고 최적화 문제를 풀기 위한 엑셀에서 사용 가능한 도구이다. 이 도구를 이용하여 선형 및 비선형 최적화 문제들을 해결한 사례는 이장의 후반에 소개되어 있다. 이 절에서는 이 도구를 이용하여 비선형 방정식의 근을 찾는 방법을 소개한다. 데이터(Data) 탭을 통해 해찾기를 호출한다. 해찾기를 데이터탭 아래에서 볼 수 없으면, 아직 사용자의 컴퓨터에 설치가 되지 않은 상태이다. 그 기능을 설치하기 위해서는 '파일-엑셀 옵션' 메뉴 아래의 추가 기능(Add-in)을 이용하여 화면 지시에 따라 해찾기를 설치할 수 있다. 해찾기 및 다른 명령어들의 위치와 해찾기를 설치하는 절차는 엑셀의 이후 버전에서는 달라질 수도 있다.

엑셀의 해찾기를 사용하기 위해서는 두 개의 주요한 단계를 따라야 한다.

1. 문제의 변수를 담는 셀들을 지정하면서 엑셀 워크시트를 준비해야 한다. 또한 그 문제를 구성하는 함수들의 모든 수식은 다른 셀에 입력해야 한다.

2. 그 다음 해찾기를 누르면 해찾기 매개변수(Solver Parameters) 대화상자 창을 볼 수 있다. 이 상자에서 해결하고자 하는 실제 문제를 정의하게 된다. 문제의 변수를 담는 셀들을 지정한다. 다음엔 문제의 목적함수를 담는 셀을 정의한다. 그리고 문제의 다양한 제약조건들을 정의하는 셀들을 정의한다. 해찾기에 대한 다양한 옵션을 이용할 수 있다.

다음 절들에서는 이 두 단계에 대해 자세히 설명하며 이 두 단계를 몇 개의 다른 유형의 문제를 푸는 데 적용한다.

6.4.2 비선형 방정식의 근

여기에서 비선형 방정식의 근을 찾기 위해 해찾기를 이용할 것이다.

$$\frac{2x}{3} - \sin x = 0 \tag{a}$$

이 방정식은 예제 4.22의 최소화 문제에 대한 필요조건에서 구해진 것이다. 문제를 정의하는 워크시트가 필요하다. 여러 방법으로 워크시트를 준비할 수 있다. 그림 6.1은 그중의 하나이다.

셀 C3의 이름을 x로 변경하는데 이것이 변수가 되고 여기에 2의 값이 있음을 알 수 있다. 셀에 이름을 붙이기 위해 수식(Formulas) 탭 아래의 명령어 이름 정의(Define Name)를 이용한다. 셀의 이름을 의미 있게 정의하면 셀의 숫자가 아닌 셀의 이름을 보고 쉽게 참조할 수 있게 된다. 그림 6.1의 셀은 다음 정보를 포함하고 있다.

셀 **A3**: 3행이 변수 x와 연관된 것을 표시함(비활성 셀)

셀 **A4**: 4행이 방정식과 연관된 것을 표시함(비활성 셀)

셀 **B3**: 뒤의 해답보고서(Answer Report)에서 나타나는 변수명

셀 **C3**: x라 불리는 변수의 초기값(현재값은 보는 바와 같이 2임), 이 값은 뒤에 해찾기에 의해 최종값으로 갱신됨(활성 셀)

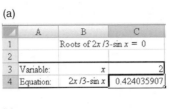

그림 6.1 $\dfrac{2x}{3}$ – sinx = 0의 근을 찾기 위한 엑셀 워크시트: (a) 워크시트, (b) 수식을 표시한 워크시트

셀 B4: 근을 찾고자 하는 방정식, 뒤에 **해답보고서**(Answer Report)에 나타날 것임(비활성 셀)

셀 C4: 방정식 표현을 포함하고 있음: = 2*x/3 – sin(x); 셀 C3의 x = 2에 대한 방정식 표현 값을 표시하고 있다. 셀 C4에서 방정식 표현을 보기 위해서는 수식 탭 아래의 **수식 표시**(Show Formulas)를 이용하라(활성 셀).

해찾기 매개변수 대화상자

셀 C3의 값이 변화할 때마다 C4는 자동적으로 갱신된다. 이제 데이터 하위의 해찾기를 불러와서 목표 셀과 변화하는 셀을 정의한다. 해찾기 매개변수 대화상자는 그림 6.2에 표시되어 있다. 근을 결정해야 하는 방정식을 포함하고 있는 셀인 C4를 **목표 설정**(Set Objective)으로 대응시킨다. 다음 줄에서는 방정식의 해가 있으면 목적함수가 0이어야 하므로, **지정값**(Value Of) 버튼을 선택하고 선택된 목적함수를 위하여 0의 값을 부여한다. **해찾기**(Solver)는 셀들을 정의하기 위해 $ 표시를 사용한다. 예를 들어 $C$4는 C4를 참조하는 것이다. 셀 참조 시 $를 사용하면 수식복사 기능을 사용할 때 편리하다. 수식복사 명령어를 사용하더라도 $표시를 사용하는 셀에 대한 참조는 변경되지 않는다.

다음으로 **변수 셀 변경**(By Changing Variable Cells)에서 x를 삽입하여 값을 변수로 취급해야 하는 셀을 정의한다. 그 다음 이 방정식이 비선형 함수이므로 '해법 선택' 하위 메뉴의 **GRG 비선형**(GRG Nonlinear)을 선택한다. 이때, 풀이 과정에 관련된 일부 매개변수들을 초기화시키고자 한다면 '옵션' 버튼을 클릭하면 된다. 그럴 필요가 없으면 **해찾기** 버튼을 클릭하여 x = 2를 초기값으로 설정한 해를 찾는다. 화면의 오른쪽에는 추가, 변화 등의 버튼이 있는데, 이들은 문제에 대한 제한을 주기 위해 사용된다.

해찾기 출력

해찾기가 완료되면 세 가지 보고서를 제공한다: **해답**(Answer), **민감도**(Sensitivity), **한계값**(Limits) (그림 6.3 해찾기 결과 대화상자 참조). **해답보고서**(Answer Report)에 비선형 방정식의 해에 관한 관련 정보가 있기 때문에 해답보고서만을 선택한다. 보고서 아래에 강조 표시된 **해답** 선

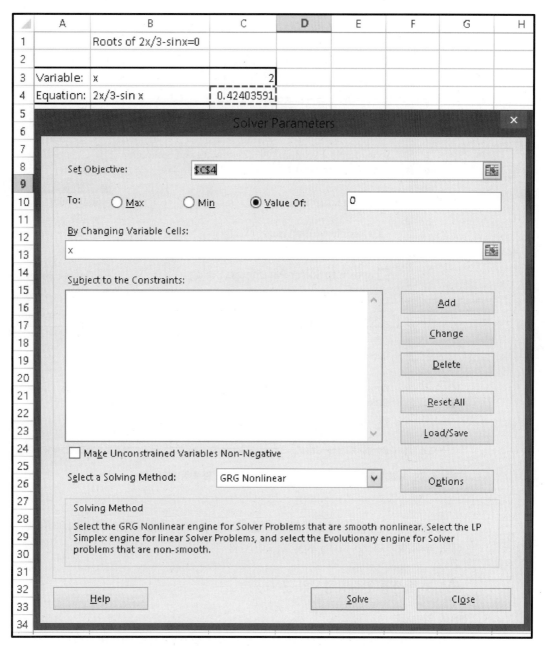

그림 6.2 문제 정의를 위한 해찾기 매개변수(Solver Parameters) 대화상자

택을 위해 OK버튼을 클릭하면 해찾기는 그림 6.4에 표시한 바와 같이 최종 결과를 포함하는 워크시트를 제공한다. 보고서를 보면 목적함수가 거의 $0(-3.496 \times 10^{-7})$인 값이 되고, 이는 원하는 값이며 x의 최종값(해)은 1.496이 되는 것을 알 수 있다.

이 방정식의 다른 해는 셀 C3의 x의 초기값을 변경하여 구할 수 있다. 만일 어떤 초기값이 작동하

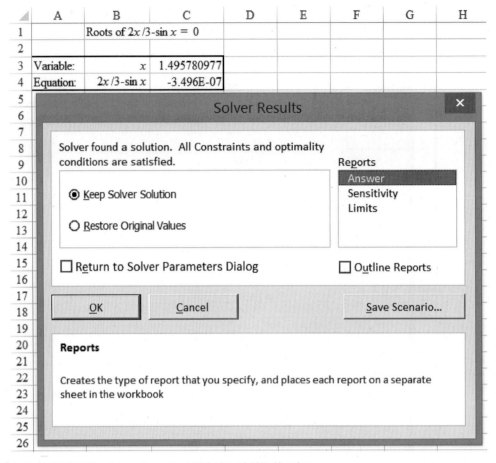

그림 6.3 해찾기 결과(Solver Results) 대화 박스 및 최종 워크시트

지 않는다면 다른 값을 시도해 보아야 한다. 이 절차를 이용하면 이 방정식의 3개의 해는 예제 4.22에서 주어진 것과 같이 0, 1.496, −1.496으로 구해진다.

6.4.3 비선형 연립방정식의 근

엑셀 워크시트

해찾기는 KKT 필요조건으로부터 구해지는 것과 같은 비선형 연립방정식의 근을 찾는 데도 이용할 수 있다. 예제 4.1에서 결정된 KKT 1계 필요조건을 풀기 위해 이 기능을 이용할 것이다. 필요조건에 대한 수식은

$$2x_1 - 3x_2 + 2ux_1 = 0 \tag{a}$$

$$2x_2 - 3x_1 + 2ux_2 = 0 \tag{b}$$

$$x_1^2 + x_2^2 - 6 + s^2 = 0; \quad s^2 \geq 0; \quad u \geq 0 \tag{c}$$

$$us = 0 \tag{d}$$

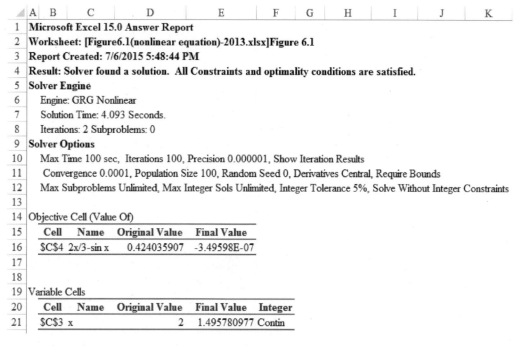

A	B	C	D	E	F	G	H	I	J	K
1	Microsoft Excel 15.0 Answer Report									
2	Worksheet: [Figure6.1(nonlinear equation)-2013.xlsx]Figure 6.1									
3	Report Created: 7/6/2015 5:48:44 PM									
4	Result: Solver found a solution. All Constraints and optimality conditions are satisfied.									
5	Solver Engine									
6	Engine: GRG Nonlinear									
7	Solution Time: 4.093 Seconds.									
8	Iterations: 2 Subproblems: 0									
9	Solver Options									
10	Max Time 100 sec, Iterations 100, Precision 0.000001, Show Iteration Results									
11	Convergence 0.0001, Population Size 100, Random Seed 0, Derivatives Central, Require Bounds									
12	Max Subproblems Unlimited, Max Integer Sols Unlimited, Integer Tolerance 5%, Solve Without Integer Constraints									
13										
14	Objective Cell (Value Of)									
15		Cell	Name	Original Value	Final Value					
16		$C$4	2x/3-sin x	0.424035907	-3.49598E-07					
17										
18										
19	Variable Cells									
20		Cell	Name	Original Value	Final Value	Integer				
21		$C$3	x		2	1.495780977	Contin			

그림 6.4 $\dfrac{2x}{3}$ – sinx = 0의 해를 위한 해찾기 해답보고서(Solver Answer Report)

이 풀이 과정의 첫 단계는 문제를 구성하는 함수들을 표현하기 위한 엑셀 워크시트를 준비하는 것이다. 그 다음 수식과 제약조건을 정의하기 위해 데이터 탭 아래의 **해찾기**를 클릭한다. 앞에서 언급한 바와 같이 다른 여러 가지 방법으로 엑셀 워크시트를 준비할 수 있다. 한 가지 예를 그림 6.5에 표시하였는데 이는 완성된 워크시트가 아니라 이 문제에 대한 **해찾기 매개변수** 대화상자를 표시한 것이다. 여러 셀은 다음과 같이 정의된다.

셀 A3~A6: 뒤의 해답보고서 워크시트에 나타날 변수명(비활성 셀)

셀 A8~A13: 식 (a)~(d)에서 주어진 KKT 조건에 대한 수식 표현. 이 표현들은 후에 해답보고서에 나타남(비활성 셀)

셀 B3~B6: 4개 변수의 초기값을 포함하고 있는 재명명된 x, y, u, s; x_1과 x_2는 엑셀에서 명명이 불가하므로 x, y로 변경한 것을 주의할 것. 현재 초기값은 보는 바와 같이 1, –2, 2, 0임(활성 셀)

셀 B8: = 2*x-3*y + 2*u*x ($\partial L/\partial x$를 표현) (활성 셀)

셀 B9: = 2*y-3*x + 2*u*y($\partial L/\partial y$를 표현) (활성 셀)

셀 B10: = x*x + y*y-6 + s*s(제약조건, $g + s^2$) (활성 셀)

셀 B11: = u*s (전환조건) (활성 셀)

셀 B12: = s*s (활성 셀)

셀 B13: = u (활성 셀)

셀 C8~C13: 셀 B8~B13 수식의 우변 (비활성 셀)

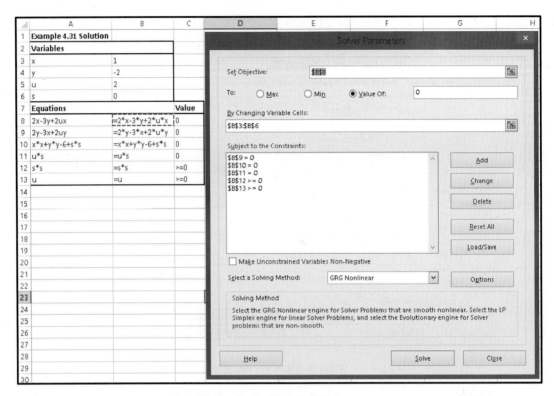

그림 6.5 예제 4.31의 KKT 조건에 대한 워크시트와 해찾기 매개변수(Solver Parameters) 대화상자

셀 B3~B6의 변수 초기값에서 셀 B8~B13의 수식의 현재 값은 12, −15, −1, 0, 0, 2로 계산된다. 셀 B8~B13에서 표시된 수식은 수식 탭 아래의 수식 보기(Show Formulas) 명령어를 이용하면 볼 수 있다.

해찾기 매개변수 대화상자

다음으로 데이터 탭을 아래의 해찾기를 클릭하면 근 찾는 문제를 해찾기 매개변수 대화상자에서 정의할 수 있다. 그림 6.5에서 보는 바와 같이 **목표 설정**은 B8에 대응시키고 그 값은 해 점에서는 0이 된다. 변수 셀은 B3~B6로 정의되어 있다. 나머지 수식들은 **추가** 버튼을 누르고 제약조건으로서 입력한다. 비선형 연립방정식을 풀기 위해 한 개의 식[여기서 식 (a)]은 **목표 설정** 식으로 정의해야 하고, 나머지는 등호제약조건으로 정의해야 한다. 문제 정의가 완료되면 **해찾기** 버튼을 누르고 문제를 푼다. 해찾기는 문제를 풀어서 초기의 워크시트를 갱신하며 해찾기 결과 대화상자를 열어 최종 결과를 보고하게 한다. 원할 경우 최종 해답(Answer)워크시트를 생성할 수 있다. 현재 초기점 (1, −1, 2, 0)은 KKT 점으로서 (−1.732, −1.732, 0.5, 0)을 산출한다.

해찾기를 이용한 KKT 경우에 대한 풀이

그림 6.5의 워크시트를 이용하여 두 가지의 KKT 조건을 개별적으로 풀 수 있다는 것이 중요하다. 이 경우들은 셀 B5와 B6에서 완화변수와 라그랑지 승수의 시작값을 이용하여 생성할 수 있다. 예를

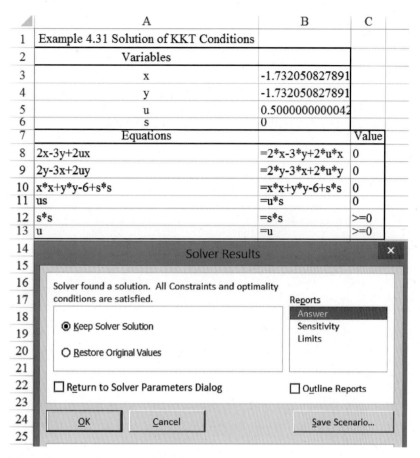

	A	B	C
1	Example 4.31 Solution of KKT Conditions		
2	Variables		
3	x	-1.732050827891	
4	y	-1.732050827891	
5	u	0.5000000000042	
6	s	0	
7	Equations		Value
8	2x-3y+2ux	=2*x-3*y+2*u*x	0
9	2y-3x+2uy	=2*y-3*x+2*u*y	0
10	x*x+y*y-6+s*s	=x*x+y*y-6+s*s	0
11	us	=u*s	0
12	s*s	=s*s	>=0
13	u	=u	>=0

Solver Results

Solver found a solution. All Constraints and optimality conditions are satisfied.

Reports
Answer
Sensitivity
Limits

◉ Keep Solver Solution

○ Restore Original Values

☐ Return to Solver Parameters Dialog   ☐ Outline Reports

OK   Cancel   Save Scenario...

그림 6.6   예제 4.31의 KKT 조건에 대한 해찾기 결과(Solver Results)

들어, $u = 0$과 $s > 0$을 선택하면 부등호제약조건이 만족되는 경우를 생성한다. 이것은 $x = 0$, $y = 0$의 해를 제공한다. $u > 0$과 $s = 0$을 선택하면 부등호제약조건이 활성화되는 경우를 생성한다. x와 y의 다른 초기값을 선택하면 필요조건에 대한 해로서 두 개의 다른 점을 제공한다. 두 개 또는 그 이상의 부등호제약조건이 있다면, 라그랑지 승수와 완화변수 u_1, u_2, s_1, s_2에 대한 적절한 값을 부여함으로써 유사한 방법으로 다양한 KKT 경우를 생성할 수 있다.

6.5   비제약조건 최적화 문제의 엑셀 해찾기

엑셀 해찾기는 어떠한 비제약조건 최적화 문제를 푸는 데도 이용할 수 있다. 이것을 보이기 위해 비제약조건 최적화 문제를 생각해 보자.

$$f(x, y, z) = x^2 + 2y^2 + 2z^2 + 2xy + 2yz \tag{a}$$

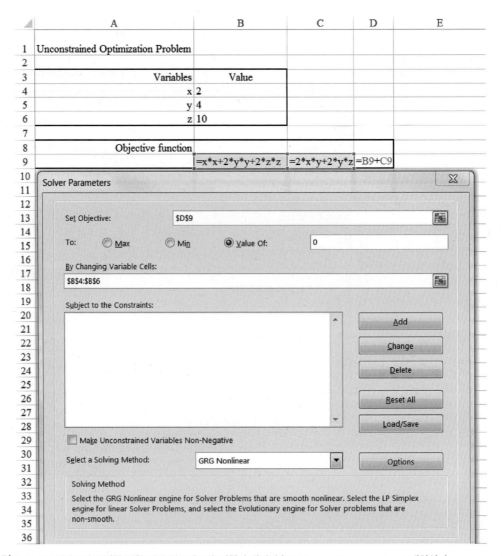

그림 6.7　비제약조건 문제를 위한 엑셀 워크시트와 해찾기 매개변수(Solver Parameters) 대화상자

　　그림 6.7은 이 문제에 대한 워크시트와 해찾기 매개변수 대화상자를 보여주고 있다. 워크시트는 6.4절에 설명한 바와 같이 여러 가지 다른 방법으로 준비할 수 있다. 이 예제에서는 셀 B4~B6에 이 문제를 위한 설계변수가 정의되어 있다. 이들은 x, y, z로 재명명되었으며 시작값을 2, 4, 10으로 부여한 것을 알 수 있다. 셀 D9는 목적함수에 대한 최종 표현을 정의하고 있다. 워크시트 준비가 완료되면 데이터 아래의 해찾기를 클릭하여 해법으로서 GRG 비선형(GRG Nonlinear)을 선택한다. 목적함수의 경사도를 계산하기 위해 **옵션** 버튼 아래의 기능을 이용하여 전방차분법을 선택한다. 중심차분법을 사용할 수도 있다. 그 알고리즘은 다섯 번의 반복 후에 해 (0, 0, 0)과 $f^* = 0$으로 수렴한다.

6.6 선형계획법 문제의 엑셀 해찾기

엑셀 해찾기는 또한 선형계획법 문제도 풀 수 있다. 이러한 유형의 문제를 푸는 절차는 기본적으로 앞의 두 절에서 비선형 방정식이나 비제약조건 최적화 문제를 풀기 위해 설명한 절차와 동일하다. 먼저 문제를 구성하는 모든 자료와 수식을 포함하는 워크시트를 준비해야 한다. 그 다음 데이터 탭 아래의 해찾기 매개변수 대화상자를 활성화시킨다. 마지막으로 목적함수, 설계변수, 제약조건을 정의하고 그 문제를 해결한다. 이러한 과정을 다음과 같이 주어진 문제를 풀면서 설명하겠다.

$$z = x_1 + 4x_2 \tag{a}$$
$$x_1 + 2x_2 \leq 5 \tag{b}$$
$$2x_1 + x_2 = 4 \tag{c}$$
$$x_1 - x_2 \geq 1 \tag{d}$$
$$x_1, x_2 \geq 0 \tag{e}$$

이 문제를 위한 엑셀 워크시트는 여러 가지의 다른 방법으로 구성할 수 있다. 그림 6.8은 문제를 설정하기 위한 하나의 가능한 형식을 보여주고 있다. 원 문제는 시트 상단에서 문제표시를 하고 시작된다. 이 문제에 관한 자료를 포함하는 셀들에 대한 설명은 다음과 같다.

A10~A15: 행 지정(비활성 셀)
C11, D11: 설계변수 x_1, x_2의 시작값, 현재 0으로 설정(활성 셀)
C12, D12: 목적함수 내의 x_1, x_2를 위한 계수(비활성 셀)
C13~D15: 식 (b)~(d)의 제약조건 내의 계수(비활성 셀)

	A	B	C	D	E	F
1	Linear programming problem					
2						
3	Problem is to maximize:	x1+4x2				
4	subject to	x1+2x2<=5				
5		2x1+x2=4				
6		x1-x2>=1				
7		x1,x2>=0				
8						
9	Problem set up for Solver					
10	Variables		x1	x2	Sum of LHS	RHS Limit
11	Variable value		0	0		
12	Objective function: max		1	4	=C12*$C$11+D12*$D$11	
13	Constraint 1		1	2	=C13*$C$11+D13*$D$11	5
14	Constraint 2		2	1	=C14*$C$11+D14*$D$11	4
15	Constraint 3		1	-1	=C15*$C$11+D15*$D$11	1

그림 6.8 선형계획법 문제를 위한 엑셀 워크시트

E12: 셀 C11, D11의 설계변수 값을 이용한 목적함수 계산을 위한 수식(활성 셀)

E13: 식 (b)의 "≤ 형" 제약조건의 좌변을 계산하는 수식(활성 셀)

E14: 식 (c)의 등호제약조건의 좌변을 계산하는 수식(활성 셀)

E15: 식 (d)의 "≥ 형" 제약조건의 좌변을 계산하는 수식(활성 셀)

F13~F15: 제약조건의 우변 한계값(비활성 셀)

이 예제에서는 설계변수 셀 C11과 D11은 재명명하지 않았음을 주의하라. 수식탭 아래의 수식 보기 명령어를 이용하면 셀 E12~E15에서의 수식을 확인할 수 있다. 그 명령어를 이용하지 않으면 그 셀들은 수식의 현재 계산값을 보여준다. 셀 E12의 수식을 입력하고, 나머지 수식들은 셀복사 명령어를 이용하여 생성할 수 있다. 셀 E12에 입력한 수식 = C12*$C$11 + D12*$D$11의 일부 셀을 참조할 때 사용된 $표시를 주의해야 한다. 복사하는 동안 수식에 고정되어야 하는 셀은 $ 접두사가 있어야 한다. 예를 들어, 셀 C11과 D11은 각 수식에서 필요로 하는 설계변수 값이다. 따라서 이 셀들은 $C$11과 $D$11로 입력되어야 한다. 이 셀들에 대한 참조는 복사하는 명령어를 사용하는 동안 셀 E13~E15의 수식에서 변경되지 않는다. 또 다른 방법으로서 수식을 수작업으로 일일이 입력할 수도 있다.

다음 단계로 데이터 탭 아래의 **해찾기**를 시작하여 목적함수, 설계변수, 제약조건을 정의한다. 이 것을 그림 6.9에 나타내었는데, 여기서 E12는 목적함수 셀이다. **최대**(Max) 버튼은 목적함수를 최대화시킬 때 선택한다. 그 다음 설계변수는 **변수 셀 변경**(By Changing Variable Cells)에서 셀 C11과 D11로 입력한다. 해찾기는 최적해를 찾게 되면 이 셀들의 값을 변경한다. 제약조건은 **추가**(Add) 버튼을 클릭하여 입력한다. 대화상자는 한 개의 제약조건의 좌변과 우변의 셀들을 입력하도록 나타난다. 해찾기 매개변수 대화상자에서 이 문제를 위한 마지막 설정은 그림 6.9와 같다. 이때 **제한되지 않는 변수를 음이 아닌 수로 설정**(Make Unconstrained Variables Non-Negative)을 체크하라. 따라서 **제한조건에 종속**(Subject to the Constraints) 상자에서 제한조건으로서 $x_1 \geq 0$, $x_2 \geq 0$을 입력할 필요가 없다. **해법 선택**(Select a Solving Method)의 하위 메뉴에서 이 선형계획문제를 풀기 위한 방법으로서 **단순 LP**(Simplex LP)를 선택한다. 이제 해찾기 버튼을 누르면 해찾기 결과를 얻을 수 있다. **해보존**(Keep Solver Solution)을 선택하면 해찾기는 셀 C11, D11, E12~E15의 값을 갱신한다.

해찾기 결과 대화상자와 갱신된 워크시트를 그림 6.10에 나타내었다. **해답**(Answers), **민감도**(Sensitivity), **한계값**(Limits)의 세 가지 보고서를 분리된 워크시트로 제공한다. 세 가지 중 어느 것도 OK를 누르기 전에 강조 선택할 수 있다. 그림 6.11은 해답보고서를 표시하고 있다. 민감도 보고서는 그림 6.12에 나타내었는데 우변 매개변수와 목적함수 계수의 범위를 제공하고 있다(8장 참조). 또한 잠재가격이라고도 불리는 라그랑지 승수 값을 제공한다. **한계값 보고서**(Limits Report; 수록되지 않았음)는 각 설계변수의 하한, 상한과 이에 대응하는 목적함수 값을 제공한다. 해찾기는 최적화된 한 개의 변수를 제외한 최적의 값으로 고정된 모든 변수를 사용하고 최적화 프로그램을 다시 실행하여 이러한 한계값을 결정한다.

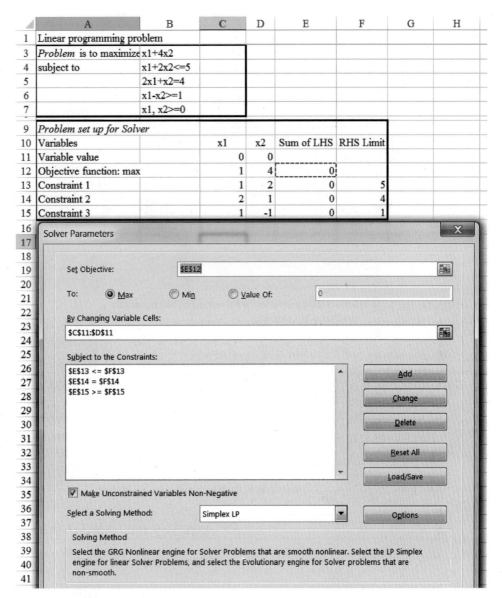

그림 6.9   선형계획문제를 위한 해찾기 매개변수(Solver Parameter) 대화상자

해찾기(Solver)에서 라그랑지 승수에 대한 부호 규약은 이 교재에서 사용된 규약과 반대이다. 따라서 **해찾기 보고서**(Solver Report)에서의 부호 규약을 이 교재의 부호 규약과 대응시키기 위해서는 반대로 해야 한다.

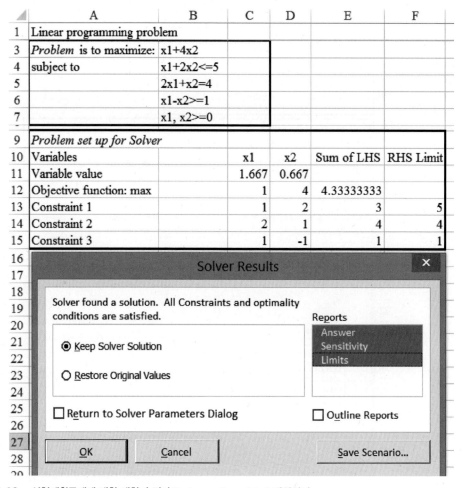

그림 6.10 선형계획문제에 대한 해찾기 결과(Solver Results) 대화상자

6.7 비선형계획법 문제의 엑셀 해찾기: 스프링의 최적설계

다음으로 비선형계획문제를 고려하고 엑셀 해찾기를 이용하여 해결하여 보자. 스프링 설계 문제는 2.9절에서 설명하였고 정식화하였다. 그 문제의 최종 정식화는 6.2.4절에서 설명한 절차를 따라 수회의 반복을 거친 매개변수와 제약조건의 조절 후에 얻었다는 것을 주의하라.

이 문제를 위한 엑셀 워크시트를 그림 6.13과 같이 준비한다. 제약조건을 정규화한 후 최종 정식화를 다음과 같이 얻을 수 있다.

설계변수: d, D, N

목적함수: 다음을 최소화하라.

$$f = (N+2)Dd^2 \tag{a}$$

제약조건:

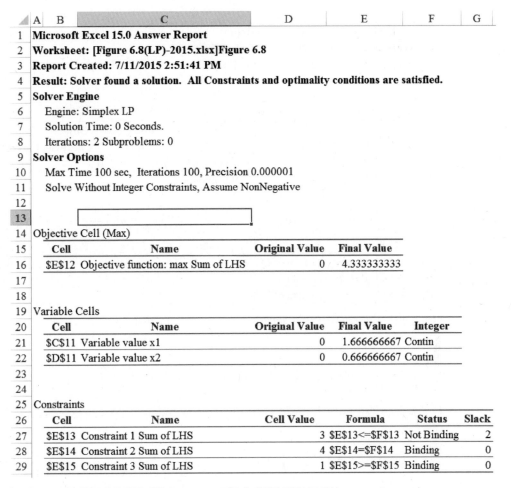

그림 6.11 선형계획문제에 대한 해찾기(Solver)로부터 제공된 해답보고서(Answer Report)

$$g_1 = 1 - \frac{P}{K\Delta} \le 0 \,(처짐) \tag{b}$$

$$g_2 = \frac{\tau}{\tau_a} - 1 \le 0 \,(전단응력) \tag{c}$$

$$g_3 = 1 - \frac{\omega}{\omega_0} \le 0 \,(고유진동수) \tag{d}$$

$$g_4 = \frac{D+d}{1.5} - 1 \le 0 \,(바깥지름) \tag{e}$$

설계변수의 하한과 상한은 그림 6.13에서 보여진 바와 같이 선택되었다. 식 (a)의 목적함수에서 상수 $\pi^2 \rho / 4$을 무시하였음을 주의하라. 그러므로 질량은 셀 C24와 같이 계산된다.

그림 6.13의 워크시트에서 설계변수 셀 D4~D6과 여러 가지 파라미터 셀 C8~C24는 재명명되었으며 여러 가지 수식으로 표현되고 있다. 일부 변수들을 위해 다음 이름들을 사용한다(이 이외의 것들은 정식화의 것과 동일함).

	A	B	C	D	E	F	G	H
1	**Microsoft Excel 15.0 Sensitivity Report**							
2	**Worksheet: [Figure 6.8(LP)-2015.xlsx]Figure 6.8**							
3	**Report Created: 7/11/2015 2:51:41 PM**							
4								
5								
6	Variable Cells							
7				**Final**	**Reduced**	**Objective**	**Allowable**	**Allowable**
8		**Cell**	**Name**	**Value**	**Cost**	**Coefficient**	**Increase**	**Decrease**
9		$C$11	Variable value x1	1.666666667	0	1	7	1E+30
10		$D$11	Variable value x2	0.666666667	0	4	1E+30	3.5
11								
12	Constraints							
13				**Final**	**Shadow**	**Constraint**	**Allowable**	**Allowable**
14		**Cell**	**Name**	**Value**	**Price**	**R.H. Side**	**Increase**	**Decrease**
15		$E$13	Constraint 1 Sum of LHS	3	0	5	1E+30	2
16		$E$14	Constraint 2 Sum of LHS	4	1.666666667	4	2	2
17		$E$15	Constraint 3 Sum of LHS	1	-2.333333333	1	1	2

그림 **6.12** 선형계획문제에 대한 해찾기(Solver)로부터 제공된 민감도 보고서(Sensitivity Report)

	A	B	C	D	E
1	**Design of Coil Springs**				
2					
3	**1. Design Variables**	Lower limit	Symbol	Value	Upper limit
4	Wire diameter	=0.05	d, in	0.2	=0.2
5	Mean coil diameter	=0.25	D, in	1.3	=1.3
6	Number of active coils	=2	N	2	
7	**2. Parameters**	Symbol	Value		Units
8	Shear modulus	G	=11500000		lb/in^2
9	Mass density	ρ, ro	=7.38342*10^-4		lb-s^2/in^4
10	Allowable shear stress	τ_a, tau_a	=80000		lb/in^2
11	Number of inactive coils	Q	=2		
12	Applied load	P	=10		lb
13	Minimum spring deflection	Δ, Def_min	=0.5		in
14	Lower limit on surge wave frequency	ω_a, omega_0	=100		Hz
15	Limit on outer diameter of the coil	D_a	=1.5		in
16	**3. Analysis Variables**	Symbol	Equation		Units
17	Load deflection equation	δ, Def	=P/K		in
18	Spring Constant	K	=(d^4*G)/(8*D_coil^3*N)		lb/in
19	Shear Stress	τ, tau	=(8*k_CF*P*D_coil)/(PI()*d^3)		lb/in^2
20	Wahl stress concentration factor	k, k_CF	=(4*D_coil-d)/(4*(D_coil-d))+(0.615*d)/(D_coil)		
21	Frequency of surge waves	ω, omega	=((d)/(2*PI()*N*D_coil^2))*SQRT(G/(2*ro))		Hz
22	**4. Objective Function**	Symbol	Equation		Units
23	Minimize f	f	=(N+2)*D_coil*d^2		
24	Mass	M	=f*ro*PI()^2/4		lb-s^2/in
25	**5. Constraints**	Value	< / > / =		RS
26	Deflection constraint	=1-P/(K*Def_min)	<		0
27	Shear stress constraint	=tau/tau_a - 1	<		0
28	Frequency constraint	=1-omega/omega_0	<		0
29	Outer diameter constraint	=(D_coil+d)/(Do)-1	<		0

그림 **6.13** 스프링 설계문제를 위한 엑셀 워크시트

D-coil: 평균 나선 지름 D, in

Def: 스프링에서 산출된 처짐 δ, in

Def_min: 최소 필요 처짐 Δ, 0.5 in

Do: 나선 바깥 지름 한계값, 1.5 in

K_CF: 응력집중계수

omega: 스프링의 서지(surge) 파동 주파수, Hz

omega_ 0: 서지 파동 주파수에 대한 하한 ω_0, 100 Hz

P: 스프링 하중, 10 lb

ro: 재료의 밀도 ρ, lb s^2/in.

tau: 계산된 전단응력 τ, psi

tau_a: 허용 전단응력 τ_a, 80,000 psi

그림 6.13에서 4~6행은 설계변수 자료를, 8~15행은 문제에 필요한 자료를, 17~21행은 해석변수에 대한 계산을 각각 포함하고 있으며, 23행은 목적함수를, 26~29행은 식 (b)~(e)의 제약조건을 정의하고 있다.

설계변수의 시작점은 (0.2, 1.3, 2)로 선택하였으며, 이때의 목적함수 값은 0.208이다. 해찾기를 이용하여 그림 6.14의 해답보고서에서와 같이 다음의 최적해를 찾았다.

$$(d, D, N) = (0.0517, 0.3565, 11.31) \text{ 이때의 } f^* = 0.01268$$
활성제약조건: 처짐과 전단응력; 라그랑지 승수: 0.0108, 0.0244

제약조건에 대한 라그랑지 승수는 **민감도 보고서**(`Sensitivity Report`; 수록 안 되어 있음)에서 알 수 있다. 엑셀에서 라그랑지 승수의 부호 규약은 이 교재에서 사용한 것과 반대이다. 따라서 이 승수의 부호는 이 절의 부호 규약과 일치시키기 위해서 **민감도 보고서**에서 주어진 부호를 반대로 생각해야 한다.

나선의 수는 최적해에서 정수가 아닌 것을 알 수 있다. 원할 경우, 나선의 수를 11 또는 12로 고정시키고 그 문제의 최적화를 다시 수행할 수 있다. 이렇게 하면 N에 대한 하한값 또는 상한값으로 변경되는 결과를 가져온다. 그 하한값을 12로 설정하면 다음의 해가 구해진다: (0.0512, 0.3454, 12). 이때의 $f^* = 0.01268$이다. 그 상한값을 11로 설정하면 다음의 해가 구해진다: (0.0519, 0.3620, 11). 이때의 $f^* = 0.01268$이다. 모든 해가 서로 매우 근접해 있음을 알 수 있다.

6.8 엑셀 해찾기를 이용한 판형의 최적설계

이 절에서는 먼저 판 거더(plate girders)의 최적설계문제를 정식화하고, 다음으로 엑셀 해찾기를 이용하여 해결할 것이다. 그 문제의 최종 정식화는 6.2.4절에서 설명한 절차를 따라 수회의 반복을 거친 매개변수와 제약조건의 조절 후에 얻었다는 것을 주의하라.

	A	B	C	D	E	F	G	H	I
1	Microsoft Excel 15.0 Answer Report								
2	Worksheet: [Spring_section2.9.xlsx]Formulation								
3	Report Created: 7/12/15 8:50:09 PM								
4	Result: Solver found a solution. All Constraints and optimality conditions are satisfied.								
5	Solver Engine								
6	Engine: GRG Nonlinear								
7	Solution Time: 0.14 Seconds.								
8	Iterations: 16 Subproblems: 0								
9	Solver Options								
10	Max Time 100 sec, Iterations 100, Precision 0.000001								
11	Convergence 0.0001, Population Size 100, Random Seed 0, Derivatives Forward, Require Bounds								
12	Max Subproblems Unlimited, Max Integer Sols Unlimited, Integer Tolerance 5%, Solve Without Integer Constraints								
13									
14	Objective Cell (Min)								
15		Cell	Name	Original Value	Final Value				
16		$C$23 f		0.208	0.012677954				
17									
18									
19	Variable Cells								
20		Cell	Name	Original Value	Final Value	Integer			
21		$D$4	d	0.2	0.051680775	Contin			
22		$D$5	D_coil	1.3	0.35653229	Contin			
23		$D$6	N	2	11.3135011	Contin			
24									
25									
26	Constraints								
27		Cell	Name	Cell Value	Formula	Status	Slack		
28		$B$26	Deflection constraint Value	6.71458E-07	$B$26<=$D$26	Binding	0		
29		$B$27	Shear stress constraint Value	-7.57144E-08	$B$27<=$D$27	Binding	0		
30		$B$28	Frequency constraint Value	-4.047304694	$B$28<=$D$28	Not Binding	4.047304694		
31		$B$29	Outer diameter constraint Value	-0.727857957	$B$29<=$D$29	Not Binding	0.727857957		
32		$B$4	Wire diameter Lower limit	0.05	$B$4<=$D$4	Not Binding	0.001680775		
33		$B$5	Mean coil diameter Lower limit	0.25	$B$5<=$D$5	Not Binding	0.10653229		
34		$B$6	Number of active coils Lower lim	2	$B$6<=$D$6	Not Binding	9.313501104		
35		$D$4	d	0.051680775	$D$4<=$E$4	Not Binding	0.148319225		
36		$D$5	D_coil	0.35653229	$D$5<=$E$5	Not Binding	0.94346771		
37		$D$6	N	11.3135011	$D$6<=$E$6	Not Binding	3.686498896		

그림 6.14   스프링 설계문제를 위한 해찾기 해답보고서(Solver Answer Report)

1단계: 과제/문제 설정

용접된 판 거더는 천장형 기중기, 고속도로와 철도 교량과 같이 실제로 많은 구조물에 사용되고 있다. 실제 설계문제와 최적화 해석과정의 정식화 예제로서, 비용을 최소화하면서 고속도로 교량의 용접 판 거더의 설계를 제시하고자 한다(Arora et al. 1997). 다른 판 거더의 응용도 유사한 방법으로 공식화하여 해석할 수 있다.

거더의 전체 수명 비용은 전체 질량과 관계가 있다고 알려져 있다. 질량은 재료의 부피에 비례하므로 이 과제의 목적은 미국 도로 및 교통 협회(American Association of State Highway and Transportation Officials: AASHTO, 2002)의 규격 조건을 만족하면서 거더의 부피를 최소화하

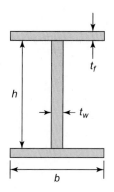

그림 6.15 판 거더의 단면

는 설계이다.

거더의 고정하중은 포장의 무게와 거더의 자중으로 구성된다. 활하중은 HS-20(MS18) 트럭 하중조건에 기초한 등가 분포하중과 집중하중으로 구성된다. 거더의 단면을 그림 6.15에 표시하였다.

이 절에서는 2장에서 설명한 5단계 절차에 따라 문제 정식화를 제시한다. 문제를 풀기 위한 엑셀 워크시트의 준비에 대해 설명하고 엑셀 해찾기를 이용하여 문제를 해결한다.

2단계: 자료 및 정보 수집

판 거더의 재료 및 하중 자료와 다른 매개변수는 다음과 같이 명시되어 있다.

L = 경간, 25 m

E = 탄성계수, 210 GPa

σ_y = 항복응력, 262 MPa

σ_a = 허용굽힘응력, $0.55\sigma_y$ = 144.1 MPa

τ_a = 허용전단응력, $0.33\sigma_y$ = 86.46 MPa

σ_t = 허용피로응력, 255/2 MPa (사용된 안전계수 = 2)

D_a = 허용처짐, $L/800$ m

P_m = 모멘트에 관한 집중하중, 104 kN

P_s = 전단에 관한 집중하중, 155 kN

LLIF = 활하중 충격계수, $1+\dfrac{50}{(L+125)}$

활하중의 충격계수는 경간의 길이 L에 의존한다는 것을 주의하라. L = 25 m의 경우 이 계수는 1.33으로 계산되며 하중 P_m과 P_s는 이미 이 계수에 포함되어 있다고 가정한다. 이 문제의 종속변수는 단면 치수와 기타 자료를 이용하여 계산할 수 있고

단면적:

$$A = (ht_w + 2bt_f),\ \text{m}^2 \tag{a}$$

관성모멘트:

$$I = \frac{1}{12} t_w h^3 + \frac{2}{3} b t_f^3 + \frac{1}{2} b t_f h(h + 2t_f), \text{ m}^4 \tag{b}$$

거더의 분포하중:

$$w = (19 + 77A), \text{ kN} \cdot \text{m} \tag{c}$$

굽힘모멘트:

$$M = \frac{L}{8}(2P_m + wL), \text{ kN} \cdot \text{m} \tag{d}$$

굽힘응력:

$$\sigma = \frac{M}{1000I}(0.5h + t_f), \text{ MPa} \tag{e}$$

플랜지 좌굴응력 한계값:

$$\sigma_f = 72,845 \left(\frac{t_f}{b} \right)^2, \text{ MPa} \tag{f}$$

웹 크리플링 응력:

$$\sigma_w = 3,648,276 \left(\frac{t_w}{h} \right)^2, \text{ MPa} \tag{g}$$

전단력:

$$S = 0.5(P_s + wL), \text{ kN} \tag{h}$$

처짐:

$$D = \frac{L^3}{384 \times 10^6 \, EI}(8P_m + 5wL), \text{ m} \tag{i}$$

평균 전단응력:

$$\tau = \frac{S}{1000ht_w}, \text{ MPa} \tag{j}$$

3단계: 설계변수 정의

이 문제에서는 판 거더의 단면 치수를 네 개의 설계변수로 취급할 수 있다.

h = 웹 높이, m
b = 플랜지 폭, m
t_f = 플랜지 두께, m
t_w = 웹 두께, m

4단계: 최적화 기준 정의

목적은 거더의 재료 부피를 최소화하는 것이다.

$$\text{Vol} = AL = (ht_w + 2bt_f)L, \text{m}^3 \tag{k}$$

5단계: 제약조건 정의

다음과 같이 판 거더의 제약조건을 정의할 수 있다.

굽힘응력:

$$\sigma \le \sigma_a \tag{l}$$

플랜지 굽힘:

$$\sigma \le \sigma_f \tag{m}$$

웹 크리플링:

$$\sigma \le \sigma_w \tag{n}$$

전단응력:

$$\tau \le \tau_a \tag{o}$$

처짐:

$$D \le D_a \tag{p}$$

피로응력:

$$\sigma \le \sigma_t \tag{q}$$

크기 제약:

$$0.30 \le h \le 2.5 \, \text{m}; \quad 0.30 \le b \le 2.5 \, \text{m}$$

$$0.01 \le t_f \le 0.10 \, \text{m}; \quad 0.01 \le t_w \le 0.10 \, \text{m} \tag{r}$$

이 예제에서는 설계변수의 하한과 상한을 임의로 지정하였다. 실제는 주어진 설계 문제에 대하여 적절한 크기를 판 거더의 폭과 깊이에 대한 사용 가능한 판 크기와 개구부에 기초해서 명시해야 한다. 식 (l)~(q)의 제약조건은 모든 종속변수 표현식을 제약조건에 대입하여 설계변수 h, b, t_f, t_w의 항으로 명시적으로 나타낼 수 있다. 그러나 많은 응용 사례의 경우에 최적화 문제를 구성하는 모든 함수를 설계변수만의 항으로 명시적으로 표현하기 위해 종속변수를 소거하는 것이 불가능하거나 불편하다. 그런 경우에는 종속변수를 문제 정식화에 유지시키고 풀이과정에서 처리해야 한다. 또한, 종속변수를 사용하게 되면 문제 정식화를 포함하는 프로그램을 이해하기 쉽게 되고 프로그램 오류도 수정하기 수월해진다.

스프레드시트 배치

KKT 최적성 조건, 선형계획문제, 비제약조건문제를 해결하기 위한 스프레드시트의 배치는 이 장의 앞 부분에서 설명하였다. 앞에서 언급한 바와 같이 **해찾기**(Solver) 기능이 마이크로소프트 엑셀에 추가되어 있다. 만일 그 기능이 데이터(Data) 밑에 나타나지 않는다면 6.4절에 요약한 단계를 밟아 쉽게 설치할 수 있다. 그림 6.16은 여러 셀에 판 거더 설계 문제에 대한 공식들을 보여주는 스프레드시트의 배치를 표시한 것이다. 스프레드시트는 여러 가지 편리한 방법으로 구성할 수 있다. 중요한 것은 목적 및 제약조건 함수들과 설계변수를 포함하는 셀들을 명확히 인식되도록 해야 한다는 것이다. 현재 문제에서는 스프레드시트를 다섯 개의 명확한 구역으로 구성하였다.

1. **1구역**은 설계변수에 관한 정보를 포함하고 있다. 변수와 변수의 하한과 상한에 대한 기호를 정의하고 있다. 변수의 시작값을 포함하는 셀은 D3~D6에 인식시킨다. 이들은 풀이 과정에서 갱신되는 값들이다. 또한 이 셀들은 모든 수식 표현에 사용되기 때문에 h, b, t_f, t_w의 실제 주어진 이름을 이용하였다. 이 작업은 **수식**(Formulars) 탭 아래의 **이름 정의**(Define Name) 명령어로 수행할 수 있다. 셀 B3~B6은 설계변수의 최소 허용값을, 셀 E3~E6은 설계변수의 최대 허용값을 정의한 것이다.

2. **2구역**은 이 문제에 대한 여러 가지 자료와 매개변수를 정의하고 있다. 재료성질, 하중 자료, 경간 길이와 다른 매개변수를 D9~D19에 정의하였다. 또한 이 셀들은 셀 B9~B19에 표시한 것과 같은 이름으로 재명명되었다.

3. **3구역**은 셀 C22~C29에는 종속변수에 대한 수식이 포함되어 있다. 비록 그 수식들을 포함하는 것이 필수적이지는 않지만 그 수식들이 제약 및 목적함수 공식에 명시적으로 포함이 되므로 매우 유용할 수 있다. 먼저 제약조건 표현식을 단순화하여 대수적인 처리 오차를 최소화한다. 두 번째로 프로그램 오류 수정과 정보 피드백을 위해 중간 과정의 종속변수 값들을 검토할 수 있게 한다. 이 셀들은 셀 B22~B29에서와 같은 이름으로 재명명되었다.

4. **4구역**은 C32의 목적함수를 포함하는 셀을 인식시키고 있다. 이 셀은 Vol이라고 재명명되었다.

5. **5구역**은 식 (l)~(q)에서 주어진 제약조건에 대한 정보를 포함하고 있다. 셀 B35~B40에는 각 제약조건 우변의 한계값으로 정규화된 각 제약조건 표현식이 포함되어 있으며, 셀 D35~D40에는 각 제약조건의 우변이 포함되어 있다.

제약조건은 두 개의 셀을 부등호(≤ 또는 ≥) 또는 등호(=) 관계를 통해 연계함으로써 인식시킬 수 있다. 이 과정은 다음에 설명할 **해찾기 매개변수**(Solver Parameters) 대화상자를 통해 정의할 수 있다. 비록 제약조건의 구역에 나타나는 많은 양들이 스프레드시트의 다른 곳에서도 나타나지만 그것들은 단지 스프레드시트의 변수 및 매개변수 구역의 다른 셀에 참조가 될 뿐이다(그림 6.16 참조). 따라서 사례연구 시 수정을 필요로 하는 셀들은 독립변수 또는 매개변수 구역에 있게 된다. 제약조건은 어떤 변화에 대해서도 자동으로 갱신된다.

해찾기 매개변수(Solver Parameters) 대화상자

스프레드시트가 완성되면 다음 단계는 **해찾기**(Solver)를 이용하여 최적화 문제를 정의하는 것이다. 그림 6.17은 해찾기 매개변수 대화상자를 화면 캡처한 것이다. 목적함수 셀은 **목표 설정**

	A	B	C	D	E	F
1	Plate Girder Design					
2	**1. Design variable name**	**Lower limit**	**Symbol**	**Value**	**Upper limit**	**Units**
3	web height	0.3	h	0.3	2.5	m
4	flange width	0.3	b	0.3	2.5	m
5	flange thickness	0.01	tf	0.01	0.1	m
6	web thickness	0.01	tw	0.01	0.1	m
7						
8	**2. Parameter name**	**Symbol**	**Value**	**Units**		
9	Span length	L	25	m		
10	Mudulus of elasticity	E	210	GPa		
11	Yield stress	sigma_y	262	MPa		
12	Allowable bending stress	sigma_a	=0.55*sigma_y	MPa		
13	Allowable shear stress	tau_a	=0.33*sigma_y	MPa		
14	Flange buckling stress limit	sigma_f	=72845*(tf/b)^2	MPa		
15	Web crippling stress limit	sigma_w	=3648276*(tw/h)^2	MPa		
16	Allowable fatigue stress	sigma_t	=255/2	MPa		
17	Concentrated load for moment	Pm	104	kN		
18	Concentrated load for shear	Ps	155	kN		
19	Allowable deflection	Da	=L/800	m		
20						
21	**3. Dependent variable name**	**Symbol**	**Equation**	**Units**		
22	Cross sectional area	A	=h*tw+2*b*tf	m²		
23	Moment of inertia	I	=(1/12)*tw*h^3+(2/3)*b*tf^3+(1/2)*b*tf*h*(h+2*tf)	m⁴		
24	Uniform load	w	=19+77*A	kN/m		
25	Bending moment	M	=L*(2*Pm+w*L)/8	kN-m		
26	Bending stress	sigma	=M*(h/2+tf)/(1000*I)	MPa		
27	Shear force	S	=(Ps+w*L)/2	kN		
28	Deflection	D	=L^3*(8*Pm+5*w*L)/(384*E*I*1000000)	m		
29	Average shear stress	tau	=S/(1000*h*tw)	MPa		
30						
31	**4. Objective Function name**	**Symbol**	**Equation**	**Units**		
32	Volume of material	Vol	=A*L	m³		
33						
34	**5. Constraints**	**Left side**	**<b>=**	**Right side**	**Name**	
35	Bending stress	=sigma/sigma_a	<	1	Allowable bending stress	
36	Flange buckling stress	=sigma/sigma_f	<	1	Flange buckling limit	
37	Web crippling stress	=sigma/sigma_w	<	1	Web cripping limit	
38	Shear stress	=tau/tau_a	<	1	Allowable shear stress	
39	Deflection	=D/Da	<	1	Allowable deflection	
40	Fatigue stress	=sigma/sigma_t	<	1	Allowable fatigue stress	

그림 6.16 판 거더 설계 문제의 스프레드시트 배치

(Set Objective)에 입력하며 그것은 최소화시키도록 한다. 독립 설계변수는 변수 셀 변경(By Changing Variable Cells) 표제 바로 아래에 지정한다. 셀의 범위를 입력할 수 있지만 여기서는 대신에 쉼표로 셀들을 분리하여 입력하였다. 마지막으로 제약조건은 제한 조건에 종속(Subject to the Constraints) 표제 아래에 입력한다. 제약조건은 추가(Add) 버튼을 누르고 적절한 정보를 입력하여 정의한다. 제약조건에서는 스프레드시트의 제약조건 구역에서 지정한 것뿐만 아니라 설계변수에 대한 경계도 포함하고 있다.

풀이

이 문제를 해찾기 매개변수(Solver Parameters)에서 정의한 다음, 해찾기(Solver) 버튼을 눌러 해법으로서 GRG 비선형(GRG Nonlinear)을 이용하여 최적화 풀이과정을 시작한다. 시작점은 약 2600%의 최대 위배량을 갖는 유용영역으로부터 매우 멀리 떨어져 있는 점이다. 불용영역에 있다. 해찾기가 해를 찾게 되면 설계변수 셀(D3~D6), 종속변수 셀(C22~C29), 제약조건 셀

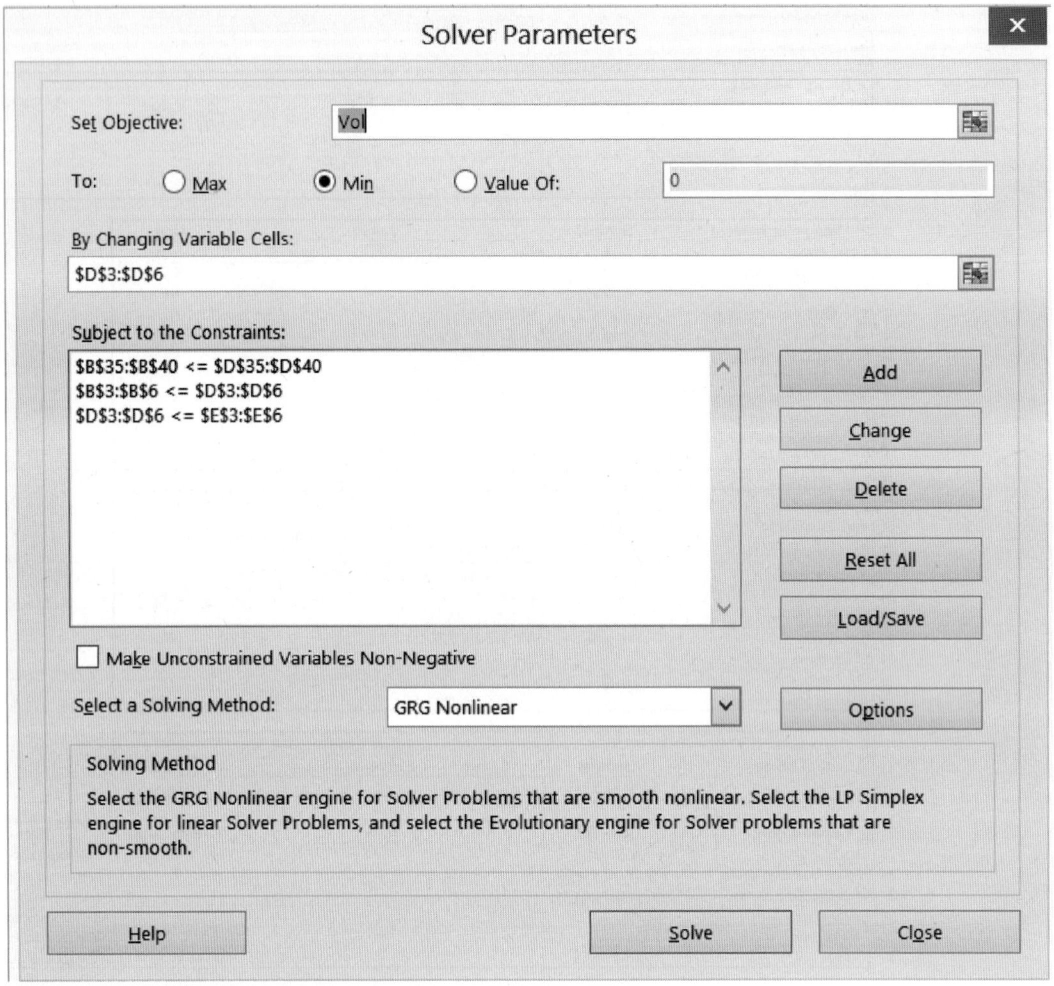

그림 6.17 판 거더 설계문제의 해찾기 매개변수(`Solver Parameters`) 대화상자

(B36~B40)은 설계변수의 최적값을 이용하여 갱신된다. 해찾기(`Solver`)는 또한 분리된 워크시트로 해답, 민감도, 한계값의 세 개의 보고서(이 장의 앞에서 설명하였음)를 생성한다. 라그랑지 승수와 제약조건 활성 여부는 이들 보고서로부터 확인할 수 있다.

판 거더의 최적해는 시작점(0.3, 0.3, 0.01, 0.01)을 이용하여 다음과 같이 구해진다.

$h = 2.0755$ m; $b = 0.3960$ m; $t_f = 0.0156$ m; $t_w = 0.0115$ m; Vol = 0.90563 m^3
활성제약조건: 플랜지 좌굴, 웹 크리플링 및 처짐   (s)
활성제약조건의 라그랑지 승수: (0.000446, 0.212284, 0.319278)

시작점(1.5, 0.3, 0.01, 0.01)을 이용하면 또 다른 판 거더의 최적해를 다음과 같이 구할 수 있다.

$h = 2.0670$ m; $b = 0.3000$ m; $t_f = 0.0208$ m; $t_w = 0.0115$ m; Vol = 0.90507 m^3
활성제약조건: 웹 크리플링, 처짐, 플랜지의 최소 폭   (t)

활성제약조건의 라그랑지 승수: (0.21162, 0.31867, 0.00788)

이 두 가지의 해는 어느 정도 차이가 난다. 그렇지만 목적함수 값은 거의 동일하다. 이 사실은 목적함수 표면이 최적점 근처에서 편평하다는 것을 보여주는 것이다. 따라서 시작점에 따라 풀이과정은 동일한 목적함수 값을 갖는 다른 최적점에 수렴하고 있다.

어떤 설계문제를 정식화하고 엑셀과 같은 최적화 소프트웨어 프로그램과 연계시킬 수 있으면 해당 문제에 대한 작동 환경과 다른 조건에 대한 변화를 매우 짧은 시간 내에 검토할 수 있다. "~라면 어떻게 될까?"형의 질문에 대하여 검토 할 수 있고 계의 거동에 대한 통찰력을 얻을 수도 있다. 예를 들어 다음과 같은 조건에서 문제를 신속히 해결할 수 있다.

1. 만일 처짐이나 웹 크리플링 제약이 정식화에서 제거되면 어떻게 될까?
2. 만일 경간 거리를 변화시키면 어떻게 될까?
3. 만일 재료 성질을 변화시키면 어떻게 될까?
4. 설계변수를 고정값으로 설정하면 어떻게 될까?
5. 설계변수의 경계를 변화시키면 어떻게 될까?

6장의 연습문제

Section 6.5 Excel Solver for Unconstrained Optimization Problems

Solve the following problems using the Excel Solver (choose any reasonable starting point):

6.1 Exercise 4.32
6.2 Exercise 4.39
6.3 Exercise 4.40
6.4 Exercise 4.41
6.5 Exercise 4.42

Section 6.6 Excel Solver for Linear Programming Problems

Solve the following LP problems using the Excel Solver:

6.6 Maximize $z = x_1 + 2x_2$
subject to $-x_1 + 3x_2 \leq 10$
$x_1 + x_2 \leq 6$
$x_1 - x_2 \leq 2$
$x_1 + 3x_2 \geq 6$
$x_1, x_2 \geq 0$

6.7 Maximize $z = x_1 + 4x_2$
subject to $x_1 + 2x_2 \leq 5$
$x_1 + x_2 = 4$
$x_1 - x_2 \geq 3$
$x_1, x_2 \geq 0$

6.8 Minimize $f = 5x_1 + 4x_2 - x_3$
subject to $x_1 + 2x_2 - x_3 \geq 1$
$2x_1 + x_2 + x_3 \geq 4$
$x_1, x_2 \geq 0;$ x_3 is unrestricted in sign

6.9 Maximize $z = 2x_1 + 5x_2 - 4.5x_3 + 1.5x_4$
subject to $5x_1 + 3x_2 + 1.5x_3 \leq 8$
$1.8x_1 - 6x_2 + 4x_3 + x_4 \geq 3$
$-3.6x_1 + 8.2x_2 + 7.5x_3 + 5x_4 = 15$
$x_i \geq 0;$ $i = 1$ to 4

6.10 Minimize $f = 8x_1 - 3x_2 + 15x_3$
subject to $5x_1 - 1.8x_2 - 3.6x_3 \geq 2$
$3x_1 + 6x_2 + 8.2x_3 \geq 5$
$1.5x_1 - 4x_2 + 7.5x_3 \geq -4.5$
$-x_2 + 5x_3 \geq 1.5$
$x_1, x_2 \geq 0;$ x_3 is unrestricted in sign

6.11 Maximize $z = 10x_1 + 6x_2$
subject to $2x_1 + 3x_2 \leq 90$
$4x_1 + 2x_2 \leq 80$
$x_2 \geq 15$
$5x_1 + x_2 = 25$
$x_1, x_2 \geq 0$

Section 6.7 Excel `Solver` for Nonlinear Programming

6.12 Exercise 3.35

6.13 Exercise 3.50

6.14 Exercise 3.51

6.15 Exercise 3.54

6.16 Solve the spring design problem for the following data: applied load $(P) = 20$ lb.

6.17 Solve the spring design problem for the following data: number of active coils $(N) = 20$, limit on outer diameter of the coil $(D_0) = 1$ in., number of inactive coils $(Q) = 4$.

6.18 Solve the spring design problem for the following data: Aluminum coil with shear modulus $(G) = 4{,}000{,}000$ psi, mass density $(\rho) = 2.58920 \times 10^{-4}$ lb s^2/in.^{4}, and allowable shear stress $(\tau_a) = 50{,}000$ lb/in.^{2}.

Section 6.8 Optimum Design of Plate Girders Using Excel `Solver`

6.19 Solve the plate girder design problem for the following data: Span length $(L) = 35$ ft.

6.20 Solve the plate girder design problem for the following data: A36 steel with modulus of elasticity $(E) = 200$ GPa, yield stress (sigma_y) $= 250$ MPa, allowable fatigue stress (sigma_t) $= 243$ MPa.

6.21 Solve the plate girder design problem for the following data: Web height $(h) = 1.5$ m, flange thickness $(t_f) = 0.015$ m.

References

AASHTO, 2002. Standard specifications for highway bridges, seventeenth ed. American Association of State Highway and Transportation Officials, Washington, DC.

Arora, J.S., Burns, S., Huang, M.W., 1997. What is optimization? Arora, J.S. (Ed.), Guide to Structural Optimization, ASCE Manual on Engineering Practice, vol. 90, American Society of Civil Engineers, Reston, VA, pp. 1–23.

Box, G.E.P., Wilson, K.B., 1951. On the experimental attainment of optimum conditions. J. R. Stat. Soc. B XIII, 1–45.

Kolda, T.G., Lewis, R.M., Torczon, V., 2003. Optimization by direct search: New perspective on some classical and modern methods. SIAM Rev. 45 (3), 385–482.

Lewis, R.M., Torczon, V., Trosset, M.W., 2000. Direct search methods: Then and now. J. Comput. Appl. Math. 124, 191–207.

7

매트랩 최적설계

Optimum Design with MATLAB®

이 장의 주요내용:

• 비제약 및 제약 최적설계문제를 풀기 위하여 매트랩의 최적화 도구상자를 사용할 수 있는 능력

이 장에서는 설계변수가 2개인 최적화 문제를 도해적으로 풀기 위한 도해적 해법 및 기초 최적화 개념을 사용하였다. 이 장에서 최적설계 개념, 제약 최적화 문제를 위한 카루쉬-쿤-터커 최적성조건으로부터 구한 비선형 연립방정식을 풀기 위하여 최적성 조건이 사용된다. 이 장에서 선형, 이차, 비선형 계획문제를 풀기 위해 매트랩의 최적화 도구의 기능을 설명한다. 이 도구상자의 기본 성능을 설명하는 것으로 시작하여 표현수식이나 자료를 입력하는 데 사용할 연산자 및 구문을 설명한다. 계속되는 절에서 비제약 및 제약 최적화 문제에 이용되는 프로그램의 사용을 설명한다. 이 프로그램을 사용하여 몇 가지 공학 최적설계문제를 푼다(이 장의 초안은 이태희 교수가 제공하였으며, 그의 기여에 감사한다).

7.1   최적화 도구상자의 기초

7.1.1 변수 및 식

매트랩은 수치계산, 데이터 분석, 도식 등 다양한 분야의 응용에서 높은 수준의 프로그래밍 언어로 사용된다. 키보드로 입력된 식을 해석하고 계산할 수 있으며, 서술은 항상 variable = expression 형식으로 사용한다. 변수는 스칼라, 배열, 행렬로 사용할 수 있다. 정렬은 동시에 많은 변수를 저장할 수 있다. 스칼라, 배열, 행렬을 정의하기 위한 간단한 방법은 다음과 같은 대입문을 사용한다.

$$a = 1; \quad b = [1, 1]; \quad c = [1, 0, 0; \ 1, 1, 0; \ 1, -2, 1] \tag{7.1}$$

여러 개의 대입문은 식 (7.1)과 같이 한 행으로 입력할 수 있다. 서술의 끝에 있는 세미콜론(;)은 프로그램 결과를 표시하지 않도록 한다. 변수 a는 스칼라로 선언되어 1의 수치가 할당되었다. 변수 b는 1×2 행벡터이며, 변수 c는 3×3 행렬이며 다음과 같이 할당되어 있다.

$$\mathbf{b} = [1 \ 1]; \quad \mathbf{c} = \begin{bmatrix} 1 & 0 & 0 \\ 1 & 1 & 0 \\ 1 & -2 & 1 \end{bmatrix} \tag{7.2}$$

c의 표현수식의 괄호 내에 있는 세미콜론은 행을 구분하고, 행에 있는 값은 콤마나 빈칸으로 구분한다. 매트랩에서 변수이름은 빈칸이 없는 하나의 단어이어야 하며, 문자로 시작하여 어떤 문자, 숫자, 또는 밑줄로 이어질 수 있는 규칙이 있다. 변수이름은 대소문자를 구분한다는 것을 명심하는 것이 중요하다. 또한, 원주율을 나타내는 pi; 컴퓨터의 가장 작은 수 eps, 무한대 inf 등 여러 가지 내장 변수가 있다.

7.1.2 스칼라, 배열, 행렬 연산

매트랩에서 스칼라 연산자는 덧셈 (+), 뺄셈 (−), 곱셈 (*), 나눗셈 (/), 지수 (^)이다. 벡터 및 행렬 연산도 이 연산자를 사용하여 간단한 방법으로 수행할 수 있다. 예를 들어, 두 행렬 $\mathbf{A}$와 $\mathbf{B}$의 곱은 $\mathbf{A}.*\mathbf{B}$로 표현할 수 있다. "점" 접두연산자를 표준 연산자와 함께 사용하면 벡터와 행렬의 곱하기 (.*), 나누기 (./), 지수 (.^)를 사용하여 요소와 요소 연산자로 사용할 수 있다.

예를 들어 같은 차수 벡터의 요소와 요소 곱은 ".*" 연산자로 사용하며, 다음과 같이 정의된다.

$$\mathbf{c} = a.*b = \begin{bmatrix} a_1 b_1 \\ a_2 b_2 \\ a_3 b_3 \end{bmatrix} \tag{7.3}$$

여기서 a, b, c는 3개의 요소로 구성된 열벡터이다. 덧셈과 뺄셈은 일반 행렬 연산과 요소와 요소 연산은 동일하다. 다른 유용한 행렬연산은 다음과 같다: $\mathbf{A}^2 = \mathbf{A}.*\mathbf{A}$, $\mathbf{A}^{-1} = \text{inv}(\mathbf{A})$, $|\mathbf{A}| = \det(\mathbf{A})$, 전치 $\mathbf{A}'$.

7.1.3 최적화 도구상자

매트랩의 최적화 도구상자로 비제약 및 제약 최적화 문제를 풀 수 있다. 또한, 비평탄 최적화 문제를 풀기 위한 알고리즘도 있다. 최적화 도구상자에 구현된 최적화 알고리즘의 일부가 10장, 11장, 12장, 13장에서 설명된다. 이런 알고리즘은 6.1절에서 설명한 평판 및 비평탄 문제에 대한 알고리즘의 개념에 기초한다. 이 시점에 6.1절을 복습하여야 한다.

최적화 도구상자는 사용하기 전에 매트랩 기초 프로그램에 추가하여 설치하여야 한다. 표 7.1은 도구상자에서 사용 가능한 함수의 일부를 나타낸다. 이 함수들의 대부분은 풀어야 할 문제의 정의가 포함된 m-파일(현재 디렉토리에 저장되어야 함)을 요구한다. 여러 가지 m-파일은 다음에 설명할 예정이다. 기본 최적화 매개변수가 주로 사용되지만 프로그램의 옵션 명령어를 사용하여 매개변수 설정을 변경할 수 있다.

표 7.1 최적화 도구상자의 함수

문제형식	공식	매트랩 함수
고정 간격의 일변수 최소화	Find x $\in [x_L\ x_U]$ to minimize $f(x)$	fminbnd
비제약 최소화	Find x to minimize $f(\mathbf{x})$	minunc fminsearch
제약 최소화: 선형 부등식 및 등식 제약조건, 비선형 등식 및 부등식 제약조건, 변수의 상하한 값을 만족하면서 함수의 최소화	Find x to minimize $f(\mathbf{x})$ subject to $\mathbf{Ax} \leq \mathbf{b},\ \mathbf{Nx} = \mathbf{e}$ $g_i(\mathbf{x}) \leq 0,\ i = 1$ to m $h_j = 0,\ j = 1$ to p $x_{iL} \leq x_i \leq x_{iU}$	fmincon
선형계획: 선형 부등식 및 등식 제약조건을 만족하면서 선형함수의 최소화	Find x to minimize $f(\mathbf{x}) = \mathbf{c}^T\mathbf{x}$ subject to $\mathbf{Ax} \leq \mathbf{b},\ \mathbf{Nx} = \mathbf{e}$	linprog
2차 계획: 선형 부등식 및 등식 제약조건을 만족하면서 2차함수의 최소화	Find x to minimize $f(\mathbf{x}) = \mathbf{c}^T\mathbf{x} + \frac{1}{2}x^T\mathbf{Hx}$ subject to $\mathbf{Ax} \leq \mathbf{b},\ \mathbf{Nx} = \mathbf{e}$	quadprog

최적화 함수를 호출하기 위한 구문은 일반적으로 다음과 같다.

$$[\texttt{x,FunValue,ExitFlag,Output}]=\texttt{fminX('ObjFun',...,options)} \quad (7.4)$$

구문의 왼쪽의 설명은 함수에 의해 되돌려 주는 값을 나타낸다. 출력 인수는 표 7.2에서 설명한다. 우측의 함수, fminX는 표 7.1의 함수 중 하나를 나타낸다. 함수 fminX에는 여러 개의 인자가 있다. 예를 들어, 변수의 초기점 변수의 상한값 및 하한값, 문제의 함수 및 함수의 미분을 포함하는 m-파일 이름, 최적화 알고리즘 관련 데이터 등. 이 함수를 다양한 형태의 문제와 조건에서 사용한 예가 7.1절부터 7.4절까지에 있다. 여러 가지 함수와 명령어의 심도 깊은 설명은 매트랩 온라인 도움을 통해 얻을 수 있다.

표 7.2 최적화 함수의 출력형태 설명

인자	설명
x	최적화 함수에 의해 구해진 해의 벡터 또는 행렬. ExitFlag>0이면 해가 되며, 그렇지 않으면 최적화 과정의 최후 값
FunValue	해 x에서 목적함수 ObjFun의 값
ExitFlag	최적화 함수의 종료 조건. ExitFlag가 양수이면 최적화 과정은 x로 수렴한 것임. ExitFlag가 0이면 최대 함수 계산 횟수에 도달하였음. ExitFlag가 음수이면 최적화 과정이 수렴하지 않은 것임
Output	Output 구조는 최적화 과정의 여러 정보를 갖고 있다. 최적화 반복 횟수(Output, iterations), 문제를 풀 때 사용된 알고리즘의 이름(Output, algorithm), 제약조건의 라그랑지 승수 등

7.2   비제약 최적설계문제

이 절에서는 먼저 $x_L \leq x \leq x_U$로 상하한을 갖는 단일변수함수 $f(x)$의 최소화를 위한 `fminbnd` 함수의 사용에 대하여 설명한다. 다음에는 다변수함수 $f(\mathbf{x})$의 최소화를 위한 `fminunc` 함수에 대하여 예시한다. 이 함수들의 사용 설명에 많은 명령어들이 포함된 m-파일을 제시한다. 예제 7.1은 단일변수함수를 위한 `fminbnd` 함수의 사용을 설명하며, 예제 7.2에서 다변수 비제약 최적화를 위한 `fminsearch` 함수와 `fminunc` 함수의 사용을 설명한다.

| 예제 7.1 | 단일변수 비제한 최소화 |

x값을 구하라.

$$f(x) = 2 - 4x + e^x, \; -10 \leq x \leq 10 \tag{a}$$

풀이

이 문제를 풀기 위하여 목적함수 값을 돌려주는 m-파일을 작성한다. 표 7.3에 있는 m-파일을 통하여 고정간격에서 단일변수 최소화 함수 `fminbnd`를 호출한다. 표 7.4의 목적함수 값을 계산하는 파일은 `fminbnd`에서 호출한다.

이 함수의 결과는 다음과 같다.

`x = 1.3863, FunVal = 0.4548, ExitFlag = 1 > 0` (ie, minimum was found),

`output` = (iterations: 14, funcCount: 14, algorithm: golden section search, parabolic interpolation).

표 7.3   예제 7.1의 고정간격에서 단일변수함수의 최소화를 구하는 `fminbnd`를 호출하는 m-파일

% All comments start with %

% File name: Example7_1.m

% Problem: minimize f(x) = 2 − 4x + exp(x)

```
clear all
```

% Set lower and upper bound for the design variable

```
Lb = -10; Ub = 10;
```

% Invoke single variable unconstrained optimizer fminbnd;

% The argument ObjFunction7_1 refers to the m-file that

% contains expression for the objective function

```
[x,FunVal,ExitFlag,Output] = fminbnd('ObjFunction7_1',Lb,Ub)
```

표 7.4 예제 7.1의 목적함수를 정의하는 m-파일

% File name: ObjFunction7_1.m

% Example 7.1 Single variable unconstrained minimization

```
function f = ObjFunction7_1(x)
f = 2 - 4*x + exp(x);
```

예제 7.2

다변수 비제약 최소화

다음의 두 변수 문제가 있다.

$$f(\mathbf{x}) = 100(x_2 - x_1^2)^2 + (1 - x_1)^2 \text{ starting from } x^{(0)} = (-1.2, 1.0) \tag{a}$$

최적화 도구상자에서 제공하는 서로 다른 알고리즘을 이용하여 위 문제를 풀어라.

풀이

이 문제의 최적해는 $\mathbf{x}^* = (1.0, 1.0)$이며, $f(\mathbf{x}^*) = 0$으로 알려져 있다(Schittkowski, 1987). 다변수 비제약 최적화 문제를 풀기 위한 fminsearch와 fminunc 함수의 구문은 다음과 같다.

$$[x,FunValue,ExitFlag,Output] = fminsearch('ObjFun',x0,options) \tag{b}$$

$$[x,FunValue,ExitFlag,Output] = fminunc('ObjFun',x0,options) \tag{c}$$

여기서

ObjFun = 함수값과 프로그램이 되었다면 경사도 값을 제공하는 m-파일의 이름

x0 = 설계변수의 초기값

options = 최적화 과정에서 여러 조건을 호출하는 데 사용할 수 있는 매개변수의 데이터 구조

fminsearch는 목적함수의 경사도 값을 요구하지 않는 Nelder-Mead의 심플렉스 탐색법을 사용한다 (자세한 알고리즘은 11.9.3절 참고). 따라서 이는 가격함수가 미분 불가능한 문제에 사용할 수 있는 비경사도 기반법(직접 탐색법)이다.

fminunc는 경사도 값을 요구하기 때문에 LargeScale 선택을 끄고 2차, 3차 혼합 선형탐색과 함께 BFGS 준뉴턴법(비제약 최적설계의 수치해법에 관한 보완 참조)을 사용한다. 역헷세행렬을 근사화하는 DFP 공식(비제약 최적설계의 수치해법에 관한 보완 참조)은 HessUpdate 선택을 dfp로 설정하여 선택한다. 최속강하법은 HessUpdate 선택을 steepdesc로 설정하여 선택한다. 일반적으로 fminsearch는 fminunc보다 덜 효율적이다. 그러나 경사도 계산이 비싸거나 불가능한 경우는 효과적일 수 있다.

이 문제를 풀기 위해 목적함수 값을 돌려주는 m-파일을 작성한다. 다음은 표 7.5에 있는 함수 및 경사도를 계산하는 m-파일을 수행하여 비제약 최적화 함수 fminsearch나 fminunc를 호출한다. 함수나 경사도를 계산하는 m-파일은 표 7.6에 있다.

유한차분법을 이용하여 경사도가 자동으로 계산을 하려면 경사도 계산 선택은 제거한다. 세 가지 해석 방법이 사용되었으며, 표 7.5에서 볼 수 있다. 모든 방법은 알려진 해로 수렴하였다.

표 7.5 예제 7.2의 비제약 최적화 과정에 대한 m-파일

% File name: Example7_2

% Rosenbruck valley function with analytical gradient of

% the objective function

```
clear all
x0 = [-1.2 1.0]';  Set starting values
```

% Invoke unconstrained optimization routines

% 1. Nelder-Mead simplex method, *fminsearch*

  % Set options: medium scale problem, maximum number of function evaluations

  % Note that "…" indicates that the text is continued on the next line

```
options = optimset('LargeScale', 'off', 'MaxFunEvals', 300);
        [x1, FunValue1, ExitFlag1, Output1] =  …
            fminsearch ('ObjAndGrad7_2', x0, options)
```

% 2. BFGS method, *fminunc*, dafault option

  % Set options: medium scale problem, maximum number of function evaluations,

  % gradient of objective function

```
options = optimset('LargeScale', 'off', 'MaxFunEvals', 300,…
        'GradObj', 'on');
[x2, FunValue2, ExitFlag2, Output2] = …
        fminunc ('ObjAndGrad7_2', x0, options)
```

% 3. DFP method, *fminunc*, HessUpdate = dfp

  % Set options: medium scale optimization, maximum number of function evaluation,

  % gradient of objective function, DFP method

```
options = optimset('LargeScale', 'off', 'MaxFunEvals', 300, …
        'GradObj', 'on', 'HessUpdate', 'dfp');
[x3, FunValue3, ExitFlag3, Output3] = …
        fminunc ('ObjAndGrad7_2', x0, options)
```

표 7.6 예제 7.2의 목적함수 및 경사도 계산을 위한 m-파일

% File name: ObjAndGrad7_2.m

% Rosenbrock valley function

```
function [f, df] = ObjAndGrad7_2(x)
```

% Re-name design variable x

```
x1 = x(1); x2 = x(2);   %
```

% Evaluate objective function

```
f = 100*(x2 - x1^2)^2 + (1 - x1)^2;
```

% Evaluate gradient of the objective function

```
df(1) = -400*(x2-x1^2)*x1 - 2*(1-x1);
df(2) = 200*(x2-x1^2);
```

7.3   제약 최적설계문제

fmincon 함수로 다룰 수 있는 일반적인 제약 최적화 문제가 표 7.1에 정의되어 있다. 이 함수를 호출하는 절차는 제약함수들을 정의하는 m-파일이 제공되어야 한다는 것을 제외하면 비제약 최적화문제의 경우와 동일하다. 해석적 경사도가 목적함수나 제약조건의 m-파일에서 프로그램되었다면 이를 option 명령을 사용하여 선언해야 한다. 그렇지 않으면 fmincon은 유한차분법으로 수치경사도를 계산한다. 예제 7.3은 부등호제약조건 문제에서 이 함수의 사용을 보여준다. 등호제약도 같은 방법으로 사용할 수 있다.

예제 7.3	최적화 도구상자의 fmincon을 사용하는 제약 최적화 문제

다음의 문제를 풀어라.

$$f(\mathbf{x}) = (x_1 - 10)^3 + (x_2 - 20)^3 \qquad\qquad \text{(a)}$$

제약조건

$$g_1(\mathbf{x}) = 100 - (x_1 - 5)^2 - (x_2 - 5)^2 \leq 0 \qquad\qquad \text{(b)}$$

$$g_2(\mathbf{x}) = -82.81 - (x_1 - 6)^2 - (x_2 - 5)^2 \leq 0 \qquad\qquad \text{(c)}$$

$$13 \leq x_1 \leq 100, \; 0 \leq x_2 \leq 100 \qquad\qquad \text{(d)}$$

풀이

이 문제의 최적해는 $\mathbf{x} = (14.095, 0.84296)$, $f(\mathbf{x}^*) = -6961.8$이다(Schittkowski, 1981). 이 문제를 풀기 위한 3개의 m-파일이 표 7.7~7.9에 있다. 표 7.7의 스크립트 m-파일은 적절한 인수와 선택 사양이 있는 fmincon 함수를 호출한다. 표 7.8의 m-파일은 목적함수와 이의 경사도 식을 포함하며, 표 7.9의 m-파일은 제약조건과 이의 경사도 식을 포함하고 있다.

이 문제는 성공적으로 해가 구해졌으며, 결과는 다음과 같이 주어진다.

Active constraints: 5, 6 [ie, g(1) and g(2)]

$\mathbf{x}$ = (14.095,0.843), FunVal = −6.9618e + 003, ExitFlag = 1 > 0 (ie, minimum was found)

output = (iterations: 6, funcCount: 13, stepsize: 1, algorithm: medium scale: SQP, quasi-Newton, line-search).

최적해에 제시된 Active constraints는 하한, 상한, 부등호제약조건, 등호제약조건의 순으로 색인된 숫자를 나타낸다. 만약 Display off가 선택사양에 포함되었다면 활성제약조건의 집합은 출력되지 않는다.

표 7.7 예제 7.3의 제약 최적화 프로그램 `fmincon`을 위한 m-파일

% File name: Example7_3

% Constrained minimization with gradient expressions available

% Calls ObjAndGrad7_3 and ConstAndGrad7_3

```
clear all
```

% Set options; medium scale, maximum number of function evaluation,

% gradient of objective function, gradient of constraints, tolerances

% Note that three periods "..." indicate continuation on next line

```
options = optimset ('LargeScale', 'off', 'GradObj', 'on',...
'GradConstr', 'on', 'TolCon', 1e-8, 'TolX', 1e-8);
```

% Set bounds for variables

```
Lb = [13; 0]; Ub = [100; 100];
```

% Set initial design

```
x0 = [20.1; 5.84];
```

% Invoke fmincon; four [ ] indicate no linear constraints in the problem

```
[x,FunVal, ExitFlag, Output] = ...
fmincon('ObjAndGrad7_3',x0,[ ],[ ],[ ],[ ],Lb, ...
Ub,'ConstAndGrad7_3',options)
```

표 7.8 예제 7.3의 목적함수 및 이의 경사도 계산을 위한 m-파일

% File name: ObjAndGrad7_3.m

```
function [f, gf] = ObjAndGrad7_3(x)
```

% f returns value of objective function; gf returns objective function gradient

% Re-name design variables x

```
x1 = x(1); x2 = x(2);
```

% Evaluate objective function

```
f = (x1-10)^3 + (x2-20)^3;
```

% Compute gradient of objective function

```
if nargout > 1
        gf(1,1) = 3*(x1-10)^2;
        gf(2,1) = 3*(x2-20)^2;
end
```

표 7.9 예제 7.3의 제약조건 및 이의 경사도 계산을 위한 m-파일

% File name: ConstAndGrad7_3.m

```
function [g, h, gg, gh] = ConstAndGrad7_3(x)
```

% g returns inequality constraints; h returns equality constraints

% gg returns gradients of inequalities; each column contains a gradient

% gh returns gradients of equalities; each column contains a gradient

% Re-name design variables

```
x1 = x(1); x2 = x(2);
```

% Inequality constraints

```
g(1) = 100-(x1-5)^2-(x2-5)^2 ;
g(2) = -82.81+ (x1-6)^2 + (x2-5)^2;
```

% Equality constraints (none)

```
h = [ ];
```

% Gradients of constraints

```
if nargout > 2
        gg(1,1) = -2*(x1-5);
        gg(2,1) = -2*(x2-5);
        gg(1,2) = 2*(x1-6);
        gg(2,2) = 2*(x2-5);
        gh = [];
end
```

7.4 매트랩을 사용한 최적설계 예제

7.4.1 2개 구형체 접촉에서 최대전단응력의 위치

과제/문제 설정

그림 7.1과 같이 2개의 구형체가 접촉하는 현상은 실제 많은 응용이 있다. 포와송비 $v = 0.3$인 재료에서 최대전단응력과 이 응력이 발생하는 z축 상의 위치를 알고자 한다.

자료 및 정보 수집

z축상의 전단응력 σ_{zx}는 주응력을 이용하여 다음과 같이 구한다(Norton, 2000).

$$\sigma_{xz} = \frac{p_{\max}}{2}\left(\frac{1-2v}{2} + \frac{(1+v)\alpha}{\sqrt{1+\alpha^2}} - \frac{3}{2}\frac{\alpha^3}{\left(\sqrt{1+\alpha^2}\right)^3} \right) \tag{a}$$

여기에서 그림 7.1에서 보는 바와 같이 $\alpha = z/a$이며 a는 접촉면 반경이다. 최대압력은 접촉면의 중심에서 발생하며 다음과 같다.

$$p_{max} = \frac{3P}{2\pi a^2}$$ (b)

최대전단응력은 접촉표면에서 발생하는 것이 아니라 약간 아래쪽에서 발생한다는 것은 잘 알려져 있다. 최대전단응력의 표면하의 위치는 피팅($pitting$)이라 부르는 표면피로파괴에서 중요한 요인으로 믿고 있다.

설계변수 정의

이 문제의 유일한 설계변수는 최대전단응력이 발생하는 위치를 정규화한 깊이인 $\alpha\,(= z/a)$이다.

최적화 기준 정의

전단응력이 최대가 되는 z축상의 위치를 구하는 것이 목적이다. 표준 최적화 문제로 변환하고 p_{max}로 정규화하면

$$f(\alpha) = -\frac{\sigma_{xz}}{p_{max}}$$ (c)

최소화하는 α를 구하는 문제가 된다.

제약조건 정의

$0 \le \alpha \le 5$로 정의한 변수 α의 상하한 값을 제외하고 이 문제의 제약조건은 없다.

풀이

이 문제의 엄밀해는 다음과 같다.

$$\left.\frac{\sigma_{xz}}{p_{max}}\right|_{max} = \frac{1}{2}\left(\frac{1-2v}{2} + \frac{2}{9}(1+v)\sqrt{2(1+v)}\right) \text{ at } \alpha = \sqrt{\frac{2+2v}{7-2v}}$$ (d)

이것은 변수의 하한과 상한만을 가진 단일변수 최적화 문제이다. 따라서 최적화 도구상자의 fminbnd 함수를 사용하여 문제를 풀 수 있다. 표 7.10은 fminbnd 함수를 호출하는 m-파일 스크립트를 보여주며, 표 7.11은 최소화되는 함수를 계산하는 함수 m-파일을 나타낸다. 또한 이 스크

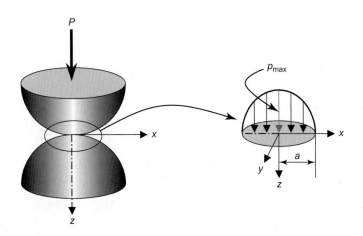

그림 7.1 구형물체의 접촉과 접촉면상의 입력분포

표 7.10 구형체 접촉 문제에서 `fminbnd` 함수를 호출하는 m-파일

```
% File name: sphcont_opt.m
% Design variable: ratio of the max shear stress location to
% size of the contact patch
% Find location of the maximum shear stress along the z-axis
  clear all
% Set lower and upper bound for the design variable
  Lb = 0; Ub = 5;
% Plot normalized shear stress distribution along the z-axis in spherical contact
  z = [Lb: 0.1: Ub]';
  n = size (z);
  for i = 1: n
        outz(i) = -sphcont_objf(z(i));
  end
  plot(z, outz); grid
  xlabel ('normalized depth z/a');
  ylabel ('normalized shear stress');
% Invoke the single-variable unconstrained optimizer
  [alpha, FunVal, ExitFlag, Output] = fminbnd ('sphcont_objf', Lb, Ub)
```

표 7.11 구형체 접촉 문제에서 목적함수를 계산하는 m-파일

```
% File name = sphcont_objf.m
% Location of max shear stress along z-axis for spherical contact problem
  function f = sphcont_objf(alpha)
% f = - shear stress/max pressure
  nu = 0.3; % Poisson's ratio
  f = -0.5*( (1-2*nu)/2 + (1+nu)*alpha/sqrt(1+alpha^2) - …
        1.5*( alpha/sqrt(1+alpha^2) )^3 );
```

립트 m-파일은 그림 7.2와 같이 z의 함수로서 응력을 그려주는 명령어가 포함되었다. 최적해는 $v = 0.3$에 대해서 임밀해와 일치하며, 다음과 같이 주어진다.

$$\texttt{alpha} = 0.6374, \texttt{FunVal} = -0.3329 \ [\alpha^* = 0.6374, f(\alpha^*) = -0.3329] \tag{e}$$

7.4.2 최소 질량 기둥 설계

과제/문제 설정

2.7절에서 설명하였듯이 기둥은 실제로 많은 응용이 있는 구조물이다. 이런 부재는 지브 크레인(jib crane)과 같이 많은 경우 편심 하중을 받게 된다. 그림 7.3과 같이 편심 하중을 받는 최소중량의 원형관 기둥을 설계한다. 기둥의 단면은 평균반경 R과 벽 두께 t의 중공 원형관이다.

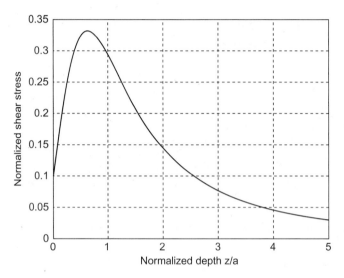

그림 7.2   z축상의 정규화된 전단응력

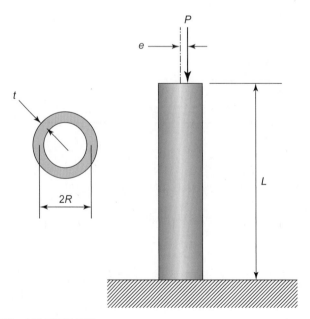

그림 7.3   편심 하중을 받는 수직 기둥의 구성

자료 및 정보 수집

문제를 풀기 위한 기호와 자료는 다음과 같다.

P = 하중, 50 kN

L = 길이, 5 m

R = 평균반경, m

E = 탄성계수, 210 GPa

σ_a = 허용응력, 250 MPa

e = 편심(반경의 2%), 0.02R, m

Δ = 허용 횡방향 변위, 0.25 m

ρ = 질량밀도, 7850 kg/m^3

A = 단면적, 2πRt, m^2

I = 관성모멘트, $\pi R^3 t$, m^4

c = 소재 끝단까지 거리, $R + \dfrac{1}{2}t$, m

구조해석으로부터 다음 방정식을 얻을 수 있다.

수직응력:

$$\sigma = \frac{P}{A}\left[1 + \frac{ec}{k^2}\sec\left(\frac{L}{k}\sqrt{\frac{P}{EA}}\right)\right], \ k^2 = \frac{I}{A} \tag{a}$$

좌굴하중:

$$P_{cr} = \frac{\pi^2 EI}{4L^2} \tag{b}$$

횡방향 변위:

$$\delta = e\left[\sec\left(\sqrt{\frac{P}{EI}}\right) - 1\right] \tag{c}$$

설계변수 정의

이 문제를 위한 2개의 설계변수는 다음과 같이 정의한다.

R: 관의 평균 반경, m

t: 벽 두께, m

최적화 기준 정의

목적은 기둥의 질량을 최소화하는 것으로, 다음과 같이 주어진다.

$$f(\mathrm{x}) = \rho LA = (7850)(5)(2\pi Rt), \ \mathrm{kg} \tag{d}$$

제약조건 정의

이 문제의 제약조건은 구조의 성능, 최대 반경 대 두께의 비, 반경과 두께의 상하한 값이다.

응력 제약:

$$\sigma \leq \sigma_a \tag{e}$$

좌굴하중 제약:

$$P \leq P_{cr} \tag{f}$$

변위 제약:

$$\delta \leq \Delta \tag{g}$$

반경/두께 제약, $\dfrac{R}{t} \leq 50$

$$R \leq 50t \tag{h}$$

변수의 한계:

$$0.01 \leq R \leq 1,\ 0.005 \leq t \leq 0.2,\ \text{m} \tag{i}$$

풀이

매트랩 프로그램을 위해 설계변수와 매개변수를 다시 정의한다.

$$x_1 = R,\ x_2 = t \tag{j}$$

$$c = x_1 + \frac{1}{2}x_2,\ e = 0.02x_1 \tag{k}$$

$$A = 2\pi x_1 x_2,\ I = \pi x_1^3 x_2,\ k^2 = \frac{I}{A} = \frac{x_1^2}{2} \tag{l}$$

모든 제약조건은 정규화하였으며, 재정의된 설계변수로 다시 작성하였다. 따라서 최적화 문제는 표준형으로 다음과 같이 서술한다.

최소화

$$f(\mathrm{x}) = 2\pi(5)(7850)x_1 x_2 \tag{m}$$

제약조건

$$g_1(\mathrm{x}) = \frac{P}{2\pi x_1 x_2 \sigma_a}\left[1 + \frac{2 \times 0.02(x_1 + 0.5x_2)}{x_1}\sec\left(\frac{\sqrt{2}L}{x_1}\sqrt{\frac{P}{E(2\pi x_1 x_2)}}\right)\right] - 1 \leq 0 \tag{n}$$

$$g_2(\mathrm{x}) = 1 - \frac{\pi^2 E(\pi x_1^3 x_2)}{4L^2 P} \leq 0 \qquad \text{(o)}$$

$$g_3(\mathrm{x}) = \frac{0.02 x_1}{\Delta}\left[\sec\left(L\sqrt{\frac{P}{E(\pi x_1^3 x_2)}}\right) - 1\right] - 1 \leq 0 \qquad \text{(p)}$$

$$g_4(\mathrm{x}) = x_1 - 50 x_2 \leq 0 \qquad \text{(q)}$$

$$0.01 \leq x_1 \leq 1,\ 0.005 \leq x_2 \leq 0.2 \qquad \text{(r)}$$

식 (n)에서 식 (p)의 제약조건은 한계값으로 정규화하였다. 이 문제는 최적화 도구상자의 `fmin-con` 함수를 사용하여 푼다. 표 7.12는 최적화 과정에서 함수를 호출하고 여러 가지 선택사양을 정의하기 위한 스크립트 m-파일을 보여준다. 표 7.13과 표 7.14는 각각 목적함수와 제약조건의 m-파일을 나타낸다. 여기에서 해석적인 경사도를 제공하지 않았다.

함수의 출력은 다음과 같이 주어진다.

`Active constraints`: 2, 5, that is, the lower limit for thickness and g(1).
x = (0.0537,0.0050), `FunVal` = 66.1922, `ExitFlag` = 1, `Output` = (*iterations*: 31, `funcCount`: 149, stepsize: 1, `algorithm`: medium-scale: SQP, Quasi-Newton, line-search).

7.4.3 최소 질량 플라이휠 설계

과제/문제 설정

축은 원점에서 다른 점으로 토크를 전달하기 위한 실제 응용으로 사용된다. 그러나 전달되는 토크는 변동할 수 있으며, 원하지 않는 축의 각속도의 변동 원인이 된다. 플라이휠은 속도변동을 완화하기

표 7.12   기둥 설계 문제를 위한 최소화 함수의 호출 m-파일

```
% File name = column_opt.m

  clear all

% Set options

  options = optimset ('LargeScale', 'off', 'TolCon', 1e-8, 'TolX', 1e-8);

% Set the lower and upper bounds for design variables

  Lb = [0.01 0.005]; Ub = [1 0.2];

% Set initial design

  x0 = [1 0.2];

% Invoke the constrained optimization routine, fmincon

  [x, FunVal, ExitFlag, Output] = ...
        fmincon('column_objf', x0, [], [], [], [], Lb, Ub, 'column_conf',
              options)
```

표 7.13 최소 질량 기둥 설계 문제를 위한 목적함수의 m-파일

% File name = column_objf.m

% Column design

```
function f = column_objf (x)
```

% Rename design variables

```
x1 = x(1); x2 = x(2);
```

% Set input parameters

```
L = 5.0; % length of column (m)
rho = 7850; % density (kg/m^3)
        f = 2*pi*L*rho*x1*x2; % mass of the column
```

위하여 축에 사용된다(Norton, 2000; Budynas and Nisbett, 2014). 이 과제의 목표는 반경이 r_i 인 중실축의 속도변동을 완화하기 위한 플라이휠의 설계이다. 플라이휠-축 계가 그림 7.4에 그려져 있다. 한 주기 동안 변화하는 입력 토크함수가 그림 7.5에 주어져 있다. 토크 평균값의 변동이 0도부터 360도까지 축 각도의 함수로 표시되었다. 이 변동에 의한 운동에너지는 그림 7.5에 음영으로 표시된 토크값의 평균의 상부와 하부의 토크 펄스를 적분하여 구하며, $E_k = 26{,}105$ in lb로 주어진다. 축은 공칭각속도 $w = 800$ rad/s로 회전하고 있다.

표 7.14 기둥 설계 문제를 위한 제약조건 함수의 m-파일

% File name = column_conf.m

```
% Column design
```

function [g, h] = column_conf (x)

```
x1 = x(1); x2 = x(2);
```

% Set input parameters

```
P = 50000; % loading (N)
E = 210e9; % Young's modulus (Pa)
L = 5.0; % length of the column (m)
Sy = 250e6; % allowable stress (Pa)
Delta = 0.25; % allowable deflection (m)
```

% Inequality constraints

```
g(1) = P/(2*pi*x1*x2)*(1 + …
    2*0.02*(x1+x2/2)/x1*sec( 5*sqrt(2)/x1*sqrt(P/E/(2*pi*x1*x2)) ) )/Sy - 1;
g(2) = 1 - pi^3*E*x1^3*x2/4/L^2/P;
g(3) = 0.02*x1*( sec( L*sqrt( P/(pi*E*x1^3*x2) ) ) - 1 )/Delta - 1;
g(4) = x1-50*x2;
```

% Equality constraint (none)

```
h = [];
```

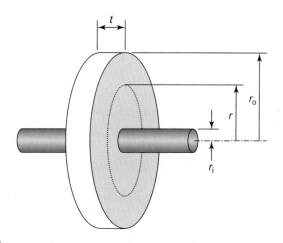

그림 7.4 플라이휠-축 계

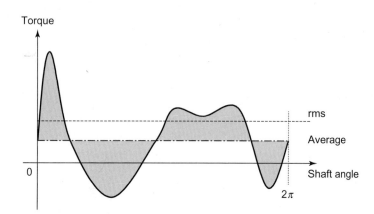

그림 7.5 한 주기 동안 입력토크의 평균값의 변동

자료 및 정보 수집

그림 7.5의 토크변동의 한 주기는 반복된다고 가정하여, 정상상태 조건을 표현한다. 요구 변동계수 (C_f)는 0.05로 가정한다. 변동계수는 공칭 각속도에 대한 가속도의 변동율을 나타낸다: $C_f = (w_{max} - w_{min})/w$. 이 계는 최소 시작-정지 주기로 연속 작동된다고 가정한다. 플라이휠의 최소질량관성모멘트는 이미 정의한 것처럼 운동에너지의 요구 변동량을 이용하여 다음과 같이 정의한다.

$$I_s = \frac{E_k}{C_f \omega^2} = \frac{26,105}{0.05(800)^2} = 0.816 \text{ lb in. s}^2 \tag{a}$$

최소질량 플라이휠 문제를 정의하기 위한 설계 자료 및 식은 다음과 같이 주어진다.

γ = 비중, 0.28 lb/in.^{3}
G = 중력상수, 386 in/s^2
S_y = 항복응력, 62,000 psi

w = 공칭각속도, 800 rad/s

v = 포아송비, 0.28

r_i = 플라이휠 내반경, 1.0 in.

r_o = 플라이휠 외반경, in.

t = 플라이휠 두께, in.

플라일휠에 대한 유용한 수식은 다음과 같다.

플라이휠의 질량관성모멘트:

$$I_m = \frac{\pi}{2} \frac{\gamma}{g} (r_o^4 - r_i^4)t, \text{ lb in. s}^2 \tag{b}$$

반경 r에서 플라이휠의 접선방향 응력:

$$\sigma_t = \frac{\gamma}{g} \omega^2 \frac{3+v}{8} \left(r_i^2 + r_o^2 + \frac{r_i^2 r_o^2}{r^2} - \frac{1+3v}{3+v} r^2 \right), \text{ psi} \tag{c}$$

반경 r에서 플라이휠의 반경방향 응력:

$$\sigma_t = \frac{\gamma}{g} \omega^2 \frac{3+v}{8} \left(r_i^2 + r_o^2 + \frac{r_i^2 r_o^2}{r^2} - r^2 \right), \text{ psi} \tag{d}$$

본미세스 응력:

$$\sigma' = \sqrt{\sigma_r^2 - \sigma_r \sigma_t + \sigma_t^2}, \text{ psi} \tag{e}$$

설계변수 정의

이 문제를 위해 2개의 설계변수를 정의한다.

r_o: 플라이휠의 외반경, in.

t: 플라이휠의 두께, in.

최적화 기준 정의

이 과제의 목적은 최소질량의 플라이휠을 설계하는 것이다. 질량은 재료 부피에 비례하므로 플라이휠의 부피를 최소화하며, 다음과 같이 정의한다.

$$f = \pi(r_o^2 - r_i^2)t, \text{ in.}^3 \tag{f}$$

제약조건 정의

성능 및 다른 제약조건은 다음과 같이 표현한다.

질량관성모멘트의 요구:

$$I_m \geq I_s \tag{g}$$

본미세스의 제약조건:

$$\sigma' \leq \frac{1}{2} S_y \tag{h}$$

설계변수의 한계:

$$4.5 \le r_o \le 9.0, \quad 0.25 \le t \le 1.25, \text{ in.} \tag{i}$$

풀이

이 문제는 최적화 도구상자의 `fmincon` 함수를 사용하여 푼다. 표의 7.15는 플라이휠 문제를 위해 `fmincon` 함수를 호출하는 스크립트 m-파일을 보여준다. 표 7.16은 문제의 목적함수를 계산하는 함수 m-파일을 보여주며, 표 7.17은 제약조건을 계산하는 함수 m-파일을 보여준다. 본미세스 응

표 7.15 플라이휠 문제의 제약최소화 루틴을 호출하는 m-파일

```
% File name = flywheel_opt.m
% Flywheel design
% Design variables: outside radius (ro), and thickness (t)
  clear all
% Set options
  options = optimset ('LargeScale', 'off');
% Set limits for design variables
  Lb = [4.5, 0.25]; % lower limit
  Ub = [9, 1.25]; % upper limit
% Set initial design
  x0 = [6, 1.0];
% Set radius of shaft
  ri = 1.0;
  [x, FunVal, ExitFlag, Output] = ...
        fmincon('flywheel_objf', x0, [], [], [], [], Lb, Ub, 'flywheel_conf',
  options, ri)
```

표 7.16 플라이휠 문제의 목적함수를 위한 m-파일

```
% File name = flywheel_objf.m
% Objective function for flywheel design problem
  function f = flywheel_objf(x, ri)
% Rename the design variables x
  ro = x(1);
  t = x(2);
  f = pi*(ro^2 - ri^2)*t; % volume of flywheel
```

력 제약조건은 최대응력 점에서 구한다. 따라서 이 최대는 `fminbnd` 함수를 이용하여 계산한다. 표 7.18은 본미세스 응력을 구하는 함수 m-파일이다. 이 파일은 제약을 구하는 함수에서 호출한다. 또한 모든 제약은 정규화한 "≤" 형으로 입력되었다. 해와 다른 함수의 결과는 다음과 같다.

Active constraints are 2 and 5 [ie, lower bound on thickness and $g(1)$]

$r_o* = 7.3165$ in, $t* = 0.25$ in, $f* = 41.2579$ in^3, Output = [iterations: 8, funcCount: 37]

표 7.17   플라이휠 문제의 제약함수를 위한 m-파일

% Constraint functions for flywheel design problem

```
function [g, h] = flywheel_conf(x, ri)
```

% Rename design variables x

```
ro = x(1);
t = x(2);
```

% Constraint limits

```
Is = 0.816;
Sy = 62000; % yield strength
```

% Normalized inequality constraints

```
g(1) = 1 - pi/2*(0.28/386)*(ro^4 - ri^4)*t/Is;
```

% Evaluate maximum von Mises stress

```
options = [];
[alpha, vonMS] = fminbnd('flywheel_vonMs', ri, ro, options, ri, ro);
g(2) = -vonMS/(0.5*Sy) - 1;
```

% Equality constraint (none)

```
h = [];
```

표 7.18   현재 설계에서 최대 본미세스 응력을 구하는 m-파일

% File name = flywheel_vonMS.m

% von Mises stress

```
function vonMS = flywheel_vonMS (x, ri, ro)
temp = (0.28/386)*(800)^2*(3+0.28)/8;
```

% Tangential stress

```
st = temp*(ri^2 + ro^2 + ri^2*ro^2/x^2 - (1+3*0.28)/(3+0.28)*x^2 );
```

% Radial stress

```
sr = temp*(ri^2 + ro^2 - ri^2*ro^2/x^2 - x^2); % radial stress
vonMS = -sqrt(st^2 - st*sr + sr^2); % von Mises stress
```

Formulate and solve the following problems.

7.1 Exercise 3.34

7.2 Exercise 3.35

7.3 Exercise 3.36

7.4 Exercise 3.50

7.5 Exercise 3.51

7.6 Exercise 3.52

7.7 Exercise 3.53

7.8 Exercise 3.54

7.9 Consider the cantilever beam-mass system shown in Fig. E7.9. Formulate and solve the minimum weight design problem for the rectangular cross section so that the fundamental vibration frequency is larger than 8 rad/s and the cross-sectional dimensions satisfy the limitations

$$0.5 \le b \le 1.0, \text{ in.}$$
$$0.2 \le h \le 2.0, \text{ in.}$$

(a)

Use a nonlinear programming algorithm to solve the problem. Verify the solution graphically and trace the history of the iterative process on the graph of the problem. Let the starting point be (0.5,0.2). The data and various equations for the problem are as shown in the following.

Cantilever beam with spring-mass at the free end.

Fundamental vibration frequency

$$\omega = \sqrt{k_e/m}, \text{ rad/s}$$

(b)

Equivalent spring constant k_e

$$\frac{1}{k_e} = \frac{1}{k} + \frac{L^3}{3EI}$$

(c)

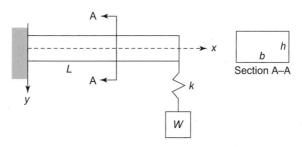

FIGURE E7.9   Cantilever beam with spring-mass at the free end.

Mass attached to the spring

$$m = W/g \tag{d}$$

Weight attached to the spring

$$W = 50 \text{ lb} \tag{e}$$

Length of the beam

$$L = 12 \text{ in.} \tag{f}$$

Modulus of elasticity

$$E = (3 \times 10^7) \, \text{psi} \tag{g}$$

Spring constant

$$k = 10 \ \text{lb/in.} \tag{h}$$

Moment of inertia

$$I, \ \text{in.}^4 \tag{i}$$

Gravitational constant

$$g, \ \text{in./s}^2 \tag{j}$$

7.10 A prismatic steel beam with symmetric I cross-section is shown in Fig. E7.10. Formulate and solve the minimum weight design problem subject to the following constraints:
   1. The maximum axial stress due to combined bending and axial load effects should not exceed 100 MPa.
   2. The maximum shear stress should not exceed 60 MPa.
   3. The maximum deflection should not exceed 15 mm.
   4. The beam should be guarded against lateral buckling.
   5. Design variables should satisfy the limitations $b \geq 100$ mm, $t_1 \leq 10$ mm, $t_2 \leq 15$ mm, $h \leq 150$ mm.

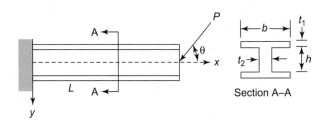

FIGURE E7.10 **Cantilever I beam.** Design variables b, t_1, t_2, and h.

Solve the problem using a numerical optimization method, and verify the solution using KKT necessary conditions for the following data:

Modulus of elasticity, $E = 200$ GPa
Shear modulus, $G = 70$ GPa
Load, $P = 70$ kN
Load angle, $\theta = 45$ degree
Beam length, $L = 1.5$ m

7.11 *Shape optimization of a structure.* The design objective is to determine the shape of the three-bar structure shown in Fig. E7.11 to minimize its weight (Corcoran, 1970). The design variables for the problem are the member cross-sectional areas A_1, A_2, and A_3 and the coordinates of nodes A, B, and C (note that x_1, x_2, and x_3 have positive values in the figure; the final values can be positive or negative), so that the truss is as light as possible while satisfying the stress constraints due to the following three loading conditions:

Condition no. j	Load P_j (lb)	Angle θ_j (degrees)
1	40,000	45
2	30,000	90
3	20,000	135

The stress constraints are written as

$$-5000 \quad \leq \sigma_{1j} \leq 5000, \text{ psi}$$
$$-20,000 \leq \sigma_{2j} \leq 20,000, \text{ psi}$$
$$-5000 \quad \leq \sigma_{3j} \leq 5000, \text{ psi}$$

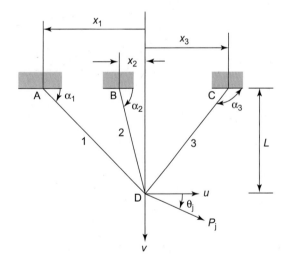

FIGURE E7.11   **A three-bar structure–shape optimization.**

where $j = 1, 2, 3$ represents the index for the three loading conditions and the stresses are calculated from the following expressions:

$$\sigma_{1j} = \frac{E}{L_1}[u_j \cos\alpha_1 + v_j \sin\alpha_1] = \frac{E}{L_1^2}(u_j x_1 + v_j L)$$

$$\sigma_{2j} = \frac{E}{L_2}[u_j \cos\alpha_2 + v_j \sin\alpha_2] = \frac{E}{L_2^2}(u_j x_2 + v_j L) \tag{a}$$

$$\sigma_{3j} = \frac{E}{L_3}[u_j \cos\alpha_3 + v_j \sin\alpha_3] = \frac{E}{L_3^2}(-u_j x_3 + v_j L)$$

where $L = 10$ in and

$$L_1 = \text{length of member } 1 = \sqrt{L^2 + x_1^2}$$

$$L_2 = \text{length of member } 2 = \sqrt{L^2 + x_2^2} \tag{b}$$

$$L_3 = \text{length of member } 3 = \sqrt{L^2 + x_3^2}$$

and u_j and v_j are the horizontal and vertical displacements for the jth loading condition determined from the following linear equations:

$$\begin{bmatrix} k_{11} & k_{12} \\ k_{21} & k_{22} \end{bmatrix} \begin{bmatrix} u_j \\ v_j \end{bmatrix} = \begin{bmatrix} p_j \cos\theta_j \\ p_j \sin\theta_j \end{bmatrix}, \quad j = 1, 2, 3 \tag{c}$$

where the stiffness coefficients are given as ($E = 3.0\text{E} + 07\text{psi}$)

$$k_{11} = E\left(\frac{A_1 x_1^2}{L_1^3} + \frac{A_2 x_2^2}{L_2^3} + \frac{A_3 x_3^2}{L_3^3}\right)$$

$$k_{12} = E\left(\frac{A_1 L x_1}{L_1^3} + \frac{A_2 L x_2}{L_2^3} + \frac{A_3 L x_3}{L_3^3}\right) = k_{21} \tag{d}$$

$$k_{22} = E\left(\frac{A_1 L^2}{L_1^3} + \frac{A_2 L^2}{L_2^3} + \frac{A_3 L^3}{L_3^3}\right)$$

Formulate the design problem and find the optimum solution starting from the point

$$A_1 = 6.0, \ A_2 = 6.0, \ A_3 = 6.0$$
$$x_1 = 5.0, \ x_2 = 0.0, \ x_3 = 5.0 \tag{e}$$

Compare the solution with that given later in Table 14.7.

7.12 *Design synthesis of a nine-speed gear drive.* The arrangement of a nine-speed gear train is shown in Fig. E7.12. The objective of the synthesis is to find the size of all gears from the mesh and speed ratio equations such that the sizes of the largest gears are kept to a minimum (Osman et al., 1978). Because of the mesh and speed ratio

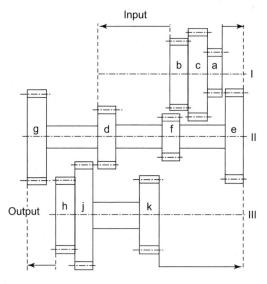

FIGURE E7.12　Schematic arrangement of a nine-speed gear train.

equations, it is found that only the following three independent parameters need to be selected:

$$x_1 = \text{gear ratio}, \; d/a$$
$$x_2 = \text{gear ratio}, \; e/a$$
$$x_3 = \text{gear ratio}, \; j/a$$

Because of practical considerations, it is found that the minimization of $|x_2 - x_3|$ results in the reduction of the cost of manufacturing the gear drive.
The gear sizes must satisfy the following mesh equations:

$$\phi^2 x_1 (x_1 + x_3 - x_2) - x_2 x_3 = 0$$
$$\phi^3 x_1 - x_2 (1 + x_2 - x_1) = 0 \tag{a}$$

where ϕ is the step ratio in speed. Find the optimum solution for the problem for two different values of ϕ as $\sqrt{2}$ and $(2)^{1/3}$.

References

Budynas, R., Nisbett, K., 2014. Shigley's Mechanical engineering design, tenth ed. McGraw- Hill, New York.

Corcoran, P.J., 1970. Configuration optimization of structures. Int. J. Mech. Sci. 12, 459–462.

Norton, R.L., 2000. Machine Design: An Integrated Approach, second ed. Prentice-Hall, Upper Saddle River, NJ.

Osman, M.O.M., Sankar, S., Dukkipati, R.V., 1978. Design synthesis of a multi-speed machine tool gear transmission using multiparameter optimization. ASME J. Mech. Des. 100, 303–310.

Schittkowski, K., 1981. The nonlinear programming method of Wilson, Han and Powell with an augmented Lagrangian type line search function, Part 1: Convergence analysis, Part 2: An efficient implementation with linear least squares subproblems. Numerische Mathematik 38, 83–127.

Schittkowski, K., 1987. More Test Examples for Nonlinear Programming Codes. Springer-Verlag, New York.

8

최적설계를 위한 선형계획법

Linear Programming Methods for Optimum Design

이 장의 주요내용:

- 선형계획문제를 표준문제로 변환
- 선형계획법과 관련된 용어의 개념 설명

- 선형계획문제를 풀기 위하여 이단 심플렉스법 사용
- 선형계획문제의 후최적성 해석 수행

목적함수와 제약함수가 설계변수에 대하여 선형함수인 최적설계문제를 **선형계획문제**(*linear programming problem*)라고 한다. 선형계획문제는 수자원, 시스템공학, 교통흐름제어, 자원관리, 교통공학, 전기공학 등 다양한 분야에서 응용된다. 항공우주, 자동차, 구조, 또는 기계시스템의 설계문제는 대부분 비선형문제이다. 그러나 비선형문제를 해결하는 한 가지 방법은 비선형문제를 일련의 선형문제로 변환하여 푸는 것이다(12장 참조). 많은 다른 비선형계획법 역시 반복과정에서 선형계획문제를 푸는 것이다. 따라서 선형계획법은 그 응용범위가 넓고 다양하므로 최적설계에서 반드시 이해하여야 할 방법이다. 이 장에서는 선형문제를 풀기 위한 기본이론과 개념을 다룬다.

2.11절에서 비선형 최적설계문제에 대한 일반적인 수학모델은 등호제약조건과 "≤" 부등호제약조건을 만족하면서 목적함수를 최소화하는 문제로 정의되었다. 4장에서는 이런 최적화 문제 모델을 풀기 위한 최적성 조건을 다루었다. 이 이론은 선형문제를 풀기 위해 적용할 수 있다. 그러나 선형문제를 풀기 위한 더 효과적이고 우수한 방법이 존재한다. 실제로 많은 선형계획문제가 실제로 존재하므로 이 방법에 대하여 자세하게 다룰 가치가 있다.

이 장에서 2장에서 정의한 표준 비선형 문제와 다르게 표준 선형계획문제를 정의한다. 그 후 선형계획문제를 푸는 데 필요한 수치 단계를 보여주기 위해 심플렉스법을 자세하게 설명한다. 이 방법을 컴퓨터 프로그램으로 변환하기 전에 선형계획문제를 풀기 위한 표준 패키지를 살펴본다. 예를 들면 Excel, MATLAB, LINDO (Schrage, 1991) 등 많은 프로그램이 존재한다.

선형계획의 주제는 잘 개발되었으며, 여러 권의 우수한 교재도 존재한다. 더 심도 있는 학습을 위해 이런 교재들을 추천한다.

8.1 선형함수

8.1.1 가격함수

실제 응용 분야에서 다양한 선형문제가 존재하기 때문에 이 방법을 자세히 논의하기로 하자. k개의 변수 $\mathbf{x}$를 갖는 선형함수 $f(\mathbf{x})$, 예를 들어 가격함수가, 1차 항만 갖고 있으며 확장형, 합산형, 또는 행렬형으로 다음과 같이 표현할 수 있다.

$$f(\mathbf{x}) = c_1 x_1 + c_2 x_2 + \cdots + c_k x_k = \sum_{i=1}^{k} c_i x_i = \mathbf{c}^T \mathbf{x} \tag{8.1}$$

여기서 c_i, $i = 1, \ldots, k$는 상수이다.

8.1.2 제약조건

선형계획문제의 모든 함수는 식 (8.1)의 형태로 나타낼 수 있다. 그러나 다수의 선형함수가 존재할 때, 모든 상수 c_i는 단일첨자 대신 이중첨자를 사용하여야 한다. 심볼 a_{ij}를 제약 표현의 상수로 사용한다. k개 설계변수 x_j, $j = 1, \ldots, k$에 포함된 i번째 선형 제약은 "$\leq$," "$=$," 또는 "$\geq$" 중 하나의 형태로 다음과 같이 i번째 제약의 확장형 또는 합산형으로 표현된다.

$$a_{i1} x_1 + \cdots + a_{ik} x_k \leq b_i \ \text{ or } \ \sum_{j=1}^{k} a_{ij} x_j \leq b_i \tag{8.2}$$

$$a_{i1} x_1 + \cdots + a_{ik} x_k = b_i \ \text{ or } \ \sum_{j=1}^{k} a_{ij} x_j = b_i \tag{8,3}$$

$$a_{i1} x_1 + \cdots + a_{ik} x_k \geq b_i \ \text{ or } \ \sum_{j=1}^{k} a_{ij} x_j \geq b_i \tag{8.4}$$

여기서 a_{ij}와 b_i는 알고 있는 상수이다. 제약의 우측 b_i는 종종 자원한계라고 부른다.

8.2 표준선형계획문제의 정의

8.2.1 표준선형계획의 정의

선형계획문제는 등호제약뿐만 아니라 부등호제약조건도 갖는다. 또한 많은 문제는 목적함수를 최대화하거나 최소화하는 경우가 있다. 비록 **표준선형계획문제**는 여러 가지 방법으로 정의될 수 있으나 **등호제약조건과 음이 아닌 설계변수를 갖는 가격함수의 최소화로 정의**한다. 이 정의는 선형계획문제를 풀기 위한 심플렉스 방법을 설명할 때 사용할 예정이다. 이런 형태는 보기보다는 제한적이지 않다. 왜냐하면 다른 선형계획문제는 이런 형태로 변환할 수 있기 때문이다. 주어진 선형계획문제를 표준형으로 변환하는 과정을 설명할 것이다.

표준선형계획문제의 확장형

기호표기를 분명히 하기 위하여 **x**는 n벡터로 원래 설계변수와 일반 문제를 표준형으로 변환하기 위해 사용되는 부가변수를 표현한다. 표준선형계획문제는 변수 x_i, $i = 1, \ldots, n$을 구하는 다음의 문제이다.

최소화

$$f = c_1 x_1 + c_2 x_2 + \cdots + c_n x_n \tag{8.5}$$

m개의 독립 등호제약조건은 다음과 같다.

$$
\begin{aligned}
a_{11} x_1 + a_{12} x_2 + \cdots + a_{1n} x_n &= b_1 \\
a_{21} x_1 + a_{22} x_2 + \cdots + a_{2n} x_n &= b_2 \\
\cdot \qquad \cdot \qquad \cdots \qquad \cdot \\
\cdot \qquad \cdot \qquad \cdots \qquad \cdot \qquad \cdot \\
a_{m1} x_1 + a_{m2} x_2 + \cdots + a_{mn} x_n &= b_m
\end{aligned}
\tag{8.6}
$$

여기서 $b_i \geq 0$, $i = 1, \ldots, m$이며 음이 아닌 설계변수에 대한 제약조건은 다음과 같다.

$$x_j \geq 0; \quad j = 1 \text{ to } n \tag{8.7}$$

여기서 $b_i \geq 0$, c_j, a_{ij} ($i = 1, \ldots, m$ and $j = 1, \ldots, n$)는 알고 있는 상수이며, m과 n은 양의 정수이다. b_i는 양이거나 최소한 0이어야 함을 명심하여야 한다. 이는 선형계획문제를 개발하는 동안 요구된다.

표준선형계획문제의 합산형

표준선형계획문제는 합의 기호를 이용하여 변수 x_i, $i = 1, \ldots, n$을 구하는 문제로 다음과 같이 표현한다.

최소화

$$f = \sum_{i=1}^{n} c_i x_i \tag{8.8}$$

m개의 독립 등호제약조건은

$$\sum_{j=1}^{n} a_{ij} x_j = b_i; \quad b_i \geq 0, \quad i = 1 \text{ to } m \tag{8.9}$$

음이 아닌 제약조건 식 (8.7)이다.

표준선형계획문제의 행렬형

n벡터를 구하는 표준선형계획문제는 행렬표기법으로 다음과 같이 나타낸다.

최소화

$$f = \mathbf{c}^T \mathbf{x} \tag{8.10}$$

제약조건은 다음과 같다.

$$\mathbf{Ax} = \mathbf{b}; \quad \mathbf{b} \geq \mathbf{0} \tag{8.11}$$

$$\mathbf{x} \geq \mathbf{0} \tag{8.12}$$

여기서 $\mathbf{A} = [a_{ij}]$는 $m \times n$ 행렬이며, $\mathbf{c}$와 $\mathbf{x}$는 n벡터이고, $\mathbf{b}$는 m벡터이다. 식 (8.11)의 $\mathbf{b} \geq \mathbf{0}$의 벡터 부등식은 이 교재에서는 벡터의 각 요소에 적용한다고 가정한다는 것을 명심하기 바란다. 또한 행렬 $\mathbf{A}$는 완전행계수(full row rank)로 가정한다. 즉, 모든 계수가 선형 독립이다.

8.2.2 표준선형계획으로 변환

식 (8.5)에서 (8.12)까지의 정식화는 모든 선형계획문제는 위와 같이 변환할 수 있으므로 매우 일반적이다. "≤형"이나 "≥형"의 부등식을 완화변수나 부가변수를 이용한 등식으로 변환할 수 있다. 비제한변수는 두 개의 음이 아닌 변수의 차로 변환할 수 있다. 함수의 최대화 문제도 쉽게 취급할 수 있다. 이 변환들에 대해서 다음 절에서 설명한다.

음이 아닌 제약 한계

표준선형계획에서 자원한계(제약조건의 우측항)라 부르는 b_i는 항상 음이 아니라고 가정한다(즉, $b_i \geq 0$이다). 만약 b_i가 음수라면 제약의 양변에 –1을 곱하여 b_i는 항상 음이 아닌 수로 만들 수 있다. 그러나 –1을 곱함으로써 원래의 부등호 방향이 바뀌게 된다. 즉 "≤형"의 제약조건은 "≥형"이 되며, 그 반대도 마찬가지이다. 예를 들어, 제약조건 $x_1 + 2x_2 \leq -2$는 $-x_1 - 2x_2 \geq 2$로 변환되어 자원한계가 음이 아니다.

부등제약의 취급

표준선형계획문제에서는 등호제약조건만 다루기 때문에 식 (8.2)와 (8.4)의 부등식은 등식으로 바꾸어야 한다. 이것은 다음 절에서 설명하겠지만 어떤 부등식도 음이 아닌 **부가변수**(*surplus variable*)나 **완화변수**(*slack variable*)를 이용하면 등호식으로 변환할 수 있기 때문에 부등식을 등식으로 변환하는 것에 실제적 제한은 없다. 식 (8.4)에서 b_i는 항상 음이 아닌 값이어야 하기 때문에 "≥형"의 부등식은 $b_i \geq 0$을 유지하면서 "≤형"의 부등식으로 항상 바꿀 수는 없다. 2, 3, 4, 5장 등에서 표준 최적화 문제는 단지 "≤형"의 제약조건으로만 정의하였다. 그러나 이 장에서는 "≥형"의 부등식도 취급한다. 선형계획문제에서는 "≥형"의 부등식을 특별하게 취급해야 한다는 것을 뒤에 알게 될 것이다.

"≤형" 제약의 취급

음이 아닌 우측항을 갖는 식 (8.2)의 i번째 "≤형"의 제약조건의 경우, 음이 아닌 완화변수 $s_i \geq 0$를 사용하여 다음과 같이 등식으로 변환할 수 있다.

$$a_{i1}x_1 + \cdots + a_{ik}x_k + s_i = b_i; \; b_i \geq 0; s_i \geq 0 \tag{8.13}$$

완화변수의 개념은 4장에서 도입하였다. 거기에서 s_i 대신 s_i^2을 완화변수로 사용하였다. 이는 부가적인 제약조건 $s_i \geq 0$을 사용하지 않기 위함이었다. 그러나 선형계획문제의 경우 s_i^2은 비선형문제로 만들기 때문에 완화변수로 사용할 수 없다. 따라서 선형계획문제에서는 s_i를 완화변수로 사용하고 제약조건 $s_i \geq 0$를 추가한다. 예를 들어, 제약조건 $2x_1 - x_2 \leq 4$는 완화변수 $s_i \geq 0$와 함께 $2x_1 - x_2 + s_1 = 4$로 변환한다.

"≥형" 제약의 취급

음이 아닌 우측항을 갖는 식 (8.4)의 i번째 "≥형" 제약조건은 음이 아닌 부가변수 $s_i \geq 0$을 뺌으로써 다음과 같이 등호제약조건으로 변환한다.

$$a_{i1}x_1 + \cdots + a_{ik}x_k - s_i = b_i; \; b_i \geq 0; \, s_i \geq 0 \tag{8.14}$$

부가변수의 개념은 완화변수의 개념과 매우 유사하다. "≥형"의 제약조건은 좌측항이 항상 우측항보다 크거나 같아야 하므로 등식으로 변환하기 위하여 반드시 음이 아닌 변수를 빼주어야 한다. 예를 들어, 제약조건 $-x_1 + 2x_2 \geq 2$는 부가변수 $s_i \geq 0$와 함께 $-x_1 + 2x_2 - s_1 = 2$로 변환한다.

완화변수와 부가변수는 선형계획문제를 풀면서 구해야 할 추가 미지수이다. 만약 최적점에서 완화변수나 부가변수 s_i가 양수면 이에 대응하는 제약조건은 비활성화이다. 만약 s_i가 0이면 이는 활성제약조건이다.

비제한변수

등호제약조건 외에도 표준선형계획문제의 모든 변수는 음이 아니어야 한다(즉, $x_i \geq 0$, $i = 1$ to k). 만약 설계변수 x_j가 부호제약이 없다면 이 변수는 항상 음이 아닌 두 변수의 차로 표시할 수 있다.

$$x_j = x_j^+ - x_j^-; \, x_j^+ \geq 0, x_j^- \geq 0 \tag{8.15}$$

여기서 x_j^+와 x_j^-는 변수 x_j의 양의 부분과 음의 부분이다. 이 분해식을 모든 식에 대입하며, x_j^+, x_j^-는 문제에서 미지수로 취급한다. 식 (8.15)에서 보는 바와 같이 최적점에서 $x_j^+ \geq x_j^-$이면 x_j는 음이 아니며, $x_j^+ \leq x_j^-$이면 x_j는 양이 아니다.

비제한변수(자유변수)를 양의 부분과 음의 부분으로 분할하면 설계변수벡터의 차원은 1씩 증가한다.

함수의 최대화

함수의 최대화는 쉽게 취급할 수 있다. 예를 들어, 목적함수가 함수를 최대화한다면 단지 음의 목적함수를 최소화하면 된다. 즉, 최대화

$$z = (d_1x_1 + d_2x_2 + \cdots + d_nx_n) \Leftrightarrow \text{minimize} \, f = -(d_1x_1 + d_2x_2 + \cdots + d_nx_n) \tag{8.16}$$

이 장에서 최대화할 목적함수는 z로 표현한다.

따라서 이제부터는 선형계획문제는 식 (8.5)부터 (8.12)까지 정의한 표준선형계획문제로 변환되어 있다고 가정한다. 예제 8.1은 표준선형계획문제로의 변환을 보여준다.

표준선형계획문제로 변환

다음의 문제를 표준선형계획문제로 변환하라.

최대화

$$z = 2y_1 + 5y_2 \tag{a}$$

제약조건

$$3y_1 + 2y_2 \leq 12 \tag{b}$$

$$-2y_1 - 3y_2 \leq -6 \tag{c}$$

$$y_1 \geq 0,\ y_2\text{는 부호제한이 없음} \tag{d}$$

풀이

이 문제를 표준문제로 변환하기 위하여 다음의 단계를 따른다.

1단계. y_2는 비제한 변수이므로 이를 양의 부분과 음의 부분으로 다음과 같이 분해한다.

$$y_2 = y_2^+ - y_2^-\ \text{ with }\ y_2^+ \geq 0,\ y_2^- \geq 0 \tag{e}$$

2단계. 이러한 y_2의 새로운 정의를 문제에 대입하여 다음의 식을 얻는다.

최대화

$$z = 2y_1 + 5(y_2^+ - y_2^-) \tag{f}$$

제약조건

$$3y_1 + 2(y_2^+ - y_2^-) \leq 12 \tag{g}$$

$$-2y_1 - 3(y_2^+ - y_2^-) \leq -6 \tag{h}$$

$$y_1 \geq 0,\ y_2^+ \geq 0,\ y_2^- \geq 0 \tag{i}$$

3단계. 식 (g) 제약조건의 우변은 음이 아니다. 따라서 이는 표준형에 부합되어 더 이상의 변경이 필요 없다. 그러나 식 (h)의 우변은 음수이므로 –1을 양변에 곱하여 표준형으로 다음과 같이 변환한다.

$$2y_1 + 3(y_2^+ - y_2^-) \geq 6 \tag{j}$$

4단계. 완화변수와 부가변수를 도입하여 등호제약조건을 갖는 최소화 문제로 변환하면 다음의 표준형태의 문제를 얻는다.

최소화

$$f = -2y_1 - 5(y_2^+ - y_2^-) \tag{k}$$

제약조건

$$3y_1 + 2(y_2^+ - y_2^-) + s_1 = 12 \tag{l}$$

$$2y_1 + 3(y_2^+ - y_2^-) - s_2 = 6 \tag{m}$$

$$y_1 \geq 0,\ y_2^+ \geq 0,\ y_2^- \geq 0,\ s_1 \geq 0,\ s_2 \geq 0 \tag{n}$$

여기서 s_1은 식 (g)의 제약조건의 완화변수이며, s_2는 식 (j)의 두 번째 제약조건의 부가변수이다.

5단계. 변수들은 다음과 같이 재정의한다.

$$x_1 = y_1, \; x_2 = y_2^+, \; x_3 = y_2^-, \; x_4 = s_1, \; x_5 = s_2 \tag{o}$$

이제 표준선형계획문제를 다음과 같이 다시 쓴다.

최소화

$$f = -2x_1 - 5x_2 + 5x_3 \tag{p}$$

제약조건

$$3x_1 + 2x_2 - 2x_3 + x_4 = 12 \tag{q}$$

$$2x_1 + 3x_2 - 3x_3 - x_5 = 6 \tag{r}$$

$$x_i \geq 0, \; i = 1 \text{ to } 5 \tag{s}$$

이 결과를 식 (8.10)~(8.12)와 비교하면 다음을 얻을 수 있다.

$m = 2$ (방정식의 수), $n = 5$ (변수의 수)

$$\mathbf{x} = [x_1 \; x_2 \; x_3 \; x_4 \; x_5]^T, \; \mathbf{c} = [-2 \; -5 \; 5 \; 0 \; 0]^T \tag{t}$$

$$\mathbf{b} = [12 \; 6]^T, \; \mathbf{A} = [a_{ij}]_{2 \times 5} = \begin{bmatrix} 3 & 2 & -2 & 1 & 0 \\ 2 & 3 & -3 & 0 & -1 \end{bmatrix} \tag{u}$$

8.3 선형계획문제의 기본 개념

선형계획문제와 관련된 여러 가지 용어를 정의하고 설명한다. 선형계획문제의 기본 특징에 대하여 논의한다. 선형계획문제의 최적해가 항상 유용영역의 경계에 있다는 것을 보여줄 것이다. 또한 볼록 유용집합(볼록다면집합)의 꼭짓점 중 하나가 최적해가 된다. 선형계획문제의 몇몇 이론과 최적해의 기하학적 의미를 설명한다.

8.3.1 기본 개념

LP의 볼록성

선형계획문제의 모든 함수는 선형이므로 선형등식과 부등식으로 정의된 유용집합은 **볼록집합**이다 (4.8절). 또한 목적함수도 선형이므로 볼록함수이다. 따라서 선형계획문제는 볼록이며, 하나의 **최적해**가 존재한다면 정리 4.10에 의해 전역 최적해이다.

유용집합의 경계에서 LP 해

선형계획문제에 부등호제약조건이 존재할 경우라도 해가 존재한다면 그 해는 항상 **유용영역의 경계** 부분에 존재한다. 즉, 몇 제약조건은 항상 최적해에서 활성화된다. 이것은 비제약조건에 대한 정리 4.4의 필요조건에 적용하여 보면 알 수 있다. 필요조건 $\partial f/(\partial x_i) = 0$을 목적함수에 적용하면 $c_i = 0, i = 1, \ldots, n$을 얻는다. 그러나 모든 c_i가 0이 될 수 없다. 만약 모든 c_i가 0이라면 목적함수가 없다. 따라서 귀류법에 의하여 모든 선형계획문제의 최적해는 반드시 유용집합의 경계부분에 있어야 한다. 이는 최적해가 유용영역의 내부 또는 경계부분에 존재하는 일반적인 비선형문제와는 다르다는 것을 보여준다.

Ax = b의 무한근

선형계획문제의 최적해는 식 (8.6)의 등호제약조건을 반드시 만족하여야 한다. 이 경우에만 해는 유용하게 된다. 따라서 최적설계문제가 의미를 갖기 위해서 식 (8.6)은 한 개 이상의 해를 가져야 한다. 이 경우에만 유용해 중 목적함수를 최소화하는 해를 선택할 수 있다. 많은 해가 존재하기 위해서 식 (8.6)의 일차독립적인 식의 수가 선형계획문제의 설계변수의 수인 n보다 적어야 한다(m개의 미지수를 가지는 n개의 식의 일반 해에 대한 심도 있는 논의는 부록 A.4절을 참고하라).

이후 논의에서 식 (8.11)의 행렬 $\mathbf{A}$의 m개의 행은 모두 일차독립이며, $m < n$이라 가정한다. 이는 잉여방정식이 없음을 의미한다. 그러므로 식 (8.6) 또는 식 (8.11)은 무한히 많은 해가 있으며, 그중에서 우리는 목적함수를 최소화 하는 유용해를 찾아야 한다. 가우스 소거법에 의한 선형연립방정식의 해법은 부록 A에 있다. 이 장의 뒷부분에서 다룰 선형계획문제의 심플렉스법에서 가우스 소거 과정을 이용한다. 따라서 그 과정은 심플렉스법을 공부하기 전에 반드시 복습해 두어야 한다.

이상의 개념을 예시하기 위하여 다음의 예제 8.2를 다룬다. 이는 뒤에 선형계획문제의 용어와 심플렉스법의 기본 단계를 설명할 때 이용될 것이다.

예제 8.2   이윤 최대화 문제 — 선형계획문제의 용어 및 개념 소개

제약조건식의 해를 구하는 예제로서, 도해법 및 기초 설계 개념 장에서 도해법을 이용하여 풀었던 이윤 최대화 문제를 생각해보자.

최소화

$$f = -400x_1 - 600x_2 \tag{a}$$

제약조건

$$x_1 + x_2 \leq 16 \tag{b}$$

$$\frac{1}{28}x_1 + \frac{1}{14}x_2 \leq 1 \tag{c}$$

$$\frac{1}{14}x_1 + \frac{1}{24}x_2 \leq 1 \tag{d}$$

$$x_1 \geq 0, \ x_2 \geq 0 \tag{e}$$

풀이

이 문제의 도식해는 그림 8.1에 나타나 있다. 모든 제한조건 식 (b)~(e)와 몇 개의 등가선이 나타나 있다. 오각형 ABCDE에 둘러 쌓인 영역의 각 점은 식 (b)에서 (d)까지의 모든 제약조건식과 식 (e)의 음수가 아닌 조건식을 만족한다. 그림 8.1에서 정점 D가 최적점임을 알 수 있다.

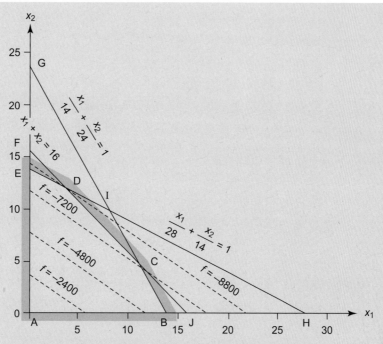

그림 8.1 이윤 최대화 선형계획문제의 도식해. 최적해 = (4,2), 최적가격 = −8800

표준선형문제로 변환

식 (e)에서 두 개의 변수 모두 음수가 아닌 조건이 요구되었다. 식 (a)의 가격함수는 표준 최소화 형식으로 이미 되어 있다. 식 (b)에서 (d)까지 제약조건의 우변 역시 표준형 $b_i \geq 0$으로 되어 있다. 따라서 제약조건은 표준형으로 변환하기 위하여 등호제약조건으로 바꾸어야 한다.

식 (b)에서 (d)까지 제약조건식에 완화변수를 도입하고 표준선형계획문제로 변환하여 다음의 식을 얻는다.

최소화

$$f = -400x_1 - 600x_2 \tag{f}$$

제약조건

$$x_1 + x_2 + x_3 = 16 \tag{g}$$

$$\frac{1}{28}x_1 + \frac{1}{14}x_2 + x_4 = 1 \tag{h}$$

$$\frac{1}{14}x_1 + \frac{1}{24}x_2 + x_5 = 1 \tag{i}$$

$$x_i \geq 0, \, i = 1 \text{ to } 5 \tag{j}$$

여기서 x_3, x_4, x_5는 각각 첫 번째, 두 번째, 세 번째 제한조건에 대한 완화변수이다.

Ax = b의 정준형: 일반해

식 (g)~(i)의 모든 세 개의 방정식은 일차독립이다. 이 식은 식 (8.11)에서 정의한 선형연립방정식 $\mathbf{Ax} = \mathbf{b}$ 가 된다. 변수의 수(5)가 제약조건 식의 수(3)보다 많기 때문에 식 (g)~(i)의 유일해는 존재할 수 없다(부록

A 참조). 실제로 무수히 많은 해가 존재한다. 이를 보기 위해 다음과 같이 변수 x_1, x_2에 대한 항을 우측으로 옮기고 정리하여 일반해를 구하면,

$$x_3 = 16 - x_1 - x_2 \tag{k}$$

$$x_4 = 1 - \frac{1}{28}x_1 - \frac{1}{14}x_2 \tag{l}$$

$$x_5 = 1 - \frac{1}{14}x_1 - \frac{1}{24}x_2 \tag{m}$$

변수 x_3, x_4, x_5는 한 번 나타나며, 식 (g)~(i)의 $\mathbf{Ax} = \mathbf{b}$에서 단 하나의 수식에서 나타난다. 즉, 식 (g)에 x_3, 식 (h)에 x_4, 식 (i)에 x_5. 또한 이 변수의 계수는 모두 +1이다. 이런 선형식을 $\mathbf{Ax} = \mathbf{b}$의 정준형이라 부른다. 식 (b)~(d)와 같이 선형문제의 모든 제한조건이 음이 아닌 우변을 갖는 "≤형"일 때 $\mathbf{Ax} = \mathbf{b}$의 수식은 계산 없이 구할 수 있다.

식 (k)~(m)에서 x_1, x_2는 어떤 값이라도 취할 수 있는 **독립변수**이며, x_3, x_4, x_5는 그것들의 종속변수이다. x_1, x_2의 값이 달라지면 x_3, x_4, x_5 값이 달라진다. 따라서 선형식 $\mathbf{Ax} = \mathbf{b}$는 무한개의 해를 갖는다.

식 (k)~(m)에서 변수의 다른 조합을 독립변수로 선택하면 이의 일반해는 변하게 된다. 예를 들어, x_1과 x_3를 독립변수로 선택하면 나머지 변수 x_2, x_4와 x_5가 식 (g)~(i)의 하나의 수식에서 한 번 나타난다. 이는 부록 A.3절과 A.4절에서 설명한 가우스-조단 소거법을 사용하여 얻을 수 있다.

또 다른 일반해를 구하기 위하여 식 (g)~식 (i)에서 x_2를 독립변수가 아니라 종속변수로 가정하자. 이는 식에서 x_2가 계수가 1로 하나의 식에서 나타난다는 의미이다. 다음 질문은 "식 (g), (h), (i) 중 어디에서 나타나는가?"이다. 각각의 선택은 새로운 일반해의 다른 형태를 제공하며, 서로 다른 독립변수와 종속변수를 갖는다. 예를 들어, 식 (h)를 사용하여 (g)와 (i)에서 x_2를 제거하면 (식 (h)로부터 x_2에 대해서 풀고 이를 다른 식에 대입하여 정리하면) 다음의 정준형을 얻는다.

$$\frac{1}{2}x_1 + x_3 - 14x_4 = 2 \tag{n}$$

$$\frac{1}{2}x_1 + x_2 + 14x_4 = 14 \tag{o}$$

$$\frac{17}{336}x_1 - \frac{7}{12}x_4 + x_5 = \frac{5}{12} \tag{p}$$

즉, 식 (n)에서만 x_3가 나타나며, x_2는 식 (o)에, x_5는 식 (p)에서만 나타난다. 식 (n)~(p)의 정준형에서 x_1과 x_4가 독립변수이며, x_2, x_3, x_5는 종속변수가 된다.

만약 식 (g)가 식 (h)와 (i)에서 x_2를 제거하기 위해 사용된다면, 독립변수는 x_1, x_3 대신 x_1과 x_4가 된다. 만약 식 (i)가 식 (g)와 (h)에서 x_2를 제거하기 위해 사용된다면, 독립변수는 x_1, x_4 대신 x_1과 x_5가 된다.

기저해

선형계획문제에서 특별히 흥미 있는 문제의 해는 변수의 개수 (n)와 방정식의 개수 (m)의 차인 p개의 변수를 0으로 두고 나머지 변수에 대하여 $\mathbf{Ax} = \mathbf{b}$의 방정식을 풀어 해를 구할 수 있다. 즉 $p = n - m$ (예를 들어 식 (g)~(i)의 경우 $p = 2$)이다. 두 개의 변수를 0으로 두면, 3개의 식에 3개의 미지수가 있으므로 나머지 3개의 변수에 대해서 식 (g)~(i)의 유일한 해가 존재한다. p개의 변수를 0으로 두고 구한 해를 $\mathbf{Ax} = \mathbf{b}$의 **기저해**라 부른다. 예를 들어, 식 (g)~(i) 또는 식 (k)~(m)에서 $x_1 = 0$, $x_2 = 0$으로 하면, 기저해는 $x_3 = 16$, $x_4 = 1$, $x_5 = 1$이 구해진다. 0으로 둔 독립변수(x_1, x_2)는 선형계획문제의 용어로 **비기저해**라 부른다.

표 8.1 이윤 최대 문제에 대한 10개의 기저해

Solution no.	x_1	x_2	x_3	x_4	x_5	f	Vertex in Fig. 8.1
1	0	0	16	1	1	0	A
2	0	14	2	0	$\frac{5}{12}$	−8400	E
3	0	16	0	$-\frac{1}{7}$	$\frac{1}{3}$	—	F (infeasible)
4	0	24	−8	$-\frac{5}{7}$	0	—	G (infeasible)
5	16	0	0	$\frac{3}{7}$	$-\frac{1}{7}$	—	J (infeasible)
6	14	0	2	$\frac{1}{2}$	0	−5600	B
7	28	0	−12	0	−1	—	H (infeasible)
8	4	12	0	0	$\frac{3}{14}$	−8800	D
9	11.2	4.8	0	$\frac{1}{5}$	0	−7360	C
10	$\frac{140}{17}$	$\frac{168}{17}$	$-\frac{36}{17}$	0	0	—	I (infeasible)

독립된 방정식으로부터 구한 변수는 기저해라 부른다(예를 들어 식 (k)~(m)에서 x_3, x_4, x_5).

또 다른 기저해는 $x_1 = 0$, $x_3 = 0$으로 두고 나머지 세 개의 미지수에 대하여 해를 구하면 $x_2 = 16$, $x_4 = -1/7$, $x_5 = 1/3$이 된다. 여전히 $x_1 = 0$, $x_4 = 0$으로 두고 식 (n)~(p)로부터 나머지 세 개의 미지수에 대하여 해를 구하면 $x_3 = 2$, $x_2 = 14$, $x_5 = 5/12$이 된다. 5개의 변수에서 2의 변수를 0으로 둘 수 있는 10가지 경우가 존재하기 때문에 10개의 기저해가 있다(나중에 기저해의 개수를 계산하는 식을 제공한다).

표 8.1은 앞에 설명한 방법으로 얻어진 10개의 기저해를 나타내고 있다. 이 기저해를 체계적으로 제공하기 위한 방법으로 부록 A에 설명한 가우스-조단 제거법을 사용한다. 이는 나중에 기저해를 얻는 방법으로 예시한다. 표 8.1에 주어진 기저해에 대해서 비기저해는 0의 값을 가지며 기저해의 값은 0이 아닌 값을 갖게 된다.

기저유용해

10개의 해 중 정확히 5개(1, 2, 6, 8, 9)는 그림 8.1의 유용 다각형의 꼭짓점 ABCDE에 해당한다. 나머지 5개의 기저해는 음이 아닌 조건을 만족하지 못하며 불용 꼭짓점 F, G, H, I, J에 해당한다. 따라서 기저해 10개 중 5개만 유용해이다. 이를 **기저유용해**라 부른다.

최적해

그림에서 등가선을 평행하게 이동하면 최적해는 점 D에 있게 됨을 알 수 있다. 최적해는 **제약다각형의 꼭짓점 중의 하나**임을 명심하라. 이 것이 선형계획문제의 일반적인 성질을 후에 알게 될 것이다. 즉, 만약 선형계획문제의 해가 존재한다면, 그것은 유용영역의 꼭짓점 중 하나에 존재한다는 것이다.

$\mathbf{Ax} = \mathbf{b}$에서 정준형과 일반해는 동의어이며 서로 바꿔가며 사용할 예정이다. 둘 다 $\mathbf{Ax} = \mathbf{b}$의 기저해를 제공한다.

8.3.2 선형계획문제의 용어

이제 선형계획문제에 관련된 여러 가지 용어와 정의를 소개한다. 예제 8.2와 그림 8.1을 이 용어들의 의미를 예시하는 데 사용하였다. 또한, 4.8절에서 정의된 **볼록집합**, **볼록함수**, **선분**의 개념을 이용할 것이다.

- 꼭짓점(정점: *vertex point*). 이것은 유용집합 내의 점으로서 두 개의 다른 점을 연결한 선분상에 놓여 있지 않은 점이다. 예를 들어 원주상의 모든 점이나 다면체의 꼭짓점은 정점에 해당한다. 그림 8.1의 이윤 최대화 예제에서 점 A, B, C, D, E가 유용집합의 꼭짓점이 된다.

- 유용해(*feasible solution*). 제약조건 식 (8.6)의 해로서 음수가 아닌 조건을 만족하는 해이다. 그림 8.1의 이윤 최대화 문제에서 다각형 ABCDE(볼록집합)에 의해 둘러 싸인 모든 점이 유용해이다.

- 기저해(*basic solution*). 제약조건 식 (8.6)에서 $(n - m)$개의 '잉여변수'를 0으로 두고 나머지 변수에 대하여 연립방정식을 풀어 구한 해를 기저해라 한다.

- 비기저변수(*nonbasic variable*). 기저해에서 0으로 둔 변수를 비기저변수라 부른다. 예제에서 표 8.1의 해 4에서 둔 x_1과 x_5를 0으로 두었다. 따라서 이들이 비기저변수이다.

- 기저변수(*basic variable*). 기저해에서 0으로 두지 않은 변수들을 기저변수라고 한다. 예제에서 표 8.1의 해 4에서 x_2, x_3, x_4가 기저변수이다.

- 기저유용해(*basic feasible solution*). 식 (8.7)에서 변수가 음수가 아닌 조건을 만족하는 기저해들을 기저유용해라고 한다. 표 8.1에서 A, B, C, D, E만 기저유용해이다(해 1, 2, 6, 8, 9).

- 퇴화기저해(*degenerate basic solution*). 기저해에서 어떤 기저변수의 값이 0인 경우, 이 해를 퇴화기저해라 한다.

- 퇴화기저유용해(*degenerate basic feasible solution*). 기저유용해에서 어떤 기저변수의 값이 0인 경우, 이 해를 퇴화기저유용해라 한다.

- 최적해(*optimum solution*). 목적함수 값이 최소가 되는 유용해를 최적해라 한다. 그림 8.1의 점 D는 최적해에 해당된다.

- 최적기저해(*optimum basic solution*). 최적 목적함수 값을 갖는 기저유용해이다. 표 8.1과 그림 8.1에서 8번만이 최적기저해이다.

- 볼록다면체(*convex polyhedron*). 선형계획문제의 유용해가 유계하면 이를 볼록다면체라 한다. 예를 들어, 그림 8.1에서 다면체 ABCDE는 예제 8.2에 대한 볼록다면체를 나타낸다.

- 기저(*basic*). 식 (8.11)의 제약조건 계수행렬 $\mathbf{A}$에서 기저변수에 대응하는 열들은 m차원 벡터공간의 기저를 형성한다. 임의의 m차원 벡터는 기저벡터들의 선형조합으로 표현할 수 있다.

예제 8.3 선형계획문제의 기저해

다음 문제에 대해서 모든 기저해를 구하고 유용집합의 그림에서 기저유용해를 도식하라.

최대화

$$z = 4x_1 + 5x_2 \tag{a}$$

제약조건

$$-x_1 + x_2 \leq 4 \tag{b}$$

$$x_1 + x_2 \leq 6 \tag{d}$$

$$x_1, x_2 \geq 0 \tag{e}$$

풀이

문제에 대한 유용영역과 최적해는 그림 8.2에 나타나 있다. 표준선형계획문제로 변환하기 위하여 제약조건의 우측변이 이미 음이 아님을 확인하며, 두 개의 변수 모두 음이 아님을 요구하고 있다는 것을 확인한다. 따라서 두 조건에 대해 변환이 요구되지 않는다.

제약조건이 모두 "≤형"이므로 제약조건식에 완화변수 x_3, x_4를 도입하고, z의 최대화 문제를 최소화 문제로 변환하여, 다음의 표준선형계획문제로 만든다.

최소화

$$f = -4x_1 - 5x_2 \tag{e}$$

제약조건

$$-x_1 + x_2 + x_3 = 4 \tag{f}$$

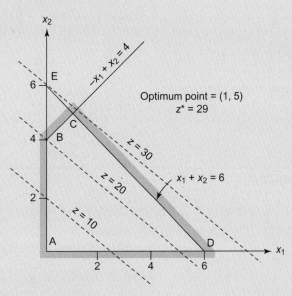

그림 8.2 예제 8.3의 선형계획문제의 도식해. 최적점 = (1,5), $z^* = 29$

표 8.2 예제 8.3의 기저해

Solution no.	x_1	x_2	x_3	x_4	f	Vertex in Fig. 8.2
1	0	0	4	6	0	A
2	0	4	0	2	−20	B
3	0	6	−2	0	—	E (infeasible)
4	−4	0	0	10	—	Not shown (infeasible)
5	6	0	10	0	−24	D
6	1	5	0	0	−29	C

$$x_1 + x_2 + x_4 = 6 \tag{g}$$

$$x_i \geq 0; \quad i = 1 \text{ to } 4 \tag{h}$$

4개의 변수와 2개의 제약조건식 (f), (g)가 있으므로($n = 4$, $m = 2$), 이 문제는 6개의 기저해를 갖는다. 즉, 2개의 변수를 비기저변수(독립변수)로 선택하는 서로 다른 6가지 방법이 있다.

이 해들은 2개의 변수를 비기저로 선택하고 나머지 2개의 변수를 기저로 두어 식 (f)와 (g)로부터 구할 수 있다. 예를 들어, x_1과 x_2를 비기저변수로 선택하고, $x_1 = 0$, $x_2 = 0$으로 두면 식 (f)와 (g)로부터 $x_3 = 4$, $x_4 = 6$를 얻는다. 또 x_1과 x_3을 비기저변수로 하여, $x_1 = 0$, $x_3 = 0$으로 두면, $x_2 = 2$, $x_4 = 2$의 또 다른 기저해를 구할 수 있다. 같은 방법으로 2개의 변수를 비기저변수(0)로 선택하고 식 (f)와 (g)로부터 다른 2개의 변수에 대해 풀어 나머지 기저해도 구할 수 있다.

문제에 대한 6개의 기저해를 대응되는 목적함수 값과 함께 표 8.2에 요약하였다. 기저유용해는 1, 2, 5, 6 이다. 이들은 각각 그림 8.2의 A(0, 0), B(0, 4), D(6, 0), C(1, 5)의 점에 해당한다. 목적함수의 최솟값은 점 (1, 5)에서 $f = -29$(최댓값 $z = 29$)이다.

8.4절에서 식 (f)와 (g)로부터 기저해를 정하기 위해 가우스-조단 소거법을 기반으로 체계적인 표 형식 과정을 소개할 예정이다.

8.3.3 선형계획문제의 최적해

선형계획문제에 대한 최적해를 정의하는 데 중요한 몇 가지 정리를 명시하고 설명한다.

정리 8.1 정점과 기저유용해

선형계획문제에 대한 유용해의 집합은 볼록집합이며, 이들의 정점은 기저유용해에 해당한다. 이 정리는 볼록다면체의 정점은 기저유용해와 관련이 있음을 말한다.

이것은 기저유용해의 기하학적 의미를 말하는 중요한 결과이다. 즉, 다면체의 꼭짓점이 선형계획 문제의 유용집합을 나타낸다는 것이다. 예를 들어, 표 8.1의 기저유용해는 그림 8.1의 유용해의 꼭짓 점에 해당한다.

정리 8.2   선형계획문제의 기저정리

이 정리는 기저유용해의 중요성에 관한 것이다.

제한조건식의 $m \times n$ 계수행렬 **A**의 계수(rank)가 m이라 하자. 즉, rank (**A**) = m. 그러면

1. 유용해가 존재하면 기저유용해가 존재한다.

2. 최적해가 존재하면 최적기저유용해가 존재한다.

정리 8.2의 1은 선형계획문제에서 어떤 유용해가 존재한다면, **볼록유용집합**에 적어도 하나의 정점이 반드시 존재한다는 의미이다. 정리의 2는 선형계획문제가 해가 있다면, 그것은 유용해를 나타내는 **볼록다면체**의 정점상에 적어도 하나 존재한다는 의미이다. 목적함수가 활성제약조건 중 하나와 평행하면, 여러 개의 해가 존재할 수 있다(3장 참조).

기저해의 개수

앞에서 언급한 바와 같이 선형계획문제는 무수히 많은 유용해가 있다. 그중에서 목적함수를 최소로 하는 유용해를 찾는다. 정리 8.2는 이런 해는 반드시 기저유용해 중 하나이어야 한다는 것이다. 즉, 볼록집합 정점 중 하나이다. 그러므로 선형계획문제를 풀기 위해서 기저유용해 중에서 탐색하도록 축소하여야 한다. n개의 변수와 m개의 제약조건을 갖는 문제에 대해서 기저해의 최대 수는 총 조합수로부터 얻으며, 다음의 수식으로 구한다.

$$\text{\# of basic solutions} = \binom{n}{m} = \frac{n!}{m!(n-m)!} \tag{8.17}$$

이 공식은 단지 유한개의 기저해를 준다. 그러므로 정리 8.2에 의해 최적해는 유용해 중 하나이다. 최적해는 체계적으로 이 해들을 탐색할 필요가 있다.

8.5절의 심플렉스법은 목적함수 값을 계속적으로 줄이면서 최적해에 도달할 때까지 기저유용해를 탐색하는 방법에 근거를 둔다.

8.4   기저해의 계산

앞 절에서 선형 연립방정식 **Ax** = **b**의 기저해의 중요성을 관찰하였다. 선형계획문제의 최적해는 적어도 기저유용해 중 하나이다. 따라서 체계적으로 이 문제의 기저해를 구하는 것이 중요하다. 이 절에서는 부록 A에서 제시한 가우스-조단 소거법에 대하여 설명한다. 다음 절에서 **Ax** = **b**의 기저유용해 중 최적해를 찾기 위한 절차로 심플렉스법을 설명한다.

8.4.1 화표

화표(*tableau*)에 선형방정식 **Ax** = **b**를 나타내는 것은 일반적이다. 화표는 그림이나 표 형식으로 정의된다. 이는 선형계획문제를 푸는 데 필요한 정보를 나타내는데 편리한 방법이다. 심플렉스법에서 화표는 목적함수와 제약함수의 변수의 계수로 구성된다. 이 절에서 선형방정식 **Ax** = **b**와 이의 화

표에서 표현법에 초점을 둔다. 목적함수는 다음 절에서 포함될 것이다.

예제 8.4   **화표의 구조**

예제 8.2의 이윤 최대화 문제의 제약조건은 다음의 표준형 $\mathbf{Ax} = \mathbf{b}$로 다음과 같다.

$$x_1 + x_2 + x_3 = 16 \tag{a}$$

$$\frac{1}{28}x_1 + \frac{1}{14}x_2 + x_4 = 1 \tag{b}$$

$$\frac{1}{14}x_1 + \frac{1}{24}x_2 + x_5 = 1 \tag{c}$$

선형방정식을 화표로 나타내고 그 기호를 설명하라.

풀이

선형방정식 $\mathbf{Ax} = \mathbf{b}$는 표 8.3과 같이 화표로 쓴다. 화표는 추후 심플렉스법을 개발하는 데 사용될 예정이므로 다음에 설명하는 화표의 구조와 화표 기호를 이해하는 것이 중요하다.

1. **화표의 행**: 화표의 각 행은 식 (a)~(c)에서 수식의 계수를 포함한다. 즉, 첫 번째, 두 번째, 세 번째 행은 식 (a), (b), (c)의 계수를 나타낸다.

2. **화표의 열**: 화표의 열은 변수에 해당한다(즉, x_1열, x_2열 등). 이 열은 선형방정식 $\mathbf{Ax} = \mathbf{b}$의 각 변수의 계수를 나타낸다. 예를 들어, x_1열은 식 (a)~(c)의 변수 x_1의 계수를 포함한다. RS열은 각 식의 우변의 계수를 포함한다.

3. **화표에서 단위 부행렬**: 연립방정식 $\mathbf{Ax} = \mathbf{b}$는 정준형이다. 즉 하나의 수식에서 한 번만 나타나는 변수가 있다. 예를 들어 x_3는 첫 번째, x_4는 두 번째, x_5는 세 번째 수식에만 나타난다. 따라서 x_3, x_4, x_5열은 한 위치에서 1이며 나머지에서 0이 된다. 이런 열이 행렬 $\mathbf{A}$에서 **단위 부행렬**을 형성한다.

4. **단위 열**: 화표에서 단위 부행렬의 열을 단위 열이라 한다. 이 열은 화표의 어느 곳에서도 나타날 수 있으나 순서대로 나타날 필요는 없다.

5. **행의 기저변수**: 표 8.3의 왼쪽 'Basic'열에서 표시된 것처럼 화표의 각 행은 하나의 변수와 관련이 있다. 이 변수는 단위 부행렬의 열과 관계가 있다. 단위 열에서 단위요소의 행의 위치는 그 행의 기저변수를 나타낸다. 따라서 첫 번째 행은 x_3, 두 번째 행은 x_4, 세 번째 행은 x_5 등에 해당한다. 이들을 기저변수라 한다. 예제를 풀면서 더 명확하게 될 것이다.

6. **화표의 기저해**: 화표로부터 기저변수 및 비기저변수를 확인할 수 있고, 그 값들을 구할 수 있다. 즉 화표로부터 기저해를 구할 수 있다. 표 8.3의 화표에서 기저해는 다음과 같다.

    비기저해: $x_1 = 0$, $x_2 = 0$

    기저해: $x_3 = 16$, $x_4 = 1$, $x_5 = 1$

화표에 목적함수 계수를 보강할 수 있고, 이를 이용하여 기저해에 관련된 목적함수 값이 구해짐을 알게 될 것이다.

7. **기저열 및 비기저열**: 기저변수와 관련된 열을 기저열이라 하고, 나머지를 비기저열이라 한다. 예를 들어, 표 8.3에서 x_1과 x_2는 비기저열이며 다른 열은 기저열이다.

표 8.3 이윤 최대화 문제에서 $\mathbf{Ax} = \mathbf{b}$의 화표 표현

Basic ↓	x_1	x_2	x_3	x_4	x_5	RS: b
1. x_3	1	1	1	0	0	16
2. x_4	$\dfrac{1}{28}$	$\dfrac{1}{14}$	0	1	0	1
3. x_5	$\dfrac{1}{14}$	$\dfrac{1}{24}$	0	0	1	1

8.4.2 피봇단계

심플렉스법에서 최적해를 구하기 위해서는 기저유용해로부터 체계적으로 탐색해야 한다. 심플렉스법을 시작하기 위해서 기저유용해를 갖고 있어야 한다. 하나의 기저유용해에서 시작하여 목적함수 값을 감소시키는 다른 해를 찾아나간다. 이것은 현재의 비기저변수와 기저변수를 서로 바꾸어 감으로써 가능하다. 즉, 현재의 기저변수는 비기저변수가 되며(즉 양수로부터 0으로 감소), 현재의 비기저변수는 기저변수가 된다(즉 0으로부터 양수로 증가). 예제 8.5에서 가우스-조단 소거법의 **피봇단계**(*pivot step*)를 통하여 이러한 과정이 수행되며, 그 결과 새로운 정준형이 정의된다. **피봇행, 피봇열, 피봇요소**의 정의도 주어진다.

예제 8.5 **피봇단계—기저변수와 비기저변수의 교환화**

예제 8.3의 문제는 선형연립방정식 정준형의 $\mathbf{Ax} = \mathbf{b}$로 나타나는 표준형으로 다음과 같이 표현된다.

　　최소화

$$f = -4x_1 - 5x_2 \tag{a}$$

　　제약조건

$$-x_1 + x_2 + x_3 = 4 \tag{b}$$

$$x_1 + x_2 + x_4 = 6 \tag{c}$$

$$x_i \geq 0; \; i = 1 \text{ to } 4 \tag{d}$$

　　비기저변수 x_1과 기저변수 x_4를 서로 바꾸어서 새로운 정준형을 구하라(즉, x_1을 기저변수로 x_4를 비기저변수로 만들어라).

풀이

주어진 정준형은 표 8.4와 같은 화표로 나타낼 수 있다. x_1과 x_2는 비기저이고, x_3과 x_4는 기저이다. 즉 $x_1 = x_2 = 0$, $x_3 = 4$, $x_4 = 6$이다. 이것은 그림 8.2에 있는 점 A에 해당한다. 화표에서 기저변수는 가장 좌측편에 있고, 가장 우측편은 그에 해당되는 기저변수들의 값이다. 또한 화표의 열을 살펴보면 기저변수를 쉽게 알 수 있다. 즉 표 8.4의 변수 x_3, x_4와 같이 단위행렬의 열과 관련된 변수가 기저변수인 것이다. 기저열에서

표 8.4 예제 8.5의 기저변수 x_4와 비기저변수 x_1를 맞바꾸기 위한 피봇단계

Basic ↓	x_1	x_2	x_3	x_4	b

First tableau: For basic solution, nonbasic variables are: $x_1 = 0$, $x_2 = 0$ and basic variables are $x_3 = 4$, $x_4 = 6$. To interchange x_1 with x_4, choose row 2 as the pivot row and column 1 as the pivot column. Perform elimination using a_{21} as the pivot element.

Basic ↓	x_1	x_2	x_3	x_4	b
1. → x_3	−1	1	1	0	4
2. → x_4	1	1	0	1	6

Second tableau: result of the pivot operation. For basic solution, nonbasic variables are: $x_2 = 0$, $x_4 = 0$ and basic variables are: $x_1 = 6$, $x_3 = 10$.

Basic ↓	x_1	x_2	x_3	x_4	b
1. → x_3	0	2	1	1	10
2. → x_1	1	1	0	1	6

값이 1인 위치에 해당되는 행을 확인하면 그 행의 가장 우측에 있는 변수 b_i가 그 열에 해당되는 기저변수의 값이 된다. 예를 들면, 기저열 x_3는 첫째 행에서 1의 요소를 가지고 있어서 x_3는 첫째 행과 관련된 기저변수이다. 마찬가지로 x_4는 둘째 행과 관련된 기저변수이다.

피봇열: x_1이 기저변수가 되기 때문에 이는 단위열이 되어야 한다. 즉, x_1열에서 하나만 제외하고 모든 행에서 x_1을 제거하여야 한다. 행 2에 해당하는 x_4는 비기저변수가 되어야 하기 때문에 x_1열의 단위요소는 행 2에 나타나야 한다. 이는 x_1을 기저변수로, x_4를 비기저변수로 만든다. 열 1[즉 식 (b)]에서 x_1을 제거함으로써 얻을 수 있다. 이렇게 제거가 수행된 열을 피봇열이라 부른다.

피봇행: 여러 식으로부터 한 변수를 제거하는 데 사용한 행을 피봇행이라 부른다(예를 들어 표 8.4의 첫번째 화표에서 행 2).

피봇요소: 피봇열과 피봇행의 교점은 피봇요소를 결정한다(예를 들어, 표 8.4의 첫 번째 화표의 $a_{21} = 1$. 피봇요소는 네모상자로 표현하였다).

피봇연산: x_1을 기저로 하고 x_4를 비기저변수로 만들려면 $a_{21} = 1$과 $a_{11} = 0$으로 만들어야 한다. 이렇게 함으로써 x_1 대신 x_4가 기저변수로 되며 새로운 정준형을 얻을 수 있다. $a_{21} = 1$을 피봇요소로 하여 첫 번째 열에 가우스-조단 소거과정을 수행하면 표 8.4와 같은 두 번째 정준형을 얻게 된다. 두 번째 정준형에서는 $x_2 = x_4 = 0$이 비기저변수이고, $x_1 = 6$과 $x_3 = 10$이 기저변수이다. 그림 8.2를 보면 피봇단계 결과 정점 A(0, 0)에서 이웃한 정점 D(6, 0)으로 이동했음을 알 수 있다.

8.4.3 Ax = b의 기저해

가우스-조단 소거법을 이용하여 선형계획문제의 모든 기저해를 체계적으로 구할 수 있다. 기저유용해에 대하여 가격함수를 계산하여 문제의 최적해를 결정할 수 있다. 다음 절에서 설명하는 심플렉스법은 다음의 예외가 있는 접근법이다. 예외로 단지 기저유용해를 통하여 탐색하며 최적해가 구해지면 종료한다. 예제 8.6은 기저해를 구하는 과정을 설명한다.

예제 8.6   기저해의 계산

예제 8.2의 이윤 최대화 문제에서 가우스-조단 소거법을 이용하여 3개의 기저해를 구하라.

풀이

예제 8.2의 식 (f)~(j)에서 다음과 같이 표준형으로 변환한다.

최소화

$$f = -400x_1 - 600x_2 \tag{a}$$

제약조건

$$x_1 + x_2 + x_3 = 16 \tag{b}$$

$$\frac{1}{28}x_1 + \frac{1}{14}x_2 + x_4 = 1 \tag{c}$$

$$\frac{1}{14}x_1 + \frac{1}{24}x_2 + x_5 = 1 \tag{d}$$

$$x_i \geq 0, \, i = 1 \text{ to } 5 \tag{e}$$

첫 번째 화표

제약조건 식 (b)~(d)는 첫번째 화표로 정의된 표 8.5에 화표형으로 작성되었다. x_3, x_4, x_5열은 단위열이며 기저변수가 된다. x_3열의 단위요소는 첫 번째 행이기 때문에 x_3가 화표에서 첫 번째 행에 해당하는 변수가 된다. 같은 방법으로 x_4와 x_5는 각각 두 번째 행과 세 번째 행에 해당되는 기저변수가 된다. 그러므로 첫 번째 화표의 기저해는 다음과 같다(예제 8.1의 해 1에 해당함).

기저변수: $x_3 = 16$ (첫 번째 행), $x_4 = 1$ (두 번째 행), $x_5 = 1$ (세 번째 행)

비기저변수: $x_1 = 0$, $x_2 = 0$

두 번째 화표

새로운 기저해를 구하기 위해 새로운 정준형(새로운 일반해)을 얻어야 한다. 이는 다른 비기저변수를 선택하여 구할 수 있다. 현재 기저변수인 x_4가 비기저변수가 되고 현재 비기저변수인 x_1이 기저변수가 되도록 선택하자. 즉 변수 x_1과 x_4의 역할을 서로 교환한다. 즉, x_1이 기저열이 되며, x_4가 비기저열이 된다. x_1이 기저열이 되기 때문에 단지 한 수식에서 한 번 나타나야 한다. 이는 첫 번째 화표에서 두 번째 행에 해당하는 비기저변수 x_4를 선택하였기 때문에 식 #2가 될 것이다. 화표 용어를 사용하여 x_1열을 피봇열로 두 번째 행을 피봇행으로 선택한다. 결국 피봇요소는 $a_{21} = 1/28$이다. 피봇요소는 네모상자로 표시하였으며, 피봇열과 피봇행은 표 8.5의 첫 번째 화표에 강조표시를 하였다.

다음과 같이 두 번째 화표를 얻기 위하여 피복연산을 완성하자(다음 단계들의 자세한 계산 과정은 표 8.6에 표시한다).

1. 피봇행을 표 8.6의 다섯 번째 행에 있는 $a_{21} = 1/28$ 피봇요소로 나눈다. 이 결과가 표 8.5 두 번째 화표의 행 5와 같이 표현된다.

2. 첫 번째 수식에서 x_1을 소거하기 위하여 표 8.6의 행 4와 같이 행 1에서 행 5를 뺀다. 그 결과가 표 8.5 두 번째 화표의 행 4와 같이 표현된다.

표 8.5 이윤 최대화 문제의 기저해

Basic ↓	x_1	x_2	x_3	x_4	x_5	b	Remarks

First basic solution. Basic variable x_4 is selected to be replaced with the nonbasic variable x_1 to obtain second basic solution.

Basic ↓	x_1	x_2	x_3	x_4	x_5	b	Remarks
1. x_3	1	1	1	0	0	16	Column x_1 is the pivot column and row 2 is the pivot row
2. x_4	$\dfrac{1}{28}$	$\dfrac{1}{14}$	0	1	0	1	
3. x_5	$\dfrac{1}{14}$	$\dfrac{1}{24}$	0	0	1	1	

Second basic solution. x_3 is selected to be replaced with x_2 in the basic set third basic solution.

Basic ↓	x_1	x_2	x_3	x_4	x_5	b	Remarks
4. x_3	0	−1	1	−28	0	−12	x_2 is the pivot column and row 4 is the pivot row
5. x_1	1	2	0	28	0	28	
6. x_5	0	$-\dfrac{17}{168}$	0	−2	1	−1	

Third basic solution.

Basic ↓	x_1	x_2	x_3	x_4	x_5	b	Remarks
7. x_2	0	1	−1	28	0	12	
8. x_1	1	0	2	−28	0	4	
9. x_5	0	0	$-\dfrac{17}{168}$	$\dfrac{5}{6}$	1	$\dfrac{3}{14}$	

3. 세 번째 수식에서 x_1을 소거하기 위하여 표 8.6의 행 6과 같이 행 3에서 행 5에 1/14를 곱하여 뺀다. 그 결과 표 8.5의 두 번째 화표의 행 6과 같이 표현된다.

이 정준형(일반해) 식은 다음과 같다(표 8.5의 두번째 화표).

$$-x_2 + x_3 - 28x_4 = -12 \tag{g}$$

$$x_1 + 2x_2 + 28x_4 = 28 \tag{h}$$

$$-\frac{17}{168}x_2 - 2x_4 + x_5 = -1 \tag{i}$$

두 번째 화표에서 기초해는 다음과 같다.

기저변수: $x_3 = -12$, $x_1 = 28$, $x_5 = -1$

비기저변수: $x_2 = 0$, $x_4 = 0$

이 기저해는 불유용이며 그림 8.1의 불유용정점 H에 해당한다(예제 8.1의 해 7).

세 번째 화표

현재 기저변수인 x_3와 현재 비기저변수인 x_2를 서로 교환하여 또 다른 기저해를 구하고자 한다. 이는 x_2를 단위열로 x_3를 비기저열로 만든다. 그러므로 x_2는 피봇열이 되며 두 번째 화표(행 4)의 첫 번째 열이 $a_{12} = -1$과 함께 피봇행이 된다. (여기서 음수를 피봇요소로 선택하지만 다음 절에서 설명하는 심플렉스법에서

표 8.6 예제 8.6의 이윤 최대화 문제의 두 번째 화표 계산

Basic ↓	x_1	x_2	x_3	x_4	x_5	b
4. x_3	$1-1=0$	$1-2=-1$	$1-0=1$	$0-28=-28$	0	$16-28=-12$
5. x_1	$\dfrac{1/28}{1/28}=1$	$\dfrac{1/14}{1/28}=2$	0	$\dfrac{1}{1/28}=28$	0	$\dfrac{1}{1/28}=28$
6. x_5	$\dfrac{1}{14}-1\times\dfrac{1}{14}=0$	$\dfrac{1}{24}-2\times\dfrac{1}{14}=-\dfrac{17}{168}$	0	$0-28\times\dfrac{1}{14}=-2$	1	$1-28\times\dfrac{1}{14}=-1$

Note: Eliminations are performed in x_1 column using row 5.

표 8.7 예제 8.6의 이윤 최대화 문제의 세 번째 화표 계산

Basic ↓	x_1	x_2	x_3	x_4	x_5	b
7. x_2	0	$\dfrac{-1}{-1}=1$	$\dfrac{1}{-1}=-1$	$\dfrac{-28}{-1}=28$	0	$-12/-1=12$
8. x_1	1	$2-1\times2=0$	$0-(-1)\times2=2$	$28-2\times28=-28$	0	$28-12\times2=4$
9. x_5	0	$-\dfrac{17}{168}+1\times\dfrac{17}{168}=0$	$0-1\times\dfrac{17}{168}=-\dfrac{17}{168}$	$-2+28\times\dfrac{17}{168}=\dfrac{5}{6}$	1	$-1+\dfrac{17}{168}\times12=\dfrac{3}{14}$

Note: Eliminations are performed in the x_2 column using row 7.

음수는 피봇요소로 선택하지 않는다.) 이 피봇연산은 첫번째 수식을 제외한 모든 식으로부터 x_2를 제거한다. 따라서 x_2는 단위열이 되며, 같은 방법으로 두번째 화표에서 x_3열이 단위열이 된다.

표 8.7에 자세한 피봇연산을 표시하며, 최종 결과를 표 8.5에 정리한다. 피봇연산은 다음의 단계로 수행된다.

1. 피봇행을 표 8.7의 7번째 행에 있는 $a_{21}=-1$ 피봇요소로 나눈다. 이 결과가 표 8.5 세 번째 화표의 7번째 행으로 표현된다.

2. 두 번째 수식에서 x_2를 소거하기 위하여 표 8.7의 행 8과 같이 행 5에서 행 7에 2를 곱하여 뺀다. 그 결과는 표 8.7의 행 8에 있으며, 표 8.5에 정리되어 있다.

3. 세 번째 수식에서 x_2를 소거하기 위하여 행 7에 17/168을 곱하고 행 6을 더한다. 그 결과는 표 8.7의 행 9에 있으며, 표 8.5의 행 9에 정리되어 있다.

표 8.5의 세 번째 화표로부터 기저해는 다음과 같다.

기저변수: $x_2=12$, $x_1=4$, $x_5=\dfrac{3}{14}$

비기저변수: $x_3=0$, $x_4=0$

이 기저해는 그림 8.1의 최적점 D에 해당한다(표 8.1의 해 8).

8.5 심플렉스법

8.5.1 심플렉스

2차원 공간에서 **심플렉스**는 동일 직선상에 놓여있지 않은 3개의 점에 의해 형성된다. 3차원 공간에서는 동일 평면상에 놓이지 않은 4개의 점으로 형성된다. 3개의 점은 동일 평면에 놓일 수 있으나 나머지 한 점은 반드시 이 평면 밖에 있어야 한다. 일반적으로 n차원에서의 심플렉스는 하나의 접평면에 놓이지 않은 $(n + 1)$개의 점으로 형성된 **볼록다면체**이다. $(n + 1)$개 점의 볼록다면체는 모든 점을 포함하는 가장 작은 볼록집합이다. 따라서 **심플렉스**는 볼록집합을 나타낸다.

8.5.2 심플렉스법의 기본 단계

선형계획문제를 풀기 위한 심플렉스법의 기초를 다룬다. 정준형(canonical form), 피복행, 피봇열, 피봇요소, 피봇단계의 개념을 소개한다. 심플렉스 화표(Simplex tableau)와 화표 표기법을 공부한다. 이 방법은 선형 연립방정식 $\mathbf{Ax} = \mathbf{b}$의 해를 구하는 표준 가우스-조단(Gauss-Jordan) 소거 과정의 확장으로 설명한다. 여기서 $\mathbf{A}$는 $m \times n$ $(m < n)$ 행렬, $\mathbf{x}$는 n벡터, $\mathbf{b}$는 m벡터이다. 이 절에서 "≤형" 제약조건이 있는 선형문제에 대한 심플렉스법을 전개하고 예를 든다. 이 방법은 매우 간단하게 개발할 수 있다. 다음 절에서는 "≥형" 제약조건과 등호제약조건이 있는 심플렉스법에 대하여 설명한다. 심플렉스법의 자세한 유도과정은 9장에 설명되어 있다.

심플렉스법의 기본 아이디어

정리 8.2는 기저유용해 중 하나가 선형계획문제의 최적해임을 보장한다. 심플렉스법의 기본 개념은 하나의 기저유용해에서 다른 기저유용해로 목적함수가 감소하도록 진행하되 최솟값을 얻을 때까지 진행한다. 이 방법은 결코 비가용기저해를 계산하지 않는다. 이전 절에서 설명한 가우스-조단 소거 과정을 이용하여 체계적으로 $\mathbf{Ax} = \mathbf{b}$의 선형연립방정식의 유용해를 최적해를 얻을 때까지 체계적으로 구한다.

이 세부절에서 예제를 이용하여 심플렉스법을 설명한다. 이 방법은 기저유용해(즉 볼록유용집합의 정점)로부터 출발한다. 이제 새로운 해가 유용성을 유지하면서 (즉 모든 $x_i \geq 0$) 가격함수를 감소하도록 이웃 정점으로 이동한다. 이는 현재 기저유용해에서 기저변수를 비기저변수로 대치함으로써 얻을 수 있다. 이제 두 가지 의문이 발생한다.

1. 현재의 비기저변수 중에서 어느 것을 기저변수로 만들 것인가?
2. 현재의 기저변수 중에서 어느 것이 비기저변수가 될 것인가?

심플렉스법은 9장에서 설명하는 이론적 고려를 기반으로 이 질문에 답을 준다. 여기에서 두 가지 질문에 대한 답인 심플렉스법의 기본 단계를 예를 들어 설명한다.

환산가격계수

가격함수는 비기저변수의 항으로만 표현되도록 하자. 가격함수에서 비기저변수의 계수를 환산가격계수(reduced cost coefficients)라 부르며 c_i'로 쓴다.

비기저변수의 항으로 표현된 가격함수

예제를 표현하기 전에 심플렉스법의 중요한 요구사항에 대하여 언급한다. 심플렉스 단계를 시작할 때 가격계수는 반드시 비기저함수로 표현되어야 한다. 이것은 가능하며, 예제에서 보여줄 예정이다. 각 심플렉스 단계의 마지막에서 가격함수는 다시 비기저변수 항만으로 표현되어야 한다. 이는 가격함수 $c^T x = f$를 화표의 마지막 행으로 표현하고 기저변수를 소거하면 얻을 수 있다. 따라서 마지막 행에서 계수는 환산가격계수 c_j'가 된다. 이들은 기저열에서는 항상 0이 된다.

다음의 두 개의 조건을 검토하기 위해 가격함수는 비기저함수의 항으로만 표현되어야 한다.

현재 기저유용해의 최적성: 모든 환산가격계수가 음이 아니면 ($c_j' \geq 0$) 현재 기저유용해는 최적해이다.

기저변수가 될 비기저변수의 결정: 만약 현재 점이 최적해가 아니라면(즉 환산가격계수가 음인 경우가 있다면), 음의 환산가격계수가 어떤 비기저변수가 가격함수를 줄일 수 있는 기저변수가 될 것인가를 결정한다.

예제 8.7은 체계적으로 심플렉스법을 설명하고 예시한다.

예제 8.7	심플렉스법의 단계

다음의 선형계획문제를 풀어라.

최대화

$$z = 2x_1 + x_2 \tag{a}$$

제약조건

$$-4x_1 - 3x_2 \geq -12 \tag{b}$$
$$4 \geq 2x_1 + x_2 \tag{c}$$
$$x_1 + 2x_2 \leq 4 \tag{d}$$
$$x_1, x_2 \geq 0 \tag{e}$$

풀이

이 문제의 도해를 그림 8.3에 나타내었다. 그림에서 해는 C-D선을 따라 무한개가 존재한다($z = 4$). 왜냐하면 목적함수가 두 번째 제약조건함수와 평행하기 때문이다. 심플렉스법이 어떻게 이를 표현하는지 보게 될 것이다. 심플렉스 방법을 설명하기 위하여 다음과 같은 단계를 이용한다.

1. **문제를 표준형으로 변환하라.** 이 문제를 표준선형계획문제로 변환하기 위하여 제약조건의 우측항이 음이 아닌 값을 갖도록 식을 다시 정리한다. 첫 번째 제약조건은 $4x_1 + 3x_2 \leq 12$로, 두 번째 제약조건은 $2x_1 + x_2 \leq 4$로 정리한다. z의 최대화 문제를 $f = -2x_1 - x_2$의 최소화 문제로 바꾼다. 이제 모든 제약조건이 "≤형"이므로, 완화변수 x_3, x_4, x_5를 제약조건으로 추가하고 표준선형계획문제를 다음과 같이 쓴다.

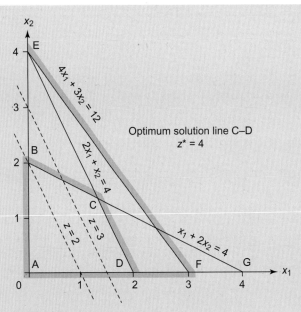

그림 8.3 **예제 8.7의 선형계획문제에 대한 도해.** 최적해는 C-D 선상에 있다. $z^* = 4$

최소화

$$f = -2x_1 - x_2 \tag{f}$$

제약조건

$$4x_1 + 3x_2 + x_3 = 12 \tag{g}$$

$$2x_1 + x_2 + x_4 = 4 \tag{h}$$

$$x_1 + 2x_2 + x_5 = 4 \tag{i}$$

$$x_i \geq 0; \; i = 1 \text{ to } 5 \tag{j}$$

여기서는 마지막 행에 표 8.3의 화표와 기호를 사용하여 가격함수의 계수를 표시한다. 이 문제의 초기 화표는 표 8.8이며, 마지막 행에 목적함수 $-2x_1 - x_2 = f$가 나타나 있다. 여기서 목적함수는 오직 비기저변수 항으로만 표현되며, 이는 심플렉스법의 기본적인 요구사항이다. 목적함수가 비기저변수 항으로 표현되면, 마지막 행의 목적함수계수는 환산목적계수 c_j'이다. 표 8.8의 가장 좌측 열은 각 제약조건에서의 기저변수를 나타낸다(예제 8.4에서 $x_3 - x_5$열의 단위행렬에 해당).

2. 초기 기저해. 심플렉스를 시작하기 위해서는 기저유용해가 필요하다. 이것은 이미 표 8.8에 표시되어 있으며 다음과 같이 주어진다.

기저변수: $x_3 = 12$, $x_4 = 4$, $x_5 = 4$

비기저변수: $x_1 = 0$, $x_2 = 0$

가격함수: $f = 0$

x_1과 x_2를 대입하면 목적함수 행은 $0 = f$이다. 이 해는 그림 8.3에서 점 A를 나타내며 이때 변수가 음

표 8.8 예제 8.7의 선형계획문제의 초기 화표

Basic ↓	x_1	x_2	x_3	x_4	x_5	b
1. x_3	4	3	1	0	0	12
2. x_4	2	1	0	1	0	4
3. x_5	1	2	0	0	1	4
4. Cost function	-2	-1	0	0	0	f

수가 아니라는 조건을 제외하고는 모든 제약조건이 활성적이 아니다.

3. **최적성 검사.** 비기저열, 즉 x_1과 x_2에 해당하는 열에서 목적함수 계수행 중에 0이 아닌 수가 있는지를 표8.8에서 조사한다. 즉 $c_1' = -2$, $c_2' = -1$이다. 만일 목적함수 행이 모두 음수가 아닌 수가 있으면 이때 구해진 목적함수 값이 최적해가 되며, 심플렉스법에 의한 계산도 끝난다. 가격행에서 비기저변수의 값이 음이 존재하므로 현재의 유용해는 최적해가 아니다.

4. **기저변수로 만들 비기저변수 선택.** 가격함수의 계수가 음수($c_1' = -2$)인 x_1열을 택한다. 이는 기저변수가 될 열에 해당하는 비기저변수(x_1)가 된다. 따라서 x_1열에서 소거가 진행된다. 즉, 이는 강조되게 표시된 피봇열이다. 이것은 절 초반에 제기되었던 질문 1 "현재의 비기저변수 중에서 어느 것을 기저변수로 만들 것인가?"에 해당하는 답이 된다. 마지막 행에 한 개 이상의 음수 요소가 있으면 기저변수가 되어야 할 변수는 나타난 가능성 중에서 임의로 된다. 일반적인 방법이 마지막 행에서 가장 작은 값 (또는 절댓값이 가장 큰 음의 값을 가진 값)에 해당되는 변수를 선택한다.

비기저열에 있는 환산가격계수는 강조체로 표현한다. 표 8.8의 네모상자 안의 음수 환산가격계수는 기저가 되기 위해 선택된 열에 해당된다는 것을 나타낸다.

5. **비기저변수로 만들 기저변수 선택.** 현재의 기저 중에서 비기저가 될 변수를 선택하기 위하여(피봇행을 정하기 위하여), 표 8.9에서와 같이 x_1열의 양수인 요소와 우측에 있는 b열의 변수의 비를 계산하여 그중 가장 작은 값을 가지는 행을 택한다. 즉, 가장 작은 값의 음이 아닌 비를 갖는 행이다(음영된 두

표 8.9 예제 8.7의 피봇열과 행의 선택

Basic ↓	x_1	x_2	x_3	x_4	x_5	b	Ratio: $b_i / a_{i1}; a_{i1} > 0$
1. x_3	4	3	1	0	0	12	$\dfrac{12}{4} = 3$
2. x_4	2	1	0	1	0	4	$\dfrac{4}{2} = 2 \leftarrow$ smallest
3. x_5	1	2	0	0	1	4	$\dfrac{4}{1} = 1$
4. Cost function	-2	-1	0	0	0	f	

The selected pivot element is boxed. Selected pivot row and column are highlighted. x_1 should become basic (pivot column). x_4 row has the smallest ratio, and so x_4 should become nonbasic (pivot row).

번째 행). 따라서 현재 기저변수 x_4가 비기저가 될 것이다. 피봇요소는 a_{21} = 2(피봇열과 행이 교차하는 지점)가 된다. 이것은 절 초반에 제기되었던 질문 2 "현재의 기저변수 중에서 어느 것이 비기저변수가 될 것인가?"에 해당되는 답이 된다. 변수의 비가 가장 작은 행을 선택함으로써 새로운 기저해의 유용성을 유지할 수 있는데, 이는 9장에서 증명한다.

선택된 피봇요소도 네모상자 안에 있고, 피봇열과 행은 전체적으로 음영으로 되어 있다.

6. **피봇단계.** 1행, 3행, 가격함수행으로부터 x_1을 소거하기 위하여 피봇행인 두 번째 행을 사용하여 x_1열의 소거를 진행한다. 여기서 예제 8.6에 서 예시한 단계를 따른다.
   - 두 번째 행을 피봇요소 2로 나눈다.
   - 1행의 x_1을 제거하기 위하여 새로운 2행에 4를 곱하여 1행으로부터 뺀다.
   - 3행의 x_1을 제거하기 위하여 새로운 2행을 세 번째 행으로부터 뺀다.
   - 가격함수행의 x_1을 제거하기 위하여 마지막으로 새로운 2행에 2를 곱하여 목적함수행에 더한다.

   이러한 소거과정의 결과로서 새로운 화표인 표 8.10이 구해진다. 단위열은 x_1, x_3, x_5이며, 단위요소의 위치는 기저변수의 행과 일치한다. 새로운 기저유용해는 다음과 같다.

   기저변수: $x_3 = 4$, $x_1 = 2$, $x_5 = 2$
   비기저변수: $x_2 = 0, x_4 = 0$
   가격함수: $0 = f + 4$, $f = -4$ ($z = 4$)

7. **최적해.** 이렇게 구해진 해는 그림 8.3의 점 D이다. 가격함수 값은 0에서 –4로 감소하였다. 마지막 가격함수 행의 계수들이 모두 음수가 아니므로 더 이상의 목적함수 값의 감소가 이루어질 수 없다. 따라서 이 값이 최적해이다. 이 예제에서는 단 한번의 피봇과정으로 최적해를 얻었지만, 일반적으로는 가격함수 행의 모든 계수들을 음수가 안 될 때까지 더 많은 반복과정이 필요하다.

0의 환산가격계수의 결과

표 8.10의 마지막 행에서 비기저변수에 해당되는 가격함수계수는 0이다. 이는 문제의 최적해가 다중해임을 의미한다. 일반적으로 비기저에 대응되는 마지막 행의 가격계수의 값이 0이면, 그 문제의 해는 다중해일 수 있다. 이 점에 대해서는 뒤에서 더욱 상세히 다룰 것이다.

표 8.10 x_1을 기저변수로 한 예제 8.7의 둘째 화표

Basic ↓	x_1	x_2	x_3	x_4	x_5	b
1. x_3	0	1	1	−2	0	4
2. x_1	1	0.5	0	0.5	0	2
3. x_5	0	1.5	0	−0.5	1	2
4. Cost function	0	0	0	1	0	$f + 4$

The cost coefficients in nonbasic columns are nonnegative; the tableau gives the optimum solution.

표 8.11 예제 8.7의 선형계획문제에 대한 심플렉스법에서 부적절한 피봇의 결과

Basic ↓	x_1	x_2	x_3	x_4	x_5	b
1. x_3	0	−5	1	0	−4	−4
2. x_4	0	−3	0	1	−2	−4
3. x_1	1	2	0	0	1	4
4. Cost function	0	3	0	0	4	$f + 8$

The pivot step making x_1 basic and x_5 nonbasic in Table 8.8 gives a basic solution that is not feasible.

부적절한 피봇 선택의 결과

만일 가장 작은 비가 아닌 행을 피봇행으로 택하여 계산하면 어떤 결과가 나오는지 살펴보자. 표 8.8에서 세 번째 행의 $a_{31} = 1$을 피봇요소로 택해서 계산해 보자. 이는 비기저 x_1과 x_5를 교환하는 것이 된다. 첫 번째 열에 소거를 행하면 표 8.11의 결과가 나온다. 화표에서 다음의 결과를 얻는다.

기저변수: $x_3 = -4$, $x_4 = -4$, $x_1 = 4$

비기저변수: $x_2 = 0$, $x_5 = 0$

가격함수: $0 = f + 8$, $f = -8$

위의 결과는 그림 8.3에서 점 G에 해당된다. 이러한 기저해는 x_3, x_4가 음수이므로 유용해가 아님을 알 수 있다. 따라서 피봇행을 택할 때 피봇열에서 양수와 우측의 계수와의 비가 가장 작은 행을 피봇행으로 택하지 않으면, 새로운 기저해는 유용해가 아닐 수 있다는 것을 알 수 있다.

EXCEL과 같은 스프레스시트을 이용하면 쉽게 피봇단계를 수행할 수 있다. 이런 프로그램은 수동 소거 과정을 이용하여 막힘 없이 심플렉스법을 배울 수 있다.

8.5.3 선형계획의 기본 정리

앞 절에서 예제를 통하여 심플렉스법의 기본 단계의 대하여 살펴보았다. 이 절에서는 심플렉스법에 내재된 원리들을 선형프로그램의 기본 정리라 불리는 두 가지 정리로 요약해 본다. 비기저변수의 환산목적계수 c_j'는 양수, 음수 또는 0이 될 수 있음을 보았다.

여기서 c_j'가 음수이고 대응되는 비기저변수가 양수이면(즉, 이를 기저변수로 만든다) f의 값은 감소된다. 만일 한 개 이상의 c_j'가 음수일 경우에 널리 이용되어온 방법은 가장 작은 c_j'(즉, 절댓값이 가장 큰 음수의 c_j')에 해당하는 비기저변수를 선택하여 기저변수로 만드는 것이다.

따라서 $(m + 1) \leq j \leq n$ (비기저변수)의 c_j' 중 하나가 음수이면, 목적함수 값을 줄일 수 있는 새로운 기저유용해를 구하는 것이 가능하다. 만일 어떤 c_j'가 0이면, 관련된 비기저변수는 기저로 만들 수 있고 이때 목적함수 값에는 변화가 없다. 만일 모든 c_j'가 음수가 아니라면, 더 이상 목적함수 값을 줄이기가 불가능하며, 현재의 기저유용해가 최적해이다. 이러한 결과는 다음의 정리 8.3과 8.4로 요약된다.

정리 8.3   기저유용해의 개선

주어진 비퇴화기저유용해에 해당하는 목적함수를 f_0라 하고 어떤 j 대해서 $c_j' < 0$이라 가정하자.

1. **기저유용해의 개선.** $f < f_0$가 되는 유용해가 존재한다. 만일 c_j'에 대응하는 j번째 기저열의 원래의 기저열 중의 하나에 대치되면, 새로운 기저유용해는 $f < f_0$을 만족한다.
2. **무계 가격함수.** 만일 j번째 열이 대치될 수 없어서 기저유용해를 얻을 수 없다면(j번째 열에서 양의 요소가 존재하지 않는다), 유용영역은 무계이며 목적함수 값은 임의의 작은 값으로 만들 수 있다(음수의 무한대를 지향).

정리 8.4   선형계획문제의 최적해

만일 기저유용해가 모든 j에 대해서 $c_j' \geq 0$이 되는 가격계수를 가지면, 그 해는 최적해이다(환산가격계수는 기저열에서 항상 영이다).

정리 8.3에 따르면, 심플렉스법의 기본과정은 초기 기저해로부터 출발한다. 즉 볼록다면체의 어떤 꼭짓점에서 시작한다. 그리고 정리 8.4에 따르면 최적해가 구해질 때까지 가격함수 값이 감소되는 이웃 꼭짓점으로 이동해 나간다.

다중해

비기저열에 있는 모든 c_j'가 양수일 때 **최적해는 유일하다.** 만일 적어도 하나의 c_j'가 0이면, 또 다른 최적해가 있을 가능성이 있다. 만일 0인 환산목적계수에 대응하는 비기저변수가 앞의 계산과정에 의해 기저변수가 될 수 있다면, 또 다른 최적해에 대응되는 정점이 얻어질 수 있다. 환산가격계수의 값이 0이기 때문에 최적목적함수 값은 변하지 않을 것이다. 이 경우 최적해의 정점을 연결한 선분상의 점은 모두 최적해가 된다. 이 최적해들이 비록 격리된 전역 최적해(distinct global optimum)는 아니지만 국소 최적해에 대조되는 관점에서는 전역 최적해가 된다는 것에 주의하자. 기하학적으로 보면, 선형계획문제에 있어서 다중 최적해가 존재한다는 것은 목적함수의 접평면이 제약함수의 초평면 중의 하나와 평행하다는 것을 뜻한다.

다음 예제 8.8과 8.9에서 심플렉스법을 사용하여 선형계획문제의 최적해를 구하는 방법을 보여준다. 예제 8.10은 다중해를 어떻게 확인하는지 보여주며, 예제 8.11은 무계가격함수를 어떻게 확인하는지 보여준다.

예제 8.8   심플렉스법을 이용한 해

심플렉스법을 사용하여 예제 8.3의 선형계획문제의 최적해(만일 해가 존재한다면)를 구하라.

최소화

$$f = -4x_1 - 5x_2 \qquad\qquad (a)$$

제약조건

$$-x_1 + x_2 + x_3 = 4 \qquad\qquad (b)$$

$$x_1 + x_2 + x_4 = 6 \qquad\qquad (c)$$

$$x_i \geq 0;\ i = 1\ \text{to}\ 4 \qquad\qquad (d)$$

풀이

심플렉스표를 사용하여, 표 8.12의 초기 화표를 만들었다: x_3, x_4는 완화변수다. 초기의 화표로부터 기저유용해는 아래와 같이 구해진다.

기저변수: $x_3 = 4$, $x_4 = 6$

비기저변수: $x_1 = x_2 = 0$

가격함수: 화살표의 마지막 행에서 $f = 0$

마지막 행에 있는 목적함수는 비기저변수 x_1, x_2의 항으로만 나타나 있다. 따라서 x_1, x_2의 계수들은 환산목적계수 c_i'이다. 마지막 행을 조사해 보면, 음의 c_i'가 있음을 알 수 있다. 그러므로 현재의 기저해는 최적해가 아니다. 마지막 행에서 가장 작은 수는 -5로서 두 번째 열에 해당된다. 따라서 x_2가 기저변수가 될 것이고, 소거는 두 번째 열에서 행해진다. 두 번째 열의 양의 계수들과 맨 우측의 계수의 비 b_i / a_{i2}를 계산해 보면 첫 번째 행과의 비가 4로서 양의 값으로 가장 작다. 앞서 살펴보았던 심플렉스 기본단계의 5단계에 따르면 첫 번째 행이 피봇행이 된다. 따라서 첫 번째 행에 대응하는 기저변수 x_3가 비기저변수가 될 것이다.

피봇행의 기저변수는 피봇연산 후 비기저가 된다.

피봇요소로서 두 번째 열의 a_{12}를 이용하여 피봇단계를 수행하면, 표 8.12의 두 번째 정준형이 얻어진다. 이 정준형의 기저유용해는 다음과 같다.

기저변수: $x_2 = 4$, $x_4 = 2$

비기저변수: $x_1 = x_3 = 0$

가격함수 값은 $f = -20$으로(마지막 행에서 $0 = f + 20$), 이것은 앞의 0에서 감소된 값이다. 그러므로 이 피봇단계의 결과로써 그림 8.2의 볼록다면체의 꼭짓점이 (0,0)에서 (0,4)로 이동되었다.

비기저열 x_1에 대응하는 환산목적계수는 음수이다. 그러므로 목적함수 값은 더욱 감소될 수 있다. 위 과정을 반복하면, 피봇요소로서 $a_{21} = 2$가 얻어지며 이는 x_1은 기저로 x_4는 비기저가 되어야 함을 뜻한다. 세 번째 정준형은 표 8.12에 나타나 있다. 이 화표의 마지막 행의 환산목적계수 c_j'(비기저변수와 상응)는 모두 음수가 아니다. 따라서 이 화표로부터 다음의 최적해가 구해진다.

기저변수: $x_1 = 1$, $x_2 = 5$

비기저변수: $x_3 = 0$, $x_4 = 0$

가격함수: $f = -29$ ($f + 29 = 0$)

표 8.12 심플렉스법에 의한 예제 8.8의 해

Initial tableau: x_3 is identified to be replaced with x_2 in the basic set, $q = 2$.

Basic ↓	x_1	x_2	x_3	x_4	b	Ratio: b_i/a_{i2}
1. x_3	−1	$\boxed{1}$	1	0	4	$\frac{4}{1} = 4$ ←smallest
2. x_4	1	1	0	1	6	$\frac{6}{1} = 6$
3. Cost	−4	$\boxed{-5}$	0	0	f	

Second tableau: x_4 is identified to be replaced with x_1 in the basic set, $q = 1$.

Basic ↓	x_1	x_2	x_3	x_4	b	Ratio: b_i/a_{i1}
4. x_2	−1	1	1	0	4	Negative
5. x_4	$\boxed{2}$	0	−1	1	2	$\frac{2}{2} = 1$
6. Cost	$\boxed{-9}$	0	5	0	$f + 20$	

Third tableau: reduced cost coefficients in nonbasic columns are nonnegative; the tableau gives optimum point.

Basic ↓	x_1	x_2	x_3	x_4	b	Ratio: b_i/a_{iq}
x_2	0	1	$\frac{1}{2}$	$\frac{1}{2}$	5	Not needed
x_1	1	0	$-\frac{1}{2}$	$\frac{1}{2}$	1	Not needed
Cost	0	0	$\frac{1}{2}$	$\frac{9}{2}$	$f + 29$	

그림 8.2에서 이 값은 점 C(1, 5)에 해당된다. x_3, x_4 비기저열의 환산가격계수는 모두 양수다. 그러므로 최적해는 유일하다.

예제 8.9 | 심플렉스법을 이용한 이윤 최대화 문제의 해

심플렉스법을 사용하여 예제 8.2의 이윤 최대화 문제의 최적해를 구하라.

풀이

예제 8.2의 식 (c)~(e)의 제약조건에 완화변수를 도입하면, 다음의 표준선형계획문제로 만들 수 있다.

최소화

$$f = -400x_1 - 600x_2 \tag{a}$$

제약조건

$$x_1 + x_2 + x_3 = 16 \tag{b}$$

표 8.13 심플렉스법에 의한 예제 8.9의 해

Initial tableau: x_4 is identified to be replaced with x_2 in the basic set, $q = 2$.

Basic ↓	x_1	x_2	x_3	x_4	x_5	b	Ratio: b_i/a_{i2}
1. x_3	1	1	1	0	0	16	$\frac{16}{1} = 16$
2. x_4	$\frac{1}{28}$	$\boxed{\frac{1}{14}}$	0	1	0	1	$\frac{1}{1/14} = 14$ ←smallest
3. x_5	$\frac{1}{14}$	$\frac{1}{24}$	0	0	1	1	$\frac{1}{1/24} = 24$
4. Cost	-400	$\boxed{-600}$	0	0	0	$f - 0$	

Second tableau: x_3 is identified to be replaced with x_1 in the basic set, $q = 1$.

Basic ↓	x_1	x_2	x_3	x_4	x_5	b	Ratio: b_i/a_{i1}
5. x_3	$\boxed{\frac{1}{2}}$	0	1	-14	0	2	$\frac{2}{1/2} = 4$ ← smallest
6. x_2	$\frac{1}{2}$	1	0	14	0	14	$\frac{14}{1/2} = 28$
7. x_5	$\frac{17}{336}$	0	0	$-\frac{7}{12}$	1	$\frac{5}{12}$	$\frac{5/12}{17/336} = \frac{140}{17}$
8. Cost	$\boxed{-100}$	0	0	8400	0	$f + 8400$	

Third tableau: reduced cost coefficients in the nonbasic columns are nonnegative; the tableau gives optimum solution.

Basic ↓	x_1	x_2	x_3	x_4	x_5	b	Ratio
9. x_1	1	0	2	-28	0	4	Not needed
10. x_2	0	1	-1	28	0	12	Not needed
11. x_5	0	0	$-\frac{17}{168}$	$\frac{5}{6}$	1	$\frac{3}{14}$	Not needed
12. Cost	0	0	200	5600	0	$f + 8800$	

$$\frac{1}{28}x_1 + \frac{1}{14}x_2 + x_4 = 1 \tag{c}$$

$$\frac{1}{14}x_1 + \frac{1}{24}x_2 + x_5 = 1 \tag{d}$$

$$x_i \geq 0; \ i = 1 \text{ to } 5 \tag{e}$$

표준심플렉스 표를 이용하면, 표 8.13의 초기 정준형을 만들 수 있다. 따라서 초기 기저유용해는 다음과 같다. $x_1 = 0$, $x_2 = 0$, $x_3 = 16$, $x_4 = x_5 = 1$, $f = 0$. 이 값은 그림 8.1의 점 A에 해당된다. 초기목적함수 값은 0이고 x_3, x_4, x_5는 기저변수이다.

심플렉스법을 사용하면, $a_{22} = 1/14$가 피봇요소임을 알 수 있다. 따라서 기저변수 x_4는 비기저변수 x_2 와 서로 교환한다. 두 번째 행을 피봇행으로 사용하여 피봇단계를 수행하면, 표 8.13의 두 번째 정준형을 구할 수 있다. 이때의 기저유용해는 다음과 같다: $x_1 = 0$, $x_2 = 14$, $x_3 = 2$, $x_4 = 0$, $x_5 = 5/12$. 이것은 그림

8.1에서 점 E에 해당된다. 목적함수 값은 −8400으로 줄어들었다.

다음 단계의 피봇요소는 a_{11}으로 기저변수 x_3가 비기저변수 x_1과 교환되어야 함을 뜻한다. 피봇단계를 수행하면, 표 8.13의 세 번째 정준형이 얻어진다. 이 경우의 환산가격계수(비기저변수와 상응)는 모두 음수가 아니므로 ($c_3' = 200$, $c_4' = 5600$) 정리 8.4에 따라 다음의 최적해가 구해진다.

기저해: $x_1 = 4$, $x_2 = 12$, $x_5 = 3/14$

비기저변수: $x_3 = 0$, $x_4 = 0$ (제약조건 #1 및 #2가 활성화)

가격함수: $f = -8800$

이것은 그림 8.1의 점 D이다. 가격함수의 최적해는 −8800이다. 비기저변수 x_3과 x_4에 해당되는 c_j'는 양수이다. 그러므로 전역적 최적해는 유일하며, 그림 8.1에서도 알 수 있다.

예제 8.10의 문제는 복수의 해를 가지고 있다. 이 예제를 심플렉스법에 의한 해를 확인하는 방법을 설명한다.

예제 8.10	다중해를 갖는 선형계획문제

심플렉스법을 사용하여 다음의 선형계획문제를 풀어라.

최대화

$$z = x_1 + 0.5x_2 \tag{a}$$

제약조건

$$2x_1 + 3x_2 \le 12 \tag{b}$$

$$2x_1 + x_2 \le 8 \tag{c}$$

$$x_1, x_2 \ge 0 \tag{d}$$

풀이

이 문제는 3장 3.4.3절에서 도해법으로 풀어보았다. 그림 3.7에서 보는 바와 같이 **다중해**가 존재한다. 이 문제를 심플렉스법으로 풀고 일반적인 선형계획문제에서 다중해가 어떻게 확인될 수 있는가를 살펴보자. 이 문제는 다음과 같이 표준선형계획문제로 변환된다.

최소화

$$f = -x_1 - 0.5x_2 \tag{e}$$

제약조건

$$2x_1 + 3x_2 + x_3 = 12 \tag{f}$$

$$2x_1 + x_2 + x_4 = 8 \tag{g}$$

$$x_i \ge 0; \, i = 1 \,\text{to}\, 4 \tag{h}$$

여기서 x_3는 첫 번째 제약조건의 완화변수이며, x_4는 두 번째 제약조건의 완화변수이다. 표 8.14는 심플렉스법의 계산 반복과정을 보여주고 있다. 환산목적계수가 두 번째 정준형에서 모두 음수가 아니므로 그 해들은 다음과 같다.

기저변수: $x_1 = 4$, $x_3 = 4$
비기저변수: $x_2 = x_4 = 0$
최적가격함수: $f = -4$ $(z = 4)$

해는 그림 3.7의 점 B에 해당된다. $x_4 = 0$이므로 제한조건 #2에서 완화는 없다. 즉, 활성화이다.

두 번째 화표에서 비기저변수 x_2에 대응하는 환산목적계수는 0이다. 이것은 최적목적함수 값에 변화를 주지 않고 x_2를 기저변수로 바꿀 수 있음을 뜻한다. 이것이 **다중 최적해**의 존재가능성을 암시하는 것이다.

x_2열에서 피봇연산을 수행하면, 표 8.14의 세 번째 화표와 같이 또 다른 최적해가 구해진다.

기저변수: $x_1 = 3$, $x_2 = 2$
비기저변수: $x_3 = x_4 = 0$.

표 8.14 심플렉스법에 의한 예제 8.10의 해

Initial tableau: x_4 is identified to be replaced with x_1 in the basic set, $q = 1$.

Basic ↓	x_1	x_2	x_3	x_4	b	Ratio: b_i/a_{i1}
1. x_3	2	3	1	0	12	$\frac{12}{2} = 6$
2. x_4	2	1	0	1	8	$\frac{8}{2} = 4$ ←smallest
3. Cost	−1	−0.5	0	0	$f - 0$	

Second tableau: First optimum point; reduced cost coefficients in nonbasic columns are nonnegative; the tableau gives optimum solution. $c'_2 = 0$ indicates possibility of multiple solutions. x_3 is identified to be replaced with x_2 in the basic set to obtain another optimum point, $q = 2$.

Basic ↓	x_1	x_2	x_3	x_4	b	Ratio: b_i/a_{i2}
4. x_3	0	2	1	−1	4	$\frac{4}{2} = 2$ ← smallest
5. x_1	1	$\frac{1}{2}$	0	$\frac{1}{2}$	4	$\frac{4}{1/2} = 8$
6. Cost	0	0	0	$\frac{1}{2}$	$f + 4$	

Third tableau: Second optimum point.

Basic ↓	x_1	x_2	x_3	x_4	b	Ratio
7. x_2	0	1	$\frac{1}{2}$	$-\frac{1}{2}$	2	Not needed
8. x_1	1	0	$-\frac{1}{4}$	$\frac{3}{4}$	3	Not needed
9. Cost	0	0	0	$\frac{1}{2}$	$f + 4$	

최적가격함수: $f = -4 \, (z = 4)$

이 해는 그림 3.7에서 점 C에 해당된다. 선분 B~C상의 점들은 모두 최적해이다. 다중해는 목적함수가 제약함수 중의 하나와 평행할 때 나타날 수 있다. 이 예제의 경우는 가격함수가 활성제약조건인 두 번째 제약함수와 평행하다.

일반적으로 최종 화표에서 비기저변수에 대응하는 환산목적계수가 0이면, 다중해가 있을 가능성이 있다. 실제 응용면에서 보면, 이것이 나쁜 것만은 아니다. 실제로 이것은 설계자에게 선택의 여지를 주기 때문에 바람직스러운 것이기도 하다. 모든 최적설계점들은 국소적이 아니라 전역 최적해이다.

예제 8.11은 문제의 무계유용집합(해)을 어떻게 확인하는지 보여준다.

| 예제 8.11 | 심플렉스법을 이용한 무계문제의 확인 |

다음의 선형계획문제를 풀어라.

최대화

$$z = x_1 - 2x_2 \tag{a}$$

제약조건

$$2x_1 - x_2 \geq 0 \tag{b}$$

$$-2x_1 + 3x_2 \leq 6 \tag{c}$$

$$x_1, x_2 \geq 0 \tag{d}$$

풀이

이 문제는 3.5절에서 도해법으로 풀었다. 도해(그림 3.8)로부터 이 문제가 무계임을 알 수 있다. 이 문제를 심플렉스법으로 풀고 무계문제는 어떻게 확인되는 것인가를 알아보자. 이 문제를 표준 심플렉스 형태로 쓰면 x_3과 x_4가 완화변수인 초기 정준형을 표 8.15와 같이 얻을 수 있다. 첫 번째 제약조건은 $-2x_1 + x_2 \leq 0$으로 변환되었다. 이 경우의 기저유용해는 다음과 같다.

기저변수: $x_3 = 0, x_4 = 6$
비기저변수: $x_1 = x_2 = 0$
가격함수: $f = 0$

마지막 행을 살펴보면, 비기저변수 x_1에 대한 환산목적계수는 음수임을 알 수 있다. 그러므로 x_1은 기저변수로 될 수 있다. 그러나 첫 번째 열에는 양수인 요소가 없기 때문에 피봇요소를 택할 수 없다. 따라서 기저변수가 될 비기저변수를 택하는 것은 불가능하다. x_2에 대한 환산목적계수(다른 비기저변수)는 양수다. 따라서 피봇단계도 수행될 수 없으며, 최적해를 더 이상 구할 수도 없다. 그러므로 이 문제는 무

표 8.15 예제 8.11의 초기 정준형(무계문제)

Basic ↓	x_1	x_2	x_3	x_4	b
1. x_3	−2	1	1	0	0
2. x_4	−2	3	0	1	6
3. Cost	−1	2	0	0	$f − 0$

계이다. 이상의 결과는 일반적으로 사실이다. 즉 무계문제의 경우, 비기저변수에 대응하는 음수의 환산 목적계수는 있지만, 피봇단계를 수행할 수가 없게 된다.

8.6 이단 심플렉스법—인위변수

8.5절에서 배운 기본 심플렉스법을 "≥형"과 등호제약조건을 포함하는 문제로 확장한다. 초기 기저유용해가 심플렉스법을 시작하는 데 필요하다. 하지만 이러한 해는 "≤형"의 제약조건만이 존재할 경우에 사용 가능하다. 그러나 "≥형"과 등호제약조건에 대하여는 초기 기저유용해를 사용할 수 없다. 이러한 문제의 해를 구하기 위해 "≥형"과 등호제약조건에 대하여 인위변수(artificial variable)를 도입한다. 인위변수를 도입하면서 새로운 보조 선형계획문제를 정의한다. 이 문제를 심플렉스 1단계라고 하며, 이 문제는 기본형의 심플렉스법을 그대로 사용하여 해를 구한다. 심플렉스 1단계를 풀면, 원래 문제의 초기유용해로 사용할 수 있게 된다. 2단계에서는 계속해서 원래의 선형계획문제를 풀면 된다. 예제를 통해 설명하고자 한다.

8.6.1 인위변수

선형계획문제에 "≥형"의 제약조건이 있다면, 제약조건에 부가변수(surplus variable)를 빼줌으로써 표준형으로 변환할 수 있다. 등호제약조건이 존재한다면, 그것은 이미 표준형이다. 8.5절에 있는 모든 예제와 같이 "≤형"의 제약조건만 존재하는 경우, 초기 기저유용해는 원래의 설계변수들을 0으로 두면(이들은 비기저변수이다) 앞 절에서 논의한 방법을 이용하여 곧 계산할 수 있다. 최적기저유용해를 구하기 위해서 가우스-조단 소거법을 사용하여 $\mathbf{Ax} = \mathbf{b}$를 정준형으로 변환한다.

그러나 많은 설계문제에는 "≥형"과 등호제약조건이 존재한다. 이러한 제약조건의 경우, 유용해를 계산하기 위해 음이 아닌 새로운 변수를 도입하고, 부가적인 선형계획문제를 정의한다. 이러한 새로운 변수를 인위변수(*artificial variable*)라고 하며, 부가변수(surplus variable)와는 다르다. 이것들은 어떠한 물리적 의미를 가지고 있지 않다. 하지만 이러한 변수를 더함으로써 완화변수(slack variable)와 함께 이들을 기저변수로 취급하여 초기 기저유용해를 구할 수 있다. 이외의 모든 변수들은 비기저로 취급한다.

예제 8.12는 "≥형" 또는 등호 제약조건에서 인위변수를 추가하는 과정을 설명한다.

인위변수 도입

인위변수를 도입하여 다음의 선형계획문제의 초기 기저유용해를 구하라.

최대화

$$z = x_1 + 4x_2 \tag{a}$$

제약조건

$$x_1 + 2x_2 \le 5 \tag{b}$$

$$2x_1 + x_2 = 4 \tag{c}$$

$$-x_1 + x_2 \le -1 \tag{d}$$

$$x_1 \ge 0;\ x_2 \ge 0 \tag{e}$$

풀이

표준형으로 문제를 변환하기 위하여, 부등호식 (d)에 −1을 곱하여 제약조건의 우측항이 음수가 되지 않도록 한다. 즉, $x_1 - x_2 \ge 1$. 이제 제약조건 (b)와 (d)에 각각 완화변수와 부가변수를 도입하여 표준형으로 변환한다.

최소화

$$f = -x_1 - 4x_2 \tag{f}$$

제약조건

$$x_1 + 2x_2 + x_3 = 5 \tag{g}$$

$$2x_1 + x_2 = 4 \tag{h}$$

$$x_1 - x_2 - x_4 = 1 \tag{i}$$

$$x_i \ge 0;\ i = 1 \text{ to } 4 \tag{j}$$

여기서 $x_3 \ge 0$는 완화변수, $x_4 \ge 0$는 부가변수이다.

(g)~(i)의 선형방정식 $\mathbf{Ax} = \mathbf{b}$는 정준형이 아니다. 따라서 심플렉스법을 시작하기 위한 기저유용해가 존재하지 않는다. 따라서 식 (h)와 (i)에 $x_5 \ge 0$과 $x_6 \ge 0$의 인위변수를 도입하고 식 (g)~(i)를 다시 정리하면

$$x_1 + 2x_2 + x_3 = 5 \tag{k}$$

$$2x_1 + x_2 + x_5 = 4 \tag{l}$$

$$x_1 - x_2 - x_4 + x_6 = 1 \tag{m}$$

을 얻는다.

선형방정식 (k)~(m)은 표 8.16에 나타낸 것처럼 정준형이 된다. x_3, x_5, x_6는 방정식 $\mathbf{Ax} = \mathbf{b}$에서 단위행이 된다. 그러므로 x_3, x_5, x_6는 기저변수가 되며, 나머지 변수는 비기저이다. 표 8.16에서 보는 것처럼 기저변수와 화표의 해당되는 행은 행의 위치에 따라 다르다. 표 8.16으로부터 보조 문제의 초기 기저유용해는 다음과 같다.

표 8.16 예제 8.12의 초기 기저유용해

Basic ↓	x_1	x_2	x_3	x_4	x_5	x_6	b
1. x_3	1	2	1	0	0	0	5
2. x_5	2	1	0	0	1	0	4
3. x_6	1	−1	0	−1	0	1	1

기저변수: $x_3 = 5$, $x_5 = 4$, $x_6 = 1$

비기저변수: $x_1 = 0$, $x_2 = 0$, $x_4 = 0$

8.6.2 인위가격함수

보조문제의 기저유용해를 구하기 위해 등호 및 "≥형" 제약조건에 인위변수가 도입된다. 이 변수는 물리적 의미가 존재하지 않으며, 문제로부터 소거되어야 한다. 인위변수를 소거하기 위하여 인위가 격함수라고 하는 보조함수를 정의하며, 제약조건을 만족하며 모든 변수가 음이 되지 않도록 최소화 한다. 이 함수는 인위변수만의 합으로 표시되며, 다음의 w와 같이 정의된다.

$$w = \sum (\text{all artificial variables}) \tag{8.18}$$

예를 들어, 예제 8.12의 인위가격함수는 다음과 같이 주어진다.

$$w = x_5 + x_6 \tag{8.19}$$

8.6.3 심플렉스 1단계의 정의

원래 문제의 초기 기저유용해를 구하기 위하여 인위변수를 도입하였기 때문에 궁극적으로는 소거 되어야 한다. 이러한 소거과정은 제1단계 문제라 부르는 선형계획문제를 정의하고 풀어서 이루어진 다. 1단계 문제의 목적은 모든 인위변수를 비기저로 만들어 0값을 갖게 하는 것이다. 그렇게 하면 식 (8.18)의 인위목적함수가 0이 되고, 이것은 심플렉스 1단계가 끝났음을 의미한다.

그러므로 1단계 문제는 제약조건을 만족하면서 식 (8.18)의 인위가격함수를 최소화하는 것이다. 하지만 1단계 문제는 아직 심플렉스법을 시작하기에 적합한 형태가 아니다. 왜냐하면 인위가격함수 에서 비기저변수의 환산목적계수 c_j'가 아직 피봇요소를 결정하고 피봇단계를 수행하기에 유효하지 않다. 식 (8.18)의 인위목적함수는 식 (8.19)와 같이 기저변수의 항으로 되어 있다. 따라서 환산가격 계수 c_j'는 아직 정해지지 않았다. 이는 인위가격함수 w가 비기저변수의 식으로 표현되어야만 구할 수 있다.

비기저변수의 식으로 w를 얻기 위해 인위가격함수로부터 기저변수를 소거하기 위하여 제약식을 사용한다. 예를 들어, 예제 8.12에서 식 (l)과 (m)으로부터 x_5와 x_6를 치환하여 식 (8.19)에 대입하면, 다음 식과 같이 비기저변수 항으로 이루어진 인위목적함수 w를 얻는다.

$$w = (4 - 2x_1 - x_2) + (1 - x_1 + x_2 + x_4) = 5 - 3x_1 + x_4 \tag{8.20}$$

만일 원래의 문제에 "≤형"의 제약조건이 존재한다면, 이들은 1단계에서 기저변수로 취급되는 완화변수를 더함으로써 선형계획문제로 바꿀 수 있다. 그러므로 인위변수의 개수는 전체의 제약조건식의 수보다 적거나 같게 된다.

8.6.4 1단계 알고리즘

8.5절에서 다루었던 표준 심플렉스 절차는 1단계 보조최적화문제를 푸는 데 그대로 적용한다. 이 단계에서 인위가격함수는 피봇요소를 정하는 데 사용한다. 원래 가격함수는 제약조건으로 취급되며, 소거단계 역시 목적함수에 대해 수행된다. 이 방법을 사용하면, 실제 가격함수는 1단계의 마지막에 비기저변수만의 함수로 표시되고, 계속해서 2단계 심플렉스법이 계속된다. 1단계의 마지막에서 모든 인위변수는 비기저가 되어야 한다. w는 모든 인위변수들의 합이므로 그것의 최솟값은 0이다. $w = 0$이면, 원래의 문제의 볼록집합의 극점에 도달하게 된다. 이때 w는 f에서 제거하고, f의 최솟값을 구할 때까지 2단계에서 반복을 계속한다. 예제 8.13은 심플렉스법의 1단계의 계산을 보여준다.

1단계에서 기저변수가 될 비기저변수를 결정하기 위하여 인위가격행을 사용하라.

불용문제

만일 w가 0으로 되지 않을 경우를 생각해 보자. 이러한 상황은 인위목적함수에 대한 환산목적계수가 어느 것도 음수가 아니며 w는 아직도 0보다 더 클 때 나타나는 것이다. 명백히 이것은 원래의 문제의 볼록집합에 도달할 수 없다는 것을 의미한다. 따라서 이것은 원래 설계문제에 유용해가 없다는 것이다. 즉 그것은 불용문제(*infeasible problem*)이다. 이때는 설계자가 문제의 정식화를 검토하여 너무 과다한 제약조건 혹은 부적당한 정식화가 있는지를 점검해야 한다.

예제 8.13   심플렉스법 1단계

예제 8.12에 대하여 심플렉스법의 1단계를 완성하라.

풀이

예제 8.12의 식 (k)~(m)을 사용하여 이 문제의 초기 화표를 표 8.17과 같이 구성한다. 식 (8.20)의 인위가격함수는 화표의 마지막 행에 표시하며($-3x_1 + x_4 = w - 5$), 식 (f)의 실제 가격함수는 마지막 두 번째 행에 표시한다($-x_1 - 4x_2 = f - 0$).

이제 피봇요소를 결정하기 위하여 인위가격행을 사용하여 심플렉스 반복을 수행한다. 앞에서 보여준 가우스-조단 소거법을 이용하여 피봇연산을 완성한다. 초기 화표에서 요소 $a_{31} = 1$을 피봇요소로 정한다(3행이 x_1열에서 양의 요소와 우변항의 비가 최소이기 때문이다). 3행을 피봇행으로하여 x_1열에서 피봇연산을 수행한다. 피봇연산에서 인위변수 x_6가 기저조합의 x_1으로 대치되었다. 그러므로 인위변수 x_6는 비기저이며 0값으로 가정한다.

표 8.17   예제 8.13에 대한 심플렉스법의 제1단계

Initial tableau: x_6 is identified to be replaced with x_1 in the basic set.

Basic ↓	x_1	x_2	x_3	x_4	x_5	x_6	b	Ratio
1. x_3	1	2	1	0	0	0	5	5/1
2. x_5	2	1	0	0	1	0	4	4/2
3. x_6	1	−1	0	−1	0	1	1	1/1
4. Cost	−1	−4	0	0	0	0	$f-0$	
5. Artificial	−3	0	0	1	0	0	$w-5$	

Second tableau: x_5 is identified to be replaced with x_2 in the basic set.

Basic ↓	x_1	x_2	x_3	x_4	x_5	x_6	b	Ratio
6. x_3	0	3	1	1	0	−1	4	4/3
7. x_5	0	3	0	2	1	−2	2	2/3
8. x_1	1	−1	0	−1	0	1	1	Negative
9. Cost	0	−5	0	−1	0	1	$f+1$	
10. Artificial	0	−3	0	−2	0	3	$w-2$	

Third tableau: reduced cost coefficients in nonbasic columns are nonnegative; the tableau gives Optimum point. End of Phase I.

Basic ↓	x_1	x_2	x_3	x_4	x_5	x_6	b	Ratio
11. x_3	0	0	1	−1	−1	1	2	
12. x_2	0	1	0	$\frac{2}{3}$	$\frac{1}{3}$	$-\frac{2}{3}$	$\frac{2}{3}$	
13. x_1	1	0	0	$-\frac{1}{3}$	$\frac{1}{3}$	$\frac{1}{3}$	$\frac{5}{3}$	
14. Cost	0	0	0	$\frac{7}{3}$	$\frac{5}{3}$	$-\frac{7}{3}$	$f+\frac{13}{3}$	
15. Artificial	0	0	0	0	1	1	$w-0$	

x_3, slack variable; x_4, surplus variable; and x_5, x_6, artificial variables.

두 번째 화표에서 요소 $a_{22} = 3$이 피봇요소가 된다. 따라서 7행을 피봇행으로 사용하여 x_2열에서 소거를 수행한다. 두 번째 피봇연산의 마지막에서 x_5가 기저조합의 x_2으로 대치되었다. 즉, 인위변수 x_5는 0값으로 가정한다. 인위변수 둘 다 비기저가 되었기 때문에 인위가격함수는 0이 되어 심플렉스법의 1단계가 종료된다. 인위가격행의 소거로 비기저열 x_4, x_5, x_6에서 환산가격계수가 음이 아니며, 이 또한 1단계의 종료를 나타낸다.

원래 문제의 기저유용해는 다음과 같다.

기저변수: $x_1 = 5/3$, $x_2 = 2/3$, $x_3 = 2$

비기저변수: $x_4 = x_5 = x_6 = 0$

가격함수: $f = -13/3$

이제 인위가격행과 인위변수열 x_5와 x_6를 표 8.17처럼 제거하며 피봇열를 정하기 위하여 실제 가격행을 이용하여 심플렉스법을 계속 진행한다. 그러나 실제가격함수의 1~4열에서 환산가격계수가 모두 양수이다. 그러므로 이 화표는 이 문제에 대한 최적해를 나타낸다(2단계 종료).

8.6.5 2단계 알고리즘

1단계의 최종 화표에서 인위가격행은 실제 가격함수로 대치하며, 8.5절에 설명한 알고리즘에 따라 심플렉스법을 반복한다. 그러나 기저변수들이 목적함수에 나타나지 않아야 한다. 따라서 가격함수 식에서 기저변수를 소거하기 위하여 목적함수식에 대하여 피봇단계를 수행할 필요가 있다. 이를 위한 편리한 방법은 목적함수를 1단계 화표에서 하나의 식(즉 맨 아래의 행 바로 위의 식)으로 간주하는 것이다. 다른 식과 마찬가지로 가격함수식에도 소거과정을 수행한다. 이렇게 함으로써 가격함수가 정확한 형태가 될 것이며 2단계 알고리즘이 계속될 수 있다.

앞서 말한 과정은 예제 8.13과 표 8.17에서 사용되었다. 실제 가격은 인위가격행 전에 표시하였으며, 소거는 가격행에서도 수행되었다. 선형계획문제의 1단계를 풀기 위해 심플렉스법을 두 번 반복하였다.

표 8.17에서 세 번째 화표의 가격행을 제거하여 비기저열 x_4에 해당하는 환산가격계수는 양수임을 관찰하였다(인위열 x_5와 x_6는 2단계에서는 무시한다). 이는 알고리즘의 2단계가 종료되고 세 번째 화표로부터 얻은 해가 최적해임을 의미한다. 인위변수열 (x_6)는 "≥형" 제약의 부가변수열 (x_4)의 음수가 된다. 이는 일반적으로 사실이며, 심플렉스 반복이 정확하게 수행되었음을 검증하기 위해 사용된다.

인위변수 열은 2단계 계산에서는 무시할 수 있지만, 앞으로 배울 후최적성 해석에 대한 정보를 제공하기 때문에 표에 남겨둔다.

심플렉스법의 특징

1. 선형계획문제의 해가 존재하면 이 방법은 그것을 찾을 수 있다. (예제 8.14)
2. 문제가 불용이면 이 방법은 그것을 알 수 있다. (예제 8.15)
3. 문제가 무계이면 이 방법은 그것을 알 수 있다. (예제 8.11, 8.16)
4. 다중해가 존재하면 이 방법은 그것을 알 수 있다. (예제 8.7, 8.10)

예제 8.14 **"≥형" 제약조건에서 인위변수의 이용**

심플렉스법을 사용하여 다음의 선형계획문제의 최적해를 구하라.

최대화

$$z = y_1 + 2y_2 \tag{a}$$

제약조건

$$3y_1 + 2y_2 \leq 12 \tag{b}$$

$$2y_1 + 3y_2 \geq 6 \tag{c}$$

$$y_1 \geq 0, \ y_2 \ \text{부호제한이 없음} \tag{d}$$

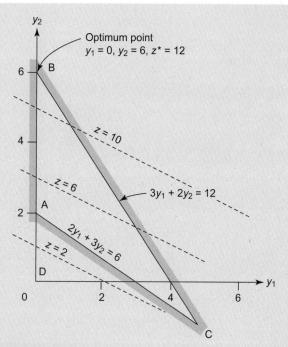

그림 8.4 예제 8.14의 선형계획문제 도해

풀이

이 문제에 대한 도해는 그림 8.4이다. 여기서 최적해는 점 B이다. 이 해를 구하기 위하여 이단 심플렉스법을 사용하자. y_2는 부호제한이 없으므로, $y_2 = y_2^+ - y_2^-$로 분해한다. 표준형으로 만들기 위하여 $x_1 = y_1$, $x_2 = y_2^+$, $x_3 = y_2^-$로 두면, 다음의 식으로 변환된다.

최소화

$$f = -x_1 - 2x_2 + 2x_3 \tag{e}$$

제약조건

$$3x_1 + 2x_2 - 2x_3 + x_4 = 12 \tag{f}$$

$$2x_1 + 3x_2 - 3x_3 - x_5 = 6 \tag{g}$$

$$x_i \geq 0; \ i = 1 \text{ to } 5 \tag{h}$$

여기서 x_4는 첫 번째 제약조건의 완화변수이고, x_5는 두 번째 제약조건에 대한 부가변수이다. 비기저변수를 $x_1 = 0$, $x_2 = 0$, $x_3 = 0$로 선택하면 기저해는 불용이다($x_5 = -6$). 그러므로 이 문제에는 2단계 알고리즘을 적용해야 한다. 따라서 두 번째 제약조건 식 (g)에 인위변수 x_6을 도입하면,

$$2x_1 + 3x_2 - 3x_3 - x_5 + x_6 = 6 \tag{i}$$

인위목적함수 $w = x_6$로 정의된다. w는 비기저변수의 항으로 표현되어야 하므로(x_6는 기저변수), 식 (i)을 이용하여 x_6을 구하고 대입하면 w에 대한 식을 얻는다.

$$w = x_6 = 6 - 2x_1 - 3x_2 + 3x_3 + x_5 \qquad \text{(j)}$$

1단계 초기 화표는 표 8.18에 나타나 있다. 초기 기저해는 다음과 같다.

기저변수: $x_4 = 12$, $x_6 = 6$
비기저변수: $x_1 = x_2 = x_3 = x_5 = 0$
가격함수: $f = 0$
인위가격함수: $w = 6$

이것은 그림 8.4에서 점 D에 해당되는데, 유용해는 아니다. 1단계 알고리즘을 적용하면, 피봇요소는 a_{22} 로서 이것은 x_2는 기저변수로, x_6은 비기저변수로 되어야 함을 나타낸다. x_2열과 2행을 피봇요소로 사용하여 피봇연산을 수행하면, 표 8.18의 두 번째 화표를 얻을 수 있다.

두 번째 화표에서 $x_4 = 8$, $x_2 = 2$는 기저변수이며, 나머지는 비기저변수이다. 이것은 그림 8.4의 점 A로서 유용해이다. 비기저 열에서 인위가격함수의 환산가격계수가 모두 음이 아니고, 인위가격함수 값은 0이므로 원래 문제의 초기 기저유용해가 구해졌다. 이것으로 1단계를 종료한다.

표 8.18 예제 8.14의 이단 심플렉스법에 의한 해

Initial tableau: x_6 is identified to be replaced with x_2 in the basic set.

Basic ↓	x_1	x_2	x_3	x_4	x_5	x_6	b	Ratio
1. x_4	3	2	−2	1	0	0	12	$\frac{12}{2} = 6$
2. x_6	2	$\boxed{3}$	−3	0	−1	1	6	$\frac{6}{3} = 2$
3. Cost	−1	−2	2	0	0	0	$f - 0$	
4. Artificial cost	−2	$\boxed{-3}$	3	0	1	0	$w - 6$	

Second tableau: x_4 is identified to be replaced with x_5 in the basic set. End of Phase I.

Basic ↓	x_1	x_2	x_3	x_4	x_5	x_6	b	Ratio
5. x_4	$\frac{5}{3}$	0	0	1	$\boxed{\frac{2}{3}}$	$-\frac{2}{3}$	8	$\frac{8}{2/3} = 12$
6. x_2	$\frac{2}{3}$	1	−1	0	$-\frac{1}{3}$	$\frac{1}{3}$	2	Negative
7. Cost	$\frac{1}{3}$	0	0	0	$\boxed{-\frac{2}{3}}$	$\frac{2}{3}$	$f + 4$	
8. Artificial cost	0	0	0	0	0	1	$w - 0$	

Third tableau: reduced cost coefficients in nonbasic columns are nonnegative; the third tableau gives optimum solution. End of Phase II.

Basic ↓	x_1	x_2	x_3	x_4	x_5	x_6	b	Ratio
9. x_5	$\frac{5}{2}$	0	0	$\frac{3}{2}$	1	−1	12	
10. x_2	$\frac{3}{2}$	1	−1	$\frac{1}{2}$	0	0	6	
11. Cost	2	0	0	1	0	0	$f + 12$	

2단계에서 기저가 될 비기저변수를 결정할 때 심플렉스 화표의 인위변수열은 무시한다.

2단계에서 x_6열의 인위변수는 피봇열을 결정할 때 제외된다. 다음 피봇단계에서 심플렉스법의 단계에 따라 두 번째 화표에서 $a_{15} = 2/3$이 피봇요소가 된다. 따라서 x_4가 기저변수로서 5행의 x_5로 대치되어야 한다. 피봇연산을 한 후 표 8.18의 세 번째 화표를 얻는다. 이 화표는 비기저열 x_1, x_3, x_4의 환산가격계수가 모두 음이 아니므로 문제의 최적해를 제공한다.

기저변수: $x_5 = 12, x_2 = 6$

비기저변수: $x_1 = x_3 = x_4 = 0$

가격함수: $f = -12$

따라서 원래 설계문제의 최적해는

$$y_1 = x_1 = 0, y_2 = x_2 - x_3 = 6 - 0 = 6, z = -f = 12$$

이는 그림 8.4의 도해와 일치한다.

최종 화표에서 인위변수열(x_6)과 부가변수열(x_5)의 부호는 반대가 되는데, 이것은 "≥형"의 제약조건의 경우 항상 성립한다.

예제 8.15 **등호제약조건에 대한 인위변수의 이용 (불용문제)**

다음의 선형계획문제를 풀어라.

최대화

$$z = x_1 + 4x_2 \tag{a}$$

제약조건

$$x_1 + 2x_2 \leq 5 \tag{b}$$

$$2x_1 + x_2 = 4 \tag{c}$$

$$x_1 - x_2 \geq 3 \tag{d}$$

$$x_1, x_2 \geq 0 \tag{e}$$

풀이

문제에 대한 제약조건을 그림 8.5에 표시하였다. 이 그림에서 유용해가 없음을 알 수 있다. 이 문제를 심플렉스법을 이용하여 풀어보고 불용문제임을 어떻게 확인하는지 알아보자. 표준선형계획문제로 만들면, 아래와 같다.

최소화

$$f = -x_1 - 4x_2 \tag{f}$$

제약조건

$$x_1 + 2x_2 + x_3 = 5 \tag{g}$$

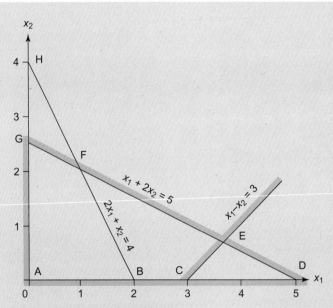

그림 8.5   예제 8.15의 선형계획문제의 제약조건(불용문제)

$$2x_1 + x_2 + x_5 = 4 \tag{h}$$

$$x_1 - x_2 - x_4 + x_6 = 3 \tag{i}$$

$$x_i \geq 0; \ i = 1 \text{ to } 6 \tag{j}$$

여기서 x_3은 완화변수이고, x_4는 부가변수이며, x_5와 x_6은 인위변수이다. 표 8.19는 1단계 심플렉스법의 결과다. 첫 번째 피봇단계 후에 비기저변수에 대한 인위목적함수의 모든 환산목적계수는 양수임을 알 수 있다. 그러나 인위목적함수 값은 0이 아니다($w = 1$). 그러므로 원래 문제의 유용해는 없다.

예제 8.16	인위변수의 사용 (무계문제)

다음의 선형계획문제를 풀어라.

최대화

$$z = 3x_1 - 2x_2 \tag{a}$$

제약조건

$$x_1 - x_2 \geq 0 \tag{b}$$

$$x_1 + x_2 \geq 2 \tag{c}$$

$$x_1, x_2 \geq 0 \tag{d}$$

풀이

문제에 대한 제약조건을 그림 8.6에 나타내었다. 이 그림에서 문제의 유용영역이 무계임을 알 수 있다. 심플

표 8.19 예제 8.15의 해(불용문제)

Initial tableau: x_5 is identified to be replaced with x_1 in the basic set.

Basic ↓	x_1	x_2	x_3	x_4	x_5	x_6	b	Ratio
1. x_3	1	2	1	0	0	0	5	$\frac{5}{1} = 5$
2. x_5	$\boxed{2}$	1	0	0	1	0	4	$\frac{4}{2} = 2$
3. x_6	1	−1	0	−1	0	1	3	$\frac{3}{1} = 3$
4. Cost	−1	−4	0	0	0	0	$f - 0$	
5. Artificial cost	$\boxed{-3}$	0	0	1	0	0	$w - 7$	

Second tableau: End of Phase I.

Basic ↓	x_1	x_2	x_3	x_4	x_5	x_6	b	Ratio
6. x_3	0	$\frac{3}{2}$	1	0	$-\frac{1}{2}$	0	3	
7. x_1	1	$\frac{1}{2}$	0	0	$\frac{1}{2}$	0	2	
8. x_6	0	$-\frac{3}{2}$	0	−1	$-\frac{1}{2}$	1	1	
9. Cost	0	$-\frac{7}{2}$	0	0	$\frac{1}{2}$	0	$f + 2$	
10. Artificial cost	0	$\frac{3}{2}$	0	1	$\frac{3}{2}$	0	$w - 1$	

렉스법을 사용하여 이 문제를 풀고 무계문제임을 확인하는 방법을 알아보자. 문제를 표준형으로 바꾸면 다음과 같다.

최소화

$$f = -3x_1 + 2x_2 \tag{e}$$

제약조건

$$-x_1 + x_2 + x_3 = 0 \tag{f}$$

$$x_1 + x_2 - x_4 + x_5 = 2 \tag{g}$$

$$x_i \geq 0; \; i = 1 \text{ to } 5 \tag{h}$$

여기서 x_3은 완화변수, x_4는 부가변수, x_5는 인위변수이다. 첫 번째 제약조건의 우변은 0이므로, "≥형" 혹은 "≤형"으로 취급할 수 있다. 여기서는 "≤형"으로 취급하기로 한다. 두 번째 제약조건식은 "≥형"이다. 그래서 초기 기저유용해를 계산하기 위해 인위변수와 인위목적함수를 도입해야 한다.

이 문제의 초기 설정과 해는 표 8.20에 주어져 있다. 초기 화표에서 $x_3 = 0$, $x_5 = 2$는 기저변수이며, 그 외 모든 다른 변수는 비기저변수이다. 이것을 **퇴화기저유용해**(*degenerate basic feasible solution*)라고 한다. 해는 그림 8.6의 점 A(원점)이다. 인위가격 행을 보면, x_1과 x_2열 등 2개열이 피봇열이 될 수 있다. x_2를 피

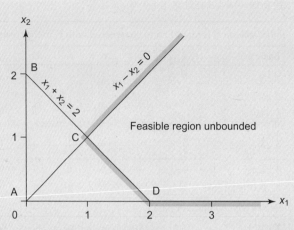

그림 8.6   예제 8.16의 선형계획문제의 제약조건(무계문제)

표 8.20   예제 8.16의 해 (무계문제)

Initial tableau: x_5 is identified to be replaced with x_1 in the basic set.

Basic ↓	x_1	x_2	x_3	x_4	x_5	b	Ratio
1. x_3	−1	1	1	0	0	0	Negative
2. x_5	1	1	0	−1	1	2	$\frac{2}{1} = 2$
3. Cost	−3	2	0	0	0	$f - 0$	
4. Artificial çcost	−1	−1	0	1	0	$w - 2$	

Second tableau: End of Phase I. End of Phase II.

Basic ↓	x_1	x_2	x_3	x_4	x_5	b	Ratio
5. x_3	0	2	1	−1	1	2	Negative
6. x_1	1	1	0	−1	1	2	Negative
7. Cost	0	5	0	−3	3	$f + 6$	
8. Artificial cost	0	0	0	0	1	$w - 0$	

봇열로 택하면, 첫 번째 행이 피봇행으로 되어야 하며 피봇요소는 $a_{12} = 1$이 될 것이다. 이때 x_2는 기저, x_3가 비기저가 되어야 한다. 그러나 x_2는 0이 되고, 결과적으로 퇴화해인 점 A를 얻게 된다. 한번 더 반복계산하면, 해는 점 A에서 D로 이동된다.

만일 피봇열로서 x_1을 택하면 $a_{21} = 1$이 피봇요소가 되며, x_1이 기저가 되고 x_5가 비기저로 된다. 피봇과정을 수행하면, 표 8.20의 두 번째 화표를 얻는다. 따라서 $x_1 = 2$, $x_3 = 2$는 기저유용해이고, 다른 변수는 0이다. 이 해는 그림 8.6의 점 D에 해당한다. 이때 인위가격함수 $w = 0$이므로 원래 문제의 기저유용해이다. 원래 가격함수의 값은 0에서 −6으로 감소되었다. 이것으로 1단계의 종료이다.

가격함수계수의 행을 보면, x_4열의 환산가격계수 c_4'가 음수이다. 그러나 그 열의 모든 요소들이 음수이기 때문에 더 이상 피봇과정을 수행할 수가 없다. 따라서 이 문제는 무계이다.

8.6.6 퇴화기저유용해

심플렉스법의 반복계산과정에서 기저변수 값이 0의 값을 가지는 경우가 있다. 즉, 기저유용해가 퇴화될 수 있게 된다. 이런 경우는 무슨 의미를 가지는가를 예제 8.17을 이용하여 살펴보자.

예제 8.17	퇴화기저유용해의 의미

다음 선형계획문제를 심플렉스법으로 풀어라.

최대화

$$z = x_1 + 4x_2 \tag{a}$$

제약조건

$$x_1 + 2x_2 \leq 5 \tag{b}$$
$$2x_1 + x_2 \leq 4 \tag{c}$$
$$2x_1 + x_2 \geq 4 \tag{d}$$
$$x_1 - x_2 \geq 1 \tag{e}$$
$$x_1, x_2 \geq 0 \tag{f}$$

풀이

이 문제는 다음과 같이 표준선형계획문제로 변환된다.

최소화

$$f = -x_1 - 4x_2 \tag{g}$$

제약조건

$$x_1 + 2x_2 + x_3 = 5 \tag{h}$$
$$2x_1 + x_2 + x_4 = 4 \tag{i}$$
$$2x_1 + x_2 - x_5 + x_7 = 4 \tag{j}$$
$$x_1 - x_2 - x_6 + x_8 = 1 \tag{k}$$
$$x_i \geq 0; \; i = 1 \text{ to } 8 \tag{l}$$

여기서 x_3, x_4는 완화변수, x_5, x_6은 부가변수이고, x_7, x_8은 인위변수이다. 이단 심플렉스법으로 세 번의 반복과정을 거쳐 최적해를 구하였다. 이 값들은 표 8.21에 나타나 있다.

세 번째 화표를 보면 기저변수 x_4의 값이 0이다. 따라서 기저유용해는 퇴화해이다. 이 반복과정에서, x_5는 기저가 되어야 하므로, x_5는 피봇열이 된다. 우리는 여기서 피봇행을 결정할 필요가 있다. x_5열에서 양수인 요소와 우변의 수와의 비를 계산한다. 따라서 피봇행은 가장 작은 비(0)를 가진 두 번째 행으로 결정된다.

일반적으로 퇴화기저변수를 포함하는 피봇열과 행의 요소가 양수이면 그 행은 항상 피봇행이 되어야 한다. 그렇지 않으면 새로운 해는 유용해일 수가 없다. 또한 이러한 경우 새로운 기저유용해도 표 8.21의 마지막 화표에서 보는 바와 같이 퇴화해가 될 것이다. 새로운 유용해가 퇴화해가 되지 않으려면, 피봇열과 퇴화변수 행의 요소가 음수이어야 한다. 그러한 경우 새로운 기저유용해는 퇴화해가 되지 않는다.

이론적으로는 심플렉스법에서 2개의 퇴화기저유용해 사이를 왔다갔다하는 것이 가능하다. 그러나 실제적으로는 이러한 상황은 보통 일어나지 않는다. 이 문제의 해는 다음과 같다.

기저변수: $x_1 = 5/3, x_2 = 2/3, x_3 = 2, x_5 = 0$
비기저변수: $x_4 = x_6 = x_7 = x_8 = 0$
최적가격함수: $f = -3/13$ or $z = 13/3$

8.7 후최적성 해석

선형계획문제의 최적해는 식 (8.10)~(8.12)에 정의된 벡터 **c, b** 그리고 행렬 **A**의 매개변수들에 의해 좌우된다. 이 매개변수들은 실제 설계문제에서 오차를 포함하는 경향이 있다. 따라서 최적해뿐만 아니라 이 매개변수들이 변화하면 최적해가 어떻게 바뀌는가에 관한 것도 관심의 대상이 된다. 그 변화량은 이산적(특정변수의 값이 몇 개의 값 중에서 어느 것으로 선택되어야 하는지가 확실하지 않을 때)이거나 연속적이다.

> **이산적인 매개변수변화의 연구를 민감도 해석(sensitivity analysis)이라 하고, 연속적인 변수의 변화에 관한 것을 매개변수계획법(parametric programming)이라고 한다.**

최적해에 영향을 주는 매개변수 변화에는 다섯 가지의 종류가 있다.

1. 가격함수계수의 변화, c_j
2. 자원한계의 변화, b_i
3. 제약함수의 계수의 변화, a_{ij}
4. 부가적인 제약조건의 추가에 따른 영향
5. 부가적인 변수들의 추가에 따른 영향

이상의 변화에 대한 철저한 논의가 대단히 어려운 문제인 것은 아니지만 이는 이 책의 범위를 벗어난다. 원칙적으로는 각각의 변화에 따른 새로운 문제를 푸는 것을 생각할 수 있다. 다행히, 적은 개수의 변화가 있을 때는 그 해를 구할 수 있는 지름길이 있다. 선형계획문제를 풀기 위한 컴퓨터 프로그램은 대부분 변수변화에 관련된 정보를 제공한다. 우선 1~3항의 매개변수 변화에 관해 알아 보자. 선형계획문제의 최종 화표는 이러한 변화를 연구하는 데 필요한 정보를 제공한다. 따라서 최종 화표에 포함된 정보를 살펴보고 이들을 위의 세 가지 항목에 관련하여 어떻게 이용하는지 알아보자. 그 외 변수변화에 관한 연구는 선형계획법에 관한 교재를 참고하라.

만일 매개변수의 변화값이 특정의 범위 내에 있다면 변경된 문제의 최적해는 원래 문제의 최적해를 이용하여 계산할 수 있다. 이 방법은 최적해를 구하는 데 오랜 시간이 소요되는 문제에 대하여 효과적이다. 다음의 설명에서는 최종 화표에 있는 a_{ij}, c_j, b_i에 대응하는 매개변수 값을 나타내기 위하여 a'_{ij}, c'_j, b'_i을 사용하기로 한다.

표 8.21 예제 8.17의 해 (퇴화기저유용해)

Initial tableau: x_8 is identified to be replaced with x_1 in the basic set.

Basic ↓	x_1	x_2	x_3	x_4	x_5	x_6	x_7	x_8	b	Ratio
1. x_3	1	2	1	0	0	0	0	0	5	$\frac{5}{1} = 5$
2. x_4	[2]	1	0	1	0	0	0	0	4	$\frac{4}{2} = 2$
3. x_7	2	1	0	0	−1	0	1	0	4	$\frac{4}{2} = 2$
4. x_8	[−1]	−1	0	0	0	−1	0	1	1	$\frac{1}{1} = 1$
5. Cost	−1	−4	0	0	0	0	0	0	$f - 0$	
6. Artificial	[−3]	0	0	0	1	1	0	0	$w - 5$	

Second tableau: x_7 is identified to be replaced with x_2 in the basic set.

Basic ↓	x_1	x_2	x_3	x_4	x_5	x_6	x_7	x_8	b	Ratio
7. x_3	0	3	1	0	0	1	0	−1	4	$\frac{4}{3}$
8. x_4	0	3	0	1	0	2	0	−2	2	$\frac{2}{3}$
9. x_7	0	[3]	0	0	−1	2	1	−2	2	$\frac{2}{3}$
10. x_1	1	−1	0	0	0	−1	0	1	1	Negative
11. Cost	0	−5	0	0	0	−1	0	1	$f + 1$	
12. Artificial	0	[−3]	0	0	1	−2	0	3	$w - 2$	

Third tableau: x_4 is identified to be replaced with x_5 in the basic set. End of Phase I.

Basic ↓	x_1	x_2	x_3	x_4	x_5	x_6	x_7	x_8	b	Ratio
13. x_3	0	0	1	0	1	−1	−1	1	2	$\frac{2}{1} = 2$
14. x_4	0	0	0	1	[1]	0	−1	0	0	$\frac{0}{1} = 0$
15. x_2	0	1	0	0	$-\frac{1}{3}$	$\frac{2}{3}$	$\frac{1}{3}$	$-\frac{2}{3}$	$\frac{2}{3}$	Negative
16. x_1	1	0	0	0	$-\frac{1}{3}$	$-\frac{1}{3}$	$\frac{1}{3}$	$\frac{1}{3}$	$\frac{5}{3}$	Negative
17. Cost	0	0	0	0	$-\frac{5}{3}$	$\frac{7}{3}$	$\frac{5}{3}$	$-\frac{7}{3}$	$f + \frac{13}{3}$	
18. Artificial	0	0	0	0	0	0	1	0	$w - 0$	

Final tableau: End of Phase II.

Basic ↓	x_1	x_2	x_3	x_4	x_5	x_6	x_7	x_8	b	Ratio
19. x_3	0	0	1	−1	0	−1	0	1	2	
20. x_5	0	0	0	1	1	0	−1	0	0	
21. x_2	0	1	0	$\frac{1}{3}$	0	$\frac{2}{3}$	0	$-\frac{2}{3}$	$\frac{2}{3}$	
22. x_1	1	0	0	$\frac{1}{3}$	0	$-\frac{1}{3}$	0	$\frac{1}{3}$	$\frac{5}{3}$	
23. Cost	0	0	0	$\frac{5}{3}$	0	$\frac{7}{3}$	0	$-\frac{7}{3}$	$f + \frac{13}{3}$	

8.7.1 자원한계의 변화

라그랑지 승수의 복구

우선 제약조건의 우변 매개변수 b_i(자원한계)가 변할 때, 그 변화에 대하여 목적함수의 최적값이 어떻게 변하는가를 공부하기로 한다. 제약함수 변화민감도 정리 4.7이 이러한 변화에 대해 공부하는 데 이용될 수 있다. 이 정리를 이용하려면 제약조건에 대한 라그랑지 승수의 지식이 필요하다. 따라서 그 승수를 결정해야 한다. 다음의 정리 8.5는 최종 화표로부터 선형계획문제의 제약조건에 대한 라그랑지 승수를 얻는 방법에 관한 것이다. 변화된 문제의 새로운 설계변수를 계산하는 것은 나중에 설명한다.

정리 8.5   라그랑지 승수값

표준선형계획문제를 심플렉스법을 이용하여 푼다고 하자.

1. "≤형" 제약조건에 대해서 라그랑지 승수는 제약조건에 대응하는 완화변수열의 환산가격계수와 같다.

2. "≥형" 제약조건에 대해서 라그랑지 승수는 제약조건에 대응하는 인위변수열의 환산가격계수와 같다.

3. 라그랑지 승수는

- "≤형" 제약조건에 대해서 항상 ≥ 0 (음이 아님)
- "≥형" 제약조건에 대해서 항상 ≤ 0 (양이 아님)
- "=형" 제약조건에서는 부호에 상관없다.

가격함수의 변화

4.7절에서 라그랑지 승수의 물리적 의미를 살펴보았다. 라그랑지 승수는 우변 매개변수에 대한 목적함수의 미분계수와 연관되어 있다. 등호와 부등호제약조건은 별도로 취급하였으며 라그랑지 승수로 각각 v_i와 u_i로 썼다. 그러나 이 절에서는 약간 다른 표기법을 다음과 같이 사용한다.

$e_i = i$번째 제약조건의 우변 매개변수

$y_i = i$번째 제약조건의 라그랑지 승수

이 표기법과 정리 4.7을 사용하면, 다음과 같은 우변 매개변수에 대한 가격함수의 미분과 가격함수의 최적값 변화를 구할 수 있다.

$$\frac{\partial f}{\partial e_i} = -y_i; \ \Delta f = -y_i \Delta e_i = -y_i (e_{inew} - e_{iold}) \tag{8.21}$$

식 (8.21)은 가격함수 최소화에서만 사용할 수 있다. 또한, 식 (8.21)은 우변매개변수의 변화량이 특정 범위 내에 있을 때에만 적용될 수 있다. 즉 식 (8.21)이 적용되기 위해서는 자원한계의 변화량에 상한과 하한이 있어야 한다는 것이다. 이런 한계의 계산은 이 절의 후반부에서 논의한다. 이러한 변화량은 4.7절의 비선형문제에 대해 명시된 변화량보다 작을 필요는 없다. 여러 제약함수의 동시변화에 대한 Δf의 계산은 유효하며, 이 경우 모든 변화가 추가된다.

정리 4.7과 식 (8.21)은 "≤형"이나 등호제약조건을 가진 최소화 문제에만 적용될 수 있다. 하지만 식 (8.21)은 라그랑지 승수 y_i의 부호와 자원한계변화 Δe_i를 적절히 정하면 "≥형"의 제약조건에서도 사용될 수 있다. 다음 예제를 통하여 정리 8.5와 식 (8.21)에 대해 알아볼 것이다.

만약 최적점에서 부등호제약조건이 비활성화이면 완화변수나 부가변수가 0보다 크다. 그러므로 그에 따른 라그랑지 승수는 전환조건, $y_i s_i = 0$(라그랑지 승수와 제약함수가 모두 0인 특수한 경우는 제외)을 만족하기 위해 0이 된다. 이러한 성질들은 최종 화표로부터 구한 라그랑지 승수 값의 정확성을 확인하는 데 큰 도움이 된다. 예제 8.18에서 "≤형" 제약조건을 가진 최종표로부터 라그랑지 승수를 계산하는 과정을 설명한다. 예제 8.19는 등호제약 및 "≥형" 제약에 대한 라그랑지 승수의 복구에 대하여 보여준다.

예제 8.18 " ≤형" 제약조건에 대한 라그랑지 승수의 계산

다음의 문제가 있다.
최대화

$$z = 5x_1 - 2x_2 \tag{a}$$

제약조건

$$2x_1 + x_2 \leq 9 \tag{b}$$
$$x_1 - 2x_2 \leq 2 \tag{c}$$
$$-3x_1 + 2x_2 \leq 3 \tag{d}$$
$$x_1, x_2 \geq 0 \tag{e}$$

이 문제를 심플렉스법으로 풀고 제약조건에 대한 라그랑지 승수를 구하라.

풀이

문제의 제약함수와 목적함수를 그림 8.7에 나타내었다. 최적해는 점 C이고, 해는 각각 $x_1 = 4$, $x_2 = 1$, $z = 18$이다. 이 문제는 다음과 같은 표준형으로 변환된다.

최소화

$$f = -5x_1 + 2x_2 \tag{f}$$

제약조건

$$2x_1 + x_2 + x_3 = 9 \tag{g}$$
$$x_1 - 2x_2 + x_4 = 2 \tag{h}$$
$$-3x_1 + 2x_2 + x_5 = 3 \tag{i}$$
$$x_i \geq 0; \; i = 1 \text{ to } 5 \tag{j}$$

여기서 x_3, x_4, x_5는 완화변수이다. 이 문제를 심플렉스법으로 풀면 표 8.22의 결과를 얻을 수 있다. 최종 화표에서,

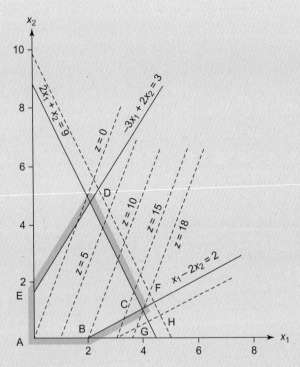

그림 8.7 예제 8.18의 선형계획문제의 도해

기저변수: $x_1 = 4$, $x_2 = 1$, $x_5 = 13$

비기저변수: $x_3 = 0$, $x_4 = 0$

목적함수: $z = 18$ ($f = -18$)

문제의 정식화 과정에서 x_3, x_4, x_5는 3개의 제약조건에 대한 완화변수이다. 모든 제약조건은 "≤형"이므로 완화변수에 대한 환산목적계수가 라그랑지 승수이며 다음과 같다.

1. $2x_1 + x_2 \leq 9$ 경우:

$$y_1 = 1.6 \ (x_3 \ \text{열에서의} \ c_3')$$ (k)

2. $x_1 - 2x_2 \leq 2$ 경우:

$$y_2 = 1.8 \ (x_4 \ \text{열에서의} \ c_4')$$ (l)

3. $-3x_1 + 2x_2 \leq 3$ 경우:

$$y_3 = 0 \ (x_5 \ \text{열에서의} \ c_5')$$ (m)

따라서 식 (8.21)은 우변 매개변수 e_i에 대한 f의 편미분을 제공하며 다음의 결과를 얻는다.

$$\frac{\partial f}{\partial e_1} = -1.6; \ \frac{\partial f}{\partial e_2} = -1.8; \ \frac{\partial f}{\partial e_3} = 0$$ (n)

여기서 $f = -(5x_1 - 2x_2)$. 만일 첫 번째 제약조건에서 우변의 값이 9에서 10으로 바뀌면 (변화량 내에 있

표 8.22 심플렉스법을 이용한 예제 8.18의 해

Initial tableau: x_4 is identified to be replaced with x_1 in the basic set.

Basic ↓	x_1	x_2	x_3	x_4	x_5	b
1. x_3	2	1	1	0	0	9
2. x_4	$\boxed{1}$	−2	0	1	0	2
3. x_5	−3	2	0	0	1	3
4. Cost	$\boxed{−5}$	2	0	0	0	$f-0$

Second tableau: x_3 is identified to be replaced with x_2 in the basic set.

Basic ↓	x_1	x_2	x_3	x_4	x_5	b
5. x_3	0	$\boxed{5}$	1	−2	0	5
6. x_1	1	−2	0	1	0	2
7. x_5	0	−4	0	3	1	9
8. Cost	0	$\boxed{−8}$	0	5	0	$f+10$

Third tableau: reduced cost coefficients in nonbasic columns are nonnegative; the tableau gives optimum point.

Basic ↓	x_1	x_2	x_3	x_4	x_5	b
9. x_2	0	1	0.2	−0.4	0	1
10. x_1	1	0	0.4	0.2	0	4
11. x_5	0	0	0.8	1.4	1	13
12. Cost	$0\ (c_1')$	$0\ (c_2')$	$1.6\ (c_3')$	$1.8\ (c_4')$	$0\ (c_5')$	$f+18$

Note: x_3, x_4, and x_5 are slack variables.

는 경우), 목적함수 f의 값은 다음과 같이 변한다.

$$\Delta f = -1.6(e_{1\text{new}} - e_{1\text{old}}) = -1.6(10-9) = -1.6 \tag{o}$$

즉 새로운 f는 −19.6($z = 19.6$)이 될 것이다. 그림 8.7에서 점 F는 이 경우의 새로운 최적해이다.

만약 두 번째 제약조건의 우변 값이 2에서 3으로 바뀌면, 가격함수 f는 $\Delta f = -1.8(3-2) = -1.8$이 되어 −19.8이 된다. 그림 8.7의 점 G는 새로운 최적해를 나타낸다. 한편 세 번째 제약조건의 우변 값은 허용범위 내에서 바뀌어도 목적함수 값은 변화가 없다(우변 매개변수의 허용변화량을 정하는 것은 후에 논의한다). 첫 번째 및 두 번째 제약조건의 우변 값이 10과 3으로 동시에 바뀌면, 목적함수 값의 변화량은 −(1.6 + 1.8)이 된다. 즉 새로운 f는 −21.4가 될 것이며 그 새로운 해는 그림 8.7에서 점 H에 해당된다.

예제 8.19 등호제약조건과 "≥형" 제약조건에 대한 라그랑지 승수의 계산

다음의 선형계획문제를 풀고, 제약조건의 라그랑지 승수를 구하라.

최대화

$$z = x_1 + 4x_2 \tag{a}$$

제약조건

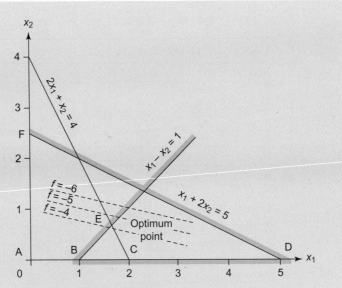

그림 8.8   예제 8.19의 선형계획문제의 제약조건(가용영역은 선분 E−C)

$$x_1 + 2x_2 \leq 5 \tag{b}$$

$$2x_1 + x_2 = 4 \tag{c}$$

$$x_1 - x_2 \geq 1 \tag{d}$$

$$x_1, x_2 \geq 0 \tag{e}$$

풀이

문제의 제약조건은 그림 8.8에 나타나 있다. 선분 E-C가 유용해이며, 여기서 점 E는 최적해임을 알 수 있다. 등호제약 및 식 (d)의 "≥형" 제약은 최적점에서 활성이다. 활성 제약에서 계산되는 최적점은 (5/3, 2/3)이다.

이 문제는 예제 8.13에서 2단계 심플렉스법을 이용하여 풀었다. 최적해는 심플렉스법을 두 번 반복 계산하여 구하였으며, 제1단계와 제2단계가 동시에 종료되었다. 심플렉스 반복은 표 8.17에 주어졌다. 이 문제의 최종 화표는 표 8.17에서 표 8.23으로 가져왔다. 여기서, x_3는 식 (b)의 "≤형" 제약의 완화변수이며, x_4는 식 (d)의 "≥형" 제약의 부가변수이며, x_5, x_6는 등호제약과 "≥형" 제약에 대한 인위변수이다. 인위변수열(x_6)은 식 (d)의 "≥형" 제약의 부가변수열(x_4)과 부호가 반대이다. 최종 화표에서 얻은 해는 다음과 같다.

기저변수:

$$x_1 = \frac{5}{3}, \, x_2 = \frac{2}{3}, \, x_3 = 2 \tag{f}$$

비기저변수:

$$x_4 = x_5 = x_6 = 0 \tag{g}$$

가격함수:

표 8.23   예제 8.19의 최종 화표

Basic ↓	x_1	x_2	x_3	x_4	x_5	x_6	b
11. x_3	0	0	1	-1	-1	1	2
12. x_2	0	1	0	$\dfrac{2}{3}$	$\dfrac{1}{3}$	$-\dfrac{2}{3}$	$\dfrac{2}{3}$
13. x_1	1	0	0	$-\dfrac{1}{3}$	$\dfrac{1}{3}$	$\dfrac{1}{3}$	$\dfrac{5}{3}$
14. Cost	$0\,(c_1')$	$0\,(c_2')$	$0\,(c_3')$	$\dfrac{7}{3}\,(c_4')$	$\dfrac{5}{3}\,(c_5')$	$-\dfrac{7}{3}\,(c_6')$	$f+\dfrac{13}{3}$

Note: x_3, slack variable; x_4, surplus variable; and x_5, x_6, artificial variables.

$$f = -\frac{13}{3} \tag{h}$$

정리 8.5를 이용하면, 제약조건의 라그랑지 승수는 다음과 같다.

1. $x_1 + 2x_2 \leq 5$ 경우:

$$y_1 = 0 \ (\text{완화변수 } x_3 \text{열에서의 } c_3') \tag{i}$$

2. $2x_1 + x_2 = 4$ 경우:

$$y_2 = \frac{5}{3} \ (\text{인위변수 } x_5 \text{열에서의 } c_5') \tag{j}$$

3. $x_1 - x_2 \geq 1$ 경우:

$$y_3 = -\frac{7}{3} \ (\text{인위변수 } x_6 \text{열에서의 } c_6') \tag{k}$$

세 번째 제약조건의 우변 값이 1로부터 2로 바뀌면($x_1 - x_2 \geq 2$), 가격함수 $f = (-x_1 - 4x_2)$의 변화량은 다음과 같다.

$$\Delta f = -y_3 \Delta e_3 = -\left(-\frac{7}{3}\right)(2-1) = \frac{7}{3} \tag{l}$$

즉, 가격함수 값은 $-13/3$에서 -2 ($z = 2$)로 $7/3$만큼 증가할 것이다. 이것은 그림 8.8에서도 확인할 수 있다. 세 번째 제약조건이 "≤형" ($-x_1 + x_2 \leq -1$)로 쓰여지면 같은 결과를 얻는다는 것을 보여주고자 한다. 이 제약조건의 라그랑지 승수는 $7/3$이 되며 이것은 앞에서 구한 값의 음수이다. 그 값은 부가변수열 x_4에서 c_4'이다. 세 번째 제약조건의 우변이 2로 바뀌면(즉, $-x_1 + x_2 \leq -2$) 가격함수 $f = (-x_1 - 4x_2)$의 변화량은 다음과 같다.

$$\Delta f = -y_3 \Delta e_3 = -\left(\frac{7}{3}\right)[-2-(-1)] = \frac{7}{3} \tag{m}$$

이것은 앞의 식 (l)과 같다.

등호제약조건의 우변 값이 4에서 5로 바뀌면, 가격함수 $f = (-x_1 - 4x_2)$의 변화량은 다음과 같다.

$$\Delta f = -y_2 \Delta e_2 = -\frac{5}{3}(5-4) = -\frac{5}{3} \tag{n}$$

즉, 목적함수 값이 5/3만큼 줄어들어 $-13/3$, $-6(z = 6)$으로 바뀌게 된다.

8.7.2 우변 매개변수의 범위

어떤 제약함수의 우변 값이 바뀔 때, 제약조건의 경계는 원래의 것과 평행하게 움직여 유용영역이 변한다. 그러나 가격함수의 등가선은 변하지 않는다. 유용영역이 바뀌기 때문에 최적해도 달라질 수 있다. 즉 가격함수뿐만 아니라 설계변수도 달라질 수 있다는 것이다. 그러나 최적점에서 활성제약함수 집합이 변하지 않는 변수의 범위가 존재한다. 즉 변화량이 특정 범위 내에 있으면, 기저변수 집합과 비기저변수 집합은 변하지 않는다. 그런 경우 변경된 문제의 해는 최종표에서 얻어진 정보로부터 구해질 수 있다. 그렇지 않은 경우 식 (8.21)을 이용할 수 없으며, 변경된 문제의 해를 구하기 위해서 더 많은 반복과정이 필요하다. 정리 8.6은 제약조건 우변의 한계를 결정하는 방법과 변화량이 한계 내에 있을 때의 새로운 우변을 계산하는 방법을 설명한다.

정리 8.6   자원변화 값의 한계

Δ_k을 k번째 제약조건의 우변 값 b_k에 대한 변화 가능한 값이라 하자. 만일 Δ_k가 다음의 부등식을 만족한다면, 변경된 문제의 해를 구할 때 심플렉스법으로 다시 계산할 필요가 없으며, 식 (8.21)은 다음의 최적가격함수의 변화량을 결정하기 위하여 사용된다.

$$\max(r_i \leq 0, \, a'_{ij} > 0) \leq \Delta_k \leq \min(r_i \geq 0, \, a'_{ij} < 0);$$
$$r_i = -\frac{b'_i}{a'_{ij}}, \, i = 1 \text{ to } m \tag{8.22}$$

여기서 b'_i = 최종표에서 i번째 제약조건에 대한 우변매개변수, a'_{ij} = 최종표의 j번째 열의 매개변수이다. j번째 열은 x_j에 대응하는데 이것은 "≤형" 제약조건에 대해서는 완화변수이고, 등호나 "≥형" 제약조건에 대해서는 인위변수이다. r_i = 우변항과 j번째 열 매개변수 값에 대한 음의 비율, Δ_k = k번째 제약조건의 우변의 가능한 변화값이다. 즉 k번째로 제약조건의 완화변수 혹은 인위변수가 부등식 (8.22)에 사용될 j번째 열을 결정한다.

범위를 정하기 위하여 먼저 정리 8.6의 규칙에 따라 인자 j를 결정한다. 이제 j열의 요소를 이용하여 비 $r_i = -b'_i/a'_{ij}$ $(a'_{ij} \neq 0)$를 구한다.

1. 최대 음의 비가 b_k의 변화량 Δ_k에 대한 하한이 된다. 만일 $a'_{ij} > 0$이 없으면, 앞서 말한 비 값 r_i는 찾을 수 없으며, 이 경우 b_k의 변화량 Δ_k의 하한은 없다. 즉 하한이 $-\infty$가 된다.

2. 최소 양의 비가 b_k의 변화량 Δ_k의 상한이 된다. 이 중 만일 $a'_{ij} < 0$이 없으면, 앞서 말한 비 값 r_i는 찾을 수 없으며, 이 경우 b_k의 변화량 Δ_k의 상한은 없다. 즉 상한이 ∞가 된다.

기저변수의 새로운 값

b_k에서 Δ_k의 변화에 따른 우변의 새로운 b_i''는 다음과 같이 주어진다.

$$b_i'' = b_i' + \Delta_k a_{ij}' \; ; \quad i = 1 \text{ to } m \tag{8.23}$$

식 (8.23)과 최종 화표를 이용하면, 각 행에서 기저변수에 대한 새로운 값이 계산된다. 식 (8.23)은 Δ_k가 식 (8.22)의 범위 내에 있을 때만 이용할 수 있다. 이 범위를 결정하기 위해서 먼저 정리 8.6에 따라 j번째 열을 정한다. 예제 8.20은 "≤형"의 문제에 대하여 우측 매개변수의 범위와 우변의 새로운 값(즉, 기저변수)을 계산하는 예시이다.

예제 8.20 "≤형" 제약조건의 자원한계범위

예제 8.18에서 푼 문제의 제약조건에 대한 우변의 범위를 구하라.

풀이

이 문제의 도해가 그림 8.7에 주어져 있다. 문제의 최종 화표가 표 8.22에 주어져 있다. 첫째 제약에서 x_3는 완화변수이므로 범위 Δ_1를 계산하기 위한 부등식 (8.22)의 색인 j는 3으로 정해진다. 우변 매개변수와 x_3열 요소의 비, 식 (8.22)의 r_i는 다음 식으로 계산된다.

$$r_i = -\frac{b_i'}{a_{i3}'} = \left(-\frac{1}{0.2}, -\frac{4}{0.4}, -\frac{13}{0.8} \right) = (-5.0, -10.0, -16, 25) \tag{a}$$

여기서 양의 r_i가 없으므로 Δ_1의 상한은 존재하지 않는다. 식 (8.22)의 부등식에 따라 식 (a)에서 음의 비 중 가장 큰 요소를 하한으로 결정한다.

$$\max(-5.0, -10.0, -16.25) \le \Delta_1, \text{ or } -5 \le \Delta_1 \tag{b}$$

따라서 Δ_1의 한계는 $-5 \le \Delta_1 \le \infty$이고 b_1의 범위는 $b_1 = 9$인 현재의 값에 양편의 값을 더하여 다음과 같이 얻게 된다.

$$-5 + 9 \le b_1 \le \infty + 9, \text{ or } 4 \le b_1 \le \infty \tag{c}$$

두 번째 제약의 경우($k = 2$)에서는 x_4가 완화변수이다. 따라서 부등식 (8.22)에서 최종 화표의 x_4열의 요소(a_{i4}', $j = 4$)를 사용할 것이다. 열 4의 요소와 우변 매개변수와의 비, 식 (8.22)의 r_i는 다음과 같이 계산된다.

$$r_i = -\frac{b_i'}{a_{i4}'} = \left(-\frac{1}{-0.4}, -\frac{4}{0.2}, -\frac{13}{1.4} \right) = (2.5, -20.0, -9.286) \tag{d}$$

식 (8.22)의 부등에 의하면 Δ_2에 관한 상한과 하한은 다음과 같이 주어진다.

$$\max(-20, -9.286) \le \Delta_2 \le \min(2.5), \text{ or } -9.286 \le \Delta_2 \le 2.5 \tag{e}$$

따라서 b_2에서 허용되는 감소는 9.286이고 허용되는 증가는 2.5이다. 위의 부등식에 2(b_2의 현재 값)를 더하면 b_2의 범위는 다음과 같이 주어진다.

$$-7.286 \le b_2 \le 4.5 \tag{f}$$

세 번째 제약에 대하여 마찬가지로 하면 Δ_3와 b_3에 관한 범위는

$$-13 \le \Delta_3 \le \infty, \quad -10 \le b_3 \le \infty \tag{g}$$

기저변수의 새로운 값

만약 첫째 제약의 우변이 9에서 10으로 변화되었을 경우 설계변수의 새 값을 계산하여 보자. 이 변화는 앞에서 구해진 범위 내에 있다는 것을 주목하여야 한다. 식 (8.23)에서 $k = 1$이므로 $\Delta_1 = 10^{-9} = 1$이 된다. 또한 $j = 3$이므로 식 (8.23)에 표 8.22의 셋째 열을 사용하여 다음과 같이 변수의 새로운 값을 얻는다.

$$x_2 = b_1'' = b_1' + \Delta_1 a_{13}' = 1 + (1)(0.2) = 1.2 \tag{h}$$

$$x_1 = b_2'' = b_2' + \Delta_1 a_{23}' = 4 + (1)(0.4) = 4.4 \tag{i}$$

$$x_5 = b_3'' = b_3' + \Delta_1 a_{33}' = 13 + (1)(0.8) = 13.8 \tag{j}$$

다른 변수들은 비기저로 남아 있으므로 0의 값을 가지고 있다. 새로운 해는 그림 8.7의 점 F에 해당된다.

마찬가지로 둘째 제약의 우변이 2에서 3으로 변화되었다면, 식 (8.23)과 표 8.22의 x_4열을 사용하여 $x_2 = 0.6$, $x_1 = 4.2$와 $x_5 = 14.4$와 같이 변수의 새 값이 계산된다. 이 해는 그림 8.7의 점 G에 해당된다.

두 개 이상 제약의 우변이 동시에 변화될 때 설계변수의 새 값을 구하기 위하여 식 (8.23)을 사용할 수 있다. 그러나 새로운 우변이 변수의 기저와 비기저 집합을 변화시키지 않는다는 확신을 할 수 있어야만 한다. 즉, 최적해가 되는 정점은 변화되지 않는다. 다르게 말하면, 새로운 제약이 활성화되지 않는다. 예로서 첫째와 둘째 제약의 우변이 동시에 9와 2에서 10과 3으로 각각 변화하였을 때 식 (8.23)을 사용하여 설계변수의 새 값을 계산하자.

$$x_2 = b_1'' = b_1' + \Delta_1 a_{13}' + \Delta_2 a_{14}' = 1 + (1)(0.2) + (1)(-0.4) = 0.8 \tag{k}$$

$$x_1 = b_2'' = b_2' + \Delta_1 a_{23}' + \Delta_2 a_{24}' = 4 + (1)(0.4) + (1)(0.2) = 4.6 \tag{l}$$

$$x_5 = b_3'' = b_3' + \Delta_1 a_{33}' + \Delta_2 a_{34}' = 13 + (1)(0.8) + (1)(1.4) = 15.2 \tag{m}$$

이것은 새로운 해가 그림 8.7의 점 H에 해당되는 것을 증명할 수 있다.

예제 8.21은 등호와 "≥형"제약을 가진 문제에서 우변 매개변수의 범위와 새로운 우변의 값(즉, 기저변수)을 계산하는 것을 보여주고 있다.

예제 8.21 등호제약조건과 "≥형" 제약조건의 자원한계범위

예제 8.19에서 푼 문제의 제약조건의 우변 매개변수 값에 대한 범위를 구하라.

풀이

이 문제의 최종 화표가 표 8.23에 주어져 있다. 문제의 도해가 그림 8.8에 주어져 있다. 화표에서 x_3는 첫째 제약의 완화변수, x_4는 셋째 제약의 부가변수, x_5는 둘째 제약의 인위변수이고, x_6는 셋째 제약의 인위변수이다. 첫째 제약에서 x_3는 완화변수이므로 부등식 (8.22)의 사용에서 색인 j는 3으로 정해진다. 예제 8.20에

서와 같이 동일한 과정을 거쳐 Δ_1과 b_1의 범위는 $-2 \le \Delta_1 \le \infty$과 $3 \le b_1 \le \infty$로 계산되었다.

둘째 제약은 등호이므로 식 (8.22)의 사용에서 색인 j는 제약의 인위변수 x_5에 의하여 결정된다. 즉, $j = 5$이다. 그러므로 식 (8.22)의 비 r_i와 Δ_2의 범위는 다음과 같이 계산된다.

$$r_i = -\frac{b'_i}{a'_{i5}} = \left(-\frac{2}{-1}, \ -\frac{2/3}{1/3}, \ -\frac{5/3}{1/3} \right) = (2.0, \ -2.0, \ -5.0) \tag{a}$$

$$\max(-2.0, \ -5.0) \le \Delta_2 \le \min(2.0), \text{ or } -2 \le \Delta_2 \le 2 \tag{b}$$

b_2의 범위는 $b_2 = 4$의 현재 값에 앞의 부등식 $2 \le b_2 \le 6$의 양변을 더함으로 찾을 수 있다.

셋째 제약은 "$\ge$형"이므로 부등식 (8.22)를 사용하기 위한 색인 j는 인위변수 x_6에 의하여 정해진다. 즉, $j = 6$이다. 결국 식 (8.22)의 비 r_i와 Δ_3의 범위는 다음과 같이 계산된다.

$$r_i = -\frac{b'_i}{a'_{i6}} = \left(-\frac{2}{1}, \ -\frac{2/3}{-2/3}, \ -\frac{5/3}{1/3} \right) = (-2.0, \ 1.0, \ -5.0) \tag{c}$$

$$\max(-2.0, \ -5.0) \le \Delta_3 \le \min(1.0), \text{ or } -2 \le \Delta_3 \le 1 \tag{d}$$

b_3의 변화 한계는 $-1 \le b_3 \le 2 (b_3 = 1$의 현재 값에 앞의 부등식 양변을 더함)이다.

기저변수의 새 값

앞서 결정된 범위 안에 머물게 된 우변 변화에 관한 설계변수의 새 값을 계산하기 위하여 식 (8.23)을 사용할 수 있다. 첫째 제약은 활성이 아니므로 앞에서 구한 범위 $3 \le b_1 \le \infty$의 범위 내에 우변이 남아 있는 동안에는 최적해에 영향을 미치지 않는다.

둘째 제약의 우변이 4에서 5로 변화될 때(이 변화는 앞에서 구한 범위 안이다), 새 해를 구해보자. 둘째 제약은 인위변수로 x_5를 가지고 있으므로 식 (8.23)에서 표 8.23의 열 5($j = 5$)를 사용하여 다음과 같이 변수의 새 값을 구한다.

$$x_3 = b''_1 = b'_1 + \Delta_2 a'_{15} = 2 + (1)(-1) = 1 \tag{e}$$

$$x_2 = b''_2 = b'_2 + \Delta_2 a'_{25} = \frac{2}{3} + (1)\left(\frac{1}{3} \right) = 1 \tag{f}$$

$$x_1 = b''_3 = b'_3 + \Delta_2 a'_{35} = \frac{5}{3} + (1)\left(\frac{1}{3} \right) = 2 \tag{g}$$

셋째 제약의 우변이 1에서 2로 변화될 때 설계변수의 새 값을 구하기 위하여, 식 (8.23)에서 표 8.23의 x_6열($j = 6$)를 사용하여 다음과 같은 새 해를 구한다.

$$x_3 = b''_1 = b'_1 + \Delta_3 a'_{16} = 2 + (1)(1) = 3 \tag{h}$$

$$x_2 = b''_2 = b'_2 + \Delta_3 a'_{26} = \frac{2}{3} + (1)\left(-\frac{2}{3} \right) = 0 \tag{i}$$

$$x_1 = b''_3 = b'_3 + \Delta_3 a'_{36} = \frac{5}{3} + (1)\left(\frac{1}{3} \right) = 2 \tag{j}$$

이 새 해가 점 C에 해당되는 것은 그림 8.8에서 쉽게 볼 수 있다.

8.7.3 가격계수의 범위

가격계수 c_k가 $c_k + \Delta c_k$로 변화할 때, 최적설계변수 값이 변하지 않는 Δc_k의 허용범위를 결정해 보자. 가격계수가 바뀌더라도 문제의 유용영역은 변하지 않는다. 그러나 목적함수의 접평면의 방향과 목적함수의 값은 바뀐다. 목적계수 Δc_k의 한계값은 최적해에서 x_k의 기저여부에 따라 결정된다. 따라서 이두 가지 경우에 대해 따로 살펴볼 필요가 있다. 정리 8.7과 8.8에 의해 두 가지 경우에 따르는 가격계수의 범위를 정한다. 이 정리는 표준선형계획문제 최소화에 적용한다. 최대화 함수 z의 계수의 범위는 최소화 함수 f의 범위에 -1을 곱하여 구한다.

정리 8.7   비기저변수의 가격계수의 범위

x_k^*가 기저변수가 아닌 경우에 c_k를 고려하자. 만일 c_k가 어떤 $c_k + \Delta c_k$로 대치되고 $-c_k' \le \Delta c_k \le \infty$이면, 최적해(설계변수와 가격함수)는 변하지 않는다. 여기서 c_k'는 최종 화표에서 x_k^*에 대응하는 환산가격계수이다.

정리 8.8   기저변수의 가격계수의 범위

기저변수 x_k^*에 대한 가격계수가 c_k이고, $x_k^* = b_r'$(상첨자 *는 최적해를 나타낸다)라 하자. 그러면 최적설계변수 값이 변하지 않도록 하는 c_k의 변화량 Δc_k의 범위는 다음과 같이 주어진다.

$$\max(d_j < 0) \le \Delta c_k \le \min(d_j > 0),$$
$$d_j = \frac{c_j'}{a_{rj}'} \tag{8.24}$$

여기서 a_{rj}' = 최종표에서 r번째 행과 j번째 열의 요소이다. r은 x_k^*에 해당하는 행이며, j는 인위변수열 이외의 비기저열의 각각에 대응한다. (주의: 만일 $a_{rj}' > 0$이 없으면 상한이 없고, 만일 $a_{rj}' < 0$이 없으면 하한이 없다.) c_j' = 인위변수열을 제외한 j번째 비기저열의 환산목적계수이다. d_j = 인위열을 제외한 비기저열에 상응하는 r번째 행의 요소들과 목적계수의 비이다.

Δc_k가 부등식 (8.24)를 만족한다면, 목적함수의 최적값은 $f^* + \Delta c_k x_k^*$이다.

기저변수에 대한 목적계수의 가능한 변화량을 결정하려면, 먼저 부등식 (8.24)에 사용할 행 r을 결정해야 한다. 이것이 기저변수 x_k^*를 결정하는 행을 나타낸다. r이 결정된 후 정리 8.8에 의해 가격계수와 r번째 행에 있는 요소들의 비를 구한다. Δc_k의 하한값은 음수비의 최댓값에 의해서 결정된다. 상한값은 양수비의 최솟값에 의해서 결정된다. 예제 8.22는 "$\le$형" 제약조건의 경우에 대하여, 예제 8.23은 등호제약조건과 "$\ge$형" 제약조건의 경우에 대하여 각각 설명한다.

예제 8.22   "$\le$형" 제약조건에서 목적함수계수의 범위

예제 8.18에서 풀었던 문제의 가격계수의 범위를 구하라.

풀이

문제의 최종 화표가 표 8.22에 주어져 있다. 문제는 가격함수 $f = -5x_1 + 2x_2$를 최소화하도록 푼다. 따라서 가격함수계수 $c_1 = -5$와 $c_2 = 2$에 대한 범위를 찾고자 한다. 최대화 함수 $z = 5x_1 - 2x_2$의 계수를 변환할 수 있다. x_1과 x_2는 기저변수이므로 정리 8.8을 사용할 것이다.

둘째 행이 기저변수 x_1을 결정하므로 부등식 (8.24)에서 $r = 2$(행번호)를 사용한다. 열 3과 4가 비기저이므로 $j = 3, 4$는 식 (8.24)를 사용하는 열 색인들이다. 비 d_j를 계산한 후 Δc_1에 관한 범위는 정리 8.8을 사용하여 다음과 같이 계산된다.

$$d_j = \frac{c'_j}{a'_{2j}} = \left\{ \frac{1.6}{0.4}, \frac{1.8}{0.2} \right\} = \{4, 9\}; \quad -\infty \le \Delta c_1 \le \min\{4, 9\}; \quad \text{or} \quad -\infty \le \Delta c_1 \le 4 \tag{a}$$

c_1의 범위는 $c_1 = -5$의 현재 값에 위의 부등식 양변을 더하여 얻는다.

$$-\infty - 5 \le c_1 \le 4 - 5; \quad -\infty \le c_1 \le -1 \tag{b}$$

따라서 만약 c_1이 −5에서 −4로 변화하면, 새로운 목적함수 값은 다음과 같이 주어진다.

$$f^*_{\text{new}} = f^* + \Delta c_1 x_1^* = -18 + [-4 - (-5)](4) = -14 \tag{c}$$

즉, 목적함수는 4만큼 증가할 것이다.

둘째 가격계수에 대해서는 첫째 행이 기저변수 x_2를 결정하므로 $r = 1$(행번호)이다. 비 d_j를 계산한 후, Δc_2에 관한 범위는 다음과 같이 계산된다.

$$d_j = \frac{c'_j}{a'_{1j}} = \left(\frac{1.6}{0.2}, \frac{1.8}{-0.4} \right) = (8, -4.5); \quad \max(-4.5) \le \Delta c_2 \le \min(8); \quad \text{or} -4.5 \le \Delta c_2 \le 8 \tag{d}$$

c_2에 관한 범위는 $c_2 = 2$의 현재 값에 위의 부등식 양변을 합하여 얻는다.

$$-4.5 + 2 \le c_2 \le 8 + 2; \quad -2.5 \le c_2 \le 10 \tag{e}$$

따라서 c_2가 2에서 3으로 변화하면, 새로운 가격함수 값은 다음과 같이 주어진다.

$$f^*_{\text{new}} = f^* + \Delta c_1 x_2^* = -18 + (3 - 2)(1) = -17 \tag{f}$$

최대화 함수($z = 5x_1 - 2x_2$)의 계수범위는 식 (b)와 (e)로부터 얻을 수 있다. 이들 범위를 구하기 위하여 식 (b)와 (e)에 −1을 곱한다. 따라서 계수 $z_1 = 5$와 $z_2 = -2$의 범위는 다음과 같다.

$$1 \le z_1 \le \infty; \quad -10 \le z_2 \le 2.5 \tag{g}$$

예제 8.23 등호제약조건과 " ≥형" 제약조건에서 가격계수의 범위

예제 8.19에서 푼 문제의 가격계수의 범위를 찾아라.

풀이

문제의 최종 화표가 표 8.23에 주어져 있다. 화표에서 x_3은 첫째 제약의 완화변수, x_4는 셋째 제약의 부가변수이고 x_5와 x_6는 각각 둘째와 셋째 제약의 인위변수이다. x_1과 x_2는 기저변수이므로 가격계수 $c_1 = -1$과

$c_2 = -4$에 대한 범위를 찾기 위하여 정리 8.8을 사용하고자 한다. 이 문제는 가격함수 $f = -x_1 - 4x_2$를 최소화하는 문제로 풀었다. 열 4, 5와 6은 비기저이다. 그러나 인위열 5와 6은 제외되어야 하므로 열 4만이 식 (8.24)에 사용될 수 있다.

Δc_1에 관한 범위를 찾기 위하여 셋째 행이 기저변수인 x_1을 결정하므로 $r = 3$이 사용된다. $r = 3$과 $j = 4$를 부등식 (8.24)에 사용하여 다음을 얻는다.

$$\max\left[\frac{7/3}{-(1/3)}\right] \le \Delta c_1 \le \infty; \text{ or } -7 \le \Delta c_1 \le \infty \tag{a}$$

c_1의 범위는 $c_1 = -1$의 현재 값을 부등식 양변에 더하여 얻는다.

$$-\infty - 5 \le c_1 \le 4 - 5; \ -\infty \le c_1 \le -1 \tag{b}$$

따라서 c_1이 -1에서 -2로 변화하면, 새로운 가격함수 값은 다음과 같이 주어진다.

$$f_{\text{new}}^* = f^* + \Delta c_1 x_1^* = -\frac{13}{3} + [-2 - (-1)]\left(\frac{5}{3}\right) = -6 \tag{c}$$

둘째 가격계수에 대해서 둘째 행이 기저변수로서 x_2를 결정하므로 $r = 2$이다. $r = 2$와 $j = 4$를 식 (8.24)에 사용하여 Δc_2의 범위를 $-\infty \le \Delta c_2 \le 3.5$로 구해진다. 따라서 현재 값 $c_2 = -4$인 c_2의 범위는 $-\infty \le c_2 \le -0.5$로 주어진다. 만약 c_2이 -4에서 -3으로 변화하면 가격함수의 새 값은 다음과 같이 주어진다.

$$-\infty \le \Delta c_2 \le 3.5; \ -\infty \le c_2 \le -0.5 \tag{d}$$

$$f_{\text{new}}^* = f^* + \Delta c_2 x_2^* = -\frac{13}{3} + [-3 - (-4)]\left(\frac{2}{3}\right) = -\frac{11}{3} \tag{e}$$

최대화 함수($z = x_1 + 4x_2$)의 계수 $z_1 = 1$와 $z_2 = 4$의 범위는 앞의 범위에 -1을 곱하여 다음과 같이 구해진다.

$$-\infty \le z_1 \le 8 \, (-\infty \le \Delta z_1 \le 7) \text{ and } 0.5 \le z_2 \le \infty \, (-3.5 \le \Delta z_2 \le \infty) \tag{f}$$

8.7.4 계수행렬의 변화

식 (8.11)에서 계수행렬 $\mathbf{A}$가 변화하면 유용영역이 바뀌게 된다. 그 변화가 기저변수에 관련되는가에 따라 최적해가 바뀔 수도 있다. a_{ij}가 $a_{ij} + \Delta a_{ij}$로 대치되었다고 하자. 약간의 계산만으로 변화된 문제의 최적해를 구할 수 있도록 하는 Δa_{ij}의 한계를 결정해보자. 여기서 두 가지 경우에 대하여 고려해야 한다.

1. 변경이 비기저변수에 관련될 때
2. 변경이 기저변수에 관련될 때

이 두 가지 경우의 결과는 정리 8.9와 8.10에서 각각 요약한다.

정리 8.9 비기저변수에 관련된 변화

a_{ij}에서 j에 대한 x_j가 기저변수가 아니며, k가 i번째 행의 완화 혹은 인위변수의 열의 색인이라고 하자. 이때 다음의 벡터를 정의한다.

$$\mathbf{c}_B = [c_{B1} \ c_{B2} \ \dots \ c_{Bm}]^T \qquad (8.25)$$

여기서 $x_j^* = b_i^*$, $i = 1, \dots, m$(즉 색인 i는 변수 x_j의 최적값이 결정되는 i번째 행에 대응한다)일 때 $c_{Bi} = c_j$이다. m은 제약조건의 개수이다. 또 스칼라를 다음과 같이 정의한다.

$$R = \sum_{r=1}^{m} c_{Br} a'_{rk} \qquad (8.26)$$

이러한 기호를 사용할 때 만일 Δa_{ij}가 다음의 부등식을 만족한다 하자. 그러면 최적해(설계변수와 가격함수)는 a_{ij}을 $a_{ij} + \Delta a_{ij}$로 대치하여도 바뀌지 않는다.

$$\Delta a_{ij} \geq \frac{c'_j}{R} \text{ when } R > 0, \text{ and}$$
$$\Delta a_{ij} \leq \infty \text{ when } R = 0 \qquad (8.27)$$

또는

$$\Delta a_{ij} \leq \frac{c'_j}{R} \text{ when } R < 0, \text{ and}$$
$$\Delta a_{ij} \geq -\infty \text{ when } R = 0 \qquad (8.28)$$

또한 $R = 0$이면, 해는 Δa_{ij}의 어떤 값에 대해서도 바뀌지 않는다.

이 정리를 사용하기 위해서는 먼저 j와 k을 결정하여야 한다. 그리고 식 (8.25)의 벡터 $\mathbf{c}_B$와 식 (8.26)의 스칼라 R을 구한다. 부등식 (8.27)과 (8.28)으로부터 주어진 Δa_{ij}에 의해 최적해가 변화하는지의 여부를 결정한다. 만일 부등식이 만족되지 않는다면 새로운 해를 구하기 위하여 문제를 다시 풀어야 한다.

정리 8.10 기저변수에 관련된 변화

a_{ij}에서 j에 대한 x_j가 기저변수이고, $x_j^* = \mathbf{b}_t^* x$라고 하자(여기서 t는 x_j의 최적값을 결정하는 행의 첨자이다).

첨자 k와 스칼라 R을 정리 8.9와 같이 정의하고 Δa_{ij}가 다음의 부등식을 만족한다고 하자.

$$\max_{r \neq t} \left(\frac{b'_r}{A_r}, A_r < 0 \right) \leq \Delta a_{ij} \leq \min_{r \neq t} \left(\frac{b'_r}{A_r}, A_r > 0 \right) \qquad (8.29)$$

$$A_r = b'_t a'_{rk} - b'_r a'_{tk}, \ r = 1 \text{ to } m; r \neq t \qquad (8.30)$$

그리고

$$\max_{q} \left(\frac{-c'_q}{B_q}, B_q > 0 \right) \leq \Delta a_{ij} \leq \min_{q} \left(\frac{-c'_q}{B_q}, B_q < 0 \right) \qquad (8.31)$$

$$B_q = (c'_q a'_{tk} + a'_{tq} R) \text{ for all } q \text{ not in the basis} \tag{8.32}$$

그리고

$$1 + a'_{tk} \Delta a_{ij} > 0 \tag{8.33}$$

만일 식 (8.29)와 (8.31)에 대응되는 분모항이 없으면, Δa_{ij}의 상하한 값은 존재하지 않는다. 만일 Δa_{ij}가 위의 부등식들을 만족하게 되면, 변경된 문제의 최적해는 심플렉스법에 의한 반복계산 없이도 구할 수 있다. 만일 b'_r, $r = 1, \ldots, m$을 최종 화표에 다음과 같이 대치하면,

$$b''_r = b'_r - \frac{\Delta a_{ij} a'_{rk}}{1 + \Delta a_{ij} a'_{tk}} , r = 1 \text{ to } m; \quad r \neq t$$
$$b''_t = \frac{b'_t}{1 + \Delta a_{ij} a'_{tk}} \tag{8.34}$$

a_{ij}를 $a_{ij} + \Delta a_{ij}$로 대치했을 때의 기저변수에 대한 새로운 최적해를 얻을 수 있다. 다시 말하면, $x^*_j = b'_r$이면 $x'_j = b''_r$이 된다. 여기서 x'_j는 변화된 문제의 최적해이다.

이 정리를 사용하려면 첨자 j, t, k를 결정할 필요가 있다. 다음으로 식 (8.30)과 (8.32)로부터 상수 A_r와 B_q를 결정한다. 이를 이용하여 Δa_{ij}의 범위를 부등식 (8.29)와 (8.31)로부터 구한다. 만일 Δa_{ij}가 이 부등식을 만족한다면, 식 (8.34)로부터 새로운 해를 구한다. 만일 부등식이 만족되지 않는다면, 새로운 해를 구하기 위하여 문제를 다시 풀어야 한다.

8장의 연습문제

Section 8.2 Definition of a Standard LP Problem

8.1 *Answer true or false.*
1. An LP problem having maximization of a function cannot be transcribed into the standard LP form.
2. A surplus variable must be added to a "≤ type" constraint in the standard LP formulation.
3. A slack variable for an LP constraint can have a negative value.
4. A surplus variable for an LP constraint must be nonnegative.
5. If a "≤ type" constraint is active, its slack variable must be positive.
6. If a "≥ type" constraint is active, its surplus variable must be zero.
7. In the standard LP formulation, the resource limits are free in sign.
8. Only "≤ type" constraints can be transcribed into the standard LP form.
9. Variables that are free in sign can be treated in any LP problem.
10. In the standard LP form, all the cost coefficients must be positive.
11. All variables must be nonnegative in the standard LP definition.

Convert the following problems to the standard LP form.

8.2 Minimize $f = 5x_1 + 4x_2 - x_3$
subject to $x_1 + 2x_2 - x_3 \geq 1$
$2x_1 + x_2 + x_3 \geq 4$
$x_1, x_2 \geq 0$; x_3 is unrestricted in sign

8.3 Maximize $z = x_1 + 2x_2$
subject to $-x_1 + 3x_2 \leq 10$
$x_1 + x_2 \leq 6$
$x_1 - x_2 \leq 2$
$x_1 + 3x_2 \geq 6$
$x_1, x_2 \geq 0$

8.4 Minimize $f = 2x_1 - 3x_2$
subject to $x_1 + x_2 \leq 1$
$-2x_1 + x_2 \geq 2$
$x_1, x_2 \geq 0$

8.5 Maximize $z = 4x_1 + 2x_2$
subject to $-2x_1 + x_2 \leq 4$
$x_1 + 2x_2 \geq 2$
$x_1, x_2 \geq 0$

8.6 Maximize $z = x_1 + 4x_2$
subject to $x_1 + 2x_2 \leq 5$
$x_1 + x_2 = 4$
$x_1 - x_2 \geq 3$
$x_1, x_2 \geq 0$

8.7 Maximize $z = x_1 + 4x_2$
subject to $x_1 + 2x_2 \leq 5$
$2x_1 + x_2 = 4$
$x_1 - x_2 \geq 1$
$x_1, x_2 \geq 0$

8.8 Minimize $f = 9x_1 + 2x_2 + 3x_3$
subject to $-2x_1 - x_2 + 3x_3 \leq -5$
$x_1 - 2x_2 + 2x_3 \geq -2$
$x_1, x_2, x_3 \geq 0$

8.9 Minimize $f = 3x_1 + 5x_2 - x_3$
subject to $x_1 + 2x_2 - x_3 \geq 2$
$2x_1 + x_2 + x_3 \geq 6$
$x_1, x_2, x_3 \geq 0$

8.10 Maximize $z = -10x_1 - 18x_2$
subject to $x_1 - 3x_2 \leq -3$
$2x_1 + 2x_2 \leq 5$
$x_1, x_2 \geq 0$

8.11 Minimize $f = 20x_1 - 6x_2$
subject to $3x_1 - x_2 \geq 3$
$-4x_1 + 3x_2 = -8$
$x_1, x_2 \geq 0$

8.12 Maximize $z = 2x_1 + 5x_2 - 4.5x_3 + 1.5x_4$
subject to $5x_1 + 3x_2 + 1.5x_3 \leq 8$
$1.8x_1 - 6x_2 + 4x_3 + x_4 \geq 3$
$-3.6x_1 + 8.2x_2 + 7.5x_3 + 5x_4 = 15$
$x_i \geq 0$; $i = 1$ to 4

8.13 Minimize $f = 8x_1 - 3x_2 + 15x_3$
subject to $5x_1 - 1.8x_2 - 3.6x_3 \geq 2$
$3x_1 + 6x_2 + 8.2x_3 \geq 5$
$1.5x_1 - 4x_2 + 7.5x_3 \geq -4.5$
$-x_2 + 5x_3 \geq 1.5$
$x_1, x_2 \geq 0$; x_3 is unrestricted in sign

8.14 Maximize $z = 10x_1 + 6x_2$
subject to $2x_1 + 3x_2 \leq 90$
$4x_1 + 2x_2 \leq 80$
$x_2 \geq 15$
$5x_1 + x_2 = 25$
$x_1, x_2 \geq 0$

8.15 Maximize $z = -2x_1 + 4x_2$
subject to $2x_1 + x_2 \geq 3$
$2x_1 + 10x_2 \leq 18$
$x_1, x_2 \geq 0$

8.16 Maximize $z = x_1 + 4x_2$
subject to $x_1 + 2x_2 \leq 5$
$2x_1 + x_2 = 4$
$x_1 - x_2 \geq 3$
$x_1 \geq 0$, x_2 is unrestricted in sign

8.17 Minimize $f = 3x_1 + 2x_2$
subject to $x_1 - x_2 \geq 0$
$x_1 + x_2 \geq 2$
$x_1, x_2 \geq 0$

8.18 Maximize $z = 3x_1 + 2x_2$
subject to $x_1 - x_2 \geq 0$
$x_1 + x_2 \geq 2$
$2x_1 + x_2 \leq 6$
$x_1, x_2 \geq 0$

8.19 Maximize $z = x_1 + 2x_2$
subject to $3x_1 + 4x_2 \leq 12$
$x_1 + 3x_2 \geq 3$
$x_1 \geq 0$; x_2 is unrestricted in sign

Section 8.3 Basic Concepts Related to LP Problems, and Section 8.4 Calculation of Basic Solutions

8.20 *Answer true or false.*
1. In the standard LP definition, the number of constraint equations (ie, rows in the matrix **A**) must be less than the number of variables.
2. In an LP problem, the number of "≤ type" constraints cannot be more than the number of design variables.
3. In an LP problem, the number of "≥ type" constraints cannot be more than the number of design variables.
4. An LP problem has an infinite number of basic solutions.
5. A basic solution must have zero value for some of the variables.
6. A basic solution can have negative values for some of the variables.
7. A degenerate basic solution has exactly m variables with nonzero values, where m is the number of equations.

8. A basic feasible solution has all variables with nonnegative values.

9. A basic feasible solution must have m variables with positive values, where m is the number of equations.

10. The optimum point for an LP problem can be inside the feasible region.

11. The optimum point for an LP problem lies at a vertex of the feasible region.

12. The solution to any LP problem is only a local optimum.

13. The solution to any LP problem is a unique global optimum.

Find all the basic solutions for the following LP problems using the Gauss–Jordan elimination method. Identify basic feasible solutions and show them on graph paper.

8.21 Maximize $z = x_1 + 4x_2$
subject to $x_1 + 2x_2 \leq 5$
$2x_1 + x_2 = 4$
$x_1 - x_2 \geq 1$
$x_1, x_2 \geq 0$

8.22 Maximize $z = -10x_1 - 18x_2$
subject to $x_1 - 3x_2 \leq -3$
$2x_1 + 2x_2 \geq 5$
$x_1, x_2 \geq 0$

8.23 Maximize $z = x_1 + 2x_2$
subject to $3x_1 + 4x_2 \leq 12$
$x_1 + 3x_2 \geq 3$
$x_1 \geq 0$, x_2 is unrestricted in sign

8.24 Minimize $f = 20x_1 - 6x_2$
subject to $3x_1 - x_2 \geq 3$
$-4x_1 + 3x_2 = -8$
$x_1, x_2 \geq 0$

8.25 Maximize $z = 5x_1 - 2x_2$
subject to $2x_1 + x_2 \leq 9$
$x_1 - 2x_2 \leq 2$
$-3x_1 + 2x_2 \leq 3$
$x_1, x_2 \geq 0$

8.26 Maximize $z = x_1 + 4x_2$
subject to $x_1 + 2x_2 \leq 5$
$x_1 + x_2 = 4$
$x_1 - x_2 \geq 3$
$x_1, x_2 \geq 0$

8.27 Minimize $f = 5x_1 + 4x_2 - x_3$
subject to $x_1 + 2x_2 - x_3 \geq 1$
$2x_1 + x_2 + x_3 \geq 4$
$x_1, x_3 \geq 0$; x_2 is unrestricted in sign

8.28 Minimize $f = 9x_1 + 2x_2 + 3x_3$
subject to $-2x_1 - x_2 + 3x_3 \leq -5$
$x_1 - 2x_2 + 2x_3 \geq -2$
$x_1, x_2, x_3 \geq 0$

8.29 Maximize $z = 4x_1 + 2x_2$
subject to $-2x_1 + x_2 \leq 4$
$x_1 + 2x_2 \geq 2$
$x_1, x_2 \geq 0$

8.30 Maximize $z = 3x_1 + 2x_2$
subject to $x_1 - x_2 \geq 0$
$x_1 + x_2 \geq 2$
$x_1, x_2 \geq 0$

8.31 Maximize $z = 4x_1 + 5x_2$
subject to $-x_1 + 2x_2 \leq 10$
$3x_1 + 2x_2 \leq 18$
$x_1, x_2 \geq 0$

Section 8.5 The Simplex Method

Solve the following problems by the Simplex method and verify the solution graphically whenever possible.

8.32 Maximize $z = x_1 + 0.5x_2$
subject to $6x_1 + 5x_2 \leq 30$
$3x_1 + x_2 \leq 12$
$x_1 + 3x_2 \leq 12$
$x_1, x_2 \geq 0$

8.33 Maximize $z = 3x_1 + 2x_2$
subject to $3x_1 + 2x_2 \leq 6$
$-4x_1 + 9x_2 \leq 36$
$x_1, x_2 \geq 0$

8.34 Maximize $z = x_1 + 2x_2$
subject to $-x_1 + 3x_2 \leq 10$
$x_1 + x_2 \leq 6$
$x_1 - x_2 \leq 2$
$x_1, x_2 \geq 0$

8.35 Maximize $z = 2x_1 + x_2$
subject to $-x_1 + 2x_2 \leq 10$
$3x_1 + 2x_2 \leq 18$
$x_1, x_2 \geq 0$

8.36 Maximize $z = 5x_1 - 2x_2$
subject to $2x_1 + x_2 \leq 9$
$x_1 - x_2 \leq 2$
$-3x_1 + 2x_2 \leq 3$
$x_1, x_2 \geq 0$

8.37 Minimize $f = 2x_1 - x_2$
subject to $-x_1 + 2x_2 \leq 10$
$3x_1 + 2x_2 \leq 18$
$x_1, x_2 \geq 0$

8.38 Minimize $f = -x_1 + x_2$
subject to $2x_1 + x_2 \leq 4$
$-x_1 - 2x_2 \geq -4$
$x_1, x_2 \geq 0$

8.39 Maximize $z = 2x_1 - x_2$
subject to $x_1 + 2x_2 \leq 6$
$2 \geq x_1$
$x_1, x_2 \geq 0$

8.40 Maximize $z = x_1 + x_2$
subject to $4x_1 + 3x_2 \leq 12$
$x_1 + 2x_2 \leq 4$
$x_1, x_2 \geq 0$

8.41 Maximize $z = -2x_1 + x_2$
subject to $x_1 \leq 2$
$x_1 + 2x_2 \leq 6$
$x_1, x_2 \geq 0$

8.42 Maximize $z = 2x_1 + x_2$
subject to $4x_1 + 3x_2 \leq 12$
$x_1 + 2x_2 \leq 4$
$x_1, x_2 \geq 0$

8.43 Minimize $f = 9x_1 + 2x_2 + 3x_3$
subject to $2x_1 + x_2 - 3x_3 \geq -5$
$x_1 - 2x_2 + 2x_3 \geq -2$
$x_1, x_2, x_3 \geq 0$

8.44 Maximize $z = x_1 + x_2$
subject to $4x_1 + 3x_2 \leq 9$
$x_1 + 2x_2 \leq 6$
$2x_1 + x_2 \leq 6$
$x_1, x_2 \geq 0$

8.45 Minimize $f = -x_1 - 4x_2$
subject to $x_1 + x_2 \leq 16$
$x_1 + 2x_2 \leq 28$
$24 \geq 2x_1 + x_2$
$x_1, x_2 \geq 0$

8.46 Minimize $f = x_1 - x_2$
subject to $4x_1 + 3x_2 \leq 12$
$x_1 + 2x_2 \leq 4$
$4 \geq 2x_1 + x_2$
$x_1, x_2 \geq 0$

8.47 Maximize $z = 2x_1 + 3x_2$
subject to $x_1 + x_2 \leq 16$
$-x_1 - 2x_2 \geq -28$
$24 \geq 2x_1 + x_2$
$x_1, x_2 \geq 0$

8.48 Maximize $z = x_1 + 2x_2$
subject to $2x_1 - x_2 \geq 0$
$2x_1 + 3x_2 \geq -6$
$x_1, x_2 \geq 0$

8.49 Maximize $z = 2x_1 + 2x_2 + x_3$
subject to $10x_1 + 9x_3 \leq 375$
$x_1 + 3x_2 + x_3 \leq 33$
$2 \geq x_3$
$x_1, x_2, x_3 \geq 0$

8.50 Maximize $z = x_1 + 2x_2$
subject to $-2x_1 - x_2 \geq -5$
$3x_1 + 4x_2 \leq 10$
$x_1 \leq 2$
$x_1, x_2 \geq 0$

8.51 Minimize $f = -2x_1 - x_2$
subject to $-2x_1 - x_2 \geq -5$
$3x_1 + 4x_2 \leq 10$
$x_1 \leq 3$
$x_1, x_2 \geq 0$

8.52 Maximize $z = 12x_1 + 7x_2$
subject to $2x_1 + x_2 \leq 5$
$3x_1 + 4x_2 \leq 10$
$x_1 \leq 2$
$x_2 \leq 3$
$x_1, x_2 \geq 0$

8.53 Maximize $z = 10x_1 + 8x_2 + 5x_3$
subject to $10x_1 + 9x_2 \leq 375$
$5x_1 + 15x_2 + 3x_3 \leq 35$
$3 \geq x_3$
$x_1, x_2, x_3 \geq 0$

Section 8.6 Two-Phase Simplex Method—Artificial Variables

8.54 *Answer true or false.*

1. A pivot step of the Simplex method replaces a current basic variable with a nonbasic variable.
2. The pivot step brings the design point to the interior of the constraint set.
3. The pivot column in the Simplex method is determined by the largest reduced cost coefficient corresponding to a basic variable.
4. The pivot row in the Simplex method is determined by the largest ratio of right-side parameters with the positive coefficients in the pivot column.
5. The criterion for a current basic variable to leave the basic set is to keep the new solution basic and feasible.
6. A move from one basic feasible solution to another corresponds to extreme points of the convex polyhedral set.
7. A move from one basic feasible solution to another can increase the cost function value in the Simplex method.
8. The right sides in the Simplex tableau can assume negative values.
9. The right sides in the Simplex tableau can become zero.
10. The reduced cost coefficients corresponding to the basic variables must be positive at the optimum.
11. If a reduced cost coefficient corresponding to a nonbasic variable is zero at the optimum point, there may be multiple solutions to the problem.
12. If all elements in the pivot column are negative, the problem is infeasible.
13. The artificial variables must be positive in the final solution.
14. If artificial variables are positive at the final solution, the artificial cost function is also positive.
15. If artificial cost function is positive at the optimum solution, the problem is unbounded.

Solve the following LP problems by the Simplex method and verify the solution graphically, whenever possible.

8.55 Maximize $z = x_1 + 2x_2$
subject to $-x_1 + 3x_2 \leq 10$
$x_1 + x_2 \leq 6$
$x_1 - x_2 \leq 2$
$x_1 + 3x_2 \geq 6$
$x_1, x_2 \geq 0$

8.56 Maximize $z = 4x_1 + 2x_2$
subject to $-2x_1 + x_2 \leq 4$
$x_1 + 2x_2 \geq 2$
$x_1, x_2 \geq 0$

8.57 Maximize $z = x_1 + 4x_2$
subject to $x_1 + 2x_2 \leq 5$
$x_1 + x_2 = 4$
$x_1 - x_2 \geq 3$
$x_1, x_2 \geq 0$

8.58 Maximize $z = x_1 + 4x_2$
subject to $x_1 + 2x_2 \leq 5$
$2x_1 + x_2 = 4$
$x_1 - x_2 \geq 1$
$x_1, x_2 \geq 0$

8.59 Minimize $f = 3x_1 + x_2 + x_3$
subject to $-2x_1 - x_2 + 3x_3 \leq -5$
$x_1 - 2x_2 + 3x_3 \geq -2$
$x_1, x_2, x_3 \geq 0$

8.60 Minimize $f = 5x_1 + 4x_2 - x_3$
subject to $x_1 + 2x_2 - x_3 \geq 1$
$2x_1 + x_2 + x_3 \geq 4$
$x_1, x_2 \geq 0$; x_3 is unrestricted in sign

8.61 Maximize $z = -10x_1 - 18x_2$
subject to $x_1 - 3x_2 \leq -3$
$2x_1 + 2x_2 \geq 5$
$x_1, x_2 \geq 0$

8.62 Minimize $f = 20x_1 - 6x_2$
subject to $3x_1 - x_2 \geq 3$
$-4x_1 + 3x_2 = -8$
$x_1, x_2 \geq 0$

8.63 Maximize $z = 2x_1 + 5x_2 - 4.5x_3 + 1.5x_4$
subject to $5x_1 + 3x_2 + 1.5x_3 \leq 8$
$1.8x_1 - 6x_2 + 4x_3 + x_4 \geq 3$
$-3.6x_1 + 8.2x_2 + 7.5x_3 + 5x_4 = 15$
$x_i \geq 0$; $i = 1$ to 4

8.64 Minimize $f = 8x_1 - 3x_2 + 15x_3$
subject to $5x_1 - 1.8x_2 - 3.6x_3 \geq 2$
$3x_1 + 6x_2 + 8.2x_3 \geq 5$
$1.5x_1 - 4x_2 + 7.5x_3 \geq -4.5$
$-x_2 + 5x_3 \geq 1.5$
$x_1, x_2 \geq 0$; x_3 is unrestricted in sign

8.65 Maximize $z = 10x_1 + 6x_2$
subject to $2x_1 + 3x_2 \leq 90$
$4x_1 + 2x_2 \leq 80$
$x_2 \geq 15$
$5x_1 + x_2 = 25$
$x_1, x_2 \geq 0$

8.66 Maximize $z = -2x_1 + 4x_2$
subject to $2x_1 + x_2 \geq 3$
$2x_1 + 10x_2 \leq 18$
$x_1, x_2 \geq 0$

8.67 Maximize $z = x_1 + 4x_2$
subject to $x_1 + 2x_2 \leq 5$
$2x_1 + x_2 = 4$
$x_1 - x_2 \geq 3$
$x_1 \geq 0; x_2$ is unrestricted in sign

8.68 Minimize $f = 3x_1 + 2x_2$
subject to $x_1 - x_2 \geq 0$
$x_1 + x_2 \geq 2$
$x_1, x_2 \geq 0$

8.69 Maximize $z = 3x_1 + 2x_2$
subject to $x_1 - x_2 \geq 0$
$x_1 + x_2 \geq 2$
$2x_1 + x_2 \leq 6$
$x_1, x_2 \geq 0$

8.70 Maximize $z = x_1 + 2x_2$
subject to $3x_1 + 4x_2 \leq 12$
$x_1 + 3x_2 \leq 3$
$x_1 \geq 0; x_2$ is unrestricted in sign

8.71 Minimize $f = x_1 + 2x_2$
subject to $-x_1 + 3x_2 \leq 20$
$x_1 + x_2 \leq 6$
$x_1 - x_2 \leq 12$
$x_1 + 3x_2 \geq 6$
$x_1, x_2 \geq 0$

8.72 Maximize $z = 3x_1 + 8x_2$
subject to $3x_1 + 4x_2 \leq 20$
$x_1 + 3x_2 \geq 6$
$x_1 \geq 0; x_2$ is unrestricted in sign

8.73 Minimize $f = 2x_1 - 3x_2$
subject to $x_1 + x_2 \leq 1$
$-2x_1 + x_2 \geq 2$
$x_1, x_2 \geq 0$

8.74 Minimize $f = 3x_1 - 3x_2$
subject to $-x_1 + x_2 \leq 0$
$x_1 + x_2 \geq 2$
$x_1, x_2 \geq 0$

8.75 Minimize $f = 5x_1 + 4x_2 - x_3$
subject to $x_1 + 2x_2 - x_3 \geq 1$
$2x_1 + x_2 + x_3 \geq 4$
$x_1, x_2 \geq 0; x_3$ is unrestricted in sign

8.76 Maximize $z = 4x_1 + 5x_2$
subject to $x_1 - 2x_2 \leq -10$
$3x_1 + 2x_2 \leq 18$
$x_1, x_2 \geq 0$

8.77 Formulate and solve the optimum design problem of Exercise 2.2. Verify the solution graphically.

8.78 Formulate and solve the optimum design problem of Exercise 2.6. Verify the solution graphically.

8.79 Formulate and solve the optimum design problem of Exercise 2.7. Verify the solution graphically.

8.80 Formulate and solve the optimum design problem of Exercise 2.8. Verify the solution graphically.

8.81 Formulate and solve the optimum design problem of Exercise 2.18.

8.82 Formulate and solve the optimum design problem of Exercise 2.20.

8.83 Solve the "saw mill" problem formulated in Section 2.4.

8.84 Formulate and solve the optimum design problem of Exercise 2.21.

8.85 Obtain solutions for the three formulations of the "cabinet design" problem given in Section 2.6. Compare solutions for the three formulations.

Section 8.7 Postoptimality Analysis

8.86 Formulate and solve the "crude oil" problem stated in Exercise 2.2. What is the effect on the cost function if the market for lubricating oil suddenly increases to 12,000 barrels? What is the effect on the solution if the price of crude A drops to $110 per barrel? Verify the solutions graphically.

8.87 Formulate and solve the problem stated in Exercise 2.6. What are the effects of the following changes? Verify your solutions graphically.
1. The supply of material C increases to 120 kg.
2. The supply of material D increases to 100 kg.
3. The market for product A decreases to 60.
4. The profit for A decreases to $8 kg^{-1}.

Solve the following problems and determine Lagrange multipliers for the constraints at the optimum point.

8.88 Exercise 8.55
8.89 Exercise 8.56
8.90 Exercise 8.57
8.91 Exercise 8.58
8.92 Exercise 8.59
8.93 Exercise 8.60
8.94 Exercise 8.61
8.95 Exercise 8.62
8.96 Exercise 8.63
8.97 Exercise 8.64
8.98 Exercise 8.65
8.99 Exercise 8.66
8.100 Exercise 8.67
8.101 Exercise 8.68

8.102 Exercise 8.69
8.103 Exercise 8.70
8.104 Exercise 8.71
8.105 Exercise 8.72
8.106 Exercise 8.73
8.107 Exercise 8.74
8.108 Exercise 8.75
8.109 Exercise 8.76

Solve the following problems and determine ranges for the right-side parameters.

8.110 Exercise 8.55
8.111 Exercise 8.56
8.112 Exercise 8.57
8.113 Exercise 8.58
8.114 Exercise 8.59
8.115 Exercise 8.60
8.116 Exercise 8.61
8.117 Exercise 8.62
8.118 Exercise 8.63
8.119 Exercise 8.64
8.120 Exercise 8.65
8.121 Exercise 8.66
8.122 Exercise 8.67
8.123 Exercise 8.68
8.124 Exercise 8.69
8.125 Exercise 8.70
8.126 Exercise 8.71
8.127 Exercise 8.72
8.128 Exercise 8.73
8.129 Exercise 8.74
8.130 Exercise 8.75
8.131 Exercise 8.76

Solve the following problems and determine ranges for the coefficients of the objective function.

8.132 Exercise 8.55
8.133 Exercise 8.56
8.134 Exercise 8.57
8.135 Exercise 8.58
8.136 Exercise 8.59
8.137 Exercise 8.60
8.138 Exercise 8.61
8.139 Exercise 8.62
8.140 Exercise 8.63
8.141 Exercise 8.64
8.142 Exercise 8.65

8.154 Formulate and solve the optimum design problem of Exercise 2.2. Determine Lagrange multipliers for the constraints. Calculate the ranges for the right-side parameters, and the coefficients of the objective function. Verify your results graphically.

8.155 Formulate and solve the optimum design problem of Exercise 2.6. Determine Lagrange multipliers for the constraints. Calculate the ranges for the parameters of the right side and the coefficients of the objective function. Verify your results graphically.

8.156 Formulate and solve the "diet" problem stated in Exercise 2.7. Investigate the effect on the optimum solution of the following changes:

1. The cost of milk increases to 1.20 kg^{-1}.
2. The need for vitamin A increases to 6 units.
3. The need for vitamin B decreases to 3 units.

Verify the solution graphically.

8.157 Formulate and solve the problem stated in Exercise 2.8. Investigate the effect on the optimum solution of the following changes:

1. The supply of empty bottles decreases to 750.
2. The profit on a bottle of wine decreases to $0.80.
3. Only 200 bottles of alcohol can be produced.

8.158 Formulate and solve the problem stated in Exercise 2.18. Investigate the effect on the optimum solution of the following changes:

1. The profit on margarine increases to 0.06 kg^{-1}.
2. The supply of milk base substances increases to 2,500 kg.
3. The supply of soybeans decreases to 220,000 kg.

8.159 Solve the "saw mill" problem formulated in Section 2.4. Investigate the effect on the optimum solution of the following changes:

1. The transportation cost for the logs increases to $0.16 per km/log.
2. The capacity of mill A decreases to 200 logs/day.
3. The capacity of mill B decreases to 270 logs/day.

8.160 Formulate and solve the problem stated in Exercise 2.20. Investigate the effect on the optimum solution of the following changes:

1. Due to demand on capital, the available cash decreases to $1.8 million.
2. The initial investment for truck B increases to $65,000.
3. Maintenance capacity decreases to 28 trucks.

8.161 Formulate and solve the "steel mill" problem stated in Exercise 2.21. Investigate the effect on the optimum solution of the following changes:
1. The capacity of reduction plant 1 increases to 1,300,000.
2. The capacity of reduction plant 2 decreases to 950,000.
3. The capacity of fabricating plant 2 increases to 250,000.
4. The demand for product 2 increases to 130,000.
5. The demand for product 1 decreases to 280,000.

8.162 Obtain solutions for the three formulations of the "cabinet design" problem given in Section 2.6. Compare the three formulations. Investigate the effect on the optimum solution of the following changes:
1. Bolting capacity is decreased to 5500 per day.
2. The cost of riveting the C_1 component increases to $0.70.
3. The company must manufacture only 95 devices per day.

8.163 Given the following problem:
Minimize $f = 2x_1 - 4x_2$
subject to $g_1 = 10x_1 + 5x_2 \le 15$
$g_2 = 4x_1 + 10x_2 \le 36$
$x_1 \ge 0, x_2 \ge 0$

Slack variables for g_1 and g_2 are x_3 and x_4, respectively. The final tableau for the problem is given in Table E8.163. Using the given tableau:
1. Determine the optimum values of f and $\mathbf{x}$.
2. Determine Lagrange multipliers for g_1 and g_2.
3. Determine the ranges for the right sides of g_1 and g_2.
4. What is the smallest value that f can have, with the current basis, if the right side of g_1 is changed? What is the right side of g_1 for that case?

TABLE E8.163 Final Tableau for Exercise 8.163

x_1	x_2	x_3	x_4	b
2	1	$\dfrac{1}{5}$	0	3
-16	0	-2	1	6
10	0	$\dfrac{4}{5}$	0	$f + 12$

Reference

Schrage, L., 1991. LINDO: Text and software. Scientific Press, Palo Alto, CA.

최적설계를 위한
선형계획법에 관한 보완

More on Linear Programming Methods for Optimum Design

이 장의 주요내용:

- 심플렉스법을 유도하고 각 단계에서의 이론 이해
- Big-M 방법이라고 부르는 이단 심플렉스법의 교체 형식 사용
- 주어진 선형계획법문제에 대한 쌍대문제 작성
- 쌍대문제의 해로부터 원 선형계획법문제의 해 복원
- 심플렉스법을 이용하여 이차계획문제(QP) 풀이

이 장에서는 선형계획법문제와 관련되어 있는 몇 가지 부가적인 주제를 제시한다. 일반적으로 이러한 주제는 최적설계의 학부과정에서는 취급하지 않는다. 또한 처음 이 책을 독자적으로 읽을 경우에는 생략할 수 있다.

9.1 심플렉스법의 유도

앞 장에서 심플렉스법의 기본 원리와 개념을 소개하였다. 여러 가지 예제를 통하여 방법의 각 단계를 설명하고 해설하였다. 이 절에서는 이론을 설명하고 예제를 사용하여 각 단계를 이해하도록 한다.

9.1.1 정준형 Ax = b의 일반해

정준형

Rank $(\mathbf{A})$ = m인 $m \times n$ 선형 연립방정식 $\mathbf{Ax} = \mathbf{b}$에서 각각의 방정식이 계수가 1인 하나의 변수를 가지며 그 변수가 다른 방정식에 나타나지 않는다면 이 연립방정식을 **정준형**(*canonical form*)이

라 부른다. 일반적으로 정준형은 다음과 같이 표현한다.

$$x_i + \sum_{j=m+1}^{n} a_{ij}x_j = b_i; \quad i = 1 \text{ to } m \tag{9.1}$$

변수 x_1에서 x_m까지는 하나의 방정식에 한 번만 나타난다. x_1은 첫 번째 방정식에, x_2는 두번째 방정식에만 나타나 있다. 또한, 식 (9.1)에서 변수 x_1에서 x_m까지의 순서는 편의상 선택한 것에 불과하다. 일반적으로 변수 x_1에서 x_m까지 어떤 것도 다른 방정식에 그 변수가 나타나 있지 않다면 첫 번째 수식과 연관이 될 수 있다. 같은 방법으로 두 번째 식이 두 번째 변수 x_2와 연관될 필요는 없다.

또한, 식 (9.1)의 정준형은 행렬형태로 표현할 수 있으며, 이는 부록 A.4에서 설명한다.

$$\mathbf{I}_{(m)}\mathbf{x}_{(m)} + \mathbf{Q}\mathbf{x}_{(n-m)} = \mathbf{b} \tag{9.2}$$

여기서 $\mathbf{I}_{(m)} = m$차원 단위행렬; $\mathbf{x}_{(m)} = [x_1 x_2, \cdots, x_m]^T$, m차원 벡터; $\mathbf{x}_{(n-m)} = [x_{m+1}, \ldots, x_n]^T$, $(n-m)$차원 벡터; $\mathbf{Q} = $ 식 (9.1)의 x_{m+1}에서 x_n까지의 계수로 구성된 $m \times (n-m)$행렬; $\mathbf{b} = [b_1, b_2, \ldots, b_m]^T$, m차원 벡터

일반해

식 (9.1)이나 식 (9.2)의 정준형은 $\mathbf{Ax} = \mathbf{b}$의 일반해를 다음과 같이 제공한다.

$$\mathbf{x}_{(m)} = \mathbf{b} - \mathbf{Q}\mathbf{x}_{(n-m)} \tag{9.3}$$

$\mathbf{x}_{(n-m)}$은 다른 값으로 대입하고 $x_{(m)}$에 해당하는 값을 식 (9.3)으로부터 구할 수 있다. 따라서 $x_{(m)}$은 종속변수이며, $\mathbf{x}_{(n-m)}$은 독립변수가 된다.

기저해

독립변수를 0으로 치환하면 ($\mathbf{x}_{(n-m)} = \mathbf{0}$) 이 식의 특별해를 얻는다. 이때 식 (9.3) $\mathbf{x}_{(m)} = \mathbf{b}$를 얻는다. 이로부터 얻은 해를 기저해라 부른다.

기저유용해

만일 식 (9.1)의 우측 매개변수 $b_i \geq 0$이면 특이해(기저해)는 기저유용해(*basic feasible solution*)라 부른다.

비기저변수

기저해를 얻기 위해 $\mathbf{x}_{(n-m)}$에서 0으로 치환한 독립변수를 비기저변수라 한다.

기저변수

식 (9.3)으로부터 해를 구한 종속변수 $\mathbf{x}_{(m)}$를 기저변수라 부른다.

화표

정준형은 표 9.1과 같이 화표에 나타내는 것이 관례이다. 화표의 가장 좌측 열은 각 행에 해당하는 기저변수를 나타낸다. 가장 우측의 RS열은 각 식의 우변을 나타낸다. 나머지 열은 문제의 변수에 해당한다. 화표는 $m \times n$ 단위행렬을 구성하는 m개의 단위열이 있으며 나머지 열은 $m \times (n-m)$행렬 $\mathbf{Q}$를 형성한다. 이 화표는 $\mathbf{Ax} = \mathbf{b}$의 기저해를 제공한다.

표 9.1 정준형을 나타내는 화표

#	Basic↓	x_1	x_2	•	•	•	x_m	x_{m+1}	x_{m+2}	•	•	•	x_n	RS
1	x_1	1	0	•	•	•	0	$a_{1,m+1}$	$a_{1,m+2}$	•	•	•	$a_{1,n}$	b_1
2	x_2	0	1	•	•	•	0	$a_{2,m+1}$	$a_{2,m+2}$	•	•	•	$a_{2,n}$	b_2
3	x_3	0	0	•	•	•	0	$a_{3,m+1}$	$a_{3,m+2}$	•	•	•	$a_{3,n}$	b_3
•	•	•	•	•	•	•	•	•	•	•	•	•	•	•
•	•	•	•	•	•	•	•	•	•	•	•	•	•	•
m	x_m	0	0	•	•	•	1	$a_{m,m+1}$	$a_{m,m+2}$	•	•	•	$a_{m,n}$	b_m

9.1.2 기저가 되어야 하는 비기저변수의 선택

현재의 기저유용해가 최적점이 아니라면 개선된 기저유용해를 얻기 위해 기저변수 중 하나를 비기저변수로 대치하여 계산해야 한다. 이는 심플렉스법에서 중요한 단계이다. 심플렉스법의 유도에는 앞서 제시된 두 가지 물음의 답에 그 근거를 두고 있다. (1) 현재 어떤 비기저변수가 기저가 되어야 하는가와 (2) 현재 어떤 기저변수가 비기저가 되어야 하는가이다. 첫 번째 문제의 답은 이 절에서 답하고, 두 번째 문제는 다음 절에서 답하고자 한다.

비기저변수의 함수인 가격함수

비기저변수를 기저변수로 가져가는 기본 개념은 설계를 개선하는 것이다. 즉, 가격함수의 현재 값을 줄이자는 것이다. 개선의 실마리는 목적함수를 조사해 보면 얻을 수 있을 것이다. 이를 위해서는 비기저변수만으로 목적함수를 나타낼 필요가 있다. 가격함수로부터 기저변수를 소거하기 위하여 식 (9.1)의 현재 기저변수 값을 가격함수에 대입해 보자. 기저변수의 현재의 값을 식 (9.1)의 비기저변수로 나타내면 다음과 같다.

$$x_i = b_i - \sum_{j=m+1}^{n} a_{ij}x_j; \quad i = 1 \text{ to } m \tag{9.4}$$

식 (9.4)를 식 (8.8)의 가격함수식에 대입하고 간단히 하면, 비기저변수($x_j, j = m + 1{\sim}n$)만으로 구성된 가격함수의 식을 얻을 수 있다.

$$f = f_0 + \sum_{j=m+1}^{n} c'_j x_j \tag{9.5}$$

여기서 f_0는 현재의 가격함수 값으로 다음과 같이 주어진다.

$$f_0 = \sum_{i=1}^{m} b_i c_i \tag{9.6}$$

그리고 계수 c_j'는 다음과 같다.

$$c'_j = c_j - \sum_{i=1}^{m} a_{ij}c_i; \quad j = (m+1) \text{ to } n \tag{9.7}$$

$(m + 1) \le j \le n$의 x_j'이 비기저이기 때문에 0의 값을 갖는다. 따라서 식 (9.5)로부터 현재 가격함수 값 f는 f_0가 된다.

환산가격계수

비기저변수에 대한 목적함수의 계수 c_j'은 심플렉스법에서 중요한 역할을 하며, 이것을 환산(reduced) 혹은 상대가격계수(relative cost coefficients)라고 한다. 이것은 가격함수 값을 감소시키기 위해 기저가 되어야 할 비기저변수를 찾는 데 이용된다. 현재의 비기저변수로 목적함수를 표현하는 것이 심플렉스법에서 중요한 단계이다. 목적함수로부터 기저변수를 소거하는 데는 가우스 소거법이 이용될 수 있으므로 이 과정이 어려운 문제는 아니다. 일단 이 과정이 수행되면 목적계수 c_j'가 곧 결정된다.

c_j'은 j번째 비기저변수에 해당하는 환산가격계수이다. 기저변수가 가격함수에 나타나지 않으므로 이들의 환산가격계수는 0이다.

최적 가격함수

일반적으로 비기저변수에 대응하는 환산가격계수 c_j'는 양수, 음수 혹은 0이 될 수 있다. 모든 c_j'가 음이 아니라면 비기저변수를 기저변수로 만든다하여도 가격함수가 감소하지 않는다. 따라서 현재 기저유용해가 **최적해**이다. 모든 c_j'가 음이 아닐 때 비기저변수 x_i를 기저로 만들면(즉, 양수가 된다) 가격함수는 증가하거나 적어도 같은 값이 된다.

만약 모든 c_j'가 양수일 때 최적해는 유일하다. 만약 적어도 하나의 c_j'가 0이면 대안 최적해가 존재할 가능성이 있다. 만약 0의 환산가격계수에 해당하는 비기저변수가 기저가 된다면 대안 최적해에 해당하는 극점을 얻는다. 환산가격계수가 0이기 때문에 식 (9.5)에서 보는 바와 같이 최적 가격함수는 대안점에서 변하지 않는다. 이 최적점은 비록 유일 전역해가 아니지만 전역해이다. 기하학적으로 보면 선형계획문제의 다중최적해는 가격함수의 초평면이 활성제약조건의 초평면과 평행하다는 것을 의미한다.

기저가 될 비기저변수의 선택

c_j'값 중의 하나가 음수라 하자. 이는 기저변수가 될 비기저변수를 정할 수 있다. 그러면 식 (9.5)에서 보는 바와 같이 대응되는 비기저변수가 양수이면(즉, 기저변수가 되기 때문이다) f의 값은 감소하게 된다. 만일 한 개 이상의 c_j'가 음수일 경우에 널리 이용되어 온 방법은 가장 작은 c_j'(즉, 절댓값이 가장 큰 음수의 c_j')에 대응하는 비기저변수를 기저변수로 선택하는 것이다. 따라서 c_j'가 음수이면, 목적함수 값을 줄일 수 있는 새로운 기저유용해를 구하는 것이 가능하다(존재한다면).

무계문제

만일 음수의 환산목적계수 c_j'에 대응하는 비기저변수가 기저변수로 만들어질 수 없으면 (c_j'열의 모든 a_{ij}가 음수일 때) 유영영역은 무계가 된다.

9.1.3 비기저가 되어야 하는 기저변수의 선택

x_q를 기저변수가 될 비기저변수라고 가정하자. 이것은 q번째의 비기저열을 현재 기저변수열 중의 하나와 서로 바꾸어야 됨을 의미한다. 이러한 교환이 있고 난 후 그 열은 한 요소만 1이 되고 나머지 요소들은 모두 0이 되어야 한다.

비기저변수가 될 기저변수를 결정하기 위해서는 소거과정을 수행하기 위한 피봇행이 결정되어야 한다. 소거 단계를 거친 후 현재 기저변수와 관련되는 행이 비기저로 되는 방법이다. 피봇행을 정하기 위해서 현재 비기저변수 x_q(기저가 되는)와 관련된 모든 항들은 식 (9.1)의 정준형의 우변으로 이항한다. 이 연립방정식은

$$x_i + \sum_{\substack{j=m+1 \\ j \neq q}}^{n} a_{ij}x_j = b_i - a_{iq}x_q; \quad i = 1 \text{ to } m \tag{9.8}$$

식 (9.8)의 좌변의 합기호 항은 0이 되므로 식은 다음과 같이 간략하게 표현된다.

$$x_i = b_i - a_{iq}x_q; \quad i = 1 \text{ to } m \tag{9.9}$$

x_q은 기저변수가 되므로 그 값은 새로운 해에서 음수가 아닌 수가 되어야 할 것이다. 새로 구한 해는 반드시 유용해가 되어야 한다. 식 (9.9)의 우변은 새로운 심플렉스 반복의 기저변수값을 나타내므로 x_q가 0보다 크거나 같은 값이 되어야 한다. 이들 우변을 점검하면 x_q가 임의로 커질 수 없다. 만일 x_q가 임의로 커지게 되면, 새로운 우변의 계수$(b_i - a_{iq}x_q)$에서 $i = 1 \sim m$ 중의 어떤 것이 음수가 될 수 있기 때문이다. 이 우변 매개변수가 새로운 기저변수값이 되므로 새로운 기저해가 유용이 될 수 없다. 따라서 새로운 해가 기저이고 유용이 되려면 현재 기본 변수가 비기저변수가 되도록 선정함에 있어서 식 (9.10)의 우변이 다음의 제약을 반드시 만족하여야 한다(즉, 0의 값이 됨).

$$b_i - a_{iq}x_q \geq 0; \quad i = 1 \text{ to } m \tag{9.10}$$

양이 아닌 어떠한 a_{iq}도 x_q이 얼마만큼 커질 수 있는가에 대한 제약은 없다. 왜냐하면 식 (9.10)는 여전히 만족되기 때문이다. $b_i \geq 0$임을 기억하라. 양의 a_{iq}에 대하여 x_q은 0에서부터 식 (9.10)의 부등식 중의 하나가 활성화 될 때까지 증가할 수 있다. 즉, 식 (9.9)의 우변 중 하나가 0이 된다. 더 이상 증가하면 식 (9.9)의 비음수의 조건을 위배하게 된다. 따라서 들어오는 변수 x_q의 최댓값은 다음과 같이 주어진다.

$$\frac{b_p}{a_{pq}} = \min_i \left\{ \frac{b_i}{a_{iq}}, a_{iq} > 0; \quad i = 1 \text{ to } m \right\} \tag{9.11}$$

여기서 p는 최소의 비 b_i/a_{iq}를 갖는 첨자이다. 식 (9.11)는 우변 매개변수 b_i의 값과 q번째 열의 양의 요소(a_{iq})의 비를 계산하여 그 값이 최소가 되는 첨자 p에 대응하는 열을 선택해야 한다는 것을 의미한다. 최소비가 같은 경우는 이들 중의 임의의 p를 택할 수 있으며 이때의 기저유용해는 퇴화기저유용해가 될 것이다.

그러므로 식 (9.11)은 b_i/a_{iq}의 비가 가장 작은 행을 나타낸다. 이 행에 대응하는 기저변수 x_p는 비기

저변수가 되어야 한다. 만일 q번째 열의 a_{iq}가 모두 양수가 아니면 x_q는 무한히 증가할 수 있게 된다. 이것은 선형계획문제가 무계임을 의미한다. 이러한 상황이 발생하는 실전문제는 제약조건이 적합하지 않을 경우이므로 원래의 문제의 정식화 과정을 다시 검토하는 것이 좋다.

9.1.4 인위가격함수

인위변수

선형계획문제에서 양의 우변을 갖는 "≥형" 제약 및 등호제약이 있을 때 초기 기저유용해는 유효하지 않다. 이 문제를 풀기 위해 2단계 심플렉스법을 사용해야 한다. 제1단계 최소화 문제를 정의하기 위하여 음이 아닌 우변을 갖는 "≥형" 제약 및 등호제약을 대한 인위변수를 도입한다.

　논의를 간단하게 하기 위하여 표준선형계획문제의 제약조건은 심플렉스법의 제1단계에서 인위변수를 요구한다고 가정한다. 앞 장의 예제에서 본 바와 같이 인위변수가 요구되지 않는 제약조건 역시 일상적으로 취급할 수 있다. 표준선형계획문제는 n개의 변수, m개의 등호제약을 갖고 있어 인위변수가 보강된 제약식 $\mathbf{Ax} = \mathbf{b}$는 다음과 같다.

$$\sum_{j=1}^{n} a_{ij}x_j + x_{n+i} = b_i; \quad i = 1 \text{ to } m \tag{9.12}$$

여기서 x_{n+i}, $i = 1$ to m이 인위변수이다. 따라서 제1단계 문제의 초기 기저유용해는 다음과 같다.

　기저변수: $x_{n+i} = b_i$, $i = 1$ to m
　비기저변수: $x_j = 0$, $j = 1$ to n

인위변수는 기본적으로 원래 문제의 볼록 다각형을 증가시킨다. 제1단계 문제의 기저유용해는 확장공간에 존재하는 극점(정점)에 해당한다. 따라서 확장공간에 있는 극점을 원래 공간에 있는 극점에 도달할 때까지 찾아간다. 원래 공간에 도달하면 인위변수는 비기저가 되며 (즉 인위변수는 모두 0이 된다) 인위가격함수 역시 0이 된다. 이 점에서 증강공간은 제거되며 이후의 이동은 원래 공간의 극점을 따라 최적점에 도달할 때까지 이동한다. 간략히, 인위변수를 도입한 후 가능하면 빠르게 이를 제거하여 원래 볼록 다각형으로 이동한다.

인위가격함수

문제에서 인위변수를 제거하기 위하여 **인위가격함수**라는 보조함수를 정의하고, 식 (9.12)의 제약조건과 모든 변수가 음이 아닌 조건을 만족하면서 이를 최소화한다. 인위가격함수는 단순하게 모든 인위변수의 합이며 다음과 같이 w라 정의한다.

$$w = x_{n+1} + x_{n+2} + \ldots + x_{n+m} = \sum_{i=1}^{m} x_{n+i} \tag{9.13}$$

　제1단계의 목적은 모든 인위변수가 비기저가 되어 0이 되도록 하는 것이다. 이 경우 식 (9.13)의 인위가격함수는 0이 될 것이며, 이는 제1단계의 종료를 의미한다. 그러나 제1단계 문제는 여전히 심플렉스법을 시작하기에 적절하지 않다. 인위가격함수에서 비기저변수의 환산가격계수 c_j'는 아직 피봇요소를 결정하거나 피봇단계를 수행하는 데 유용하지 않다.

현재 식 (9.13)의 인위가격함수는 기저변수 $x_{n+1}, \ldots, x_{n+m}$의 항으로 되어 있다. 그러므로 환산가격계수 c_j'는 아직 식별되지 않는다. 이는 인위가격함수 w가 비기저변수 $x_1, \ldots, x_n$의 함수로 표현되는 경우에만 가능하다. 비기저변수의 항으로 w를 구하기 위해 인위가격함수로부터 기저변수를 제거한 제약조건식을 사용한다. 식 (9.12)로부터 $x_{n+1}, \ldots, x_{n+m}$을 계산하고 식 (9.13)에 대입하면, 인위가격함수 w를 비기저변수의 항으로 다음과 같이 얻을 수 있다.

$$w = \sum_{i=1}^{m} b_i - \sum_{j=1}^{n} \sum_{i=1}^{m} a_{ij} x_j \tag{9.14}$$

환산가격계수 c_j'는 식 (9.14)의 비기저변수 x_j의 계수로서 다음과 같이 구한다.

$$c_j' = -\sum_{i=1}^{m} a_{ij}; \quad j = 1 \text{ to } n \tag{9.15}$$

만약 원래 문제에 "≤형" 제약이 있다면 제1단계에서 기저변수로 사용되는 완화변수를 추가하여 표준선형계획 문제를 만든다. 그러므로 인위변수의 개수는 (m—제약조건의 개수)보다 적다. 따라서 초기 기저유용해를 얻기 위한 인위변수의 개수도 m보다 적다. 이는 식 (9.14)와 식 (9.15)의 합은 모두 m 제약조건이 아님을 의미한다. 이는 단지 인위변수가 필요한 제약조건에 한한다.

9.1.5 피봇단계

가우스-조단 소거법을 바탕으로 피봇단계는 기저변수와 비기저변수를 교환한다. 비기저변수 x_q ($(n-m) \leq q \leq n$)와 서로 대체될 기저변수 $x_p (1 \leq p \leq m)$를 선택한다고 하자. p번째 기저열을 q번째 비기저열과 교환한다. 즉 q번째 열은 단위행열의 열이 될 예정이며, p번째 열은 이제 더 이상 단위행열의 열이 아니다. 이는 p번째 열과 q번째 열의 피봇요소가 0이 아닐 때만 가능하다($a_{pq} \neq 0$). 현재 비기저변수 x_q를 p번째 방정식 이외의 모든 식에서 소거한다면 x_q는 기저변수가 된다. 이러한 과정은 가우스—조단 소거법을 이용하여 수행되며, 이 과정에서 p번째 행을 이용하여, 표 9.1 q번째 열이 소거된다. 이렇게 함으로써 q번째 열에서 $a_{pq} = 1$이 되고 나머지 요소는 모두 0이 된다.

a_{ij}'를 피봇단계 후에 얻어진 정준형 $\mathbf{Ax} = \mathbf{b}$의 새로운 계수라고 하자. 그러면 p번째 행을 피봇행으로 하여 q번째 열에 소거과정을 수행하는 피봇단계는 다음과 같은 일반식으로 표현된다.

1. 피봇행(p번째 행)을 피봇요소 a_{pq}로 나누면

$$a_{pj}' = \frac{a_{pj}}{a_{pq}} \text{ for } j = 1 \text{ to } n; \quad b_p' = \frac{b_p}{a_{pq}} \tag{9.16}$$

2. 가우스-조단 소거법을 적용하여 x_q를 p번째 행을 제외한 모든 행에서 제거하면

$$a_{ij}' = a_{ij} - \left(\frac{a_{pj}}{a_{pq}} \right) a_{iq}; \quad \begin{cases} i \neq p, i = 1 \text{ to } m \\ j = 1 \text{ to } n \end{cases} \tag{9.17}$$

$$b_i' = b_i - \left(\frac{b_p}{a_{pq}} \right) a_{iq}; \quad i \neq p, i = 1 \text{ to } m \tag{9.18}$$

식 (9.16)을 보면, 화표의 p번째 행이 피봇요소 a_{pq}로 나누어져 있다. 식 (9.17)과 (9.18)은 화표의 q번째 열을 소거하는 과정을 보여준다. q번째 열에서 p번째 행 위 아래에 위치한 요소들은 소거과정에서 0이 된다. 이러한 식들을 이용하여 피봇단계를 수행하는 컴퓨터 프로그램을 만들 수 있다. 피봇단계를 모두 마치면 식 $\mathbf{Ax} = \mathbf{b}$에 대한 새로운 정준형을 얻을 수 있다. 즉 새로운 기저해를 얻는 것이다.

9.1.6 심플렉스 알고리즘

심플렉스법의 단계는 "≤형" 제약만 있는 예제 8.7에서 설명하였다. 이를 일반 선형계획문제에 대하여 다음과 같이 정리한다.

1단계: 표준형에서 문제. 문제를 표준선형계획문제로 변환하라.

2단계: 초기기저해. 만약 모든 제약이 "≤형"이면 완화변수가 기저이며 실변수가 비기저이기 때문에 기저유용해가 존재한다. 만약 "≥형" 및 등식 제약이 있다면 2단계 심플렉스 과정이 필요하다. 등식 및 "≥형" 제약에 각각 인위변수를 도입하면 제1단계 문제의 초기 기저유용해를 구할 수 있다. 등식 및 "≥형" 제약의 경우는 제1단계 문제를 위한 인위가격함수를 비기저변수의 항으로 표현할 수 있다.

3단계: 최적성검사. 가격함수는 비기저변수의 항으로만 표현되어야 한다. 이는 "≤형" 제약일 때만 가능하다.

　모든 비기저변수에 해당하는 환산가격계수가 음이 아니면 (≥0) 최적해를 얻으며 제1단계를 종료한다. 그렇지 않으면, 가격함수(인위가격함수)가 개선될 가능성이 있다. 기저가 될 비기저변수를 선택하는 것이 필요하다.

4단계: 기저가 될 비기저변수 선택. 가격행(제1단계의 경우 인위가격행)을 탐색하여 음의 환산가격계수 행을 확인한다. 왜냐하면 이 행에 해당하는 비기저함수는 가격(인위가격)을 낮출 기저변수가 될 수 있다. 이를 피봇열이라 한다.

5단계: 비기저가 될 기저변수 선택. 피봇열의 모든 요소가 음수이면 무계이다. 피봇열에 양의 요소가 존재하면 이와 우변 매개변수의 비를 구하고 식 (9.11)에 따라 가장 작은 비를 갖는 행을 확인한다. 같은 비가 존재하는 경우 어떤 행을 선택하여도 된다. 이 행에 해당하는 기저변수가 비기저(즉 0)가 된다. 이때 선택한 열을 피봇열이라 하며, 피봇행과의 교차요소를 피봇요소라 한다.

6단계: 피봇단계. 가우스-조단 소거법과 5단계의 피복열을 사용한다. 소거는 반드시 가격행(인위가격행)에서 수행되어 비기저변수의 항만 존재하여야 한다. 이 단계가 피봇행을 제외한 모든 행에서 4단계에서 확인된 비기저변수를 제거하는 과정이다. 즉, 기저변수가 된다.

7단계: 최적해. 최적해가 얻어지면 기저변수 값과 최적값을 화표로부터 확인한다. 그렇지 않으면 3단계로 간다.

9.2 대안 심플렉스법

"≥형"과 등호제약조건을 가진 선형계획문제를 풀기 위해서는 약간 변형된 과정이 이용될 수 있다. 앞에서와 같이 인위변수를 문제에 도입한다. 그러나 인위목적함수를 도입하지는 않는다. 그 대신에 원래의 목적함수에 매우 큰 양의 계수를 가진 인위변수를 더하여 원래의 목적함수를 확장시킨다. 부가적인 항은 문제에서 인위변수를 도입함에 따른 벌칙계수(Penalty)처럼 작용한다. 인위변수는 기저이기 때문에 수정된 문제를 해석하기 위하여 심플렉스법이 사용되기 전에 목적함수로부터 소거할 필요가 있다. 이것은 식 (9.14)와 같이 인위변수를 포함하는 적당한 제약조건을 이용함으로써 쉽게 처리될 수 있다. 일단 이것이 시행되면, 일반적인 심플렉스법을 사용하여 문제를 해결할 수 있다. 예제 9.1로써 이 과정을 설명한다.

예제 9.1 | **등호 및 "≥형" 제약조건에 대한 Big-M 방법**

대안 심플렉스법을 사용하여 예제 8.14에 주어진 문제의 수치해를 구하라.

최대화

$$z = y_1 + 2y_2 \tag{a}$$

제약조건

$$3y_1 + 2y_2 \le 12 \tag{b}$$

$$2y_1 + 3y_2 \ge 6 \tag{c}$$

$$y_2 는 부호제한이 없음, y_1 \ge 0 \tag{d}$$

풀이

y_2가 부호제한이 없으므로 $y_2 = x_2 - x_3$로 정의하였다. 표준형으로 바꾸면 다음과 같다.

최소화

$$f = -x_1 - 2x_2 + 2x_3 \tag{e}$$

제약조건

$$3x_1 + 2x_2 - 2x_3 + x_4 = 12 \tag{f}$$

$$2x_1 + 3x_2 - 3x_3 - x_5 + x_6 = 6 \tag{g}$$

$$x_i \ge 0; \, i = 1 \text{ to } 6 \tag{h}$$

여기서 x_4는 완화변수이고 x_5는 부가변수이며, x_6는 인위변수이다.

대안 심플렉스법에 따라서 목적함수에 Mx_6(여기서 $M = 10$)을 더하고, 정리하면 다음과 같다: $f = -x_1 - 2x_2 + 2x_3 + 10x_6$. 문제에 대한 유용해가 존재한다면, 모든 인위변수는 비기저가 될 것이며 즉 0, 원래의 목적함수를 얻을 수 있다. 만일 다른 인위변수가 또 있으면, 그것에 M을 곱하고 목적함수에 더하면 된다. 이것을 때때로 Big-M 방법이라고 한다. 두 번째 제약조건식에서 x_6을 정리하여 위의 목적함수에 대입하면,

다음의 식을 얻는다.

$$f = -x_1 - 2x_2 + 2x_3 + 10(6 - 2x_1 - 3x_2 + 3x_3 + x_5) = 60 - 21x_1 - 32x_2 + 32x_3 + 10x_5 \tag{i}$$

이것은 심플렉스 화표에 $-21x_1 - 32x_2 + 32x_3 + 10x_5 = f - 60$으로 쓰여 있다. 이 목적함수를 사용한 심플렉스법의 반복해가 표 9.2에 나타나 있다. 최종해가 표 8.18과 그림 8.4의 결과와 같음을 볼 수 있다.

9.3 선형계획의 쌍대성

모든 선형계획문제에 관련된 다른 문제를 쌍대(*dual*)라고 한다. 원래의 선형계획문제를 기본(*primal*)문제라고 한다. 쌍대와 기본에 관련된 몇 가지 이론을 서술하고 설명한다. 쌍대변수는 기본제약의 라그랑지 승수와 관련되어 있다. 쌍대문제의 해는 마지막 기본 해로부터 복원할 수 있고, 반대의 경우도 가능하다. 따라서 두 문제 중의 한 가지만 풀 필요가 있다. 예제를 가지고 설명한다.

표 9.2   대안 심플렉스법에 의한 예제 9.1의 해

Basic↓	x_1	x_2	x_3	x_4	x_5	x_6	b	Ratio
Initial tableau: x_6 is identified to be replaced with x_2 in the basic set.								
x_4	3	2	-2	1	0	0	12	$\frac{12}{6} = 6$
x_6	2	$\boxed{3}$	-3	0	-1	1	6	$\frac{6}{3} = 2$
Cost	-21	$\boxed{-32}$	32	0	10	0	$f - 60$	
Second tableau: x_4 is identified to be replaced with x_5 in the basic set.								
x_4	$\frac{5}{3}$	0	0	1	$\boxed{\frac{2}{3}}$	$-\frac{2}{3}$	8	$\frac{8}{2/3} = 12$
x_2	$\frac{2}{3}$	1	-1	0	$-\frac{1}{3}$	$\frac{1}{3}$	2	Negative
Cost	$\frac{1}{3}$	0	0	0	$\boxed{-\frac{2}{3}}$	$\frac{32}{3}$	$f + 4$	
Third tableau: Reduced cost coefficients in nonbasic columns are nonnegative; the tableau gives optimum point.								
x_5	$\frac{5}{2}$	0	0	$\frac{3}{2}$	1	-1	12	
x_2	$\frac{3}{2}$	1	-1	$\frac{1}{2}$	0	0	6	
Cost	2	0	0	1	0	10	$f + 12$	

9.3.1 표준 기본 선형계획문제

기본계획문제와 대응한 쌍대문제를 정의하는 데는 여러 가지 방법이 있다. 그중에서 **표준기본문제** (*standard primal problem*)를 다음과 같이 정의할 것이다. 다음의 기본목적함수(primal objective function)를 최대화하는 $x_1, x_2, \ldots, x_n$을 구하라.

$$z_p = d_1x_1 + \ldots + d_nx_n = \sum_{i=1}^{n} d_ix_i = \mathbf{d}^T\mathbf{x} \tag{9.19}$$

제약조건은 다음과 같다.

$$\begin{aligned} a_{11}x_1 + \ldots + a_{1n}x_n &\leq e_1 \\ &\ldots \qquad\qquad (\mathbf{Ax \leq e}) \\ a_{m1}x_1 + \ldots + a_{mn}x_n &\leq e_m \\ x_j &\geq 0; \; j = 1 \text{ to } n \end{aligned} \tag{9.20}$$

기본목적함수를 표시하기 위하여 z에 하첨자 p를 사용하기로 한다. 기호 z는 최대화 함수에 대해서 사용한다. 식 (8.5)~(8.7)에서 정의된 표준선형계획문제를 이해하여야 하며, 모든 제약조건은 등호제약조건이며, 우변 b_i는 음수가 아니어야 한다. 그러나 표준기본문제의 정의에서는 모든 제약조건이 "≤형"이어야 하고, 우변 e_i의 부호는 제한이 없다. 따라서 "≥형"의 제약조건에서는 반드시 양변에 −1을 곱하여 "≤형"으로 바꾸어야 한다. 등호제약조건도 "≤형"의 제약조건으로 만들어야 한다. 이것은 이 절의 뒷부분에서 설명될 것이다. 심플렉스법으로 위의 기본선형계획문제를 풀기 위해서는 식 (8.5)~(8.7)과 같이 표준 심플렉스 형태로 바꾸어야 한다.

9.3.2 쌍대 선형계획문제

표준기본문제의 쌍대문제는 다음과 같이 정의된다. 다음과 같은 쌍대목적함수를 최소화하는 쌍대변수 $y_1, y_2, \ldots, y_m$을 구하라.

$$f_d = e_1y_1 + \ldots + e_my_m = \sum_{i=1}^{m} e_iy_i = \mathbf{e}^T\mathbf{y} \tag{9.21}$$

제약조건은 다음과 같다.

$$\begin{aligned} a_{11}y_1 + \ldots + a_{m1}y_m &\geq d_1 \\ &\ldots \qquad\qquad (\mathbf{A}^T\mathbf{y \geq d}) \\ a_{1n}y_1 + \ldots + a_{mn}y_m &\geq d_n \\ y_i &\geq 0; \; i = 1 \text{ to } m \end{aligned} \tag{9.22}$$

쌍대문제의 가격함수를 나타내는 데 f에 하첨자 d를 사용하였다. 기본문제와 쌍대문제의 관계는 아래와 같다.

1. 쌍대변수의 수는 기본문제의 제약조건의 수와 같다. 각각의 쌍대변수는 기본문제의 제약조건과 관련된다. 예를 들면 y_i는 i번째의 기본제약조건에 관련된다.
2. 쌍대제약조건의 수는 기본문제의 변수의 수와 같다. 각각의 기본변수는 쌍대제약조건과 관련

이 있다. 예를 들면 x_i는 i번째 쌍대제약조건은 "≤형"이다.

3. 기본제약조건은 "≤형"의 부등식이며, 반면에 쌍대제약조건은 "≥형"이다.

4. 기본목적함수의 최대화는 쌍대가격함수의 최소화로 대치된다.

5. 기본목적함수의 계수 d_i는 상대제약조건의 우변값이 된다. 근본제약조건의 우변 e_i는 쌍대목적함수의 계수들이다.

6. 기본제약의 계수행렬 $[a_{ij}]$는 쌍대제약에 관하여 $[a_{ji}]$로 전치된다.

7. 음수가 아니어야 한다는 조건은 기본과 쌍대변수에 모두 적용된다.

예제 9.2는 주어진 선형계획문제를 쌍대문제로 푸는 방법을 설명한다.

예제 9.2   **선형계획문제의 쌍대문제**

문제의 쌍대를 작성하라.

최대화

$$z_p = 5x_1 - 2x_2 \tag{a}$$

제약조건

$$2x_1 + x_2 \leq 9 \tag{b}$$

$$x_1 - 2x_2 \leq 2 \tag{c}$$

$$-3x_1 + 2x_2 \leq 3 \tag{d}$$

$$x_1, x_2 \geq 0 \tag{e}$$

풀이

이 문제는 이미 표준기본문제의 형태로 나타나 있으며, 해당되는 벡터와 행렬을 다음과 같이 나타낼 수 있다.

$$\mathbf{d} = \begin{bmatrix} 5 \\ -2 \end{bmatrix},\ \mathbf{e} = \begin{bmatrix} 9 \\ 2 \\ 3 \end{bmatrix},\ \mathbf{A} = \begin{bmatrix} 2 & 1 \\ 1 & -2 \\ -3 & 2 \end{bmatrix} \tag{f}$$

여기에는 3개의 기본제약조건이 있기 때문에, 문제에 대한 쌍대변수는 3개가 된다. 여기서 y_1, y_2, y_3가 각각의 세 제약조건과 관련 있는 쌍대변수라고 하자. 그러면 식 (9.21)과 (9.22)에서 다음과 같은 쌍대문제를 얻게 된다.

최소화

$$f_d = 9y_1 + 2y_2 + 3y_3 \tag{g}$$

제약조건

$$2y_1 + y_2 - 3y_3 \geq 5 \tag{h}$$

$$y_1 - 2y_2 + 2y_3 \geq -2 \tag{i}$$

9.3.3 등호제약조건의 취급

설계문제의 대부분에는 등호제약조건이 있다. 각각의 등호제약조건은 2개의 부등호제약조건으로 대치될 수 있다. 예를 들면, $2x_1 + 3x_2 = 5$는 2개의 제약조건 $2x_1 + 3x_2 \geq 5$와 $2x_1 + 3x_2 \leq 5$로 대치될 수 있다. 여기에서 "≤형" 부등식에는 −1을 곱함으로써 표준기본형으로 바꿀 수 있다. 예제 9.3은 "≥형" 제약조건과 등호제약조건을 취급하는 방법을 설명한다.

예제 9.3 **등호제약조건과 "≥형" 제약조건이 있는 선형계획의 쌍대**

문제에 대한 쌍대문제를 작성하라.

최대화

$$z_p = x_1 + 4x_2 \tag{a}$$

제약조건

$$x_1 + 2x_2 \leq 5 \tag{b}$$
$$2x_1 + x_2 = 4 \tag{c}$$
$$x_1 - x_2 \geq 1 \tag{d}$$
$$x_1, x_2 \geq 0 \tag{e}$$

풀이

등호제약조건 $2x_1 + x_2 = 4$는 $2x_1 + x_2 \leq 4$와 $2x_1 + x_2 \geq 4$의 두 개의 부등식으로 나타낼 수 있다. "≥형"의 부등식은 −1을 곱하여 "≤형"의 부등식으로 바꿀 수 있다. 따라서 위 문제의 표준기본형은 다음과 같다.

최대화

$$z_p = x_1 + 4x_2 \tag{f}$$

제약조건

$$x_1 + 2x_2 \leq 5 \tag{g}$$
$$2x_1 + x_2 \leq 4 \tag{h}$$
$$-2x_1 - x_2 \leq -4 \tag{i}$$
$$-x_1 + x_2 \leq -1 \tag{j}$$
$$x_1, x_2 \geq 0 \tag{k}$$

식 (9.21)과 (9.22)를 이용하면, 기본의 쌍대는

최소화

$$f_d = 5y_1 + 4(y_2 - y_3) - y_4 \tag{l}$$

제약조건

$$y_1 + 2(y_2 - y_3) - y_4 \geq 1 \tag{m}$$

$$2y_1 + (y_2 - y_3) + y_4 \geq 4 \tag{n}$$

$$y_1, y_2, y_3, y_4 \geq 0 \tag{o}$$

9.3.4 등호제약조건의 대안 취급방법

쌍대문제로 바꾸어 쓰기 위하여 등호제약조건을 한 쌍의 부등호제약조건으로 대체시킬 필요가 없다는 것을 보이겠다. 예제 9.3에는 4개의 쌍대변수가 있다. 변수 y_2와 y_3는 표준형으로 쓰인 두 번째 및 세 번째의 기본제약조건에 대응된다. 두 번째와 세 번째 제약조건은 실제로 원래의 등호제약조건 식에 해당된다. 또 $(y_2 - y_3)$의 항은 쌍대문제의 모든 표현에 나타난다. 다음의 변수를 정의하자.

$$y_5 = y_2 - y_3 \tag{a}$$

이 변수는 두 개의 음이 아닌 변수($y_2 \geq 0$, $y_3 \geq 0$)의 차이이므로 양, 음 또는 0이 될 수 있다. y_5를 대입하면, 예제 9.3의 쌍대문제는 다음과 같이 쓸 수 있다.

최소화

$$f_d = 5y_1 + 4y_5 - y_4 \tag{b}$$

제약조건

$$y_1 + 2y_5 - y_4 \geq 1 \tag{c}$$

$$2y_1 + y_5 + y_4 \geq 4 \tag{d}$$

$$y_1, y_4 \geq 0; \; y_5 = y_2 - y_3 \text{ is unrestricted in sign} \tag{e}$$

이제 쌍대변수는 3개뿐이다. 쌍대변수의 수는 기본제약조건의 수와 같으므로 쌍대변수 y_5는 틀림없이 등호제약조건식 $2x_1 + x_2 = 4$에 대응된다. 따라서 다음의 결론을 얻을 수 있다. 만일 i번째 기본제약조건이 등호제약조건이면, i번째 쌍대변수의 부호제한이 없다. 유사한 방법으로 만일 기본변수에 부호제한이 없으면, 대응되는 상대제약조건은 등호가 된다는 것을 보일 수 있으며, 이것은 연습문제로 남겨 둔다. 예제 9.4는 쌍대 정식화로부터 기본 정식화로 환원하는 것을 보여주고 있다.

예제 9.4	쌍대정식화에서 기본정식화로의 환원

쌍대문제는 표준기본문제로 바꿀 수 있고 다시 쌍대문제로 바꿀 수 있다. 이러한 문제의 쌍대문제는 다시 기본문제로 됨을 보일 수 있다. 이것을 알아보기 위하여, 앞의 쌍대문제를 표준기본문제로 바꾸어 보자.

최대화

$$z_p = 5y_1 - 4y_5 + y_4 \tag{a}$$

제약조건

$$-y_1 - 2y_5 + y_4 \leq -1 \tag{b}$$

$$-2y_1 - y_5 - y_4 \leq -4 \tag{c}$$

$$y_1, y_4 \geq 0; \; y_5 = y_2 - y_3 \text{ is unrestricted in sign} \tag{d}$$

위의 기본형을 쌍대형으로 쓰면 다음과 같다.

최소화

$$f_d = -x_1 - 4x_2 \tag{e}$$

제약조건

$$-x_1 - 2x_2 \geq -5 \tag{f}$$

$$-2x_1 - x_2 = -4 \tag{g}$$

$$x_1 - x_2 \geq 1 \tag{h}$$

$$x_1, x_2 \geq 0 \tag{i}$$

이것은 원래의 기본문제(예제 9.3)와 같다. 쌍대문제 과정에서 두 번째 기본변수(y_5)는 부호제한이 없기 때문에 두 번째 제약조건은 등호이다. 정리 9.1은 이 결과를 서술한다.

정리 9.1 쌍대의 쌍대

쌍대문제의 쌍대는 기본문제이다.

9.3.5 쌍대해로부터 기본해의 결정

쌍대문제의 최적해로부터 어떻게 기본문제의 최적해를 구하는 법과 혹은 그 반대 경우에 어떻게 구하여야 하는지가 여전히 남아있다. 먼저 $x_1, x_2, \ldots, x_n$을 식 (9.22)의 각각의 부등식에 곱하고 그것을 더해보자. 모든 x_j'는 음수가 아니므로 다음의 부등식을 얻게 된다.

$$\begin{aligned} x_1(a_{11}y_1 + \ldots + a_{m1}y_m) + x_2(a_{12}y_1 + \ldots + a_{m2}y_m) \\ + \ldots + x_n(a_{1n}y_1 + \ldots + a_{mn}y_m) \geq d_1x_1 + d_2x_2 + \ldots + d_nx_n \end{aligned} \tag{9.23}$$

위의 식을 행렬의 식으로 나타내 보면

$$\mathbf{x}^T\mathbf{A}^T\mathbf{y} \geq \mathbf{x}^T\mathbf{d} \tag{9.24}$$

이 식을 $y_1, y_2, \ldots, y_m$의 항으로 재정리하면 (즉, 좌변을 $\mathbf{y}^T\mathbf{A}\mathbf{x}$의 형태로 전치하면) 다음과 같다.

$$\begin{aligned} y_1(a_{11}x_1 + a_{12}x_2 + \ldots + a_{1n}x_n) + y_2(a_{21}x_1 + a_{22}x_2 + \ldots + a_{2n}x_n) \\ + \ldots + y_m(a_{m1}x_1 + a_{m2}x_2 + \ldots + a_{mn}x_n) \geq d_1x_1 + d_2x_2 + \ldots + d_nx_n \end{aligned} \tag{9.25}$$

위의 식을 행렬의 식으로 나타내면, $y^T A^T x \geq x^T d$가 된다. 식 (9.25)의 괄호 속에 있는 각각의 값은 식 (9.20)의 부등식의 우변값 e보다 작다. 따라서 식 (9.20)의 부등식으로부터 관련되는 e를 치환하여도 식 (9.25)의 부등식이 성립한다.

$$y_1 e_1 + y_2 e_2 + \ldots + y_m e_m \geq d_1 x_1 + d_2 x_2 + \ldots + d_n x_n, \text{ or } y^T e \geq x^T d \tag{9.26}$$

식 (9.26)의 부등식에서 좌변은 쌍대가격함수이고, 우변은 기본목적함수이다. 그러므로 부등식 (9.26)으로부터 식 (9.19)~(9.22)을 만족하는 모든 $(x_1, x_2, \ldots, x_n)$과 $(y_1, y_2, \ldots, y_m)$에 대하여 $f_d \geq z_p$가 성립한다. 따라서 $z_p = f_d$가 되는 벡터 x와 y는 f_d를 최소화하며 z_p를 최대화한다. 쌍대가격함수의 최적(최솟)값은 또한 기본목적함수의 최적(최댓)값이 된다. 기본과 쌍대문제에 관한 정리 9.2~9.4는 다음과 같다.

정리 9.2 기본문제와 쌍대문제의 관계

x와 y가 각각 기본과 쌍대문제의 유용집합이라고 하자[식 (9.19)~(9.22)에서 정의]. 그러면 다음의 조건이 성립한다.

1. $f_d(y) \geq z_p(x)$
2. 만일 $f_d = z_p$라면, x와 y는 각각 기본과 쌍대문제의 해가 된다.
3. 기본문제가 무계이면 대응되는 쌍대문제는 불용문제가 되며, 그 역도 성립한다.
4. 기본문제가 유용해를 가지며 쌍대문제가 불용문제이면 기본문제는 무계문제이고, 그 역도 성립한다.

정리 9.3 기본해와 쌍대해

기본문제와 쌍대문제가 유용해를 가지고 있다고 하자. 그러면 각각의 해는 x와 y이며 $f_d(y) = z_p(x)$이다.

정리 9.4 쌍대해로부터 얻은 기본해

만일 i번째의 쌍대제약조건이 최적해에서 엄격히 부등식으로 성립되면, 대응되는 i번째의 기본변수는 비기저가 된다. 즉 값은 0이다. 또한 i번째 쌍대변수가 기저변수가 되면, i번째 기본제약조건은 등식으로 성립한다.

정리 9.4의 조건은 다음과 같이 쓸 수 있다.

j번째 쌍대제약조건이 엄격한 부등식이면, j번째 기본변수는 비기저이다. 즉,

$$\text{if } \sum_{i=1}^{m} a_{ij} y_i > d_j, \text{ then } x_j = 0 \tag{9.27}$$

i번째 쌍대변수가 기저이면, i번째 기본제약조건은 등식으로 성립된다. 즉 활성이다.

$$\text{if } y_i > 0, \text{ then } \sum_{j=1}^{n} a_{ij} x_j = e_i \tag{9.28}$$

이 조건들은 쌍대변수를 이용하여 기저변수를 구하는 데 사용될 수 있다. 등식을 만족하는 기본제약조건은 상대변수의 값으로부터 알 수 있다. 그 결과 얻어진 선형방정식을 풀면 기본변수를 동시에 구할 수 있다. 그러나 최종쌍대표를 이용하여 직접 기본변수를 얻을 수 있으므로 이 과정이 필요하지는 않다. 예제 9.5에서 이 정리들의 사용을 설명한다.

예제 9.5   **기본과 쌍대해**

다음의 문제를 생각하자.
 최대화

$$z_p = 5x_1 - 2x_2 \tag{a}$$

 제약조건

$$2x_1 + x_2 \leq 9 \tag{b}$$
$$x_1 - 2x_2 \leq 2 \tag{c}$$
$$-3x_1 + 2x_2 \leq 3 \tag{d}$$
$$x_1, x_2 \geq 0 \tag{e}$$

기본문제와 쌍대문제를 풀고, 최종 화표에 대하여 학습하라.

풀이

이 문제는 예제 8.18에서 심플렉스법을 사용하여 풀었으며 표 8.22에 나타내었다. 최종 화표를 표 9.3에 다시 나타내었다. 최종 화표로부터,

 기저변수:

$$x_1 = 4, x_2 = 1, x_5 = 13 \tag{f}$$

 비기저변수:

$$x_3 = 0, x_4 = 0 \tag{g}$$

 최적목적함수 값:

$$z_p = 18(\text{최소값}: -18) \tag{h}$$

문제를 쌍대문제로 바꾸고, 심플렉스법을 사용하여 해를 구해보자. 원래 문제는 표준 기본형으로 나타나 있다. 3개의 기본 부등호제약조건이 있으므로 쌍대변수는 3개이다. 또 기본변수가 2개이므로 2개의 쌍대제약조건이 있다. 여기서 y_1, y_2, y_3를 쌍대변수라 두자. 그러면 쌍대문제는 다음과 같다.

최소화

$$f_d = 9y_1 + 2y_2 + 3y_3 \tag{i}$$

제약조건

$$2y_1 + y_2 - 3y_3 \geq 5 \tag{j}$$

$$y_1 - 2y_2 + 2y_3 \geq -2 \tag{k}$$

$$y_1, y_2, y_3 \geq 0 \tag{l}$$

완화 및 부가변수와 인위변수를 도입하여 표준 심플렉스 형태로 제약조건을 쓰면 다음의 식을 얻는다.

$$2y_1 + y_2 - 3y_3 - y_4 + y_6 = 5 \tag{m}$$

$$-y_1 + 2y_2 - 2y_3 + y_5 = 2 \tag{n}$$

$$y_i \geq 0; \quad i = 1 \text{ to } 6 \tag{o}$$

여기서 y_4는 부가변수이고, y_5는 완화변수이며, y_6는 인위변수이다. 2단계 심플렉스법을 사용하여 이 문제를 풀 수 있다. 따라서 표 9.4에 그려진 쌍대문제의 계산과정을 얻을 수 있다. 최종 쌍대표로부터, 다음의 해를 얻는다.

기저변수: $y_1 = 1.6, y_2 = 1.8$

비기저변수: $y_3 = 0, y_4 = 0, y_6 = 0$

쌍대함수의 최적값: $f_d = 18$

최적해에서 $f_d = z_p$이며 이는 정리 9.2와 9.3의 조건을 만족한다. 정리 9.4를 이용하면, 첫 번째와 두 번째의 기본제약조건이 등식으로 만족되어야 함을 알 수 있다. 왜냐하면 그 제약조건들이 관련된 쌍대변수 y_1과 y_2가 표 9.4에서 보는 바와 같이 양수(기저변수)이기 때문이다. 따라서 기본변수 x_1, x_2는 등식으로 만족되는 첫 번째와 두 번째의 기본제약조건을 풀어 얻어진다: $2x_1 + x_2 = 9$, $x_1 - 2x_2 = 2$. 위 방정식의 해는 $x_1 = 4$, $x_2 = 1$이다. 이것은 최종 기본표에서 얻어진 해와 일치한다.

9.3.6 기본해로 복구하기 위한 쌍대표의 이용

기본변수값을 복구하기 위해서 앞의 과정(정리 9.4의 이용)을 따를 필요가 없다는 것을 알 수 있다. 최종 쌍대표에는 기본해를 얻는 데 필요한 모든 정보를 포함하고 있다. 마찬가지로 최종 기본표도 쌍대해를 얻는 데 필요한 모든 정보를 포함하고 있다. 표 9.4에 있는 예제 9.5의 최종 화표를 보면, 쌍대표의 마지막 행에 있는 요소들이 표 9.3에 있는 기본표의 마지막 열의 요소와 같다는 것을 알 수 있다. 마찬가지로 최종 기본표에서 환산목적계수는 쌍대변수와 일치한다. 최종 쌍대표로부터 기본변수를 얻기 위하여 완화변수나 부가변수에 대응하는 열의 환산목적계수를 이용한다. y_4열의 환산목적계수는 정확히 x_1에 해당되고 y_5열의 계수는 x_2에 해당된다.

최종 쌍대표에서 완화나 부가변수에 대응되는 환산가격계수는 기본변수값에 해당된다.

표 9.3 심플렉스법에 의한 예제 9.5의 최종 화표 (기본해)

Basic↓	x_1	x_2	x_3	x_4	x_5	b
x_2	0	1	0.2	−0.4	0	1
x_1	1	0	0.4	0.2	0	4
x_5	0	0	0.8	1.4	1	13
Cost	0	0	1.6	1.8	0	$f_p + 18$

표 9.4 예제 9.5의 문제에 대한 쌍대해

Basic↓	y_1	y_2	y_3	y_4	y_5	y_6	b
Initial tableau: y_6 is identified to be replaced with y_1 in the basic set.							
y_6	2	1	−3	−1	0	1	5
y_5	−1	2	−2	0	1	0	2
Cost	9	2	3	0	0	0	$f_d - 0$
Artificial cost	−2	−1	3	1	0	0	$w - 5$
Second tableau: End of Phase I. y_5 is identified to be replaced with y_2 in the basic set.							
y_1	1	0.5	−1.5	−0.5	0	0.5	2.5
y_5	0	2.5	−3.5	−0.5	1	0.5	4.5
Cost	0	−2.5	16.5	4.5	0	−4.5	$f_d - 22.5$
Artificial cost	0	0	0	0	0	1	$w - 0$
Third tableau: Reduced cost coefficients in nonbasic columns are nonnegative; the tableau gives optimum point. End of Phase II.							
y_1	1	0	−0.8	−0.4	−0.2	0.4	1.6
y_2	0	1	−1.4	−0.2	0.4	0.2	1.8
Cost	0	0	13.0	4.0	1.0	−4.0	$f_d - 18$

또 기본문제를 풀게 되면, 최종기본표로부터 쌍대해를 복구할 수 있다. 정리 9.5는 이러한 결과를 요약한 것이다.

정리 9.5　쌍대표로부터 기본해의 복구

식 (9.19)와 (9.20)에 정의된 표준기본문제($\mathbf{x} \geq 0$, $\mathbf{A}\mathbf{x} \leq \mathbf{e}$을 만족하는 $\mathbf{d}^T\mathbf{x}$의 최대화)의 쌍대를 표준 심플렉스법으로 풀었다고 하자. 그러면 i번째 기본변수의 값은 최종 쌍대표에서 i번째 쌍대제약조건에 관련된 완화변수나 부가변수의 환산가격계수와 같다. 또 상대변수가 비기저이면, 그것의 환산목적계수는 기본제약조건에 대응하는 완화변수나 부가변수의 값과 같다.

어떤 쌍대변수가 비기저(0의 값)이면, 그것의 환산목적계수는 대응하는 기본제약조건의 부가나 완화

변수의 값과 같다. 예제 9.5에서 세 번째 기본제약조건에 대응하는 쌍대변수 y_3는 비기저이다. y_3열에 있는 환산목적계수는 13이다. 따라서 세 번째 기본제약조건에 대한 완화변수의 값은 13을 가진다. 이것은 최종 기본표로부터 얻어진 값과 같다. 또한 쌍대해는 정리 9.5를 사용하여 최종 기본표로부터 $y_1 = 1.6$, $y_2 = 1.8$, $y_3 = 0$와 같이 구할 수 있는데, 이것은 앞에서 구한 해와 같다. 정리 9.5를 사용할 때, 다음 사항을 유의해야 한다.

1. 최종 기본표에서 쌍대해를 복구하고자 할 때, 쌍대변수는 "≤형"만의 기본제약조건에 대응하는 것이어야 한다. 그러나 문제를 푸는 과정에서 기본제약조건은 표준 심플렉스 형태로 변화되어야 한다. 심플렉스법을 사용할 때 제약조건의 우변은 음수가 아니어야 한다. "≤형"으로 쓰인 제약조건의 경우에만 쌍대변수는 음이 아니다.

2. 기본제약조건이 등호제약조건이면, 1단계 심플렉스법에서 인위변수를 더하여 취급한다. 등호제약조건과 관련된 완화나 부가변수가 없다. 또한 등호제약조건에 관련된 쌍대변수에는 부호제한이 없다는 것을 알고 있다. 그러면 최종 기본표로부터 그 값을 어떻게 복구하는가 하는 것이 문제이다. 여기에는 두 가지 방법이 있다.

첫째 과정은 앞에서 언급한 바와 같이 등호제약조건을 두 개의 부호등호제약조건으로 바꾸는 방법이다. 예를 들어 제약조건 $2x_1 + x_2 = 4$는 다음과 같은 $2x_1 + x_2 \leq 4$, $-2x_1 - x_2 \leq -4$의 두 부등식으로 대치할 수 있다. 이 두 부등식은 심플렉스법에서 일반적인 방법으로 취급된다. 대응되는 쌍대변수는 정리 9.5를 이용하여 최종 기본표에서 복구할 수 있다. $y_2 \geq 0$과 $y_3 \geq 0$이 각각 두 부등호제약조건과 관련된 쌍대변수라 하자. 그리고 y_1을 원래의 등호제약조건과 관련된 쌍대변수가 된다. 그러면, $y_1 = y_2 - y_3$가 된다. 따라서 y_1은 부호제한이 없으며 y_2, y_3로부터 그 값이 계산된다.

등호제약조건에 대한 쌍대변수를 복구하는 두 번째 방법은 심플렉스법의 2단계에서 인위변수열을 이용하는 것이다. 그러면 제약조건에 대한 쌍대변수는 최종 기본표에서 인위변수열의 환산목적계수이다. 예제 9.6에서 이러한 과정을 설명한다.

예제 9.6   쌍대해를 복구하기 위한 최종 기본표의 이용

다음의 선형계획문제를 풀고, 최종 기본 화표로부터 쌍대해를 복구하라.

최대화

$$z_p = x_1 + 4x_2 \tag{a}$$

제약조건

$$x_1 + 2x_2 \leq 5, \tag{b}$$

$$2x_1 + x_2 = 4, \tag{c}$$

$$x_1 - x_2 \geq 1, \tag{d}$$

$$x_1, x_2 \geq 0 \tag{e}$$

풀이

등호제약조건은 $2x_1 + x_2 \leq 4$, $-2x_1 - x_2 \leq -4$의 두 부등식으로 변환하면 예제 8.17에서 살펴본 문제와 동일하게 된다. 문제의 최종표는 표 8.21에 주어져 있다. 정리 9.5를 이용하면 앞의 네 제약조건은

1. $x_1 + 2x_2 \leq 5$: $y_1 = 0$, 완화변수 x_3의 환산목적계수
2. $2x_1 + x_2 \leq 4$: $y_2 = 5/3$, 완화변수 x_4의 환산목적계수
3. $-2x_1 - x_2 \leq -4$: $y_3 = 0$, 부가변수 x_5의 환산목적계수
4. $-x_1 + x_2 \leq -1$: $y_4 = 7/3$, 부가변수 x_6의 환산목적계수

따라서 위 논의로부터 제약 $2x_1 + x_2 = 4$의 쌍대변수는 $y_2 - y_3 = 5/3$이다. $y_4 = 7/3$는 네 번째 제약조건으로 $x_1 - x_2 \geq 1$이 아니라 $-x_1 + x_2 \leq -1$에 대한 쌍대변수이다.

등호제약조건을 그대로 사용하여 이 문제를 다시 풀어보자. 이 문제에 대한 최종표가 표 8.23에 주어져 있다. 정리 9.5를 사용하여 앞의 논의를 하면 주어진 세 제약에 관한 쌍대변수는

1. $x_1 + 2x_2 \leq 5$: $y_1 = 0$, 완화변수 x_3의 환산목적계수
2. $2x_1 + x_2 = 4$: $y_2 = 5/3$, 인위변수 x_5의 환산목적계수
3. $-x_1 - x_2 \leq -1$: $y_3 = 7/3$, 부가변수 x_4의 환산목적계수

위의 두 가지 해가 같음을 알 수 있다. 따라서 표준 심플렉스법에서는 등호제약조건을 두 개의 부등호제약식으로 나눌 필요가 없음을 알 수 있다. 등호제약조건식에 관련된 인위변수의 환산목적계수는 그 제약조건에 대한 쌍대변수값이다.

9.3.7 라그랑지 승수로서의 쌍대변수

8.7절에서 제약조건의 우변 매개변수 b_i(자원한계)를 변화시킴에 따라 어떻게 문제의 목적함수의 최적값이 변화하는가에 대하여 논하였다. 제약함수의 민감도 정리 4.7(4장 참조)이 이러한 영향을 알아보는 데 이용된다. 이 정리를 이용하려면 제약조건에 대한 라그랑지 승수에 관한 지식이 필요하다. 결과적으로 쌍대변수는 라그랑지 승수와 관련이 있음을 알게 된다. 정리 9.6은 이러한 관계를 알려준다.

정리 9.6   **라그랑지 승수로서의 쌍대변수**

x와 y가 각각 식 (9.19)~(9.22)에 기술된 기본과 쌍대문제의 최적해라고 하자. 그러면 쌍대변수 y는 또한 식 (9.20)의 기본제약조건에 대한 라그랑지 승수이다.

증명

이 정리는 식 (9.19)과 (9.20)에 정의된 기본문제에 대하여 정리 4.6의 KKT 필요조건을 사용하여 증명할 수 있다. 이러한 조건들을 쓰기 위하여 기본문제를 최소화 문제로 만들고 식 (4.46)의 라그랑지 함수를 다음과 같이 정의한다.

$$L = -\sum_{j=1}^{n} d_j x_j + \sum_{i=1}^{m} y_i \left(\sum_{j=1}^{n} a_{ij} x_j - e_i \right) - \sum_{j=1}^{n} \xi_j x_j$$
$$= -\mathbf{d}^T \mathbf{x} + \mathbf{y}^T (\mathbf{A}\mathbf{x} - \mathbf{e}) - \boldsymbol{\xi}^T \mathbf{x}$$

(a)

여기서 y_i는 식 (9.20)의 i번째 기본제약조건에 대한 라그랑지 승수이고, ξ_j는 j번째 변수 x_j가 음이 아니어야 한다는 제약조건에 대한 라그랑지 승수이다. 정리 4.6의 KKT 필요조건은 다음과 같이 쓸 수 있다.

$$-d_j + \sum_{i=1}^{m} y_i a_{ij} - \xi_j = 0; \; j = 1 \text{ to } n \; \left(\frac{\partial L}{\partial x_j} = 0 \right)$$

(b)

$$y_i \left(\sum_{j=1}^{n} a_{ij} x_j - e_i \right) = 0, \; i = 1 \text{ to } m$$

(c)

$$\xi_i x_i = 0, \; x_i \geq 0, \; i = 1 \text{ to } n$$

(d)

$$y_i \geq 0, \; i = 1 \text{ to } m$$

(e)

$$\xi_i \geq 0, \; i = 1 \text{ to } n$$

(f)

식 (b)를 다시 쓰면

$$-d_j + \sum_{i=1}^{m} a_{ij} y_i = \xi_j; \; j = 1 \text{ to } n \; \; (-\mathbf{d} + \mathbf{A}^T \mathbf{y} = \boldsymbol{\xi})$$

위의 식에서 조건 (f)를 사용하면 다음의 결과를 얻을 수 있다.

$$\sum_{i=1}^{m} a_{ij} y_i \geq d_j; \; j = 1 \text{ to } n \; \; (\mathbf{A}^T \mathbf{y} \geq \mathbf{d})$$

(g)

따라서 y_i는 식 (9.22)의 쌍대제약조건에 대한 유용해가 된다.

x_i를 기본문제에 대한 최적해라고 하면 x_i의 m개는 양수이고(퇴화해를 방지), 대응되는 ξ_i는 식 (d)로부터 0임을 알 수 있다. 나머지 x_i는 0이고, 대응되는 ξ_i는 0보다 크다. 따라서 식 (g)로부터 다음을 얻을 수 있다.

1. $\xi_j > 0, \; x_j = 0, \; \sum_{i=1}^{m} a_{ij} y_i > d_j$

(h)

2. $\xi_j = 0, \; x_j > 0, \; \sum_{i=1}^{m} a_{ij} y_i = d_j$

(i)

식 (c)에 주어진 m개의 행들을 더하고 좌변의 합의 순서를 교환하여 다시 정리하면 다음의 식을 얻는다.

$$\sum_{j=1}^{n} x_j \sum_{i=1}^{m} a_{ij} y_i = \sum_{i=1}^{m} y_i e_i \; \; (\mathbf{x}^T \mathbf{A}^T \mathbf{y} = \mathbf{y}^T \mathbf{e})$$

(j)

식 (h)와 (i)을 이용하면, 식 (j)는 다음과 같이 계산된다.

$$\sum_{j=1}^{n} d_j x_j = \sum_{i=1}^{m} y_i e_i \quad (\mathbf{d}^T \mathbf{x} = \mathbf{y}^T \mathbf{e}) \tag{k}$$

식 (k)는 또한 다음과 같이 쓰인다.

$$z_p = \sum_{i=1}^{m} y_i e_i = \mathbf{y}^T \mathbf{e} \tag{l}$$

식 (l)의 우변은 쌍대가격함수를 나타낸다. 정리 9.2에 따라, 기본과 쌍대목적함수가 같은 값이고 $\mathbf{x}$ 와 $\mathbf{y}$가 기본과 쌍대문제의 유용해이면, 이 해는 각각의 문제에 대한 최적해이다. 따라서 라그랑지 승수 $y_i(i = 1{\sim}m)$는 식 (9.21)과 (9.22)에서 정의된 쌍대문제의 해가 된다.

9.4 선형계획문제에 대한 심플렉스법과 KKT 조건

LP 문제에 대한 KKT 최적성 조건을 쓰고 심플렉스법으로 이 조건을 체계적으로 풀 수 있다는 것을 보여주고자 한다. LP 문제는 표준형으로 다음과 같이 정의한다.

$$f(\mathbf{x}) = \mathbf{c}^T \mathbf{x} \tag{9.29}$$

$$\mathbf{A}\mathbf{x} = \mathbf{b}; \ \mathbf{b} \geq \mathbf{0} \tag{9.30}$$

$$\mathbf{x} \geq \mathbf{0} \tag{9.31}$$

여기서 여러 가지 벡터 및 행렬의 차원은 $\mathbf{c}_{(n)}$, $\mathbf{x}_{(n)}$, $\mathbf{b}_{(n)}$, $\mathbf{A}_{(m \times n)}$이다. Rank $(\mathbf{A})$는 m이며, 식 (9.30) 의 모든 식은 선형 독립이다.

9.4.1 KKT 최적성 조건

문제에 대한 식 (4.46)의 라그랑지 함수는 다음과 같이 정의한다.

$$L = \mathbf{c}^T \mathbf{x} + \mathbf{y}^T (\mathbf{A}\mathbf{x} - \mathbf{b}) + \boldsymbol{\xi}^T (-\mathbf{x}) \tag{9.32}$$

여기서 $\mathbf{y}_{(m)}$과 $\boldsymbol{\xi}_{(n)}$은 각각 식 (9.30)과 (9.31)의 라그랑지 승수이다. 식 (4.47)~(4.52)의 KKT 필요 조건은 다음과 같다.

$$\frac{\partial L}{\partial \mathbf{x}} = \mathbf{c} + \mathbf{A}^T \mathbf{y} - \boldsymbol{\xi} = \mathbf{0} \tag{9.33}$$

$$\mathbf{A}\mathbf{x} = \mathbf{b} \tag{9.34}$$

$$\xi_i x_i = 0, \ \xi_i \geq 0, \ i = 1 \text{ to } n \tag{9.35}$$

9.4.2 KKT 조건의 해

식 (9.33)~(9.35)는 $\mathbf{x}$, $\mathbf{y}$, $\boldsymbol{\xi}$에 대하여 풀 수 있다. 여러 가지 벡터와 행렬을 기저와 비기저로 분할하면

$$x = \begin{bmatrix} x_B \\ x_N \end{bmatrix}; \ x_{B(m)}, x_{N(n-m)} \tag{9.36}$$

$$\xi = \begin{bmatrix} \xi_B \\ \xi_N \end{bmatrix}; \ \xi_{B(m)}, \xi_{N(n-m)} \tag{9.37}$$

$$c = \begin{bmatrix} c_B \\ c_N \end{bmatrix}; \ c_{B(m)}, c_{N(n-m)} \tag{9.38}$$

$$A = [B \ N]; \ B_{(m \times m)}, N_{(m \times n-m)} \tag{9.39}$$

식 (9.34)는 이제 다음과 같이 분할할 수 있다.

$$Bx_B + Nx_N = b, \text{ or } x_B = B^{-1}(-Nx_N + b) \tag{9.40}$$

x_B와 x_N은 B^{-1}가 존재하도록 선택한다고 가정한다. 이는 A가 항상 완전 계수행(full row rank)이므로 항상 가능하다. 식 (9.40)은 비기저변수 x_N의 항으로 표현된 기저변수 x_B이다. 이는 $Ax = b$의 일반해이다. x_N의 어떤 사양도 x_B를 제공한다. 특별히, x_N을 0으로 두면 x_B는 다음과 같다.

$$x_B = B^{-1}b \tag{9.41}$$

이를 $Ax = b$의 기저해라 부른다. 만약 기저해가 모두 음수가 아니라면 이 해는 기저유용해이다.

식 (9.33)은 분할형으로 다음과 같이 쓸 수 있다.

$$\begin{bmatrix} c_B \\ c_N \end{bmatrix} + \begin{bmatrix} B^T \\ N^T \end{bmatrix} y - \begin{bmatrix} \xi_B \\ \xi_N \end{bmatrix} = \begin{bmatrix} 0 \\ 0 \end{bmatrix} \tag{9.42}$$

$x_B \neq 0$이므로 식 (9.35)를 만족하기 위하여 $\xi_B = 0$. 그러므로 식 (9.42)의 첫 번째 행으로부터 다음을 얻을 수 있다.

$$y = -B^{-T}c_B \tag{9.43}$$

식 (9.42)의 두 번째 행으로부터

$$\xi_N = c_N + N^T y \tag{9.44}$$

식 (9.43)으로부터 y를 식 (9.44)에 대입하면,

$$\xi_N = c_N - N^T B^{-T} c_B \tag{9.45}$$

가격함수는 기저변수와 비기저변수의 항으로 쓸 수 있다.

$$f = c_B^T x_B + c_N^T x_N \tag{9.46}$$

식 (9.40)으로부터 x_B를 식 (9.46)에 대입하고 정리하면, 다음 식을 얻는다.

$$f = c_B^T(B^{-1}b) + (c_N - N^T B^{-T} c_B)^T x_N \tag{9.47}$$

식 (9.45)를 식 (9.47)에 대입하면, 다음을 얻는다.

$$f = c_B^T(B^{-1}b) + \xi_N^T x_N \tag{9.48}$$

이 식은 각격함수를 단지 비기저변수로만 표현한다. 비기저변수의 계수는 환산가계계수가 된다. 도한, 식 (9.31)에서 제약에 대한 라그랑지 승수가 있으므로 최적해에서 이들이 음수가 아니어야 한다. 즉,

$$\boldsymbol{\xi}_N \geq 0 \tag{9.49}$$

이는 심플렉스법에 최적해를 확인하기 위해 사용하는 엄밀한 조건이다. 또한, $\mathbf{x_N}$이 비기저변수이므로 0의 값을 갖는다. 그러므로 최적가격함수는 식 (9.48)로부터 다음과 같다.

$$f^* = \mathbf{c}_B^T(\mathbf{B}^{-1}\mathbf{b}) \tag{9.50}$$

최적화 과정은 기저변수 $\mathbf{x_B} \geq 0$와 비기저변수 $\mathbf{x_N}$을 결정하여 유용점에서 최적성 조건 $\boldsymbol{\xi}_B \geq 0$을 만족하도록 한다. 이는 앞 장에서 본 것처럼 LP의 심플렉스법에 의해 도달할 수 있다.

심플렉스 화표는 식 (9.40)과 (9.48)을 사용하여 다음과 같이 구성할 수 있다.

$$\begin{array}{ccc} \mathbf{x_B} & \mathbf{x_N} & RS \\ \begin{bmatrix} \mathbf{I} & \mathbf{B}^{-1}\mathbf{N} & \mathbf{B}^{-1}\mathbf{b} \\ \mathbf{0} & \boldsymbol{\xi}_N & -\mathbf{c}_B^T(\mathbf{B}^{-1}\mathbf{b}) \end{bmatrix} \end{array} \tag{9.51}$$

이 식에서 첫 행은 식 (9.40)이 되며 두 번째 행은 식 (9.48)의 가격함수가 된다. 첫 번째 열은 $\mathbf{x_B}$에 속하며 두 번째 열은 $\mathbf{x_N}$에 속한다. 세 번째 열은 식 (9.40)과 (9.48)의 우변이다. 심플렉스 화표는 최적해를 얻을 때까지 피봇연산을 수행하여 구성한다.

9.5 이차계획문제

이차계획문제는 이차가격함수와 선형제약조건을 갖는다. 이런 문제는 많은 실제 응용에서 볼 수 있다. 또한 많은 일반적인 비선형계획 알고리즘은 매 반복회마다 이차계획문제의 해를 요구한다. 이 QP 부문제는 비선형 문제를 선형화하고 이차 이동거리 제약조건을 추가하여 얻는다(12장 참조).

QP 부문제를 효과적으로 해석하여 대규모 문제를 취급하는 것이 중요하다. 따라서 QP 문제 해석을 위한 많은 알고리즘을 개발하고 평가하는 데 상당한 연구노력이 이뤄지고 있는 것은 놀랄 일이 아니다(Gill et al, 1981; Luenberger, 1984; Nocedal and Wright 2006). 또한, QP 문제를 해석할 수 있는 여러 가지 상업용 소프트웨어 패키지를 이용할 수 있다. 예를 들어, MATLAB, QPSOL (Gill et al., 1984), VE06A (Hopper, 1981), E04NAF (NAG, 1984) 등이 있다. 일부 사용 가능한 LP 코드도 QP 문제를 해석하는 선택사양이 있다(Scharge, 1991).

QP 문제를 해석하는 데 필요한 계산을 보여주기 위해 **심플렉스법**을 간단히 확장한 방법을 설명한다. 그밖에 많은 방법을 QP 문제를 푸는 데 사용할 수 있다.

9.5.1 QP 문제의 정의

일반적인 QP 문제는 다음과 같이 정의한다.
최소화

$$q(\mathbf{x}) = \mathbf{c}^T\mathbf{x} + \frac{1}{2}\mathbf{x}^T\mathbf{H}\mathbf{x} \tag{9.52}$$

선형등호와 부등호제약은

$$\mathbf{N}^T\mathbf{x} = \mathbf{e} \tag{9.53}$$

$$\mathbf{A}^T\mathbf{x} \leq \mathbf{b} \tag{9.54}$$

변수의 음이 아닐 조건은

$$\mathbf{x} \geq \mathbf{0} \tag{9.55}$$

여기서 $\mathbf{c}$ = n차원 상수벡터, $\mathbf{x}$ = n차원의 미지수 벡터, $\mathbf{b}$ = m차원의 상수벡터, $\mathbf{e}$ = p차원의 상수벡터, $\mathbf{H}$ = $n \times n$ 상수 헷세행렬, $\mathbf{A}$ = $n \times m$ 상수행렬, $\mathbf{N}$ = $n \times p$ 상수행렬이다.

모든 선형부등호제약은 "≤형"으로 표현된다. 이것은 우리가 사용하려 하는 4.6절의 KKT 필요조건이 이와 같은 형식을 요구하므로 필요하다. 또한 행렬 $\mathbf{H}$는 양반정이면 QP 문제는 볼록이 되어 어떤 해(만약 한 개가 존재하면)는 전역최소점(유일할 필요는 없다)을 나타낸다. 나아가서 행렬 $\mathbf{H}$가 양정이면 문제는 엄격한 볼록이 된다. 따라서 문제는 유일한 전역해를 갖는다(만약 한 개 존재하면). 행렬 $\mathbf{H}$는 최소 양반정이라 가정한다. 이 것은 많은 응용에서 만족하므로 실제 문제에서 불합리한 가정은 아니다.

설계변수 $\mathbf{x}$는 식 (9.55)에서 음이 아니도록 요구된다. 부호가 자유인 변수는 8.2절에서 설명한 방법으로 쉽게 취급할 수 있다.

9.5.2 이차계획문제의 KKT 필요조건

식 (9.52)~(9.55)의 QP 문제를 풀기위한 과정은 4.6절의 KKT 필요조건을 쓰고, 이를 8.5절의 심플렉스법의 제1단계로 취급할 수 있는 형태로 변환시킨다. 필요조건을 쓰기 위하여 부등식 (9.54)는 이완변수 $\mathbf{s}$를 도입하여 다음의 등식으로 변환한다.

$$\mathbf{A}^T\mathbf{x} + \mathbf{s} = \mathbf{b}; \text{ with } \mathbf{s} \geq \mathbf{0} \tag{9.56}$$

식 (9.54)의 j번째 부등식에 대한 이완변수는 식 (9.56)을 사용하여 다음과 같이 나타낸다.

$$s_j = b_j - \sum_{i=1}^{n} a_{ij}x_i \quad (\mathbf{s} = \mathbf{b} - \mathbf{A}^T\mathbf{x}) \tag{9.57}$$

식 (9.55)의 음이 아니라는 조건은 $x_i \geq 0$ 자체가 완화변수이기 때문에 완화변수가 필요 없다.

QP 문제에 대한 식 (4.46)의 라그랑지 함수를 다음과 같이 정의하자.

$$L = \mathbf{c}^T\mathbf{x} + 0.5\mathbf{x}^T\mathbf{H}\mathbf{x} + \mathbf{u}^T(\mathbf{A}^T\mathbf{x} + \mathbf{s} - \mathbf{b}) - \boldsymbol{\xi}^T\mathbf{x} + \mathbf{v}^T(\mathbf{N}^T\mathbf{x} - \mathbf{e}) \tag{9.58}$$

여기서 $\mathbf{u}$, $\mathbf{v}$, $\boldsymbol{\xi}$는 각각 식 (9.56)의 부등호제약, 식 (9.53)의 등호제약, 음이 아닐 조건($-\mathbf{x} \leq \mathbf{0}$)의 라그랑지 승수이다. 식 (4.47)~(4.52)의 KKT 필요조건은

$$\frac{\partial L}{\partial \mathbf{x}} = \mathbf{c} + \mathbf{H}\mathbf{x} + \mathbf{A}\mathbf{u} - \boldsymbol{\xi} + \mathbf{N}\mathbf{v} = \mathbf{0} \tag{9.59}$$

$$\mathbf{A}^T\mathbf{x} + \mathbf{s} - \mathbf{b} = 0 \tag{9.60}$$

$$\mathbf{N}^T\mathbf{x} - \mathbf{e} = 0 \tag{9.61}$$

$$u_i s_i = 0; \; i = 1 \text{ to } m \tag{9.62}$$

$$\xi_i x_i = 0; \; i = 1 \text{ to } n \tag{9.63}$$

$$s_i, u_i \geq 0 \text{ for } i = 1 \text{ to } m; \; x_i, \xi_i \geq 0 \text{ for } i = 1 \text{ to } n \tag{9.64}$$

이들 조건은 $\mathbf{x}$, $\mathbf{u}$, $\mathbf{v}$, $\mathbf{s}$, $\boldsymbol{\xi}$를 풀 때 필요하다.

9.5.3 KKT 조건의 변환

KKT 조건을 풀이하는 방법에 대해 논의하기 전에 이 세부절에서 이들을 보다 함축적인 형식으로 변환하고자 한다. 등호제약에 해당하는 라그랑지 승수 $\mathbf{v}$는 부호의 제약이 없으므로 다음과 같이 분해한다.

$$\mathbf{v} = \mathbf{y} - \mathbf{z} \text{ with } \mathbf{y}, \mathbf{z} \geq 0 \tag{9.65}$$

이제, 식 (9.59)~(9.61)은 행렬형식으로 쓰면

$$\begin{bmatrix} \mathbf{H} & \mathbf{A} & -\mathbf{I}_{(n)} & \mathbf{0}_{(n \times m)} & \mathbf{N} & -\mathbf{N} \\ \mathbf{A}^T & \mathbf{0}_{(m \times m)} & \mathbf{0}_{(m \times n)} & \mathbf{I}_{(m)} & \mathbf{0}_{(m \times p)} & \mathbf{0}_{(m \times p)} \\ \mathbf{N}^T & \mathbf{0}_{(p \times m)} & \mathbf{0}_{(p \times n)} & \mathbf{0}_{(p \times m)} & \mathbf{0}_{(p \times p)} & \mathbf{0}_{(p \times p)} \end{bmatrix} \begin{bmatrix} \mathbf{x} \\ \mathbf{u} \\ \boldsymbol{\xi} \\ \mathbf{s} \\ \mathbf{y} \\ \mathbf{z} \end{bmatrix} = \begin{bmatrix} -\mathbf{c} \\ \mathbf{b} \\ \mathbf{e} \end{bmatrix} \tag{9.66}$$

여기서 $\mathbf{I}_{(n)}$과 $\mathbf{I}_{(m)}$은 각각 $n \times n$과 $m \times m$의 단위행렬이며, $\mathbf{0}$은 지정한 차수의 영행렬이다. 축약 행렬 기호로 표현하면 식 (9.66)은 다음과 같다.

$$\mathbf{BX} = \mathbf{D} \tag{9.67}$$

여기서 행렬 $\mathbf{B}$와 벡터 $\mathbf{X}$와 $\mathbf{D}$는 식 (9.66)과 같이

$$\mathbf{B} = \begin{bmatrix} \mathbf{H} & \mathbf{A} & -\mathbf{I}_{(n)} & \mathbf{0}_{(n \times m)} & \mathbf{N} & -\mathbf{N} \\ \mathbf{A}^T & \mathbf{0}_{(m \times m)} & \mathbf{0}_{(m \times n)} & \mathbf{I}_{(m)} & \mathbf{0}_{(m \times p)} & \mathbf{0}_{(m \times p)} \\ \mathbf{N}^T & \mathbf{0}_{(p \times m)} & \mathbf{0}_{(p \times n)} & \mathbf{0}_{(p \times m)} & \mathbf{0}_{(p \times p)} & \mathbf{0}_{(p \times p)} \end{bmatrix}_{[(n+m+p) \times (2n+2m+2p)]} \tag{9.68}$$

$$\mathbf{X} = \begin{bmatrix} \mathbf{x} \\ \mathbf{u} \\ \boldsymbol{\xi} \\ \mathbf{s} \\ \mathbf{y} \\ \mathbf{z} \end{bmatrix}_{(2n+2m+2p)} \quad \mathbf{D} = \begin{bmatrix} -\mathbf{c} \\ \mathbf{b} \\ \mathbf{e} \end{bmatrix}_{(n+m+p)} \tag{9.69}$$

KKT 조건은 식 (9.62)~(9.64)의 제약조건을 만족하는 식 (9.67) 선형방정식의 해를 구하는 문제로 줄어든다. 새로운 변수 X_i를 쓰면 식 (9.62)와 (9.63)의 보충이완조건은 다음으로 축약된다.

$$X_i X_{n+m+i} = 0; \quad i = 1 \text{ to } (n+m) \tag{9.70}$$

그리고 식 (9.64)의 음이 아닐 조건은 다음으로 축약된다.

$$X_i \geq 0; \quad i = 1 \text{ to } (2n+2m+2p) \tag{9.71}$$

9.5.4 이차계획문제를 풀기 위한 심플렉스법

식 (9.67)의 보충이완조건과 음이 아닐 조건을 만족하는 식 (9.70)의 선형방정식 해는 QP 문제의 해가 된다. 식 (9.70)의 보충이완조건은 변수 X_i에 관한 비선형이다. 따라서 식 (9.67)을 푸는 데 LP 문제의 심플렉스법을 사용할 수 없게 된다. 그러나 울프(Wolf, 1959)에 의해 개발되고 해들리 (Hadley, 1964)에 의해 개선된 과정으로 문제를 풀 수 있다. 이 과정은 식 (9.52)에서 행렬 **H**가 양 정이면 유한수의 단계 내에서 해로 수렴하게 된다. 이것은 식 (9.52)의 벡터 **c**가 0이 되는 양반정의 **H**에서도 수렴한다는 것을 보여주었다(Kunzi and Krelle, 1966, p. 123).

이 방법은 8장의 심플렉스법 제1단계를 기초로 하는데, 여기서는 등호제약에 대하여 인위변수를 정의하고 인위가격함수를 만들어 초기 기저유용해를 결정하는 데 사용된다. 과정을 따라가기 위하여 각각의 식 (9.67)에 인위변수 Y_i를 도입하여

$$\mathbf{BX} + \mathbf{Y} = \mathbf{D} \tag{9.72}$$

여기서 **Y**는 $(n+m+p)$ 차원 벡터이다. 이렇게 하여 모든 X_i를 비기저로, Y_j를 기저로 택한다. 초기 기저해가 유용해가 되기 위하여 **D**의 모든 요소는 음이 아니어야 한다. 만약 **D**의 어떤 요소가 음이면 식 (9.67)의 해당 식을 −1로 곱하여 우변이 음이 아니도록 하여야 한다.

문제의 인위가격함수는 인위변수의 합으로 정의된다.

$$w = \sum_{i=1}^{n+m+p} Y_i \tag{9.73}$$

심플렉스 과정을 이용하기 위하여 인위가격함수 w는 비기저변수의 항으로만 나타내야 한다. 식 (9.72)를 치환하여 식 (9.73)의 기저변수 Y_i를 소거하면 다음과 같다.

$$w = \sum_{i=1}^{n+m+p} D_i - \sum_{j=1}^{2(n+m+p)} \sum_{i=1}^{n+m+p} B_{ij} X_j = w_0 + \sum_{j=1}^{2(n+m+p)} C_j X_j \tag{9.74}$$

$$C_j = -\sum_{i=1}^{n+m+p} B_{ij} \quad \text{and} \quad w_0 = \sum_{i=1}^{n+m+p} D_i \tag{9.75}$$

따라서 w_0는 인위가격함수의 초기값이고 C_j는 행렬 **B**의 j번째 열의 요소를 더하고 부호를 바꾸어 구한 초기 상대 가격계수이다.

심플렉스법의 제1단계를 적용하기 전에 식 (9.70)의 보충이완조건을 적용하는 과정을 개발해야 한다. 이 조건은 만약 X_i와 $X_{(n+m+i)}$가 동시에 기저가 아니면 만족한다. 또는 만약 그중의 한 개가 0(퇴화기저유용해)이어도 된다. 이 조건은 심플렉스법의 피봇요소를 결정할 때 쉽게 확인할 수 있다.

QP 문제의 KKT 필요조건을 풀 수 있는 약간 다른 과정이 렘케(Lemke, 1965)에 의해 개발되어 유용하게 사용되고 있다. 이것이 **보완피봇**으로 알려져 있다. 수치실험에서 행렬 **H**가 양정일 때 QP를 푸는 다른 방법들보다 매력적임을 알 수 있다(Ravindran and Lee, 1981).

예제 9.7은 QP 문제를 풀기 위해 심플렉스법을 사용하는 것을 보여준다.

예제 9.7　　**QP문제의 해**

최소화

$$f(\mathbf{x}) = (x_1 - 3)^2 + (x_2 - 3)^2 \tag{a}$$

제약조건

$$x_1 + x_2 \le 4 \tag{b}$$
$$x_1 - 3x_2 = 1 \tag{c}$$
$$x_1, x_2 \ge 0 \tag{d}$$

풀이

이 문제의 가격함수는 $f(\mathbf{x}) = x_1^2 - 6x_1 + x_2^2 - 6x_2 + 18$로 전개할 수 있다. 가격함수의 상수 18은 무시하며 식 (9.52)의 2차 함수 형식으로 표현하여 최소화한다.

$$q(\mathbf{x}) = [-6 \quad -6]\begin{bmatrix} x_1 \\ x_2 \end{bmatrix} + 0.5[x_1 \quad x_2]\begin{bmatrix} 2 & 0 \\ 0 & 2 \end{bmatrix}\begin{bmatrix} x_1 \\ x_2 \end{bmatrix} \tag{e}$$

앞 식에서 다음의 값들을 정한다.

$$\mathbf{c} = \begin{bmatrix} -6 \\ -6 \end{bmatrix}; \quad \mathbf{H} = \begin{bmatrix} 2 & 0 \\ 0 & 2 \end{bmatrix}; \quad \mathbf{A} = \begin{bmatrix} 1 \\ 1 \end{bmatrix}; \quad \mathbf{b} = [4]; \quad \mathbf{N} = \begin{bmatrix} 1 \\ -3 \end{bmatrix}; \quad \mathbf{e} = [1] \tag{f}$$

이 값들을 사용하면 식 (9.68)과 (9.69)의 행렬 **B**와 벡터 **D** 및 **X**는 다음과 같다.

$$\mathbf{B} = \begin{bmatrix} 2 & 0 & 1 & -1 & 0 & 0 & 1 & -1 \\ 0 & 2 & 1 & 0 & -1 & 0 & -3 & 3 \\ 1 & 1 & 0 & 0 & 0 & 1 & 0 & 0 \\ 1 & -3 & 0 & 0 & 0 & 0 & 0 & 0 \end{bmatrix}, \quad \mathbf{D} = [6 \quad 6 \mid 4 \mid 1]^T \tag{g}$$

$$\mathbf{X} = \begin{bmatrix} x_1 & x_2 \mid u_1 \mid \xi_1 & \xi_2 \mid s_1 \mid y_1 & z_1 \end{bmatrix}^T$$

표 9.5는 초기 심플렉스 화표와 최적해에 도달하는 네 번의 과정을 보여준다. 초기 화표에서 상대가격계수 C_j는 j번째 열의 모든 요소를 더하고 합의 부호를 바꾸어 얻는다. 또한 보충이완조건 식 (9.70)은 $X_1 X_4 = 0$, $X_2 X_5 = 0$, $X_3 X_6 = 0$이 되며, X_1과 X_4, X_2와 X_5, X_3와 X_6가 동시에 기저변수가 될 수 없다는 것을 의미한다. 심플렉스 과정의 제1단계에서 피봇을 할 때 이 조건을 적용한다. 심플렉스법을 네 번 반복하면 모든 인위변수가 비기저가 되고 인위가격함수가 0이 된다. 따라서 최적해는 다음과 같이 주어진다.

$$X_1 = \frac{13}{4}, X_2 = \frac{3}{4}, X_3 = \frac{3}{4}, X_s = \frac{3}{4}$$
$$X_4 = 0, X_5 = 0, X_6 = 0, X_7 = 0 \tag{h}$$

이 값을 사용하여 원래 QP 문제의 최적해로 환원하면

$$x_1 = \frac{13}{4}, \; x_2 = \frac{3}{4}, \; u_1 = \frac{3}{4}, \; \xi_1 = 0, \; \xi_2 = 0$$

$$s_1 = 0, \; y_1 = 0, \; z_1 = \frac{5}{4}, \; \upsilon_1 = y_1 - z_1 = -\frac{5}{4} \tag{i}$$

$$f\left(\frac{13}{4}, \frac{3}{4}\right) = \frac{41}{8}$$

표 9.5 예제 9.7의 QP 문제에 대한 심플렉스 해석 과정

	X_1	X_2	X_3	X_4	X_5	X_6	X_7	X_8	Y_1	Y_2	Y_3	Y_4	D
Initial													
Y_1	2	0	1	−1	0	0	1	−1	1	0	0	0	6
Y_2	0	2	1	0	−1	0	−3	3	0	1	0	0	6
Y_3	1	1	0	0	0	1	0	0	0	0	1	0	4
Y_4	**1**	−3	0	0	0	0	0	0	0	0	0	1	1
	−4	0	−2	1	1	−1	2	−2	0	0	0	0	$w - 17$
First iteration													
Y_1	0	**6**	1	−1	0	0	1	−1	1	0	0	−2	4
Y_2	0	2	1	0	−1	0	−3	3	0	1	0	0	6
Y_3	0	4	0	0	0	1	0	0	0	0	1	−1	3
X_1	1	−3	0	0	0	0	0	0	0	0	0	1	1
	0	**−12**	−2	1	1	−1	2	−2	0	0	0	4	$w - 13$
Second iteration													
X_2	0	1	$\frac{1}{6}$	$-\frac{1}{6}$	0	0	$\frac{1}{6}$	$-\frac{1}{6}$	$\frac{1}{6}$	0	0	$-\frac{1}{3}$	$\frac{2}{3}$
Y_2	0	0	$\frac{2}{3}$	$\frac{1}{3}$	−1	0	$-\frac{10}{3}$	$\frac{10}{3}$	$-\frac{1}{3}$	1	0	$\frac{2}{3}$	$\frac{14}{3}$
Y_3	0	0	$-\frac{2}{3}$	$\frac{2}{3}$	0	1	$-\frac{2}{3}$	$\frac{2}{3}$	$-\frac{2}{3}$	0	1	$\frac{1}{3}$	$\frac{1}{3}$
X_1	1	0	$\frac{1}{2}$	$-\frac{1}{2}$	0	0	$\frac{1}{2}$	$-\frac{1}{2}$	$\frac{1}{2}$	0	0	0	3
	0	0	0	−1	1	−1	4	**−4**	2	0	0	0	$w - 5$
Third iteration													
X_2	0	1	0	0	0	$\frac{1}{4}$	0	0	0	0	$\frac{1}{4}$	$-\frac{1}{4}$	$\frac{3}{4}$
Y_2	0	0	**4**	−3	−1	−5	0	0	3	1	−5	−1	3
X_8	0	0	−1	1	0	$\frac{3}{2}$	−1	1	−1	0	$\frac{3}{2}$	$\frac{1}{2}$	$\frac{1}{2}$
X_1	1	0	0	0	0	$\frac{3}{4}$	0	0	0	0	$\frac{3}{4}$	$\frac{1}{4}$	$1\frac{3}{4}$
	0	0	**−4**	3	1	5	0	0	−2	0	6	2	$w - 3$

(계속)

	X_1	X_2	X_3	X_4	X_5	X_6	X_7	X_8	Y_1	Y_2	Y_3	Y_4	D
Fourth iteration													
X_2	0	1	0	0	0	$\frac{1}{4}$	0	0	0	0	$\frac{1}{4}$	$-\frac{1}{4}$	$\frac{3}{4}$
X_3	0	0	1	$-\frac{3}{4}$	$-\frac{1}{4}$	$-\frac{5}{4}$	0	0	$\frac{3}{4}$	$\frac{1}{4}$	$-\frac{5}{4}$	$-\frac{1}{4}$	$\frac{3}{4}$
X_8	0	0	0	$\frac{1}{4}$	$-\frac{1}{4}$	$\frac{1}{4}$	-1	1	$-\frac{1}{4}$	$\frac{1}{4}$	$\frac{1}{4}$	$\frac{1}{4}$	$\frac{5}{4}$
X_1	1	0	0	0	0	$\frac{3}{4}$	0	0	0	0	$\frac{3}{4}$	$\frac{1}{4}$	$\frac{13}{4}$
	0	0	0	0	0	0	0	0	1	1	1	1	$w - 0$

이 해가 모든 KKT 조건을 만족함을 증명할 수 있다.

9장의 연습문제

Write dual problems for the following problems; solve the dual problem and recover the values of the primal variables from the final dual tableau; verify the solution graphically whenever possible.

9.1 Exercise 8.55
9.2 Exercise 8.56
9.3 Exercise 8.57
9.4 Exercise 8.58
9.5 Exercise 8.59
9.6 Exercise 8.60
9.7 Exercise 8.61
9.8 Exercise 8.62
9.9 Exercise 8.63
9.10 Exercise 8.64
9.11 Exercise 8.65
9.12 Exercise 8.66
9.13 Exercise 8.67
9.14 Exercise 8.68
9.15 Exercise 8.69
9.16 Exercise 8.70
9.17 Exercise 8.71
9.18 Exercise 8.72
9.19 Exercise 8.73
9.20 Exercise 8.74
9.21 Exercise 8.75
9.22 Exercise 8.76

References

Gill, P.E., Murray, W., Wright, M.H., 1981. Practical Optimization. Academic Press, New York.

Gill, P.E., Murray, W., Saunders, M.A., Wright, M.H., 1984. User's Guide for QPSOL: Version 3.2. Systems Optimization Laboratory, Department of Operations Research, Stanford University, Stanford, CA.

Hadley, G., 1964. Nonlinear and Dynamic Programming. Addison-Wesley, Reading, MA.

Hopper, M.J., 1981. Harwell Subroutine Library. Computer Science and Systems Division, AERE Harwell, Oxfordshire, UK.

Kunzi, H.P., Krelle, W., 1966. Nonlinear Programming. Blaisdell, Waltham, MA.

Lemke, C.E., 1965. Bimatrix equilibrium points and mathematical programming. Manag. Sci. 11, 681–689.

Luenberger, D.G., 1984. Linear and Nonlinear Programming. Addison-Wesley, Reading, MA.

NAG., 1984. Fortran library manual. Numerical Algorithms Group, Downers Grove, IL.

Nocedal, J., Wright, S.J., 2006. Numerical Optimization, second ed. Springer Science, New York.

Ravindran, A., Lee, H., 1981. Computer experiments on quadratic programming algorithms. Eur. J. Oper. Res. 8 (2), 166–174.

Schrage, L., 1991. LINDO: Text and Software. Scientific Press, Palo Alto, CA.

Wolfe, P., 1959. The Simplex method for quadratic programming. Econometica 27 (3), 382.

10

비제약조건 최적설계의 수치해법

Numerical Methods for Unconstrained Optimum Design

이 장의 주요내용:

- 평탄 최적화 문제의 반복적인 수치 탐색법 개념 설명하기
- 최적설계를 위한 경사도 기반 탐색법에서 두 가지 기본 계산: (1) 탐색방향의 계산, (2) 탐색방향에서 이동거리 계산
- 비제약조건 최적화에서 강하방향의 기본적 개념

설명하기

- 비제약조건 최적화에서 주어진 탐색방향에 대하여 강하방향 확인하기
- 최속강하법과 공액경사법에서 탐색방향 계산하기
- 구간감소법을 이용한 탐색방향에서 이동거리 계산하기

최적화 문제에서 모든 혹은 일부의 함수들(목적함수와 제약함수)이 비선형일 때 이를 **비선형계획문제**(*nonlinear programming (NLP) problem*)라고 부른다. 이 장에서는 우선 평탄 제약조건 및 비제약조건 비선형계획문제의 도함수 기반 방법에 적용 가능한 기본 개념들에 대해서 기술한다. 그 후 비제약조건 비선형 최적화 문제에 대하여 도함수 기반 방법의 개념과 설명에 집중하도록 한다. 다음 장(11장)에서는 비제약조건 최적설계 문제의 고급 주제를 포함하고 있다. 12장과 13장은 평탄 제약조건 최적화 문제를 다룬다.

우리는 6장에서 이미 도함수 기반 방법, 직접 탐색법, 도함수를 이용하지 않는 방법, 자연 영감법과 같은 최적설계 수치해법의 여러 가지 기본 개념을 설명하였다. 이 단계에서 그 내용을 다시 되돌아 보기로 한다.

10.1 일반적인 개념

도함수 기반의 방법들(또는 **경사도 기반의 방법들**이라 알려진 방법)은 매 반복 과정에서 동일한 계산이 되풀이되는 반복적인 방법이다. 이러한 접근법에서는 초기 설계를 평가한 후 최적성 조건을 만족

할 때까지 반복적으로 설계를 개선한다. 비선형계획문제를 다루기 위해 많은 **수치적 방법들이** 개발되었다. 이러한 여러 방법들의 상세한 이론과 유도과정은 이 교재의 범위를 벗어나는 것이지만, 비제약조건/제약조건 최적설계 문제를 풀기 위해서 대부분의 알고리즘에서 사용되는 기본 개념과 아이디어 및 절차를 이해하는 것이 중요하다. 그러므로 이 교재에서 따라갈 접근법은 **기저를 이루는 개념**을 예제를 통해 강조하는 것이다.

일부 수치 알고리즘의 자세한 단계를 최적해를 찾는 과정 중 수행되는 계산의 맛보기로 실었다. 이러한 알고리즘은 수계산으로 수행되는 경우가 거의 없고 효과적으로 사용하기 위해서는 컴퓨터 프로그램이 필요하다. 많은 이런 범용 프로그램들을 매트랩이나 엑셀 등에서 제공하고 있다. 그러므로 알고리즘의 코딩은 최후의 수단으로서만 행해져야 한다. 그러나 이러한 제공 프로그램이나 방법들을 바르게 쓰기 위해서는 반복계산에 내재된 기본적인 착안점을 이해하는 것이 중요하다. 이를 통해 알고리즘이 최적해를 얻는 데 실패했을 때 상황을 분석할 수 있는 능력을 얻을 수 있다.

비제약조건 문제를 푸는 수치해법은 지난 수십 년간을 거쳐 개발되었다. 그러나 중요한 작업은 1950년대와 60년대에 이루어졌으며 이는 제약조건 최적화 문제가 일련의 비제약조건 최적화 문제(이러한 과정은 11장에서 설명한다)로 변환될 수 있다는 것이 알려졌기 때문이다. 따라서 비제약조건 최적설계를 푸는 방법들은 매우 중요해졌고 효율적인 알고리즘과 컴퓨터 프로그램을 개발하는 데 많은 노력을 기울였다.

비제약조건 최적설계 문제는 그림 10.1에서 보듯이 1차원 문제와 다차원 문제로 나눌 수 있다. 1차원 문제는 하나의 설계변수만을 갖고, 다차원 문제는 많은 수의 설계변수를 갖는다. 1차원 문제는 그 자체로도 중요성을 갖지만 수치해석 과정에서 다차원 문제가 1차원 문제로 환원될 수 있다는 점에서도 중요하다. 이러한 과정은 현재 설계를 개선하기 위해서 원하는 탐색방향으로 이동거리를 계산할 필요가 있을 때 일어난다. 그러므로 다차원 문제의 최적화 방법에서 주요 계산과정이 되는 1차원 최소화 문제를 풀기 위해서 많은 방법들이 개발되었다. 1차원 탐색은 보통 선 **탐색**이나 **1D 탐색**으로 불린다.

10.2 일반적인 반복 알고리즘

이 절에서는 우선 최적해를 위한 반복적 수치 방법과 관련된 일반적 개념을 논의한 후 일반적인 단

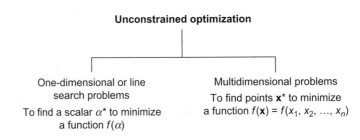

그림 10.1 비제약조건 최적화 문제의 분류

계별 알고리즘을 설명한다. 많은 경사도 기반의 최적화 방법은 다음과 같은 형식으로 기술된다.

벡터 형식:

$$\mathbf{x}^{(k+1)} = \mathbf{x}^{(k)} + \Delta\mathbf{x}^{(k)}; \quad k = 0, 1, 2, \dots \qquad (10.1)$$

성분 형식:

$$x_i^{(k+1)} = x_i^{(k)} + \Delta x_i^{(k)}; \quad i = 1 \text{ to } n; \quad k = 0, 1, 2, \dots \qquad (10.2)$$

여기서 k = 반복 횟수를 나타내는 상첨자, i = 설계변수를 나타내는 하첨자, $\mathbf{x}^{(0)}$ = 시작점, $\Delta\mathbf{x}^{(k)}$ = 현재점에서의 변화량이다.

식 (10.1) 또는 (10.2)로 기술된 반복법은 최적성 조건들을 만족하거나 종료 판정기준을 충족할 때까지 계속된다. 이 반복 방법은 비제약조건 문제뿐만 아니라 제약조건 문제에도 적용 가능하다. 비제약조건 문제에서 $\Delta\mathbf{x}^{(k)}$의 계산은 현재 설계점에서의 목적함수와 그 도함수에 따라 달라진다. 제약조건 문제에서는 설계 변화량 $\Delta\mathbf{x}^{(k)}$을 계산할 때 제약조건도 고려해야 한다. 그러므로 $\Delta\mathbf{x}^{(k)}$를 결정하는 데는 목적함수와 그 도함수뿐만 아니라 제약조건함수와 그 도함수도 영향을 미친다. 비제약조건/제약조건 문제에서 $\Delta\mathbf{x}^{(k)}$를 계산하는 방법은 여러 가지가 있다. 이 장에서는 비제약조건 최적 설계 문제를 중심으로 설명한다.

대부분의 방법에서 설계 변화량 $\Delta\mathbf{x}^{(k)}$를 다음과 같이 다시 두 부분으로 나눈다.

$$\Delta\mathbf{x}^{(k)} = \alpha_k \mathbf{d}^{(k)} \qquad (10.3)$$

여기서 $\mathbf{d}^{(k)}$는 설계공간에서 '바람직한' 탐색방향이고 α_k는 이동거리라고 불리는 탐색방향에서의 양수 값이다.

탐색방향 $\mathbf{d}^{(k)}$가 잘 설정되면 이동거리는 0보다 커야 한다. 탐색방향이 목적함수의 감소방향이라는 것을 생각하면 이는 명확해진다. 따라서 $\Delta\mathbf{x}^{(k)}$를 계산하는 과정은 별도의 두 부문제를 포함한다.

1. 방향 탐색 부문제
2. 이동거리 결정 부문제(방향에 대한 환산계수)

한 설계점에서 다음 설계점으로 이동하는 과정을 그림 10.2이 설명하고 있다. 그림 10.2에서 B는 현재의 설계점 $\mathbf{x}^{(k)}$이고, $\mathbf{d}^{(k)}$는 탐색방향, 그리고 α_k는 이동거리이다. 그러므로 현재 설계점 $\mathbf{x}^{(k)}$에 $\alpha_k \mathbf{d}^{(k)}$를 더했을 때 설계공간에서 새로운 점 C, 즉 $\mathbf{x}^{(k+1)}$에 도달하게 된다. 이와 같은 전 과정은 다시 점 C에서 반복된다. 이동거리 α_k와 탐색방향 $\mathbf{d}^{(k)}$를 계산하기 위한 많은 방법이 있다. 이러한 방법의 다양한 조합으로부터 여러 다른 최적화 알고리즘이 개발되었다.

10.2.1 일반적인 알고리즘

전술한 반복 과정은 설계공간에서 목적함수의 국소적 최소점을 찾기 위한 조직적인 탐색과정을 보여준다. 이러한 과정은 비제약조건/제약조건 문제에 적용 가능한 **일반적 알고리즘**으로 다음과 같이 요약할 수 있다.

1단계: 적당한 시작점 $\mathbf{x}^{(0)}$을 선정하고, 반복수를 $k = 0$으로 설정한다.

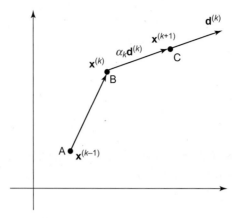

그림 10.2   최적화 방법의 반복 이동에 대한 개념도

2단계: 설계공간의 $\mathbf{x}^{(k)}$점에서 탐색방향 $\mathbf{d}^{(k)}$를 계산한다. 이 계산은 일반적으로 비제약조건 문제에서는 목적함수 및 그 경사도 값이 필요하고, 제약조건 문제에서는 추가적으로 제약조건의 값 및 그 경사도 값이 요구된다.

3단계: 알고리즘의 수렴을 확인한다. 수렴했으면 중단하고 아니면 계속한다.

4단계: 탐색방향 $\mathbf{d}^{(k)}$에서 양수인 이동거리 α_k를 계산한다.

5단계: 다음과 같이 설계점을 갱신하고 반복수를 $k = k + 1$로 재설정하고, 2단계로 이동한다.

$$\mathbf{x}^{(k+1)} = \mathbf{x}^{(k)} + \alpha_k \mathbf{d}^{(k)} \tag{10.4}$$

이 장의 나머지 절들에서는 전술한 일반적인 알고리즘을 실행하기 이동거리 α_k와 탐색방향 $\mathbf{d}^{(k)}$를 계산하는 기본적인 방법들을 위해서 비제약조건 최적설계 문제에 대해서 설명한다.

10.3   알고리즘의 강하방향과 수렴성

비제약조건 최적설계는 다음과 같은 $\mathbf{x}$를 찾는 문제로 정의된다.

다음을 최소화하라.

$$f(\mathbf{x}) \tag{10.5}$$

목적함수를 감소시키는 것이므로 강하단계라는 개념을 도입하고, 이는 단순히 매 탐색단계에서 설계의 변화량은 목적함수 값을 감소시켜야 한다는 것을 의미한다. 알고리즘의 수렴성과 그 수렴률도 간단히 설명한다.

10.3.1 강하방향과 강하단계

반복 과정에서 설계변화의 바람직한 방향을 $\mathbf{d}^{(k)}$라고 표시하면, 바람직한 방향이 무엇을 의미하는지 논의해봐야 한다. 반복적인 최적화 과정의 목표는 목적함수 $f(\mathbf{x})$의 최솟값에 도달하는 것이다.

반복 과정이 k번째를 진행 중이고 $\mathbf{x}^{(k)}$가 최소점이 아니라고, 즉 정리 4.4의 최적성 조건을 만족하지 못한다고 가정하자. $\mathbf{x}^{(k)}$가 최소점이 아니라면 $\mathbf{x}^{(k)}$에서의 값보다 더 작은 목적함수 값을 갖는 다른 점 $\mathbf{x}^{(k+1)}$를 찾을 수 있어야 한다. 이러한 말을 수학적으로 표현하면 다음과 같다.

$$f\left(\mathbf{x}^{(k+1)}\right) < f\left(\mathbf{x}^{(k)}\right) \tag{10.6}$$

식 (10.4)의 $\mathbf{x}^{(k+1)}$을 위 부등식에 대입하면 다음 식을 얻는다.

$$f\left(\mathbf{x}^{(k)} + \alpha_k \mathbf{d}^{(k)}\right) < f\left(\mathbf{x}^{(k)}\right) \tag{10.7}$$

식 (10.7)의 좌변을 점 $\mathbf{x}^{(k)}$에서 선형 테일러 전개로 근사하면 다음을 얻는다.

$$f\left(\mathbf{x}^{(k)}\right) + \alpha_k\left(\mathbf{c}^{(k)} \cdot \mathbf{d}^{(k)}\right) < f\left(\mathbf{x}^{(k)}\right) \tag{10.8}$$

여기서 $\mathbf{c}^{(k)} = \nabla f(\mathbf{x}^{(k)})$는 점 $\mathbf{x}^{(k)}$에서 $f(\mathbf{x})$의 경사도이고, $(\mathbf{a} \cdot \mathbf{b})$는 벡터 $\mathbf{a}$와 $\mathbf{b}$의 내적이다.

부등식 (10.8)의 양변에서 $f(\mathbf{x}^{(k)})$를 빼면 $\alpha_k(\mathbf{c}^{(k)} \cdot \mathbf{d}^{(k)}) < 0$을 얻을 수 있다. $\alpha_k > 0$이기 때문에 부등식에서 영향 없이 지울 수 있으므로 다음과 같은 조건을 얻을 수 있다.

$$\left(\mathbf{c}^{(k)} \cdot \mathbf{d}^{(k)}\right) < 0 \tag{10.9}$$

$\mathbf{c}^{(k)}$는 기지의 벡터(목적함수의 경사도)이므로 식 (10.9)에서 미지수는 탐색방향 $\mathbf{d}^{(k)}$뿐이다. 그러므로 식 (10.9)에서 바람직한 방향은 이 부등식을 만족해야 한다. 이 방향으로의 어떤 작은 양의 움직임은 목적함수를 감소시킬 것이다. 기하학적으로 이 부등식은 벡터 $\mathbf{c}^{(k)}$와 $\mathbf{d}^{(k)}$의 각이 90도와 270도 사이여야 한다는 것을 보여준다(두 벡터에 대한 내적의 정의로부터 두 벡터 사잇각의 코사인이 90~270도에서 음수이다).

이제 **변경의 바람직한 방향**을 부등식 (10.9)를 만족하는 어떤 벡터 $\mathbf{d}^{(k)}$로 정의할 수 있다. 이 벡터를 목적함수에 대한 **강하방향**이라고 부르고 부등식 (10.9)를 **강하조건**이라 한다. 이 방향에 기반하는 반복적인 최적화 방법의 한 단계를 **강하단계**라 부른다. 보통 한 설계점에서는 많은 강하방향이 있으며, 최적화 알고리즘들은 서로 다른 강하방향을 사용한다. 이 강하단계의 개념을 사용하는 방법을 **강하방법**이라 부른다. 확실히 이런 방법은 함수의 국소 최대점에 수렴하지는 않을 것이다.

때로 강하방향은 '내리막길' 방향이라고도 불린다. $f(\mathbf{x})$를 최소화하는 문제는 언덕의 높은 점에서 바닥에 다다르는 문제로 생각할 수 있다. 정상에서 내리막길 방향을 찾고 이 방향을 따라서 가장 낮은 점으로 이동한다. 새로운 지점에서 이 과정을 바닥에 이를 때까지 반복한다.

강하방향과 강하단계의 개념은 대부분의 경사도 기반 최적화 방법에서 사용되므로 확실히 이해해야 한다. 예제 10.1은 강하방향의 개념을 설명하고 있다.

예제 10.1   강하조건 확인

다음의 함수에 대해서

$$f(\mathbf{x}) = x_1^2 - x_1 x_2 + 2x_2^2 - 2x_1 + e^{(x_1 + x_2)} \tag{a}$$

점 (0, 0)에서 방향 $\mathbf{d} = (1, 2)$가 주어진 함수 f에 대하여 강하방향인지 확인하라.

풀이

$\mathbf{d} = (1, 2)$가 강하방향이라면 식 (10.9)를 만족해야 한다. 이를 확인하기 위해 함수 $f(\mathbf{x})$의 경사도 $\mathbf{c}$를 (0, 0) 점에서 구하고 $(\mathbf{c} \cdot \mathbf{d})$를 계산하면 다음과 같다.

$$\mathbf{c} = \left(2x_1 - x_2 - 2 + e^{(x_1 + x_2)}, \; -x_1 + 4x_2 + e^{(x_1 + x_2)}\right) = (-1, 1) \tag{b}$$

$$(\mathbf{c} \cdot \mathbf{d}) = (-1, 1) \begin{bmatrix} 1 \\ 2 \end{bmatrix} = -1 + 2 = 1 > 0 \tag{c}$$

부등식 식 (10.9)를 만족하지 못하므로 주어진 $\mathbf{d}$는 점 (0, 0)에서 주어진 함수에 대하여 강하방향이 아니다.

10.3.2 알고리즘의 수렴성

최적화를 위한 수치 방법 뒤에 있는 주요 아이디어는 반복적인 방법을 통해서 일련의 설계점을 거치면서 최적점을 탐색하는 것이다. 최적화 방법의 성공은 생성된 수열이 최적점에 수렴하는 것을 보장하느냐에 달려 있다는 것을 주목하는 것이 중요하다. 시작점에 무관하게 국소적 최소점에 수렴하는 성질을 수치 방법의 **전역적 수렴**이라고 한다. 신뢰성 측면에서 이와 같은 수렴하는 수치 방법을 사용하는 것이 바람직하다. 비제약조건 문제에 대해서 수렴하는 알고리즘은 최소점에 다다를 때까지 매 반복과정에서 목적함수를 감소시켜야 한다. 이 알고리즘들은 전역적 최소가 아닌 국소적 최소점에 수렴한다. 왜냐하면 이 알고리즘은 탐색과정에서 목적함수와 그 도함수에 대한 국소적인 정보만을 사용하기 때문이다. 전역 최소점을 탐색하는 방법은 16장에서 설명한다.

10.3.3 수렴률

실제 문제에 있어서 수치 방법은 최적점에 다다르기 위해 매우 많은 반복수를 갖는다. 그러므로 보다 빠른 수렴률을 갖는 방법을 사용하는 것이 중요하다. 하나의 알고리즘에 대한 수렴률은 보통 받아들일 수 있는 해를 얻는 데 필요한 반복수와 함수의 계산 수로 측정된다. **수렴률은 해답점과 그 추정값의 차이가 얼마나 빠르게 0으로 접근하느냐에 대한 척도이다.** 빠른 알고리즘은 보통 탐색방향을 계산할 때 문제함수의 2계 정보를 사용한다. 이 방법은 뉴턴법으로 알려져 있다. 많은 알고리즘은 또한 2계정보를 1계 정보만으로 근사하는데 이 방법을 **준뉴턴법**이라고 한다. 이는 11장에서 설명한다.

10.4 이동거리 결정: 기본 방안

비제약조건 수치 최적화 방법은 식 (10.1)에 주어진 반복적인 공식을 기반으로 하고 있다. 전에 논의했듯이 설계 변화량 $\Delta\mathbf{x}$를 정하는 문제는 식 (10.3)에 표시된 것처럼 보통 두 개의 부문제로 나뉜다.

1. 방향 결정 부문제

2. 이동거리 결정 부문제

두 부문제를 푸는 수치 방법을 논의해 보자. 다음에서 우선 **이동거리 결정**과 관련된 기본 아이디어를 살펴본다. 이것은 종종 1차원(또는 선) 탐색이라고 불린다. 이 문제는 풀기가 보다 간단하기 때문에 우선 논의하기로 한다. 1차원 최소화 수치 방법을 10.5절에서 설명한 후, 10.6절과 10.7절에서는 설계공간에서 **강하방향 d**를 계산하는 두 가지 방법을 설명한다.

10.4.1 이동거리 결정 부문제의 정의

1변수 함수로의 축소

여러 개의 변수를 갖는 최적화 문제에서 방향 결정 부문제를 먼저 풀어야 한다. 그 다음으로 이동거리는 탐색방향을 따라 최소점을 탐색하여 결정한다. 이 문제는 항상 1차원 최소화 문제가 되며 선 탐색 문제로도 불린다. 다차원 문제에서 어떻게 선 탐색이 이루어지는지 알아보기 위해서 탐색방향 $\mathbf{d}^{(k)}$는 결정되었다고 가정하자. 그러면 식 (10.1)과 (10.3)에서 스칼라 α_k가 유일한 미지수이다.

가장 좋은 이동거리 α_k는 아직 미지수이기 때문에 식 (10.3)에서 이를 α로 놓고 이동거리 계산 부문제의 미지수로 다룬다. 그러면 식 (10.1)과 (10.3)을 이용하면 목적함수 $f(\mathbf{x})$는 새로운 점 $\mathbf{x}^{(k+1)}$에서 $f(\mathbf{x}^{(k+1)}) = f(\mathbf{x}^{(k)} + \alpha\mathbf{d}^{(k)})$로 주어진다. 그러면 $\mathbf{d}^{(k)}$를 알고 있기 때문에 우변은 스칼라 인자인 α만의 함수가 된다. 이 과정은 다음의 식들로 요약할 수 있다.

설계 갱신:

$$\mathbf{x}^{(k+1)} = \mathbf{x}^{(k)} + \alpha\mathbf{d}^{(k)} \tag{10.10}$$

목적함수 계산:

$$f\left(\mathbf{x}^{(k+1)}\right) = f\left(\mathbf{x}^{(k)} + \alpha\mathbf{d}^{(k)}\right) = \bar{f}(\alpha) \tag{10.11}$$

여기서 $\bar{f}(\alpha)$는 α를 유일한 독립변수로 갖는 새로운 함수이다(이후로는 단변수 함수에 대해서 상변 막대기 기호를 생략하도록 하겠다). 식 (10.11)로부터 $\alpha = 0$에서 $f(0) = f(\mathbf{x}^{(k)})$이며 이는 목적함수의 현재 값임에 유의한다.

n변수 함수를 단변수 함수로 축소하는 이 과정을 이해하는 것이 중요한데, 이는 대부분의 경사도 기반 최적화 방법에서 사용되기 때문이다. 식 (10.11)의 기하학적 의미를 이해하는 것 역시 중요하다. 다음 문단에서 이러한 아이디어를 자세히 설명한다.

1차원 최소화 문제

$\mathbf{x}^{(k)}$가 최소점이 아니라면 이 점에서 강하방향 $\mathbf{d}^{(k)}$를 찾고 목적함수를 더 줄이는 것이 가능하다. $\mathbf{d}^{(k)}$ 방향으로의 작은 움직임이 목적함수를 줄이는 것을 상기하자. 그러므로 식 (10.6)과 (10.11)을 사용하면 목적함수에 대한 강하조건은 다음과 같이 부등식으로 표현할 수 있다:

$$f(\alpha) < f(0) \tag{10.12}$$

$f(\alpha)$는 단변수 함수이기 때문에(선 탐색함수라고도 불린다) $f(\alpha)$를 α에 대하여 그림으로 그릴 수 있다. 부등식 식 (10.12)를 만족하기 위해서는 α에 따른 $f(\alpha)$의 곡선은 $\alpha = 0$인 점에서 음의 기울기

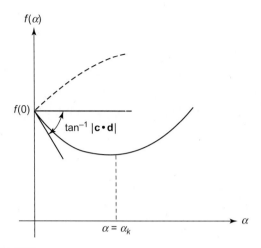

그림 10.3 α에 대한 $f(\alpha)$의 그래프

를 가져야 한다. 이런 함수를 그림 10.3에서 실선으로 나타내었다. 탐색방향이 강하방향이라면 α에 따른 $f(\alpha)$의 그래프는 그림에서 단속선으로 그려진 형태가 될 수 없다는 것을 이해해야 한다. 왜냐하면 단속선 형태의 그래프에서 작은 양수 α는 함수 $f(\alpha)$를 증가시키고 부등식 식 (10.12)를 위반하기 때문이다. 이는 또한 $\mathbf{d}^{(k)}$가 목적함수에 대한 강하방향이라는 것과 모순된다.

그러므로 모든 문제에서 α에 따른 $f(\alpha)$의 그래프는 그림 10.3의 실선형태가 되어야 한다. 사실 $\alpha = 0$에서 곡선 $f(\alpha)$의 기울기는 식 (10.11)을 미분하여 $f'(0) = (\mathbf{c}^{(k)} \cdot \mathbf{d}^{(k)})$와 같이 얻어지고 식 (10.9)에 따라서 음수이다. 이러한 논의는 식 (10.3)에서 $\mathbf{d}^{(k)}$가 강하방향이라면 α는 항상 양의 스칼라여야 함을 보여준다. 따라서 이동거리 결정 부문제는 다음과 같은 α를 찾는 문제이다:

$f(\alpha)$를 최소화하라.

이 문제를 풀면 식 (10.3)을 사용하기 위한 이동거리 $\alpha_k = \alpha^*$가 주어진다.

10.4.2 이동거리 계산을 위한 해석적 방법

$f(\alpha)$가 간단한 함수라면 α_k를 결정하기 위해 4.3절의 필요조건과 충분조건을 쓸 수 있다. 필요조건은 $df(\alpha_k)/d\alpha = 0$이고, 충분조건은 $d^2 f(\alpha_k)/d\alpha^2 > 0$이다. 예제 10.2에서 해석적인 선 탐색 과정을 설명한다. 식 (10.11)에서 α에 대한 $f(\mathbf{x}^{(k+1)})$의 미분은 연쇄법칙을 사용하고 0으로 놓으면 다음과 같다.

$$\frac{df\left(\mathbf{x}^{(k+1)}\right)}{d\alpha} = \frac{\partial f^T\left(\mathbf{x}^{(k+1)}\right)}{\partial \mathbf{x}} \frac{d\left(\mathbf{x}^{(k+1)}\right)}{d\alpha} = \left(\nabla f\left(\mathbf{x}^{(k+1)}\right) \cdot \mathbf{d}^{(k)}\right) = \left(\mathbf{c}^{(k+1)} \cdot \mathbf{d}^{(k)}\right) = 0 \qquad (10.13)$$

식 (10.13)에서 두 벡터의 내적은 0이기 때문에 새로운 점에서 목적함수의 경사도는 k번째 반복 과정의 탐색방향과 직교한다. 즉, $\mathbf{c}^{(k+1)}$은 $\mathbf{d}^{(k)}$에 수직하다. 두 가지 이유로 식 (10.13)에서의 조건이 중요하다.

1. 가장 작은 근이 정확한 이동거리 α_k가 되는 α에 관한 식을 얻기 위해 이 조건식을 직접 사용할 수 있다.

2. α를 계산하는 수치과정에서 이동거리의 정확성을 검토하기 위해 이 조건을 사용할 수 있다. 이를 선 탐색 종료 판정기준이라 부른다.

많은 경우 수치 선 탐색 방법들은 엄밀하지 않거나 근사화된 탐색방향으로의 이동거리 값을 줄 것이다. 선 탐색 종료 판정기준은 이동거리의 정확도를 결정하는 데 유용하다[즉 조건 $(\mathbf{c}^{(k+1)} \cdot \mathbf{d}^{(k)}) = 0$을 검증할 때].

예제 10.2	해석적인 이동거리 결정

다음 함수에 대한 탐색방향이

$$f(\mathbf{x}) = 3x_1^2 + 2x_1 x_2 + 2x_2^2 + 7 \tag{a}$$

점 (1, 2)에서 (-1, -1)로 주어졌다. 주어진 방향에서 $f(\mathbf{x})$를 최소화하기 위한 이동거리 α_k를 계산하라.

풀이
주어진 점 $\mathbf{x}^{(k)} = (1, 2)$에 대해서 $f(\mathbf{x}^{(k)}) = 22$이고, $\mathbf{d}^{(k)} = (-1, -1)$이다. 우선 부등식 식 (10.9)를 이용하여 $\mathbf{d}^{(k)}$가 강하방향인지를 확인한다. 이를 위해서 목적함수에 대한 경사도가 필요하고 다음과 같다.

$$\mathbf{c} = \begin{bmatrix} 6x_1 + 2x_2 \\ 2x_1 + 4x_2 \end{bmatrix} \tag{b}$$

현재점 (1, 2)를 식 (b)에 대입하면 (1, 2)점에서의 경사도 값은 다음과 같다.

$$\mathbf{c}^{(k)} = (10, 10) \text{ and } \left(\mathbf{c}^{(k)} \cdot \mathbf{d}^{(k)}\right) = 10(-1) + 10(-1) = -20 < 0 \tag{c}$$

그러므로 (-1, -1)는 강하방향이다. 식 (10.10)을 이용하여 새로운 점 $\mathbf{x}^{(k+1)}$은 다음과 같이 α로 표현된다.

$$\begin{bmatrix} x_1 \\ x_2 \end{bmatrix}^{(k+1)} = \begin{bmatrix} 1 \\ 2 \end{bmatrix} + \alpha \begin{bmatrix} -1 \\ -1 \end{bmatrix}, \text{ or } x_1^{(k+1)} = 1 - \alpha; \quad x_2^{(k+1)} = 2 - \alpha \tag{d}$$

위 값들을 식 (a)의 목적함수에 대입하면 하나의 변수로 표현된 함수를 다음과 같이 얻는다.

$$f\left(\mathbf{x}^{(k+1)}\right) = 3(1-\alpha)^2 + 2(1-\alpha)(2-\alpha) + 2(2-\alpha)^2 + 7 = 7\alpha^2 - 20\alpha + 22 = f(\alpha) \tag{e}$$

그러므로 주어진 방향 (-1, -1)를 따라 $f(\mathbf{x})$는 하나의 변수 α의 함수가 된다. 식 (e)로부터 현재점의 목적함수 값은 $f(0) = 22$이고, $\alpha = 0$에서의 $f(\alpha)$의 기울기인 $f'(0) = -20 < 0$인 것을 주목한다[또한, $f'(0) = \mathbf{c}^{(k)} \cdot \mathbf{d}^{(k)}$이고 이 값이 -20임을 주목]. 이제 식 (e)에서 $f(\alpha)$에 대한 최적성의 필요조건과 충분조건을 이용하면 다음을 얻는다.

$$\frac{df}{d\alpha} = 14\alpha_k - 20 = 0; \quad \alpha_k = \frac{10}{7}; \quad \frac{d^2 f}{d\alpha^2} = 14 > 0 \tag{f}$$

그러므로 $\alpha_k = 10/7$은 방향 (-1, -1)에 대해서 $f(\mathbf{x})$를 최소화한다. 식 (c)에 이동거리를 대입하면 새로운 점을 얻을 수 있다.

$$\begin{bmatrix} x_1 \\ x_2 \end{bmatrix}^{(k+1)} = \begin{bmatrix} 1 \\ 1 \end{bmatrix} + \left(\frac{10}{7} \right) \begin{bmatrix} -1 \\ -1 \end{bmatrix} = \begin{bmatrix} -\dfrac{3}{7} \\ \dfrac{4}{7} \end{bmatrix} \qquad \text{(g)}$$

새로운 설계점 (-3/7, 4/7)를 목적함수 $f(\mathbf{x})$에 대입하면 목적함수 값이 54/7임을 알 수 있다. 이 값은 이전 점에서의 목적함수 값 22에서 대폭 줄어든 것이다.

이동거리 α를 얻기 위한 식 (f)는 식 (10.13)의 조건($\mathbf{c}^{(k+1)} \cdot \mathbf{d}^{(k)} = 0$)을 이용하면 직접 얻을 수 있는 것에 주목한다. 새로운 설계점에서 $f(\mathbf{x})$의 경사도는 식 (d)를 이용하여 α의 항으로 표현하면 다음과 같다.

$$\mathbf{c}^{(k+1)}(\alpha) = \left(6x_1 + 2x_2, 2x_1 + 4x_2 \right) = (10 - 8\alpha, 10 - 6\alpha) \qquad \text{(h)}$$

식 (10.13)의 조건을 사용하면 $14\alpha - 20 = 0$이라는 조건을 얻을 수 있고 이 식은 식 (f)와 같다.

10.5 이동거리 계산을 위한 수치 방법

10.5.1 일반적인 개념

예제 10.2에서 함수 $f(\alpha)$에 대해서 표현을 단순화하고 양의 형식을 얻는 것이 가능했다. 또한 $f(\alpha)$의 범함수 형태는 상당히 단순해서 $f(\alpha)$의 최솟값을 찾는 데 최적성의 필요조건과 충분조건을 사용하고 이동거리 α_k를 해석적으로 계산하는 것이 가능했다. 그러나 많은 문제의 경우 $f(\alpha)$에 대한 양의 형식을 얻는 것이 가능하지 않다. $f(\alpha)$에 대해서 양함수를 얻었다 하더라도 해석적인 해를 얻는 것은 너무 복잡할 수 있다. 그러므로 알려진 방향 $\mathbf{d}^{(k)}$하에서 $f(\mathbf{x})$를 최소화할 때 α_k를 찾기 위해서는 수치 탐색법이 사용되어야 한다.

단봉함수

이동거리를 계산하기 위한 수치 선 탐색 과정은 그 자체로 반복적이며, $f(\alpha)$의 최소점에 도달하기까지 여러 번의 반복이 필요하다. 많은 선 탐색 기술들은 탐색방향상에 있는 몇 개의 점에서의 함수값을 비교하는 것에 근간을 두고 있다. 대부분의 경우 수치 방법으로 이동거리를 계산하기 위해서는 선 탐색 함수 $f(\alpha)$의 형식에 대하여 몇 가지 가정을 해야 한다. 예를 들면, 관심 구역에서 함수값이 존재하고 하나의 최솟값이 존재한다는 것을 가정해야 한다. 이런 특성을 갖는 함수를 **단봉함수**라 부른다. 그림 10.4는 최소점에 도달하기 전까지 연속적으로 감소하는 이러한 함수를 보여준다. 그림 10.3과 10.4를 비교하면 $f(\alpha)$는 일정 구간에서 단봉함수임을 알 수 있다. 그러므로 이 함수는 그 구간에서 유일한 최소점을 갖는다.

대부분의 일차원 탐색 방법은 선 탐색 함수가 일정 구간에서 단봉함수라고 가정한다. 이 가정은 큰 제약처럼 보이나 그렇지 않다. 단봉함수가 아닌 함수에 대해서는 시작점에서 가장 가까운 (즉, $\alpha = 0$에 가장 가까운) 국소 최소점을 생각할 수 있다. 이는 그림 10.5에서 설명하고 있다. 여기서 함수 $f(\alpha)$는 $0 \leq \alpha \leq \alpha_0$ 구간에서 단봉함수가 아니며 점 A, B, C는 국소 최소들이다. 그러나 α를 0과 $\bar{\alpha}$

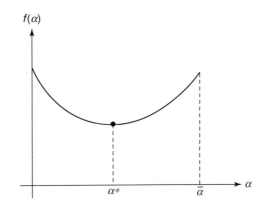

그림 10.4 단봉함수 $f(\alpha)$

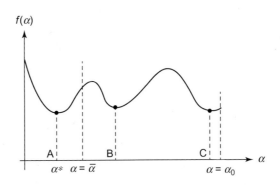

그림 10.5 $0 \le \alpha \le \alpha_0$ 구간에서 비단봉함수 $f(\alpha)$ ($0 \le \alpha \le \bar{\alpha}$ 구간에서는 단봉함수)

사이로 제한하면 $f(\alpha)$는 $0 \le \alpha \le \bar{\alpha}$ 구간에서 단봉함수이기 때문에 하나의 국소 최소점 A만을 가진다. 따라서 단봉성에 대한 가정은 보이는 것만큼 제한적이지 않다.

구간 감소법

선 탐색 문제는 $0 \le \alpha \le \bar{\alpha}$ 구간에서 함수 $f(\alpha)$가 전역적 최소가 되는 α를 찾는 것이다. 그러나 이 문제의 정의는 약간의 변경이 필요하다. 수치 방법을 다루고 있기 때문에 엄밀한 최소점 α^*를 얻는 것은 가능하지 않다. 실제로 정하는 것은 최소가 위치하는 구간, 즉 α^*에 대한 하한과 상한을 결정하는 것이다. 구간 (α_l, α_u)를 불확실 구간이라고 부르고 다음과 같이 나타낸다.

$$I = \alpha_u - \alpha_l \tag{10.14}$$

대부분의 수치 방법들은 정해진 허용 오차 ε을 만족할 때까지 (즉, $I < \varepsilon$) 불확실 구간을 반복적으로 줄여나간다. 일단 종료 판정기준이 만족되면 α^*는 $0.5(\alpha_l + \alpha_u)$값을 취한다.

앞의 방식에 기반한 방법들을 **구간 감소법**이라 부른다. 이 장에서는 구간 감소법에 기반을 둔 선 탐색법만을 설명한다. 이런 방법들의 기본 절차는 두 단계로 나눌 수 있다. 단계 I에서는 최소점의 위치에 대한 범위를 파악하여 초기 불확실 구간을 정한다. 단계 II에서는 최솟값을 가질 수 없는 구간을 제거하여 불확실 구간을 줄인다. 이는 불확실 구간에서 함수값을 계산하고 비교하여 이루어진다. 다음 절에서 이런 방법들의 두 단계를 자세히 설명할 것이다.

대부분 최적화 방법의 성능은 이동거리 계산 과정에 크게 의존한다는 것에 주목하는 것이 중요하다. 그러므로 이동거리 계산을 위해 많은 절차가 개발되고 평가되었다는 것은 놀랍지 않다. 다음 절에서 학생들이 이동거리를 계산하는 데 필요한 계산을 맛보기로 두 가지 초보적인 방법을 통해 설명한다. 11장에서는 보다 앞선, 부정확 선 탐색 개념에 기반을 둔 방법들을 설명할 것이다.

10.5.2 등구간 탐색

최솟값 처음 포괄하기—단계 I

앞서 언급했듯이 구간 감소법의 기본 착안점은 불확실 구간을 받아들일 수 있는 작은 값까지 연속적으로 줄여나가는 것이다. 이런 개념을 명확하게 설명하기 위하여 **등구간 탐색**이라 불리는 아주 간단한 접근법부터 시작하겠다. 이 개념은 그림 10.6에 설명한 것처럼 상당히 간단한 것이다. 단계 I의 구간 $0 \le \alpha \le \bar{\alpha}$에서 α축 상에서 일정한 격자를 사용하여 생성된 몇 개의 점에서 함수 $f(\alpha)$의 값을

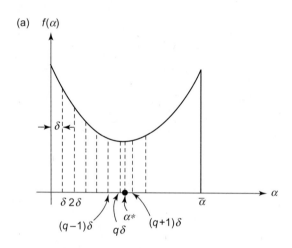

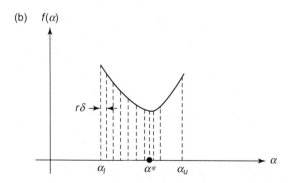

그림 10.6 등구간 탐색 과정. (a) 단계 I: 최솟값 초기 포괄하기, (b) 단계 II: 불확실 구간 감소

계산한다. 이를 위해 작은 수 δ를 정하고, 그림 10.6a에 보인 것처럼 α가 $\delta, 2\delta, 3\delta, \ldots, q\delta, (q + 1)$ δ 등과 같은 값일 때의 함수값을 계산한다. 다음으로 함수값을 연속된 두 점, 예를 들면 q와 $(q + 1)$에서 비교한다. 여기서 $q\delta$ 점에서의 함수값이 다음 점$(q + 1)\delta$보다 크다면(즉, $f(q\delta) > f((q + 1)\delta)$) 최소점은 아직 지나지 않은 것이다. 그러나 함수가 증가한다면, 즉

$$f(q\delta) < f\big((q+1)\delta\big) \tag{10.15}$$

최소점을 지나친 것이다. 식 (10.15)의 조건이 $q\delta$와 $(q + 1)\delta$ 점에서 만족된다면, 최소는 $(q - 1)\delta$와 $q\delta$ 점 사이에 있든지 $q\delta$와 $(q + 1)\delta$ 점 사이에 있다는 것에 유의한다. 따라서 불확실 구간의 상한과 하한을 정할 수 있으며, 식 (10.14)의 불확실 구간은 다음과 같이 계산된다.

$$\alpha_l = (q-1)\delta, \quad \alpha_u = (q+1)\delta, \quad I = \alpha_u - \alpha_l = 2\delta \tag{10.16}$$

불확실 구간 줄이기—단계 II

α에 대한 상한값과 하한값을 정하는 것으로 단계 I은 끝난다. 단계 II에서는 불확실 구간의 아래 쪽 $\alpha = \alpha_l$에서부터 증가량 δ보다 작은 값(이 값을 $r\delta$라 하면 $r \ll 1$)을 가지고 탐색을 다시 시작한다. 그러면 앞의 단계 I 과정을 $\alpha = \alpha_l$에서부터 축소된 δ를 가지고 반복하고 다시 최솟값의 범위를 결정한다. 이때의 불확실 구간 I는 $2r\delta$로 감소하게 된다. 이 과정을 그림 10.6b에 설명하였다. 다시 작은 구간 증가량(예를 들면 $r^2\delta$)을 정하고 불확실 구간이 수용할 수 있는 값 ε보다 작아질 때까지 이 과정을 반복한다. 단봉함수에 대해서 이 방법은 수렴하고 쉽게 컴퓨터 프로그램화할 수 있다는 것에 주목한다.

등구간 탐색법 같은 방법의 효율성은 원하는 정확도를 얻기까지 필요한 함수의 계산 수에 좌우된다. 이는 확실히 δ 값을 처음 어떻게 선택하느냐에 좌우된다. δ가 작으면 탐색과정은 처음 최솟값을 포괄하는 데 많은 함수 계산 수가 필요하다. 하지만 작은 δ 값의 장점은 단계 I이 끝날 때의 불확실 구간이 상당히 작다는 데 있다. 다음에 이어지는 불확실 구간의 개선에는 적은 수의 함수 계산 수가 요구되게 된다. 보통의 경우, 큰 값의 δ로 시작을 해서 빠르게 최소점의 범위를 우선 정하는 것이 이롭다. 그런 다음 단계 II의 계산을 정확도 요구 수준에 다다를 때까지 계속한다.

10.5.3 대안 등구간 탐색

단계 I에서 초기 최솟값의 범위가 일단 정해지면, 단계 II에서 약간 다른 계산과정이 있을 수 있다. 이 과정은 다음 절에 설명할 좀 더 효율적인 황금분할 탐색법의 선행 단계이다. 이 과정은 불확실 구간에서 새로운 두 점, α_a와 α_b에서 함수를 계산한다. 두 점 α_a와 α_b는 각각 하한값 α_l에서 $I/3$(여기서, $I = \alpha_u - \alpha_l$)와 $2I/3$만큼 떨어진 지점에 위치한다. 즉,

$$\alpha_a = \alpha_l + \frac{1}{3}I; \quad \alpha_b = \alpha_l + \frac{2}{3}I = \alpha_u - \frac{1}{3}I \tag{10.17}$$

이는 그림 10.7에 보였다.

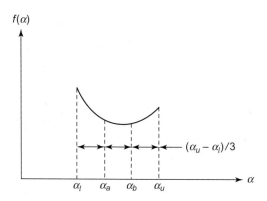

그림 10.7 대안 등구간 해찾기 과정

그런 후, α_a와 α_b점에서 함수값을 계산하고 계산된 함수값을 $f(\alpha_a)$와 $f(\alpha_b)$라고 하자. 이제 다음 두 조건을 확인한다.

1. $f(\alpha_a) < f(\alpha_b)$이면 최소는 α_l와 α_b 사이에 놓이게 된다. 오른쪽 1/3구간 α_b와 α_u 사이의 구간은 버린다. 불확실 구간의 새로운 끝점은 $\alpha'_l = \alpha_l$ 과 $\alpha'_u = \alpha_b$이다(α에 프라임 기호는 새로 바뀐 불확실 구간을 가리킨다). 그러므로 축소된 불확실 구간은 $I' = \alpha'_u - \alpha'_l = \alpha_b - \alpha_l$이다. 이 과정을 새로운 끝점을 사용해서 반복한다.

2. $f(\alpha_a) > f(\alpha_b)$이면 최소는 α_a와 α_u 사이에 놓이게 된다. α_l와 α_a 사이의 구간은 버린다. 이 과정을 $\alpha'_l = \alpha_a$와 $\alpha'_u = \alpha_u (I' = \alpha'_u - \alpha'_l)$를 사용해서 반복한다.

앞의 계산으로 불확실 구간은 두 번의 함수 계산마다 $I' = 2I/3$로 줄어든다. 전체 계산 과정은 불확실 구간이 수용 가능한 값으로 줄어들 때까지 계속 된다.

10.5.4 황금분할 탐색

황금분할 탐색은 대안 등구간 탐색법의 개선 방법으로 구간 감소법 종류의 방법 중 보다 좋은 방법의 하나이다. 이 방법의 기본 개념은 동일하다. 단계 I에서 미리 정해진 점에서 함수를 계산하고 최솟값을 포괄하기 위해 함수를 비교하며, 단계 II에서 불확실 구간을 체계적으로 감소시킴으로써 최소점에 수렴한다. 이 방법은 비슷한 다른 방법보다 적은 수의 함수 계산 수로 최소점에 도달한다. 두 단계 모두에서, 구간 줄이기 단계뿐만 아니라 처음 포괄하기 단계에서도 함수 계산 수가 감소한다.

최솟값 처음 포괄하기—단계 I

등구간 탐색법에서는 선정된 증분량 δ를 처음 최솟값을 포괄하는 동안 고정하였다. 이는 δ가 작은 수이면 비효율적인 과정이 된다. 또 다른 방법으로는 증분량을 매 단계에서 변화(즉, $r > 1$인 수를 곱한다)시킬 수 있다. 이 방법은 최솟값의 처음 포괄이 빠르다. 하지만 처음 불확실 구간의 길이 또한 커진다. **황금분할 탐색법**은 이런 변화하는 **구간 탐색 방법**의 하나이다. 이 방법에서 r값은 임의의 수가 아니다. 이 수는 **황금비율**로 선택되는데, 여러 다른 방법을 통해서 황금비율은 1.618임을 유도할 수 있다. 유도 방법 중 하나는 다음과 같이 정의되는 **피보나치 수열**에 기초하고 있다:

$$F_0 = 1; \quad F_1 = 1; \quad F_n = F_{n-1} + F_{n-2}, \quad n = 2, 3, \ldots \tag{10.18}$$

$n > 1$에 대해서 피보나치 수열의 항은 앞의 두 수를 더해서 얻어지며 수열은 1, 1, 2, 3, 5, 8, 13, 21, 34, 55, 89 . . . 와 같이 주어진다. 이 수열은 다음과 같은 성질을 갖는다.

$$\frac{F_n}{F_{n-1}} \to 1.618 \quad \text{as} \quad n \to \infty \tag{10.19}$$

즉, n이 커지면 피보나치 수열에서 연속된 두 수 F_n와 F_{n-1}의 비는 1.618 또는 $(\sqrt{5}+1)/2$이라는 상수값이 된다. 이 황금비율은 1차원 탐색과정에서 활용하게 될 여러 흥미로운 성질을 가지고 있다. $1/1.618 = 0.618$인 성질이 있다.

그림 10.8은 황금비율에 기반한 보다 큰 증분량을 이용하여 최솟값을 처음 포괄하는 과정을 설명하고 있다. 그림에서 $q = 0$에서 출발해서 $\delta > 0$는 작은 수일 때 $\alpha = \delta$에서 $f(\alpha)$값을 계산한다. $f(0)$값보다 $f(\delta)$값이 작은지 확인한다. 작으면 이동거리에서 증분량을 1.618δ로 정한다(즉, 증분량을 이전 증분량 δ의 1.618배로 한다). 그림 10.8에서 보인 것처럼 이런 방식으로 계속되는 점에서 함수값을 계산하고 비교한다.

$$q = 0; \quad \alpha_0 = \delta$$

$$q = 1; \quad \alpha_1 = \delta + 1.618\delta = 2.618\delta = \sum_{j=0}^{1} \delta(1.618)^j$$

$$q = 2; \quad \alpha_2 = 2.618\delta + 1.618(1.618\delta) = 5.236\delta = \sum_{j=0}^{2} \delta(1.618)^j \tag{10.20}$$

$$q = 3; \quad \alpha_3 = 5.236\delta + 1.618^3\delta = 9.472\delta = \sum_{j=0}^{3} \delta(1.618)^j$$

일반적으로 다음과 같은 점에서 함수값 계산을 계속한다.

$$\alpha_q = \sum_{j=0}^{q} \delta(1.618)^j; \quad q = 0, 1, 2, \ldots \tag{10.21}$$

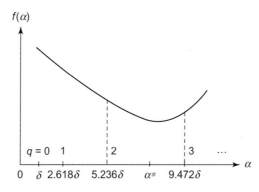

그림 10.8 **황금분할법에서 최소점 초기 포괄하기**

α_{q-1}에서의 함수값이 이전 점 α_{q-2}에서의 함수값보다 작고, 다음 점 α_q에서의 함수값보다 작다고 하자. 즉

$$f(\alpha_{q-1}) < f(\alpha_{q-2}) \quad \text{and} \quad f(\alpha_{q-1}) < f(\alpha_q) \tag{10.22}$$

그러면 최소점은 지나친 것이다. 실제로 등구간 탐색에서처럼 최소점은 이전 두 점, α_{q-2}와 α_q 사이에 있다. 그러므로 불확실 구간의 상/하한값은 다음과 같다.

$$\alpha_u = \alpha_q = \sum_{j=0}^{q} \delta(1.618)^j; \quad \alpha_l = \alpha_{q-2} = \sum_{j=0}^{q-2} \delta(1.618)^j \tag{10.23}$$

그러므로 첫 불확실 구간은 다음과 같이 계산된다.

$$I = \alpha_u - \alpha_l = \sum_{j=0}^{q} \delta(1.618)^j - \sum_{j=0}^{q-2} \delta(1.618)^j = \delta(1.618)^{q-1} + \delta(1.618)^q$$
$$= \delta(1.618)^{q-1}(1 + 1.618) = 2.618(1.618)^{q-1}\delta \tag{10.24}$$

불확실 구간 줄이기—단계 Ⅱ

다음 할 일은 정해진 불확실 구간 I 내의 점들에서 함수를 계산하고 비교하여 불확실 구간을 줄이는 것이다. 이 방법은 그림 10.7에 보인 대안 등구간 탐색법에서와 같이 구간 I 내에 위치한 두 점을 사용한다. 그러나 두 점 α_a와 α_b는 불확실 구간의 양쪽 끝에서 $I/3$ 떨어진 점에 위치하지 않는다. 대신 두 점은 양쪽 끝단에서 $0.382I$(또는 $0.618I$)만큼 떨어진 점에 위치한다. 인자 0.382는 다음 절에 설명한 것처럼 황금비율과 연관되어 있다.

인자 0.618이 어떻게 정해지는지 보기 위해서 그림 10.9a에 보인 것처럼 양 끝단에서 대칭으로 τI만큼 떨어진 두 점을 생각한다(점 α_a와 α_b는 구간의 양쪽 끝에서 τI만큼 떨어진 지점에 위치한다). α_a와 α_b에서의 함수값을 비교하면, 최소가 있을 수 없는 왼쪽 구간(α_l, α_a)이나 오른쪽 구간 (α_b, α_u)을 버린다. 그림 10.9b처럼 오른쪽 구간을 버렸다고 가정하면, α_l'와 α_u'는 최솟값에 대해서 새로운 상/하한이 되고 새로운 불확실 구간은 $I' = \tau I$이 된다.

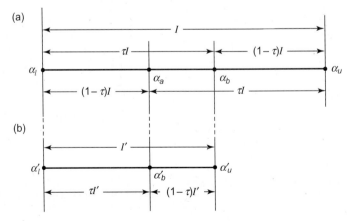

그림 10.9 황금분할 나누기

새로운 구간 안에는 함수값이 알려진 한 점이 있다. 이 점이 왼쪽 끝단에서 $\tau I'$만큼 떨어진 지점에 위치해야 한다면 $\tau I' = (1 - \tau)I$이 된다. $I' = \tau I$이기 때문에 이 관계식은 방정식 $\tau^2 + \tau - 1 = 0$을 준다. 이 방정식의 양수 근은 $\tau = (-1+\sqrt{5})/2 = 0.618$이다. 그러므로 두 점은 구간 양 끝단에서 $0.618I$ 또는 $0.382I$만큼 떨어진 점이 된다.

황금비율 탐색은 일단 초기 불확실 구간이 알려지면 시작할 수 있다. 변화하는 이동거리 증분량 (1/0.618이 되는 1.618의 인자로)을 이용하여 초기 포괄하기가 이루어지면, 점 α_{q-1}점에서의 함수값은 이미 알고 있다. α_{q-1}는 자동적으로 점 α_a가 된다. 이는 식 (10.24)의 초기 구간 I에 0.382를 곱하면 알 수 있다. 최솟값을 초기 포괄하는 데 전술한 방법이 쓰이지 않았다면, 점 α_a와 α_b는 불확실 구간의 상/하한값으로부터 $0.382I$만큼 떨어진 지점에 위치해야 한다.

황금분할에 의한 일차원 탐색 알고리즘

$f(\alpha)$를 최소화하는 α를 찾아라.

1단계: 단계 I. 선택된 작은 수 δ에 대해서 식 (10.21)에 주어진 α_i로 $f(0), f(\alpha_0), f(\alpha_1), \ldots$을 계산한다. 식 (10.22)를 만족하는 가장 작은 정수를 q라 하고 식 (10.21)로 α_q, α_{q-1}과 α_{q-2}를 계산한다. α^*(α에 대한 최적값)의 상/하한값은 식 (10.23)으로 주어진다. 불확실 구간은 $I = \alpha_u - \alpha_l$로 주어진다.

2단계: 단계 II. $f(\alpha_b)$를 계산한다. $\alpha_b = \alpha_l + 0.618I$이다. 첫 번째 반복 과정에서 $\alpha_a = \alpha_l + 0.382I = \alpha_{q-1}$이기 때문에 $f(\alpha_a)$는 알고 있는 값임에 유의한다.

3단계: $f(\alpha_a)$와 $f(\alpha_b)$를 비교하여 (1), (2) 또는 (3)으로 진행한다.

1. $f(\alpha_a) < f(\alpha_b)$이면, 최소점 α^*는 α_l와 α_b 사이에 있다. 즉, $\alpha_l \le \alpha^* \le \alpha_b$이다. 줄어든 불확실 구간의 새로운 끝단은 $\alpha_l' = \alpha_l$와 $\alpha_u' = \alpha_b$가 된다. 또한, $\alpha_b' = \alpha_a$이다. $\alpha_a' = \alpha_l' + 0.382(\alpha_u' - \alpha_l')$에서 $f(\alpha_a')$를 계산하고 4단계로 진행한다.

2. $f(\alpha_a) > f(\alpha_b)$이면, 최소점 α^*는 α_a와 α_u 사이에 있다. 즉, $\alpha_a \le \alpha^* \le \alpha_u$이다. 3단계 (1)과 유사하게 $\alpha_l' = \alpha_a$와 $\alpha_u' = \alpha_u$를 놓으면, $\alpha_a' = \alpha_b$가 된다. $\alpha_b' = \alpha_l' + 0.618(\alpha_u' - \alpha_l')$에서 $f(\alpha_b')$를 계산하고 4단계로 진행한다.

3. $f(\alpha_a) = f(\alpha_b)$이면, $\alpha_l = \alpha_a$와 $\alpha_u = \alpha_b$를 대입하고 2단계로 진행한다.

4단계: 새로운 불확실 구간 $I' = \alpha_u' - \alpha_l'$이 종료 판정기준을 만족하게 충분히 작다면(즉 $I' < \varepsilon$), $\alpha^* = (\alpha_u' + \alpha_l')/2$로 놓고 종료한다. 그렇지 않으면 α_l', α_a'와 α_b'에서 프라임 기호를 지우고 3단계로 진행한다.

예제 10.3은 이동거리 계산을 위한 황금분할 방법을 설명한다.

예제 10.3　**황금분할 탐색에 의한 함수의 최소화**

함수 $f(\alpha) = 2 - 4\alpha + e^\alpha$를 생각한다. 황금분할 탐색을 이용하여 정확도 $\varepsilon = 0.001$ 내에서 최솟값을 찾아라. $\delta = 0.5$를 사용한다.

풀이

해석적인 해는 $\alpha^* = 1.3863$, $f(\alpha^*) = 0.4548$이다. 황금분할 탐색에서는 우선 최소점에 대한 포괄하기(단계 I)가 필요하고, 다음으로 반복적으로 불확실 구간을 감소(단계 II)시킨다. 표 10.1에는 이 방법의 여러 반복과정을 보여준다. 단계 I에서 식 (10.21)을 이용하여 이동 크기 α_q와 이 점에서의 함수값들을 계산한다. 표 10.1의 처음 부분에 보인 것처럼 최소점은 $f(2.618034) > f(1.309017)$이기 때문에 네 번의 축차로 범위가 한정되었다. 첫 불확실 구간은 $I = (\alpha_u - \alpha_l) = 2.618034 - 0.5 = 2.118034$로 계산된다. 이 초기 구간은 등구간 탐색으로 얻어진 것보다 큰 것에 주목한다.

이제 단계 II에서 불확실 구간을 줄이기 위해 α_b를 $(\alpha_l + 0.618I)$나 $\alpha_b = \alpha_u - 0.382I$로 계산한다(단계 II의 매 반복과정은 표 10.1의 두 번째 부분에 나타나 있다). 여기서 α_a와 $f(\alpha_a)$는 이미 알려져 있고 추가 계산이 필요 없다는 것에 유의한다. 이는 황금분할 탐색의 주요 장점이다. 즉, 매 반복 과정 중 불확실 구간 줄이기에서 대안 등구간 탐색법에서는 두 번의 함수 계산이 필요한 것에 비교하여 한 번의 함수계산만이 추가적으로 필요한 것이다. 표 10.1에서 단계 II의 반복수 1에 대해서 다음과 같이 설명한다.

표 10.1 예제 10.3의 함수 $f(\alpha) = 2 - 4\alpha + e^{\alpha}$에 대한 황금분할 탐색

No., q	Trial step, α	Function value, $f(\alpha)$
Phase I: Initial Bracketing of Minimum.		
1. $\alpha = 0$	0.000000	3.000000
2. $q = 0$	$\alpha_0 = \delta = 0.500000 \leftarrow \alpha_l$	1.648721
3. $q = 1$	$\alpha_1 = \sum_{j=0}^{1} \delta(1.618)^j = 1.309017$	0.466464
4. $q = 2$	$\alpha_2 = \sum_{j=0}^{2} \delta(1.618)^j = 2.618034 \leftarrow \alpha_u$	5.236610

Iteration No.	$\alpha_l; [f(\alpha_l)]$	$\alpha_a; [f(\alpha_a)]$	$\alpha_b; [f(\alpha_b)]$	$\alpha_u; [f(\alpha_u)]$	$I = \alpha_u - \alpha_l$
Phase II: Reducing Interval of Uncertainty					
1	0.500000 [1.648721] $\downarrow$	1.309017 [0.466 464] $\searrow$	**1.809017 [0.868376]** $\searrow$	2.618034 [5.236610]	2.118034
2	0.500000 [1.648721]	**1.000000** $\swarrow$ **[0.718282]**	1.309017 $\swarrow$ [0.466464]	1.809017 [0.868376] $\downarrow$	1.309017
3	1.000000 [0.718282]	1.309017 [0.466 464]	**1.500000 [0.481689]**	1.809017 [0.868376]	0.809017
—	—	—	—	—	—
—	—	—	—	—	—
16	1.385438 [0.454824]	1.386031 [0.454823]	**1.386398 [0.454823]**	1.386991 [0.454824]	0.001553
17	1.386031 [0.454823]	1.386398 [0.454823]	**1.386624 [0.454823]**	1.386991 [0.454823]	0.000960

$\alpha^* = 0.5(1.386398 + 1.386624) = 1.386511$; $f(\alpha) = 0.454823$.

Note: New calculation for each iteration is shown as boldfaced and shaded; the arrows indicate direction of data transfer to the subsequent row/iteration.

$\alpha_b = 1.809017$와 $f(\alpha_b) = 0.868376$를 계산한다. 매 반복 과정에서 새로 계산되는 함수는 굵은 글씨로 표시했다. $f(\alpha_a) < f(\alpha_b)$이기 때문에 알고리즘의 3단계 (1)에 해당하고 줄어든 불확실 구간의 새로운 끝단은 $\alpha'_l = 0.5$와 $\alpha'_u = 1.809017$이 된다. 또한, $\alpha'_b = 1.309017$이고, 이 점에서의 함수값은 이미 알고 있다. $f(\alpha'_a)$의 함수값 계산만이 필요하고, $\alpha'_a = \alpha'_l + 0.382(\alpha'_u - \alpha'_l) = 1.000$이다. 알고 있는 α와 함수는 화살표로 표시한 것처럼 표 10.1의 단계 II 두 번째 줄로 이동시켰다. 새로운 α와 함수값이 계산된 셀은 그림자 처리로 표시하였다.

추가적인 불확실 구간의 세분화는 반복적이며 컴퓨터 프로그램을 써서 완성할 수 있다. 황금분할 탐색 과정을 수행하는 서브루틴 GOLD는 부록 B에 실려있다. 함수 f의 최솟값은 표 10.1에서 볼 수 있듯이 22번의 함수값 계산으로 $\alpha^* = 1.386511$에서 얻어지고 $f(\alpha^*) = 0.454823$이다. 함수값 계산 횟수는 알고리즘 효율성의 척도이다. 동일 문제를 등구간 탐색으로 풀면 같은 해를 얻기 위해 37번의 함수 계산이 필요했다. 이 결과는 정해진 정확도와 초기 이동거리에서 황금분할 탐색이 보다 나은 방법이라는 앞서의 논의를 확인해 준다.

등구간 탐색법이나 황금분할법에서 초기 이동 거리 δ가 너무 크면 선 탐색에 실패할 수 있다[즉, $f(\delta) > f(0)$]. 실제로 초기 δ가 부적당하면 $f(\delta) < f(0)$를 만족할 때까지 줄일 필요가 있다는 것을 가리킨다. 이와 같은 과정을 통해 방법의 수렴을 수치적으로 강제할 수 있다. 이 수치과정은 부록 B에 주어진 GOLD 서브루틴에 실행되어 있다.

10.6 탐색방향 결정: 최속강하법

지금까지 우리는 설계공간에서 탐색방향이 알려져 있다고 가정하고 이동거리 결정 문제를 다루어 왔다. 이 절과 다음 절에서는 어떻게 탐색방향 **d**를 결정하는지에 대한 질문에 접근하도록 할 것이다. **d**에 대한 기본적인 요구사항은 **d**를 따라 작은 이동거리를 움직이면 목적함수가 감소해야 한다는 것이다. 즉, 식 (10.9)의 강하조건을 만족해야 한다. 이를 만족하는 방향을 **강하방향**이라고 부른다.

비제약 최적설계문제에서 강하방향을 결정하는 방법은 여러 가지가 가능하다. **최속강하법**은 가장 간단하고 오래된, 아마도 비제약조건 최적화에서 가장 잘 알려진 수치 방법일 것이다. 1847년 Cauchy가 도입한 이 방법의 기본 원리는 현재의 축차 과정에서 목적함수 $f(\mathbf{x})$가 가장 빠르게, 최소한 국소적으로라도 감소하는 방향 **d**를 찾는 것이다. 이러한 철학 때문에 이 방법은 **최속강하** 탐색 기술이라고 불린다. 이 방법은 축차 과정에서 목적함수의 경사도에 대한 성질을 이용하고, 이는 다른 이름으로서 **경사도법**이라고 불리는 이유이기도 하다. 최속강하법은 탐색방향을 정하기 위해 목적함수의 경사도만을 계산하여 사용하기 때문에 **1계 방법**이다. 이후의 장에서 탐색방향을 결정하는 데 헷세 함수를 사용하는 **2계 방법**들을 논의할 것이다.

스칼라 함수 $f(x_1, x_2, \ldots, x_n)$의 경사도는 4장에서 다음과 같은 열벡터로 정의되었다.

$$\mathbf{c} = \nabla f = \left[\frac{\partial f}{\partial x_1} \frac{\partial f}{\partial x_2} \cdots \frac{\partial f}{\partial x_n} \right]^T \tag{10.25}$$

표기를 단순화하기 위해 목적함수 $f(\mathbf{x})$의 경사도를 $\mathbf{c}$ 벡터로 표기하기로 한다. 즉, $c_i = \partial f / \partial x_i$ 이다. 상첨자는 이 벡터가 계산되는 점을 나타내기 위해 사용한다:

$$\mathbf{c}^{(k)} = \mathbf{c}\left(\mathbf{x}^{(k)}\right) = \left[\frac{\partial f\left(\mathbf{x}^{(k)}\right)}{\partial x_i} \right]^T \tag{10.26}$$

경사도 벡터는 최속강하법에 사용되는 여러 성질을 갖고 있다. 이러한 것들은 이후의 장에서 좀 더 자세히 다룰 것이다. 가장 중요한 성질은 **한 점 $\mathbf{x}$에서의 경사도 벡터는 목적함수의 최대 증가 방향**이라는 것이다. 따라서 최대 감소 방향은 이 방향의 반대방향, 즉 경사도 벡터의 음의 방향이 된다. 음의 경사도 벡터 방향으로 어떠한 작은 이동도 목적함수의 국소적 최대 감소율로 귀결될 것이다. 그러므로 이 음의 경사도 벡터는 목적함수에 대한 최속 강하 방향을 나타내게 되고, 다음과 같이 쓰여진다.

$$\mathbf{d} = -\mathbf{c}, \quad \text{or} \quad d_i = -c_i = -\frac{\partial f}{\partial x_i}; \quad i = 1 \text{ to } n \tag{10.27}$$

여기서 $\mathbf{d} = -\mathbf{c}$이기 때문에 최속 강하 방향은 다음과 같이 강하방향 조건식 (10.9)를 항상 만족하는 것에 유의한다.

$$(\mathbf{c} \cdot \mathbf{d}) = -\|\mathbf{c}\|^2 < 0 \tag{10.28}$$

10.6.1 최속강하 알고리즘

식 (10.27)은 식 (10.4)를 쓸 수 있도록 설계공간에서의 변경 방향을 알려준다. 앞서의 논의를 바탕으로 최속강하 알고리즘은 다음과 같이 기술할 수 있다.

1단계: 시작 설계 $\mathbf{x}^{(0)}$를 정하고, 반복수를 $k = 0$으로 놓는다. 수렴인자 $\varepsilon > 0$을 정한다.

2단계: 현재점 $\mathbf{x}^{(k)}$에서 $f(\mathbf{x})$의 경사도를 $\mathbf{c}^{(k)} = \nabla f(\mathbf{x}^{(k)})$와 같이 계산한다.

3단계: $\mathbf{c}^{(k)}$의 길이 $\|\mathbf{c}^{(k)}\|$를 계산한다. $\|\mathbf{c}^{(k)}\| < \varepsilon$ 이면, $\mathbf{x}^* = \mathbf{x}^{(k)}$는 국소 최소점이기 때문에 반복과정을 종료한다. 그렇지 않으면 계속한다.

4단계: 현재점 $\mathbf{x}^{(k)}$에서 탐색방향을 $\mathbf{d}^{(k)} = -\mathbf{c}^{(k)}$와 같이 정한다.

5단계: $\mathbf{d}^{(k)}$ 방향에서 $f(\alpha) = f(\mathbf{x}^{(k)} + \alpha\mathbf{d}^{(k)})$를 최소화하는 이동거리 α_k를 계산한다. 어느 일차원 탐색 알고리즘도 α_k를 정하기 위해 사용될 수 있다.

6단계: 식 (10.4)를 사용하여 설계를 $\mathbf{x}^{(k+1)} = \mathbf{x}^{(k)} + \alpha_k\mathbf{d}^{(k)}$와 같이 갱신한다. $k = k + 1$로 놓고 단계 2로 진행한다.

최속강하법의 기본 개념은 상당히 간단하다. 우선 최소 설계를 위한 초기 추정점에서 시작을 한다. 그 점에서 최속강하 방향을 계산한다. 그 방향이 0이 아니면 목적함수를 줄이기 위해 그 방향으로 갈 수 있는 한 멀리 이동한다. 새로운 설계점에서 다시 최속강하 방향을 계산하고 전체 과정을 반복한다. 예제 10.4와 10.5는 최속강하법을 수행하는 데 필요한 계산들을 설명하고 있다.

예제 10.4 **최속강하법 알고리즘의 사용**

다음 함수를 최속강하법을 사용하여 최소화하라.

$$f(x_1, x_2) = x_1^2 + x_2^2 - 2x_1x_2 \tag{a}$$

시작점은 (1, 0)을 사용한다.

풀이

문제를 풀기 위해 최속강하법 알고리즘의 각 단계를 따른다.

1. 시작점이 $\mathbf{x}^{(0)} = (1, 0)$로 주어졌다. $k = 0$ 과 $\varepsilon = 0.0001$으로 정한다.
2. $\mathbf{c}^{(0)} = (2x_1 - 2x_2,\ 2x_2 - 2x_1) = (2, -2)$.
3. $\|\mathbf{c}^{(0)}\| = \sqrt{2^2 + 2^2} = 2\sqrt{2} > \varepsilon$; 계속 진행한다.
4. $\mathbf{d}^{(0)} = -\mathbf{c}^{(0)} = (-2, 2)$로 놓는다.
5. $f(\alpha) = f(\mathbf{x}^{(0)} + \alpha\mathbf{d}^{(0)})$를 최소화하기 위한 α를 계산한다. 여기서 $\mathbf{x}^{(0)} + \alpha\mathbf{d}^{(0)} = (1 - 2\alpha, 2\alpha)$이다.

$$f(\mathbf{x}^{(0)} + \alpha\mathbf{d}^{(0)}) = (1 - 2\alpha)^2 + (2\alpha)^2 + (2\alpha)^2 - 2(1 - 2\alpha)(2\alpha) = 16\alpha^2 - 8\alpha + 1 = f(\alpha) \tag{b}$$

이는 간단한 α의 함수이기 때문에 최적 이동 거리를 알기 위해 필요조건과 충분조건을 사용한다. 일반적으로는 α를 계산하기 위해서는 수치 일차원 탐색이 사용되어야 할 것이다. 최적 α를 풀기 위해서 해석적 접근법을 사용하면 다음을 얻는다.

$$\frac{df(\alpha)}{d\alpha} = 0; \quad 32\alpha - 8 = 0 \quad \text{or} \quad \alpha_0 = 0.25 \tag{c}$$

$$\frac{d^2 f(\alpha)}{d\alpha^2} = 32 > 0 \tag{d}$$

그러므로 $f(\alpha)$의 최소에 대한 충분조건을 만족한다.

6. 설계를 $(\mathbf{x}^{(0)} + \alpha_0\mathbf{d}^{(0)})$로 갱신한다: $x_1^{(1)} = 1 - 0.25(2) = 0.5$, $x_2^{(1)} = 0 + 0.25(2) = 0.5$. 2단계의 표현식으로부터 $\mathbf{c}^{(1)}$을 계산하면 $\mathbf{c}^{(1)} = (0, 0)$이 되고, 이는 종료 판정기준을 만족한다. 그러므로 (0.5, 0.5)는 $f(\mathbf{x})$의 최소점이고 $f^* = f(\mathbf{x}^*) = 0$이다.

위의 문제는 상당히 간단한 문제이고 최속강하법으로 한 번의 반복 후에 최적점을 얻을 수 있었다. 이는 목적함수 헷세의 조건수가 1이었기 때문이다(조건수는 정방행렬과 관련된 스칼라 값이다. 부록 A.7절을 참조한다). 이런 경우 최속강하법은 어떤 출발점에서도 단 한 번의 축차로 수렴한다. 일반적으로는 받아들일 수 있는 최적점에 도달하기 전까지 다수의 반복수가 요구될 것이다.

최속강하법을 사용하여 다음 함수를 최소화하라.

$$f(x_1, x_2, x_3) = x_1^2 + 2x_2^2 + 2x_3^2 + 2x_1x_2 + 2x_2x_3 \tag{a}$$

초기 설계점은 (2, 4, 10)을 사용한다. 수렴인자 ε으로 0.005를 선정한다. 황금분할법을 사용하여 선 탐색을 수행하고, 선 탐색 시 초기 이동거리는 $\delta = 0.05$를 사용하며, 정확도는 0.0001을 사용한다.

풀이

1. 시작점은 $\mathbf{x}^{(0)} = (2, 4, 10)$로 놓는다. $k = 0$으로 놓고 $\varepsilon = 0.005$로 놓는다.

2. $\mathbf{c} = \nabla f = (2x_1 + 2x_2, 4x_2 + 2x_1 + 2x_3, 4x_3 + 2x_2)$; $\mathbf{c}^{(0)} = (12, 40, 48)$.

3. $\|\mathbf{c}^{(0)}\| = \sqrt{12^2 + 40^2 + 48^2} = \sqrt{4048} = 63.6 > \varepsilon$ (계속 진행)

4. $\mathbf{d}^{(0)} = -\mathbf{c}^{(0)} = (-12, -40, -48)$.

5. 황금분할 탐색으로 $f(\alpha) = f(\mathbf{x}^{(0)} + \alpha\mathbf{d}^{(0)})$를 최소화하는 α_0을 계산한다; $\alpha_0 = 0.1587$.

6. 설계점을 갱신한다. $\mathbf{x}^{(1)} = \mathbf{x}^{(0)} + \alpha_0\mathbf{d}^{(0)} = (0.0956, -2.348, 2.381)$이다. 새로운 설계점에서 $\mathbf{c}^{(1)} = (-4.5, -4.438, 4.828)$, $\|\mathbf{c}^{(1)}\| = 7.952 > \varepsilon$.

표 10.2   예제 10.5에 대해서 최속강하법을 사용한 최적해

$f(x_1, x_2, x_3) = x_1^2 + 2x_2^2 + 2x_3^2 + 2x_1x_2 + 2x_2x_3$	
Starting values of design variables	2, 4, 10
Optimum design variables	8.04787E-03, −6.81319E-03, 3.42174E-03
Optimum cost function value	2.47347E-05
Norm of gradient of the cost function at optimum	4.97071E-03
Number of iterations	40
Total number of function evaluations	753

$(\mathbf{c}^{(1)} \cdot \mathbf{d}^{(0)}) \cong 0$인 것에 주목한다. 이는 식 (10.13)으로 주어진 엄밀한 선 탐색 종료 판정기준을 입증하고 있다. 최속강하 알고리즘의 각 단계는 종료 판정기준을 만족할 때까지 반복한다. 부록 B에는 최속강하 알고리즘의 각 단계를 실행하기 위한 컴퓨터 프로그램과 사용자 서브루틴 FUNCT와 GRAD가 실려 있다. 위 문제에 대해서 컴퓨터 프로그램을 사용하여 얻은 최적결과가 표 10.2에 있다. 최적 목적함수의 참값은 0.0이고 최적점은 $\mathbf{x}^* = (0, 0, 0)$이다. 이 문제에 대해서 최적해에 이르기까지 많은 수의 반복과 함수계산이 필요했다는 것에 유의한다.

최속강하법은 간단하고 강건(수렴한다)하지만 몇 가지 단점이 있다.

1. 최속강하법의 수렴은 보장되지만 최소점에 도달하기까지는 많은 수의 반복이 요구될 수 있다.

2. 이 방법의 매 반복은 서로 독립적으로 시작된다. 이는 비효율적일 수 있다. 이전의 반복에서 계산되었던 정보를 사용하지 않는다.

3. 매회 반복의 탐색 방향을 결정하기 위해서 함수의 1계 정보만을 사용한다. 이는 이 방법의 수렴이

느린 이유의 하나가 된다. 최속강하법의 수렴률은 최적점에서 목점함수 헷세의 조건수에 좌우된다. 조건수가 크다면 이 방법의 수렴률이 느리다.

4. 최속강하법의 실제 사용 경험은 목적함수의 대부분 감소는 초반 몇 번의 반복으로 이루어지고 그 다음 반복부터는 이런 감소가 눈에 띄게 느려진다는 것을 보여준다.

10.7 탐색방향 결정: 공액경사법

많은 최적화 방법들이 공액경사도 개념에 기반을 두고 있다. 그러나 이 절에서는 플래처와 리브스 (1964)에 의해 개발된 방법을 설명하겠다. 공액경사법은 매우 간단하고 효과적으로 최속강하법을 개선한 방법이다. 이후의 장에서 연속적인 두 반복과정에서 최속강하 방향들은 서로 직교한다는 것을 보일 것이다. 이런 성질은 최속강하법을 국소 최소점에 수렴하는 것이 보장되었다 하더라도 느리게 만드는 경향이 있다. 공액경사도 방향은 서로 직교하지 않는다. 오히려 이 방향들은 서로 직교하는 최속강하 방향의 중앙을 가로지르는 경향이 있다. 그러므로 이 방향들은 최속강하법의 수렴률을 크게 향상시킨다. 실제로 **공액경사도 방향** $\mathbf{d}^{(i)}$는 대칭이고 양정인 행렬 A에 대해서 직교한다. 즉,

$$\mathbf{d}^{(i)T}\mathbf{A}\mathbf{d}^{(j)}=0 \quad \text{for all} \quad i \quad \text{and} \quad j, i \neq j \tag{10.29}$$

10.7.1 공액경사도 알고리즘

1단계: 초기 설계 $\mathbf{x}^{(0)}$를 추정한다. 반복수를 $k = 0$으로 놓는다. 수렴인자 ε을 정하고 다음을 계산한다.

$$\mathbf{d}^{(0)}=-\mathbf{c}^{(0)}=-\nabla f\left(\mathbf{x}^{(0)}\right) \tag{10.30}$$

종료 판정기준을 확인한다. $\|\mathbf{c}^{(0)}\| < \varepsilon$이면 종료한다. 아니면 5단계로 진행한다(공액경사법과 최속강하법의 첫 번째 반복 과정은 동일한 것에 주목한다).

2단계: 목적함수의 경사도를 계산한다. $\mathbf{c}^{(k)} = \nabla f(\mathbf{x}^{(k)})$.

3단계: $\|\mathbf{c}^{(k)}\|$를 계산한다. $\|\mathbf{c}^{(k)}\| < \varepsilon$이면 종료한다. 아니면 계속 진행한다.

4단계: 공액 방향을 다음과 같이 계산한다.

$$\mathbf{d}^{(k)}=-\mathbf{c}^{(k)}+\beta_k\mathbf{d}^{(k-1)} \tag{10.31}$$

$$\beta_k = \left(\frac{\|\mathbf{c}^{(k)}\|}{\|\mathbf{c}^{(k-1)}\|}\right)^2 = \frac{\left(\mathbf{c}^{(k)} \cdot \mathbf{c}^{(k)}\right)}{\left(\mathbf{c}^{(k-1)} \cdot \mathbf{c}^{(k-1)}\right)} \tag{10.32}$$

5단계: $f(\alpha) = f(\mathbf{x}^{(k)} + \alpha\mathbf{d}^{(k)})$를 최소화하기 위한 이동거리 α^k를 계산한다.

6단계: 설계를 다음과 같이 변경한다. $k = k + 1$로 놓고 2단계로 진행한다.

$$\mathbf{x}^{(k+1)}=\mathbf{x}^{(k)}+\alpha_k\mathbf{d}^{(k)} \tag{10.33}$$

식 (10.31)의 공액 방향은 식 (10.9)의 부등식 강하조건을 만족하는 것에 유의한다. 이는 식

(10.31)의 $\mathbf{d}^{(k)}$를 부등식 식 (10.9)에 대입하면 보일 수 있는데 다음과 같다.

$$\left(\mathbf{c}^{(k)} \cdot \mathbf{d}^{(k)}\right) = -\left\|\mathbf{c}^{(k)}\right\|^2 + \beta_k \left(\mathbf{c}^{(k)} \cdot \mathbf{d}^{(k-1)}\right) \tag{10.34}$$

그러므로 식 (10.34)의 두 번째 항이 음이거나 0이면 강하 조건을 만족한다. 식 (10.13)으로 주어진 이동거리 종료 조건을 만족한다면 $(\mathbf{c}^{(k)} \cdot \mathbf{d}^{(k)}) = 0$이 된다. 이는 이동거리가 정확하게 결정되는 한 공액경사 방향은 강하방향이라는 것이 보장된다는 것을 의미한다.

공액경사법의 첫 번째 반복과정은 최속강하법의 반복과정이다. 공액경사법과 최속강하법의 유일한 차이는 식 (10.31)에 있다. 이 식에서 현재의 최속강하 방향은 이전의 축차에 쓰였던 방향을 축척해서 더하여 변경된다.

축척인자는 식 (10.32)에 보인 것처럼 두 반복 과정에서의 경사도 벡터 길이를 사용하여 정한다. 그러므로 공액 방향은 꺾인 최속강하 방향에 지나지 않는다. 이는 추가적인 계산을 거의 요구하지 않는 간단한 변경이다. 그러나 이는 최속강하법의 수렴률을 크게 개선시키는 데 매우 효과적이다. 그러므로 **공액경사법은 최속강하법에 비해서 항상 선호되어야 한다.** 다음 장에서는 최속강하법, 공액경사법, 뉴턴법의 수렴률을 비교하는 예제를 통해서 논의한다. 그 예제에서 공액경사법이 다른 두 방법에 비하여 상당히 잘 동작하는 것을 볼 수 있을 것이다.

10.7.2 공액경사법의 수렴

공액경사 알고리즘은 n개의 설계변수를 갖는 양정인 이차함수에 대해서 n번의 축차 횟수로 최소를 찾는다. 일반적인 함수에 대해서는 그때까지 최소를 찾지 못했다면, 반복 과정은 수치안정성을 위해서 매 $(n + 1)$ 반복마다 다시 시작하는 것이 필요하다. 즉, $\mathbf{x}^{(0)} = \mathbf{x}^{(n+1)}$로 놓고 알고리즘의 1단계부터 과정을 다시 시작한다. 이 알고리즘은 프로그램하기 간단하고 일반적인 비제약조건 최소화 문제에 잘 작동한다. 예제 10.6은 공액경사법에 필요한 계산을 설명한다.

예제 10.6 **공액경사 알고리즘의 사용**

예제 10.5에 풀었던 예제를 고려한다.

다음을 최소화하라.

$$f(x_1, x_2, x_3) = x_1^2 + 2x_2^2 + 2x_3^2 + 2x_1 x_2 + 2x_2 x_3 \tag{a}$$

공액경사법을 사용하여 두 번의 축차를 진행하라. 시작점은 (2, 4, 10)이다.

풀이

공액경사법의 첫 번째 반복은 예제 10.5에 주어진 최속강하법과 같다.

$$\mathbf{c}^{(0)} = (12, 40, 48); \quad \left\|\mathbf{c}^{(0)}\right\| = 63.6, \quad f\left(\mathbf{x}^{(0)}\right) = 332.0 \tag{b}$$

$$\mathbf{x}^{(1)} = (0.0956, -2.348, 2.381) \tag{c}$$

두 번째 축차는 공액경사 알고리즘의 2단계부터 시작한다.

---

2. $\mathbf{x}^{(1)}$에서 목적함수와 경사도를 계산한다.

$$\mathbf{c}^{(1)} = (2x_1 + 2x_2, 2x_1 + 4x_2 + 2x_3, 2x_2 + 4x_3) = (-4.5, -4.438, 4.828), \ f\left(\mathbf{x}^{(1)}\right) = 10.75 \qquad \text{(d)}$$

3. $\left\| \mathbf{c}^{(1)} \right\| = \sqrt{(-4.5)^2 + (-4.438)^2 + (4.828)^2} = 7.952 > \varepsilon$, 그러므로 계속 진행한다.

4.

$$\beta_1 = \left[\frac{\left\| \mathbf{c}^{(1)} \right\|}{\left\| \mathbf{c}^{(2)} \right\|} \right]^2 = \left[\frac{7.952}{63.3} \right]^2 = 0.015633 \qquad \text{(e)}$$

$$\mathbf{d}^{(1)} = -\mathbf{c}^{(1)} + \beta_1 \mathbf{d}^{(0)} = - \begin{bmatrix} -4.500 \\ -4.438 \\ 4.828 \end{bmatrix} + (0.015633) \begin{bmatrix} -12 \\ -40 \\ -48 \end{bmatrix} = \begin{bmatrix} 4.31241 \\ 3.81268 \\ -5.57838 \end{bmatrix} \qquad \text{(f)}$$

5. $\mathbf{d}^{(1)}$ 방향으로 이동거리는 $\alpha = 0.3156$으로 계산된다.

6. 설계를 다음과 같이 갱신한다.

$$\mathbf{x}^{(2)} = \begin{bmatrix} 0.0956 \\ -2.348 \\ 2.381 \end{bmatrix} + \alpha \begin{bmatrix} 4.31241 \\ 3.81268 \\ -5.57838 \end{bmatrix} = \begin{bmatrix} 1.4566 \\ -1.1447 \\ 0.6205 \end{bmatrix} \qquad \text{(g)}$$

이 점에서 경사도를 계산하면, $\mathbf{c}^{(2)} = (0.6238, -0.4246, 0.1926)$이 된다. $\left\| \mathbf{c}^{(2)} \right\| = 0.7788 > \varepsilon$ 이므로 반복을 계속한다. $(\mathbf{c}^{(2)} \cdot \mathbf{d}^{(1)}) = 0$임을 확인할 수 있다. 즉, 선 탐색 종료 판정기준은 $\alpha = 0.3156$의 이동거리에 대해서 만족된다.

이 문제를 $\varepsilon = 0.0001$로 놓고 엑셀 해찾기를 사용하여 공액경사법으로 풀었다. 표 10.3에 이 방법의 성능을 정리했다. 네 번의 반복만으로 매우 정확한 최적값을 얻었음을 볼 수 있다. 표 10.2에 주어진 최속강하법 결과와 비교하면 이 예제에 대해서 공액경사법이 우수하다는 것을 알 수 있다.

10.8 다른 공액경사법

식 (10.32)의 β에 대해서 몇몇 다른 공식이 유도되었고, 이는 다른 공액경사법을 제공한다. 이 절에서는 이들 방법을 간단히 설명한다. 우선 두 번의 연속적인 반복 과정에서 목적함수의 경사도 차이

표 10.3 예제 10.6에 대해서 공액경사법을 사용한 최적해

$f(x_1, x_2, x_3) = x_1^2 + 2x_2^2 + 2x_3^2 + 2x_1 x_2 + 2x_2 x_3$	
Starting values of design variables	2, 4, 10
Optimum design variables	1.01E-07, −1.70E-07, 1.04E-09
Optimum cost function value	−4.0E-14
Norm of gradient at optimum	5.20E-07
Number of iterations	4

를 다음과 같이 정의한다.

$$\mathbf{y}^{(k)} = \mathbf{c}^{(k)} - \mathbf{c}^{(k-1)} \tag{10.35}$$

β에 대한 다른 공식들은 다음과 같다.

헤스테니스(Hestenes)와 스티펠(Stiefel) (1952):

$$\beta_k = \frac{\left(\mathbf{c}^{(k)} \cdot \mathbf{y}^{(k)}\right)}{\left(\mathbf{d}^{(k-1)} \cdot \mathbf{y}^{(k)}\right)} \tag{10.36}$$

플래처(Fletcher)와 리브스(Reeves) (1964):

$$\beta_k = \frac{\left(\mathbf{c}^{(k)} \cdot \mathbf{c}^{(k)}\right)}{\left(\mathbf{c}^{(k-1)} \cdot \mathbf{c}^{(k-1)}\right)} \tag{10.37}$$

폴락(Polak)과 리비에르(Ribiére) (1969):

$$\beta_k = \frac{\left(\mathbf{c}^{(k)} \cdot \mathbf{y}^{(k)}\right)}{\left(\mathbf{c}^{(k-1)} \cdot \mathbf{c}^{(k-1)}\right)} \tag{10.38}$$

식 (10.37)에 주어진 플래처-리브스 공식은 식 (10.32)와 동일하다. 기술한 세 개의 공식은 양정 헷세행렬을 갖는 이차함수에 대해서 정확한 선 탐색이 행해지면 동일하다. 그러나 일반적인 함수에 대해서는 상당히 다른 값을 준다. 플래처-리브스와 폴락-리비에르 공식은 우수한 수치 성능을 보인다. 수치 실험에 기반을 두어 β를 선택할 때 다음과 같은 과정이 추천된다.

$$\beta_k = \begin{cases} \beta_k^{pr}, & \text{if } 0 \leq \beta_k^{pr} \leq \beta_k^{fr} \\ \beta_k^{fr}, & \text{if } \beta_k^{pr} > \beta_k^{fr} \\ 0, & \text{if } \beta_k^{pr} < 0 \end{cases} \tag{10.39}$$

여기서 β_k^{pr}는 식 (10.38)의 폴락-리비에르 공식을 사용해서 얻은 값이고, β_k^{fr}는 식 (10.37)의 플래처-리브스 공식을 사용해서 얻은 값이다.

10장의 연습문제

Section 10.3 Descent Direction and Convergence of Algorithms

10.1 *Answer true or false.*

1. All optimum design algorithms require a starting point to initiate the iterative process.
2. A vector of design changes must be computed at each iteration of the iterative process.
3. The design change calculation can be divided into step size determination and direction finding subproblems.

4. The search direction requires evaluation of the gradient of the cost function.
5. Step size along the search direction is always negative.
6. Step size along the search direction can be zero.
7. In unconstrained optimization, the cost function can increase for an arbitrary small step along the descent direction.
8. A descent direction always exists if the current point is not a local minimum.
9. In unconstrained optimization, a direction of descent can be found at a point where the gradient of the cost function is zero.
10. The descent direction makes an angle of 0–90 degrees with the gradient of the cost function.

Determine whether the given direction at the point is that of descent for the following functions (show all of the calculations).

10.2 $f(\mathbf{x}) = 3x_1^2 + 2x_1 + 2x_2^2 + 7;\ \mathbf{d} = (-1, 1)$ at $\mathbf{x} = (2, 1)$

10.3 $f(\mathbf{x}) = x_1^2 + x_2^2 - 2x_1 - 2x_2 + 4;\ \mathbf{d} = (2, 1)$ at $\mathbf{x} = (1, 1)$

10.4 $f(\mathbf{x}) = x_1^2 + 2x_2^2 + 2x_3^2 + 2x_1x_2 + 2x_2x_3;\ \mathbf{d} = (-3, 10, -12)$ at $\mathbf{x} = (1, 2, 3)$

10.5 $f(\mathbf{x}) = 0.1x_1^2 + x_2^2 - 10;\ \mathbf{d} = (1, 2)$ at $\mathbf{x} = (4, 1)$

10.6 $f(\mathbf{x}) = (x_1 - 2)^2 + (x_2 - 1)^2;\ \mathbf{d} = (2, 3)$ at $\mathbf{x} = (4, 3)$

10.7 $f(\mathbf{x}) = 10(x_2 - x_1^2)^2 + (1 - x_1)^2;\ \mathbf{d} = (162, -40)$ at $\mathbf{x} = (2, 2)$

10.8 $f(\mathbf{x}) = (x_1 - 2)^2 + x_2^2;\ \mathbf{d} = (-2, 2)$ at $\mathbf{x} = (1, 1)$

10.9 $f(\mathbf{x}) = 0.5x_1^2 + x_2^2 - x_1x_2 - 7x_1 - 7x_2;\ \mathbf{d} = (7, 6)$ at $\mathbf{x} = (1, 1)$

10.10 $f(\mathbf{x}) = (x_1 + x_2)^2 + (x_2 + x_3)^2;\ \mathbf{d} = (4, 8, 4,)$ at $\mathbf{x} = (1, 1, 1)$

10.11 $f(\mathbf{x}) = x_1^2 + x_2^2 + x_3^2;\ \mathbf{d} = (2, 4, -2)$ at $\mathbf{x} = (1, 2, -1)$

10.12 $f(\mathbf{x}) = (x_1 + 3x_2 + x_3)^2 + 4(x_1 - x_2)^2;\ \mathbf{d} = (-2, -6, -2)$ at $\mathbf{x} = (-1, -1, -1)$

10.13 $f(\mathbf{x}) = 9 - 8x_1 - 6x_2 - 4x_3 - 2x_1^2 + 2x_2^2 + x_3^2 + 2x_1x_2 + 2x_2x_3;\ \mathbf{d} = (-2, 2, 0)$ at $\mathbf{x} = (1, 1, 1)$

10.14 $f(\mathbf{x}) = (x_1 - 1)^2 + (x_2 - 2)^2 + (x_3 - 3)^2 + (x_4 - 4)^2;\ \mathbf{d} = (2, -2, 2, -2)$ at $\mathbf{x} = (2, 1, 4, 3)$

Section 10.5 Numerical Methods to Compute Step Size

10.15 *Answer true or false.*
1. Step size determination is always a 1D problem.
2. In unconstrained optimization, the slope of the cost function along the descent direction at zero step size is always positive.
3. The optimum step lies outside the interval of uncertainty.
4. After initial bracketing, the golden section search requires two function evaluations to reduce the interval of uncertainty.

10.16 *Find* the minimum of the function $f(\alpha) = 7\alpha^2 - 20\alpha + 22$ using the equal–interval search method within an accuracy of 0.001. Use $\delta = 0.05$.

10.17 For the function $f(\alpha) = 7\alpha^2 - 20\alpha + 22$, use the golden section method to find the minimum with an accuracy of 0.005 (final interval of uncertainty should be less than 0.005). Use $\delta = 0.05$.

10.18 Write a computer program to implement the alternate equal–interval search process shown in Fig. 10.7 for any given function $f(\alpha)$. For the function $f(\alpha) = 2 - 4\alpha + e^\alpha$, use your program to find the minimum within an accuracy of 0.001. Use $\delta = 0.50$.

10.19 Consider the function $f(x_1, x_2, x_3) = x_1^2 + 2x_2^2 + 2x_3^2 + 2x_1x_2 + 2x_2x_3$. Verify whether the vector $\mathbf{d} = (-12, -40, -48)$ at the point $(2, 4, 10)$ is a descent direction for f. What is the slope of the function at the given point? Find an optimum step size along $\mathbf{d}$ by any numerical method.

10.20 Consider the function $f(\mathbf{x}) = x_1^2 + x_2^2 - 2x_1 - 2x_2 + 4$. At the point $(1, 1)$, let a search direction be defined as $\mathbf{d} = (1, 2)$. Express f as a function of one variable at the given point along $\mathbf{d}$. Find an optimum step size along $\mathbf{d}$ analytically.

For the following functions, direction of change at a point is given. Derive the function of one variable (line search function) that can be used to determine optimum step size (show all calculations).

10.21 $f(\mathbf{x}) = 0.1x_1^2 + x_2^2 - 10$; $\mathbf{d} = (-1, -2)$ at $\mathbf{x} = (5, 1)$

10.22 $f(\mathbf{x}) = (x_1 - 2)^2 + (x_2 - 1)^2$; $\mathbf{d} = (-4, -6)$ at $\mathbf{x} = (4, 4)$

10.23 $f(\mathbf{x}) = 10(x_2 - x_1^2)^2 + (1 - x_1)^2$; $\mathbf{d} = (-162, 40)$ at $\mathbf{x} = (2, 2)$

10.24 $f(\mathbf{x}) = (x_1 - 2)^2 + x_2^2$; $\mathbf{d} = (2, -2)$ at $\mathbf{x} = (1, 1)$

10.25 $f(\mathbf{x}) = 0.5x_1^2 + x_2^2 - x_1x_2 - 7x_1 - 7x_2$; $\mathbf{d} = (7, 6)$ at $\mathbf{x} = (1, 1)$

10.26 $f(\mathbf{x}) = (x_1 + x_2)^2 + (x_2 + x_3)^2$; $\mathbf{d} = (-4, -8, -4)$ at $\mathbf{x} = (1, 1, 1)$

10.27 $f(\mathbf{x}) = x_1^2 + x_2^2 + x_3^2$; $\mathbf{d} = (-2, -4, 2)$ at $\mathbf{x} = (1, 2, -1)$

10.28 $f(\mathbf{x}) = (x_1 + 3x_2 + x_3)^2 + 4(x_1 - x_2)^2$; $\mathbf{d} = (1, 3, 1)$ at $\mathbf{x} = (-1, -1, -1)$

10.29 $f(\mathbf{x}) = 9 - 8x_1 - 6x_2 - 4x_3 + 2x_1^2 + 2x_2^2 + x_3^2 + 2x_1x_2 + 2x_2x_3$; $\mathbf{d} = (2, -2, 0)$ at $\mathbf{x} = (1, 1, 1)$

10.30 $f(\mathbf{x}) = (x_1 - 1)^2 + (x_2 - 2)^2 + (x_3 - 3)^2 + (x_4 - 4)^2$; $\mathbf{d} = (-2, 2, -2, 2)$ at $\mathbf{x} = (2, 1, 4, 3)$

For the following problems, calculate the initial interval of uncertainty for the equal–interval search with δ = 0.05 at the given point and the search direction.

10.31 Exercise 10.21

10.32 Exercise 10.22

10.33 Exercise 10.23

10.34 Exercise 10.24

10.35 Exercise 10.25

10.36 Exercise 10.26

10.37 Exercise 10.27

10.38 Exercise 10.28

10.39 Exercise 10.29

10.40 Exercise 10.30

For the following problems, calculate the initial interval of uncertainty for the golden section search with δ = 0.05 at the given point and the search direction; then complete two iterations of the phase II of the method.

10.41 Exercise 10.21

10.42 Exercise 10.22

10.43 Exercise 10.23

10.44 Exercise 10.24

10.45 Exercise 10.25

10.46 Exercise 10.26

10.47 Exercise 10.27

10.48 Exercise 10.28

10.49 Exercise 10.29

10.50 Exercise 10.30

Section 10.6 Search Direction Determination: Steepest–Descent Method

10.51 *Answer true or false.*

   1. The steepest–descent method is convergent.

   2. The steepest–descent method can converge to a local maximum point starting from a point where the gradient of the function is nonzero.

3. Steepest–descent directions are orthogonal to each other with exact step size.

4. Steepest–descent direction is orthogonal to the cost surface.

For the following problems, complete two iterations of the steepest–descent method starting from the given design point.

10.52 $f(x_1, x_2) = x_1^2 + 2x_2^2 - 4x_1 - 2x_1x_2$; starting design (1, 1)

10.53 $f(x_1, x_2) = 12.096x_1^2 + 21.504x_2^2 - 1.7321x_1 - x_2$; starting design (1, 1)

10.54 $f(x_1, x_2) = 6.983x_1^2 + 12.415x_2^2 - x_1$; starting design (2, 1)

10.55 $f(x_1, x_2) = 12.096x_1^2 + 21.504x_2^2 - x_2$; starting design (1, 2)

10.56 $f(x_1, x_2) = 25x_1^2 + 20x_2^2 - 2x_1 - x_2$; starting design (3, 1)

10.57 $f(x_1, x_2, x_3) = x_1^2 + 2x_2^2 + 2x_3^2 + 2x_1x_2 + 2x_2x_3$; starting design (1, 1, 1)

10.58 $f(x_1, x_2) = 8x_1^2 + 8x_2^2 - 80\sqrt{x_1^2 + x_2^2 - 20x_2 + 100} + 80\sqrt{x_1^2 + x_2^2 + 20x_2 + 100} - 5x_1 - 5x_2$

Starting design (4, 6); the step size may be approximated or calculated using a computer program.

10.59 $f(x_1, x_2) = 9x_1^2 + 9x_2^2 - 100\sqrt{x_1^2 + x_2^2 - 20x_2 + 100} - 64\sqrt{x_1^2 + x_2^2 + 16x_2 + 64} - 5x_1 - 41x_2$

10.60 Starting design (5, 2); the step size may be approximated or calculated using a computer program.

10.61 $f(x_1, x_2) = 100(x_2 - x_1^2)^2 + (1 - x_1)^2$; starting design (5, 2)

10.62 $f(x_1, x_2, x_3, x_4) = (x_1 - 10x_2)^2 + 5(x_3 - x_4)^2 + (x_2 - 2x_3)^4 + 10(x_1 - x_4)^4$

Let the starting design be (1, 2, 3, 4).

10.63 Solve Exercises 10.52–10.61 using the computer program given in Appendix B for the steepest–descent method.

10.64 Consider the following three functions:

$$f_1 = x_1^2 + x_2^2 + x_3^2; \quad f_2 = x_1^2 + 10x_2^2 + 100x_3^2; \quad f_3 = 100x_1^2 + x_2^2 + 0.1x_3^2$$

Minimize f_1, f_2, and f_3 using the program for the steepest–descent method given in Appendix B. Choose the starting design to be (1, 1, 2) for all functions. What do you conclude from observing the performance of the method on the foregoing functions?

10.65 Calculate the gradient of the following functions at the given points by the forward, backward, and central difference approaches with a 1 percent change in the point and compare them with the exact gradient:

1. $f(\mathbf{x}) = 12.096x_1^2 + 21.504x_2^2 - 1.7321x_1 - x_2$ at (5, 6)

2. $f(\mathbf{x}) = 50(x_2 - x_1^2)^2 + (2 - x_1)^2$ at (1, 2)

3. $f(\mathbf{x}) = x_1^2 + 2x_2^2 + 2x_3^2 + 2x_1x_2 + 2x_2x_3$ at (1, 2, 3)

10.66 Consider the following optimization problem:

$$\text{maximize} \sum_{i=1}^{n} u_i \frac{\partial f}{\partial x_i} = (\mathbf{c} \cdot \mathbf{u})$$

$$\text{subject to the constraint} \sum_{i=1}^{n} u_i^2 = 1$$

Here $\mathbf{u} = (u_1, u_2, \ldots, u_n)$ are components of a unit vector. Solve this optimization problem and show that the $\mathbf{u}$ that maximizes the preceding objective function is indeed in the direction of the gradient $\mathbf{c}$.

Section 10.7 Search Direction Determination: Conjugate Gradient Method

10.67 *Answer true or false.*

1. The conjugate gradient method usually converges faster than the steepest–descent method.
2. Conjugate directions are computed from gradients of the cost function.
3. Conjugate directions are orthogonal to each other.
4. The conjugate direction at the kth point is orthogonal to the gradient of the cost function at the $(k + 1)$th point when an exact step size is calculated.
5. The conjugate direction at the kth point is orthogonal to the gradient of the cost function at the $(k - 1)$th point.

For the following problems, complete two iterations of the conjugate gradient method.

10.68 Exercise 10.52
10.69 Exercise 10.53
10.70 Exercise 10.54
10.71 Exercise 10.55
10.72 Exercise 10.56
10.73 Exercise 10.57
10.74 Exercise 10.58
10.75 Exercise 10.59
10.76 Exercise 10.60
10.77 Exercise 10.61
10.78 Write a computer program to implement the conjugate gradient method (or, modify the steepest–descent program given in Appendix B). Solve Exercises 10.52–10.61 using your program.

For the following problems, write an Excel worksheet and solve the problems using Solver.

10.79 Exercise 10.52
10.80 Exercise 10.53
10.81 Exercise 10.54
10.82 Exercise 10.55
10.83 Exercise 10.56
10.84 Exercise 10.57
10.85 Exercise 10.58
10.86 Exercise 10.59
10.87 Exercise 10.60
10.88 Exercise 10.61

References

Fletcher, R., Reeves, R.M., 1964. Function minimization by conjugate gradients. Comput. J. 7, 149–160.

Hestenes, M.R., Stiefel, E., 1952. Methods of conjugate gradients for solving linear systems. J. Res. Nat. Bureau Stanc 49, 409–436.

Polak, E., Ribiére, G., 1969. Note sur la convergence de méthods de directions conjuguées. Revue Français d'Informatique et de Recherche Opérationnelle 16, 35–43.

11

비제약조건 최적설계의 수치해법 보완

More on Numerical Methods for Unconstrained Optimum Design

이 장의 주요내용:

- 이동거리 계산 시 대안 방법 사용
- 최속강하법에 사용된 경사도 벡터 성질 설명하기
- 최적화 방법의 성능을 개선하기 위한 설계변수의 척도 사용
- 비제약조건 최적화에서 뉴턴법과 같은 2계법을 사용하고 그 한계 알기
- 비제약조건 최적화에서 준뉴턴법으로 불리는 근

사 2계 방법들의 사용
- 제약조건 최적화 문제를 비제약조건 최적화 문제로 변환하고 이를 풀기 위해 비제약조건 최적화 방법 사용
- 알고리즘의 수렴성 설명
- 직접 탐색법의 사용과 설명

이 장의 자료는 이전 장에서 제공되었던 비제약조건 문제에 대한 기본 개념과 수치해법에 바탕을 두고 있다. 다룰 주제는 이동거리 계산을 위한 다항식 보간, 부정확 선 탐색, 경사도 벡터의 성질, 수치 최적화에서 목적함수의 헷세행렬을 사용하는 뉴턴법, 설계변수의 척도화, 근사 2계법(준뉴턴법), 제약조건 최적화 문제를 비제약조건 최적화 방법으로 풀 수 있도록 제약조건 문제를 비제약조건 문제로 바꾸는 변환법 등을 포함한다. 이러한 주제들은 학부과정의 최적설계 과목이나 교재를 처음 공부할 때는 생략할 수 있다.

　비제약조건 최적화 문제는 제약조건 없이 함수 $f(\mathbf{x})$를 최소화하는 n차 벡터를 찾는 것이라는 것을 상기하자.

11.1 이동거리 결정에 대한 보완

10장에서 설명했던 구간 감소법은 적정한 이동거리를 결정하기 위한 선 탐색 시 너무 많은 함수 계산을 요구한다. 실제 공학 설계문제에서 함수 계산은 상당한 양의 계산 작업이 필요하다. 그러므로 황금분할 탐색과 같은 방법들은 실제 많은 응용 문제에서 효율적이지 않게 된다. 이 절에서는 다항식 보간법과 부정확 선 탐색과 같은 다른 선 탐색 방법을 설명한다.

이동거리 계산 문제는 다음을 만족하는 α를 찾는 것임을 상기하자.

다음을 최소화하라.

$$f(\alpha) = f\left(\mathbf{x}^{(k)} + \alpha \mathbf{d}^{(k)}\right) \tag{11.1}$$

탐색방향 $\mathbf{d}^{(k)}$는 현재점 $\mathbf{x}^{(k)}$에서 강하방향이라고 가정한다. 즉

$$\left(\mathbf{c}^{(k)} \cdot \mathbf{d}^{(k)}\right) < 0 \tag{11.2}$$

식 (11.1)에서 $f(\alpha)$를 미분 연쇄법칙을 사용하여 α로 미분하면 다음과 같다.

$$f'(\alpha) = \left(\mathbf{c}\left(\mathbf{x}^{(k)} + \alpha \mathbf{d}^{(k)}\right) \cdot \mathbf{d}^{(k)}\right); \quad \mathbf{c}\left(\mathbf{x}^{(k)} + \alpha \mathbf{d}^{(k)}\right) = \nabla f\left(\mathbf{x}^{(k)} + \alpha \mathbf{d}^{(k)}\right) \tag{11.3}$$

여기서 프라임 기호는 $f(\alpha)$의 일차 미분을 의미한다. $\alpha = 0$에서 식 (11.3)을 계산하면 다음과 같다.

$$f'(0) = \left(\mathbf{c}^{(k)} \cdot \mathbf{d}^{(k)}\right) < 0 \tag{11.4}$$

그러므로 그림 10.3에 보이는 것처럼 α에 대한 곡선 $f(\alpha)$의 기울기는 $\alpha = 0$에서 음이다. 정확한 이동거리가 α_k로 정해지면, $f'(\alpha_k) = 0$이고, 이는 식 (11.3)으로부터 선 탐색 종료 판정기준이라 불리는 다음과 같은 조건을 준다.

$$\left(\mathbf{c}^{(k+1)} \cdot \mathbf{d}^{(k)}\right) = 0 \tag{11.5}$$

11.1.1 다항식 보간법

선 탐색 중 많은 후보점에서 함수를 계산하는 대신, 제한된 수의 점을 지나는 곡선을 생성하여 이동거리 계산에 해석적인 방법을 사용할 수 있다. 주어진 구간에서 어떠한 연속적인 함수도 데이터 점을 지나는 고차 다항식을 사용하여 원하는 만큼 정밀하게 근사할 수 있고, 이를 통하여 그 최소를 명시적으로 구할 수 있다. 많은 경우 근사 다항식의 최소점은 선 탐색 함수 $f(\alpha)$의 정확한 최솟값에 대한 훌륭한 추정값이다. 그러므로 다항식 보간법은 1차원 탐색에 대한 효율적인 기술이 될 수 있다. 많은 다항식 보간법이 고안되었지만 2차 보간에 기반한 두 가지 방법을 설명할 것이다.

2차식 곡선 맞춤

많은 경우 함수 $f(\alpha)$를 불확실 구간에서 2차 함수로 근사하는 것으로 충분하다. 한 구간에서 2차 함수로 한 함수를 대체하려면, 2차 다항식을 구성하는 세 계수를 정하기 위해서 서로 다른 세 점에서의 함수값을 알아야 한다. 또한 함수 $f(\alpha)$가 충분히 부드럽고, 단봉함수이며, 최초 불확실 구간 $(\alpha_l,$

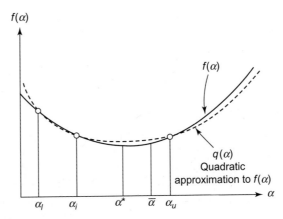

그림 11.1 함수 $f(\alpha)$에 대한 2차식 근사

α_u)을 알고 있다고 가정해야 한다. 구간 (α_l, α_u) 내의 한 점을 α_i라 하고, $f(\alpha_l)$, $f(\alpha_i)$ 및 $f(\alpha_u)$를 각 점에서의 함수값이라고 하자. 그림 11.1은 함수 $f(\alpha)$와 구간 (α_l, α_u)에서 이 함수를 근사하는 2차 함수 $q(\alpha)$를 보여준다. $\bar{\alpha}$는 2차 함수 $q(\alpha)$의 최소점이고, α^*는 $f(\alpha)$의 정확한 최소점이다. 반복적인 방법이 α^*에 대한 근삿값 $\bar{\alpha}$를 개선하기 위해 사용될 수 있다.

임의의 2차 함수 $q(\alpha)$는 다음과 같이 일반적인 형태로 쓸 수 있다.

$$q(\alpha) = a_0 + a_1\alpha + a_2\alpha^2 \tag{11.6}$$

여기서 a_0, a_1 및 a_2는 미지계수이다. 함수 $q(\alpha)$는 점 α_l, α_i 및 α_u에서 함수 $f(\alpha)$와 동일 값을 가져야 하기 때문에 다음과 같이 미지수 a_0, a_1와 a_2에 대한 세 개의 식을 얻는다.

$$a_0 + a_1\alpha_l + a_2\alpha_l^2 = f(\alpha_l) \tag{11.7}$$

$$a_0 + a_1\alpha_i + a_2\alpha_i^2 = f(\alpha_i) \tag{11.8}$$

$$a_0 + a_1\alpha_u + a_2\alpha_u^2 = f(\alpha_u) \tag{11.9}$$

a_0, a_1 및 a_2에 대한 연립 선형방정식을 풀면 다음을 얻는다.

$$a_2 = \frac{1}{(\alpha_u - \alpha_i)}\left[\frac{f(\alpha_u) - f(\alpha_l)}{(\alpha_u - \alpha_l)} - \frac{f(\alpha_i) - f(\alpha_l)}{(\alpha_i - \alpha_l)}\right] \tag{11.10}$$

$$a_1 = \frac{f(\alpha_i) - f(\alpha_l)}{(\alpha_i - \alpha_l)} - a_2(\alpha_l + \alpha_i) \tag{11.11}$$

$$a_0 = f(\alpha_l) - a_1\alpha_l - a_2\alpha_l^2 \tag{11.12}$$

식 (11.6)에서 2차 함수 $q(\alpha)$의 최소점 $\bar{\alpha}$는 필요조건 $dq/d\alpha = 0$를 풀고 충분조건 $d^2q/d\alpha^2 > 0$을 확인하여 계산한다.

$$\bar{\alpha} = -\frac{1}{2a_2}a_1; \quad \text{if} \quad \frac{d^2q}{d\alpha^2} = 2a_2 > 0 \tag{11.13}$$

그러므로 $a_2 > 0$이면, $\bar{\alpha}$는 $q(\alpha)$의 최소이다. 불확실 구간을 더 세분하기 위해 추가적인 반복을 할 수 있다. 이제 2차 곡선 맞춤 기술을 계산 알고리즘의 형태로 제시할 수 있다.

1단계: 작은 수 δ를 선택하고, 초기 불확실 구간 $(\alpha_l,\ \alpha_u)$를 정한다. 10장에서 다뤘던 수치해법의 어떤 방법도 사용 가능할 것이다.

2단계: α_i를 구간 $(\alpha_l,\ \alpha_u)$의 중간점이라고 하고, $f(\alpha_i)$를 α_i에서 $f(\alpha)$의 값이라 한다.

3단계: 식 (11.10)~(11.12)로부터 계수 a_0, a_1 및 a_2를 계산하고, 식 (11.13) 으로 $\bar{\alpha}$를 계산하고 $f(\bar{\alpha})$를 계산한다.

4단계: α_i와 $\bar{\alpha}$를 비교하여, $\alpha_i < \bar{\alpha}$ 이면 이 단계를 계속하고 아니면 5단계를 수행한다.

    a. $f(\alpha_i) < f(\bar{\alpha})$이면, $\alpha_l \leq \alpha^* \leq \bar{\alpha}$이다. 축소된 불확실 구간의 새로운 끝단은 $\alpha_l' = \alpha_l$, $\alpha_u' = \bar{\alpha}$이 되고, $\alpha_i' = \alpha_i$로 놓는다. 6단계로 진행한다(프라임 기호는 갱신된 값을 가리킨다).

    b. $f(\alpha_i) < f(\bar{\alpha})$이면, $\alpha_i \leq \alpha^* \leq \alpha_u$이다 . 축소된 불확실 구간의 새로운 끝단은 $\alpha_l' = \alpha_i$, $\alpha_u' = \alpha_u$이 되고 $\alpha_i' = \bar{\alpha}$로 놓는다. 6단계로 진행한다.

5단계: $\alpha_i < \bar{\alpha}$

    a. $f(\alpha_i) < f(\bar{\alpha})$이면, $\bar{\alpha} \leq \alpha^* \leq \alpha_u$이다. 축소된 불확실 구간의 새로운 끝단은 $\alpha_l' = \bar{\alpha}$, $\alpha_u' = \alpha_u$이 되고 $\alpha_i' = \alpha_i$로 놓는다. 6단계로 진행한다.

    b. $f(\alpha_i) < f(\bar{\alpha})$이면, $\alpha_i \leq \alpha^* \leq \alpha_i$ 이다. 축소된 불확실 구간의 새로운 끝단은 $\alpha_l' = \alpha_l$, $\alpha_i' = \alpha_i$이 되고, $\alpha_i' = \bar{\alpha}$로 놓는다. 6단계로 진행한다.

6단계: $f(\alpha)$의 최솟값에 대한 연속적인 두 추정값이 충분히 근접하면 종료한다. 그렇지 않으면, α_l', α_i'와 α_u'에 대한 프라임 기호를 지우고 3단계로 돌아간다.

예제 11.1은 2차 보간을 이용하여 이동거리를 산출하는 것을 설명하고 있다.

예제 11.1 **2차 보간으로 1차원 최소화**

다음 함수의 최솟값을 찾아라.

$$f(\alpha) = 2 - 4\alpha + e^{\alpha} \tag{a}$$

다항식 보간의 예제 10.3으로부터 초기 최소점을 포괄하기 위해 $\delta = 0.5$로 황금분할 탐색을 사용한다.

풀이

반복 1

예제 10.3으로부터 다음이 알려져 있다.

$$\alpha_l = 0.50, \quad \alpha_i = 1.309017, \quad \alpha_u = 2.618034 \tag{b}$$

$$f(\alpha_l) = 1.648721, \quad f(\alpha_i) = 0.466464, \quad f(\alpha_u) = 5.236610 \tag{c}$$

식 (11.10)~(11.12)로부터 계수 a_0, a_1 및 a_2는 다음과 같이 계산된다:

$$a_2 = \frac{1}{1.30902}\left(\frac{3.5879}{2.1180} - \frac{-1.1823}{0.80902}\right) = 2.410 \tag{d}$$

$$a_1 = \frac{-1.1823}{0.80902} - (2.41)(1.80902) = -5.821 \tag{e}$$

$$a_0 = 1.648271 - (-5.821)(0.50) - 2.41(0.25) = 3.957 \tag{f}$$

그러므로 식 (11.13)으로부터 $\bar{\alpha} = 1.2077$이고, $f(\bar{\alpha}) = 0.5149$이다. $\alpha_i > \bar{\alpha}$이고 $(\alpha_i) < f(\bar{\alpha})$이므로 앞에 설명한 알고리즘 5단계 (a)가 사용되어야 한다. 축소된 불확실 구간의 새로운 끝단은 $\alpha_i' = \bar{\alpha} = 1.2077$, $\alpha_u' = \alpha_u = 2.618034$가 되고, $\alpha_i' = \alpha_i = 1.309017$이 된다.

반복 2

이제 새로운 불확실 구간의 끝단과 중간점이 정해졌고, 각각의 함수 값은 다음과 같다.

$$\alpha_l = 1.2077, \quad \alpha_i = 1.309017, \quad \alpha_u = 2.618034 \tag{g}$$

$$f(\alpha_l) = 0.5149, \quad f(\alpha_i) = 0.466464, \quad f(\alpha_u) = 5.23661 \tag{h}$$

알고리즘의 3단계에서 계수 a_0, a_1 및 a_2는 이전과 같은 방법으로 다음과 같이 계산된다: $a_0 = 5.7129$, $a_1 = -7.8339$, $a_2 = 2.9228$. 그러므로 $\bar{\alpha} = 1.34014$이고 $f(\bar{\alpha}) = 0.4590$이다.

이 값들을 표 10.1에 주어진 최적해와 비교하면, $\bar{\alpha}$와 $f(\bar{\alpha})$가 최종해와 상당히 가까운 것을 볼 수 있다. 한 번의 추가 반복은 최적 이동거리에 대해서 매우 좋은 근삿값을 줄 수 있다. 여기서 함수 $f(\alpha)$에 대한 상당히 정확한 최적 이동거리를 얻기 위해 다섯 번의 함수 계산만이 사용되었다는 것에 주목하라. 그러므로 다항식 보간법은 1차원 최소화에서 상당히 효율적인 방법이 될 수 있다.

대안 2차식 보간법

이 접근법에서는 2차식 보간법을 행하기 위해서 $\alpha = 0$에서 알고 있는 함수의 정보를 이용한다. 즉, 보간 과정에서 $f(0)$와 $f'(0)$를 사용할 수 있다. 예제 11.2는 대안 2차식 보간법의 과정을 설명한다.

예제 11.2 **대안 2차식 보간법에 의한 1차원 최소화**

다음 함수의 최소점을 찾아라.

$$f(\alpha) = 2 - 4\alpha + e^{\alpha} \tag{a}$$

2차 곡선 맞춤을 위해 $f(0)$, $f'(0)$와 $f(\alpha_u)$를 사용한다. α_u는 함수 $f(\alpha)$의 최소점에 관한 상한값이다.

풀이

2차 곡선에 대한 일반식을 $a_0 + a_1\alpha + a_2\alpha^2$로 표기한다. 여기서 a_0, a_1 및 a_2는 미지계수이다. α^*에 대한 상한값을 황금분할 탐색으로부터 2.618034 (α_u)라고 정한다. 주어진 함수 $f(\alpha)$를 이용하면, $f(0) = 3$, $f(2.618034) = 5.23661$, $f'(0) = -3$을 얻는다. 이제 이전처럼 미지계수 a_0, a_1 및 a_2에 대해서 풀어야 할 다음의 세 식을 얻는다.

$$a_0 = f(0) = 3 \tag{b}$$

$$f(2.618034) = a_0 + 2.618034a_1 + 6.854a_2 = 5.23661 \tag{c}$$

$$a_1 = f'(0) = -3 \tag{d}$$

세 식을 연립하여 풀면 $a_0 = 3$, $a_1 = -3$, $a_2 = 1.4722$를 얻는다. 식 (11.13)을 이용하면 포물선 곡선의 최소점은 $\bar{\alpha} = 1.0189$가 되고, $f(\bar{\alpha}) = 0.69443$이 된다. 이 추정값은 예제 11.1에서 설명한 것처럼 반복을 통해 더 개선될 수 있다.

함수 $f(\alpha)$의 최소에 대한 추정값은 단지 두 번의 함수 계산[$f(0)$와 $f(2.618034)$]으로 찾았다는 것에 주목한다. 그러나 최적화 알고리즘에서는 단 한 번의 함수 계산이 필요한데, $f(0)$는 목적함수의 현재값이고 이는 이미 알고 있는 값이기 때문이다. 더욱이 기울기 $f'(0) = (\mathbf{c}^{(k)} \cdot \mathbf{d}^{(k)})$도 이미 알고 있는 값이다.

11.1.2 부정확 선 탐색: 알미조 법칙

비제약조건 또는 제약조건 최소화를 진행하는 동안의 정확한 선 탐색은 복잡한 공학문제에 대해서는 함수값 산출이 매우 큰 계산이 될 수 있기 때문에 상당한 시간이 걸릴 수 있다. 그러므로 대부분의 최적화 알고리즘의 컴퓨터 실행에서는 보통 전역적 수렴성을 만족하는 부정확 선 탐색 절차가 채용되고 있다. **부정확 선 탐색의 기본 개념**은 이동거리가 너무 크거나 작지 않아야 한다는 것과 함께, 탐색 방향을 따라서 목적함수 값의 충분한 감소가 있어야 한다는 것이다. 이러한 요구조건을 이용해서 몇몇의 부정확 선 탐색 절차가 개발되어 사용되고 있다. 여기서는 부정확 선 탐색의 기본 개념들을 논의하고 그 절차를 설명한다.

이동거리 $\alpha_k > 0$는 $\mathbf{d}^{(k)}$가 하강조건 $(\mathbf{c}^{(k)} \cdot \mathbf{d}^{(k)}) < 0$을 만족하면 존재한다는 것을 상기하자. 일반적으로 2차식 보간법과 같은 반복적인 방법이 선 탐색 동안 사용되고 그 탐색과정은 이동거리가 충분히 정확할 때 종료한다. 즉, 식 (11.5)의 선 탐색 종료 판정기준 $(\mathbf{c}^{(k+1)} \cdot \mathbf{d}^{(k)}) = 0$을 충분한 정확도로 만족할 때이다. 그러나 이 조건을 확인하기 위해서는 매 시험 이동거리에서 함수의 경사도를 계산해야 한다는 것에 유의하자. 이는 실제 적용 문제에 있어서 매우 비효율적이다. 그러므로 이런 계산을 요구하지 않는 다음의 간단한 전략들이 개발되었다. 그중 하나를 **알미조 법칙**이라 부른다.

알미조 법칙의 아이디어는 우선 선택된 이동거리 α가 너무 크지 않을 것을 보장하는 것, 즉 현재 이동거리가 최적의 이동거리를 넘어 멀리 떨어지지 않게 하는 것이다. 두 번째로는, 이동거리는 최소점으로 가는 개선이 거의 없을 정도로 작지 않아야 한다는 것, 즉 목적함수의 감소가 매우 작지 않아야 한다는 것이다.

선 탐색 함수가 식 (10.11)처럼 $f(\alpha) = f(\mathbf{x}^{(k)} + \alpha\mathbf{d}^{(k)})$로 정의되었다고 하자. 알미조 법칙은 이동거리가 수용할 수 있는 값인지 판단하기 위해 α에 대한 선형함수를 사용한다.

$$q(\alpha) = f(0) + \alpha[\rho f'(0)] \tag{11.14}$$

여기서 ρ는 0과 1 사이의 고정된 수이다: $0 < \rho < 1$. 이 함수 $q(\alpha)$는 그림 11.2에 단속선으로 표시되어 있고, 실선은 함수 $f(\alpha)$를 나타낸다. α 값은 그 때의 함수값 $f(\alpha)$가 단속선 아래에 있으면 너무 크지 않다고 생각한다. 즉

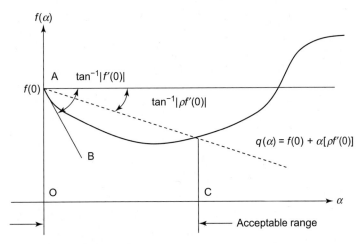

$f(\alpha)$

A　$\tan^{-1}|f'(0)|$

$f(0)$

$\tan^{-1}|\rho f'(0)|$

B

$q(\alpha) = f(0) + \alpha[\rho f'(0)]$

O　　　　　　　　　　C　　　α

Acceptable range

그림 11.2　**알미조 법칙에 기반한 부정확 선 탐색**

$$f(\alpha) \le q(\alpha) \tag{11.15}$$

다른 말로 이동거리 α는 그림 11.2에서 점 C의 왼편에 놓여야 한다. 이 조건은 **충분감소조건**으로도 불린다.

α가 너무 작지 않음을 보장하기 위해서, $\eta > 1$인 수를 선택한다. 그러면 α는 다음과 같은 부등호을 만족하면 너무 작지 않다고 간주한다.

$$f(\eta\alpha) > q(\eta\alpha) \tag{11.16}$$

이 식은 α가 η배로 증가하면 식 (11.15)로 주어진 시험을 통과하지 못할 것이라는 것을 의미한다. 즉, $f(\eta\alpha)$는 그림 11.2에서 단속선보다 위에 있고, 점 $\eta\alpha$는 점 C의 오른편에 위치한다.

알미조 법칙의 알고리즘

알미조 법칙은 다음과 같은 절차로 이동거리를 정하는 데 사용할 수 있다. 우선 임의의 α로 시작한다. 식 (11.15)를 만족하면, η배(많은 경우에 $\eta = 2$와 $\rho = 0.2$이 쓰인다)로 증가시켜 식 (11.15)를 위반할 때까지 반복한다. 식 (11.15)를 만족하는 가장 큰 α가 이동거리로 선택된다. 반대로 시작값 α가 부등식 (11.15)를 위반하면 α로 나누어서 식 (11.15)를 만족할 때까지 반복한다.

포괄하기 알고리즘이라고 알려진 다른 방법은 보다 큰 이동거리로, 예를 들면 $\alpha = 1$로 시작하는 것이다. 식 (11.15)의 조건을 확인해서 위반했으면 이동거리를 η로 나눈다. 이 과정을 식 (11.5)의 조건을 만족할 때까지 계속한다.

일단 $f(\alpha)$가 여러 점에서 알려지면 보간법(이차 또는 삼차)이 이동거리 α를 추정하기 위해서 항상 쓰일 수 있다는 것에 유의한다.

알미조 법칙의 사용은 제약조건 문제의 수치 알고리즘에서 설명한다(13장 참조).

11.1.3 부정확 선 탐색: 울프 조건

작은 α에 대해서는 식 (11.15)의 충분감소조건 자체만으로도 만족할 수 있기 때문에 알고리즘이 합당한 진전을 이루는 것을 보장하기에는 불충분하다. 이 단점을 극복하기 위해 울프(Nocedal과 Wright, 2006)는 곡률조건이라고 알려진 이동거리에 대한 다른 조건을 도입했다. 이는 α가 다음을 만족하도록 요구한다.

$$f'(\alpha) \geq \beta f'(0) \tag{11.17}$$

여기서 β는 상수이고, $\rho < \beta < 1$(또한, $0 < \rho < 0.5$)이다. 이 조건은 수용 가능한 이동거리 값에서 $f(\alpha)$의 기울기는 $\alpha = 0$에서의 값의 β배보다 커야 한다는 것을 말한다($\alpha = 0$에서의 기울기는 음이라는 것을 유념하자). 이는 $f'(\alpha)$가 큰 음수이면 함수 $f(\alpha)$를 추가적으로 줄일 수 있기 때문이다. 식 (11.15)의 충분감소조건과 식 (11.17)의 곡률조건은 **울프 조건**으로 알려져 있다.

식 (11.17)의 곡률조건은 $f'(\alpha)$가 큰 양수일 때도 만족한다는 것에 주목하자. 이는 받아들일 수 있는 이동거리는 $f'(\alpha) = 0$인 진짜 최솟값에서 멀리 떨어져 있다는 것을 의미한다. 이를 고치기 위해 기울기에 대한 절댓값을 사용해서 곡률조건을 다음과 같이 변경한다.

$$\left| f'(\alpha) \right| \leq \beta \left| f'(0) \right| \tag{11.18}$$

일반적으로 $\beta = 0.1 - 0.9$이고, $\rho = 10^{-4} - 10^{-3}$ [식 (11.14)에서] 값을 사용한다. 더 작은 β는 더 정확한 이동거리를 준다는 것에 주목한다. 뉴턴법과 준뉴턴법에서 β는 일반적으로 0.9를 선택하고 공액경사법에서는 0.1(공액경사법이 더 정확한 이동거리를 요구하기 때문이다)을 사용한다. 조건 식 (11.15)와 (11.18)은 **강 울프 조건**이라고 불린다(Nocedal과 Wright, 2006).

판정기준 식 (11.18)은 각 시험 이동거리에서 목적함수의 경사도 계산을 요구한다. 경사도 계산에 비용이 너무 많이 들면 유한차분 근사를 사용할 수 있으며 식 (11.18)을 다음과 같이 대체할 수 있다.

$$\frac{\left| f(\alpha) - f(v) \right|}{\alpha - v} \leq \beta \left| f'(0) \right| \tag{11.19}$$

여기서 v는 $0 \leq v < \alpha$를 만족하는 스칼라이다.

11.1.4 부정확 선 탐색: 골드스테인 시험

골드스테인 시험은 알미조 법칙과 다소 유사하다. α 값은 ρ가 $0 < \rho < 0.5$의 범위로 주어지고 식 (11.15)를 만족하면 너무 크지 않다고 간주한다. α 값은 골드스테인 시험에서 다음을 만족하면 너무 작지 않다고 간주한다.

$$f(\alpha) \geq f(0) + \alpha[(1 - \rho) f'(0)] \tag{11.20}$$

즉, $f(\alpha)$는 그림 11.3에 보인 아래 단속선보다 위에 위치해야 한다. 원래 함수로 표현하면, 수용 가능한 α 값은 다음을 만족한다.

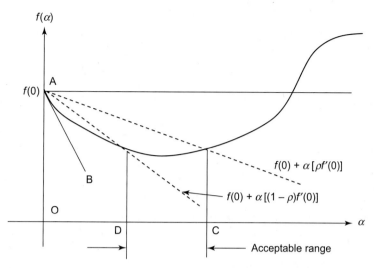

그림 11.3 골드스테인 시험

$$\rho \le \frac{f(\alpha)-f(0)}{\alpha f'(0)} \le (1-\rho) \tag{11.21}$$

골드스테인 시험은 뉴턴법에서 일반적으로 쓰이나 준뉴턴법에는 잘 맞지 않는다(Nocedal과 Wright 2006). 식 (11.20)의 골드스테인 조건은 앞에 설명한 이동거리 계산을 위한 알미조 법칙에서 손쉽게 검사할 수 있다. ρ에 적정한 값을 부여하지 않으면 식 (11.15)와 (11.20)의 골드스테인 시험은 $f(\alpha)$의 진짜 최소점을 그 수용범위에서 배제할 수도 있음을 유념한다.

11.2 최속강하법 보완

이 절에서는 최속강하법에서 쓰였던 경사도 벡터의 성질을 논의한다. 성질에 대한 증명은 매우 유익하기 때문에 함께 실었다. 또한 연속적인 두 최속강하방향은 서로 직교하는 것을 보일 것이다.

11.2.1 경사도 벡터의 성질

성질 1

주어진 점 $\mathbf{x}^* = (x_1^*, x_2^*, \ldots, x_n^*)$에서 어떤 함수 $f(x_1, x_2, \ldots, x_n)$의 경사도 벡터 $\mathbf{c}$는 $f(x_1, x_2, \ldots, x_n)$ = 상수의 평면에 대해서 접하는 초평면에 직교(수직)한다.

증명

이는 경사도 벡터의 중요한 성질이고 그림 11.4에서 도해적으로 설명하였다. 그림은 $f(\mathbf{x})$ = 상수인 곡면을 보여주고 있다. 여기서 $\mathbf{x}^*$는 곡면 위의 한 점이고, C는 점 $\mathbf{x}^*$를 지나는 곡면 위의 임의의 곡선이며, $\mathbf{T}$는 점 $\mathbf{x}^*$에서 C에 접하는 벡터이고, $\mathbf{u}$는 임의의 단위 벡터, $\mathbf{c}$는 $\mathbf{x}^*$에서의 경사도 벡터이

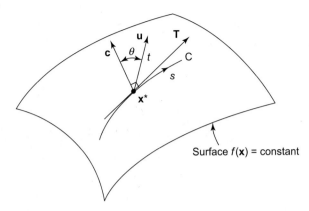

그림 11.4 $f(\mathbf{x})$ = 상수인 곡면의 $\mathbf{x}^*$에서의 경사도 벡터

다. 위 성질에 따르면 벡터 $\mathbf{c}$와 $\mathbf{T}$는 서로 직교한다. 즉, 두 벡터의 내적은 0, $(\mathbf{c} \cdot \mathbf{T}) = 0$이다.

이 성질을 증명하기 위해 그림 11.4에서 보인 것처럼 $f(x_1, x_2, \ldots, x_n)$ = 상수인 평면 위의 어떤 곡선 C를 선택한다. 이 곡선이 점 $\mathbf{x}^* = (x_1^*, x_2^*, \ldots, x_n^*)$를 통과한다고 하고, s를 C를 따라서 정의되는 매개변수라 하자. 그러면 C를 따라 정의되는 단위 접선 벡터 $\mathbf{T}$는 다음과 같이 주어진다.

$$\mathbf{T} = \left[\frac{\partial x_1}{\partial s} \frac{\partial x_2}{\partial s} \cdots \frac{\partial x_n}{\partial s} \right]^T \tag{a}$$

$f(\mathbf{x})$ = 상수이기 때문에, C를 따라가는 f의 도함수는 0이다. 즉, $df/ds = 0$ (s 방향으로의 f의 방향 도함수). 또는, 미분의 연쇄법칙을 이용하여 다음을 얻는다.

$$\frac{df}{ds} = \frac{\partial f}{\partial x_1} \frac{\partial x_1}{\partial s} + \cdots + \frac{\partial f}{\partial x_n} \frac{\partial x_n}{\partial s} = 0 \tag{b}$$

식 (b)를 $\partial f/\partial x_i$와 $\partial x_i/\partial s$ [식 (a)로부터]는 경사도의 성분이고 단위 접선 벡터임을 알고 벡터 형식으로 쓰면, $(\mathbf{c} \cdot \mathbf{T}) = 0$, 또는 $\mathbf{c}^T \mathbf{T} = 0$을 얻는다. 경사도 벡터 $\mathbf{c}$와 접선 벡터 $\mathbf{T}$의 내적이 0이기 때문에 두 벡터는 서로 수직하다. 그러나 $\mathbf{T}$는 $\mathbf{x}^*$에서의 임의의 접선 벡터이기 때문에 $\mathbf{c}$는 점 $\mathbf{x}^*$에서 $f(\mathbf{x})$ = 상수의 곡면에 접하는 초평면에 직교한다.

성질 2

두 번째 성질은 경사도 벡터는 주어진 점 $\mathbf{x}^*$에서 함수 $f(\mathbf{x})$의 최대 증가율 방향을 나타낸다는 것이다.

증명

이를 증명하기 위해서, $\mathbf{u}$를 곡면에 접선방향이 아닌 임의의 방향 단위 벡터라고 하자. 이는 그림 11.4에 보였다. $\mathbf{u}$방향으로의 매개변수를 t라 하자. 점 $\mathbf{x}^*$에서 $\mathbf{u}$방향으로 $f(\mathbf{x})$의 도함수(즉, f의 방향 도함수)는 다음과 같이 주어진다.

$$\frac{df}{dt} = \lim_{\varepsilon \to 0} \frac{f(\mathbf{x} + \varepsilon \mathbf{u}) - f(\mathbf{x})}{\varepsilon} \tag{c}$$

여기서 ε은 임의의 작은 수이고, t는 $\mathbf{u}$ 방향으로의 매개변수이다. 테일러 전개를 사용하면 다음을 얻는다.

$$f(\mathbf{x} + \varepsilon \mathbf{u}) = f(\mathbf{x}) + \varepsilon \left[u_1 \frac{\partial f}{\partial x_1} + u_2 \frac{\partial f}{\partial x_2} + \cdots + u_n \frac{\partial f}{\partial x_n} \right] + o(\varepsilon^2) \tag{d}$$

여기서 u_i는 단위 벡터 $\mathbf{u}$의 성분이고, $o(\varepsilon^2)$는 ε^2 차수의 항이다. 앞의 식을 다시 쓰면 다음과 같다.

$$f(\mathbf{x} + \varepsilon \mathbf{u}) - f(\mathbf{x}) = \varepsilon \sum_{i=1}^{n} u_i \frac{\partial f}{\partial x_i} + o(\varepsilon^2) \tag{e}$$

식 (e)를 식 (c)에 대입하고 극한을 취하면 다음을 얻는다.

$$\frac{df}{dt} = \sum_{i=1}^{n} u_i \frac{\partial f}{\partial x_i} = (\mathbf{c} \cdot \mathbf{u}) = \mathbf{c}^T \mathbf{u} \tag{f}$$

식 (f)에서 내적의 정의를 이용하면 다음을 얻는다.

$$\frac{df}{dt} = \|\mathbf{c}\| \, \|\mathbf{u}\| \cos\theta \tag{g}$$

여기서 θ는 벡터 $\mathbf{c}$와 $\mathbf{u}$ 사이의 각도이다. 식 (g)의 우변은 $\theta = 0$ 또는 180°에서 극값을 가질 것이다. $\theta = 0°$일 때 벡터 $\mathbf{u}$는 $\mathbf{c}$ 방향이고 $\cos\theta = 1$이다. 그러므로 식 (g), df/dt는 $\theta = 0°$일 때 $f(\mathbf{x})$에 대해서 최대 증가율을 나타낸다. 유사하게 $\theta = 180°$일 때 벡터 $\mathbf{u}$는 $\mathbf{c}$의 역방향을 가리킨다. 그러므로 식 (g)로부터 df/dt는 $\theta = 180°$일 때 $f(\mathbf{x})$에 대해서 최대 감소율을 나타낸다.

전술한 경사도 벡터의 성질에 따르면, $f(\mathbf{x})$ = 상수인 곡면으로부터 멀리 움직일 필요가 있으면, 다른 어떤 방향보다도 경사도 벡터 방향을 따르면 함수는 가장 빠르게 증가한다. 그림 11.4에서 보면, $\mathbf{c}$ 방향으로 작은 움직임은 $\mathbf{u}$ 방향으로의 비슷한 이동에 비해서 보다 큰 함수의 증가를 가져올 것이다. 물론 $\mathbf{T}$가 곡면에 접하기 때문에 $\mathbf{T}$ 방향으로의 어떤 미소 이동도 함수값에 변화를 주지 않는다.

성질 3

어떤 점 $\mathbf{x}^*$에서 $f(\mathbf{x})$의 변화율의 최댓값은 경사도 벡터의 크기이다.

증명

$\mathbf{u}$는 단위 벡터이므로 식 (g)로부터 df/dt의 최댓값은 다음과 같이 주어진다.

$$max \left| \frac{df}{dt} \right| = \|\mathbf{c}\| \tag{h}$$

왜냐하면 $\cos\theta$의 최댓값은 $\theta = 0°$일 때 1이기 때문이다. 그러나 $\theta = 0°$에 대해서, $\mathbf{u}$는 경사도 벡터의 방향이다. 그러므로 경사도의 크기는 함수 $f(\mathbf{x})$의 변화율의 최댓값을 나타낸다.

이런 성질들은 어떤 점 $\mathbf{x}^*$에서 경사도 벡터는 함수 $f(\mathbf{x})$의 최대 증가 방향을 가리키고 증가율은 그 벡터의 크기라는 것을 나타낸다. 그러므로 이 경사도를 함수 $f(\mathbf{x})$에 대한 **최속상승방향**이라고 부르고, 경사도의 역방향을 **최속강하방향**이라고 부른다. 예제 11.3에서는 경사도 벡터의 성질을 확인한다.

예제 11.3 **경사도 벡터 성질의 확인**

다음 함수에 대해서 점 $\mathbf{x}^{(0)} = (0.6, 4)$에서 경사도 벡터의 성질을 확인하라.

$$f(\mathbf{x}) = 25x_1^2 + x_2^2 \tag{a}$$

풀이

그림 11.5는 함수 f에 대해서 $x_1 - x_2$ 평면에서 25와 100 값에 해당하는 등고선을 보여준다. (0.6, 4)에서 함수값은 $f(0.6, 4) = 25$이다. (0.6, 4)에서 함수의 경사도 값은 다음과 같다.

$$\mathbf{c} = \nabla f(0.6, 4) = \left(\frac{\partial f}{\partial x_1}, \frac{\partial f}{\partial x_2} \right) = (50x_1, 2x_2) = (30, 8) \tag{b}$$

$$\|\mathbf{c}\| = \sqrt{30 \times 30 + 8 \times 8} = 31.04835 \tag{c}$$

그러므로 경사도 방향의 단위벡터는 다음과 같다.

$$\mathbf{C} = \frac{\mathbf{c}}{\|\mathbf{c}\|} = (0.966235, 0.257663) \tag{d}$$

주어진 함수를 사용하여 점 (0.6, 4)에서 곡선에 접하는 벡터는 다음과 같이 주어진다.

$$\mathbf{t} = (-4, 15) \tag{e}$$

이 벡터는 점 (0.6, 4)에서 곡선을 따라 정의된 매개변수 s로 다음 곡선식을 미분하여 얻어진다.

$$25x_1^2 + x_2^2 = 25 \tag{f}$$

점 (0.6, 4)에서 이 식을 s에 대해서 미분하면 다음을 얻는다.

$$25 \times 2x_1 \frac{\partial x_1}{\partial s} + 2x_2 \frac{\partial x_2}{\partial s} = 0, \quad \text{or} \quad \frac{\partial x_1}{\partial s} = -\left(\frac{4}{15} \right) \frac{\partial x_2}{\partial s} \tag{g}$$

그러면 곡선에 접하는 벡터 $\mathbf{t}$를 $(\partial x_1/\partial s, \partial x_2/\partial s)$와 같이 얻는다. 단위 접선 벡터는 다음과 같이 계산된다.

$$\mathbf{T} = \frac{\mathbf{t}}{\|\mathbf{t}\|} = (-0.257663, 0.966235) \tag{h}$$

성질 1

경사도 벡터가 접선에 수직이라면 $(\mathbf{C} \cdot \mathbf{T}) = 0$이다. 이는 앞에 데이터에 대해서도 확실히 참이다. 두 선이 직교한다면, m_1과 m_2를 두 선의 기울기라고 할 때 $m_1 m_2 = -1$이라는 조건을 사용할 수도 있다(이 결과는 90°의 회전 좌표 변환을 이용하면 증명할 수 있다). 접선의 기울기를 계산하기 위해 곡선식 $25x_1^2 + x_2^2 = 25$, 또는는 $x_2 = 5\sqrt{1 - x_1^2}$를 이용한다. 그러므로 점 (0.6, 4)에서의 접선의 기울기는 다음과 같다.

$$m_1 = \frac{dx_2}{dx_1} = \frac{-5x_1}{\sqrt{1-x_1^2}} = -\frac{15}{4} \tag{i}$$

이 기울기는 접선 벡터 $\mathbf{t}$ = (−4, 15)로부터 직접 얻을 수도 있다. 경사도 벡터 $\mathbf{c}$ = (30, 8)의 기울기는 $m_2 = \frac{8}{30} = \frac{4}{15}$ 이다. 그러므로 $m_1 m_2$는 정말 −1이 되고, 두 선은 서로 수직한다.

성질 2

그림 11.5에서처럼 점 (0.6, 4)에서 임의의 방향 $\mathbf{d}$ = (0.501034, 0.865430)을 고려하자. $\mathbf{C}$가 최속상승방향이라면, 함수는 $\mathbf{d}$ 방향보다는 $\mathbf{C}$ 방향을 따라서 빠르게 증가해야 한다. 이동거리 α = 0.1를 선택하고, 한 점은 $\mathbf{C}$를 따라서, 다른 점은 $\mathbf{d}$를 따라서 계산하면 다음과 같다.

$$\mathbf{x}^{(1)} = \mathbf{x}^{(0)} + \alpha \mathbf{C} = \begin{bmatrix} 0.6 \\ 4.0 \end{bmatrix} + 0.1 \begin{bmatrix} 0.966235 \\ 0.257633 \end{bmatrix} = \begin{bmatrix} 0.6966235 \\ 4.0257663 \end{bmatrix} \tag{j}$$

$$\mathbf{x}^{(2)} = \mathbf{x}^{(0)} + \alpha \mathbf{d} = \begin{bmatrix} 0.6 \\ 4.0 \end{bmatrix} + 0.1 \begin{bmatrix} 0.501034 \\ 0.865430 \end{bmatrix} = \begin{bmatrix} 0.6501034 \\ 4.0865430 \end{bmatrix} \tag{k}$$

이제 이 점들에서 함수값을 계산하고 값을 비교한다. $f(\mathbf{x}^{(1)})$ = 28.3389, $f(\mathbf{x}^{(2)})$ = 27.2657. $f(\mathbf{x}^{(1)}) > f(\mathbf{x}^{(2)})$ 이기 때문에, 함수는 $\mathbf{d}$를 따라서 보다는 $\mathbf{C}$ 방향으로 보다 빠르게 증가한다.

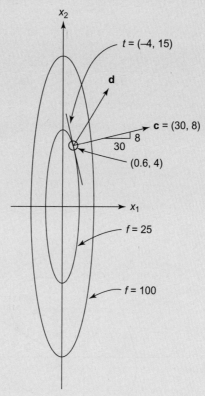

그림 11.5 f = 25와 100일 때 함수 $f = 25x_1^2 + x_2^2$ 의 등고선

11.2.2 최속강하방향의 직교성

연속적인 최속강하방향이 서로 수직이라는 것은 흥미롭다. 즉 $(\mathbf{c}^{(k)} \cdot \mathbf{c}^{(k+1)}) = 0$이다. 이는 최적 이동거리를 결정하기 위한 필요조건을 사용해서 쉽게 보여줄 수 있다. 이동거리 결정 문제는 $f(\mathbf{x}^{(k)} + \alpha \mathbf{d}^{(k)})$를 최소화하는 α_k를 계산하는 것이다. 이 문제에 대한 필요조건은 $df/d\alpha = 0$이다. 이 함수를 미분의 연쇄법칙을 이용해서 미분하면 다음을 얻는다.

$$\frac{df\left(\mathbf{x}^{(k+1)}\right)}{d\alpha} = \left[\frac{\partial f\left(\mathbf{x}^{(k+1)}\right)}{\partial \mathbf{x}}\right]^T \frac{\partial \mathbf{x}^{(k+1)}}{\partial \alpha} = 0 \tag{11.22}$$

위 식은 다음 결과를 가져온다(다음 최속강하방향이 $\mathbf{d}^{(k+1)} = -\mathbf{c}^{(k+1)}$이기 때문에).

$$\left(\mathbf{c}^{(k+1)} \cdot \mathbf{d}^{(k)}\right) = 0 \quad \text{or} \quad \left(\mathbf{c}^{(k+1)} \cdot \mathbf{c}^{(k)}\right) = 0 \tag{11.23}$$

$$\mathbf{c}^{(k+1)} = \frac{\partial f\left(\mathbf{x}^{(k+1)}\right)}{\partial \mathbf{x}} \quad \text{and} \quad \frac{\partial \mathbf{x}^{(k+1)}}{\partial \alpha} = \frac{\partial}{\partial \alpha}\left(\mathbf{x}^{(k)} + \alpha \mathbf{d}^{(k)}\right) = \mathbf{d}^{(k)} \tag{11.24}$$

2차원 문제에서 $\mathbf{x} = (x_1, x_2)$이다. 그림 11.6은 설계 변수 공간에서의 설명이다. 그림에서 폐곡선은 목적함수 $f(\mathbf{x})$에 대한 등고선이다. 그림은 여러 최속강하방향들이 서로 직교하는 것을 보여주고 있다.

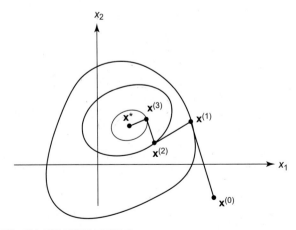

그림 11.6 그림은 직교하는 최속강하 경로를 보여준다.

11.3 설계변수의 척도

최속강하법의 수렴률은 2차의 목적함수에 대해서도 최대가 선형이다. 설계변수의 척도를 사용해서 목적함수의 헷세행렬의 조건수를 낮춘다면 최속강하법의 이 수렴률을 올리는 것이 가능하다. 2차 목적함수에 대해서 설계변수를 척도화해서 이 새로운 설계변수에 대해서 헷세 행렬의 조건수가 1이 되게 만드는 것이 가능하다(행렬의 **조건수**는 행렬의 고유값 중 가장 큰 값을 가장 작은 값으로 나눈 비율이다).

1의 조건수를 갖는 양정 2차 함수에 대해서 최속강하법은 오직 한 번의 반복으로 수렴한다. 원래 설계변수의 척도로 최적점을 얻기 위해서는 변환된 설계변수를 다시 환산할 수 있다. 그러므로 설계변수 척도화의 주목적은 변환된 변수에 대해서 헷세 행렬의 조건수가 1이 되는 변환을 정의하는 것이다. 예제 11.4와 11.5에서 설계변수 척도화의 장점을 설명할 것이다.

예제 11.4 **설계변수 척도화의 효과**

다음 함수를 최소화하라.

$$f(x_1, x_2) = 25x_1^2 + x_2^2 \tag{a}$$

시작점은 (1, 1)을 사용하고 최속강하법을 사용한다. 수렴률을 가속시키기 위해 설계변수를 어떻게 척도화할 것인가?

풀이

부록 B에 주어진 최속강하법 컴퓨터 프로그램을 이용해서 문제를 풀도록 하자. 결과는 표 11.1에 정리되어 있다. 이와 같은 간단한 2차 목적함수에 대해서 이 방법의 비효율성에 주목하자. 이 방법은 5회의 반복과 111번의 함수 계산을 했다. 그림 11.7은 목적함수의 등고선과 초기 설계부터 이 방법의 진행과정을 보여준다.

$f(x_1, x_2)$의 헷세행렬은 대각행렬로 다음과 같이 주어진다.

$$\mathbf{H} = \begin{bmatrix} 50 & 0 \\ 0 & 2 \end{bmatrix} \tag{b}$$

표 11.1 최속강하법에 의한 예제 11.4의 최적해

$f(\mathbf{x}) = 25x_1^2 + x_2^2$	
Starting values of design variables	1, 1
Optimum design variables	$-2.35450\text{E}-06$, $1.37529\text{E}-03$
Optimum cost function value	$1.89157\text{E}-06$
Norm of gradient at optimum	$2.75310\text{E}-03$
Number of iterations	5
Number of function evaluations	111

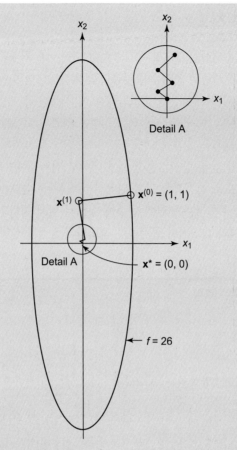

그림 11.7 최속강하법 예제 11.4의 반복 이력

헷세행렬의 조건수는 고유값이 50과 2이기 때문에 50/2 = 25이다. 이제 다음과 같은 관계를 갖는 새로운 설계변수 y_1과 y_2를 도입하자.

$$\mathbf{x} = \mathbf{Dy} \quad \text{where } \mathbf{D} = \begin{bmatrix} \dfrac{1}{\sqrt{50}} & 0 \\ 0 & \dfrac{1}{\sqrt{2}} \end{bmatrix} \tag{c}$$

일반적으로 헷세행렬이 대각행렬이면 $D_{ii} = 1/\sqrt{H_{ii}}$ ($i = 1$에서 n까지)를 쓸 수 있다는 것에 주목하자(즉, 대각요소 값들이 $\mathbf{H}$의 고유값이다). 식 (c)의 변환은 다음과 같이 된다.

$$x_1 = \frac{y_1}{\sqrt{50}} \quad \text{and} \quad x_2 = \frac{y_2}{\sqrt{2}} \quad \text{and} \quad f(y_1, y_2) = \frac{1}{2}\left(y_1^2 + y_2^2\right). \tag{d}$$

최속강하법에 의한 $f(y_1, y_2)$의 최소점은 원래 함수에 대해 5번의 반복이 필요했던 것에 비해, 변환된 헷세행렬의 조건수는 1이기 때문에 단지 1번의 반복으로 찾을 수 있었다. 그러므로 설계변수 척도화를 사용하는 것은 상당한 이득이 된다.

새로운 설계공간에서 최적점은 (0, 0)이 된다. 원래 설계공간에서의 최적점을 얻기 위해서 변환된 설계변수를 $x_1^* = y_1/\sqrt{50} = 0$과 $x_2^* = y_2/\sqrt{2} = 0$처럼 환산해야 한다.

예제 11.5 **설계변수 척도화의 효과**

다음 함수를 최소화하라.

$$f(x_1, x_2) = 6x_1^2 - 6x_1x_2 + 2x_2^2 - 5x_1 + 4x_2 + 2 \tag{a}$$

시작점은 (−1, −2)이고 최속강하법을 사용한다. 새로운 설계변수에 대해서 함수의 헷세행렬이 단위 조건수를 갖도록 설계변수를 척도화하라.

풀이

앞의 예제와는 달리 이 문제의 함수 f는 교차항 x_1x_2를 갖는 것에 주목하자. 그러므로 헷세행렬은 대각행렬이 아니며, 설계변수의 적절한 변환 또는 척도화를 찾기 위해 고유값과 고유벡터를 계산해야 한다. 함수 f의 헷세행렬 $\mathbf{H}$는 다음과 같다.

$$\mathbf{H} = \begin{bmatrix} 12 & -6 \\ -6 & 4 \end{bmatrix} \tag{b}$$

이 헷세행렬의 고유값은 0.7889와 15.211로 계산된다(그러므로 조건수 = 15.211/0.7889 = 19.3이다). 해당 고유벡터는 (0.4718, 0.8817)과 (−0.8817, 0.4718)이다. 이제 새로운 설계변수 y_1과 y_2를 다음과 같은 변환으로 정의하자.

$$\mathbf{x} = \mathbf{Q}\mathbf{y} \quad \text{where } \mathbf{Q} = \begin{bmatrix} 0.4718 & -0.8817 \\ 0.8817 & 0.4718 \end{bmatrix} \tag{c}$$

$\mathbf{Q}$의 각 열은 헷세행렬 $\mathbf{H}$의 고유벡터들이라는 것을 주목한다. 식 (c)로 정의된 변수의 변환은 함수를 y_1과 y_2의 항으로 다음과 같이 바꾼다.

$$f(y_1, y_2) = 0.5(0.7889y_1^2 + 15.211y_2^2) + 1.678y_1 + 6.2957y_2 + 2 \tag{d}$$

새 설계변수 y_1과 y_2로 표현된 헷세행렬의 조건수는 아직 단위값이 아니다. 헷세행렬에 대한 조건수를 단위값으로 만들기 위해서는 헷세행렬의 고유값을 이용해서 다음과 같은 또 따른 변환을 정의해야 한다.

$$\mathbf{y} = \mathbf{D}\mathbf{z}, \quad \text{where } \mathbf{D} = \begin{bmatrix} \dfrac{1}{\sqrt{0.7889}} & 0 \\ 0 & \dfrac{1}{\sqrt{15.211}} \end{bmatrix} \tag{e}$$

여기서 z_1과 z_2는 새로운 설계변수이고, 다음 식으로 계산할 수 있다.

$$y_1 = \frac{z_1}{\sqrt{0.7889}} \quad \text{and} \quad y_2 = \frac{z_2}{\sqrt{15.211}} \tag{f}$$

변환된 목적함수는 다음과 같다.

$$f(z_1, z_2) = 0.5(z_1^2 + z_2^2) + 1.3148z_1 + 1.6142z_2 \tag{g}$$

$f(z_1, z_2)$의 헷세행렬에 대한 조건수는 1이기 때문에, 최속강하법의 $f(z_1, z_2)$에 대한 해에 단지 한 번의 반복으로 (−1.3158, −1.6142)에 수렴한다. 원래 설계공간에서의 최적점은 역변환을 $\mathbf{x} = \mathbf{QDz}$와 같이 정의하여 구한다. 이 역변환을 하면 원래 설계공간에서의 최적점이 $\left(-\dfrac{1}{3}, -\dfrac{3}{2}\right)$이 된다.

예제 11.4와 11.5에서 헷세행렬은 상수행렬이었다는 것에 주목하는 것이 중요하다. 따라서 변수에 대한 변환행렬을 비교적 쉽게 얻을 수 있었다. 일반적으로 헷세행렬은 설계변수에 따라 달라진다. 그러므로 변환행렬은 설계변수에 따라 달라지며 반복과정마다 변화할 것이다. 실제로는 찾으려는 최적점에서의 함수에 대한 헷세행렬이 필요하므로, 변환 행렬을 구하기 위해서는 헷세행렬에 대한 근사가 사용되어야 한다.

11.4 탐색방향 결정: 뉴턴법

최속강하법에서는 탐색방향을 결정하기 위해 1차의 도함수 정보만을 사용한다. 2차 도함수 정보가 가용하다면, 목적함수 곡면을 좀 더 정확히 표현하는 데 이 정보를 쓸 수 있고 더 나은 탐색방향을 찾을 수 있다. 2차 정보를 포함하면 더 나은 수렴률도 기대할 수 있다. 예를 들어, 탐색방향의 계산에 함수의 헷세행렬을 사용하는 뉴턴법은 **2차의 수렴률**을 갖는다(이는 설계점이 최적점과 어떤 범위이내에 있을 때 매우 빠르게 수렴한다는 것을 의미한다). 이 방법은 양정의 헷세행렬을 갖는 임의의 2차 함수에 대해서도 1의 이동거리로 단지 한 번의 반복으로 수렴한다.

11.4.1 고전적 뉴턴법

고전적 뉴턴법의 기본적인 착상은 현재 설계점 주변에서 함수의 2차 테일러 전개를 이용하는 것이다. 이는 설계 변화 $\Delta\mathbf{x}$에 대한 2차 표현식을 제공한다. 그러면 이 함수의 최소화에 대한 필요조건이 설계변화에 대한 명시적인 계산결과를 제공한다. 유도과정은 어떤 설계 반복에서도 적용될 수 있기 때문에 모든 함수에서 $\mathbf{x}^{(k)}$의 상첨자를 이제부터 생략할 것이다. 함수 $f(\mathbf{x})$에 대해서 2차의 테일러 전개를 사용하면 다음을 얻는다.

$$f(\mathbf{x} + \Delta\mathbf{x}) = f(\mathbf{x}) + \mathbf{c}^T\Delta\mathbf{x} + 0.5\Delta\mathbf{x}^T\mathbf{H}\Delta\mathbf{x} \tag{11.25}$$

여기서 $\Delta\mathbf{x}$는 설계에서의 작은 변화이고 $\mathbf{H}$는 $\mathbf{x}$에서 f의 헷세행렬이다($\nabla^2 f$로도 표시된다). 식 (11.25)는 $\Delta\mathbf{x}$에 대해서 2차 함수이다. 볼록계획법 문제의 이론은(4장 참조) $\mathbf{H}$가 양반정이라면 식 (11.25)의 함수에 대해서 전역 최소점을 주는 $\Delta\mathbf{x}$가 있다는 것을 보장한다. 또한, $\mathbf{H}$가 양정이라면 식 (11.25)에 대한 최솟값은 유일하다.

식 (11.25)의 함수에 대해서 최적성 조건($\partial f/\partial(\Delta\mathbf{x}) = 0$)을 쓰면 다음과 같다.

$$\mathbf{c} + \mathbf{H}\Delta\mathbf{x} = 0 \tag{11.26}$$

$\mathbf{H}$가 정칙행렬이라고 가정하면, $\Delta\mathbf{x}$에 대해서 다음과 같은 표현식을 얻는다.

$$\Delta\mathbf{x} = -\mathbf{H}^{-1}\mathbf{c} \tag{11.27}$$

$\Delta\mathbf{x}$에 대해서 이 값을 사용하면, 설계값은 다음과 같이 갱신된다.

$$\mathbf{x}^{(1)} = \mathbf{x}^{(0)} + \Delta\mathbf{x} \tag{11.28}$$

식 (11.25)는 점 $\mathbf{x}^{(0)}$에서 f에 대한 하나의 근삿값이기 때문에, $\mathbf{x}^{(1)}$은 $f(\mathbf{x})$의 엄밀한 최소점은 아닐 것이다. 그러므로 이 과정은 최솟값에 다다를 때까지 개선된 추정값을 얻기 위해서 반복되어야 할 것이다.

뉴턴법의 각 반복과정에서는 목적함수의 헷세행렬 계산이 요구된다. 헷세행렬은 대칭 행렬이기 때문에 $n(n + 1)/2$개의 $f(\mathbf{x})$의 2계 도함수에 대한 계산이 필요하다(n은 설계변수의 수이다). 이는 상당한 계산 노력을 요구할 수 있다.

11.4.2 수정 뉴턴법

고전적 뉴턴법은 식 (11.27)에서 설계변화 $\Delta\mathbf{x}$의 계산과 관련해서 이동거리를 갖지 않는다는 것에 유의한다. 즉 이동거리는 1이다(이동거리 1을 이상 이동거리 또는 뉴턴 이동이라고 부른다). 그러므로 매 반복과정에서 목적함수가 감소[즉, $f(\mathbf{x}^{(k+1)}) < f(\mathbf{x}^{(k)})$임을 확인하는 것]될 것이라고 확인할 수 있는 방법이 없다. 따라서 이 방법은 많은 계산이 요구되는 2차 정보를 사용함에도 불구하고 국소적 최소점에 수렴하는 것이 보장되지 않는다.

이러한 상황은 설계변화 $\Delta\mathbf{x}$의 계산에 이동거리를 사용하면 바로 잡을 수 있다. 다른 말로, 식 (11.27)의 해를 탐색방향으로 간주하고 그 방향으로 이동거리를 계산하기 위하여 어떤 1차원 탐색방법이라도 사용하는 것이다. 이러한 방법을 수정 뉴턴법이라고 한다. 이를 단계별로 설명한다.

1단계: 시작점 $\mathbf{x}^{(0)}$에 대한 공학적인 추정을 수행한다. 반복수를 $k = 0$으로 놓는다. 종료 판정기준에 대한 허용 오차 ε을 선택한다.

2단계: $c_i^{(k)} = \partial f(\mathbf{x}^{(k)})/\partial x_i$를 $i = 1$에서 n까지 계산한다. $\|\mathbf{c}^{(k)}\| < \varepsilon$이면 반복과정을 종료하고, 아니면 계속한다.

3단계: 헷세행렬 $\mathbf{H}^{(k)}$를 현재점 $\mathbf{x}^{(k)}$에서 계산한다.

4단계: 식 (11.27)을 풀어서 다음과 같이 탐색방향을 계산한다.

$$\mathbf{d}^{(k)} = -\left[\mathbf{H}^{(k)}\right]^{-1}\mathbf{c}^{(k)} \tag{11.29}$$

$\mathbf{d}^{(k)}$의 계산식은 상징적인 의미로 쓰인 것에 유의한다. 계산 효율을 위해서는 선형방정식 $\mathbf{H}^{(k)}\mathbf{d}^{(k)} = -\mathbf{c}^{(k)}$는 헷세행렬의 역행렬을 계산하기보다는 직접 계산한다.

5단계: 설계를 $\mathbf{x}^{(k+1)} = \mathbf{x}^{(k)} + \alpha_k\mathbf{d}^{(k)}$와 같이 갱신한다. 여기서 α_k는 $f(\mathbf{x}^{(k)} + \alpha\mathbf{d}^{(k)})$를 최소화하도록 결정한다. α를 계산하기 위해서 어떠한 일차원 탐색 절차도 사용할 수 있을 것이다.

6단계: $k = k + 1$로 정하고 2단계로 진행한다.

여기서 $\mathbf{H}$가 양정행렬이 아니면 식 (11.29)로 결정되는 방향 $\mathbf{d}^{(k)}$는 목적함수에 대한 강하방향이 아닐 수 있다는 것을 유념하는 것이 중요하다. 이를 알아보기 위해서 식 (11.29)의 $\mathbf{d}^{(k)}$를 식 (11.2)의 강하조건에 대입하면 다음을 얻는다.

$$-\mathbf{c}^{(k)T}\mathbf{H}^{-1}\mathbf{c}^{(k)} < 0 \tag{11.30}$$

위의 조건은 $\mathbf{H}$가 양정이면 항상 만족될 것이다. $\mathbf{H}$가 음정 또는 음반정이면 이 조건은 위배된다. 부정 또는 양반정의 $\mathbf{H}$라면 이 조건은 만족할 수도 만족하지 않을 수도 있어서 이를 확인해야 한다. 4단계에서 얻은 방향이 목적함수에 대한 강하방향이 아니라면, 양의 이동거리를 결정할 수 없기 때문에 종료해야 한다. 앞의 논의에 따라서 뉴턴 탐색방향에 대해서는 이동거리를 계산하기 전에 식 (11.2)의 강하조건을 매 반복과정에서 확인해야 한다. 뒤에서 준뉴턴법을 다루게 되는데 이 방법들은 양정의 성질이 유지되는 헷세행렬에 대한 근사를 사용하며, 이런 까닭으로 탐색방향은 항상 강하방향이다.

예제 11.6과 11.7은 수정 뉴턴법을 설명한다.

예제 11.6 **수정 뉴턴법의 사용**

다음을 최소화하라.

$$f(\mathbf{x}) = 3x_1^2 + 2x_1x_2 + 2x_2^2 + 7 \tag{a}$$

수정 뉴턴법을 사용하고 시작점은 (5, 10)을 사용한다. 종료 판정기준으로 $\varepsilon = 0.0001$을 사용한다.

풀이

수정 뉴턴법의 단계들을 따른다.

1단계: $\mathbf{x}^{(0)}$는 (5, 10)으로 주어진다.

2단계: 점 (5, 10)에서의 경사도 벡터 $\mathbf{c}^{(0)}$은 다음과 같이 계산된다.

$$\mathbf{c}^{(0)} = \left(6x_1 + 2x_2,\, 2x_1 + 4x_2\right) = (50, 50) \tag{b}$$

$$\left\|\mathbf{c}^{(0)}\right\| = \sqrt{50^2 + 50^2} = 50\sqrt{2} > \varepsilon \tag{c}$$

그러므로 수렴 판정기준을 만족하지 않는다.

3단계: 점 (5, 10)에서의 헷세행렬은 다음과 같이 주어진다.

$$\mathbf{H}^{(0)} = \begin{bmatrix} 6 & 2 \\ 2 & 4 \end{bmatrix} \tag{d}$$

헷세행렬은 설계변수에 무관하고 양정(고유값이 7.24와 2.76이므로)이라는 것에 유의한다. 그러므로 뉴턴 방향은 매 반복과정에서 강하 조건을 만족한다.

4단계: 설계 변화의 방향은 다음과 같다.

$$\mathbf{d}^{(0)} = -\mathbf{H}^{-1}\mathbf{c}^{(0)} = \frac{-1}{20}\begin{bmatrix} 4 & -2 \\ -2 & 6 \end{bmatrix}\begin{bmatrix} 50 \\ 50 \end{bmatrix} = \begin{bmatrix} -5 \\ -10 \end{bmatrix} \tag{e}$$

5단계: $f(\mathbf{x}^{(0)} + \alpha\mathbf{d}^{(0)})$를 최소화하는 이동거리 α를 계산한다.

$$\mathbf{x}^{(1)} = \mathbf{x}^{(0)} + \alpha \mathbf{d}^{(0)} = \begin{bmatrix} 5 \\ 10 \end{bmatrix} + \alpha \begin{bmatrix} -5 \\ -10 \end{bmatrix} = \begin{bmatrix} 5 & -5\alpha \\ 10 & -10\alpha \end{bmatrix} \tag{f}$$

$$\frac{df}{d\alpha} = 0; \quad \text{or} \quad \left(\nabla f\left(\mathbf{x}^{(1)}\right) \cdot \mathbf{d}^{(0)} \right) = 0 \tag{g}$$

위 식 (g)에서는 식 (11.22)에서 보였던 미분의 연쇄법칙이 사용되었다. 2단계 계산을 이용하여 $\nabla f(\mathbf{x}^{(1)})$와 내적 $(\nabla f(\mathbf{x}^{(1)}) \cdot \mathbf{d}^{(0)})$을 다음과 같이 계산한다.

$$\nabla f(\mathbf{x}^{(1)}) = \begin{bmatrix} 6(5-5\alpha) + 2(10-10\alpha) \\ 2(5-5\alpha) + 4(10-10\alpha) \end{bmatrix} = \begin{bmatrix} 50-50\alpha \\ 50-50\alpha \end{bmatrix} \tag{h}$$

$$\left(\nabla f\left(\mathbf{x}^{(1)}\right) \cdot \mathbf{d}^{(0)} \right) = \left(50-50\alpha, \quad 50-50\alpha\right) \begin{bmatrix} -5 \\ -10 \end{bmatrix} = 0 \tag{i}$$

$$\text{Or} \quad -5(50-50\alpha) - 10(50-50\alpha) = 0 \tag{j}$$

앞의 식을 풀면, $\alpha = 1$을 얻는다. 황금분할 탐색도 $\alpha = 1$을 준다는 것에 유의하자. 그러므로

$$\mathbf{x}^{(1)} = \begin{bmatrix} 5-5\alpha \\ 10-10\alpha \end{bmatrix} = \begin{bmatrix} 0 \\ 0 \end{bmatrix} \tag{k}$$

$\mathbf{x}^{(1)}$에서 목적함수의 경사도는 다음과 같이 계산된다.

$$\mathbf{c}^{(1)} = \begin{bmatrix} 50-50\alpha \\ 50-50\alpha \end{bmatrix} = \begin{bmatrix} 0 \\ 0 \end{bmatrix} \tag{l}$$

$\| \mathbf{c}^{(k)} \| < \varepsilon$이기 때문에 뉴턴법은 단 한 번의 반복으로 해를 준다. 이는 함수가 양정의 2차 형식(f의 헷세 행렬이 모든 곳에서 양정이다)이기 때문이다. 헷세행렬의 조건수는 1이 아니라는 것에 유의한다. 그러므로 최속강하법은 예제 11.4와 11.5의 경우와 같이 한 번의 반복으로 수렴하지 않을 것이다.

수정 뉴턴법에 기반한 컴퓨터 프로그램을 부록 B에 실었다. 이 프로그램은 세 개의 사용자 제공 서브루틴들 FUNCT, GRAD 과 HASN이 필요하다. 이 서브루틴들은 각각 목적함수, 경사도와 목적함수의 헷세행렬을 계산한다. 이 프로그램은 예제 11.7의 문제를 푸는 데 사용되었다.

예제 11.7	수정 뉴턴법 사용

다음을 최소화하라.

$$f(\mathbf{x}) = 10x_1^4 - 20x_1^2 x_2 + 10x_2^2 + x_1^2 - 2x_1 + 5 \tag{a}$$

부록 B에 주어진 수정 뉴턴법 컴퓨터 프로그램을 사용하고, 시작점은 (−1, 3)으로 한다. 이동거리 결정을 위해서 $\delta = 0.05$와 선 탐색 정확도 0.0001로 황금분할 탐색을 사용할 수 있을 것이다. 종료 판정기준은 $\varepsilon = 0.005$를 사용한다.

풀이

$f(\mathbf{x})$가 설계변수에 대해서 2차 형식이 아니라는 것에 유의한다. 그러므로 뉴턴법으로 오직 한 번의 반복으

로 수렴할 것이라고 기대할 수 없다. $f(\mathbf{x})$의 경사도는 다음과 같이 주어진다.

$$\mathbf{c} = \nabla f(\mathbf{x}) = \left(40x_1^3 - 40x_1x_2 + 2x_1 - 2, \; -20x_1^2 + 20x_2\right) \tag{b}$$

또, $f(\mathbf{x})$의 헷세행렬은 다음과 같다.

$$\mathbf{H} = \nabla^2 f(\mathbf{x}) = \begin{bmatrix} 120x_1^2 - 40x_2 + 2 & -40x_1 \\ -40x_1 & 20 \end{bmatrix} \tag{c}$$

이 문제에 대한 수정 뉴턴법의 적용 결과를 표 11.2에 정리했다. 최적점은 (1, 1)이고, $f(\mathbf{x})$의 최적값은 4.0이다. 뉴턴법은 8번의 반복으로 최적해에 수렴하였다. 그림 11.8은 함수의 등고선과 초기 설계 (−1, 3)으로부터 이 방법의 과정을 보여준다. 이동거리가 반복과정의 후반부에서는 근사적으로 1과 같다는 것에 유의한다. 이는 함수가 최적점에 충분히 가까운 곳에서 2차 함수와 비슷하고 2차 함수에 대한 이동거리는 단위 값과 같기 때문이다.

일반적인 응용문제에 있어서 수정 뉴턴법의 단점은 다음과 같다.

1. 이 방법은 매 반복마다 2계 도함수의 계산이 필요한데 이는 보통 많은 시간이 요구된다. 일부 응용 문제에 있어서는 이런 도함수를 계산하는 것은 가능하지 않을 수도 있다. 또한 식 (11.29)의 선형방정식을 풀어야 한다. 그러므로 최속강하법이나 공액경사법에 비해서 이 방법은 매 반복마다 상당히 많은 계산을 요구한다.

2. 목적함수의 헷세행렬은 어떤 반복과정에서 비정칙일 수 있다. 그러면 식 (11.29)는 탐색방향을 계산하는 데 사용할 수 없다. 또한 헷세행렬이 양정이지 않으면, 앞에 논의한 것과 같이 탐색방향은 목적함수의 강하방향이라는 것을 보장할 수 없다.

3. 이 방법은 헷세행렬이 양정으로 남아있고 설계를 갱신하기 위하여 탐색방향으로 이동거리를 계산하지 않는 한 수렴하지 않는다. 그러나 이 방법은 수렴할 때는 2차의 수렴률을 갖는다. 엄밀하게 볼록인 2차 함수에 대해서 이 방법은 어떤 점에서 출발해도 단 1번의 반복으로 수렴한다.

예제 11.8에서 최속강하법, 공액경사법, 수정 뉴턴법을 비교한 결과가 제시되어 있다.

표 11.2 수정 뉴턴법에 의한 예제 11.7의 최적해

$f(\mathbf{x}) = 10x_1^4 - 20x_1^2x_2 + 10x_2^2 + x_1^2 - 2x_1 + 5$	
Starting point	−1, 3
Optimum design variables	9.99880E−01, 9.99681E−01
Optimum cost function value	4.0
Norm of gradient at optimum	3.26883E−03
Number of iterations	8
Number of function evaluations	198

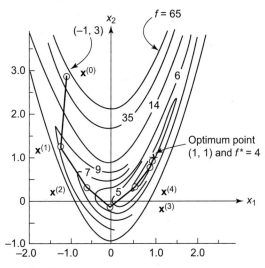

그림 11.8 뉴턴법 예제 11.7의 반복 이력

최속강하법, 공액경사법, 수정 뉴턴법의 비교

다음을 최소화하라.

$$f(\mathbf{x}) = 50\left(x_2 - x_1^2\right)^2 + \left(2 - x_1\right)^2 \tag{a}$$

시작점은 (5, –5)로 한다. 최속강하법, 수정 뉴턴법, 공액경사법을 사용하고 성능을 비교하라.

풀이

함수의 최소점은 (2, 4)이고 $f(2, 4) = 0$이다. 문제를 풀 때 정확한 경사도 표현식과 $\varepsilon = 0.005$를 사용하고, 부록 B의 최속강하법, 뉴턴법 프로그램과 IDESIGN에서 이용 가능한 공액경사법을 사용한다. 표 11.3에 세 방법으로 구한 최종 결과를 정리하였다.

최속강하법에서는 $\delta_0 = 0.05$와 선 탐색 종료 판정기준 0.00001을 사용하였다. 수정 뉴턴법에 대해서는 각각 0.05와 0.0001이 사용되었다. 두 방법 모두에서 황금분할 탐색이 사용되었다. 이 문제에서 최속강하법

표 11.3 예제 11.8에 대한 세 방법의 비교 평가

$f(x) = 50\left(x_2 - x_1^2\right)^2 + \left(2 - x_1\right)^2$			
	Steepest-descent	**Conjugate gradient**	**Modified Newton**
x_1	1.9941E+00	2.0000E+00	2.0000E+00
x_2	3.9765E+00	3.9998E+00	3.9999E+00
f	3.4564E−05	1.0239E−08	2.5054E−10
$\|\mathbf{c}\|$	3.3236E−03	1.2860E−04	9.0357E−04
Number of function evaluations	138236	65	349
Number of iterations	9670	22	13

이 가장 비효율적이고 공액경사법이 가장 효율적이라는 것을 다시 관찰할 수 있다. 그러므로 일반 응용문제에 대해서 공액경사법이 추천된다.

11.4.3 마퀴트 변형

앞에 주목한 것처럼 수정 뉴턴법은 수치적 어려움을 일으킬 수 있는 여러 가지 단점이 있다. 예를 들어, 목적함수의 헷세행렬 $\mathbf{H}$가 양정이 아니면 식 (11.29)로 결정된 방향은 목적함수의 강하방향이 아닐 수 있다. 이런 경우, 이동은 그 방향을 따라서 일어날 수 없다. 마퀴트(1963)는 이 방향탐색 과정에 대해서 최속강하법과 뉴턴법의 바람직한 특성을 갖도록 개선방안을 제시하였다. 이 개선안은 해에서 멀리 있으면 거기서 좋은 성능을 보이는 최속강하법처럼 움직인다. 해의 근처에서는 이 곳에서 매우 효과적인 뉴턴법처럼 움직인다.

마퀴트 방법에서는 헷세행렬은 $(\mathbf{H} + \lambda\mathbf{I})$와 같이 변경되는데 여기서 λ는 양의 상수이다. λ는 처음에 하나의 큰 수로 시작하고 반복과정이 진행되면서 줄어든다. 탐색방향은 식 (11.29)로부터 다음과 같이 계산된다.

$$\mathbf{d}^{(k)} = -\left[\mathbf{H}^{(k)} + \lambda_k \mathbf{I}\right]^{-1} \mathbf{c}^{(k)} \tag{11.31}$$

λ가 클 때 $\mathbf{H}$의 영향은 거의 무시되고, $\mathbf{d}^{(k)}$는 거의 $-(1/\lambda)\mathbf{c}^{(k)}$가 되는데 이는 $1/\lambda$의 이동거리를 갖는 최속강하 방향이라는 것에 주목한다.

알고리즘이 진행될 때 λ는 줄어든다(즉, 이동거리는 증가한다). λ가 충분히 작아지면, $\lambda\mathbf{I}$의 영향은 거의 무시되고 식 (11.31)로부터 뉴턴 방향이 얻어진다. 식 (11.31)의 방향 $\mathbf{d}^{(k)}$가 목적함수를 줄이지 못하면, λ는 증가하고(이동거리가 줄어든다), 탐색방향은 재계산된다. 마퀴트 알고리즘을 다음과 같이 단계별로 정리하였다.

1단계: 공학적으로 초기 시작 설계 $\mathbf{x}^{(0)}$를 추정한다. 반복수를 $k = 0$으로 놓는다. 종료 판정기준으로 허용오차 λ을 정하고 큰 수 λ_0를 선택(예를 들어 1000)한다.

2단계: $i = 1$에서 n까지에 대해서 $\mathbf{c}_i^{(k)} = \partial f(\mathbf{x}^{(k)})/\partial x_i$를 계산한다. $\|\mathbf{c}^{(k)}\| < \varepsilon$이면 종료하고, 아니면 계속한다.

3단계: 헷세행렬 $\mathbf{H}(\mathbf{x}^{(k)})$를 계산한다.

4단계: 식 (11.31)을 풀어서 탐색방향을 계산한다.

5단계: $f(\mathbf{x}^{(k)} + \mathbf{d}^{(k)}) < f(\mathbf{x}^{(k)})$이면 계속하고, 아니면 λ_k를 증가(예를 들어 $2\lambda_k$로)시킨다. 4단계로 진행한다.

6단계: λ_k를 감소시킨다(예를 들어 $\lambda_k + 1 = 0.5\lambda_k$). $k = k + 1$로 놓고 2단계로 진행한다.

11.5 탐색방향 결정: 준뉴턴법

10.6절에서 최속강하법에 대해서 설명했었고, 그 방법의 결점에 대해서 언급했다. 최속강하법은 1계

정보만을 사용하기 때문에 나쁜 수렴률을 갖는 것에 주목했다. 그리고 이 결점은 뉴턴법으로 해결되었는데, 이 방법은 2계 도함수를 사용하는 것이었다. 뉴턴법은 매우 좋은 수렴 특성을 갖는다. 그러나 헷세행렬의 구성을 위해 $n(n + 1)/2$번(n은 설계변수의 수이다)의 2계 도함수 계산을 요하기 때문에 비효율적이 될 수 있다. 대부분의 공학설계문제에 있어서 2계 도함수를 계산하는 것은 장황하고 불가능할 수도 있다. 더욱이 함수의 헷세행렬이 반복과정 중 비정칙이라면 뉴턴법은 어려움에 봉착한다.

이 절에서 소개되는 방법들은 매 반복과정에서 헷세행렬이나 그 역행렬에 대한 근사를 만들어서 뉴턴법의 이러한 결점들을 극복한다. 이 근사를 만들기 위해서는 함수의 1계 도함수만을 사용한다. 그러므로 이 방법들은 최속강하법과 뉴턴법의 바람직한 특징을 모두 가지고 있다. 이런 방법을 **준뉴턴법**이라 부른다.

최초에 준뉴턴법은 양정 2차함수에 대해서 개발되었다. 이런 함수에 대해서 준뉴턴법은 많아야 n번의 반복으로 정확한 해에 수렴한다. 그러나 일반적인 목적함수에 대해서는 이러한 이상적인 동작은 이루어지지 않으며, 공액경사법과 같이 보통 매 $(n + 1)$번 반복마다 재시작하는 것이 필요하다.

헷세행렬이나 이의 역행렬을 근사하기 위해서는 여러 가지 방법이 있다. 이들 방법의 기본적인 착안점은 연속되는 두 반복과정에서 헷세행렬의 현재 근삿값을 경사도 벡터와 설계의 변화라는 두 조각의 정보를 이용하여 갱신하는 것이다. 갱신 중에는 대칭과 양정이라는 성질이 유지된다. 양정이라는 성질은 중요한데, 이 성질이 없으면 탐색방향은 목적함수에 대하여 강하방향이 아닐 수 있기 때문이다.

갱신 과정의 유도는 교차방정식(Gill et al., 1981; Nocedal과 Wright, 2006)이라 부르는 준뉴턴 조건에 기반하고 있다. 이 방정식은 탐색방향 $\mathbf{d}^{(k)}$에서 두 연속점 $\mathbf{x}^{(k)}$와 $\mathbf{x}^{(k+1)}$에서 목적함수의 구배가 같아지도록 놓음으로써 얻는다. 이 조건의 강제는 목적함수의 헷세행렬이나 이의 역행렬을 갱신하는 수식을 준다. 엄밀하게 볼록 2차 함수에 대해서 이 갱신과정은 n번의 반복으로 정확한 헷세행렬에 수렴한다. 다음에 준뉴턴법에서 가장 대표적인 두 방법을 설명한다.

11.5.1 역 헷세행렬 갱신: DFP 방법

DFP 방법은 데이비돈(1959)에 의해 처음 제안되었고, 플래처와 파워웰(1963)에 의해서 개선되었는데 이 방법을 여기서 설명한다. DFP 방법은 일반함수 $f(\mathbf{x})$의 최소화를 위한 가장 강력한 방법 중의 하나이다. 이 방법은 1계 도함수만을 이용해서 $f(\mathbf{x})$의 헷세행렬에 대한 근사 역행렬을 만들어낸다. 이 방법은 종종 데이비돈-플래처-파워웰(DFP) 방법으로 불린다.

1단계: 초기 설계 $\mathbf{x}^{(0)}$를 추정한다. 목적함수 헷세행렬의 역행렬에 대한 추정값으로 대칭 양정인 $n \times n$ 행렬 $\mathbf{A}^{(0)}$를 선택한다. 별도 정보가 없는 경우는 $\mathbf{A}^{(0)} = \mathbf{I}$를 사용할 수 있다. 또한 수렴인자 ε을 정하고, $k = 0$으로 설정한다. $\mathbf{c}^{(0)} = \nabla f(\mathbf{x}^{(0)})$와 같이 경사도 벡터를 계산한다.

2단계: 경사도 벡터의 크기 $\|\mathbf{c}^{(k)}\|$를 계산한다. If $\|\mathbf{c}^{(k)}\| < \varepsilon$이면 반복 과정을 종료하고, 아니면 계속 진행한다.

3단계: 다음과 같이 탐색방향을 계산한다.

$$\mathbf{d}^{(k)} = -\mathbf{A}^{(k)}\mathbf{c}^{(k)} \tag{11.32}$$

4단계: 최적 이동거리를 계산한다.

$$\alpha_k = \alpha \text{ to minimize } f\left(\mathbf{x}^{(k)} + \alpha\mathbf{d}^{(k)}\right) \tag{11.33}$$

5단계: 다음과 같이 설계를 갱신한다.

$$\mathbf{x}^{(k+1)} = \mathbf{x}^{(k)} + \alpha_k\mathbf{d}^{(k)} \tag{11.34}$$

6단계: 행렬 $\mathbf{A}^{(k)}$(목적함수에 대한 헷세행렬의 역행렬에 대한 근사)를 다음과 같이 갱신한다.

$$\mathbf{A}^{(k+1)} = \mathbf{A}^{(k)} + \mathbf{B}^{(k)} + \mathbf{C}^{(k)} \tag{11.35}$$

여기서 수정 행렬 $\mathbf{B}^{(k)}$와 $\mathbf{C}^{(k)}$는 다음과 같이 주어진다.

$$\mathbf{B}^{(k)} = \frac{\mathbf{s}^{(k)}\mathbf{s}^{(k)T}}{\left(\mathbf{s}^{(k)} \cdot \mathbf{y}^{(k)}\right)}; \quad \mathbf{C}^{(k)} = \frac{-\mathbf{z}^{(k)}\mathbf{z}^{(k)T}}{\left(\mathbf{y}^{(k)} \cdot \mathbf{z}^{(k)}\right)} \tag{11.36}$$

$$\mathbf{s}^{(k)} = \alpha_k\mathbf{d}^{(k)}(\text{설계의 변화량}); \quad \mathbf{y}^{(k)} = \mathbf{c}^{(k+1)} - \mathbf{c}^{(k)}(\text{도함수의 변화량}) \tag{11.37}$$

$$\mathbf{c}^{(k+1)} = \nabla f\left(\mathbf{x}^{(k+1)}\right); \quad \mathbf{z}^{(k)} = \mathbf{A}^{(k)}\mathbf{y}^{(k)} \tag{11.38}$$

7단계: $k = k + 1$로 놓고 2단계로 진행한다.

이 방법의 첫 번째 반복과정은 최속강하법과 같다는 것에 주목한다. 플래처와 파워웰(1963)은 다음과 같은 알고리즘의 성질을 증명했다.

1. 모든 k에 대해서 행렬 $\mathbf{A}^{(k)}$는 양정이다. 이 성질은 이 방법이 항상 국소적 최소점에 수렴할 것이라는 것을 의미한다. $\mathbf{c}^{(k)} \neq 0$을 만족하는 한 다음이 성립하기 때문이다.

$$\frac{d}{d\alpha}f\left(\mathbf{x}^{(k)} + \alpha\mathbf{d}^{(k)}\right)\big|_{a=0} = -\mathbf{c}^{(k)T}\mathbf{A}^{(k)}\mathbf{c}^{(k)} < 0 \tag{11.39}$$

이는 $\mathbf{c}^{(k)} \neq 0$이라면 $\alpha > 0$를 선택해서 $f(\mathbf{x}^{(k)})$가 감소할 수 있다는 것을 의미한다(즉, $\mathbf{d}^{(k)}$는 강하방향이다).

2. 이 방법을 양정 2차 형식에 적용했을 때, $\mathbf{A}^{(k)}$는 그 2차 형식에 대한 헷세행렬의 역행렬에 수렴한다.

예제 11.9는 DFP 방법의 두 반복과정에 대한 계산을 설명한다.

다음 문제에 대해서 DFP 방법으로 (1, 2)를 시작점으로 하여 2회의 반복을 수행한다.

다음을 최소화하라.

$$f(\mathbf{x}) = 5x_1^2 + 2x_1x_2 + x_2^2 + 7 \qquad \text{(a)}$$

풀이

알고리즘의 각 단계를 따르기로 한다.

반복 1 ($k = 0$)

1. $\mathbf{x}^{(0)} = (1, 2)$, $\mathbf{A}^{(0)} = \mathbf{I}$, $k = 0$, $\varepsilon = 0.001$, $\mathbf{c}^{(0)} = (10x_1 + 2x_2, 2x_1 + 2x_2) = (14, 6)$

2. $\left\| \mathbf{c}^{(0)} \right\| = \sqrt{14^2 + 6^2} = 15.232 > \varepsilon$, 따라서 계속한다.

3. $\mathbf{d}^{(0)} = -\mathbf{c}^{(0)} = (-14, -6)$

4. $\mathbf{x}^{(1)} = \mathbf{x}^{(0)} + \alpha\mathbf{d}^{(0)} = (1 - 14\alpha, 2 - 6\alpha)$

$$f\left(\mathbf{x}^{(1)}\right) = f(\alpha) = 5(1-14\alpha)^2 + 2(1-14\alpha)(2-6\alpha) + (2-6\alpha)^2 + 7 \qquad \text{(b)}$$

$$\frac{df}{d\alpha} = 5(2)(-14)(1-14\alpha) + 2(-14)(2-6\alpha) + 2(-6)(1-14\alpha) + 2(-6)(2-6\alpha) = 0$$

$$\alpha_0 = 0.099 \qquad \text{(c)}$$

$$\frac{d^2 f}{d\alpha^2} = 2348 > 0$$

그러므로 이동거리 $\alpha = 0.099$는 수용 가능하다.

5. $\mathbf{x}^{(1)} = \mathbf{x}^{(0)} + \alpha_0\mathbf{d}^{(0)} = \begin{bmatrix} 1 \\ 2 \end{bmatrix} + 0.099 \begin{bmatrix} -14 \\ -6 \end{bmatrix} = \begin{bmatrix} -0.386 \\ 1.407 \end{bmatrix}$

6. $\mathbf{s}^{(0)} = \alpha_0\mathbf{d}^{(0)} = (-1.386, -0.593)$; $\mathbf{c}^{(1)} = (-1.046, 2.042)$ \qquad (d)

$$\mathbf{y}^{(0)} = \mathbf{c}^{(1)} - \mathbf{c}^{(0)} = (-15.046, -3.958); \quad \mathbf{z}^{(0)} = \mathbf{y}^{(0)} = (-15.046, -3.958) \qquad \text{(e)}$$

$$\left(\mathbf{s}^{(0)} \cdot \mathbf{y}^{(0)}\right) = 23.20; \quad \left(\mathbf{y}^{(0)} \cdot \mathbf{z}^{(0)}\right) = 242.05 \qquad \text{(f)}$$

$$\mathbf{s}^{(0)}\mathbf{s}^{(0)T} = \begin{bmatrix} 1.921 & 0.822 \\ 0.822 & 0.352 \end{bmatrix}; \quad \mathbf{B}^{(0)} = \frac{\mathbf{s}^{(0)}\mathbf{s}^{(0)T}}{\left(\mathbf{s}^{(0)} \cdot \mathbf{y}^{(0)}\right)} = \begin{bmatrix} 0.0828 & 0.0354 \\ 0.0354 & 0.0152 \end{bmatrix} \qquad \text{(g)}$$

$$\mathbf{z}^{(0)}\mathbf{z}^{(0)T} = \begin{bmatrix} 226.40 & 59.55 \\ 59.55 & 15.67 \end{bmatrix}; \quad \mathbf{C}^{(0)} = -\frac{\mathbf{z}^{(0)}\mathbf{z}^{(0)T}}{\left(\mathbf{y}^{(0)} \cdot \mathbf{z}^{(0)}\right)} = \begin{bmatrix} -0.935 & -0.246 \\ -0.246 & -0.065 \end{bmatrix} \qquad \text{(h)}$$

$$\mathbf{A}^{(1)} = \mathbf{A}^{(0)} + \mathbf{B}^{(0)} + \mathbf{C}^{(0)} = \begin{bmatrix} 0.148 & -0.211 \\ -0.211 & 0.950 \end{bmatrix} \qquad \text{(i)}$$

반복 2 ($k = 1$)는 알고리즘의 2단계부터 시작한다

2. $\| \mathbf{c}^{(1)} \| = 2.29 > \varepsilon$, 그러므로 계속한다.

3. $\mathbf{d}^{(1)} = -\mathbf{A}^{(1)}\mathbf{c}^{(1)} = (0.586, -1.719)$. 이를 최속강하법 강하방향 $\mathbf{d}^{(1)} = -\mathbf{c}^{(1)} = (1.046, -2.042)$와 비교해보라.

4. 이동거리 결정:

minimize $f(\mathbf{x}^{(1)} + -\mathbf{d}^{(1)})$; $\alpha_1 = 0.776$

5. $\mathbf{x}^{(2)} = \mathbf{x}^{(1)} + \alpha_1\mathbf{d}^{(1)} = (-0.386, 1.407) + 0.776(0.586, -1.719) = (0.069, 0.073)$

6. $\mathbf{s}^{(1)} = \alpha_1\mathbf{d}^{(1)} = (0.455, -1.334)$

$$\mathbf{c}^{(2)} = (0.836, 0.284); \quad \mathbf{y}^{(1)} = \mathbf{c}^{(2)} - \mathbf{c}^{(1)} = (1.882, -1.758) \tag{j}$$

$$\mathbf{z}^{(1)} = \mathbf{A}^{(1)}\mathbf{y}^{(1)} = (0.649, -2.067); \quad \left(\mathbf{s}^{(1)} \cdot \mathbf{y}^{(1)}\right) = 3.201; \quad \left(\mathbf{y}^{(1)} \cdot \mathbf{z}^{(1)}\right) = 4.855 \tag{k}$$

$$\mathbf{s}^{(1)}\mathbf{s}^{(1)T} = \begin{bmatrix} 0.207 & -0.607 \\ -0.607 & 1.780 \end{bmatrix}; \quad \mathbf{B}^{(1)} = \frac{\mathbf{s}^{(1)}\mathbf{s}^{(1)T}}{\left(\mathbf{s}^{(1)} \cdot \mathbf{y}^{(1)}\right)} = \begin{bmatrix} 0.0647 & -0.19 \\ -0.19 & 0.556 \end{bmatrix} \tag{l}$$

$$\mathbf{z}^{(1)}\mathbf{z}^{(1)T} = \begin{bmatrix} 0.421 & -1.341 \\ -1.341 & 4.272 \end{bmatrix}; \quad \mathbf{C}^{(1)} = \frac{\mathbf{z}^{(1)}\mathbf{z}^{(1)T}}{\left(\mathbf{y}^{(1)} \cdot \mathbf{z}^{(1)}\right)} = \begin{bmatrix} -0.0867 & 0.276 \\ 0.276 & -0.880 \end{bmatrix} \tag{m}$$

$$\mathbf{A}^{(2)} = \mathbf{A}^{(1)} + \mathbf{B}^{(1)} + \mathbf{C}^{(1)} = \begin{bmatrix} 0.126 & -0.125 \\ -0.125 & 0.626 \end{bmatrix} \tag{o}$$

행렬 $\mathbf{A}^{(2)}$가 목적함수 헷세행렬의 역행렬과 상당히 가까움을 확인할 수 있다. 추가적인 DFP 방법의 1회 반복으로 최적해 (0, 0)을 얻을 수 있다.

11.5.2 직접 헷세행렬 갱신: BFGS 방법

매 반복과정에서 헷세행렬의 역행렬보다 헷세행렬을 갱신하는 것도 가능하다. 몇몇의 이런 갱신 방법이 사용 가능하지만, 응용 문제에 있어서 가장 효과적이라고 증명된 유명한 방법을 설명할 것이다. 이 방법에 대한 상세한 유도과정은 Gill et al. (1981)과 Nocedal과 Wright (2006)의 문헌에서 찾아볼 수 있다. 이 방법은 브로이던-플래처-골드파브-샤노(BFGS) 법으로 알려져 있으며 다음의 알고리즘으로 정리한다.

1단계: 초기 설계 $\mathbf{x}^{(0)}$을 추정한다. 목적함수의 헷세행렬에 대한 추정값으로 대칭 양정 $n \times n$ 행렬 $\mathbf{H}^{(0)}$을 선택한다. 정보가 없는 경우에는 $\mathbf{H}^{(0)} = \mathbf{I}$로 놓는다. 수렴 인자 ε을 선정하고, $k = 0$으로 놓는다. 경사도 벡터 $\mathbf{c}^{(0)} = \nabla f(\mathbf{x}^{(0)})$를 계산한다.

2단계: 경사도 벡터의 크기 $\|\mathbf{c}^{(k)}\|$를 계산한다. $\|\mathbf{c}^{(k)}\| < \varepsilon$이면 반복과정을 종료하고, 아니면 계속 진행한다.

3단계: 탐색방향을 얻기 위해 다음의 선형방정식을 푼다.

$$\mathbf{H}^{(k)}\mathbf{d}^{(k)} = -\mathbf{c}^{(k)} \tag{11.40}$$

4단계: 최적 이동거리를 계산한다.

$$\alpha_k = \alpha \text{ to minimize } f\left(\mathbf{x}^{(k)} + \alpha\mathbf{d}^{(k)}\right) \tag{11.41}$$

5단계: 다음과 같이 설계를 갱신한다.

$$\mathbf{x}^{(k+1)} = \mathbf{x}^{(k)} + \alpha_k \mathbf{d}^{(k)} \tag{11.42}$$

6단계: 목적함수에 대한 헷세행렬의 근사를 다음과 같이 갱신한다.

$$\mathbf{H}^{(k+1)} = \mathbf{H}^{(k)} + \mathbf{D}^{(k)} + \mathbf{E}^{(k)} \tag{11.43}$$

여기서 수정 행렬 $\mathbf{D}^{(k)}$와 $\mathbf{E}^{(k)}$는 다음과 같이 주어진다.

$$\mathbf{D}^{(k)} = \frac{\mathbf{y}^{(k)}\mathbf{y}^{(k)T}}{\left(\mathbf{y}^{(k)} \bullet \mathbf{s}^{(k)}\right)}; \quad \mathbf{E}^{(k)} = \frac{\mathbf{c}^{(k)}\mathbf{c}^{(k)T}}{\left(\mathbf{c}^{(k)} \bullet \mathbf{d}^{(k)}\right)} \tag{11.44}$$

$$\mathbf{s}^{(k)} = \alpha_k \mathbf{d}^{(k)} (\text{설계의 변화}); \ \mathbf{y}^{(k)} = \mathbf{c}^{(k+1)} - \mathbf{c}^{(k)} (\text{경사도의 변화}); \ \mathbf{c}^{(k+1)} = \nabla f\left(\mathbf{x}^{(k+1)}\right) \tag{11.45}$$

7단계: $k = k + 1$로 놓고 2단계로 진행한다.

이 방법의 첫 번째 반복과정은 $\mathbf{H}^{(0)} = \mathbf{I}$일 때의 최속강하법의 그것과 동일하다는 것에 다시 한 번 주목한다. BFGS법의 갱신 방식은 정확한 선 탐색이 이루어지면 헷세행렬의 근사를 양정 상태로 유지한다는 것을 보일 수 있다. 이를 아는 것이 중요한데, 왜냐하면 $\mathbf{H}^{(k)}$가 양정이면 탐색방향이 목적함수의 강하방향이라는 것이 보장되기 때문이다. 수치 계산에서는 부정확한 선 탐색이나 반올림 및 절사 오차로 인하여 헷세행렬이 비정칙이거나 부정이 될 수 있기 때문에 어려움에 처할 수 있다. 그러므로 안정적이고 수렴하는 계산과정을 위해 컴퓨터 프로그램에 수치적 어려움에 대한 안전장치를 포함시켜야 한다.

또 다른 매우 유용한 수치과정은 헷세행렬 그 자체보다 헷세행렬의 분해인자(촐레스키 인자)를 갱신하는 것이다. 이와 같은 과정을 통해서 이 행렬은 수치적으로 양정으로 남아있는 것이 보장되며, 선형방정식 $\mathbf{H}^{(k)}\mathbf{d}^{(k)} = -\mathbf{c}^{(k)}$도 좀 더 효율적으로 풀 수 있다.

예제 11.10은 BFGS법의 2회의 반복과정의 계산과정을 설명한다.

예제 11.10 **BFGS 법의 적용**

다음의 문제에 대해서 시작점을 (1, 2)로 하여 BFGS 방법으로 2회의 반복과정을 수행하라.
다음을 최소화하라.

$$f(\mathbf{x}) = 5x_1^2 + 2x_1x_2 + x_2^2 + 7$$

풀이

알고리즘의 각 단계를 따르도록 한다. 첫 번째 반복과정은 예제 11.9에서처럼 목적함수에 대한 최속강하법의 단계가 된다는 것에 주목한다.

반복 1($k = 0$)

1. $\mathbf{x}^{(0)} = (1, 2)$, $\mathbf{H}^{(0)} = \mathbf{I}$, $\varepsilon = 0.001$, $k = 0$

$$\mathbf{c}^{(0)} = \left(10x_1 + 2x_2, 2x_1 + 2x_2\right) = (14, 6) \tag{a}$$

2. $\left\|\mathbf{c}^{(0)}\right\| = \sqrt{14^2 + 6^2} = 15.232 > \varepsilon$, 그러므로 계속한다.

3. $\mathbf{d}^{(0)} = -\mathbf{c}^{(0)} = (-14, -6)$; since $\mathbf{H}^{(0)} = \mathbf{I}$

4. 이동거리 결정(예제 11.9와 같음): $\alpha_0 = 0.099$

5. $\mathbf{x}^{(1)} = \mathbf{x}^{(0)} + \alpha_0 \mathbf{d}^{(0)} = (-0.386, 1.407)$

6. $\mathbf{s}^{(0)} = \alpha_0 \mathbf{d}^{(0)} = (-1.386, -0.593)$; $\mathbf{c}^{(1)} = (-1.046, 2.042)$

$$\mathbf{y}^{(0)} = \mathbf{c}^{(1)} - \mathbf{c}^{(0)} = (-15.046, -3.958); \quad \left(\mathbf{y}^{(0)} \cdot \mathbf{s}^{(0)}\right) = 23.20; \quad \left(\mathbf{c}^{(0)} \cdot \mathbf{d}^{(0)}\right) = -232.0 \tag{b}$$

$$\mathbf{y}^{(0)}\mathbf{y}^{(0)T} = \begin{bmatrix} 226.40 & 59.55 \\ 59.55 & 15.67 \end{bmatrix}; \quad \mathbf{D}^{(0)} = \frac{\mathbf{y}^{(0)}\mathbf{y}^{(0)T}}{\left(\mathbf{y}^{(0)} \cdot \mathbf{s}^{(0)}\right)} = \begin{bmatrix} 9.760 & 2.567 \\ 2.567 & 0.675 \end{bmatrix} \tag{c}$$

$$\mathbf{c}^{(0)}\mathbf{c}^{(0)T} = \begin{bmatrix} 196 & 84 \\ 84 & 36 \end{bmatrix}; \quad \mathbf{E}^{(0)} = \frac{\mathbf{c}^{(0)}\mathbf{c}^{(0)T}}{\left(\mathbf{c}^{(0)} \cdot \mathbf{d}^{(0)}\right)} = \begin{bmatrix} -0.845 & -0.362 \\ -0.362 & -0.155 \end{bmatrix} \tag{d}$$

$$\mathbf{H}^{(1)} = \mathbf{H}^{(0)} + \mathbf{D}^{(0)} + \mathbf{E}^{(0)} = \begin{bmatrix} 9.915 & 2.205 \\ 2.205 & 1.520 \end{bmatrix} \tag{e}$$

반복 2($k = 1$)는 알고리즘의 2단계부터 시작한다.

2. $\left\|\mathbf{c}^{(1)}\right\| = 2.29 > \varepsilon$, 그러므로 계속한다.

3. $\mathbf{H}^{(1)}\mathbf{d}^{(1)} = -\mathbf{c}^{(1)}$; or $\mathbf{d}^{(1)} = (0.597, -2.209)$

4. 이동거리 결정: $\alpha_1 = 0.638$

5. $\mathbf{x}^{(2)} = \mathbf{x}^{(1)} + \alpha_1 \mathbf{d}^{(1)} = (-0.005, -0.002)$

6. $\mathbf{s}^{(1)} = \alpha_1 \mathbf{d}^{(1)} = (0.381, -1.409)$; $\mathbf{c}^{(2)} = (-0.054, -0.014)$

$$\mathbf{y}^{(1)} = \mathbf{c}^{(2)} - \mathbf{c}^{(1)} = (0.992, -2.056); \quad \left(\mathbf{y}^{(1)} \cdot \mathbf{s}^{(1)}\right) = 3.275; \quad \left(\mathbf{c}^{(1)} \cdot \mathbf{d}^{(1)}\right) = -5.135 \tag{f}$$

$$\mathbf{y}^{(1)}\mathbf{y}^{(1)T} = \begin{bmatrix} 0.984 & -2.04 \\ -2.04 & 4.227 \end{bmatrix}; \quad \mathbf{D}^{(1)} = \frac{\mathbf{y}^{(1)}\mathbf{y}^{(1)T}}{\left(\mathbf{y}^{(1)} \cdot \mathbf{s}^{(1)}\right)} = \begin{bmatrix} 0.30 & -0.623 \\ -0.623 & 1.291 \end{bmatrix} \tag{g}$$

$$\mathbf{c}^{(1)}\mathbf{c}^{(1)T} = \begin{bmatrix} 1.094 & -2.136 \\ -2.136 & 4.170 \end{bmatrix}; \quad \mathbf{E}^{(1)} = \frac{\mathbf{c}^{(1)}\mathbf{c}^{(1)T}}{\left(\mathbf{c}^{(1)} \cdot \mathbf{d}^{(1)}\right)} = \begin{bmatrix} -0.213 & 0.416 \\ 0.416 & -0.812 \end{bmatrix} \tag{h}$$

$$\mathbf{H}^{(2)} = \mathbf{H}^{(1)} + \mathbf{D}^{(1)} + \mathbf{E}^{(1)} = \begin{bmatrix} 10.002 & 1.998 \\ 1.998 & 1.999 \end{bmatrix} \tag{i}$$

$\mathbf{H}^{(2)}$는 주어진 목적함수의 헷세행렬에 상당히 가깝다는 것을 확인할 수 있다. 추가적인 1회의 BFGS법 반복 과정은 최적해 (0, 0)을 준다.

11.6   비제약조건 방법의 공학적 응용

비제약조건 최적화 방법이 쓰일 수 있는 공학 응용 분야는 여러 가지가 있다. 예를 들면, 비선형 방정식뿐만 아니라 선형방정식도 비제약조건 최적화 방법으로 풀 수 있다. 이런 방정식들은 구조나 기계의 응답을 계산하는 중에 나타난다. 이런 방법은 유한요소해석 프로그램 같은 상업용 소프트웨어에 포함되어 있다.

11.6.1 자료 보간법

또 다른 비제약조건 최적화 기술의 매우 흔한 응용분야가 이산 수치 자료의 보간법이다. 여기에서는 이산 수치 자료에 대해서 해석적인 표현을 요구한다. 이런 자료는 실험이나 관찰로부터 얻어진다. 예를 들면, 두 변수 x와 y를 연관 짓는 $i = 1$에서 n까지의 이산 자료 (x_i, y_i)를 가지고 있을 수 있다. 이 자료를 함수 $y = q(x)$ 형태로 표현할 필요가 있다. 함수 $q(x)$는 선형(직선), 다항식(곡선), 지수함수, 로그함수, 또는 다른 어떤 함수도 될 수 있다. 유사하게, 셋이나 더 많은 변수를 포함하는 자료를 가지고 있을 수 있다. 이런 경우에는 다변수 함수로 전개할 필요가 있다.

자료의 보간 문제를 **회귀분석**이라 부른다. 이 문제는 비제약조건 최적화 문제로 정식화할 수 있으며, 여기서는 가용 자료와 해석적인 표현식 사이의 오차가 최소화된다. 보간 함수를 표현하는 인자는 최적화 문제의 설계변수로 취급된다. 여러 가지 오차 함수가 정의될 수 있는데, 가장 흔한 오차 함수는 각 이산점에서 오차 제곱의 합이며 다음과 같이 정의된다.

$$f(q) = \sum_{i=1}^{n} \left[y_i - q(x_i) \right]^2 \tag{11.46}$$

그러므로 비제약조건 최적화 문제는 다음 함수를 최소화한다.

$$f(q) = \sum_{i=1}^{n} \left[y_i - q(x_i) \right]^2 \tag{11.47}$$

이는 최소자승 최소화 문제로 알려져 있다.

변수 x와 y 사이에 선형의 관계식을 원하면, $q(x)$는 다음과 같이 표현된다.

$$q(x) = ax + b \tag{11.48}$$

여기서 a와 b는 미지 인자이다. 식 (11.48)을 식 (11.47)에 대입하면, **선형최소자승문제**를 다음과 같이 얻을 수 있다.

다음을 최소화하라.

$$f(a, b) = \sum_{i=1}^{n} \left[y_i - (ax_i + b) \right]^2 \tag{11.49}$$

그러면 이 문제는 식 (11.49)의 오차 함수를 최소화하는 a와 b를 결정하는 것이 된다. 이 문제는 최적성 조건을 쓰고, 결과로 나오는 a와 b에 대한 두 선형 방정식을 풀면 닫힌 형태의 해를 얻을 수 있다.

가용 자료의 변동성을 고려해서 많은 다른 함수를 식 (11.48)의 $q(x)$에 사용할 수 있다. 예를 들면 높은 차수의 다항식, 로그 함수, 지수 함수와 이와 유사한 함수가 가능하다.

11.6.2 전체 위치에너지의 최소화

구조와 기계계의 평형상태는 전체 위치에너지의 정상점으로 규정된다. 이는 **정지 위치에너지 원리**로 알려져 있다. 위치에너지의 한 정상점에서 실제로 최솟값을 가지면 이 평형상태를 안정적이라 부른다. 구조역학에서 이 원리는 근원적인 중요성을 갖고 있고, 구조 해석의 수치 해법에 대한 근간을 이룬다.

이 원리를 설명하기 위해서 그림 11.9와 같은 대칭인 2부재 트러스를 생각한다. 이 구조물은 교점 C에서 하중 W를 받고 있다. 이 하중으로 교점 C는 점 C′로 움직인다. 이 문제는 교점 C의 변위 x_1 과 x_2를 계산하는 것이다. 이 문제는 x_1과 x_2의 항으로 전체 위치에너지를 표현하고 이를 최소화 하여 풀 수 있다. 변위 x_1과 x_2를 알면, 이를 이용해서 부재의 힘과 응력을 계산할 수 있다.

다음과 같이 놓자. E = 탄성률, N/m^2(이는 물질의 응력과 변형률을 연관 짓는 물질의 성질이다); s = 구조물의 폭, m; h = 구조물 높이, m; A_1 = 부재 1의 단면적, m^2; A_2 = 부재 2의 단면적, m^2; θ = 하중 W이 작용하는 각도, 도; L = 부재의 길이; $L = \sqrt{h^2 + 0.25s^2}$ m; W = 하중, N; x_1 = 수평 변위, m; x_2 = 수직 변위, m.

계의 전체 위치에너지는 작은 변위를 가정하면 다음과 같이 쓸 수 있다.

$$P(x_1, x_2) = \frac{EA_1}{2L}(x_1\cos\beta + x_2\sin\beta)^2 + \frac{EA_2}{2L}(-x_1\cos\beta + x_2\sin\beta)^2$$
$$- Wx_1\cos\theta - Wx_2\sin\theta, \, N \bullet m \tag{11.50}$$

여기서 각도 β 는 그림 11.9에 나타내었다. x_1과 x_2에 대해서 P를 최소화하면 2부재 구조물의 평형상태에 대한 변위 x_1과 x_2를 얻는다. 예제 11.11은 이 계산법을 설명한다.

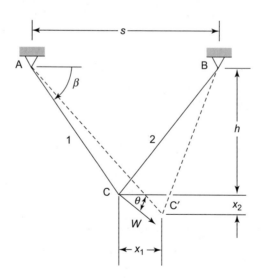

그림 11.9 2부재 트러스

예제 11.11 2부재 트러스의 전체 위치에너지 최소화

2부재 트러스 문제에 대해서 다음의 수치 자료를 사용한다.

$A_1 = A_2 = 10^{-5} \text{ m}^2$

$h = 1.0 \text{ m}, s = 1.5 \text{ m}$

$W = 10 \text{ kN}$

$\theta = 30°$

$E = 207 \text{ GPa}$

식 (11.50)으로 주어진 전체 위치에너지를 다음의 방법으로 최소화하라. (1) 도해법, (2) 해석적인 방법, (3) 공액경사법.

풀이

식 (11.50)에 이 자료를 대입하고 정리하면 다음을 얻는다($\cos\beta = s/2\text{L}$이고 $\sin\beta = h/\text{L}$임을 유의한다).

$$P(x_1, x_2) = \frac{EA}{L}\left(\frac{s}{2L}\right)^2 x_1^2 + \frac{EA}{L}\left(\frac{h}{L}\right)^2 x_2^2 - Wx_1\cos\theta - Wx_2\sin\theta$$
$$= (5.962\times10^5)x_1^2 + (1.0598\times10^6)x_2^2 - 8660x_1 - 5000x_2, \text{ N} \cdot \text{m} \tag{a}$$

이 함수에 대한 등고선을 그림 11.10에 그렸다. 그림으로부터 최적해는 $x_1 = (7.2634 \times 10^{-3})$ m, $x_2 = (2.359 \times 10^{-3})$ m, $P = -37.348$ N · m라는 것을 알 수 있다.

최적성에 대한 필요조건($\nabla P = \mathbf{0}$)을 사용하면 다음과 같다.

$$2(5.962\times10^5)x_1 - 8660 = 0, \quad x_1 = (7.2629\times10^{-3}), \text{m} \tag{b}$$

$$2(1.0598\times10^6)x_2 - 5000 = 0, \quad x_2 = (2.3589\times10^{-3}), \text{m} \tag{c}$$

공액경사법도 같은 해에 수렴한다.

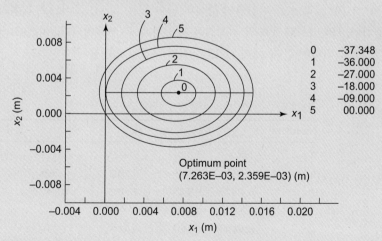

그림 11.10 2부재 트러스에 대한 위치에너지 함수 $P(x_1, x_2)$의 등고선(P = 0, −9.0, −18.0, −27.0, −36.0, −37.348 N · m)

11.6.3 비선형방정식의 해

비제약조건 최적화 문제는 비선형 방정식의 근을 찾는 데 사용할 수 있다. 이를 설명하기 위해서 다음과 같은 2×2계를 생각한다.

$$F_1(x_1, x_2) = 0; \quad F_2(x_1, x_2) = 0 \tag{11.51}$$

함수 F_1과 F_2의 자승합인 함수를 다음과 같이 정의하자.

$$f_1(x_1, x_2) = F_1^2(x_1, x_2) + F_2^2(x_1, x_2) \tag{11.52}$$

x_1과 x_2가 식 (11.51)의 근이라면 식 (11.52)의 $f = 0$이라는 것에 유의한다. x_1과 x_2가 근이 아니라면, 함수 $f > 0$는 식 $F_1 = 0$과 $F_2 = 0$에 대한 오차자승의 합을 나타낸다.

그러므로 최적화 문제는 식 (11.52)의 함수 $f(x_1, x_2)$를 최소화하는 x_1과 x_2를 찾는 것이다. $f(\mathbf{x})$의 최소화에 대한 필요조건이 비선형방정식에 대한 근이 된다는 것을 보일 필요가 있다. $f(x_1, x_2)$를 최소화하기 위한 최적성의 필요조건은 다음과 같다.

$$\frac{\partial f}{\partial x_1} = 2F_1 \frac{\partial F_1}{\partial x_1} + 2F_2 \frac{\partial F_2}{\partial x_1} = 0 \tag{11.53}$$

$$\frac{\partial f}{\partial x_2} = 2F_1 \frac{\partial F_1}{\partial x_2} + 2F_2 \frac{\partial F_2}{\partial x_2} = 0 \tag{11.54}$$

위 필요조건은 $F_1 = F_2 = 0$이면 만족된다는 것에 주목한다. 즉, x_1과 x_2는 식 $F_1 = 0$과 $F_2 = 0$의 근이다. 이 점에서 $f = 0$이다. 필요조건은 $i, j = 1, 2$에 대해서 $\partial F_i / \partial x_j = 0$이어도 만족할 수 있다는 것에 유의한다. $\partial F_i / \partial x_j = 0$이면, x_1과 x_2는 함수 F_1과 F_2에 대한 정상점이다. 대부분의 문제에서 F_1과 F_2에 대한 정상점이 F_1과 F_2의 근도 될 것 같지 않기 때문에, 이 경우는 배제해도 될 것이다. 어느 경우든 x_1과 x_2가 방정식의 근이라면, f는 0의 값을 가져야 한다. 또한 f의 최적값이 0이 아니라면($f \neq 0$), x_1과 x_2는 비선형 방정식의 근이 될 수 없다. 그러므로 최적화 알고리즘이 $f \neq 0$으로 수렴하면, f의 최소화 문제의 최적점은 비선형계의 근이 아니다. 이 알고리즘은 다른 초기값으로부터 다시 시작되어야 한다. 예제 11.12은 이런 근찾기 과정을 설명한다.

표 11.4 예제 11.12의 비선형 방정식의 근

Number	x_1	x_2	F_1	F_2	f
0	–1.0000	1.0000	5.0000	–17.0000	314.0000
1	–0.5487	0.4649	–1.9900	–1.2626	5.5530
2	–0.4147	0.5658	0.1932	–0.3993	0.1968
3	–0.3993	0.5393	–0.0245	–0.0110	7.242E–4
4	–0.3979	0.5403	–9.377E–4	–1.550E–3	2.759E–6
5	–0.3980	0.5404	–4.021E–4	–3.008E–4	1.173E–8

예제 11.12 | **비제약조건 최소화에 의한 비선형 방정식 근 찾기**

다음 방정식의 근을 찾아라.

$$F_1(\mathbf{x}) = 3x_1^2 + 12x_2^2 + 10x_1 = 0; \quad F_2(\mathbf{x}) = 24x_1x_2 + 4x_2 + 3 = 0 \tag{a}$$

풀이

오차 함수 $f(\mathbf{x})$를 다음과 같이 정의한다.

$$f(\mathbf{x}) = F_1^2 + F_2^2 = \left(3x_1^2 + 12x_2^2 + 10x_1\right)^2 + \left(24x_1x_2 + 4x_2 + 3\right)^2 \tag{b}$$

이 함수를 최소화하기 위해서 앞에 논의했던 어느 방법을 사용해도 좋다. 표 11.4는 공액경사법에 의한 반복 이력을 보여준다.

방정식의 한 근은 점 (-1, 1)에서 출발했을 때 $f = 0$을 주는 $x_1 = -0.3980$, $x_2 = 0.5404$이다. 다른 점 (-50, 50)에서 출발하면, $f = 0$과 함께 다른 근 (-3.331, 0.03948)을 얻는다. 그러나 다른 점 (2, 3)에서 출발하면, 프로그램은 $f = 4.351$과 함께 (0.02063, -0.2812)에 수렴한다. $f \neq 0$이기 때문에, 이 점은 주어진 방정식의 근이 아니다. 이런 경우가 생겼을 때는 다른 점에서 출발하여 문제를 다시 푼다.

전술한 풀이 과정은 n 미지수의 n개 방정식계로 일반화 할 수 있음에 주목하자. 이 경우 오차 함수 $f(\mathbf{x})$는 다음과 같이 정의될 수 있을 것이다.

$$f(\mathbf{x}) = \sum_{i=1}^{n} \left[F_i(\mathbf{x})\right]^2 \tag{11.55}$$

11.7 비제약조건 최적화 방법을 사용한 제약 문제의 해

비제약조건 최적화 방법으로도 제약조건 설계문제를 푸는 데 사용될 수 있다는 것이 알려져 있다. 이 절에서는 제약조건 문제를 일련의 비제약조건 문제들로 변환하는 방법을 간단히 설명한다. 기본적인 착안점은 목적함수와 제약조건 함수를 이용하여 복합함수를 만드는 것이다. 이 복합함수는 벌칙인자라고 불리는 제약조건의 위배에 대해서 복합 함수에 벌점을 주는 어떤 인자도 포함하고 있다. 벌칙은 위반이 클수록 커지게 된다. 한번 일단의 벌칙 인자에 대해서 복합 함수가 정의되고 나면 이 함수는 어떤 비제약조건 최적화 기법이라도 사용하여 최소화한다. 그 이후에 벌칙인자는 어떤 조건에 따라서 조정되고, 복합 함수는 재정의되고 다시 최소화된다. 이 과정은 최적점에 대한 추정값에서 더 이상 의미 있는 개선이 없을 때까지 계속된다.

앞서의 개념에 기반한 방법들은 일반적으로 순차 비제약조건 최소화 기법, 또는 SUMT (Fiacco과 McCormick, 1968)라고 불린다. SUMT의 기본적인 착안점은 상당히 직관적임을 알 수 있다. 이런 단순성 때문에 이 방법은 공학설계문제에 대해서 광범위하게 개발되고 시험되었다. 학생들이 이 기법에 대해서 경험할 수 있도록 기본적인 착안점과 개념에 대해서 매우 간단한 논의를 포함하였다. 보다 자세한 설명은 Gill, Murray와 Wright (1981), Nocedal과 Wright (2006), 또는 다른 책을 참조해야 한다.

'변환법'이라는 용어는 제약조건 최적화 문제를 하나 또는 다수의 비제약조건 문제로 변환해서 푸는 방법을 설명하기 위해 사용된다. 이 방법은 승수 방법(증대 라그랑지 방법이라고도 불린다)뿐만 아니라 벌칙함수법과 장벽함수법(각각 외부 및 내부 벌칙함수법)을 포함한다. 우리가 풀려고 하는 원래의 제약조건 문제를 상기시키기 위해서 아래와 같이 다시 기술한다. 다음과 같은 n성분 벡터 $\mathbf{x} = (x_1, x_2, \ldots, x_n)$을 찾아라.

다음을 최소화하라.

$$f = f(\mathbf{x}) \tag{11.56}$$

단, 다음을 만족한다.

$$h_i(\mathbf{x}) = 0; \quad i = 1 \text{ to } p \tag{11.57}$$

$$g_i(\mathbf{x}) \leq 0; \quad i = 1 \text{ to } m \tag{11.58}$$

모든 변환법은 위의 제약조건 최적화 문제를 다음과 같은 형식의 **변환함수**를 사용해서 비제약조건 문제로 변환한다.

$$\Phi(\mathbf{x}, \mathbf{r}) = f(\mathbf{x}) + P\big(\mathbf{h}(\mathbf{x}), \mathbf{g}(\mathbf{x}), \mathbf{r}\big) \tag{11.59}$$

여기서 $\mathbf{r}$은 벌칙인자를 나타내는 벡터이고, P는 실수값을 갖는 함수로 목적함수에 벌칙을 부과하는 작용은 $\mathbf{r}$에 의해서 제어된다. 벌칙함수 P의 형태는 사용된 방법에 따라 달라지게 된다.

기본적인 절차는 초기 설계 추정값 $\mathbf{x}^{(0)}$를 선택하고 식 (11.59)의 함수 Φ를 정의하는 것이다. 벌칙인자 $\mathbf{r}$도 초기에 선택한다. 함수 Φ는 $\mathbf{r}$을 고정한 채로 $\mathbf{x}$에 대해서 최소화시킨다. 그 이후에 인자 $\mathbf{r}$을 조정하고 더 이상의 개선이 가능하지 않을 때까지 최소화 과정을 반복한다.

11.7.1 순차 비제약조건 최소화 기법

순자 비제약조건 최소화 기법은 다른 벌칙함수를 사용하는 두 개의 형태가 있다. 첫 번째 방법은 벌칙함수법이라고 불리고, 두 번째 방법은 **장벽함수법**이라고 불린다.

벌칙함수법

벌칙함수 접근법의 기본적인 착안점은 식 (11.59)의 함수 P를 정의할 때, 제약조건의 위배가 있으면 목적함수 $f(\mathbf{x})$에 양수를 더함으로써 벌칙을 부과하도록 하는 것이다. 여러 가지 벌칙함수가 정의될 수 있다. 가장 일반적인 정의 방법은 2차 손실 함수라고 부르고 다음과 같이 정의된다.

$$P\big(\mathbf{h}(\mathbf{x}), \mathbf{g}(\mathbf{x}), r\big) = r\left\{\sum_{i=1}^{p}\big[h_i(\mathbf{x})\big]^2 + \sum_{i=1}^{m}\big[g_i^+(\mathbf{x})\big]^2\right\}; \quad g_i^+(\mathbf{x}) = \max\big(0, g_i(\mathbf{x})\big) \tag{11.60}$$

여기서 $r > 0$은 스칼라 벌칙인자이다. $g_i^+(\mathbf{x}) \geq 0$ 인 것에 유의한다. 이 값은 부등식이 활성이거나 비활성($g_i(\mathbf{x}) \leq 0$)이면 0이고 부등호제약조건이 위배되었다면 양의 값을 갖는다. 등호제약조건이 만족되지 않거나($h_i(\mathbf{x}) \neq 0$) 부등호제약조건이 위배되었다면($g_i(\mathbf{x}) > 0$), 식 (11.60)은 함수 P에 대해서 양의 값을 주게 되고 식 (11.59)에서 보듯이 목적함수에 벌칙이 부과된다는 것을 볼 수 있다. 이 방법의 초기값은 임의적일 수 있다. 벌칙함수의 개념에 기반한 이 방법을 때로 **외부 벌칙법**이라고 부르는데 이는 이 방법이 불용영역으로부터 반복되기 때문이다.

벌칙함수법의 장단점은 다음과 같다.

1. 등식과 부등호제약조건을 갖는 일반적인 제약조건 문제에 적용 가능하다.
2. 어느 시작점에서나 가능하다.
3. 이 방법은 목적함수나 제약조건 함수가 정의되지 않을 수도 있는 불용영역에서부터 되풀이 된다.
4. 반복 과정이 조기에 종료되면, 최종점은 유용하지 않을 수 있어 사용할 수 없다.

장벽함수법

다음 방법들은 부등호제약조건 문제에만 적용 가능하다. 일반적인 장벽함수는 다음과 같다.

1. 역 장벽함수:

$$P\big(\mathbf{g}(\mathbf{x}), r\big) = \frac{1}{r} \sum_{i=1}^{m} \frac{-1}{g_i(\mathbf{x})} \qquad (11.61)$$

2. 로그 장벽함수:

$$P\big(\mathbf{g}(\mathbf{x}), r\big) = \frac{1}{r} \sum_{i=1}^{m} \log\big(-g_i(\mathbf{x})\big) \qquad (11.62)$$

위의 함수들은 유용영역 주변에 큰 장벽을 세우기 때문에 장벽함수라고 불린다. 실제로, 식 (11.61)과 (11.62)의 함수 P는 어떤 부등식이라도 활성화되면 무한대가 된다. 그러므로 반복과정은 유용영역에서부터 출발하며 불용영역으로 설계가 진행하는 것이 불가능하다. 왜냐하면 설계는 유용 집합의 경계의 거대한 장벽을 건널 수 없기 때문이다.

벌칙함수법과 장벽함수법에 있어서 $r \to \infty$일 때, $\mathbf{x}(r) \to \mathbf{x}^*$인 것을 보일 수 있다. 여기서 $\mathbf{x}^{(r)}$은 식 (11.59)의 변환된 함수 $\Phi(\mathbf{x}, r)$를 최소화하는 점이고, $\mathbf{x}^*$는 원래의 제약조건 최적화 문제의 해이다.

장벽함수법의 장단점은 다음과 같다.

1. 이 방법은 부등호제약조건 문제에만 적용 가능하다.
2. 시작점이 유용영역에 있어야 한다. 그러나 유용영역 시작점을 정하기 위해서 식 (11.60)으로 정의된 벌칙함수를 최소화할 수 있다는 것이 알려져 있다(Haug과 Arora, 1979).
3. 이 방법은 항상 유용영역 내에서 되풀이되어서, 조기에 종료된다면 그 최종점은 유용하고 사용 가능하다.

순차 비제약조건 최소화 기법은 r이 클 때 피할 수 없는 가장 심각한 약점을 가지고 있다. 벌칙 또는 장벽함수는 보통 최적점이 놓이게 되는 유용영역의 경계근처에서 바람직하지 않은 움직임을 보이는 경향이 있다. 또한 $r^{(k)}$의 순열을 선택하는 문제가 있다. $r^{(0)}$와 $r^{(k)}$가 무한대에 다가가는 속도의 선택은 해를 찾는 계산 노력에 중대한 영향을 끼친다. 더욱이 비제약조건 함수의 헷세행렬은 $r \to \infty$ 일수록 나쁜 성질이 된다.

11.7.2 증대 라그랑지(승수) 방법

앞 소절에서 설명했던 방법들의 어려움을 완화시키기 위해서 변환법의 다른 종류들이 개발되었다. 이 방법들은 승수 또는 증대 라그랑지 방법이라 불린다. 이 방법들에서는 벌칙인자 r이 무한대로 갈 필요가 없다. 결과적으로 변환함수 Φ는 특이성이 없는 좋은 조건을 갖게 된다. 이 승수법은 SUMT 와 같이 수렴한다. 즉, 이 방법은 어느 점에서 출발해도 국소적 최소점에 수렴한다. 그리고 이 방법은 앞 소절의 두 방법보다 빠른 수렴률을 가지고 있다는 것이 증명되었다.

증대 라그랑지 함수는 여러 가지 방법으로 정의할 수 있다(Arora et al., 1991). 이름이 의미하듯이, 이 변환함수는 문제에 대한 라그랑지 함수에 벌칙항을 더한다. 각 제약조건마다 별도의 벌칙 인자와 승수를 사용하는 벌칙함수의 형태는 다음과 같이 정의된다.

$$P\big(\mathbf{h(x)}, \mathbf{g(x)}, \mathbf{r}, \boldsymbol{\theta}\big) = \frac{1}{2}\sum_{i=1}^{p} r_i'\big(h_i + \theta_i'\big)^2 + \frac{1}{2}\sum_{i=1}^{m} r_i\Big[\big(g_i + \theta_i\big)^+\Big]^2 \tag{11.63}$$

여기서 $r_i > 0$, $\theta_i > 0$, $r_i' > 0$ 이고, θ_i'는 i번째 부등호 및 등호제약조건과 관련된 인자이며, $(g_i + \theta_i)^+ = \max(0, g_i + \theta_i)$이다.

$\theta_i = \theta_i' = 0$이고 $r_i = r_i' = r$이면, 식 (11.63)은 식 (11. 49)로 주어진, 잘 알려진 2차 손실함수가 되며, 이 경우 $r \to \infty$로 놓아서 수렴을 강제하게 된다. 그러나 승수법의 목적은 각각의 r_i와 r_i'를 유한하게 유지하고 수치 알고리즘의 수렴성을 달성하는 데 있다. 승수법의 발상은 어떤 r_i, r_i', θ_i' 및 θ_i로 시작해서 식 (11.59)의 변환함수를 최소화하는 것이다. 그 이후에, 인자 r_i, r_i', θ_i' 및 θ_i는 어떤 절차에 따라 조정되고, 전체 과정은 최적성 조건이 만족될 때까지 반복된다. 증대 라그랑지 함수의 이 형태는 여러 가지 공학 설계 응용문제에 적용하여 수행되었으며(Belegundu와 Arora, 1984a,b; Arora et al., 1991), 특히 동역학의 응답 최적화 문제에 적용되었다(Paeng과 Arora, 1989; Chahande 와 Arora, 1993, 1994).

증대 라그랑지에 대한 다른 일반적인 형태는 제약조건에 직접 라그랑지 승수를 사용하고 모든 제약조건에 대해서 하나의 벌칙 인자만을 사용하는 것이다(Gill et al., 1981; Nocedal와 Wright, 2006). 일반적인 최적화 문제에 이 증대 라그랑지 함수를 정의하기 전에, 등호제약조건 문제에 대해서 증대 라그랑지 함수를 다음과 같이 정의하도록 하자.

$$\Phi_{\mathrm{E}}\big(\mathbf{x}, \mathbf{h(x)}, r\big) = f(\mathbf{x}) + \sum_{i=1}^{p}\left[v_i h_i(\mathbf{x}) + \frac{1}{2} r h_i^2(\mathbf{x})\right] \tag{11.64}$$

여기서 $r > 0$은 벌칙인자이고, v_i 는 i번째 등호제약조건에 대한 라그랑지 승수이다. 이제 등호–부등호제약조건 문제에 대한 증대함수는 다음과 같이 정의된다.

$$\Phi\big(\mathbf{x}, \mathbf{h(x)}, \mathbf{g(x)}, r\big) = \Phi_{\mathrm{E}}\big(\mathbf{x}, \mathbf{h(x)}, r\big) + \sum_{j=1}^{m}\begin{cases} u_j g_j(\mathbf{x}) + \dfrac{1}{2} r g_j^2(\mathbf{x}), & \text{if } g_j + \dfrac{u_j}{r} \geq 0 \\[2mm] -\dfrac{1}{2r} u_j^2, & \text{if } g_j + \dfrac{u_j}{r} < 0 \end{cases} \tag{11.65}$$

여기서 $u_j \geq 0$는 i번째 부등호제약조건에 대한 라그랑지 승수이다.

증대 라그랑지 알고리즘

증대 라그랑지 알고리즘의 각 단계는 다음과 같다.

1단계: 반복 셈수를 $k = 0$으로 놓고, $K = \infty$(큰 수)로 놓는다. 벡터 $\mathbf{x}^{(0)}$, $\mathbf{v}^{(0)}$, $\mathbf{u}^{(0)} \geq 0$, $\mathbf{r} > 0$ 과 스칼라 $\alpha > 1$, $\beta > 1$, $\varepsilon > 0$를 추정한다. 여기서 ε은 원하는 정확도이고; α는 제약조건 위반을 충분히 감소시키기 위해 사용되며, β는 벌칙 인자를 증가시키기 위해 사용된다.

2단계: $k = k + 1$로 놓는다.

3단계: 식 (11.65)의 $\Phi(\mathbf{x}, \mathbf{h}(\mathbf{x}), \mathbf{g}(\mathbf{x}), r_k)$를 $\mathbf{x}$에 관하여 최소화한다. 초기점은 $\mathbf{x}^{(k-1)}$로 하고 $\mathbf{x}^{(k)}$ 를 이 단계에서 얻어진 가장 좋은 점이라고 한다.

4단계: 제약조건 함수 $h_i(\mathbf{x}^{(k)})(i = 1 \text{ to } p)$와 $g_i(\mathbf{x}^{(k)})(j = 1 \text{ to } m)$를 계산한다. 최대 제약조건 위반 인자 $\bar{K}$를 다음과 같이 계산한다.

$$\bar{K} = \max\left\{ |h_i|, i = 1 \text{ to } p; \quad \left| \max\left(g_j, -\frac{u_j}{r_k} \right) \right|, j = 1 \text{ to } m \right\} \tag{11.66}$$

알고리즘의 수렴을 확인한다. 종료 판정기준을 만족하면 종료하고, 아니면 5단계로 진행한다.

5단계: $\bar{K} \geq K$이면(즉, 제약조건 위배가 개선되지 않았으면), $r_{k+1} = \beta r_k$로 놓고 2단계로 진행 한다. 즉, 벌칙인자를 인자 β배로 증가시키고 라그랑지 승수는 그대로 유지한다. $\bar{K} \leq K$이면 6단계로 진행한다.

6단계: 승수를 다음과 같이 갱신한다(이 단계는 제약조건 위배가 개선되었을 때만 실행한다).

$$v_i^{(k+1)} = v_i^{(k)} + r_k h_i\left(\mathbf{x}^{(k)} \right); \quad i = 1 \text{ to } p \tag{11.67}$$

$$u_j^{(k+1)} = u_j^{(k)} + r_k \max\left[g_j\left(\mathbf{x}^{(k)} \right), -\frac{u_j^k}{r_k} \right]; \quad j = 1 \text{ to } m \tag{11.68}$$

$\bar{K} \leq K/\alpha$이면(제약조건 위배가 α배만큼 개선되었다면), $K = \bar{K}$로 놓고 2단계로 진행한다. 아 니면 7단계로 진행한다.

7단계: $r_{k+1} = \beta r_k$로 놓는다(이 단계는 최대 제약조건 위배가 α배만큼 개선되지 않았을 때만 실행됨에 유의한다). $K = \bar{K}$로 놓고 2단계로 진행한다.

알고리즘의 4단계에서는 다음의 종료 판정기준이 사용된다.

$$\bar{K} \leq \varepsilon_1 \tag{11.69a}$$

$$\left\| \nabla\Phi[\mathbf{x}^{(k)}] \right\| \leq \varepsilon_2 \left\{ \max\left(1, \left\| \mathbf{x}^{(k)} \right\| \right) \right\}; \quad \text{or} \quad \left\| \nabla\Phi\left(\mathbf{x}^{(k)} \right) \right\| \leq \varepsilon_2 \left\{ \max\left(1, \left| \Phi\left(\mathbf{x}^{(k)} \right) \right| \right) \right\} \tag{11.69b}$$

여기서 ε_1와 ε_2는 사용자가 정하는 작은 인수이다.

11.8 알고리즘의 수렴률

이 절에서는 반복적인 순열의 수렴률과 관련된 개념을 간단하게 논의한다. 중점으로 하는 것은 최적화 알고리즘에 의해 생성된 순열에 관한 것이다(Luenberger와 Ye, 2008).

11.8.1 정의

이제 전역적 수렴 특성을 갖는 비제약조건 알고리즘을 생각하자. 이 알고리즘은 어떤 점 $\mathbf{x}^{(0)}$에서 출발해도 함수 $f(\mathbf{x})$의 국소적 최소점 $\mathbf{x}^*$에 수렴하는 벡터의 순열을 생성한다. 이제 이 알고리즘이 $\mathbf{x}^*$에 수렴하는 하나의 순열 $\{\mathbf{x}^{(k)}\}$를 생성한다고 가정한다. 수렴률을 측정하는 가장 효과적인 방법은 알고리즘의 두 연속적인 반복과정에서 해를 향해 개선되는 것을 비교하는 것이다. 즉, $\mathbf{x}^{(k+1)}$가 $\mathbf{x}^*$에 얼마나 가까운지를 $\mathbf{x}^{(k)}$가 $\mathbf{x}^*$에 가까운 정도와 상대적으로 비교하는 것이다.

수렴의 차수

하나의 순열 $\{\mathbf{x}^{(k)}\}$는 차수 p로 $\mathbf{x}^*$에 수렴한다고 말하고, 여기서 p는 다음 식을 만족하는 가장 큰 수이다.

$$0 \leq \lim_{k \to \infty} \frac{\left\|\mathbf{x}^{(k+1)} - \mathbf{x}^*\right\|}{\left\|\mathbf{x}^{(k)} - \mathbf{x}^*\right\|^p} < \infty \tag{11.70}$$

이 정의는 순열의 끝단에 적용 가능하다는 것에 유의한다. 또한 이 조건은 $k \to \infty$와 같은 극한에서 확인할 필요가 있다. p를 보통 **수렴률** 또는 **수렴의 차수**라고 한다.

수렴비

순열 $\{\mathbf{x}^{(k)}\}$가 수렴의 차수 p로 $\mathbf{x}^*$에 수렴할 때, 다음의 극한값을 수렴비라고 부른다.

$$\beta = \lim_{k \to \infty} \frac{\left\|\mathbf{x}^{(k+1)} - \mathbf{x}^*\right\|}{\left\|\mathbf{x}^{(k)} - \mathbf{x}^*\right\|^p} \tag{11.71}$$

β는 종종 점근 오차 상수라고 불린다. 식 (11.71)의 우변의 비는 $p = 1$일 때는 $(k + 1)$번째 반복에서 해로부터의 오차와 k번째에서의 오차와의 비라고 볼 수 있다는 것에 유의한다. β로 표현하면 식 (11.70)은 $0 \leq \beta < \infty$와 같이 쓸 수 있는데, 이는 수렴비 β는 유계(유한하다)라는 것을 의미한다. 알고리즘의 비교는 알고리즘의 수렴비에 기반하고 있다. 수렴비가 작을수록 수렴률이 빨라진다.

선형 수렴

식 (11.70)에서 $p = 1$이면, 이 순열은 선형 수렴을 보인다라고 말한다. β의 경우는 순열의 수렴을 위해서는 1보다 작아야 한다.

2차식 수렴

식 (11.70)에서 $p = 2$이면, 순열은 2차식 수렴을 갖는다고 말할 수 있다.

초선형 수렴

식 (11.70)에서 p를 1로 놓았을 때 $\beta = 0$이면, 이때의 수렴을 초선형이라 부른다. 수렴의 차수가 1 보다 크면 초선형 수렴을 의미한다는 것에 유의한다.

11.8.2 최속강하법

여기서는 최속강하법의 수렴 특성에 대해서 논의한다.

2차 함수

우선 하나의 2차 함수를 고려한다.

$$q(\mathbf{x}) = \frac{1}{2}\mathbf{x}^T\mathbf{Q}\mathbf{x} - \mathbf{b}^T\mathbf{x} \tag{11.72}$$

여기서 $\mathbf{Q}$는 대칭이며 상수인 양정행렬이다. 또, 오차 함수 $E(\mathbf{x})$를 다음과 같이 정의한다.

$$E(\mathbf{x}) = \frac{1}{2}(\mathbf{x} - \mathbf{x}^*)^T \mathbf{Q}(\mathbf{x} - \mathbf{x}^*) \tag{11.73}$$

여기서, $\mathbf{x}^*$는 식 (11.72)의 2차 함수의 최소점이다. 식 (11.73)의 우변의 항을 전개하고 2차 함수 $q(\mathbf{x})$의 최소점에서는 $\mathbf{Q}\mathbf{x}^* = \mathbf{b}$인 조건을 이용하면, $E(\mathbf{x}) = q(\mathbf{x}) + \frac{1}{2}\mathbf{x}^{*T}\mathbf{Q}\mathbf{x}^*$를 얻을 수 있다. 이는 $E(\mathbf{x})$와 $q(\mathbf{x})$는 상수의 차이만 있다는 것을 의미한다.

정리 11.1

어떤 시작점 $\mathbf{x}^{(0)}$에 대해서도 최속강하법은 $q(\mathbf{x})$의 유일한 최소점 $\mathbf{x}^*$에 수렴한다. 또한, 식 (11.73)으로 정의된 $E(\mathbf{x})$에 대해서 매 반복수 k에서 다음이 성립한다.

$$E\left(\mathbf{x}^{(k+1)}\right) \leq \left|\frac{r-1}{r+1}\right|^2 E\left(\mathbf{x}^{(k)}\right) \tag{11.74}$$

여기서 $r = \lambda_{max}/\lambda_{min}$은 $\mathbf{Q}$의 조건수이고, λ_{max}와 λ_{min}는 $\mathbf{Q}$의 고유값 중 가장 큰 값과 가장 작은 값이다.

그러므로 이 방법은 수렴비가 $[(r-1)/(r+1)]^2$보다 크지 않게 **선형적으로** 수렴한다. r이 커지면, 수 $[(r-1)/(r+1)]^2$는 1로 다가가고 수렴이 느려진다는 것을 명확히 해야 한다. 즉, 식 (11.73)의 오차는 다음 반복으로 넘어갈 때 상당히 느리게 줄어든다. 이 방법은 $r = 1$인 경우 예제 11.4와 11.5에서 보았듯이 단 한 번의 반복으로 수렴한다.

2차식이 아닌 경우

위의 결과를 2차식이 아닌 경우에 대해서 일반화한다. 이를 위해 $\mathbf{Q}$를 최소점에서의 헷세행렬 $\mathbf{H}(\mathbf{x}^*)$로 대체한다.

정리 11.2

$f(\mathbf{x})$가 $\mathbf{x}^*$에서 국소적 최소점을 갖는다고 하자. $\mathbf{H}(\mathbf{x}^*)$은 양정이고, λ_{max}와 λ_{min}이 가장 큰 고유값과 가장 작은 고유값이라고 하고, r을 조건수라고 하자. 최속강하법으로부터 생성된 순열 $\{\mathbf{x}^{(k)}\}$가 $\mathbf{x}^*$에 수렴한다면, 목적함수 값 $\{f(\mathbf{x}^{(k)})\}$의 순열은 **선형적으로** $f(\mathbf{x}^*)$에 수렴하고 수렴비는 β보다 크지 않다.

$$\beta = \left(\frac{r-1}{r+1}\right)^2 \tag{11.75}$$

11.8.3 뉴턴법

다음의 정리는 뉴턴법의 수렴 차수에 대해서 정의한다.

정리 11.3

$f(\mathbf{x})$가 연속적으로 3번 미분가능하고 헷세행렬 $\mathbf{H}(\mathbf{x}^*)$가 양정이면, 뉴턴법에 의해 생성된 순열은 $\mathbf{x}^*$에 수렴한다. 수렴의 차수는 최소한 2이다.

11.8.4 공액경사법

양정의 2차 함수에 대해서 공액경사법은 n번의 반복으로 수렴한다. 2차 함수가 아닌 경우에 대해서는 $\mathbf{H}(\mathbf{x}^*)$가 양정이라고 가정한다. 우리는 단위 반복당 점근 수렴률이 최소한 최속강하법만큼은 된다고 기대할 수 있는데, 이는 2차인 경우에는 사실이기 때문이다. 이와 같은 한 번 반복 비율의 한계값과 함께 이 방법은 n번 반복의 완전 주기마다 2차식 수렴률을 가질 것이라고 기대할 수 있다. 즉

$$\left\|\mathbf{x}^{(k+n)} - \mathbf{x}^*\right\| \le c \left\|\mathbf{x}^{(k)} - \mathbf{x}^*\right\|^2 \tag{11.76}$$

여기서 c는 임의의 수이고 $k = 0, n, 2n, \ldots$ 이다.

11.8.5 준뉴턴법

DFP법: 2차식인 경우

준뉴턴법의 수렴률을 살펴보기 위해서 식 (11.72)로 정의된 2차 함수를 고려한다. DFP 준뉴턴법을 사용하면, 탐색방향은 다음과 같이 결정된다.

$$\mathbf{d}^{(k)} = -\mathbf{A}^{(k)}\,\mathbf{c}^{(k)} \tag{11.77}$$

여기서 $\mathbf{c}^{(k)}$는 목적함수의 경사도이고, $\mathbf{A}^{(k)}$는 k번째 반복에서 헷세행렬의 역행렬에 대한 준뉴턴 근사이다. 식 (11.77)에 의해 정해진 방향들은 $\mathbf{Q}$에 대해서 공액관계를 갖는다는 것을 보일 수 있다. 그러므로 이 방법은 $q(\mathbf{x})$의 최소점이 n번의 반복으로 얻어지는 공액경사법이다. 또한 $\mathbf{A}^{(n)} = \mathbf{Q}^{-1}$이다.

따라서 DFP법의 수렴률은 행렬 $(\mathbf{A}^{(k)}\mathbf{Q})$의 고유값 구성에 따라서 결정된다.

정리 11.4

$\mathbf{x}^*$를 유일한 $q(\mathbf{x})$의 최소점이라고 하고, 오차함수 $E(\mathbf{x})$를 식 (11.73)에서와 같이 정의한다. 그러면 DFP 준뉴턴법에 대해서 매 반복 k마다 다음이 성립한다.

$$E\left(\mathbf{x}^{(k+1)}\right) \le \left(\frac{r_k - 1}{r_k + 1}\right)^2 E\left(\mathbf{x}^{(k)}\right) \tag{11.78}$$

여기서 r_k 는 행렬 $\mathbf{A}^{(k)}\mathbf{Q}$의 조건수이다.

위의 정리는 수렴 차수가 1이라는 것을 보여준다. 그러나 $\mathbf{A}^{(k)}$가 $\mathbf{Q}^{-1}$에 가까우면, $(\mathbf{A}^{(k)}\mathbf{Q})$의 조건수는 1에 가깝고 식 (11.78)의 수렴비는 0에 가까운데 이는 초선형 수렴을 의미한다.

DFP법: 2차식이 아닌 경우

이 방법은 전역적으로 수렴하며, 공액경사법의 경우처럼 매 n번의 반복마다 다시 시작하는 것이 필요하다. 최소 n번 반복을 갖는다면 매 주기는 공액경사법 근사의 완전한 한 주기를 담고 있을 것이다. 점근적으로 생성된 순열의 끝에서 이 근사는 임의의 정확성을 갖고, 그러므로 이 방법은 (점근적으로 공액경사법을 접근하는 어떠한 방법에 대해서와 같이) 초선형으로 수렴한다고 (최소한 매 주기의 끝에서 본다면) 결론 내릴 수 있을 것이다.

BFGS 준뉴턴법

헷세행렬의 연속성과 유계성을 가정하면, 이 방법은 어떤 점 $\mathbf{x}^{(0)}$에서 출발해도 최소점 $\mathbf{x}^*$에 수렴하는 것을 보일 수 있다. 수렴률은 초선형이다(Nocedal과 Wright, 2006).

11.9 직접 탐색법

이 절에서는 보통 **직접 탐색법**으로 알려진 방법에 대해서 설명한다. 이 용어는 훅과 지브스(1961) 에 의해서 도입되었으며, 탐색전략에서 함수의 도함수를 요구하지 않는 방법을 말한다. 이는 이 방법들을 도함수의 계산이 고가이거나 함수의 미분가능성이 없어 가용하지 않은 문제에 대해서 사용할 수 있다는 것을 의미한다. 그렇지만 이 방법의 수렴성은 함수가 연속이고 미분 가능하다고 가정하면 증명할 수 있다. 직접 탐색법의 최신기술에 대한 보다 자세한 논의는 Lewis et al. (2000), Kolda et al. (2003)에 설명되어 있다.

직접 탐색 종류에는 두 방법이 유명하다. 이 절에서는 넬더-미드 심플렉스법(선형계획법의 심플렉스법과 혼동하지 말아야 한다)과 훅-지브스법을 설명한다. 이 방법들을 설명하기 전에, 단일변수 탐색이라고 불리는 다른 직접 탐색법을 먼저 설명한다. 이 방법들은 비제약조건 최적화 문제만을 다루지만, 제약조건들은 11.7절에 설명한 것처럼 벌칙함수 접근법을 사용하여 다룰 수 있다는 것에 유의한다.

11.9.1 단일변수 탐색

이 방법은 다른 모든 변수는 고정하고 한 번에 한 변수에 대해서만 함수를 최소화하자는 간단한 발상에 기반을 두고 있다. 다른 말로 하면, 다른 모든 변수는 현재값에 고정한 채로 $f(\mathbf{x})$를 x_1에 대해서만 최소화하고, 그 이후에 x_2에 대해서 반복하고, 이런 방식을 계속하는 것이다. 이 방법은 다음의 반복적인 식으로 설명된다.

$$x_i^{(k+1)} = x_i^{(k)} + \alpha_i; \quad i = 1 \text{ to } n \tag{11.79}$$

여기서 상첨자 k는 반복수를 의미하고, $\mathbf{x}^{(0)}$는 초기점이다. 증분 α_i는 좌표방향 x_i에 대해서 함수를 최소화함으로써 계산된다.

$$\underset{\alpha}{\text{minimize}} \ f\left(x_i^{(k)} + \alpha\right) \tag{11.80}$$

함수값만을 사용하는 어떠한 일차원 최소화 기법도 이 일차원 문제를 풀기 위해서 사용될 수 있을 것이다. 식 (11.80)의 문제가 실패하면, 식 (11.79)와 (11.80)에서 $-\alpha$의 증분을 시도한다. 이것도 실패하면, $x_i^{(k)}$는 변경시키지 않고 다음 설계변수의 탐색(즉, 다음의 좌표 방향으로)으로 이동한다.

이 '한번에 한 변수씩' 접근법은 매우 작은 이동거리를 줄 수 있고, 이는 상당히 비효율적이다. 또 순환의 경우가 생긴다는 것이 알려져 있고, 이는 이 방법의 실패로 귀결된다. 훅-지브스법과 같은 패턴 검색 방법은 단일변수 탐색법의 단점을 극복하고 그 효율성을 개선하기 위해서 개발되었다.

11.9.2 훅-지브스법

훅-지브스법은 패턴 검색 방법이라고 알려진 직접 탐색법의 범주에 있다. 앞 소절에서 논의되었던 단일변수 탐색법은 항상 정해진 방향(즉, 좌표 방향)을 따라서 수행된다. 패턴 검색 방법에서는 탐색방향이 항상 고정된 것은 아니다. 단일변수 탐색의 완전한 한 주기 후에 탐색방향은 이전 두 설계점의 차이로서 정해지고, 설계는 그 방향으로 증가한다. 거기부터 다시 단일변수 탐색이 시작된다. 이 방법의 첫 번째 부분은 탐구 탐색이고 두 번째 부분은 패턴 탐색이다. 이 과정을 다음과 같이 설명한다.

탐구 탐색

여기에서는 단일변수 탐색이 수행되는데 각 좌표방향으로 고정된 이동거리를 사용한다(또는 앞의 소절에서 설명한 것처럼 각 좌표 방향으로 최소점의 탐색이 이루어질 수 있다). 탐구 탐색은 초기점에서부터 시작한다. 이 점은 좌표 방향에서 그 방향으로 정해진 이동거리를 사용해서 움직인다. 목적함수를 계산하고, 증가하지 않았으면 이 움직임은 수용된다. 목적함수가 증가하면 이동은 반대 방향으로 이루어지고 다시 목적함수가 계산된다. 목적함수가 증가하지 않으면 이 이동이 수용되고, 아니면 받아들이지 않는다. 모든 n 좌표 방향에 대해서 탐색이 이루어지면 탐구 탐색 단계는 완성된다. 탐색이 성공적이면 새로운 설계점을 기저점이라고 부른다. 반대로, 탐색이 실패하면 이동거리를 일정한 인자로 줄이고 탐구 탐색을 되풀이 한다.

패턴 탐색

패턴 탐색은 직전 두 기저점의 차이에 의해서 결정되는 방향으로 단일 이동하는 것으로 이루어져 있다. 설계는 다음과 같이 갱신된다.

$$\mathbf{x}_p^{(k+1)} = \mathbf{x}^{(k)} + t\mathbf{d}^{(k)}; \quad \mathbf{d}^{(k)} = \left(\mathbf{x}^{(k)} - \mathbf{x}^{(k-1)}\right) \tag{11.81}$$

여기서 $\mathbf{d}^{(k)}$는 탐색방향이고, t는 양의 가속 인자(보통 > 1)이며, $\mathbf{x}_p^{(k+1)}$는 임시의 새로운 기저점이다. 이 점을 수용하기 위해서는 이 점에서부터 탐구 탐색을 수행한다. 이 탐색이 성공적이면, 즉 목적함수 값이 줄어들면 임시의 기저점을 새로운 기저점으로 받아들이고, 아니면 기각하고 새로운 탐구 탐색을 현 기저점 $\mathbf{x}^{(k)}$에서부터 수행한다. 이 과정은 탐구 탐색이 실패할 때까지 계속한다. 그 이후 일정한 인자로 이동거리를 줄이고 탐구 탐색을 반복한다. 최종적으로는 전체 탐색과정은 이동거리가 충분히 작아지면 멈추게 된다.

훅–지브스 알고리즘

위의 과정을 단계별 알고리즘으로 정리하기 위해서 다음과 같은 표기를 도입한다. $\mathbf{x}^{(k)}$ = 현재의 기저점, $\mathbf{x}^{(k-1)}$ = 직전 기저점, $\mathbf{x}_p^{(k+1)}$ = 임시 기저점, $\mathbf{x}^{(k+1)}$ = 새로운 기저점.

> 0단계: 다음을 선택한다. 시작점 $\mathbf{x}^{(0)}$, 이동거리 $\alpha_i(i = 1$에서 n까지), 이동거리 축소 인자 $\eta > 1$, 가속 인자 $t > 1$, 종료 인자 ε. 반복수를 $k = 1$로 놓는다.
>
> 1단계: 현재점으로부터 탐구 탐색을 수행한다. 이 탐색의 결과를 $\mathbf{x}^{(k)}$라 하자. 탐구 탐색이 성공적이면, 4단계로 진행한다. 아니면 계속한다.
>
> 2단계: 종료 판정기준을 확인한다. $\|\alpha\| < \varepsilon$이면 종료하고, 아니면 계속한다.
>
> 3단계: 이동거리를 축소한다. $\alpha_i = \dfrac{\alpha_i}{\eta}(i = 1$에서 n까지)로 놓는다. 1단계로 진행한다.
>
> 4단계: 식 (11.81)을 이용하여 임시 기저점 $\mathbf{x}_p^{(k+1)}$을 계산한다.
>
> 5단계: $\mathbf{x}_p^{(k+1)}$ 점으로부터 탐구 탐색을 수행하고 새 기저점 $\mathbf{x}^{(k+1)}$을 정한다. 이 탐구 탐색이 성공하지 못하면 3단계로 진행한다. 아니면, $k = k + 1$로 놓고 4단계로 진행한다.

위에 주어진 알고리즘은 여러 가지 방법으로 수행될 수 있다. 예를 들면, 일단 탐색 방향 $\mathbf{d}^{(k)}$가 식 (11.81)로 결정되면, 이동거리는 그 방향으로 $f(\mathbf{x})$를 최소화하도록 결정할 수 있다.

11.9.3 넬더–미드 심플렉스법

이 직접 탐색 방법은 목적함수의 경사도를 사용하지 않고, 따라서 함수의 국소 최소점을 찾는 데 함수의 연속성이나 미분 가능성이 요구되지 않는다. 이 방법은 **심플렉스**라는 개념을 사용하는데, 이는 n차원 공간에서 $n + 1$개의 점으로 구성된 기하형상이다(n은 설계변수의 수라는 것을 상기한다). 점들이 등간격일 때, 이 심플렉스는 정칙이라고 한다. 2차원에서는 심플렉스는 삼각형이 된다. 3차원에서는 사면체가 되는(그림 11.11 참조) 등 계속 확장할 수 있다.

넬더-미드법(Nelder와 Mead, 1965)의 기본적인 착안점은 심플렉스의 $n + 1$ 꼭짓점에서 목적함수 값을 계산하고, 이 심플렉스를 최소점을 향하여 움직이는 것이다. 이 움직임은 심플렉스에 네

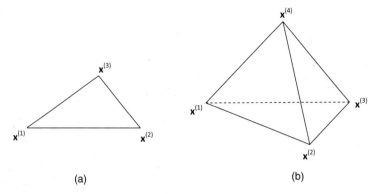

그림 11.11 심플렉스. (a) 2차원의 삼각형, (b) 3차원의 사면체

번의 연산을 가함으로써 이루어지는데 각 연산은 반사, 확대, 축약 및 축소로 알려져 있다. 매 반복마다 가장 큰 목적함수 값을 갖는 꼭짓점은 더 나은 목적함수 값을 갖는 다른 꼭짓점으로 대체된다. 이 알고리즘은 일반적인 제약조건 최적화 문제에 사용될 수 있는데, 이는 11.7절에서 설명한 것과 같이 문제를 비제약조건 문제로 바꿈으로써 가능하다. 이런 경우 목적함수는 벌칙함수로 대체된다.

이 알고리즘에서 $n + 1$개 점의 목적함수 값과 해당 꼭짓점은 다음과 같이 오름차순으로 정렬된다.

$$f_1 \leq f_2 \leq \cdots \leq f_n \leq f_{n+1} \tag{11.82}$$

그러므로 f_1은 가장 좋은, 그리고 f_{n+1}은 가장 나쁜 목적함수 값이 된다.

다음의 표기법이 넬더-미드 알고리즘의 연산들을 설명하기 위해서 사용된다.

$\mathbf{x}^C, f^C$ = 좋은 n개 점의 중점(가장 나쁜 점의 반대 편)과 해당하는 목적함수 값

$$\left(\mathbf{x}^C = \frac{1}{n} \sum_{k=1}^{n} \mathbf{x}^{(k)} \right) \tag{11.83}$$

$\mathbf{x}^E, f^E$ = 확대점과 해당 목적함수 값

$\mathbf{x}^L, f^L$ = 가장 좋은 점(점 1)과 해당 목적함수 값(가장 작은 값)

$\mathbf{x}^Q, f^Q$ = 축약점과 해당 목적함수 값

$\mathbf{x}^S, f^S$ = 두 번째로 나쁜 점과 해당 목적함수 값

$\mathbf{x}^R, f^R$ = 반사점과 해당 목적함수 값

$\mathbf{x}^W, f^W$ = 가장 나쁜 점(점 $n + 1$)과 해당 목적함수 값(가장 큰 값)

반사

$\mathbf{x}^{(1)}, \ldots, \mathbf{x}^{(n+1)}$을 심플렉스를 구성하는 $n + 1$개의 점이라 하고, 가장 나쁜 점 ($\mathbf{x}^W$)이 가장 큰 목적함수 값을 갖는다고 하자. 그러면 $\mathbf{x}^W$를 심플렉스의 반대면으로 반사해서 얻어진 점 $\mathbf{x}^R$은 보다 작은 목적함수 값을 가질 것이라는 것을 기대할 수 있다. 이런 경우라면, 새로운 심플렉스는 점 $\mathbf{x}^W$를 심플렉스에서 제거하고 새로운 점 $\mathbf{x}^R$을 포함시켜서 구성할 수 있다. 그림 11.12a는 점 $\mathbf{x}^W$에 대한 반사

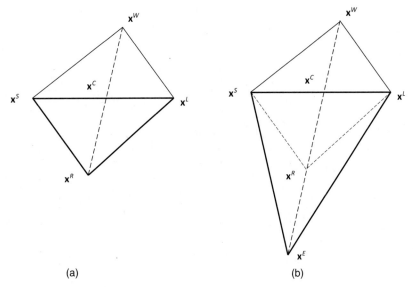

(a)
(b)

그림 11.12 (a) 최악점 $\mathbf{x}^W$의 반사, (b) $\mathbf{x}^E$로의 확대

연산을 보여준다. 원래의 심플렉스는 점 $\mathbf{x}^S$, $\mathbf{x}^L$ 및 $\mathbf{x}^W$로 구성되고, 새로운 심플렉스는 $\mathbf{x}^S$, $\mathbf{x}^L$ 및 $\mathbf{x}^R$로 주어졌다(새로운 심플렉스를 더 진한 선으로 그렸다). 점 $\mathbf{x}^C$는 원래 심플렉스에서 $\mathbf{x}^W$를 배제한 n개 점의 중점이다. 심플렉스의 움직이는 방향은 항상 가장 나쁜 점에서 멀어지는 방향이라는 것을 알 수 있다.

수학적으로 반사점 $\mathbf{x}^R$은 다음과 같이 유도되는 벡터 식이다.

$$\mathbf{x}^R = \left(1+\alpha_R\right)\left(\mathbf{x}^C - \mathbf{x}^W\right)+\mathbf{x}^W = \left(1+\alpha_R\right)\mathbf{x}^C - \alpha_R\mathbf{x}^W, \, with \, 0 < \alpha_R \leq 1. \tag{11.84}$$

여기서 α_R은 반사 인자이다. $\alpha_R = 1$일 때 $\mathbf{x}^W$는 완전히 반사되고, $\alpha_R < 1$일 때, $\mathbf{x}^W$는 부분적으로만 반사된다.

확대

반사과정이 더 나은 점을 생성한다면, 일반적으로 $\mathbf{x}^C$에서 $\mathbf{x}^R$을 따라가는 방향으로 움직이면 함수값을 더 줄일 수 있는 것을 기대할 수 있다. 그림 11.12b에 보인 것처럼 이 방향을 따라 확대점 $\mathbf{x}^E$가 계산되며(이의 사용은 뒤의 알고리즘에서 설명한다), 계산은 식 (11.84)에서 α_R을 확대 인자 $\alpha_E > 1$로 대체하여 수행할 수 있다.

$$\mathbf{x}^E = \left(1+\alpha_E\right)\mathbf{x}^C - \alpha_E\mathbf{x}^W, \, with \, \alpha_E > 1 \tag{11.85}$$

축약

반사에 의해서 얻은 점이 만족스럽지 않다면, $\mathbf{x}^C$에서 $\mathbf{x}^R$을 따라가는 방향에서 축약점 $\mathbf{x}^Q$를 계산할 수 있는데(이의 사용은 뒤의 알고리즘에서 설명한다), 계산은 식 (11.84)에서 α_R을 축약 인자 $-1 < \alpha_Q < 0$로 대체하여 가능하며, 축약점이 현재 심플렉스의 외부에 있는 경우(그림 11.13a)와 내부에 있는 경우(그림 11.13b)로 나누어 다음과 같은 식을 이용한다.

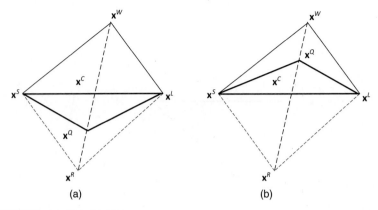

(a)   (b)

그림 11.13   축약 연산. (a) 외부, (b) 내부

외부에 있는 경우: $\mathbf{x}^Q = \mathbf{x}^R + \alpha_Q\left(\mathbf{x}^R - \mathbf{x}^C\right) = \left(1 + \alpha_Q\right)\mathbf{x}^R - \alpha_Q\mathbf{x}^C$ $\qquad$ (11.86)

내부에 있는 경우: $\mathbf{x}^Q = \mathbf{x}^C + \alpha_Q\left(\mathbf{x}^C - \mathbf{x}^W\right) = \left(1 + \alpha_Q\right)\mathbf{x}^C - \alpha_Q\mathbf{x}^W$ $\qquad$ (11.87)

축소 연산

이 연산은 그림 11.14에 보인 것과 같이 f_1을 목적함수 값으로 갖는 가장 좋은 점 $\mathbf{x}^{(1)}$을 향하여 심플렉스를 축소시킨다. 이는 n개의 새로운 꼭짓점과 해당 목적함수 값을 계산하여 다음과 같이 수행된다.

$$\mathbf{x}^{(j)} \leftarrow \mathbf{x}^L + \delta\left(\mathbf{x}^{(j)} - \mathbf{x}^L\right); \, f_j = f\left(\mathbf{x}^{(j)}\right); \quad 0 < \delta < 1; \quad j = 2 \text{ to } n+1 \qquad (11.88)$$

초기 심플렉스

알고리즘을 시작하기 위해서는 초기 심플렉스가 필요하다. 즉, $(n + 1)$개의 점이 필요하다. 이 점들은 무작위로 생성되거나 어떠한 다른 방식으로도 생성될 수 있을 것이다. 한 가지 방법은 하나의 씨앗점($\mathbf{x}^{(1)}$으로 정한다)을 정하고, 나머지 n개의 점은 이 점을 이용하여 다음과 같이 좌표축을 따라 이동하는 방식으로 생성하는 것이다.

$$\mathbf{x}^{(j)} = \mathbf{x}^{(1)} + \delta_j \mathbf{e}^{(j)}; \quad f_j = f\left(\mathbf{x}^{(j)}\right); \quad j = 2 \text{ to } n+1 \qquad (11.89)$$

여기서 δ_j는 j번째 단위 벡터 $\mathbf{e}^{(j)}$ 방향으로의 이동거리이다. 일단 모든 목적함수를 초기 심플렉스

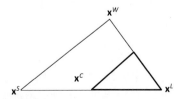

그림 11.14   최선점으로 심플렉스의 축소 연산

에 대해서 계산하면, 식 (11.82)에 보인 것처럼 오름차순으로 정렬할 수 있다.

종료 판정기준

종료 판정기준은 넬더-미드 알고리즘의 반복적인 과정을 종료하기 위해 필요하다. 다음의 세 가지 판정기준 중 어떤 것이라도 만족되면 알고리즘은 종료된다.

1. **영역 수렴 시험**: 심플렉스가 어떤 의미에서 충분히 작을 때(일부 또는 모든 꼭짓점 $x^{(j)}$들이 충분히 가까울 때) 반복과정은 종료된다.
2. **함수 값 수렴 시험**: 모든 함수의 값 f_j가 어떤 의미에서 충분히 가까울 때 반복과정은 종료된다.
3. **반복수의 한도**: 반복수 또는 함수 계산수의 값이 특정 값을 넘을 때 반복과정은 종료된다.

넬더-미드 심플렉스법 알고리즘

다음에 설명되는 넬더-미드 알고리즘은 식 (11.84)~(11.88)을 사용하며, 이때 $\alpha_R = 1$, $\alpha_E = 3$, $\alpha_Q = -1/2$ 및 $\delta = 1/2$이다 . 이 알고리즘은 직접 탐색 유형의 방법 중 좋은 방법의 하나이다. 이 방법은 여러 가지 다른 방식으로 수행될 수 있다(Lagarias et al., 1998; Price et al., 2002; Singer 와 Singer, 2004). 이 방법은 또한 매트랩에서도 가용하여 함수 fminsearch가 있는데, 이에 대해서는 7장에서 설명하였다. 다음의 각 단계들은 가능한 실행법의 하나이다(이 심플렉스법을 선형계획법의 심플렉스법과 혼동하지 말아야 한다). 이 알고리즘은 시험점에 대한 범위를 명시적으로 부여한다. 이를 위해서 설계변수 범위 제약조건에 대한 가용집합 S_b는 다음과 같이 정의된다.

$$S_b = \left\{ x_i \middle| x_{iL} \leq x_i \leq x_{iU} ; i = 1 \text{ to } n \right\} \tag{11.90}$$

1단계: 종료 판정기준을 확인한다. 만족하면 반복과정을 종료한다. 아니면, $n + 1$개 점으로 생성된 심플렉스에 대해서 x^W를 가장 나쁜 점, x^C를 나머지 n개 점의 중심이라고 하고, x^S는 함수 값 f^S를 갖는 심플렉스에서 두 번째로 나쁜 점이라고 하자. 식 (11.84)를 사용하여 반사점 x^R을 계산한다.

2단계: x^R이 S_b에 없으면, 축약 연산을 위해 4단계로 이동한다. 그렇지 않으면, 함수값 f^R을 x^R에서 계산한다. $f_L \leq f_R < f_S$이면 x^R을 대체점으로 수용하고 6단계로 진행한다. $f_R > f_S$이면, 축약 연산을 위해 4단계로 이동한다. $f_R < f_L$이면 확대 연산을 위해서 3단계로 진행한다.

3단계: 확대: 확대점 x^E를 식 (11.85)를 이용하여 계산한다. x^E가 S_b에 없으면, x^R을 대체점으로 수용하고 6단계로 진행한다. 그렇지 않으면, 함수값 f^E를 x^E에서 계산한다. $f^E < f^R$이면, x^E를 대체점으로 수용하고 6단계로 진행한다. $f^E \geq f^R$이면, x^R을 대체점으로 수용하고 6단계로 진행한다.

4단계: 축약. $f^S \leq f^R < f^W$이면, 식 (11.86)을 이용하여 x^Q를 계산한다. x^Q가 S_b에 없으면, 종료한다. 더 이상의 개선이 가능하지 않다. 그렇지 않으면, 함수값 $f^Q = f(x^Q)$를 계산한다. $f^Q < f^S$이면, x^Q를 대체점으로 수용하고 6단계로 진행한다. 그렇지 않으면, 5단계에서와 같이 축소 변환을 수행한다.

$f^R \geq f^W$이면, 식 (11.87)을 이용하여 $\mathbf{x}^Q$(축약 내)와 $f^Q = f(\mathbf{x}^Q)$를 계산한다. $f^Q < f^W$이면, $\mathbf{x}^Q$를 대체점으로 수용하고 6단계로 진행한다. 그렇지 않으면, 5단계에서와 같이 축소 변환을 수행한다.

5단계: 축소. $\mathbf{x}^{(j)} \leftarrow \mathbf{x}^L + \delta\left(\mathbf{x}^{(j)} - \mathbf{x}^L\right)$ 와 해당 목적함수 값을 계산한다. 심플렉스의 꼭짓점들을 오름차순으로 정렬하고, 1단계로 돌아간다.

6단계: $\mathbf{x}^W$를 대체점으로 바꾸어서 심플렉스를 갱신한다. 1단계로 돌아간다.

예제 11.13 넬더-미드 알고리즘의 이용

넬더-미드 알고리즘을 이용하여 다음 함수의 최소점을 찾아라.

$$f(\mathbf{x}) = x_1^2 - 7x_1 - x_1 x_2 + x_2^2 - x_2 \tag{a}$$

$\mathbf{x} = (1, 1)$을 초기 씨앗점으로 사용한다.

풀이

최적성 조건을 이용하여, 함수의 1차 편미분 도함수를 0으로 놓는다.

$$\frac{\partial f}{\partial x_1} = 2x_1 - 7 - x_2 = 0 \tag{b}$$

$$\frac{\partial f}{\partial x_2} = -x_1 - 1 + 2x_2 = 0 \tag{c}$$

이 선형 연립방정식의 해는 다음과 같다.

$$x^* = (5, 3) \text{ with } f(x^*) = -19 \tag{d}$$

목적함수의 헷세행렬은 다음과 같다.

$$H = \begin{bmatrix} 2 & -1 \\ -1 & 2 \end{bmatrix} \tag{e}$$

이 헷세행렬은 양정인데, 두 고유값이 양인 것으로 알 수 있다($\lambda_1 = 1$, $\lambda_2 = 3$). 그러므로 식 (d)로 찾은 해는 국소적 최소이다. 실제로는 헷세행렬이 모든 점에서 양정이기 때문에 식 (d)의 점은 엄밀히 전역적 최소이다.

이제 넬더-미드 알고리즘을 사용하여 어떻게 이 최소점에 접근하는지 살펴보자. 식 (11.89)를 이용하여, 두 개의 나머지 심플렉스 꼭짓점을 $\mathbf{x}^{(1)} = (1, 1)$과 $\delta_j = 1/2$을 사용하여 계산하면 다음과 같다.

$$\mathbf{x}^{(2)} = \begin{bmatrix} 1 \\ 1 \end{bmatrix} + 0.5 \begin{bmatrix} 1 \\ 0 \end{bmatrix} = \begin{bmatrix} 1.5 \\ 1 \end{bmatrix}; \quad f_2 = -9.75 \tag{f}$$

$$\mathbf{x}^{(3)} = \begin{bmatrix} 1 \\ 1 \end{bmatrix} + 0.5 \begin{bmatrix} 1 \\ 0 \end{bmatrix} = \begin{bmatrix} 1 \\ 1.5 \end{bmatrix}; \quad f_2 = -6.75 \tag{g}$$

표 11.5는 넬더-미드 알고리즘의 몇 번의 반복과정을 보여준다. 12번의 반복 후에, 그 때의 가장 좋은 점은 참 최적점에 상당히 근접해 있음을 볼 수 있다.

표 11.5 예제 11.13에 대한 넬더-미드 반복 이력

k	Best point	Second worst point	Worst point	Remarks
1	$f(1.5, 1) = -9.75$	$f(1, 1) = -7$	$f(1, 1.5) = -6.75$	Reflection
2	$f(1.5, 1) = -9.75$	$f(1.5, 0.5) = -9.25$	$f(1, 1) = -7$	Reflection
3	$f(4, 0.5) = -14.25$	$f(1.5, 1) = -9.75$	$f(1.5, 0.5) = -9.25$	Reflection
4	$f(4, 1) = -16$	$f(4, 0.5) = -14.25$	$f(1.5, 1) = -9.75$	Inside contraction
5	$f(4, 1) = -16$	$f(4, 0.5) = -14.25$	$f(2.75, 0.875) = -14.141$	Inside contraction
6	$f(4, 1) = -16$	$f(3.375, 0.8125) = -15.125$	$f(4, 0.5) = -14.25$	Reflection
7	$f(3.375, 1.3125) = -16.254$	$f(4, 1) = -16$	$f(3.375, 0.8125) = -15.125$	Expansion
8	$f(4.625, 2.1875) = -18.504$	$f(3.375, 1.3125) = -16.254$	$f(4, 1) = -16$	Reflection
9	$f(4.625, 2.1875) = -18.504$	$f(4, 2.5) = -18.25$	$f(3.375, 1.3125) = -16.254$	Reflection
10	$f(5.25, 3.375) = -18.8903$	$f(4.625, 2.1875) = -18.504$	$f(4, 2.5) = -18.25$	Outside contraction
11	$f(5.25, 3.375) = -18.8903$	$f(5.4063, 2.972) = -18.8239$	$f(4.625, 2.1875) = -18.504$	Inside contraction
12	$f(4.9766, 2.6805) = -18.905$	$f(5.25, 3.375) = -18.8903$	$f(5.4063, 2.972) = -18.8239$	

11장의 연습문제*

Section 11.1 More on Step Size Determination

11.1 Write a computer program to implement the polynomial interpolation with a quadratic curve fitting. Choose a function $f(\alpha) = 7\alpha^2 - 20\alpha + 22$. Use the golden section method to initially bracket the minimum point of $f(\alpha)$ with $\delta = 0.05$. Use your program to find the minimum point of $f(\alpha)$. Comment on the accuracy of the solution.

11.2 For the function $f(\alpha) = 7\alpha^2 - 20\alpha + 22$, use two function values, $f(0)$ and $f(\alpha_u)$, and the slope of f at $\alpha = 0$ to fit a quadratic curve. Here α_u is any upper bound on the minimum point of $f(\alpha)$. What is the estimate of the minimum point from the preceding quadratic curve? How many iterations will be required to find α^*? Why?

11.3 Under what situation can the polynomial interpolation approach not be used for one-dimensional minimization?

11.4 Given

$$f(\mathbf{x}) = 10 - x_1 + x_1 x_2 + x_2^2$$

$$\mathbf{x}^{(0)} = (2, 4); \quad \mathbf{d}^{(0)} = (-1, -1)$$

For the one-dimensional search, three values of α, $\alpha_l = 0$, $\alpha_i = 2$, and $\alpha_u = 4$ are tried. Using quadratic polynomial interpolation, determine

1. At what value of α is the function a minimum? Prove that this is a minimum point and not a maximum.
2. At what values of α is $f(\alpha) = 15$?

Section 11.2 More on the Steepest–Descent Method

Verify the properties of the gradient vector for the following functions at the given point.

11.5 $f(\mathbf{x}) = 6x_1^2 - 6x_1x_2 + 2x_2^2 - 5x_1 + 4x_2 + 2$; $\mathbf{x}^{(0)} = (-1, -2)$
11.6 $f(\mathbf{x}) = 3x_1^2 + 2x_1x_2 + 2x_2^2 + 7$; $\mathbf{x}^{(0)} = (5, 10)$
11.7 $f(\mathbf{x}) = 10(x_1^2 - x_2) + x_1^2 - 2x_1 + 5$; $\mathbf{x}^{(0)} = (-1, 3)$

Section 11.3 Scaling of Design Variables

11.8 Consider the following three functions:

$$f_1 = x_1^2 + x_2^2 + x_3^2; \quad f_2 = x_1^2 + 10x_2^2 + 100x_3^2; \quad f_3 = 100x_1^2 + x_2^2 + 0.1x_3^2$$

Minimize f_1, f_2, and f_3 using the program for the steepest–descent method given in Appendix B. Choose the starting design to be (1, 1, 2) for all functions. What do you conclude from observing the performance of the method on the foregoing functions? How would you scale the design variables for the functions f_2 and f_3 to improve the rate of convergence of the method?

Section 11.4 Search Direction Determination: Newton Method

11.9 *Answer true or false.*
1. In Newton method, it is always possible to calculate a search direction at any point.
2. The Newton direction is always that of descent for the cost function.
3. Newton method is convergent starting from any point with a step size of 1.
4. Newton method needs only gradient information at any point.

For the following problems, complete one iteration of the modified Newton method; also check the descent condition for the search direction.

11.10 Exercise 10.52
11.11 Exercise 10.53
11.12 Exercise 10.54
11.13 Exercise 10.55
11.14 Exercise 10.56
11.15 Exercise 10.57
11.16 Exercise 10.58
11.17 Exercise 10.59
11.18 Exercise 10.60
11.19 Exercise 10.61
11.20 Write a computer program to implement the modified Newton algorithm. Use equal interval search for line search. Solve Exercises 10.52–10.61 using the program.

Section 11.5 Search Direction Determination: Quasi-Newton Methods

11.21 *Answer true or false for unconstrained problems.*
1. The DFP method generates an approximation to the inverse of the Hessian.
2. The DFP method generates a positive definite approximation to the inverse of the Hessian.
3. The DFP method always gives a direction of descent for the cost function.
4. The BFGS method generates a positive definite approximation to the Hessian of the cost function.
5. The BFGS method always gives a direction of descent for the cost function.
6. The BFGS method always converges to the Hessian of the cost function.

For the following problems, complete two iterations of the DFP method.

11.22	Exercise 10.52
11.23	Exercise 10.53
11.24	Exercise 10.54
11.25	Exercise 10.55
11.26	Exercise 10.56
11.27	Exercise 10.57
11.28	Exercise 10.58
11.29	Exercise 10.59
11.30	Exercise 10.60
11.31	Exercise 10.61

11.32 Write a computer program to implement the DFP method. Solve Exercises 10.52–10.61 using the program.

For the following problems, complete two iterations of the BFGS method.

11.33	Exercise 10.52
11.34	Exercise 10.53
11.35	Exercise 10.54
11.36	Exercise 10.55
11.37	Exercise 10.56
11.38	Exercise 10.57
11.39	Exercise 10.58
11.40	Exercise 10.59
11.41	Exercise 10.60
11.42	Exercise 10.61

11.43 Write a computer program to implement the BFGS method. Solve Exercises 10.52–10.61 using the program.

Section 11.6 Engineering Applications of Unconstrained Methods

Find the equilibrium configuration for the two–bar structure of Fig. 11.9 using the following numerical data.

11.44 $A_1 = 1.5$ cm^2, $A_2 = 2.0$ cm^2, $h = 100$ cm, $s = 150$ cm, $W = 100,000$ N, $\theta = 45$ degrees, $E = 21$ MN/cm^2

11.45 $A_1 = 100$ mm^2, $A_2 = 200$ mm^2, $h = 1000$ mm, $s = 1500$ mm, $W = 50,000$ N, $\theta = 60$ degrees, $E = 210,000$ N/mm^2

Find the roots of the following nonlinear equations using the conjugate gradient method.

11.46 $F(\mathbf{x}) = 3x - e^x = 0$

11.47 $F(\mathbf{x}) = \sin x = 0$

11.48 $F(\mathbf{x}) = \cos x = 0$

11.49 $F(\mathbf{x}) = \dfrac{2x}{3} - \sin x = 0$

11.50 $F_1(\mathbf{x}) = 1 - \dfrac{10}{x_1^2 x_2} = 0, \quad F_2(\mathbf{x}) = 1 - \dfrac{2}{x_1 x_2^2} = 0$

11.51 $F_1(\mathbf{x}) = 5 - \dfrac{1}{8} x_1 x_2 - \dfrac{1}{4x_1^2} x_2^2 = 0, \quad F_2(\mathbf{x}) = -\dfrac{1}{16} x_1^2 + \dfrac{1}{2x_1} x_2 = 0$

References

Arora, J.S., Chahande, A.I., Paeng, J.K., 1991. Multiplier methods for engineering optimization. Int. J. Numer. Methods Eng. 32, 1485–1525.

Belegundu, A.D., Arora, J.S., 1984a. A recursive quadratic programming algorithm with active set strategy for optimal design. Int. J. Numer. Methods Eng. 20 (5), 803–816.

Belegundu, A.D., Arora, J.S., 1984b. A computational study of transformation methods for optimal design. AIAA J. 22 (4), 535–542.

Chahande, A.I., Arora, J.S., 1993. Development of a multiplier method for dynamic response optimization problems. Struct. Optim. 6 (2), 69–78.

Chahande, A.I., Arora, J.S., 1994. Optimization of large structures subjected to dynamic loads with the multiplier method. Int. J. Numer. Methods Eng. 37 (3), 413–430.

Davidon, W.C., 1959. Variable Metric Method for Minimization, Research and Development Report ANL-5990. Argonne National Laboratory, Argonne, IL.

Fiacco, A.V., McCormick, G.P., 1968. Nonlinear Programming: Sequential Unconstrained Minimization Techniques. Society for Industrial and Applied Mathematics, Philadelphia.

Fletcher, R., Powell, M.J.D., 1963. A rapidly convergent descent method for minimization. Comput. J. 6, 163–180.

Gill, P.E., Murray, W., Wright, M.H., 1981. Practical Optimization. Academic Press, New York.

Haug, E.J., Arora, J.S., 1979. Applied Optimal Design. Wiley-Interscience, New York.

Hooke, R., Jeeves, T.A., 1961. Direct search solution of numerical and statistical problems. J. ACM 8 (2), 212–229.

Kolda, T.G., Lewis, R.M., Torczon, V., 2003. Optimization by direct search: new perspective on some classical and modern methods. SIAM Rev. 45 (3), 385–482.

Lagarias, J.C., Reeds, J.A., Wright, M.H., Wright, P.E., 1998. Convergence properties of the Nelder-Mead Simplex method in low dimensions. SIAM J. Optim. 9, 112–147.

Lewis, R.M., Torczon, V., Trosset, M.W., 2000. Direct search methods: then and now. J. Comput. Appl. Math. 124, 191–207.

Luenberger, D.G., Ye, Y., 2008. Linear and nonlinear programming, third ed. Springer Science, New York, NY.

Marquardt, D.W., 1963. An algorithm for least squares estimation of nonlinear parameters. SIAM J. 11, 431–441.

Nelder, J.A., Mead, R.A., 1965. A Simplex method for function minimization. Comput. J. 7, 308–313.

Nocedal, J., Wright, S.J., 2006. Numerical optimization, Second ed. Springer Science, New York.

Paeng, J.K., Arora, J.S., 1989. Dynamic response optimization of mechanical systems with multiplier methods. J. Mech. Trans. Automation Design 111 (1), 73–80.

Price, C.J., Coope, I.D., Byatt, D., 2002. A Convergent variant of the Nelder-Mead algorithm. J. Optim. Theory Appl. 113 (1), 5–19.

Singer, S., Singer, S., 2004. Efficient implementation of the Nelder-Mead search algorithm. Appl. Numer. Anal. Comput. Math. 1 (3), 524–534.

12

제약조건 최적설계의 수치해법

Numerical Methods for Constrained Optimum Design

이 장의 주요내용:

- 평탄 제약조건 비선형 최적화 문제를 풀기 위한 수치 알고리즘의 기본적인 단계 설명

- 평탄 제약조건 비선형 최적화 문제에서 강하 방향과 강하 단계의 개념 설명

- 제약조건 비선형 최적화 문제의 선형화와 선형계획법 부문제 정의

- 제약조건 비선형 최적화 문제를 풀기 위한 순차 선형계획법(SLP) 사용

- 제약조건 비선형 최적화 문제에 대하여 2차식 계획법 부문제의 정의와 탐색방향을 위한 풀이

- 비선형 제약조건 최적화 문제를 풀기 위한 최적화 알고리즘 사용

이전 장에서는 해를 얻기 위해 제약조건 비선형계획법 문제를 일련의 비제약조건 문제로 변환하였다. 이 장에서는 원래의 제약조건 비선형 문제를 직접 푸는 방법을 설명한다. 편의를 위해서 2.11절에서 정의되었던 문제를 다음과 같이 다시 쓴다. n차원 설계변수 벡터 $\mathbf{x} = (x_1, \ldots, x_n)$를 찾아라. 이 벡터는 목적함수 $f = f(\mathbf{x})$를 최소화하고, 다음과 같은 등호 및 부등호제약조건을 만족한다.

$$h_i(\mathbf{x}) = 0, i = 1 \text{ to } p; \quad g_i(\mathbf{x}) \leq 0, i = 1 \text{ to } m \tag{12.1}$$

그리고 설계변수는 명시적인 범위 $x_{iL} \leq x_i \leq x_{iU}$ ($i = 1$에서 n까지)를 만족한다. 여기서 x_{iL}과 x_{iU}는 각각 i번째 설계변수 x_i의 가장 작은 허용값 및 가장 큰 허용값이다. 실제 수치 실행에서는 이런 간단한 범위 제약조건을 다루는 것은 쉽다. 그러나 수치방법의 설명과 논의에서는 이 범위제약 조건이 식 (12.1)의 부등호제약조건에 포함되어 있다고 가정할 것이다.

여기서는 식 (12.1)로 정의된 등식 및 부등식을 갖는 일반적인 제약조건 문제를 다룰 수 있는 방법만을 설명할 것이라는 것에 유의한다. 즉, 등식 또는 부등식만을 다루는 방법은 제외한다.

비제약조건 문제에서처럼 식 (12.1)의 일반 제약조건 최적화 문제에 대해서 여러 가지 방법이 개발되고 평가되었다. 대부분의 방법들은 비제약조건 문제에 대해서처럼 두 단계 접근법을 따른다. 탐색방향과 이동거리 결정 단계가 있다. 여기서 따르는 접근법은 방법들의 개념과 밑바탕이 되는 착안

점을 설명하는 것이다. 모든 방법에 대해서 장단점에 관한 자세한 설명은 피할 것이며, 몇 가지 간단하고 일반적으로 적용 가능한 방법들만을 기술하고 예제를 통해서 설명할 것이다.

10.6절에서는 비제약조건 최적화 문제에 대한 최속강하법을 설명하였다. 이 방법은 상당히 직관적이었지만 제약조건 문제에 직접 적용 가능하지 못했다. 한 가지 이유는 탐색방향과 이동거리를 계산할 때 제약조건을 고려해야 하기 때문이다. 이 장에서는 **제약최속강하(*CSD*)법**을 설명하는데 이 방법은 목적함수와 제약조건 함수의 국소적인 움직임을 고려하여 설계변화 방향을 계산한다.

이 방법(평탄한 문제에 대한 다른 대부분의 방법도)은 최적설계의 현재 추정값에서 문제를 선형화하는 것에 기반을 두고 있다. 그러므로 문제의 선형화는 상당히 중요하고 자세하게 다룰 것이다. 일단 문제가 선형화되면 그것을 선형계획법 방법으로 풀 수 있는지 확인해 보는 것이 자연스럽다. 대답은 "예"이지만 개선된 설계만을 얻는 것에 한해서이다. 우선 선형계획법의 심플렉스법의 간단한 확장인 방법에 대해서 설명한다. 그 이후 CSD법을 설명한다.

12.1 수치 방법과 관련된 기본 개념

이 절은 제약조건 최적화에 대해서 수치 방법에 쓰이는 기본적인 개념, 착안점, 용어들의 정의 등을 포함하고 있다. 한 설계점에서 제약조건의 상태를 활성, 만족, 위배 및 ε활성으로 정의한다. 강하함수라는 개념과 알고리즘의 수렴성에 대해서 설명한다. 6.1~6.3절에서 설계 최적화에 대한 수치적 풀이 과정과 연관된 일부의 개념과 제약조건과 설계변수의 척도화를 설명하였다. 지금은 그 내용을 완전하게 다시 보고 이해하여야 한다.

12.1.1 제약조건 문제 알고리즘과 관련된 기본 개념

수치 탐색법에서는 반복적인 과정을 시작하기 위해서 초기 설계를 선택하게 되는데, 이는 10장과 11장에서 설명했던 비제약조건 방법에서와 같다. 이 반복과정은 최적성 조건들이 만족되었음을 의미하는 더 이상의 움직임이 가능하지 않을 때까지 계속된다.

반복 과정

이 장에서 논의되는 모든 수치 방법들은 다음과 같은 반복적인 규정에 기반을 두고 있으며, 이는 6장과 비제약조건 문제에 대한 식 (10.1)과 (10.2)에 주어진 것과 동일하다.

벡터 형식:

$$\mathbf{x}^{(k+1)} = \mathbf{x}^{(k)} + \Delta \mathbf{x}^{(k)}; \quad k = 0, 1, 2, \ldots \tag{12.2}$$

성분 형식:

$$x_i^{(k+1)} = x_i^{(k)} + \Delta x_i^{(k)}; \quad k = 0, 1, 2, \ldots; \quad i = 1 \text{ to } n \tag{12.3}$$

상첨자 k는 반복 또는 설계 주기를 나타내고, 하첨자 i는 i번째 설계변수를 의미하며, $\mathbf{x}^{(0)}$는 설계 추정의 시작점, $\Delta \mathbf{x}^{(k)}$는 현재 설계에서 변화량을 나타낸다.

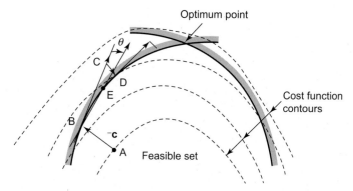

그림 12.1 유용점에서 시작한 제약조건 최적화 알고리즘의 개념적 이동

비 구속조건 수치 방법에서와 같이 설계의 변화량 $\Delta\mathbf{x}^{(k)}$는 다음과 같이 분해할 수 있다.

$$\Delta\mathbf{x}^{(k)} = \alpha_k \mathbf{d}^{(k)} \tag{12.4}$$

여기서 α_k는 탐색방향 $\mathbf{d}^{(k)}$로의 이동거리이다. 그러므로 설계 개선은 탐색방향과 이동거리를 결정하는 부문제를 푸는 것을 포함하고 있다. 두 부문제를 푸는 것은 현재 설계점에서의 목적함수와 제약조건 함수의 값은 물론이고 그 경사도까지 관련될 수 있다.

반복의 수행

개념적으로 비제약조건과 제약조건 최적화 문제들은 동일한 반복적 이론에 기반하고 있다. 그러나 한 가지 중요한 차이점은 탐색방향은 물론 이동거리를 계산할 때 제약조건이 고려되어야만 한다는 것이다. 어느 하나를 결정하는 과정이 다르면 다른 최적화 알고리즘이 될 수 있다. 여기서는 일반적인 용어로 설계공간에서 알고리즘이 진행하는 여러 가지 방식을 설명할 것이다. 모든 알고리즘은 반복과정을 시작하기 위해서 설계변수에 대한 초기 추정값을 필요로 한다. 이 설계 시작점은 가용일수도 또는 불용일수도 있다. 이 점이 그림 12.1의 점 A처럼 가용집합 내에 존재하면, 다음의 두 가지 가능성이 있다.

1. 목적함수의 경사도가 그 점에서 소멸되고, 따라서 이 점은 비제약조건의 정상점이다. 이 점의 최적성에 대한 2계의 조건을 확인할 필요가 있다.

2. 현재점이 정상점이 아니면 강하방향, 예를 들면 그림 12.1에 보인 것처럼 최속강하방향 $(-\mathbf{c})$으로 움직여서 목적함수를 줄일 수 있다. 제약조건을 마주치거나 비제약조건 최적점에 도달할 때까지 이런 반복을 계속한다.

이후의 논의에서는 최적점은 유용집합의 경계에 있다고 가정하기로 한다. 즉, 일부 제약조건이 활성상태(부등식은 등식으로 만족되는)인 것을 가정한다. 일단 점 B에서 제약조건 경계에 마주치면 하나의 방법은 그림 12.1의 방향 B~C와 같이 경계의 접선방향을 따라서 이동하는 것이다. 이 결과가 제약조건의 불용점이면 다시 유용점 D에 도달하기 위해서 수정한다. 최적점에 도달할 때까지 앞의 단계들을 반복한다.

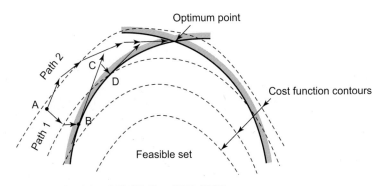

그림 12.2　불용점에서 시작한 제약조건 최적화 알고리즘의 개념적

　　다른 방법은 등호제약조건이 없을 때 접선 방향 B~C를 유용영역 쪽으로 어떤 각 θ로 굴절시키는 것이다. 그러면 그림 12.1에 보인 것처럼 경계점 E에 도달하기 위해 유용영역을 통해서 선 탐색이 이루어지게 된다. 이 과정은 다시 여기부터 반복된다.

　　그림 12.2의 점 A와 같이 시작점이 불용일 때, 하나의 방법은 점 B에서 제약조건 경계에 다다르기 위해 제약조건을 만족시키는 것이다. 그곳에서부터 최적점에 도달하기 위해서 앞 문장에서 설명했던 방법을 따를 수 있다. 그림 12.2의 경로 1(path 1)로 이 과정을 보였다. 두 번째 방법은 그림 12.2의 경로 2(path 2)로 보인 것과 같이 최적점에 계속 가까워지는 설계점을 취하는 방향을 계산하여 불용영역을 통과하며 반복을 진행하는 것이다.

　　앞에서 설명했던 방법에 기반한 여러 가지 알고리즘이 개발되었고 평가되었다. 몇 가지 알고리즘은 부등호제약조건만 있는 경우 잘 작동하고, 다른 방법들은 등호 및 부등호제약조건을 동시에 다룰 수 있다. 이 교재에서는 주로 제약조건의 형태에 제한이 없는 일반적인 알고리즘에 집중할 것이다.

　　이 장과 다음 장에서 설명하는 대부분의 알고리즘은 유용 및 불용 초기 설계를 다룰 수 있다. 그 알고리즘들은 제약조건 최적화 문제를 풀기 위해서 다음의 수치 알고리즘의 네 가지 기본 단계에 기반하고 있다.

1. 현재 설계점에 대해서 목적 및 제약조건 함수의 선형화
2. 선형화된 함수를 사용하여 **탐색방향 결정 부문제의 정의하기**
3. 설계공간에서 탐색방향을 주는 **부문제 풀기**
4. 그 탐색방향에서 강하함수를 최소화하는 이동거리 계산하기

12.1.2 설계점에서의 제약조건 상태

부등호제약조건은 한 설계점에서 활성, ε활성, 위배 또는 만족상태가 될 수 있다. 이와 다르게 등호제약조건은 한 설계점에서 활성이거나 위배 상태이다. 수치 방법의 논의나 개발에서는 설계점에서의 제약조건 상태에 대한 정확한 정의가 필요하다.

　　활성제약조건: 부등호제약조건 $g_i(\mathbf{x}) \leq 0$는 한 설계점 $\mathbf{x}^{(k)}$에서 등식으로 만족되면(즉, $g_i(\mathbf{x}^{(k)}) = 0$) 그 점에서 활성(또는 밀접)이라고 말한다.

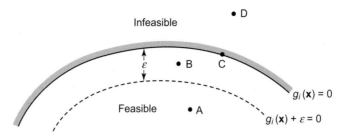

그림 12.3 설계점 A, B, C 및 D에서 제약조건의 상태

만족제약조건: 부등호제약조건 $g_i(\mathbf{x}) \leq 0$는 한 설계점 $\mathbf{x}^{(k)}$에서 음수값을 가지면(즉, $g_i(\mathbf{x}^{(k)}) < 0$) 그 점에서 만족이라고 말한다.

위배제약조건: 부등호제약조건 $g_i(\mathbf{x}) \leq 0$는 한 설계점 $\mathbf{x}^{(k)}$에서 양수값을 가지면(즉, $g_i(\mathbf{x}^{(k)}) > 0$) 그 점에서 위배라고 말한다. 등호제약조건 $h_i(\mathbf{x}^{(k)}) = 0$은 한 설계점 $\mathbf{x}^{(k)}$에서 0이 아니면 (즉, $h_i(\mathbf{x}^{(k)}) \neq 0$) 그 점에서 위배되었다라고 한다. 이와 같은 정의에 따라서 등호제약조건이 설계점에서 항상 활성 또는 위배가 된다는 것에 유의한다.

ε활성 부등호제약조건: 어떤 부등호제약조건 $g_i(\mathbf{x}^{(k)}) \leq 0$이라도 한 설계점 $\mathbf{x}^{(k)}$에서 $g_i(\mathbf{x}^{(k)}) < 0$이지만 $g_i(\mathbf{x}^{(k)}) + \varepsilon > 0$이면 ε활성이라고 말한다. 여기서 ε은 작은 수이다. 이는 그 점이 유용영역 쪽에서 제약조건의 경계에 가깝다는 것을 의미한다(그림 12.3에 보인 것처럼 ε폭 내로). 즉, 이 제약조건은 엄밀하게는 만족이지만 활성화 되기에 가까운 상태이다. ε활성제약조건의 개념은 부등호제약조건에만 적용된다는 것에 유의한다.

제약조건의 상태라는 개념을 이해하기 위해서 그림 12.3을 참조하자. i번째 부등호제약조건 $g_i(\mathbf{x}) \leq 0$을 고려한다. 제약조건의 경계(n차원 공간에서의 곡면)를 그렸고, 제약조건의 유용 및 불용 쪽의 공간이 식별된다. 경계 $g_i(\mathbf{x}) = 0$에서 ε만큼 떨어진 거리에서의 가상 경계와 유용영역도 그렸다. 그림 12.3에 표시된 네 개의 설계점 A, B, C와 D를 생각해 보자. 설계점 A에서 제약조건 $g_i(\mathbf{x})$는 음이고 $g_i(\mathbf{x}) + \varepsilon < 0$이기도 하다. 그러므로 제약조건은 설계점 A에서 만족된 상태이다. 설계점 B에 대해서는 $g_i(\mathbf{x})$는 엄밀하게 0보다 작으므로 비활성 상태이다. 그러나 $g_i(\mathbf{x}) + \varepsilon > 0$이므로 제약조건은 설계점 B에서 ε활성 상태이다. 설계점 C에서는 $g_i(\mathbf{x}) = 0$이므로, 이 점에서 제약조건은 **활성** 상태이다. 설계점 D에서는 $g_i(\mathbf{x})$는 0보다 크므로 제약조건은 위배 상태이다.

$g_i(\mathbf{x})$가 등호제약조건이었다면, 그림 12.3에서 점 C에서는 활성 상태, 점 A, B, D에서는 위배 상태였을 것이다.

12.1.3 강하함수

비제약조건 최적화에서 10장과 11장의 각 알고리즘은 매 설계 반복과정에서 목적함수가 감소되는 것을 요구했었다. 이러한 요구조건으로 인하여 최적점으로의 하강이 유지되었던 것이다. **최솟값으로** 향하는 과정을 관찰하는 데 사용되는 함수를 강하 또는 능률함수라고 부른다. 목적함수는 비제약조건 최적화 문제들에서 강하함수로서 사용된다.

강하함수의 개념은 제약조건 최적화에서도 매우 중요하다. 일부의 제약조건 최적화법에서는 목적함수를 강하함수로 사용한다. 그러나 많은 최신 수치방법에서는 목적함수는 그런 방식으로 사용될 수 없다. 그러므로 많은 다른 강하함수가 제안되고 사용되었다. 이 장에서는 그중 한 가지를 논의할 것이다.

이 시점에서는 강하함수의 목적을 잘 이해해야 한다. 기본적인 착안점은 강하함수가 감소되도록 탐색방향 $\mathbf{d}^{(k)}$와 이 방향으로의 이동거리를 계산하는 것이다. 이와 같은 요구사항으로부터 최소점으로 향하는 적정한 개선이 유지된다. 강하함수는 최솟값이 원래의 목적함수 최솟값과 동일하다는 특성도 가지고 있다.

12.1.4 알고리즘의 수렴성

알고리즘의 수렴성이라는 개념은 제약조건 최적화 문제에서 매우 중요하다. 우리는 우선 이 개념을 정의하고 그 중요성과 어떻게 이를 달성하는지 논의할 것이다. 하나의 알고리즘은 임의의 한 점에서 출발하여 국소적 최소점에 도달하면 수렴한다고 말한다. 임의의 한 점에서 출발하여 수렴하는 것이 증명된 알고리즘을 강건한 방법이라고 부른다. 최적화의 실제 응용에서 이런 신뢰할만한 알고리즘은 매우 바람직하다. 많은 공학설계문제는 함수와 함수의 경사도를 계산하는 데 상당한 수치 노력이 요구된다. 이런 응용 문제에서 알고리즘의 실패는 귀중한 자원의 낭비뿐만 아니라 설계자의 정신적인 면에도 재앙적인 결과를 가져올 수 있다. 이와 같은 이유로 실제적인 응용문제에 대해서는 수렴하는 알고리즘을 사용하는 것이 중요하다.

수렴하는 알고리즘은 다음의 요구사항을 만족한다.
1. 알고리즘을 위한 강하함수가 존재한다. 강하함수의 개념은 매 반복마다 강하함수가 줄어들어야 한다는 것이다. 이런 방식으로 최소점으로 향하는 개선을 감시한다.
2. 설계 변화량의 방향 $\mathbf{d}^{(k)}$는 설계변수의 연속함수이다. 이것도 중요한 요구사항이다. 이는 최솟점을 향한 하강이 유지될 수 있는 적정한 방향을 찾을 수 있다는 것을 의미한다. 이 요구사항은 또 강하함수가 '진동'이나 '지그재그' 형태를 피하도록 한다.
3. 유용집합은 닫혀있고 유한이다.

이러한 조건들을 만족하지 않는다면 알고리즘은 수렴할 수도 수렴하지 않을 수도 있다. 유용집합은 모든 경계점이 집합에 포함되어 있다면 닫힌 것이라는 것에 유의한다. 즉, 문제의 정식화에서 엄격한 부등식이 없다는 것이다. 유한집합은 집합의 원소에 대해서 상한과 하한이 존재한다는 것을 의미한다. 이 두 가지 요구사항은 문제의 모든 함수가 연속이면 만족된다. 앞의 요구사항들은 많은 공학 응용문제에서 불합리하지 않다.

12.2 제약조건 문제의 선형화

대부분의 제약조건 최적화에 대한 수치 방법은 설계 변화량을 계산하는 데 목적함수와 제약조건 함수에 대한 선형 테일러 급수 전개로 얻어진 부문제를 매 반복마다 풀어서 사용한다. 근사화 또는 선형화된 부문제라는 개념은 많은 수치적 최적화 방법의 개발에 중심이 되며, 이를 완전히 이해해야 된다.

모든 탐색법은 식 (12.2) 또는 (12.3)에서 보듯이 초기 설계의 추정값에서 출발해서 반복적으로 그 값을 개선해 나간다. $\mathbf{x}^{(k)}$를 k번째 반복에서 설계의 추정값이고, $\Delta\mathbf{x}^{(k)}$를 설계의 변화량이라고 하자. $\mathbf{x}^{(k)}$점에 대해서 목적함수와 제약조건 함수의 테일러 급수 전개로 두 항을 쓰면, 다음과 같은 선형화된 부문제를 얻는다.

다음 함수를 최소화하라.

$$f\left(\mathbf{x}^{(k)} + \Delta\mathbf{x}^{(k)}\right) \cong f\left(\mathbf{x}^{(k)}\right) + \nabla f^{T}\left(\mathbf{x}^{(k)}\right)\Delta\mathbf{x}^{(k)} \tag{12.5}$$

이때 다음의 선형화된 등호제약조건을 만족해야 한다.

$$h_j\left(\mathbf{x}^{(k)} + \Delta\mathbf{x}^{(k)}\right) \cong h_j\left(\mathbf{x}^{(k)}\right) + \nabla h_j^{T}\left(\mathbf{x}^{(k)}\right)\Delta\mathbf{x}^{(k)} = 0; \quad j = 1 \text{ to } p \tag{12.6}$$

다음의 선형화된 부등호제약조건도 만족해야 한다.

$$g_j\left(\mathbf{x}^{(k)} + \Delta\mathbf{x}^{(k)}\right) \cong g_j\left(\mathbf{x}^{(k)}\right) + \nabla g_j^{T}\left(\mathbf{x}^{(k)}\right)\Delta\mathbf{x}^{(k)} \leq 0; \quad j = 1 \text{ to } m \tag{12.7}$$

여기서 ∇f, ∇h_j 및 ∇g_j는 각각 목적함수, j번째 등호제약조건, j번째 부등호제약조건의 경사도이며, 기호 '$\cong$'는 근사적인 등식을 의미한다. 모든 함수와 경사도는 현재점 $\mathbf{x}^{(k)}$에서 계산된다.

선형화된 부문제의 표기법

이어지는 설명에서 다음과 같이 현재 설계 $\mathbf{x}^{(k)}$에 대한 간략한 표기법을 도입한다.

목적함수 값:

$$f_k = f\left(\mathbf{x}^{(k)}\right) \tag{12.8}$$

j번째 등호제약조건 값의 음수:

$$e_j = -h_j\left(\mathbf{x}^{(k)}\right)\mathsf{j} \tag{12.9}$$

j번째 부등호제약조건 값의 음수:

$$b_j = -g_j\left(\mathbf{x}^{(k)}\right) \tag{12.10}$$

목적함수의 x_i에 대한 도함수:

$$c_i = \frac{\partial f\left(\mathbf{x}^{(k)}\right)}{\partial x_i} \tag{12.11}$$

x_i에 대한 h_j의 도함수:

$$n_{ij} = \frac{\partial h_j\left(\mathbf{x}^{(k)}\right)}{\partial x_i} \tag{12.12}$$

x_i에 대한 g_j의 도함수:

$$a_{ij} = \frac{\partial g_j\left(\mathbf{x}^{(k)}\right)}{\partial x_i} \tag{12.13}$$

설계 변화량:

$$d_i = \Delta x_i^{(k)} \tag{12.14}$$

문제의 선형화는 모든 설계 반복에서 행해지기 때문에 반복수를 가리키는 상첨자 k뿐만 아니라 인자 $\mathbf{x}^{(k)}$도 일부 양에서는 생략됨에 유의한다.

선형화된 부문제의 정의

이런 표기법과 선형화된 목적함수에서 f_k를 지우면, 식 (12.5)~(12.7)로 주어진 근사 부문제는 다음과 같이 정의된다.

다음 함수를 최소화하라.

$$\bar{f} = \sum_{i=1}^{n} c_i d_i \left(\bar{f} = \mathbf{c}^T \mathbf{d}\right) \tag{12.15}$$

이때 다음의 선형화된 등호제약조건을 만족해야 한다.

$$\sum_{i=1}^{n} n_{ij} d_i = e_j; \quad j = 1 \text{ to } p \quad \left(\mathbf{N}^T \mathbf{d} = \mathbf{e}\right) \tag{12.16}$$

다음의 선형화된 부등호제약조건도 만족해야 한다.

$$\sum_{i=1}^{n} a_{ij} d_i \leq b_j; \quad j = 1 \text{ to } m \quad \left(\mathbf{A}^T \mathbf{d} \leq \mathbf{b}\right) \tag{12.17}$$

여기서 행렬 $\mathbf{N}_{(n \times p)}$의 열은 등호제약조건의 경사도이며 행렬 $\mathbf{A}_{(n \times m)}$의 열은 부등호제약조건의 경사도이다.

f_k가 상수라는 것에 유의하면, 이 항은 선형화된 부문제의 해에 영향을 미치지 않으며, 따라서 식 (12.15)에서 지웠다. 그러므로 $\bar{f}$는 원래 목적함수의 선형화된 변화량을 표시한다. $\mathbf{n}^{(j)}$와 $\mathbf{a}^{(j)}$를 각각 j번째 등식 및 부등호제약조건의 경사도를 표시한다고 하면, 이들 벡터는 다음과 같은 열벡터로 주어진다.

$$\mathbf{n}^{(j)} = \left(\frac{\partial h_j}{\partial x_1} \quad \frac{\partial h_j}{\partial x_2} \quad \cdots \quad \frac{\partial h_j}{\partial x_n}\right)^T \tag{12.18}$$

$$\mathbf{a}^{(j)} = \left(\frac{\partial g_j}{\partial x_1} \quad \frac{\partial g_j}{\partial x_2} \quad \cdots \quad \frac{\partial g_j}{\partial x_n}\right)^T \tag{12.19}$$

행렬 $\mathbf{N}$과 $\mathbf{A}$는 제약조건의 경사도를 열로 해서 다음과 같이 구성된다.

$$\mathbf{N} = \left[\mathbf{n}^{(j)}\right]_{(n \times p)} \tag{12.20}$$

$$\mathbf{A} = \left[\mathbf{a}^{(j)} \right]_{(n \times m)} \tag{12.21}$$

예제 12.2와 12.3은 비선형 최적화 문제에 대한 선형화 과정을 설명한다.

예제 12.1 선형화된 부문제의 정의

예제 4.31의 최적화 문제를 고려한다:

다음을 최소화하라.

$$f(\mathbf{x}) = x_1^2 + x_2^2 - 3x_1 x_2 \tag{a}$$

제약조건

$$g_1(\mathbf{x}) = \frac{1}{6} x_1^2 + \frac{1}{6} x_2^2 - 1.0 \le 0 \tag{b}$$

$$g_2(\mathbf{x}) = -x_1 \le 0, \; g_3(\mathbf{x}) = -x_2 \le 0 \tag{c}$$

점 $\mathbf{x}^{(0)} = (1, 1)$에 대해서 목적함수와 제약조건 함수를 선형화하고, 식 (12.15)~(12.17)로 주어진 근사화 문제를 써라.

풀이

식 (b)의 제약조건은 상수 6을 사용해서 정규화되었음에 유의한다. 문제에 대한 도해적 풀이는 그림 12.4에 보였다. 그림을 보면 최적해는 점 $\left(\sqrt{3}, \sqrt{3} \right)$이고 이때의 목적함수 값은 –3이다. 주어진 점 (1, 1)은 유용영역 내에 있다. 문제를 선형화하기 위해서 주어진 점 (1, 1)에서 모든 함수 및 경사도를 계산할 필요가 있다.

함수 값: 목적함수와 제약조건 함수를 점 (1, 1)에서 계산하면 다음과 같다.

$$f(1, 1) = (1)^2 + (1)^2 - 3(1)(1) = -1 \tag{d}$$

$$g_1(1, 1) = \left(\frac{1}{6}(1)^2 + \frac{1}{6}(1)^2 - 1 \right) = -\frac{2}{3} < 0 \, (\text{inactive}) \tag{e}$$

$$g_2(1, 1) = -1 < 0 \, (\text{inactive}) \tag{f}$$

$$g_3(1, 1) = -1 < 0 \, (\text{inactive}) \tag{g}$$

위배된 제약조건이 없기 때문에 주어진 점 (–1, –1)은 유용하며 그림 12.4에 나타내었다.

함수의 경사도: 목적함수 및 제약조건 함수는 (1, 1)에서 다음과 계산된다.

$$\mathbf{c}^{(0)} = \nabla f(1, 1) = (2x_1 - 3x_2, -3x_1 + 2x_2) = (2 \times 1 - 3 \times 1, -3 \times 1 + 2 \times 1) = (-1, -1) \tag{h}$$

$$\nabla g_1(1, 1) = \left(\frac{2}{6} x_1, \frac{2}{6} x_2 \right) = \left(\frac{1}{3}, \frac{1}{3} \right) \tag{i}$$

$$\nabla g_2(1, 1) = (-1, 0) \tag{j}$$

$$\nabla g_3(1, 1) = (0, -1) \tag{k}$$

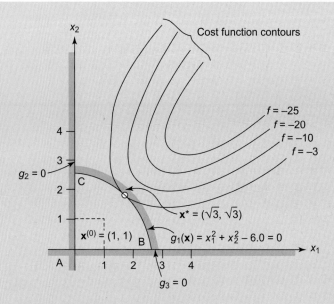

그림 12.4 예제 12.1에서 목적함수 및 제약조건의 도해 표현

선형화된 부문제: 식 (12.5)의 테일러 전개를 사용하면 점 (1, 1)에서 선형화된 목적함수는 다음과 같이 주어진다:

$$\bar{f} = f\left(\mathbf{x}^{(0)}\right) + \nabla f\left(\mathbf{x}^{(0)}\right) \bullet \mathbf{d} = -1 + \begin{bmatrix} -1 & -1 \end{bmatrix} \begin{bmatrix} d_1 \\ d_2 \end{bmatrix} = -1 - d_1 - d_2 \tag{l}$$

유사하게 식 (12.7)을 사용해서 제약조건 함수를 선형화하면 다음을 얻는다.

$$\frac{1}{3} d_1 + \frac{1}{3} d_2 \le \frac{2}{3} \tag{m}$$

$$-d_1 \le 1, -d_2 \le 1 \tag{n}$$

그러므로 선형화된 부문제는 식 (l)의 목적함수를 최소화하며 식 (m)과 (n)의 제약조건을 만족하는 것으로 정의된다.

식 (12.13)의 행렬 **A**, 식 (12.10)의 벡터 **b** 및 식 (12.11)의 벡터 **c**는 식 (l)~(n)로부터 다음과 같이 얻어짐에 유의한다.

$$\mathbf{A} = \begin{bmatrix} \dfrac{1}{3} & -1 & 0 \\ \dfrac{1}{3} & 0 & -1 \end{bmatrix}, \mathbf{b} = \begin{bmatrix} \dfrac{2}{3} \\ 1 \\ 1 \end{bmatrix}, \mathbf{c} = \begin{bmatrix} -1 \\ -1 \end{bmatrix} \tag{o}$$

원래 변수로 선형화: 선형화된 부문제는 설계 변화량 d_1과 d_2의 항으로 표현되었음에 유의하자. 이 부문제는 원래 변수인 x_1과 x_2의 항으로도 쓰일 수 있을 것이다. 이를 위해서 앞의 모든 표현식과 선형 테일러 전개에서 $\mathbf{d} = (\mathbf{x} - \mathbf{x}^{(0)})$를 대입하면 다음을 얻는다.

$$\bar{f}(x_1, x_2) = f\left(\mathbf{x}^{(0)}\right) + \nabla f \cdot \left(\mathbf{x} - \mathbf{x}^{(0)}\right) = -1 + \begin{bmatrix} -1 & -1 \end{bmatrix} \begin{bmatrix} (x_1 - 1) \\ (x_2 - 1) \end{bmatrix} = -x_1 - x_2 + 1 \tag{j}$$

$$\bar{g}_1(x_1, x_2) = g_1\left(\mathbf{x}^{(0)}\right) + \nabla g_1 \cdot \left(\mathbf{x} - \mathbf{x}^{(0)}\right) = -\frac{2}{3} + \begin{bmatrix} \dfrac{1}{3} & \dfrac{1}{3} \end{bmatrix} \begin{bmatrix} (x_1 - 1) \\ (x_2 - 1) \end{bmatrix}$$

$$= \frac{1}{3}(x_1 + x_2 - 1) \le 0 \tag{k}$$

$$\bar{g}_2 = -x_1 \le 0; \quad \bar{g}_3 = -x_2 \le 0 \tag{l}$$

앞의 표현식에서 함수의 상단 막대기 기호는 그 함수에 대한 선형 근사를 가리킨다. 점 (1, 1)에서의 선형화된 부문제와 원래 문제의 유용영역을 그림 12.5에 나타내었다. 선형화된 목적함수는 선형화된 첫 번째 제약조건 $\bar{g}_1$에 평행하기 때문에 선형화된 부문제의 최적해는 그림 12.5의 선 D~E 상의 어떤 점이나 가능하다.

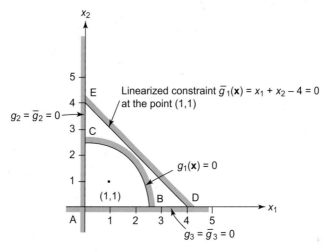

그림 12.5 예제 12.1의 선형화된 유용영역의 도해 표현

문제의 함수에 대한 선형 근사는 각각의 점마다 다르다는 것에 유의하는 것이 중요하다. 그러므로 선형화된 부문제의 유용영역은 선형화가 수행되는 점마다 바뀌게 될 것이다.

예제 12.2 사각보 설계문제의 선형화

3.8절에서 정식화되었던 사각보 설계문제를 점 (50, 200) mm에서 선형화하라.

풀이

정규화된 문제는 다음과 같이 정의된다. 다음과 같은 폭 b와 깊이 d를 찾아라.

다음을 최소화하라.

$$f(b,d) = bd \tag{a}$$

제약조건

$$g_1 = \frac{\left(2.40 \times 10^7\right)}{bd^2} - 1.0 \le 0 \tag{b}$$

$$g_2 = \frac{\left(1.125 \times 10^5\right)}{bd} - 1.0 \le 0 \tag{c}$$

$$g_3 = \frac{1}{100}\left(-2b + d\right) \le 0 \tag{d}$$

$$g_4 = -b \le 0; \quad g_5 = -d \le 0 \tag{e}$$

식 (d)의 제약조건 g_3는 상수 100을 사용하여 정규화되었음에 유의하자. 이제 문제의 함수를 선형화하기 위해서 점 (50,200)에서 문제의 모든 함수와 그 경사도를 계산한다.

문제의 함수 계산: 주어진 점에서 문제의 함수는 다음과 같이 계산된다.

$$f(50,200) = 50 \times 200 = 10,000 \tag{f}$$

$$g_1(50,200) = \frac{2.40 \times 10^7}{50 \times 200^2} - 1 = 11 > 0 \,(\text{violation}) \tag{g}$$

$$g_2(50,200) = \frac{1.125 \times 10^5}{50 \times 200} - 1 = 10.25 > 0 \,(\text{violation}) \tag{h}$$

$$g_3(50,200) = \frac{1}{100}\left(-2 \times 50 + 200\right) = 1 > 0 \,(\text{violation}) \tag{i}$$

$$g_4(50,200) = -50 < 0 \,(\text{inactive}) \tag{j}$$

$$g_5(50,200) = -200 < 0 \,(\text{inactive}) \tag{k}$$

경사도 계산: 다음의 계산에서 제약조건 g_4와 g_5는 설계가 일사분면에 있어 만족될 것이라고 가정하고 무시할 것이다. 함수의 경사도는 다음과 같이 계산된다.

$$\nabla f(50,200) = (d,b) = (200,50) \tag{l}$$

$$\begin{aligned}
\nabla g_1(50,200) &= \left(\frac{-\left(2.40 \times 10^7\right)}{b^2 d^2}, \frac{-2\left(2.40 \times 10^7\right)}{bd^3} \right) \\
&= \left(\frac{-\left(2.40 \times 10^7\right)}{50^2 \times 200^2}, \frac{-2\left(2.40 \times 10^7\right)}{50 \times 200^3} \right) = (-0.24, -0.12)
\end{aligned} \tag{m}$$

$$\begin{aligned}
\nabla g_2(50,200) &= \left(\frac{-\left(1.125 \times 10^7\right)}{b^2 d}, \frac{-\left(1.125 \times 10^7\right)}{bd^2} \right) \\
&= \left(\frac{-\left(1.125 \times 10^7\right)}{50^2 \times 200}, \frac{-\left(1.125 \times 10^7\right)}{50 \times 200^2} \right) = (-0.225, -0.05625)
\end{aligned} \tag{n}$$

$$\nabla g_3(50,200) = \left(\frac{-2}{100}, \frac{1}{100} \right) = (-0.02, 0.01) \tag{o}$$

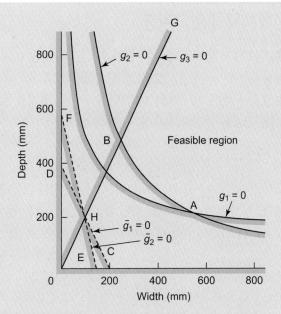

그림 12.6 예제 12.2의 사각보 설계문제의 원래 및 선형화된 제약조건에 대한 유용영역

선형화된 부문제: 함수값과 경사도를 사용하면 식 (12.7)~(12.9)에 주어진 선형 테일러 전개는 점 (50, 200)에서 선형화된 부문제를 원래 변수 b와 d로 다음과 표현한다.

다음을 최소화하라.

$$\bar{f}(b,d) = 10,000 + 200(b-50) + 50(d-200)$$
$$= 200b + 50d - 10,000 \tag{p}$$

제약조건

$$\bar{g}_1(b,d) = 11 - 0.24(b-50) - 0.12(d-200)$$
$$= -0.24b - 0.12d + 47 \le 0 \tag{q}$$

$$\bar{g}_2(b,d) = 10.25 - 0.225(b-50) - 0.05625(d-200)$$
$$= -0.225b - 0.05625d + 32.75 \le 0 \tag{r}$$

$$\bar{g}_3(b,d) = 1 - 0.02(b-50) + 0.01(d-200)$$
$$= -0.02b + 0.01d \le 0 \tag{s}$$

식 (s)의 선형화된 제약조건은 기대한 대로 식 (d)의 원래 제약조건과 같다는 것에 유의하자. 선형화된 제약조건 함수는 그림 12.6에 나타내었고 그 유용영역도 그렸다. 원래 제약조건에 대한 유용영역도 그렸는데 두 영역이 상당히 다름을 볼 수 있다. 또한 선형화된 목적함수는 제약조건 $\bar{g}_2$에 평행함에 유의하자. 선형화된 문제의 최적해는 점 H에 있으며, 이 점은 제약조건 $\bar{g}_1$과 $\bar{g}_3$의 교차점으로 다음과 같이 주어진다.

$$b = 97.9 \text{ mm}, \quad d = 195.8 \text{ mm}, \quad \bar{f} = 19,370 \text{ mm}^2 \tag{t}$$

이 점에 대해서 원래의 제약조건 g_1과 g_2는 아직 위배상태이다. 비선형 제약조건에 대해서는 제약조건의 위배를 수정하고 유용집합에 도달하기 위해서는 명백하게 반복이 필요하다.

12.3 순차 선형계획법 알고리즘

식 (12.15)~(12.17)의 모든 함수는 변수 d_i에 대해서 선형이라는 것에 유의한다. 그러므로 d_i를 풀기 위해서 선형계획법이 쓰일 수 있다. 설계 변화량의 계산을 위해 선형계획법이 사용되는 이런 방법을 축약해서 SLP라 한다. 이 절에서는 간단하게 이런 방법을 설명하고 이 방법의 장점과 단점을 논할 것이다. 이동 한계의 개념과 필요성도 설명한다.

12.3.1 SLP 이동한계

표준 심플렉스법으로 LP를 풀기 위해서는 식 (12.9)와 (12.10)의 우변 매개변수 e_i와 b_j가 음수가 아니어야 한다. 어떤 b_j가 음수이면, 해당 제약조건에 −1을 곱해서 우변을 음수가 아니도록 만들어야 한다. 이는 식 (12.17)의 부등식 의미를 바꿀 것이다. 즉, 그 제약조건은 "≥형식"의 제약조건이 될 것이다.

식 (12.15)~(12.17)로 정의된 문제는 유계의 해를 갖지 않거나 또는 설계의 변화량이 너무 크게 되어서 선형근사가 유효하지 않을 수도 있다는 것에 유의하여야 한다. 그러므로 설계 변화량에 한계가 부과되어야 한다. 이런 제약조건은 보통 이동 한계로 불리고 다음과 같이 표현된다.

$$-\Delta_{il}^{(k)} \le d_i^{(k)} \le \Delta_{iu}^{(k)} \qquad i = 1 \text{ to } n \tag{12.22}$$

여기서 $\Delta_{il}^{(k)}$와 $\Delta_{iu}^{(k)}$는 각각 k번째 반복에서 i번째 설계변수의 최대 허용 감소량과 증가량이다. 이 문제는 d_i의 항으로 여전히 선형이며, 따라서 LP법은 이 문제를 풀기 위해 사용될 수 있다. 반복 셈수 k가 $\Delta_{il}^{(k)}$와 $\Delta_{iu}^{(k)}$를 표시하기 위해 사용되었다는 것에 유의한다. 즉, 이동 한계는 매 반복마다 변경될 수 있다. 그림 12.7은 설계 $\mathbf{x}^{(k)}$에서 변화에 이동 한계를 부여하였을 때의 효과를 보여준다. 새로운 설계 추정값은 2D 문제에 있어서 사각형 영역 ABCD 안에 머무르는 것이 요구된다.

식 (12.22)의 이동 한계는 선형화된 부문제에서 두 가지 중요한 복적을 달성한다.

1. 이는 선형화된 부문제를 유계가 되게 한다.
2. 이는 이동거리를 위한 선 탐색의 수행 없이 직접적으로 설계 변화량을 준다.

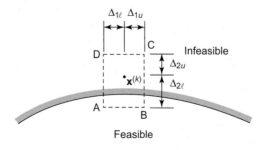

그림 12.7 설계 변화량에 대한 선형 이동 한계

적정한 이동 한계의 선택

적정한 이동 한계를 선택하는 것은 SLP 알고리즘의 성공 또는 실패를 의미할 수 있기 때문에 대단히 중요하다. 그러나 이의 특정에는 풀려는 문제에 대한 지식뿐만 아니라 어느 정도 방법에 대한 경험이 요구된다. 그러므로 사용자는 선택값이 실패나 부적절한 설계로 진행되면 다른 이동 한계값을 시도하는 데 주저하지 말아야 한다. 많은 경우 상/하한값이 실제 설계변수 x_i에 명기된다. 그러므로 이동 한계는 이런 명기된 범위 내에 남아 있도록 선택해야 한다.

또한, 함수에 대한 선형 근사가 사용되었기 때문에 설계 변화량은 매우 크지 않아야 하며 이동 한계도 과도하게 크지 않아야 한다. 보통 $\Delta_{il}^{(k)}$와 $\Delta_{iu}^{(k)}$는 설계변수 값에 대한 일정 비율로 선택된다(이는 1에서 100까지 변할 수 있다). 만들어진 LP 문제가 불용으로 판명되면, 이동 한계는 완화될 필요가 있을 것이고(즉, 더 큰 설계 변화가 허용되어야 한다), 이 부문제를 다시 푼다. 대개의 경우 문제를 성공적으로 풀기 위해서 매 반복마다 적정한 이동 한계를 선택하고 이를 조절하는 것은 문제에 대한 어느 정도의 경험이 필요하다.

양수/음수 설계 변화량

SLP 알고리즘을 설명하기 전에 한 가지 주목해야 할 것이 있다. 이는 설계변수 d_i(또는 Δx_i)의 부호에 관한 것으로 이 부호는 양이나 음이 될 수 있다. 다른 말로 하면 설계변수의 현재 값은 증가할 수도 감소할 수도 있다는 것이다. 이런 변화를 허용하기 위해서는 LP 변수 d_i를 자유부호로 다루어야 한다. 이는 8.1절에 설명한 것과 같이 할 수 있다. 각 자유 변수 d_i는 모든 표현식에서 $d_i = d_i^+ - d_i^-$로 대체한다. 그러면 식 (12.15)~(12.17)로 정의된 LP 부문제는 심플렉스법의 표준형으로 변환된다.

12.3.2 SLP 알고리즘

알고리즘을 시작하기 전에 먼저 종료 판정기준을 정의해야 한다.

1. 모든 제약조건을 만족해야 한다. 이는 $g_i \leq \varepsilon_1$ ($i = 1$에서 m 까지)과 $|h_i| \leq \varepsilon_1$ ($i = 1$에서 p까지)로 표현할 수 있다. 여기서 $\varepsilon_1 > 0$는 제약조건의 위배에 대한 허용 오차를 정의하기 위해 명시된 작은 수이다.

2. 설계 변화량은 거의 0이어야 한다. 즉, $\|\mathbf{d}\| \leq \varepsilon_2$이어야 한다. 여기서 $\varepsilon_2 > 0$는 지정된 작은 수이다.

이제 *SLP* 알고리즘을 다음과 같이 설명한다.

1단계: 초기 설계를 $\mathbf{x}^{(0)}$으로 추정한다. $k = 0$으로 놓는다. 두 작은 수, ε_1(제약조건 가용성 인자)과 ε_2(종료 인자)를 정한다.

2단계: 현재 설계 $\mathbf{x}^{(k)}$에서 목적함수와 제약조건 함수를 계산한다. 즉, f_k, b_j($j = 1$에서 m까지)와 e_j($j = 1$에서 p까지)를 식 (12.8)~(12.10)에 정의된 것과 같이 계산한다. 또, 현재 설계 $\mathbf{x}^{(k)}$에서 목적함수와 제약조건 함수의 경사도를 계산한다.

3단계: 이동 한계 $\Delta_{il}^{(k)}$와 $\Delta_{iu}^{(k)}$를 현재 설계의 일정 비율로 선택한다. 식 (12.15)~(12.17)의 LP 부문제를 만든다.

4단계: 필요하다면 LP 부문제를 표준 심플렉스 형식으로 변환(8.2절 참조)하고 $\mathbf{d}^{(k)}$를 위해 그 문제를 푼다.

5단계: 수렴을 확인한다. $g_i \leq \varepsilon_1$ ($i = 1$에서 m까지), $|h_i| \leq \varepsilon_1$ ($i = 1$에서 p까지)과 $\|\mathbf{d}^{(k)}\| \leq \varepsilon_2$이면 종료한다. 아니면 계속한다.

6단계: 설계를 $\mathbf{x}^{(k+1)} = \mathbf{x}^{(k)} + \mathbf{d}^{(k)}$와 같이 갱신한다. $k = k + 1$로 놓고 2단계로 진행한다.

여기서 식 (12.15)~(12.17)로 정의된 LP 문제는 $d_i = x_i - x_i^{(k)}$로 대입하면 원래 변수로 변환될 수 있다는 것에 주목하면 흥미롭다. 이는 예제 12.2와 12.3으로 설명했다. 식 (12.22)의 d_i에 대한 이동 한계도 원래 변수로 변환될 수 있다. 이런 방법은 LP 문제의 답이 다음 설계점에 대한 추정값을 직접적으로 준다.

예제 12.3과 12.4는 SLP 알고리즘의 이용을 설명한다.

예제 12.3 **순차 선형계획법 알고리즘 논의**

예제 12.1에 주어진 문제를 고려한다. 점 (3, 3)에서 선형화된 부문제를 정의하고 적정한 이동 한계를 부과하고 이 문제의 해에 관해 논하라.

풀이

선형화된 부문제를 정의하기 위해서 문제의 함수와 경사도를 주어진 점 (3, 3)에서 계산한다.

$$f(3,3) = 3^2 + 3^2 - 3 \times 3 \times 3 = -9 \tag{a}$$

$$g_1(3,3) = \frac{1}{6}(3^2) + \frac{1}{6}(3^2) - 1 = 2 > 0 \,(\text{violation}) \tag{b}$$

$$g_2(3,3) = -x_1 = -3 < 0 \,(\text{inactive}) \tag{c}$$

$$g_3(3,3) = -x_2 = -3 < 0 \,(\text{inactive}) \tag{d}$$

$$c(3,3) = \nabla f = (2x_1 - 3x_2, 2x_2 - 3x_1) = (2 \times 3 - 3 \times 3, 2 \times 3 - 3 \times 3) = (-3, -3) \tag{e}$$

$$\nabla g_1(3,3) = \left(\frac{2x_1}{6}, \frac{2x_2}{6}\right) = \left(\frac{2 \times 3}{6}, \frac{2 \times 3}{6}\right) = (1, 1)$$
$$\nabla g_2(3,3) = (-1, 0), \ \nabla g_3(3,3) = (0, -1) \tag{f}$$

주어진 점은 불용영역에 있는데, 첫 번째 제약조건이 위배되었기 때문이다. 선형화된 부문제는 식 (12.15)~(12.17)에 따라 정의하면 다음과 같다.

다음을 최소화하라.

$$\bar{f} = \begin{bmatrix} -3 & -3 \end{bmatrix} \begin{bmatrix} d_1 \\ d_2 \end{bmatrix} \tag{g}$$

다음의 선형화된 제약조건을 조건으로 한다.

$$\begin{bmatrix} 1 & 1 \\ -1 & 0 \\ 0 & -1 \end{bmatrix} \begin{bmatrix} d_1 \\ d_2 \end{bmatrix} \leq \begin{bmatrix} -2 \\ 3 \\ 3 \end{bmatrix} \tag{h}$$

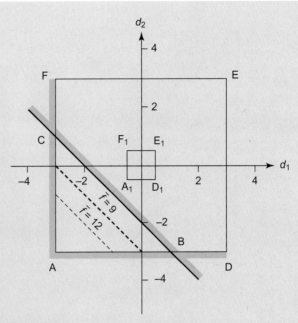

그림 12.8   예제 12.3에서 선형화된 부문제에 대한 도해 풀이

이 부문제는 두 개의 변수만을 갖기 때문에 그림 12.8에 보였듯이 도해 풀이 과정을 통해서 풀 수 있다. 이 그림은 그림 12.4를 겹쳐 그렸을 때 점 (3, 3)에서 원래 문제의 선형화된 근사를 나타낸다. 선형화된 부문제의 유용해는 그림 12.8의 ABC 영역에 있어야 한다. 목적함수는 선 B~C에 평행하다. 그러므로 선상의 어느 점이라도 선형화된 목적함수를 최소화한다. 선형화된 모든 제약조건을 만족하는 해로서 $d_1 = -1$과 $d_2 = -1$을 고를 수 있다(목적함수의 선형화된 변화량은 6임에 유의한다). 100퍼센트의 이동 한계를 선택하면 (즉, $-3 \le d_1 \le 3$ 과 $-3 \le d_2 \le 3$), LP 부문제의 해는 영역 ADEF에 놓여야 한다. 이동 한계를 현재 설계 변수 값의 20퍼센트로 설정하면 해는 $-0.6 \le d_1 \le 0.6$ 과 $-0.6 \le d_2 \le 0.6$을 만족해야 한다. 이 경우 해는 영역 $A_1D_1E_1F_1$에 있어야 한다. 이 선형화된 부문제는 유용해가 없다는 것을 보일 수 있는데, 이는 영역 $A_1D_1E_1F_1$가 선 B~C와 교차하지 않기 때문이다. 이 영역은 이동 한계를 증가시켜서 확장시켜야 한다. 따라서 이동 한계가 너무 제한적이면 선형화된 부문제는 해를 갖지 않을 수도 있다는 것을 알 수 있다.

$d_1 = -1$ 과 $d_2 = -1$을 고르면, 개선된 설계는 (2, 2)로 주어진다. 이는 아직 불용점이며 이를 그림 12.4에서 볼 수 있다. 그러므로 선형화된 제약조건이 $d_1 = -1$과 $d_2 = -1$로 만족되었어도 원래의 비선형 제약조건 g_1은 아직 위반상태이다.

예제 12.4 **순차 선형계획법의 사용**

예제 12.1에 주어진 문제를 고려한다. SLP 알고리즘으로 두 번의 반복을 수행하라. $\varepsilon_1 = \varepsilon_2 = 0.001$을 사용하고 이동 한계를 15퍼센트의 설계변화가 허용 가능하도록 선택하라. $x^{(0)} = (1, 1)$을 시작점으로 한다.

풀이

주어진 점은 이 문제의 유용해이고 이는 그림 12.4에서 볼 수 있다. 점 $\mathbf{x}^{(0)}$에서 설계 변화량 d_1과 d_2에 대해서 15퍼센트의 이동 한계를 갖는 선형화된 부문제는 예제 12.1에서 다음과 같이 얻어진다.

다음을 최소화하라.

$$\bar{f} = -d_1 - d_2 \qquad \text{(a)}$$

제약조건

$$\frac{1}{3}d_1 + \frac{1}{3}d_2 \le \frac{2}{3} \qquad \text{(b)}$$

$$-(1+d_1) \le 0, \ -(1+d_2) \le 0 \qquad \text{(c)}$$

$$-0.15 \le d_1 \le 0.15, \ -0.15 \le d_2 \le 0.15 \qquad \text{(d)}$$

이 선형화된 부문제의 도해적 해는 그림 12.9에 주어졌다. 15퍼센트의 이동 한계는 해의 영역을 DEFG로 정의한다. 문제에 대한 최적해는 점 F이고 이때 $d_1 = 0.15$이고 $d_2 = 0.15$이다. 이 경우에는 더 큰 이동 한계가 가능함을 볼 수 있다.

이 문제는 심플렉스법을 사용해서도 풀 수 있을 것이다. 선형화된 부문제에서 설계 변화량 d_1과 d_2는 자유부호임에 유의한다. 심플렉스법으로 문제를 풀기를 원하면 $d_1 = A - B$, $d_2 = C - D$이고, $A, B, C, D \ge 0$인 새로운 변수 A, B, C, D를 정의해야 한다. 변수 A, B, C, D는 그림의 기호와 다름에 유의한다. 이런 관계식을 앞의 식에 대입하면 표준형으로 쓰여진 다음 문제를 얻는다.

다음을 최소화하라.

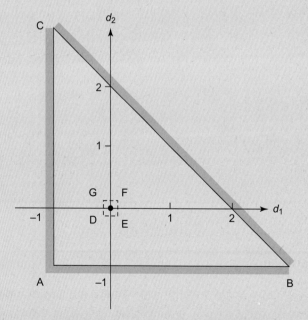

그림 12.9   예제 12.4에서 선형화된 부문제에 대한 도해 풀이

$$\bar{f} = -A + B - C + D \tag{e}$$

제약조건

$$\frac{1}{3}(A - B + C - D) \le \frac{2}{3} \tag{f}$$

$$-A + B \le 1.0, \quad -C + D \le 1.0 \tag{g}$$

$$A - B \le 0.15, \quad B - A \le 0.15 \tag{h}$$

$$C - D \le 0.15, \quad D - C \le 0.15 \tag{i}$$

$$A, B, C, D \ge 0 \tag{j}$$

심플렉스법으로 위의 LP 문제를 풀면 해는 다음과 같이 얻어진다. $A = 0.15$, $B = 0$, $C = 0.15$, $D = 0$. 그러므로 $d_1 = A - B = 0.15$이고 $d_2 = C - D = 0.15$이다. 이 결과는 갱신된 설계를 $\mathbf{x}^{(1)} = \mathbf{x}^{(0)} + \mathbf{d}^{(0)} =$ (1.15, 1.15)와 같이 준다. 새로운 설계 (1.15, 1.15)에서 $f(\mathbf{x}^{(1)}) = -1.3225$이고 $g_1(\mathbf{x}^{(1)}) = -0.5592$이다. 새로운 설계 $\mathbf{x}^{(1)}$에서 제약조건을 위배하지 않고 목적함수가 감소했음에 유의한다. 이는 새로운 설계가 이전에 비하여 개선되었음을 가리킨다. 설계 변화량에 대한 크기 $\|\mathbf{d}\| = 0.212$는 허용 가능한 오차 (0.001)보다 크기 때문에 종료 판정기준을 만족하기 위해서는 더 반복을 행할 필요가 있다.

원래 변수로의 선형화: 점 (1,1)에서 선형화된 부문제는 원래 변수로 쓸 수 있다는 것에 유의해야 한다. 이는 예제 12.1에서 수행했었고 선형화된 부문제는 다음과 같이 얻어졌다.

다음을 최소화하라.

$$\bar{f} = -x_1 - x_2 + 1 \tag{k}$$

제약조건

$$\bar{g}_1 = \frac{1}{3}(x_1 + x_2 - 4) \le 0, \quad \bar{g}_2 = -x_1 \le 0, \quad \bar{g}_3 = -x_2 \le 0 \tag{l}$$

15퍼센트 이동 한계도 $-\Delta_{il} \le x_i - x_i^{(0)} \le \Delta_{iu}$를 사용하여 원래 변수로 다음과 같이 변환할 수 있다.

$$-0.15 \le (x_1 - 1) \le 0.15 \quad \text{or} \quad 0.85 \le x_1 \le 1.15 \tag{m}$$

$$-0.15 \le (x_2 - 1) \le 0.15 \quad \text{or} \quad 0.85 \le x_2 \le 1.15 \tag{n}$$

부문제를 풀면 앞에서와 같이 동일해 (1.15, 1.15)를 얻는다.

문제가 원래의 변수로 변환되었을 때 원래의 변수는 음수가 아니어야 하기 때문에 변수를 양수 부분과 음수 부분으로 나눌 필요가 없다는 것에 유의한다.

12.3.3 SLP 알고리즘: 몇 가지 고찰

SLP 알고리즘은 제약조건 최적화 문제를 푸는 데 단순하고 직관적인 접근법이다. 이 방법은 공학설계문제, 특히 많은 설계변수를 갖는 문제에 적용할 수 있다. 다음의 비평은 SLP 방법의 특징과 한계를 잘 나타내고 있다.

1. 이 방법은 공학문제에 대해서 암맹적 접근법으로 사용되어서는 안 된다. 이동 한계의 선정은 시행착오의 과정이고 대화식 방법에서 가장 잘 이룰 수 있다.

2. 이 방법은 정확한 해에 수렴하지 않을 수 있는데, 이는 강하함수를 정의하지 않고 이동거리 계산을 위해 탐색방향을 따라 선 탐색을 수행하지 않기 때문이다.

3. 이 방법은 최적해가 유용집합의 꼭지점에 있지 않으면 두 점 사이를 순환 반복할 수 있다.

4. 이 방법은 개념적으로 상당히 간단할 뿐만 아니라 수치적으로도 그렇다. 이 방법으로 정확한 국소 최소점에 도달할 수 없다 하더라도 실제문제에서 설계를 개선하는 데 쓰일 수 있을 것이다.

12.4 순차 2차식 계획법

앞 절에서 살펴보았듯이 SLP는 일반적인 제약조건 최적화 문제에 있어서 개선된 설계를 얻을 수 있는 간단한 알고리즘이다. 그러나 이 방법은 어느 정도 한계가 있는데 중요한 것은 강건성의 부족이다. SLP의 단점을 극복하기 위해서 여러 가지 도함수 기반의 방법들이 평탄한 비선형계획법 문제를 풀기 위해서 개발되었다. 이 방법들은 경사도 투영법(gradient projection (GP) method), 유용방향법(feasible directions (FD) method), 일반화된 환산 경사도법(generalized reduced gradient (GRG) method) 등을 포함한다. 이 방법들에 대한 기본적인 개념과 한계는 13장에서 설명한다.

이 교재에서는 계산 시 부등호제약조건뿐만 아니라 등호제약조건도 다룰 수 있는 일반적인 방법에 주로 집중한다. 이런 방법 중 순차 2차식 계획법(Sequential quadratic programming (SQP) method)은 일반성, 강건성 및 효율성을 갖춘 결과를 보여 최적화 공동체에서 채택된 방법이다. 또한 이 방법은 문제의 함수에 대한 2계 정보를 상대적으로 쉽게 포함할 수 있다. 이에 대해서는 장의 후반부에 설명한다.

여기서는 문제함수에 대한 2계 정보를 포함하지 않는 SQP법과 관련된 기본 개념과 단계를 설명한다. 이 방법은 기본적으로 식 (12.2)~(12.4)의 반복적인 방법을 수행한다. 즉, 이 방법은 다음의 두 단계를 수행한다.

1단계: 설계공간에서 문제 함수의 값과 경사도를 사용해서 탐색방향을 계산한다. 2차식 계획법 부문제를 정의하고 푼다.

2단계: 강하함수를 최소화하여 탐색방향으로의 이동거리를 계산한다. (뒤에 정의하는) 이동거리 계산 부문제를 정의하고 푼다.

두 개의 부문제는 여러 가지 방식으로 정의되고 여러 수치 방법으로 풀 수 있어 여러 가지 SQP 법이 있다는 것을 예상할 수 있다. 이러한 방법들을 12.5절과 12.6절 및 13장에서 논의할 것이다.

대부분의 방법에서 방향탐색 부문제는 비선형 목적함수와 제약조건 함수에 대해서 여전히 식 (12.15)~(12.17)의 선형화된 근사를 사용한다. 그러나 이동거리 계산 과정에서 식 (12.22)의 선형 이동 한계는 포기한다. SQP법에서 선형화된 목적함수는 2계 항을 더하여 2차식 함수가 되도록 수정된다. 그러므로 탐색방향 부문제는 2차식 계획법(QP) 부문제가 되고, 또한 유계문제가 된다. 수정된 선형화된 목적함수를 정의하는 데는 여러 가지 방법이 있다. 다음 절에서는 제약조건 최속강하방향(CSD)이나 제약조건 초평면에 투영된 최속강하방향이라고 해석될 수 있는 탐색방향의 항으로 2차식 계획법 부문제를 정의한다. 이 부문제는 문제의 함수에 대해서 1계의 정보만을 사용한다. 13장에서는 문제함수에 대한 2계 정보를 사용하는 다른 QP 부문제를 정의한다.

12.5 탐색방향 계산: QP 부문제

이 절에서는 탐색방향을 결정하기 위해서 QP 부문제를 정의하고 이 문제를 푸는 방법을 논한다. 앞절의 SLP법에서는 벡터 **d**는 현재점에서의 설계 변화량을 나타낸다는 것에 유의한다. 이 절에서는 벡터 **d**는 설계 변화의 방향(탐색방향)을 나타낸다. 계산될 필요가 있는 이 방향으로 이동하면 설계 변화로 이어진다.

12.5.1 QP 부문제의 정의

SLP에서 식 (12.22)의 이동 한계는 해 풀이 과정에서 두 가지 역할을 한다. (1) 이는 선형화된 부문제를 유계이도록 한다. 그리고 (2) 이는 선 탐색 없이 설계 변화량을 준다. 이 같은 식 (12.22)의 이동 한계의 두 가지 역할은 탐색방향을 결정하기 위해 약간 다른 부문제를 정의하여 풀고, 설계 변화량을 계산하기 위해서 그 탐색방향으로 이동거리를 결정하기 위한 선탐색을 수행하여 달성할 수 있다는 것이 판명되었다.

선형화된 부문제는 식 (12.15)에서 선형화된 목적함수 (**c** · **d**)를 최소화하는 것과 함께 탐색방향의 길이 ‖**d**‖를 최소화하도록 하면 유계가 될 수 있다. 이는 이런 두 개의 목적함수를 조합하면 이룰 수 있다. 이렇게 조합된 목적함수는 탐색방향 **d**에 대해서 2차식이고, 이 부문제를 QP 부문제라고 부르며 다음과 같이 정의된다.

다음을 최소화하라.

$$\bar{f} = \mathbf{c}^T \mathbf{d} + \frac{1}{2} \mathbf{d}^T \mathbf{d} \tag{12.23}$$

식 (12.16)과 (12.17)의 선형화된 등호 및 부등호제약조건인 다음을 조건으로 한다.

$$\mathbf{N}^T \mathbf{d} = \mathbf{e} \tag{12.24}$$

$$\mathbf{A}^T \mathbf{d} \leq \mathbf{b} \tag{12.25}$$

식 (12.23)의 두 번째 항의 인자 1/2은 미분 시 생기는 인자 2를 제거하기 위해서 도입되었다. 또 길이 대신 **d**의 길이의 제곱이 사용되었다. QP 부문제에 대한 다음의 관찰은 유의할만한 가치가 있다.

1.QP 부문제는 엄밀하게 볼록하고 따라서 이의 최솟값(존재한다면)은 전역적이고 유일하다.
즉, 하나의 카루쉬-쿤-터커(KKT) 경우만이 d와 제약조건에 대한 라그랑지 승수에 관한 최적해를 준다.

2. 식 **(12.23)**의 2차식 목적함수는 −**c**를 중심으로 한 초구(2차원에서는 원, 3차원에서는 구)의 식을 나타낸다.

예제 12.5는 주어진 점에서 어떻게 2차식 계획법 부문제를 정의하는지 설명한다.

예제 12.5 **QP 부문제의 정의**

다음과 같은 제약조건 최적화 문제를 고려한다.

다음을 최소화하라.

$$f(\mathbf{x}) = 2x_1^3 + 15x_2^2 - 8x_1x_2 - 4x_1 \tag{a}$$

단, 다음과 같은 등식 및 부등식을 만족해야 한다.

$$h(\mathbf{x}) = x_1^2 + x_1x_2 + 1.0 = 0 \tag{b}$$

$$g(\mathbf{x}) = x_1 - \frac{1}{4}x_2^2 - 1.0 \leq 0 \tag{c}$$

점 (1, 1)에 대해서 목적함수와 제약조건 함수를 선형화하고, 식 (12.23)~(12.25)의 QP 부문제를 정의하라.

풀이

문제에 대한 제약조건은 이미 정규화된 형식으로 쓰여졌다는 것에 유의한다. 그림 12.10은 문제를 도해적으로 나타낸 것이다. 등호제약조건은 $h = 0$으로 보인 두 개의 가지를 갖는다. 부등호제약조건의 경계는 $g = 0$이다. 부등호제약조건에 대한 유용영역을 나타내었고 몇 개의 목적함수 등고선을 표시하였다. 등호제약조건은 만족해야 하기 때문에 최적점은 $h = 0$의 두 곡선 위에 놓여야 한다. 부등호제약조건은 최적점의 위치에 아무런 역할을 하지 못한다. 그 경계는 등호제약조건 곡선과 교차하지 않는다. 두 개의 최소점을 다음과 같이 식별할 수 있다.

점 A:

$$\mathbf{x}^* = (1, -2), \ f(\mathbf{x}^*) = 74 \tag{d}$$

점 B:

$$\mathbf{x}^* = (-1, 2), \ f(\mathbf{x}^*) = 78 \tag{e}$$

점 (1, 1)에서 QP 부문제를 만들기 위해 모든 함수와 그 경사도를 계산한다. 그 이후 모든 함수를 선형화하기 위해서 테일러 전개를 사용하고 2차식 목적함수를 정의한다.

함수의 계산: 목적함수와 제약조건 함수는 점 (1, 1)에서 다음과 같이 계산한다.

$$f(1,1) = 2(1)^3 + 15(1)^2 - 8 \times 1 \times 1 - 4 \times 1 = 5 \tag{f}$$

$$h(1,1) = (1)^2 + 1 \times 1 + 1 = 3 \neq 0 \tag{g}$$

$$g(1,1) = 1 - \frac{1}{4}(1)^2 - 1 = -0.25 < 0 \tag{h}$$

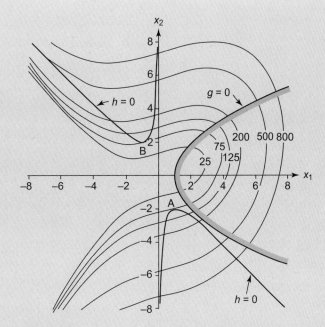

그림 12.10   예제 12.5의 도해 표현

경사도 계산: 목적함수와 제약조건 함수의 경사도는 다음과 같이 계산한다.

$$c(1,1) = \nabla f(1,1) = \left(6x_1^2 - 8x_2 - 4,\ 30x_2 - 8x_1\right) = (-6, 22) \tag{i}$$

$$\nabla h(1,1) = \left(2x_1 + x_2,\ x_1\right) = (3,1) \tag{j}$$

$$\nabla g(1,1) = \left(1,\ -\frac{1}{2}x_2\right) = (1,\ -0.5) \tag{k}$$

선형화된 부문제: 식 (12.5)에 식 (f)와 (i)를 대입하면 선형화된 목적함수는 다음과 같이 주어진다.

$$\overline{f} = 5 + \begin{bmatrix} -6 & 22 \end{bmatrix} \begin{bmatrix} d_1 \\ d_2 \end{bmatrix} = 5 - 6d_1 + 22d_2 \tag{l}$$

유사하게 제약조건 함수의 선형화된 형태를 쓰고 다음과 같이 선형화된 부문제를 정의한다.
다음을 최소화하라.

$$\overline{f} = -6d_1 + 22d_2 \tag{m}$$

제약조건

$$3d_1 + d_2 = -3 \tag{n}$$

$$d_1 - 0.5d_2 \le 0.25 \tag{o}$$

상수 5는 부문제의 해에 영향을 미치지 않기 때문에 식 (m)의 선형화된 목적함수에서 지워진 것에 유의한다. 또한 선형화된 제약조건에서 상수 3과 –0.25는 식 (n)과 (o)에서 우변으로 이동하였다.

SLP 알고리즘에서 현재 점 (1, 1)에 이동 한계 50%를 지정하면 각 설계변수는 ± 0.5만큼 움직일 수 있다. 이는 다음과 같은 이동 한계 제약조건을 준다.

$$-0.5 \leq d_1 \leq 0.5, \ -0.5 \leq d_2 \leq 0.5 \tag{p}$$

QP 부문제: 식 (12.23)~(12.25)의 QP 부문제를 위해서 식 (m)의 선형화된 목적함수에 2차식 항을 더하고 다음과 같이 부문제를 정의한다.

다음을 최소화하라.

$$\overline{f} = \left(-6d_1 + 22d_2\right) + \frac{1}{2}\left(d_1^2 + d_2^2\right) \tag{q}$$

단, 식 (n)과 (o)의 선형화된 제약조건 식을 만족해야 한다. 식 (p)의 이동 한계는 QP 부문제에서는 필요하지 않음에 유의한다.

LP 및 QP 부문제 풀기: 해를 비교하기 위해서 앞의 LP와 QP 부문제를 그림 12.11과 12.12에 각각 그렸다. 이 그림에서 해는 선형화된 등호제약조건을 만족해야 하기 때문에 선 C~D 위에 놓여야 한다. 선형화된 부등호제약조건에 대한 유용영역도 그렸다. 그러므로 부문제에 대한 해는 선 G~C 위에 놓여야 한다. 그림 12.11에서 50퍼센트의 이동한계로는 선형 부문제는 불용임을 보일 수 있다. 이 이동 한계는 변화량이 사각형 HIJK 내에 있어야 한다는 것을 요구하고, 이 사각형은 선 G~C와 교차하지 않는다. 이동 한계를 100퍼센트로 완화하면 점 L은 최적해를 준다.

$$d_1 = -\frac{2}{3}, \quad d_2 = -1.0, \quad \overline{f} = -18 \tag{r}$$

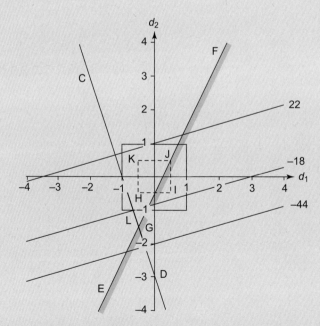

그림 12.11 점 (1 ,1)에서 예제 12.5의 선형화된 부문제의 해

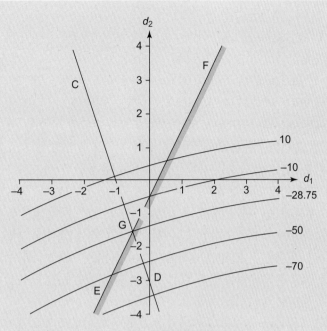

그림 12.12 점 (1, 1)에서 예제 12.5의 2차식 계획법 부문제에 대한 해

그러므로 선형화된 부문제에서 설계 변화량은 이동 한계에 영향을 받는다는 것을 다시 볼 수 있다.

QP 부문제에서는 제약조건 집합은 같지만 그림 12.12에 보인 것처럼 이동 한계가 필요하지 않다. 목적함수 $\bar{f}$는 변수 d_1 및 d_2에 2차식이다. 실제로 식 (q)의 목적함수는 원의 식(고차원에서 초구)이며 그 중심은 $-\mathbf{c}$[즉, 점 (6, -22)]에 있다. 이를 확인하기 위해서 중심 $-\mathbf{c}$에 반경 r을 갖는 원의 식을 쓰면 다음과 같다.

$$\left(d_1 + c_1\right)^2 + \left(d_2 + c_2\right)^2 = r^2 \tag{s}$$

$$d_1^2 + c_1^2 + 2c_1 d_1 + d_2^2 + c_2^2 + 2c_2 d_2 = r^2 \tag{t}$$

식 (t)를 2로 나누고 항을 정리하면 다음을 얻는다.

$$\frac{1}{2}\left(r^2 - c_1^2 - c_2^2\right) = c_1 d_1 + c_2 d_2 + \frac{1}{2}\left(d_1^2 + d_2^2\right) \tag{u}$$

식 (q)와 (u)의 우변을 비교하면 식 (q)의 2차식 목적함수는 $-\mathbf{c}$에 중심을 갖는 원의 식임을 알 수 있다. 이 결과는 QP 부문제에 대한 도해적 해를 도울 수 있다.

그림 12.12로부터 QP 부문제의 최적해는 점 G임을 알 수 있다.

$$d_1 = -0.5,\ d_2 = -1.5,\ \bar{f} = -28.75 \tag{v}$$

QP 부문제에 의해서 결정된 탐색방향은 유일하지만 LP 부문제에서는 이동 한계에 따라 달라진다는 것에 주목한다. LP와 QP 부문제에 의해 결정된 두 방향은 보통 서로 다르다.

12.5.2 QP 부문제 풀기

앞에서 살펴보았듯이 많은 일반 비선형계획법 알고리즘은 매 설계 반복마다 2차식 계획법 부문제를 풀어야 한다. 또 QP 문제는 많은 실제 응용문제에서 마주치게 된다. 그러므로 2차식 계획법 부문제를 효율적으로 푸는 것이 중요하고, QP 부문제를 풀기 위해 상당한 연구 노력이 많은 수치 방법을 개발하고 평가하는 데 투입되었다는 것은 놀랍지 않다(Gill et al., 1981; Luenberger and Ye, 2008; Nocedal과 Wright, 2006). 많은 좋은 프로그램이 이런 문제를 풀기 위해 개발되었다.

QP 부문제의 해는 순차 계획법 알고리즘을 위한 탐색방향을 준다. 또 제약조건에 대한 라그랑지 승수 값도 준다. 이 승수는 강하함수를 계산하는 데 필요하고 이는 뒤에 다룰 것이다. 9장에서 일반 QP 문제를 풀기 위해서 선형계획법의 심플렉스법을 간단히 확장한 한가지 방법을 설명했었다.

QP 부문제를 풀기 위한 심플렉스법은 정리 4.6에 주어진 KKT 최적성 조건을 다시 정렬하는 것에 기초를 두고 있다. 그러나 2변수 문제에 대해서는 탐색방향과 제약조건에 대한 라그랑지 승수를 계산하기 위해서 KKT 조건을 직접 풀 수 있다. KKT 풀이 과정을 돕기 위해서 KKT 해의 가능한 경우를 찾고 그 경우만을 풀기 위해 2변수 문제의 도해 표현을 사용할 수 있다. 예제 12.6에 이런 과정을 제시한다.

QP 부문제의 해는 탐색방향 d와 제약조건에 대한 라그랑지 승수를 제공해야 한다.

예제 12.6 **QP 부문제의 해**

다음과 같이 선형화 되었던 예제 12.1의 문제를 고려한다.

다음을 최소화하라.

$$\bar{f} = -d_1 - d_2 \tag{a}$$

제약조건

$$\frac{1}{3}d_1 + \frac{1}{3}d_2 \le \frac{2}{3}; \quad -d_1 \le 1, -d_2 \le 1 \tag{b}$$

2차식 계획법 부문제를 정의하고 그것을 풀어라.

풀이

식 (a)의 선형화된 목적함수는 다음과 같이 2차식 함수로 수정할 수 있다.

$$\bar{f} = (-d_1 - d_2) + 0.5(d_1^2 + d_2^2) \tag{c}$$

앞 예제에서 보았듯이 식 (c)의 2차식 목적함수는 중심이 $(-c_1, -c_2)$ 즉, (1, 1)에 있는 원의 식에 해당한다. 여기서 c_i는 목적함수의 경사도 성분이다. 문제에 대한 도해법 해는 그림 12.13에 보였다. 여기서 삼각형 ABC는 QP 부문제에 대한 유용집합을 나타낸다. 목적함수 등고선은 반지름이 다른 원들이다. 최적해는 점 D이고, $d_1 = 1$이고 $d_2 = 1$이다. QP 부문제는 엄밀하게 볼록하고 따라서 유일한 전역적 해를 갖는다는 것

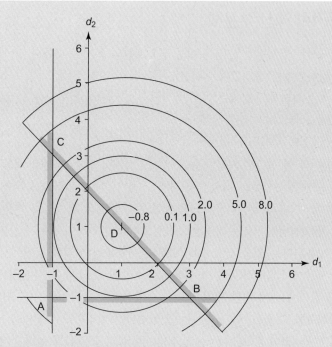

그림 12.13 점 $(1,1)$에서 예제 12.6의 QP 부문제에 대한 해

에 유의한다.

QP 부문제를 풀기 위해 수치 방법이 일차적으로 사용되어야 한다(수치 방법은 13장에서 논의한다). 그러나 이 문제는 상당히 간단하기 때문에 정리 4.6의 KKT 조건을 써서 다음과 같이 풀 수 있다.

$$L = (-d_1 - d_2) + 0.5(d_1^2 + d_2^2) + u_1\left(\frac{1}{3}(d_1 + d_2 - 2) + s_1^2\right)$$
$$+ u_2(-d_1 - 1 + s_2^2) + u_3(-d_2 - 1 + s_3^2) \tag{d}$$

$$\frac{\partial L}{\partial d_1} = -1 + d_1 + \frac{1}{3}u_1 - u_2 = 0, \quad \frac{\partial L}{\partial d_2} = -1 + d_2 + \frac{1}{3}u_1 - u_3 = 0 \tag{e}$$

$$\frac{1}{3}(d_1 + d_2 - 2) + s_1^2 = 0 \tag{f}$$

$$(-d_1 - 1) + s_2^2 = 0; \quad (-d_2 - 1) + s_3^2 = 0 \tag{g}$$

$$u_i s_i = 0, \quad u_i \ge 0, \quad s_i^2 \ge 0, \quad i = 1, 2, 3 \tag{h}$$

여기서 u_1, u_2 및 u_3 은 세 제약조건에 대한 라그랑지 승수이고 s_1^2, s_2^2 및 s_3^2은 해당 완화변수이다.

식 (h)의 전환조건은 8가지 해의 경우가 있다. 그러나 오직 한 가지 경우만 최적해를 준다. 도해 해는 최적에서 첫 번째 부등식만이 활성이고 $s_1 = 0$, $u_2 = 0$, $u_3 = 0$인 경우를 주는 것을 보여준다. 식 (e)와 (f)에서 이 경우를 풀면 다음과 같은 해를 얻는다.

$$\text{Direction vector}: \mathbf{d} = (1, 1); \quad \text{Lagrange multiplier vector}: \quad \mathbf{u} = (0, 0, 0) \tag{i}$$

12.6 이동거리 계산 부문제

이 절에서는 탐색방향을 따라 이동거리 계산의 문제를 다룬다. 탐색방향을 따라서 최소화될 필요가 있는 강하함수를 정의한다. 강하함수를 최소화하기 위해 구간 축소법이라고 불리는 방법들을 설명한다. 이동거리를 결정하는 다른 방법들은 13장에서 설명한다.

12.6.1 강하함수

강하함수의 한 성질은 최적화 문제의 최적점에서 그 값이 원래 목적함수의 값과 동일해야 된다는 것이다. 또한 강하함수는 최적점 근처에서 단위 이동거리가 허용되어야 하는 성질도 가져야 한다. 강하함수를 매 반복시마다 줄이도록 하면 원래 문제의 최소점을 향한 진전이 이루어질 것이다. 비제약조건 최적화 방법에서는 최적점으로 알고리즘의 진전이 있는지 살펴보기 위해서 목적함수가 강하함수로 사용된다는 것을 상기하자. 일부의 제약조건 최적화 방법에서 목적함수가 강하함수로 사용될 수 있지만 일반적인 SQP형 방법에서는 사용될 수 없다. 대부분의 방법에서는 목적함수의 현재값에 제약조건의 위배에 대한 벌칙을 더하여 강하함수가 만들어진다. 이 개념에 기초하여 많은 강하함수가 정식화될 수 있다. 이 절에서는 그중 하나를 설명하고 사용법을 보일 것이다.

이제 쉐니크니 강하함수(완전 벌칙함수라고도 불린다)를 설명할 것인데, 이 함수는 간결하고 많은 공학설계 최적화 문제를 푸는 데 성공적으로 사용되었다(Pshenichny와 Danilin, 1982; Belegundu와 Arora, 1984a,b). 다른 강하함수는 13장에서 논의한다.

임의의 점 $\mathbf{x}$에서 쉐니크니 강하함수 Φ는 다음과 같이 정의된다.

$$\Phi(\mathbf{x}) = f(\mathbf{x}) + RV(\mathbf{x}) \tag{12.26}$$

여기서 $R > 0$은 벌칙인자라고 불리는 엄밀한 양수(초기에 사용자가 지정한다)이고, $V(\mathbf{x}) \geq 0$ 는 모든 제약조건 중 **최대 제약조건 위배량** 또는 0이고, $f(\mathbf{x})$는 $\mathbf{x}$에서의 목적함수 값이다. 예를 들면 k번째 반복에서 점 $\mathbf{x}^{(k)}$에서의 강하함수는 다음과 같이 계산된다.

$$\Phi_k = f_k + RV_k \tag{12.27}$$

여기서 Φ_k와 V_k는 $\mathbf{x}^{(k)}$에서 $\Phi(\mathbf{x})$와 $V(\mathbf{x})$의 값이다.

$$\Phi_k = \Phi\left(\mathbf{x}^{(k)}\right); \quad V_k = V\left(\mathbf{x}^{(k)}\right) \tag{12.28}$$

R은 벌칙인자의 가장 최신값이다. 뒤에 예제와 함께 설명했듯이 벌칙인자는 최적화 반복 중에 변경될 수도 있다. 실제로 벌칙인자는 점 $\mathbf{x}^{(k)}$에서 QP 부문제의 모든 라그랑지 승수의 합과 같거나 큰지 확인해야 한다. 이는 알고리즘의 수렴을 위한 **필요조건**이고 다음과 같이 주어진다.

$$R \geq r_k \tag{12.29}$$

여기서 r_k는 k번째 반복에서 모든 라그랑지 승수의 합이다.

$$r_k = \sum_{i=1}^{p}\left|v_i^{(k)}\right| + \sum_{i=1}^{m} u_i^{(k)} \tag{12.30}$$

등호제약조건의 라그랑지 승수 $v_i^{(k)}$는 부호에 제약이 없으므로 식 (12.30)에서 절댓값이 사용되었다. $u_i^{(k)} \geq 0$는 i번째 부등호제약조건에 대한 승수이다. 그러므로 R_k가 벌칙인자의 현재값이면 식 (12.29)의 필요조건은 R을 다음과 같이 선택하면 만족한다.

$$R = \max(R_k, r_k) \tag{12.31}$$

등호제약조건에 대한 라그랑지 승수의 절댓값이 식 (12.30)의 인자 r_k를 계산하는 데 사용되었다는 것에 유의하는 것이 중요하다.

k번째 반복에서 최대 제약조건 위배량과 관련된 인자 $V_k \geq 0$는 설계점 $\mathbf{x}^{(k)}$에서 제약조건 함수의 계산값을 이용해서 다음과 같이 결정된다.

$$V_k = \max\Big\{0; \quad |h_1|, |h_2|, ..., \quad |h_p|; \quad g_1, g_2, ..., g_m\Big\} \tag{12.32}$$

등호제약조건은 0이 아니면 위배된 것이기 때문에 식 (12.32)에서 각 h_i에 **절댓값**이 사용되었다. V_k는 항상 음수가 아니라는 것에 유의한다. 즉, $V_k \geq 0$이다. 모든 제약조건이 $\mathbf{x}^{(k)}$에서 만족되면, $V_k = 0$이다.

그러므로 이동거리를 결정하기 위해서는 탐색방향 $\mathbf{d}^{(k)}$에서 식 (12.26)의 강하함수를 최소화한다. 이는 탐색방향을 따라 여러 다른 점에서 그 값을 계산할 수 있어야 한다는 것을 의미한다. 예제 12.7은 강하함수의 계산에 대해서 설명한다.

예제 12.7   강하함수의 계산

설계문제가 다음과 같이 정식화된다.

다음 함수를 최소화하라.

$$f(\mathbf{x}) = x_1^2 + 320x_1x_2 \tag{a}$$

단, 다음의 4개의 부등식을 만족해야 한다.

$$g_1 = \frac{1}{100}(x_1 - 60x_2) \leq 0 \tag{b}$$

$$g_2 = 1 - \frac{x_1(x_1 - x_2)}{3600} \leq 0 \tag{c}$$

$$g_3 = -x_1 \leq 0; \quad g_4 = -x_2 \leq 0 \tag{d}$$

벌칙인자 R을 10,000으로 하고 점 $\mathbf{x}^{(0)} = (40, 0.5)$에서 강하함수의 값을 계산하라.

풀이

주어진 시작점 $\mathbf{x}^{(0)} = (40, 0.5)$에서 목적함수와 제약조건 함수를 식 (12.27)에 사용할 f_0과 V_0을 결정하기 위해 계산하면 다음과 같다.

$$f_0 = f(40, 0.5) = (40)^2 + 320(40)(0.5) = 8000 \tag{e}$$

$$g_1 = \frac{1}{400}(40 - 60 \times 0.5) = 0.1 > 0 \, (\text{violation}) \tag{f}$$

$$g_2 = 1 - \frac{40(40 - 0.5)}{3600} = 0.5611 > 0 \, (\text{violation}) \tag{g}$$

$$g_3 = -40 < 0 \, (\text{inactive}) \tag{h}$$

$$g_4 = -0.5 < 0 \, (\text{inactive}) \tag{i}$$

그러므로 최대 제약조건 위배량은 식 (f)~(i)의 제약조건 함수값을 이용하여 식 (12.32)에서 다음과 같이 결정된다.

$$V_0 = \max\{0; 0.1, 0.5611, -40, -0.5\} = 0.5611 \tag{j}$$

식 (12.27)을 이용하여 강하함수는 다음과 같이 계산된다.

$$\Phi_0 = f_0 + RV_0 = 8000 + (10,000)(0.5611) = 13,611 \tag{k}$$

12.6.2 이동거리 계산: 선 탐색

일단 탐색방향 $\mathbf{d}^{(k)}$가 현재점 $\mathbf{x}^{(k)}$에서 결정되면 식 (12.2)~(12.4)의 갱신되는 설계는 다음과 같이 이동거리 α의 함수가 된다.

$$\mathbf{x}^{(k+1)} = \mathbf{x}^{(k)} + \alpha \mathbf{d}^{(k)} \tag{12.33}$$

식 (12.26)에 이 갱신된 설계를 대입하면 강하함수는 다음과 같이 이동거리 α의 함수가 된다.

$$\Phi(\alpha) = \Phi\left(\mathbf{x}^{(k)} + \alpha \mathbf{d}^{(k)}\right) \tag{12.34}$$

그러므로 이동거리 계산 부문제는 다음과 같이 된다. 다음과 같은 $\alpha > 0$를 찾아라.
다음을 최소화한다.

$$\Phi(\alpha) = \Phi\left(\mathbf{x}^{(k)} + \alpha \mathbf{d}^{(k)}\right) \tag{12.35}$$

제약 최속강하(CSD) 알고리즘을 설명하기 전에 이동거리 결정과정이 필요하다. 이동거리 결정 문제는 식 (12.4)를 이용하기 위해서 식 (12.26)의 강하함수 Φ를 최소화하는 α_k를 계산하는 것이다. 대부분 알고리즘의 실제 실행에서는 이동거리를 결정하기 위해 상당히 잘 동작하는 부정확 선 탐색이 사용된다. 이 과정에 대한 설명과 예제를 통한 사용법의 기술은 13장에 실었다.

이 절에서는 탐색방향에 대한 이동거리는 10장에서 설명한 황금분할법을 사용해서 계산할 수 있다고 가정한다. 그러나 이 방법은 비효율적이라는 것이 알려져서 대부분의 제약조건 최적화 방법에서는 부정확 선 탐색이 선호된다.

강하함수 $\mathbf{\Phi}$의 최솟값을 위한 선 탐색의 수행 시에 시험 설계점과 시험 설계점에서의 강하함수, 목적함수 및 제약조건 함수의 값들을 나타내기 위해서 표기법이 필요하다. 다음의 표기법이 반복 k에 대해서 사용된다.

$\alpha_j = j$번째 시험 이동거리

$\mathbf{x}_i^{(k,j)} = j$번째 시험 이동거리에서 i번째 설계변수 값

$f_{k,j} = j$번째 시험점에서 목적함수 값

$\mathbf{\Phi}_{k,j} = j$번째 시험점에서 강하함수 값

$V_{k,j} = j$번째 시험점에서 최대 제약조건 함수값의 절대값

$R_k = $ 벌칙인자 값, 식 (12.29)의 필요조건을 만족하도록 결정되고 선 탐색 동안에는 고정된다.

그러므로 식 (12.26)의 강하함수는 시험 이동거리 α_j에서 다음의 식을 이용하여 계산된다.

$$\mathbf{\Phi}_{k,j} = f_{k,j} + R_k V_{k,j} \tag{12.36}$$

예제 12.8은 이동거리를 결정하기 위한 황금분할 탐색 시 강하함수의 계산을 설명한다.

예제 12.8 **황금분할 탐색을 위한 강하함수의 계산**

예제 12.7의 설계문제에 대해서 시작점 $\mathbf{x}^{(0)} = (40, 0.5)$에서 QP 부문제를 생성하라. 탐색방향 $\mathbf{d}^{(0)}$에 대한 QP 부문제와 4개의 제약조건에 대한 라그랑지 승수 벡터 $\mathbf{u}^{(0)}$을 풀어라. 벌칙인자의 초기값은 $R_0 = 1$로 주어진다고 하자. $\delta = 0.1$을 사용하여 황금분할 탐색에서 이동거리의 초기 포괄 시의 두 점에서 강하함수 값을 계산하라. 이 두 점에서 강하함수 값을 비교하라.

풀이

이 문제에서 우선 주어진 점 $(40, 0.5)$에서 문제의 모든 함수를 선형화하고 QP 부문제를 정의하는 것이 필요하다. 그 이후 KKT 조건을 이용하여 탐색방향과 라그랑지 승수 $\mathbf{u}^{(0)}$에 대한 QP 부문제를 풀 필요가 있다. 라그랑지 승수가 계산되면 벌칙인자 R을 갱신하기 위해 식 (12.30)과 (12.31)을 사용한다. 그 후 여러 시험 이동거리에서 강하함수 $\mathbf{\Phi}$를 계산하기 위해 식 (12.36)을 사용할 것이다.

문제의 선형화

문제를 선형화하기 위해 점 $(40, 0.5)$에서 모든 함수와 그 경사도의 계산이 필요하다.

함수계산: 예제 12.7의 식 (a)~(d)에서 목적함수와 제약조건을 계산하면 다음을 얻는다.

$$f_0 = f(40, 0.5) = x_1^2 + 320 x_1 x_2 = (40)^2 + 320(40)(0.5) = 8000 \tag{a}$$

$$g_1 = \frac{1}{100}(x_1 - 60 x_2) = \frac{1}{100}(40 - 60 \times 0.5) = 0.1 > 0 \, (\text{violation}) \tag{b}$$

$$g_2 = 1 - \frac{x_1(x_1 - x_2)}{3600} = 1 - \frac{40(40 - 0.5)}{3600} = 0.5611 > 0 \, (\text{violation}) \tag{c}$$

$$g_3 = -x_1 = -40 < 0 \, (\text{inactive}); \quad g_4 = -x_2 = -0.5 < 0 \, (\text{inactive}) \tag{d}$$

경사도 계산: 모든 문제 함수를 x_1과 x_2에 대해서 미분하고 점 (40, 0.5)를 대입한다.

$$\nabla f = \mathbf{c} = \begin{bmatrix} (2x_1 + 320x_2) \\ 320x_1 \end{bmatrix} = \begin{bmatrix} 2 \times 40 + 320 \times 0.5 \\ 320 \times 40 \end{bmatrix} = \begin{bmatrix} 240 \\ 12800 \end{bmatrix} \tag{e}$$

$$\nabla g_1 = \frac{1}{100} \begin{bmatrix} 1 \\ -60 \end{bmatrix} = \begin{bmatrix} 0.01 \\ -0.6 \end{bmatrix} \tag{f}$$

$$\nabla g_2 = -\frac{1}{3600} \begin{bmatrix} (2x_1 - x_2) \\ -x_1 \end{bmatrix} = -\frac{1}{3600} \begin{bmatrix} (2 \times 40 - 0.5) \\ -40 \end{bmatrix} = \begin{bmatrix} -0.02208 \\ 0.01111 \end{bmatrix} \tag{g}$$

$$\nabla g_3 = \begin{bmatrix} -1 \\ 0 \end{bmatrix}; \quad \nabla g_4 = \begin{bmatrix} 0 \\ -1 \end{bmatrix} \tag{h}$$

선형화된 문제의 정의: 식 (12.5)~(12.7)로 주어진 테일러 전개에 함수와 경사도 값을 사용하면 다음과 같은 선형화된 부문제를 얻는다.

다음을 최소화하라.

$$\bar{f} = 240d_1 + 12800d_2 \tag{i}$$

제약조건

$$\bar{g}_1 = 0.1 + 0.01d_1 - 0.6d_2 \leq 0 \tag{j}$$

$$\bar{g}_2 = 0.5611 - 0.02208d_1 + 0.01111d_2 \leq 0 \tag{k}$$

$$\bar{g}_3 = -40 - d_1 \leq 0; \quad \bar{g}_4 = -0.5 - d_2 \leq 0 \tag{l}$$

식 (i)의 목적함수에서 상수 8000은 QP 부문제의 최적해에 영향을 미치지 않기 때문에 지웠음에 유의한다.

QP 부문제의 정의

식 (i)의 선형화된 목적함수에 2차식 항을 더하여 다음과 같이 QP 부문제를 정의한다.

다음을 최소화하라.

$$\bar{f} = 240d_1 + 12800d_2 + \frac{1}{2}\left(d_1^2 + d_2^2\right) \tag{m}$$

단, 식 (j)~(l)의 선형 제약조건을 만족한다.

QP 부문제의 해

QP 부문제에 대한 최적성 조건을 쓰기 위해 KKT 정리 4.6을 사용하고 탐색방향 $\mathbf{d}$와 라그랑지 승수 벡터 $\mathbf{u}$를 얻기 위해 이를 푼다.

$$L = 240d_1 + 12800d_2 + \frac{1}{2}\left(d_1^2 + d_2^2\right) + u_1\left(0.1 + 0.01d_1 - 0.6d_2 + s_1^2\right)$$
$$+ u_2\left(0.5611 - 0.02208d_1 + 0.01111d_2 + s_2^2\right) + u_3\left(-40 - d_1 + s_3^2\right) + u_4\left(-0.5 - d_2 + s_4^2\right) \tag{n}$$

$$\frac{\partial L}{\partial d_1} = 240 + d_1 + 0.01u_1 - 0.02208u_2 - u_3 = 0 \tag{o}$$

$$\frac{\partial L}{\partial d_2} = 12800 + d_2 - 0.6u_1 + 0.01111u_2 - u_4 = 0 \tag{p}$$

$$u_i s_i = 0, \ u_i \geq 0, \quad s_i^2 \geq 0; \quad i = 1 \text{ to } 4 \tag{q}$$

또 식 (j)~(l)의 제약조건은 해의 유용성을 위해 만족되어야 한다.

전환조건식 (q)는 풀어야 할 16개의 KKT 경우의 수가 있다. 그러나 QP 부문제는 엄밀하게 볼록하다는 것에 주목하면, 해가 존재한다면 문제는 오직 하나의 전역해만을 갖는 것을 알 수 있다. 이는 모든 필요조건을 만족하는 유효한 해를 주는 KKT 경우의 수는 오직 하나라는 것을 의미한다. 이제 질문은 그 하나의 경우를 어떻게 찾는가에 있다. 우리는 몇 개의 경우를 선택해서 하나하나씩 모든 필요조건을 만족하는 경우를 찾고 종료할 수도 있다. 또는 문제 함수들을 그려서 최적해를 주는 KKT 경우를 결정할 수도 있다 (도해 표현법은 최적점에서 활성제약조건을 식별할 수 있으므로 KKT 경우도 구별할 수 있다).

식 (j)~(m)으로 정의된 QP 부문제의 도해 표현법은 식 (j)와 (k)의 제약조건이 활성화되었다는 것을 가리키고, 이는 이 제약조건들이 등식으로 만족되었다는 것을 의미한다. 이는 KKT 경우를 $s_1 = 0$, $s_2 = 0$, $u_3 = 0$, 및 $u_4 = 0$ 로 정의한다. 이 경우는 식 (j)와 (k)로부터 두 개의 선형식을 준다. d_1과 d_2에 대해서 이 식들을 풀면 탐색방향 벡터를 다음과 같이 얻을 수 있다(상첨자 0은 초기 반복을 나타낸다).

$$\mathbf{d}^{(0)} = (0.595, 25.688) \tag{r}$$

식 (o)와 (p)에 $\mathbf{d}$를 대입하면 u_1과 u_2에 대한 두 개의 선형식을 준다. 이 두 식을 u_1과 u_2에 대해서 풀면 다음과 같이 라그랑지 승수 벡터를 얻는다.

$$\mathbf{u}^{(0)} = (21740, 21879, 0, 0) \tag{s}$$

강하함수의 계산

초기 설계점에서 이동거리를 계산하고 있기 때문에 식 (12.36)에서 반복수 $k = 0$으로 놓고 j는 0, 1 및 2로 놓을 것이다. 즉, 강하함수는 초기 설계점에서 뿐만 아니라 두 시험 설계점에서도 계산될 것이다. 탐색방향 $\mathbf{d}$ 는 선 탐색 동안 고정된다는 것에 유의한다.

강하함수를 계산하기 전에 식 (12.29)에 주어진 벌칙인자에 대한 필요조건을 검토할 필요가 있다. 이를 위해서 식 (12.30)을 이용해서 r_0을 계산할 필요가 있고 다음과 같다.

$$r_0 = \sum_{i=1}^{4} u_i^{(0)} = 21740 + 21879 + 0 + 0 = 43619 \tag{t}$$

식 (12.29)의 필요조건은 벌칙인자 R을 식 (12.31)에 기초하여 선택하면 만족되고 다음과 같다.

$$R = \max(R_0, r_0) = \max(1, 43619) = 43619 \tag{u}$$

그러므로 이 R 값은 여러 시험 이동거리에서 강하함수를 계산하는 데 사용될 것이다.

초기점에서 강하함수 값: $\alpha = 0$ 식 (a)~(d)에 주어진 초기 설계점 (40, 0.5)에서의 함수값들을 사용하여 다음을 얻는다.

$$f_{0,0} = 8000; \quad V_{0,0} = \max(0; 0.10, 0.5611, -40, -0.5) = 0.5611 \tag{v}$$

그러므로 식 (12.36)을 사용하면 시작점 (40, 0.5)에서 강하함수 값은 다음과 같이 주어진다.

$$\Phi_{0,0} = f_{0,0} + R V_{0,0} = 8000 + (43619)(0.5611) = 32475 \tag{w}$$

첫 번째 시험점에서 강하함수 값: 이제 첫 번째 시험 이동거리 $\delta = 0.1$(즉, $\alpha_{0,1} = 0.1$)에서 강하함수를 계산하자. 식 (12.3)과 (12.4)를 사용하여 탐색방향으로 현재 설계점을 갱신하면 다음을 얻는다.

$$\mathbf{x}^{(0,1)} = \mathbf{x}^{(0)} + \alpha_{0,1}\mathbf{d}^{(0)} = \begin{bmatrix} 40 \\ 0.5 \end{bmatrix} + (0.1)\begin{bmatrix} 25.688 \\ 0.595 \end{bmatrix} = \begin{bmatrix} 42.57 \\ 0.56 \end{bmatrix} \tag{x}$$

식 (a)~(d)로 주어진 문제에 대한 여러 함수를 $\mathbf{x}^{(0,1)}$에서 계산하면 다음과 같다.

$$f_{0,1} = f(42.57, 0.56) = (42.57)^2 + 320(42.57)(0.56) = 9491.7 \tag{y}$$

$$g_1(42.57, 56) = \frac{1}{100}(x_1 - 60x_2) = \frac{1}{100}(40 - 60 \times 0.5) = 0.09 > 0 \,(\text{violation}) \tag{z}$$

$$g_2(42.57, 56) = 1 - \frac{x_1(x_1 - x_2)}{3600} = 1 - \frac{42.57(42.57 - 0.56)}{3600} = 0.5032 > 0 \,(\text{violation}) \tag{aa}$$

$$g_3(42.57, 56) = -x_1 = -42.57 < 0 \,(\text{inactive}) \tag{ab}$$

$$g_4(42.57, 56) = -x_2 = -0.5 < 0 \,(\text{inactive}) \tag{ac}$$

그러므로 최대 제약조건 위배 인자는 식 (12.32)를 사용하여 다음과 같이 결정된다.

$$V_{0,1} = \max(0; \quad 0.09, 0.5032, -42.57, -0.56) = 0.5032 \tag{ad}$$

이제 $\alpha_1 = 0.1$의 이동거리에서 강하함수는 다음과 같이 주어진다(벌칙인자 R 값은 이동거리 계산 중에 변경되지 않았다는 것에 유의한다).

$$\Phi_{0,1} = f_{0,1} + RV_{0,1} = 9491.7 + (43619)(0.5032) = 31144 \tag{ae}$$

$\Phi_{0,1} < \Phi_{0,0}$ (31144 < 32475)이므로 최적 이동거리의 초기 포괄하기 과정이 계속될 필요가 있다.

두 번째 시험점에서 강하함수 값: 황금분할 탐색 과정에서 추가 시험 이동거리는 (1.618 × 이전 증분량)의 증분량을 갖고 다음과 같이 주어진다[10.5.4절, 식 (10.20)].

$$\alpha_{0,2} = \delta + 1.618\delta = 2.618\delta = 2.618(0.1) = 0.2618 \tag{af}$$

식 (12.3)과 (12.4)를 사용하면 추가 시험 설계점은 다음과 같이 얻어진다.

$$\mathbf{x}^{(0,2)} = \mathbf{x}^{(0)} + \alpha_{0,2}\mathbf{d}^{(0)} = \begin{bmatrix} 40 \\ 0.5 \end{bmatrix} + (0.2618)\begin{bmatrix} 25.688 \\ 0.595 \end{bmatrix} = \begin{bmatrix} 46.73 \\ 0.66 \end{bmatrix} \tag{ag}$$

앞의 과정을 따르면 여러 양과 강하함수는 점 (46.73, 0.66)에서 다음과 같이 계산된다.

$$f_{0,2} = 12053.1; \quad g_1 = 0.0713; \quad g_2 = 0.402; \quad g_3 = -46.73; \quad g_4 = -0.66 \tag{ah}$$

$$V_{0,2} = \max(0; \quad 0.0713, 0.402, -46.73, -0.66) = 0.402 \tag{ai}$$

$$\Phi_{0,2} = f_{0,2} + RV_{0,2} = 12053.1 + (43619)(0.402) = 29588 \tag{aj}$$

$\Phi_{0,2} < \Phi_{0,1}$ (29588 < 31144)이므로 강하함수에 대한 최솟값은 아직 지나지 않았다. 그러므로 초기 포괄하기 과정을 계속할 필요가 있다. 추가적인 시험 이동거리는 증분량(1.618 × 이전 증분량)으로 다음과 같이 주어진다.

$$\alpha_{0,3} = 2.618\delta + 1.618(1.618\delta) = 0.5236 \tag{ak}$$

앞의 과정을 따르면 $\Phi_{0,3}$을 계산할 수 있고 $\Phi_{0,2}$와 비교할 수 있다.

벌칙함수 **R** 값은 선탐색 과정의 시작 시 계산되고 현재 탐색방향에서 이동거리 계산을 위한 모든 후속 계산 중 고정된 값을 유지한다는 것에 유의한다.

12.7 제약조건 최속강하법

이 절에서는 계산과정에서 부등호제약조건뿐만 아니라 등식까지 다룰 수 있는 CSD 방법이라고 불리는 일반적인 하나의 방법을 설명한다. 이 방법은 매 반복과정에서 탐색방향의 계산에서 중요한 제약조건 몇 개만을 포함하도록 요구한다. 즉 식 (12.23)과 (12.24)의 QP 부문제를 ε활성 및 위배 제약조건만을 사용해서 구성할 수도 있다. 이는 13장에서 설명했듯이 대규모 공학설계문제에 대해서 효율적인 계산으로 이어질 수 있다.

CSD 방법은 어떤 점에서 출발해도 국소 최소점에 수렴하는 것이 증명되었다. 이 방법은 연속 변수 평탄 문제에 대한 대부분의 최적화 알고리즘들이 어떻게 작동하는지를 설명하는 하나의 모델 알고리즘으로 고려되었다.

이 방법은 문제에 대한 2계 정보를 포함하여 좀 더 효율적인 방법으로 확장할 수 있는데, 이는 13장에서 설명하였다. 여기에서는 이 방법을 수치 계산으로 수행할 때 필요한 계산의 종류를 보이기 위해 단계 단계별 과정을 제시하였다. 이 각 단계와 계산들을 이해하는 것은 최적화 소프트웨어를 효과적으로 사용하고 응용에 무언가 잘못되었을 때 오류를 진단하기 위해 중요하다(6.1~6.3절에서 논의했듯이).

제약조건이 없거나 활성제약조건이 없을 때 필요조건 $\partial \bar{f} / \partial \mathbf{d} = \mathbf{0}$을 이용한 식 (12.23)의 2차식 함수의 최소화는 다음 결과를 준다.

$$\mathbf{d} = -\mathbf{c} \tag{12.37}$$

이는 단지 비제약조건 문제에 대한 10.6절의 최속강하 방향이다. 제약조건이 있으면 그 효과는 탐색방향을 계산할 때 포함되어야 한다. 탐색방향은 선형화된 제약조건 모두를 만족해야 한다. 이 탐색방향은 제약조건을 만족하기 위한 최속강하방향의 수정이기 때문에 이를 CSD 방향이라 부른다. 실제로 이 방향은 최속강하방향을 제약조건 접 초평면 상에 투영시켜 얻은 하나의 방향이다.

이 절에서 제시된 CSD법은 가장 기초적인 방법이고 더 강력한 순차 2차식 계획(SQP) 방법의 간단한 설명이라는 것에 주목하는 것이 중요하다. 여기서는 중요한 개념의 설명을 간단히 하기 위해서 알고리즘의 특징을 모두 논의하지는 않는다. 그러나 이 방법은 유용 또는 불용에서 출발했을 때 동일하게 작동하는 것에 주목한다.

12.7.1 CSD 알고리즘

이제 CSD 알고리즘을 단계별로 언급할 준비가 되었다. 이 알고리즘에 의해 생성된 순열 $\mathbf{x}^{(k)}$의 해답점은 일반 제약조건 최적화 문제의 KKT점이라는 것이 증명되었다(Pshenichny와 Danilin, 1982). 이 알고리즘의 종료 판정기준은 유용점에서 $\|\mathbf{d}\| \leq \varepsilon$이다. 여기서 ε은 작은 양수이고 $\mathbf{d}$는 QP 부문제의 해답으로 얻은 탐색방향이다. CSD법을 이제 계산 알고리즘의 형태로 요약한다.

1단계: $k = 0$으로 놓는다. 설계변수의 초기값을 추정하여 $\mathbf{x}^{(0)}$으로 놓는다. 벌칙 인자 R_0과 제약조건 유용성 인자와 수렴성 인자 값을 정의하는 두 작은 수 $\varepsilon_1 > 0$과 $\varepsilon_2 > 0$의 초기값을 선택한다. $R_0 = 1$은 합리적인 선택값이다.

2단계: $\mathbf{x}^{(k)}$에서 목적 및 제약조건 함수와 그 경사도를 계산한다. 식 (12.32)에서 정의된 것과 같이 최대 제약조건 위배량 V_k를 계산한다.

3단계: 목적 및 제약조건 함수값과 그 경사도를 사용해서 식 (12.23)과 (12.24)로 주어진 QP 부문제를 정의한다. 탐색방향 $\mathbf{d}^{(k)}$와 라그랑지 승수 벡터 $\mathbf{v}^{(k)}$와 $\mathbf{u}^{(k)}$를 얻기 위해 QP 부문제를 푼다.

4단계: 종료 판정기준 $\|\mathbf{d}^{(k)}\| \leq \varepsilon_2$와 최대 제약조건 위배량 $V_k \leq \varepsilon_1$을 확인한다. 이 종료기준이 만족되었으면 종료한다. 아니면 계속한다.

5단계: 벌칙인자 R에 대한 식 (12.29)의 필요조건을 확인하기 위해 식 (12.30)으로 정의된 라그랑지 승수의 합 r_k를 계산한다. $R = \max \{R_k, r_k\}$로 놓는다. 이러면 식 (12.29)의 필요조건은 항상 만족할 것이다.

6단계: $\mathbf{x}^{(k+1)} = \mathbf{x}^{(k)} + \alpha_k \mathbf{d}^{(k)}$로 놓는다. 여기서 $\alpha = \alpha_k$는 적정한 이동거리이다. 비제약조건 문제에서와 같이 이동거리는 탐색방향 $\mathbf{d}^{(k)}$를 따라 식 (12.26)의 강하함수를 최소화하여 얻을 수 있다. 황금분할법과 같은 어떤 방법도 이동거리를 결정하기 위해 사용할 수 있다.

7단계: 현재 벌칙인자를 $R_{k+1} = R$로 저장한다. 반복수를 $k = k + 1$로 놓고 2단계로 진행한다.

앞의 이동기리 결정 과정을 갖는 CSD 알고리즘은 모든 함수의 2차 도함수가 구간 연속(즉, 립쉬츠 조건을 만족)이고 다음과 같이 설계점 집합 $\mathbf{x}^{(k)}$가 유계이면 수렴한다.

$$\Phi\left(\mathbf{x}^{(k)}\right) \leq \Phi\left(\mathbf{x}^{(0)}\right); \quad k = 1, 2, 3, \dots \tag{12.38}$$

12.7.2 CSD 알고리즘: 몇 가지 고찰

CSD 알고리즘에 대해서 다음의 소견을 말할 수 있다.

1. CSD 알고리즘은 등식 및 부등호제약조건을 다룰 수 있는 1계 방법이다. 이 알고리즘은 유용 또는 불용인 임의의 점에서 출발하여 국소 최소점에 수렴한다.

2. 이후 장에서 논의할 **잠재 제약조건 방책**은 간편한 설명을 위해서 알고리즘에 도입하지 않았다. 이 방책은 공학 응용 문제에 유용하며 이 알고리즘에 쉽게 포함시킬 수 있다(Belegundu와 Arora, 1984a, b).

3. 황금분할 탐색은 비효율적일 수 있으며 공학 응용 문제에 일반적으로 추천되지 않는다. 13장에서 설명할 부정확 선 탐색은 상당히 잘 작동하고 추천된다.

4. CSD 알고리즘의 수렴률은 QP 부문제에서 2계 정보를 포함하여 개선될 수 있다. 이는 13장에서 논의한다.

5. 시작점은 알고리즘의 성능에 영향을 줄 수 있다. 예를 들어 어떤 점에서 QP 부문제는 어떤 해도 갖지 않을 수 있다. 이것이 원래 문제가 불용을 의미할 필요는 없다. 원래 문제가 큰 비선형성을 가질 수 있고, 선형화된 제약조건에 모순이 발생하여 불용의 QP 부문제를 줄 수 있다. 이와 같은 상황은 임시로 모순된 선형화된 제약조건을 지우거나 다른 점에서 출발하여 처리할 수 있다. 알고리즘의 실행에 대한 더 자세한 논의는 Tseng과 Arora (1988)을 참고한다.

12장의 연습문제

Section 12.1 Basic Concepts Related to Numerical Methods

12.1 *Answer True or False.*

1. The basic numerical iterative philosophy for solving constrained and unconstrained problems is the same.
2. Step size determination is a 1D problem for unconstrained problems.
3. Step size determination is a multidimensional problem for constrained problems.
4. An inequality constraint $g_i(\mathbf{x}) \leq 0$ is violated at $\mathbf{x}^{(k)}$ if $gi(\mathbf{x}^{(k)}) > 0$.
5. An inequality constraint $g_i(\mathbf{x}) \leq 0$ is active at $\mathbf{x}^{(k)}$ if $g_i(\mathbf{x}^{(k)}) > 0$.
6. An equality constraint $h_i(\mathbf{x}) = 0$ is violated at $\mathbf{x}^{(k)}$ if $h_i(\mathbf{x}^{(k)}) < 0$.
7. An equality constraint is always active at the optimum.
8. In constrained optimization problems, search direction is found using the cost gradient only.
9. In constrained optimization problems, search direction is found using the constraint gradients only.
10. In constrained problems, the descent function is used to calculate the search direction.
11. In constrained problems, the descent function is used to calculate a feasible point.
12. Cost function can be used as a descent function in unconstrained problems.
13. A 1D search on a descent function is needed for convergence of algorithms.
14. A robust algorithm guarantees convergence.
15. A feasible set must be closed and bounded to guarantee convergence of algorithms.
16. A constraint $x_1 + x_2 \leq -2$ can be normalized as $(x_1 + x_2)/(-2) \leq 1.0$.
17. A constraint $x_1^2 + x_2^2 \leq 9$ is active at $x_1 = 3$ and $x_2 = 3$.

Section 12.2 Linearization of the Constrained Problem

12.2 *Answer true or false.*

1. Linearization of cost and constraint functions is a basic step for solving nonlinear optimization problems.
2. General constrained problems cannot be solved by solving a sequence of linear programming subproblems.

3. In general, the linearized subproblem without move limits may be unbounded.
4. The SLP method for general constrained problems is guaranteed to converge.
5. Move limits are essential in the SLP procedure.
6. Equality constraints can be treated in the SLP algorithm.

Formulate the following design problems, transcribe them into the standard form, and create a linear approximation at the given point.

12.3 Beam design problem formulated in Section 3.8 at the point $(b, d) = (250, 300)$ mm.
12.4 Tubular column design problem formulated in Section 2.7 at the point $(R, t) = (12, 4)$ cm. Let $P = 50$ kN, $E = 210$ GPa, $l = 500$ cm, $\sigma_a = 250$ MPa, and $\rho = 7850$ kg/m^3.
12.5 Wall bracket problem formulated in Section 4.9.1 at the point $(A_1, A_2) = (150, 150)$ cm^2.
12.6 Exercise 2.1 at the point $h = 12$ m, $A = 4000$ m^2.
12.7 Exercise 2.3 at the point $(R, H) = (6, 15)$ cm.
12.8 Exercise 2.4 at the point $R = 2$ cm, $N = 100$.
12.9 Exercise 2.5 at the point $(W, D) = (100, 100)$ m.
12.10 Exercise 2.9 at the point $(r, h) = (6, 16)$ cm.
12.11 Exercise 2.10 at the point $(b, h) = (5, 10)$ m.
12.12 Exercise 2.11 at the point, width $= 5$ m, depth $= 5$ m, and height $= 5$ m.
12.13 Exercise 2.12 at the point $D = 4$ m and $H = 8$ m.
12.14 Exercise 2.13 at the point $w = 10$ m, $d = 10$ m, $h = 4$ m.
12.15 Exercise 2.14 at the point $P_1 = 2$ and $P_2 = 1$.

Section 12.3 The Sequential Linear Programming Algorithm

Complete one iteration of the SLP algorithm for the following problems (try 50 percent move limits and adjust them if necessary).

12.16 Beam design problem formulated in Section 3.8 at the point $(b, d) = (250, 300)$ mm.
12.17 Tubular column design problem formulated in Section 2.7 at the point $(R, t) = (12, 4)$ cm. Let $P = 50$ kN, $E = 210$ GPa, $l = 500$ cm, $\sigma_a = 250$ MPa, and $\sigma = 7850$ kg/m^3.
12.18 Wall bracket problem formulated in Section 4.9.1 at the point $(A_1, A_2) - (150, 150)$ cm^2.
12.19 Exercise 2.1 at the point $h = 12$ m, $A = 4000$ m^2.
12.20 Exercise 2.3 at the point $(R, H) = (6, 15)$ cm.
12.21 Exercise 2.4 at the point $R = 2$ cm, $N = 100$.
12.22 Exercise 2.5 at the point $(W, D) = (100, 100)$ m.
12.23 Exercise 2.9 at the point $(r, h) = (6, 16)$ cm.
12.24 Exercise 2.10 at the point $(b, h) = (5, 10)$ m.
12.25 Exercise 2.11 at the point, width $= 5$ m, depth $= 5$ m, and height $= 5$ m.
12.26 Exercise 2.12 at the point $D = 4$ m and $H = 8$ m.
12.27 Exercise 2.13 at the point $w = 10$ m, $d = 10$ m, $h = 4$ m.
12.28 Exercise 2.14 at the point $P_1 = 2$ and $P_2 = 1$.

Section 12.5 Search Direction Calculation: The QP Subproblem

Solve the following QP problems using KKT optimality conditions.

12.29 Minimize $f(\mathbf{x}) = (x_1 - 3)^2 + (x_2 - 3)^2$
subject to $x_1 + x_2 \le 5$
$x_1, x_2 \ge 0$

12.30 Minimize $f(\mathbf{x}) = (x_1 - 1)^2 + (x_2 - 1)^2$
subject to $x_1 + 2x_2 \leq 6$
$x_1, x_2 \geq 0$

12.31 Minimize $f(\mathbf{x}) = (x_1 - 1)^2 + (x_2 - 1)^2$
subject to $x_1 + 2x_2 \leq 2$
$x_1, x_2 \geq 0$

12.32 Minimize $f(\mathbf{x}) = x_1^2 + x_2^2 - x_1x_2 - 3x_1$
subject to $x_1 + x_2 \leq 3$
$x_1, x_2 \geq 0$

12.33 Minimize $f(\mathbf{x}) = (x_1 - 1)^2 + (x_2 - 1)^2 - 2x_2 + 2$
subject to $x_1 + x_2 \leq 4$
$x_1, x_2 \geq 0$

12.34 Minimize $f(\mathbf{x}) = 4x_1^2 + 3x_2^2 - 5x_1x_2 - 8x_1$
subject to $x_1 + x_2 = 4$
$x_1, x_2 \geq 0$

12.35 Minimize $f(\mathbf{x}) = x_1^2 + x_2^2 - 2x_1 - 2x_2$

12.36 Minimize $f(\mathbf{x}) = 4x_1^2 + 3x_2^2 - 5x_1x_2 - 8x_1$
subject to $x_1 + x_2 \leq 4$
$x_1, x_2 \geq 0$

12.37 Minimize $f(\mathbf{x}) = x_1^2 + x_2^2 - 4x_1 - 2x_2$
subject to $x_1 + x_2 \geq 4$
$x_1, x_2 \geq 0$

12.38 Minimize $f(\mathbf{x}) = 2x_1^2 + 6x_1x_2 + 9x_2^2 - 18x_1 + 9x_2$
subject to $x_1 - 2x_2 \leq 10$
$4x_1 - 3x_2 \leq 20$
$x_1, x_2 \geq 0$

12.39 Minimize $f(\mathbf{x}) = x_1^2 + x_2^2 - 2x_1 - 2x_2$
subject to $x_1 + x_2 - 4 \leq 0$
$2 - x_1 \leq 0$
$x_1, x_2 \geq 0$

12.40 Minimize $f(\mathbf{x}) = 2x_1^2 + 2x_2^2 + x_3^2 + 2x_1x_2 - x_1x_3 - 0.8x_2x_3$
subject to $1.3x_1 + 1.2x_2 + 1.1x_3 \geq 1.15$
$x_1 + x_2 + x_3 = 1$
$x_1 \leq 0.7$
$x_2 \leq 0.7$
$x_3 \leq 0.7$
$x_1, x_2, x_3 \geq 0$

For the following problems, develop the quadratic programming subproblem, plot it on a graph, and obtain the search direction for the subproblem.

12.41 Beam design problem formulated in Section 3.8 at the point $(b, d) = (250, 300)$ mm.

12.42 Tubular column design problem formulated in Section 2.7 at the point $(R, t) = (12, 4)$ cm. Let $P = 50$ kN, $E = 210$ GPa, $l = 500$ cm, $\sigma_a = 250$ MPa, and $\rho = 7850$ kg/m^3.

12.43 Wall bracket problem formulated in Section 4.9.1 at the point $(A_1, A_2) = (150, 150)$ cm^2.

12.44 Exercise 2.1 at the point $h = 12$ m, $A = 4000$ m^2.

12.45 Exercise 2.3 at the point $(R, H) = (6, 15)$ cm.

12.46 Exercise 2.4 at the point $R = 2$ cm, $N = 100$.

12.47 Exercise 2.5 at the point $(W, D) = (100, 100)$ m.

12.48 Exercise 2.9 at the point $(r, h) = (6, 16)$ cm.

12.49 Exercise 2.10 at the point $(b, h) = (5, 10)$ m.

12.50 Exercise 2.11 at the point, width = 5 m, depth = 5 m, and height = 5 m.

12.51 Exercise 2.12 at the point $D = 4$ m and $H = 8$ m.

12.52 Exercise 2.13 at the point $w = 10$ m, $d = 10$ m, $h = 4$ m.

12.53 Exercise 2.14 at the point $P_1 = 2$ and $P_2 = 1$.

Section 12.7 The CSD Method

12.54 *Answer true or false.*

1. The CSD method, when there are active constraints, is based on using the cost function gradient as the search direction.
2. The CSD method solves two subproblems: the search direction and step size determination.
3. The cost function is used as the descent function in the CSD method.
4. The QP subproblem in the CSD method is strictly convex.
5. The search direction, if one exists, is unique for the QP subproblem in the CSD method.
6. Constraint violations play no role in step size determination in the CSD method.
7. Lagrange multipliers of the subproblem play a role in step size determination in the CSD method.
8. Constraints must be evaluated during line search in the CSD method.

For the following problems, find the search direction by solving the QP subproblem at the given point, and then calculate the descent function values Φ_0, Φ_1, and Φ_2 at the trial step sizes $\alpha = 0, \delta$, and 2.618δ (let $R_0 = 1$, and $\delta = 0.1$).

12.55 Beam design problem formulated in Section 3.8 at the point $(b, d) = (250, 300)$ mm.

12.56 Tubular column design problem formulated in Section 2.7 at the point $(R, t) = (12, 4)$ cm. Let $P = 50$ kN, $E = 210$ GPa, $l = 500$ cm, $\sigma_a = 250$ MPa, and $\rho = 7850$ kg/m^3.

12.57 Wall bracket problem formulated in Section 4.9.1 at the point $(A_1, A_2) = (150, 150)$ cm^2.

12.58 Exercise 2.1 at the point $h = 12$ m, $A = 4000$ m^2.

12.59 Exercise 2.3 at the point $(R, H) = (6, 15)$ cm.

12.60 Exercise 2.4 at the point $R = 2$ cm, $N = 100$.

12.61 Exercise 2.5 at the point $(W, D) = (100, 100)$ m.

12.62 Exercise 2.9 at the point $(r, h) = (6, 16)$ cm.

12.63 Exercise 2.10 at the point $(b, h) = (5, 10)$ m.

12.64 Exercise 2.11 at the point, width = 5 m, depth = 5 m, and height = 5 m.

12.65 Exercise 2.12 at the point $D = 4$ m and $H = 8$ m.

12.66 Exercise 2.13 at the point $w = 10$ m, $d = 10$ m, $h = 4$ m.

12.67 Exercise 2.14 at the point $P_1 = 2$ and $P_2 = 1$.

References

Belegundu, A.D., Arora, J.S., 1984a. A recursive quadratic programming algorithm with active set strategy for optimal design. Int. J. Numer. Methods Eng. 20 (5), 803–816.

Belegundu, A.D., Arora, J.S., 1984b. A computational study of transformation methods for optimal design. AIAA J. 22 (4), 535–542.

Gill, P.E., Murray, W., Wright, M.H., 1981. Practical optimization. Academic Press, New York.

Luenberger, D.G., Ye, Y., 2008. Linear and nonlinear programming, third ed. Springer Science, New York.

Nocedal, J., Wright, S.J., 2006. Numerical optimization, second ed. Springer Science, New York.

Pshenichny, B.N., Danilin, Y.M., 1982. Numerical methods in extremal problems, second ed. Mir Publishers, Moscow.

Tseng, C.H., Arora, J.S., 1988. On implementation of computational algorithms for optimal design 1: Preliminary investigation; 2: Extensive numerical investigation. International Journal for Numerical Methods in Engineering 26 (6), 1365–1402.

13

제약조건 최적설계의 수치해법 보완

More on Numerical Methods for Constrained Optimum Design

이 장의 주요내용:

- 제약조건 문제에 대한 수치 최적화 알고리즘에서 잠재제약조건 방책 설명
- 제약 최적화 방법을 위한 부정확 이동거리 계산의 설명과 실행
- 범위제약조건 최적화 알고리즘의 설명

- 제약조건 비선형 최적화 문제를 풀기 위한 준뉴턴법의 설명과 사용
- 2차식 계획법(QP)과 관련된 기본 개념 설명
- 유용방향법, 경사도 투영법 및 일반화된 환산 경사도법의 뒤에 있는 기본 개념의 설명

12장에서는 제약조건 최적화 방법과 연관된 기본 개념과 단계를 제시하고 설명하였다. 이 장에서는 그 기본 개념을 강화하고 실제 응용문제에 더 적합한 여러 개념과 방법들을 설명한다. QP 부문제를 정의하기 위한 부정확 선 탐색, 제약 준뉴턴법, 잠재제약조건 방책 등의 주제를 논의하고 설명한다. 범위제약조건 최적화 문제를 정의하고 이 문제를 푸는 방법을 설명하며, 탐색방향을 결정하기 위해서 QP 문제를 푸는 방법을 논의한다. 이런 주제들은 최적설계에 관한 대학과정이나 처음 교재를 읽을 때는 보통 다루지 않는다.

편의를 위하여 앞 장에서 다루었던 일반적인 제약조건 최적화 문제를 다음과 같이 다시 정리한다. 다음과 같은 차원 n의 설계변수 벡터 $\mathbf{x} = (x_1, \ldots, x_n)$를 찾아라.

$$\underset{\mathbf{x} \in S}{\text{minimize}} \ f(\mathbf{x}); \quad S = \left\{ \mathbf{x} \mid h_i(\mathbf{x}) = 0, \quad i = 1 \text{ to } p; \quad g_i(\mathbf{x}) \le 0, \quad i = 1 \text{ to } m \right\} \tag{13.1}$$

13.1 잠재제약조건 방책

대부분의 문제에서 최소점에서는 부등호제약조건의 부분 집합만이 활성상태인 것에 주목하는 것이 중요하다. 그러나 이 활성 부분집합은 사전에 알 수 없고 문제에 대한 해의 일부로서 정해져야 한다. 여기서는 최소점에서 **잠재적으로** 활성상태가 될 수 있는 제약조건의 개념을 소개한다. 이 개념은 특

히 대규모 문제에서 계산의 효율성을 달성하기 위해서 제약조건 최적화 수치 알고리즘과 결합시킬 수 있다.

제약조건 최적화의 수치 방법에서 탐색방향을 계산하기 위해서는 목적 및 제약조건함수와 이의 경사도를 아는 것이 필요하다. 제약조건 최적화의 수치 알고리즘은 탐색방향 결정 부문제를 정의하기 위해서 모든 제약조건의 경사도가 요구되느냐 아니면 그 일부가 요구되느냐에 따라 나눌 수 있다. 이 부문제 정의에 제약조건의 부분집합만의 경사도를 사용하는 수치 알고리즘은 잠재제약조건 방책을 사용한다고 말한다. 이 방책을 실행하기 위해서는 잠재제약조건 색인 집합이 정의될 필요가 있고, 이는 현재 설계 $\mathbf{x}^{(k)}$에서 활성, ε활성 및 위배제약조건으로 구성되어 있다. k번째 반복에서 이 잠재제약조건 색인 집합 I_k(문헌에서는 **작업집합**이라고도 불린다)를 다음과 같이 정의한다.

$$I_k = \left[\left\{ j \mid j = 1 \text{ to } p \text{ for equalities} \right\} \quad \text{and} \quad \left\{ i \mid g_i\left(\mathbf{x}^{(k)}\right) + \varepsilon \geq 0, \quad i = 1 \text{ to } m \right\} \right] \tag{13.2}$$

여기서 $\varepsilon > 0$은 작은 수이다. 집합 I_k는 식 (13.2)로 주어진 판정기준을 만족하는 제약조건의 목록만을 요약해 가지고 있다는 것에 유의한다. 정의에 의해서 모든 **등호제약조건**은 항상 I_k에 **포함**된다. 진행 중인 반복에서 탐색방향의 계산을 위한 부문제를 정의할 때 식 (13.2)의 판정기준에 부합하지 않는 부등식은 무시된다.

한 알고리즘에서 잠재제약조건 방책을 사용하는 주된 효과는 전체 반복과정의 효율성에 있다. 이는 특히 경사도 계산에 비용이 많이 드는 크고 복잡한 응용문제에서 특히 그러하다. 잠재집합 방책에서는 집합 I_k에 있는 제약조건의 경사도만을 계산하여 탐색방향 결정 부문제를 정의하는 데 사용한다. 원래 문제가 수백의 제약조건을 가졌더라도 잠재집합에는 그중 몇 개만이 포함될 수도 있다. 그러므로 이 방책으로 경사도 계산의 수가 주는 것뿐만 아니라 탐색방향을 위한 부문제의 차원도 상당히 줄어들며, 이는 계산 노력에 있어서 추가적인 절약이 된다. 그러므로 **잠재집합 방책은 도움이 되고 실제 응용문제에서 사용되어야 한다.** 문제를 풀기 위해서 소프트웨어를 사용하기 전에 설계자는 그 프로그램이 잠재제약조건 방책을 사용하는지 조사해야 한다.

예제 13.1은 최적화 문제에서 잠재제약조건 집합을 결정하는 것을 설명한다.

예제 13.1	잠재제약조건 집합의 결정

다음 6개의 제약조건을 고려한다.

$$2x_1^2 + x_2 \leq 36 \tag{a}$$
$$x_1 \geq 60x_2 \tag{b}$$
$$x_2 \leq 10 \tag{c}$$
$$x_2 + 2 \geq 0 \tag{d}$$
$$x_1 \leq 10; \quad x_1 \geq 0 \tag{e}$$

$\mathbf{x}^{(k)} = (-4.5, -4.5)$와 $\varepsilon = 0.1$이라고 하자. 식 (13.2)의 잠재제약조건 색인을 만들어라.

풀이

정규화와 표준형으로 변환한 후 제약조건들은 아래의 식으로 주어진다.

$$g_1 = \frac{1}{18}x_1^2 + \frac{1}{36}x_2 - 1 \le 0, \quad g_2 = \frac{1}{100}(-x_1 + 60x_2) \le 0 \tag{f}$$

$$g_3 = \frac{1}{10}x_2 - 1 \le 0, \quad g_4 = -\frac{1}{2}x_2 - 1 \le 0 \tag{g}$$

$$g_5 = \frac{1}{10}x_1 - 1 \le 0, \quad g_6 = -x_1 \le 0 \tag{h}$$

두 번째 제약조건은 식에 상수를 포함하고 있지 않아서 퍼센트 값을 얻기 위해 100으로 나누었다. 주어진 점 $(-4.5, -4.5)$에서 제약조건을 계산하고 ε활성제약조건을 확인하면 다음을 얻는다.

$$g_1 + \varepsilon = \frac{1}{18}(-4.5)^2 + \frac{1}{36}(-4.5) - 1.0 + 0.1 = 0.10 > 0 \quad (\varepsilon\text{활성}) \tag{i}$$

$$g_2 + \varepsilon = \frac{1}{100}\left[-(-4.5) + 60(-4.5)\right] + 0.10 = -2.555 < 0 \quad (\text{만족}) \tag{j}$$

$$g_3 + \varepsilon = \frac{-4.5}{10} - 1.0 + 0.10 = -1.35 < 0 \quad (\text{만족}) \tag{k}$$

$$g_4 + \varepsilon = -\frac{1}{2}(-4.5) - 1.0 + 0.10 = 1.35 > 0 \quad (\text{위배}) \tag{l}$$

$$g_5 + \varepsilon = \frac{1}{10}(-4.5) - 1.0 + 0.10 = -1.35 < 0 \quad (\text{만족}) \tag{m}$$

$$g_6 + \varepsilon = -(-4.5) + 0.10 = 4.6 > 0 \quad (\text{위배}) \tag{n}$$

그러므로 g_1은 활성이고(ε활성), g_4와 g_6은 위배상태이며, g_2, g_3 및 g_5는 만족상태라는 것을 알 수 있다. 그러므로 잠재제약조건 색인집합은 다음과 같이 주어진다.

$$I_k = \{1, 4, 6\} \tag{o}$$

색인집합의 요소들은 식 (13.2)에 사용된 ε 값에 따라 변한다는 것에 유의한다. 또한 다른 색인집합으로 생성된 탐색방향은 서로 다를 수 있고 최적점까지 다른 경로를 준다.

잠재제약조건 방책을 사용하는 수치 알고리즘은 수렴한다는 것이 증명되어야 한다는 것이 중요하다. 잠재집합 방책은 12장의 제약최속강하법(CSD) 알고리즘과 결합되었고, 이는 어느 점에서 출발해도 국소 최소점에 수렴한다는 것이 증명되었다(Pshenichny와 Danilin, 1982).

예제 13.2는 잠재집합 방책의 유무에 따라 탐색방향을 계산하고 그 방향들이 서로 다르다는 것을 보여준다.

다음의 설계 최적화 문제를 고려한다.

　다음 함수를 최소화하라.

$$f(\mathbf{x}) = x_1^2 - 3x_1x_2 + 4.5x_2^2 - 10x_1 - 6x_2 \tag{a}$$

제약조건

$$x_1 - x_2 \le 3 \tag{b}$$

$$x_1 + 2x_2 \le 12 \tag{c}$$

$$x_1, x_2 \ge 0 \tag{d}$$

　점 (4, 4)에서 탐색방향을 잠재집합 방책을 사용한 경우와 사용하지 않은 경우로 나누어 계산하라. $\varepsilon = 0.1$을 사용한다.

풀이

정규화된 표준형으로 제약조건을 쓰면 다음을 얻는다.

$$g_1 = \frac{1}{3}(x_1 - x_2) - 1 \le 0 \tag{e}$$

$$g_2 = \frac{1}{12}(x_1 + 2x_2) - 1 \le 0 \tag{f}$$

$$g_3 = -x_1 \le 0; \quad g_4 = -x_2 \le 0 \tag{g}$$

점 (4, 4)에서 함수와 그 경사도는 다음과 같이 계산된다.

$$f(4, 4) = -24, \quad \mathbf{c} = \nabla f = (2x_1 - 3x_2 - 10, -3x_1 + 9x_2 - 6) = (-14, 18) \tag{h}$$

$$g_1(4, 4) = -1 < 0\,(\text{만족}), \quad \mathbf{a}^{(1)} = \nabla g_1 = \left(\frac{1}{3}, -\frac{1}{3}\right) \tag{i}$$

$$g_2(4, 4) = 0\,(\text{활성}), \quad \mathbf{a}^{(2)} = \nabla g_2 = \left(\frac{1}{12}, \frac{1}{6}\right) \tag{j}$$

$$g_3(4, 4) = -4 < 0\,(\text{만족}), \quad \mathbf{a}^{(3)} = \nabla g_3 = (-1, 0) \tag{k}$$

$$g_4(4, 4) = -4 < 0\,(\text{만족}), \quad \mathbf{a}^{(4)} = \nabla g_4 = (0, -1) \tag{l}$$

　ε활성제약조건($g_i + \varepsilon \ge 0$)을 확인하면 g_2는 ε활성이고 나머지는 만족제약조건임에 유의한다.

　잠재제약조건 방책을 사용하지 않았을 때 식 (12.27)~(12.29)의 QP 부문제는 다음과 같이 정의된다. 다음을 최소화하라.

$$\bar{f} = -14d_1 + 18d_2 + \frac{1}{2}(d_1^2 + d_2^2) \tag{m}$$

제약조건

$$\begin{bmatrix} \dfrac{1}{3} & -\dfrac{1}{3} \\ \dfrac{1}{12} & \dfrac{1}{6} \\ -1 & 0 \\ 0 & -1 \end{bmatrix} \begin{bmatrix} d_1 \\ d_2 \end{bmatrix} \le \begin{bmatrix} 1 \\ 0 \\ 4 \\ 4 \end{bmatrix} \tag{n}$$

정리 4.6의 카루쉬-쿤-터커(KKT) 필요조건을 사용하면 문제의 해는 다음과 같이 주어진다.

$$\mathbf{d} = (-0.5, -3.5), \quad \mathbf{u} = (43.5, 0, 0, 0) \tag{o}$$

잠재제약조건 방책을 사용하면 색인집합 I_k는 $I_k = \{2\}$로 정의된다. 즉 두 번째 제약조건만 QP 부문제를 정의하는 데 고려할 필요가 있다. 이 방책을 사용하면 QP 부문제는 다음과 같이 정의된다.

다음을 최소화하라.

$$\bar{f} = -14d_1 + 18d_2 + \frac{1}{2}\left(d_1^2 + d_2^2\right) \tag{p}$$

제약조건

$$\frac{1}{12}d_1 + \frac{1}{6}d_2 \le 0 \tag{q}$$

KKT 필요조건을 사용하면 이 문제의 해는 다음과 같이 주어진다.

$$\mathbf{d} = (14, -18), \quad u = 0 \tag{r}$$

그러면 두 부문제로 정의된 탐색방향은 상당히 다르다는 것을 알 수 있다.

13.2 부정확 이동거리 계산

13.2.1 1단계: 기본 개념

12장에서 제약최속강하(CSD) 알고리즘을 설명하고, 황금분할 탐색을 사용해서 이동거리를 계산하는 것을 제안하였다. 이 방법은 구간 축소법 중에서는 상당히 좋지만 많은 복잡한 공학 응용문제에서는 비효율적이다. 이 방법은 너무 많은 함수 계산을 요구하고 이는 많은 공학 문제에서 복잡한 해석문제를 푸는 것이 요구된다. 그러므로 대부분의 실제적인 알고리즘의 실행에 있어서는 상당히 잘 작동하는 **부정확 선 탐색**이 근사적이지만 수용가능한 이동거리를 결정하기 위해서 사용된다. 이 과정을 기술하고 예제에서 그 사용법을 설명할 것이다.

설명하려는 부정확 선 탐색의 개념은 아미조 절차와 상당히 유사하고, 이 과정은 11장에서 설명하였다. 다른 절차도 결합될 수 있다. 11장에서는 목적함수가 이동거리를 근사하기 위해 사용되었지만 여기에서는 식 (12.31)로 정의된 강하함수 Φ_k가 사용될 것이다.

$$\Phi_k = f_k + RV_k \tag{13.3}$$

여기서 f_k는 목적함수 값이고, $R > 0$은 벌칙인자, $V_k \ge 0$는 식 (12.36)으로 정의된 최대 제약조건 위배량으로 다음과 같다.

$$V_k = \max\left\{0; \ |h_1|, |h_2|, ..., |h_p|; \ g_1, g_2, ..., g_m\right\} \tag{13.4}$$

이 접근법의 기본 발상은 강하함수에서 충분한 감소 조건이 만족될 때까지 여러 가지 다른 이동거리를 시도하는 것이다. 모든 제약조건은 식 (13.4)의 V_k 계산에 포함되었다는 것에 유의한다.

수용 가능한 이동거리를 결정하기 위해 다음과 같이 시험 이동거리 순열 t_j을 정의한다.

$$t_j = (\mu)^j; \quad j = 0, 1, 2, 3, 4, \ldots \tag{13.5}$$

대표적으로 $\mu = 0.5$가 사용된다. 이 경우에 수용 가능한 이동거리는 시험 이동거리 순열 $\left\{ 1, \dfrac{1}{2}, \dfrac{1}{4}, \dfrac{1}{8}, \dfrac{1}{16}, \ldots \right\}$의 한 원소이다. 기본적으로 이동거리는 $t_0 = 1$로 시작한다. 일정한 강하조건 (뒤에 정의한다)이 만족되지 않으면 시험 이동거리는 이전 시험의 반으로 정해진다(즉, $t_1 = 1/2$). 강하조건을 아직도 만족하지 않으면 시험 이동거리의 크기는 다시 반으로 나누어진다. 이 과정을 강하조건이 만족될 때까지 계속한다. $\mu = 0.6$도 사용되지만 다음 예제에서는 $\mu = 0.5$를 사용할 것이다.

13.2.2 2단계: 강하조건

다음의 전개에서 두 번째 상/하첨자는 시험 이동거리에서 어떤 양의 값을 나타내기 위해 사용될 것이다. 예를 들어 k번째 최적화 반복에서 t_j가 시험 이동거리라고 하면, 시험 강하조건을 확인하는 설계점은 다음과 같이 계산된다.

$$\mathbf{x}^{(k+1,j)} = \mathbf{x}^{(k)} + t_j \mathbf{d}^{(k)} \tag{13.6}$$

여기서 $\mathbf{d}^{(k)}$는 12장에서 정의되었듯이 QP 부문제를 풀어 계산하는 현재 설계점 $\mathbf{x}^{(k)}$에서의 탐색방향이다. k번째 반복에서 수용 가능한 이동거리는 $\alpha_k = t_j$로 결정되는데 여기서 j는 다음의 강하조건을 만족하는 가장 작은 정수(또는 순열 {1, 1/2, 1/4, 1/8, 1/16, . . .}에서 가장 큰 수)이다.

$$\Phi_{k+1,j} \leq \Phi_k - t_j \beta_k \tag{13.7}$$

여기서 $\Phi_{k+1,j}$는 시험 이동거리 t_j와 해당하는 설계점 $\mathbf{x}^{(k+1,j)}$에서 계산된 식 (13.3)의 강하함수이다.

$$\Phi_{k+1,j} = \Phi\left(\mathbf{x}^{(k+1,j)} \right) = f_{k+1,j} + R V_{k+1,j} \tag{13.8}$$

위 식에서 $f_{k+1,\,j} = f(\mathbf{x}^{(k+1,\,j)})$이고 $V_{k+1,\,j} \geq 0$는 식 (13.4)를 사용하여 계산된 시험 설계점에서의 최대 제약조건 위배량이다. 식 (13.7)에서 $\Phi_{k+1,\,j}$와 Φ_k를 계산할 때 벌칙인자 R의 가장 최근값이 사용되고 이동거리 계산 시에는 상수로 유지된다는 것에 유의한다. 식 (13.7)의 상수 β_k는 탐색방향을 사용하여 다음과 같이 결정된다.

$$\beta_k = \gamma \left\| \mathbf{d}^{(k)} \right\|^2 \tag{13.9}$$

여기서 γ는 0과 1 사이의 지정된 상수이다. 이동거리 결정 과정에서 γ의 영향에 관해서는 뒤에 논할 것이다.

k번째 반복에서 식 (13.9)로 정의된 β_k는 상수인 것에 유의한다. 사실 부등식 식 (13.7)의 우변에

서 t_j만이 유일한 변수이다. 그러나 t_j가 변할 때 설계점은 변하고 목적함수 및 제약조건함수 값에 영향을 준다. 이런 방식으로 부등식 식 (13.7)의 좌변의 강하함수는 변한다.

부등식 식 (13.7)을 **강하조건**이라고 부른다. 이 조건은 수렴하는 알고리즘을 얻기 위해서 매 반복 시 만족해야 하는 중요한 조건이다. 기본적으로 식 (13.7)의 조건은 강하함수가 최적화 알고리즘의 매 반복마다 일정량만큼 감소해야 한다는 것을 요구한다.

식 (13.7)의 강하조건의 의미를 이해하기 위해서 그림 13.1을 보면 여러 양들이 t의 함수로 그려져 있다. 예를 들면 수평선 A~B는 현재 설계점 $\mathbf{x}^{(k)}$에서의 강하함수 값인 상수 Φ_k를 나타내고, 선 A~C는 부등식 식 (13.7)의 우변인 함수 $(\Phi_k - t\beta_k)$를 나타내며, 곡선 AHGD는 강하함수 Φ를 이동거리 매개변수 t의 함수로 점 A부터 그린 것으로 나타낸 것이다. 선 A~C와 곡선 AHGD는 점 J에서 만나고, 이는 t축 상에서 점 $t = \bar{t}$에 해당한다. 부등식 식 (13.7)의 강하조건을 만족하기 위해서는 곡선 AHGD는 선 A~C의 아래에 놓여야 한다. 이는 곡선 AHGD의 일부인 AHJ만이 만족한다.

그러므로 그림에서 $\bar{t}$보다 큰 이동거리는 식 (13.7)에서 부등식의 강하조건을 만족하지 못함을 알수 있다. 이의 확인을 위해서 $t_0 = 1$인 선 위의 점 D와 E를 생각해 보자. 점 D는 $\Phi_{k+1,0} = \Phi(\mathbf{x}^{(k+1,0)})$를 나타내고 점 E는 $(\Phi_k - t_0\beta_k)$를 나타낸다. 그러므로 점 D는 부등식 식 (13.7)의 좌변을 나타내고 점 E는 우변을 나타낸다. 점 D가 점 E보다 높이 있기 때문에 부등식 식 (13.7)은 위배된다. 유사하게 선 $t_1 = \frac{1}{2}$ 위의 점 G와 F도 강하조건을 위배한다. 선 $t_2 = \frac{1}{4}$ 위의 점 I와 H는 강하조건을 만족하고, 따라서 그림 13.1의 예제에 대해서 k번째 반복의 이동거리 α_k는 $\frac{1}{4}$로 정해진다.

이동거리 결정에서 γ의 영향을 이해하는 것이 중요하다. γ는 0과 1 사이의 양수로 선택된다. $\gamma_1 > 0$ 과 $\gamma_2 > 0$를 $\gamma_2 > \gamma_1$이도록 선택해 보자. 큰 γ는 식 (13.9)에서 상수 β_k에 큰 값을 준다. β_k는 선 $t\beta_k$의 기울기이기 때문에 그림 13.2에서 선 A~C를 $\gamma = \gamma_1$으로, 선 A~C'를 $\gamma = \gamma_2$로 지정할 수 있다. 그러면 그림에서 큰 γ는 부등식 식 (13.7)의 강하조건을 만족하기 위해서 이동거리에 대한 수

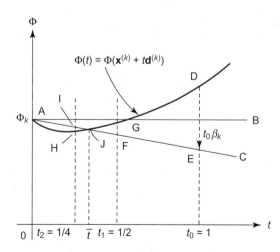

그림 13.1 CSD 알고리즘에서 이동거리 결정을 위한 강하조건의 기하학적 해석

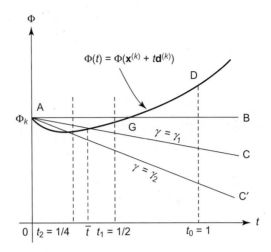

그림 13.2 이동거리 결정에 대한 인자 γ의 영향

용 가능 범위를 줄이는 경향이 있음을 살필 수 있다. γ가 큰 값을 가지면 강하함수의 진짜 최소점은 이동거리에 대한 수용가능 범위 밖에 있을 수도 있음에 유의한다. 그러므로 γ를 더 작은 값으로 선택해야 한다.

실제 계산에서 강하조건의 확인을 위해서는 부등식 식 (13.7)을 다음과 같이 쓰는 것이 편리할 수 있다.

$$\Phi_{k+1,j} + t_j \beta_k \leq \Phi_k ; \quad j = 0, 1, 2 \ldots \tag{13.10}$$

이동거리 계산을 위한 절차를 예제 13.3에 설명한다.

예제 13.3 **제약최속강하법에서 이동거리의 계산**

한 공학설계문제가 다음과 같이 정식화된다.

다음을 최소화하라.

$$f(\mathbf{x}) = x_1^2 + 320 x_1 x_2 \tag{a}$$

제약조건

$$g_1(\mathbf{x}) = \frac{1}{100}(x_1 - 60 x_2) \leq 0 \tag{b}$$

$$g_2(\mathbf{x}) = 1 - \frac{x_1(x_1 - x_2)}{3600} \leq 0 \tag{c}$$

$$g_3(\mathbf{x}) = -x_1 \leq 0, \quad g_4(\mathbf{x}) = -x_2 \leq 0 \tag{d}$$

설계점 $\mathbf{x}^{(0)} = (40, 0.5)$에서 탐색방향이 $\mathbf{d}^{(0)} = (25.6, 0.45)$로 계산되었다. 제약조건에 대한 라그랑지

승수 벡터는 $\mathbf{u} = [16300, 19400, 0, 0]^T$로 계산되었다. $\gamma = 0.5$로 선택하고 부정확 선 탐색 절차를 사용해서 설계 변화량에 대한 이동거리를 계산하라.

풀이

제약조건에 대한 라그랑지 승수가 주어졌으므로 벌칙인자의 초기값을 다음과 같이 계산한다.

$$R = \sum_{i=1}^{4} u_i = 16,300 + 19,400 = 35,700 \tag{e}$$

식 (13.7) 또는 (13.10)의 강하조건의 양변과 현재 반복의 이동거리 계산의 전 과정을 거쳐서 동일 R값을 사용한다는 것이 중요하다. 식 (13.9)의 상수 β_0를 다음과 같이 계산한다.

$$\beta_0 = 0.5\left(25.6^2 + 0.45^2\right) = 328 \tag{f}$$

Φ_0의 계산

시작점 $x^{(0)} = (40, 0.5)$에서 목적 및 제약조건함수의 계산은 다음과 같다.

$$f_0 = f(40, 0.5) = 40^2 + 320(40)(0.5) = 8000 \tag{g}$$

$$g_1(40, 0.5) = \frac{1}{100}(40 - 60 \times 0.5) = 0.10 > 0 \quad \text{(위배)} \tag{h}$$

$$g_2(40, 0.5) = 1 - \frac{40(40 - 0.5)}{3600} = 0.5611 > 0 \quad \text{(위배)} \tag{i}$$

$$g_3(40, 0.5) = -40 < 0 \ \text{(만족)} \ ; \ g_4(40, 0.5) = -0.5 < 0 \quad \text{(만족)} \tag{j}$$

식 (12.36)을 사용하여 최대 제약조건 위배량을 다음과 같이 계산한다.

$$V_0 = \max\{0; \ 0.10, 0.5611, -40, -0.5\} = 0.5611 \tag{k}$$

식 (13.3)을 사용하여 현재 강하함수를 다음과 같이 계산한다.

$$\Phi_0 = f_0 + RV_0 = 8000 + (35,700)(0.5611) = 28,031 \tag{l}$$

시험 이동거리 $t_0 = 1$

식 (13.5)에서 $j = 0$으로 놓으면 시험 이동거리는 $t_0 = 1$이 된다. 식 (13.6)으로부터 탐색방향에서 시험 설계점을 다음과 같이 계산한다.

$$x_1^{(1,0)} = x_1^{(0)} + t_0 d_1^{(0)} = 40 + (1.0)(25.6) = 65.6$$
$$x_2^{(1,0)} = x_2^{(0)} + t_0 d_2^{(0)} = 0.5 + (1.0)(0.45) = 0.95 \tag{m}$$

시험 설계점에서 목적 및 제약조건함수를 다음과 같이 계산한다.

$$f_{1,0} = f(65.6, 0.95) = (65.6)^2 + 320(65.6)(0.95) = 24,246$$

$$g_1(65.6, 0.95) = \frac{1}{100}(65.6 - 60 \times 0.95) = 0.086 > 0 \quad \text{(위배)} \tag{n}$$

$$g_2(65.6, 0.95) = 1 - \frac{65.6(65.6 - 0.95)}{3600} = -0.1781 < 0 \quad \text{(만족)}$$

$$g_3(65.6, 0.95) = -65.6 < 0 \quad \text{(만족)} \tag{o}$$

$$g_4(65.6, 0.95) = -0.95 < 0 \quad \text{(만족)}$$

식 (12.36)을 사용하여 최대 제약조건 위배량을 다음과 같이 계산한다.

$$V_{1,0} = \max\{0; \quad 0.086, -0.1781, -65.6, -0.95\} = 0.086 \tag{p}$$

식 (13.8)을 이용하여 첫 번째 시험점에서의 강하함수를 다음과 같이 계산한다.

$$\Phi_{1,0} = f_{1,0} + RV_{1,0} = 24,246 + 35,700(0.086) = 27,316 \tag{q}$$

식 (13.10)의 강하조건은 다음과 같이 된다.

$$\Phi_{1,0} + t_0\beta_0 = 27,316 + 1(328) = 27,644 < \Phi_0 = 28,031 \tag{r}$$

그러므로 부등식 식 (13.10)은 만족되고 $t_0 = 1$의 이동거리는 수용 가능하다. 부등식 식 (13.10)이 위배되었다면 이동거리 $t_1 = 0.5$를 시도하고 앞의 단계들을 되풀이 했을 것이다.

13.2.3 3단계: 부정확 이동거리를 사용한 CSD 알고리즘

예제 13.4는 CSD 알고리즘에서 근사 이동거리 계산을 설명한다.

예제 13.4 CSD 알고리즘의 사용

예제 12.2의 문제를 고려한다.
다음을 최소하하라.

$$f(\mathbf{x}) = x_1^2 + x_2^2 - 3x_1x_2 \tag{a}$$

제약조건

$$g_1(\mathbf{x}) = \frac{1}{6}x_1^2 + \frac{1}{6}x_2^2 - 1.0 \leq 0 \tag{b}$$

$$g_2(\mathbf{x}) = -x_1 \leq 0, \ g_3(\mathbf{x}) = -x_2 \leq 0 \tag{c}$$

$\mathbf{x}^{(0)} = (1, 1)$을 시작 설계로 한다. CSD법에서 $R_0 = 10$, $\gamma = 0.5$ 및 $\varepsilon_1 = \varepsilon_2 = 0.001$을 사용한다. 두 번의 반복만 수행하라.

풀이

문제의 함수들은 그림 12.4에 그려져 있다. 문제의 최적해는 다음과 같이 얻어진다: $\mathbf{x} = (\sqrt{3}, \sqrt{3})$, $\mathbf{u} = (3, 0, 0)$, $f = -3$.

반복 1 ($k = 0$)

CSD 법에서 다음 단계들이 수행된다.

1단계: 초기값을 $\mathbf{x}^{(0)} = (1, 1)$; $R_0 = 10$; $\gamma = 0.5$ $(0 < \gamma < 1)$; $\varepsilon_1 = \varepsilon_2 = 0.001$로 놓는다.

2단계: 탐색방향의 계산을 위한 QP 부문제를 정의하기 위해서 초기 설계점 $\mathbf{x}^{(0)}$에서 목적 및 제약조건함수 값과 그 경사도를 계산해야 한다.

$$f(1, 1) = -1, \qquad\qquad \nabla f(1, 1) = (-1, -1)$$
$$g_1(1, 1) = -\frac{2}{3} < 0 \text{ (만족)} \qquad \nabla g_1(1, 1) = \left(\frac{1}{3}, \frac{1}{3}\right)$$
$$g_2(1, 1) = -1 < 0 \text{ (만족)} \qquad \nabla g_2(1, 1) = (-1, 0) \tag{d}$$
$$g_3(1, 1) = -1 < 0 \text{ (만족)} \qquad \nabla g_3(1, 1) = (0, -1)$$

시작점에서 모든 제약조건은 만족상태이며 따라서 $V_0 = \max\{0, -2/3, -1, -1\}$이기 때문에 식 (13.4)로부터 $V_0 = 0$으로 계산된다. 선형화된 제약조건을 그림 12.5에 그렸다.

3단계: 앞의 값들을 이용해서 식 (12.27)~(12.29)의 QP 부문제를 (1, 1)에서 정의하면 다음과 같다.

다음을 최소화하라.

$$\bar{f} = (-d_1 - d_2) + 0.5\left(d_1^2 + d_2^2\right) \tag{e}$$

제약조건

$$\frac{1}{3}d_1 + \frac{1}{3}d_2 \leq \frac{2}{3}; \quad -d_1 \leq 1; \quad -d_2 \leq 1 \tag{f}$$

QP 부문제는 엄밀하게 볼록이고 따라서 유일한 해를 갖는다는 것에 유의한다. 일반적으로 부문제를 풀기 위해서는 수치적 방법이 사용되어야 한다. 그러나 이 문제는 상당히 간단하기 때문에 다음과 같이 정리 4.6의 KKT 필요조건을 써서 풀 수 있다.

$$L = (-d_1 - d_2) + 0.5\left(d_1^2 + d_2^2\right) + u_1\left[\frac{1}{3}(d_1 + d_2 - 2) + s_1^2\right] + u_2\left(-d_1 - 1 + s_2^2\right)$$
$$+ u_3\left(-d_2 - 1 + s_3^2\right) \tag{g}$$

$$\frac{\partial L}{\partial d_1} = -1 + d_1 + \frac{1}{3}u_1 - u_2 = 0$$
$$\frac{\partial L}{\partial d_2} = -1 + d_2 + \frac{1}{3}u_1 - u_3 = 0 \tag{h}$$

$$\frac{1}{3}(d_1 + d_2 - 2) + s_1^2 = 0$$
$$(-d_1 - 1) + s_2^2 = 0, \quad (-d_2 - 1) + s_3^2 = 0 \tag{i}$$

$$u_i s_i = 0; \quad \text{and} \quad s_i^2, u_i \geq 0; \quad i = 1, 2, 3 \tag{j}$$

여기서 u_1, u_2 및 u_3 은 세 제약조건에 대한 라그랑지 승수이고, s_1^2, s_2^2 및 s_3^2은 해당 완화변수이다. 앞의 KKT 조건을 풀면 방향 벡터 $\mathbf{d}^{(0)} = (1, 1)$과 $\bar{f} = -1$과 $\mathbf{u}^{(0)} = (0, 0, 0)$을 얻는다. 이 해는 그림 12.13의 도해해와 동일하다. 부문제의 유용영역은 삼각형 ABC이고 최적해는 점 D에 있다.

4단계: $\|\mathbf{d}^{(0)}\| = \sqrt{2} > \varepsilon_2$이기 때문에 종료 판정기준을 만족하지 못한다.

5단계: 식 (12.34)에서 정의된 것처럼 $r_0 = \sum_{i=1}^{m} u_i^{(0)} = 0$을 계산한다. 부등식 식 (12.31)의 필요조건을 만족하기 위해서 $R = \max\{R_0, r_0\} = \max\{10, 0\} = 10$으로 놓는다. 식 (13.7) 또는 (13.10)의 강하조건을

만족하기 위해 첫 번째 반복 내내 $R = 10$이 사용된다는 것이 중요하다.

6단계: 이동거리 결정을 위해서 이 절의 앞 부분에서 설명한 부정확 선 탐색을 사용한다. 식 (13.3)의 강하함수 $\mathbf{\Phi}_0$의 현재값과 식 (13.9)의 상수 β_0는 다음과 같이 계산한다.

$$\mathbf{\Phi}_0 = f_0 + RV_0 = -1 + (10)(0) = -1 \tag{k}$$

$$\beta_0 = \gamma \left\| \mathbf{d}^{(0)} \right\|^2 = 0.5(1+1) = 1 \tag{l}$$

시험 이동거리를 $t_0 = 1$로 놓고 식 (13.7)의 강하조건을 확인하기 위해서 새로운 강하함수 값을 계산한다.

$$\mathbf{x}^{(1,\,0)} = \mathbf{x}^{(0)} + t_0 \mathbf{d}^{(0)} = (2, 2) \tag{m}$$

첫 시험 설계점에서 목적 및 제약조건함수를 계산하고 강하함수를 계산하기 위해서 최대 제약조건 위배량을 계산한다.

$$
\begin{aligned}
f_{1,0} &= f(2,2) = -4 \\
V_{1,0} &= V(2,2) = \max\left\{0; \frac{1}{3}, -2, -2\right\} = \frac{1}{3} \\
\mathbf{\Phi}_{1,0} &= f_{1,0} + RV_{1,0} = -4 + (10)\frac{1}{3} = -\frac{2}{3} \\
\mathbf{\Phi}_0 - t_0\beta_0 &= -1 - 1 = -2
\end{aligned}
\tag{n}
$$

$\mathbf{\Phi}_{1,0} > \mathbf{\Phi}_0 - t_0\beta_0$이기 때문에 식 (13.7)의 강하조건을 만족하지 않는다. 식 (13.5)에서 $j = 1$을 시도하고(즉, $t_1 = 0.5$로 이동거리를 반으로 나눈다), 식 (13.7)의 강하조건을 확인하기 위해서 새로운 강하함수 값을 계산한다. 새로운 설계를 다음과 같이 갱신한다.

$$\mathbf{x}^{(1,1)} = \mathbf{x}^{(0)} + t_1 \mathbf{d}^{(0)} = (1.5, 1.5) \tag{o}$$

새로운 시험 설계점에서 목적 및 제약조건함수를 계산한 후 강하함수를 계산하기 위해 최대 제약조건 위배량을 계산한다.

$$
\begin{aligned}
f_{1,1} &= f(1.5, 1.5) = -2.25 \\
V_{1,1} &= V(1.5, 1.5) = \max\left\{0; -\frac{1}{4}, -1.5, -1.5\right\} = 0 \\
\mathbf{\Phi}_{1,1} &= f_{1,1} + RV_{1,1} = -2.25 + (10)0 = -2.25 \\
\mathbf{\Phi}_0 - t_1\beta_0 &= -1 - 0.5 = -1.5
\end{aligned}
\tag{p}
$$

이제 부등식 식 (13.7)의 강하조건을 만족하며(즉, $\mathbf{\Phi}_{1,1} < \mathbf{\Phi}_0 - t_1\beta_0$), 그러므로 $\alpha_0 = 0.5$는 수용가능하고 $\mathbf{x}^{(1)} = (1.5, 1.5)$이다.

7단계: $R_{0+1} = R_0 = 10$, $k = 1$로 놓고 2단계로 진행한다.

반복 2 ($k = 1$)

두 번째 반복에서 CSD 알고리즘의 3~7단계를 다음과 같이 반복한다.

3단계: 식 (12.27)~(12.29)의 QP 부문제는 $\mathbf{x}^{(1)} = (1.5, 1.5)$에서 다음과 같이 정의된다.

다음을 최소화하라.

$$\bar{f} = \left(-1.5d_1 - 1.5d_2\right) + 0.5\left(d_1^2 + d_2^2\right)$$

제약조건

$$0.5d_1 + 0.5d_2 \le 0.25 \quad \text{and} \quad -d_1 \le 1.5, -d_2 \le 1.5 \tag{q}$$

모든 제약조건이 만족되기 때문에 최대 위배량은 식 (12.36)으로부터 $V_1 = 0$이다. 새로운 목적함수는 $f_1 = -2.25$로 주어진다. 앞의 QP 부문제의 해는 $\mathbf{d}^{(1)} = (0.25, 0.25)$와 $\mathbf{u}^{(1)} = (2.5, 0, 0)$이다.

4단계: $\|\mathbf{d}^{(1)}\| = 0.3535 > \varepsilon_2$이기 때문에 수렴 판정기준은 만족하지 못한다.

5단계: $r_1 = \sum_{i=1}^{m} u_i^{(1)} = 2.5$를 계산한다. 그러므로 $R = \max\{R_1, r_1\} = \max\{10, 2.5\} = 10$이다.

6단계: 선 탐색을 위해 부등식 식 (13.7)에서 $j = 0$을 시도한다(즉, $t_0 = 1$).

$$\Phi_1 = f_1 + RV_1 = -2.25 + (10)0 = -2.25$$
$$\beta_1 = \gamma\|\mathbf{d}^{(1)}\|^2 = 0.5(0.125) = 0.0625 \tag{r}$$

시험 이동거리를 $t_0 = 1$로 하고 식 (13.7)의 강하조건을 확인하기 위해서 강하함수의 새로운 값을 계산한다.

$$\mathbf{x}^{(2,0)} = \mathbf{x}^{(1)} + t_0\mathbf{d}^{(1)} = (1.75, 1.75)$$
$$f_{2,0} = f(1.75, 1.75) = -3.0625 \tag{s}$$

$$V_{2,0} = V(1.75, 1.75) = \max\{0; 0.0208, -1.75, -1.75\} = 0.0208$$
$$\Phi_{2,0} = f_{2,0} + RV_{2,0} = -3.0625 + (10)0.0208 = -2.8541 \tag{t}$$
$$\Phi_1 - t_0\beta_1 = -2.25 - (1)(0.0625) = -2.3125$$

부등식 식 (13.7)의 강하조건이 만족되었고 $\alpha_1 = 1.0$은 수용 가능하며 $\mathbf{x}^{(2)} = (1.75, 1.75)$이다.

7단계: $R_2 = R = 10$, $k = 2$로 놓고 2단계로 진행한다.

새로운 설계점 $\mathbf{x}^{(2)} = (1.75, 1.75)$에서 최대 제약조건 위배량은 0.0208이고 이는 허용 가능한 제약조건 위배량보다 크다. 그러므로 최적점과 유용집합에 다다르기 위해서 CSD 알고리즘의 반복을 더 진행할 필요가 있다. 그러나 최적점은 (1.732, 1.732)이기 때문에 현재점은 $f_2 = -3.0625$이고 해에 상당히 가까운 것에 유의한다. 또한 이 알고리즘은 이번 문제의 불용영역을 통과하며 반복을 진행함을 알 수 있다.

예제 13.5는 CSD 방법의 이동거리 결정에서[식 (13.9)의 사용에 대한] γ의 영향을 살펴본다.

예제 13.5   CSD 알고리즘의 성능에 관한 γ의 영향

예제 13.4의 최적설계문제에서 CSD 알고리즘의 성능에 인자 γ의 변화가 끼치는 영향을 살펴보자.

풀이

예제 13.4에서 $\gamma = 0.5$가 사용되었다. 매우 작은 γ(예를 들면 0.01)이 사용된다면 어떻게 되는지 알아보도

록 하자. 반복 1의 6단계까지의 모든 계산은 변화가 없다. 6단계에서 β_0의 값은 $\beta_0 = \gamma\|\mathbf{d}^{(0)}\|^2 = 0.01(2) = 0.02$로 변경된다. 그러므로 다음과 같다.

$$\Phi_0 - t_0\beta_0 = -1 - 1(0.02) = -1.02 \qquad\qquad (a)$$

이는 $\Phi_{1,0}$보다 작고, 따라서 부등식 식 (13.7)의 강하조건은 위배된다. 그러므로 반복 1에서의 이동거리는 전과 같이 0.5가 될 것이다.

반복 2에서의 계산은 6단계까지 변하지 않고 여기서 $\beta_1 = \gamma\|\mathbf{d}^{(1)}\|^2 = 0.01(0.125) = 0.00125$가 된다. 그러므로 $t_0 = 1$에 대해서 다음과 같이 된다.

$$\Phi_1 - t_0\beta_1 = -2.25 - (1)(0.00125) = -2.25125 \qquad\qquad (b)$$

부등식 식 (13.7)의 강하조건은 만족된다. 그러므로 더 작은 γ값은 처음 두 반복에서 영향이 없다.

γ에 대해서 더 큰 값(예를 들어 0.9)을 선택하면 어떻게 되는지 보도록 하자. 반복 1에서는 변화가 없다는 것을 확인할 수 있다. 반복 2에서 이동거리는 0.5로 변한다. 그러므로 새로운 설계점은 $\mathbf{x}^{(2)} = (1.625, 1.625)$가 된다. 이 점에서 $f_2 = -2.641$, $g_1 = -0.1198$, $V_1 = 0$이며, 따라서 더 큰 γ값은 더 작은 이동거리를 주며 새로운 설계점은 엄밀하게 유용상태로 남게 된다.

예제 13.6은 CSD 방법에서 이동거리 계산에 대해 벌칙인자 R의 초기값의 영향에 대해서 살펴본다.

예제 13.6 **CSD 알고리즘에 대한 벌칙인자 R의 영향**

예제 13.4의 최적설계문제에 대해서 CSD 알고리즘의 성능에 인자 R의 변화가 끼치는 영향을 살펴보자.

풀이

예제 13.4에서 초기 R은 10으로 선택했었다. R을 1.0으로 선택하면 어떻게 되는지 알아보자. 반복 1에서 5단계까지는 계산에 변화가 없다. 6단계에서는 다음과 같다.

$$\begin{aligned}\Phi_{1,0} &= -4 + (1)\left(\frac{1}{3}\right) = -\frac{11}{3}\\ \Phi_0 - t_0\beta_0 &= -1 + (1)(0) = -1\end{aligned} \qquad\qquad (a)$$

그러므로 $\alpha_0 = 1$은 부등식 식(13.7)의 강하조건을 만족하고 새로운 설계는 $\mathbf{x}^{(1)} = (2, 2)$로 주어진다. 이는 예제 13.4에서 얻은 값과 다르다.

반복 2

반복 1에서 수용 가능한 이동거리가 예제 13.4와 다르기 때문에 반복 2의 계산은 다시 수행할 필요가 있다.

3단계: $\mathbf{x}^{(1)} = (2, 2)$에서 식 (12.27)과 (12.29)의 QP 부문제는 다음과 같이 정의된다.

다음을 최소화하라.

$$\bar{f} = \left(-2d_1 - 2d_2\right) + 0.5\left(d_1^2 + d_2^2\right) \tag{b}$$

제약조건

$$\frac{2}{3}d_1 + \frac{2}{3}d_2 \le -\frac{1}{3}, \quad -d_1 \le 2, \quad -d_2 \le 2 \tag{c}$$

점 (2, 2)에서 $V_1 = 1/3$이고 $f_1 = -4$이다. QP 부문제의 해는 다음과 같이 주어진다.

$$\mathbf{d}^{(1)} = \left(-0.25, -0.25\right) \text{ and } \mathbf{u}^{(1)} = \left(\frac{27}{8}, 0, 0\right) \tag{d}$$

4단계: $\|\mathbf{d}^{(1)}\| = 0.3535 > \varepsilon_2$이므로 수렴 종료기준을 만족하지 못한다.

5단계: $r_1 = \sum_{i=1}^{3} u_i^{(1)} = \frac{27}{8}$ 로 계산된다. 그러므로 다음과 같다.

$$R = \max\left\{R_1, r_1\right\} = \max\left\{1, \frac{27}{8}\right\} = \frac{27}{8} \tag{e}$$

6단계: 선 탐색을 위해서 부등식 식 (13.7)에서 $j = 0$을 시도한다. 즉 $t_0 = 1$인 경우 다음과 같다.

$$\Phi_1 = f_1 + RV_1 = -4 + \left(\frac{27}{8}\right)\left(\frac{1}{3}\right) = -2.875$$

$$\Phi_{2,0} = f_{2,0} + RV_{2,0} = -3.0625 + \left(\frac{27}{8}\right)(0.0208) = -2.9923 \tag{f}$$

$$\beta_1 = \gamma \left\|\mathbf{d}^{(1)}\right\|^2 = 0.5(0.125) = 0.0625$$

$$\Phi_1 - t_0\beta_1 = -2.875 - (1)(0.0652) = -2.9375$$

식 (13.7)의 강하조건을 만족하기 때문에 $\alpha_1 = 1.0$은 수용 가능하고 $\mathbf{x}^{(2)} = (1.75, 1.75)$가 된다.

7단계: $R_2 = R_1 = 27/8$, $k = 2$로 놓고 2단계로 진행한다.

두 번째 반복의 끝에서 설계점은 예제 13.4와 동일하다. 이는 우연의 일치이다. 첫 번째 반복에서 보다 작은 R값은 더 큰 이동거리를 준다는 것을 볼 수 있었다. 일반적으로 이는 반복 과정의 이력을 변화시킬 수 있다.

예제 13.7은 공학설계문제의 CSD 법의 이용에 대해서 설명한다.

| 예제 13.7 | 사각보의 최소 면적 설계 |

3.8절의 최소 면적 보 설계문제에 대해서 CSD 알고리즘을 사용하여 최적해를 찾아라. 점 (50, 200) mm 및 (1000, 1000) mm에서 시작한다.

풀이

3.8절에서는 문제를 정식화하고 도해적으로 풀었다. 제약조건을 정규화한 후 문제를 다음과 같이 정의한다. 단면적을 최소화하고 다음의 다양한 제약조건을 만족하는 폭 b와 깊이 d를 찾아라.

$$f(b,d) = bd \tag{a}$$

굽힘응력 제약조건:

$$\frac{(2.40 \times 10^7)}{bd^2} - 1.0 \le 0 \tag{b}$$

전단응력 제약조건:

$$\frac{(1.125 \times 10^5)}{bd} - 1.0 \le 0 \tag{c}$$

깊이 제약조건:

$$\frac{1}{100}(d - 2b) \le 0 \tag{d}$$

명시적 범위제약조건:

$$10 \le b \le 1000, \quad 10 \le d \le 1000 \tag{e}$$

문제에 대한 도해해는 그림 13.3에 주어졌다. 곡선 AB상의 어떤 점이라도 최적해이다.

한 소프트웨어(Arora와 Tseng, 1987)에 탑재된 CSD 알고리즘을 사용해서 주어진 점에서 시작하여 문제를 푼다. 이 알고리즘은 잠재제약조건 방책을 사용해서 수행된다. 제약조건 위배량 허용값과 수렴인자는 0.0001로 놓는다. 두 시작점 I과 II에 대한 반복이력을 그림 13.3에 보였다. 표 13.1에 최적설계 결과를 정리하였다.

시작점 I은 최대 제약조건 위배량이 1100%로 불용이다. 프로그램은 8번의 반복 후 최적해를 찾았다. 이 알고리즘은 최적해에 도달하기 위해서 불용영역을 통과하면서 반복을 수행했고 3.8절에서 해석적으로 얻은

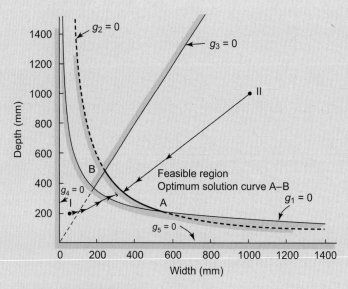

그림 13.3 사각보 설계문제에 대한 반복과정의 이력

표 13.1 사각보 설계문제에 대하여 최적 설계 절차의 결과

	Starting Point I (50, 200) mm	Starting Point II (1000, 1000) mm
Optimum point	(315.2, 356.9)	(335.4, 335.4)
Optimum area	1.125×10^5	1.125×10^5
Number of iterations to reach optimum	8	6
Number of calls for function evaluations	8	12
Total number of constraint gradients evaluated	14	3
Active constraints at optimum	Shear stress	Shear stress
Lagrange multipliers for constraints	1.125×10^5	1.125×10^5

해와 일치한다.

시작점 II는 유용하고 최적해에 6번의 반복으로 수렴한다. 최적점에 수렴하기 위해서 첫 번째 시작점(8번)이 두 번째 점(6번)에 비해서 더 많은 반복을 했지만, 함수의 계산을 위한 호출 횟수는 첫 번째 점이 더 적다. 두 점에 대한 제약조건 경사도 계산의 총 수는 각각 14와 3이다.

잠재제약조건 방책이 사용되지 않았다면 경사도 계산의 총 수는 두 점에 대해서 각각 24와 18이었을 것이란 것에 유의한다. 이는 잠재집합 방책을 사용했을 때 실제 경사도 계산의 수보다 현저히 높다. 대규모 응용문제에 대해서 잠재집합 방책이 최적화 알고리즘의 계산 효율에 있어서 현저한 효과가 있다는 것은 명백하다.

13.3 범위제약조건 최적화

범위제약조건 최적화 문제는 다음과 같이 정의된다.

다음을 최소화하라.

$$f(\mathbf{x}) \tag{13.11}$$

x는 다음과 같은 범위를 사용하여 정의한 유용집합 S에 있다.

$$S = \left\{ \mathbf{x} \in R^n \big| x_{iL} \leq x_i \leq x_{iU}, \quad i = 1 \text{ to } n \right\} \tag{13.12}$$

여기서 x_{iL}과 x_{iU}는 i번째 변수의 하한값과 상한값이다. 이런 문제는 실제 응용문제, 예를 들면 최적 궤적 결정 문제에서 마주치게 된다. 또한 제약조건 최적화 문제는 11장에서 논의했던 것처럼 벌칙이나 증대 라그랑지 접근법을 사용해서 일련의 비제약조건 문제로 변환할 수 있다. 이런 경우 수치 최적화 알고리즘에서 변수에 대한 범위제약조건을 명시적으로 다루는 것이 더 효율적이다. 그러므로 식 (13.11)과 (13.12)로 정의된 문제를 푸는 특별한 알고리즘을 개발하는 것이 유용하다. 이 절에서는 그런 알고리즘을 제시한다.

13.3.1 1단계: 최적성 조건

우선 식 (13.11)과 (13.12)로 정의된 문제에 대한 KKT 최적성 조건을 살펴보고 수치 알고리즘을 제시한다. 이 문제에 대한 라그랑지 함수는 다음과 같이 정의된다.

$$L = f(\mathbf{x}) + \sum_{i=1}^{n} V_i(x_{iL} - x_i) + \sum_{i=1}^{n} U_i(x_i - x_{iU}) \tag{13.13}$$

여기서 $V_i \geq 0$과 $U_i \geq 0$는 하한과 상한 제약조건에 대한 라그랑지 승수이다. 최적성 조건은 다음과 같다.

$$c_i - V_i + U_i = 0; \quad i = 1 \text{ to } n \quad \text{여기서} \quad c_i = \frac{\partial f}{\partial x_i} \tag{13.14}$$

$$V_i(x_{iL} - x_i) = 0 \tag{13.15}$$

$$U_i(x_i - x_{iU}) = 0 \tag{13.16}$$

이 조건들은 정상점에 대한 다음의 결론으로 이어진다.

$$x_i = x_{iL} \text{이면} \quad V_i = c_i \geq 0 \text{이고} \quad U_i = 0 \quad \text{식 (13.14)와 (13.16)으로부터} \tag{13.17}$$

$$x_i = x_{iU} \text{이면} \quad U_i = -c_i \geq 0 \text{이고} \quad V_i = 0 \quad \text{식 (13.14)와 (13.15)로부터} \tag{13.18}$$

$$x_{iL} < x_i < x_{iU} \text{이면 식 (13.14)~(13.16)으로부터} \quad V_i = 0 \text{이고} \quad U_i = 0 \Rightarrow c_i = 0 \tag{13.19}$$

식 (13.11)과 (13.12)로 정의된 문제를 풀기 위한 수치 알고리즘에서 최적점에서 활성제약조건 집합은 알고 있지 못하며 해의 일부로서 결정되어야 하는 것이다. 다음의 단계들은 활성제약조건 집합과 해답점을 결정하기 위해 사용될 수 있다.

만약

$$x_i < x_{iL} \text{이면 } x_i = x_{iL} \text{로 놓는다} \tag{13.20}$$

만약

$$x_i > x_{iU} \text{이면 } x_i = x_{iU} \text{로 놓는다} \tag{13.21}$$

만약

$$x_i = x_{iL} \text{이고 } c_i > 0 \text{이면 [식 (13.17)], } x_i = x_{iL} \text{로 유지한다. 아니면 놓아둔다.} \tag{13.22}$$

만약

$$x_i = x_{iU} \text{이고 } c_i < 0 \text{이면 [식 (13.18)] } x_i = x_{iU} \text{로 유지한다. 아니면 놓아둔다.} \tag{13.23}$$

한 변수를 놓아둔 후에는 그 변수의 값은 그 경계로부터 멀어질 수 있다. 그러므로 수치 알고리즘의 임의의 반복에서 한 변수에 대한 $f(\mathbf{x})$의 도함수의 부호(즉, 라그랑지 승수)가 변수가 그 경계에 남는지 아닌지를 결정한다. 다음 항에서 논의되는 방법은 이러한 개념을 알고리즘으로 실행한다.

13.3.2 투영법

식 (13.20)과 (13.21)은 설계변수 벡터를 제약조건 초평면 위에 투영하는 것을 나타낸다. 이와 같은 식을 포함하는 방법을 투영법이라 부른다(투영 공액경사법, 투영 BFGS법 등).

투영법의 기본적인 발상은 매 반복에서 경계에 있는 변수를 알아내고 식 (13.22) 또는 (13.23)(어느 쪽이든지 적용 가능한)을 만족하는 한 그 값을 그 경계값에 고정시키는 것이다. 그러면 문제는 나머지 변수에서는 비제약조건 문제로 축소된다. 어느 방법이든지 예를 들면, 공액경사법 또는 준뉴턴법과 등의 방법을 사용하여 자유변수의 항으로 탐색방향을 계산할 수 있다. 그 후, 선 탐색이 설계변수를 갱신하기 위해 수행된다. 새로운 점에서 전체 과정은 활성 설계변수 집합을 다시 식별하여 반복한다. 이 과정은 상당히 빠르게 최종 활성변수 집합을 식별할 수 있다.

수치 알고리즘을 논하기 위해(Schwartz와 Polak, 1997) 다음을 정의한다.

투영 연산자:

$$P_i(z) = \begin{cases} x_{iL}, & \text{if } z \leq x_{iL} \\ z, & \text{if } x_{iL} < z < x_{iU} \\ x_{iU}, & \text{if } z \geq x_{iU} \end{cases} \tag{13.24}$$

이 연산자는 모든 설계변수가 그 경계 내부나 경계상에 남아있는 것을 보장한다.

활성변수 집합: $A_k = A(\mathbf{x}^{(k)})$

$$A\left(\mathbf{x}^{(k)}\right) = \left\{ i \left| \begin{array}{l} x_{iL} \leq x_i^{(k)} \leq x_{iL} + \delta\left(\mathbf{x}^{(k)}\right) \quad \text{and} \quad c_i^{(k)} > 0 \\ \text{or} \quad x_{iU} - \delta\left(\mathbf{x}^{(k)}\right) \leq x_i^{(k)} \leq x_{iU} \quad \text{and} \quad c_i^{(k)} < 0 \end{array} \right. \right\} \tag{13.25}$$

여기서

$$\delta\left(\mathbf{x}^{(k)}\right) = min\left\{\varepsilon, \left\|\mathbf{w}\left(\mathbf{x}^{(k)}\right)\right\|\right\} \tag{13.26}$$

이고

$$w_i\left(x_i^{(k)}\right) = \begin{cases} max\left\{-c_i^{(k)}, \left(x_{iL} - x_i^{(k)}\right)\right\}, & if \ c_i^{(k)} > 0 \\ max\left\{c_i^{(k)}, \left(x_i^{(k)} - x_{iU}\right)\right\}, & if \ c_i^{(k)} < 0 \\ 0, & if \ c_i^{(k)} = 0 \end{cases} \tag{13.27}$$

활성집합 A_k는 경계상이나 경계에 상당히 가까운 변수의 목록을 가지고 있다. 정상점에서 w_i $(x_i^{(k)}) = 0(i = 1$에서 n까지)임을 유의한다. 이와 같은 과정으로 활성변수 집합은 매우 빠르게 식별된다.

만족변수 집합: $I_k = I(\boldsymbol{x}^{(k)})$

$$I_k는 A_k의 여집합. 전체집합은 \{1, 2, \dots n\} \tag{13.28}$$

단계별 알고리즘

다음을 선택한다.

$$\rho, \beta \in (0,1), \sigma_1 \in (0,1), \sigma_2 \in (1,\infty), \varepsilon \in (0,\infty), \mathbf{x}^{(0)} \in S \tag{a}$$

0단계: $k = 0$으로 놓는다.

1단계: 활성/만족변수. $\mathbf{c}^{(k)} = \nabla f(\mathbf{x}^{(k)})$를 계산하고 식 (13.25)와 (13.28)을 사용하여 변수의 활성 및 만족 집합을 정의한다.

$$A_k = A(\mathbf{x}^{(k)}), \quad I_k = I(\mathbf{x}^{(k)}) \tag{13.29}$$

다음 조건을 만족하면 종료한다. 그렇지 않으면 계속한다.

$$\left\|\mathbf{c}^{(k)}\right\|_{I_k} = 0 \quad \text{and} \quad x_i^{(k)} = x_{iL} \quad \text{or} \quad x_{iU} \quad \text{for} \quad i \in A_k ; U_i, V_i \geq 0 \quad \text{for} \quad i = 1 \text{ to } n \tag{13.30}$$

2단계: 탐색방향 정의. 다음 조건을 만족하는 탐색방향 $\mathbf{d}^{(k)}$를 계산한다.

$$d_i^{(k)} = -c_i^{(k)} \text{ for all } i \in A_k \tag{13.31}$$

$$\left(\mathbf{d}^{(k)} \bullet \mathbf{c}^{(k)}\right)_{I_k} \leq -\sigma_1 \left\|\mathbf{c}^{(k)}\right\|_{I_k}^2 \tag{13.32}$$

$$\left\|\mathbf{d}^{(k)}\right\|_{I_k} \leq \sigma_2 \left\|\mathbf{c}^{(k)}\right\|_{I_k} \tag{13.33}$$

활성집합 내의 변수에 대한 탐색방향은 식 (13.31)에 보인 것처럼 최속강하방향이다. 식 (13.32)에 사용된 만족 변수에 대한 탐색방향 $(\mathbf{d}^{(k)})_{I_k}$는 최속강하, 공액경사 또는 준뉴턴 등의 비제약조건 최적화 방법을 사용하여 계산할 수 있다.

3단계: 설계 갱신. 이동거리 계산 중에 시험 이동거리 크기 α에 대하여 설계를 갱신할 필요가 있는데, 이는 식 (13.24)에 정의된 투영 연산자를 사용하여 다음과 같이 갱신한다.

$$\mathbf{x}^{(k)}\left(\alpha, \mathbf{d}^{(k)}\right) = \mathbf{P}\left(\mathbf{x}^{(k)} + \alpha \mathbf{d}^{(k)}\right) \tag{13.34}$$

a_k가 설계 $\mathbf{x}^{(k)}$에서의 이동거리(계산은 뒤에 논의한다)라면 설계는 다음과 같이 갱신된다.

$$\mathbf{x}^{(k+1)} = \mathbf{x}^{(k)}\left(\alpha_k, \mathbf{d}^{(k)}\right) = \mathbf{P}\left(\mathbf{x}^{(k)} + \alpha_k \mathbf{d}^{(k)}\right) \tag{13.35}$$

4단계: $k = k + 1$로 놓고 1단계로 진행한다.

이 알고리즘은 유한한 반복으로 정확한 활성집합을 식별하는 것이 증명되었다. 또한 어떤 점에서 출발해도 국소 최소점에 수렴하는 것이 증명되었다(Schwartz와 Polak, 1997).

2단계에서의 탐색방향은 어떤 방법으로도 계산할 수 있다. Schwartz와 Polak (1997)은 탐색방향 계산을 위해서 최속강하, 공액경사도 및 메모리 제한 BFGS 준뉴턴법을 실행하였다. 이 모든 방법이 잘 동작하였지만, BFGS 방법이 가장 좋아서 가장 적은 CPU 시간이 걸렸다. 공액경사법도 비교적 잘 동작하였다. 공액경사법에 대해서는 다음과 같은 알고리즘 인자들이 선택되었다.

$$\rho = \frac{1}{2}, \ \sigma_1 = 0.2, \ \sigma_2 = 10, \ \beta = \frac{3}{5}, \ \varepsilon = 0.2 \tag{13.36}$$

BFGS 법에 대해서는 다음과 같은 알고리즘 인자들이 선택되었다.

$$\rho = \frac{1}{3},\ \sigma_1 = 0.0002,\ \sigma_2 = \sqrt{1000} \times 10^3,\ \beta = \frac{3}{5},\ \varepsilon = 0.2 \tag{13.37}$$

알미조 법칙에 따라서 만족스러운 이동거리를 얻은 후, 이동거리를 더 개선하기 위해서 2차식 보간법이 쓰였다. 이동거리 계산에서 인자 m에 대한 범위(다음 항에서 정의된다)는 20으로 놓았다.

13.3.3 이동거리 계산

범위제약조건 알고리즘을 위한 이동거리는 이전에 논의되었던 어떤 절차를 사용해서도 계산할 수 있다. 그러나 Schwartz와 Polak (1997)이 제시한 알미조 법칙(알미조 법칙에 대해서는 11장을 참조)과 유사한 절차를 논의할 것이다. 우선 이동거리 결정 판정기준을 제시하고 그 실행을 논한다.

수용 가능한 이동거리는 $\alpha_k = \beta^m$이고 여기서 $0 < \beta < 1$이며 m은 다음과 같은 유사 알미조 법칙을 만족하는 가장 작은 정수이다:

$$f(\alpha_k) \le f(0) + \rho \left[\alpha_k \left(\mathbf{c}^{(k)} \cdot \mathbf{d}^{(k)} \right)_{I_k} + \left(\mathbf{c}^{(k)} \cdot \left\{ \mathbf{x}^{(k+1)} - \mathbf{x}^{(k)} \right\} \right)_{A_k} \right] \tag{13.38}$$

$$f(\alpha_k) = f\left(\mathbf{x}^{(k)} \left(\alpha_k, \mathbf{d}^{(k)} \right) \right); \quad f(0) = f\left(\mathbf{x}^{(k)} \right) \tag{13.39}$$

여기서 탐색방향 $\mathbf{d}^{(k)}$는 알고리즘의 2단계에서 설명한 것과 같이 계산한다. 선 탐색 중에 설계는 식 (13.34)를 사용하여 갱신한다.

집합 A_k가 공집합(즉, 활성 또는 거의 활성인 변수가 없다)이면 식 (13.38)의 우변의 $\left(\mathbf{c}^{(k)} \cdot \left\{ \mathbf{x}^{(k+1)} - \mathbf{x}^{(k)} \right\} \right)_{A_k}$는 상쇄되고 그 조건은 식 (11.15)에 주어진 알미조 법칙으로 환원된다는 것에 유의한다. 집합 A_k가 경계에 있는 일부의 변수를 포함한다면 $\left(\mathbf{x}^{(k+1)} - \mathbf{x}^{(k)} \right)_{A_k} = \mathbf{0}$이고 앞서의 항은 다시 상쇄되고 식 (13.38)의 조건은 식 (11.15)의 알미조 법칙으로 환원된다. 다른 식으로 말하면 만족 변수만을 고려하고 활성변수는 그 경계에 고정하여 $f(\alpha)$를 최소화하는 이동거리를 찾는다는 것이다. 더 자세히 고려해야 할 필요가 있는 경우는 한 변수가 그 경계에 가까이 있고 활성집합 A_k에 있는 경우이다.

하한값에 가까이 있는 변수

i번째 변수 $x_i^{(k)}$가 활성집합 A_k에 있고 그 하한값에 가깝다고 하자. 그러면 식 (13.25)에 따라서 $c_i^{(k)} > 0$이다. $c_i^{(k)} < 0$이면 변수는 집합 A_k에 없음에 유의한다. $d_i^{(k)} = -c_i^{(k)}$이므로 i번째 변수는 그 하한값에 가깝게만 움직일 수 있다. 즉, $x_i^{(k+1)} - x_i^{(k)} < 0$이다. 강하조건을 만족하는 만족변수에 관하여 식 (13.38)의 우변에서 $c_i^{(k)} \left(x_i^{(k+1)} - x_i^{(k)} \right) < 0$이다. 그러므로 식 (13.38)에서 이동거리 계산 판정기준은 변수가 그 하한값에 더 가깝게 이동하는 것을 허용한다.

상한값에 가까운 변수

i번째 변수 $x_i^{(k)} A_k$가 활성집합에 있고 그 상한값에 가깝다고 하자. 그러면 식 (13.25)에 따라서 $c_i^{(k)} < 0$이다. $c_i^{(k)} > 0$이면 변수는 집합 A_k에 없다는 것에 유의한다. $d_i^{(k)} = -c_i^{(k)}$이므로 i번째 변수는

그 상한값에 더 가까이 움직일 수 있다. 즉 $x_i^{(k+1)} - x_i^{(k)} > 0$이다. 강하조건을 만족하는 만족변수에 관하여 식 (13.38)의 우변에서 $c_i^{(k)}\left(x_i^{(k+1)} - x_i^{(k)}\right) < 0$이다. 그러므로 식 (13.38)에서 이동거리 계산 판정기준은 변수가 그 상한값에 더 가깝게 이동하는 것을 허용한다.

13.4 순차 2차식 계획법: SQP법

지금까지 비선형계획법(NLP) 문제에서 탐색방향 결정 부문제를 정의하는 데 목적 및 제약조건함수에 대한 선형 근사만을 사용하였다. 그런 부문제에 기반한 알고리즘의 수렴률은 느릴 수 있다. 이 수렴률은 해답과정에 문제 함수의 2계 정보를 포함하면 개선될 수 있다. 12.5절에 정의된 QP 부문제는 식 (12.27)의 2차식 목적함수에 라그랑지 함수에 대한 곡률정보를 도입하기 위해 약간 수정될 수 있다는 것이 판명되었다(Wilson, 1963). 라그랑지 함수의 2계 도함수는 계산하기 상당히 지루하고 어렵기 때문에 1계 정보만을 이용해서 근사화 된다(Han, 1976, 1977; Powell, 1978a,b).

기본적인 발상은 11.5절에 설명한 비제약조건 준뉴턴법과 동일하다. 그러므로 이 시점에서 그 자료를 다시 복습해보는 것이 중요하다. 11.5절에서 목적함수의 헷세행렬의 근사를 생성하기 위해서 두 점에서 목적함수의 경사도를 사용했었다. 여기에서는 라그랑지 함수의 헷세행렬의 근사를 갱신하기 위해서 두 점에서의 라그랑지 함수의 도함수를 사용한다.

이런 방법은 보통 순차 2차식 계획법(SQP) 방법이라고 부른다. 문헌에서 이 방법은 제약조건 준뉴턴법, 제약변수 척도법, 재귀 QP법 등으로도 불린다.

SQP법의 여러 변종을 생성할 수 있지만, 여기서는 최속강하 알고리즘을 확장하여 QP 부문제의 정의에서 라그랑지 함수의 헷세행렬을 포함하도록 할 것이다. 부문제의 유도과정을 제시하였고 헷세행렬의 근사를 갱신하기 위한 과정을 설명한다. SQP법은 상당히 간단하고 직관적이지만 그 수치 성능에서 매우 효과적이다. 이 방법들을 예제와 함께 설명하고 수치적 측면을 논의한다.

13.4.1 2차식 계획법 부문제의 유도

매 최적화 반복에서 탐색방향을 위해 풀어야 하는 QP 부문제를 유도하는 방법은 여러 가지가 있다. SQP법을 사용함에 있어서 QP 부문제의 상세한 유도과정을 이해하는 것은 필요하지 않다. 그러므로 이 유도에 흥미가 없는 독자는 이 절을 생략해도 좋다.

다음과 같은 등호제약조건 설계 최적화 문제만을 고려해서 QP 부문제를 유도하는 것이 일반적이다.

다음을 최소화하라.

$$f(\mathbf{x})$$

제약조건

$$h_i(\mathbf{x}) = 0; \quad i = 1 \text{ to } p \tag{13.40}$$

뒤에서 부등호제약조건은 쉽게 부문제에 포함될 것이다.

QP 부문제의 유도를 위한 과정은 식 (13.40)으로 정의된 문제에 대해 정리 4.6의 KKT 필요조건을 쓰고, 결과 비선형 식을 뉴턴-라프슨법으로 푸는 것이다. 그러면 이 방법의 매 반복은 QP 부문제 해에 동등한 것으로 해석될 수 있다. 다음의 유도과정에서 모든 함수는 두 번 연속으로 미분가능하고 모든 제약조건의 경사도는 선형적으로 독립이라는 것을 가정한다.

식 (13.40)에 정의된 최적화 문제에 대해서 KKT 필요조건을 쓰기 위해서 식 (4.46)의 라그랑지 함수를 다음과 같이 쓴다.

$$L(\mathbf{x}, \mathbf{v}) = f(\mathbf{x}) + \sum_{i=1}^{p} v_i h_i(\mathbf{x}) = f(\mathbf{x}) + (\mathbf{v} \cdot \mathbf{h}(\mathbf{x})) \tag{13.41}$$

여기서 v_i는 i번째 등호제약조건 $h_i(\mathbf{x}) = 0$에 대한 라그랑지 승수이다. v_i의 부호에는 아무런 제약이 없음에 유의한다. KKT 필요조건은 다음을 준다.

$$\nabla L(\mathbf{x}, \mathbf{v}) = \mathbf{0}, \quad \text{or} \quad \nabla f(\mathbf{x}) + \sum_{i=1}^{p} v_i \nabla h_i(\mathbf{x}) = \mathbf{0} \tag{13.42}$$

$$h_i(\mathbf{x}) = 0; \quad i = 1 \text{ to } p \tag{13.43}$$

설계변수 벡터의 차원이 n이기 때문에 식 (13.42)는 실제로는 n개의 식을 나타낸다는 것에 유의한다. 이 식들은 식 (13.43)의 p개의 등호제약조건과 함께 $(n + p)$개의 미지수($\mathbf{x}$에 n 설계변수와 $\mathbf{v}$에 p개의 라그랑지 승수)에 $(n + p)$개의 식을 준다. 이 식들은 비선형 방정식이고, 뉴턴-라프슨법이 이를 풀기 위해 사용될 수 있다.

식 (13.42)와 (13.43)을 간결하게 나타내면 다음과 같다.

$$\mathbf{F}(\mathbf{y}) = \mathbf{0} \tag{13.44}$$

여기서 $\mathbf{F}$와 $\mathbf{y}$는 다음과 같다.

$$\mathbf{F} = \begin{bmatrix} \nabla L \\ \mathbf{h} \end{bmatrix}_{(n+p)} \quad \text{and} \quad \mathbf{y} = \begin{bmatrix} \mathbf{x} \\ \mathbf{v} \end{bmatrix}_{(n+p)} \tag{13.45}$$

이제 뉴턴-라프슨법의 반복과정을 사용하여 k번째 반복에서 $\mathbf{y}^{(k)}$를 알고 있고 변화량 $\Delta\mathbf{y}^{(k)}$를 구한다고 가정한다. 식 (13.44)의 선형 테일러 전개를 사용하면 $\Delta\mathbf{y}^{(k)}$는 다음 선형계의 해로 주어진다.

$$\nabla\mathbf{F}^T(\mathbf{y}^{(k)})\Delta\mathbf{y}^{(k)} = -\mathbf{F}(\mathbf{y}^{(k)}) \tag{13.46}$$

여기서 $\nabla\mathbf{F}$는 비선형 방정식에 대한 $(n + p) \times (n + p)$ 자코비안 행렬로 이의 i번째 열이 벡터 $\mathbf{y}$에 대한 함수 $\mathbf{F}_i(\mathbf{y})$의 도함수이다. 식 (13.45)의 $\mathbf{F}$와 $\mathbf{y}$의 정의를 식 (13.46)에 대입하면 다음을 얻는다.

$$\begin{bmatrix} \nabla^2 L & \mathbf{N} \\ \mathbf{N}^T & \mathbf{0} \end{bmatrix}^{(k)} \begin{bmatrix} \Delta\mathbf{x} \\ \Delta\mathbf{v} \end{bmatrix}^{(k)} = -\begin{bmatrix} \nabla L \\ \mathbf{h} \end{bmatrix}^{(k)} \tag{13.47}$$

여기서 상첨자 k는 물리량이 k번째 반복에서 계산되었다는 것을 나타내고, $\nabla^2 L$은 라그랑지 함수의 $n \times n$ 헷세행렬이며, N은 i번째 열이 등호제약조건 h_i의 도함수인 식 (12.24)에 정의된 $n \times p$ 행렬이고, $\Delta \mathbf{x}^{(k)} = \mathbf{x}^{(k+1)} - \mathbf{x}^{(k)}$이고, $\Delta \mathbf{v}^{(k)} = \mathbf{v}^{(k+1)} - \mathbf{v}^{(k)}$이다.

식 (13.47)은 첫 번째 행을 다음과 같이 써서 약간 다른 형식으로 변환할 수 있다.

$$\nabla^2 L^{(k)} \Delta \mathbf{x}^{(k)} + \mathbf{N}^{(k)} \Delta \mathbf{v}^{(k)} = -\nabla L^{(k)} \tag{13.48}$$

식 (13.42)로부터 $\Delta \mathbf{v}^{(k)} = \mathbf{v}^{(k+1)} - \mathbf{v}^{(k)}$와 ∇L을 식 (13.48)에 대입하면 다음을 얻는다.

$$\nabla^2 L^{(k)} \Delta \mathbf{x}^{(k)} + \mathbf{N}^{(k)} \left(\mathbf{v}^{(k+1)} - \mathbf{v}^{(k)} \right) = -\nabla f \left(\mathbf{x}^{(k)} \right) - \mathbf{N}^{(k)} \mathbf{v}^{(k)} \tag{13.49}$$

또는 다음과 같이 식을 간단히 한다.

$$\nabla^2 L^{(k)} \Delta \mathbf{x}^{(k)} + \mathbf{N}^{(k)} \mathbf{v}^{(k+1)} = -\nabla f \left(\mathbf{x}^{(k)} \right) \tag{13.50}$$

식 (13.50)과 식 (13.47)의 두 번째 행을 결합하면 다음을 얻는다.

$$\begin{bmatrix} \nabla^2 L & \mathbf{N} \\ \mathbf{N}^T & \mathbf{0} \end{bmatrix}^{(k)} \begin{bmatrix} \Delta \mathbf{x}^{(k)} \\ \mathbf{v}^{(k+1)} \end{bmatrix} = - \begin{bmatrix} \nabla f \\ \mathbf{h} \end{bmatrix}^{(k)} \tag{13.51}$$

식 (13.51)을 풀면 설계 변화량 $\Delta \mathbf{x}^{(k)}$와 새로운 라그랑지 승수 벡터 $\mathbf{v}^{(k+1)}$을 얻는다. KKT 필요조건을 풀기 위한 앞서의 뉴턴-라프슨 반복 과정은 종료 판정기준을 만족할 때까지 계속된다.

이제 식 (13.51)은 다음과 같이 k번째 반복에서 정의된 어떤 QP 문제의 해이기도 하다는 것을 보인다(상첨자 k는 간편한 표기를 위해서 다음에서 생략되었다는 것에 유의한다).

다음을 최소화하라.

$$\nabla f^T \Delta \mathbf{x} + 0.5 \Delta \mathbf{x}^T \nabla^2 L \Delta \mathbf{x} \tag{13.52}$$

단 다음의 선형화된 등호제약조건을 만족한다.

$$h_i + \mathbf{n}^{(i)T} \Delta \mathbf{x} = 0; \quad i = 1 \text{ to } p \tag{13.53}$$

여기서 $\mathbf{n}^{(i)}$는 함수 h_i의 도함수이다. 식 (13.52)와 (13.53)으로 정의된 문제에 대한 식 (4.46)의 라그랑지 함수 $\bar{L}$는 다음과 같다.

$$\bar{L} = \nabla f^T \Delta \mathbf{x} + 0.5 \Delta \mathbf{x}^T \nabla^2 L \Delta \mathbf{x} + \sum_{i=1}^{p} v_i \left(h_i + \mathbf{n}^{(i)^T} \Delta \mathbf{x} \right) \tag{13.54}$$

Δx를 미지변수로 다루는 정리 4.6의 KKT 필요조건은 다음과 같다.

$$\frac{\partial \bar{L}}{\partial (\Delta \mathbf{x})} = \mathbf{0}; \quad \text{or} \quad \nabla f + \nabla^2 L \Delta \mathbf{x} + \mathbf{N} \mathbf{v} = \mathbf{0} \tag{13.55}$$

$$h_i + \mathbf{n}^{(i)^T} \Delta \mathbf{x} = 0; \quad i = 1 \text{ to } p \tag{13.56}$$

식 (13.55)와 (13.56)을 결합하고 행렬 형태로 쓰면 식 (13.51)을 얻을 수 있다는 것을 알 수 있다. 그러므로 $h_i(\mathbf{x}) = 0(i = 1$에서 p까지)을 만족하고 $f(\mathbf{x})$를 최소화하는 문제는 식 (13.52)와 (13.53)으

로 정의된 QP 부문제를 반복적으로 풀어서 해결할 수 있다.

비제약조건 문제의 뉴턴법과 같이 해 $\Delta\mathbf{x}$는 탐색방향으로 취급되고 이동거리는 수렴하는 알고리즘을 얻기 위해 적절한 강하함수를 최소화하여 결정한다. 탐색방향을 $\mathbf{d} = \Delta\mathbf{x}$로 정의하고 **부등호제약조건**을 포함하면 일반적인 제약조건 최적화 문제에 대한 QP 부문제는 다음과 같이 정의된다.

다음을 최소화하라.

$$\bar{f} = \mathbf{c}^T\mathbf{d} + 0.5\mathbf{d}^T\mathbf{H}\mathbf{d} \tag{13.57}$$

단, 다음과 같이 식 (13.4)와 (13.5)의 제약조건을 만족한다.

$$\mathbf{n}^{(i)^T}\mathbf{d} = e_i; \quad i = 1 \text{ to } p \tag{13.58}$$

$$\mathbf{a}^{(i)^T}\mathbf{d} \leq b_i; \quad i = 1 \text{ to } m \tag{13.59}$$

여기서 12.2절에서 정의된 표기법을 사용하였고, $\mathbf{c}$는 목적함수의 경사도, $\mathbf{H}$는 헷세행렬 $\nabla^2 L$ 또는 그 근사이다.

13.1절에서 논의했듯이 식 (13.59)에서 부등식의 수를 줄이기 위해 보통 잠재제약조건 방책을 사용한다. 이 점을 뒤에 더 설명할 것이다.

13.4.2 준뉴턴 헷세행렬 근사화

비제약조건 문제에 대한 11.5절의 준뉴턴법과 같이 제약조건 문제에 대한 식 (13.57)의 라그랑지 함수의 헷세행렬을 근사할 수 있다. k번째 반복에서 근사 헷세행렬 $\mathbf{H}^{(k)}$가 가용하고 갱신해서 $\mathbf{H}^{(k+1)}$를 얻고 싶다고 가정한다. 11.5절에 보인 헷세행렬의 직접 갱신에 대한 BFGS 공식을 사용할 수 있다. 갱신된 헷세행렬은 양정을 유지해야 한다는 것이 중요한데, 왜냐하면 이 성질로 식 (13.57)~(13.59)에서 정의된 QP 부문제는 엄밀하게 볼록인 것으로 머무르기 때문이다. 그러므로 유일한 탐색방향이 유일 해로서 얻어진다.

표준 BFGS 갱신 식은 특이 또는 부정 근사행렬로 이어질 수 있다는 것이 판명되었다. 이 어려움을 극복하기 위해서 Powell (1978a)은 표준 BFGS 식의 수정을 제안하였다. 이 수정은 직관에 기반하지만 대부분의 응용문제에서 잘 동작한다. 이 수정된 BFGS 식을 제시할 것이다.

최종식을 얻기 위해 몇 가지 중간 스칼라와 벡터를 계산해야 한다. 이를 다음과 같이 정의한다.

설계 변화 벡터(α_k는 이동거리이다):

$$\mathbf{s}^{(k)} = \alpha_k \mathbf{d}^{(k)} \tag{13.60}$$

벡터:

$$\mathbf{z}^{(k)} = \mathbf{H}^{(k)}\mathbf{s}^{(k)} \tag{13.61}$$

두 점에서 라그랑지 함수의 경사도 차이:

$$\mathbf{y}^{(k)} = \nabla L\left(\mathbf{x}^{(k+1)}, \mathbf{u}^{(k)}, \mathbf{v}^{(k)}\right) - \nabla L\left(\mathbf{x}^{(k)}, \mathbf{u}^{(k)}, \mathbf{v}^{(k)}\right) \tag{13.62}$$

(라그랑지 승수는 모든 항에서 k번째 반복값만을 사용했다는 것에 유의한다.)

스칼라:

$$\xi_1 = \left(\mathbf{s}^{(k)} \cdot \mathbf{y}^{(k)}\right) \tag{13.63}$$

스칼라:

$$\xi_2 = \left(\mathbf{s}^{(k)} \cdot \mathbf{z}^{(k)}\right) \tag{13.64}$$

스칼라:

$$\theta = 1 \text{ if } \xi_1 \geq 0.2\,\xi_2\,; \quad \text{otherwise, } \theta = 0.8\,\xi_2 / \left(\xi_2 - \xi_1\right) \tag{13.65}$$

벡터:

$$\mathbf{w}^{(k)} = \theta \mathbf{y}^{(k)} + \left(1 - \theta\right) \mathbf{z}^{(k)} \tag{13.66}$$

스칼라:

$$\xi_3 = \left(\mathbf{s}^{(k)} \cdot \mathbf{w}^{(k)}\right) \tag{13.67}$$

$n \times n$ 보정 행렬:

$$\mathbf{D}^{(k)} = \left(\frac{1}{\xi_3}\right) \mathbf{w}^{(k)} \mathbf{w}^{(k)T} \tag{13.68}$$

$n \times n$ 보정 행렬:

$$\mathbf{E}^{(k)} = \left(\frac{1}{\xi_2}\right) \mathbf{z}^{(k)} \mathbf{z}^{(k)T} \tag{13.69}$$

앞의 행렬 $\mathbf{D}^{(k)}$와 $\mathbf{E}^{(k)}$의 정의로 헷세행렬은 다음과 같이 갱신된다.

$$\mathbf{H}^{(k+1)} = \mathbf{H}^{(k)} + \mathbf{D}^{(k)} - \mathbf{E}^{(k)} \tag{13.70}$$

식 (13.63)의 스칼라 ξ_1이 음수이면 원래의 BFGS 식은 부정의 헷세행렬이 될 수 있다는 것이 판명되었다. 식 (13.66)에 주어진 수정된 벡터 $\mathbf{w}^{(k)}$의 사용은 이 어려움을 완화시키는 경향이 있다.

최적화 알고리즘에 헷세행렬을 포함시키는 유용성 때문에 문헌에 여러 가지 갱신 과정이 개발되었다(Gill et al., 1981; Nocedal와 Wright, 2006). 예를 들어 헷세행렬의 촐레스키 인자를 직접 갱신할 수 있다. 수치 실행에서 이런 과정을 결합하는 것은 수치 안정성을 보장하기 때문에 유용하다. 다른 실행방법들에서는 전체 헷세행렬은 생성되거나 저장되지 않는다. $\mathbf{y}$와 $\mathbf{s}$ 벡터의 여러 집합을 헷세행렬-벡터 곱을 직접 계산하기 위해 저장하여 사용한다. 이런 방법을 제한-메모리 BFGS법이라 부른다.

13.4.3 SQP 알고리즘

12.7절의 CSD 알고리즘은 헷세행렬을 갱신하고 잠재집합 방책을 포함하도록 확장되었다(Belegundu와 Arora, 1984; Lim과 Arora, 1986; Thanedar et al., 1986; Huang과 Arora, 1996). 이 방법의 원래 알고리즘은 잠재집합 방책을 사용하지 않는다(Han, 1976, 1977; Powell, 1978a,b,c). 이 새로운 알고리즘은 광범위하게 수치적으로 연구되었고, 몇 가지 계산을 강화시켜 이 방법을 효율적일 뿐만 아니라 강건하도록 만들었다. 다음에서 CSD 알고리즘의 간단한 확장으로서 매우 기본적인 알고리즘을 설명하고 이를 SQP법이라고 부른다.

1단계: 12.7절의 CSD 알고리즘의 1단계와 동일하고, 다만 헷세행렬의 초기 추정 또는 근사를 단위행렬로 놓는다(즉, $\mathbf{H}^{(0)} = \mathbf{I}$).

2단계: $\mathbf{x}^{(k)}$에서 목적 및 제약조건함수를 계산하고 목적 및 제약조건함수의 도함수를 계산한다. 식 (12.36)에 정의된 것과 같이 최대 제약조건 위배량 V_k를 계산한다. $k > 0$이면 식 (13.60)~(13.70)을 사용하여 라그랑지 함수를 갱신한다. $k = 0$이면 갱신을 생략하고 3단계로 진행한다.

3단계: 식 (13.57)~(13.59)의 QP 부문제를 정의하고 탐색방향 $\mathbf{d}^{(k)}$ 및 라그랑지 승수 $\mathbf{v}^{(k)}$ 및 $\mathbf{u}^{(k)}$에 대하여 부문제를 푼다.

4~7단계: 12.7절의 CSD 알고리즘과 동일하다.

그러므로 두 알고리즘의 차이는 단지 2단계와 3단계뿐이라는 것을 알 수 있다. SQP 알고리즘의 사용을 예제 13.9에서 설명한다.

예제 13.9 SQP법의 사용

예제 13.4에 대해서 SQP 알고리즘으로 두 번 반복하라.

다음을 최소화하라.

$$f(\mathbf{x}) = x_1^2 + x_2^2 - 3x_1x_2 \tag{a}$$

제약조건

$$g_1(\mathbf{x}) = \frac{1}{6}x_1^2 + \frac{1}{6}x_2^2 - 1.0 \le 0 \tag{b}$$

$$g_2(\mathbf{x}) = -x_1 \le 0, \quad g_3(\mathbf{x}) = -x_2 \le 0. \tag{c}$$

시작점은 (1, 1)이고, $R_0 = 10$, $\gamma = 0.5$, 및 $\varepsilon_1 = \varepsilon_2 = 0.001$이다.

풀이

SQP 알고리즘의 첫 번째 반복은 CSD 알고리즘과 동일하다. 예제 13.4로부터 첫 번째 반복의 결과는 다음과 같다.

$$\mathbf{d}^{(0)} = (1, 1); \quad \alpha = 0.5, \ \mathbf{x}^{(1)} = (1.5, 1.5)$$
$$\mathbf{u}^{(0)} = (0, 0, 0); \ R_1 = 10, \ \mathbf{H}^{(0)} = \mathbf{I}. \tag{d}$$

반복 2

점 $\mathbf{x}^{(1)} = (1.5, 1.5)$에서 목적 및 제약조건함수와 그 경사도를 다음과 같이 계산한다.

$$
\begin{aligned}
f &= -2.25; & \nabla f &= (-1.5, -1.5) \\
g_1 &= -0.25; & \nabla g_1 &= (0.5, 0.5) \\
g_2 &= -1.5; & \nabla g_2 &= (-1, 0) \\
g_3 &= -1.5; & \nabla g_3 &= (0, -1)
\end{aligned}
\tag{e}
$$

헷세행렬을 갱신하기 위해서 식 (13.60)과 (13.61)의 벡터를 다음과 같이 정의한다.

$$
\mathbf{s}^{(0)} = \alpha_0 \mathbf{d}^{(0)} = (0.5, 0.5), \quad \mathbf{z}^{(0)} = \mathbf{H}^{(0)} \mathbf{s}^{(0)} = (0.5, 0.5)
\tag{f}
$$

라그랑지 승수 벡터 $\mathbf{u}^{(0)} = (0, 0, 0)$이기 때문에 라그랑지 함수의 경사도 ∇L은 단순히 목적함수의 경사도 ∇f이다. 그러므로 식 (13.62)의 벡터 $\mathbf{y}^{(0)}$는 다음과 같이 계산된다.

$$
\mathbf{y}^{(0)} = \nabla f\left(\mathbf{x}^{(1)}\right) - \nabla f\left(\mathbf{x}^{(0)}\right) = (-0.5, -0.5)
\tag{g}
$$

또한 식 (13.63)과 (13.64)의 스칼라를 다음과 같이 계산한다.

$$
\xi_1 = \left(\mathbf{s}^{(0)} \cdot \mathbf{y}^{(0)}\right) = -0.5, \quad \xi_2 = \left(\mathbf{s}^{(0)} \cdot \mathbf{z}^{(0)}\right) = 0.5
\tag{h}
$$

$\xi_1 < 0.2\xi_2$이기 때문에 식 (13.65)의 θ는 다음과 같이 계산된다.

$$
\theta = \frac{0.8(0.5)}{(0.5 + 0.5)} = 0.4
\tag{i}
$$

식 (13.66)의 벡터 $\mathbf{w}^{(0)}$을 다음과 같이 계산한다.

$$
\mathbf{w}^{(0)} = 0.4 \begin{bmatrix} -0.5 \\ -0.5 \end{bmatrix} + (1 - 0.4) \begin{bmatrix} 0.5 \\ 0.5 \end{bmatrix} = \begin{bmatrix} 0.1 \\ 0.1 \end{bmatrix}
\tag{j}
$$

식 (13.67)의 스칼라 ξ_3을 다음과 같이 계산한다.

$$
\xi_3 = (0.5, 0.5) \cdot (0.1, 0.1) = 0.1
\tag{k}
$$

식 (13.68)과 (13.69)의 두 보정 행렬을 다음과 같이 계산한다.

$$
\mathbf{D}^{(0)} = \begin{bmatrix} 0.1 & 0.1 \\ 0.1 & 0.1 \end{bmatrix}; \quad \mathbf{E}^{(0)} = \begin{bmatrix} 0.5 & 0.5 \\ 0.5 & 0.5 \end{bmatrix}
\tag{l}
$$

마지막으로 식 (13.70)으로부터 갱신된 헷세행렬을 다음과 같이 계산한다.

$$
\mathbf{H}^{(1)} = \begin{bmatrix} 1 & 0 \\ 0 & 1 \end{bmatrix} + \begin{bmatrix} 0.1 & 0.1 \\ 0.1 & 0.1 \end{bmatrix} - \begin{bmatrix} 0.5 & 0.5 \\ 0.5 & 0.5 \end{bmatrix} = \begin{bmatrix} 0.6 & -0.4 \\ -0.4 & 0.6 \end{bmatrix}
\tag{m}
$$

3단계: 갱신된 헷세행렬과 이전에 계산한 데이터로 식 (13.57)~(13.59)의 QP 부문제는 다음과 같이 정의된다.

다음을 최소화한다.

$$
\bar{f} = -1.5d_1 - 1.5d_2 + 0.5\left(0.6d_1^2 - 0.8d_1 d_2 + 0.6d_2^2\right)
\tag{n}
$$

제약조건

$$0.5d_1 + 0.5d_2 \leq 0.25, \quad -d_1 \leq 1.5, \quad -d_2 \leq 1.5 \tag{o}$$

QP 부문제는 엄밀하게 볼록이므로 유일한 해를 갖는다. KKT 조건을 사용하면 다음과 같이 해를 얻는다.

$$\mathbf{d}^{(1)} = (0.25, 0.25), \quad \mathbf{u}^{(1)} = (2.9, 0, 0) \tag{p}$$

이 해답은 예제 13.4와 동일하다. 그러므로 나머지 단계들은 동일한 계산을 수행한다. 이 예제에서 근사 헷세행렬은 두 번째 반복에서 탐색방향을 실제로 바꾸지는 않는 것을 알 수 있다. 일반적으로는 이 방법은 다른 방향을 주고 보다 좋은 수렴성을 제공한다.

예제 13.10 SQP법을 사용하여 스프링 설계문제 풀기

2.9절에 정식화된 스프링 설계문제(Budynas와 Nisbett, 2014)를 SQP법과 주어진 데이터를 사용하여 풀어라.

풀이

이 문제는 6.5절에서 엑셀 해찾기를 사용해서도 풀었었다. 여기서는 SQP법(Tseng과 Arora, 1988)을 사용하여 문제를 푼다. 이 문제를 정규화된 형식으로 다시 쓰면 다음과 같다. 다음과 같은 d, D 및 N를 찾아라.

다음을 최소화하라.

$$f = (N+2)Dd^2 \tag{a}$$

단, 다음과 같은 조건을 만족한다.

처짐 제약조건:

$$g_1 = 1.0 - \frac{D^3 N}{(71875d^4)} \leq 0 \tag{b}$$

전단응력 제약조건:

$$g_2 = \frac{D(4D-d)}{12566d^3(D-d)} + \frac{2.46}{12566d^2} - 1.0 \leq 0 \tag{c}$$

서지파 주파수 제약조건:

$$g_3 = 1.0 - \frac{140.54d}{D^2 N} \leq 0 \tag{d}$$

외경 제약조건:

$$g_4 = \frac{D+d}{1.5} - 1.0 \leq 0 \tag{e}$$

설계변수에 대한 하한 및 상한값은 다음을 사용한다.

$$0.05 \leq d \leq 0.20 \text{ in.}$$
$$0.05 \leq D \leq 1.30 \text{ in.} \tag{f}$$
$$2 \leq N \leq 15$$

식 (a)의 목적함수에서 상수 $\pi^2\rho/4$는 무시된 것에 유의한다. 이 값은 단순히 최종 최적해에 영향을 미치지 않고 목적함수의 크기를 바꾼다. 이 문제는 세 개의 설계변수와 식 (b)~(f)의 10개 부등호제약조건을 갖는다. 4.6절의 KKT 조건을 사용하여 이 문제를 해석적으로 푸는 것을 시도한다면 2^{10}의 경우를 고려해야 할 것이고 이는 지루하고 시간 소모적인 일이다.

SQP 알고리즘을 사용한 반복 설계 과정의 이력을 표 13.2에 보였다. 이 표는 반복수(Iter.), 최대 제약조건 위배량(Max. vio.), 수렴 인자(Conv. parm.), 목적함수(Cost), 및 설계변수를 각 반복마다 보여준다. 또 최적점에서 제약조건의 활성상태를 보여주는데, 이는 한 제약조건이 활성인지 만족상태인지, 제약조건 값과 그 라그랑지 승수를 나타낸다. 설계변수 활성상태는 최적점에서 보였고, 최종 목적함수 값과 사용자제공 서브루틴의 요청 횟수를 제공한다.

다음의 종료 판정기준이 이 문제에 사용되었다.

1. 최대 제약조건 위배량이 ε_1보다 적어야 한다. 즉, 알고리즘의 4단계에서 $V \leq \varepsilon_1$이다. ε_1은 1.00E-04를 사용하였다.
2. 방향벡터의 길이(수렴 인자)는 ε_2보다 작아야 한다. 즉, 알고리즘의 4단계에서 $\|\mathbf{d}\| \leq \varepsilon_2$이다. ε_2는 1.00E-03을 사용하였다.

시작 설계점은 (0.2, 1.3, 2.0)이었고, 이 점에서 최대 제약조건 위배량은 96.2%이며 목적함수 값은 0.208이다. 여섯 번째 반복에서 한 유용 설계(최대 제약조건 위배량은 1.97E-05이다)를 얻었고 그때 목적함수 값은 1.76475E-02이다.

이 예제에서 제약조건 보정은 목적함수의 상당한 감소(10보다 큰 비율로)를 수반했다는 것에 유의한다. 그러나 제약조건의 보정은 대부분 목적함수의 증가로 귀결된다. 이 프로그램은 최적설계에 다다르기 위해서 다시 12번의 반복을 수행한다. 최적점에서 식 (b)와 (c)의 처짐과 전단응력 제약조건은 활성상태이다. 각각의 라그랑지 승수 값은 (1.077E-02)와 (2.4405E-02)이다. 설계변수 1(와이어 직경)은 그 하한값에 근접했다.

13.4.4 SQP 법에 대한 고찰

준뉴턴법은 가장 효율적이며, 신뢰성 높고 일반적으로 적용 가능한 방법으로 평가된다. Schittkowski (1981, 1987) 및 Hock와 Schittkowski (1980, 1983)는 비선형계획법 시험 문제들을 사용해서 이 방법들을 다른 여러 가지 방법과 광범위하게 분석하고 평가했다. 그들의 결론은 준뉴턴법이 다른 방법에 비해 훨씬 우수하다는 것이다. Lim과 Arora (1986), Thanedar et al. (1986, 1987) 및 Arora와 Tseng (1987)은 한 종류의 공학 설계에 대해서 이 방법들을 평가했다. Gabrielle과 Beltracchi (1987)는 쉐니크니의 CSD 알고리즘에서 라그랑지 함수 헷세행렬의 갱신을 결합하는 것을 포함해서 여러 가지 개선들을 논했다. 일반적으로 이들 연구는 준뉴턴법이 우수하다는 것을 보여줬다. 그러므로 이 방법은 일반적인 공학 설계 응용문제에 추천된다.

알고리즘의 수치 실행은 어느 정도 예술적인 면이 있다. 상당한 주의, 판단, 안전장치 및 사용자 친화성의 기능이 설계되어야 하고 소프트웨어에 결합되어야 한다. 수치 계산은 강건하게 수행되어

표 13.2 스프링 설계문제에 대한 반복적인 최적화 과정의 이력

Iteration no.	Maximum violation	Convergence parameter	Cost function	d	D	N
1	9.61791E−01	1.00000E+00	2.08000E−01	2.0000E−01	1.3000E+00	2.0000E+00
2	2.48814E+00	1.00000E+00	1.30122E−02	5.0000E−02	1.3000E+00	2.0038E+00
3	6.89874E−01	1.00000E+00	1.22613E−02	5.7491E−02	9.2743E−01	2.0000E+00
4	1.60301E−01	1.42246E−01	1.20798E−02	6.2522E−02	7.7256E−01	2.0000E+00
5	1.23963E−02	8.92216E−03	1.72814E−02	6.8435E−02	9.1481E−01	2.0336E+00
6	1.97357E−05	6.47793E−03	1.76475E−02	6.8770E−02	9.2373E−01	2.0396E+00
7	9.25486E−06	3.21448E−02	1.76248E−02	6.8732E−02	9.2208E−01	2.0460E+00
8	2.27139E−04	7.68889E−02	1.75088E−02	6.8542E−02	9.1385E−01	2.0782E−00
9	5.14338E−03	8.80280E−02	1.69469E−02	6.7635E−02	8.7486E−01	2.2346E+00
10	8.79064E−02	8.87076E−02	1.44839E−02	6.3848E−02	7.1706E−01	2.9549E+00
11	9.07017E−02	6.66881E−02	1.31958E−02	6.0328E−02	5.9653E−01	4.0781E+00
12	7.20705E−02	7.90647E−02	1.26517E−02	5.7519E−02	5.1028E−01	5.4942E+00
13	6.74501E−02	6.86892E−02	1.22889E−02	5.4977E−02	4.3814E−01	7.2798E+00
14	2.81792E−02	4.50482E−02	1.24815E−02	5.3497E−02	4.0092E−01	8.8781E+00
15	1.57825E−02	1.94256E−02	1.25465E−02	5.2424E−02	3.7413E−01	1.0202E+01
16	5.85935E−03	4.93063E−03	1.26254E−02	5.1790E−02	3.5896E−01	1.1113E+01
17	1.49687E−04	2.69244E−05	1.26772E−02	5.1698E−02	3.5692E−01	1.1289E+01
18	0.00000E+00	9.76924E−08	1.26787E−02	5.1699E−02	3.5695E−01	1.1289E+01

Constraint activity

Constraint no.	Active	Value	Lagrange multiplier
1	Yes	−4.66382E−09	1.07717E−02
2	Yes	−2.46286E−09	2.44046E−02
3	No	−4.04792E+00	0.00000E+00
4	No	−7.27568E−01	0.00000E+00

Design variable activity

Variable no.	Active	Design	Lower	Upper	Lagrange multiplier
1	Lower	5.16987E−02	5.00000E−02	2.00000E−01	0.00000E+00
2	Lower	3.56950E−01	2.50000E−01	1.30000E+00	0.00000E+00
3	No	1.12895E+01	2.00000E+00	1.50000E+01	0.00000E+00

Note: Number of calls for cost function evaluation = 18; number of calls for evaluation of cost function gradients = 18; number of calls for constraint function evaluation = 18; number of calls for evaluation of constraint function gradients = 18; number of total gradient evaluations = 34.

야 한다. 알고리즘의 매 단계를 분석하여 그 단계의 의도를 수행하기 위해 개발된 수치 과정이 적정하도록 되어야 한다. 소프트웨어는 많은 다른 종류의 문제들을 풀어서 그 성능에 대해서 적절하게 평가해야 한다.

알고리즘의 수치 실행의 많은 측면을 Gill et al. (1981)이 논했다. SQP 알고리즘의 각 단계도 분석되었다(Tseng과 Arora, 1988). 다양한 잠재제약조건 방책이 포함되고 평가되었고 여러 가지 강하함수를 살펴 보았다. QP 부문제에서 모순을 풀기 위한 절차가 개발되고 평가되었다. 이런 개선과 평가의 결과로 공학 설계 응용문제에 대해서 매우 강력하고 강건하며 일반적인 알고리즘을 쓸 수 있게 되었다.

13.4.5 강하함수

강하함수는 SQP법에서 중요한 역할을 하므로 이를 간단하게 논의하도록 하겠다. 일부의 강하함수는 미분 불가능한 반면 다른 것들은 미분 가능하다. 예를 들어 식 (12.30)의 강하함수는 미분 불가능하다. 또 다른 미분 불가능한 강하함수는 Han (1977)과 Powell (1978c)이 제시하였다. 이를 Φ_H로 표기하고 k번째 반복에서 다음과 같이 정의한다.

$$\Phi_H = f\left(\mathbf{x}^{(k)}\right) + \sum_{i=1}^{p} r_i^{(k)} |h_i| + \sum_{i=1}^{m} \mu_i^{(k)} \max\{0, g_i\} \tag{13.71}$$

여기서 $r_i^{(k)} \geq \left|v_i^{(k)}\right|$는 등호제약조건에 대한 벌칙인자이고 $\mu_i^{(k)} \geq \mu_i^{(k)}$는 부등호제약조건에 대한 벌칙인자이다. 벌칙인자는 때로 매우 커지기 때문에 Powell (1978c)은 다음과 같이 보정하는 절차를 제시했다.

첫 번째 반복:

$$r_i^{(0)} = \left|v_i^{(0)}\right|; \quad \mu_i^{(0)} = u_i^{(0)} \tag{13.72}$$

뒤 이은 반복:

$$r_i^{(k)} = \max\left\{\left|v_i^{(k)}\right|, \ \frac{1}{2}\left(r_i^{(k-1)} + \left|v_i^{(k)}\right|\right)\right\}$$
$$\mu_i^{(k)} = \max\left\{u_i^{(k)}, \ \frac{1}{2}\left(\mu_i^{(k-1)} + u_i^{(k)}\right)\right\} \tag{13.73}$$

Schittkowski (1981)는 식 (11.65)에 정의했던 것과 유사한 증대 라그랑지 함수 Φ_A를 이용하여 다음과 같은 강하함수를 제안하였다.

$$\Phi_A = f(\mathbf{x}) + P_1(\mathbf{v}, \mathbf{h}) + P_2(\mathbf{u}, \mathbf{g}) \tag{13.74}$$

$$P_1(\mathbf{v}, \mathbf{h}) = \sum_{i=1}^{p}\left(v_i h_i + \frac{1}{2} r_i h_i^2\right) \tag{13.75}$$

$$P_2(\mathbf{u}, \mathbf{g}) = \sum_{i=1}^{m}\begin{cases}\left(u_i g_i + \frac{1}{2}\mu_i g_i^2\right), & \text{if}\left(g_i + \dfrac{u_i}{\mu_i}\right) \geq 0 \\ -\dfrac{1}{2}\dfrac{u_i^2}{\mu_i}, & \text{otherwise}\end{cases} \tag{13.76}$$

여기서 벌칙인자 r_i와 μ_i는 앞의 식 (13.72)와 (13.73)에서 정의하였다. Φ_A의 한 가지 좋은 특징은 이 함수와 그 경사도가 연속이라는 것이다.

13.5 기타 수치 최적화 방법

제약조건 최적화에 대해서 문헌에는 많은 다른 방법들과 그 변종들이 개발되었고 평가되었다. 이에 대해 더 상세한 것은 Gill et al. (1981), Luenberger와 Ye (2008) 및 Ravindran et al. (2006)을 참조한다. 이 절에서는 공학설계문제에서 상당히 성공적으로 사용되어온 세 가지 방법(유용방향법, 경사도 투영법 및 일반화된 환산 경사도법)의 기본적인 개념을 간단하게 논의한다.

13.5.1 유용방향법

제약조건 최적화 문제를 풀기 위한 초기 방법의 하나로 유용방향법이 있다. 이 방법의 기본 개념은 설계공간에서 하나의 유용점에서 개선된 유용점으로 움직이는 것이다. 그러므로 주어진 유용설계 $\mathbf{x}^{(k)}$, 개선시키는 유용방향 $\mathbf{d}^{(k)}$는 충분히 작은 이동거리 $\alpha > 0$에 대해서 다음의 두 성질을 만족하도록 결정한다.

1. 새로운 설계 $\mathbf{x}^{(k+1)} = \mathbf{x}^{(k)} + \alpha\mathbf{d}^{(k)}$는 유용하다.
2. 새로운 목적함수는 현재보다 작다(즉, $f(\mathbf{x}^{(k+1)}) < f(\mathbf{x}^{(k)})$. 일단 $\mathbf{d}^{(k)}$가 결정되면 $\mathbf{d}^{(k)}$를 따라서 얼마나 나아가야 되는지를 결정하기 위해 선 탐색을 수행한다. 이는 새로운 유용 설계 $\mathbf{x}^{(k+1)}$에 이르게 하고 이 과정은 거기부터 반복된다.

이 방법은 12.1.1절에서 설명한 일반 알고리즘에 기반하고 있는데 거기서는 설계 변화량의 결정을 탐색방향과 이동거리 결정 부문제로 분리한다. 그 방향은 현재 유용점에서 선형화된 부문제를 정의하여 결정하고, 이동거리는 설계의 유용성을 유지할 뿐만 아니라 목적함수를 감소시키도록 결정한다. 선형 근사가 사용되기 때문에 등호제약조건에 대해서 유용성을 유지하기는 어렵다. 그러므로 이 방법은 대부분 부등호제약조건 문제를 위해 개발되고 적용되었다. 이 방법으로 등호제약조건을 다루는 몇몇 절차가 개발되었지만 부등호제약조건만을 갖는 문제를 위한 방법을 설명한다.

우선 현재 설계점에서 개선되는 유용방향을 주는 부문제를 정의한다. 개선되는 유용방향은 작은 이동거리에 대해서 엄밀하게 유용인 것을 유지하며 목적함수를 감소시키는 방향으로 정의한다. 그러므로 이 방향은 목적함수에 대한 강하방향이고 유용영역의 안쪽을 가리킨다. 개선되는 유용방향 $\mathbf{d}$는 다음 조건을 만족한다.

$$\mathbf{c}^T\mathbf{d} < 0 \quad \text{and} \quad \mathbf{a}^{(i)T}\mathbf{d} < 0 \quad \text{for} \quad i \in I_k \tag{13.77}$$

여기서 I_k는 식 (13.2)에 정의된 현재점에서의 잠재제약조건 집합이다. 이런 방향은 다음의 최소-최대 최적화 문제를 풀어서 얻는다.

다음을 최소화하라.

$$\left\{ \text{maximum} \left(\mathbf{c}^T \mathbf{d}; \quad \mathbf{a}^{(i)T} \mathbf{d} \quad \text{for} \quad i \in I_k \right) \right\} \tag{13.78}$$

이 문제를 풀기 위해서 문제를 최소화 문제만으로 변환한다. 보통 괄호 안의 항들의 최댓값을 β로 표기하면 **방향 찾기 부문제**는 다음과 같이 변환된다.

다음을 최소화하라.

$$\beta \tag{13.79}$$

제약조건

$$\mathbf{c}^T \mathbf{d} \le \beta \tag{13.80}$$

$$\mathbf{a}^{(i)T} \mathbf{d} \le \beta \quad \text{for} \quad i \in I_k \tag{13.81}$$

$$-1 \le d_j \le 1; \quad j = 1 \text{ to } n \tag{13.82}$$

식 (13.82)의 정규화 제약조건은 유계의 해를 얻기 위해서 도입되었다. 다른 형태의 정규화 제약조건도 쓸 수 있다.

$(\beta, \mathbf{d})$를 식 (13.79)~(13.82)에서 정의된 문제의 최적해라고 하자. 이 문제는 선형계획법 문제의 하나임에 유의한다. 그러므로 이를 풀기 위해 어떤 방법이라도 사용할 수 있다. 이 문제의 해에서 $\beta < 0$이라면 $\mathbf{d}$는 개선되는 유용 방향이다. $\beta = 0$이라면 현재의 설계점은 KKT 필요조건을 만족하고 최적화 과정은 종료된다. 그렇지 않으면 현재 설계 반복과정에서 하나의 개선되는 유용방향이 얻어진다. 이 방향으로 개선된 설계를 계산하기 위해서는 이동거리가 필요하다. 여러 가지 이동거리 결정 방법의 어떠한 방법도 여기에서 사용할 수 있다.

더 나은 유용방향 $\mathbf{d}^{(k)}$를 결정하기 위해서 식 (13.81)의 제약조건은 다음과 같이 표현할 수 있다.

$$\mathbf{a}^{(i)T} \mathbf{d} \le \theta_i \beta \tag{13.83}$$

여기서 $\theta_i > 0$은 밀어내기 인자라고 불린다. θ_i의 값이 더 크면 방향벡터 $\mathbf{d}$는 더욱더 유용영역 안으로 밀어 넣어진다. θ_i를 도입하는 이유는 되풀이해서 제약조건 경계에 닿고 수렴이 늦어지는 반복을 방지하기 위함이다.

그림 13.4는 방향찾기 부문제에서 θ_i의 물리적 중요성을 보여준다. 그림은 하나의 활성제약조건을 갖는 2변수 설계공간을 보여주고 있다. θ_i를 0으로 취하면 식 (13.81)의 우변 ($\theta_i\beta$)은 0이 된다. 이 경우 방향 $\mathbf{d}$는 활성제약조건을 따르려는 경향이 있다. 즉 그 방향은 제약조건 곡면에 접한다. 반대로 θ_i가 매우 크면 방향 $\mathbf{d}$는 목적함수 등고선을 따르는 경향이 있다. 그러므로 작은 값의 θ_i는 결과적으로 목적함수를 빠르게 감소시키는 방향이 될 것이다. 그러나 비선형성 때문에 이는 빠르게 같은 제약조건 곡면을 만날 수도 있다. 보다 큰 θ_i 값은 동일 제약조건을 다시 만나는 위험을 감소시킬 것이지만 목적함수를 빠르게 감소시키지는 않을 것이다. $\theta_i = 1$의 값은 대부분의 문제에 있어서 받아들일만한 결과를 준다.

이 방법의 단점은 다음과 같다.

1. 유용의 시작점이 필요하다. 이 점이 알려지지 않았다면 이런 점을 얻는 특별한 절차가 사용되어야 한다.

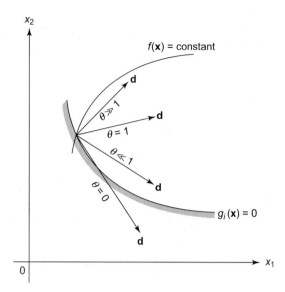

그림 13.4　유용방향법에서 탐색방향 d에 관한 밀어내기 인자 θ_i의 영향

2. 등호제약조건을 부과하기가 어렵고 그 실행을 위해서는 특별한 절차가 요구된다.

13.5.2 경사도 투영법

경사도 투영법은 로센(Rosen, 1961)에 의해 개발되었다. 유용방향법과 마찬가지로 이 방법은 현재 점에서 문제에 대한 1계 정보를 사용한다. 유용영역법은 탐색방향을 찾기 위해서 매 반복마다 LP 문제를 푸는 것이 요구된다. 일부 응용 문제에서 이는 고비용의 계산이 될 수 있다. 그래서 로센은 LP 문제를 푸는 것을 요구하지 않는 방법을 개발하고자 하였다. 그의 아이디어는 유용방향 접근법으로 얻는 방향보다 좋지 않을 수 있겠지만 방향벡터를 쉽게 계산할 수 있는 절차는 개발하자는 것이었다. 이에 따라서 그는 탐색방향에 대해서 명시적인 표현식을 유도해냈다.

이 방법에서는 초기점이 유용집합 내에 존재하면 제약조건 경계를 만날 때까지 목적함수에 대한 최속강하방향을 사용한다. 초기점이 불용이면 유용집합에 도달하기 위해서 제약조건 보정 단계를 사용한다. 이 점이 경계상에 있으면 제약조건 곡면에 접하는 방향을 계산하고 설계를 변화시키기 위해 사용한다. 이 방향은 목적함수에 대한 최속강하방향을 제약조건 접하는 초평면에 투영시켜 계산한다. 이를 12.7절에서 제약최속강하(CSD) 방향이라고 명명했었다. 투영된 음의 경사도 방향으로 일정거리를 이동한다. 이 방향은 제약조건 곡면에 접하기 때문에 새로운 점은 불용일 것이다. 그러므로 일련의 보정 움직임을 유용집합에 도달하기 위해서 수행한다.

경사도 투영법의 반복적인 절차를 그림 13.5에 설명하였다. 점 $\mathbf{x}^{(k)}$에서 $-\mathbf{c}^{(k)}$는 최속강하방향이고 $\mathbf{d}^{(k)}$는 투영된 경사도(제약최속강하)의 음의 방향이다. 점 $\mathbf{x}^{(k)}$에서 $\mathbf{x}^{(k,1)}$로 움직일 때 임의의 이동거리를 취하고, 이 점에서 유용점 $\mathbf{x}^{(k+1)}$에 도달하기 위해 보정 움직임을 실행한다. 경사도 투영법과 12.7절의 CSD 법을 비교하면 일부의 제약조건이 활성인 유용점에서 두 방법은 동일한 방향을 갖는다는 것을 알 수 있다. 그러므로 CSD법이 경사도 투영법보다 선호되는데 이는 이 방법이 임의의 점

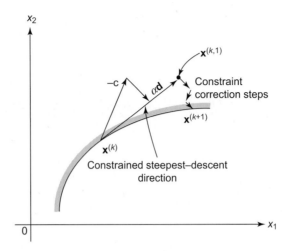

그림 13.5   경사도 투영법의 이동

에서 출발해도 국소 최소점에 수렴하는 것이 증명되었기 때문이다.

개념적으로 경사도 투영법의 발상은 상당히 좋다. 즉, 탐색방향이 유용방향만큼 좋지 않을 수 있지만 쉽게 계산하는 것이 가능하다. 그러나 수치적으로 이 방법은 상당한 불확실성이 있다. 이동거리의 지정은 임의적이고 제약조건 보정 과정은 상당히 장황하다. 중대한 단점은 알고리즘의 수렴을 강제하기가 장황하다는 것이다. 예를 들어 제약조건 보정 과정에서 $f(\mathbf{x}^{(k+1)}) < f(\mathbf{x}^{(k)})$를 확보해야 한다. 이 조건을 만족하지 못하거나 제약조건이 교정될 수 없으면 이동거리를 줄여야 하고 전 과정을 이전 갱신점에서부터 반복해야 한다. 이는 실행하기 장황할 수 있고 추가적인 계산으로 이어진다. 이런 단점에도 불구하고 이 방법은 일부의 공학설계문제에 상당히 성공적으로 적용되었다(Haug와 Arora, 1979). 또한, 이 방법의 많은 변종들이 문헌에서 연구되었다(Gill et al., 1981; Luenberger와 Ye, 2008; Belegundu와 Arora, 1985).

13.5.3 일반화된 환산 경사도법

1967년 울프는 등호제약조건 문제에 대해서 간단한 변수 소거법에 기반하여 환산 경사도법을 개발하였다(Abadie, 1970). GRG법은 비선형 부등호제약조건을 포함하기 위해서 환산 경사도법을 확장한 것이다. 이 방법에서는 임의의 작은 움직임에 대해서 현재 활성인 제약조건이 엄밀하게 활성인 상태로 유지되도록 탐색방향을 결정한다. 일부의 활성제약조건이 제약조건함수의 비선형성으로 인하여 엄밀하게 만족되지 못하면 제약조건 경계에 되돌아오기 위해서 뉴턴-라프슨법을 사용한다. 그러므로 GRG법은 경사도 투영법과 다소 비슷하다고 생각할 수 있다.

부등호제약조건은 항상 완화변수를 더하여 등식으로 변환될 수 있기 때문에 등호제약조건 NLP 모델을 만들 수 있다. 또한 잠재제약조건 방책을 채택하고 부문제에서 모든 제약조건을 등식으로 취급할 수 있다. GRG법에서 방향찾기 부문제는 다음과 같은 방식으로 정의된다(Abadie와 Carpenter, 1969). 설계변수 벡터 $\mathbf{x}$를 $[\mathbf{y}^T \mathbf{z}^T]^T$로 나누자. 여기서 $\mathbf{y}_{(n-p)}$와 $\mathbf{z}_{(p)}$는 각각 독립 및 의존 설계변수이다. 목적 및 제약조건(등식으로 취급) 함수의 1계 변화량은 다음과 같이 주어진다.

$$\Delta f = \frac{\partial f^T}{\partial \mathbf{y}} \Delta \mathbf{y} + \frac{\partial f^T}{\partial \mathbf{z}} \Delta \mathbf{z} \tag{13.84}$$

$$\Delta h_i = \frac{\partial h_i^T}{\partial \mathbf{y}} \Delta \mathbf{y} + \frac{\partial h_i^T}{\partial \mathbf{z}} \Delta \mathbf{z} \tag{13.85}$$

유용설계에서 출발하기 때문에 변수의 임의의 변화량은 현재 등식을 최소한 1차수(즉, $\Delta h_i = 0$)까지 만족해야 한다. 그러므로 이 요구조건은 식 (13.85)를 사용하면 다음과 같은 행렬 꼴로 쓰여진다.

$$\mathbf{A}^T \Delta \mathbf{y} + \mathbf{B}^T \Delta \mathbf{z} = \mathbf{0}, \quad \text{or} \quad \Delta \mathbf{z} = -\left(\mathbf{B}^{-T} \mathbf{A}^T \right) \Delta \mathbf{y} \tag{13.86}$$

여기서 행렬 $\mathbf{A}_{((n-p) \times p)}$과 $\mathbf{B}_{(p \times p)}$의 열은 각각 $\mathbf{y}$와 $\mathbf{z}$에 대한 등호제약조건의 경사도를 담고 있다. 식 (13.86)은 $\Delta \mathbf{y}$(독립 변수의 변화량)가 정해졌을 때 $\Delta \mathbf{z}$(의존 변수의 변화량)를 결정하는 식으로 볼 수 있다. 식 (13.86)의 $\Delta \mathbf{z}$를 식 (13.84)에 대입하면 다음과 같이 Δf를 계산하고 $df/d\mathbf{y}$를 알 수 있다.

$$\Delta f = \left(\frac{\partial f^T}{\partial \mathbf{y}} - \frac{\partial f^T}{\partial \mathbf{z}} \mathbf{B}^{-T} \mathbf{A}^T \right) \Delta \mathbf{y}; \quad \frac{df}{d\mathbf{y}} = \frac{\partial f}{\partial \mathbf{y}} - \mathbf{A} \mathbf{B}^{-1} \frac{\partial f}{\partial \mathbf{z}} \tag{13.87}$$

$df/d\mathbf{y}$는 보통 환산 경사도로 알려져 있다.

선 탐색에서 목적함수는 강하함수로 취급된다. α의 시험값에 대해서 설계변수는 $\Delta \mathbf{y} = -\alpha\, df/d\mathbf{y}$와 식 (13.86)의 $\Delta \mathbf{z}$를 사용하여 갱신된다. 시험 설계점이 유용이지 않으면 독립 설계변수는 고정된 것으로 간주하고 의존 변수를 뉴턴-라프슨법(식 13.86)을 적용하여 유용설계점을 얻을 때까지 반복하여 움직인다. 새로운 유용설계가 강하조건을 만족하면 선 탐색을 종료하고 그렇지 않으면 시험 이동거리를 버리고 축소된 이동거리로 이 과정을 반복한다. 식 (13.87)에서 $df/d\mathbf{y} = 0$일 때 원래의 NLP 문제에 대하여 KKT 최적성 조건을 만족한다는 것을 알 수 있다.

GRG 알고리즘에서 주된 계산 부담은 선 탐색 중 뉴턴-라프슨 반복에 기인한다. 엄밀하게 말하면 선 탐색 중 매 반복과정에서 제약조건의 경사도를 다시 계산해야 하고 자코비안 행렬 $\mathbf{B}$도 마찬가지이다. 이는 비용이 매우 많이 들 수 있다. 계산비용을 낮추기 위해 많은 효율적인 방법이 제안되었는데, 예를 들면 경사도를 다시 계산하지 않고 제약조건함수 값만을 사용하여 $\mathbf{B}^{-1}$을 갱신하기 위해서 뉴턴-라프슨법을 사용하는 방법 등이 있다. 이는 독립변수의 집합이 반복 중에 변하게 되면 문제를 일으킬 수 있다. 다른 어려움은 유용 시작점을 선택하는 것이다. 임의의 시작점을 다루기 위해서는 유용방향법과 같이 다른 절차를 사용해야 한다.

문헌에는 환산 경사도법과 경사도 투영법을 기본적으로 동일하게 간주한다(Sargeant, 1974). 두 방법 사이에는 부등호제약조건을 어떻게 다루느냐에 따라서 실행에 일부 차이가 있을 수 있다. 잠재 제약조건 방책을 부등식을 다루기 위해 사용한다면 환산 경사도법은 본질적으로 경사도 투영법과 동일하게 된다는 것이 판명되었다(Belegundu와 Arora, 1985). 반대로 부등식을 완화변수를 더하여 등식으로 변환하면 이 방법은 경사도 투영법과 상당히 다르게 움직인다.

GRG법(그 변종)은 6장에서 설명하고 사용했던 엑셀 해찾기 프로그램에 제공되고 있다. 이 프로그램은 많은 응용문제에 성공적으로 사용되었다.

13.6 2차식 계획법 부문제의 해

제약조건 비선형 최적화 문제에 대한 많은 수치 최적화 방법에서 탐색방향을 위한 QP 부문제를 풀 필요가 있다는 것을 알 수 있었다. 이 절에는 QP 부문제를 풀기 위한 몇 가지 방법을 논한다. 많은 방법들이 이런 문제에 대한 해답을 위해 개발되었다. 보다 자세한 알고리즘의 논의를 위해서는 Nocedal과 Wright (2006)를 참조해야 한다.

이 절에서 논의할 QP 부문제는 다음과 같이 정의된다.

다음을 최소화하라.

$$q(\mathbf{d}) = \mathbf{c}^T \mathbf{d} + 0.5 \mathbf{d}^T \mathbf{H} \mathbf{d} \tag{13.88}$$

제약조건

$$g_j = \sum_{i=1}^{n} n_{ij} d_i - e_j = 0; \quad j = 1 \text{ to } p \quad \left(\mathbf{N}_E^T \mathbf{d} = \mathbf{e}_E \right) \tag{13.89}$$

$$g_j = \sum_{i=1}^{n} n_{ij} d_i - e_j = 0; \quad j = p+1 \text{ to } m \quad \left(\mathbf{N}_I^T \mathbf{d} \leq \mathbf{e}_I \right) \tag{13.90}$$

여기서 여러 벡터와 행렬의 차원은 다음과 같다.

$$\mathbf{c}_{n \times 1}, \ \mathbf{d}_{n \times 1}, \ \mathbf{e}_{E(p \times 1)}, \ \mathbf{e}_{I((m-p) \times 1)}, \ \mathbf{H}_{n \times n}, \ \mathbf{N}_{E(n \times p)}, \quad \text{and} \quad \mathbf{N}_{I(n \times (m-p))}$$

행렬 $\mathbf{N}_E$와 $\mathbf{N}_I$의 열은 선형적으로 독립이라고 가정한다. 또한 $q(\mathbf{d})$의 헷세행렬은 상수이고 양정행렬이라고 가정한다. 그러므로 QP 부문제는 엄밀하게 볼록이며, 해가 존재한다면 목적함수 $q(\mathbf{d})$의 전역 최소점이다. 이 절에서는 보다 간결한 형태의 수치 알고리즘을 제시하기 위해서 제약조건을 정의하고 QP 부문제를 정의하는 데 약간 다른 표기법을 사용했다는 것에 유의한다. p는 등호제약조건의 수이고 m은 전체 제약조건의 수이다.

$\mathbf{H}$는 제약조건 비선형계획법 문제에 대한 라그랑지 함수의 헷세행렬의 근사라는 것에 유의한다. 또한 $\mathbf{H}$를 갱신하거나 벡터와 $\mathbf{H}$의 곱을 계산할 때, 또는 벡터와 $\mathbf{H}$의 역행렬과 곱을 계산할 때 제한된 메모리 갱신 절차를 사용할 수 있기 때문에 명시적 $\mathbf{H}$는 가용하지 않을 수 있다는 것에 유의한다.

QP 부문제를 푸는데는 두 가지 기본적인 접근법이 있다. 첫 번째 방법은 KKT 필요조건을 쓰고 최소점을 얻기 위해 이를 푸는 것이고, 두 번째 방법은 최소점을 직접 찾기 위해 탐색 방법을 사용하는 것이다. 두 접근법을 간단히 논의한다.

13.6.1 QP에 관한 KKT 필요조건

QP 부문제는 엄밀하게 볼록이기 때문에 KKT 필요조건을 풀면 해가 존재한다면 그 함수에 대한 전역 최소점을 얻는다. 그런 계를 푸는 한 방법을 9.5절에서 논했는데, 거기서는 해를 얻기 위해 문제에 대한 KKT 필요조건을 선형계획법의 심플렉스법으로 변환했었다. 여기서는 KKT 필요조건을 풀기 위한 몇몇 다른 방법을 논의한다.

KKT 조건을 쓰기 위해서 식 (13.88)~(13.90)의 문제에 대한 라그랑지 함수를 다음과 같이 정의한다.

$$L = \mathbf{c}^T \mathbf{d} + 0.5 \mathbf{d}^T \mathbf{H} \mathbf{d} + \mathbf{v}^T \left(\mathbf{N}^T \mathbf{d} - \mathbf{e} \right) \tag{13.91}$$

여기서 $\mathbf{v}_{m\times 1}$는 제약조건에 대한 라그랑지 승수 벡터이고 행렬 $\mathbf{N}_{n\times m}$과 벡터 $\mathbf{e}_{m\times 1}$는 다음과 같이 정의된다.

$$\mathbf{N}_{n\times m} = \begin{bmatrix} \mathbf{N}_E & \mathbf{N}_I \end{bmatrix} \quad \text{and} \quad \mathbf{e}_{m\times 1} = \begin{bmatrix} \mathbf{e}_E \\ \mathbf{e}_I \end{bmatrix} \tag{13.92}$$

KKT 최적성 조건은 다음과 같다.

$$\mathbf{c} + \mathbf{H}\mathbf{d} + \mathbf{N}\mathbf{v} = \mathbf{0} \tag{13.93}$$

$$\mathbf{N}_E^T \mathbf{d} = \mathbf{e}_E; \quad \mathbf{N}_I^T \mathbf{d} \le \mathbf{e}_I \tag{13.94}$$

$$v_j \ge 0; \quad v_j g_j = 0; \quad j = p+1 \text{ to } m \tag{13.95}$$

식 (13.93)으로부터 $\mathbf{d}$에 대해서 풀면 다음을 얻는다.

$$\mathbf{d} = -\mathbf{H}^{-1}(\mathbf{N}\mathbf{v} + \mathbf{c}) \tag{13.96}$$

이제 식 (13.96)의 $\mathbf{d}$를 식 (13.94)에 대입하고 우선 모든 부등식이 활성이라고 가정하면 다음을 얻는다.

$$\mathbf{N}^T \mathbf{d} = \mathbf{e}, \quad \text{or} \quad \mathbf{N}^T \left[-\mathbf{H}^{-1}(\mathbf{N}\mathbf{v} + \mathbf{c}) \right] = \mathbf{e} \tag{13.97}$$

이 식을 간단히 하면 다음을 얻는다.

$$\left(\mathbf{N}^T \mathbf{H}^{-1} \mathbf{N} \right) \mathbf{v} = -\left(\mathbf{e} + \mathbf{N}^T \mathbf{H}^{-1} \mathbf{c} \right) \tag{13.98}$$

$\mathbf{v}$에 선형인 이 계는 제약조건 $v_j \ge 0$ ($j = p + 1$에서 m까지)이 부과되어야 하기 때문에 풀기 어렵다. 그러나 이 문제는 범위제약조건 최적화 문제로 다음과 같이 바꾸어 쓸 수 있다. 다음의 $\mathbf{v}$를 찾아라.

다음을 최소화하라.

$$q(\mathbf{v}) = 0.5 \mathbf{v}^T \left(\mathbf{N}^T \mathbf{H}^{-1} \mathbf{N} \right) \mathbf{v} + \mathbf{v}^T \left(\mathbf{e} + \mathbf{N}^T \mathbf{H}^{-1} \mathbf{c} \right) \tag{13.99}$$

제약조건

$$v_j \ge 0 \quad \text{for} \quad j = p+1 \text{ to } m \tag{13.100}$$

이 범위제약조건 최적화 문제는 13.3절에 제시했던 알고리즘을 사용해서 풀 수 있다.

식 (13.99)와 (13.100)의 문제에 대한 해를 위한 최소화 과정에서는 식 (13.99)의 함수의 경사도가 필요하다. 이는 제한된 메모리 헷세행렬 갱신 절차를 사용하면 상당히 효율적으로 계산할 수 있다.

$$\nabla q(\mathbf{v}) = \left(\mathbf{N}^T \mathbf{H}^{-1} \mathbf{N} \right) \mathbf{v} + \left(\mathbf{e} + \mathbf{N}^T \mathbf{H}^{-1} \mathbf{c} \right) = \mathbf{N}^T \mathbf{H}^{-1}(\mathbf{N}\mathbf{v} + \mathbf{c}) + \mathbf{e} \tag{13.101}$$

범위제약조건 최적화 문제를 풀기 위한 알고리즘의 k번째 반복에서 벡터 $\mathbf{v}^{(k)}$의 현재값은 알려져 있고, $\mathbf{d}^{(k)}$는 식 (13.96)으로부터 다음과 같이 계산한다.

$$\mathbf{d}^{(k)} = -\mathbf{H}^{-1}\left(\mathbf{N}\mathbf{v}^{(k)} + \mathbf{c}\right) \tag{13.102}$$

그러므로 $\mathbf{d}^{(k)}$를 식 (13.101)에 대입하면 $q(\mathbf{v})$의 경사도를 다음과 같이 얻는다.

$$\nabla q\left(\mathbf{v}^{(k)}\right) = -\mathbf{N}^T\mathbf{d}^{(k)} + \mathbf{e} \tag{13.103}$$

헷세행렬의 역행렬이 가용하다면 식 (13.102)를 함수의 경사도를 계산하기 위해서 직접 쓸 수 있다. 그러나 제한된 메모리 갱신 절차를 사용하면 $\mathbf{H}^{-1}(\mathbf{N}\mathbf{v}^{(k)} + \mathbf{c})$는 식 (13.102)와는 상당히 다르게 계산된다(Huang과 Arora, 1996; Nocedal, 1980; Luenberger와 Ye, 2008; Liu와 Nocedal, 1989).

비슷한 절차를 선 탐색 중 식 (13.99)의 2차식 목적함수를 계산하기 위해서 쓸 수 있다.

$$q(\mathbf{v}) = \mathbf{v}^T\mathbf{N}^T\mathbf{H}^{-1}\left(0.5\mathbf{N}\mathbf{v} + \mathbf{c}\right) + \mathbf{v}^T\mathbf{e} \tag{13.104}$$

그러면 라그랑지 승수 $\mathbf{v}$는 식 (13.100)의 간단한 범위를 만족하면서 식 (13.99)의 함수를 최소화하여 계산할 수 있고, 벡터 $\mathbf{d}^{(k)}$ 식 (13.102)로부터 쉽게 찾을 수 있다.

식 (13.99)와 (13.100)으로 정의된 문제는 5.5절에 제시된 쌍대성 이론을 사용하여 유도할 수 있다는 것이 중요하다. 식 (5.38)로 정의된 쌍대문제를 유도하기 위해서 우선 쌍대함수에 대한 표현식을 이끌어 낼 필요가 있다. 이는 식 (13.96)에서 $\mathbf{d}$의 표현식을 식 (13.91)의 라그랑지 함수에 대입하면 얻을 수 있다. 이 쌍대함수를 부등호제약조건에 대한 라그랑지 승수의 비음수성을 조건으로 최대화한다. 이 과정은 식 (13.99)와 (13.100)에서와 같이 v에 대한 동일한 문제를 주는데, 식 (13.99)의 목적함수에서 무의미한 상수 $0.5\mathbf{c}^T\mathbf{H}^{-1}\mathbf{c}$를 제외하면 이를 확인할 수 있다.

앞의 쌍대 접근법의 한 가지 단점은 설계변수에 대한 간단한 범위한계제약조건을 다른 임의의 부등식처럼 다뤄야 한다는 것이다. 이는 특별한 주의를 기울이지 않으면 비효율적이 될 수 있고 절차의 수치 실행에서 영향을 미칠 수 있다.

13.6.2 QP 부문제의 직접해

식 (13.88)~(13.90)에서 정의된 QP 부문제를 직접 풀기 위해서 탐색 방법을 사용할 수 있다. 이런 목적으로 11.7절의 증대 라그랑지 절차를 사용할 수 있다. 증대 라그랑지는 다음과 같이 정의된다.

$$\Phi = q(\mathbf{d}) + \Phi_E + \Phi_I \tag{13.105}$$

여기서 Φ_E와 Φ_I는 등식과 부등식에 관련된 항으로 다음과 같이 주어진다.

$$\Phi_E \sum_{j=1}^{p}\left(v_j g_j + 0.5 r g_j^2\right) \tag{13.106}$$

$$\Phi_I = \sum_{j=p+1}^{m} \begin{cases} v_j g_j + 0.5 r g_j^2, & \text{if} \quad r g_j + v_j \geq 0 \\ -\dfrac{v_j^2}{2r}, & \text{if} \quad r g_j + v_j < 0 \end{cases} \tag{13.107}$$

여기서 $r > 0$은 벌칙인자이다. 그러면 최적화 문제는 다음과 같이 된다.

다음을 최소화하라.

$$\Phi \tag{13.108}$$

제약조건

$$d_{iL} \le d_i \le d_{iU} \tag{13.109}$$

여기서 d_{iL}과 d_{iU}는 d_i에 대한 하한 및 상한값이다. 여기서 식 (13.108)과 (13.109)에 정의된 문제를 풀기 위해 13.3절에 주어진 범위제약조건 최적화 알고리즘을 사용할 수 있다.

반복적인 해찾기 과정에서 증대함수 Φ의 경사도가 필요하다. 식 (13.105)의 Φ를 미분하면 다음을 얻는다.

$$\nabla\Phi = \nabla q(\mathbf{d}) + \nabla\Phi_E + \nabla\Phi_I \tag{13.110}$$

여기서

$$\nabla q(\mathbf{d}) = \mathbf{H}\mathbf{d} + \mathbf{c} \tag{13.111}$$

$$\nabla\Phi_E = \sum_{j=1}^{p}\left(v_j\nabla g_j + rg_j\nabla g_j\right) = \sum_{j=1}^{p}\left(v_j + rg_j\right)\nabla g_j \tag{13.112}$$

$$\nabla\Phi_I = \sum_{j=p+1}^{m}\begin{cases}\left(v_j + rg_j\right)\nabla g_j, & \text{if } \quad rg_j + v_j \ge 0 \\ 0, & \text{if } \quad rg_j + v_j < 0\end{cases} \tag{13.113}$$

식 (13.111)에서 곱 $\mathbf{H}\mathbf{d}$가 필요한데, 이는 $\mathbf{H}$가 가용하다면 직접 계산할 수 있다. 다른 방법으로 앞에서 언급했던 것처럼 곱 $\mathbf{H}\mathbf{d}$는 제한된 메모리 BFGS 갱신 절차를 사용하면 상당히 효율적으로 계산할 수 있다.

13장의 연습문제*

Section 13.3 Approximate Step Size Determination

For the following problems, complete one iteration of the CSD method for the given starting point (let $R_0 = 1$ and $\gamma = 0.5$, use the approximate step size determination procedure).

13.1 Beam design problem formulated in Section 3.8 at the point $(b, d) = (250, 300)$ mm.

13.2 Tubular column design problem formulated in Section 2.7 at the point $(R, t) = (12, 4)$ cm. Let $P = 50$ kN, $E = 210$ GPa, $l = 500$ cm, $\sigma_a = 250$ MPa, and $\rho = 7850$ kg/m^3.

13.3 Wall bracket problem formulated in Section 4.7.1 at the point $(A_1, A_2) = (150, 150)$ cm^2.

13.4 Exercise 2.1 at the point $h = 12$ m, $A = 4000$ m^2.

13.5 Exercise 2.3 at the point $(R, H) = (6, 15)$ cm.

13.6 Exercise 2.4 at the point $R = 2$ cm, $N = 100$.

13.7 Exercise 2.5 at the point $(W, D) = (100, 100)$ m.

13.8 Exercise 2.9 at the point $(r, h) = (6, 16)$ cm.

13.9 Exercise 2.10 at the point $(b, h) = (5, 10)$ m.

13.10 Exercise 2.11 at the point, width = 5 m, depth = 5 m, and height = 5 m.

13.11 Exercise 2.12 at the point D = 4 m and H = 8 m.

13.12 Exercise 2.13 at the point w = 10 m, d = 10 m, h = 4 m.

13.13 Exercise 2.14 at the point P_1 = 2 and P_2 = 1.

Section 13.4 Constrained Quasi-Newton Methods

Complete two iterations of the constrained quasi-Newton method and compare the search directions with the ones obtained with the CSD algorithm (note that the first iteration is the same for both methods; let R_0 = 1, γ = 0.5).

13.14 Beam design problem formulated in Section 3.8 at the point (b, d) = (250, 300) mm.

13.15 Tubular column design problem formulated in Section 2.7 at the point (R, t) = (12, 4) cm. Let P = 50 kN, E = 210 GPa, l = 500 cm, σ_a = 250 MPa, and ρ = 7850 kg/m^3.

13.16 Wall bracket problem formulated in Section 4.7.1 at the point (A_1, A_2) = (150, 150) cm^2.

13.17 Exercise 2.1 at the point h = 12 m, A = 4000 m^2.

13.18 Exercise 2.3 at the point (R, H) = (6, 15) cm.

13.19 Exercise 2.4 at the point R = 2 cm, N = 100.

13.20 Exercise 2.5 at the point (W, D) = (100, 100) m.

13.21 Exercise 2.9 at the point (r, h) = (6, 16) cm.

13.22 Exercise 2.10 at the point (b, h) = (5, 10) m.

13.23 Exercise 2.11 at the point, width = 5 m, depth = 5 m, and height = 5 m.

13.24 Exercise 2.12 at the point D = 4 m and H = 8 m.

13.25 Exercise 2.13 at the point w = 10 m, d = 10 m, h = 4 m.

13.26 Exercise 2.14 at the point P_1 = 2 and P_2 = 1.

Formulate and solve the following problems using Excel Solver or other software.

13.27 Exercise 3.34

13.28 Exercise 3.35

13.29 Exercise 3.36

13.30 Exercise 3.50

13.31 Exercise 3.51

13.32 Exercise 3.52

13.33 Exercise 3.53

13.34 Exercise 3.54

References

Abadie, J. (Ed.), 1970. Nonlinear Programming. North Holland, Amsterdam.

Abadie, J., Carpenter, J., 1969. Generalization of the Wolfe reduced gradient method to the case of nonlinear constraints. In: Fletcher, R. (Ed.), Optimization. Academic Press, New York, pp. 37–47.

Arora, J.S., Tseng, C.H., 1987. An investigation of Pshenichnyi's recursive quadratic programming method for engineering optimization—a discussion. J. Mech. Transmissions Automation Design Trans. ASME 109 (6), 254–256.

Belegundu, A.D., Arora, J.S., 1984. A recursive quadratic programming algorithm with active set strategy for optimal design. Int. J. Numer. Methods Eng. 20 (5), 803–816.

Belegundu, A.D., Arora, J.S., 1985. A study of mathematical programming methods for structural optimization. Int. J. Numer. Methods Eng. 21 (9), 1583–1624.

Budynas, R., Nisbett, K., 2014. Shigley's Mechanical Engineering Design, tenth ed. McGraw- Hill, New York.

Gabrielle, G.A., Beltracchi, T.J., 1987. An investigation of Pschenichnyi's recursive quadratic programming method for engineering optimization. J. Mech. Transmissions Automation Design-Transactions ASME 109 (6), 248–253.

Gill, P.E., Murray, W., Wright, M.H., 1981. Practical Optimization. Academic Press, New York.

Han, S.P., 1976. Superlinearly convergent variable metric algorithms for general nonlinear programming. Math. Prog. 11, 263–282.

Han, S.P., 1977. A globally convergent method for nonlinear programming. J. Optim. Theory Appl. 22, 297–309.

Haug, E.J., Arora, J.S., 1979. Applied Optimal Design. Wiley-Interscience, New York.

Hock, W., Schittkowski, K., 1980. Test Examples for Nonlinear Programming Codes, Lecture Notes in Economics and Mathematical Systems, vol. 187, Springer-Verlag, New York.

Hock, W., Schittkowski, K., 1983. A comparative performance evaluation of 27 nonlinear programming codes. Computing 30, 335–358.

Huang, M.W., Arora, J.S., 1996. A self-scaling implicit SQP method for large scale structural optimization. Int. J. Numer. Methods Eng. 39, 1933–1953.

Lim, O.K., Arora, J.S., 1986. An active set RQP algorithm for optimal design. Comput. Methods Appl. Mech. Eng. 57, 51–65.

Luenberger, D.G., Ye, Y., 2008. Linear and Nonlinear Programming, third edition Springer Science, New York, NY.

Liu, D.C., Nocedal, J., 1989. On the limited memory BFGS method for large scale optimization. Math. Prog. 45, 503–528.

Nocedal, J., 1980. Updating quasi-Newton matrices with limited storage. Math. Comput. 35 (151), 773–782.

Nocedal, J., Wright, S.J., 2006. Numerical Optimization, second ed. Springer Science, New York.

Powell, M.J., 1978a. A fast algorithm for nonlinearly constrained optimization calculations. In: Watson, G.A. et al.,(Ed.), Lecture Notes in Mathematics. Springer-Verlag, Berlin, Also published in Numerical Analysis, Proceedings of the Biennial Conference, Dundee, Scotland, June 1977.

Powell, M.J.D., 1978b. The convergence of variable metric methods for nonlinearity constrained optimization calculations. In: Mangasarian, O.L., Meyer, R.R., Robinson, S.M. (Eds.), Nonlinear Programming. third ed. Academic Press, New York.

Powell, M.J.D., 1978c. Algorithms for nonlinear functions that use Lagrange functions. Math. Prog. 14, 224–248.

Pshenichny, B.N., Danilin, Y.M., 1982. Numerical Methods in Extremal Problems, second ed. Mir Publishers, Moscow.

Ravindran, A., Ragsdell, K.M., Reklaitis, G.V., 2006. Engineering Optimization: Methods and Applications. John Wiley, New York.

Rosen, J.B., 1961. The gradient projection method for nonlinear programming. J. Soc. Ind. Appl. Math. 9, 514–532.

Sargeant, R.W.H., 1974. Reduced-gradient and projection methods for nonlinear programming. In: Gill, P.E., Murray, W. (Eds.), Numerical Methods for Constrained Optimization. Academic Press, New York, pp. 149–174.

Schittkowski, K., 1981. The nonlinear programming method of Wilson, Han and Powell with an augmented Lagrangian type line search function, part 1: convergence analysis, part 2: an efficient implementation with linear least squares subproblems. Numer. Math. 38, 83–127.

Schittkowski, K., 1987. More Test Examples for Nonlinear Programming Codes. Springer-Verlag, New York.

Schwartz, A., Polak, E., 1997. Family of projected descent methods for optimization problems with simple bounds. J. Optim. Theory Appl. 92 (1), 1–31.

Thanedar, P.B., Arora, J.S., Tseng, C.H., 1986. A hybrid optimization method and its role in computer aided design. Comput. Struct. 23 (3), 305–314.

Thanedar, P.B., Arora, J.S., Tseng, C.H., Lim, O.K., Park, G.J., 1987. Performance of some SQP algorithms on structural design problems. Int. J. Numer. Methods Eng. 23 (12), 2187–2203.

Tseng, C.H., Arora, J.S., 1988. On implementation of computational algorithms for optimal design 1: preliminary investigation; 2: extensive numerical investigation. Int. J. Numer. Methods Eng. 26 (6), 1365–1402.

Wilson, R.B., 1963. A simplicial algorithm for concave programming. Doctoral dissertation, School of Business Administration, Harvard University.

최적화의 실용

Practical Applications of Optimization

이 장의 주요내용:

- 음함수를 포함하고 있는 실용의 의미 설명
- 문제에 포함된 음함수의 도함수를 구하는 법 설명
- 음함수를 가진 문제를 풀기 위하여 통합하여야 할

필요가 있는 소프트웨어 구성 요소의 결정
- 실용 설계 최적화 문제 정식화
- 실용 설계 최적화 문제의 대안 정식화 이해

지금까지 최적화 개념과 계산 방법을 설명하기 위하여 단순한 공학설계문제들을 취급하여 왔다. 이러한 문제들은 설계변수로 문제의 모든 함수를 명백한 표현으로 유도할 수 있다. 일부 실용문제는 양함수로 정식화할 수 있으나 설계변수에 관한 문제함수의 명백한 관계를 알지 못하는 많은 다른 응용들에 있어서는 설계변수로 명백하게 표현식을 유도할 수 없다. 따라서 문제를 최적화할 수 있기에 전에 좀 더 개발을 요구하는 문제함수의 도함수 계산이 또 다른 계산 쟁점이 된다.

또한 복잡한 시스템에는 크고 더욱 정교한 해석 모델이 요구된다. 설계변수나 제약조건의 수가 매우 클 수가 있다. 문제의 볼록성을 검사하는 것은 거의 불가능하다. 유용설계의 존재조차, 더군다나 최적해도 보장되지 않는다. 문제 함수의 계산에 많은 계산 노력이 필요할 수 있다. 많은 경우 문제 함수를 계산하기 위하여 특수 목적의 소프트웨어가 사용되어야만 한다.

15장과 17장에서 보다 많은 직접 탐색법들을 논의하려고 하는데 이것은 함수의 경사도가 요구되지 않지만(11장에서 설명된 몇 가지 직접 탐색법 참조), 평탄하고 연속적인 변수를 가진 문제를 위한 계산 알고리즘은 목적과 제약함수의 경사도를 필요로 한다. 설계변수로 문제함수의 명확한 형식을 알 수 없을 때 경사도 계산은 특별한 절차를 개발하여 적합한 소프트웨어에서 구현하여야 한다. 결국 설계문제들의 특별한 부류에 관한 최적설계 능력을 창조하기 위해서는 다양한 소프트웨어의 구성요소도 적절하게 통합되어야 한다.

이 장에서 복잡한 실용적 공학 시스템의 최적설계에 대한 쟁점들을 서술하였다. 문제의 정식화, 경사도 계산과 알고리즘, 소프트웨어의 선택과 같은 실제적인 쟁점도 논의하였다. 문제의 여러 가지

대안 정식화도 논의하였다. 이러한 정식화는 어떠한 음함수도 포함하지 않으므로 문제함수의 도함수에 관한 특별한 취급이 요구되지 않는다. 설계 최적화 소프트웨어와의 특정한 적용을 접속시키는 데 중요한 문제를 논의하고 몇 가지 공학설계 응용을 설명하였다.

비록 이 장에서 논의된 대부분의 응용이 기계와 구조적 시스템과 관련이 있으나 여기에서의 쟁점들은 다른 영역과도 관련이 있다. 따라서 제시하고 설명하는 방법론은 다른 응용분야에 관하여서도 지침으로 제공될 수 있다.

문제 정식화의 수치적 측면, 제약조건과 설계변수의 척도화, 문제의 유용성 검토와 수치적 최적화 알고리즘이 좋은 해를 생성하지 못하거나 실패한다면 6장에서 논의되었던 것을 유의하라. 실제적 문제에 관한 수용할 수 있는 최적 정식화의 개발은 6.2.4절에서 설명한 것과 같이 반복적 과정이다. 반복적 과정이 이 장과 이 책의 다른 곳에서 설명하는 문제의 최적 정식화의 개발에 사용되어 왔으므로 그러한 소재들은 이 점에서 재검토되어야 한다.

실제적 설계 최적화 문제에 관한 적절한 정식화의 개발은 해석과정의 기본적인 단계이다. 보통 6.2절에서 설명한 것과 같이 괜찮은 정식화가 실현되기 전에 문제의 초기 정식화는 문제 해석 과정 동안 여러 번의 정제/조정이 필요하다.

14.1 실제 설계 최적화 문제의 정식화

14.1.1 일반적인 지침

설계작업의 문제 정식화는 고려 중인 공학시스템의 실제적인 모델을 정의하여야 하는 중요한 단계이다. 최적화법의 수학은 물리법칙에 불합리하거나 위배되는 상황을 쉽게 일으킬 수 있다. 따라서 설계작업을 정확하게 수학적 모델로 옮기기 위하여 설계자들은 직관, 기술과 경험을 사용하여야 만한다. 다음 사항은 현실의 설계 과업에 충실한 수학적 모델을 생성하는 처리 원칙이 된다.

1. 문제의 초기 정식화에서 가능한 매개변수의 전부를 잠재적인 설계변수로서 간주하여야 한다. 즉, 고려할 수 있는 유연성과 자유가 다양한 가능성을 해석할 수 있도록 허용되어야 한다. 문제에 대한 지식을 얻을수록 2장의 여러 예제에서 설명한 것과 같이 여분의 설계변수들이 정해진 값으로 고정되거나 모델에서 제거된다.

2. 설계 최적화 모델에 대한 **최적해의 존재** 여부는 정식화에 달려있다. 만약 제약조건이 너무 한정적이면 문제의 유용해가 존재하지 않을 수 있다. 그런 경우 6장에서 이미 논의한 것과 같이 제약조건들은 부등호제약조건에 관한 자원 한계를 더 크게 허용함으로 완화되어야 한다.

3. 한 개 이상의 목적함수를 최적화하는 문제(**다목적 문제**)는 별개의 목적함수를 결합하기 위하여 각 목적함수에 가중치를 배정함으로써 단일 목적함수로 변환할 수 있다(18장 참조). 또는 가장 중요한 판정기준을 목적함수로, 나머지 목적함수는 제약조건으로 취급할 수 있다.

4. 많은 구조, 기계, 자동차와 항공우주 시스템의 **가능한 목적함수**는 무게, 부피, 질량, 기본 진동,

한 점의 응력, 성능과 시스템 신뢰성 등 기타 다른 것들 이다.

5. 도함수 기반 최적화법에서 **연속적이고 미분 가능한 목적함수와 제약조건함수를 가지는 것은 중요** 하다. 어떤 경우에는 문제 정의를 크게 변화하지 않고 $|x|$와 같이 미분 불가능한 함수를 평탄한 x^2 함수로 바꿀 수도 있다.

6. 일반적으로 6.2.2절에서 논의한 것과 같이 **모든 제약조건은 각 한계 값들로 정규화하는 것이** 바람직하다. 이것이 수치계산의 보다 안정한 상황으로 유도한다.

7. 때때로 문제 정식화의 가능성을 결정하기 위하여 유용설계를 입증하는 것이 바람직할 수 있다.

어떻게 유용점을 결정하는가. 실제 목적함수를 무시하고 6장에서 설명한 것과 같이 상수와 같은 목적함수의 최적화 문제를 해석한다.

14.1.2 실제 설계 최적화 문제의 예

복잡한 공학 시스템의 최적설계 정식화는 앞서 논의하였던 것보다 일반적인 도구와 과정이 요구된다. 자동차, 항공우주, 기계와 구조 공학의 광범위한 응용의 다양한 문제들을 고려함으로써 이것을 보여주고자 한다. 문제 정식화의 과정과 문제의 음함수 취급을 설명하기 위하여 이 중요한 응용영역이 선택되었다. 함수와 그 도함수 계산을 설명하고자 한다. 이러한 응용영역에 익숙하지 않는 독자들은 유사한 해석과 절차들이 다른 실제적 응용에서도 사용될 수 있으므로 흥미로운 영역의 지침으로 이 소재를 사용하여야 한다.

연구하기로 선택한 응용 분야는 유한요소 기법으로 모델화한 시스템의 최적설계이다. 많은 상용 소프트웨어 패키지에서 이용 가능한 이러한 기법을 사용하여 복잡한 구조와 기계 시스템을 해석하는 것이 공통적인 연습이다. 시스템에서 여러 점의 변위, 응력과 변형률, 진동 주파수와 좌굴하중을 계산하고 제약조건에 적용할 수 있다. 이러한 응용영역에 대한 최적설계 정식화를 설명하려고 한다.

x를 시스템의 설계변수를 포함하는 n차원의 벡터라고 하자. 이것은 시스템의 모양을 나타낼 뿐 아니라 요소의 강성과 재료의 성질을 나타내는 부재의 두께, 단면적, 매개변수를 포함할 수 있다. 일단 **x**가 명시되면 시스템의 설계를 알 수 있다. 시스템을 해석하기 위하여(즉, 응력, 변형률과 진동수, 좌굴하중과 변위) 유한요소 모델의 격자나 절점이라고 부르는 어떤 주요점에서의 변위를 계산하는 것이 첫 과정이다. 이러한 변위에서 시스템의 여러 점에서 변형률(재료 입자의 상대적 변위)과 응력을 계산할 수 있다(Chandrupatla와 Belegundu, 2009; Bhatti, 2005).

U를 시스템의 주요점에서의 일반화된 변위를 나타내는 l차원의 벡터라고 하자. 선형탄성시스템의 변위 벡터 **U**를 결정하는 기본 방정식(변위 항의 평형방정식이라고 부른다)은 다음과 같이 주어진다:

$$\mathbf{K(x)U = F(x)} \tag{14.1}$$

여기서 **K(x)**는 강성행렬이라고 부르는 $l \times l$ 행렬이고 **F(x)**는 l 성분을 가지는 유효하중 벡터이다. 강성행렬 **K(x)**는 시스템의 설계변수, 재료성질과 기하학적 형상에 명백하게 의존하는 구조 시스템의 특성이다.

주어진 설계 **x**에서 구조물의 다양한 종류의 행렬을 자동적으로 계산할 수 있도록 체계적인 과정들이 개발되어 왔다. 일반적으로 하중 벡터 **F(x)**도 설계변수에 의존될 수 있다. **K(x)**를 계산하는 과정은 이 책의 범위를 벗어나는 것이기 때문에 계산과정을 다루지 않는다. 우리의 목적은 문제의 유한요소 모델[식 (14.1)을 의미]이 일단 개발되면 어떻게 설계가 최적화하는지를 보여주는 것이다. 시스템의 유한요소 모델이 개발되었다고 가정하고 목적을 수행할 것이다.

일단 설계 **x**가 정해지면 변위 **U**는 식 (14.1)의 선형시스템을 풀어서 계산할 수 있음을 알았다. 일반적으로 다른 **x**는 다른 변위 **U**가 됨을 주목하라. 따라서 **U**는 **x**의 함수이다(즉, **U** = **U(x)**). 그러나 설계변수 **x**의 항으로 **U(x)**를 명백한 표현으로 작성할 수 없다. 즉, **U**는 설계변수 **x**의 음함수이다. i에서의 응력 σ_i는 변위를 사용하여 계산되고 $\sigma_i(\mathbf{U}, \mathbf{x})$와 같이 **U**와 **x**의 양함수이다. 그러나 **U**는 **x**의 음함수이므로 σ_i도 마찬가지로 설계변수 **x**의 음함수가 된다. 따라서 응력과 변위제약조건은 다음과 같은 함수 형태로 나타낼 수 있다.

$$g_i(\mathbf{x}, \mathbf{U}) \le 0 \tag{14.2}$$

많은 자동차, 항공우주, 기계와 구조 공학 응용에서 효과적이고 비용 효율적인 시스템을 위하여 사용되는 재료의 양이 최소화되어야 한다. 따라서 이런 종류의 응용에 관한 보편적인 목적함수는 일반적으로 설계변수 **x**의 양함수인 시스템의 무게, 질량 또는 재료의 부피이다. 응력, 변위, 진동 주파수 등의 음 목적함수도 인위 설계변수를 도입하여 취급할 수 있다(Haug과 Arora, 1979).

요약하면, 설계변수의 양함수와 음함수를 포함하고 있는 설계문제의 일반적인 정식화는 다음과 같이 정의된다: 식 (14.1)의 시스템을 만족하는 **U**를 포함하는 식 (14.2)의 암묵 설계 제약조건을 만족하는 목적함수를 최소화하는 n차원 설계변수 **x** 벡터를 구하라.

만약 등호제약조건이 존재하면 앞의 장에서와 같이 정식화에 정해진 과정대로 포함할 수 있음을 상기한다. 예제 14.1에서 문제 정식화의 과정을 설명한다.

| 예제 14.1 | **2부재 구조물의 설계** |

그림 14.1에서 볼 수 있는 것과 같이 공간하중을 받고 있는 2부재 구조물의 설계를 고려하자. 이러한 구조물은 수많은 자동차, 항공우주, 기계와 구조 공학 응용에서 마주칠 수 있다. 응력과 크기 한계를 받고 있는 구조물의 재료 부피를 최소화하는 문제 정식화를 하고자 한다(Bartel, 1969).

풀이

최적 구조물은 대칭이 되므로 구조물의 2개의 부재는 동일하다. 또한, 다음과 같이 정의되는 3개의 설계변수를 가진 부재로서 사용되는 속이 빈 사각형 단면을 결정하여야 한다.

d = 부재의 폭, in.
h = 부재의 높이, in.
t = 벽 두께, in.

따라서 설계변수 벡터는 $\mathbf{x} = (d, h, t)$.

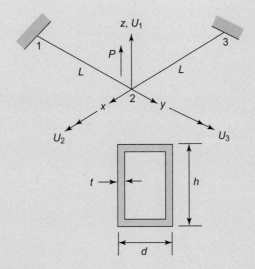

그림 14.1 2부재 구조물: 모델과 하중

구조물의 부피가 목적함수로 택하여지며, 다음과 같이 주어진 설계변수의 양함수이다.

$$f(\mathbf{x}) = 2L\left(2dt + 2ht - 4t^2\right) \tag{14.3}$$

응력을 계산하기 위하여 해석 문제를 풀어야 한다. 부재는 굽힘과 비틀림 응력을 동시에 받고 있고, 점 1과 2에 적용하기 위해서는 결합된 응력제약조건이 필요하다.

σ와 τ는 각각 부재의 최대 굽힘과 비틀림 전단 응력이다. 부재의 파손 기준은 폰 미제스(von Mises) (또는 뒤틀림 에너지)라고 알려진 결합된 응력 이론에 바탕을 둔다(Crandall et al., 2012). 이 기준에 따르면, 유효 응력 σ_e는 $\sqrt{\sigma^2 + 3\tau^2}$과 같이 주어지고 정규화된 형식으로 쓰여진 **응력제약조건**은 다음과 같다.

$$\frac{1}{\sigma_a^2}\left(\sigma^2 + 3\tau^2\right) - 1.0 \leq 0 \tag{14.4}$$

여기서 σ_a는 허용 설계 응력이다.

응력들은 유한요소 절차를 이용하여 계산되는 부재 끝단 모멘트와 토크로부터 계산된다. 그림 14.1에 나타낸 유한요소 모델의 3개의 일반화된 절점변위(처짐과 회전)는 다음과 같이 정의된다.

U_1 = 절점 2에서의 수직 변위
U_2 = 선 3~2에 대한 회전
U_3 = 선 1~2에 대한 회전

이것들을 이용하여 변위 U_1, U_2와 U_3를 결정하는 유한요소 모델에 관한 평형방정식[식 (14.1)]은 다음과 같이 주어진다(각 부재의 평형방정식을 사용하여 방정식을 구하는 자세한 절차는 Haug과 Arora, 1979; Chandrupatla과 Belegundu, 2009; Bhatti, 2005의 교재를 참조하라).

$$\frac{EI}{L^3}\begin{bmatrix} 24 & -6L & 6L \\ -6L & \left(4L^2+\dfrac{GJ}{EI}L^2\right) & 0 \\ 6L & 0 & \left(4L^2+\dfrac{GJ}{EI}L^2\right) \end{bmatrix}\begin{bmatrix} U_1 \\ U_2 \\ U_3 \end{bmatrix}=\begin{bmatrix} P \\ 0 \\ 0 \end{bmatrix} \tag{14.5}$$

여기서 E = 탄성계수, 3×10^7 psi; L = 부재길이, 100 in.; G = 전단계수, 1.154×10^7 psi; P = 절점 2 에서의 하중, $-10,000$ lb이다.

$$I = \text{관성모멘트} = \frac{1}{12}\Big[dh^3-(d-2t)(h-2t)^3\Big],\ \text{in.}^4 \tag{14.6}$$

$$J = \text{극관성모멘트} = \frac{2t(d-t)^2(h-t)^2}{(d+h-2t)},\ \text{in.}^4 \tag{14.7}$$

$$A = \text{비틀림 전단응력을 계산하기 위한 면적} = (d-t)(h-t),\ \text{in.}^2 \tag{14.8}$$

식 (14.5)로부터 식 (14.1)의 강성행렬 $\mathbf{K(x)}$과 하중벡터 $\mathbf{F(x)}$를 확인할 수 있다. 제시된 예제에서는 하중 벡터 $\mathbf{F}$가 설계변수에 종속되지 않는 점을 주목하라.

식 (14.5)에서 볼 수 있는 것과 같이 $\mathbf{U}$는 $\mathbf{x}$의 음함수이다. 만약 $\mathbf{K}$를 설계변수 $\mathbf{x}$의 항으로 명백하게 변환 할 수 있다면, $\mathbf{U}$는 $\mathbf{x}$의 양함수로 나타낼 수 있다. 제시된 예제에서는 이것이 가능하나 제약조건과 그 경사 도를 계산하는 절차를 설명하기 위하여 함축적 형태로 다루려고 한다.

주어진 설계에서 일단 변위 U_1, U_2와 U_3가 식 (14.5)에서 계산되면 부재 1~2의 점 1과 2에서 토크와 굽힘모멘트는 다음과 같이 계산된다.

$$T = -\frac{GJ}{L}U_3,\ \text{lb in.} \tag{14.9}$$

$$M_1 = \frac{2EI}{L^2}(-3U_1+U_2L),\ \text{lb in.(끝점 1에서의 모멘트)} \tag{14.10}$$

$$M_2 = \frac{2EI}{L^2}(-3U_1+2U_2L),\ \text{lb in.(끝점 2에서의 모멘트)} \tag{14.11}$$

이 모멘트를 이용하여 비틀림 전단과 굽힘응력은 다음과 같이 계산된다.

$$\tau = \frac{T}{2At},\ \text{psi} \tag{14.12}$$

$$\sigma_1 = \frac{1}{2I}M_1h,\ \text{psi (끝점 1에서의 굽힘응력)} \tag{14.13}$$

$$\sigma_2 = \frac{1}{2I}M_2h,\ \text{psi (끝점 2에서의 굽힘응력)} \tag{14.14}$$

따라서 점 1과 2에서 식 (14.4)의 응력제약조건은 다음과 같이 주어진다.

$$g_1(\mathbf{x,U}) = \frac{1}{\sigma_a^2}(\sigma_1^2+3\tau^2)-1.0 \le 0 \tag{14.15}$$

$$g_2(\mathbf{x,U}) = \frac{1}{\sigma_a^2}(\sigma_2^2+3\tau^2)-1.0 \le 0 \tag{14.16}$$

모멘트 T, M_1과 M_2가 설계변수의 음함수이므로 응력도 음함수가 됨을 볼 수 있다. 식 (14.13)과 (14.14)에서 보이는 것과 같이 이것들은 설계변수의 양함수이다. 따라서 식 (14.15)와 (14.16)의 응력제약조건들은 설계변수의 음함수뿐만 아니라 양함수이다. 이 관찰은 함축적 제약조건함수에 관한 경사도 계산은 이후 절에서 설명하는 특별한 절차가 필요하기 때문에 중요하다.

2개의 응력제약조건에 덧붙여 다음과 같은 설계변수의 상한과 하한 범위제약조건이 부과된다.

$$2.5 \leq d \leq 10.0$$
$$2.5 \leq h \leq 10.0 \qquad\qquad (14.17)$$
$$0.1 \leq t \leq 1.0$$

관찰할 수 있는 것과 같이 설계변수 d, h와 t의 항들로 제약조건함수 g_1과 g_2의 명백한 형식은 이것과 같은 단순한 문제에서조차도 구하기가 상당히 어렵다. 응력 τ, σ_1과 σ_2의 명백한 형식을 구하기 위하여 식 (14.9)~(14.11)에서의 변위 U_1, U_2과 U_3의 명백한 형식이 필요하다. U_1, U_2와 U_3에 관한 명백한 형식을 구하기 위하여 평형방정식 (14.5)에 관한 관성행렬을 명백하게 역변환하여야 한다. 제시한 문제에 대해서는 이것이 불가능한 것은 아니지만 일반적으로 수행하는 것은 아주 불가능하다. 따라서 제약조건은 설계변수의 음함수임을 알 수 있다.

이러한 절차를 설명하기 위하여 (2.5, 2.5, 0.1)을 설계점으로 선택하고 변위와 응력을 계산하자. 주어진 자료를 사용하여 앞으로 계산하는 데 필요한 다음의 양들을 계산한다.

$$I = \frac{1}{12}\left[2.5^4 - 2.3^4\right] = 0.9232 \text{ in.}^4$$
$$J = \frac{1}{4.8}\left[2(0.1)(2.4)^2(2.4)^2\right] = 1.3824 \text{ in.}^4$$
$$A = (2.4)(2.4) = 5.76 \text{ in.}^2$$
$$GJ = \left(1.154 \times 10^7\right)(1.3824) = \left(1.5953 \times 10^7\right) \qquad (14.18)$$
$$EI = \left(3.0 \times 10^7\right)(0.9232) = \left(2.7696 \times 10^7\right)$$
$$4L^2 + \frac{GJ}{EI}L^2 = \left(4 + \frac{1.5953}{2.7696}\right)100^2 = \left(4.576 \times 10^4\right)$$

앞의 자료를 사용하여 평형방정식 (14.5)는 다음과 같이 주어진다.

$$27.696 \begin{bmatrix} 24 & -600 & 600 \\ -600 & 45,760 & 0 \\ 600 & 0 & 45,760 \end{bmatrix} \begin{bmatrix} U_1 \\ U_2 \\ U_3 \end{bmatrix} = \begin{bmatrix} -10,000 \\ 0 \\ 0 \end{bmatrix} \qquad (14.19)$$

앞의 방정식을 풀면 절점 2에서의 3개의 일반화된 변위는 다음과 같이 주어진다.

$$U_1 = -43.68190 \text{ in.}$$
$$U_2 = -0.57275 \qquad\qquad (14.20)$$
$$U_3 = 0.57275$$

식 (14.9)~(14.11)을 사용하여 부재의 토크와 점 1과 2에서의 굽힘모멘트는

$$T = -\frac{1.5953 \times 10^7}{100}(0.57275) = -\left(9.1371 \times 10^4\right) \text{lb in.}$$

$$M_1 = \frac{2\left(2.7696 \times 10^7\right)}{(100)(100)}\left[-3(-43.68190) - 0.57275(100)\right]$$

$$= \left(4.0861 \times 10^5\right) \text{lb in.} \tag{14.21}$$

$$M_2 = \frac{2\left(2.7696 \times 10^7\right)}{(100)(100)}\left[-3(-43.6819) - 2(0.57275)(100)\right]$$

$$= \left(9.1373 \times 10^4\right) \text{lb in.}$$

$M_1 > M_2$이므로 식 (14.13)과 (14.14)에서 관찰한 것과 같이 σ_1는 σ_2보다 크다. 따라서 식 (14.15)의 제약조건 g_1만이 부과될 필요가 있다.

식 (14.12)와 (14.13)으로부터 점 1에서의 비틀림 전단과 굽힘은 다음과 같이 계산된다.

$$\tau = \frac{-\left(9.13731 \times 10^4\right)}{2(5.76)(0.1)} = -\left(7.9317 \times 10^4\right) \text{psi}$$

$$\sigma_1 = \frac{\left(4.08631 \times 10^5\right)(2.5)}{2(0.9232)} = \left(5.53281 \times 10^5\right) \text{psi} \tag{14.22}$$

허용응력 σ_a을 40,000 psi로 택하면, 식 (14.15)의 유효 응력제약조건은 다음과 같이 주어진다.

$$g_1 = \frac{1}{(4.0\text{E}+04)^2}\left[\left(5.53281 \times 10^5\right)^2 + 3\left(-7.9317 \times 10^4\right)^2\right] - 1 = 202.12 > 0 \tag{14.23}$$

따라서 주어진 설계에서 제약조건은 심각하게 위배되고 있다.

14.2 음함수의 경사도 계산

도함수 기반 최적화법을 사용하기 위하여 설계변수에 관한 제약조건함수의 경사도를 계산할 필요가 있다. 제약조건함수가 설계변수의 함축적일 때는 경사도 계산에 특별한 절차가 개발하고 활용하여야 한다. 14.1절에 있는 유한요소 응용을 사용하여 절차를 개발하자.

식 (14.2)의 제약조건함수 $g_i(\mathbf{x}, \mathbf{U})$를 생각하여 보자. 미분의 연쇄 법칙을 사용하여 j번째 설계변수에 관한 g_i의 전체 미분은 다음과 같다.

$$\frac{dg_i}{dx_j} = \frac{\partial g_i}{\partial x_j} + \frac{\partial g_i^T}{\partial \mathbf{U}}\frac{d\mathbf{U}}{dx_j} \tag{14.24}$$

여기서

$$\frac{\partial g_i}{\partial \mathbf{U}} = \left[\frac{\partial g_i}{\partial U_1} \frac{\partial g_i}{\partial U_2} \cdots \frac{\partial g_i}{\partial U_l}\right]^T \tag{14.25}$$

그리고

$$\frac{d\mathbf{U}}{dx_j} = \left[\frac{\partial U_1}{\partial x_j} \frac{\partial U_2}{\partial x_j} \cdots \frac{\partial U_1}{\partial x_j} \right]^T \tag{14.26}$$

따라서 제약조건의 경사도를 계산하기 위하여 편도함수 $\partial g_i / \partial x_j$와 $\partial g_i / \partial \mathbf{U}$와 전체 미분 $d\mathbf{U}/dx_j$을 계산할 필요가 있다. 편도함수 $\partial g_i / \partial x_j$와 $\partial g_i / \partial \mathbf{U}$는 함수 $g_i(\mathbf{x}, \mathbf{U})$의 형식을 사용하여 아주 쉽게 계산할 수 있다. $d\mathbf{U}/dx_j$을 계산하기 위하여 평형방정식 (14.1)을 미분하여 다음을 구한다.

$$\frac{\partial \mathbf{K}(\mathbf{x})}{\partial x_j}\mathbf{U} + \mathbf{K}(\mathbf{x})\frac{d\mathbf{U}}{dx_j} = \frac{\partial \mathbf{F}}{\partial x_j} \tag{14.27}$$

이 방정식을 다음과 같이 재정렬할 수 있다.

$$\mathbf{K}(\mathbf{x})\frac{d\mathbf{U}}{dx_j} = \frac{\partial \mathbf{F}}{\partial x_j} - \frac{\partial \mathbf{F}(\mathbf{x})}{\partial x_j}\mathbf{U} \tag{14.28}$$

이 방정식은 $d\mathbf{U}/dx_j$을 계산하는 데 사용될 수 있다. 강성행렬의 도함수 $\partial \mathbf{K}(\mathbf{x})/\partial x_j$는 $\mathbf{x}$에 대한 $\mathbf{K}$의 명백한 종속관계가 알려지면 쉽게 계산할 수 있다. 식 (14.28)은 각 설계변수에 대하여 풀어야 할 필요가 있음을 주목하라. 일단 $d\mathbf{U}/dx_j$를 알게 되면 식 (14.24)로부터 제약조건의 경사도가 계산된다. 식 (14.24)의 도함수 벡터는 설계 경사도라고 부르기도 한다. 예제를 가지고 이 절차를 설명하려고 한다.

설계변수에 관한 음함수의 도함수 계산을 위한 효율적인 절차를 개발하고 이행하는 데 상당한 연구가 수행되고 있음을 주목하여야 한다(Arora와 Haug, 1979; Adelman과 Haftka, 1986; Arora, 1995). 일반적으로 설계 민감도 해석이라고 알려진 주제이다. 효율 고려사항과 적절한 수치적 구현에 관하여서 상기 문헌들을 찾아보아야 한다. 설계 경사도를 자동으로 계산하기 위하여 이러한 절차가 범용 소프트웨어에 프로그램화 되어 왔다.

예제 14.2 **2부재 구조물의 경사도 계산**

설계점 (2.5, 2.5, 0.1)에서 예제 14.1의 2부재 구조물에 대한 응력제약조건 $g_1(\mathbf{x}, \mathbf{U})$의 경사도를 계산하라.

풀이

문제는 예제 14.1에서 정식화되었다. 그곳에서 유한요소 모델을 정의하였고 절점 변위와 부재응력을 계산하였다. 식 (14.15)의 응력제약조건의 경사도를 계산하기 위하여 식 (14.24)와 (14.28)을 사용하려고 한다.

식 (14.15)의 $\mathbf{x}$와 $\mathbf{U}$에 관한 제약조건 편도함수는 다음과 같이 주어진다.

$$\frac{\partial g_1}{\partial \mathbf{x}} = \frac{1}{\sigma_a^2}\left[2\sigma_1 \frac{\partial \sigma_1}{\partial \mathbf{x}} + 6\tau \frac{\partial \tau}{\partial \mathbf{x}} \right] \tag{14.29}$$

$$\frac{\partial g_1}{\partial \mathbf{U}} = \frac{1}{\sigma_a^2}\left[2\sigma_1 \frac{\partial \sigma_1}{\partial \mathbf{U}} + 6\tau \frac{\partial \tau}{\partial \mathbf{U}} \right] \tag{14.30}$$

식 (14.9)~(14.14)를 사용하여 $\mathbf{x}$와 $\mathbf{U}$에 관한 τ와 σ_1의 편도함수는 다음과 같이 계산된다.

전단응력의 편도함수

설계변수에 관한 식 (14.12)의 전단응력에 관한 표현식을 미분하여 얻는다.

$$\frac{\partial \tau}{\partial \mathbf{x}} = \frac{1}{2At}\frac{\partial T}{\partial \mathbf{x}} - \frac{T}{2A^2 t}\frac{\partial A}{\partial \mathbf{x}} - \frac{T}{2At^2}\frac{\partial t}{\partial \mathbf{x}} \tag{14.31}$$

여기서 설계변수 $\mathbf{x}$에 관한 토크 T의 편도함수는 다음과 같이 주어진다.

$$\frac{\partial T}{\partial \mathbf{x}} = -\frac{GU_3}{L}\frac{\partial J}{\partial \mathbf{x}} \tag{14.32}$$

이때 $\partial J / \partial \mathbf{x}$는 다음과 같이 계산된다.

$$\frac{\partial J}{\partial d} = \frac{4t(d-t)(h-t)^2(d+h-2t) - 2t(d-t)^2(h-t)^2}{(d+h-2t)^2} = 0.864 \tag{14.33}$$

$$\frac{\partial J}{\partial h} = \frac{4t(d-t)^2(h-t)(d+h-2t) - 2t(d-t)^2(h-t)^2}{(d+h-2t)^2} = 0.864 \tag{14.34}$$

$$\frac{\partial J}{\partial t} = \frac{2(d-t)^2(h-t)^2 - 4t(d-t)(h-t)^2 - 4t(d-t)^2(h-t)}{(d+h-2t)}$$

$$\qquad - \frac{2t(d-t)^2(h-t)^2(-2)}{(d+h-2t)^2} = 12.096 \tag{14.35}$$

따라서 $\partial J / \partial \mathbf{x}$는 다음과 같이 조합된다.

$$\frac{\partial J}{\partial \mathbf{x}} = \begin{bmatrix} 0.864 \\ 0.864 \\ 12.096 \end{bmatrix} \tag{14.36}$$

그리고 식 (14.32)는 다음과 같이 $\partial T / \partial \mathbf{x}$를 순다.

$$\frac{\partial T}{\partial \mathbf{x}} = -\frac{(1.154 \times 10^7)}{100}(0.57275)\begin{bmatrix} 0.864 \\ 0.864 \\ 12.096 \end{bmatrix}$$

$$= -(6.610 \times 10^4)\begin{bmatrix} 0.864 \\ 0.864 \\ 12.096 \end{bmatrix} \tag{14.37}$$

식 (14.31)에서 계산을 마치기 위하여 필요한 다른 양들은 다음과 같이 계산되는 $\partial A / \partial \mathbf{x}$와 $\partial t / \partial \mathbf{x}$이다.

$$\frac{\partial A}{\partial \mathbf{x}} = \begin{bmatrix} (h-t) \\ (d-t) \\ -(h-t)-(d-t) \end{bmatrix} = \begin{bmatrix} 2.4 \\ 2.4 \\ -4.6 \end{bmatrix} \tag{14.38}$$

$$\frac{\partial t}{\partial \mathbf{x}} = \begin{bmatrix} 0 \\ 0 \\ 1 \end{bmatrix}$$

식 (14.31)에 다수의 양들을 치환하면 다음과 같이 $\mathbf{x}$에 관한 τ의 편도함수를 얻는다.

$$\frac{\partial \tau}{\partial \mathbf{x}} = \frac{1}{2At}\left[\frac{\partial T}{\partial \mathbf{x}} - \frac{T}{A}\frac{\partial A}{\partial \mathbf{x}} - \frac{T}{t}\frac{\partial t}{\partial \mathbf{x}}\right] = \begin{bmatrix} -1.653 \times 10^4 \\ -1.653 \times 10^4 \\ 3.580 \times 10^4 \end{bmatrix} \tag{14.39}$$

일반화된 변위 $\mathbf{U}$에 관한 식 (14.12)에 있는 전단응력 τ 표현식을 미분하여 다음을 얻는다.

$$\frac{\partial \tau}{\partial \mathbf{U}} = \frac{1}{2At}\frac{\partial T}{\partial \mathbf{U}} \tag{14.40}$$

여기서 식 (14.9)를 주면

$$\frac{\partial T}{\partial \mathbf{U}} = \begin{bmatrix} 0 \\ 0 \\ -GJ/L \end{bmatrix} = \begin{bmatrix} 0 \\ 0 \\ -1.5953 \times 10^5 \end{bmatrix} \tag{14.41}$$

따라서 식 (14.40)으로부터 $\partial \tau / \partial \mathbf{U}$는 다음과 같이 주어진다.

$$\frac{\partial \tau}{\partial \mathbf{U}} = \begin{bmatrix} 0 \\ 0 \\ -1.3848 \times 10^5 \end{bmatrix} \tag{14.42}$$

굽힘응력의 편도함수

설계변수 $\mathbf{x}$에 관한 식 (14.13)에 주어진 σ_1의 표현식을 미분하여 다음을 얻는다.

$$\frac{\partial \sigma_1}{\partial \mathbf{x}} = \frac{h}{2I}\frac{\partial M_1}{\partial \mathbf{x}} + \frac{M_1}{2I}\frac{\partial h}{\partial \mathbf{x}} - \frac{M_1 h}{2I^2}\frac{\partial I}{\partial \mathbf{x}} \tag{14.43}$$

여기서 $\partial M_1 / \partial \mathbf{x}$, $\partial I / \partial \mathbf{x}$과 $\partial h / \partial \mathbf{x}$는 다음과 같이 주어진다.

$$\begin{aligned}
\frac{\partial M_1}{\partial \mathbf{x}} &= \frac{2E}{L^2}(-3U_1 + U_2 L)\frac{\partial I}{\partial \mathbf{x}} \\
\frac{\partial I}{\partial d} &= \frac{1}{12}\left[h^3 - (h-2t)^3\right] = 0.288167 \\
\frac{\partial I}{\partial h} &= \frac{1}{4}\left[dh^2 - (d-2t)(h-2t)^2\right] = 0.8645 \\
\frac{\partial I}{\partial t} &= \frac{(h-2t)^3}{6} + \frac{(h-2t)^2(d-2t)}{2} = 8.11133 \\
\frac{\partial h}{\partial \mathbf{x}} &= \begin{bmatrix} 0 \\ 1 \\ 0 \end{bmatrix}
\end{aligned} \tag{14.44}$$

식 (14.43)에 다양한 양을 치환하면 다음을 얻게 된다.

$$\frac{\partial \sigma_1}{\partial \mathbf{x}} = \begin{bmatrix} 0 \\ 2.2131 \times 10^5 \\ 0 \end{bmatrix} \tag{14.45}$$

일반화된 변위 $\mathbf{U}$에 관한 식 (14.13)의 σ_1에 관한 표현식을 미분하여 얻는다.

$$\frac{\partial \sigma_1}{\partial \mathbf{U}} = \frac{h}{2I}\frac{\partial M_1}{\partial \mathbf{U}} \tag{14.46}$$

여기서 $\partial M_1 / \partial \mathbf{U}$는 다음과 같이 식 (14.10)으로부터 주어진다.

$$\frac{\partial M_1}{\partial \mathbf{U}} = \frac{2EI}{L^2} \begin{bmatrix} -3 \\ L \\ 0 \end{bmatrix} \tag{14.47}$$

따라서 $\partial \sigma_1 / \partial \mathbf{U}$는 다음과 같이 주어진다.

$$\frac{\partial \sigma_1}{\partial \mathbf{U}} = \frac{Eh}{L^2} \begin{bmatrix} -3 \\ L \\ 0 \end{bmatrix} = \begin{bmatrix} -2.25 \times 10^5 \\ 7.50 \times 10^5 \\ 0 \end{bmatrix} \tag{14.48}$$

식 (14.29)와 (14.30)에 다양한 양을 치환하면 다음과 같은 제약조건의 편도함수를 얻는다.

$$\frac{\partial g_1}{\partial \mathbf{x}} = \begin{bmatrix} 4.917 \\ 157.973 \\ -10.648 \end{bmatrix}$$

$$\frac{\partial g_1}{\partial \mathbf{U}} = \begin{bmatrix} -15.561 \\ 518.700 \\ 41.190 \end{bmatrix} \tag{14.49}$$

변위의 편도함수

변위의 편도함수를 계산하기 위하여 식 (14.28)을 사용한다. 하중벡터는 설계변수에 종속하지 않으므로 식 (14.28)의 $j = 1, 2, 3$일 때 $\partial \mathbf{F} / \partial x_j = 0$이다. 식 (14.28)의 우변에서 $[\partial \mathbf{K}(\mathbf{x}) / \partial x_j] \mathbf{U}$을 계산하기 위하여 설계변수에 관하여 식 (14.5)를 미분한다. 예를 들면 d에 관한 식 (14.5)의 미분은 다음 벡터를 준다.

$$\frac{\partial \mathbf{K}(\mathbf{x})}{\partial d} \mathbf{U} = \begin{bmatrix} -3.1214 \times 10^3 \\ -2.8585 \times 10^4 \\ 2.8585 \times 10^4 \end{bmatrix} \tag{14.50}$$

마찬가지로 h와 t에 관하여 미분함으로써 얻게 된다.

$$\frac{\partial \mathbf{K}(\mathbf{x})}{\partial \mathbf{x}} \mathbf{U} = (1.0\text{E}+03) \begin{bmatrix} -3.1214 & -9.3642 & -87.861 \\ -28.5850 & 28.4540 & 3.300 \\ 28.5850 & -28.4540 & -3.300 \end{bmatrix} \tag{14.51}$$

예제 14.1에서 $\mathbf{K}(\mathbf{x})$를 이미 알고 있으므로 $d\mathbf{U}/d\mathbf{x}$를 계산하기 위하여 식 (14.28)을 다음과 같이 사용한다.

$$\frac{d\mathbf{U}}{d\mathbf{x}} = \begin{bmatrix} 16.9090 & 37.6450 & 383.4200 \\ 0.2443 & 0.4711 & 5.0247 \\ -0.2443 & -0.4711 & -5.0247 \end{bmatrix} \tag{14.52}$$

마지막으로 식 (14.24)에 모든 양을 치환함으로써 다음과 같이 식 (14.15)의 유효 응력제약조건의 경사도를 얻는다.

$$\frac{dg_1}{d\mathbf{x}} = \begin{bmatrix} -141.55 \\ -202.87 \\ -3577.30 \end{bmatrix} \tag{14.53}$$

예제 14.1에서 지적한 것과 같이 식 (14.15)의 응력제약제한조건은 심각하게 위배되어 있다. 앞의 설계

도함수의 부호들은 점 (2.5, 2.5, 0.1)의 제약조건 위배를 줄이기 위하여 모든 변수들을 증가시켜야 하는 것을 지적하고 있다.

14.3 실제 설계 최적화의 쟁점

여러 가지 쟁점들이 실제 설계 최적화에서 고려하여야 필요가 있다. 예를 들면 알고리즘과 관련된 소프트웨어의 선택에는 신중한 고려가 주어져야 한다. 어느 하나를 부적절하게 선택하는 것은 최적 설계 과정을 실패하게 되는 것을 의미한다. 이 절에서 최적화 방법론의 실제 응용에 중대한 영향을 가지게 되는 몇 가지 쟁점들을 논의하고자 한다. 이 소재는 6장에서 제시한 관련 논의를 확대하였다.

14.3.1 알고리즘의 선택

많은 알고리즘들이 실제 설계 최적화를 위하여 개발하고 평가되어 왔다. 실제 응용의 알고리즘의 선택에서 강건성, 효율성, 일반성과 사용의 편리성과 같은 여러 가지 견지에서 고려할 필요가 있다.

강건성

강건 알고리즘의 특성은 12.1.5절에서 논의하였다. 실제 응용에서 국소 최소점으로 수렴하는 것이 이론적으로 보장되어 있는 방법을 사용하는 것이 중요하다. 어떠한 초기 설계에서 보장을 하는 방법을 강건이라고 부른다(국소 최소점으로 전역적 수렴하는 것을 말한다). 보통 강건 알고리즘은 수렴이 증명되지 않는 알고리즘에 비교하여 각각과 모든 반복회 동안 비교적 적은 계산이 요구된다. 그러나 결국에는 설계자의 시간을 절약하고 최적해에 관한 불확실성을 없앤다.

잠재제약조건 방책

제약조건 최적하의 수치해법에서 탐색방향을 계산하기 위하여 목적함수와 제약조건함수의 경사도를 알아야 할 필요가 있다. 수치적 알고리즘은 설계 반복 동안 요구되는 모든 제약조건 또는 그중 일부의 경사도를 기반으로 하느냐에 따라 2개의 범주로 나눌 수 있다. 제약조건의 일부만의 경사도가 필요한 수치적 알고리즘은 잠재제약조건 방책을 사용한다고 한다. 일반적으로 잠재제약조건 집합은 현재 반복에서 활성, 거의 활성과 위배제약조건으로 구성된다. 잠재집합 방책의 주제에 관한 더욱 더한 논의는 13.1절을 참조하라.

14.3.2 좋은 최적화 알고리즘의 속성

앞의 논의를 바탕으로 실제 설계 응용에 우수한 알고리즘의 속성은 다음과 같이 정의할 수 있다 (Thanedar et al., 1990).

신뢰성: 알고리즘은 어떠한 초기 설계 판단에서 시작하여도 최소점으로 수렴하여야 하므로 일반적인 설계 응용에서 알고리즘은 신뢰할 수 있어야 한다. 알고리즘의 신뢰성은 이론적으로 수렴이 증명되면 보장된다.

일반성: 알고리즘은 일반적이어야 하며 이것은 등호제약뿐만 아니라 부등호제약조건을 다룰 수 있어야 함을 내포한다. 또한 문제함수의 형식에 어떠한 제한도 하지 않아야 한다.

사용의 용이: 알고리즘은 경험이 많은 설계자뿐 아니라 경험이 없는 설계자도 사용하기 쉬워야 한다. 실제적인 관점에서 조율 매개변수의 선택을 요구하는 알고리즘은 사용하기 어렵게 때문에 이것은 중요한 요구조건이다. 매개변수의 적절한 설정은 일반적으로 알고리즘의 수학적 구조의 복잡한 지식과 이해를 요구할 뿐 아니라 각 문제의 실습도 요구된다.

효율성: 알고리즘은 일반적인 공학 응용에 관하여 효율적이어야 한다. 효율적인 알고리즘은 (1) 최소점으로 더 빠른 수렴율과 (2) 설계 반복회에서 가장 적은 계산 횟수를 가져야 한다. 수렴율은 알고리즘에 문제의 2계 정보를 도입하므로 가속시킬 수 있다. 그러나 2계 정보의 도입은 반복회에서 추가적인 계산이 요구된다. 따라서 반복회에서 계산의 효율성과 수렴율 사이에 이율 배반성이 있다. 현존하는 어떤 알고리즘은 2계 정보를 사용하고 어떤 알고리즘은 사용하지 않는다.

마지막 항목에 관해서 반복회에서 효율성은 탐색방향과 이동거리의 최소 횟수를 포함하고 있다. 효율성을 성취하는 한 가지 방법은 탐색방향 계산에서 **잠재제약조건 방책**을 사용하는 것이다. 어떤 알고리즘은 이들의 계산에 이런 방책을 사용하는 반면 다른 것은 그렇지 않다. 잠재제약조건 방책을 사용할 때 방향을 찾는 부문제는 잠재적인 활성제약조건의 경사도만 필요하다. 반면 모든 제약조건의 경사도가 필요한 것은 대부분의 실제적 응용에서 비효율적이다.

반복회에서 효율을 향상하기 위한 다른 고려 사항은 이동거리 결정의 함수 계산 횟수를 최소화하도록 유지하는 것이다. 이것은 이동거리 결정 절차가 함수 평가를 위하여 부르는 것을 적게 하는 것을 사용함으로 달성할 수 있다(예, 부정확 선 탐색과 다항식 보간법).

설계자는 실제적 응용을 위한 최적화 알고리즘을 선택하기 전 다음의 질문을 해야 할 필요가 있다(모든 답은 예이어야 한다).

1. 알고리즘은 수렴증명이 있는가? 다시 말하면 어떠한 초기설계 판단에서 시작하여도 최적점으로 수렴하는 것이 이론적으로 보증되는가?
2. 설계 시작점이 불용이 될 수 있는가(즉, 임의)?
3. 알고리즘은 제약조건함수의 형태에 어떠한 제약도 없이 일반적인 최적화 문제를 풀 수 있는가?
4. 알고리즘은 부등호뿐 아니라 제약조건도 취급할 수 있는가?
5. 알고리즘이 사용하기 쉬운가? (다른 말로, 각 문제에 대하여 조율을 요구하지 않는다.)

14.4　범용 소프트웨어의 사용

앞의 절에서 설명한 것과 같이 실제 시스템은 최적해를 구하기 전에 상당한 컴퓨터 해석이 요구된다. 특별한 응용에서는 최적설계 능력을 만들기 위하여 최적화 소프트웨어뿐 아니라 문제 함수와 경사도 계산 소프트웨어가 함께 통합되어야 한다. 응용에 따라서 소프트웨어 구성요소의 각각이 매우 커질 수 있다. 따라서 설계 최적화 능력을 만들기 위하여 가장 복잡하고 현대적인 컴퓨터 설비가 소프트웨어 구성요소를 통합하기 위하여 사용될 필요가 있다.

14.1.2절에서 논의된 유한요소로 모델화된 구조물의 예를 보면, 대규모 해석 패키지가 구조 해석에 사용되어야 한다. 계산된 응답으로부터 제약조건함수의 값을 구하여야 하고, 프로그램은 경사도를 계산할 수 있도록 개발되어야 한다. 모든 소프트웨어 구성요소는 유한요소로 모델화된 구조물에 관한 최적설계 능력을 만들기 위하여 함께 통합되어야 한다.

이 절에서 범용 최적화 소프트웨어 선택에 포함된 쟁점들을 논의할 것이다. 실제적 응용에 소프트웨어와 결부하여 논의하고자 한다.

14.4.1 소프트웨어 선택

범용 최적화 소프트웨어를 다른 응용 종속 소프트웨어와 통합하기 위하여 선택하기 전에 여러 가지 쟁점들을 알아보아야 할 필요가 있다. 가장 중요한 것은 최적화 알고리즘에 적절하고 얼마나 잘 실행하는가이다.

14.3.2절에 좋은 알고리즘의 특성들을 제시하였다. 소프트웨어는 요구조건의 모드를 만족하는 최소한의 한 가지 알고리즘을 포함하고 있어야 한다. 알고리즘은 강건하게 실행되게 되어야 하는데 왜냐하면 나쁘게 실행될 때 좋은 알고리즘이 그다지 유용하지 않기 때문이다. 대부분 알고리즘의 수렴 증명은 어떤 가정하에 이루어진다. 알고리즘을 수행하는 동안 엄격하게 준수해야 하는 필요이다. 또한 대부분 알고리즘은 인식되기에 필요한 단계에서 다소의 수치적 불확실성과 수치적 실행을 위하여 개발되기 위하여 필요한 적절한 절차를 가지고 있다. 또한 소프트웨어는 변화하는 어려움의 응용 범위에서 잘 시험되어야 한다는 것도 중요하다.

여러 가지 기타 사용자 친화적 기능들이 바람직하다. 예를 들면, 사용자 설명서가 얼마나 좋은가? 어떤 예제 문제가 프로그램과 이용 가능한가와 그것들이 얼마나 잘 문서화되어 있는가? 다양한 컴퓨터 시스템에 얼마나 쉽게 설치할 수 있는가? 프로그램은 사용자에게 알고리즘에 연관된 매개변수의 선택을 요구하는가? 소프트웨어를 선택하기 전에 이와 같은 질문 전부가 조사되어야 한다.

14.4.2 범용 소프트웨어의 응용 통합

최적화를 위한 각 범용프로그램은 특정한 설계 응용이 소프트웨어에 통합되어야 한다는 것이 요구된다. 다양한 응용을 위한 소프트웨어의 구성요소의 통합 용이성이 프로그램 선정에 영향을 미칠 수 있다. 또한 프로그램을 사용하는 데 필요한 데이터를 준비하는 양도 중요하다.

다양한 알고리즘을 실행하는 여러 가지 부 프로그램을 포함하고 있는 상당한 범용 라이브러리를 이용할 수 있다. 사용자는 부 프로그램을 부르기 전에 여러 가지 데이터를 정의하는 주 프로그램을 작성하여야 한다. 함수와 함수의 경사도를 위한 부 프로그램도 반드시 작성되어야 한다. 다음 이러한 것들이 탐색방향을 계산하는 동안 최적화 프로그램에 의하여 호출된다. 또한 함수 평가 부 프로그램은 이동거리를 결정하기 위한 선 탐색 동안 호출된다.

다른 접근은 다양한 알고리즘을 위한 선택권을 가진 컴퓨터 프로그램을 개발하는 것이다. 각 응용은 '부 프로그램 호출'로 구성되는 표준 접촉방식을 통하여 프로그램에 심어진다. 사용자는 단지 설계문제를 표현하기 위하여 약간의 부 프로그램만 준비한다. 프로그램과 부 프로그램 간의 모든 데이터는 부 프로그램의 독립변수를 통하여 흐른다. 예를 들면 설계변수 데이터는 부 프로그램으로 보내지고 기대 출력은 제약조건함수와 그 경사도이다. 대화형 능력, 그래픽과 기타 사용자 편의 특성들이 프로그램에서 이용 가능할 수 있다.

전술한 단락들에서 설명한 두 절차들은 많은 최적화의 실제적 응용에 성공적으로 사용되어 왔다. 대부분의 경우 절차의 선택은 소프트웨어의 이용성에 의하여 강요되어 왔다. 우리는 여러 가지의 설계 최적화 문제를 풀기 위하여 두 번째 접근법을 기반으로 하는 프로그램을 사용하려고 한다(Tseng과 Arora, 1988, 1989). 프로그램은 실행 가능한 모듈을 만들기 위하여 사용자 공급 부 프로그램과 결합된다. 사용자 공급 부 프로그램은 양함수를 가지는 문제는 매우 단순하고 음함수를 가지는 문제는 복잡할 수 있다. 외부 프로그램도 최적화 프로그램에 의하여 필요한 함수 값과 그 경사도를 생성하기 위하여 사용될 수 있다. 이것이 여러 가지 문헌에 보고되었다(Lim과 Arora, 1986; Thanedar et al., 1986, 1990; Tseng과 Arora, 1988, 1989).

14.5 최적설계: 공간하중을 받는 2부재 구조물

그림 14.1은 공간하중을 받는 2부재 구조물을 보여주고 있다. 구조물의 부재는 비틀림, 굽힘 및 전단하중을 받고 있다. 이 문제의 목적은 하중이 가해지는 동안 재료가 파손되지 않고 최소 부피를 가지는 구조물을 설계하는 것이다. 14.1.2절에 유한요소 접근법을 이용하여 문제를 정식화하였다. 응력제약조건을 정의할 때, 폰 미세스 항복 조건이 사용되었고 가로 하중에 의한 전단응력은 무시하였다.

14.1.2절과 14.2절에 주어진 정식화와 방정식은 최적화 프로그램을 위한 적당한 부 프로그램을 개발하는 데 사용되었다. 거기서 주어진 데이터가 문제를 최적화하기 위하여 사용되었다. 지적한 바와 같이 단지 제약조건 g_1만 부과될 필요가 있다. 멀리 떨어진 2개의 시작 설계(2.5, 2.5, 0.1)와 (10, 10, 1)가 수렴률의 영향을 관찰하기 위하여 시도되었다.

첫째 시작점에서 모든 변수들이 하한 범위에 있고, 둘째 점에서 그것들 모두가 상한 범위에 있다. 두 시작점은 표 14.1과 14.2에 보이는 것과 같이 거의 동일한 설계변수와 활성제약조건의 라그랑지 승수 값을 가지는 동일한 최적해로 수렴한다. 그러나 반복횟수와 함수와 경사도 값을 구하는 호출횟수는 아주 다르다. 처음 시작점에서 응력제약조건이 심각하게 위배되어 있다(20,212%만큼). 설계를 유용영역으로 가까이 이동시키기 위하여 여러 번의 반복횟수가 소비되었다. 둘째 시작점에서는 응력제약조건이 만족되었고 프로그램은 최적해를 찾는 데 단지 6회 반복횟수만이 행해졌다. 표 14.1과 14.2에 보고된 두 해는 최적화 소프트웨어에서 이용할 수 있는 순차 2차식 계획법(SQP)을 사용하여 구한 것임을 나타낸다. 또한 매우 엄격한 종료 기준이 정밀한 최적점을 얻기 위하여 사용되었다.

표에 사용된 표기법은 다음과 같이 정의되었다.

- **최대 위배(제약조건 중)** Maximum violation (among constraints)
- **수렴 매개변수** (Convergence parameter)
- **목적함수(목적함수 값)** Cost (cost function value)
- **라그랑지 승수(제약조건에 관한)** Lagrange multiplier (for a constraint)

표 14.1 2부재 구조물의 반복과정의 이력과 최적해, 시작점(2.5, 2.5, 0.10)

Iteration no.	Maximum violation	Convergence parameter	Cost	d	h	t
1	2.02119E+02	1.00000E+00	1.92000E+02	2.5000E+00	2.5000E+00	1.0000E−01
2	8.57897E+01	1.00000E+00	2.31857E+02	2.5000E+00	3.4964E+00	1.0000E−01
3	3.58717E+01	1.00000E+00	2.85419E+02	2.5000E+00	4.8355E+00	1.0000E−01
:	:	:	:	:	:	:
17	6.78824E−01	1.00000E+00	6.14456E+02	5.5614E+00	1.0000E+01	1.0000E−01
18	1.58921E−01	6.22270E−01	6.76220E+02	7.1055E+00	1.0000E+01	1.0000E−01
19	1.47260E−02	7.01249E−02	7.01111E+02	7.7278E+00	1.0000E+01	1.0000E−01
20	1.56097E−04	7.59355E−04	7.03916E+02	7.7979E+00	1.0000E+01	1.0000E−01

Constraint activity

No.	Active	Value	Lagrange multiplier
1	Yes	1.56097E−04	1.94631E+02

Design variable activity

No.	Active	Design	Lower	Upper	Lagrange multiplier
1	No	7.79791E+00	2.50000E+00	1.00000E+01	0.00000E+00
2	Upper	1.00000E+01	2.50000E+00	1.00000E+01	7.89773E+01
3	Lower	1.00000E−01	1.00000E−01	1.00000E+00	3.19090E+02

Cost function at optimum = 703.92; number of calls for cost function evaluation = 20; number of calls for cost function gradient evaluation = 20; number of calls for constraint function evaluation = 20; number of calls for constraint function gradient evaluation = 20; number of total gradient evaluations = 20.

전술한 논의는 반복 과정에서 시작 설계 추정이 최적점에 도달하는 데 필요한 반복횟수에 상당한 영향을 가지고 있음을 보여주고 있다. 많은 실제 응용에서 좋은 시작 설계가 가능하거나 몇 가지 예비 해석 후 얻을 수 있다. 최적화 알고리즘에 관한 이러한 시작 설계는 최적해를 상당히 빨리 얻을 수 있으므로 바람직하다.

14.6   최적설계: 다수의 성능 요구 조건을 갖는 3봉 구조물

앞 절에서 한 가지 성능 요구에 대한 구조물의 설계를 논의하였다―재료는 하중이 가해질 동안 파손되지 않아야 한다. 이 절에서는 시스템이 여러 가지 운영 환경에서 안전하게 수행되어야 하는지에 대한 유사한 응용을 논의하려고 한다. 선택한 문제는 2.10절에서 정식화된 3봉 구조물이다. 구조물은 그림 2.6에 나타나 있다. 설계 요구조건은 구조물의 무게를 최소화하고 부재응력, 절점 4에서의 변위, 부재좌굴, 진동 주파수와 설계변수의 명백한 범위의 제약조건을 만족하는 것이다. 대칭과 비대칭 구조물을 최적화하고 해들을 비교하려고 한다. 정밀한 최적설계를 얻기 위하여 매우 엄격한 종료 기준을 사용하려고 한다.

표 14.2　2부재 구조물의 반복과정의 이력과 최적해, 시작점(10, 10, 1)

Iteration no.	Maximum violation	Convergence parameter	Cost	d	h	t
1	0.00000E+00	6.40000E+03	7.20000E+03	1.0000E+01	1.0000E+01	1.0000E+00
2	0.00000E+00	2.27873E+01	7.87500E+02	9.9438E+00	9.9438E+00	1.0000E−01
3	1.25020E−02	1.31993E+00	7.13063E+02	9.0133E+00	9.0133E+00	1.0000E−01
4	2.19948E−02	1.03643E−01	6.99734E+02	7.6933E+00	1.0000E+01	1.0000E−01
5	3.44115E−04	1.67349E−03	7.03880E+02	7.7970E+00	1.0000E+01	1.0000E−01
6	9.40469E−08	4.30513E−07	7.03947E+02	7.7987E+00	1.0000E+01	1.0000E−01

Constraint activity

No.	Active	Value	Lagrange multiplier
1	Yes	9.40469E − 08	1.94630E+02

Design variable activity

No.	Active	Design	Lower	Upper	Lagrange multiplier
1	No.	7.79867E+00	2.50000E+00	1.00000E+01	0.00000E+00
2	Upper	1.00000E+01	2.50000E+00	1.00000E+01	7.89767E+01
3	Lower	1.00000E−01	1.00000E−00	1.00000E+00	3.19090E+02

Cost function at optimum = 703.95; number of calls for cost function evaluation = 9; number of calls for cost function gradient evaluation = 6; number of calls for constraint function evaluation = 9; number of calls for constraint function gradient evaluation = 4; number of total gradient evaluations = 4.

14.6.1 대칭형 3봉 구조물

부재 1과 3이 유사한 대칭형 구조물에 대한 상세한 정식화는 2.10절에서 논의되었다. 현재 적용에서는 세 가지 하중조건과 상술한 제약조건을 견딜 수 있도록 구조물을 설계하는 것이다. 표 14.3은 구조물 설계를 위한 모든 데이터가 포함되어 있다. 최적화 소프트웨어를 위한 프로그램화된 모든 표현식이 2.10절에 주어져 있다. 제약조건함수들은 적절하게 정규화되어 있고 표준형식으로 표현되었다. 목적함수는 부피 × 무게 밀도와 주어진 트러스의 전체 무게로 택하였다.

여기서 제시된 최종 정식화는 6장에서 기술된 반복적 해 절차를 사용하여 얻을 수 있다는 것에 주목하는 것이 중요하다. 여러 가지의 문제 매개변수와 제약조건에 대한 조정이 문제 정식화를 개발하기 위하여 필요하다. 일반적으로 이 반복 절차가 실제 설계문제를 적절하게 정식화하기 위하여 필요하다.

더 많은 성능 요구사항의 부과 효과를 연구하기 위하여 다음의 세 가지 설계 경우를 정의하였다(모든 경우에서 명백한 설계변수-범위제약조건을 포함되어 있음을 유의하라).

경우 1: 응력제약조건만(총 제약조건 = 13).

경우 2: 응력과 변위제약조건(총 제약조건 = 19).

경우 3: 모든 제약조건―응력, 변위, 부재좌굴과 주파수(총 제약조건 = 29).

표 14.4~14.6은 최적화 소프트웨어에 있는 SQP 방법을 사용한 반복과정의 이력을 포함하고 있

표 14.3 3봉 구조물을 위한 설계 데이터

Item	Data
Allowable stress	Members 1 and 3, $\sigma_{1a} = \sigma_{3a} = 5000$ psi member 2, $\sigma_{2a} = 20{,}000$ psi
Height	$l = 10$ in.
Allowable displacements	$u_a = 0.005$ in. $v_a = 0.005$ in.
Modulus of elasticity	$E = 10^7$ psi
Weight density	$\gamma = 0.10$ lb/in.^{3}
Constant	$\beta = 1.0$
Lower limit on design	$(0.1, 0.1, 0.1)$ in.^{2}
Upper limit on design	$(100, 100, 100)$ in.^{2}
Starting design	$(1, 1, 1)$ in.^{2}
Lower limit on frequency	2500 Hz
Loading conditions	**3**
Load angle, θ (degrees)	45 90 135
Load, P (lb)	40,000 30,000 20,000

다. 문제의 제약조건 번호 체계가 표 14.6에 나타나 있다. 최적점의 활성제약조건과 그 라그랑지 승수(정규화된 제약조건)는

경우 1: 하중조건 1에서 부재 1의 응력, 21.11.

경우 2: 하중조건 1에서 부재 1의 응력, 0.0; 하중 조건 1에서 수평 변위, 16.97; 하중 조건 1에서 수평 변위, 6.00; 하중 조건 2에서 수직 변위, 0.0.

경우 3: 경우 2와 같음.

경우 1과 비교함으로써 경우 2에 관한 최적점의 목적함수가 증가함을 주목하라. 이것은 시스템의 더 많은 제약조건이 보다 적은 유용영역을 수반하게 되므로 최적 목적함수의 높은 값을 가지게 된다는 가정과 일치한다. 경우 3에 추가적인 제약조건이 없으므로 경우 2와 3의 해에는 차이가 없다.

표 14.4 대칭 3봉 구조물에 관한 반복과정의 이력과 최종해, 경우 1 - 응력제약조건

Iteration no.	Maximum violation	Convergence parameter	Cost	$A_1 = A_3$	A_2
1	4.65680E+00	1.00000E+00	3.82843E+00	1.0000E+00	1.0000E+00
2	2.14531E+00	1.00000E+00	6.72082E+00	1.9528E+00	1.1973E+00
:	:	:	:	:	:
8	2.20483E−04	3.97259E−03	2.11068E+01	6.3140E+00	3.2482E+00
9	1.58618E−06	5.34172E−05	2.11114E+01	6.3094E+00	3.2657E+00

Cost function at optimum = 21.11; number of calls for cost function evaluation = 9; number of calls for cost function gradient evaluation = 9; number of calls for constraint function evaluation = 9; number of calls for constraint function gradient evaluation = 9; number of total gradient evaluations = 19.

표 14.5 대칭 3봉 구조물에 관한 반복과정의 이력과 최종해, 경우 2 - 응력과 변위제약조건

Iteration no.	Maximum violation	Convergence parameter	Cost	$A_1 = A_3$	A_2
1	6.99992E + 00	1.00000E + 00	3.82843E + 00	1.0000E + 00	1.0000E + 00
2	3.26663E + 00	1.00000E + 00	6.90598E + 00	1.8750E + 00	1.6027E + 00
:	:	:	:	:	:
8	1.50650E − 04	3.05485E − 04	2.29695E + 01	7.9999E + 00	3.4230E − 01
9	2.26886E − 08	4.53876E − 08	2.29704E + 01	7.9999E + 00	3.4320E − 01

Cost function at optimum = 22.97; number of calls for cost function evaluation = 9; number of calls for cost function gradient evaluation = 9; number of calls for constraint function evaluation = 9; number of calls for constraint function gradient evaluation = 9; number of total gradient evaluations = 48.

14.6.2 비대칭 3봉 구조물

구조물의 대칭조건(즉, 부재 1은 부재 3과 동일)을 완화하면 대칭인 경우 단지 2개와 비교되어 문제는 3개의 설계변수를 갖게 된다(즉, 부재 1, 2와 3에 대한 각각 면적 A_1, A_2과 A_3). 이것으로 설계공간이 확대되어서 앞의 경우와 비교하여 보다 좋은 최적설계를 예상할 수 있다.

문제에 사용된 데이터는 표 14.3에 주어진 것과 동일하다. 구조물의 무게를 다음의 세 가지 경우에 대하여 최소화한다(명확 설계변수-범위제약조건은 모든 경우에 포함되어 있다는 것을 유의하라).

경우 4: 응력제약조건만(총 제약조건 = 15).
경우 5: 응력과 변위제약조건(총 제약조건 = 21).
경우 6: 모든 제약조건—응력, 변위, 부재좌굴과 주파수(총 제약조건 = 31).

구조물은 절점 4의 평형이나 일반적인 유한요소 절차를 고려하여 해석될 수 있다. 다음 일반적인 절차에 의하여 변위, 부재응력과 기본 진동 주파수에 관한 다음 표현식을 얻을 수 있다(표시 방법은 2.10절에 정의되었음을 유의하라).

변위:

$$u = \frac{I}{E}\left[\frac{\left(A_1 + 2\sqrt{2}A_2 + A_3\right)P_u + \left(A_1 - A_3\right)P_v}{A_1A_2 + \sqrt{2}A_1A_3 + A_2A_3}\right], \text{ in.}$$

$$v = \frac{I}{E}\left[\frac{-\left(A_1 - A_3\right)P_u + P_v\left(A_1 + A_3\right)}{A_1A_2 + \sqrt{2}A_1A_3 + A_2A_3}\right], \text{ in.} \tag{14.54}$$

부재응력:

$$\sigma_1 = \frac{\left(\sqrt{2}A_2 + A_3\right)P_u + A_3P_v}{A_1A_2 + \sqrt{2}A_1A_3 + A_2A_3}, \text{ psi}$$

표 14.6 대칭 3봉 구조물에 관한 반복과정의 이력과 최종해, 경우 3 - 모든 제약조건

Iteration no.	Maximum violation	Convergence parameter	Cost	$A_1=A_3$	A_2
1	6.99992E+00	1.00000E+00	3.82843E+00	1.0000E+00	1.0000E+00
2	2.88848E+00	1.00000E+00	7.29279E+00	2.0573E+00	1.4738E+00
:	:	:	:	:	:
7	7.38741E−05	3.18776E−04	2.29691E+01	7.9993E+00	3.4362E−01
8	5.45657E−09	2.31529E−08	2.29704E+01	7.9999E+00	3.4320E−01

Constraint activity

No.	Active	Value	Lagrange multiplier	Notes
1	No	−1.56967E−01	0.00000E+00	(Frequency)
2	Yes	−2.86000E−02	0.00000E+00	(σ_1, Loading Condition 1)
3	No	−9.71400E−01	0.00000E+00	(σ_2, Loading Condition 1)
4	No	−7.64300E−01	0.00000E+00	(σ_3, Loading Condition 1)
5	Yes	5.45657E−09	1.69704E+01	(u, Loading Condition 1)
6	Yes	−5.72000E−02	0.00000E+00	(v, Loading Condition 1)
7	No	−5.00000E−01	0.00000E+00	(σ_1, Loading Condition 2)
8	No	−5.00000E−01	0.00000E+00	(σ_2, Loading Condition 2)
9	No	−7.50000E−01	0.00000E+00	(σ_3, Loading Condition 2)
10	No	−1.00000E+00	0.00000E+00	(u, Loading Condition 2)
11	Yes	0.00000E+00	6.00000E+00	(v, Loading Condition 2)
12	No	−9.85700E−01	0.00000E+00	(σ_1, Loading Condition 3)
13	No	−5.14300E−01	0.00000E+00	(σ, Loading Condition 3)
14	No	−8.82150E−01	0.00000E+00	(σ_3, Loading Condition 3)
15	No	−5.00000E−01	0.00000E+00	(u, Loading Condition 3)
16	No	−5.28600E−01	0.00000E+00	(v, Loading Condition 3)

Design variable activity

No.	Active	Design	Lower	Upper	Lagrange multiplier
1	No	7.99992E+00	1.00000E−01	1.00000E+02	0.00000E+00
2	No	3.43200E−01	1.00000E−01	1.00000E+02	0.00000E+00

Cost function at optimum = 22.97; number of calls for cost function evaluation = 8; number of calls for cost function gradient evaluation = 8; number of calls for constraint function evaluation = 8; number of calls for constraint function gradient evaluation = 8; number of total gradient evaluations = 50.

$$\sigma_2 = \frac{-\left(A_1 - A_3\right)P_u + \left(A_1 + A_3\right)P_v}{A_1A_2 + \sqrt{2}A_1A_3 + A_2A_3}, \text{ psi} \tag{14.55}$$

$$\sigma_3 = \frac{-\left(A_1 + \sqrt{2}A_2\right)P_u + A_1P_v}{A_1A_2 + \sqrt{2}A_1A_3 + A_2A_3}, \text{ psi}$$

최저 고유값:

$$\zeta = \frac{3E}{2\sqrt{2}\rho l^2}\left[\frac{A_1 + \sqrt{2}A_2 + A_3 - \left[\left(A_1 - A_3\right)^2 + 2A_2^2\right]^{1/2}}{\sqrt{2}\left(A_1 + A_3\right) + A_2}\right] \tag{14.56}$$

기본 진동수:

$$\omega = \frac{1}{2\pi}\sqrt{\zeta}, \ \text{Hz} \tag{14.57}$$

표 14.7~14.9는 SQP법을 사용한 반복과정의 이력을 포함하고 있다. 최적점의 활성제약조건과 그것의 라그랑지 승수(정규화된 제약조건)은 다음과 같다.

경우 4: 하중조건 1에서 부재 1의 응력, 11.00; 하중조건 3에서 부재 3의 응력, 4.97.

경우 5: 하중조건 1에서 수평변위, 11.96; 하중조건 2에서 수직변위, 8.58.

경우 6: 주파수 제약조건, 6.73; 하중조건 1에서 수평변위, 13.28; 하중조건 2에서 수직변위, 7.77.

표 14.7 비대칭 3봉 구조물에 관한 반복과정의 이력과 최종해, 경우 4 - 응력제약조건

Iteration no.	Maximum violation	Convergence parameter	Cost	A_1	A_2	A_3
1	4.65680E+00	1.00000E+00	3.82843E+00	1.0000E+00	1.0000E+00	1.0000E+00
2	2.10635E+00	1.00000E+00	6.51495E+00	1.9491E+00	1.4289E+00	1.6473E+00
:	:	:	:	:	:	:
8	4.03139E−04	2.52483E−03	1.59620E+01	7.0220E+00	2.1322E+00	2.7572E+00
9	4.80986E−07	6.27073E−05	1.59684E+01	7.0236E+00	2.1383E+00	2.7558E+00

Cost function at optimum = 15.97; number of calls for cost function evaluation = 9; number of calls for cost function gradient evaluation = 9; number of calls for constraint function evaluation = 9; number of calls for constraint function gradient evaluation = 9; number of total gradient evaluations = 26.

표 14.8 비대칭 3봉 구조물에 관한 반복과정의 이력과 최종해, 경우 5 - 응력과 변위제약조건

Iteration no.	Maximum violation	Convergence parameter	Cost	A_1	A_2	A_3
1	6.99992E+00	1.00000E+00	3.82843E+00	1.0000E+00	1.0000E+00	1.0000E+00
2	3.26589E+00	1.00000E+00	6.77340E+00	1.9634E+00	1.6469E+00	1.6616E+00
:	:	:	:	:	:	:
9	2.18702E−05	3.83028E−04	2.05432E+01	8.9108E+00	1.9299E+00	4.2508E+00
10	6.72142E−09	1.42507E−06	2.05436E+01	8.9106E+00	1.9295E+00	4.2516E+00

Cost function at optimum = 20.54; number of calls for cost function evaluation = 10; number of calls for cost function gradient evaluation = 10; number of calls for constraint function evaluation = 10; number of calls for constraint function gradient evaluation = 10; number of total gradient evaluations = 43.

표 14.9 비대칭 3봉 구조물에 관한 반복과정의 이력과 최종해, 경우 6 - 모든 제약조건

Iteration no.	Maximum violation	Convergence parameter	Cost	A_1	A_2	A_3
1	6.99992E+00	1.00000E+00	3.82843E+00	1.0000E+00	1.0000E+00	1.0000E+00
2	2.88848E+00	1.00000E+00	7.29279E+00	2.0573E+00	1.4738E+00	2.0573E+00
:	:	:	:	:	:	:
7	6.75406E−05	2.25516E−04	2.10482E+01	8.2901E+00	1.2017E+00	6.7435E+00
8	6.46697E−09	1.88151E−08	2.10494E+01	8.2905E+00	1.2013E+00	5.7442E+00

Cost function at optimum = 21.05; number of calls for cost function evaluation = 8; number of calls for cost function gradient evaluation = 8; number of calls for constraint function evaluation = 8; number of calls for constraint function gradient evaluation = 8; number of total gradient evaluations = 48.

표 14.10 3봉 구조물의 여섯 경우에 대한 최적 목적함수의 비교

	Symmetric structure			Asymmetric structure		
	Case 1	Case 2	Case 3	Case 4	Case 5	Case 6
Optimum weight (lb)	21.11	22.97	22.97	15.97	20.54	21.05
NIT*	9	9	8	9	10	8
NCF*	9	9	8	9	10	8
NGE*	19	48	50	26	43	48

* NIT, *number of iterations*; NCF, *number of calls for function evaluation*; NGE, *total number of gradients evaluations*.

경우 5의 최적 무게가 경우 4보다 높고, 경우 6이 경우 5보다 높은 것을 유의하라. 이것은 이전 관찰과 일치한다. 경우 5의 제약조건의 수가 경우 4보다 크고, 경우 6이 경우 5보다 크다.

14.6.3 해들의 비교

표 14.10은 여섯 가지 모든 경우의 해들의 비교가 포함되어 있다. 비대칭 구조물이 보다 큰 설계공간을 가지고 있으므로 최적해는 대칭 경우의 것보다 더 좋아야 하고, 경우 4는 경우 1보다 낮고, 경우 5는 경우 2보다 나으며 경우 6은 경우 3보다 좋다.

이러한 결과는 더 좋은 실제 해를 위하여 더 많은 설계변수를 정의함으로써 즉, 더 많은 설계 자유도를 허용함으로써 설계과정에 보다 많은 유연성이 허용되어야 함을 보여준다.

14.7 비선형 계획법을 이용한 시스템의 최적제어

14.7.1 최적제어문제의 예시

최적제어문제는 본질적으로 동적이다. 최적제어와 최적설계문제 사이의 차이점에 관한 간단한 논의가 여기에 주어져 있다. 어떤 최적제어문제가 정식화될 수 있고 12장, 13장에서 설명한 비선형 계획

방법으로 풀 수 있음이 밝혀졌다. 이 절에서 수많은 실제 응용을 가지는 단순 최적제어문제를 고려한다. 문제의 다양한 정식화가 설명되고 최적해를 구하고 논의한다.

비선형계획방법의 사용을 보여주기 위하여 선택한 응용 분야는 시스템의 진동 제어이다. 이것은 수많은 실제 응용에서 만나게 되는 중요한 분야이다. 예제는 지진과 바람 하중을 받는 구조물의 제어, 돌풍 하중 또는 충격 입력의 민감한 기구의 진동 제어, 대형 구조물의 제어와 기계의 정밀 제어 등을 포함한다. 이러한 문제를 취급에서 기본 정식화와 해석 절차를 보여주기 위하여 시스템의 단순 모델을 고려하려고 한다. 보여준 절차를 이용하여 보다 복잡한 모델도 더욱 정확하게 실제 시스템의 모의 실험 수행을 다룰 수 있게 된다.

최적제어문제를 다루기 위하여 동적 응답 해석 기능이 반드시 이용 가능하여야 한다. 이 책에서는 학생들이 시스템 진동 해석의 경력이 있는 것으로 가정하려고 한다. 특히 1자유도 선형 스프링-질량 시스템을 모델화하려고 한다. 이것은 닫힌 형식 해를 이용할 수 있는 2계 미분방정식(DE)으로 이르게 된다(Chopra, 2007). 학생들이 적절한 교재에서 선형 DE의 해에 관한 내용을 간단하게 복습하는 것이 도움이 될 수 있다.

정식화와 해석과정을 보여주기 위하여 그림 14.2에 보여진 외팔보 구조물을 고려한다. 문제의 데이터와 그림에 사용된 다양한 기호들은 표 14.11에 정의되어 있다. 구조물은 실제 사용되는 많은 시스템들의 고도로 이상화한 모델이다. 구조물의 길이는 L이고 그 단면은 폭 b와 깊이 h인 사각형이다. 시스템은 초기 시간 $t = 0$에서 정지되어 있다. 이것이 충격파 또는 유사한 현상에 의하여 갑작스런 하중을 경험하게 된다.

문제는 변위가 너무 커지지 않게 시스템의 진동을 제어하여 시스템이 통제된 방식으로 정지 상태로 되는 것이다. 시스템은 적절한 센서들과 구동기들이 진동을 억제할 수 있는 바람직한 힘을 만들어 시스템을 정지상태로 이르게 한다. 제어력은 또한 적절히 설계된 완충기 또는 구조물의 길이를 따라 점성 탄성 지지 패드에 의하여서도 생성될 수 있다. 제어력을 생성하는 장치의 자세한 설계는 논의하지 않으나 제어력의 최적 형상 결정 문제는 논의하려고 한다.

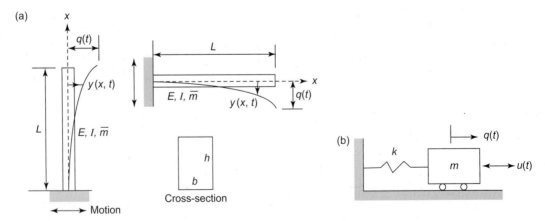

그림 14.2 충격 입력을 받는 시스템의 모델. (a) 지지점에서 충격 입력을 받는 외팔보 구조물, (b) 등가 1자유도 모델

표 14.11 최적제어문제의 데이터

Item	Data
Length of the structure	$L = 1.0$ m
Width of cross-section	$b = 0.01$ m
Depth of cross-section	$h = 0.02$ m
Modulus of elasticity	$E = 200$ GPa
Mass density	$\rho = 7800$ kg/m^3
Moment of inertia	$I = (6.667 \times 10^{-9})$ m^4
Mass per unit length	$\bar{m} = 1.56$ kg/m
Control function	$u(t)$ = to be determined
Limit on the control function	$u_a = 30$ N
Initial velocity	$v_0 = 1.5$ m/s

시스템의 운동을 설명하는 지배 방정식은 2계 편미분 DE이다. 해석을 단순하게 하기 위하여 변수 분리를 사용하여 처짐 방정식 $y(x, t)$는 다음과 같이 표현한다.

$$y(x, t) = \psi(x)q(t) \tag{14.58}$$

여기서 $\psi(x)$는 형상함수라고 부르는 알려진 함수이고 $q(t)$는 그림 14.2에서 보이는 것과 같이 외팔도 끝단의 변위이다. 여러 가지 형상함수가 사용 될 수 있다. 그러나 다음의 것을 사용하려고 한다.

$$\psi(x) = \frac{1}{2}\left(3\xi^2 - \xi^3\right); \quad \xi = \frac{x}{L} \tag{14.59}$$

시스템의 운동 및 위치에너지, 식 (14.59) $\psi(x)$과 표 14.11의 데이터를 사용하여, 그림 14.2에 나타낸 등가 1자유도 시스템의 질량과 스프링 상수는 다음과 같이 계산된다(Chopra, 2007).

질량:

$$\text{운동에너지} = \frac{1}{2}\int_0^L \bar{m}\dot{y}^2(t)\, dx = \frac{1}{2}\left[\int_0^L \bar{m}\psi^2(x)\, dx\right]\dot{q}^2(t) = \frac{1}{2}m\dot{q}^2(t) \tag{14.60}$$

여기서 질량 m은 다음과 같이 된다.

$$m = \int_0^L \bar{m}\psi^2(x)\, dx = \frac{33}{140}\bar{m}L = \frac{33}{140}(1.56)(1.0) = 0.3677 \text{ kg} \tag{14.61}$$

스프링 상수:

$$\text{변형에너지} = \frac{1}{2}\int_0^L EI\left[y''(x)\right]^2 dx = \frac{1}{2}\left[\int_0^L EI(\psi''(x))^2\, dx\right]q^2(t) = \frac{1}{2}kq^2(t) \tag{14.62}$$

여기서 스프링 상수 k는 다음과 같다.

$$k = \int_0^L EI(\psi''(x))^2 dx = \frac{3EI}{L^3} = 3\frac{\left(2.0 \times 10^{11}\right)\left(6.667 \times 10^{-9}\right)}{\left(1.0\right)^3} = 4000\,\text{N/m} \qquad (14.63)$$

앞에서 변수 상단의 점은 시간에 관한 미분을 나타내고 프라임 기호는 좌표 x에 관한 미분을 나타낸다.

1자유도 시스템의 운동방정식과 초기조건(초기 변위 q_0, 초기 속도 v_0)은 다음과 같이 주어진다.

$$m\ddot{q}(t) + kq(t) = u(t) \qquad (14.64)$$

$$q(0) = q_0, \quad \dot{q}(0) = v_0 \qquad (14.65)$$

여기서 $u(t)$는 초기 속도 v_0(시스템의 **충격 하중**은 질량으로 나누어진 힘의 충격으로 계산되는 등가 초기 속도로 변환된 것이다)로 인한 진동을 억제하기 위하여 필요한 제어력이다. 시스템의 재료 완충은 무시되었음을 유의하라. 따라서 만약 제어력 $u(t)$이 사용되지 않으면 시스템은 진동을 계속할 것이다. 그림 14.3은 $u(t) = 0$일 때 초기 1.10초 동안의 시스템의 변위 응답을 보여주고 있다(즉, 제어 기구가 사용되지 않을 때). 속도 또한 1.5와 –1.5 m/s 사이의 진동을 유지하고 있다.

제어 문제는 시스템이 특정시간 안에 정지 상태로 되는 힘 함수 $u(t)$를 결정하는 것이다. 다음과 같이 문제를 취할 수 있다: 시스템이 정지 상태로 되는 시간을 최소화하기 위한 제어력을 결정하라. 다음 단락에서 다양한 정식화를 조사하려고 한다.

앞의 단순한 문제에 관하여 비선형 계획 방법이 아닌 해석 절차가 이용 가능함을 여기서 주목한다(Meirovitch, 1985). 이러한 절차는 다른 응용과 실시간 제어 문제에 더 좋을 수 있다. 그러나 문제의 보편성을 보이기 위하여 문제를 풀기 위하여 비선형 계획법 정식화를 사용하려고 한다.

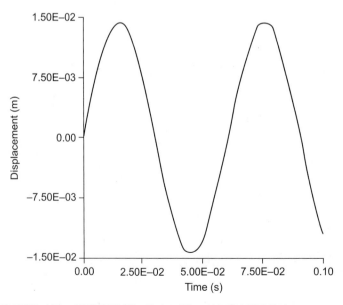

그림 14.3 제어력이 작용하지 않고 충격하중을 받는 등가 1자유도 시스템의 변위 응답

14.7.2 상태변수의 오차 최소화

처음 정식화로 시간 간격 0에서 T까지의 상태변수(응답)의 오차를 최소화하도록 성능지수(목적함수)를 다음과 같이 정의한다.

$$f_1 = \int_0^T q^2(t)\,dt \tag{14.66}$$

제약조건 종료 응답, 변위 응답과 제어력은 다음과 같이 적용된다.

변위제약조건:

$$|q(t)| \leq q_a \text{ 시간 간격 0에서 } T \text{까지} \tag{14.67}$$

종료 변위제약조건:

$$q(T) = q_T \tag{14.68}$$

종료 속도제약조건:

$$\dot{q}(T) = v_T \tag{14.69}$$

제어력 제약조건:

$$|u(t)| \leq u_a \text{ 시간 간격 0에서 } T \text{까지} \tag{14.70}$$

q_a는 시스템의 최대 허용변위, q_T와 v_T는 작은 지정 상수이고, u_a는 제어력의 범위이다. 따라서 설계문제는 시간 간격 0에서 T까지 식 (14.67)~(14.70)의 제약조건을 받고 식 (14.64)의 운동방정식과 식 (14.65)의 초기조건을 만족하면서 식 (14.66)의 성능지수를 최소화하는 제어력 $u(t)$를 계산하는 것이다. 식 (14.67)과 (14.70)의 제약조건은 본질적으로 동적이며 전체 시간구간 0에서 T까지 만족될 필요가 있다는 점을 유의하라. 다른 성능지수는 변위와 속도의 제곱의 합으로 정의될 수 있다.

$$f_2 = \int_0^T \left[q^2(t) + \dot{q}^2(t) \right] dt \tag{14.71}$$

수치해를 위한 정식화

수치적 결과를 얻기 위하여 다음 데이터가 사용되었다.

운동을 억제하는 허용 시간:　$T = 0.10$ s
초기 속도:　　　　　　　　$v_0 = 1.5$ m/s
초기 변위:　　　　　　　　$q_0 = 0.0$ m
허용 변위:　　　　　　　　$q_a = 0.01$ m
종료 속도:　　　　　　　　$v_T = 0.0$ m/s
종료 변위:　　　　　　　　$q_T = 0.0$ m
제어력의 범위:　　　　　　$u_a = 30.0$ N

현 예제에서 운동방정식은 아주 단순하고 그 해석적 해는 Duhamel의 적분을 이용하여 다음과 같이 나타낼 수 있다(Chopra, 2007).

$$q(t) = \frac{1}{\omega} v_0 \sin\omega t + q_0 \cos\omega t + \frac{1}{m\omega} \int_0^t u(\eta) \sin\omega(t-\eta) \, d\eta \tag{14.72}$$

$$\dot{q}(t) = v_0 \cos\omega t - q_0 \omega \sin\omega t + \frac{1}{m} \int_0^t u(\eta) \cos\omega(t-\eta) \, d\eta \tag{14.73}$$

보다 더 복잡한 응용에서 운동방정식은 수치 방법을 사용하여 적분되어야 한다(Shampine, 1994; Hsieh and Arora, 1984).

설계변수 $u(t)$의 항으로 변위와 속도의 명백한 형식을 알 수 있으므로 η가 0과 T 사이점인 곳에서 $u(\eta)$에 관하여 식 (14.72)와 (14.73)을 미분함으로써 그것들의 도함수를 계산할 수 있다.

$$\frac{dq(t)}{du(\eta)} = \frac{1}{m\omega} \sin\omega(t-\eta) \quad \text{for} \quad t \geq \eta$$
$$= 0 \qquad\qquad\qquad \text{for} \quad t < \eta \tag{14.74}$$

$$\frac{d\dot{q}(t)}{du(\eta)} = \frac{1}{m} \cos\omega(t-\eta) \quad \text{for} \quad t \geq \eta$$
$$= 0 \qquad\qquad\qquad \text{for} \quad t < \eta \tag{14.75}$$

앞의 표현식에서 $du(t)/du(\eta) = \delta(t-\eta)$이 사용되었고 여기서 $\delta(t-\eta)$는 Dirac delta 함수이다. 미분 표현식은 문제에 관한 제약조건에 적용하기 위하여 쉽게 프로그램 될 수 있다. 보다 일반적인 응용을 위하여 미분은 수치적 계산 절차를 사용하여 구하여야 한다. Hsieh와 Arora (1984)과 Tseng과 Arora (1989)에 의하여 개발되고 평가된 여러 가지 그런 절차들이 보다 복잡한 응용을 위하여 사용될 수 있다.

식 (14.72)~(14.75)는 최적화 프로그램의 사용자 제공 서브루틴을 개발하는데 사용된다. 여러 가지 절차들이 문제를 수치적으로 풀기 위하여 필요하다. 가장 먼저 변위, 속도와 제어력을 평가할 시간을 나누는 데 사용되어야 하는 격자가 있어야 한다. 3차 운형선(cubic splines), B 운형선(B-splines) (De Boor, 1978) 등과 같은 보간법은 격자점 이외 점에서의 함수를 평가하기 위하여 사용 될 수 있다.

다른 어려움은 식 (14.67)의 동적 변위제약조건과 관계가 있다. 제약조건은 시간 간격 0에서 T까지 전체 구간 동안 적용되어야 한다. 그러한 제약조건에 대한 여러 가지 취급방법들이 연구되어 왔다(Hsieh와 Arora, 1984; Tseng과 Arora, 1989). 예를 들면 제약조건은 함수 $q(t)$의 국소적 최대점에 적용되는 여러 개의 제약조건으로 대체할 수 있고, 적분 제약조건으로 대체할 수도 있으며, 또는 각 격자점에 적용할 수도 있다.

앞의 수치적 절차에 추가하여 단순 합, 사다리꼴 규칙, Simpson 규칙, 가우스 구적법 등과 같은 수치 적분 계획이 식 (14.66), (14.72)와 (14.73)의 적분을 수행하도록 반드시 선택되어야 한다. 몇 가지 기본적인 검사를 바탕으로 다음과 같은 수치적 절차가 현재 문제를 풀 수 있도록 그것들의 단순성을 위하여 선택되었다.

- 수치 적분: Simpson 방법
- 동적 제약조건: 각 격자점에 적용
- 설계변수 (제어력): 각 격자점에서의 값

수치 결과

앞선 절차와 수치 데이터를 사용하여 문제는 13.4절의 SQP 방법을 사용하여 풀었다. 격자의 수는 41로 선택되었으므로 41개 설계변수가 있다. 식 (14.67)의 변위제약조건은 범위를 $q_a = 0.01$ m으로 설정한 격자점들에 적용되었다. 초기 추정으로 $u(t)$를 0으로 설정하여 식 (14.67)~(14.69)의 제약조건은 위배되었다.

알고리즘은 단지 3회 반복에서 유용설계를 찾았다. 이들 반복에서 식 (14.66)의 목적함수도 감소되었다. 알고리즘은 11번째 반복에서 최적점에 거의 도달하였다. 엄격한 종료 기준의 결과로 명시된 기준을 만족하기 위하여 다른 27회 반복이 수행된다. 목적함수 이력이 그림 14.4에 그려져 있다. 모든 실제 목적에서 최적해는 15번째와 20번째 사이의 반복 어느 곳에서 구해졌다.

최종 변위 응답과 제어력 이력이 그림 14.5와 14.6에 나타나 있다. 변위와 속도 둘 다 0.05초 부근에서 0으로 되어서 시스템은 그 점에서 정지되어 감을 유의하라. 제어력 또한 그 점 이후에 0값을 가지고 그 간격 동안 여러 격자점에서 범위 값에 도달되었다. 최종 목적함수 값은 (8.536E − 07)이다.

문제 정규화의 효과

현재 응용에서 문제를 정규화하고 정규화된 변수로 최적화하는 것이 유리하다는 것이 밝혀졌다. 다른 응용에 유용할 수 있는 이러한 정규화를 간결하게 논의하고자 한다. 현재 문제를 정규화하지 않으면 제약함수와 그 경사도뿐 아니라 목적함수와 그 경사도는 매우 작은 값을 가진다. 알고리즘은 정규화된 문제와 동일한 최적해로 수렴하기 위하여 수렴 매개변수(1.0E − 09)의 아주 작은 값을 요구한다. 또한 정규화하지 않으면 수렴률도 느리다. 문제의 이러한 행동은 다음 절에서 설명하는 정

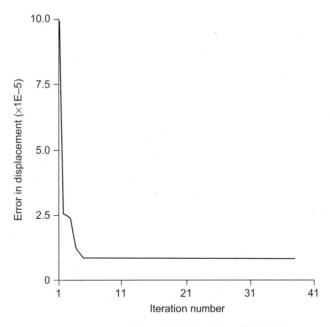

그림 14.4 상태변수(목적함수 f_1)의 오차를 최소화하는 최적제어문제의 목적함수 이력

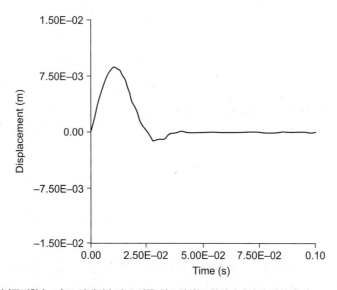

그림 14.5 성능지수(목적함수 f_1)로 상태변수의 오차를 최소화하는 최적해에서의 변위 응답

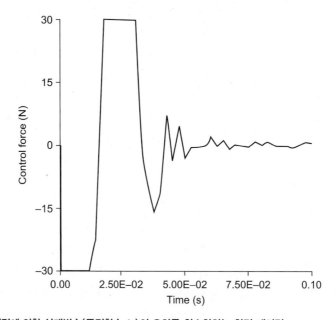

그림 14.6 충격 입력에 의한 상태변수(목적함수 f_1)의 오차를 최소화하는 최적 제어력

규화 절차로 극복한다.

시간에 대한 독립 변수 변환은 다음과 같이 정의한다.

$$t = \tau T \text{ 또는 } \tau = \frac{t}{T} \tag{14.76}$$

여기서 τ는 정규화된 독립변수이다. 이 변환으로 t가 0과 T 사이에서 변할 때 τ는 0과 1 사이에서 변한다. 변위는 다음과 같이 정규화된다.

$$q(t) = Tq_{max}\bar{q}(\tau) \text{ 또는 } \bar{q}(\tau) = \frac{q(t)}{Tq_{max}} \tag{14.77}$$

여기서 $\bar{q}(\tau)$는 정규화된 변위이고 q_{max}는 0.015로 택해졌다. 시간에 관한 변위의 미분은 다음과 같이 변환된다.

$$\dot{q}(t) = q_{max}\dot{\bar{q}}(\tau) \tag{14.78}$$

$$\dot{q}(0) = q_{max}\dot{\bar{q}}(0) \text{ 또는 } \dot{\bar{q}}(0) = \frac{v_0}{q_{max}} \tag{14.79}$$

$$\ddot{q}(t) = \frac{1}{T}q_{max}\ddot{\bar{q}}(\tau) \tag{14.80}$$

제어력은 다음과 같이 정규화된다.

$$u(t) = u_{max}\bar{u}(\tau), \text{ 또는 } \bar{u}(\tau) = \frac{u(t)}{u_{max}} \tag{14.81}$$

이 정규화로 $u(t)$가 $-u_{max}$과 u_{max} 사이에서 변함에 따라 $\bar{q}(\tau)$는 -1과 1 사이에서 변한다.
앞의 변환을 식 (14.64)와 (14.65)에 대입하면 다음을 얻는다.

$$\bar{m}\ddot{\bar{q}}(\tau) + \bar{k}\bar{q}(\tau) = \bar{u}(\tau) \tag{14.82}$$

$$\bar{q}(0) = \frac{q_0}{Tq_{max}}, \qquad \dot{\bar{q}}(0) = \frac{v_0}{q_{max}}$$

$$\bar{k} = \frac{kT}{u_{max}}q_{max}, \qquad \bar{m} = \frac{m}{Tu_{max}}q_{max} \tag{14.83}$$

식 (14.67)~(14.70)의 제약조건도 다음과 같이 정규화된다.

변위제약조건:

$$|\bar{q}(\tau)| \leq \frac{q_a}{Tq_{max}} \text{ 간격} 0 \leq \tau \leq 1\text{에서} \tag{14.84}$$

종료 변위제약조건:

$$\bar{q}(1) = \frac{1}{Tq_{max}}q_T \tag{14.85}$$

종료 속도 제약조건:

$$\dot{\bar{q}}(1) = \frac{1}{q_{max}}v_T \tag{14.86}$$

제어력 제약조건:

$$|\bar{u}(\tau)| \leq 1 \quad \text{간격} \; 0 \leq \tau \leq 1 \text{에서} \tag{14.87}$$

앞선 정규화로 수치 알고리즘은 괄목할 만큼 좋아지고 이미 보고된 것과 같이 최적해로의 수렴이 훨씬 빨라졌다. 따라서 일반적 용도로 가능한 문제의 정규화는 언제든지 권장된다. 14.7.3절과 14.7.4절에서 논의되었던 두 가지 추가 문제 정식화에서 앞선 정규화를 사용하려고 한다.

결과의 토의

문제의 최종해는 격자의 수와 종료기준에 영향을 받을 수 있다. 이미 보고된 해는 41개 격자점과 수렴기준(10^{-3})을 사용하여 얻었다. 보다 엄격한 수렴기준(10^{-6})도 몇 번의 반복을 더하여 동일한 해를 준다.

격자점의 수도 최종해의 정확도에 영향을 줄 수 있다. 21개 격자점의 사용도 대략적으로 동일한 해를 주었다. 최종 제어력의 모양은 약간 달랐다. 최종 목적함수 값은 예상한 대로 41개 격자점보다 약간 높았다.

만약 식 (14.67)의 변위에 관한 범위 q_a가 너무 엄격하다면 문제가 불용이 될 수 있다는 것을 주목하는 것이 중요하다. 예를 들면 q_a가 0.008 m로 설정되면, 41개 격자점으로는 문제가 불용이었다. 그러나 21개 격자점으로는 해를 얻었다. 이것은 격자점의 수가 적을 때 비록 격자점에서는 만족될지라도 변위제약조건은 격자점 사이에서 실제 위배될 수 있다는 것을 보여준다. 따라서 격자점의 수는 신중하게 선택되어야 한다.

앞선 논의는 시간 종속 제약조건을 보다 정밀하게 적용하기 위하여서는 정확한 국소 최대점이 위치하는 곳에 제약조건을 적용하여야 하는 것을 보여준다. 정확한 최대점에 위치하기 위하여 보간법 절차가 사용되거나 최고점이 위치하는 간격의 이등분할을 사용될 수 있다(Hsieh와 Arora, 1984). 제약조건의 경사도는 반드시 최대점에서 평가되어야 한다. 현재 문제에서 앞선 절차가 응답의 해석적 형식이 알려져 있기 때문에 실행하기에 너무 어려운 것은 아니다. 보다 일반적인 응용에서 전산과 프로그래밍 노력들은 앞선 절차를 이행하기 위하여 실질적으로 증가할 수 있다.

제어력 $u(t) = -30$ N 또는 $u(t) = 30$ N와 같은 여러 다른 시작점은 그림 14.5와 14.6에서 주어진 것과 같이 동일한 해로 수렴된 것을 주목할 가치가 있다. 전산 노력은 얼마간 변한다. 시작점으로 $u(t) = 0$을 사용하였을 때, 21개 격자점의 CPU 시간은 41개 격자점의 약 20%정도였다.

최적에서 식 (14.67)의 동적 제약조건이 어떤 시간의 격자점에서도 활성이 아니라는 것이 흥미롭다. 많은 중간 반복에서는 위배되었다. 또한 식 (14.68)과 (14.69)의 종료 응답 제약조건은 정규화된 라그랑지 승수 (-7.97E – 04)와 (5.51E – 05)로 최적에서 만족된다. 승수가 거의 0이므로 제약조건은 최적해에 영향을 미치지 않고 얼마가 완화시킬 수 있다. 이것은 그림 14.5에서 보여주는 최종 변위 반응에서 관찰될 수 있다. 시스템은 $t = 0.05$초 후에는 반드시 정지상태에 있으므로 식 (14.68)과 (14.69)의 종료 제약조건들은 영향을 미치지 않는다.

여러 격자점에서 제어력은 범위 값($u_a = 30$ N)에 있다. 예를 들면 처음 여섯 격자점은 하한 범위에 있고 다음 여섯 격자점은 상한 범위에 있다. 제약조건의 라그랑지 승수는 초기에는 큰 값을 가지다가 13번째 격자점 이후에는 점차 0으로 감소한다. 제약조건 변화 민감도 정리 4.7에 의하면 시스템이 진동이 일어난 후 짧은 동안 제어력의 범위를 완화하면 최적 목적함수는 충분히 감소될 수 있다.

14.7.3 최소 제어 노력 문제

문제의 다른 형식화는 전체 제어 노력을 최소화하는 것이 가능하며 다음과 같이 계산된다.

$$f_3 = \int_0^T u^2(t)\,dt \tag{14.88}$$

제약조건은 식 (14.67)~(14.70)과 식 (14.64)와 (14.65)에 정의한 것과 동일하다. 문제의 최적해를 구하는 수치적 절차는 14.7.2절에 설명한 것과 동일하다.

문제의 정식화는 꽤 양호했다. 동일한 최적해를 다른 시작점에서 비교적 빨리(9~27회 반복) 구하였다. 그림 14.7과 14.8은 최적해의 변위 반응과 제어력을 주고 있는데 이것은 $u(t) = 0$ 시작과 41개 격자점으로 구해졌다. 이 해는 SQP 방법의 13회 반복으로 구해졌다. 최종제어노력은 7.481로 처음의 경우 28.74보다 훨씬 작다. 그러나 시스템은 이전 경우에 0.05에 비교되어 0.10초에 정지된다. 이전에 설명한 대로 21개 격자점의 해가 수치적 절차의 결과와 같이 더 적은 제어 노력의 결과로 된다.

식 (14.67)의 변위제약조건은 정규화된 라그랑지 승수 (2.429E − 02)의 8번째 격자점에서 활성임에 유의하라. 식 (14.68)과 (14.69)의 종료 변위와 속도의 제약조건도 정규화된 라그랑지 승수 (−1.040E − 02)와 (−3.753E − 04)로 활성이다. 게다가 제어력은 라그랑지 승수 (7.153E − 04)의 첫째 격자점에서 하한 범위에 있다.

14.7.4 최소 시간 제어 문제

이 정식화의 개념은 다양한 제약조건을 받고 있는 시스템의 운동을 억제하는 데 요구되는 시간을 최소화하는 것이다. 이전의 정식화에서 시스템이 정지되기 원하는 시간이 명시되었다. 그러나 현 정식화에서는 시간 T를 최소화하려고 한다. 따라서 목적함수는

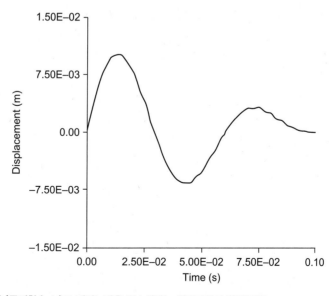

그림 14.7 성능지수(목적함수 f_3)로 제어노력을 최소화하는 최적에서의 변위 반응

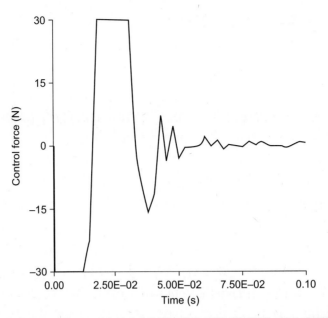

그림 14.8 충격 입력(목적함수 f_3)후 시스템이 정지되게 하는 제어노력을 최소화하는 최적 제어력

$$f_4 = T \qquad (14.89)$$

시스템의 제약조건은 식 (14.64), (14.65)와 (14.67)~(14.70)에서 정의한 것과 동일하다. 이전의 정식화와 비교하면 시간 T에 관한 제약조건의 경사도도 필요함을 주목하라. 함수의 해석적 표현식이 알려져 있으므로 이것은 매우 쉽게 계산될 수 있다.

여러 점 T = 0.1, 0.04, 0.02와 $u(t)$ = 0, 30, –30에서 시작하여 동일한 최적해를 얻었다. 그림 14.9~14.11은 시작점으로 T = 0.04와 $u(t)$ = 0 및 41개 격자점의 최적에서의 변위와 속도 반응을 보여준다. 이것은 시스템 정지까지 0.02933초가 소요되는데 SQP 방법으로 21회 반복이 필요하였다. 시작점에 따라 최종해로 수렴하기 위한 반복횟수는 20에서 56 사이로 변하였다.

식 (14.68)과 (14.69)의 종료 변위와 속도에 관한 제약조건은 각각 (6.395E – 02)와 (–1.771E – 01)의 정규화된 라그랑지 승수로 활성이다. 제어력은 22개 격자점의 첫째에서 하한 범위이고 나머지 점에서는 상한 범위이다.

14.7.5 시스템 운동의 최적제어를 위한 세 가지 정식화의 비교

그림 14.2에 보여주고 있는 시스템의 세 가지 최적제어에 관한 정식화를 비교하는 것은 재미있다. 표 14.12는 세 가지 정식화의 최적해를 요약한 것이다. 모든 해는 4개의 격자점과 $u(t)$ = 0 시작점으로 구하였다.

표 14.12의 결과는 제어 노력이 첫째 정식화에서 가장 큰 값이고 둘째 정식화가 가장 적음을 보여주고 있다. 둘째 정식화가 수행하기 가장 편리할 뿐 아니라 가장 효율적임이 판명되었다. 전체 시간 T가 변화함에 따라 이 정식화는 정식화 3의 결과를 얻는 데 사용될 수 있다. 예를 들면 T = 0.05와 0.02933초를 사용하면 정식화 2의 해가 얻어진다. T = 0.02933초에서는 정식화 3과 동일한 결과를

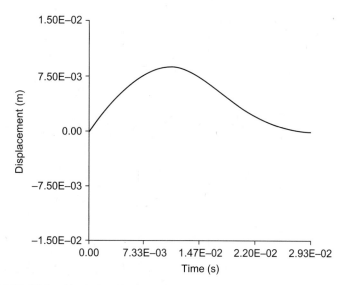

그림 14.9 성능지수(목적함수 f_4)로서 시간 최소화의 최적에서 변위 반응

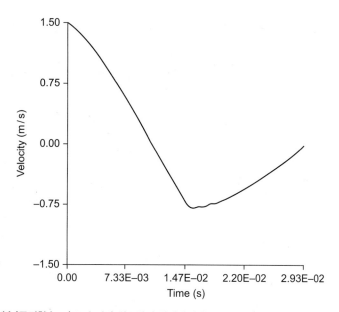

그림 14.10 성능지수(목적함수 f_4)로서 시간 최소화의 최적에서 속도 반응

얻는다. 또한 $T = 0.025$초를 사용하면 정식화 2는 불용 문제의 결과가 된다.

14.8 인장부재의 최적설계

인장부재는 트러스 구조물과 같은 실제 응용에서 만나게 된다. 이 절에서는 인장하중을 받는 부재의

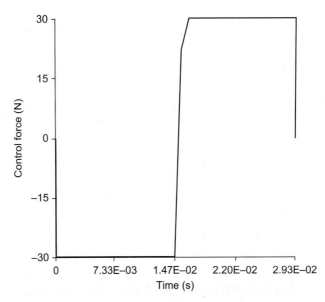

그림 14.11 충격 입력(목적함수 f_4)후 시스템이 정지되게 하는 시간을 최소화하는 최적 제어력

표 14.12 충격 입력을 받는 시스템 운동의 최적제어문제의 3가지 정식화에 관한 최적해의 요약

	Formulation 1: minimization of error in state variable	Formulation 2: minimization of control effort	Formulation 3: minimization of terminal time
f_1	8.53607E−07	2.32008E−06	8.64466E−07
f_2	1.68241E−02	2.73540E−02	1.45966E−02
f_3	2.87398E+01	7.48104	2.59761E+01
f_4	0.10	0.10	2.9336E−02
NIT*	38	13	20
NCF*	38	13	20
NGE*	100	68	64

* NIT, *number of iterations;* NCF, *number of calls for function evaluation;* NGE, *total number of gradients evaluated.*

최적설계가 설명되어 있다. 문제는 2.1절에서 개발된 5단계를 사용하여 상세하게 설명되고 정식화 되었다. 인장부재의 설계에 관하여서는 미국철강건설협회(AISC) 철강건설매뉴얼(AISC, 2011)의 필요 요건을 논의하고 정식화에 도입되었다. 몇 가지 예제 문제를 풀고 그 최적해를 논의하였다.

14.8.1 1단계: 과제/문제 설정

이 과제의 목적은 강철로 만들어진 최소 무게의 인장부재를 설계하는 것으로 AISC의 필요 조건 (AISC, 2011)을 만족하는 것이다. 광 플랜지 단면(W형), 앵글 단면, 채널단면, T 단면, 원형 중공 또는 정사각형관, 인장봉(중실 원형 또는 정사각형 단면)과 케이블과 같은 강철 부재의 많은 단면 모양이 인장부재로 사용될 수 있다.

현재 응용에서는 W형이 바람직하다. 다른 단면 모양도 여기서 설명하는 것과 유사한 절차를 사용하여 취급될 수 있다. 부재의 단면이 그림 14.12에 나타내었다. 부재의 하중은 응용과 구조물이 위치하는 지역의 하중 필요조건(ASCE, 2010)을 바탕으로 계산된다. 지정한 재료는 ASTM A992 등급 50강이다.

14.8.2 2단계: 자료 및 정보 수집

인장부재 설계의 최적화 문제를 정식화하기 위하여 수집하여야 할 정보들은 AISC 필요조건, 하중과 재료 성질이 포함된다. 이러한 목적을 달성하기 위하여 표 14.13에 정의된 기호와 자료를 보라. 허용강도설계(ASD) 처리법이 인장부재 설계에 사용되었다. 하중과 저항인자설계(LRFD) 처리법도 유사한 방법으로 사용될 수 있다.

문제 정식화의 몇 가지 유용한 표현식은 다음과 같다.

$$A_g = 2b_f t_f + \left(d - 2t_f\right)t_w, \text{ in.}^2 \tag{14.90a}$$

$$I_y = 2\left(\frac{1}{12}t_f b_f^3\right) + \frac{1}{12}\left(d - 2t_f\right)t_w^3, \text{ in.}^4 \tag{14.90b}$$

$$r_y = \sqrt{\frac{I_y}{A_g}}, \text{ in.} \tag{14.90c}$$

14.8.3 3단계: 설계변수 정의

부재의 설계변수는 그림 14.12에 나타낸 단면 치수이다. 따라서 설계변수 벡터는 $\mathbf{x} = (d, b_f, t_f, t_w)$ 이다.

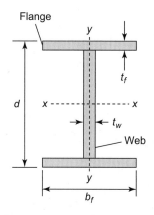

x–x is the major (strong) axis
y–y is the minor (weak) axis

그림 14.12 W형 부재

표 **14.13** 인장부재 설계 최적화의 자료

Notation	Data
A_g	Gross area of the section, in.^{2}
A_n	Net area (gross area minus cross-sectional areas due to bolt holes), in.^{2}
A_e	Effective net area (reduction of net area to account for stress concentrations at holes and shear lag effect where not all cross-sectional elements are connected to transmit load), $A_e = UA_n$, in.^{2}
b_f	Width of flange, in.
d	Depth of section, in.
F_y	Specified minimum yield stress, 50 ksi for A992 steel, ksi
F_u	Specified minimum ultimate stress, 65 ksi for A992 steel, ksi
L	Laterally unsupported length of member, in.
P_n	Nominal axial strength, kips
P_a	Required strength, kips
r_y	Least radius of gyration, in.
t_f	Thickness of flange, in.
t_w	Thickness of web, in.
U	*Shear lag coefficient: reduction coefficient for net area* whenever tension is transmitted through some but not all cross-sectional elements of member (such as angle section, where only one leg of the angle is connected to a gusset plate), $U = 1 - \bar{x}/l$. Also, connection design should be such that $U \geq 0.6$. Table D3.1 of *AISC Manual* (AISC, 2011) can be used to evaluate U for different conditions.
$\bar{x}$	Distance from plane of shear transfer (plane of connection) to centroid of tension member cross-section, in.
Ω_t	Factor of safety for tension; 1.67 for yielding of gross cross-section and 2.00 for rupture (fracture) of net cross-section
γ	Density of steel, 0.283 lb/in.^{3}

14.8.4 4단계: 최적화 기준 정의

목적은 가능한 가장 가벼운 부재의 W형의 선정이다. 따라서 단면적 × 밀도로 주어진 단위 길이당 부재의 무게를 최소화한다.

$$f = 12\gamma A_g, \text{ lbs/ft.} \tag{14.91}$$

14.8.5 5단계: 제약조건 정의

AISC (2011)는 부재가 만족되어야 하는 세 가지 한계 상태를 요구한다.

1. 전체 단면의 항복
2. 순 단면의 파열
3. 세장비의 한계 상태

항복 한계는 요구되는 강도가 허용항복강도(인장에서 부재의 수용능력)보다 적거나 같아야 한다는 것을 말한다. 허용항복강도는 공칭항복강도 P_{ny}를 안전계수로 나누어 구한다. 따라서 항복한계상태 필요조건은 다음과 같이 쓰여진다.

$$P_a \leq \frac{P_{ny}}{\Omega_t}; \quad P_{ny} = F_y A_g \tag{14.92}$$

$\Omega_t = 5/3$이므로 항복한계상태 제약조건은

$$P_a \leq 0.6 F_y A_g \tag{14.93}$$

파열한계상태는 요구되는 강도가 이음에서의 순단면의 허용파열강도보다 적어야 한다는 요구하는 제약조건을 도입한다. 허용파열강도는 공칭파열강도 P_{nr}를 안전계수로 나누어 구한다. 따라서 파열한계상태 제약조건은 다음과 같이 쓰여진다.

$$P_a \leq \frac{P_{nr}}{\Omega_t}; \quad P_{nr} = F_u A_e \tag{14.94}$$

파열한계상태에서 $\Omega_t = 2$이므로 제약조건은

$$P_a \leq 0.5 F_u A_e \tag{14.95}$$

순 유효 단면 A_e의 계산은 이음부의 상세도에 달려있다(예를 들어, 이음부 길이, 볼트의 수와 배열과 단면의 중심으로부터 전단면의 거리). 시작 설계 단계에서는 이러한 상세도가 알려지지 않으므로 유효 단면적에 관하여 가정되어야 하고 일단 부재의 설계와 이음부의 상세도가 알려지면 확인하여야 한다. 현재 응용에서는 $A_e = 0.75 A_g$를 사용하였다.

세장비 제약조건은 다음과 같이 쓰여진다.

$$\frac{L}{r_y} \leq 300 \tag{14.96}$$

비록 이 제약조건은 인장부재에 관해서는 요구되지 않지만 AISC (2011)는 너무 가는 부재를 가지는 것을 피하도록 제안한다. 이것은 움직이는 하중에서 부재의 하중이 반대로 될 경우 부재의 좌굴을 피하게 하기도 한다.

예제 14.3 **W10형의 선택**

길이 25 ft 부재에 대한 앞선 절에서 정식화된 최적화 문제를 풀기 위하여 6장 엑셀 Solver를 사용한다. W10형이 선택되었으므로 다음의 설계변수 하한과 상한의 범위는 AISC (2011)의 치수표에 있는 자료를 바탕으로 명기되었다.

$$9.73 \leq d \leq 11.4 \text{ in.} \tag{a}$$

$$3.96 \leq b_f \leq 10.4 \text{ in.} \tag{b}$$

$$0.21 \leq t_f \leq 1.25 \text{ in.} \tag{c}$$

$$0.19 \leq t_w \leq 0.755 \text{ in.} \tag{d}$$

구조물에 대한 하중 해석을 기초로 하여 인장부재에 대한 서비스 정하중은 50 kips이고 동하중은 100 kips이다. 따라서 부재에 요구되는 강도 P_a는 150 kips이다.

문제의 엑셀 워크시트가 준비되고 Solver가 행하여졌다. 구현할 때 제약조건은 그들의 한계 값에 관하여 정규화되었다. 예를 들면 식 (14.93)의 항복한계상태 제약조건은 $1 \le 0.6F_y A_g / P_a$과 같이 정규화되었다. 초기 설계는 W10 × 15 단면으로 선택되었는데 식 (14.93), (14.95)와 (14.96)의 제약조건이 위배되었고 따라서 이 단면은 충분하지 않다. 설계변수의 초기 값은 W10 × 15 단면의 (10.00, 4.00, 0.27, 0.23)집합이다. 초기 목적함수 값은 14.72 lbs/ft이다. 다음과 같은 최적설계를 얻는다.

$$\mathbf{x}^* = \left(d = 11.138, \quad b_f = 4.945, \quad t_f = 0.321, \quad t_w = 0.2838 \right) \text{in.};$$
$$\text{Weight} = 20.90 \text{ lbs/ft.}; \quad A_g = 6.154 \text{ in.}^2, \quad r_y = 1.027 \text{ in.}; \tag{e}$$

여러 가지 다른 시작점은 근본적으로 동일한 최적 무게를 주지만 약간 다른 설계변수 값이 된다. 최적설계를 분석하면 파열한계상태 제약조건이 최적점에서 활성임을 관찰할 수 있다. 최적설계를 사용할 때 W10 × 22 단면의 사용이 제시되었는데 이것은 요구되는 강도 150 kips을 만족하는 각각 항복과 파열한계상태의 허용 강도 194와 158 kips를 가지고 있다.

예제 14.4	**W8형의 선택**

이제 부재로 W8 단면의 사용에 대하여 상세히 조사하고자 한다. W8형에 대하여 다음의 설계변수의 하한과 상한 범위가 AISC (2011)의 치수표 자료를 바탕으로 명시되어 있다.

$$7.93 \le d \le 9.00 \text{ in.} \tag{a}$$
$$3.94 \le b_f \le 8.28 \text{ in.} \tag{b}$$
$$0.205 \le t_f \le 0.935 \text{ in.} \tag{c}$$
$$0.17 \le t_w \le 0.507 \text{ in.} \tag{d}$$

초기 설계는 W8 × 15 단면으로 선택되었다. 이 단면에서는 식 (14.93), (14.95)와 (14.96)의 제약조건이 위배되어서 단면이 충분하지 않다. W8 × 15 단면 사용에서 초기 설계변수 집합은 (8.11, 4.01, 0.315, 0.245)이고 14.80 lbs/ft의 값을 가진다. 이것은 다음과 같은 최적설계를 준다.

$$\mathbf{x}^* = \left(d = 8.764, \quad b_f = 5.049, \quad t_f = 0.385, \quad t_w = 0.284 \right) \text{in.}$$
$$\text{Weight} = 20.90 \text{ lbs/ft.}; \quad A_g = 6.154 \text{ in.}^2, \quad r_y = 1.159 \text{ in.} \tag{e}$$

여러 가지 다른 시작점은 동일한 최적 무게를 주지만 설계변수 값은 약간 다르다. 이 설계를 W10의 것과 비교하면 최적 무게와 단면적은 두 해석에서 동일하다. 하지만 설계는 상당히 다르다. 최적해를 분석하면 최적점에서 단지 파열한계상태 제약조건만이 활성임을 관찰할 수 있다. 최적설계를 사용할 때 W8 × 24 단면을 사용할 것을 제안하는데 이것은 항복과 파열한계상태에서 각각 208 kips와 169 kips의 허용 강도를 가진다. W8 × 21단면은 파열한계상태 제약조건과 만나지는 않는다. 또한 W10 × 22 단면이 이 응용에서 더 가볍게 보인다. 만약 단면의 깊이에 관한 특별한 제한이 W12 또는 W14 단면이라도 한층 가벼운 단면을 찾기 위한 노력도 가능하다.

토의

부재의 이음부를 설계하는 동안 순 유효면적으로 가정한 $A_e = 0.75A_g$이 증명되어야 함을 주목하는 것이 중요하다. AISC (2011)도 부재의 블록 전단 파괴를 확인하도록 요구한다. 블록 전단은 부재의 볼트 이음부에서 파괴가 일어나는 현상이다. 부재나 거싯 판이 인장에서 잘라지거나 또는 파열이 일어날 수 있다. 이음부의 상세도에 따라서 블록 전단 파괴의 여러 가지 양태가 일어날 수 있다. 모든 양태는 항복 또는 파열에 의하여 전단 파괴를 지키기 위하여 필요하다. AISC (2011)의 J4.2과 J4.3 절에서 보다 자세한 내용을 참고할 수 있다.

현재 응용에서 강철로 만든 부재를 취급하여 왔다. 알루미늄과 목재와 같은 다른 재료로 만들어진 부재도 여기서 설명한 것과 유사한 방식으로 최적화 될 수 있다.

14.9 압축부재의 최적설계

14.9.1 문제의 정식화

이 절에서는 압축하중을 받는 부재의 최적설계를 설명한다. 압축부재는 기둥 구조물, 건축 틀의 기둥과 트러스 구조물의 부재와 같은 많은 실제 응용에서 마주치게 된다. 문제는 상세하게 설명하고 정식화된다. 압축부재의 설계에 관한 미국철강건설협회(AISC) 철강건설매뉴얼(AISC, 2011)의 필요 요건을 논의하고 정식화에 도입되었다. 이 문제의 독특한 특징은 제약조건함수의 불연속에 의하여 일어난 IF THEN ELSE 제약조건을 가지는 것이다. 절차는 도함수 기반 최적화 알고리즘에서 그러한 제약조건을 취급하기 위하여 설명된다. 몇 가지 예제 문제를 풀고 최적해를 논의하였다.

1단계: 과제/문제 설정

이 과제에서 목적은 허용강도설계(ASD) 처리법을 기반으로 *AISC* 매뉴얼 필요조건(AISC, 2011)을 만족하는 강철로 만들어진 최소 압축부재를 설계하는 것이다. 광 플랜지 단면(W형), 앵글 단면, 채널단면, *T* 단면, 원형 중공 또는 정사각형관과 같은 강철 부재의 많은 단면 모양이 압축부재로 사용될 수 있다. 현재 응용에서는 W형이 바람직하다. 다른 단면 모양도 여기서 설명하는 것과 유사한 절차를 사용하여 취급될 수 있다. 부재의 단면을 그림 14.12에 나타내었다. 부재의 하중은 응용과 구조물이 위치하는 지역의 하중 필요조건(ASCE, 2010)을 바탕으로 계산된다. 지정한 재료는 ASTM A992 등급 50강이다.

2단계: 자료 및 정보수집

압축부재 설계의 최적화 문제를 정식화하기 위하여 수집하여야 할 정보들은 AISC 필요조건, 하중과 재료 성질이 포함된다. 이러한 목적을 달성하기 위하여 표 14.14에 정의된 기호와 자료를 보라.

문제 정식화의 몇 가지 유용한 표현식은

$$A_g = 2b_f t_f + (d - 2t_f)t_w, \text{ in.}^2 \tag{14.97a}$$

$$I_x = 2\left(\frac{1}{12}b_f t_f^3\right) + \frac{1}{12}t_w\left(d - 2t_f\right)^3 + 2b_f t_f\left(\frac{d}{2} - \frac{t_f}{2}\right)^2, \text{ in.}^4 \tag{14.97b}$$

$$I_y = 2\left(\frac{1}{12}t_f b_f^3\right) + \frac{1}{12}\left(d - 2t_f\right)t_w^3, \text{ in.}^4 \tag{14.97c}$$

$$r_x = \sqrt{\frac{I_x}{A_g}}, \text{ in.} \tag{14.97d}$$

$$r_y = \sqrt{\frac{I_y}{A_g}}, \text{ in.} \tag{14.97e}$$

$$\lambda = \frac{KL}{r} \tag{14.97f}$$

$$\lambda_e = 4.71\sqrt{\frac{E}{F_y}} \tag{14.97g}$$

$$\lambda_x = \frac{K_x L_x}{r_x} \tag{14.97h}$$

$$\lambda_y = \frac{K_y L_y}{r_y} \tag{14.97i}$$

허용강도설계(ASD) 처리법을 사용한 압축부재 설계에 관한 미국철강건설협회 필요조건은

1. 요구되는 강도 ≤ 단면의 허용 강도
2. $KL/r \leq 200$

강도제약조건은 다음과 같이 쓰여진다($\Omega_c = 5/3$임을 유의하라).

$$P_a \leq \frac{P_n}{\Omega_c} = 0.6P_n \tag{14.98}$$

공칭강도 P_n는 다음과 같이 주어진다.

$$P_n = F_{cr}A_g \tag{14.99}$$

공칭강도 P_n를 계산하기 위하여 한계응력 F_{cr}이 계산될 필요가 있다. 부재의 한계응력은 강(x) 축이나 약(y) 축에 관한 좌굴, 부재의 휘지 않는 길이, 부재의 끝 조건, 세장비, 재료성질과 탄성 또는 비탄성 좌굴과 같은 여러 가지 요인에 따른다. 다음의 조건을 만나게 되면 좌굴은 **비탄성**이고 한계 응력은 식 (14.101)에 의하여 주어진다.

$$\lambda \leq \lambda_e \quad \left(\text{or, } \frac{F_y}{F_e} \leq 2.25\right) \tag{14.100}$$

$$F_{cr} = \left(0.658^{F_y/F_e}\right)F_y \tag{14.101}$$

다음의 조건을 만나게 되면 **좌굴**은 탄성이고 한계 응력은 식 (14.103)에 의하여 주어진다.

표 14.14 압축부재 설계 최적화에 대한 자료

Notation	Data
A_g	Gross area of the section, in.^{2}
b_f	Width of the flange, in.
d	Depth of the section, in.
E	Modulus of elasticity; 29,000 ksi
F_e	Euler stress, ksi
F_{ex}	Euler stress for buckling with respect to the strong (x) axis, ksi
F_{ey}	Euler stress for buckling with respect to the weak (y) axis, ksi
F_y	Specified minimum yield stress; 50 ksi for A992 steel
F_{cr}	Critical stress for the member, ksi
F_{crx}	Critical stress for the member for buckling with respect to the strong (x) axis, ksi
F_{cry}	Critical stress for the member for buckling with respect to the weak (y) axis, ksi
I_x	Moment of inertia about the strong (x) axis, in.^{4}
I_y	Moment of inertia about the weak (y) axis, in.^{4}
K	Dimensionless coefficient called the *effective length factor*; its value depends on the end conditions for the member
K_x	Effective length factor for buckling with respect to the strong (x) axis; 1.0
K_y	Effective length factor for buckling with respect to the weak (y) axis; 1.0
L_x	Laterally unsupported length of the member for buckling with respect to strong (x) axis, 420 in.
L_y	Laterally unsupported length of the member for buckling with respect to weak (y) axis, 180 in.
P_n	Nominal axial compressive strength, kips
P_a	Required compressive strength; 1500 kips
r_x	Radius of gyration about the strong (x) axis, in.
r_y	Radius of gyration about the weak (y) axis, in.
t_f	Thickness of the flange, in.
t_w	Thickness of the web, in.
Ω_c	Factor of safety for compression; 5/3 for the yielding of the gross cross-section
λ	Slenderness ratio
λ_e	Limiting value of slenderness ratio for elastic/inelastic buckling
λ_x	Slenderness ratio for buckling with respect to strong (x) axis
λ_y	Slenderness ratio for buckling with respect to weak (y) axis
γ	Density of steel; 0.283 lb/in.^{3}

$$\lambda > \lambda_e \quad \left(\text{or, } \frac{F_y}{F_e} > 2.25 \right) \tag{14.102}$$

$$F_{cr} = 0.877 F_e \tag{14.103}$$

앞선 표현식에서 오일러 응력 F_e은 다음과 같이 주어진다.

$$F_e = \frac{\pi^2 E}{\lambda^2} \tag{14.104}$$

오일러 응력의 계산에서 강(x) 축이나 약(y) 축에 관한 좌굴인지를 알아내는 것이 필요하다. 이것은 x와 y에 관한 세장비 λ가 계산될 필요가 있음을 의미한다. 이들 2개의 값에서 큰 것이 좌굴축을 결정한다.

3단계: 설계변수 정의

부재의 설계변수는 그림 14.12에 보여주고 있는 부재의 단면 치수이다. 따라서 설계변수 벡터는 **x** = (d, b_f, t_f, t_w)이다.

4단계: 최적화 기준 정의

목적은 부재의 가능한 가장 가벼운 W형을 선택하는 것이다. 따라서 단면적 × 밀도로 주어진 단위 길이당 부재의 무게를 최소화한다.

$$f = 12\gamma A_g, \text{ lbs/ft.} \tag{14.105}$$

5단계: 제약조건 정의

도함수 기반 최적화 알고리즘에 관한 식 (14.98)의 제약조건을 정식화하는 것은 매력적이다. 이유는 제약조건이 문제의 유용설계 집합의 어떤 점에서 제약조건함수가 불연속이거나 최소한 미분 불가능하게 만드는 2개의 IF THEN ELSE 제약조건에 달려 있는 것이다. 첫째 IF THEN ELSE 제약조건은 식 (14.104)의 오일러 응력 F_e 계산에 대한 것이다.

$$\text{만약 } \lambda_x \leq \lambda_y, \quad \text{THEN } F_e = \frac{\pi^2 E}{\left(\lambda_y\right)^2} \tag{14.106}$$

$$\text{그 밖에, } F_e = \frac{\pi^2 E}{\left(\lambda_x\right)^2} \tag{14.107}$$

이 조건은 근본적으로 식 (14.106)과 (14.107)의 작은 값 F_e는 식 (14.101)과 (14.103)의 한계응력을 계산하기 위하여 반드시 사용되어야 한다는 것을 말한다. x 또는 y축에 관한 좌굴의 불확실성을 극복하기 위하여 초기에 한 축에 관한 좌굴을 가정하고 문제를 최적화한다. 다음 실제 다른 축에 관한 좌굴인지를 검토한다. 만약 이러면 다른 축에 관한 가정 좌굴로 문제를 다시 최적화 한다. 이러한 상황을 취급하기 위하여 식 (14.104)를 사용하여 정의한다.

$$F_{ey} = \frac{\pi^2 E}{\left(\lambda_y\right)^2} \tag{14.108}$$

$$F_{ex} = \frac{\pi^2 E}{\left(\lambda_x\right)^2} \tag{14.109}$$

여기서 F_{ey}와 F_{ex}는 각각 약(y)과 강(x) 축에 관한 오일러 응력이다. 이러한 표현식은 식 (14.101)과 (14.103)으로부터 한계응력 F_{crx}과 F_{cry}을 계산하는 데 사용된다.

두 번째 정식화의 주요 어려움은 식 (14.100)의 조건에 있는 **IF THEN ELSE**인데 이것은 좌굴이 탄성 또는 비탄성으로 될지를 결정하는 것이다. 이 조건은 식 (14.101)과 (14.103)에 주어진 두 표현식이 단면의 한계 응력을 지배하는지 결정하는 것이다. 이 어려움을 극복하기 위하여 부재가 비탄성 좌굴 양상 또는 탄성 좌굴 양상으로 남아 있도록 설계한다. 다른 말로 하면 부재가 비탄성 양상으로 남아 있도록 요구하는 제약조건을 가하고 부재를 최적화한다. 다음 부재가 탄성 좌굴 양상으로 남아 있도록 조건을 가하여 다시 최적화한다. 다음 두 해 중에서 더 우수한 것을 최종해로 사용한다 .

14.9.2 비탄성 좌굴 문제의 정식화

비탄성 좌굴 제약조건을 적용하여 문제를 정식화한다. 문제를 최적화하기 위하여 먼저 약(y) 축(즉, $\lambda_y > \lambda_x$)에 관한 부재의 좌굴을 가정하고 다음의 제약조건을 적용한다.

$$\lambda_y \le \lambda_e \ (\text{비탄성 좌굴 제약조건}) \tag{14.110}$$

$$P_a \le 0.6F_{cry}A_g \tag{14.111}$$

여기서 한계응력 F_{cry}는 다음과 같이 식 (14.101)으로부터 주어진다.

$$F_{cry} = \left(0.658^{F_y/F_{ey}}\right)F_y \tag{14.112}$$

강(x) 축에 관한 세장비 λ_x를 관찰한다. 만약 최적해에서 $\lambda_x \ge \lambda_y$이면 강(x) 축에 관한 좌굴이다. 다음의 제약조건을 적용하여 문제를 다시 최적화한다.

$$\lambda_x \le \lambda_e \ (\text{비탄성 좌굴 제약조건}) \tag{14.113}$$

$$P_a \le 0.6F_{crx}A_g \tag{14.114}$$

여기서 한계응력 F_{crx}는 다음과 같이 식 (14.101)로부터 주어진다.

$$F_{crx} = \left(0.658^{F_y/F_{ex}}\right)F_y \tag{14.115}$$

플랜지와 웹이 국소 좌굴을 피하기 위하여 다음 제약조건이 적용되었다(AISC, 2011).

$$\frac{\left(d - 2t_f\right)}{t_w} \le 0.56\sqrt{\frac{E}{F_y}} \tag{14.116}$$

$$\frac{b_f}{2t_f} \le 1.49\sqrt{\frac{E}{F_y}} \tag{14.117}$$

예제 14.5 **비탄성 좌굴 해**

이전에 지적한 대로 부재는 약(y) 축에 대한 좌굴이 된다고 가정하고 문제를 최적화한다(즉, $\lambda_y > \lambda_x$이고 식 (14.108)로부터 오일러 응력을 계산하기 위하여 λ_y를 사용한다). 또한 부재는 W18형이 바람직하다고 가정하고 AISC (2011) 치수표에 있는 자료를 기초로 설계변수의 하한과 상한 범위를 적용한다(만약 부재로 다른 W형이 바람직하다면 설계변수로 적합한 상한과 하한 범위를 적용할 수 있다).

$$17.7 \leq d \leq 21.1 \text{ in.} \tag{a}$$

$$6.0 \leq b_f \leq 11.7 \text{ in.} \tag{b}$$

$$0.425 \leq t_f \leq 2.11 \text{ in.} \tag{c}$$

$$0.30 \leq t_w \leq 1.16 \text{ in.} \tag{d}$$

최적화 문제: 식 (14.110), (14.111), (14.116), (14.117)과 (a)~(d)의 제약조건을 받는 식 (14.105)의 목적함수를 최소화하는 설계변수 d, b_f, t_f, t_w를 구하라. 문제를 위한 엑셀 시트를 준비하고 해찾기를 실행하라. 수행에서 제약조건은 한계 값에 관하여 정규화되었다. 예를 들면 식 (14.111)의 항복한계상태 제약조건은 $1 \leq 0.6F_{cry}A_g/P_a$과 같이 정규화되었다. 설계변수의 초기 값은 (17.70, 6.00, 0.425, 0.30)과 같이 하한 범위로 설정되었다. 초기 목적함수 값은 34.5 lbs/ft이다. Solver는 다음 최적설계를 준다.

$$\left(d = 18.48, \quad b_f = 11.70, \quad t_f = 2.11, \quad t_w = 1.16 \right) \text{in.}$$
$$\text{Weight} = 224 \text{ lbs/ft.}; \quad A_g = 65.91 \text{ in.}^2 \tag{e}$$
$$\lambda_x = 56.8, \quad \lambda_y = 61.5, \quad \lambda_e = 113.4, \quad F_{crx} = 39.5 \text{ ksi}, \quad F_{cry} = 37.9 \text{ ksi}$$

여러 가지 다른 시작점들도 동일한 최적해를 준다.

최적설계를 분석하면 최적점에서 플랜지 폭, 플랜지 두께와 웹 두께의 상한 범위와 함께 y축에 관한 좌굴의 강도 제약조건이 활성임을 관찰할 수 있다. 최적점에서 $\lambda_y > \lambda_x$이므로 약축에 관한 좌굴의 가정이 정확하였다. 최적설계를 기준으로 1550 kips의 허용 강도를 가지는 W18 × 234 단면의 사용이 제안되었다.

기둥의 행동과 해 과정의 몇 가지 통찰을 얻기 위하여 부재의 좌굴이 강(x) 축에 관하여 발생한다고 가정하고(즉, 식 6.41로부터 오일러 응력을 계산하기 위하여 λ_x를 사용한다) 기둥을 다시 최적화한다.

최적화 문제: 식 (14.113), (14.114), (14.116), (14.117)과 (a)~(d)의 제약조건을 받는 식 (14.105)의 목적함수를 최소화하는 설계변수 d, b_f, t_f, t_w를 구하라. 설계변수의 초기 값은 이전과 같이 (17.70, 6.00, 0.425, 0.30)로 설정되었다. 초기 목적함수 값은 34.5 lbs/ft이다. Solver는 다음 최적설계를 준다.

$$\left(d = 21.1, \quad b_f = 11.70, \quad t_f = 2.11, \quad t_w = 0.556 \right) \text{in.}$$
$$\text{Weight} = 199.6 \text{ lbs/ft.}; \quad A_g = 58.77 \text{ in.}^2 \tag{f}$$
$$\lambda_x = 47.0, \quad \lambda_y = 58.1, \quad \lambda_e = 113.4, \quad F_{crx} = 42.54 \text{ ksi}, \quad F_{cry} = 39.1 \text{ ksi}$$

여러 가지 다른 시작점도 동일한 최적해를 준다. 최적설계를 분석하면 최적점에서 단면 깊이, 플랜지 폭, 플랜지 두께와 함께 x축에 관한 좌굴의 강도 제약조건이 활성임을 관찰할 수 있다. 하지만 최적점에서 $\lambda_y > \lambda_x$이므로 약(y) 축에 관한 좌굴임을 가르키고 있다. 따라서 이 최적설계를 받아들일 수 없다.

14.9.3 탄성 좌굴 문제의 정식화

이제 좌굴이 탄성이 됨을 가정한 경우에 대한 문제를 정식화한다. 비탄성 좌굴 정식화의 경우와 같이 우선 약(y) 축에 관한 부재의 좌굴을 가정하고 다음의 제약조건을 적용하여 기둥을 최적화한다.

$$\lambda_e \leq \lambda_y \leq 200 \tag{14.118}$$

$$P_a \leq 0.6F_{cry}A_g \tag{14.119}$$

여기서 한계응력 F_{cry}는 다음과 같은 식 (14.103)으로부터 주어진다.

$$F_{cry} = 0.877F_{ey} \tag{14.120}$$

강(x) 축에 대한 세장비를 λ_x를 조사한다. 만약 최적점에서 $\lambda_x \geq \lambda_y$이면 강(x) 축에 대한 좌굴이 된다. 그러면 다음 제약조건을 적용하여 문제를 다시 최적화한다.

$$\lambda_e \leq \lambda_x \leq 200 \tag{14.121}$$

$$P_a \leq 0.6F_{crx}A_g \tag{14.122}$$

여기서 한계응력 F_{crx}는 다음과 같은 식 (14.101)으로부터 주어진다.

$$F_{crx} = 0.877F_{ex} \tag{14.123}$$

예제 14.6　**탄성 좌굴 해**

이전에 지적한 대로 부재는 약(y) 축에 대한 좌굴이 된다고 가정하고 문제를 최적화한다. 또한 부재는 W18형이 바람직하다고 가정한다. 최적화 문제: 식 (14.118), (14.119), (14.116), (14.117)과 (a)~(d)의 제약조건을 받는 식 (14.105)의 목적함수를 최소화하는 설계변수 d, b_f, t_f, t_w를 구하라. 문제를 위한 엑셀 시트를 준비하고 Solver를 실행하였다. 수행에서 제약조건은 앞의 예제에서와 같이 한계 값에 관하여 정규화되었다. 설계변수의 초기 값은 (17.70, 6.00, 0.425, 0.30)과 같이 하한 범위로 설정되었다. 초기 목적함수 값은 34.5 lbs/ft이다. Solver는 식 (14.119)의 강도 제약조건이 만족될 수 없으므로 유용해를 찾을 수 없다. 단면의 깊이는 하한 범위에 도달하고 플랜지와 웹의 두께는 상한 범위에 도달하였다. 따라서 약(y) 축에 대한 W18형의 탄성 좌굴은 이 문제에서 불가능하다.

강(x) 축에 대한 부재의 좌굴의 가능성을 조사하기 위하여 기둥을 다시 최적화한다. 최적화 문제: 식 (14.121), (14.122), (14.116), (14.117)과 (a)~(d)의 제약조건을 받는 식 (14.105)의 목적함수를 최소화하는 설계변수 d, b_f, t_f, t_w를 구하라. 설계변수의 초기 값은 이전과 같이 (17.70, 6.00, 0.425, 0.30)으로 설정되었다. 초기 목적함수 값은 34.5 lbs/ft이다. 역시 Solver는 문제의 유용해를 찾을 수 없다. 식 (14.121)의 세장비 하한 범위에 대한 제약조건이 만족될 수 없었다. 단면의 깊이와 플랜지 폭은 하한 범위에 도달하고, 웹의 두께는 상한 범위에 도달하였으며 플랜지의 두께는 상한 범위에 거의 도달하였다.

앞의 2개의 해는 이 문제에서 W18형의 탄성 좌굴은 요구되는 강도에서 가능하지 않음을 나타내고 있다. 따라서 문제의 최종해는 기둥으로 W18 × 234 형인데 약(y) 축에 관한 기둥의 비탄성 좌굴이 일어난다.

토의

이 절에서 *AISC* 매뉴얼 필요조건(AISC, 2011)을 준수하기 위한 압축부재 최적화 문제를 정식화 하였다. 매뉴얼의 필요조건은 연속이고 미분 가능한 함수로 정식화될 수 없다는 것이 드러났다. 따라서 도함수 기반 최적화 알고리즘은 이 문제에 대하여 적합하지 않을 수 없다. 도함수 기반 최적화 방법에서 이러한 필요조건을 취급하기 위하여 여기에 접근법을 제시하였다. 근본적으로 문제는 4번 풀었는데 여기서 정식화는 연속이고 미분 가능하므로 도함수 기반 최적화 방법이 사용될 수 있다. 이 접근법은 매우 잘 작용되어서 문제의 최적해를 주고 있다.

14.10 휨 부재의 최적설계

이 절에서 굽힘하중을 받는 부재의 최적설계를 설명한다. 보는 건축 틀, 다리와 기타 구조물과 같은 많은 실용 응용에서 만나게 된다. 문제를 상세하게 설명하고 정식화하였다. 보의 설계에 관한 미국 철강건설협회(AISC) 철강건설매뉴얼(AISC, 2011)의 필요 요건을 논의하고 허용강도설계(ASD) 처리법을 사용하여 적용되었다. 이 문제 또한 여러 가지의 IF THEN ELSE형의 제약조건을 가지고 있다. 문제의 다양한 정식화를 연구하기 위하여 몇 가지 예제를 풀고 최적해가 논의되었다.

14.10.1 1단계: 과제/문제 설정

이 과제에서 목적은 *AISC* 매뉴얼 필요조건(AISC, 2011)을 만족하는 최소 무게 강철 보를 설계하는 것이다. 광 플랜지 단면(W형), 앵글 단면, 채널단면, T 단면, 원형 중공 또는 정사각형 관과 같은 휨 부재로 많은 단면 모양의 강철 부재가 사용될 수 있다.

현재 응용에서는 W형이 선택되어야 한다. 부재의 단면이 그림 14.13에 나타내었다. 보에 의하여 지지되는 하중은 응용과 구조물이 위치하는 지역의 하중 필요조건(ASCE, 2010)을 바탕으로 계산된다. 지정한 재료는 ASTM A992 등급 50강이다.

먼저 이 문제의 일반적인 정식화를 설명한 다음 여러 가지 예제를 푼다.

14.10.2 2단계: 자료 및 정보 수집

휨 부재 설계의 최적화 문제를 정식화하기 위하여 수집하여야 할 정보들은 AISC 필요조건, 하중과 재료 성질이 포함된다. 이러한 목적을 달성하기 위하여 표 14.15에 정의된 기호와 자료를 보라.

휨 부재의 최적설계문제의 정식화를 위한 W형의 몇 가지 유용한 표현식은 다음과 같다.

$$h = d - 2t_f, \text{ in.;} \quad h_0 = d - t_f, \text{ in.} \tag{14.123a}$$

$$A_g = 2b_f t_f + (d - 2t_f)t_w, \text{ in.}^2 \tag{14.123b}$$

$$\bar{y} = \frac{1}{A_g}\left[b_f t_f^2 + ht_w(0.25h + t_f)\right], \text{ in.} \tag{14.123c}$$

$$Z_x = 0.5aA_g, \text{ in.}^3; \quad a = d - 2\bar{y}, \text{ in.} \tag{14.123d}$$

$$M_p = \frac{1}{12}F_y Z_x, \text{ kip ft.;} \quad M_y = \frac{1}{12}F_y S_x, \text{ kip ft.} \tag{14.123e}$$

$$C_b = \frac{12.5M_{\max}}{2.5M_{\max} + 3M_A + 4M_B + 3M_C}R_m \le 3.0 \tag{14.123f}$$

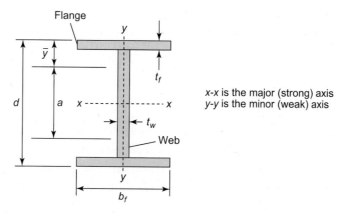

Flange

y

$\bar{y}$

t_f

d a x -------- x

t_w

Web

y

b_f

x-x is the major (strong) axis
y-y is the minor (weak) axis

그림 14.13　휨 부재를 위한 W형

표 14.15　휨 부재 설계 최적화를 위한 자료

Notation	Data
A_g	Gross area of section, in.^{2}
A_w	Area of web $\approx dt_w$, in.^{2}
a	Distance between centroids of two half-areas of cross-section, in.
b_f	Width of flange, in.
C	Parameter (1 for doubly symmetric shapes)
C_b	Factor (*beam bending coefficient*) that takes into account nonuniform bending moment distribution over unbraced length L_b
C_v	Ratio of critical web stress to shear yield stress
C_w	Warping constant, in.^{6}
d	Depth of section, in.
E	Modulus of elasticity; 29,000 ksi
F_y	Specified minimum yield stress; 50 ksi for A992 grade 50 steel
F_{cr}	Critical stress for member, ksi
FLB	Flange local buckling
G	Shear modulus of steel; 11,200 ksi
h	Height of web, in.
h_0	Distance between flange centroids, in.
I_x	Moment of inertia with respect to strong (x) axis, in.^{4}
I_y	Moment of inertia with respect to weak (y) axis, in.^{4}
J	Torsional constant, in.^{4}
L_b	Unbraced length; distance between points braced against lateral displacement of compression flange, in.
L_p	Limiting laterally unbraced length for full plastic bending capacity (property of section), in.

(계속)

표 14.15 휨 부재 설계 최적화를 위한 자료(계속)

Notation	Data
L_r	Limiting laterally unbraced length for inelastic LTB (property of section), in.
LTB	Lateral–torsional buckling
M_a	Required moment strength (ie, maximum moment corresponding to controlling load combination (ASCE, 2010), kip ft.
M_A	Absolute value of moment at quarter point of unbraced segment, kip ft.
M_B	Absolute value of moment at mid-point of unbraced segment, kip ft.
M_C	Absolute value of moment at three-quarter point of unbraced segment, kip ft.
M_{max}	Absolute value of maximum moment in unbraced segment, kip ft.
M_p	Plastic moment, kip ft.
M_y	Moment that brings beam to point of yielding, kip ft.
M_n	Nominal moment strength, kip ft.
R_m	Cross-section monosymmetry parameter (1 for doubly symmetric sections)
r_x	Radius of gyration with respect to strong (x) axis, in.
r_y	Radius of gyration with respect to weak (y) axis, in.
r_{ts}	Property of cross-section, in.
S_x	Section modulus, in.^{3}
t_f	Thickness of flange, in.
t_w	Thickness of web, in.
V_a	Maximum shear based on controlling combination of loads, kips
V_n	Nominal shear strength of section, kips
WLB	Web local buckling
$\bar{y}$	Distance of centroid of half-area of cross-section from extreme fiber, in.
Z_x	Plastic section modulus, in.^{3}
Ω_b	Safety factor for bending; 5/3
Ω_v	Safety factor for shear
λ	Width–thickness ratio
λ_p	Upper limit for λ for compactness
λ_r	Upper limit for λ for noncompactness
λ_f	Width–thickness ratio for flange
λ_{pf}	Upper limit for λ_f for compactness of flange
λ_{rf}	Upper limit for λ_f for noncompactness of flange
λ_w	Width–thickness ratio for web
λ_{pw}	Upper limit for λ_w for compactness of web
λ_{rw}	Upper limit for λ_w for noncompactness of web
γ	Density of steel; 0.283 lb/in.^{3}
Δ	Maximum deflection due to live loads, in.

$$C_w = \frac{1}{4} I_y h_0^2, \text{ in.}^6 \text{ (이중 대칭 W형에 대하여)} \tag{14.123g}$$

$$F_{cr} = \frac{C_b \pi^2 E}{(L_b/r_{ts})^2} \sqrt{1 + 0.078 \frac{Jc}{S_x h_0}\left(\frac{L_b}{r_{ts}}\right)^2}, \text{ ksi} \tag{14.123h}$$

$$I_x = 2\left(\frac{1}{12} b_f t_f^3\right) + \frac{1}{12} t_w \left(d - 2t_f\right)^3 + 2b_f t_f \left(\frac{d}{2} - \frac{t_f}{2}\right)^2, \text{ in.}^4 \tag{14.123i}$$

$$I_y = 2\left(\frac{1}{12} t_f b_f^3\right) + \frac{1}{12}\left(d - 2t_f\right) t_w^3, \text{ in.}^4 \tag{14.123j}$$

$$S_x = \frac{I_x}{0.5d}, \text{ in.}^3 \tag{14.123k}$$

$$J = \frac{1}{3}\left(2b_f t_f^3 + h_0 t_w^3\right), \text{ in.}^4 \tag{14.123l}$$

$$L_p = 1.76 r_y \sqrt{\frac{E}{F_y}}, \text{ in.;} \quad r_y = \sqrt{\frac{I_y}{A_g}}, \text{ in.} \tag{14.123m}$$

$$L_r = 1.95 r_{ts} \frac{E}{0.7F_y} \sqrt{\frac{Jc}{S_x h_0}} \sqrt{1 + \sqrt{1 + 6.76\left(\frac{0.7F_y}{E} \frac{S_x h_0}{Jc}\right)^2}}, \text{ in.} \tag{14.123n}$$

$$r_{ts}^2 = \frac{\sqrt{I_y C_w}}{S_x}, \text{ in.}^2 \tag{14.123o}$$

$$\lambda_f = \frac{b_f}{2t_f}; \quad \lambda_w = \frac{h}{t_w} \tag{14.123p}$$

$$\lambda_{pf} = 0.38 \sqrt{\frac{E}{F_y}}; \quad \lambda_{rf} = \sqrt{\frac{E}{F_y}} \tag{14.123q}$$

$$\lambda_{pw} = 3.76 \sqrt{\frac{E}{F_y}}; \quad \lambda_{rw} = 5.70 \sqrt{\frac{E}{F_y}} \tag{14.123r}$$

허용강도설계(ASD) 처리법을 사용한 휨 부재 설계에 관한 미국철강건설협회 필요조건은

1. 요구되는 부재의 모멘트 강도는 부재의 유효(허용) 모멘트 강도를 초과할 수 없다.

2. 부재의 요구되는 전단강도는 부재의 유효(허용) 전단강도를 초과할 수 없다.

3. 보의 처짐은 명시된 범위를 벗어날 수 없다.

모멘트 강도 필요요건

요구되는 부재의 모멘트 강도는 부재의 유효(허용) 모멘트 강도를 초과할 수 없다.

$$M_a \leq \frac{M_n}{\Omega_b} = 0.6M_n \tag{14.124}$$

보의 공칭강도 M_n를 결정하기 위하여 여러 가지 보의 파괴 양상을 고려할 필요가 있다: 탄성 또는 비탄성 측면-비틀림 좌굴(LTB, 보의 전역적 좌굴), 탄성 또는 비탄성 플랜지 국소 좌굴(FLB)과 웹 국소 좌굴(WLB). 이들의 각 파괴 양상에 대하여 단면의 공칭강도가 계산되어야 한다. 이들 값에서 가장 작은 것이 보의 공칭강도 M_n로 택해진다.

국소 좌굴 고려에서 AISC (2011)는 폭-두께의 비에 따라서 **조밀, 비조밀과 가는** 단면 형상으로 분류한다.

1. **조밀(*compact*)**: 만약 플랜지와 웹의 폭-두께의 비가 다음 조건을 만족하면 단면은 조밀하다고 분류된다(조밀한 형상에서는 웹과 플랜지의 국소 좌굴이 파괴 양상이 아니다).

$$\lambda \le \lambda_p \qquad (14.125)$$

2. **비조밀(*noncompact*)**: 만약 플랜지와 웹의 폭-두께의 비가 다음 조건을 만족하면 단면은 비조밀하다고 분류된다(비조밀한 형상에서는 웹 또는 플랜지 또는 둘 다의 국소 좌굴이 고려되어야 한다).

$$\lambda_p < \lambda \le \lambda_r \qquad (14.126)$$

3. **가는(*slender*)**: 만약 플랜지와 웹의 폭-두께의 비가 다음 조건을 만족하면 단면은 가늘다고 분류된다(전역적 및 국소적 좌굴과 항복 한계 상태에 더하여 인장 플랜지 항복 상태도 고려되어야 한다).

$$\lambda > \lambda_r \qquad (14.127)$$

앞의 조건은 단면 구성요소의 최악 폭-두께의 비를 기초로 되었다. 압연된 I형 휨 부재의 폭-두께비 범위가 식 (14.123q)와 (14.123r)에 주어져 있다. 형상이 조밀할 때($\lambda \le \lambda_p$ 플랜지와 웹 둘 다의 경우), FLB 또는 WLB을 검토할 필요가 없다. 대부분의 표준 압연 W형은 $F_y \le 65$ ksi에 대하여 조밀이다. 비조밀 형상은 *AISC* 매뉴얼(AISC, 2011)의 주석 f와 일치한다. 더욱이 모든 압연 형상은 웹의 폭-두께 비를 만족하나 주석 f와 일치하는 표준 압연 W형의 플랜지만이 비조밀이다. 판 이음새와 같이 용접된 I형 구조물은 비조밀이거나 가는 플랜지와 또는 웹을 가질 수 있다.

조밀 형상의 공칭굽힘강도

조밀 형상의 공칭 휨 강도 M_n는 두 가지 파괴 양상으로부터 얻은 하한 값이다.

1. 항복 한계 상태 (소성모멘트)
2. 측면 비틀림 좌굴 (LTB)

항복의 한계 상태에서 공칭모멘트는 다음과 같이 주어진다.

$$M_n = M_p = F_y Z_x \qquad (14.128)$$

LTB 한계 상태에 대한 공칭모멘트 강도 M_n을 계산하기 위하여 좌굴이 탄성 또는 비탄성인지를 먼저 결정할 필요가 있다. 그렇게 하기 위하여 식 (14.123m)과 (14.123n)을 각각 사용하여 I형 부재에 대한 길이 L_p과 L_r를 계산한다. 공칭강도는 다음과 같이 계산된다.

1. 만일 다음이면, LTB가 파괴 양상이 아니다.

$$L_b \le L_p \tag{14.129}$$

항복한계상태는 식 (14.128)의 소성모멘트와 같이 공칭모멘트 강도를 준다.

2. 만약 다음이면 비탄성 LTB가 발생한다.

$$L_p < L_b \le L_r \tag{14.130}$$

이 경우에서 공칭모멘트 강도는 다음과 같이 주어진다.

$$M_n = C_b \left[M_p - \left(M_p - 0.7 F_y S_x \right) \left(\frac{L_b - L_p}{L_r - L_p} \right) \right] \le M_p \tag{14.131}$$

3. 탄성 LTB는 다음과 같을 때 발생한다(부재는 가는 것으로 분류된다).

$$L_b > L_r \tag{14.132}$$

이 경우 공칭모멘트 강도는 다음과 같이 주어진다.

$$M_n = F_{cr} S_x \le M_p \tag{14.133}$$

여기서 한계 응력 F_{cr}는 식 (14.123h)를 사용하여 계산된다. 만약 굽힘모멘트가 균일하면 모든 모멘트 값이 식 (14.123f)에서 동일하고 $C_b = 1$을 준다. 이것은 또한 보수적인 설계에서 사실이다.

비조밀 형상의 공칭굽힘강도

대부분의 압연된 W, M, S와 C형은 $F_y \le 65$ ksi에 대하여 조밀하다. 플랜지 폭-두께 비 때문에 소량만이 비조밀이나 가늘지는 않다. 일반적으로 비조밀 보는 LTB, FLB, 또는 WLB에 의하여 파괴될 수 있다. 이들의 어떤 것들이 탄성 또는 비탄성이 될 수 있다. 이들 전부를 부재의 공칭모멘트 강도를 계산하기 위하여 조사할 필요가 있다.

AISC 매뉴얼 (AISC, 2011)에서 모든 열간 압연 모양의 웹은 조밀하므로 비조밀 형상은 단지 LTB과 FLB의 한계 상태에만 받게 된다. 플랜지 때문에 형상이 **비조밀**이 되면($\lambda_p < \lambda \le \lambda_r$) 공칭모멘트 강도는 다음의 가장 작은 것이다.

1. LTB에 대하여 식 (14.128), (14.131), 또는 (14.133)을 사용하여 공칭모멘트가 계산된다.

2. FLB에 대하여 M_n는 다음과 같이 계산된다.

    a. 만약 다음이면 FLB가 일어나지 않는다.

$$\lambda_f \le \lambda_{pf} \tag{14.134}$$

    b. 플랜지가 비조밀이고 만약 다음이면 FLB는 비탄성이다.

$$\lambda_{pf} < \lambda_f \le \lambda_{rf} \tag{14.135}$$

공칭모멘트 응력은 다음과 같이 주어진다.

$$M_n = \left[M_p - \left(M_p - 0.7 F_y S_x \right) \left(\frac{\lambda_f - \lambda_{pf}}{\lambda_{rf} - \lambda_{pf}} \right) \right] \le M_p \qquad (14.136)$$

c. 플랜지가 가늘고 다음이면 FLB는 탄성이다.

$$\lambda_f > \lambda_{rf} \qquad (14.137)$$

공칭모멘트 응력은 다음과 같이 주어진다.

$$M_n = \frac{0.9 E k_c S_x}{\lambda_f^2} \le M_p \qquad (14.138)$$

$$k_c = \frac{4}{\sqrt{h/t_w}} \qquad (14.139)$$

k_c의 값은 0.35보다 작거나 0.76보다 크게 택하여지지 않는다.

전단강도 필요요건

요구되는 전단강도(작용 전단)는 유효(전단) 전단응력을 초과하지 않아야 한다(AISC, 2011).

$$V_a \le \frac{V_n}{\Omega_v} \qquad (14.140)$$

AISC (2011) 명세 사항은 보강된 웹을 가진 보와 보강되지 않은 웹을 가진 보 둘 다 포함한다. 기본 공칭전단강도 방정식은

$$V_n = \left(0.6 F_y \right) A_w C_v \qquad (14.141)$$

여기서 $0.6 F_y$는 전단항복응력이다(인장항복응력의 60%). C_v의 값은 한계 상태가 웹 전단 항복, 웹 전단 비탄성 좌굴 또는 웹 전단 탄성 좌굴인지에 달려있다. 열간 압연의 I형의 특별한 경우에는

$$\frac{h}{t_w} \le 2.24 \sqrt{\frac{E}{F_y}} \qquad (14.142)$$

한계 상태가 전단항복이고

$$C_v = 1.0; \quad \Omega_v = 1.50 \qquad (14.143)$$

$F_y \le 65$ ksi의 대부분 W형상은 이 범주에 속하게 된다(AISC, 2011). 원형 중공 구조물 단면(HSS)을 제외하고 다른 이중과 단일 대칭형상 전부는

$$\Omega_v = 1.67 \qquad (14.144)$$

그리고 C_v는 다음과 같이 결정된다.

1. 만약 다음이면 웹 전단 불안정이 없다.

$$\frac{h}{t_w} \le 1.10 \sqrt{\frac{k_v E}{F_y}} \qquad (14.145)$$

$$C_v = 1.0 \qquad (14.146)$$

2. 만약 다음이면 비탄성 웹 전단 좌굴이 일어난다.

$$1.10\sqrt{\frac{k_v E}{F_y}} < \frac{h}{t_w} \le 1.37\sqrt{\frac{k_v E}{F_y}} \qquad (14.147)$$

$$C_v = \frac{1.10\sqrt{k_v E/F_y}}{h/t_w} \qquad (14.148)$$

3. 만약 다음이면 한계 상태는 탄성 웹 전단 좌굴이다.

$$\frac{h}{t_w} > 1.37\sqrt{\frac{k_v E}{F_y}} \qquad (14.149)$$

$$C_v = \frac{1.51 E k_v}{\left(h/t_w\right)^2 F_y} \qquad (14.150)$$

여기서 $k_v = 5$이다. 이 k_v의 값은 $\dfrac{h}{t_w} \le 260$인 보강되지 않은 웹에 대한 것이다.

식 (14.150)은 안정성 이론을 바탕으로 하고 식 (14.148)은 비탄성 영역에 대한 경험식으로 웹 전단 항복과 웹 전단 탄성좌굴한계 상태 사이의 전환을 제공한다.

처짐 필요요건

보의 처짐이 유용 하중에서 과도하지 않아야 한다. 이것이 구조물에 대한 **유용성 필요요건**이다. 정하중 처짐은 보통 보에 위로 휘게 함으로써 제어할 수 있기 때문에 동하중 처짐이 제어하는 데 더욱 중요하다는 것이 판명되었다. 보의 동하중 처짐 필요요건은 다음과 같다.

$$\Delta = \frac{L}{240} \qquad (14.151)$$

여기서 L은 보의 길이고 Δ는 동하중에 의한 처짐이다.

14.10.3 3단계: 설계변수 정의

부재의 설계변수는 그림 14.13에 나타낸 부재의 단면 치수이다. 따라서 설계변수 벡터는 $\mathbf{x} = (d,\ b_f,\ t_f,\ t_w)$이다.

14.10.4 4단계: 최적화 기준 정의

목적은 부재의 가능한 가장 가벼운 W형을 선택하는 것이다. 따라서 단면적 × 밀도로 주어진 단위 길이당 부재의 무게를 최소화한다.

$$f = 12\gamma A_g, \ \text{lbs/ft.} \qquad (14.152)$$

14.10.5 5단계: 제약조건의 정의

도함수 기반 최적화 알고리즘에 관한 보 설계를 위한 강도 제약조건을 정식화하는 것은 매력적인 것이다. 이유는 제약조건이 문제의 유용설계 집합의 어떤 점에서 제약조건함수가 불연속이거나 최소한 미분 불가능하게 만드는 여러 개의 IF THEN ELSE 제약조건에 달려 있는 것이다. 첫째 IF THEN ELSE 제약조건은 조밀, 비조밀 또는 가는 것의 분류 형상에 관한 것이다. 만약 형상이 조밀이면 플랜지나 웹의 국소 좌굴이 파괴 양상이 아니다. 다음은 LTB가 있다면 조밀 형상에 대한 판단이 될 필요가 있다. 만일 있다면 좌굴이 탄성인지 비탄성인지 판단될 필요가 있다. 따라서 조밀 형상이라도 공칭강도를 결정하기 전에 여러 가지 조건이 검토될 필요가 있다. 단면의 공칭강도는 식 (14.128)~(14.133)으로부터 가장 작은 값으로 주어진다.

둘째 IF THEN ELSE 제약조건은 이전에 논의한 것과 같이 LTB에 더하여 FLB 파괴 양상도 고려하여야만 하는 비조밀 단면과 관련이 있다. 또한 FLB는 비탄성 또는 탄성이 될 수 있으므로 이것이 결정될 필요가 있다. 따라서 공칭모멘트 강도는 식 (14.128)~(14.138)의 작은 값으로 주어진다.

보 설계에서 일반적인 절차는 모멘트 강도에 관한 부재의 크기를 정한 다음 전단강도와 처짐 필요요건을 확인한다. 또한 먼저 조밀 단면으로 부재를 설계하고 다음으로 비조밀 단면으로 하고 두 설계를 비교한다. 두 경우에 대한 문제의 보다 자세한 정식화는 다음의 예제에서 설명하였다.

예제 14.7   비탄성 LTB에 대한 조밀 형상의 설계

끝단에만 지지되는 경간 30 ft 단순 지지보를 설계하고자 한다. 보는 그림 14.14에 보이는 것과 같이 2 kip/ft의 균일한 정하중과 경간 중앙에 집중 동하중 15 kips을 받고 있다. 보의 재료는 등급 50 A992 강이다.

이전에 약술된 절차를 따라 휨 강도에 대한 부재를 최적화하고 전단과 처짐 필요요건에 적합한지를 확인한다. 보의 해석은 다음과 같이 요구되는 모멘트와 전단강도를 준다.

$$M_a = 337.5 \text{ kip ft.,} \quad V_a = 37.5 \text{ kips} \tag{a}$$

조밀하게 되는 단면을 요구하므로 다음의 플랜지와 웹의 폭-두께비에 관한 제약조건을 적용한다.

$$\lambda_f \leq \lambda_{pf} \text{와} \quad \lambda_w \leq \lambda_{pw} \tag{b}$$

지지되지 않는 길이 $L_b = 30$ ft은 꽤 크므로 LTB 파괴 양상을 반드시 고려하여야 한다. 먼저 지지되지 않는 길이에 대한 다음 제약조건을 적용하는 데 필요한 것을 내포하며 LTB가 비탄성임을 가정한다(나중에 탄성이 되는 것도 고려하려고 한다).

$$L_p < L_b \leq L_r \tag{c}$$

보는 비균일 굽힘모멘트를 받고 있으므로 계수 C_b는 1.19로 식 (14.123f)를 사용하여 계산된다. 단면에 관한 공칭강도 M_n는 식 (14.131)에 의하여 주어진다. 이 값은 단면에 관한 소성모멘트를 초과하지 않아야 함으로 제약조건을 준다.

$$M_n \leq M_p \tag{d}$$

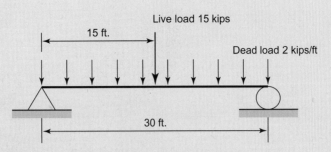

그림 14.14 정하중과 동하중을 받고 있는 단순 지지보

이제 식 (14.124)의 강도 제약조건은 다음과 같이 쓰여진다.

$$M_a \leq 0.6M_n \tag{e}$$

또한 W14형이 부재로 바람직하다고 가정하고 다음의 설계변수의 하한과 상한범위를 적용하였다(만약 부재로 다른 W14형이 바람직하다면 설계변수의 적절한 상한과 하한범위를 적용할 수 있다).

$$\left(13.7 \leq d \leq 16.4, \quad 5.0 \leq b_f \leq 16.0, \quad 0.335 \leq t_f \leq 1.89, \quad 0.23 \leq t_w \leq 1.18\right) \text{in.} \tag{f}$$

최적설계문제는 식 (b)~(f)의 제약조건을 받는 식 (14.152)의 목적함수를 최소화하는 설계변수 d, b_f, t_f, t_w를 구하는 문제로 된다. 문제를 위한 엑셀 워크시트가 준비되고 Solver가 시행되었다. 실행에서 제약조건들은 그들의 한계 값에 관하여 정규화되었다. 예를 들면 식 (e)의 모멘트 강도 제약조건은 $1 \leq 0.6\,M_n/M_a$와 같이 정규화되었다. 설계변수의 초기값은 (16.40, 16.00, 1.89, 1.18)과 같이 설정하였다. 초기 목적함수 값은 256 lbs/ft이다. Solver는 다음의 최적설계를 준다.

$$\left(d = 16.4, \quad b_f = 12.96, \quad t_f = 0.71, \quad t_w = 0.23\right) \text{in.}$$
$$\text{Weight} = 74.1 \text{ lbs/ft.;} \quad A_g = 21.81 \text{ in.}^2, \quad Z_x = 157.0 \text{ in.}^3, \quad S_x = 145.8 \text{ in.}^3 \tag{g}$$
$$L_p = 12.1 \text{ ft}, \quad L_r = 34.7 \text{ ft}, \quad V_n = 113.2 \text{ kips}, \quad \Delta = 0.42 \text{ in.}$$

최적설계를 분석하여 다음을 관찰할 수 있다. 모멘트 강도 제약조건, 플랜지 조밀도 제약조건, 깊이의 상부 범위와 웹 두께의 하한 범위가 최적해에서 활성이다. 또한 다음을 관찰할 수 있는데 허용전단응력 $\dfrac{V_n}{\Omega_v} = \dfrac{113.2}{1.5} = 75.5$ kips이 요구되는 전단강도 37.5 kips을 넘어서므로 최적설계는 전단강도 제약조건을 만족한다. 또한 허용처짐 L/240 = 1.5 in은 실제처짐 0.42 in을 넘어서므로 동하중 처짐 제약조건도 만족된다.

단면의 74.1 lbs의 최적 무게를 기준으로 W14 × 82형을 선택했다. 그러나 이 단면은 단지 270.0 kip ft의 허용 모멘트 강도를 가지고 있어 식 (e)의 요구되는 모멘트 강도 제약조건을 위배한다. 다음의 두 더 무거운 단면은 W14 × 90과 W14 × 99이나 둘 다 비조밀이다. 따라서 W14 × 109형을 선택하는데 이것은 요구되는 모멘트 강도 제약조건을 만족하는 464.4 kip ft의 허용굽힘강도를 가지고 있다.

만약 설계변수에 대한 제약조건을 완화하면 설계변수에 대한 다음의 범위를 가진 W18형을 선택할 수 있다.

$$\left(17.7 \leq d \leq 20.7, \quad 6.0 \leq b_f \leq 11.6, \quad 0.425 \leq t_f \leq 1.91, \quad 0.30 \leq t_w \leq 1.06\right) \text{in.} \tag{h}$$

설계변수의 초기값은 (16.40, 12.96, 0.71, 0.23)으로 설정되었다. 초기 목적함수 값은 74.2 lbs/ft이다. Solver는 다음의 최적설계를 준다.

$$(d = 18.38, \ b_f = 11.6, \ t_f = 0.76, \ t_w = 0.3) \, \text{in}.$$
$$\text{Weight} = 77.0 \, \text{lbs/ft.;} \quad A_g = 22.7 \, \text{in.}^2, \ Z_x = 176.6 \, \text{in.}^3, \ S_x = 162 \, \text{in.}^3 \tag{i}$$
$$L_p = 10.43 \, \text{ft}, \quad L_r = 30 \, \text{ft}, \quad V_n = 165.4 \, \text{kips}, \quad \Delta = 0.34 \, \text{in}.$$

최적설계를 분석하여 모멘트 강도 제약조건 지지되지 않는 길이에서 상한 범위, 플랜지 폭에 대한 상한 범위, 웹 두께의 하한 범위가 최적해에서 활성임을 관찰할 수 있다. 최적설계를 바탕으로 390.9 kip ft 유효 (허용) 굽힘강도를 가지는 W18 × 97 단면을 선택하였고 모든 다른 제약조건을 만족한다. 다른 더 가벼운 단면은 모든 제약조건을 만족하지 않는다.

만약 설계변수의 상한 경계 제약조건을 완화하면 W21 또는 W24형을 선택할 수도 있다.

$$(13.7 \le d \le 25.5, \ 5.0 \le b_f \le 13.0, \ 0.335 \le t_f \le 2.11, \ 0.23 \le t_w \le 1.16) \, \text{in}. \tag{j}$$

설계변수의 초기값은 (16.40, 16.0, 1.89, 1.18)로 설정하였다. 초기 목적함수 값은 256.0 lbs/ft이다. Solver는 다음 최적설계를 준다.

$$\left(d = 19.47, \ b_f = 12.31, \ t_f = 0.67, \ t_w = 0.23\right) \text{in}.$$
$$\text{Weight} = 70.4 \, \text{lbs/ft.;} \quad A_g = 20.73 \, \text{in.}^2, \ Z_x = 174.55 \, \text{in.}^3, \ S_x = 162.1 \, \text{in.}^3 \tag{k}$$
$$L_p = 11.2 \, \text{ft}, \quad L_r = 30 \, \text{ft}, \quad V_n = 134.38 \, \text{kips}, \quad \Delta = 0.32 \, \text{in}.$$

최적설계를 분석하여 모멘트 강도 제약조건, 지지되지 않는 길이에서 상한 범위, 플랜지 조밀도에 대한 상한범위, 웹 두께의 하한 범위가 최적해에서 활성임을 관찰할 수 있다. 최적설계를 바탕으로 모든 제약조건을 만족하기 위하여 W21 × 101이나 W24 × 117을 사용하도록 제안되었다.

예제 14.8 탄성 LTB를 가지는 조밀 형상의 설계

풀이

다음으로 LTB가 탄성이 될 것을 요구한다. 따라서 식 (14.132)의 제약조건을 적용하여 식 (14.133)을 사용하여 공칭강도를 계산한다. 설계변수의 상한과 하한 범위는 식 (j)와 같이 설정된다. 설계변수의 초기값은 (24.1, 12.8, 0.75, 0.5)와 같이 설정되었다. 초기 목적함수 값은 103.6 lbs/ft이다. Solver는 다음 최적설계를 준다.

$$\left(d = 22.15, \ b_f = 12.06, \ t_f = 0.0659, \ t_w = 0.23\right) \text{in}.$$
$$\text{Weight} = 70.2 \, \text{lbs/ft.;} \quad A_g = 20.68 \, \text{in.}^2, \ Z_x = 195.61 \, \text{in.}^3, \ S_x = 181.28 \, \text{in.}^3 \tag{l}$$
$$L_p = 10.78 \, \text{ft}, \quad L_r = 28.07 \, \text{ft}, \quad V_n = 152.80 \, \text{kips}, \quad \Delta = 0.25 \, \text{in}.$$

최적설계를 분석하여 모멘트 강도 제약조건, 웹 조밀도에 대한 상한 범위, 플랜지 조밀도에 대한 상한범위, 웹 두께의 하한 범위가 최적해에서 활성임을 관찰할 수 있다. 최적설계를 바탕으로 모든 제약조건을 만족하기 위하여 W18 × 97 단면을 사용하도록 제안되었다.

예제 14.7과 14.8의 해를 바탕으로 문제의 가장 가벼운 조밀 형상은 W18 × 97으로 보인다.

예제 14.7의 문제를 비조밀로 가정하고 이제 다시 설계한다. 단면의 웹은 여전히 조밀하기를 요구받으므로 식 (14.125)의 제약조건이 웹 폭-두께 비에 대하여 적용된다. 플랜지는 비조밀이 되도록 요구받으므로 식 (14.126)의 제약조건이 웹 폭-두께 비에 대하여 적용된다. 비탄성 FLB를 가정하여 단면의 공칭강도를 식 (14.136)을 사용하여 계산되었다. 이 값은 식 (e)의 굽힘강도 제약조건에 사용되었다.

또한 부재의 LTB가 비탄성이라고 가정하므로 식 (c)에 주어진 지지되지 않는 길이에 대한 제약조건이 적용되었다. 이 파괴 양상에 대한 공칭강도는 식 (14.131)를 사용하여 계산된다. 이것은 식 (e)에 주어진 요구되는 굽힘강도에 대한 또 다른 제약조건에 사용되었다.

예제 14.7에 대한 엑셀시트는 비조밀 양상에 대하여 수정되었다. W18형이 바람직하므로 설계변수에 의한 제약조건 경계 식 (h)가 적용되었다. Solver는 다음의 최적설계를 준다.

$$\left(d = 18.24, \; b_f = 11.7, \; t_f = 0.63, \; t_w = 0.81\right) \text{in.}$$
$$\text{Weight} = 96.9 \, \text{lbs/ft.;} \quad A_g = 28.5 \, \text{in.}^2, \; Z_x = 188.6 \, \text{in.}^3, \; S_x = 162.1 \, \text{in.}^3 \tag{m}$$
$$L_p = 8.61 \, \text{ft}, \quad L_r = 30.00 \, \text{ft}, \quad V_n = 442.3 \, \text{kips}, \quad \Delta = 0.34 \, \text{in.}$$

시작점은 (15.79, 11.7, 0.50, 0.41)과 같이 선택되었는데 60.4 lbs/ft의 무게를 가지고 있다. 최적설계를 분석하여 다음과 같이 활성제약조건이 되는 것을 관찰하였다. 플랜지 폭-두께에 관한 하한 한계, 비 탄성 LTB 모멘트 강도 제약조건, 지지되지 않는 길이에 대한 상한 경계와 플랜지 폭에 대한 상한 한계, 비조밀 형상에 대하여 구한 최적 무게가 식 (i)의 조밀 형상에 대하여 얻은 것보다 훨씬 크다는 것에 주목하라. 해를 바탕으로 W18 × 97형이 부재로 제안되었다. 비록 이것은 조밀 형상이지만 AISC 매뉴얼에서 최적 무게 부근에서 비조밀 형상이 이용 가능한 것이 없으므로 선정되었다.

토의

이 절에서 AISC 매뉴얼 필요요건을 채우기 위하여 최적화 보의 문제를 정식화하였다(AISC, 2011). 이러한 필요요건은 연속이고 미분 가능한 함수로 공식화할 수 없다는 것이 판명되었다. 따라서 도함수 기반 최적화 알고리즘은 문제에 적합하지 않을 수 있다. 직접 탐색법이 보다 적합하다.

여기에 도함수 기반 최적화 방법으로 이러한 필요요건을 취급하기 위한 접근법을 제시하였다. 근본적으로 문제는 조밀 또는 비조밀 형상으로 정식화되었고 비탄성 또는 탄성 LTB 조건이 적용되었다. 이런 방법, 모든 문제 함수가 연속이고 미분 가능하므로 도함수 기반 최적화 문제가 사용될 수 있다. 이러한 접근법은 잘 작용되어서 정식화의 각 경우에 대한 최적설계를 산출한다.

14.11　통신 기둥의 최적설계

14.11.1　1단계: 과제/문제 설정

강철 봉은 통신기둥, 전력선 기둥 등과 같은 많은 실제 응용에서 만나게 된다. 이 과제의 목적은 허용응력설계(ASD) 접근법을 기반으로 최소 무게 통신 강철 기둥을 설계하는 것이다. 기둥은 가늘어

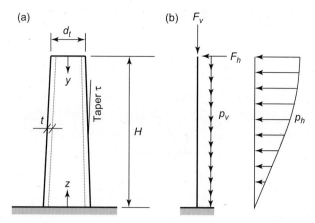

그림 14.15 (a) 기둥 구조물, (b)하중

지고 원형 중공 단면을 가지고 있다. 이것은 그림 14.15에서 나타낸 것과 같이 수평 풍하중 F_h와 p_h 및 중력 정하중 F_v와 p_v를 받고 있다. 이들은 바람에 의하여 구조물에 작용하는 주된하중과 단, 안테나, 케이블, 사다리와 강철 봉 자체의 정하중이 있다. 기둥은 안전하게 그 기능을 수행할 수 있어야 하며 즉, 하중 F_h, p_h, F_v와 p_v가 작용할 때 재료가 파손되지 않아야 한다. 또한 꼭대기에서의 처짐이 너무 크지 않아 그 기능을 올바르게 수행할 수 있어야 한다.

그림 14.15에 나타낸 것과 같이 기둥의 높이는 H, 끝단 직경은 d_t, 테이퍼 τ이고 벽의 두께는 t이다. 그림 14.16은 현장에 설치된 실제 구조물을 보여주고 있다(Marcelo A. da Silva에 의하여 만들어짐).

14.11.2 2단계: 자료 및 정보 수집

통신 기둥의 최적화 설계문제를 정식화하기 위하여 수집될 필요가 있는 정보는 구조물의 해석 절차, 응력의 표현식과 단면적 성질이 포함된다. 또한 재료의 성질, 풍하중, 정하중과 제약조건 범위와 같은 다양한 문제의 자료가 필요하다. 이러한 목적을 달성하기 위하여 표 14.16에 정의된 기호와 자료들을 참조하라.

구조물 해석에 유용한 몇 가지 표현식은

$$q(z) = 463.1\, z^{0.25} \tag{14.153a}$$

$$F_h = C_t A_t q(H) = C_t A_t \left(463.1\, H^{0.25}\right) \tag{14.153b}$$

$$d_e(z) = d_t + 2\tau(H - z) \tag{14.153c}$$

$$d_i(z) = d_e(z) - 2t \tag{14.153d}$$

$$A(z) = \frac{\pi}{4}\left[d_e(z)^2 - d_i(z)^2\right] \tag{14.153e}$$

$$I(z) = \frac{\pi}{64}\left[d_e(z)^4 - d_i(z)^4\right] \tag{14.153f}$$

$$S(z) = \frac{2I(z)}{d_e(z)} \tag{14.153g}$$

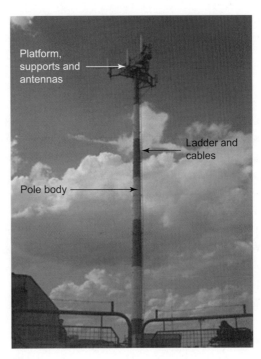

그림 14.16 실제 통신 강철 기둥

$$p_h(y) = \left[A_{lc}C_{lc} + d_e(z)C_p \right]q(z); \quad z = H - y \tag{14.153h}$$

$$p_v(y) = p_{lc} + A(z)\gamma; \quad z = H - y \tag{14.153i}$$

$$N(z) = F_v + \int_0^{H-z} p_v(y)\,dy \tag{14.153j}$$

$$M(z) = F_h(H-z) + \int_0^{H-z} p_h(y)(H-z-y)\,dy \tag{14.153k}$$

$$\sigma(z) = \frac{N(z)}{A(z)} + \frac{M(z)}{S(z)} \tag{14.153l}$$

식 (14.153a)의 유효한 풍속압력 $q(z)$에 관한 표현식은 기둥이 설치되는 지역의 풍속, 주변의 지형에 따른 지형인자와 NBR-6123 규준(ABNT, 1988)으로 주어진 것과 같은 구조물에 대한 중요한 인자 등과 같은 여러 가지 인자를 사용하여 얻어진다. 유효 풍속 (V_0)은 V_{oper}(운전 풍속)과 구별하여 최대 풍속이라고도 부른다. 따라서 식 (14.153a)의 $q(z)$는 최대 풍압이라고 부른다. 내부하중, 응력, 변위, 회전과 $q(z)$로부터 유도된 곡률은 최대 풍속을 기초로 한다. 식 (14.153h)~(14.153l)의 하중과 모멘트에 대한 표현식은 그림 14.17에 나타낸 것과 같이 높이 z에서의 단면을 고려하여 유도되었다. 식 (14.153i)의 수직 하중 표현식은 기둥의 자중을 포함하고 있음에 유의하라. 이것은 한 점에서의 전체 축하중과 모멘트가 기둥의 설계에 의존된다는 것을 의미한다.

목적함수와 제약조건함수에 관한 표현식을 개발하기 위하여 상당한 배경 정보가 필요하다. 첫째 높이 z에서 기둥 단면의 응력을 계산할 필요가 있는데 이것은 구조물 해석을 요구한다. 부재는 굽힘 모멘트와 축하중을 받게 되어 유효 축 응력을 얻기 위하여 식 (14.153l)에 이들 내부 하중의 응력이

표 14.16 통신 기둥의 최적화 설계를 위한 자료

Notation	Data
A_{lc}	Distributed area of ladder and cables, 0.3 m²/m
A_t	Projected area on vertical plane of platforms, supports, and antennas, 10 m²
$A(z)$	Cross-sectional area of pole section at height z, m²
C_{lc}	Drag coefficient of wind load acting on ladder and cables, taken as 1
C_p	Drag coefficient of wind load acting on pole body, taken as 0.75
C_t	Drag coefficient of wind load acting on area A_t, taken as 1
d_e	External diameter of given pole section, m
d_i	Internal diameter of given pole section, m
d_t	External diameter of pole tip, m
E	Modulus of elasticity, 210×10^9 Pa
F_h	Wind load at top due to platform, supports, and antennas, N
F_v	Dead load at top due to weight of platform, supports, and antennas, taken as 10,400 N
H	Height of pole, 30 m
$I(z)$	Moment of inertia of section at height z, m⁴
l_{max}	Maximum allowable value for ratio d_e/t
$M(z)$	Bending moment at a height z, N/m
$N(z)$	Axial load at height z, N
p_{lc}	Self-weight of ladder and cables, taken as 400 N/m
$p_h(y)$	Horizontal distributed load at distance y from top, N/m
$p_v(y)$	Vertical distributed load at distance y from top, N/m
V_0	Basic wind velocity, also called maximum wind velocity, determined as 40 m/s
V_{oper}	Operational wind velocity, considered 55% of V_0, 22 m/s
q	Effective wind velocity pressure, N/m²
$S(z)$	Section modulus of pole at height z, m³
t	Thickness of pole wall, m
v_a	Allowable tip deflection, taken as 2%H = 0.60 m
v'_a	Allowable rotation under operational wind loading, taken as 0 degrees 30′ $= \dfrac{30}{60} \times \dfrac{\pi}{180} = 0.00873$ radians
$v(z)$	Horizontal displacement at height z, m
$v'(z)$	Rotation in vertical plane of pole section at height z, radians
$v'_{oper}(z)$	Rotation in vertical plane of section at height z due to operational wind loading, radians
$v''(z)$	Curvature in vertical plane of pole section at height z, m⁻¹
y	Distance from pole tip to given section, m
z	Height above ground of given pole section, m
γ	Specific weight of steel, 78,500 N/m³
σ_a	Steel allowable stress, 150×10^6 Pa (obtained by dividing yield stress by factor of safety larger than 1)
$\sigma(z)$	Axial stress in pole section at height z, Pa
τ	Taper of pole, m/m

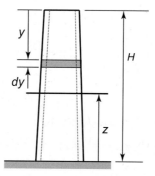

그림 14.17 기둥 구조물 - 높이 z에서의 단

조합된다. 외팔 기둥에서 최대 응력은 구조물이 고정되어 있는 지면에서 일어난다. 안전을 위하여 유효 응력제약조건은 $z = 0$ 단면에 적용한다. 현재 해석에서 응력과 끝단의 처짐을 계산하기 위해서 전단 하중의 효과는 무시되었다. 그러나 기초의 설계에서는 이것이 반드시 고려되어야 하는데 현재 과제에서는 고려되지 않았다.

구조물의 선형 탄성반응을 가정하여 변위는 다음과 같이 주어지는 미분 탄성 선 방정식(Hibbeler, 2013)을 적분하여 계산할 수 있다.

$$EI(z)v''(z) = -M(z) \tag{14.154}$$

경계조건은 $v(0) = 0$과 $v'(0) = 0$을 가지고 있다. 이 DE는 변위를 계산하기 위하여 반드시 두 번 적분되어야 한다. 모멘트 $M(z)$와 관성모멘트 $I(z)$가 z를 따라서 변화하므로 해석적으로 이 방정식을 적분하기가 어렵다. 이 적분을 수행하는 실제적인 절차는 이후에 설명되는 사다리꼴 법칙이다. 이 목적을 위하여 기둥은 $\{z_0, z_1, \ldots z_i, \ldots z_n\}$와 같이 기둥을 따라서 $(n + 1)$ 절점을 도입하여 n 마디로 나누어진다. 각 점 z_i, $i > 0$에서 다음의 적분방식을 사용하여 $v_i = v(z_i)$, $v'_i = v'(z_i)$과 $v''_i = v''(z_i)$을 계산한다.

$$v''_i = -\frac{M(z_i)}{EI(z_i)}$$
$$v'_i = v'_{i-1} + \frac{v''_i + v''_{i-1}}{2}h \tag{14.155}$$
$$v_i = v_{i-1} + \frac{v'_i + v'_{i-1}}{2}h$$

여기서 $h = z_i - z_{i-1}$이다. 일단 구조물 치수, 재료의 성질, 하중과 내부 하중이 알려지면 식 (14.155) 로부터 변위가 계산된다.

현재 문제의 정식화에서 취급되지 않는 중요한 주제는 이런 종류 구조물의 동적 해석이다. 기둥의 첫째 고유 진동 주파수는 1 Hz보다 작을 때는 풍하중의 동적 효과를 무시할 수 없고 구조물의 동적 해석을 반드시 수행하여야 한다. 또한 보다 정확한 기둥 해석을 위해서는 기하학적 비선형 효과도 고려되어야 한다. 이러한 효과에 대한 증명은 장래 연구 주제로 남겨진다.

14.11.3 3단계: 설계변수 정의

구조물의 높이, 하중과 재료가 지정되었으므로 설계를 완성하기 위하여 단면 치수가 결정되어야 할 필요가 있다. 따라서 기둥에 대한 세 설계변수는 다음과 같이 확인된다. d_t = 끝 단면의 외경, m; t = 단면 벽의 두께, m와 τ =기둥의 가늘기 m/m.

따라서 설계변수 벡터는 $\mathbf{x} = (dt, t, \tau)$이다.

14.11.4 4단계: 최적화 기준 정의

목표는 기둥 구조물의 무게를 최소화하는 것으로 다음 적분을 사용하여 계산한다.

$$f = \int_0^H A(y)\gamma \, dy \tag{14.156}$$

적분을 수행하면 무게 함수는 다음과 같이 주어진다.

$$f = \frac{1}{24\tau}\pi\gamma\left[\left((d_t + 2\tau H)^3 - (d_t)^3\right) - \left((d_t + 2\tau H - 2t)^3 - (d_t - 2t)^3\right)\right], \text{ N} \tag{14.157}$$

무게 함수의 근사는 다음과 같이 얻어진다.

$$f = \frac{1}{3}\gamma H\left[A(H) + A(0) + \sqrt{A(H)A(0)}\right], \text{ N} \tag{14.158}$$

14.11.5 5단계: 제약조건 정의

문제의 첫째 제약조건은 재료 파괴에 관한 것으로 $\sigma(0) \leq \sigma_a$으로 쓰여진다. 식 (14.153l)에 $z = 0$을 대입하면 다음과 같은 지면 수준 단면(가장 응력을 받는)에 대한 응력제약조건을 얻는다.

$$\frac{N(0)}{A(0)} + \frac{M(0)}{S(0)} \leq \sigma_a \tag{14.159}$$

둘째 제약조건은 끝단 처짐에 관련되어 있는데 허용 값의 범위 안에 있어야 한다.

$$v(H) \leq v_a. \tag{14.160}$$

v를 얻기 위하여 이전에 설명한 대로 식 (14.154) 탄성 선 방정식을 두 번씩 적분하여야 한다는 것에 유의하면 $v_a = 0.60$ m이다.

간단한 설계변수의 범위를 다음과 같이 적용한다.

$$0.30 \leq d_t \leq 1.0 \text{ m} \tag{14.161a}$$

$$0.0032 \leq t \leq 0.0254 \text{ m} \tag{14.161b}$$

$$0 \leq \tau \leq 0.05 \text{ m/m} \tag{14.161c}$$

따라서 문제의 정식화는 다음과 같이 서술된다. 식 (14.159)의 응력제약조건, 식 (14.160)의 처짐 제약조건과 식 (14.161a)~(14.161c)의 명백한 설계변수 범위제약조건을 받는 식 (14.158)의 목적 함수를 최소화하기 위한 설계변수 d_t, t와 τ를 구하라.

기둥의 최적설계

이 최적화 문제를 풀기 위하여 엑셀을 사용한다. 엑셀 워크시트가 모든 정식화의 방정식들을 실행하기 위하여 준비되었고 Solver를 불러내었다. 응력과 변위제약조건은 실행에 있어서 $\sigma/\sigma_a \leq 1$과 $v/v_a \leq 1$ 같이 정규화되었다. 설계변수의 초기값은 (0.400, 0.005, 0.020)으로 설정되었고 이곳에서 목적함수는 36,804 N, 최대 응력은 72×10^6 Pa과 끝단의 처짐은 0.24 m이다. 시작점은 유용이고 개선될 수 있음을 주목하라. Solver는 다음 최적설계를 준다.

$$\mathbf{x}^* = (dt = 0.30 \text{ m}, t = 0.0032 \text{ m}, \tau = 0.018 \text{ m/m})$$

목적 함수 = 19,730 N

기반에서의 응력 $\sigma = 141 \times 10^6$ Pa

끝 단 처짐 $v(30) = 0.60$ m

최적설계를 분석하면 최적점에서 최소 끝단 직경, 최소 벽 두께와 끝단 처짐 제약조건이 활성임을 관찰할 수 있다. 끝단 처짐 제약조건에 대한 라그랑지 승수는 673이다.

예제 14.11 **끝단 회전 제약조건을 가진 최적설계**

실제로 기둥의 안테나는 풍속 V_{oper}에 의한 운전 바람 조건하에서 수신기와 통신 연결을 놓치지 않아야 한다. 이 경우에 안테나의 회전이 안테나의 최대 회전 허용 (v'_a)이라고 부르는 주어진 한계 범위에 반드시 있어야 한다. 그림 14.17은 이 회전 한계 제약조건을 보여주고 있다. 안테나 A는 기둥 A에 설치되어 있고 기둥 B의 안테나 B와 통신 연결을 가지고 있다. 안테나는 기둥에 고정되어 있기 때문에 만약 기둥이 허용치보다 더 회전한다면 그들의 통신 연결을 잃게 될 것이고 시스템은 방송을 중단하게 될 것이다(그림 14.18).

이러한 이유로 허용치 안에 반드시 있어야 하는 끝단 회전과 관련된 새로운 제약조건을 적용한다.

$$v'_{oper}(H) \leq v'_a \tag{14.162}$$

v'_{oper}를 얻기 위하여 이전에 설명한 대로 운전 풍하중에 대하여 식 (14.154) 탄성 선 방정식을 적분할 필요가 있음을 유의하라. 선형해석에 대하여 주목하여 다음을 얻는다.

$$v'_{oper}(H) = v'(H) \times 0.55^2 \tag{14.163}$$

여기서 $v'(H)$는 식 (14.155)의 표현식을 사용하여 계산된다. 이것으로 식 (14.162)의 제약조건은 다음과 같이 다시 쓰여진다.

$$v'(H) \times 0.55^2 \leq v'_a \tag{14.164}$$

최적화 문제는 식 (14.158)~(14.161c)와 식 (14.164)로 이제 정의된다. 예제 14.10의 경우와 같이 동일 초기 설계로 시작하면 꼭대기에서의 회전은 0.00507 rad이고 Solver는 다음 최적설계를 준다.

$$\mathbf{x}^* = (d_t = 0.5016 \text{ m}, t = 0.0032 \text{ m}, \tau = 0.015 \text{ m/m})$$

목적함수 = 22,447 N

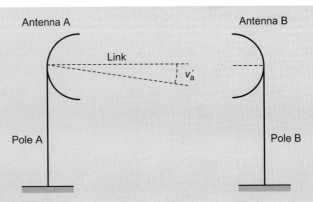

그림 14.18 안테나에 대한 허용 회전의 기하학적 관점

기저에서의 응력 $\sigma = 146 \times 10^6$ Pa

끝단 처짐 $v(30) = 0.47$ m

끝단 회전 $v'_{oper}(30) = 0.00873$ rad

최적설계를 분석하면 최적점에서 최소 벽 두께와 끝단 회전 제약조건이 활성임을 관찰할 수 있다. 끝단 회전 제약조건의 라그랑지 승수는 806이다.

예제 14.12 **국소 좌굴 제약조건을 가진 최적설계**

만약 기둥의 벽이 너무 얇다면 기둥의 치명적인 파괴를 일으키는 국소 좌굴이 일어날 수 있다. 국소 좌굴을 피할 수 있는 한 가지 방법은 설계 과정에 직경과 벽 두께 비를 제약하는 것이다. 따라서 다음 추가적인 제약조건을 정식화에 적용한다.

$$\frac{d_e(0)}{t} \leq l_{max} \tag{14.165}$$

여기서 l_{max}는 직경과 두께의 비율에 관한 상한 범위이다. 목적을 보여주기 위하여 그것을 200으로 택하였다. 그러나 값은 적용 가능한 설계 기준에 따른다. 최적화 문제는 이제 식 (14.158)~(14.161c)와 식 (14.164) 및 (14.165)로 정의된다. 예제 14.10과 14.11의 경우에서와 같이 동일한 초기 설계로 $d_e(0)/t$ 비는 320인데 이는 국소 좌굴 제약조건을 위배하고 있다. Solver는 다음의 최적설계를 준다.

$\mathbf{x}^* = (d_t = 0.5565$ m, $t = 0.0053$ m, $\tau = 0.0084$ m/m$)$

목적함수 $= 31,504$ N

기반에서의 응력 $\sigma = 150 \times 10^6$ Pa

끝 단 처짐 $v(30) = 0.52$ m

끝단 회전 $v'_{oper}(30) = 0.00873$ rad

비 $d_e(0)/t = 200$

최적설계를 분석하면 최적점에서 기반에서의 응력, 끝단 회전과 국소 좌굴과 관련된 제약조건들이 활성임을 관찰할 수 있다. 제약조건의 라그랑지 승수들은 180, 1546과 1438이다.

14.12 구조 최적화 문제의 다른 정식화

14.1절에서 이미 음함수를 가지는 문제는 제약조건을 평가하기 위하여 해석문제 풀기를 요구한다는 것을 보았다. 더구나 함수의 도함수를 계산하기 위하여서는 특별한 절차가 반드시 사용되어야 한다. 이것은 수치적 구현뿐 아니라 계산의 측면에서 시간이 소비된다. 그러나 최적화 정식에서 해석 문제와 설계문제를 동시에 취급하는 다른 정식화가 있다(Arora와 Wang, 2005). 이러한 정식화에서 해석변수도 설계변수로 취급되고 평형방정식은 등호제약조건으로 취급된다. 이 방법에서 최적화 문제의 모든 함수는 최적화 변수 항으로 명백해진다.

이런 정식화로 최적화 과정에서 함수와 그 도함수는 매우 쉽게 계산될 수 있다. 그러나 최적화 문제의 크기는 변수의 수와 제약조건의 수의 항으로 상당히 증가함을 주목하라. 따라서 대규모 최적화 문제에 특별히 적합한 알고리즘이 반드시 사용되어야 한다.

14.12.1 2부재 구조물에 대한 다른 정식화

이 문제에 대한 다른 정식화로서(14.1절에 설명된) 절점 변위 U_1, U_2, U_3를 단면 치수에 더하여 설계변수로 취급한다. 최적화 문제는 식 (14.3)의 목적함수를 최소화하는 변수 d, h, t, U_1, U_2와 U_3를 구하라.

$$f = 2L\left(2dt + 2ht - 4t^2\right) \tag{14.166}$$

등호제약조건을 받는(식 14.5의 평형 방정식)

$$h_1 : P - \frac{EI}{L^3}[24U_1 - 6LU_2 + 6LU_3] = 0 \tag{14.167}$$

$$h_2 : \frac{EI}{L^3}\left[-6LU_1 + \left(4L^2 + \frac{GJ}{EI}L^2\right)U_2\right] = 0 \tag{14.168}$$

$$h_3 : \frac{EI}{L^3}\left[6LU_1 + \left(4L^2 + \frac{GJ}{EI}L^2\right)U_3\right] = 0 \tag{14.169}$$

그리고 식 (14.15)와 (14.16)의 부등호 제약

$$g_1 = \frac{1}{\sigma_a^2}\left(\sigma_1^2 + 3\tau^2\right) - 1.0 \leq 0 \tag{14.170}$$

$$g_2 = \frac{1}{\sigma_a^2}\left(\sigma_2^2 + 3\tau^2\right) - 1.0 \leq 0 \tag{14.171}$$

응력은 식 (14.12)~(14.14)를 사용하여 다음과 같이 설계변수와 변위의 항으로 계산된다.

$$\tau = \frac{T}{2At} = -\frac{GJU_3}{2LAt} \tag{14.172}$$

$$\sigma_1 = \frac{M_1 h}{2I} = \frac{Eh}{L^2}(-3U_1 + U_2 L) \tag{14.173}$$

$$\sigma_2 = \frac{M_2 h}{2I} = \frac{Eh}{L^2}(-3U_1 + 2U_2 L) \tag{14.174}$$

또한 식 (14.17)에 주어진 설계변수에 대한 명백한 제약조건이 적용되어야 한다. 이 정식화로 얻어진 최적해는 14.5절에 보고된 것과 동일하였다.

다른 정식화는 트러스 구조물(Wang과 Arora, 2005b)과 뼈대 구조물(Wang과 Arora, 2006)에 대하여 개발되어 왔다. 이들 정식화는 매우 잘 작동되었고 그들의 장점과 단점들이 Wang과 Arora의 연구에서 논의되었다. 다른 정식화의 문제 함수의 대부분은 단지 몇 개의 설계변수에 의존하고 있다는 것을 유의하는 것이 중요하다. 따라서 제약조건에 대한 야코비 행렬(편도함수의 행렬)은 매우 띄엄띄엄 채워진다. 그러면 대규모 문제에서 이러한 희박성의 장점을 취할 수 있는 최적화 알고리즘이 계산의 효율을 위하여 사용되어야 한다(Arora와 Wang, 2005; Arora, 2007; Wang과 Arora, 2007).

14.13 시간 종속 문제의 다른 정식화

시간 종속 최적화 문제는 외부 입력에 대한 시스템의 반응을 결정하기 위하여 선형 또는 비선형 미분-대수 방정식(DAE) 또는 단지 DE의 적분을 포함하고 있다. 그러면 반응변수를 사용하여 문제의 목적과 제약조건함수를 정식화 할 수 있다. 이러한 제약조건은 설계변수의 음함수이고 시간 종속으로 문제의 복잡성을 더한다.

이러한 문제의 최적화를 하는 가장 보편적인 접근법은 단지 설계변수를 최적화 변수로 취급하는 것이었다(Arora, 1999). 변위, 속도와 가속도와 같은 반응변수의 전부를 설계변수의 음함수로 취급하였다. 따라서 최적화 과정에서 DAE의 시스템은 반응(상태) 변수를 얻고 최적화 문제의 다양한 함수 값을 계산하기 위하여 적분되어야 한다. 다음 최적화 알고리즘이 설계를 갱신하기 위하여 사용된다. 이것이 DAE 해 과정과 설계 갱신이 중첩되는데 이것을 전통적 접근법이라고 부르며 종료 기준을 만족할 때까지 반복한다.

최적화 과정은 실제로 사용하기 어렵다. 반응과 관련된 양들이 설계변수의 음함수이고 그들의 경사도 계산을 위하여 특별한 방법이 요구되기 때문이다. 이러한 방법도 가외의 DAE 적분을 요구한다.

각 반복 회에서 DAE의 명백한 해가 요구하지 않는 시간 종속 문제에 관한 다른 정식화를 개발하고 설계변수에 관한 문제함수의 도함수를 계산하기 위하여 특별한 절차가 필요하지 않게 하는 것이 유용하다. 설계와 상태변수의 혼합 공간에서 최적화 문제를 정식화 함으로써 이들 두 개의 목적을 충족시킬 수 있다. 모든 다른 정식화의 완전한 논의는 이 교재의 범위를 넘어선다. 따라서 두 응용 분야에 다른 정식화의 최신 개발의 개관을 제시한다.

14.13.1 기계와 구조물 설계문제

이러한 응용에서 변위, 속도와 가속도와 같은 다양한 상태변수를 설계변수에 더하여 독립변수로 취급한다. 운동방정식은 정식화에서 등호제약조건이 된다. 상태변수는 시간의 함수이므로 수치적 계산을 위하여 매개변수화 될 필요가 있다. 이러한 변수를 매개변수화하는 여러 가지 가능성 있는 방법들이 연구되어 왔다(Wang과 Arora, 2005a, Wang과 Arora, 2009).

다른 정식화 문제의 모든 제약조건은 최적화 변수의 항으로 명백하게 표현될 수 있다. 따라서 그들의 경사도 계산은 매우 단순해진다. 비록 최적화 문제 결과가 커지더라도 희박 비선형 계획 알고리즘을 이용하여 해석할 수 있는 것은 매우 드물다. 정식화는 평가하고 장단점을 연구할 수 있는 몇 가지 표본 문제에 응용하여 왔다.

14.13.2 디지털 인간 모델

최근 활발한 활동을 볼 수 있는 다른 응용 영역은 디지털 인간 모델링과 시뮬레이션이다. 이 작업의 문제는 인체의 근골격 모델을 사용하여 다양한 사람의 작업을 모사하는 것이다. 문제는 주어진 작업을 수행하기 위하여 모든 관절 각의 프로필(시간 종속함수)을 결정한다. 시뮬레이션 문제의 최적 정식화에서 제약조건은 여러 가지 관절의 강도에 적용된다. 특정한 작업을 수행하는 동안 부상에 성향 방법에 대한 평가를 받을 수 있다.

인체의 기계적 모델 운동은 비선형 DE으로 지배된다. 이들 방정식은 근골격 모델의 운동을 생성하기 위하여 적분하기가 어렵다. 따라서 문제의 목적함수를 정의하고 관절 각 프로필을 설계변수로 취급하는 다른 정식화를 개발하여 왔다. 수치 해 과정에서 관절 각 프로필은 B-스플라인 기저 함수를 사용하여 매개변수화되었다. 이 인체운동 시뮬레이션에 관한 최적화 기반 접근법은 **예측역학**(*predictive dynamics*)이라고 불린다(Abdel-Malek과 Arora, 2013; Xiang et al., 2010b). 정상과 비정상 보행(Xiang et al., 2009, 2011), 물체를 들어 올림(Xiang et al., 2010a)과 물체를 던지는 것(Kim et al., 2010)과 같은 많은 인간 활동 시뮬레이션을 위하여 이 방법이 성공적으로 사용되었다.

14장의 연습문제*

Formulate and solve the following design problems using a nonlinear programming algorithm starting with a reasonable design estimate. Also solve these problems graphically whenever possible and trace the history of the iterative process on the graph of the problem.

Section 14.6 Optimum Design

14.1 Exercise 3.34
14.2 Exercise 3.35
14.3 Exercise 3.36
14.4 Exercise 3.50
14.5 Exercise 3.51
14.6 Exercise 3.52
14.7 Exercise 3.53

14.8 Exercise 3.54

14.9 Exercise 7.9

14.10 Exercise 7.10

14.11 Exercise 7.11

14.12 Exercise 7.12

14.13 Design *of a tapered flag pole.* Formulate the flag pole design problem of Exercise 3.52 for the data given there. Use a hollow tapered circular tube with constant thickness as the structural member. The mass of the pole is to be minimized subject to various constraints. Use a numerical optimization method to obtain the final solution and compare it with the optimum solution for the uniform flag pole.

14.14 *Design of a sign support.* Formulate the sign support column design problem described in Exercise 3.53 for the data given there. Use a hollow tapered circular tube with constant thickness as the structural member. The mass of the pole is to be minimized subject to various constraints. Use a numerical optimization method to obtain the final solution and compare it with the optimum solution for the uniform column.

14.15 Repeat the problem of Exercise 14.13 for a hollow square tapered column of uniform thickness.

14.16 Repeat the problem of Exercise 14.14 for a hollow square tapered column of uniform thickness.

Section 14.7 Optimal Control of Systems by Nonlinear Programming

14.17 For the optimal control problem of minimization of error in the state variable formulated and solved in Section 14.7.2, study the effect of changing the limit on the control force (u_a) to 25 N and then to 35 N.

14.18 For the minimum control effort problem formulated and solved in Section 14.7.3, study the effect of changing the limit on the control force (u_a) to 25 N and then to 35 N.

14.19 For the minimum time control problem formulated and solved in Section 14.7.4, study the effect of changing the limit on the control force (u_a) to 25 N and then to 35 N.

14.20 For the optimal control problem of minimization of error in the state variable formulated and solved in Section 14.7.2, study the effect of having an additional lumped mass M at the tip of the beam ($M = 0.05$ kg) as shown in Fig. E14.20.

Cantilever structure with mass at the tip.

14.21 For the minimum control effort problem formulated and solved in Section 14.7.3, study the effect of having an additional mass M at the tip of the beam ($M = 0.05$ kg).

14.22 For the minimum time control problem formulated and solved in Section 14.7.4, study the effect of having an additional lumped mass M at the tip of the beam ($M = 0.05$ kg).

14.23 For Exercise 14.20, what will be the optimum solution if the tip mass M is treated as a design variable with limits on it as $0 \le M \le 0.10$ kg?

14.24 For Exercise 14.21, what will be the optimum solution if the tip mass M is treated as a design variable with limits on it as $0 \le M \le 0.10$ kg?

14.25 For Exercise 14.22, what will be the optimum solution if the tip mass M is treated as a design variable with limits on it as $0 \le M \le 0.10$ kg?

14.26 For the optimal control problem of minimization of error in the state variable formulated and solved in Section 14.7.2 study the effect of including a 1% critical damping in the formulation.

14.27 For the minimum control effort problem formulated and solved in Section 14.7.3, study the effect of including a 1% critical damping in the formulation.

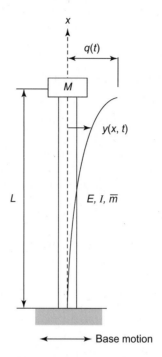

FIGURE E14.20   Cantilever structure with mass at the tip.

14.28 For the minimum time control problem formulated and solved in Section 14.7.4, study the effect of including a 1% critical damping in the formulation.

14.29 For the spring-mass-damper system shown in Fig. E14.29, formulate and solve the problem of determining the spring constant and damping coefficient to minimize the maximum acceleration of the system over a period of 10 s when it is subjected to an initial velocity of 5 m/s. The mass is specified as 5 kg.

   The displacement of this mass should not exceed 5 cm for the entire time interval of 10 s. The spring constant and the damping coefficient must also remain within the limits $1000 \le k \le 3000$ N/m; $0 \le c \le 300$ N $\cdot$ s/m. (*Hint*: The objective of minimizing the maximum acceleration is a min–max problem, which can be converted to a

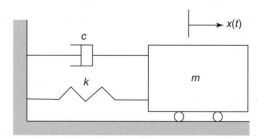

FIGURE E14.29   A damped single-degree-of-freedom system.

nonlinear programming problem by introducing an artificial design variable. Let $a(t)$ be the acceleration and A be the artificial variable. Then the objective can be to minimize A subject to an additional constraint $|a(t)| \leq A$ for $0 \leq t \leq 10$).

14.30 Formulate the problem of optimum design of steel transmission poles described in Kocer and Arora (1996). Solve the problem as a continuous variable optimization problem.

Section 14.8 Optimum Design of Tension Members

14.31 Solve the problem of this section where a W14 shape is desired.

14.32 Solve the problem of this section where a W12 shape is desired.

14.33 Solve the problem of this section where a W8 shape is desired, the required strength P_a for the member is 200 kips, the length of the member is 13 ft., and the material is A992 Grade 50 steel.

14.34 Same as 14.33; select a W10 shape.

Section 14.9 Optimum Design of Compression Members

14.35 Solve the problem of this section where W14 shape is desired.

14.36 Solve the problem of this section where W12 shape is desired and required strength P_a is 1000 kips.

14.37 Design a compression member to carry a load of 400 kips. The length of the member is 26 ft., and the material is A572 Grade 50 steel. The member is not braced. Select a W18 shape.

14.38 Same as 14.37; select a W14 shape. The member is not braced.

14.39 Same as 14.37; select a W12 shape. The member is not braced.

Section 14.10 Optimum Design of Members for Flexure

14.40 Solve the problem of Example 14.7 for a beam of span 40 ft. Assume compact shape and inelastic LTB.

14.41 Solve the problem of Example 14.7 for a beam of span 40 ft. Assume compact shape and elastic LTB.

14.42 Solve the problem of Example 14.7 for a beam of span 10 ft. Assume noncompact shape and inelastic LTB.

14.43 Solve the problem of Example 14.7 for a beam of span 40 ft. Assume noncompact shape and elastic LTB.

14.44 Design a cantilever beam of span 15 ft. subjected to a dead load of 3 kips/ft. and a point live load of 20 kips at the end. The material of the beam is A572 Grade 50 steel. Assume compact shape and inelastic LTB.

14.45 Design a cantilever beam of span 15 ft. subjected to a dead load of 3 kips/ft. and a point live load of 20 kips at the end. The material of the beam is A572 Grade 50 steel. Assume compact shape and elastic LTB.

14.46 Design a cantilever beam of span 15 ft. subjected to a dead load of 3 kips/ft. and a point live load of 20 kips at the end. The material of the beam is A572 Grade 50 steel. Assume noncompact shape and inelastic LTB.

14.47 Design a cantilever beam of span 15 ft. subjected to a dead load of 1 kips/ft. and a point live load of 10 kips at the end. The material of the beam is A572 Grade 50 steel. Assume noncompact shape and elastic LTB.

Section 14.11 Optimum Design of Telecommunication Poles

14.48 Solve the problem of Example 14.10 for a pole of height 40 m.
14.49 Solve the problem of Example 14.11 for a pole of height 40 m.
14.50 Solve the problem of Example 14.12 for a pole of height 40 m.

References

ABNT, AssociaçãoBrasileira de NormasTécnicas), 1988. ForçasDevidasao Vento emEdificações, NBR-6123 (in Portuguese).

Abdel-Malek, K., Arora, J.S., 2013. Human Motion Simulation: Predictive Dynamics. Elsevier Academic Press, Waltham.

AISC, 2011. Manual of Steel Construction, fourteenth ed. American Institute of Steel Construction, Chicago.

Adelman, H., Haftka, R.T., 1986. Sensitivity analysis of discrete structural systems. AIAA J. 24 (5), 823–832.

Arora, J.S., 1995. Structural design sensitivity analysis: continuum and discrete approaches. In: Herskovits, J. (Ed.), Advances in Structural Optimization. Kluwer Academic, Boston, pp. 47–70.

Arora, J.S., 1999. Optimization of structures subjected to dynamic loads. Leondes, C.T. (Ed.), Structural Dynamic Systems: Computational Techniques and Optimization, vol. 7, Gordon & Breech, Newark, NJ, pp. 1–73.

Arora, J.S., 2007. Optimization of Structural and Mechanical Systems. World Scientific Publishing, Singapore.

Arora, J.S., Haug, E.J., 1979. Methods of design sensitivity analysis in structural optimization. AIAA J. 17 (9), 970–974.

Arora, J.S., Wang, Q., 2005. Review of formulations for structural and mechanical system optimization. Struct. Multidiscip. Optim. 30, 251–272.

ASCE, 2010. Minimum Design Loads for Buildings and Other Structures. American Society of Civil Engineers, Reston, VA.

Bartel, D.L., 1969. Optimum Design of Spatial Structures. Doctoral dissertation, College of Engineering, University of Iowa.

Bhatti, M.A., 2005. Fundamental Finite Element Analysis and Applications with Mathematica and MATLAB Computations. John Wiley, New York.

Chandrupatla, T.R., Belegundu, A.D., 2009. Introduction to Finite Elements in Engineering, third ed. New Delhi, India, Prentice-Hall Inc. Learning.

Chopra, A.K., 2007. Dynamics of Structures: Theory and Applications to Earthquake Engineering, third ed. Upper Saddle River, NJ, Prentice-Hall.

Crandall, S.H., Dahl, H.C., Lardner, T.J., Sivakumar, M.S., 2012. An Introduction to Mechanics of Solids, third ed. McGraw-Hill, New York.

De Boor, C., 1978. A Practical Guide to Splines: Applied Mathematical Sciences. Springer-Verlag, New York, vol. 27.

Haug, E.J., Arora, J.S., 1979. Applied Optimal Design. Wiley-Interscience, New York.

Hibbeler, R.C., 2013. Mechanics of Materials, ninth ed. Upper Saddle River, NJ, Prentice-Hall.

Hsieh, C.C., Arora, J.S., 1984. Design sensitivity analysis and optimization of dynamic response. Comput. Method. Appl. Mech. Eng. 43, 195–219.

Kim, J.H., Xiang, Y., Yang, J., Arora, J.S., Abdel-Malek, K., 2010. Dynamic motion planning of overarm throw for a biped human multibody system. Multibody Sys. Dynam. 24 (1), 1–24.

Kocer, F.Y., Arora, J.S., 1996. Optimal design of steel transmission poles. J. Struct. Eng. ASCE 122 (11), 1347–1356.

Lim, O.K., Arora, J.S., 1986. An active set RQP algorithm for engineering design optimization. Comput. Method. Appl. Mech. Eng. 57 (1), 51–65.

Meirovitch, L., 1985. Introduction to Dynamics and Controls. John Wiley, New York.

Shampine, L.F., 1994. Numerical Solution of Ordinary Differential Equations. Chapman & Hall, New York.

Thanedar, P.B., Arora, J.S., Li, G.Y., Lin, T.C., 1990. Robustness, generality, and efficiency of optimization algorithms for practical applications. Struct. Optim. 2 (4), 202–212.

Thanedar, P.B., Arora, J.S., Tseng, C.H., Lim, O.K., Park, G.J., 1986. Performance of some SQP algorithms on structural design problems. Int. J. Numer. Method. Eng. 23 (12), 2187–2203.

Tseng, C.H., Arora, J.S., 1988. On implementation of computational algorithms for optimal design 1: preliminary investigation; 2: extensive numerical investigation. Int. J. Numer. Method. Eng. 26 (6), 1365–1402.

Tseng, C.-H., Arora, J.S., 1989. Optimum design of systems for dynamics and controls using sequential quadratic programming. AIAA J. 27 (12), 1793–1800.

Wang, Q., Arora, J.S., 2005a. Alternative formulations for transient dynamic response optimization. AIAA J. 43 (10), 2188–2195.

Wang, Q., Arora, J.S., 2005b. Alternative formulations for structural optimization: an evaluation using trusses. AIAA J. 43 (10), 2202–2209.

Wang, Q., Arora, J.S., 2006. Alternative formulations for structural optimization: an evaluation using frames. J. Struct. Eng. 132 (12), 1880–1889.

Wang, Q., Arora, J.S., 2007. Optimization of large scale structural systems using sparse SAND formulations. Int. J. Numer. Method. Eng. 69 (2), 390–407.

Wang, Q., Arora, J.S., 2009. Several alternative formulations for transient dynamic response optimization: an evaluation. Int. J. Numer. Method. Eng. 80, 631–650.

Xiang, Y., Arora, J.S., Abdel-Malek, K., 2011. Optimization-based prediction of asymmetric human gait. J. Biomech. 44 (4), 683–693.

Xiang, Y., Arora, J.S., Rahamatalla, S., Abdel-Malek, K., 2009. Optimization-based dynamic human walking prediction: one step formulation. Int. J. Numer. Method. Eng. 79 (6), 667–695.

Xiang, Y., Arora, J.S., Rahmatalla, S., Marler, T., Bhatt, R., Abdel-Malek, K., 2010a. Human lifting simulation using a multi-objective optimization approach. Multibody Sys. Dynam. 23 (4), 431–451.

Xiang, Y., Chung, H.J., Kim, J., Bhatt, R., Marler, T., Rahmatalla, S., et al.,2010b. Predictive dynamics: an optimization-based novel approach for human motion simulation. Struct. Multidiscip. Optim. 41 (3), 465–480.

최적설계의 상급과 최신 주제들

Advanced and Modern Topics on Optimum Design

이산변수 최적설계 개념과 방법

Discrete Variable Optimum Design Concepts and Methods

이 장의 주요내용:

- 혼합된 연속이산변수 최적설계문제 정식화
- 혼합된 연속이산변수 최적설계문제와 관련 있는 전문용어의 사용
- 다양한 혼합된 연속이산변수 최적설계문제와 방법의 다양한 유형과 관련이 있는 개념 설명
- 혼합된 연속이산변수 최적설계문제를 풀기 위한 적절한 방법의 선택

많은 실제 응용에 있어서 이산과 정수 설계변수는 문제 정식화에서 자연히 발생한다. 예를 들면 평판 두께는 이용 가능한 것을 선택하여야 하고 볼트의 개수는 정수여야만 하며, 재료의 특성은 사용 가능한 재료에 따라야 한다. 기어의 잇수는 정수여야 하고, 콘크리트 부재의 보강 봉의 수는 정수이어야 하며 보강재 봉의 지름은 사용 가능한 중에서 선택해야 한다. 프리스트레스트 부재의 가닥 수는 정수가 되어야 하고 구조물 부재는 상용적으로 사용 가능한 구조재에서 선택되어야 한다. 이산변수의 형식과 목적 및 제약조건 함수는 그런 문제들을 푸는 데 사용되는 방법을 결정할 수 있다.

이산변수: 값들이 주어진 집합으로부터 값을 결정해야 한다면 그 변수는 이산적이라고 한다.

정수변수: 변수가 정수 값들만 가질 수 있다면 정수변수라고 한다. 정수변수는 이산변수의 특별한 경우에 해당됨에 주목하라.

연결이산변수: 변수의 값을 정할 때 매개변수들의 그룹의 값들로 지정하면 연결이산변수라고 한다.

이진변수: 이산변수가 0과 1의 값을 가진다면 이진변수라고 한다.

간결하게 혼합 변수(이산, 연속, 정수)로 이러한 문제, 또는 짧게 MV-OPT를 관련하려고 한다. 이 장에서는 여러 가지 형태의 MV-OPT 문제들과 해를 구하는 데 관련된 개념 및 용어들을 설명할 것이다. 다양한 형태의 문제들의 해를 구하는 여러 가지 방법을 설명할 것이다. 선택한 접근법은 방법들의 기본 개념에 중점을 두고 그 장단점을 지적할 것이다. 따라서 수치적 알고리즘의 실행에 대

한 상세한 내용은 현재 문헌들의 도움을 받아야만 할 것이다.

실제 응용에서 이런 종류의 문제들이 매우 중요하기 때문에 해를 구하는 적절한 방법들을 연구하고 개발하기 위하여 많은 연구자들이 관심을 가졌다. 이 장에서의 자료들은 실재적인 소개와 가장 기본적인 형태에 대한 여러 가지 해를 구하는 전략을 설명한다. 자료들은 저자와 동료들 및 많은 다른 발간물들의 인용(Arora et al., 1994; Arora and Huang, 1996; Huang and Arora, 1995, 1997a,b; Huang et al., 1997; Arora, 1997, 2002; Kocer and Arora, 1996a,b, 1997, 1999, 2002)에서 유도되었다. 이 참고자료들은 이산변수 최적화 문제들의 여러 가지 많은 예제를 포함하고 있다. 이 장에서는 이 예제들 중의 몇 개만 다룰 것이다.

15.1 기본 개념과 정의

15.1.1 혼합 변수 최적설계문제의 정의: MV–OPT

이전의 장에서 정의되고 취급된 등호 및 부등호제약조건을 가진 표준설계최적화 모델은 다음과 같이 몇 개의 변수는 연속이고 다른 변수들은 이산적으로 정의함으로 확장될 수 있다.

최소화

$$f(\mathbf{x})$$

제약조건

$$h_i = 0, \quad i = 1 \text{ to } p, \quad g_j \leq 0, \quad j = 1 \text{ to } m \tag{15.1}$$

$$x_i \in D_i, \quad D_i = (d_{i1}, d_{i2}, \ldots, d_{iq_i}), \quad i = 1 \text{ to } n_d, \quad x_{iL} \leq x_i \leq x_{iU}, \quad i = (n_d + 1) \text{ to } n$$

여기서 f, h_i와 g_j는 각각 목적과 제약조건 함수들이다. x_{iL}와 x_{iU}는 연속 설계변수 x_i의 상한/하한 범위이며 p, m과 n은 각각 등호조건, 부등호조건 및 설계변수의 개수이다. n_d는 이산 설계변수의 개수이고 D_i는 i번째 변수의 이산 값들의 집합이다. q_i는 허용 이산 값의 개수이고 d_{ik}는 i번째 변수의 k번째 가능 이산 값이다.

앞선 문제의 정의에서 **정수변수**뿐만 아니라 **0~1 변수** 문제도 포함된다는 것에 주목하라. 식 (15.1)의 정식화는 연결 이산변수들의 설계문제를 푸는 데도 사용될 수 있다(Arora and Huang, 1996; Huang and Arora, 1997a). 그러한 연결 이산변수들이 포함된 많은 설계 응용들이 있다. 이후 절에서 그것들을 설명할 것이다.

15.1.2 혼합 변수 최적설계문제의 분류

설계변수의 형태, 목적 및 제약조건 함수들에 따라서 혼합된 연속이산변수 문제들은 다음의 단락에서 설명하는 대로 다섯 가지 다른 범주로 분류할 수 있다. 문제의 형태에 따라서 어떤 이산변수 최적화 방법은 문제를 푸는 데 다른 방법보다 더 효과적일 수 있다. 다음에서 우리는 문제의 연속변수는 적절한 연속변수 최적화 방법을 사용하여 취급할 수 있다고 가정한다. 또는 적절하다면 연속변수는 격자를 정의함으로써 이산변수로 변형할 수 있다. 따라서 우리는 이산변수에만 주목한다.

MV-OPT 1: 연속이고 미분 가능한 함수

문제함수들은 두 번 연속 미분 가능하다. 이산변수들은 해를 구하는 과정에서는 비이산적 값을 가질 수 있다(즉, 함수는 비이산점에서 평가될 수 있다). 여러 가지 해를 구하는 전략이 이런 문제에 적용될 수 있다. 이런 문제에 이용 가능한 여러 가지 해 전략들이 있다. 수많은 예가 있는데 시장에서 구할 수 있는 특정한 값의 판 두께와 부재의 반지름을 예로 들 수 있다.

MV-OPT 2: 미분 불가능한 함수

문제함수들은 유용 집합의 적어도 어떤 점에서는 미분 불가능하다. 하지만 해를 구하는 과정에서 이산변수들이 비이산 값들을 가질 수 있다. 이런 종류의 문제의 예는 설계기준을 제약조건들에 적용하는 설계문제들을 포함한다. 이러한 많은 제약조건들은 실험과 경험을 바탕으로 하여 유용집합의 적어도 어떤 곳에서도 미분이 가능하지 않다. 한 예가 Huang과 Arora (1997a,b)에 주어졌다.

MV-OPT 3: 이산변수들은 비이산 값을 가질 수 없다

문제함수들은 해를 구하는 과정에서 몇 개의 이산변수들이 반드시 이산 값을 가져야 하므로 미분 가능하거나 또는 불가능할 수 있다. 몇 개의 문제함수들은 해 과정 중 이산설계 값 중에서만 평가될 수 있다. 그러한 변수의 예는 프리스트레스 보나 기둥의 가닥 수, 기어의 잇수, 조인트의 볼트 개수를 들 수 있다. 만일 비이산적인 설계점의 영향이 어떻게든 모사될 수 있다면 이 문제는 MV-OPT 3으로 분류하지 않는다. 예를 들어, 코일 스프링의 코일 수는 정수이다. 하지만 해를 구하는 과정에서 함수값의 평가가 가능한 한 코일의 비정수 수를 가지는 것이 허용된다(그것이 어떤 물리적 의미를 가질 수도 있고 아닐 수도 있다).

MV-OPT 4: 다른 매개변수에 연결된 설계변수

문제함수들은 몇 개의 이산변수들이 다른 것들과 연결되어 있고 하나의 변수에 값을 주면 다른 변수들의 값이 결정되므로 미분 가능일 수도 있고 아닐 수도 있다. 이런 종류의 문제는 카탈로그에서 선택한 부재들로 구조물 설계, 재료의 선택, 자동차를 위한 엔진 종류와 기타 응용 등과 같은 많은 실용을 포함한다.

MV-OPT 5: 조합문제

순수하게 이산적 미분이 불가능한 문제가 있다. 이런 문제의 고전적인 예로 이동 판매자 문제가 있다. 도시를 방문하기 위한 이동 전체 거리가 최소화되어야 한다. 정수의 집합(도시들)이 여행 일정(설계)을 지정하기 위하여 다른 순서를 조정할 수 있다. 특정한 정수는 순서에서 단 한 번만 나타날 수 있다. 공학 설계문제에서 이런 예제는 볼트 삽입 순서의 설계, 용접 순서 및 주어진 절점 사이의 부재의 위치 설정을 포함한다(Huang et al., 1997).

나중에 설명하겠지만 이산변수 방법 중 몇 가지는 함수들과 그 미분들이 비이산점에서 평가될 수 있다고 가정한다. 그 방법들은 전에 정의된 문제의 몇 가지에는 적용될 수 없다. 다섯 가지 문제의 여러 가지 특성이 표 15.1에서 요약되었다.

표 **15.1**　문제 종류에 따른 설계변수와 함수의 특성

MV-OPT	Variable types	Functions differentiable?	Functions defined at nondiscrete points?	Nondiscrete values allowed for discrete variables?	Variables linked?
1	Mixed	Yes	Yes	Yes	No
2	Mixed	No	Yes	Yes	No
3	Mixed	Yes/No	No	No	No
4	Mixed	Yes/No	No	No	Yes
5	Discrete	No	No	No	Yes/No

15.1.3 해 개념의 고찰

각 설계변수들을 위한 허용 가능한 이산 값들을 하나하나 열거하면 항상 이산변수 최적화 문제를 풀 수 있다. 그런 계산에서 평가되어야 하는 조합의 수 N_c는 다음과 같이 주어진다.

$$N_c = \prod_{i=1}^{n_d} q_i \tag{15.2}$$

하지만 해석되어야 하는 조합의 수는 설계변수들의 수 n_d와 각 변수들의 허용 이산 값들의 수 q_i 가 늘어남으로써 급격히 증가한다. 이런 이유로 전체 열거는 문제를 푸는 데 극도로 많은 계산 노력을 하도록 한다. 따라서 많은 이산변수 최적화 방법은 여러 가지 전략 및 발견적 규칙을 이용하여 가능한 조합들의 부분적인 목록에 대한 탐색을 줄이도록 노력한다. 이를 간혹 **암시적 열거**(*implicit enumeration*)라고 부른다.

대부분의 방법들은 매우 제한된 부류의 문제들(선형 또는 볼록한)에만 최적해를 보장한다. 좀 더 일반적인 비선형문제들에서는 유용하고 좋은 해는 얼마나 많은 계산이 허용되는가에 의존하여 얻어진다. 이산 최적점에서 이산점이 정확하게 유용집합의 경계에 있지 않으면 부등식의 어느 것도 활성이 아닐 수 있음을 주목하라. 또한 최종해는 넓게 분리된 허용 이산 값들이 식 (15.1)의 집합 D_i 안에서 어떻게 있느냐에 영향을 받는다.

만일 MV-OPT 1 종류의 문제라면, 처음에 연속변수 최적화 방법을 사용하여 푸는 것이 유용하다는 점에 주목하는 것이 중요하다. 연속해의 목적함수의 최적값은 이산해에 관련된 값의 하한 범위를 나타낸다. 설계변수들의 이산화가 요구된다는 것은 문제에 추가적인 제약조건이 있음을 의미한다. 따라서 이산 설계변수의 최적 목적함수는 연속해의 값들보다 높은 값들을 가질 것이다. 이산해에 벌칙을 가하는 방법으로 해석될 수 있다.

MV-OPT를 위한 두 가지 기본적인 방법으로 열거형과 확률론적 방법이 있다. 열거형 부류에서는 전체 열거가 가능하다. 하지만 부분 열거는 분기 한정 종류법(BBM)을 사용하는 것이 가장 보편적이다. 확률론적 부류에서 가장 보편적인 방법은 모사 풀림, 단련과 유전적 알고리즘과 기타 이런 알고리즘이다(17장 참조). 모사 풀림(SA)은 이 장의 뒷부분에서 논의할 것이고 다른 확률론적 방법은 17장에 설명되어 있다.

15.2 분기 한정법

분기 한정법(Branch and Bound Methods, BBM)은 원래 전역적 해를 구하기 위한 이산변수 선형계획문제(LP)에 관하여 개발되었다. 전체 열거를 체계적인 방식으로 부분 열거로 축소하였기 때문에 함축적 열거 방법(*implicit enumeration method*)이라고 부르기도 한다. 이것은 이산변수 문제를 위한 가장 최초이고 가장 잘 알려진 방법 중의 한 가지이고 MV-OPT 문제들을 해석하는데도 사용되어 왔다. 분기, 경계, 통찰의 개념들이 탐색을 수행하기 위하여 사용되었는데 이는 나중에 설명한다. 다음 정의들은 방법의 설명과 특히 연속변수 문제들에 적용할 때 유용하다.

반 대역(*half-bandwidth*): 허용 가능한 값 $2r$이 주어지면 허용 가능한 이산변수 r이 주어진 이산 값 이하이고 $(r-1)$ 값이 그 이상일 때 매개변수 r은 반 대역이라고 한다. 이는 예를 들어 반올림 연속해의 기반이 된 이산변수의 허용 값들의 수를 제한하기 위하여 사용되었다.

완결(*completion*): 모든 변수들에 대하여 허용 가능한 값들에서 이산 값을 지정하는 것을 완결이라고 부른다.

유용 완결(*feasible completion*): 이것은 모든 제약조건들을 만족하는 완결이다.

부분 해(*partial solution*): 연속 이산 문제의 경우 모든 변수들이 아닌 몇 개에 이산 값을 지정하는 것이다.

통찰(*fathoming*): 만약 이전에 알고 있는 것보다 작은 목적함수 값의 유용 완결이 현재 점으로부터 결정될 수 없다면 연속 문제의 부분 해나 이산 문제의 이산적 정 중간해(해 나무의 절점)는 통찰되었다고 말한다. 모든 가능한 완결이 이 절점으로부터 **함축적 열거**되었다는 것을 내포한다.

15.2.1 기본 BBM

선형 문제들에 적용하는 BBM의 첫 번째 사용은 Land와 Doig (1960)라고 생각한다. 나중에 Dakin (1965)은 많은 응용에 단계적으로 사용되어온 알고리즘을 수정하였다. BBM의 두 개 기본 이행이 있다. 첫째, 해를 구하는 과정에 이산변수들에 대한 비이산 값이 허용되지 않는다(또는 가능하지 않다). 이 이행은 아주 직선적이다. 분기, 경계, 통찰의 개념들이 최종해를 얻는 데 직접적으로 사용되었다. 부문제는 정의되거나 해석되지 않는다. 문제함수는 설계변수들의 다른 조합에 대해서만 평가되어야 한다.

둘째, 이행에서 설계변수들에 대하여 비이산 값들이 허용된다. 이산 값을 가지도록 변수를 강제하는 것이 해 나무의 절점을 생성한다. 이는 변수의 이산 값을 가지도록 강제적으로 만드는 추가적인 제약조건들을 정의하면 된다. 부문제는 문제의 종류에 따라서 LP나 NLP 방법을 사용하여 푸는 것이다. 예제 15.1에서 변수의 값이 이산 값만 허용될 때 BBM을 사용하는 법을 보여준다.

이산 값만 허용되는 경우의 BBM

다음 LP 문제를 풀어라.

최소화

$$f = -20x_1 - 10x_2 \tag{a}$$

제약조건

$$g_1 = -20x_1 - 10x_2 + 75 \le 0 \tag{b}$$

$$g_2 = 12x_1 + 7x_2 - 55 \le 0 \tag{c}$$

$$g_3 = 25x_1 + 10x_2 - 90 \le 0 \tag{d}$$

$$x_1 \in \{0, 1, 2, 3\}, \quad \text{and} \quad x_2 \in \{0, 1, 2, 3, 4, 5, 6\} \tag{e}$$

풀이

BBM 이행에서 변수 x_1과 x_2는 각각 4개와 6개의 주어진 값들로부터 이산 값만을 가질 수 있다. 전체 열거는 28가지 조합에 대한 문제함수의 평가를 요구할 것이다. 하지만 BBM에서는 소수의 평가로 최종해를 구할 수 있다. 이 문제에서 x_1과 x_2에 대한 f의 도함수는 항상 음수이다. 이 정보는 BBM에 유리하게 사용될 수 있다. 하나의 변수가 다음 더 낮은 이산 값으로 교란될 때, 목적함수가 항상 증가하는 것을 보증하기 위하도록 x_1과 x_2의 내림차순으로 이산 점들을 열거할 수 있다.

문제의 BBM은 그림 15.1에 나타나 있다. 각 점(절점)에서 목적과 제약함수들의 값이 나타나 있다. 각 절점으로부터 각각의 변수에 다음 더 작은 값들을 지정하면 두 개의 절점을 더 만든다. 이를 분기라 한다. 각각의 절점에서 모든 문제함수들이 다시 계산된다. 한 점에서의 어떤 제약조건이 위배이면, 그 절점에서 더 분기가 필요하다. 일단 한 유용 완결이 구해지면, 목적함수 도함수의 이유로 거기서부터는 더 작은 목적을 가진 점들이 있을 수 없기 때문에 절점은 더 이상 분기를 요구하지 않는다. 그러면 절점을 **통찰**되었다고 한다. 즉 그들은 분기의 가장 낮은 점에 도달하였고 더 이상 분기는 더 작은 목적을 가진 해를 만들 수 없다. 절점 6과 7은 이런 식으로 목적함수가 –80의 값을 갖는 이 쪽에서 통찰되었다.

나머지 절점들에서는 이 값이 목적함수의 상한 경계가 된다. 이것을 경계라고 부른다. 나중에 현재 경계보다 높은 목적함수 값을 갖는 어떤 절점들도 통찰되었다. 설계들이 현재 경계 –80과 같거나 더 큰 목적함수 값을 갖는 불용이므로 절점 9, 10 및 11은 통찰되었다. 더 이상 분기가 불가능하기 때문에 문제의 전역적 해는 11번의 함수 평가로 절점 6, 7에서 구해진다.

15.2.2 국소적 최소화에서의 BBM

이산변수들이 해를 구하는 과정에서 비이산 값들을 가질 수 있고 모든 함수들은 미분 가능한 최적화 문제에 대하여, 해 나무(solution tree)에서 절점의 수를 줄이기 위하여 국소 최소화 과정의 장점을 취할 수 있다. 그런 BBM 과정에서 초기에 최적점은 모든 이산변수들을 연속이라고 취급하여 구할 수 있다. 만일 해가 이산적이라면 최적점은 구해졌고, 과정은 끝난다. 만일 하나의 변수가 이산 값을 가지지 않으면, 그 값은 두 이산 값 사이에 있다. 예를 들면 $d_{ij} < x_i < d_{ij+1}$이다. 이제 두 개의 부문

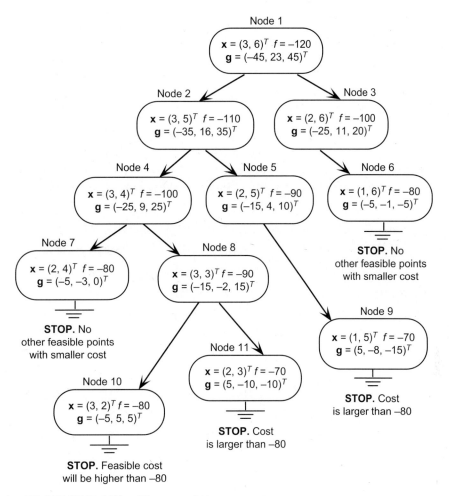

그림 15.1   **연속 부문제를 풀지 않는 기본 BBM.** 출처: *Huang and Arora, 1997a; Arora, 2002.*

제를 정의하는데 하나는 $x_i \leq d_{ij}$ 제약조건을 가지고 다른 하나는 $x_i \geq d_{ij+1}$을 가진다. 이 과정을 분기라고 하는데, 이는 순수 이산 문제에 대한 예제 15.1에서 설명한 바와 조금 다르다. 기본적으로 이산적 문제에 관하여 유용이 아닌 연속적인 유용영역의 일정 부분을 제거한다. 여하튼, 이산 유용해는 어느 것도 제거되지 않는다.

두 개의 부문제를 다시 풀어서 최적해는 모든 설계 변수, 목적함수와 변수의 적절한 범위에 대한 최적값을 포함하고 있는 나무의 절점으로 저장되었다. 분기와 연속 문제의 해를 구하는 이 과정을 유용 이산해가 구해질 때까지 계속한다. 일단 이것이 성취되면, 이산 유용해에 연관된 목적함수는 나중에 풀어야 하는 남은 부문제(절점들)에 대한 목적함수의 상한 경계가 된다. 상한 경계보다 더 높은 목적 값을 갖는 해들은 앞으로의 고려에서 제거된다(즉, 그것들을 통찰된다).

앞의 분기와 통찰 과정은 각각의 비통찰 절점으로부터 반복된다. 최적해를 구하는 탐색은 모든 절점이 다음 중 하나의 이유로 인한 결과로 통찰되었을 때 종료된다. (1) 이산 최적해가 구해졌을 때, (2) 연속해를 구하는 것이 불가능할 때, (3) 유용해가 구해졌으나 목적함수의 값이 설정된 상한 경계에서의 값보다 높을 때. 예제 15.2는 변수에 대한 비이산 값이 해를 구하는 과정에서 허용될 때 BBM의 사용을 설명한다.

예제 15.2 **국소 최소화를 가진 BBM**

예제 15.1의 문제를 분기와 경계 과정을 통해서 변수들을 연속으로 취급하여 다시 풀어보자.

풀이

그림 15.2는 해를 구하는 과정에서 문제함수의 이산성과 미분 비가능성의 요구조건을 완화할 때 BBM의 이행을 보여준다. 여기서 문제의 연속해를 가지고 시작한다. 그 해로부터 두 개의 부문제들을 x_1이 1과 2 사이에 있지 않다는 추가적인 제약조건 요구를 적용하여 정의된다. 부문제 1은 제약조건 $x_1 \leq 1$을 적용하고 부문제 2는 $x_1 \geq 2$를 적용한다. 부문제 1은 x_1에 대한 이산 값이나 x_2에 대해서는 비이산 값을 주는 연속변수 알고리즘을 이용하여 해석된다. 따라서 이 절점에서 더 분기가 필요하다. 부문제 2에서도 역시 목적함수 값 −80을 가진 변수의 이산 값을 주는 연속변수 알고리즘을 이용하여 해석된다. 이것은 목적함수의 상한 경계를 주고 이 절점으로부터 더 분기가 필요하지 않다.

부문제 1의 해를 이용하여 두 부문제들은 x_2가 6과 7 사이에 있지 않도록 요구함으로 정의된다. 부문제 3은 제약조건 $x_2 \leq 6$을 적용하고, 부문제 4는 $x_2 \geq 7$을 적용한다. 부문제 3은 $f = -80$을 가지는 이산 해를 가지는데 이것은 현재 상한 경계로서 동일하다. 해가 이산적이기 때문에 더 많은 부문제들을 정의하여 거기서부터 더 분기가 필요하지 않다. 부문제 4는 $f = -80$을 가진 이산해로 인도되지 않는다. 이 절점에서부터 더 이상의 분기는 −80의 현 상한 경계보다 더 작은 목적 함수 값을 가진 이산해로 이끌어 갈 수 없으므로 절점은 통찰되었다. 따라서 이전에 논의한 대로 부문제 2와 3은 문제에 대한 두 개의 최적 이산해를 준다.

이전의 문제는 단 두 개의 설계변수들을 가지고 있으므로 해 과정의 다양한 절점을 만들어 내는 법을 정하기가 매우 단순하다. 더 많은 설계변수들이 있다면 절점 생성과 분기 과정은 유일하지 않다. 이런 관점들은 비선형문제에서 좀 더 논의될 것이다.

15.2.3 일반적인 MV−OPT에 대한 BBM

비선형 이산형 문제들의 대부분 실용에서 BBM의 후자 버전이 가장 많이 사용되는데, 해를 구하는 과정에서 함수들은 미분 가능하며, 설계변수들은 비이산 값을 가질 수 있다고 가정한다. 다른 방법들은 절점들을 생성하기 위하여 비선형 최적화 부문제들을 풀기 위하여 사용되어 왔다. BBM은 이산 설계 변수 문제들을 취급함에 성공적으로 사용되어 왔고 아주 강건함이 증명되었다. 그러나 이산 설계변수의 수가 많은 경우에는 부문제(절점)의 수가 커진다.

따라서 여러 가지 통찰과 분기 규칙을 시험함으로 절점의 수를 줄이기 위하여 전략들을 검사하는 데 상당한 노력을 하였다. 예를 들어 두 개의 부문제에 대한 상한과 하한 값으로 분기하는 데 사용되는 변수를 지정한 값으로 고정하여 앞으로의 고려에서 제외한다. 이것은 효율에 결과를 줄 수 있는

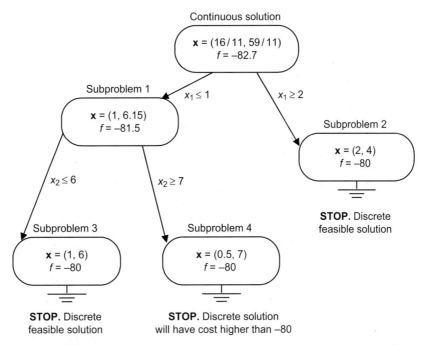

그림 15.2　**연속 부문제들의 해를 가진 BBM.** 출처: *Arora, 2002.*

차원을 축소한다. 반복과정 진행에서 더욱 더 많은 변수들이 고정되고, 그 최적화 문제의 크기가 줄어든다.

　비선형 연속문제에 대한 BBM의 많은 다른 변환이 효율성을 향상시키기 위하여 연구되어 왔다. 목적에 대한 좋은 상한 경계를 일찍 설정하므로 분기에 대한 적절한 변수의 선정으로 이것을 성취할 수도 있다. 만약 더 작은 상한 경계를 설정한다면 더 많은 절점들 또는 부문제들이 일찍 통찰될 수 있을 것이다. 이러한 점들에 대하여 여러 가지 묘책들이 연구되어 왔다. 예를 들어, 가장 가까운 이산 값에서부터 연속변수의 거리와 변수를 이산 값으로 지정할 때의 목적함수 값이 분기되는 변수를 결정하기 위하여 사용될 수 있다.

　만약에 문제가 선형적이거나 볼록이면 BBM이 **전역적 최적값**을 찾을 수 있음을 보증한다는 것에 주목하는 것이 중요하다. 일반적인 비선형 비볼록 문제의 경우 그런 보장은 없다. 절점이 매우 일찍 통찰되고, 그 분기 중 하나가 실제 전역적 해를 포함하고 있을 가능성이 있다.

15.3　정수계획법

변수들이 정수값을 가져야만 하는 최적화 문제들을 정수계획(IP) 문제라고 부른다. 만일 몇 개의 변수들이 연속이라면 혼합 변수 문제이다. 모든 함수들이 선형이면 정수선형계획(ILP) 문제가 되고, 아니면 비선형이 된다. ILP 문제는 0~1 계획 문제로 전환할 수 있다. 이산변수들을 포함하는 선형

문제들도 또한 0~1 계획 문제로 전환할 수 있다. 앞에서 논의한 BBM과 같은 여러 가지 알고리즘들이 이런 문제를 해결하는 데 사용할 수 있다(Sysko et al.,1983; Schrijver, 1986). 뒤에서 논의하겠지만, 만일 문제의 함수들이 연속이고 미분 가능하다면, 비선형 이산 문제들도 순차 선형화 절차들로 풀 수 있다.

이 절에서 ILP를 0~1 계획 문제로 전환하는 방법을 보여준다. 그것을 위하여 다음과 같이 ILP를 고려하자.

최소화

$$f = \mathbf{c}^T \mathbf{x}$$

제약조건

$$\mathbf{Ax} \leq \mathbf{b}$$
$$x_i \geq 0 \ \text{정수}; \qquad i = 1 \ \text{to} \ n_d; \quad x_{iL} \leq x_i \leq x_{iU}, \quad i = n_d + 1 \ \text{to} \ n \tag{15.3}$$

z_{ij}를 0~1 변수로 정의한다(모든 i와 j에 대하여 $z_{ij} = 0$ 또는 1). 그러면 i번째 정수는 다음과 같이 표현될 수 있다.

$$x_i = \sum_{j=1}^{q_i} z_{ij} d_{ij}; \quad \sum_j z_{ij} = 1, \quad i = 1 \ \text{to} \ n_d \tag{15.4}$$

여기서 q_i와 d_{ij}는 식 (15.1)에서 정의되었다. 이를 앞의 혼합 ILP 문제에 대입하면 이것은 z_{ij} 항들의 0~1 계획 문제로 다음과 같이 전환된다.

최소화

$$f = \sum_{i=1}^{n_d} c_i \left[\sum_{j=1}^{q_i} z_{ij} d_{ij} \right] + \sum_{k=n_d+1}^{n} c_k x_k$$

제약조건

$$\sum_{j=1}^{n_d} a_{ij} \left[\sum_{m=1}^{q_j} z_{jm} d_{jm} \right] + \sum_{k=n_d+1}^{n} a_{ik} x_k \leq b_i \tag{15.5}$$

$$\sum_{j=1}^{q_i} z_{ij} = 1, \quad i = 1 \ \text{to} \ n_d; \quad z_{ij} = 0 \ \text{or} \ 1 \quad \text{for all } i \text{ and } j; \quad x_{iL} \leq x_i \leq x_{iU}; \quad i = n_d + 1 \ \text{to} \ n$$

LP을 위한 많은 최신 컴퓨터 프로그램에는 이산변수 LP 문제를 풀기 위한 선택이 있다는 점을 주목하는 것이 중요하다. 예를 들면, LINDO (Schrage, 1991)를 참조할 수 있다.

15.4 순차적 선형화 방법

문제의 함수가 미분 가능하다면 MV-OPT를 해결하는 합리적인 접근은 각각의 모든 반복에서 비선형문제를 선형화하는 것이다. 그러면 이산-정수선형계획(ILP) 방법이 선형화된 부문제를 해석하기 위하여 사용될 수 있다. 선형화된 부문제를 정의하고 풀기 위한 여러 가지 방법이 있다. 예를 들어, 0~1 변수 문제로 전환될 수 있다. 이 방법은 변수의 수가 상당히 증가한다. 하지만 ILP 문제들을 풀기 위하여 여러 가지 방법이 이용 가능하다. 따라서 MV-OPT는 순차적 LP 접근 방법과 현존하는 코드들을 사용하여 풀 수 있다.

이 접근 방법의 수정은 어떻게든지 우선 연속 최적점을 구하고, 다음 선형화하여 IP 방법들을 사용한다. 이 과정은 풀어야 할 정수 LP 부문제들의 수를 줄일 수 있다. 연속해(작은 r값, 반 대역)의 주위에 있는 이산변수들의 수를 이것들에 제약하는 것이 ILP 문제의 크기도 줄일 수 있다. 여기서 일단 연속해가 얻어지고, 어떠한 이산변수 최적화 방법이라도 변수들의 이산 값들의 줄어든 집합으로 사용될 수 있다는 점에 주목해야 한다.

MV-OPT 문제를 풀기 위한 또 다른 접근 방법은 이산변수들과 연속변수들을 순차적으로 최적화하는 것이다. 문제는 처음 이산변수의 항으로 선형화되나 연속변수들은 고정된 현재 값들을 유지한다. 선형화된 이산 부문제는 이산변수 최적화 방법을 이용하여 해석된다. 다음 이산변수들은 현재의 값에서 고정되고, 연속 부문제는 비LP법을 이용하여 해석된다. 최종해를 얻기 위하여 이 과정이 몇 차례 반복된다.

15.5 모사 풀림

모사 풀림(*Simulated Annealing*, SA)은 함수의 **전역적 최소**로 우수한 근사를 위치하게 하는 확률적 접근 방법이다. 접근법의 이름은 금속의 **풀림 과정**에서 왔다. 이 과정은 결정의 크기를 증가시키고 그 결함을 줄이기 위하여 재료의 가열과 조절된 냉각을 포함하고 있다. 고온에서는 절대 최소 에너지를 가지는 배열에 도달하기 위하여, 원자가 그들의 초기 배열에서 느슨해져 아마도 더 높은 내부 에너지 상태를 통과하여 무작위로 움직이게 된다. 냉각과정은 천천히 되어야 필요가 있고 더 낮은 내부에너지의 배열을 찾기 위하여 원자들에게 충분한 기회를 줄 수 있도록 각 온도에서 충분한 시간을 소비할 필요가 있다. 만일 천천히 낮아지지 않고 각 온도에서 충분한 시간이 소비되지 않으면 과정은 내부에너지의 국소 최소점 상태에서 가두어질 수 있다. 결과의 결정은 많은 결함을 가질 수도 있고 재료는 결정 질서가 없는 유리가 될 지도 모른다.

시스템의 최적화에 적용되는 모사 풀림 방법은 이 과정을 모방하였다. 실행에 충분히 긴 시간이 주어지면, 이 개념에 기초한 알고리즘은 연속-이산-정수변수 비LP 문제에 대한 전역적 최소를 찾을 수 있다.

풀림 과정에 유사하게 수행하는 기본 절차는 현재 가장 좋은 점의 주변에 무작위 실험점들을 생성하고 그곳에서 문제함수들의 값을 평가한다. 만일 목적함수(제약문제들의 **벌칙함수**) 값이 현재의 가장 좋은 값보다 작으면, 그 실험점(trial point)을 받아들이고 가장 좋은 함수값은 경신된다. 만일 함수값이 지금까지 알려진 가장 좋은 값보다 더 높으면 그 실험점은 때때로 선택되거나 거부된다. 점의 선택은 Bolzman-Gibbs 분포의 확률밀도함수의 값에 기초한다. 만일 이 확률밀도함수가 무작위 수보다 더 큰 값을 가지면, 그 함수값이 알고 있는 최선의 값보다 크더라도 실험점이 가장 좋은해로 받아들여진다. 그렇지 않으면 이것을 거부하고 새로운 실험점이 생성된다. 승인확률은 온도가 감소하는 것과 같이 꾸준히 0으로 줄어든다. 따라서 초기 단계에서 이 방법은 간혹 나쁜 설계를 받아들이기도 하지만 최종 단계에서 나쁜 설계들은 거의 항상 버려진다. 이 전략은 국소 최소점에서 묶이는 것을 피한다.

확률밀도함수의 계산에서 온도(> 0)라고 부르는 매개변수가 사용된다. 최적화 문제에서 이 온도는 목적함수의 최적값을 위한 목표가 될 수 있다. 초기에는 큰 목표값이 선택된다(최소화 문제의 경우). 실험이 진행됨에 따라 표적값(온도)이 감소된다[이를 냉각 일정(cooling schedule)이라고 부른다]. 각 실험 수준에서 목표 수준이 줄어들기 전에 많은 수의 실험점들이 생성되고 시험된다. 과정은 많은 모든 실험의 수와 목표 수준이 충분히 작은 값으로 줄어든 후 마치게 된다.

SA 방법은 목적과 제약조건함수들만의 평가가 요구된다는 사실을 알 수 있다. 함수의 연속성과 미분 가능성이 필요하지 않다. 따라서 이 방법은 **미분 불가능 문제들**이나 그 경사도를 계산할 수 없거나 계산하는 데 너무 많은 시간과 비용이 드는 문제들에 유용하다. 최소점을 탐색하는 속도를 높이기 위하여 **병렬 컴퓨터 환경**에 알고리즘을 수행하는 것도 가능하다. 방법의 결함은 전역적 최소값의 목표 수준(온도)의 감소에 대해 알 수 없는 비율과 목표 수준(온도)이 감소되어야 하는 실험의 총 횟수 및 점에서의 불확실성이다.

15.5.1 모사 풀림 알고리즘

알고리즘은 컴퓨터 프로그램으로 실행하는 것이 매우 단순하고 쉽다는 것을 알 수 있다. 다음의 단계들은 최소화 문제에 대한 알고리즘의 기본 아이디어를 설명한다. 알고리즘의 실행에 관한 상세한 것에는 변형이 있을 수 있다. 따라서 보다 상세한 내용은 주제와 관련된 문헌을 참조하여야 한다 (Aarts and Korst, 1989).

1단계: 초기화(*initialization*). 초기 온도 $T_0 > 0$(만약 > 0이면 목적함수의 전역적 최소도 기대 할 수 있다)와 유용 실험점 $\mathbf{x}^{(0)}$(만약 제약조건을 실행하기 위하여 벌칙함수를 사용하게 된다면 유용점이 요구되는 것은 아니다. 이후 논의를 보라)을 선택한다. $f(\mathbf{x}^{(0)})$를 계산한다. 현재 온도 수준에 실험 횟수의 한계 정수 L(제약조건 문제의 경우 유용점)과 온도 축소 매개변수 r, $0 < r < 1$을 선택한다. 외부 순환 계수기로 $K = 0$와 내부 순환 계수기를 $k = 1$로 초기화 한다. 내부 순환 계수기 (k)가 다양한 후보점을 통하여 순환하는 동안 외부 순환 계수기(K)는 다양한 온도를 통하여 순환한다.

2단계: 무작위점 생성(*random point generation*). 현재 점의 주변에 무작위로 새로운 실험점 $\mathbf{x}^{(k)}$을 생성한다. 어떤 방법이라도 변수에 대한 허용 범위에 무작위 점을 생성하기 위하여 사용될 수 있다. 그러한 점들을 생성하는 방법이 Huang와 Arora (1997a)에 설명되어 있다. 만약 그 점이 불용이면, 유용성이 만족될 때까지 다른 무작위 점을 생성한다(점의 유용성을 요구하지 않는 이 단계의 변형은 나중에 설명된다). $f(\mathbf{x}^{(k)})$와 함수 값의 변화 $\Delta f = f(\mathbf{x}^{(k)}) - f(\mathbf{x}^{(0)})$를 계산하라.

3단계: 무작위 점의 수용/거부(*acceptance/rejection of random point*). 만약 $\Delta f < 0$ 이면 새로운 최상점 $\mathbf{x}^{(0)}$로 $\mathbf{x}^{(k)}$를 받아들여 $f(\mathbf{x}^{(0)}) = f(\mathbf{x}^{(k)})$로 두고 4단계로 간다. 그렇지 않으면 Boltzmann-Gibbs 확률밀도함수 값을 계산하라.

$$p\left(\Delta f\right) = exp\left(\frac{-\Delta f}{T_K}\right) \qquad (15.6)$$

[0, 1]에 균일하게 분포하는 무작위 수 z를 생성하라. 만일 $p(\Delta f) > z$이면 새로운 최상점 $\mathbf{x}^{(0)}$로 $\mathbf{x}^{(k)}$를 받아들이고 4단계로 가라. 그렇지 않으면 2단계로 가라.

4단계: 내부 순환 계수기 갱신(*update inner loop counter*). 만일 $k < L$이면 $k = k + 1$로 두고 2단계로 가라. 만약 $k > L$이고 종료 기준이 만족되면 중지한다. 그렇지 않으면 5단계로 가라.

5단계: 외부 순환 계수기 갱신(*update outer loop counter*). $K = K + 1$, $k = 1$로 설정하라. $T_K = rT_{K-1}$로 설정하고 2단계로 가라.

이 알고리즘의 실행에 다음 사항들을 주목하라.

1. 2단계에서 오직 한 실험점만이 현재 점의 어떤 주변에 한번 생성된다(병렬 컴퓨터 환경에서는 한 번에 여러 개의 실험점이 생성되고 진행될 수 있다). 따라서 SA가 무작위로 함수 또는 경사도 정보에 대한 필요 없이 설계점들을 생성하더라도 전체 설계 공간에서의 순수 무작위 탐색은 아니다. 앞의 단계에서 탐색과정의 속도를 높이고 국소 최소점에 가두어지는 것을 피하기 위하여 새로운 점이 현재 점으로부터 아주 멀리 떨어진 위치에 있을 수 있다. 일단 온도가 낮아지면, 새로운 점은 보통 국소적 영역에 집중하기 위하여 그 근방에서 만들어진다. 이는 이동 거리 절차를 정의하므로 제어될 수 있다(Huang and Arora, 1997a).

2. 2단계에서 새로 생성된 점은 유용영역에 있어야 한다. 만일 그렇지 않다면, 유용성이 얻어질 때까지 다른 점들을 생성해야 한다. 제약조건들을 다루는 또 다른 방법은 벌칙함수를 사용하는 접근이다. 즉 11.7절에서 논의한 대로 제약 문제를 비제약 문제로 전환하는 것이다. 알고리즘에서 목적함수는 벌칙함수로 대체된다. 따라서 유용성 요구조건들이 2단계에서 명백하게 실행될 필요가 없다.

3. 다음 종료 조건들이 4단계에 제안되었다.

   a. 만일 최상 함수 값의 변화가 지난 J번의 연속적 반복계산 동안 명시한 작은 값보다 적으면 알고리즘을 중단한다.

   b. 만일 $I/L < \delta$이면 **프로그램**을 중단한다. 여기서 L은 한 번 내부 반복회에서 실험 회수(또는 생성되는 유용점의 수)의 한계이다. I는 $\Delta f < 0$(3단계 참조)을 만족하는 실험의 수이고, δ는 0.01과 0.1 사이의 수가 될 수 있다. $I/L < \delta$는 $\Delta f < 0$인 현재 점 부근에 너무 많은 유용점을 찾아내는 것이 가능하지 않은 것을 내포한다.

   c. K가 미리 정한 값에 도달하면 알고리즘이 중단된다.

모사 풀림의 앞에서 말한 아이디어는 연속변수 문제의 전역적 최적화에 대한 방법을 개발하는 데도 사용할 수 있다. 그런 문제들에서 모사 풀림은 국소 최소화 과정과 결합될 수 있다. 그러나 온도 T는 효과가 풀림과 비슷하도록 천천히 그리고 연속적으로 감소되어야 한다. 식 (15.6)에 주어진 확률밀도함수를 이용하여 특정한 점에서 국소 탐색을 시작하여야 하는가를 결정하는 기준을 정하는데 사용될 수 있다.

15.6 동적 버림 방법

MV-OPT 1 형태 문제에 단순한 접근법은 처음에 연속적인 접근 방법을 이용하여 최적해를 구하는 것이다. 그러면 체험적 방법을 사용하여 이산해를 구하기 위하여 가능한 이산변수 값들의 가장 가까운 값으로 반올림한다. 반올림은 빈번하게 사용된 간단한 아이디어지만 많은 변수들을 가진 문제에서는 불용영역에 도달하는 결과를 줄 수 있다. 반올림 접근법의 주된 관심은 증가되어야 할 변수들과 감소되어야 할 변수들의 선택이다. 특히 높은 비선형성과 광역적으로 분산된 허용 가능한 이산 값의 경우 전략은 수렴적이지 않을 수도 있다. 이런 경우 이산 최소점은 연속해의 주변에 있을 필요가 없다.

15.6.1 동적 버림 알고리즘

동적 버림 알고리즘은 통상적인 반올림 과정의 간단한 연산이다. 기본 아이디어는 모든 변수들을 동시가 아니라 순차적으로 반올림하는 것이다. 연속적 변수 최적값 해가 구해진 다음에는 하나 또는 몇 개의 변수들을 이산 할당으로 선택한다. 이 할당은 목적함수 또는 라그랑지 함수를 증가시키기 위하여 대가를 줄 필요가 있는 벌칙에 기초될 수 있다. 이 변수들은 문제에서 제거되며 연속변수 최적화 문제를 다시 풀어야 한다. 현존하는 최적화 문제는 MV-OPT 1종류의 이산변수 문제를 풀기 위해서 사용될 수 있기 때문에 이 아이디어는 매우 단순하다. 이 과정은 대화적 모드에서 수행될 수 있거나 수동적으로 수행될 수 있다. 동적 버림 전략은 많은 다른 방식으로 사용될 수 있으므로 다음의 알고리즘은 한 가지 단순 과정을 보여준다.

1단계: 모든 설계변수들이 연속이라고 가정하고 NLP 문제를 푼다.

2단계: 만일 해가 이산이면 중지. 그렇지 않으면 계속한다.

3단계: FOR $k = 1$ to n

k번째 변수를 그 이산 주변으로 교란하여, 각 k값에 대하여 라그랑지 함수 값을 계산하라.

END FOR

4단계: 3단계에서의 라그랑지 함수를 최소화하는 설계변수를 선택하고, 설계변수 집합에서 그 변수를 제거하라. 이 변수는 선택된 이산 값으로 배정한다. $n = n - 1$로 놓고 만일 $n = 1$이면 중지, 그렇지 않으면 2단계로 가라.

앞선 방법으로 풀어야 할 필요가 있는 추가적인 연속 문제들의 수는 $(n - 1)$개이다. 그러나 설계변수의 수는 각 순차 연속 문제에서 하나씩 줄어든다. 또한, 더 많은 변수들이 매번 이산 값으로 지정될 수 있으므로 풀어야 할 연속 문제들의 수는 감소된다. 동적 반올림 전략이 여러 가지의 최적화 문제들을 푸는 데 성공적으로 사용되었다(Al-Saadoun and Arora, 1989; Huang and Arora, 1997a,b).

15.7 주변 탐색 방법

이산변수의 수가 작고 각 이산변수가 오직 몇 개의 선택만 가능할 때, 혼합변수 문제의 해를 구하는 가장 간단한 방법은 모든 가능성을 그냥 명시적으로 열거하는 것이다. 모든 이산변수가 선택된 값에 고정되면 문제는 연속변수들에 대하여 최적화하는 것이 된다. 이 접근법은 BBM에 비해 보다 약간의 장점이 있다. 현존하는 최적화 소프트웨어와 쉽게 실행될 수 있으며, 풀어야 하는 문제는 더 적고, 이산변수들에 대한 경사도 정보가 필요하지 않다. 그러나 이 접근법은 이산변수의 수와 이산 값의 집합의 크기가 커지기 때문에 BBM과 같은 함축적 열거 방법보다는 훨씬 비효율적이다.

이산변수의 개수가 매우 크고 각 변수에 대한 이산 값의 수가 클 때, 전술한 접근의 단순 확장은 먼저 모든 변수들을 연속적이라고 취급하여 최적화 문제를 푸는 것이다. 그 해에 기초하여 축소된 각 변수의 허용 이산 값들의 집합이 선택된다. 이제 주변 탐색 접근법이 MV-OPT 1 문제를 풀기 위하여 사용되었다. 결점은 이산해에 대한 탐색이 연속해의 작은 주변에만 제약되어 있다는 것이다.

15.8 연결된 이산변수들에 대한 방법

연결된 이산변수들은 많은 응용에서 볼 수 있다. 예를 들어 2장에서 정식화된 코일 스프링 문제에서, 표 15.2에서 보이는 것과 같이 세 개의 재료 중의 하나를 선택하여야 한다. 일단 재료의 종류가 명시되면, 그와 연관된 모든 특성들이 선택되어야 하고 모든 계산에 사용된다. 최적설계문제는 목적함수를 최적화하고 모든 제약조건들을 만족하도록 재료의 종류와 다른 변수들을 결정하는 것이다. 이 문제는 Huang과 Arora (1997a,b)가 풀었다.

연결된 이산변수들과 만나는 다른 실제 예제는 프레임 구조 시스템들의 최적 설계이다. 여기서 구조 부재들은 생산자의 카탈로그에서 이용 가능한 것으로 선택되어야 한다. 표 15.3은 카탈로그에서 이용 가능한 표준 광 플랜지 단면(W형)의 일부를 보여준다. 최적설계문제는 목적함수를 최소화하고 모든 반응 제약조건들을 만족하는 구조 프레임의 부재들에 대한 최상의 가능한 단면을 찾는 것이다. 단면 수, 단면적, 관성 모멘트 또는 다른 단면 성질이 프레임 부재에 대한 연결된 이산 설계변수로서 지정될 수 있다. 일단 그러한 이산변수의 값이 표로부터 명시되면 각 그 연결된 변수들(성질들)도 유일한 값으로 지정되어야 하며 최적화 과정에서 사용된다.

이 성질은 문제의 목적과 제약함수들의 값들에 영향을 미친다. 특정한 성질에 대한 어떤 값들은 다른 성질에 대한 타당한 값들도 지정될 때 겨우 사용될 수 있다. 그런 변수들과 그에 연결된 특성들

표 15.2 스프링 설계문제의 재료 자료

Material type	G, lb/in.^{2}	ρ, lb s^2/in.^{4}	τ_a, lb/in.^{2}	U_p
1	11.5×10^6	7.38342×10^{-4}	80,000	1.0
2	12.6×10^6	8.51211×10^{-4}	86,000	1.1
3	13.7×10^6	9.71362×10^{-4}	87,000	1.5

G = shear modulus; ρ = mass density; τ_a = allowable shear stress; U_p = relative unit price.

표 15.3 광 플랜지 표준 단면의 일부

Section	A	d	t_w	b	t_f	I_x	S_x	r_x	I_y	S_y	r_y
W36 × 300	88.30	36.74	0.945	16.655	1.680	20300	1110	15.20	1300	156	3.830
W36 × 280	82.40	36.52	0.885	16.595	1.570	18900	1030	15.10	1200	144	3.810
W36 × 260	76.50	36.26	0.840	16.550	1.440	17300	953	15.00	1090	132	3.780
W36 × 245	72.10	36.08	0.800	16.510	1.350	16100	895	15.00	1010	123	3.750
W36 × 230	67.60	35.90	0.760	16.470	1.260	15000	837	14.90	940	114	3.730
W36 × 210	61.80	36.69	0.830	12.180	1.360	13200	719	14.60	411	67.5	2.580
W36 × 194	57.00	36.49	0.765	12.115	1.260	12100	664	14.60	375	61.9	2.560

Wn × m; n = nominal depth of the section, in.; m = weight in lb/ft.; A = cross-sectional area, in.^{2}; I_x = moment of inertia about the x–x axis, in.^{4}; d = depth, in.; S_x = elastic section modulus about the x–x axis, in.^{3}; t_w = web thickness, in.; r_x = radius of gyration with respect to the x–x axis, in.; b = flange width, in.; I_y = moment of inertia about the y–y axis, in.^{4}; t_f = flange thickness, in.; S_y = elastic section modulus about the y–y axis, in.^{3}; r_y = radius of gyration with respect to the y–y axis, in.

의 관계는 해석적으로 표현할 수 없으므로 약간 근사화 한 후 겨우 경사도 기반 최적화 방법을 응용할 수 있다. 다른 단면 성질들은 단지 그 성질만을 사용하여 계산할 수 없기 때문에 단지 연속 설계변수와 같이 성질 중의 하나를 사용하는 것은 불가능하다. 또한 각 성질이 독립 설계변수로 취급될 수 있다면, 그 값을 가진 변수들이 표에 공존할 수 없으므로 최종해는 일반적으로 용납되지 않는다. 이런 문제들의 해들은 Huang과 Arora (1997a,b)에 나와 있다.

연결 변수들의 문제들은 이산적이고, 문제함수들은 그 변수들에 대하여 미분이 불가능하다는 사실을 알 수 있다. 그러므로 그것은 함수들의 경사도를 요구하지 않는 이산변수 최적화 알고리즘으로 취급되어야만 한다. 모사 풀림, 유전적 알고리즘과 기타 자연 영감 방법과 같은 문제를 위한 여러 가지 알고리즘이 있다. SA는 앞에서 논의되었고 유전적 알고리즘은 16장에서 그리고 기타 자연 영감 방법은 17장에서 설명할 것이다.

연결 이산변수들이 포함된 문제의 각 분류를 위하여, 문제함수들에 대한 지식과 문제의 구조를 활용하여 문제를 좀 더 효율적으로 취급하기 위하여 전략들을 개발할 수 있다는 점에 주목하라. 두 개 또는 그 이상의 알고리즘들을 결합시킴으로써 순수 이산 알고리즘을 사용하는 것보다 더 효율적인 전략을 개발할 수 있다. 구조적 설계문제를 위한 여러 가지 전략들이 개발되었다(Arora, 2002).

15.9 방법의 선택

특정한 혼합변수 최적화 문제를 푸는 방법을 선택하는 일은 문제함수들의 본질에 따른다. 방법들의 특색과 MV-OPT 문제들의 여러 종류에 대한 안정성을 표 15.4에 요약하였다. BBM, 모사 풀림, 유전적 알고리즘과 기타 자연 영감 방법이 가장 일반적인 방법임을 알 수 있다. 그들은 모든 문제 종류들을 푸는 데 사용할 수 있다. 하지만 이들은 계산 노력으로 보면 가장 비용이 드는 것들이다.

표 15.4 이산변수 최적화 방법의 특성들

Method	MV-OPT problem type solved	Can find feasible discrete solution?	Can find global minimum for convex problem?	Need gradients?
BBM	1–5	Yes	Yes	No/Yes
SA	1–5	Yes	Yes	No
Genetic algorithm	1–5	Yes	Yes	No
Sequential linearization	1	Yes	Yes	Yes
Dynamic round-off	1	Yes	No guarantee	Yes
Neighborhood search	1	Yes	Yes	Yes

만일 반복 해법 과정에서 문제함수들이 미분 가능하고 이산변수들을 비이산변수들로 지정할 수 있다면, 방금 논의한 세 가지 방법보다 더 효율적으로 해를 구할 수 있는 수많은 전략들이 있을 것이다. 대부분은 둘 또는 그 이상의 알고리즘들의 결합(합성)을 포함한다.

Huang과 Arora (1997a,b)이 시험 문제들의 15가지 서로 다른 형태에 대하여 이 장에서 보여준 이산변수 최적화 방법들을 평가하였다. 연결 이산변수들을 포함한 응용들은 Huang과 Arora (1997a,b), Arora와 Huang (1996) 및 Arora (2002)에 설명되었다. 전기 송전선 구조물에 대한 이산변수 최적화 방법들의 응용들이 Kocer와 Arora (1996a,b, 1997, 1999, 2002)에 설명되었다. 6.8절에서 정식화하고 해를 구했던 판 거더 설계문제에 이산변수 최적화를 적용한 해들을 Arora 등 (1997)에서 설명 및 논의하였다.

15.10 이산변수 최적화에 관한 적응 수치 방법

2.11.8절에서 이산변수 최적화를 위한 간단한 적응 절차를 설명하였다. 이 절에서 단순 설계문제에 대한 절차를 보여준다. 절차의 기초 아이디어는 그것이 가능하다면 연속변수의 문제 최적해를 얻기 위한 것이다. 따라서 그 이산 값에 가까운 값을 그 값으로 지정한다. 그런 다음 그들을 고정시키고 문제는 다시 최적화된다. 절차는 모든 변수가 이산 값으로 배정될 때까지 계속된다.

선택된 응용 영역은 유한요소 모델을 채택하므로 항공우주, 자동차, 기계와 구조물 시스템의 최적설계이다. 문제는 다양한 성능 명세에 관한 제약조건을 가진 최소 무게 시스템을 설계하는 것이다. 예제 응용으로서 그림 15.3에서 보여준 10봉 외팔보 구조물을 고려하려고 한다. 문제에 대한 하중과 기타 설계자료가 표 15.5에 주어져 있다. 표에 주어진 이산 값의 집합은 미국철강건설협회(AISC) 조작설명서로부터 채택되었다. 구조물에 대한 최종 설계는 이 집합에서 반드시 선택되어야 한다.

각 부재의 단면적이 전체 10개 변수로 주어진 설계변수로 취급되었다. 제약조건은 부재 응력(10), 절점변위(8), 부재 좌굴(10), 진동 주파수(1)와 설계변수의 명백한 범위(20)가 도입되었다. 이것은 전부 49개 제약조건을 준다. 부재 좌굴 제약조건 도입에서 관성 모멘트는 $I = \beta A^2$으로 택하여지는데, 여기서 β는 상수이고 A는 부재 단면적이다.

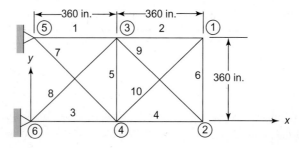

그림 15.3   10봉 외팔보 트러스

표 15.5   10봉 구조물에 대한 설계자료

Item	Data
Modulus of elasticity	$E = (10^7)$ psi
Material weight density	$\gamma = (0.1)$ lb/in.^{3}
Displacement limit	±2.0 in.
Stress limit	25,000 psi
Frequency limit	22 Hz
Lower limit on design variables	1.62 in.^{2}
Upper limit on design variables	None
Constant β $(I = \beta A^2)$	1.0

Loading Data	
Node no.	Load in y-direction (lb)
1	50,000
2	−150,000
3	50,000
4	−150,000
Available member areas (in.^{2})	1.62, 1.80, 1.99, 2.13, 2.38, 2.62, 2.63, 2.88, 2.93, 3.09, 3.13, 3.38, 3.47, 3.55, 3.63, 3.84, 3.87, 3.88, 4.18, 4.22, 4.49, 4.59, 4.80, 4.97, 5.12, 5.74, 7.22, 7.97, 11.50, 13.50, 13.90, 14.20, 15.50, 16.00, 16.90, 18.80, 19.90, 22.00, 22.90, 26.50, 30.00, 33.50

문제의 정식화는 2.10절에서 토의된 3봉 구조물의 것과 매우 유사하다. 차이는 단지 제약조건 함수의 명백한 형식을 모르는 것이다. 따라서 구조물 해석과 제약조건의 경사도 계산에 대한 14.1절과 14.2절에 설명한 유한요소 절차를 반드시 사용한다.

15.10.1 연속변수 최적화

해를 비교하기 위하여 연속변수 최적화 문제를 먼저 풀었다. SQP 알고리즘을 사용하기 위하여 사용자 서브루틴이 함수와 그것의 경사도를 계산하기 위하여 개발되고 최적화 프로그램으로 통합되어야 한다. 이러한 서브루틴은 트러스의 해석과 제약조건의 경사도 계산을 포함한다. 매우 엄격한 종료기준과 1.62 in.^{2}의 균일 시작 설계를 사용한 최적해는 다음과 같이 얻어진다.

설계변수: 28.28, 1.62, 27.262, 13.737, 1.62, 4.0026, 13.595, 17.544, 19.13, 1.62

최적 목적함수: 5396.5 lb

반복횟수: 19

해석 횟수: 21

최적에서 최대 제약조건 위배: (8.024E − 10)

최적에서 수렴 매개변수: (2.660E − 05)

최적에서 활성제약조건과 라그랑지 승수:

    주파수: 392.4

    부재 2의 응력: 38.06

    절점 2에서 y 방향 변위: 4967

    부재 2에 대한 하한 범위: 7.829

    부재 5에 대한 하한 범위: 205.1

    부재 10에 대한 하한 범위: 140.5

15.10.2 이산변수 최적화

이산변수해를 얻기 위하여 2.11.8절에 설명된 적응 수치적 최적화 절차를 사용한다. 절차는 대화형 모드에서 최적화 프로그램을 사용하는 것이다. 설계조건들이 관찰되고 변경되지 않는 설계변수를 고정하기 위하여 결정되었다. 사용된 대화형 기능은 설계변수 이력, 최대 제약조건 위배와 목적함수이다.

표 15.6은 다양한 반복에서 설계조건과 이루어진 결정의 짤막한 정보를 포함한다. 처음 다섯 번의 반복 동안 제약조건 위배가 매우 커서 제약조건을 보정하기 위하여 제약조건 보정(CC) 알고리즘이 사용되는 것을 볼 수 있다. 여섯 번째 반복에서 설계변수 5와 10은 변경되지 않는 것으로 결정되어서 그것은 현재 값으로 고정되었다. 유사하게 다른 반복에서 변수는 이용 가능한 집합으로부터 값이 지정된다. 14번째 반복에서 모든 변수는 이산 값을 가지고, 제약조건 위배는 약 1.4%이고 구조물 무게는 연속변수의 최적으로부터 1% 미만의 증가인 5424.69이다. 이것은 타당한 최종해이다.

이산변수를 가지고 실제 최적해 부근의 여러 가지 해가 가능함을 주목하여야 한다. 다른 고정 변수의 순서는 다른 해를 줄 수 있다. 예를 들면, 연속변수를 가진 최적해로 시작하여 다음과 같은 수용 가능한 이산 해를 대화형으로 얻는다.

1. 30.0, 1.62, 26.5, 13.9, 1.62, 4.18, 13.5, 18.8, 18.8, 1.62; 부재 2의 응력에 대하여 목적함수 = 5485.6, 최대 위배 = 4.167%

2. 8번째 설계 변수가 16.9임을 제외하고 (1)과 동일; 목적함수 = 5388.9, 그리고 최대 위배 = 0.58%.

3. 설계변수 2와 6이 2.38과 2.62임을 제외하고 (1)과 동일; 부재 2의 응력에 대하여 목적함수 = 5456.8, 최대 위배 = 3.74%

4. 설계변수 2가 2.62임을 제외하고 (3)과 동일; 목적함수 = 5465.4; 모든 제약조건이 만족된다.

표 15.6 이산변수의 10부재 구조물에 대한 대화형 해

Iteration no.	Maximum violation (%)	Cost function	Algorithm used	Variables fixed to value shown in parentheses
1	1.274E + 04	679.83	CC	All free
2	4.556E + 03	1019.74	CC	All free
3	1.268E + 03	1529.61	CC	All free
4	4.623E + 02	2294.42	CC	All free
5	1.144E + 02	3441.63	CC	All free
6	2.020E + 01	4722.73	CC	5(1.62), 10(1.62)
7	2.418E + 00	5389.28	CCC	2(1.80)
11	1.223E − 01	5402.62	SQP	1(30.0), 6(3.84), 7(13.5)
13	5.204E − 04	5411.13	SQP	3(26.5), 9(19.9)
14	1.388E + 00	5424.69	—	4(13.5), 8(16.9)

CC = constraint correction algorithm; CCC = constraint correction at constant cost; SQP = sequential quadratic programming.

15장의 연습문제*

15.1 Solve Example 15.1 with the available discrete values for the variables as $x_1 \in \{0, 1, 2, 3\}$, and $x_2 \in \{0, 1, 2, 3, 4, 5, 6\}$. Assume that the functions of the problem are not differentiable.

15.2 Solve Example 15.1 with the available discrete values for the variables as $x_1 \in \{0, 1, 2, 3\}$, and $x_2 \in \{0, 1, 2, 3, 4, 5, 6\}$. Assuming that the functions of the problem are differentiable, use a continuous variable optimization procedure to solve for discrete variables.

15.3 Formulate and solve Exercise 3.34 using the outside diameter d_0 and the inside diameter d_i as design variables. The outside diameter and thickness must be selected from the following available sets:

$$d_0 \in \{0.020, 0.022, 0.024, \ldots, 0.48, 0.50\}\,\text{m}; \quad t \in \{5, 7, 9, \ldots, 23, 25\}\,\text{mm}$$

Check your solution using the graphical method of chapter: Graphical Solution Method and Basic Optimization Concepts. Compare continuous and discrete solutions.

15.4 Consider the minimum mass tubular column problem formulated in Section 2.7. Find the optimum solution for the problem using the following data: $P = 100$ kN, length, $l = 5$ m, Young's modulus, $E = 210$ GPa, allowable stress, $\sigma_a = 250$ MPa, mass density, $\rho = 7850$ kg/m^3, $R \leq 0.4$ m, $t \leq 0.05$ m, and $R, t \geq 0$. The design variables must be selected from the following sets:

$$R \in \{0.01, 0.012, 0.014, \ldots, 0.38, 0.40\}\,\text{m} \quad t \in \{4, 6, 8, \ldots, 48, 50\}\,\text{mm}$$

Check your solution using the graphical method of chapter: Graphical Solution Method and Basic Optimization Concepts. Compare continuous and discrete solutions.

15.5 Consider the plate girder design problem described and formulated in Section 6.6. The design variables for the problem must be selected from the following sets:

$$h, b \in \{0.30, 0.31, 0.32, \dots, 2.49, 2.50\} \, \text{m}; \quad t_w, t_f \in \{10, 12, 14, \dots, 98, 100\} \, \text{mm}$$

Assume that the functions of the problem are differentiable and a continuous variable optimization program can be used to solve subproblems, if needed. Solve the discrete variable optimization problem. Compare the continuous and discrete solutions.

15.6 Consider the plate girder design problem described and formulated in Section 6.6. The design variables for the problem must be selected from the following sets:

$$h, b \in \{0.30, 0.31, 0.32, \dots, 2.49, 2.50\} \, \text{m}; \quad t_w, t_f \in \{10, 12, 14, \dots, 98, 100\} \, \text{mm}$$

Assume functions of the problem to be nondifferentiable. Solve the discrete variable optimization problem. Compare the continuous and discrete solutions.

15.7 Consider the plate girder design problem described and formulated in Section 6.6. The design variables for the problem must be selected from the following sets:

$$h, b \in \{0.30, 0.31, 0.32, \dots, 2.48, 2.50\} \, \text{m}; \quad t_w, t_f \in \{10, 14, 16, \dots, 96, 100\} \, \text{mm}$$

Assume that the functions of the problem are differentiable and a continuous variable optimization program can be used to solve subproblems, if needed. Solve the discrete variable optimization problem. Compare the continuous and discrete solutions.

15.8 Consider the plate girder design problem described and formulated in Section 6.6. The design variables for the problem must be selected from the following sets:

$$h, b \in \{0.30, 0.32, 0.34, \dots, 2.48, 2.50\} \, \text{m}; \quad t_w, t_f \in \{10, 14, 16, \dots, 96, 100\} \, \text{mm}$$

Assume functions of the problem to be nondifferentiable. Solve the discrete variable optimization problem. Compare the continuous and discrete solutions.

15.9 Solve the problems of Exercises 15.3 and 15.5. Compare the two solutions, commenting on the effect of the size of the discreteness of variables on the optimum solution. Also, compare the continuous and discrete solutions.

15.10 Consider the spring design problem formulated in Section 2.9 and solved in Section 6.5. Assume that the wire diameters are available in increments of 0.01 in., the coils can be fabricated in increments of 1/16th of an inch, and the number of coils must be an integer. Assume functions of the problem to be differentiable. Compare the continuous and discrete solutions.

15.11 Consider the spring design problem formulated in Section 2.9 and solved in Section 6.5. Assume that the wire diameters are available in increments of 0.01 in, the coils can be fabricated in increments of 1/16th of an inch, and the number of coils must be an integer. Assume the functions of the problem to be nondifferentiable. Compare the continuous and discrete solutions.

15.12 Consider the spring design problem formulated in Section 2.9 and solved in Section 6.5. Assume that the wire diameters are available in increments of 0.015 in., the coils can be fabricated in increments of 1/8th of an inch, and the number of coils must be an integer. Assume functions of the problem to be differentiable. Compare the continuous and discrete solutions.

15.13 Consider the spring design problem formulated in Section 2.9 and solved in Section 6.5. Assume that the wire diameters are available in increments of 0.015 in, the coils can be fabricated in increments of 1/8th of an inch, and the number of coils must be an integer. Assume the functions of the problem to be nondifferentiable. Compare the continuous and discrete solutions.

15.14 Solve problems of Exercises 15.8 and 15.10. Compare the two solutions, commenting on the effect of the size of the discreteness of variables on the optimum solution. Also, compare the continuous and discrete solutions.

15.15 Formulate the problem of optimum design of prestressed concrete transmission poles described in Kocer and Arora (1996a). Use a mixed variable optimization procedure to solve the problem. Compare the solution to that given in the reference.

15.16 Formulate the problem of optimum design of steel transmission poles described in Kocer and Arora (1996b). Solve the problem as a continuous variable optimization problem.

15.17 Formulate the problem of optimum design of steel transmission poles described in Kocer and Arora (1996b). Assume that the diameters can vary in increments of 0.5 in. and the thicknesses can vary in increments of 0.05 in. Solve the problem as a discrete variable optimization problem.

15.18 Formulate the problem of optimum design of steel transmission poles using standard sections described in Kocer and Arora (1997). Compare your solution to the solution given there.

15.19 Solve the following mixed variable optimization problem (Hock and Schittkowski, 1981):

Minimize

$$f = (x_1 - 10)^2 + 5(x_2 - 12)^2 + 3(x_4 - 11)^2 + 10x_5^6 \\ + 7x_6^2 + x_7^4 - 4x_6 x_7 - 10x_6 - 8x_7$$

subject to:

$$g_1 = 2x_1^2 + 3x_2^4 + x_3 + 4x_4^2 + 5x_5 \le 127$$

$$g_2 = 7x_1 + 3x_2 + 10x_3^2 + x_4 - x_5 \le 282$$

$$g_3 = 23x_1 + x_2^2 + 6x_6^2 - 8x_7 \le 196$$

$$g_4 = 4x_1^2 + x_2^2 - 3x_1 x_2 + 2x_3^2 + 5x_6 - 11x_7 \le 0$$

The first three design variables must be selected from the following sets:

$$x_1 \in \{1, 2, 3, 4, 5\}; \quad x_2, x_3 \in \{1, 2, 3, 4, 5\}$$

15.20 Formulate and solve the three-bar truss of Exercise 3.50 as a discrete variable problem where the cross-sectional areas must be selected from the following discrete set:

$$A_i \in \{50, 100, 150, \dots, 4950, 500\} \, \text{mm}^2$$

Check your solution using the graphical method of chapter: Graphical Solution Method and Basic Optimization Concepts. Compare continuous and discrete solutions.

References

Aarts, E.H.L., Korst, J., 1989. Simulated annealing and Boltzmann machine: a stochastic approach to combinatorial optimization and neural computing. Wiley Interscience, New York.

Al-Saadoun, S.S., Arora, J.S., 1989. Interactive design optimization of framed structures. J. Comput. Civil Eng. ASCE 3 (1), 60–74.

Arora, J.S., (Ed.), 1997. Guide to structural optimization. American Society of Civil Engineering, ASCE Manuals and Reports on Engineering Practice, No. 90. Reston, VA.

Arora, J.S., 2002. Methods for discrete variable structural optimization. In: Burns, S. (Ed.), Recent Advances in Optimal Structural Design. Structural Engineering Institute, Reston, VA, pp. 1–40.

Arora, J.S., Huang, M.W., 1996. Discrete structural optimization with commercially available sections: a review. J. Struct. Earthquake Eng. JSCE 13 (2), 93–110.

Arora, J.S., Huang, M.W., Hsieh, C.C., 1994. Methods for optimization of nonlinear problems with discrete variables: a review. Struct. Optimization 8 (2/3), 69–85.

Arora, J.S., Burns, S., Huang, M.W., 1997. What is optimization? Arora, J.S. (Ed.), Guide to Structural Optimization, ASCE Manual on Engineering Practice, vol. 90, American Society of Civil Engineers, Reston, VA, pp. 1–23.

Dakin, R.J., 1965. A tree-search algorithm for mixed integer programming problems. Comput. J. 8, 250–255.

Hock, W., Schittkowski, K., 1981. Test Examples for Nonlinear Programming Codes, Lecture Notes in Economics and Mathematical Systems vol. 187, Springer-Verlag, New York.

Huang, M.W., Arora, J.S., 1995. Engineering optimization with discrete variables. Proceedings of the thirty sixth AIAA SDM conference (1475–1485), New Orleans, April.

Huang, M.W., Arora, J.S., 1997a. Optimal design with discrete variables: some numerical experiments. Int. J. Numer. Methods Eng. 40, 165–188.

전역 최적화 개념과 방법

Global Optimization Concepts and Methods

이 장의 주요내용:

- 설계문제의 전역적 해를 찾는 것과 관련된 기본적인 개념의 설명
- 전역적 최적화에 대한 기본 아이디어, 절차 및 결정론적이고 확률론적인 방법의 설명
- 전역적 최적화 문제를 풀 수 있는 적절한 방법의 사용

이 교재에서 취급하는 표준설계최적화 모델은 유용영역 집합 S 내의 x에 대하여 $f(\mathbf{x})$를 최소화하는 것으로 다음과 같이 정의된다.

$$S = \left\{ \mathbf{x} \middle| h_i(\mathbf{x}) = 0,\, i = 1 \text{ to } p; \quad g_j(\mathbf{x}) \leq 0,\, j = 1 \text{ to } m \right\} \tag{16.1}$$

문제의 이산변수들은 15장에서 설명한 대로 취급한다. 지금까지 이 교재에서 유용집합에서 목적함수의 국소 최솟값을 구하는 문제에 대하여 주로 설명하였다. 이 장에서 우리는 몇몇의 실제적인 응용에서는 국소 해와 대조적인 전역해를 구하는 것이 중요하기 때문에 전역 최적해의 개념과 방법에 대한 설명과 논의에 초점을 맞춘다.

이 장의 자료들은 자연히 서론적이며 저자와 그 동료들의 연구(Arora et al., 1995; Elwakeil과 Arora, 1996a,b)로부터 유도된 것이다. 수많은 기타 참고자료는 주제에 대해 더 많은 설명을 포함하고 있는 이러한 논문이 인용되었다(Dixon과 Szego, 1978; Evtushenko, 1985; Pardalos와 Rosen, 1987; Rinnooy와 Timmer, 1987a,b; Törn과 Žilinskas, 1989; Pardalos et al., 2002).

16.1 해 방법의 기본 개념

16.1.1 기저해 개념

이 장에서 소개한 대부분의 방법들에서는 변수와 함수가 연속이라고 가정한다. 이산적이고 미분 불가능한 문제들에서는 모사 풀림과 자연 영감 탐색법이 전역 최소화에 적합하고, 15장과 17장에서 설명한 것과 같이 사용될 수 있다. 문헌에 발표된 전역 최적화의 많은 방법들은 오직 비제약 문제들만을 고려하였다는 사실에 유의하는 것이 중요하다. 제약조건들은 11장에서 논의된 벌칙 또는 증대 라그랑지 방법을 사용하여 함축적으로 취급될 수 있다고 가정하였다. 이 접근법의 단점은 몇 가지 방법들이 불용점에서 종료될 수 있다는 것이다. 어떤 경우에도 최소화 $f(\mathbf{x})$의 비제약조건 문제의 전역 최소를 구하는 몇 가지 방법들을 논의하려고 한다. 하지만 이들 방법의 상당은 설계변수에 대한 명백한 경계제약조건들을 취급할 수 있거나 심지어 요구할 수도 있다. 그런 방법을 논의하기 위하여, 명백한 경계제약조건들에 대한 유용점들의 집합 S_b를 다음과 같이 정의하자.

$$S_b = \left\{ x_i \mid x_{iL} \leq x_i \leq x_{iU}; \quad i = 1 \text{ to } n \right\} \tag{16.2}$$

n은 설계변수의 수이고 x_{iL}과 x_{iu}는 i번째 변수의 하한과 상한 범위임을 상기하라.

또한 많은 전역 최적화 방법들은 그 알고리즘에서 국소 최솟값을 찾기 위해 반복적으로 탐색을 한다는 점도 유의하여야 한다. 이러한 방법들은 실행하기가 상대적으로 쉽고 전역 최적화 문제들을 풀기 위해서 사용된다. 국소 최솟값을 탐색하는 강건하고 효율적인 소프트웨어를 사용하는 것이 중요하다. 우리는 이들 전역 최적화 방법들을 사용하기 위한 그런 최적화 엔진을 이용할 수 있다고 가정한다.

전역 최소의 정의: 전역적 최솟값을 찾는 방법을 설명하기에 앞서, 4장에서 논의한 국소와 전역 최소 정의를 먼저 회상해 보자. 한 점 $\mathbf{x}^*$는 점 $\mathbf{x}^*$의 작은 유용 주변에 있는 모든 $\mathbf{x}$에 대하여 $f(\mathbf{x}^*) \leq f(\mathbf{x})$이면 문제의 국소 최소라고 부른다. 한 점 $\mathbf{x}_G^*$는 유용집합 S에 있는 모든 $\mathbf{x}$에 대하여 $f(\mathbf{x}_G^*) \leq f(\mathbf{x})$이면 문제의 전역 최소로 정의된다.

전역 최소의 특성

문제는 동일 목적함수 값을 가져야 하는 복수의 전역 최소점들을 가질 수 있다. 만일 유용집합 S가 닫혀있고 제한되어 있으며 그것에서 목적함수가 연속적이라면, 4장의 바이어슈트라스 정리 4.1은 전역 최소점의 존재를 보장한다. 하지만 그것을 찾는 것은 완전히 별개의 문제이다. 국소 최적점에서 KKT(카루쉬-쿤-터커) 필요조건들이 적용된다(4장과 5장에서 설명한 대로). 비록 전역 최소점은 반드시 국소 최소점이어야 하지만, 문제가 볼록으로 나타나는 때를 제외하고 **전역 최소점의 특성을 나타내는 수학적 조건들이 없다.** 하지만 대부분의 실용에서 문제의 볼록성을 검사하기는 어렵다. 따라서 일반적으로 문제가 비볼록이라고 가정한다.

문제가 볼록이 되는 것을 보여줄 수 있는 때를 제외하고 전역 최소점의 특성이 되는 수학적 조건들이 없다.

전역 최소를 찾았는가?

중요한 쟁점은 수치적 탐색 과정이 전역적 최적점에서 종료되었다는 것을 어떻게 알 수 있느냐 이다. 일반적으로 답은 모른다. 이 때문에 전역 최적화 계산 알고리즘에서 정확한 종료 기준을 정의하기는 어렵다. 보통 가장 긴 시간 동안 수행하도록 허용된 이후 알고리즘에 의해서 얻어진 좋은 해는 문제의 전역해로 받아들여진다. 일반적으로 해의 품질은 알고리즘이 얼마나 길게 수행하도록 허용되느냐에 달려 있다. 전역 최적화 문제를 푸는 계산의 노력이 중요하며, 설계변수의 증가에 따라 매우 증가한다는 점에 유의하는 것이 중요하다. 따라서 전역 최적화 문제를 푸는 것은 수학적뿐 아니라 계산적 관점에서 도전으로 남아 있다. 그러나 몇 개의 알고리즘은 문제를 푸는 '벽시계(wall clock)' 시간으로 바꿀 수 있는 병행 처리가 포함될 수 있다는 점에 유의하라.

전역 최소에 대한 검색을 중지해야 하는 경우

일반적인 문제의 전역 최적화 조건들이 부족하기 때문에 문제의 전역해는 오직 설계공간(유용집합 S) 내에서의 소모적인 탐색에 의해서만 구할 수 있다. 그런 탐색 과정은 집합 S_b 내의 몇몇 표본점들을 지정하고, 그 점들에서 목적함수를 평가하는 것이다. 함수가 가장 작은 값을 가지는 점이 전역 최소점으로 택하여진다. 전역 최솟값의 위치와 크기는 표본 크기에 의존한다. 문제의 정확한 해는 무한 횟수의 계산을 필요로 한다. 일반적으로 이 무한 계산은 알고리즘이 충분히 긴 시간 동안 수행된 후에 구해진 전역 최소점을 가장 좋은 해로 받아들임으로써 피할 수 있다. $\mathbf{x}_G^*$로부터 ε 거리 안의 점이 구해지면, 단지 유한 횟수의 함수 평가만을 요구하는 많은 전략들이 존재한다. 하지만 이들 전략들은 $\mathbf{x}_G^*$를 모르기 때문에 ε을 지정할 수 없어서 제한된 실제 사용이 된다. 따라서 목적함수의 분류에 대한 더 이상의 제한 또는 알고리즘의 요구에 대한 완화가 필수적이다.

16.1.2 방법의 개관

결정론적 및 확률론적 방법

전역 최적화 방법들은 두 가지 범주로 나누어질 수 있다: **결정론적**과 **확률론적**. 이 분류는 전역 최적화 문제를 풀기 위해서 어떤 확률적 요소가 관련된 방법인가에 주로 기초한다. 결정론적 방법들은 집합 S_b에 걸쳐 소모적인 탐색으로 전역 최소를 구한다. 방법의 성공은 오직 어떤 조건들을 만족하는 함수들에 대해서만 보장될 수 있다. 네 가지 결정론적 방법들에 대하여 자세하게 설명하려 한다: 덮개(covering), 확대(zooming), 일반화된 강하(generalized descent)와 관통(tunneling).

여러 가지의 **통계적 방법**들이 순수 무작위 탐색의 변환으로서 개발되었다. 몇 개의 방법들은 오직 이산 최적화 문제에 유용한 반면에 다른 방법들은 이산 및 연속 문제 모두에 사용될 수 있다. 모든 통계적 방법들은 전역 최소점을 결정하기 위하여 무작위 요소들을 포함하며, 각각의 방법은 순수 무작위 탐색의 계산량을 줄이기 위해 노력한다. 처음에는 집합 S_b 내의 무작위 표본점들을 선택한다. 다음에 각 방법은 표본점들을 다른 방식으로 취급한다. 어떤 경우에는 두 작업이 동시에 수행된다. 즉, 무작위 점을 선택하여 취급하거나 다음 점이 선택되기 전에 사용한다. 우리는 다음과 같은 방법들을 개략적으로 설명한다: 다-시작점(multistart), 군집화(clustering), 제어 무작위 탐색(control random search), 합격-불합격(acceptance-rejection, A-R), 확률론적 적분(stochastic integration), 확률론적 확대(stochastic zooming)와 영역 제거(domain elimination). 이 외에도 이들 알고리즘에 확률적 요소도 사용되는 자연 영감 탐색법이 있다. 이들은 모사 풀림(15장 참조)과 17장에서 논의될 자연 영감 방법을 포함한다.

이 장의 나머지 절들에서 전역 최적화의 여러 가지 방법들의 기초를 이루는 기본 개념과 아이디어를 설명한다. 몇가지 방법의 알고리즘들을 학생들에게 설계문제에서 전역해를 구하는 데 필요한 계산 형태의 묘미를 설명하고 논의한다. 몇 개의 방법들은 제약조건들의 참조 없이 목적함수의 전역 최솟값을 계산하는 방법을 설명한다. 이들 방법에서 제약조건들은 벌칙함수을 정의하는 데 사용되고 이를 최소화해야 하는 것을 가정한다. 알고리즘들의 일부는 시험 문제뿐만 아니라 구조적 설계문제의 수학적 프로그래밍에 관한 성능을 평가하기 위해서 컴퓨터에 적용되었다. 이런 수치적 실험들을 설명하고 성능 결과가 논의되었다.

16.2 결정론적 방법의 개관

결정론적 방법들은 집합 S_b에 걸쳐 소모적인 탐색에 의해서 전역 최솟값을 구한다. 만약 그런 방법에 절대적인 성공 보장을 원한다면, 많은 계산을 피하기 위하여 목적함수에 대한 추가적인 가정이 요구된다. 대부분의 일반적인 접근법은 함수에 립쉬츠 연속 조건(*Lipschitz continuity condition*)을 가정하는 것이다. 집합 S_b 내의 모든 x, y가에 대하여, $|f(x) - f(y)| \le L\|x - y\|$인 립쉬츠 상수 L이 존재한다. 즉, 함수의 변화율이 제한된다. $f(x)$의 변화율(함수의 1차 도함수)의 상한 범위는 집합 S_b 전체의 소모적 탐색을 수행하기 위하여 다양한 방법에 사용될 수 있는 립쉬츠 상수가 포함된다(Evtushenko, 1985). 불행하게도, 실제로는 함수가 집합 S_b 내의 모든 점들에서 그 조건을 만족하는 함수인가를 확인하기는 매우 어렵다.

전역적 최적화의 결정론적 방법은 **유한 정확**(finite exact) 방법과 **경험적**(heuristic) 방법으로 세분화할 수 있다. 유한 정확 방법들은 전역 최소가 유한 횟수의 단계 안에서 구해지는 것을 절대적으로 보장한다. 일반적으로 단계 횟수는 매우 많아서 그 방법은 많은 계산 노력을 요구하는데 특히 설계변수가 둘 이상일 경우이다. 하지만 어떤 문제들에서는 필요한 계산 노력에 상관없이 절대적인 보장과 함께 전역 최소를 구하는 것이 필수적일 수 있다. 유한 횟수의 단계에서 전역 최소를 구하는 절대적 보장을 하는 다른 방법이 없기 때문에 이들 방법들이 중요해진다. 반면, **경험적 방법**들은 전역 최적을 구하는 데 있어 **경험적 보장**만을 제공한다.

16.2.1 덮개 방법

이름에서 알 수 있듯이 덮개 방법의 기본 아이디어는 전역 최소를 찾는 탐색에서 모든 점의 목적함수를 평가함으로써 집합 S_b 를 덮는다는 것이다. 물론 이것은 무한한 계산이므로 실행하거나 사용하기는 불가능하다. 그러므로 모든 덮개 방법들은 선택한 점에서 함수를 평가하는 절차를 고안하지만 함축적으로는 전체 S_b 집합을 다루어야 한다.

몇몇 덮개 방법들은 이들 점에서 함수 평가를 위한 균일하거나 균일하지 않는 점들의 격자를 정의하기 위하여 목적함수의 특정 성질들의 장점을 택한다. 몇몇 덮개 방법들은 상대적으로 효율적이지만 단순한(표준 시험 문제들에서만 발생하는) 목적함수들만 취급할 수 있다. 이런 방법들에서는, S_b의 부집합에 걸쳐서 목적함수의 상한과 하한 범위는 **구간 연산**(*interval arithmetic*)에 의해서 계산한다. 열등 구간을 제외시키는 다른 방법들이 다음에 사용된다. 15장에서 논의하였던 **분기 한정**(*branch-and-bound*) 방법이 이러한 아이디어를 기초로 한다. 다른 방법들은 연속적으로 볼록항과 오목항으로 분리할 수 있는 (주어진 함수의) 근사형을 더 가깝게 형성한다.

Evtushenko (1985)의 덮개 방법은 집합 S_b에 걸친 비균일 그물에 덮개 방법을 사용한다. 해 점 $\mathbf{x}_G^*$의 근사는 $f(\mathbf{x}_G^*)+\varepsilon$보다 작은 목적함수 값을 가진 점의 집합 A_ε에 속하도록 주어진 양수의 허용 오차 ε에 대하여 구해진다. 즉, A_ε는 다음과 같이 정의된다.

$$A_\varepsilon = \left\{ \mathbf{x} \in S \,\middle|\, (f(\mathbf{x}) - \varepsilon) \le f(\mathbf{x}_G^*) \right\} \tag{16.3}$$

집합 A_ε는 $\mathbf{x}_G^*$를 알지 못하므로 결코 구성될 수 없다. 하지만 해는 거기에 속해 있다고 보장된다. 즉, 전역 최솟값의 ε 범위 안에 있다.

다른 덮개 방법들에서는 격자 밀도가 립쉬츠 상수 L을 사용하여 결정된다. 립쉬츠 상수가 적용된 $f(\mathbf{x})$ 변화율의 상한 범위는 연속적으로 격자를 생성하고 집합 S_b에서 소모적인 탐색을 수행하는 다양한 방법으로 사용된다. 불행하게도 실제에서는 함수가 S_b 집합 내의 모든 점들에서 그런 조건들을 만족하는지 증명하는 것은 매우 힘들다. 또한 L을 계산하기 위해 요구되는 노력이 상당하므로 L의 근삿값만이 사용된다.

Evtushenko의 방법에서 격자점들은 구면의 중심점들로 생성되었다. 근사해가 유효하기 위해서는 이들 구의 연합은 S_b를 완전히 포함하여야 한다. 덮기는 연속적으로 수행될 수 있다. 전체 집합이 포함될 때까지 하나씩 구가 구성된다. 그러므로 덮기가 완전히 끝날 때까지 총 격자점의 수는 알 수 없다. 다차원 문제에서 구면으로 덮기는 전체 집합 S_b를 덮기 위하여 중복되어야 하므로 구면들은 어렵고 비효율적이다.

이러 이유로 구면에 내접하는 입방체를 대신 사용한다. 2차원에서 설계공간은 직사각형으로 채워진다. 3차원에서는 입방체로 채워진다. 첫 번째 변수에서 결과 격자는 균일하지 않고 나머지 변수에 대해서는 균일하다. 정확한 상수 L 값의 참 값을 구하는 것이 어려운 일이기 때문에 처음에는 L에 대해서는 더 작은 근사를, 허용 오차 ε에 대해서는 큰 값이 사용된다. 그 다음에 L의 근사를 증가시키고 그 ε을 감소시키면서 전체 덮는 과정을 반복한다. 두 개의 연속적인 해의 차이가 ε보다 작을 때까지 반복이 계속된다. 몇 가지 방법에서는 순수 결정론적 절차에서 시작하여 목적함수의 통계적 모델을 사용하여 립쉬츠 상수가 추정된다. Evtushenko의 방법의 장점은 립쉬츠 상수의 어떤 상한 근사에서도 전역 최소의 추정이 보장된다는 것이다.

덮기 방법은 일반적으로 둘 이상의 변수를 가진 문제에 실용적이지 않다는 것을 알 수 있다. 하지만 두 변수 문제는 3장의 도식 최적화 방법으로 더 효과적으로 풀 수 있다.

16.2.2 확대방법

확대방법(*zooming method*)은 일반적인 제약조건을 가진 문제를 위해서 특별히 만들어졌다. 이것은 목적함수의 전역 최소에 대한 명시된 목표 값을 달성하기 위하여 노력한다. 일단 목표가 달성되면, 전역 최소 부근을 확대하여 범위가 축소된다. 이 방법은 전역해에 대해 확대하기 위하여 국소 최소의 영역을 제거하는 유용집합 *S*의 연속적인 반올림(truncation)으로 국소 최소화 방법을 결합한다. 기본 아이디어는 어떤 점—유용 또는 불용으로부터 제약된 국소 최소에 대한 탐색을 시작하는 것이다. 한번 국소 최소점이 구해지면 문제에 다음과 같은 제약조건을 더함으로써 추가 검색에서 현재 해가 제거되는 방식으로 문제를 재정의한다.

$$f(\mathbf{x}) \le \gamma f(\mathbf{x}^*) \tag{16.4}$$

여기서 $f(\mathbf{x}^*)$는 현재 국소 최소점에서의 목적함수 값이며, 만일 $f(\mathbf{x}^*) > 0$이면 $0 < \gamma < 1$이고, $f(\mathbf{x}^*) < 0$이면 $\gamma > 1$이다. 재정의된 문제는 다시 풀고 더 이상 최소점이 구해지지 않을 때까지 과정을 계속한다.

확대방법은 제약된 전역 최적화 문제들을 위한 결정론적과 다른 방법들의 좋은 대안이 되는 것으로 보인다(이 장의 뒷부분에서 논의됨). 사용하기가 매우 쉽다. 정식화는 식 (16.4)의 확대 제약조건을 추가함으로써 약간 수정되었고, 현존하는 국소 최소화 소프트웨어가 사용되었다.

하지만 이 방법에는 어떤 **제약**들이 있다. 목적함수의 전역 최소의 목표 수준이 낮아짐에 따라 문제의 유용집합이 계속 축소된다. 이것은 분리된 유용집합의 결과로 될 수 있다. 그러므로 전역 최소에 도달하면 재정의된 문제의 유용점조차 찾기가 어려워진다. 재정의된 문제가 불용이 된다고 선언하고 전역 최소로써 이전의 국소 최소를 받아들이기 전에 여러 가지의 다른 시작 시험점들이 시험될 필요가 있다. 오직 종료 기준은 축소된 유용집합의 유용점을 탐색하도록 허락된 시험 횟수의 한계이다. 뒤에서 설명된 이 방법의 개선은 계산절차에 여러 가지의 확률론적 요소들을 도입하였다.

16.2.3 일반화된 강하방법

일반화된 강하방법들은 **체험적 결정론적**(*heuristic deterministic*)이라 분류된다. 이들은 10장에서 설명한 강하방법의 일반화인데, 여기서 유한 강하 단계들이 직선 즉, 탐색방향을 따라서 선택된다. 2차 형식 문제가 아니라면 탐색방향에 따른 적합한 이동거리를 구하는 것이 종종 어렵다. 그러므로 섬세하게 설계공간의 곡선 경로(궤도라고도 불린다)를 따른다면 더 효과적일 수 있다. 전역 최적화를 위한 일반화된 강하방법을 설명하기 전에 최소점의 탐색을 위해 설계공간에서 곡선 경로를 생성하는 **경로방법**의 기본적 아이디어를 설명하기로 한다.

경로는 시작점 $\mathbf{x}^{(0)}$에서 국소 최소점 $\mathbf{x}^*$에 이르는 목적함수의 설계 이력으로 보면 된다. 설계 벡터 $\mathbf{x}$가 해 곡선 $\mathbf{x}(t)$를 따라서 단조롭게 증가하고 $\mathbf{x}^{(0)}$에서 0이 되는 매개변수 t에 종속된다고 하자. 임의의 시작점 $\mathbf{x}^{(0)}$에서 $\mathbf{x}^*$까지의 가장 단순한 경로는 벡터 미분방정식의 해로 주어지는 연속적인 최속강하경로(steepest descent)이다.

$$\dot{\mathbf{x}}(t) = -\nabla f(\mathbf{x}), \quad \text{with} \quad \mathbf{x}(0) = \mathbf{x}^{(0)} \tag{16.5}$$

여기서 위의 점(over-dot)은 t에 대한 미분을 나타낸다. 식 (16.5)의 우변을 $-[\mathbf{H}(\mathbf{x})]^{-1}\nabla f(\mathbf{x})$으로 변경함으로써 연속적인 뉴턴의 경로도 이용할 수 있는데, 여기서 $\mathbf{H}(\mathbf{x})$는 모든 $\mathbf{x}$에 대하여 비특이라고 가정한 목적함수의 헷세이다. 좋은 소프트웨어는 1차 미분방정식 (16.5)를 푸는 데 이용 가능하다.

전역 최적화를 위한 일반화된 강하방법들은 앞선 궤적방법들의 연장이다. 이 방법들에서 궤적은 1차 식 (16.5)보다는 오히려 특정한 2차 미분방정식의 해이다. 전역 최소의 탐색은 이들 미분방정식의 해 성질을 기초로 된다. 가장 중요한 성질은 그들의 궤적이 목적함수의 정적인 점(또는 그 주변)들을 통과한다는 것이다. 만일 궤적이 함수의 모든 국소 최소를 통과한다면, 특정한 조건이 결정한다. 이 경우, 전역 최소는 구할 수 있다고 보장된다. 미분방정식은 궤적을 따라 함수 값과 함수 경사도를 사용한다.

일반화된 강하방법의 두 종류가 있다: (1) **궤적방법**(*trajectory methods*), 국소 강하 궤적을 설명하는 미분방정식을 수정하여 국소 최소가 아닌 전역으로 수렴할 수 있게 만들고, (2) **벌칙방법**(*penalty methods*), 표준 국소 알고리즘을 반복적으로 수정된 목적함수에 적용하여 강하 궤적이 이전에 발견된 국소 최소로 수렴하는 것을 방지한다. 벌칙방법의 예로는 대수함수, 충족함수, 관통이 있다. 이 절에서는 궤적방법만 설명한다. 관통방법은 다음 절에서 설명한다.

강하와 상승의 교대

궤적방법은 두 가지 방식으로 수행되어 왔다. 강하와 상승의 교대, 골프방법이다. 첫째 방법은 국소 강하 알고리즘의 수정인 3개의 세부알고리즘으로 구성되어 있다. 국소 최소로 향하는 강하, 국소 최소로부터의 상승과 안장점(saddle point) 통과가 그것이다. 첫째 시작점에서 국소 최소로 강하하기 위하여, 최속강하방법과 궤적을 따른 점에서 목적함수의 헷세행렬이 양정인지 아닌지를 기초로하는 뉴턴법(이것이 국소 최소화를 위한 **수정 뉴턴법**이다)을 조합하여 사용한다.

둘째, 국소 최소로부터 안장점을 갖기 위하여 탐색방향으로 헷세의 최대 고유값에 관련된 고유벡터를 사용한다. 셋째, 안장점을 통과하기 위하여 뉴턴법을 사용한다. 다음 국소 최소로 강하하기 위하여 강하 작업을 위한 시작 방향으로 통과 과정의 마지막 단계의 방향을 사용한다. 세 가지 작업은 종료 조건이 만족할 때까지 반복된다. 모든 국소 최소점들은 만일 궤적이 다시 스스로를 따라 간다면 기록되고, 알고리즘을 다시 시작하기 위하여 새로운 시작점이 선택되어야 하는 것에 주목하라.

이 방법의 단점은 국소 최소로부터 상승하는데 버려지는 많은 수의 함수 평가이고, 둘 이상의 차원의 문제를 푸는 데 어려움이다. 또한 목적함수의 경사도의 표현식을 가지고 있지 않다면 이 방법을 적용하기 어렵다.

골프방법

골프방법은 힘 영역(force field)에서 움직이는 질량 m의 입자의 관성적 운동의 역학과 유사하다. 결과의 궤적은 최적화 문제의 결과와 유사하다. 수학적으로 질량 할당은 입자의 운동방정식에 2차 항을 소개하는 것들을 의미한다. 질량을 시간의 함수 $m(t)$라고 하면, 힘 영역에서 운동하는 입자는 목적함수 $f(\mathbf{x})$로 정의하며, 낭비되거나 비보존적인 힘(예, 공기 저항 힘)인 $-n(t)\dot{\mathbf{x}}(t)$을 받는데, 여기서 $n(t)$는 저항함수이다. $f(\mathbf{x})$의 힘 영역은 $-\nabla f(\mathbf{x})$ 로 주어진다. 따라서 입자의 운동은 미분방정식 시스템으로 설명된다.

$$m(t)\ddot{\mathbf{x}}(t) - n(t)\dot{\mathbf{x}}(t) = -\nabla f(\mathbf{x}), \quad m(t) \geq 0 \quad n(t) \leq 0 \tag{16.6}$$

여기서 $\dot{\mathbf{x}}(t)$ 와 $\ddot{\mathbf{x}}(t)$는 각각 입자의 속도 및 가속도 벡터이다.

어떤 조건하에서는 방정식의 시스템의 해인 궤적이 $f(\mathbf{x})$의 국소 최소점으로 수렴한다. 더구나 궤적은 몇 개의 충분히 깊지 않은 국소 최소를 남기기 때문에 이름하여 골프방법이라고 한다. 알고리즘의 효율성은 질량과 저항함수 $m(t)$와 $n(t)$이라는 것이 명확하다. 어떤 함수들에서는 미분방정식이 입자의 질량을 1로, 마찰이 없는 힘 영역을 가정함으로 단순화할 수 있다[즉, $m(t) = 1$과 $n(t) = 0$]. 이 경우 미분방정식은 $\ddot{\mathbf{x}}(t) = -\nabla f(\mathbf{x})$로 단순화된다. 이런 부류의 함수들은 만약에 $f(\mathbf{x})$가 몇 실험의 잡음 자료의 보간이라면 접할 수 있다.

16.2.4 관통방법

관통방법은 체험적 일반화된 강하벌칙방법으로 분류한다. 이 방법은 초기에 비제약 문제들에 대하여 개발되었고, 제약문제들로 확장되었다(Levy and Gomez, 1985). 기본 아이디어는 몇 가지 종료 조건이 만족될 때까지 다음의 두 상태를 연속적으로 수행하는 것이다: 국소 최소화 상태와 관통 상태. 첫째 상태는 신뢰할 수 있고 효율적인 방법을 사용하여 문제의 국소 최소 $\mathbf{x}^*$를 구하는 것으로 구성된다. 관통 상태는 $\mathbf{x}^*$와 다른 시작점을 정하는 것이나 알고 있는 최솟값과 같거나 더 작은 목적함수 값을 갖는다. 하지만 관통 상태에서의 적합한 점을 찾는 것은 원래의 문제와 같이 어려운 전역 문제이다. 전역 최솟값의 거친 평가가 요구된다면, 관통 또는 확대(zooming) 방법이 많은 계산 노력을 희생하면서 전역 최소를 보장하는 대신으로 정당화된다.

일차원 문제의 경우, 관통방법의 기본 아이디어를 그림 16.1에 도해적으로 표시하였다. 초기 최소점 $\mathbf{x}^{*(1)}$에서 시작하여 방법은 다른 많은 최소 아래로 관통하고 새로운 시작점 $\mathbf{x}^{0(2)}$의 위치를 찾는다. 거기서부터 새로운 최솟값이 찾아지고 과정을 반복한다. 관통 상태는 비선형 **관통함수** $T(\mathbf{x})$의 근을

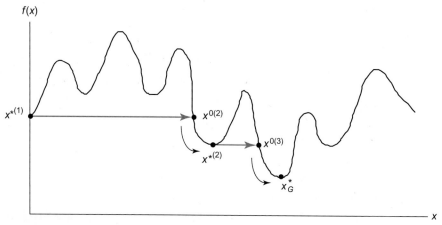

그림 16.1 관통 방법의 기본 개념. 방법은 전역 최소에 접근하기 위해서 부적절한 최소들 아래로 관통한다.

구하는 것으로 완성된다. 이 함수는 앞에서 결정된 국소 최소들과 시작점들을 피하는 방식으로 정의한다. 관통 상태 동안 구한 새로운 점은 국소 최소이면 안 되는데 국소 최소화 과정이 그런 점으로부터 출발할 수 없기 때문이다. 그러므로 만약에 관통 상태가 국소 최소점을 가져오면, 관통함수의 새로운 해를 찾아야 하다.

일단 관통 상태를 통하여 적합한 점이 구해지면, 새로운 국소 최소점을 찾기 위하여 국소 최소화가 시작된다. 관통함수의 적합한 해가 구해지지 않을 때까지 두 단계가 반복되는데, 이는 모든 **x**에 대하여 $T(\mathbf{x}) \geq 0$일 때 수치적으로 현실화된다. 여기서 필요한 함수 평가의 수의 항에서 만족하려면 그러한 기준은 매우 비용이 많이 든다는 것을 주목하라. 처음 몇 개의 관통 단계는 작은 계산 노력이 요구되는 비교적 효율적이다. 관통 수준이 전역 최소에 접근함에 따라 관통함수의 해가 많지 않기 때문에 계산 수가 증가한다. 이는 확대방법에 대하여 지적한 것과 비슷한 어려움이다.

관통방법은 **전역 강하 성질**(*global descent property*)이 있다. 최소화 단계에서 구한 국소 최소는 질서 정연하게 전역 최소에 접근한다. 관통은 그 수나 위치에 관계없이 부적절한 최솟값들 아래에서 발생한다. 이런 성질 때문에 관통방법은 다른 방법에 상대적으로 효율적이며, 특히 국소 최소의 수가 매우 큰 문제에서 그렇다. 이 방법은 더 작은 목적함수 값을 가진 점이 각각의 반복마다 도달되는 장점이 있다. 그러므로 확대방법을 사용하면, 상대적으로 더 작은 목적함수 값을 갖는 점을 매우 빨리 구할 수 있다. 이런 해는 몇 공학적 응용에 적용이 허용된다. 이런 경우, 관통 또는 확대방법은 많은 계산 노력으로 전역 최소를 보장할 수 있는 방법을 대신하는 것을 정당화한다.

16.3 확률론적 방법의 개관

S_*를 최적화 문제의 **모든 국소 최소**의 집합이라고 하자. 많은 확률론적 방법의 목표는 이 집합 S_*를 결정하는 것이다. 그러면 집합의 가장 좋은 점이 전역 최소점이라고 요구된다. 일반적으로 결정론적 방법보다는 확률론적 방법을 사용하여 훨씬 더 좋은 결과를 얻을 수 있다.

확률론적 방법은 보통 전역과 국소 두 단계를 가진다. 전역 단계에서 함수는 무작위로 추출한 여러 점들에서 평가된다. 국소 단계에서 예를 들면 국소 탐색 방식으로 전역 최소의 후보가 되게 하기 위하여 표본점이 처리된다.

전역 단계는 임의 점에서 시작하는 전역 최소로 수렴하도록 보장될 수 있는 국소 개선방책이 없기 때문에 필요하다. 전역 단계는 방법의 **신뢰성**을 보장하기 위하여 유용영역 집합 S_b의 모든 부집합 내의 후보 전역 최소점에 위치한다. 국소 탐색 기법은 상대적으로 작은 함수값을 갖는 점을 찾는 효율적인 도구이다. 따라서 국소 단계는 그 **효율성**을 개선하기 위한 확률론적 방법과 통합된다. 전역 최적화 알고리즘에의 도전은 신뢰성을 유지하면서 효율성을 증가시키는 것이다.

무작위 탐색, 다-시작점, 군집화, 제어된 무작위 탐색, 모조 풀림, 합격-불합격(A-R), 확률론적 적분, 유전적 및 금기 탐색과 17장에 있는 기타 자연 영감 탐색법과 같은 전역 최적화를 위한 많은 확률적론 방법들이 있다. 이들 방법의 계산을 위한 기본에 깔려 있는 아이디어만을 설명한다. 세부적인 내용은 Arora et al.(1995)과 다른 참고 자료에서 찾을 수 있다.

대부분의 확률론적 방법들은 순수 무작위 탐색의 어떤 변형에 기초한다. 다음의 두 가지 방식으로 사용된다. (1) 종료 기준을 개발하기 위하여, (2) 다음과 같이 정의되는 국소 최소점의 관심영역을 근사화하는 기법을 개발하기 위하여.

최솟값 주변의 어떤 영역 내의 한 점에서 시작된 국소 최소 탐색이 같은 최소점으로 수렴할 때, 영역을 국소 최소의 관심영역이라고 한다.

많은 확률론적 방법들의 목표는 국소 최소의 탐색이 오직 한 번만 수행하도록 국소 최소의 관심 영역의 좋은 근사화를 개발하는 것이다.

보통 대부분의 확률론적 방법들은 집합 S_b에 걸친 표본조사의 균일한 분포를 사용한다. 하지만 이전 반복에서 구한 정보에 기초한 표본조사 분포를 수정하는 기법이 더 적합하다. 표본조사에 사용되는 이 형식의 확률론적 근사화는 새로운 국소 최소를 구하기 위하여 미지의 관심영역에서의 뾰족해지는 표본 분포를 결정하는 데 사용된다. 비록 확률론적 방법들이 절대적인 성공 보장을 제공하지 않다 하더라도 표본 크기가 증가함에 따라서 x_G^*로부터 e 거리 안에 있는 점이 발견될 수 있는 확률은 1에 접근한다.

몇 가지의 확률론적 방법들은 모사 풀림과 유전적 알고리즘과 같은 무작위 과정을 사용하기 때문에 같은 시작점에서 시작하여 다른 시간에서 수행된 알고리즘은 다른 설계 이력과 국소 최소를 생성할 수 있다. 따라서 특별한 문제는 해가 전역 최적으로 받아들이기 전에 여러 번 수행될 필요가 있다.

16.3.1 순수 무작위 탐색법

순수 무작위 탐색은 전역 최적화의 **가장 간단한 확률론적 방법**이며 많은 다른 확률론적 방법들은 이들의 변형이다. 비록 매우 비효율적이더라도 이들의 다른 방법에 대한 기본을 소개하는 것을 여기서 설명한다. 순수 무작위 탐색은 전역 단계만으로 이루어진다. 집합 S_b에 걸쳐 균일 분포에서 추출된 N 표본점들에서 $f(\mathbf{x})$를 평가한다. 발견된 가장 작은 함수값이 $f(\mathbf{x})$의 전역 최소 후보이다.

순수 무작위 탐색은 확률론적 의미에서 전역 최고점으로 수렴하는 것을 점근적으로 보장한다. 그런 보장을 위하여 많은 횟수의 함수 평가가 요구되기 때문에 비효율적이다. 이 방법의 간단한 확장은 이름하여 **단일 출발**(*single-start*)이다. 여기서 단일 국소 탐색이(만일 문제가 연속적이라면) 순수 무작위 탐색의 끝에서의 표본 집합 중의 가장 좋은 점에서 출발한다.

16.3.2 다-시작점 방법

다-시작점 방법은 국소 단계를 전역 단계에 추가하는 순수 무작위 탐색의 여러 연장의 하나이다. 하나의 시작점에 대비하여 다-시작점에서는 각 표본점이 국소 최소화 과정의 시작점으로 사용된다. 구해진 가장 좋은 국소 최소점은 전역 최소 x_G^*의 **후보**가 된다. 알고리즘은 세 개의 단순한 단계로 이루어져 있다.

1단계: 집합 S_b에 걸친 균일 분포로부터 무작위 점 $\mathbf{x}^{(0)}$를 선택한다.

2단계: $\mathbf{x}^{(0)}$로부터 국소 최소화 과정을 시작한다.

3단계: 종료 기준을 만족하지 않으면 1단계로 돌아간다.

한번 종료 기준이 만족되면 가장 작은 함수값을 갖는 국소 최소를 전역 최소 $\mathbf{x}_G^*$로 선택한다. 이 방법은 신뢰성은 있으나 많은 표본점들이 동일한 국소 최소로 이끌므로 효율적이지 않다. 따라서 특별한 국소 최소는 다른 점에서 시작하여 **여러 번 도달**될 수 있다. 알고리즘에서 이 비효율성을 제거하는 전략들이 개발되었고 다음 절에서 설명한다.

종료 기준

알고리즘을 마치는 몇 가지 아이디어가 제안되었다. 하지만 대부분은 실용적이지 않다. 여기서 가장 자주 사용되는 기준을 설명한다. 다-시작점 방법의 시작점은 집합 S_b에 걸쳐서 균일하게 분포되어 있기 때문에 국소 최소는 각각의 시도에서 고정된 **확률**을 갖는다. 베이지안(*Bayesian*) 접근법에서 미지수들은 **사전 균일 분포**의 무작위 변수들이라고 가정되고 다음의 결과를 증명할 수 있다. 주어진 M개의 명백한 국소 최소는 L번의 탐색에서 구해질 수 있고, 국소 최소 K의 알지 못하는 횟수의 최적의 베이지안 평가는 다음과 같이 주어진다.

$$K = 정수 \left\lceil \frac{M(L-1)}{L-M-2} \right\rceil \text{ 만약 } L > M + 3 이면 \tag{16.7}$$

다-시작점 방법은 $M = K$일 때 멈출 수 있다. 이 멈춤 규칙은 다른 방법들에도 사용할 수 있음을 보여 주었다.

16.3.3 군집화 방법

군집화 방법은 각 국소 최소점들에 대하여 오직 한 번 국소 탐색 과정을 사용을 시도함으로써 다-시작점 방법의 비효율성을 제거한다. 이렇게 함으로써 무작위 표본점들이 군집을 형성하기 위하여 집단으로 연결된다. 각 군집은 국소 최소점 주변의 관심영역을 나타내는 것으로 고려한다. 각 국소 최소점은 영역의 어떤 점으로부터 탐색이 시작되어도 같은 국소 최소점으로 수렴하는 **관심영역**을 갖는다. 네 가지 집단화 방법들이 관심영역을 만드는 데 사용되었다: 밀도 군집(density cluster), 단일 결합(single linkage), 모드 해석 및 벡터 양자화, 다-시작(vector quantization multi-start). 이들은 관심영역이 구성되는 방식이 다르다. 군집화 방법들의 주된 단점은 그 성능이 문제의 차원 즉, 설계변수의 수에 크게 의존한다는 것이다.

축소된 표본점

A_N이 집합 S_b의 균일한 분포로부터 뽑아낸 무작위 점들의 집합이라고 하자(A_N을 정의하는 방법의 상세한 것은 나중에 주어진다). 군집화 방법에서 표본화의 전처리 과정은 국소 최소를 포함하는 영역을 생성하도록 수행된다. 이는 두 가지 방식으로 이루어진다: 축소(reduction)와 집중(concentration). 축소에서는 어떤 값 f_q와 같거나 작은 목적함수 값을 갖는 표본점들의 집합 A_q을 만든다.

$$A_q = \left\{ \mathbf{x} \in A_N \mid f(\mathbf{x}) \le f_q \right\} \tag{16.8}$$

이를 $f(\mathbf{x})$의 f_q 등급 집합 또는 단순히 축소 집합이라고 하며, 집합 A_q 내의 점 $\mathbf{x}$를 축소 표본점이라고 한다. 집합 A_q는 흩어진 많은 성분들로 구성될 수 있다. 각 성분들은 적어도 하나의 국소 최소점을 포함한다.

그림 16.2a는 집합의 균일 표본의 예이며, 그림 16.2b는 축소 표본점들의 집합 A_q를 나타낸다. 집합은 각각 하나의 국소 최소점을 포함하는 세 개의 성분으로 구성되어 있다. A_q의 성분을 군집이라고 하며, 국소 최소점에 관한 관심영역의 근사화로 선택한다. 더 나아가서 f_q보다 높은 함수값을 갖는 국소 최소점들 $\mathbf{x}^*$는 A_q에 속하지 않으며, 따라서 구하지 못할 수 있다.

집중이라 부르는 두 번째 전처리 과정에서 각 표본점에 몇 개의 급강하 단계들을 적용한다. 하지만 이 경우에는 축소와 달리 변환된 점들은 균일하게 분포되진 않는다. 보통 군집화 방법들에서 균일한 분포를 가정하며, 따라서 변환의 이전 방법이 좋다.

몇 가지 군집화 방법

문헌에서 네 가지 군집화 방법을 이용할 수 있다: 밀도, 단일, 모드 해석 및 벡터 양자화 다-시작. 이 방법들에서는 다음을 가정한다.

1. 모든 $f(\mathbf{x})$의 국소 최소점은 S_b 안에 존재한다.
2. 정체점들은 격리되어 있다.
3. 국소 탐색은 항상 강하 탐색이다.

이 방법들은 기본 알고리즘을 여러 번 실행한다. 매 반복계산에서 균일한 무작위 분포로부터 κN개의 표본점들로 구성된 집합 A_N이 사용되며, 여기서는 κ는 알고리즘이 실행되는 횟수를 포함하고 있는 정수이다. 즉, 표본의 크기는 알고리즘의 각 실행에서 계속 증가한다.

군집화하기 전에 표본은 식 (16.8)에서 정의된 집합 A_q를 생성하기 위하여 축소된다. 그 다음에 군집화 알고리즘을 A_q에 적용한다. 반복은 종료 기준을 만족할 때까지 계속한다. 다-시작점에 사용되는 종료 기준은 모든 군집화 방법에 사용할 수 있다. 이 규칙들을 사용하는 데 있어서 서로 다른 표본들을 가진 A_q의 변화는 해석에 영향을 주지 않는다고 가정한다. 더 중요한 사실은 f_q 보다 작은 함수값을 갖는 각 국소 최소가 실제로 구해진다는 것을 가정하여야 한다.

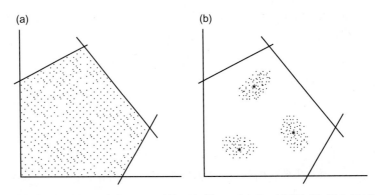

그림 16.2 무작위와 축소된 표본점들의 예. (a) 무작위 표본점들, (b)축소된 표본점들. *는 국소 최소점을 나타낸다.

밀도 군집화

밀집 군집화에서 군집은 식 (16.8)에서 정의한 축소된 표본점들의 밀도에 기초하여 확인된다. 따라서 '밀도 군집'이라고 부른다. 관심영역은 국소 최소점에 중심점을 둔 구면이나 타원으로 근사화한다. 축소된 표본점들은 그 중심으로부터의 거리에 기초하여 군집에 추가된다. 즉, 중심으로부터 임계 반경 내의 모든 점들은 군집에 속한다. 군집은 국소 최소점을 가지고 씨를 뿌리듯 시작하여 임계 반경을 증가시킴으로써 단계적으로 확대된다. 새로운 반경 내의 모든 점들이 군집에 계속 추가된다. 단계의 끝에서 가장 좋은 비밀 군집(unclusted) 점이 국소 최소점을 찾는 국소 탐색 과정에 사용된다. 만일 국소 최솟값이 새로 구해지면 새로운 군집을 위한 씨앗으로 취하고, 아니라면 최소점은 확대하여야 하는 이미 존재하는 군집의 씨앗이 된다. 이는 모든 축소된 표본점들이 군집화될 때까지 계속된다.

단일 결합 군집화

단일 결합 군집화에서, 특정한 모양을 강요하지 않으므로 군집의 보다 나은 근사화가 이루어진다. 점들은 군집의 중심들 또는 씨앗에 연결되는 것과 대조적으로 그 부근의 다른 것과 연결된다. 만일 한 점이 그 군집에 이미 속해 있는 어떤 점으로부터의 임계거리 r_k 내에 있으면 그 군집에 배당된다.

모드 해석 군집화

밀집 군집화와 단일 결합 군집화 방법은 한 번에 오직 두 점의 정보만 사용한다. 반면에 모드 해석 방법에서는 더 많은 정보를 사용해서 군집을 형성한다. 여기서 집합 S_b는 그 집합 S_b 전체를 포함하고, 겹치지 않는 작은 하이퍼큐브(hypercubic) 셀들로 나누어진다. 그 셀이 만일 적어도 축소된 표본점들 G를 포함한다면 충만(full)이라고 하고 그렇지 않다면 비었다고(empty) 한다.

벡터 양자화

벡터 양자화 방법에서는 **격자 이론**과 **벡터 양자화**를 군집을 형성하기 위하여 사용한다. 기본 아이디어는 모드 해석처럼 표본점들보다는 셀들을 군집화하는 것이다. 따라서 전체 공간 S_b는 유한 개의 세포들로 나뉘고, **코드 점**이 각 세포에 관련된다. 코드 점은 군집화 과정에서 세포 내의 모든 점들을 나타내기 위해 사용된다. 셀의 가장 작은 함수값을 갖는 점이 가장 적합한 코드 점이다. 더욱이, 코드 점들이 표본점들이어야 할 필요는 없다. 그들은 독립적으로 생성될 수 있다. 그것들은 또한 셀의 중심일 수 있다. 축소 표본점들의 벡터 양자화를 사용하여 군집을 인식할 수 있다. 목표는 이 전의 세 방법들보다 더 효율적인 방식으로 군집을 근사화하는 것이다.

16.3.4 제어 무작위 탐색

순수 무작위 탐색의 또 하나의 변형인 **제어 무작위 탐색**(*controlled random search*, CRS)의 기본 아이디어는 전역 최소점을 향해서 움직이도록 하는 방식으로 표본점들을 사용하는 것이다 (Price,1987). 이 방법은 목적함수의 경사도를 사용하지 않으므로 함수의 미분가능성을 요구하지 않는다. n차원 공간에서 $n + 1$점의 집합으로 형성된 기하학적 형상인 **심플렉스**의 아이디어를 사용한다(n은 설계변수의 수임을 주목하라). 점들이 등거리에 있을 때 심플렉스는 정칙(regular)이라고 한다. 2차원에서는 심플렉스는 삼각형이고, 3차원에서는 사면체이며(그림 11.11 참조) 기타 등등이다.

이 방법도 전역과 국소 단계가 있다.

전역 단계

알고리즘의 전역 단계에 사용되는 기호들은 다음과 같이 정의된다.

$\mathbf{x}^W, f^W$ = 가장 나쁜 점과 대응하는 목적함수 값(가장 큰)

$\mathbf{x}^L, f^L$ = 가장 좋은 점과 대응하는 목적함수 값(가장 작은)

$\mathbf{x}^C, f^C$ = n점의 도심과 대응하는 목적함수 값

$$\left(\mathbf{x}^C = \frac{1}{n} \sum_{k=1}^{n} \mathbf{x}^{(k)} \right) \tag{16.9}$$

$\mathbf{x}^P, f^P$ = 실험점과 대응하는 목적함수 값

1단계: S_b에 균일하게 분포하는 N개의 무작위 점들을 생성한다. 그 점들에서 목적함수를 평가한다. $N = 10(n + 1)$이 합당한 결과를 준다.

2단계: 함수값 f^W (가장 큰)를 갖는 가장 나쁜점 $\mathbf{x}^W$과 함수값 f^L (가장 작은)을 갖는 가장 좋은 점 $\mathbf{x}^L$을 찾는다.

3단계: $\mathbf{x}^{(1)} = x^L$이라고 한다. 무작위로 남은 $N - 1$개의 표본점들에서 n개의 서로 다른 점들 $\mathbf{x}^{(2)}, \ldots, \mathbf{x}^{(n+1)}$을 선택한다. 점 $\mathbf{x}^{(1)}, \ldots, \mathbf{x}^{(n)}$의 도심 $\mathbf{x}^C$을 정한다. 새로운 실험점 $\mathbf{x}^P = 2\mathbf{x}^C - \mathbf{x}^{(n+1)}$를 계산한다.

4단계: 만약 $\mathbf{x}^P$가 유용이면 f^P을 평가하고 5단계로 가라. 그렇지 않으면 3단계로 가라.

5단계: 만약 $f^P < f^W$이면, $\mathbf{x}^W$를 $\mathbf{x}^P$로 바꾸고 6단계로 가라. 그렇지 않으면 3단계로 가라.

6단계: 만일 종료 기준이 만족되면 멈추고 그렇지 않으면 2단계로 가라.

알고리즘이 진행됨에 따라 현재의 n점들의 집합은 최소 주변에 군집을 이루는 경향이 있다. 3단계에서 새로운 실험점 $\mathbf{x}^P$의 계산에 사용되는 점 $\mathbf{x}^{(n+1)}$은 임의로 선택된다는 것에 유의하라. 이 점을 심플렉스의 꼭짓점(vertex)라고 부른다. 6단계에서 만약 $f^W/f^L < 1 + \varepsilon(\varepsilon > 0$은 작은 수)이면 전체 단계는 종료될 수 있다. 어떠한 다른 종료 기준도 사용될 수 있다. 일단 전역 단계가 끝나면 국소 단계를 시작한다.

국소 단계

국소 단계의 기본 아이디어는 심플렉스의 $n + 1$ 꼭짓점에서 목적함수 값들을 비교하여 이 심플렉스를 점차적으로 최소점을 향해 움직이는 것이다. 심플렉스의 움직임은 11.9절에서 설명한대로 넬더-미드 알고리즘의 반사, 확대, 축소와 수축으로 얻을 수 있다.

앞에서 설명한 방법의 전역과 국소 단계는 다음과 같이 결합된다. 전역 단계를 수행하고 3단계에서 새로운 실험점 $\mathbf{x}^P$을 생성한다. N 표본점을 목적함수 값의 내림차순으로 정리한다. 만약 $\mathbf{x}^P$이 유용이고 $n + 1$ 표본의 아래쪽으로 떨어지면 국소 최소를 찾기 위하여 심플렉스와 같이 $n + 1$점을 가진 국소 단계 시작을 수행한다. $\mathbf{x}^P$이 국소 최소로 갱신되고 전역 단계가 4단계로 계속한다. 만약 $\mathbf{x}^P$가 불용이거나 표본의 $(n + 1)$ 아래쪽 밖으로 떨어지면 4단계로부터 전역 단계를 계속한다. 전역 단계가 6단계에서 끝날 때까지 2단계 수행을 계속한다.

방법의 다음 특징을 주목하여야 한다. 국소 단계는 표본점의 데이터 베이스에서 가장 좋은 $n + 1$ 점에서만 작용한다. 따라서 이것은 전역 단계의 성능에 미미한 영향을 가지고 있다. 합성 알고리즘에서 국소 단계는 데이터 베이스의 최고점을 향상시킨다. 따라서 전역 단계는 항상 최고점을 사용하므로 수렴을 빠르게 하는 경향이 있다. 그러나 이것은 전역 탐색 능력을 작은 정도로 감소시킬 수 있다. 원한다면 어떤 반복에서 전역 단계 최고점을 제외시킴으로 이 효과를 방어하는 것이 쉽다. 다른 말로 알고리즘의 3단계에서 N 표본점에서 임의로 $\mathbf{x}^{(1)}$부터 $\mathbf{x}^{(n + 1)}$까지의 $n + 1$ 다른 점 모두를 선택한다.

16.3.5 합격-불합격 방법

A-R 방법은 통계역학의 아이디어를 사용하여 효율성을 개선하기 위하여 다-시작점 알고리즘을 수정한 것이다. 다-시작점 방법에서 국소 최소화는 각각의 무작위로 생성된 점으로부터 시작한다. 그러므로 국소 최소화의 수는 매우 크고 대다수는 동일한 국소 최소점으로 수렴한다. 이 상황을 개선하기 위한 전략은 이전에 구한 최소보다 더 작은 목적함수 값을 갖는 점이 생성되었을 경우에만 국소 최소화 과정을 시작하는 것이다. 이는 알고리즘이 부적절한 국소 최소 아래로 관통하게 한다. 그러나 이 수정은 비효율적인 것으로 나타났다. 결과적으로 관통 과정은 앞에서 설명한 결정론적 알고리즘의 방법으로만 실행되었다.

A-R 방법은 이 관통 절차를 수정하였다. 이것의 기본 아이디어는 이전에 구한 국소 최소보다 높은 목적함수 값을 갖더라도 가끔은 무작위 생성된 점으로부터 국소 최소화를 시작하는 것이다. 이를 **합격 단계**(*acceptance phase*)라고 하는 데, 어떤 확률의 계산을 포함하고 있다. 만일 합격점으로부터 시작된 국소 최소화 과정이 앞서 구한 것보다 높은 목적함수를 가진 국소 최소를 만든다면, 새로운 최소점은 불합격된다(불합격 단계). 방금 설명한 과정을 종종 **무작위 관통**(*random tunneling*)이라고도 한다.

국소 최소화를 시작하는 **합격 기준**의 가능한 정식화는 15장에서 설명한 통계역학적 접근, 모사 풀림에 의하여 제안된다. 확률이 다음과 같이 주어질 때만 국소 최소화가 $\mathbf{x}$점에서 시작한다. 따라서 A-R 방법은 모사 풀림 접근과 유사하다. 확률이 다음과 같이 주어질 때 국소 최소화는 $\mathbf{x}$점에서 시작된다.

$$p(\mathbf{x}) = \exp\left(\frac{\left[f(\mathbf{x}) - \bar{f}\right]^+}{-F}\right) \tag{16.10}$$

여기서 $\bar{f}$는 전역 최솟값의 상한 범위의 추정이고, F는 전역 최소의 목표값이며, $[h]^+ = \max(0, h)$ 이다.

F의 초기값은 보통 사용자가 제공하거나 몇 개의 무작위 점들을 사용하여 추정될 수 있다. 이 알고리즘에서는 모사 풀림과 달리 목표 수준을 줄이는 스케줄의 선택이 수렴을 방해하지 않는다. 그럼에도 불구하고 스케줄은 알고리즘의 성능에 결정적이다. $\bar{f}$는 각 반복계산에서 전역 최솟값의 최상의 근삿값이 되도록 조정된다. 시작점에서, 몇몇의 무작위로 생성된 점 중에서 가장 작은 목적함수

값으로 채택하거나 더 좋은 값을 안다면 사용자가 제공할 수도 있다.

16.3.6 확률론적 적분

확률론적 적분 방법에서 궤적 방법(16.2.3절에 설명된)에 대한 연립방정식의 시스템에 적합한 확률론적 섭동(perturbation)이 전역 최소점으로 궤도를 강제로 유도하기 위하여 소개한다. 이는 궤적을 따라서 목적함수 값을 관찰함으로써 성취될 수 있다. 미분방정식의 몇 계수들을 바꿈으로써 같은 초기 점에서 시작해서 다른 풀이 과정을 얻는다. 이 아이디어는 모사 풀림과 비슷하지만 여기서는 미분방정식의 매개변수가 계속 감소된다. 최속강하궤적을 사용하여 확률론적-적분 전역 최소화 방법을 설명한다.

여기서 전역 최소점에 도달하는 궤적의 기회를 증가시키기 위하여 확률론적 섭동을 식 (16.5)에 소개하였다. 확률론적 연립 미분방정식의 결과 시스템은 다음과 같이 주어진다.

$$d\mathbf{x}(t) = -\nabla f(\mathbf{x})dt + \varepsilon(t)d\mathbf{w}(t), \quad \text{with} \quad \mathbf{x}(0) = \mathbf{x}^{(0)} \tag{16.11}$$

여기서 $\mathbf{w}(t)$는 n차원 표준 위너(Wiener) 과정이며 $\varepsilon(t)$는 소음계수(noise coefficient)라고 부르는 실수 함수이다. 실제 수행에서는 위너 과정 대신 보통 표준 가우스 분포가 사용된다.

$\mathbf{x}(t)$를 $\mathbf{x}^{(0)}$에서 시작하고 상수 소음계수 $\varepsilon(t) = \varepsilon_0$를 갖는 $\mathbf{x}^{(0)}$에서 시작하는 식 (16.11)의 해라고 하자. 그러면 통계 역학 분야에서 잘 알려진 바와 같이 $\mathbf{x}(t)$의 확률밀도함수는 t→∞가 됨에 따라 한계밀도 $Z\exp[-2f(\mathbf{x})/\varepsilon_0^2]$로 접근하는데, 여기서 Z는 정규화 상수이다. 한계밀도는 $\mathbf{x}^{(0)}$에 독립적이고 $f(\mathbf{x})$의 전역 최소들 주변에서 절정을 이룬다. 절정들은 더 작은 ε_0으로 더 좁아진다. 즉, ε_0는 모사 풀림 방법에서 감소하는 목표 수위 F와 동등하다. 이 방법에서 식 (16.11)의 수치적으로 계산된 표본 궤적의 점근선 값들(t→∞ 같이)을 살펴봄으로써 전역 최소를 얻게 되는데 여기서 소음 함수 $\varepsilon(t)$는 연속이며 t→∞가 됨에 따라 0으로 가는 적합한 경향을 보인다. 다른 말로 모사 풀림과 달리 목표 수위는 계속해서 낮아진다. 확률론적 항이 추가되었기 때문에 식 (16.11)의 정확한 수치 계산 경사도가 실제로 필요하지 않다는 것에 주목함으로써 이 방법에서의 계산 노력을 줄일 수 있다. 근사화 유한 차분 경사도를 대신 사용할 수도 있다.

전역해를 구하기 위해서 $\varepsilon(t)$(t > 0에 대하여)를 감소시키고 긴 시간 동안 궤적을 따라감으로써 식 (16.11)의 단일 궤적을 계산하는 것은 매우 비효율적일 수 있다. 그러므로 실제 수행에서는 여러 개의 궤적을 동시에 생성하는 다른 전략을 사용할 수 있다. 모든 궤적을 따라서 목적함수 값이 관찰되고 서로 비교된다. 어떤 실험에서 궤적의 가장 작은 목적함수 값에 연관된 점이 저장된다. 만일 몇몇 궤적들이 만족스럽게 진행되지 않는다면, 그것을 버리고 새로운 것을 시작할 수 있다. 다른 확률론적 방법들처럼 전역 최적점으로 최고점을 받아들이기 전에 절차가 여러 번 실행된다.

16.4   2국소적−전역 확률론적 방법

이 절에서 국소 및 전역 단계 둘 다 가지는 두 개의 확률론적 전역 최적화 방법을 설명한다. 이 알고리즘들은 문제의 일반적인 제약조건들을 명백히 다룰 수 있도록 설계되었다. 그들은 탐색 절차에 따라 학습 능력을 가진 다-시작점 절차의 수정으로 볼 수 있다.

16.4.1 2국소적-전역 확률론적 방법

마지막 절에서 설명한 바와 같이 대부분의 확률론적 방법들은 국소 및 전역 단계들을 갖는다. 이 절에서는 다음 두 절에서 설명할 두 개의 알고리즘의 기초를 이루는 두 단계 모두를 포함하는 개념상의 알고리즘을 설명한다.

> 1단계: 집합 S_b에서 무작위 점 $\mathbf{x}^{(0)}$를 생성하라.
>
> 2단계: 이전 시작점, 국소 최소점 또는 불합격 점의 하나로 $\mathbf{x}^{(0)}$의 근접성에 기초하여 불합격 기준(나중에 논의됨)을 검사한다. 만일 불합격 기준을 만족하면 $\mathbf{x}^{(0)}$을 불합격 점들의 집합에 추가하고 1단계로 가라. 그렇지 않으면 3단계로 가서 국소 단계를 수행한다.
>
> 3단계: $\mathbf{x}^{(0)}$을 시작점의 집합에 포함시키고 문제의 유용집합 S에서 국소 최소 $\mathbf{x}^*$을 찾아라.
>
> 4단계: 만일 $\mathbf{x}^*$이 새로운 국소 최소인가를 검사하라. 만일 그렇다면 국소 최소점의 집합에 추가하고, 그렇지 않으면 불합격 점의 집합에 $\mathbf{x}^{(0)}$을 추가하라. 1단계로 가라.

1, 2단계는 전역 단계를 구성하고 3, 4단계는 알고리즘의 국소 단계를 구성한다. 알고리즘의 기본적 아이디어는 전역 최소를 위한 체계적인 방식으로 전체 유용영역을 조사하는 것이다.

무작위 점의 생성과 평가는 많은 함수와 경사도 계산을 요구하는 하나의 국소 최소화보다 훨씬 노력이 들지 않는다는 사실을 명심하고, 알고리즘의 전역 단계에서 더 강조된다. 알고리즘은 어떤 국소 최소점과 그곳으로 이르는 모든 점의 부근을 탐색하는 것을 피하므로 탐색하지 않은 영역에서 새로운 국소 최소를 찾는 기회를 증가시킨다. 이를 위해서 점들의 특정한 형식을 포함하는 몇 개의 집합들이 구성된다. 예를 들어, 하나의 집합은 구해진 모든 국소 최소를 위해 확보하고, 또 다른 집합은 국소 탐색을 위한 모든 시작점들을 포함하도록 한다. 앞서 정의한 S와 S_b에 다음 집합들을 추가하여 두 알고리즘에 사용된다.

> S_* = 국소 최소의 집합
>
> S_0 = 시작점 $\mathbf{x}^{(0)}$의 집합
>
> S_r = 불합격 점의 집합

S_b에 걸쳐서 균일하게 분포된 무작위 점 생성 계획을 사용하여 전역 최소를 찾는 균일 확률을 가지는 전체 유용영역이 탐색되도록 한다. 알고리즘의 1단계에서 S 내의 한 점을 구하는 것은 어려운 문제이기 때문에(Elwakeil과 Arora, 1995) S_b 내의 점 $\mathbf{x}^{(0)}$을 합격시킨다. 균일 분포를 사용함으로써 잘 알려진 종료 규칙들을 적용할 수 있다.

다음 두 절은 영역 제거와 확률론적 확대방법을 설명한다. 두 방법에서 무작위 점이 S_b 내에서 생성된다. 유용 시작점을 요구하지 않는 국소 최소화 과정을 사용할 수 있기 때문에 이 단계에서 다른 제약조건들은 무시된다. 또한, 두 방법은 국소 단계가 현존하는 소프트웨어를 사용할 수 있으므로 프로그램을 작성하는 노력이 매우 적게 요구된다. 알고리즘에서 수정된 국소적 단계를 3단계에서 주어진 것을 대신하여 사용한다. 국소적 탐색은 많은 부탐색을 사용하여 수행되며, 각각은 몇 개의(둘

또는 셋) 반복으로 구성된다. 다음 절에서 설명되는 특정 기준은 부탐색을 시작해야 하는지 또는 국소 단계를 종료해야 하는지를 결정하기 위해서 각각의 부탐색 후에 검사된다.

16.4.2 영역 제거 방법

이 알고리즘의 기본 아이디어는 전역 최소를 찾는 체계적인 방식으로 문제의 전체 유용영역을 탐색하는 것이다. 이를 달성하기 위해서 새로운 최소점으로 유도하는 것 같은 한 점으로부터 각각의 국소 탐색이 시도된다. 그림 16.3은 알고리즘의 주요 단계에 대한 개념적 흐름도를 나타내었는데, 이것은 집합(블록 2)에 걸친 균일 분포에서 무작위 점의 선택으로 시작한다. 그 점은 특정 기준(블록 3)에 기초하여 불합격시키거나 합격시킨다. 만일 그 점을 합격시키면, 거기(블록 5)로부터 국소 최소 탐색이 시작된다. 만일 그것이 불합격되면, 불합격 점의 집합(블록 4)에 추가하고 새로운 무작위 점을 선택한다.

무작위 점을 합격시키거나 불합격시키기 위하여 점들에 대한 다음 세 가지 유형의 기록을 유지

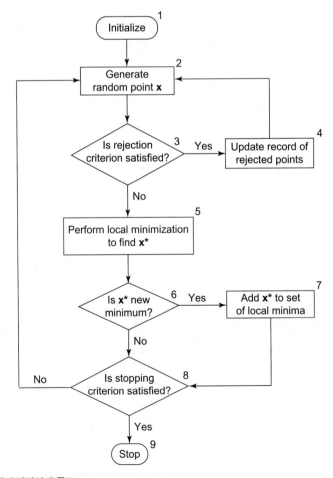

그림 16.3   영역 제거 방법의 흐름도

한다. 국소 최소화를 위한 이전 시작점, 국소 최소점, 그리고 불합격 점. 만약 이전 집합들의 하나까지의 거리가 임계값 안에 있으면 그 무작위 점은 불합격된다. 무작위 점과 집합들의 점 사이의 거리는 여러 다른 방식으로 계산될 수 있다. 가장 단순한 무한대 노름(infinity norm)이 제안된다. 만일 그 점이 합격되면 새로운 국소 최소를 구하는 탐색이 시작된다. 또한 국소 탐색 과정이 관찰되고, 만일 탐색이 알고 있는 국소 최소점을 향하여 가고 있다면 종료된다. 이는 이전 시작점들과 연관된 국소 최소점 사이의 궤적을 저장하기 위하여 국소 탐색을 하는 동안에 생성된 설계점들의 닫힘(closeness)을 검사하여 완료된다.

그러므로 영역 제거 방법은 알고 있는 국소 최소점과 이전의 불합격 점 **주변의 영역들**을 제거한다는 것을 알 수 있다. 전역 최소의 탐색을 시작할 때 대부분의 무작위 점들을 국소 최소화의 시작점으로 합격된다. 하여간, 탐색 과정들의 끝부분 근처에서는 소수의 국소 최소화가 수행된다.

아래의 **계수기**(*counter*)가 다음에 주어진 알고리즘에 사용된다.

c_1 = 불합격점 집합 S_r내의 요소 수

c_2 = S_r 근처에 있는 불합격 점의 수

c_3 = 시작점들의 집합 S_0내의 요소 수

c_4 = 국소 최소점 집합 S_*내의 요소 수

1단계: 집합 S_*, S_0과 S_r을 초기화하라. 불합격 기준을 검사하기 위한 중간점 $\mathbf{x}_M$을 결정하기 위해 수행되는 국소 탐색 반복 횟수를 명시하는 매개변수 M의 값을 선택하라. 전역 반복 계수기를 $i = 0$으로 설정한다. 네 개의 계수기 c_1, c_2, c_3과 c_4를 0으로 설정한다. 이들은 앞에서 정의한 여러 가지 집합들의 원소 개수를 추적하는 데 사용한다.

2단계: 만일 종료 기준 중의 하나가 만족되면 종료하라. 그렇지 않으면 무작위 점 $\mathbf{x}^R$을 S_b에 걸쳐서 균일분포에서 뽑아낸다.

3단계: 만약 현재점 $\mathbf{x}^R$가 S_* 또는 S_0 안 또는 근처에 있으면(16.4.4절에서 설명할 절차를 사용하여 결정된) $\mathbf{x}^R$을 S_r에 추가하고 $c_1 = c_1 + 1$로 둔다. 그렇지 않고 만약 S_r안 또는 근처에 있으면 $c_2 = c_2 + 1$로 둔다. 그밖에 만약 $\mathbf{x}^R$이 궤적 근처에 있으면($S_0 \rightarrow S_*$로 사상됨) $\mathbf{x}^R$을 S_r에 추가하고 $c_1 = c_1 + 1$로 둔다. 만일 네 조건 중 어느 하나라도 진실이면, 2단계로 가라(이는 새로운 최소를 찾는 데 있어서 낮은 확률을 갖는 국소 단계 시작을 피한다). 그렇지 않다면 $\mathbf{x}^R$을 S_0에 추가하고 $\mathbf{x}^{(0)} = \mathbf{x}^R$과 $c_3 = c_3 + 1$로 둔다.

4단계: 중간점 $\mathbf{x}^M$을 구하기 위해 국소 최소화를 M번 반복 수행하라. 만일 $\mathbf{x}^M$이 국소 최소점이라면 $\mathbf{x}^* = \mathbf{x}^M$으로 설정하고 6단계로 가라. 아니라면 계속하라.

5단계: 만일 현재 점 $\mathbf{x}^M$이 S_0 안이나 부근에 있다면 $\mathbf{x}^M$을 S_r에 추가하고 $c_1 = c_1 + 1$으로 설정하라. 그렇지 않고 $\mathbf{x}^M$이 S_r 근처에 있으면 $c_2 = c_2 + 1$으로 설정하라. 그렇지 않고 만일 $\mathbf{x}^M$이 궤적 근처에 있다면 $\mathbf{x}^M$을 S_r에 추가하고 $c_1 = c_1 + 1$로 설정하라. 만일 이 세 조건 중 하나라도 진실이라면, $\mathbf{x}^{(0)}$과 $\mathbf{x}^M$을 연결하는 궤적을 저장하고 2단계로 가라. 그렇지 않다면, 4단계로 가라.

6단계: 만일 $\mathbf{x}^*$이 새로운 국소 최소라면 S_*에 추가하고 $c_4 = c_4 + 1$로 설정하라. 그렇지 않으면,

반복 횟수와 연관된 표시기(indicator)의 증가로 **x***가 구해진다.

7단계: $i = i + 1$로 설정하라. 만일 i가 정한 한계보다 크다면 종료하라. 아니면 2단계로 가라.

종료 기준

몇 개의 종료 기준을 사용할 수 있는 데 그중 두 개를 다음에 논의하자. 알고리즘의 2단계에서 만일 집합 S_*, S_0 및 S_r의 하나가 미리 정한 집합 크기를 기준으로 가득 채워지면 절차를 종료한다. 집합의 최대 크기는 설계변수의 수와 신뢰 수준 매개변수에 기초하여 결정한다. 무작위 점들이 균일 분포에서 선택하였기 때문에 탐색을 종료하기 전에 생성된 점들의 수는 n에 비례한다. 국소 최소점들의 집합 S_*의 크기는 보통 다른 두 집합보다 훨씬 작다(왜냐하면 각 시작점에서 단 하나의 최소만 있기 때문이다). 나중에 설명할 수치 평가에서 현 수행에서 선택한 크기는 S_*은 $10n$이고 S_0과 S_r은 $40n$이다.

알고리즘을 종료하는 또 하나의 기준은 16.3.2절에서 설명된 것과 같이 국소 최소의 수를 베이지안(Bayesian) 추정을 초과하거나 반복의 정한 횟수를 초과할 경우이다.

16.4.3 확률론적 확대방법

이 방법은 16.2.2절에서 설명한 확대방법의 연장이다. 목적함수의 목표 수준이 전역 최적에 접근하면, 집합 S 내의 유용점을 찾기 어려워지는 사실을 상기하라. 결국 수정된 문제는 알고리즘을 종료하기 위하여 불용이 됨을 선언할 필요가 있다. 이 어려움을 극복하기 위하여 수정된 문제가 불용이라고 선언하고 전역 최소로써 이전 국소 최소로 받아들이기 전에 집합 S가 타당성 있게 잘 탐색되는 것을 확신하기 위하여 알고리즘이 전역 단계를 추가하는 수정을 한다.

확률론적 확대와 영역 제거 방법 사이의 주된 차이점은 식 (16.4)의 확대제약조건을 추가하는 것이다. 따라서 영역 제거 알고리즘은 유용 최소점에서 종료하지 않는 국소 탐색의 수를 계속 감시하는 몇 가지 작은 수정을 하여 사용할 수 있다. 이를 위해 4단계와 5단계에서 국소 최소를 탐색하기 위하여 반복 횟수를 관찰한다. 만일 이 수가 정해진 한계를 초과한다면 국소 탐색 과정은 실패했다고 선언한다. 그런 실패의 수도 역시 관찰되며, 만일 이것이 정해진 한계를 초과한다면, 알고리즘은 종료되고 최선의 국소 최소는 문제의 전역 최소점으로 택해진다. 이 종료 기준에 추가하여, 만일 목적함수 값이 사용자가 정한 목표값 F에 도달하면($f(\mathbf{x}) \le F$) 알고리즘은 종료된다.

16.4.4 방법의 연산 해석

영역 제거와 확률론적 확대방법들은 후반에 식 (16.4)의 제약조건을 포함하는 데 주된 차이점이 있다. 이는 기본 알고리즘의 연산을 상당히 변화시키기 때문에 중요한 차이점이다. 이 절에서는 두 방법에 사용된 연산 해석과 설계변수의 범위 선택을 설명한다. 해석에는 알고리즘의 불합격 기준에 대한 이용 가능한 수행 대안의 수치 요구 사항들과 성능이 포함되어있다. 다음 계산들이 알고리즘에 필요하다.

1. 한 점과 점들의 집합 사이의 거리
2. 시작점과 국소 최소 사이의 궤적 근사화

3. 한 점과 궤적 사이의 거리

각각은 다른 절차로 수행될 수 있다. 각 선택의 작동 계수기는 가장 효과적인 절차를 선택하는 데 필요하다.

한 점의 집합까지의 근접성 검사

무작위 점을 생성한 후에는 그 점이 새로운 국소 최소가 될지를 결정할 필요가 있다. 이 목적을 위해서 임의 점 $\mathbf{x}^R$이 세 집합 S_*, S_0 및 S_r의 점들과 비교된다. 만일 그 점이 이들 집합 내의 어떤 점으로부터 정해진 임계거리 D_{cr} 안에 있다면, 그 점을 버리고 새로운 무작위 점을 생성한다. 동일한 절차를 중간점 $\mathbf{x}^M$(알고리즘의 4단계)에 대해서도 사용된다. 한 점의 집합에의 근접성을 검사하는 두 방법을 설명한다.

$\mathbf{x}^S$을 위에서 설명한 집합 중 하나에 속한다고 하면 $\mathbf{x}^M$은 무작위 점이거나 중간점이다. 첫 번째 방법은 $\mathbf{x}^S$ 주위에 상수나 변수를 반경으로 하는 초구(hypersphere)를 구성한다. 제안된 점($\mathbf{x}^R$ 또는 $\mathbf{x}^M$)이 만일 초구 내에 있으면 불합격된다. 이는 두 점 사이의 거리 $D = \|\mathbf{x}^S - \mathbf{x}^M\|$의 계산이 포함되고, 만일 $D \leq D_{cr}$이라면 그 점은 불합격되는데, 여기서 D_{cr}은 $\mathbf{x} = \mathbf{x}^R$ 또는 $\mathbf{x}^M$와 $0.01 \leq \alpha \leq 0.20$의 $\alpha\|\mathbf{x}\|$ 같이 명시된다.

두 번째 방법은 초구보다 $\mathbf{x}^S$ 주위에 초삼각기둥을 만드는 것이다. 만약 제안점이 초삼각기둥 내에 있으면 불합격된다. 이 경우, 두 점 사이의 거리는 필요하지 않다. 각각의 설계변수들은 연관된 프리즘 중심의 관련된 값과 차례로 비교된다. 만일 차이가 관련된 임계값보다 크면 나머지 변수들은 비교할 필요가 없고 그 점은 합격된다. 이는 다음과 같은 유사부호(pseudocode)로 나타낸다[$D_{cr(i)} = \alpha|x_i|$는 $x_i = (\mathbf{x}^R$ 또는 $\mathbf{x}^M)$인 벡터라고 한다].

```
for i = 1 to n do
    if (xˢ − xᴹ)ᵢ ≥ D_cr(i) then accept xᴹ
end do
reject xᴹ
```

연산 계수기에 의하면 두 번째 접근이 계산량이 적은 것을 볼 수 있다.

궤적 근사화

국소 탐색을 시작하기 위해 선택한 무작위 점 $\mathbf{x}^R$뿐 아니라 국소 최소화 중의 중간점 $\mathbf{x}^M$에도 각각의 저장된 궤적으로의 근접성이 시험된다. 궤적은 시작점으로부터 관련된 국소 최소점까지의 설계 이력이다. 하나의 국소 최소점에서 만나는 많은 궤적들이 있을 수 있다. 만일 선택된 점이 어떤 궤적 근처에 있다면 불합격된다. 이는 알려진 국소 최소로 다르게 가게 되는 불필요한 최소화 단계들을 방지한다. 궤적은 여러 가지 기법을 사용하여 근사화할 수 있다. 가장 간단한 근사화는 $\mathbf{x}^{(0)}$와 관련된 $\mathbf{x}^*$를 연결하는 직선이다. 실험은 특히 비선형 문제들과 탐색 초기에는 실제 궤적들이 일반적으로 직선을 따르지 않는 것을 보여준다. 궤적을 근사화하는 다른 대안들은 다음을 포함한다.

1. 궤적을 따라 여러 점들로 이루어진 최소제곱 직선을 지난다.
2. 궤적을 따라 선택된 점들을 지나는 직선 선분들을 지난다.

3. 세 점으로 이루어진 2차 곡선을 지난다.

4. 세 점들의 그룹으로 이루어진 2차 곡선 선분들을 지난다.

5. 고차 다항식 또는 스플라인 근사화를 구성한다.

적절한 기법을 선택하는 결정에 영향을 주는 여러 가지 논쟁이 있다: 필요한(저장해야 하는) 점들의 수, 연산의 수와 근사화의 정확도. 직선 근사화 외의 어떤 기법도 저장되어야 하는 더 많은 중간점들과 더 많은 계산을 요구한다. 그러므로 직선 근사화의 사용을 제안한다.

점과 궤적 사이의 거리

궤적을 선형 근사화하면 한 점 x가 궤적 근처에 있는가의 결정은 한 가지 방법보다 많이 이루어져야 한다. 첫째 절차는 세 점으로 이루어진 삼각형의 내각 $x^{(0)} - x - x^*$을 계산하는 것이다. 만일 각이 임계값보다 크면 점 x는 불합격된다. 둘째 접근은 선 $x^{(0)} - x^*$ 위의 x 투영으로 $\bar{x}$ 를 생성함으로써 차감(offset)거리를 계산하는 것이다. 만일 $\bar{x}$ 가 선분 $x^{(0)} - x^*$ 밖에 있다면, 합격이고 그렇지 않으면 차감거리 $x - \bar{x}$ 를 계산한다. 만일 그것이 임계값보다 크다면, x는 궤적으로부터 멀리 떨어져 있다고 본다.

삼각형 방법의 도해적 표시는 선분 $x^{(0)} - x^*$ 주변의 타원체를 구성을 가르키고 있다. 한편, 차감 방법은 축과 같이 $x^{(0)} - x^*$로 구성되는 원통형으로 나타낼 수 있다. 만일 그 점이 각각 타원체 또는 원통 내에 있다면, 점 x는 궤적에 근접해 있다고 본다. 삼각형 방법은 거리는 끝점 근처에서 더 작은 값을 갖지만, 차감 방법은 선형 궤적으로부터 균일한 임계거리를 갖는 특징이 있다. 다른 말로 하면, 삼각형 방법에서의 차감 임계거리가 궤적의 길이에 연관되어 있다.

궤적의 길이가 국소 최소의 관심영역의 크기와 연관되어 있기 때문에 물리적인 의미를 만든다. 원통 방법에서도 임계 차감을 선분 $x^{(0)} - x^*$의 길이에 비례하도록(즉, $\beta > 0$일 때 $\beta \| x^{(0)} - x^* \|$) 요구함으로써 같은 효과를 얻을 수 있다. 비례 차감은 문제의 척도를 계산하여 정확도를 유지하는 장점이 있다. 또 다른 장점은 더 큰 관심영역으로부터 큰 부영역이 제거되고 또는 반대로 되는 것이다.

세 번째 접근은 x^*에서는 큰 기저를, $x^{(0)}$에서는 작은 기저의 잘린 원뿔을 구성하여 가까운 관심영역에 더 나은 확인을 하게 하는 것이다. 원뿔은 임계 차감 거리가 거리 $\| \bar{x} - x^{(0)} \|$ 에 비례하는 임계 차감 거리를 요구하도록 구성할 수 있다. 이 선택은 간단한 원통 방법보다 더 많은 계산을 요구한다.

연산 계수기를 기반으로 삼각형 방법이 더 적은 곱셈을 사용하기 때문에 나중에 설명되는 실행으로 선택된다. 150도$\leq \theta \leq$ 175도 범위의 임계각이 좋은 성능을 보인다(θ = 170도가 실행에 사용된다).

설계변수 제약조건

국소 최소화 알고리즘에서 설계변수의 어떤 간단한 범위도 효과적으로 취급될 수 있다. 설계변수에 대한 적절한 범위를 명시하는 것은 다른 것보다 확률론적 전역 최적화 방법에서 더 중요하다. 이 범위에서 더 멀어지면, 더 많은 수의 무작위 점들이 집합 S_b에서 생성된다. 결과적으로 수행할 국소 탐색의 수가 증가하고 효율을 떨어뜨린다. 이런 이유로 전역 최적화 문제의 설계변수 범위는 문제의 본질을 나타내기 위해서 조심스럽게 선택해야 한다. 총 40개 중의 한 설계변수의 허용 가능 범위를 배로 증가시키면 간단한 수치적 실험은 같은 전역 최소점을 구하는 수치적 노력이 50퍼센트 증가함을 보여준다(Elwakeil과 Arora, 1996a). 이는 전역 최적화에서 설계변수의 적절한 범위를 선택하는 것이 중요하다는 것을 명확하게 보여준다.

16.5 방법의 수치 성능

전역 최적화 방법들의 다양한 개념과 양상들을 이 장에서 설명하였다. 알고리즘의 일부에 대한 항목의 문제를 풀기 위해 필요한 계산과정의 묘미를 주기 위하여 설명되었다. 전역 최적화 문제를 푸는 것은 계산적인 도전이며, 특히 실제 전역 최소가 요구될 때이다. 주된 이유는 **전역 최소점이 탐색 과정 중에 도달하게 되더라도 이 사실을 인식하는 것이 불가능하다.** 즉, 명확한 종료 기준이 없다는 것이다. 그러므로 전역 최소점을 빠뜨리지 않게 확신하기 위해서 탐색 과정을 계속하고 알고리즘도 반복적으로 실행할 필요가 있다. 달리 표현하면, 전체 유용집합을 명확하게 또는 함축적으로 철저하게 탐색할 필요가 있다.

그러나 실제적인 응용에서는 개선된 국소 최소 또는 유용설계들이 받아들여진다. 그런 경우에, 이 목적을 위해서 합당하게 효율적이고 효과적인 계산 알고리즘을 사용할 수 있거나 고안될 수 있다. 추가적으로 실제적인 응용에 필요한 '벽 시계' 시간을 줄이기 위해 많은 알고리즘들은 병렬 처리기들을 실행할 수 있다.

이 절에서는 앞에서 설명한 방법들의 특징을 요약한다. 시험적 문제들의 제약된 집합을 이용하여 필요한 계산 방식과 방법의 동작을 통찰하기 위해서 몇 가지 방법들의 수치적 성능을 설명하였다 (Elwakeil과 Arora, 1996a,b). 전역 최적화 문제들의 분류를 연구하여 해결하기 위해 몇 개의 구조설계문제들도 고안하고 풀었다.

16.5.1 방법의 특징 요약

모든 응용을 위한 단 하나의 전역적 최적화 방법을 추천하기는 어렵다. 문제의 특색과 무엇을 요구하느냐에 따라 방법을 선택해야 한다. 예를 들어, 만일 모든 국소 최소를 요구한다면, 관통 또는 확대(zooming) 방법은 적합하지 않다. 만일 문제가 이산변수들을 포함하고 함수들이 미분 불가능이라면, 경사도를 요구하고 사용하는 방법은 할 수 없다. 만일 전역해의 절대적으로 보장이 필요하면, 이를 보장하지 않는 방법들은 적합하지 않다. 전역 최적화를 위한 알고리즘을 선택하기 전에 문제의 특색과 요구사항들을 분석하기를 제안한다.

어떤 알고리즘을 선택하더라도 실제적으로 해 점에 도달하기 위해서는 많은 계산적 노력을 해야 한다는 사실을 알아야 한다. 그러므로 문제의 전역해의 추정을 찾기 위해서는 많은 비용과 노력을 감수해야 한다. 표 16.1은 여러 가지 전역 최적화 알고리즘의 다음과 같은 특징들을 요약하였다.

1. 방법의 분류: 결정론적(D, deterministic) 또는 확률론적(S, stochastic).
2. 이산 문제들을 푸는 방법의 능력. 그렇게 할 수 있는 방법이 바람직하다.
3. 일반적인 제약조건들을 명백하게 다루는 능력. 이는 바람직한 특징이다.
4. 모든 국소 최소를 찾는 능력. 이는 사용자의 욕구에 달려있다.

표 16.1 　전역 최적화 방법들의 특색

Method	Can solve discrete problems?	General constraints?	Tries to find all x^*?	Phases	Needs gradients?
Covering (D)	No	No	Yes	G	1
Zooming (D)	Yes[1]	Yes	No	L	1
Generalized descent (D)	No	No	No	G	Yes
Tunneling (D)	No	Yes	No	L + G	1
Multistart (S)	Yes[1]	Yes	Yes	L + G	1
Clustering (S)	Yes[1]	Yes	Yes	L + G	1
Controlled random search (S)	Yes	No	No	L + G	No
Acceptance–rejection (S)	Yes[1]	Yes	No	G	No
Stochastic integration (S)	No	No	No	G	No
Genetic (S)	Yes	No	No	G	No
Stochastic zooming (S)	Yes[1]	Yes	No	L + G	1
Domain elimination (S)	Yes[1]	Yes	Yes	L + G	1

Note: *D*, deterministic methods; *S*, stochastic methods; *G*, global phase; *L*, local phase.
[1]*Depends on the local minimization procedure used.*

5. 국소-전역 단계들의 사용. 두 단계를 사용하는 방법들이 일반적으로 보다 신뢰성이 있고 효율적이다.

6. 경사도의 필요. 만일 방법이 확실하게 함수의 경사도를 필요로 한다면, 오직 연속적인 문제들에만 응용이 제한된다.

16.5.2 비제약조건 문제에 사용된 몇 가지 방법의 성능

첫 번째 성능 연구로 다음 네 가지 방법들을 실행하였다(Elwakeil과 Arora, 1996a): 덮개(covering), 합격-불합격(A-R), 제어된 무작위 탐색(CRS) 및 모사 풀림(SA). 문헌에서 이용할 수 있는 29개의 비제약문제들에 수치적 시험을 수행하였다. 문제들은 하나에서 여섯 개까지 설계변수들과 그 변수들의 명백한 범위들만 포함한다. 문제들의 전역해는 알고 있다.

결과를 바탕으로 덮개 방법은 $n > 2$인 문제에서는 비효율적이기 때문에 실용적이지 않다고 결론지었다. 그것은 매우 큰 계산 노력을 요구하였다. 또한, 알고리즘에 필요한 립쉬츠 상수에 대한 좋은 평가를 생성하기 어려웠다. A-R과 CRS 방법 둘 다 모사 풀림 방법과 덮개 방법에 비하여 더 좋게 수행하였다. 그러나 A-R 방법은 어떤 종료 기준을 포함하지 않기 때문에 실용적인 응용들에는 바람직하지 않다. 이 방법은 알고 있는 전역 최적점을 구하면 종료하였기 때문에 시험 문제들에서는 효율적으로 실행되었다.

CRS 방법은 종료 기준을 포함하고 있고 다른 방법들에 비교해서 더 효율적이다. 제약조건 위반들을 합리적인 계산 노력으로는 수정할 수 없기 때문에 일반적인 제약조건들을 명백하게 다루는 시도는 성공적이지 않았다.

16.5.3 확률론적 확대와 영역 제거 방법의 성능

또 다른 연구로 확률론적 확대방법(ZOOM)과 영역 제거 방법(DE)들도(CRS 및 SA에 추가하여) 수행되고 10개의 수학적 프로그래밍 시험 문제들에 대한 그 성능을 평가하였다(Elwakeil과 Arora, 1996a). 시험 문제들은 비제약조건 문제들뿐 아니라 제약조건 문제들을 포함한다. 비록 대부분의 공학적 응용 문제들이 제약조건이 있지만, 문제의 두 종류를 포함한 이유는 비제약문제들에 대한 알고리즘의 성능을 시험하는 것도 유익하다.

CRS 방법은 오직 비제약문제에만 사용할 수 있다. 하지만 비제약으로 분류된 문제들도 설계변수들의 단순한 범위를 포함하고 있다는 데 유의하라. 순차적 2차 프로그래밍(SQP, sequential quadratic programming)을 ZOOM 방법과 DE 방법을 사용하여 모든 국소 탐색 수행에 사용하였다. ZOOM에서는 하나의 국소 최소에서 다음으로 요구되는 퍼센트 축소를 모든 시험 문제들에서 임의로 15%로 두었다[즉, 식 (16.4)에서 $\gamma = 0.85$]로 정하였다.

연구에 사용된 10개의 시험 문제들은 다음 특색들을 가진다.

- 4개의 문제들은 제약조건이 없다.
- 설계변수의 수는 2에서 15까지 변한다.
- 일반적 제약조건들의 총 수는 2에서 29까지 변한다.
- 2개의 문제에는 등호제약조건이 있다.
- 모든 문제에는 2 이상의 국소 최소를 가진다.
- 2개의 문제는 2개의 전역 최소를, 1개는 4를 가진다.
- 1개의 문제는 0의 전역 최소를 가진다.
- 4개의 문제들은 음수의 전역 최솟값을 갖는다.

다른 알고리즘들의 성능을 비교하기 위하여 각 시험 문제를 다섯 번씩 풀었고, 다음 평가 기준에 대한 평균을 기록하였다.

- 무작위 시작점들의 수
- 수행된 국소 탐색의 수
- 국소 탐색 동안 사용된 반복 횟수
- 방법에 의해 구해진 국소 최소의 수
- 가장 좋은 국소 최소(전역 최소)의 목적함수의 값
- 함수 계산을 위해 함수를 부른 총 횟수
- 사용된 CPU 시간

무작위 종자를 가진 무작위 점 생성기를 사용하였기 때문에 알고리즘의 성능은 실행될 때마다 변한다. 종자는 벽시계 시간에 기초하여 자동으로 선택된다. 결과는 구해진 국소 최소의 수뿐 아니라 다른 평가 기준에서 다르게 나왔다.

DE 방법은 10개의 문제 중 9개에서 전역해를 구했고, ZOOM 방법은 10개 문제 중 7개에서 전역 최소를 구했다. 일반적으로 DE 방법이 ZOOM 방법보다 더 많은 국소 최소들을 찾았다. 이는 후자가 각각의 국소 최소를 구한 다음 목적함수 값의 축소를 요구하는 데 기인한다. 앞에서 기술한 대로 ZOOM 방법은 상대적으로 목적함수 값들에 가까운 몇 개의 최소들 아래로 관통하도록 설계되었다.

함수 계산 횟수와 CPU 시간의 항에서 DE가 ZOOM보다 더 싸다. 이는 후자가 유용 해를 구하지 않고 특정한 탐색에 더 많은 국소 반복을 수행하기 때문이다. 반면에, DE에서는 대부분의 경우에 해를 구할 수 있기 때문에 국소 탐색 동안 수행된 반복횟수가 더 작다.

CRS 방법에 필요한 CPU 시간은 더 큰 횟수의 함수 평가를 하지만 다른 방법들보다 훨씬 더 작다. 이는 경사도나 선 탐색을 요구하지 않는 국소 탐색 절차를 사용하는 데 기인한다. 하지만 이 방법은 오직 비제약문제들에만 적용할 수 있다.

모사 풀림(SA) 방법은 여섯 개의 문제에서 전역 최소의 위치를 찾는 데 실패했다. 성공적인 문제들에서 CPU 시간은 DE의 서너 배가 요구되었다. 시험은 설계변수들의 수가 증가함에 따라 요구되는 계산 노력이 급격히 증가함을 볼 수 있었다. 그러므로 SA의 수행은 DE와 ZOOM에 비교하여 비효율적이고 신뢰가 떨어진다고 고려되었다. SA는 오직 이산변수들을 가진 문제에 더 적합하다는 점을 주목하라.

16.5.4 구조물 설계문제의 전역 최적화

DE와 ZOOM 방법들이 Elwakeil과 Arora (1996b)에 의하여 구조적 설계문제들에서 전역해들을 구하는 데 사용되었다. 이 절에서는 다음 여섯 구조물들을 사용한 연구의 결과를 요약하고 논의한다.

- 10부재 외팔보 트러스 구조
- 200부재 트러스
- 1 교각사이(bay), 2층 구조
- 2 교각사이, 6층 구조
- 10부재 외팔보 구조
- 200부재 구조

이 구조물들은 이전에 국소 최소화를 위한 여러 가지 알고리즘을 시험하는 데 사용되었다(Haug과 Arora, 1979). 다양한 제약조건들이 구조물들에 부과되었다. 제약조건들과 다른 요구조건들은 미국철강건설협회(AISC, 1989)와 알루미늄협회규정(AA, 1986)의 설계명세서에 주어져 있을 뿐 아니라 변위제약조건 및 구조물의 고유 진동수에 대한 제약조건들이 포함된다.

몇몇 구조물들은 다중 하중 경우를 받고 있다. 모든 문제들에 대하여 구조물의 중량이 최소화되었다. 이들 6개의 구조물들을 사용하여 부재의 단면 형상을 원형 튜브 또는 I 단면으로 변화시키고, 재질을 강에서 알루미늄으로 바꿈으로써 28개의 시험 문제들을 고안하였다. 설계변수의 수는 4에서 116까지 변화를 주었고, 응력제약조건들의 수는 10에서 600까지, 처짐제약조건들은 8에서 675까지, 그리고 부재의 국소적 좌굴제약조건들의 수는 0에서 72까지 변화를 주었다. 일반적인 부등호제약조건들의 총 수는 19에서 1276까지 변화를 주었다. 이들 시험 문제들은 앞의 절에서 사용되었던 것들과 비교해서 크다고 생각할 수 있다.

DE와 ZOOM을 사용한 상세한 결과들은 Elwakeil(1995)에서 찾아볼 수 있다. 각각의 문제를 무작위 수 생성기에 서로 다른 종자를 사용하여 다섯 번을 풀었다. 다섯 번의 실행들을 결합하여 구해진 모든 최적해들을 저장하였다.

시험된 여섯 개 구조물들 모두 많은 국소 최소들을 가지고 있다는 사실이 관찰되었다. ZOOM 방법은 두 문제를 제외하고 각 문제에서 하나의 국소 최소를 구했다. 대부분의 문제들에서 전역 최소는 첫째 무작위 시작점으로 구해졌다. 그러므로 다른 국소 최소들은 더 높은 목적함수 값을 갖기 때문에 구해지지 않았다. DE는 불용으로 밝혀진 한 문제를 제외하고 대부분의 문제들에서 많은 국소 최소들을 구했다. 이 방법은 무작위 시작 설계들의 수를 제약하였기 때문에 한 번의 실행에서 모든 국소 최소들을 구하지 않았다.

기록된 CPU 시간들로부터 어떤 문제에서는 한 방법이 더 효율적이고 나머지 문제에서는 두 번째 방법이 더 효율적이었기 때문에 두 방법들의 상대적인 효율성에 대한 일반적인 결론을 내리기는 어려웠다. 그러나 각 방법은 요구조건들에 따라서 유용할 수 있다. 만일 전역 최소만을 구하려 한다면, ZOOM를 사용할 수 있다. 만일 대부분의 모든 구속 최소를 원하면 DE가 사용되어야 한다. 확대방법은 식 (16.4)의 매개변수 γ를 적절하게 선택하여 저비용 실용적인 설계들을 결정하는 데 사용할 수 있다.

몇 개의 문제들에서는 가장 좋은 국소 최소와 가장 나쁜 국소 최소의 중량들에서 오직 작은 차이를 보였다. 이는 평평한 유용영역을 가리키며, 다수의 전역 최소들의 결과로 중량의 작은 변화가 있다. 한 문제는 고유진동수가 22Hz보다 작으면 안 된다는 불합리한 요구조건 때문에 불용이었다. 그러나 제약조건이 점차적으로 완화되면서 17Hz의 값에서 해가 구해졌다.

설계자의 문제에 대한 경험과 지식, 그리고 설계 요구 조건들이 전역 최적화 알고리즘의 성능에 영향을 줄 수 있다는 것이 명백하다. 예를 들어, 요구되는 국소 최소들의 수에 정확한 제약을 정함으로써 영역 제거 방법의 계산적 노력이 충분히 감소될 수 있다. 확대방법에서는 만일 식 (16.4)의 매개변수 γ를 현명하게 선택한다면 계산 노력을 감소시킬 수 있다. 이런 점들을 고려하면 국소 탐색들 중에 동적으로 γ값을 자동적으로 조정하는 전략을 개발하여 확대방법에서의 주된 계산 노력으로 구성된 불용문제들을 피할 수 있는 것도 가능할 것이다. 또한 F의 현실적인 값으로 전역 최소 목적함수의 목표값이 방법의 효율성도 개선할 것이다.

16장의 연습문제*

Calculate a global minimum point for the following problems.

16.1 (See Branin and Hoo, 1972)

Minimize:

$$f(\mathbf{x}) = \left(4 - 2.1x_1^2 + \frac{1}{3}x_1^4 \right)x_1^2 + x_1x_2 + \left(-4 + 4x_2^2 \right)x_2^2$$

subject to:

$$-3 \leq x_1 \leq 3$$
$$-2 \leq x_2 \leq 2$$

16.2 (See Lucidi and Piccioni, 1989)

Minimize:

$$f(\mathbf{x}) = \frac{\pi}{n} \left\{ 10\sin^2(\pi x_1) + \sum_{i=1}^{n-1} \left[(x_i - 1)^2 \left(1 + 10\sin^2(\pi x_{i+1}) \right) \right] + (x_n - 1)^2 \right\}$$

subject to:

$$-10 \leq x_i \leq 10; \quad i = 1 \text{ to } 5$$

16.3 (See Walster et al., 1984)

Minimize:

$$f(\mathbf{x}) = \sum_{i=1}^{11} \left[a_i - x_1 \frac{b_i^2 - b_i x_2}{b_i^2 + b_i x_3 + x_4} \right]$$

subject to:

$$-2 \leq x_i \leq 2; \quad i = 1 \text{ to } 4$$

where the coefficients (a_i, b_i) $(i = 1 \text{ to } 11)$ are given as follows: (0.1975, 4), (0.1947, 2), (0.1735, 1), (0.16, 0.5), (0.0844, 0.25), (0.0627, 0.1667), (0.0456, 0.125), (0.0342, 0.1), (0.0323, 0.0833), (0.0235, 0.0714), (0.0246, 0.0625).

16.4 (See Evtushenko, 1974)

Minimize:

$$f(\mathbf{x}) = -\left[\sum_{i=1}^{6} \frac{1}{6} \sin^2 \pi \left(x_i + \frac{i}{5} \right) \right]^2$$

subject to:

$$0 \leq x_i \leq 1; \quad i = 1 \text{ to } 6$$

16.5 Minimize:

$$f(\mathbf{x}) = 2x_1 + 3x_2 - x_1^3 - 2x_2^2$$

subject to:

$$\frac{1}{6}x_1 + \frac{1}{2}x_2 - 1.0 \leq 0$$
$$\frac{1}{2}x_1 + \frac{1}{5}x_2 - 1.0 \leq 0$$
$$x_1, x_2 \geq 0$$

16.6 (See Problem 25 in Hock and Schittkowski, 1981)

Minimize:

$$f(\mathbf{x}) = \sum_{i=1}^{99} f_i^2(\mathbf{x})$$

$$f_i(\mathbf{x}) = -\frac{i}{100} + \exp\left(-\frac{1}{x_1}(u_i - x_2)^{x_3}\right)$$

$$u_i = 25 + \left[-50\ln(0.01i)\right]^{2/3}; \quad i = 1 \text{ to } 99$$

subject to:

$$0.1 \le x_1 \le 100, \quad 0.0 \le x_2 \le 25.6, \quad 0.0 \le x_3 \le 5$$

16.7 (See Problem 47 in Hock and Schittkowski, 1981)

Minimize:

$$f(\mathbf{x}) = \left(x_1^2 - x_2^2\right)^2 + \left(x_2^2 - x_3^2\right)^3 + \left(x_3^2 - x_4^2\right)^4 + \left(x_4^2 - x_5^2\right)^4$$

subject to:

$$x_1 + x_2^2 + x_3^3 - 3 = 0$$
$$x_2 - x_3^2 + x_4 - 1 = 0$$
$$x_1 x_5 - 1 = 0$$

16.8 (See Problem 59 in Hock and Schittkowski, 1981)

Minimize:

$$f(\mathbf{x}) = -75.196 + b_1 x_1 + b_2 x_1^3 - b_3 x_1^4 + b_4 x_2 - b_5 x_1 x_2 + b_6 x_2 x_1^2 + b_7 x_1^4 x_2 - b_8 x_2^2 + c_1 x_2^3$$
$$+ 28.106/(x_2 + 1) + c_3 x_1^2 x_2^2 + c_4 x_1^3 x_2^2 - c_5 x_1^3 x_2^3 - c_6 x_1 x_2^2 + c_7 x_1 x_2^3$$
$$+ 2.8673 \exp\left(\frac{x_1 x_2}{2000}\right) - c_8 x_1^3 x_2 - 0.12694 x_1^2$$

subject to:

$$x_1 x_2 - 700 \ge 0$$
$$x_2 - x_1^2/125 \ge 0$$
$$(x_2 - 50)^2 - 5(x_1 - 55) \ge 0$$
$$0 \le x_1 \le 75, \quad 0 \le x_2 \le 65$$

where the parameters (b_i, c_i) ($i = 1$ to 8) are given as:

(3.8112E + 00, 3.4604E − 03), (2.0567E − 03, 1.3514E − 05), (1.0345E − 05, 5.2375E − 06), (6.8306E + 00, 6.3000E − 08), (3.0234E − 02, 7.0000E − 10), (1.2814E − 03, 3.4050E−04), (2.2660E − 07, 1.6638E − 06), (2.5645E − 01, 3.5256E − 05).

16.9 (See Problem 71 in Hock and Schittkowski, 1981)

Minimize:

$$f(\mathbf{x}) = x_1 x_4 \left(x_1 + x_2 + x_3 \right) + x_3$$

subject to:

$$x_1 x_2 x_3 x_4 - 25 \geq 0$$
$$x_1^2 + x_2^2 + x_3^2 + x_4^2 - 40 = 0$$
$$1 \leq x_i \leq 5; \quad i = 1 \text{ to } 4$$

16.10 (See Problem 118 in Hock and Schittkowski, 1981)

Minimize:

$$f(\mathbf{x}) = \sum_{k=0}^{4} \left(2.3 x_{3k+1} - (1.0E - 4) x_{3k+1}^2 + 1.7 x_{3k+2} + (1.0E - 4) x_{3k+2}^2 + 2.2 x_{3k+3} + (1.5E - 4) x_{3k+3}^2 \right)$$

subject to:

$$0 \leq x_{3j+1} - x_{3j-2} + 7 \leq 13; \quad j = 1 \text{ to } 4$$
$$0 \leq x_{3j+2} - x_{3j-1} + 7 \leq 14; \quad j = 1 \text{ to } 4$$
$$0 \leq x_{3j+3} - x_{3j} + 7 \leq 13; \quad j - 1 \text{ to } 4$$
$$x_1 + x_2 + x_3 - 60 \geq 0$$
$$x_4 + x_5 + x_6 - 50 \geq 0$$
$$x_7 + x_8 + x_9 - 70 \geq 0$$
$$x_{10} + x_{11} + x_{12} - 85 \geq 0$$
$$x_{13} + x_{14} + x_{15} - 100 \geq 0$$

and the bounds are (k = 1 to 4):

$$8.0 \leq x_1 \leq 21.0$$
$$43.0 \leq x_2 \leq 57.0$$
$$3.0 \leq x_3 \leq 16.0$$
$$0.0 \leq x_{3k+1} \leq 90.0$$
$$0.0 \leq x_{3k+2} \leq 120.0$$
$$0.0 \leq x_{3k+3} \leq 60.0$$

Find all of the local minimum points for the following problems and determine a global minimum point.

16.11 Exercise 16.1
16.12 Exercise 16.2
16.13 Exercise 16.3
16.14 Exercise 16.4
16.15 Exercise 16.5
16.16 Exercise 16.6
16.17 Exercise 16.7
16.18 Exercise 16.8
16.19 Exercise 16.9
16.20 Exercise 16.10

References

AA, 1986. Construction manual series, Section 1, No. 30. Aluminum Association, Washington, DC.

AISC, 1989. Manual of Steel Construction: Allowable Stress Design, ninth ed. American Institute of Steel Construction, Chicago.

Arora, J.S., Elwakeil, O.A., Chahande, A.I., Hsieh, C.C., 1995. Global optimization methods for engineering applications: a review. Struct. Optim. 9, 137–159.

Branin, F.H., Hoo, S.K., 1972. A method for finding multiple extrema of a function of n variables. In: Lootsma, F.A. (Ed.), Numerical Methods of Nonlinear Optimization. Academic Press, London.

Dixon, L.C.W., Szego, G.P. (Eds.), 1978. Towards Global Optimization, vol. 2, North-Holland, Amsterdam.

Elwakeil, O.A., 1995. Algorithms for global optimization and their application to structural optimization problems. Doctoral dissertation, University of Iowa.

Elwakeil, O.A., Arora, J.S., 1996a. Two algorithms for global optimization of general NLP problems. Int. J. Numer. Method. Eng. 39, 3305–3325.

Elwakeil, O.A., Arora, J.S., 1996b. Global optimization of structural systems using two new methods. Struct. Optim. 12, 1–12.

Evtushenko, Yu.G., 1974. Methods of search for the global extremum. Oper. Res. Comput. Center U.S.S.R. Akad. Sci. 4, 39–68.

Evtushenko, Yu.G., 1985. Numerical Optimization Techniques. Optimization Software, New York.

Haug, E.J., Arora, J.S., 1979. Applied Optimal Design. Wiley-Interscience, New York.

Hock, W., Schittkowski, K., 1981. Test Examples for Nonlinear Programming Codes, Lecture Notes in Economics and Mathematical Systems, vol. 187. Springer Verlag, New York.

Levy, A.V., Gomez, S., 1984. The tunneling method applied to global optimization. In: Boggs, P.T., Byrd, R.H., Schnabel, R.B. (Eds.), Numerical Optimization. Society for Industrial and Applied Mathematics, Philadelphia.

Lucidi, S., Piccioni, M., 1989. Random tunneling by means of acceptance-rejection sampling for global optimization. J. Optim. Theory Appl. 62 (2), 255–277.

Pardalos, P.M., Rosen, J.B., 1987. Constrained global optimization: algorithms and applications. In: Goos, G., Hartmanis, J. (Eds.), Lecture Notes in Computer Science. Springer-Verlag, New York.

Pardalos, P.M., Migdalas, A., Burkard, R., 2002. Combinatorial and Global Optimization, Series on Applied Mathematics, vol. 14. World Scientific Publishing, River Edge, NJ.

Price, W.L., 1987. Global optimization algorithms for a CAD workstation. J. Optim. Theory Applic. 55, 133–146.

Rinnooy, A.H.G., Timmer, G.T., 1987a. Stochastic global optimization methods. Part I: clustering methods. Math. Prog. 39, 27–56.

Rinnooy, A.H.G., Timmer, G.T., 1987b. Stochastic global optimization methods. Part II: multilevel methods. Math. Prog. 39, 57–78.

Törn, A., Žilinskas, A., 1989. Global optimization. In: Goos, G., Hartmanis, J. (Eds.), Lecture Notes in Computer Science. Springer-Verlag, New York.

Walster, G.W., Hansen, E.R., Sengupta, S., 1984. Test results for a global optimization algorithm. In: Boggs, T. et al.,(Ed.), Numerical Optimization. SIAM, Philadelphia, pp. 280–283.

자연 영감 탐색법

Nature-Inspired Search Methods

이 장의 주요내용:

- 유전적 알고리즘(GA)에 관련된 기초 개념과 용어, 단계 설명
- 미분 진화 알고리즘(DEA)의 설명과 사용
- 개미 군체 최적화(ACO) 알고리즘의 설명과 사용
- 입자 무리 최적화(PSO) 알고리즘의 설명과 사용

이 장에서는 자연현상에서 영감을 받은 최적화 알고리즘을 설명한다. 이것들은 일반적으로 이전에 11장에서 설명한 **직접 탐색법**의 분류에 속한다. 그러나 여러 직접 탐색법과는 대조적으로 함수의 연속성이나 미분 가능성을 요구하지 않는다. 유일한 요구사항은 설계변수의 허용 범위 안의 어떤 점에서 함수의 평가가 가능하다는 것이다. 자연 영감 탐색법은 최적점을 탐색하기 위하여 계산에서 확률론적 아이디어와 무작위 수를 사용한다. 알고리즘의 대부분의 단계에서 이루어지는 결정은 무작위 수 생성에 기초를 둔다. 따라서 알고리즘은 동일한 시작 조건일지라도 다른 시간에 수행되면 다른 설계 연속과 다른 해를 줄 수 있다. 그들은 함수의 전역 최소점으로 수렴하는 경향이 있으나 수렴의 보장이나 최종 해의 전역 최적성이 없다.

자연 영감 접근은 확률론적 프로그래밍, 진화론적 알고리즘, 유전적 프로그래밍, 무리 지능과 진화 계산으로 불린다. 그것은 또한 자연 영감 메타 체험적 방법이라고도 부르는데 최적화 문제에 대하여 어떠한 가정도 하지 않고 후보 해를 위하여 매우 큰 공간을 탐색할 수 있기 때문이다.

자연 영감 알고리즘은 다목적, 혼합 설계변수, 불규칙/잡음 문제 함수, 음함수 문제, 값 비싸고 또는 신뢰할 수 없는 함수 경사도와 모델과 환경에서 불확실성과 같은 난문들을 극복할 수 있다. 방법은 매우 일반적이고 모든 종류의 문제—이산, 연속과 미분 불가능에 적용할 수 있다. 그것들은 목적과 제약조건함수의 경사도를 요구하지 않으므로 상대적으로 사용과 프로그램 하기가 쉽다. 이런 이유로 광범위하고 다양한 실제 문제에 대하여 개발하고 용용하는 데 상당한 흥미를 가지고 있었다. 다양한 방법에 대한 여러 가지 책들이 출판되어 왔다. 몇 가지 예로 Goldberg (1989), Gen과

Cheng (1997), Corne et al. (1999), Kennedy et al. (2001), Glover와 Kochenberger (2002), Coello-Coello et al. (2002), Osyczka (2002), Price et al. (2005)과 Qing (2009)이다.

다양한 자연 영감 방법에 관한 진화 계산에 관한 IEEE 학술대회, 소프트 컴퓨팅, 유전적 및 진화 계산학회(GECCO), 자연으로부터 병력 문제 해석에 관한 국제 학회(PPSN), 개미 군체 최적화와 집단 지능(ANTS), 진화론적 프로그래밍 학회와 기타 등의 학회와 강습회가 있어 왔다. 자연 영감 방법에 관한 연구에 헌신된 학술지는 진화 계산에 IEEE 거래, 응용 지능, 신경망 세계, 인공 지능 논평, 응용 소프트 컴퓨팅, 생명의 물리학 논평, AI 통신, 진화 계산, 인공지능 연구 학술지, 체험적 학습 학술지와 인공생명 등이 있다.

이들 알고리즘의 **결점**은 다음과 같다.

1. 적절한 크기의 문제조차도 많은 양의 함수 계산이 요구된다. 함수 자체의 계산에 방대한 계산을 요구하는 문제에서는 문제를 풀기 위하여 요구되는 계산 시간의 양은 엄두도 못낼 정도로 많을 수 있다.
2. 전역해를 구할 수 있다는 절대적 보증이 없다.

첫째 결점은 초병렬 컴퓨터의 사용으로 어느 정도 극복할 수 있다. 둘째 결점은 알고리즘을 여러 번 수행하고 더 오래 실행되도록 함으로써 어느 정도 극복할 수 있다.

방법은 인구라고 부르는 설계점의 모음에서 보통 시작한다. 특정 확률론적 과정을 사용하여 방법은 각 세대(알고리즘의 반복) 동안 더 좋은 설계가 나오도록 한다. 자연 영감 방법의 묘미를 주기 위하여 비교적 평판이 좋은 네 가지 방법을 이 장에서 설명하려고 한다. (이런 부류의 다른 방법은 Das와 Suganthan, 2011 참고) 각 방법에서는 엔지니어들에게는 친숙하지 않는 생물학적 현상이나 기타 자연 현상과 관련된 전문 용어를 사용하므로 여기서 그런 용어들을 설명하려고 한다.

여기서 설명되는 방법은 다음 최적화 문제를 취급한다.

최소화

$$f(\mathbf{x}) \quad x \in S\text{에 대해서} \tag{17.1}$$

여기서 S는 설계의 유용집합이고 $\mathbf{x}$는 n차원의 설계변수 벡터이다. 만약 문제가 비제약조건이면 집합 S는 설계 공간 전부이고, 만일 제약조건이면 S는 제약조건에 의하여 결정된다. 이 장에서 설명되는 방법은 일반적으로 비제약조건 문제에서 사용된다. 그러나 제약조건 최적화 문제도 11장에서 설명한 벌칙함수 접근법이나 10장에서 정의된 정확한 벌칙함수를 사용하여 해결할 수 있다.

이어지는 설명에서 **설계벡터, 설계점**과 **설계**의 용어는 서로 교환하여 사용할 수 있다. 그것은 모두 n차원의 설계변수 벡터 $\mathbf{x}$를 언급한다.

17.1 최적설계를 위한 유전적 알고리즘(GA)

이 절에서는 최적화 문제에 대한 GA에 관련된 개념들과 용어들을 정의하고 설명한다. GA의 기본들을 서술하고 설명한다. 비록 알고리즘이 연속적 문제에 사용될 수도 있지만, 우리의 초점은 이산변수 최적화 문제에 있다. GA의 여러 가지 단계들이 다른 방식으로 적용될 수 있다는 것을 설명하였다.

이 장의 대부분의 자료들은 저자와 그 동료들의 작업으로부터 유도되었으며, 본질적으로 입문서이다(Arora et al., 1994; Huang and Arora, 1997; Huang et al., 1997; Arora, 2002). 이 주제에 대한 많은 기타 우수한 참고 자료들도 이용 가능하다(Holland, 1975; Goldberg, 1989; Mitchell, 1996; Gen and Cheng, 1997; Pezeshk and Camp, 2002).

17.1.1 1단계: GA와 관련된 기본 개념과 정의

유전적 알고리즘들은 생물학적 진화와 느슨하게 평행하고 다윈의 자연 선택 이론에 기초한다. 알고리즘의 특정한 기구는 미생물학적 언어를 사용하며, 그 적용은 유전적 조작을 모방한다. 이것을 이어지는 단락과 절에서 설명할 것이다. 접근방법의 기본적 아이디어는 각 설계변수에 허용 가능한 값들을 사용하여 무작위로 생성된 설계의 집합에서 시작한다. 각 설계는 또한 비제약조건 문제들에서는 목적함수, 제약조건 문제들에서는 보통 벌칙함수를 사용하여 적합한 값들이 지정된다. 현재의 설계집합으로부터 집합의 구성에 더 적합하게 할당된 성향을 가지도록 무작위로 부집합이 선택된다. 무작위 과정은 선택된 설계의 부집합을 사용하여 새로운 설계를 생성하기 위하여 사용된다.

집합의 보다 적합한 구성이 새로운 설계집합을 만들기 위하여 사용되므로 연속되는 설계집합들은 더 나은 적합한 값들을 가진 설계가 될 더 높은 가능성을 가지고 있다. 이 과정은 종료 기준이 만족할 때까지 계속된다. 다음 단락에서 이들 기본 단계들의 실행의 상세한 내용을 제시하고 설명한다. 첫째 알고리즘에 관련된 여러 가지 항들을 정의하고 설명할 것이다.

인구($population$): 현재 반복에서 설계변수 점의 집합을 인구라고 부른다. 그것은 잠재적인 해결점으로 설계들의 집단을 나타낸다. N_p는 인구의 수로 이것을 인구 크기라고 부른다.

세대($generation$): GA의 반복을 세대라고 한다. 한 세대는 GA에서 다루어지는 크기 N_p의 인구를 가지고 있다.

염색체($chromosome$): 이 항은 설계점을 나타내는 데 사용된다. 따라서 염색체는 시스템의 설계를 나타내며, 그것이 유용인지 불용인지를 나타낸다. 시스템의 모든 설계변수들의 값을 포함하고 있다.

유전자($gene$): 이 항은 설계벡터의 스칼라 성분을 위하여 사용된다. 즉 특정 설계변수의 값을 나타낸다.

설계 표시

허용 가능한 집합들에서 설계변수 값들을 표시하고 설계점들을 나타낼 방법이 필요하여 이것이 알고리즘에서 사용되고 취급될 수 있어야 한다. 이것을 스키마($schema$)라고 부르며, 부호화될 (즉, 정의될) 필요가 있다. 비록 이진법 부호화가 가장 일반적인 접근법이지만, 실수 부호화와 정수 부호화도 가능하다. 이진법 부호화는 0과 1의 문자열을 포함한다. 이진법 문자열은 GA의 연산을 설명하기가 더 쉽기 때문에 유용하다.

0과 1의 이진법 문자열은 설계변수(유전자)를 표시할 수 있다. 또한 각 자릿수에 대해 0 또는 1이 있는 L자릿수 문자열이 설계점(염색체)을 지정하는 데 사용될 수 있는데 여기서 L은 이진법 자릿수의 총 개수이다. 이진법 문자열의 요소를 비트($bits$)라고 부른다. 비트는 0 또는 1의 값을 갖는다.

변수의 값을 나타내는 이진법 문자열을 위하여 V-문자열이라는 용어를 사용한다. 즉, 설계벡터(유전자)의 성분이다. 또한 시스템의 설계를 표시하는 이진법 문자열을 위하여 D-문자열을 사용한다. 즉, V-문자열의 특별한 조합인데 여기서 n은 설계변수들의 개수이다. 이는 또한 유전적 문자열(또는 유전자)이라고 한다.

m자릿수 이집법 문자열은 2^m개의 0-1 조합이 가능하고 2^m개의 이산변수들을 표시하는 데 적용한다. 다음의 방법은 m개의 0과 1들의 조합으로 이루어진 V-문자열이 N_c개의 허용 가능한 이산 값들을 가지는 관련된 이산 값으로 변환하는 데 사용된다. m은 $2^m > N_c$를 만족하는 가장 작은 정수이며 j는 다음과 같이 계산된다.

$$j = \sum_{i=1}^{m} ICH(i) 2^{(i-1)} + 1 \tag{17.2}$$

여기서 $ICH(i)$는 i번째 자릿수의 값(0 또는 1)이다. 따라서 j번째 허용 가능한 이산 값은 이 0-1의 조합과 관련이 있다. 즉 j번째 이산 값은 이 V-문자열에 관계된다. 식 (17.2)에서 $j > N_c$일 때 다음 절차는 $j \leq N_c$가 되도록 j를 조정하기 위하여 사용된다.

$$j = \text{INT}\left(\frac{N_c}{2^m - N_c}\right)(j - N_c) \tag{17.3}$$

여기서 $\text{INT}(x)$는 x의 정수 부분이다. 예를 들어, $N_c = 10$의 가능한 이산 값을 가지는 각 세 개의 변수들의 문제를 고려해 보자. 각각의 변수들은 가진다. 따라서 각 설계변수에 대하여 이산 값을 나타내기 위하여 4개의 자릿수 이진법 문자열이 필요하다. 즉, 16개의 가능한 이산 값이 표시될 수 있도록 $m = 4$를 적용한다. 설계점 $\mathbf{x} = (x_1, x_2, x_3)$는 다음과 같은 D-문자열(유전적 문자열)로 부호화한다.

$$\begin{bmatrix} x_1 & x_2 & x_3 \\ |0110| & |1111| & |1101| \end{bmatrix} \tag{17.4}$$

식 (17.2)를 이용하여 세 개의 V-문자열에 대한 j값들은 7, 16과 12로 계산된다. 마지막 두 숫자들은 $N_c = 10$보다 크기 때문에 식 (17.3)을 이용하여 각각 6과 2로 조정된다. 따라서 앞의 D-문자열(유전적 문자열)은 각각 설계변수 x_1, x_2 및 x_3에 지정될 일곱째, 여섯째, 및 둘째 허용 이산 값들의 설계점을 나타낸다.

초기 세대/시작 설계집합

정의된 설계점을 나타내는 방법으로 N_p개의 설계들로 구성된 첫 인구가 만들어져야 한다. 이는 N_p개의 D-문자열이 만들어져야 한다는 것을 의미한다. 어떤 경우에는 설계자가 시스템에 대한 좋고 유용한 설계들을 이미 알고 있을 수 있다. 이 설계들을 어떤 무작위 과정을 이용하여 인구에 관한 요구되는 설계의 수를 생성하는 **종자 설계**(*seeds design*)로 사용될 수 있다. 그렇지 않으면 초기 인구는 무작위 수 생성기의 사용 방식으로 무작위적으로 생성될 수 있다. 다음 절차는 32자릿수 D-문자열을 만들어내는 방법을 보여준다.

1. "0.3468 0254 7932 7612와 0.6757 2163 5862 3845."와 같이 0과 1 사이의 두 무작위 수를 생성한다.
2. "3468 0254 7932 7612 6757 2163 5862 3845."와 같이 두 수를 조합하여 문자열을 만든다.
3. 위의 문자열의 32자릿수는 "0"은 0과 4 사이의 어떤 값으로 "1"은 5와 9 사이의 어떤 값으로 되는 법칙을 사용함으로 "0011 0010 1100 1100 1111 0010 1110 0101."과 같이 0과 1로 변환된다.

적합성 함수

적합성 함수는 설계의 상대적인 중요성을 정의한다. 높은 적합성 값이 더 좋은 설계를 의미한다. 적합성 함수는 여러 가지 다른 방식으로 정의될 수 있다. 이것은 다음과 같이 목적함수 값을 이용하여 정의될 수 있다.

$$F_i = (1+\varepsilon)f_{\max} - f_i, \tag{17.5}$$

여기서 f_i는 i번째 설계에 대한 목적함수(제약조건 문제에 대한 벌칙함수)이고, $f_{\max}$는 가장 큰 기록된 목적(벌칙)함수의 값이며, ε는 F_i가 0으로 될 경우 수치 계산의 어려움을 방지하기 위한 가장 작은 값(예, 2×10^{-7})이다.

17.1.2 2단계: 유전적 알고리즘의 기초

GA의 기본 아이디어는 인구의 평균 적합성을 개선하도록 현재의 집합에서 새로운 설계집합(인구)을 생성하는 것이다. 과정은 종료 기준이 만족되거나 반복 횟수가 명시된 한계를 초과할 때까지 계속된다. 세 개의 유전적 연산자가 이 일을 성취하기 위하여 사용된다: 재생(reproduction), 교차(crossover), 변이(mutation).

재생(reproduction)은 이전의 설계(D-문자열)을 설계의 적합도에 따라 새로운 인구로 복사되는 연산이다. 선택과정은 현재의 설계집합(집단)의 요소들이 더 적합하도록 하는 경향이 있다. 재생 연산을 수행하기 위한 많은 다른 방책들이 있다. 이것을 **선택과정**(*selection process*)이라고도 부른다.

교차(*crossover*)는 그것들 중에서 그들 설계의 특성을 교환하기 위하여 새로운 인구의 두 선택된 요소를 허용하는 것에 해당한다. 교차는 무작위로 선택된 문자열(교배 열)의 쌍에 대한 시작과 종료 위치를 선택하고 이들 위치 사이에 0과 1의 문자열을 교환하게 한다.

변이(*mutation*)는 재생과 교차 동안 귀중한 유전적 물질의 완전한 조기 손실로부터 과정을 안전하게 지키는 셋째 단계이다. 이진법 문자열의 항에서 이 단계는 인구의 몇 요소를 선택하고, 무작위로 문자열의 위치를 결정하고 0을 1로 또는 반대로 교환하는 것에 관계한다.

앞의 세 단계는 적합성에서 더 이상의 개선에 달성될 수 없을 때까지 인구의 연속적 세대에 대하여 반복된다. 적합성의 최고 수준의 세대에 있는 요소가 최적설계로 택하여진다. GA의 상세한 내용이 Huang과 Arora (1997a)에 의하여 속편에서 설명되었다.

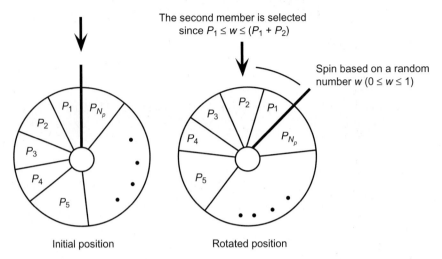

Initial position   Rotated position

그림 17.1 새로운 세대를 위한 설계 선택에 관한 룰렛 회전판 과정. 출처: Huang, Hsieh and Arora, 1997

재생 절차

재생은 현재 인구로부터 설계집합(D-문자열)을 선택하여 그것을 다음 세대로 가져가는 과정이다. 선택과정은 현재의 설계집합(인구)의 더욱 적합 요소들에게 편향된다. 집합의 각 설계에 대한 적합성 값 F_i를 이용하여 그 선택의 확률은 다음과 같이 계산된다.

$$P_i = \frac{F_i}{Q}; \quad Q = \sum_{j=1}^{N_p} F_j \tag{17.6}$$

높은 적합성 값을 갖는 요소들이 선택에서 더 큰 확률을 가지는 것을 볼 수 있다. 선택과정을 설명하기 위하여 그림 17.1에 보이는 손잡이 달린 룰렛 회전판을 고려해 보자. 회전판은 전체 인구를 포함하는 N_p개의 조각들을 가지며 i번째 조각의 크기는 확률 P_i에 비례한다. 이제 무작위 수 w가 0과 1 사이에서 생성된다. 그 다음 회전판은 시계방향으로 회전되며, 그 회전은 무작위 수 w에 비례한다. 회전판을 돌린 다음에 시작점에서 화살표가 가리키는 요소가 다음 세대에 포함시키도록 선택된다. 그림 17.1에 보이는 예제에서 현재 인구의 요소 2가 다음 세대로 옮겨진다. 회전판의 조각이 확률 P_i에 따라서 크기가 정해지기 때문에 선택 과정은 현재 인구의 더 적합한 요소로 편향된다.

교배 풀(mating pool)로 복사된 요소는 앞으로의 선택을 위하여 현재의 인구에 남아있음을 주목하라. 따라서 새로운 인구는 동일한 요소를 포함할 수도 있고 현재의 인구에서 찾은 요소들과 일치하는 요소들의 일부는 포함하지 않을 수도 있다. 이런 방법으로 새로운 인구의 평균 적합성이 증가한다.

교차

일단 새로운 설계집합이 결정되면, 교차는 변화를 인구에 도입하는 역할로 수행된다. 교차는 인구의 두 개의 다른 설계(염색체)를 결합하거나 혼합하는 과정이다. 비록 교차를 수행하는 많은 방법들이 있지만, 가장 보편적인 방법은 **일절단점**(*one-cut-point*)과 **이절단점**(*two-cut-point*) 방법들이다. 절단점은 D-문자열(유전적 문자열)에서의 위치이다. 일절단점 방법에서는 문자열 상의 한 위치가 무작

$x^1 = 101110|1001$ $x^2 = 010100|1011$

(b)

$x^{1'} = 101110|1011$ $x^{2'} = 010100|1001$

그림 17.2   일절단점의 교차 연산. (a) 교차를 위해 선택된 설계들(부모 염색체들), (b) 교차 후의 새로운 설계들(자녀)

(a)

$x^1 = 101|1101|001$ $x^2 = 010|1001|011$

(b)

$x^{1'} = 101|1001|001$ $x^{2'} = 010|1101|011$

그림 17.3   이절단점의 교차 연산. (a) 교차를 위해 선택된 설계들(부모 염색체들), (b) 교차 후의 새로운 설계들(자녀)

위로 선택되어 두 개의 부모 설계(염색체)가 분리되는 점을 표시된다. 다음 네 개의 반 조각들의 결과가 새로운 설계들(자녀)을 만들기 위하여 서로 교환하게 된다.

이 과정을 그림 17.2에서 설명하였으며, 절단점은 오른쪽으로부터 4개의 자릿수로 결정되었다. 한 부모 설계로부터 가볍게 음영된 네 자릿수 1001이 다른 부모 설계로부터 짙게 음영된 네 자릿수 1001과 교환되었다. 이것이 옛 설계(부모)를 대신하는 두 개의 새로운 설계 $x^{1'}$과 $x^{2'}$를 만든다. 비슷하게 이 절단점 방법을 그림 17.3에 설명하였다. 얼마나 많은 또는 몇 퍼센트의 염색체들을 교차할 것인가와 어떤 점들에서 교차 연산이 발생하는가를 선택하는 것은 GA의 체험적인 본질의 일부분이다. 많은 다른 접근 방법들이 있고, 대부분은 무작위 선택에 기초를 둔다.

변이

변이는 새로운 설계집합(인구)의 요소들에 대한 다음 연산이다. 변이의 아이디어는 재생 및 교차 단계 동안 가치 있는 유전적 재료를 너무 일찍 제거하는 일을 방지하기 위한 안전장치 과정이다. 유전적 문자열의 항에서 이 단계는 인구의 몇 요소들을 선택하고, 무작위로 각 문자열의 위치를 결정하여, 0과 1 또는 반대로 바꾸는 것과 연관이 있다. 변이를 위하여 선택된 요소들의 수는 체험적이 기초가 되고 변이를 위한 문자열의 위치 선택은 무작위 과정이 기초가 된다. "10 1110 1001"로 설계를 선택하고 그 D-문자열의 오른쪽 끝에서 7번째 위치를 선택해 보자. 변이 연산은 "10 1010 1001"와 같이 7번째 위치에서 1의 현재 값을 바꾸는 것을 관계한다.

교차와 변이의 수

각 세대(반복) 동안 세 연산자(재생 또는 선택, 교차 및 변이)가 수행된다. 재생 연산의 수는 항상 인구의 크기와 같은 반면에, 교차와 변이의 수는 알고리즘의 성능을 정밀하게 조율되도록 조정될 수 있다.

각 세대에서 변이와 교차를 수행하는 데 필요한 연산의 종류를 보여주기 위하여 다음과 같이 가능한 절차를 소개한다.

1. I_{max}는 교차의 양을 제어하는 정수라고 하자. $I_m = INT(P_m N_p)$와 같이 변이의 양을 제어하는 I_m을 계산하라. 여기서 P_m은 변이를 위하여 선택한 인구의 일부분을 나타내고, N_p는 인구의 크기를 나타낸다. 너무 많은 교차는 교배 설계로부터 너무 많이 동떨어진 설계들을 생산할 수 있기 때문에 알고리즘의 성능이 더 나빠지는 결과를 초래할 수 있다. 따라서 I_{max}는 작은 수로 정해야 한다. 그러나 변이는 현재의 설계의 주변에 있는 설계들을 바꾼다. 따라서 변이의 큰 양이 허용될 수 있다. 인구의 크기 N_p 또한 각 문제에 알맞은 수로 정해야 할 필요가 있다는 사실에 주목하라. 이것은 설계변수들의 수와 각 변수의 허용 가능한 이산 값들의 수로 결정되는 모든 가능 설계들의 수에 체험적으로 관련될 수 있다.

2. f_K^+이 K번째 반복에서 인구에 대한 가장 좋은 목적(또는 벌칙)함수의 값을 나타낸다고 하자. 만약에 f_K^+의 개선이 최종 두 연속된 반복에서 어떤 작은 양수 ε'보다 작다면, 임시로 I_{max}를 두 배로 한다. 이 '두 배(doubling)'의 전략을 순차적인 반복에서 계속하고, f_K^+가 감소하는 순간 바로 원래의 값으로 돌아간다. 이것 뒤에 숨겨진 개념은 더 좋은 결과를 생산하는 한 너무 많은 교차나 변이가 D-문자열의 좋은 설계를 망치는 것을 원하지 않는 것이다. 반면에, 발전이 멈출 때 변화를 유발하도록 더 많은 교차와 변이가 필요하다.

3. 만일 f_K^+에 개선이 마지막 I_g의 연속적 반복에서의 ε'보다 작다면, P_m을 두 배로 한다.

4. 교차와 변이는 다음과 같이 수행될 수 있다.

```
FOR i = 1, Iₘₐₓ
  Generate a random number z uniformly distributed in [0, 1]
  If z > 0.5, perform crossover.
  If z ≤ 0.5, skip crossover.
  FOR j = 1, Iₘ
  Generate a random number z uniformly distributed in [0, 1]
  If z > 0.5, perform mutation.
  If z ≤ 0.5, skip to next j.
  ENDFOR
ENDFOR
```

인구의 선두

각 세대에서, 모든 설계 중에서 가장 낮은 목적함수 값을 갖는 요소를 인구의 '선두(leader)'라고 정의한다. 만일 가장 낮은 동일한 목적을 갖는 여러 요소들이 있다면, 그들 중 단 하나만 선두로 선택한다. 만약 다른 요소가 더 낮은 목적을 보이면 선두는 교체된다. 이런 방식으로 소멸(extinction, 재생, 교차 또는 변이의 결과로)을 방지할 수 있다. 추가적으로 선두는 재생의 선택에 대하여 더 높은 값의 확률을 보장한다. 선두를 이용한 하나의 이득은 인구의 최고 목적(벌칙)함수 값이 한 반복에서 다른 반복으로 결코 증가할 수 없고 최고의 설계변수 값들(V-문자열 또는 유전자)의 일부는 항상 살아 남아 있을 수 있다.

종료 기준

만약 최고 목적(벌칙)함수 값의 개선이 마지막 I 연속적인 반복 동안에 ε'보다 작거나 반복의 수가 정해진 값을 초과하면 알고리즘을 마친다.

유전적 알고리즘

여기에 설명한 아이디어를 기초로 표본 GA가 기술되었다.

1단계: 다른 설계점을 나타내는 스키마를 정의한다. 무작위로 N_p개의 유전적 문자열(인구의 요소들)을 스키마를 따라서 생성한다. 여기서 N_p는 인구의 크기이다. 또는 종자 설계들을 초기 인구를 생성하는 데 사용한다. 제약조건 문제들에서는 가능한 문자열은 벌칙함수 접근 방법이 사용되지 않을 경우에만 받아들일 수 있다. 반복계수는 $K = 0$으로 설정한다. 적합성 함수를 식 (17.5)와 같이 정의한다.

2단계: 인구의 모든 설계들에 대한 적합성 값들을 계산한다. $K = K + 1$과 교차의 수에 관한 계수기 $I_c = 1$로 설정한다.

3단계: 재생(reproduction). 교차와 변이를 위하여 선택된 요소로부터 교배 풀(다음 세대)을 위하여 앞에서 설명한 룰렛 회전판 선택 과정에 의하여 현재의 인구로부터 설계를 선택한다.

4단계: 교차(crossover). 교배 풀에서 두 개의 설계를 선택하라. 두 선택된 위치 사이에서 0과 1의 유전적 문자열과 바뀐 문자열의 두 위치 중에서 하나를 무작위로 선정하라. $I_c = I_c + 1$로 설정하라.

5단계: 변이(mutation). 교배 풀에서 요소들의 일부분(P_m)을 선택하고, 선택된 문자열에서 무작위로 선택된 위치에서 0을 1 또는 반대로 교환하라. 만약에 지난 I_g 연속 세대 동안 가장 낮은 목적의 요소가 동일하게 유지되고 있으면, 변이 일부분 P_m을 두 배로 한다. I_g는 사용자에 의하여 정의된 정수이다.

6단계: 만약에 지난 두 연속 세대 동안 최소 목적의 요소가 동일하게 남아 있으면, I_{max}를 증가시킨다. 만일 $I_c < I_{max}$라면, 4단계로 간다. 그렇지 않으면 계속한다.

7단계: 종료기준(stopping criterion). 만약 변이 일부분 P_m이 두 배가 되고, 가장 좋은 적합성 값이 지난 I_g 연속 세대 동안 경신되지 않는다면 중지하라. 그렇지 않으면 2단계로 가라.

이주

차이점을 증가시키는 노력에 있어서 완전히 새로운 설계를 인구에 도입시키는 것은 유용할 수 있다. 이를 이주라고 하는데 해답 점으로 향하는 발달이 느려질 때 소수의 반복에 이루어질 수 있다.

문제를 위한 다중 실행

GA는 무작위 수 세대를 기초로 여러 곳에서 결정을 내리는 것을 알 수 있다. 따라서 같은 문제를 다른 시간들에 실행하면 서로 다른 최종설계가 나올 수 있다. 최고의 가능해를 확실하게 구하기 위해서는 문제를 여러 번 실행하는 것을 제안한다.

17.1.3 3단계: 순차형 문제를 위한 유전적 알고리즘

공학에서는 순차적인 연산들을 결정해야 하는 많은 응용들이 있다. 다루어야 할 문제의 형태를 소개하기 위하여 그림 17.4에서 보이는 곳에 10개의 볼트를 가진 금속판의 설계를 고려해 보자. 볼트는 컴퓨터로 제어하는 로봇 팔에 의하여 미리 뚫어 놓은 구멍에 삽입된다. 목표는 로봇 팔이 각각의 구멍을 지나치면서 볼트를 삽입하는 동안 로봇 팔의 움직임을 최소화하는 것이다. 이런 종류의 문제들

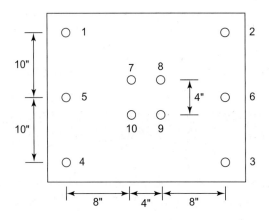

그림 17.4　10개의 위치에서 볼트 삽입 순서 결정 (출처: Huang, Hsieh and Arora, 1997)

은 일반적으로 이동 판매자 문제로 알려져 있으며 다음과 같이 정의된다. N개의 도시 목록과 두 도시 간의 여행 거리를 계산하는 방법이 주어지면 전체 거리를 최소화하면서 각 도시를 한 번만 지나는 판매자의 경로(시작점으로 되돌아오는 조건을 포함한)를 계획해야 한다.

이런 문제에서 유용설계는 숫자가 반복되지 않는 수들의 문자열(방문되어야 하는 도시들의 순서)이다(예, "1 3 4 2"는 가능하고 "3 1 3 4"는 아니다). GA에 사용되는 교차와 변이와 같은 전형적인 연산자들은 일반적으로 반복되는 수를 가지는 불용설계를 만들기 때문에 이런 형태의 문제들에 적합하지 않다. 따라서 이런 문제들을 풀기 위해서는 다른 연산자가 필요하다. 아래 단락에서 그런 몇 가지 연산자를 설명한다.

치환 형태 1: n_1을 형태 1 치환을 실행할 교배 풀 요소들의 선택의 일부분이라고 하자. 무작위로 교배 풀에서 Nn_1개의 요소를 선택하고 각 선택한 문자열에서 무작위로 선택한 두 개의 위치 사이에서 순서를 바꾼다. 예를 들어, "3 4 5 2 1 6"의 문자열에서 선택된 요소와 두 무작위로 선택한 "4"와 "1"의 위치를 바꾸어 "3 1 2 5 4 6"이 된다.

치환 형태 2: n_2을 형태 2 치환을 실행할 교배 풀 요소들의 선택의 일부분이라고 하자. 무작위로 교배 풀에서 Nn_2개의 요소를 선택하고 각 선택한 문자열에서 무작위로 선택한 두 개의 위치의 수를 바꾼다. 예를 들어, "3 4 5 2 1 6"의 문자열에서 선택된 수와 두 무작위로 선택한 "4"와 "1"의 위치를 바꾸어 "3 1 5 2 4 6"이 된다.

치환 형태 3: n_3을 형태 3 치환을 실행할 교배 풀 요소들의 선택의 일부분이라고 하자. 무작위로 교배 풀에서 Nn_3개의 요소를 선택하고, 각 선택한 문자열에서 무작위로 선택한 하나의 위치와 그 다음 위치를 바꾼다. 예를 들어, "3 4 5 2 1 6"의 문자열을 선택하였다면 무작위로 선택한 "4"의 위치를 바꾸면 "3 5 4 2 1 6"이 된다.

재배치

n_r을 재배치를 실행할 교배 풀 요소들의 선택의 일부분이라고 하자. Nn_r개의 요소들을 교배 풀에서 무작위로 선택하고, 각 선택한 문자열에서 무작위로 선택한 위치들의 수를 빼내어 무작위로 선택한

다른 위치 앞에 삽입한다. 예를 들면, "3 4 5 2 1 6"의 문자열을 선택하고 무작위로 두 무작위 선정된 "4"와 "1"의 위치를 바꾸면 "3 5 2 4 1 6"이 된다.

앞에서 언급한 연산자들을 기초로 하여 컴퓨터 프로그램이 개발되어 예제 17.1의 볼트를 삽입 순서 문제를 푸는 데 사용하였다.

예제 17.1 10개의 위치에 볼트 삽입 순서 결정

로봇 팔의 전체 이동거리를 최소화하기 위하여 그림 17.4에 보여진 문제를 GA를 사용하여 풀어라.

풀이

이전에 설명한 GA를 이용하여 문제를 풀었다(Huang, Hsieh and Arora, 1997). 인구 크기 N_p는 150으로 I_g(최고 목적함수가 최소한 ε' 이상 개선되지 않는 동안 연속 반복 횟수)는 10으로 정한다. 문제를 위한 종자 설계는 사용되지 않았다. 문제에서 최적의 볼트 삽입 순서는 유일하지 않다. 구멍 1을 시작점으로 하면, 최적 순서는 (1, 5, 4, 10, 7, 8, 9, 3, 6, 2)이고 목적함수 값은 74.32인치이다. 함수 평가의 횟수는 1445이며 이는 총 가능 수보다 훨씬 작다(10! = 3,628,800).

Huang, Hsieh와 Arora (1997)에서 풀이한 다른 경우는 16개의 위치에 볼트 순서 결정이다. 이 문제에 대한 최적 순서도 유일하지 않다. 해는 3358번의 함수 평가에서 구해진 총 가능 횟수를 비교하면 $16! \cong 2.092 \times 10^{13}$이다.

예제 17.2 기둥 조립 부품의 용접 순서

문제는 승용차를 위한 기둥(*pillar*) 조립 부품의 용접 순서 결정에 대한 것이다(Huang, Hsieh and Arora 1997). 14개의 용접 위치가 있다. 목적은 구조물의 여러 특정점에서의 변형을 최소화하는 최고의 용접 순서를 결정하는 것이다. 하나 또는 두 개의 용접기를 사용할 수 있는 경우들도 고려되었다. 이는 이동 판매자 문제에서 두 명의 판매자가 N 도시 사이를 여행하는 문제와 같다. 최적의 순서는 두 경우에서 3341과 3048번의 함수 평가로 구하였고, 이는 예상한 전체 계산 수보다 훨씬 작은 수이다.

17.1.4 4단계: GA의 응용

서로 다른 종류의 문제들에 GA을 적용한 수많은 응용들이 문헌에 발표되었다. 유전적 및 기타 진화적 알고리즘과 그 응용들의 개발에 대하여 집중하는 특별 학회대회들이 있다. 이 분야의 문헌들이 상당히 많다. 따라서 모든 용용에 대한 조사는 여기서 다루지 않는다. 기계 및 구조물 설계 분야에 대하여 여러 응용들이 Arora (2002), Pezeshk와 Camp (2002), Arora와 Huang (1996), Chen과 Rajan (2000)에서 발표되었다. 송전선 구조물들의 최적설계에 대한 GA를 응용한 예는 Kocer와 Arora (1996, 1997, 1999, 2002)에서 볼 수 있다.

17.2 미분 진화 알고리즘

미분 진화 알고리즘(DEA)은 설계의 인구와 함께 작용한다. 세대라고 부르는 각 반복에서 새로운 설계는 얼마간의 현재 설계와 특정한 무작위 연산을 사용하여 생성된다. 만약 새로운 설계가 미리 선택된 부모 설계보다 우수하면 그것을 인구에 그 설계에 대체한다. 그렇지 않으면 옛 설계를 유지하고 과정이 반복된다. 이 절에서 기본적인 DEA의 단계가 설명되었다. 자료는 Das와 Suganthan (2011)의 논문에서 유도되었다.

GA와 비교하면, DEA가 컴퓨터에 실행하기가 더 쉽다. GA와는 달리, 그들은 이진법 숫자 부호와 부호화를 요구하지 않는데 이는 나중에 볼 수 있다(비록 GA는 실수 부호화도 잘 실행되었다). 따라서 그것들은 수많은 실용에서 매우 인기가 있다. 기본적인 DEA 실행에는 4단계가 있다.

1단계: 설계의 초기 인구의 생성
2단계: 소위 **기부자 설계벡터**를 생성하기 위한 벡터의 미분을 이용한 변이
3단계: 소위 **시험 설계벡터**를 생성하기 위한 교차/재결합
4단계: 보통 목적함수인 적합도 함수를 사용하여 시험 설계벡터의 합격 또는 불합격 선택

다음의 세부절에서 이들 단계의 상세한 내용이 설명되어 있다. 표 17.1에 나열되어 있는 기호와 용어가 사용되었다.

17.2.1 1단계: DEA의 초기 해집단의 생성

DEA의 첫 단계는 N_p 설계점의 초기 인구를 생성하는 것이다. N_p는 $5n$과 $10n$ 사이의 큰 수로 선택

표 17.1 DEA에 대한 기호와 용어

Notation	Terminology
Cr	Crossover rate; an algorithm parameter
F	Scale factor, usually in the interval [0.4, 1.0]; an algorithm parameter
k	kth generation of the iterative process
k_{max}	Limit on the number of generations
n	Number of design variables
N_p	Number of design points in the population; population size
r_{ij}	Random number uniformly distributed between 0 and 1 for the ith design and its jth component
x_j	jth component of the design variable vector **x**
$U^{(p,k)}$	Trial design vector at the kth generation/iteration associated with the parent design p
$V^{(p,k)}$	Donor design vector at the kth generation/iteration associated with the parent design p
$\mathbf{x}^{(i,k)}$	ith design point of the population at the kth generation/iteration
$x^{(p,k)}$	Parent design (also called the target design) of the population at the kth generation/iteration
$\mathbf{x}_L$	Vector containing the lower limits on the design variables
$\mathbf{x}_U$	Vector containing the upper limits on the design variables

된다. 각 설계점/벡터는 **염색체**라고 불린다. 초기 설계는 균일하게 분포된 무작위 방식으로 전체 설계 공간을 포함하도록 시도하는 어떤 절차에 의해서도 생성될 수 있다. 만약 시스템의 얼마간 설계가 알려져 있으면 그것은 초기 인구에 포함될 수 있다. 설계의 초기 집합을 생성하는 한 가지 방법은 설계변수의 상한과 하한 범위와 균일 분포 무작위 수를 사용하는 것이다. 예를 들면, 인구의 i번째 요소(설계)는 다음과 같이 생성될 수 있다.

$$x_j^{(i,0)} = x_{jL} + r_{ij}\left(x_{jU} - x_{jL}\right); \quad j = 1 \text{ to } n \tag{17.7}$$

여기서 r_{ij}는 설계점의 각 구성에 대하여 생성되는 0과 1 사이 균일 분포 무작위 수이다. 인구의 각 요소는 잠재적인 해/최적점이다.

17.2.2 2단계: DEA의 공여 설계의 생성

이 세부절에서 공여 설계의 아이디어와 그 세대를 설명한다. 공여 설계는 인구에서 두 개의 다른 별개의 설계의 미분으로 선택된 설계의 변이를 사용하여 생성된다. 생물학적으로 변이는 **염색체**(완전한 설계벡터)의 유전자(설계벡터의 구성) 특성의 변화를 의미한다. 공여 설계점은 현재 인구의 설계점 변화로 만들어진다. 이 변화는 모두 무작위로 선택된 인구의 두 다른 벡터의 미분으로 설계벡터를 조합하여 성취된다. 이렇게 생성된 설계벡터를 공여 설계/벡터라고 부른다. 공여 설계의 맥락에서 그러면 변이가 설계벡터의 모든 구성에 변화를 일으킨다.

공여 설계벡터를 생성하기 위하여 세대 k의 현재 인구로부터 세 별개의 설계점을 무작위로 선택한다: $\mathbf{x}^{(r_1,k)}$, $\mathbf{x}^{(r_2,k)}$와 $\mathbf{x}^{(r_3,k)}$. 여기서 상첨자 r_1, r_2와 r_3는 세 다른 설계를 인용한다. 또한 부모/목표 설계점이라고 부르는 넷째 점 $\mathbf{x}^{(p,k)}$을 선택한다. 교차 연산에서 이것의 사용은 이후에 설명된다(상첨자 p는 부모 설계를 인용한다). 다음 r_2와 r_3라고 하는 두 설계점을 사용하여 $\left(\mathbf{x}^{(r_2,k)} - \mathbf{x}^{(r_3,k)}\right)$과 같이 미분 벡터를 만든다. 이 미분 벡터를 공여 설계벡터 $\mathbf{V}^{(p,k)}$를 만드는 셋째 벡터에 척도화하여 추가한다.

$$\mathbf{V}^{(p,k)} = \mathbf{x}^{(r_1,k)} + F \times \left(\mathbf{x}^{(r_2,k)} - \mathbf{x}^{(r_3,k)}\right) \tag{17.8}$$

여기서 F는 척도 인자이고 대표적으로 0.4와 1 사이에서 선택된다. 어떠한 절차도 현재 인구에서 앞의 네 요소를 무작위로 선택하는 데 사용될 수 있다. 한 가지 예는 17.1.2절에 이미 설명된 룰렛 회전판 절차임을 주목하라.

17.2.3 3단계: DEA의 시험 설계 생성을 위한 교차 연산

교차 연산은 변이를 통하여 공여 벡터가 생성된 후에 수행된다. 여기서 공여 벡터 $\mathbf{V}^{(p,k)}$는 시험 설계 벡터 $x_j^{(p,k)}$를 만들기 위하여 부모 설계벡터의 요소의 일부를 교환한다. 교차 연산은 다음 방정식에서 설명된다.

$$U_j^{(p,k)} = \begin{cases} V_j^{(p,k)}, & \text{if } r_{pj} \leq Cr \text{ or } j = j_r \\ x_j^{(p,k)}, & \text{그렇지 않으면} \end{cases} ; \quad j = 1 \text{ to } n \tag{17.9}$$

여기서 r_{pj}는 $\mathbf{U}^{(p,k)}$가 $\mathbf{V}^{(p,k)}$로부터 최소한 한 개 구성을 받는 것을 보증하는 0과 1 사이의 균일 분포 무작위 수이다.

식 (17.9)에서 교차 연산은 설계벡터의 각 성분에 대한 무작위 수 r_{pj}가 값을 초과하거나 $j = j_r$일 때 시험 설계 성분 $U_j^{(p,k)}$을 공여 설계 성분 $V_j^{(p,k)}$로 두는 것을 가리킨다. 그렇지 않으면 부모 설계 성분 $x_j^{(p,k)}$으로 대체한다. 이 접근법으로 공여 설계벡터로부터 이어받은 성분의 수는 (거의) 이항 분포를 가진다. 따라서 이 연산을 종종 이항 교차라고 부른다.

17.2.4 4단계: DEA에서 시험 설계의 합격/불합격

알고리즘의 다음 단계는 시험 설계 $\mathbf{U}^{(p,k)}$가 부모 설계 $\mathbf{x}^{(p,k)}$보다 우수한지를 확인하는 것이다. 만약 그렇다면 인구 크기 상수를 유지하기 위하여 부모 설계를 대체한다(변형으로 두 벡터는 매 회마다 하나씩 인구의 크기를 증가시키며 때때로 유지될 수 있다). 보통 선택 단계로 부르는데 다음 방정식에 설명되어 있다.

$$\mathbf{x}^{(p,k+1)} = \begin{cases} \mathbf{U}^{(p,k)}, & \text{if } f\left(\mathbf{U}^{(p,k)}\right) \leq f\left(\mathbf{x}^{(p,k)}\right) \\ \mathbf{x}^{(p,k)}, & \text{그렇지 않으면} \end{cases} \tag{17.10}$$

따라서 시험 설계점에 대한 목적함수 값이 부모 설계의 것을 초과하지 않으면 다음 세대에서 부모 설계점을 대체한다. 그렇지 않으면 부모 설계는 유지된다. 그러므로 인구는 적합 상태에서 더 좋게 되거나 동일하게 유지되나 결코 악화되지 않는다. 식 (17.10)에서 두 경우 모두 목적함수에 대해 동일한 값을 산출하더라도 부모 설계는 시험 설계로 대치된다. 이것이 모든 설계벡터를 평평한 적합 지형 위로 이동하게 한다.

17.2.5 5단계: 미분 진화 알고리즘

기본적인 DEA는 구현하는 것이 매우 간단하다. 단지 세 개 매개변수의 명세만 요구한다: N_p, F와 Cr. 알고리즘의 기본 단계를 설명하는 흐름도가 그림 17.5에 그려져 있다.

알고리즘의 종료 기준은 다음과 같이 정의된다.

1. 세대 수에 대한 명시된 한계 $k_{\max}$가 도달된다.

2. 인구의 가장 좋은 적합/목적함수 값이 여러 세대 동안 주목할 만하게 변하지 않는다.

3. 목적함수에 대한 사전 지정된 값에 도달된다.

간단하기 때문에 DEA는 1990년대 중반 시작된 이후 많은 응용 영역에서 매우 유용하게 사용되

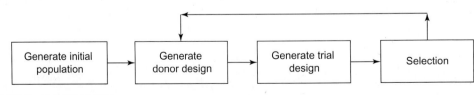

그림 17.5   DEA의 주 단계

어 왔다. 이것은 Nelder와 Mead (1965)의 직접 탐색 방법에 영감을 받았는데, 11장에서 설명한 대로 벡터의 미분을 사용한다. 알고리즘의 수많은 변형이 연구되고 평가되어 왔다. 이것은 연속변수, 혼합-이산-연속변수와 다목적 최적화 문제를 푸는 데 사용되어 왔으며 많은 다른 자연 영감 알고리즘에 대해 평가되어 왔다. 상세한 검토는 현재 교과서의 범위를 넘어선다. Das와 Suganthan (2011)의 우수한 설문 논문과 거기서 인용된 수많은 참고문헌을 참조하라.

예제 17.3 **DEA의 응용**

최소화

$$f(x) = (x_1 - 1)^2 + (x_2 - 2)^2 \qquad \text{(a)}$$

제약조건

$$-10 \le x_1 \le 10, \; -10 \le x_2 \le 10 \qquad \text{(b)}$$

풀이

예제를 위하여 DEA 매개변수는 다음의 추천된 범위 안에 있도록 설정된다.

$n = 2$. 이 문제는 단지 두 설계변수가 있으므로.

$N_p = 10$. 이 문제는 단지 두 설계변수를 포함하므로 $5 \times 2 = 10$, N_p는 10으로 둔다.

$k_{max} = 10,000$ 반복.

$Cr = 0.8$

$F = 0.6$

1단계: 초기 인구의 생성. 초기 인구는 식 (17.7)을 사용하여 생성된다. 표 17.2는 초기 인구를 보여준다.

2단계: 공여 설계의 생성. 이전에 설명한 것과 같이 공여 설계의 생성은 세 별개 설계점을 무작위로 선택할 것을 요구한다: $x^{(r_1,k)}$, $x^{(r_2,k)}$와 $x^{(r_3,k)}$. 부모/목표 설계 $x^{(p,k)}$의 넷째 설계점에 더한다. 첫 반복의 경우 네

표 17.2 예제 17.3의 초기 인구

x_i number	x_1	x_2
1	3.717	−1.600
2	9.400	−4.380
3	9.048	−8.659
4	−2.935	−2.920
5	−5.423	3.962
6	−4.442	2.470
7	−0.848	7.648
8	−8.394	−5.238
9	2.678	−2.884
10	7.059	−1.567

개의 무작위 선정된 설계점은 다음과 같다.

$$\mathbf{x}^{(r_1,1)} = \begin{pmatrix} -5.423, & 3.962 \end{pmatrix}$$
$$\mathbf{x}^{(r_2,1)} = \begin{pmatrix} 9.40, & -4.380 \end{pmatrix}$$
$$\mathbf{x}^{(r_3,1)} = \begin{pmatrix} -0.848, & 7.648 \end{pmatrix}$$
$$\mathbf{x}^{(p,1)} = \begin{pmatrix} 3.717, & -1.600 \end{pmatrix}$$
(c)

공여 설계는 식 (17.8)에 따라 다음으로 생성된다.

$$\mathbf{V}^{(p,1)} = \begin{pmatrix} 0.725, & -3.254 \end{pmatrix}$$
(d)

3단계: 시험 설계를 생성하기 위한 교차 연산. 교차 연산은 식 (17.9)에서 설명한 대로 이루어진다. 첫째 반복에서 무작위 분포수 r_{p1}와 r_{p2}는 0.13과 0.56이었는데 둘 다 Cr보다 작으며, 시험 설계의 두 성분은 공여 설계로부터 와야 하는 것을 의미한다.

$$\mathbf{U}^{(p,1)} = \mathbf{V}^{(p,1)} = \begin{pmatrix} 0.725, & -3.254 \end{pmatrix}$$
(e)

4단계: 시험 설계의 합격/불합격. 시험 설계는 만약 그것이 부모 설계의 것보다 더 좋은(다 작은) 목적함수 값을 가지면 다음 반복에서 합격시키고 부모 설계를 대체한다. 첫째 반복에서 시험 설계의 목적함수 값은 $f(\mathbf{U}^{(p,1)}) = 27.686$이고 부모 함수는 $f(\mathbf{x}^{(p,1)}) = 20.342$인데 이것은 부모 설계가 다음 반복에서 유지된다는 것을 의미한다.

앞의 단계는 반복의 최대수 k_{max}가 도달될 때까지 반복된다. 10,000번 반복 후 시험 설계점 (0.97, 1.96)이 목적함수 값 0.00222로 도달되었는데, 이것은 0.0의 목적함수 값의 진실 해(1,2)에 가깝다.

17.3 개미 군체 최적화

개미 군체 최적화(ACO)와 다른 자연 영감 접근법은 개미의 먹이 탐색행동을 모방하였다. 이것은 개미 군체와 먹이 공급원 사이의 최단 경로를 찾는 개미의 행동을 바탕으로 그림으로 나타낸 문제의 최적 경로를 찾기 위하여 Dorigo (1992)에 의하여 개발되었다. ACO는 메타 체험적과 무리 지능법의 종류에 속한다. 이것은 도식으로 최적 경로를 찾아내기 위하여 줄일 수 있는 수치 문제를 해결하는 확률론적 기법으로 검토될 수 있다.

개미는 군체로 서식하는 사회적 곤충이다. 군체로부터 먹이를 구하러 나가서 놀랍게도 군체에서 먹이 공급원까지 최단 경로를 찾는다. 이 절에서 개미가 사용하는 과정을 설명하고 설계 최적화를 위한 수치적 알고리즘으로 변환한다. 알고리즘은 원래 이산변수 조합 최적화 문제를 위하여 개발되었으나 연속변수와 기타 문제에도 잘 적용되어 왔다. 이 절의 일부 소재는 Blum (2005)과 관련된 참고문헌에서 유도되었다.

ACO는 다음의 용어를 사용한다.

페로몬(*pheromone*): 단어는 그리스 단어 *pherin*(운반하기)과 *hormone*(자극하기)으로부터 유래되었다. 이것은 동일한 종의 구성원에 대한 사회적 반응을 촉발하는, 분비되거나 살균 작용을 일으키는 화학 물질을 가르킨다. 페로몬은 개체가 받아들이는 행동에 영향을 미치기 위하여 분비하는 개체의 몸 밖에서 행동할 수 있다. 이것을 화학적 전달자라고도 부른다.

페로몬 자취(*pheromone trail*): 개미는 그들이 가는 곳마다 페로몬을 퇴적한다. 이것을 페로몬 자취라고 부른다. 다른 개미는 페로몬 냄새를 맡을 수 있으며 현존하는 자취를 따라 가는 경향이 있다.

페로몬 퇴적(*pheromone density*): 개미가 동일한 경로를 반복해서 움직일 때 거기에 끊임없이 페로몬을 퇴적한다. 이런 방식으로 페로몬의 양이 증가하고 이것을 페로몬 퇴적이라고 부른다. 개미는 가장 높은 페로몬 퇴적을 가진 경로를 따라가는 경향이 있다.

페로몬 증발(*pheromone evaporation*): 페로몬은 시간이 지나면 증발되는 성질을 가지고 있다. 따라서 경로가 개미들에 의하여 이동되지 않으면 페로몬은 증발되고 시간이 지나면 경로는 사라진다.

17.3.1 1단계: 개미 행동

ACO 알고리즘을 개발하는 첫 단계는 이 세부절에서 설명하는 개미의 행동을 이해하는 것이다. 초기에 개미는 먹이를 구하기 위하여 둥지로부터 무작위로 움직인다. 먹이를 발견하면 개미는 페르몬 자취를 내려 놓으면서 먹이를 취득하였던 경로를 따라 개미의 군체로 돌아간다. 만약 개미가 그런 경로를 찾아내면 그들은 무작위로 움직이는 대신 그것을 따르려고 한다. 따라서 개미가 거기에 더 많은 페로몬을 퇴적하므로 경로는 강화된다. 그러나 시간이 지나면 페로몬은 증발한다. 경로가 길수록 증발하게 되는데 이용되는 시간이 더 많다. 짧은 경로인 경우 개미가 이 노선으로 움직이면 움직일수록 페로몬의 강화가 더 빠르게 된다. 따라서 페로몬 퇴적이 긴 것보다 더 짧은 경로에 더 높아진다. 페로몬이 개미에게 선 순환 구조로 작용되어서 결국은 모든 개미가 가장 짧은 경로를 따르게 된다.

개미 군체 알고리즘의 기본적인 아이디어는 '가상 개미'의 이런 행동을 모방한 것으로 페로몬 퇴적, 밀도의 측정과 증발 모델을 모델화 하여야 할 필요가 있다는 것을 의미한다. 이 절에서는 다음 기호와 용어가 사용된다.

Q = 양의 상수; 알고리즘 매개변수

ρ = 페로몬 증발률 , $\rho \in (0, 1]$; 알고리즘 매개변수

N_a = 개미의 수

τ_i = i번째 경로에 대한 페로몬 값

단순한 모델/알고리즘

개미의 먹이 찾기 행동을 수치적 알고리즘으로 나타내기 위하여 그림 17.6a에 그려진 대로 개미 군체에서 먹이 공급원으로 두 경로와 6마리 개미로 구성된 단순화된 모델을 생각하자. 이것은 가장 이상화된 모델이고 개미 행동을 수치적 알고리즘으로 나타내는 것을 설명하기 위하여 소개되었다. 모델은 도식 $G = (N, L)$에서 나타낼 수 있는데 여기서 N은 2개 절점으로 구성되고(n_c = 개미의 군체를 나타냄, n_f = 먹이 공급원을 나타낸다. 일반적으로 도식은 나중에 보는 것과 같이 많은 절점을 가

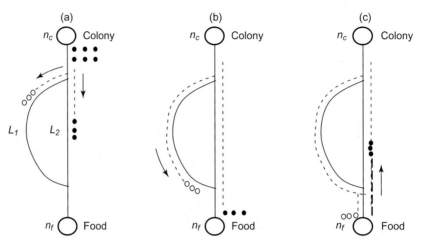

그림 17.6   가장 짧은 경로를 발견하는 개미의 능력을 보여주는 단순한 구성. (a) 군체에서 먹이 공급원으로 개미 이동, (b) 짧은 경로를 택한 개미가 먹이 공급원에 도달하였음, (c) 짧은 경로를 택한 개미가 그들의 군체로 벌써 돌아가는 동안 긴 경로를 택한 개미가 먹이 공급원에 도달함

지고 있다), L은 n_c와 n_f 사이의 2개 연결 L_1과 L_2로 구성되어 있다.

L_1은 d_1의 길이, L_2는 d_2의 길이이고 $d_1 > d_2$이라고 하면 L_2가 n_c과 n_f 사이의 더 짧은 길이 된다. 그림 17.6은 개미 이동의 다양한 단계를 보여주는 도식이며 다음과 같이 설명된다.

1. 6마리 개미는 먹이를 찾기 위하여 군체를 출발한다. 무작위적으로 3마리 개미(중실 원으로 그려짐)는 짧은 경로를 택하고 3마리(중공 원으로 그려짐)는 더 긴 경로를 택한다.
2. 짧은 경로를 택한 3마리 개미가 도착지에 도달한 반면, 긴 경로의 개미는 여전히 이동 중이다. 초기에 페로몬 농도는 그림에 점선으로 그려진 것과 같이 두 경로에서 동일하다.
3. 짧은 경로를 택한 개미는 긴 경로를 택한 개미가 막 도착지에 도착하는 동안 군체로 돌아오는 여정에 있다. 짧은 경로의 페로몬 농도는 더 짙은 점선으로 보이는 것과 같이 더 높다.

개미는 경로로 이동하는 동안 페로몬을 퇴적한다. 페로몬 자취는 각 두 경로 $i = 1, 2$에 대한 가상 페로몬 값 τ_i을 도입하여 모델화된다(초기에 두 값은 1로 설정될 수 있다). 그런 값이 관련된 경로의 페로몬 자취의 강도를 가리킨다.

각 개미는 다음과 같이 행동한다. 절점 n_c(즉, 군체)에서 출발하여 개미는 n_f에 도달하기 위하여 L_1 경로와 L_2 경로 사이에서 선택하는데 확률은 다음과 같다.

$$p_i = \frac{\tau_i}{\tau_1 + \tau_2}, \quad i = 1, 2 \tag{17.11}$$

만약 $\tau_2 > \tau_1$이면, L_2 선택의 확률이 높고 그 반대이다. 개미가 선택 경로는 17.1.2절에서 이미 설명한 룰렛 회전판 선택 절차와 같이 식 (17.11)의 확률과 무작위 수를 사용하는 몇 가지 선택 시책을 바탕으로 한다. 절점 n_f에서 절점 n_c로 돌아오는 동안 개미는 n_f에 도착하기 위하여 선택된 동일한 경로를 사용한다. 그것은 밀도를 높이기 위하여 경로에 추가적인 가상 페로몬을 다음과 같이 설치한다(이것을 페로몬 강화라고 부른다).

$$\tau_i \leftarrow \tau_i + \frac{Q}{d_i} \tag{17.12}$$

여기서 양의 상수 Q는 모델의 매개변수이다. 식 (17.12)는 짧은 경로에는 더 높은 기상 페로몬 퇴적의 더 높은 양이고 더 긴 경로에 대해서는 더 작은 양의 모델이다.

반복 과정에서 모든 개미는 각 반복의 시작에서 절점 n_c로부터 출발한다. 각 개미는 절점 n_c에서 절점 n_f으로 이동하면서 선택한 경로에 페로몬을 퇴적한다. 그러나 시간이 가면 페로몬은 증발하도록 되어 있다. 가상 모델에 증발 과정은 다음과 같이 모사되어 있다.

$$\tau_i \leftarrow (1 - \rho)\tau_i \tag{17.13}$$

여기서 $\rho \in (0, 1]$는 증발을 조절하는 모델의 매개변수이다. 먹이 공급원에 도착한 이후 개미는 군체로 돌아오면서 많은 페로몬을 퇴적함으로써 선택한 경로를 강화한다.

17.3.2 2단계: 이동 판매자 문제에 대한 ACO 알고리즘

개미의 먹이 탐색 행동을 모사하기 위하여 이전의 세부절에 설명된 절차는 조합 최적화 문제에 직접 사용될 수 없다. 이유는 식 (17.12)에서와 같이 문제의 해를 알고 있고 해와 관련된 페로몬 값을 가정해야 하기 때문이다. 일반적으로 최적해와 최소 거리인 관련된 거리를 찾기 위하여 노력하기 때문에 이것은 사실이 아니다. 따라서 조합 최적화 문제에서 페로몬 값은 해 성분과 관련되어 있다. 해 성분은 문제의 전체해가 구성될 수 있는 것의 단위이다. 이것은 조합 최적화 문제에 관한 ACD 알고리즘을 설명할 때 나중에 더 명확해진다.

이 세부절에서 이산변수 또는 **이동 판매자**(TS) 문제에 대한 개미 군체 알고리즘을 설명한다. TS 문제는 전형적인 **조합 최적화** 문제이다. 여기서 이동 판매자는 도시의 명시된 수를 방문하여야 한다(여행이라 한다). 목표는 전체 이동거리를 최소화하는 동안 도시를 한 번씩만 방문한다. 많은 실제적인 문제들을 TS 문제로 모델화할 수 있다. 다른 예는 예제 17.2에서 이전에 설명한 용접 순서 문제이다.

다음 가정이 알고리즘을 유도하는 데 만들어진다.

1. 실제 개미는 페로몬 값에 따른 원래 경로와 다르게 군체로 귀환 경로를 택할 수 있는 반면, 가상 개미는 원래 경로와 동일한 귀환 경로를 택한다.
2. 가상 개미는 항상 유용 설계를 찾아내고 둥지로 되돌아 오는 방향에만 페로몬을 퇴적한다.
3. 실제 개미는 둥지에서 먹이 공급원까지 경로의 길이를 기반으로 한 해를 평가하나 가상 개미는 목적함수 값에 기반으로 한 해를 평가한다.

TS 문제에 대한 ACO 알고리즘을 설명하기 위하여 네 도시를 이동하는 이동 판매자의 간단한 문제를 생각하자. 상황이 그림 17.7에 묘사되어 있는데, 여기서 도시는 도식의 절점 c_1에서 c_4까지로 나타내었으며 도시 사이의 거리는 알고 있다. 각 도시로부터 다른 도시로 연결되어 있다. 즉, 판매원은 어떤 다른 도시로도 여행할 수 있으나 이미 방문한 도시로는 허용되지 않는다(즉, 역추적). 따라서 문제의 유용해는 여행에 방문한 도시의 순서로 구성된다. 예를 들면, $c_1 c_3 c_2 c_4 c_1$이다. 여행에서 이동한 거리는 목적함수 $f(\mathbf{x})$이고 사용된 연결에 의존된다.

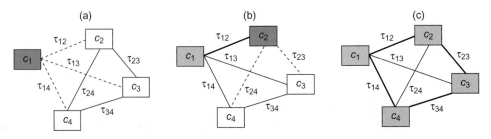

그림 17.7 네 도시 이동 판매자 문제. (a) 여행의 시작은 c_1이다. 현재 도시로부터 유용 연결은 점선으로 표시된다. 현재 도시는 검은 음영으로 나타난다. (b) 이미 여행한 도시는 굵은 선으로 표시된다. 이미 방문한 도시는 옅은 음영으로 나타난다. (c) 유용해가 나타나 있다.

가상 개미의 임무 정의는 '둥지에서 먹이 공급원의 경로 찾기'에서 'TS문제의 유용해 찾기'로 변한다.

TS 여행은 무작위로 선택할 수 있는 한 도시로부터 출발하여야 한다. 그것을 c_1이라고 부른다. 나머지 도시는 무작위로 번호를 매긴다. 네 도시 여행을 완성하기 위하여 4개의 연결이 선택되어야 한다. 다음의 기호와 용어가 이 세부절에서 사용되었다.

Q_a = 양의 상수, 알고리즘 매개변수

ρ = 페로몬 증발률, $\rho \in (0, 1]$; 알고리즘 매개변수

n = 설계변수의 수, 예제의 경우 4

N_a = 알고리즘에 사용된 가상 개미의 수

τ_{ij} = 연결 ij에 대한 페로몬 값

x_j = 설계변수 $\mathbf{x}$의 j번째 성분, j번째 도시로부터 선택된 연결을 나타냄

x_{ij} = i번째 도시와 j번째 도시 사이의 연결, 또한 그들 사이의 거리를 나타냄

D_i = i번째 도시로부터 방문할 수 있는 도시와 관련이 있는 정수의 목록

그림 17.7의 예제에서 x_{12}, x_{13}과 x_{14}는 도시 c_1에서 도시 c_2, c_3와 c_4까지 각각의 연결이고, 도시 c_1에 대한 $D_1 = \{2, 3, 4\}$, 관련된 유용 연결은 $\{x_{12}, x_{13}, x_{14}\}$와 같이 주어진다. 설계변수 벡터는 $\mathbf{x} = [x_1 x_2 x_3 x_4]^T$와 같이 주어진다. 문제의 유용해는 $\mathbf{x} = [x_{12} x_{24} x_{43} x_{31}]^T$와 같이 주어진다.

이제 여행을 시작하자. 각 도시로부터 가상 개미에 의하여 방문할 다음 도시의 선택은 특정한 확률을 기반으로 한다. ACO 알고리즘에서 확률은 현재 도시로부터의 각 연결에 대한 페로몬의 값 τ_{ij}을 사용하여 계산된다. 초기에 모든 τ_{ij}는 모든 연결에 대하여 1로 선택된다. 또한 가상 개미의 수 N_a는 설계변수의 수에 따라 타당하게 선택된다(말하자면 $5n$에서 $10n$). 개개의 개미는 어떤 도시로부터 무작위로 출발할 수 있다. 그들의 임무는 TS 문제에 대한 한 번에 한 구성요소 유용해(즉, 유용 여행)를 구성한다. 즉, 방문한 각 도시로부터 다음 유용 도시까지 연결을 순서에 따라 정한다.

각 개미는 무작위로 선택된 도시를 출발하여 방문하지 않았던 다른 도시로 이동하는 문제의 유용해(여행)을 구성한다. 각 단계에서 여행된 연결은 특정한 개미에 의하여 구성된 해에 더해진다. 이런 방식으로 ACO 알고리즘은 한 번에 해 구성요소를 구성한다(예를 들어, x_1과 다음에 x_2와 등등). 다

른 개미는 동시에 유용해를 추구하나 다른 개미도 같은 것을 찾을 수 있다. 특정한 개미에게 방문하지 않는 도시가 없으면 개미는 여행을 완성하기 위하여 출발한 도시로 이동한다. 이 해 과정은 개미가 이미 방문한 도시를 저장하는 기억장치 M을 가지는 것을 포함한다. 이 기억장치를 사용하여 현재 도시 i로부터 방문하는 유용도시의 색인 집합 D_i을 구성할 수 있다.

ACO 알고리즘은 한 번에 한 구성요소(즉, 한 설계변수) 유용해를 구성한다.

그림 17.7a는 가상 개미가 출발하는 도시 c_1을 보여준다. 출발하는 도시는 짙은 음영으로 식별된다. 도시로부터 유용 연결은 점선으로 표시되고 $D_1 = \{2, 3, 4\}$, 관련된 연결 목록은 $\{x_{12}, x_{13}, x_{14}\}$이다. i번째 도시로부터 유용 경로를 택할 가능성은 다음과 같이 계산된다.

$$p_{ij} = \frac{\tau_{ij}}{\sum_{k \in D_i}(\tau_{ik})}; \quad \text{전부에 대하여} \quad j \in D_i \tag{17.14}$$

여기서 D_i는 도시 i에서부터 방문할 수 있는 유용 도시의 목록이다. 그림 17.7a에서 도시 c_1에서부터 방문할 수 있는 유용 도시의 확률은 다음과 같이 계산된다.

$$p_{1j} = \frac{\tau_{1j}}{\tau_{12} + \tau_{13} + \tau_{14}}; \quad j = 2, 3, 4 \tag{17.15}$$

일단 이들 확률이 계산되면, 선택과정이 다음 방문할 경로와 도시에 대하여 사용된다. 17.1.2절에 이미 설명된 룰렛 회전판 선택과정이나 다른 절차가 이것을 위하여 사용될 수 있다. 그 과정은 0과 1 사이의 무작위 수의 계산을 요구한다. 그것을 바탕으로 다음 방문할 도시를 c_2라고 하자. 따라서 연결 x_{12}가 여기에 사용되고 설계변수 x_1는 x_{12}로 설정된다. 이것이 그림 17.7b에 짙은 선으로 그려져 있다. c_2로부터 도시 c_3 또는 c_4를 방문할 수 있다. 이것이 그림 17.7b에 점선으로 그려져 있다. 이미 방문한 도시는 옅은 음영으로 나타나 있다. 따라서 $D_2 = \{3, 4\}$이고 관련된 연결 목록은 $\{x_{23}, x_{24}\}$이다. 도시 c_2로부터 도시 c_3와 c_4를 방문할 확률은 다음과 같이 주어진다.

$$p_{2j} = \frac{\tau_{2j}}{\tau_{23} + \tau_{24}}; \quad j = 3, 4 \tag{17.16}$$

앞의 절차를 사용하여 가상 개미는 다음과 같은 여행을 완성한다.

$$c_1 \rightarrow c_2 \rightarrow c_3 \rightarrow c_4 \rightarrow c_1 \tag{17.17}$$

이것은 다음과 같이 설계변수 값을 준다.

$$\mathbf{x} = \begin{bmatrix} x_{12} \ x_{23} \ x_{34} \ x_{41} \end{bmatrix}^T \tag{17.18}$$

이 설계를 사용하여 이 여행에서 이동한 전체 거리인 목적함수 $f(\mathbf{x})$를 계산할 수 있다.

일단 가상 개미가 해를 구축하게 되면 페로몬 증발(즉, 각 연결에서 페로몬 밀도의 감소)은 다음과 같이 수행된다.

$$\tau_{ij} \leftarrow (1 - \rho)\tau_{ij} \quad \text{모든 } i\text{와 } j\text{에 대하여} \tag{17.19}$$

이제 가상 개미가 귀환 여행을 시작하면, 목적지에 도착하는 데 사용되었던 경로에 페로몬이 퇴적된다. 이것이 각 개미의 해에 속하는 연결에 대한 페로몬 수준의 증가와 동등하다. k번째 개미에 대하여 페로몬 밀도는 다음과 같이 실행된다.

$$\tau_{ij} \leftarrow \tau_{ij} + \frac{Q}{f(\mathbf{x}^{(k)})} \quad k\text{번째 개미 해에 속하는 모든 } i, j\text{에 대하여} \qquad (17.20)$$

여기서 Q는 양의 상수이고 $f(\mathbf{x}^{(k)})$는 k번째 개미의 해 $\mathbf{x}^{(k)}$에 대한 목적함수 값이다. 식 (17.20)의 페로몬 퇴적의 과정은 각 N_a 개미의 해에 대하여 반복된다. 더 작은 목적함수 값을 가진 여행(해)은 큰 페로몬 값을 퇴적함에 유의하라. 또한 복수 해에서 이동한 연결은 복수 배의 페로몬 퇴적이 된다.

앞의 과정은 ACO 알고리즘의 한 반복을 나타낸다. 이것은 종료기준이 만족될 때까지 여러 번 반복된다. 즉, 모든 개미가 동일한 경로를 따르거나 반복 횟수 또는 CPU의 한계에 도달한다.

17.3.3 3단계: 설계 최적화에 대한 ACO 알고리즘

문제 정의

이 세부절에서 다음과 같은 비제약조건 이산변수 최적화 문제에 대한 ACO 알고리즘을 논의한다.

최소화

$$f(\mathbf{x}) \qquad (17.21)$$

$$x_i \in D_i; \quad D_i = \left(d_{i1}, \ d_{i2}, \ \dots, \ d_{iq_i} \right), \quad i = 1 \text{ to } n \qquad (17.22)$$

여기서 D_i는 이산 값의 집합이고 q_i는 i번째 설계변수에 대하여 허용된 이산 값의 수이다. 이런 종류의 문제는 15장에서 논의한 것과 같이 실용적 응용에 매우 자주 만나게 된다. 예를 들면, 부재의 두께는 사용 가능한 집합에서 선택되어야 하고, 구조물 부재는 카탈로그에서 사용 가능한 부재를 선택하여야 하며, 콘크리트 강화 부재는 시장에서 사용 가능한 봉으로 선택되어야 하는 것 등이다.

식 (17.21)과 (17.22)에서 설명된 문제는 이전 세부절에서 설명한 TS 문제와 유사하다. 하나의 중요한 차이점은 설계변수에 대한 사용 가능한 값의 집합이 미리 정의된 반면 TS 문제는 일단 도시에 도착한 후 결정되어야 한다(즉, 일단 설계변수의 한 성분이 결정된다). 이전 세부절에서 설명된 절차를 이 이산 변수 최적화 문제의 해석에 채택할 수 있다.

| 예제 17.4 | **예제에 사용하는 ACO의 설명** |

해 알고리즘을 설명하기 위하여 각 변수가 4개의 사용 가능한 이산 값의 3개 설계변수를 가지는 간단한 문제를 생각하자. 따라서 식 (17.21)과 (17.22)에서 $n = 3$과 $q_i = 4$, $i = 1$에서 4까지이다. 문제는 그림 17.8에 보이는 것과 같이 다층의 도식으로 나타낼 수 있다. 도식은 둥지인 출발 절점 00과 먹이 공급원인 도착 절점을 보여주고 있다. 출발점은 층 0이라고 부른다. 층 1은 집합 D_1의 설계변수 x_1에 대한 허용 값을 나타낸다. 각 허용 값은 절점 d_{12}와 같은 절점으로 표시된다. 둥지로부터 각 이들 절점으로 연결이 있다. 층 2는 절점으로 설계변수 x_2에 대한 허용 값을 나타낸다. 예를 들면 d_{13}로부터 d_{21}, d_{22}, d_{23}와 d_{24}으로 연결이 있다.

유사하게 d_{11}으로부터 d_{21}, d_{22}, d_{23}과 d_{24}으로 연결 등이 있다(그림 17.8에는 이러한 모든 연결이 보이지 않음에 유의하라).

ACO 알고리즘은 다음과 같이 진행된다. 개미는 둥지로부터 출발하여 확률을 바탕으로 층 1에 있는 절점으로 이동하기 위하여 절점 d_{13}으로의 연결과 같은 연결을 선택한다. 즉, 설계변수 x_1은 값 d_{13}으로 할당된다. 이 절점으로부터 확률은 도식의 다음 층의 모든 연결에 대하여 다시 계산되고 개미는 말하자면 절점 d_{22}로 이동한다. 이 절차는 다음 층에 대하여 반복되고 개미는 절점 d_{34}으로 이동한다. 더 이상 층이 없으므로 개미는 도착점에 도착되었다. 이 유용해가 $\mathbf{x} = (d_{13}, d_{22}, d_{34})$와 같이 구해지고 목적함수 값은 $f(\mathbf{x})$이다. 이 개미에 대한 경로가 그림 17.8에 짙은 선으로 보여진다.

일단 모든 개미가 유용해를 찾아내면 식 (17.19)나 유사한 것을 사용하여 모든 연결에 대한 페로몬 증발을 수행한다. 그리고 각 개미는 둥지로 돌아가는 경로를 따라가며, 식 (17.20)을 사용하여 페로몬 퇴적을 하거나 이전에 이동하였던 각 연결에 대하여 유사하게 한다. 이것은 개미가 여행한 연결에 대한 페로몬 값을 갱신(증가)하는 것과 등가이다. 그러면 전체 과정은 종료 기준이 만족될 때까지 반복된다.

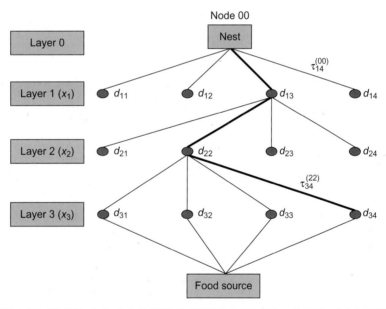

그림 17.8 각각 4개의 허용값을 가지는 3개 설계변수의 이산변수 문제의 다층 도식 표현. 개미가 선택한 연결은 짙은 선을 사용하여 보여준다. (가능한 모든 연결을 보여주지 않음을 유의하라.)

유용해 찾기

이전의 절차는 각 q_i 이산 값을 가지는 n 설계변수(n층 도식)의 경우로 일반화 될 수 있다. 다음 기호가 사용된다.

$\tau_{ij}^{(rs)}$ = 절점 rs에서 절점 ij까지 연결에 대한 페로몬 값으로 절차는 한 층에서 다음으로 이동함으로 $i = r + 1$이다(예, 그림 17.8에서 $\tau_{34}^{(22)}$는 절점 d_{22}와 d_{34} 사이). 따라서 상첨자 r은 층 수를 나타내고(설계변수 수), 상첨자 s는 설계변수 수에 대한 허용 값 수를 나타내며, 하첨자 i은 다음 층(다음 설

계변수)을 나타내고, 하첨자 j는 i번째 설계변수에 대한 허용 설계변수 수를 나타낸다.

$p_{ij}^{(rs)}$ = 절점 rs에서 절점 ij의 연결 선택확률

가상 개미 k에 대한 유용해를 찾기 위하여 다음 단계가 제안되었다.

1단계. 초기 연결의 선택

개미 k는 둥지를 출발한다(즉, 층 0의 절점 00). 층 1(설계변수 x_1)에 대한 절점 00에서 모든 절점의 연결에 대한 확률을 다음과 같이 계산한다.

$$p_{1j}^{(00)} = \frac{\tau_{1j}^{(00)}}{\sum_{r=1}^{q_1} \tau_{1r}^{(00)}}; \quad j = 1 \text{ to } q_1 \tag{17.23}$$

이런 확률과 선택 과정을 사용하여 층 1에서 절점으로 연결을 선택하여 그 절점으로 간다. 이 절점을 k_1이라 한다. 그러면 설계변수 x_1은 값 d_{kl}을 할당한다.

2단계. 층 R로부터 연결의 선택

개미 k가 절점 rs에 있다고 하자. 다음 층에서 절점 rs부터 모든 절점에 대한 연결의 확률을 계산한다.

$$p_{ij}^{(rs)} = \frac{\tau_{ij}^{(rs)}}{\sum_{l=1}^{q_1} \tau_{il}^{(rs)}}; \quad j = 1 \text{ to } q_i \tag{17.24}$$

$i = r + 1$을 유의하라. 이런 확률과 선택 절차를 사용하여 다음 층으로의 연결과 개미 k가 여행하려고 하는 관련된 절점을 선택한다. n번째 층에 도달할 때까지 이 단계를 반복하여 개미 k가 도착점에 도착할 때 유용해가 구해진다.

3단계. 모든 개미에 대한 유용해 구함

모든 N_a 유용해를 얻기 위하여 각 가상 개미에 대하여 1단계와 2단계를 반복한다. 해와 관련된 목적함수 값은 다음과 같이 나타낸다.

$$\mathbf{x}^{(k)}, \ f\left(\mathbf{x}^{(k)}\right); \quad k = 1 \text{ to } N_a \tag{17.25}$$

페로몬 증발

일단 모든 개미가 그들의 도착점에 도달하면(그들 모두가 해를 찾으면), 페로몬 증발(즉, 페로몬 수준의 감소)이 다음과 같이 모든 연결에 대하여 수행된다.

$$\tau_{ij}^{(rs)} \leftarrow (1-\rho)\tau_{ij}^{(rs)} \quad \text{모든 } r, s \text{에 대하여 } i \text{와 } j \tag{17.26}$$

페로몬 퇴적

페로몬 증발 후 개미는 둥지로 귀환하는 여행을 시작하는데, 그들이 귀환 경로에 페로몬을 퇴적한다는 것을 의미한다. 이것은 그들이 여행하였던 연결의 페로몬 밀도 증가를 포함한다. k번째 개미에 관하여 페로몬 퇴적은 다음과 같이 수행된다.

$$\tau_{ij}^{(rs)} \leftarrow \tau_{ij}^{(rs)} + \frac{Q}{f\left(\mathbf{x}^{(k)}\right)} \quad \text{모든 } r, s, i, j \text{에 대하여, } k \text{번째 개미 해에 속하는} \tag{17.27}$$

식 (17.27)의 연산은 개미에 의하여 얻어지는 모든 해에 대하여 수행된다. 더 작은 목적함수 값을 가진 해가 더 많은 페로몬 퇴적을 받는다는 것을 볼 수 있다. 또한 여러 번 여행한 연결이 더 많은 페로몬 강화를 받는다. 연결에 관한 패로몬의 더 큰 값은 식 (17.23)으로부터 더 큰 확률 값을 주는데, ACO 알고리즘의 후속 반복에서 가상 개미에 의하여 여행하기 위한 선택을 더 좋아한다.

ACO 알고리즘은 단지 3개의 매개변수 N_a, ρ와 Q만을 요구하는 실행하기에 매우 간단한 것을 보았다. N_a는 타당한 값, 말하자면 $5n$에서 $10n$까지 주어질 수 있다. $\rho \in [0,1]$, 말하자면 값 0.4에서 0.8까지이다. Q는 목적함수 $f(\mathbf{x})$에 대한 대표적인 값으로 선택될 수 있다.

17.4 입자 무리 최적화

무리 입자 최적화(PSO), 또 하나의 자연 영감 방법은 새 떼나 물고기 무리의 사회 행동을 모방한다. 이것은 메타 체험적과 집단 지능방법의 부류에 속한다. 이것은 Kennedy와 Eberhart (1995)에 의하여 소개된 인구 기반 통계학적 최적화 기법이다. PSO는 GA와 DE 같은 진화 계산 기법과 많은 유사성을 함께하고 있다. 이들 접근법과 마찬가지로 PSO는 초기 인구라고 부르는 해의 집합을 무작위로 생성하여 시작한다. 그 다음 최적해는 세대를 갱신하여 탐색된다.

PSO의 매력적인 특색은 GA와 비교하여 지정해야 하는 소수의 알고리즘 매개변수를 가지고 있다는 것이다. 교차와 변이와 같은 GA의 어떠한 진화 연산을 사용하지 않는다. 또한 GA와는 달리 알고리즘은 이진법 수 부호 또는 부호화를 요구하지 않아서 컴퓨터 프로그램으로 수행하기가 더 쉽다. PSO는 기계 및 구조물 최적화와 다목적 최적화, 인공 신경망 훈련과 퍼지 시스템 제어와 같은 많은 종류의 문제에 성공적으로 응용되었다.

이 절에서 PSO의 기본적인 아이디어와 간단한 PSO 알고리즘을 제시한다. 이 방법의 많은 변형이 문헌에서 이용 가능하며, 더 좋은 알고리즘을 개발하고 응용의 범위를 확대화는 주제에 관한 연구가 계속되고 있다(Kennedy et al., 2001).

17.4.1 1단계: 무리 행동과 용어

PSO 계산 알고리즘은 새 떼나 물고기 무리와 같은 동물의 사회적 무리 행동(먹이를 찾는 이동)을 모방하려고 노력한다. 무리에서 개체는 단체의 지능뿐 아니라 자신의 제한된 지능에 따라 행동한다. 각 개체는 이웃의 행동을 관찰하고 그에 따라 자신의 행동을 조정한다. 만약 개체 구성원이 먹이로 좋은 경로를 발견하면 다른 구성원은 그들이 무리의 어디에 있더라도 이 경로를 따른다.

PSO는 다음 용어를 사용한다.

입자(*particle*): 이 용어는 무리에 개체를 식별하는데 사용된다(예, 새 떼나 무리로 있는 물고기). 에이전트도 일부 서클에 사용된다. 각 입자는 무리에 위치를 가지고 있다. 최적화 알고리즘에서 각 입자의 위치가 문제의 잠재적 해인 설계점을 나타낸다.

입자 위치(*particle position*): 이 용어는 입자의 좌표를 말한다. 최적화 알고리즘에서 이것은 설계점(설계변수의 벡터)을 표현한다.

입자 속도(*particle velocity*): 이 용어는 입자가 공간에서 움직이는 비율을 말한다. 최적화 알고리즘에서 이것은 설계 변화를 언급한다.

무리 선두(*swarm leader*): 이것은 가장 좋은 위치를 가지고 있는 입자이다. 최적화 알고리즘에서 이 용어는 목적함수의 가장 작은 값을 가진 설계점을 말한다.

17.4.2 2단계: 입자 무리 최적화 알고리즘

PSO는 앞에서 설명한 무리의 사회적 행동을 수치알고리즘으로 전환한다. 표 17.3에 보여주는 기호가 후속 단계별 알고리즘에 사용되었다.

무리의 각 입자는 현재 위치의 궤도와 알고리즘이 진행되는 동안 얻은 가장 좋은 위치(해)를 유지한다. 이것은 각 점이 현재 값뿐만 아니라 지금까지 달성된 최고 값을 저장함으로 수행한다. i번째 입자(설계점)의 가장 좋은 위치를 $\mathbf{x}_P^{(i,k)}$이라고 한다. 입자 무리 최적에 의하여 추적된 다른 '최고' 값이 $\mathbf{x}_G^{(k)}$라고 표시하는 전체 무리에 대한 가장 좋은 위치이다. PSO 알고리즘은 각 때마다(반복) 반복, 무리의 가장 좋은 위치뿐만 아니라 자신의 가장 좋은 위치로 향하는 각 입자의 속도로 구성한다(또한 알려진 가장 좋은 위치로 향하는 입자의 가속으로 말하기도 한다).

단계별 PCO 알고리즘은 다음과 같이 서술된다.

0단계: 초기화(*initialization*). N_p, c_1, c_2와 반복의 최대 수로 $k_{\max}$를 선택한다. 입자의 초기 속도 $\mathbf{v}^{(i,0)}$를 0으로 둔다. 반복 계수기를 $k = 1$으로 둔다.

1단계: 초기 생성(*initial generation*). 무작위 절차를 사용하여 N_p 입자 $\mathbf{x}^{(i,0)}$를 생성한다. 식 (17.7)에서 설명한 절차가 허용 범위 내에서 이들 점을 생성하기 위하여 사용될 수 있다. 이들의 각 점에 대한 목적함수 $f(\mathbf{x}^{(i,0)})$을 평가한다. $\mathbf{x}_G^{(k)}$로써 모든 입자 중에서 가장 좋은 해를 결정한다. 즉, 가

표 17.3 입자 무리 최적화 알고리즘에 대한 기호와 용어

Notation	Terminology
c_1	Algorithm parameter (ie, cognitive parameter); taken between 0 and 4, usually set to 2
c_2	Algorithm parameter (ie, social parameter); taken between 0 and 4, usually set to 2
r_1, r_2	Random numbers between 0 and 1
k	Iteration counter
$k_{\max}$	Limit on the number of iterations
n	Number of design variables
N_p	Number of particles (design points) in the swarm; *swarm size* (usually 5n to 10n)
x_j	jth component of the design variable vector $\mathbf{x}$
$\mathbf{v}^{(i,k)}$	Velocity of the ith particle (design point) of the swarm at the kth generation/iteration
$\mathbf{x}^{(i,k)}$	Location of the ith particle (design point) of the swarm at the kth generation/iteration
$\mathbf{x}_P^{(i,k)}$	Best position of the ith particle based on its travel history at the kth generation/iteration
$\mathbf{x}_G^{(k)}$	Best solution for the swarm at the kth generation; considered the leader of the swarm
$\mathbf{x}_L$	Vector containing lower limits on the design variables
$\mathbf{x}_U$	Vector containing upper limits on the design variables

장 작은 목적함수 값을 가지는 점을 결정한다.

2단계: 속도 계산(*calculate velocities*). $k + 1$ 반복에서 다음과 같이 각 입자의 속도를 계산한다.

$$\mathbf{v}^{(i,k+1)} = \mathbf{v}^{(i,k)} + c_1 r_1 \left(\mathbf{x}_P^{(i,k)} - \mathbf{x}^{(i,k)} \right) + c_2 r_2 \left(\mathbf{x}_G^{(k)} - \mathbf{x}^{(i,k)} \right); \quad i = 1 \text{ to } N_p \qquad (17.28)$$

입자의 위치를 다음과 같이 갱신한다.

$$\mathbf{x}^{(i,k+1)} = \mathbf{x}^{(i,k)} + \mathbf{v}^{(i,k+1)}; \quad i = 1 \text{ to } N_p \qquad (17.29)$$

입자 위치에 관하여 확인하고 범위를 적용한다.

$$\mathbf{x}_L \leq \mathbf{x}^{(i,k+1)} \leq \mathbf{x}_U \qquad (17.30)$$

3단계: 최고 해 갱신(*update the best solution*). 새로운 위치에서 목적함수 $f(\mathbf{x}^{(i,k+1)})$를 계산한다. 각 입자에 대하여 다음 확인을 수행한다.

$$\begin{aligned} &\text{If } f\left(\mathbf{x}^{(i,k+1)}\right) \leq f\left(\mathbf{x}_P^{(i,k)}\right), \quad \text{그러면 } \mathbf{x}_P^{(i,k+1)} = \mathbf{x}^{(i,k+1)}; \\ &\text{그렇지 않으면 } \mathbf{x}_P^{(i,k+1)} = \mathbf{x}_P^{(i,k)} \text{에 대하여} \quad i = 1 \text{ to } N_p \end{aligned} \qquad (17.31)$$

$$\text{If } f\left(\mathbf{x}_P^{(i,k+1)}\right) \leq f(\mathbf{x}_G), \text{ 그러면 } \quad \mathbf{x}_G = \mathbf{x}_P^{(i,k+1)}, \quad i = 1 \text{ to } N_p \qquad (17.32)$$

4단계: 종료 기준(*stopping criterion*). 반복과정의 수렴을 확인한다. 만약 종료 기준이 만족되면 (즉, $k = k_{\max}$ 또는 만약 모든 입자가 가장 좋은 무리 해로 수렴하면) 정지한다. 그렇지 않으면 $k = k + 1$로 두고 2단계로 간다.

17장의 연습문제*

Section 17.1 Genetic Algorithm

Solve the following problems using a GA.

17.1 Example 15.1 with the available discrete values for the variables as $x_1 \in \{0, 1, 2, 3\}$, and $x_2 \in \{0, 1, 2, 3, 4, 5, 6\}$. Compare the solution with that obtained with the branch and bound method.

17.2 Exercise 3.34 using the outside diameter d_0 and the inside diameter d_i as design variables. The outside diameter and thickness must be selected from the following available sets:

$$d_0 \in \left\{ 0.020, 0.022, 0.024, \dots, 0.48, 0.50 \right\} \text{m}; \quad t \in \left\{ 5, 7, 9, \dots, 23, 25 \right\} \text{mm}$$

Check your solution using the graphical method of chapter: Graphical Solution Method and Basic Optimization Concepts. Compare continuous and discrete solutions. Study the effect of reducing the number of elements in the available discrete sets.

17.3 Formulate the minimum mass tubular column problem described in Section 2.7 using the following data: $P = 100$ kN, length, $l = 5$ m, Young's modulus, $E = 210$ GPa, allowable stress, $\sigma_a = 250$ MPa, mass density, $\rho = 7850$ kg/m^3, $R \leq 0.4$ m, $t \leq 0.05$ m, and $R, t \geq 0$. The design variables must be selected from the following sets:

$$R \in \{0.01, 0.012, 0.014, \dots, 0.38, 0.40\} \text{m}; \quad t \in \{4, 6, 8, \dots, 48, 50\} \text{mm}$$

Check your solution using the graphical method of chapter: Graphical Solution Method and Basic Optimization Concepts. Compare continuous and discrete solutions. Study the effect of reducing the number of elements in the available discrete sets.

17.4 Consider the plate girder design problem described and formulated in Section 6.8. The design variables for the problem must be selected from the following sets:

$$h, b, \in \{0.30, 0.31, 0.32, \dots, 2.49, 2.50\} \text{m}; \quad t_w, t_f \in \{10, 12, 14, \dots, 98, 100\} \text{mm}$$

Compare the continuous and discrete solutions. Study the effect of reducing the number of elements in the available discrete sets.

17.5 Consider the plate girder design problem described and formulated in Section 6.8. The design variables for the problem must be selected from the following sets:

$$h, b, \in \{0.30, 0.32, 0.34, \dots, 2.48, 2.50\} \text{m}; \quad t_w, t_f \in \{10, 14, 16, \dots, 96, 100\} \text{mm}$$

Compare the continuous and discrete solutions. Study the effect of reducing the number of elements in the available discrete sets.

17.6 Solve problems of Exercises 17.4 and 17.5. Compare the two solutions, commenting on the effect of the size of the discreteness of variables on the optimum solution. Also, compare the continuous and discrete solutions.

17.7 Formulate the spring design problem described in Section 2.9 and solved in Section 6.7. Assume that the wire diameters are available in increments of 0.01 in., the coils can be fabricated in increments of 1/16 in., and the number of coils must be an integer. Compare the continuous and discrete solutions. Study the effect of reducing the number of elements in the available discrete sets.

17.8 Formulate the spring design problem described in Section 2.9 and solved in Section 6.7. Assume that the wire diameters are available in increments of 0.015 in., the coils can be fabricated in increments of 1/8 in., and the number of coils must be an integer. Compare the continuous and discrete solutions. Study the effect of reducing the number of elements in the available discrete sets.

17.9 Solve problems of Exercises 17.7 and 17.8. Compare the two solutions, commenting on the effect of the size of the discreteness of variables on the optimum solution. Also, compare the continuous and discrete solutions.

17.10 Formulate the problem of optimum design of prestressed concrete transmission poles described in Kocer and Arora (1996a). Compare your solution to that given in the reference.

17.11 Formulate the problem of optimum design of steel transmission poles described in Kocer and Arora (1996b). Solve the problem as a continuous variable optimization problem.

17.12 Formulate the problem of optimum design of steel transmission poles described in Kocer and Arora (1996b). Assume that the diameters can vary in increments of 0.5 in. and the thicknesses can vary in increments of 0.05 in. Compare your solution to that given in the reference.

17.13 Formulate the problem of optimum design of steel transmission poles using standard sections described in Kocer and Arora (1997). Compare your solution to the solution given in the reference.

17.14 Formulate and solve three-bar truss of Exercise 3.50 as a discrete variable problem where the cross-sectional areas must be selected from the following discrete set:

$$A_i \in \left\{50, 100, 150, \ldots, 4950, 5000\right\} \text{ mm}^2$$

Check your solution using the graphical method of chapter: Graphical Solution Method and Basic Optimization Concepts. Compare continuous and discrete solutions. Study the effect of reducing the number of elements in the available discrete sets.

17.15 Solve Example 17.1 of bolt insertion sequence at 10 locations. Compare your solution to the one given in the example.

17.16 Solve the 16-bolt insertion sequence determination problem described in Huang, Hsieh and Arora (1997). Compare your solution to the one given in the reference.

17.17 The material for the spring in Exercise 17.7 must be selected from one of three possible materials given in Table E17.17 (refer to Section 15.8 for more discussion of the problem) (Huang and Arora, 1997). Obtain a solution to the problem.

17.18 The material for the spring in Exercise 17.8 must be selected from one of three possible materials given in Table E17.17 (refer to Section 15.8 for more discussion of the problem) (Huang and Arora, 1997). Obtain a solution to the problem.

Sections 17.2–17.4

17.19 Implement the DE algorithm into a computer program. Solve the Example 17.1 of bolt insertion sequence determination using your program. Compare performance of the DE and GA algorithms.

17.20 Implement the ACO algorithm into a computer program. Solve the Example 17.1 of bolt insertion sequence determination using your program. Compare performance of the ACO and GA algorithms.

TABLE E17.17 Material Data for the Spring Design Problem

Material Type	G (lb/in.^{2})	ρ (lb s^2/in.^{4})	τ_a (lb/in.^{2})	U_p
1	11.5×10^6	7.38342×10^{-4}	80,000	1.0
2	12.6×10^6	8.51211×10^{-4}	86,000	1.1
3	13.7×10^6	9.71362×10^{-4}	87,000	1.5

G = *shear modulus;* ρ = *mass density;* τ_a = *shear stress;* U_p = *relative unit price.*

17.21 Implement the PSO algorithm into a computer program. Solve the Example 17.1 of bolt insertion sequence determination using your program. Compare performance of the PSO and GA algorithms.

References

Arora, J.S., 2002. Methods for discrete variable structural optimization. In: Burns, S. (Ed.), Recent Advances in Optimal Structural Design. Structural Engineering Institute, Reston, VA, pp. 1–40.

Arora, J.S., Huang, M.W., 1996. Discrete structural optimization with commercially available sections: a review. J. Struct. Earthquake Eng. JSCE 13 (2), 93–110.

Arora, J.S., Huang, M.W., Hsieh, C.C., 1994. Methods for optimization of nonlinear problems with discrete variables: a review. Struct. Optim. 8 (2/3), 69–85.

Blum, C., 2005. Ant colony optimization: introduction and recent trends. Phys. Life Rev. 2, 353–373.

Chen, S.Y., Rajan, S.D., 2000. A robust genetic algorithm for structural optimization. Struct. Eng. Mech. 10, 313–336.

Coello-Coello, C.A., Van Veldhuizen, D.A., Lamont, G.B., 2002. Evolutionary Algorithms for Solving Multi-Objective Problems. Kluwer Academic, New York.

Corne, D., Dorigo, M., Glover, F. (Eds.), 1999. New Ideas in Optimization. McGraw-Hill, New York.

Das, S., Suganthan, N., 2011. Differential evolution: a survey of the state-of-the-art. IEEE Transac.Evolut. Comput. 15 (1), 4–31.

Dorigo, M., 1992. Optimization, learning and natural algorithms. Ph.D. Thesis, Politecnico di Milano, Italy.

Gen, M., Cheng, R., 1997. Genetic Algorithms and Engineering Design. John Wiley, New York.

Glover, F., Kochenberger, G. (Eds.), 2002. Handbook on Metaheuristics. Kluwer Academic, Norwell, MA.

Goldberg, D.E., 1989. Genetic Algorithms in Search, Optimization and Machine Learning. Addison-Wesley, Reading, MA.

Holland, J.H., 1975. Adaptation in Natural and Artificial Systems. University of Michigan Press, Ann Arbor.

Huang, M.W., Arora, J.S., 1997a. Optimal design with discrete variables: some numerical experiments. Int. J. Nuer. Methods Eng. 40, 165–188.

Huang, M.W., Arora, J.S., 1997. Optimal design of steel structures using standard sections. Struct. Multidiscip. Optim. 14, 24–35.

Huang, M.W., Hsieh, C.C., Arora, J.S., 1997. A genetic algorithm for sequencing type problems in engineering design. Int. J. Numer. Methods Eng. 40, 3105–3115.

Kennedy, J., Eberhart, R.C., 1995. Particle swarm optimization. Proceedings of IEEE International Conference on Neural Network, vol. IV, IEEE Service Center, Piscataway, NJ, 1942–1948.

Kennedy, J., Eberhart, R.C., Shi, Y., 2001. Swarm Intelligence. Morgan Kaufmann, San Francisco.

Kocer, F.Y., Arora, J.S., 1996a. Design of prestressed concrete poles: an optimization approach. J. Struct. Eng. ASCE 122 (7), 804–814.

Kocer, F.Y., Arora, J.S., 1996b. Optimal design of steel transmission poles. J. Struct. Eng. ASCE 122 (11), 1347–1356.

Kocer, F.Y., Arora, J.S., 1997. Standardization of transmission pole design using discrete optimization methods. J. Struct. Eng. ASCE 123 (3), 345–349.

Kocer, F.Y., Arora, J.S., 1999. Optimal design of H-frame transmission poles subjected to earthquake loading. J. Struct. Eng. ASCE 125 (11), 1299–1308.

Kocer, F.Y., Arora, J.S., 2002. Optimal design of latticed towers subjected to earthquake loading. J. Struct. Eng. ASCE 128 (2), 197–204.

Mitchell, M., 1996. An Introduction to Genetic Algorithms. MIT Press, Cambridge, MA.

Nelder, J.A., Mead, R.A., 1965. A Simplex method for function minimization. Comput. J. 7, 308–313.

Osyczka, A., 2002. Evolutionary Algorithms for Single and Multicriteria Design Optimization. Physica Verlag, Berlin.

Pezeshk, S., Camp, C.V., 2002. State-of-the-art on use of genetic algorithms in design of steel structures. In: Burns, S. (Ed.), Recent Advances in Optimal Structural Design. Structural Engineering Institute, ASCE, Reston, VA.

Price, K., Storn, R., Lampinen, J., 2005. Differential Evolution—A Practical Approach to Global Optimization. Springer, Berlin.

Qing, A., 2009. Differential Evolution—Fundamentals and Applications in Electrical Engineering. Wiley-Interscience, New York.

18

다목적 최적설계의 개념과 기법

Multi-objective Optimum Design Concepts and Methods

이 장의 주요내용:

- 다목적 최적화 문제와 관련된 용어와 개념 설명
- 파레토 최적과 파레토 최적해의 개념 설명
- 적절한 정식화를 사용하여 다목적 최적화 문제 해결

지금까지 우리는 최적화하기 위한 목적함수가 하나인 문제에 대해서만 고려하였다. 그러나 많은 실질적인 문제에서 설계자는 두 개 또는 그보다 많은 수의 목적함수를 동시에 최적화해야 하는 경우가 생긴다. 다목적(*multi-objective*), 다중 척도(*multicriteria*), 또는 벡터 최적화(*vector optimization*)라고 불리는 이러한 문제들은 모두 다목적 최적화 문제(*multi-objective optimization problems*)에 해당한다.

이번 장에서는 다목적 최적화 문제에 대한 기본적인 용어, 개념, 해석방법에 대해서 설명한다. 주된 내용은 Marler와 Arora (2004, 2009) 논문으로부터 도출되었으며 많은 다른 문헌을 참고하였다(예를 들면, Ehrgott와 Gandibleux, 2002; 이 장의 초안은 R. T. Marler에 의해 제공되었으며 이 책에 대한 그의 기여에 감사를 드린다).

18.1 문제의 정의

이 장에서는 일반적인 설계 최적화 모델을 정의한다. 다목적 최적화 문제를 다루기 위해 최적설계 문제의 정식화는 다음과 같이 수정된다.

$$\mathbf{f}(\mathbf{x}) = \left(f_1(\mathbf{x}), f_2(\mathbf{x}), \ldots, f_k(\mathbf{x}) \right) \tag{18.1}$$

$$h_i(\mathbf{x}) = 0; \quad i = 1 \text{ to } p \tag{18.2}$$

$$g_j(\mathbf{x}) \le 0; \quad j = 1 \text{ to } m \tag{18.3}$$

여기서 k는 목적함수의 개수, p는 제약조건 방정식의 개수, 그리고 m는 제약조건 부등식의 개수이다. $\mathbf{f}(\mathbf{x})$는 목적함수의 k차원 벡터이다. 유용해 집합(*feasible set S*), 또는 유용설계공간(*feasible design space*)은 제약조건을 만족하는 모든 설계들의 집합으로 정의된다.

$$S = \left\{ \mathbf{x} \middle| h_i(\mathbf{x}) \leq 0; \quad i = 1 \text{ to } p; \quad \text{and} \quad g_j(\mathbf{x}) \leq 0; \quad j = 1 \text{ to } m \right\} \tag{18.4}$$

식 (18.1)~(18.3)의 문제는 보통 유일한 해를 갖지 않지만 단일 목적함수 문제와 다목적 문제를 대조하기 위해서 위와 같이 표현하였다. 참고로 이 장에서는 목적함수(*objective function*)와 비용함수(*cost function*)를 혼용하여 표현한다. 예제 18.1과 18.2는 단일 목적함수와 다목적 최적화 문제의 기본적인 차이를 보여준다.

예제 18.1 단일 목적함수 최적화 문제

최소화

$$f_1(\mathbf{x}) = (x_1 - 2)^2 + (x_2 - 5)^2 \tag{a}$$

제약조건

$$g_1 = -x_1 - x_2 + 10 \leq 0 \tag{b}$$

$$g_2 = -2x_1 + 3x_2 - 10 \leq 0 \tag{c}$$

풀이

그림 18.1은 위의 문제를 그림으로 나타낸다. 그림을 보면 제약조건을 만족하는 집합 S는 볼록(convex)하고 등측선으로써 목적함수 분포를 표시하고 있다. 목적함수는 점 A(4, 6)에서 최솟값을 가지고 있는데 이때의 값은 $f_1(4, 6) = 5$이고, 이 최소점(minimum point)은 모든 제약조건들의 경계에 위치하고 있다. 목적함수가 완전히 볼록하기 때문에, 점 **A**가 유일한 전역 최솟값임을 알 수 있다.

예제 18.2 두 목적함수를 가지는 최적화 문제

예제 18.1 에 두 번째 목적함수를 더하여 아래의 두 목적함수를 가지는 최적화 문제를 구성하였다.

최소화

$$f_1(\mathbf{x}) = (x_1 - 2)^2 + (x_2 - 5)^2 \tag{a}$$

$$f_2(\mathbf{x}) = (x_1 - 4.5)^2 + (x_2 - 8.5)^2 \tag{b}$$

제약조건은 예제 18.1과 같다.

풀이

그림 18.2는 그림 18.1에서 두 번째 목적함수의 등측선이 추가된 그림을 보여준다. 두 번째 목적함수 f_2는 점 B(5.5, 7.0)에서 최소점을 가지며 그 값은 3.25이다. f_2는 f_1과 같이 완전히 볼록하기 때문에 점 B는 목적

함수 f_2의 유일한 전역 최소점이지만, 두 목적함수의 최소점의 위치가 각각 다르기 때문에 하나의 최소점의 위치를 선택하는 것은 어렵다. 사실 이러한 경우 가능한 해는 무한히 많은데, 이러한 가능한 최소점들의 집합을 파레토 최적해라고 부르고, 이는 이후에 설명하기로 한다. 문제는 이들 중에서 설계자의 요구에 적합한 해를 찾아야 한다는 것이다. 이 딜레마를 위해서 추가적인 용어와 개념 설명이 필요하다.

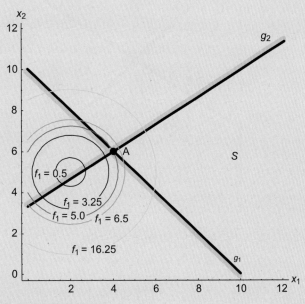

그림 18.1 단일 목적함수 최적화 문제의 도식화

18.2   용어 및 기본 개념

18.2.1 판정기준공간과 설계공간

예제 18.2는 그림 18.2의 설계공간에서 표현하고 있다. 제약조건 g_1, g_2, 그리고 목적함수의 등측선이 설계변수 x_1와 x_2의 함수로 표현되어 있다. 반면에 다목적 최적화 문제의 경우에는 각각의 목적함수를 축으로 하는 **판정기준공간**(*criterion space* 또는 *cost space*)에서 도식화할 수도 있다. 이 문제의 경우, 그림 18.3과 18.4와 같이 f_1와 f_2가 판정기준공간에서의 각 축이 된다. q_1는 g_1 조건의 경계면, q_2는 g_2 조건의 경계면을 나타낸다.

일반적으로 설계공간에서 제약조건의 경계 위에 있는 점들에 대해서 목적함수를 계산함으로써 설계공간의 곡선 $g_j(\mathbf{x}) = 0$를 판정기준공간 위의 곡선 q_j로 간단하게 변환할 수 있다. 판정기준공간에서의 유용해 집합 Z는 설계공간에서 제약조건을 만족하는 점들에 대응되는 목적함수 값들의 집합으로 정의된다. 다시 말해,

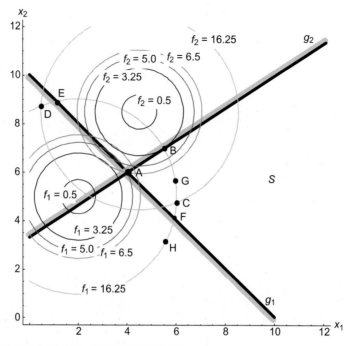

그림 18.2 두 개의 목적함수를 가지는 최적화 문제의 도식화

$$Z = \left\{ f(\mathbf{x}) \middle| \mathbf{x} \text{ in the feasible set } S \right\} \tag{18.5}$$

설계변수 공간에서 제약조건을 만족하는 점들은 모두 판정기준공간 위의 점들로 변환할 수 있다. 판정기준공간에서의 g_j는 q_j를 의미하지만, 판정기준공간에서의 제약조건을 만족하는 경계면을 의미하지는 않는다. 예제 18.2에서 제약조건을 만족하는 공간이 그림 18.3에서 음영 부분으로 표시되어 있다. 그림 18.3에서는 곡선 q_1과 q_2의 모든 부분이 판정기준공간에서 제약조건을 만족하는 경계면을 형성하는 것은 아니라는 것을 보여준다. 이러한 제약조건을 만족하는 판정기준공간의 개념은 매우 중요하고 자주 이용되는데, 이는 추후에 더 논의될 것이다.

먼저 그림 18.1에서 단일 목적함수를 가지는 문제를 살펴보자. 이 문제에서 판정기준공간에서의 유용해 공간은 목적함수 f_1가 최솟값인 5에서부터 시작하게 되고 그림 18.3과 같이 무한대까지 뻗어간다. 각각의 가능한 설계점은 하나의 목적함수 값과 대응된다. 즉, 판정기준공간에서의 직선 위에 하나의 해로 대응된다. 그러나 하나의 목적함수 값에서도 설계변수 공간 S에서는 매우 다양한 설계점들이 존재한다. 예를 들어 그림 18.1에서 $f_1 = 16.25$를 가지는 설계점들은 등측선 위로 무한히 많이 존재하고, 또한 $f_1 = 16.25$를 가지면서도 제약조건을 만족하지 못하는 설계점들도 역시 많이 존재한다는 것을 알 수 있다. 그러므로 판정기준공간에서의 유용해 집합 중 특정한 하나의 목적함수 값에서도 설계공간에서는 제약조건을 만족하는 설계점들과 만족하지 못하는 설계점들이 동시에 존재할 수 있다. 제약조건의 경계인 g_1과 g_2 위의 설계점들에서 목적함수 값들은 그림 18.3에서 판정기준공간의 f_1 직선 위로 대응된다는 것을 알 수 있다.

이제 두 개의 목적함수를 가지는 문제에 대해서 설계공간에서의 제약조건 경계와 대응되는 판정

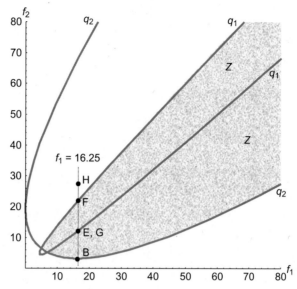

그림 18.3 판정기준공간에서 두 개의 목적함수를 가지는 최적화 문제의 도식화

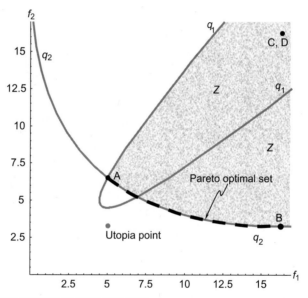

그림 18.4 판정기준공간에서 파레토 최적해와 유토피아점

기준공간에서의 제약조건 경계 사이의 관계를 고려하자. 그림 18.3에서 판정기준공간에서 유용해 집합 위의 점인 E와 F 두 해는 모두 f_1 목적함수의 값이 16.25를 가진다. 두 해는 모두 q_1 곡선 위에 있으므로 설계공간에서 제약조건 경계 g_1 위에 있어야 한다. 그림 18.2에서와 같이 설계공간에서 점 E(1.076, 8.924)와 점 F(5.924, 4.076)의 g_1 직선 위에 있다. 두 해는 모두 제약조건 g_1을 만족하지만, E는 제약조건 g_2를 위반하여 유용해 집합 S에 포함되지 않는다. 그러면 E는 판정기준공간에서

어떻게 유용해 영역에 포함되었을까?

그림 18.2에서 $f_1 = 16.25$을 가지는 등측선 위의 다른 해 G가 존재하고 이 해는 유용해이면서 E 와 f_2값이 같다. 그러므로 그림 18.3과 같이 설계공간에서의 G가 판정기준공간에서의 E로 대응되었 던 것이다. 따라서 판정기준공간에서는 유용해였던 해 하나가 설계공간에서는 여러 해로 대응되면 서 제약조건을 위반하는 해들까지도 대응될 수 있다. 그림 18.2에서 유용해인 C와 유용해가 아닌 D 가 모두 판정기준공간에서는 유용해인 C로 대응되고 있다는 것을 그림 18.4에서 확인할 수 있다. 또 한 그림 18.3의 판정기준공간에서 유용해가 아닌 $f_1 = 16.25$를 가지는 H가 설계공간에서는 유용해 가 아닌 H로 그림 18.2에서와 같이 대응되고 있다. 따라서 가능한 판정기준공간은 설계공간에서의 유용해들로 얻어진 모든 점들로 구성된다.

설계점들의 유용해와 관련된 것은 **접근가능성**(*attainability*) 개념이다. 하나의 설계점에서 유용해 (feasibility)는 설계공간에서 제약조건을 모두 만족한다는 의미이다. 접근가능성은 판정기준공간에 있는 한 점이 설계공간에서의 유용해와 서로 관련될 수 있다는 것을 의미한다. 설계공간에서 유용해 인 한 점은 판정기준공간으로 변환이 가능하지만 그 반대 방향의 변환은 보장되지 않는다. 앞서 예 제에서 관찰된 것처럼, 이는 판정기준공간에서의 모든 해가 설계공간에서의 유용해 **x**로 대응되지는 않는다는 것이다. 심지어 제약조건이 없는 문제에서도, 판정기준공간에서 특정한 해들만이 **접근가능** (*attainable*)하다. 우리는 이제 판정기준공간에서 집합 S의 유용해로 대응될 수 있고 접근가능한 해 들의 집합을 Z라고 사용할 것이다. 집합 Z는 **접근가능한 집합**(*attainable set*)이라고 부른다.

상대적으로 간단한 예제 18.2에 대하여 그림 18.3과 18.4에서 설명하였듯이, Z를 표현할 수 있 으나 일반적으로 판정기준공간에서 유용해를 직접 표현하는 것은 어렵다.

앞서 예제 18.1에서 언급하였듯이 판정기준공간에서의 유용해는 5에서부터 시작해서 무한대로 가는 실수 직선이 된다. 그러므로 목적함수가 5와 그보다 큰 값들만이 접근가능하고, 판정기준공간 에서의 유용해 집합 Z를 구성하게 된다.

18.2.2 최적해 개념

고전적인 관점에서 단일 목적함수에 대한 최적화는 국소적인 최대점이나 최소점, 또는 그림 18.1의 A와 같이 전역적 최적점을 나타내는 고정점(stationary point)을 결정하는 과정이다. 반면에 다목 적 최적화 문제는 단일 목적함수 문제보다 더 복잡하고, 명확하지 못한 부분이 있다. 예를 들어, 그 림 18.2에 묘사되어 있는 예제 18.2를 보면 A는 f_1의 최소점이고 B는 f_2의 최소점이다. 그러나 어떤 설계점이 f_1와 f_2를 동시에 최소화할 수 있을지는 이러한 단순 문제에 대해서 조차 분명하지 않다. 어 떤 목적함수를 최소화하면 그로 인하여 다른 목적함수 값을 증가시킬 수 있기 때문에 여러 목적함수 최소화가 의미하는 바는 명확하지 않다. 그러므로 이번 절에서는 다목적 최적화 문제에 관련된 몇 가지 최적해 개념에 대해 알아본다.

파레토 최적점

다목적 최적화 문제의 해결에 대한 일반적인 개념이 **파레토 최적점**(*Pareto optimality*; Pareto, 1906)이다. 제약조건을 만족하는 설계공간 S의 어떤 해 x^*에 대해서 다른 목적함수들은 증가시키지 않으면서 적어도 하나의 목적함수를 감소시키는 다른 해 **x**가 존재하지 않을 때, 파레토 최적해(Pareto optimal)라고 부른다. 이 개념은 아래와 같이 좀 더 구체적으로 정의된다.

> $f_i(\mathbf{x}) < f_i(\mathbf{x}^*)$를 적어도 하나 이상 만족하면서 $\mathbf{f}(\mathbf{x}) \leq \mathbf{f}(\mathbf{x}^*)$를 만족하는 설계공간 **S**에서의 유용해인 **x**가 존재하지 않을 때 설계공간 **S**에서의 유용해 **x***를 파레토 최적해(Pareto optimal)라고 한다.

벡터들 사이의 부등호는 벡터의 각 요소 모두에 적용된다. 예를 들어 $\mathbf{f}(\mathbf{x}) \leq \mathbf{f}(\mathbf{x}^*)$는 $f_1 \leq f_1^*$, $f_2 \leq f_2^*$ 등과 같다. 모든 파레토 최적해들의 집합을 파레토 최적해 집합(*Pareto optimal set*)이라고 하는데 이것은 설계공간, 판정기준공간 모두에서 살펴볼 수 있다. 앞서 정의의 의미는 해 **x***가 파레토 최적해로 불리기 위해서는 설계공간의 유용해 S 중에서 어떤 점도 다른 목적함수들을 변경시키지 않으면서 적어도 하나의 목적함수를 개선하는 점이 존재하지 않아야 한다.

파레토 최적해의 예로서 그림 18.2와 18.4에서의 점 A를 살펴보자. 이 점에서 제약조건을 위반하지 않으면서 f_1와 f_2를 동시에 감소시키도록 움직이는 것은 불가능하다. 그러므로 점 A는 파레토 최적해이다. 그러나 점 C에서는 f_1와 f_2를 동시에 줄이도록 이동할 수 있고 이것은 그림 18.4를 보면 명확히 드러난다. 따라서 점 C는 파레토 최적해가 아니다. 그림 18.2를 보면, 점 A와 점 B 사이의 g_2 경계선의 해들은 모두 파레토 최적해 집합이다. 그림 18.4에서도 g_2를 따라 점 A와 점 B 사이의 곡선은 파레토 최적해 집합이다. 실제로 **파레토 최적해 집합은 항상 판정기준공간의 유용해 집합 Z의 경계에 존재한다.** 이 예제처럼 오직 두 개의 목적함수만 있는 경우, 각 목적함수의 최소점들은 유일해를 가정하면서 파레토 최적 곡선의 양 끝점을 정의한다.

파레토 최적집합은 항상 Z의 경계에 생기지만, 제약조건에 의해서 필연적으로 정의된다는 의미는 아니다. 앞서 언급한 것처럼 Z는 제약조건이 없는 경우에도 문제없이 정의된다. 이러한 경우에 파레토 최적집합은 목적함수들의 기울기의 관계로 정의된다. 목적함수가 두 개만 존재하는 간단한 문제의 경우에서, 모든 파레토 최적해에서 목적함수들의 기울기는 서로 반대방향을 가리키게 된다. 예외인 경우는 하나의 최소해만 존재하여 그 점에서의 기울기가 0이 되는 것뿐이다.

예제 18.2에서 제약조건 g_1와 g_2가 없다면, 파레토 최적해 집합은 두 목적함수의 최소해인 두 원의 중심 (2, 5)와 (4.5, 8.5)끼리 이은 선이 된다. 이 직선은 그림 18.3의 판정기준공간에서는 곡선으로 대응된다.

약한 파레토 최적점

파레토 최적점과 긴밀하게 연관된 개념으로는 약한 파레토 최적점이 있다. 약한 파레토 최적점에서는 다른 목적함수들이 증가하지 않으면서 적어도 하나의 목적함수를 감소시킬 수 있으며 다음과 같이 정의된다.

> 설계공간의 유용해 집합 **S**에서의 어떤 해 **x***는 $\mathbf{f}(\mathbf{x}) < \mathbf{f}(\mathbf{x}^*)$를 만족하는 주변의 해 **x**가 존재하지 않을 때 약한 파레토 최적해라고 한다. 즉, 모든 목적함수를 동시에 감소시키는 해는 존재하지 않는다. 그러나 다른 목적함수들은 변하지 않는 상태에서 몇몇 목적함수를 감소시킬 수 있는 해들은 있을 수 있다.

약한 파레토 최적해과는 달리 파레토 최적해에서는 다른 목적함수를 손상시키지 않으면서 개선될 수 있는 목적함수는 없다. 항상 파레토 최적해를 주는 것과는 달리 약한 파레토 최적해에 수렴할 수 있는 다목적 최적화 수치 알고리즘들은 많이 개발되어 있다.

효율성과 지배성

효율성(efficiency)은 다목적 최적화에서의 또 하나의 중요한 개념인데 아래와 같이 정의된다.

적어도 하나의 목적함수에 대해 $f_i(x) < f_i(x^*)$를 만족하면서 다른 모든 목적함수들은 f(x) ≤ f(x*)를 만족하는 설계공간 S에서의 설계해 x가 더 이상 존재하지 않을 때 x*를 효율적(efficient)이라고 하며 그렇지 못한 x*는 비효율적(inefficient)이다. 모든 효율적인 해들의 집합을 효율적 영역(efficient frontier)이라고 한다.

또 다른 개념은 비지배점(*non-dominated points*)과 지배점(*dominated points*)에 관한 것인데 다음과 같이 정의된다.

판정기준공간에서의 유용해 집합인 Z 중에서 목적함수로 이루어진 벡터 f* = f(x*)가 모든 원소에 대해서 f ≤ f*를 만족하고 적어도 하나는 $f_i < f_i^*$를 만족시키는 해가 더 이상 존재하지 않는다면 f* = f(x*)의 x*를 비지배해라고 하며 그렇지 않은 경우에는 지배해라고 한다.

파레토 최적해과 효율적인 해(efficient points)의 정의는 같다. 또한, 효율적인 해와 비지배해의 개념도 거의 유사하다. 유일한 차이로는 효율성은 설계공간에서 정의되고, 비지배성은 판정기준공간에서 정의된다는 것이다. 그러나 파레토 최적점은 설계공간과 판정기준공간 모두에서 쓰인다. 수치 알고리즘들을 보면 판정기준공간에서 부분집합에서의 해들과 비교하여 비지배해를 결정하는 방식으로 비지배성 개념이 자주 쓰인다. 반면에 파레토 최적점은 설계공간이나 판정기준공간에서 완전한 유용해 영역을 나타내는 조건을 의미한다.

다목적 최적화 문제를 다루는 유전 알고리즘(GA)이나 몇몇 랜덤 탐색 방법들에서는 각 반복과정에서 잠재적 해들을 저장하고 갱신한다. 새로 얻어진 해는 기존의 잠재적 해들에 대한 목적함수 값들과 비교하여 새로운 해가 지배되는지를 결정한다. 만약 비지배해라면 잠재적 해로 저장하게 된다. 그러나 이 해가 파레토 최적해는 아닐 수도 있다.

유토피아점

이것은 판정기준공간에서 유일한 해인데 아래와 같이 정의된다.

$f_i^\circ = \min\{f_i(x) \mid$ for all × in the set $S\}$, $i = 1$ to k를 만족하는 판정기준공간의 해 f°를 유토피아점(utopia point) 또는 이상점(ideal point)이라고 한다.

유토피아점은 다른 목적함수를 고려하지 않고 각각의 목적함수를 최소화하여 얻어진다. 각각의 최소화 과정을 통해서 설계점들과 대응되는 목적함수들을 도출하게 된다. 이 해들이 설계공간에서 같은 점에 위치할 가능성은 거의 없다. 즉 한 설계점이 모든 목적함수를 동시에 최소화할 수는 없다는 의미이다. 따라서 유토피아점은 판정기준공간에서만 존재하며, 일반적으로 접근가능(*attainable*)하지 않다.

그림 18.4에서는 예제 18.2에 대한 파레토 최적해 집합과 유토피아점을 보여준다. 파레토 최적해 집합은 Z의 경계에 있고 q_2 곡선과 일치한다. 유토피아점은 (5, 3.25)에 위치하고 있는데, Z 안에 있지 않으며 따라서 접근가능하지 않다.

절충해

유토피아점 다음으로 좋은 해는 유토피아점과 가장 가까운 점이다. 이러한 해를 **절충해**(*compromise solution*)라고 한다. *가까운 정도*(*closeness*)는 다양한 방법으로 정의할 수 있다. 보통은 판정기준공간에서 이상점과 유클리드 거리(Euclidean distance) $D(\mathbf{x})$를 최소화하는 것을 의미하며, 다음과 같이 정의된다.

$$D(\mathbf{x}) = \|\mathbf{f}(\mathbf{x}) - \mathbf{f}^\circ\| = \left\{ \sum_{i=1}^{k} \left[f_i(\mathbf{x}) - f_i^\circ \right]^2 \right\}^{1/2} \tag{18.6}$$

여기서 f_i°는 판정기준공간에서 유토피아점의 원소를 나타낸다. 절충해는 파레토 최적해이다.

18.2.3 선호도와 효용 함수

수학적으로 무한히 많은 파레토 최적해들이 존재하기 때문에 어느 해가 더 선호되는지를 고려해서 결정을 해야 한다. 보통 선호도는 판정기준공간에서 고려하는 것을 기본으로 한다. 그리고 다목적 최적화 방법에서는 이용자의 선호도를 반영하는 것이 이상적이다. 즉, 이용자가 다른 해들에 대해 어떻게 생각하는지를 반영해야 하는 것이다. 그러나 수학적 모델 또는 알고리즘에서 이용자의 선호도를 완벽히 반영하는 것은 대개 불가능하다. 그럼에도 불구하고 다양한 방법으로 다중 목적함수 최적화 문제에서 선호도를 고려하려는 시도들이 있다.

선호도를 정확하게 모으고 반영하는 것은 다목적 최적화 방법에 중요한 이슈이다. 결국 효과적으로 선호도를 포함시키는 몇 가지 방법이 개발되었다. 이 방법들은 문제의 기능에 대한 지식을 모으고 이것들을 수학적 표현으로 정리하여 최적화 방법에 사용한다. 최근에 개발된 이 방법 중 하나가 **물리적 프로그래밍**(*physical programming*)이다. 이 방법은 다양한 응용 분야에 성공적으로 활용되었다(Messac, 1996; Chen et al., 2000; Messac et al., 2001; Messac and Mattson, 2002).

근본적으로 다른 목적함수들에 대한 선호도를 표현하는 방법은 크게 세 가지로 나뉜다. 한 가지 방법은 다목적 최적화 문제를 풀기 이전에 선호도를 선언하는 것이다. 예를 들어, 각 목적함수에 해당하는 가중치를 설정하여 상대적인 중요도를 정하는 것이다. 다른 방법으로는 선호도가 최적화 루틴과 상호작용을 하여 최적화 중간결과에 기초하여 결정하는 것이다. 이 방법은 시간이 많이 필요한 문제의 경우 사용하기 곤란한 면이 있다.

마지막으로는 파레토 최적집합을 완전히 계산해 두고 하나의 해를 결정하는 방법이 있다. 그러나 이 방법은 목적함수가 3개 이상인 문제에서는 실용적이지 못하다. 또한 이용자가 선호도를 정확히 정의하지 못하는 상황도 존재할 수 있다. 그래서 특별한 경우 선호도를 전혀 선언하지 않을 수도 있다.

효용 함수(*utility function*)는 이용자의 선호도에 대한 결정을 수학적으로 표현하는 방법이다. 이 것은 문제를 풀기 이전에 선호도를 선언하는 방법에서 쓰이게 된다. 여기서 효용(utility)이라는 것은 개인의 만족 정도를 표현하는 말로 효용 함수로 표현된다. 효용은 이용자의 만족을 결정짓는 것으로 활용도나 가치 같은 의미와는 조금 다르다. 효용 함수는 스칼라 함수로서 다양한 목적함수에 적용할 수 있다.

18.2.4 벡터 방법과 스칼라화 방법

다목적 최적화 방법을 크게 스칼라화 방법과 벡터 최적화 방법으로 나눌 수 있다. 스칼라화 방법은 목적함수들의 벡터 값들을 모두 모아서 하나의 목적함수로 만드는 것이다. 그러면 하나의 목적함수를 가진 최적화 문제로 풀 수 있다. 다른 방법인 벡터 최적화 방법은 각 목적함수를 독립적으로 다루는 것이다. 우리는 예제를 통해 두 방법에 대해 더 알아볼 것이다.

18.2.5 파레토 최적집합의 생성

다목적 최적화 방법들의 중요한 특징은 최적화로 얻어지는 해들의 성질이다. 어떤 방법들은 항상 파레토 최적해들을 도출하지만 몇몇 해들을 건너뛰게 되어 모든 파레토 최적해를 찾을 수 없다. 또 다른 방법들은 모든 파레토 최적해를 찾을 수 있지만 파레토 최적해가 아닌 해들도 찾을 수 있다. 전자의 경우 단 하나의 최적해를 찾고 싶을 때 유용하고, 후자의 경우 완전한 파레토 최적집합을 구해야 할 때 유용하다. 이들의 특징들은 이후에 더 설명하도록 하겠다. 파레토 최적해가 아닌 값들이나 모든 최적해를 구하는 방법과 같은 경향성은 방법뿐만 아니라 문제 속성에 따라 달라지는 경향이 있다.

18.2.6 목적함수의 정규화

많은 다목적 최적화 방법들은 서로 다른 목적함수들에 대해 비교하고 결정하는 과정이 포함되어 있다. 그러나 서로 다른 목적함수의 값들은 단위도 다를 수 있고, 크기도 매우 다를 수 있기 때문에 비교하기가 어려운 경우가 많다. 따라서 목적함수들을 그 크기가 비슷하도록 변환해주는 것이 필요하다. 여러 가지 방법이 존재하지만, 목적함수를 아래와 같이 정규화하는 방법이 가장 강건하다.

$$f_i^{\text{norm}} = \frac{f_i(\mathbf{x}) - f_i^\circ}{f_i^{\max} - f_i^\circ} \tag{18.7}$$

여기서 f_i°는 유토피아점(utopia point)이다. $f_i^{\text{norm}}(\mathbf{x})$는 0과 1 사이의 값을 가지게 되고, $f_i^{\max}(\mathbf{x})$와 f_i°는 방법과 정확도를 어떻게 하느냐에 따라 달라진다.

$f_i^{\max}(\mathbf{x})$를 결정하는 방법엔 두 가지가 있다. 하나는 $f_i^{\max}(\mathbf{x}) = \max\limits_{1 \le j \le k} f_i(\mathbf{x}_j^*)$와 같다. 여기서 $\mathbf{x}_j^*$는 j번째 목적함수를 최소화하는 해이다. 따라서 $\mathbf{x}_j^*$를 결정하기 위해 각 목적함수 $f_j(\mathbf{x})$를 먼저 최소화해야 한다. 그리고 $\mathbf{x}_j^*$에서의 모든 목적함수 값을 얻어낸다. 이 f_i 중에서 가장 큰 값이 $f_i^{\max}(\mathbf{x})$이다. 이 과정을 통해 유토피아점 $f_i^\circ(\mathbf{x})$도 얻어진다. 몇몇 경우에는 이러한 정규화 과정이 그다지 쓸모없을 수도 있다. 따라서 $f_i^{\max}(\mathbf{x})$ 대신에 $f_i(\mathbf{x})$의 절댓값 중 최댓값을 쓰거나 공학적 직관에 따라 근사화해서 사용하기도 한다. 비슷한 방법으로 유토피아점도 합당한 추정으로 대체하여 사용할 수 있다. 앞으로는 모든 목적함수를 정규화된 것으로 간주하려고 한다. 모든 목적함수가 비슷한 값을 가

질 때는 정규화 과정은 필요하지 않다.

18.2.7 최적화 엔진

다목적 최적화 문제를 푸는 대부분의 접근 방법은 여러 개의 목적함수를 하나의 목적함수 문제로 바꾸거나 여러 문제로 재구성하는 과정을 수반하게 된다. 이때 재구성한 문제를 풀기 위해 단일 목적함수 최적화 소프트웨어를 이용하게 되는데 이러한 소프트웨어를 **최적화 엔진**(*optimization engine*)이라고 한다. 대부분 다목적 최적화 방법의 성능은 어떤 최적화 엔진을 사용하느냐에 달려 있다.

18.3 다목적 유전 알고리즘

단일 목적함수의 최적화 방법으로 쓰였던 유전 알고리즘(GA)이 다목적 최적화 문제에서도 효과적으로 사용될 수 있다. 다목적 최적화를 위한 유전 알고리즘도 단일 목적함수 최적화에서 쓰인 유전적 알고리즘 기반으로 형성되기 때문에 그 개념과 절차는 17장에서 소개된 것과 동일하다. 자연 영감법을 참고하기 바란다.

유전 알고리즘(GA)은 구배 정보가 필요하지 않기 때문에 목적함수의 성질에 상관없이 효과적으로 사용될 수 있다. 이 방법에서는 반복과정을 통해 얻어진 정보와 랜덤 숫자를 이용하여 잠재적 해의 집단(potential solutions)을 계속 구해 나간다. 유전 알고리즘을 이용하면 하나의 파레토 최적해를 구하기보다는 **파레토 최적집합에 점차 수렴시킬 수 있다**는 장점이 있다(Osyczka, 2002).

이번에 소개하는 알고리즘이 공학 문제에 적용하기 위한 것이지만, 생물학이나 유전학 쪽으로부터 용어들이 많이 이용되었다. 따라서 이를 명확하게 하기 위해 이번 장에서 자연 영감법의 기본적인 정의들을 설명하겠다.

집단(*population*)은 설계공간에서 설계점들의 집합을 의미한다. **하위집단**(*subpopulation*)은 생성된 해들의 하위집합을 의미하고 **생성과정**(*generation*)은 반복 계산과정을 의미한다. 다음 생성과정에 **한 해가 살아남았다**(*point survives*)라는 말은 다음 반복과정에 그 해가 사용되기 위해 **선택**되었다는 의미이다. **틈새**(*niche*)는 서로 가까운 해들의 집합이다(보통 판정기준공간에서의 거리로 생각한다).

18.3.1 다목적 유전 알고리즘

다목적 문제에서 유전적 알고리즘을 적용하려고 할 때 가장 중요하게 생각해야 하는 부분은 적합성(fitness)을 어떻게 측정하는가, 파레토 최적이라는 개념을 어떻게 포함시킬 것인가, 잠재적 해 중에서 다음 세대(generation)에 살아남을 해들을 어떻게 결정할 것인가이다. 설계 해에 대한 적합성은 선별과정(selection process)에 사용되어 다음 세대에 포함시킬 설계 해를 결정하는 과정이라는 점을 기억하자.

그러나 어떤 다목적 유전적 알고리즘에서는 적합성이 사용되지 않고 정의도 되지 않는 경우가 있다. 대신에 이러한 선택전략 방법에서는 다음 세대로의 설계 해를 직접 선택한다. 이번 장에서 설명하는 방법들은 이런 두 쟁점에 대해 전반적으로 설명한다. 다음 세대에 가게 되는 선택된 설계 해들은 교차(crossover)와 변형(mutation) 연산자(17장에 설명되어 있음)를 통해서 새로운 설계 해들이 만들어지고 이들 중에 다시 선별과정이 진행되는 반복과정이 연속적으로 진행된다.

다목적 유전 알고리즘은 계속 발전되어 가고 있다. 우리는 서로 결합하고 수정되어 사용될 수 있는 다양한 설계해 선별과정의 개념들과 기법들을 알아볼 것이다.

18.3.2 벡터 기반 유전적 알고리즘

다목적 유전적 알고리즘의 도입은 Schaffer (1985)에서 처음 이루어졌는데 추후의 연구 발전 기반을 마련하였다. 이 방법은 벡터기반 유전적 알고리즘(*vector-evaluated genetic algorithm*, VEGA)을 이용하는데, 여기에는 한 세대에서 현재 설계 집단의 하위집단을 생성하는 과정이 있다. 하나의 하위집합은 모든 목적함수가 아닌 하나의 목적함수만을 고려해서 얻어진다. 선택과정(*selection process*)은 반복과정으로 구성되는데, 한 목적함수를 고려해서 현재 개체들 각각의 적합성을 평가한다. 집단에서의 특정한 개체들은 선택 되고 이들은 다음 세대로 넘어가게 된다(넘어가는 과정은 자연 영감법을 설명하는 부분에서 다루도록 한다). 그리고 이 과정은 각각의 목적함수에 대해서 반복되어 계산된다. 결국 k개의 목적함수를 가진 문제에서 k개의 하위집단이 생성되고, 각 하위집단은 N_p/k의 개체를 가진다. 여기서 N_p는 전체 집단의 크기를 의미한다. 최종 얻어진 하위집단들은 서로 합쳐져서 새로운 집단을 생성하게 된다.

선택과정에서는 하나의 목적함수에 대한 최솟값은 파레토 최적해를 이용한다(최솟값은 유일하다는 가정을 한다). 이러한 최솟값들은 파레토 최적집합의 꼭짓점에만 위치할 수밖에 없고 결국 이러한 이유로 Schaffer's 방법에서는 파레토 최적해들의 분포를 얻을 수 없다. 한 세대에서의 해들은 각 목적함수의 최소점 근처에서 군집을 이루게 되는 경향이 있다. 이 해들이 다음 세대로 넘어가는 과정은 마치 종의 진화와도 비슷하다고 볼 수 있다.

18.3.3 순위

다음 세대로의 적합성을 평가하고 개체를 선택하는 과정에서 VEGA를 대체하는 방법 중 하나가 판정기준공간에서 지배되는지 아닌지에 기반한 순위를 매기는 것이다(Goldberg, 1989; Srinivas and Deb, 1995; Cheng and Li, 1997). 적합성은 집단 내에서 개체들의 순위로 판단된다. 순위를 결정하고 적합성을 평가하는 방법은 매우 다양하지만 가장 일반적인 방법을 아래에 소개한다.

설계 해들이 주어지면 각 점에 대해서 목적함수 값들을 계산한다. 모든 비지배해는 1순위 값을 가지게 된다. 그리고 다른 모든 해들의 목적함수 값들과 비교해서 지배해인지를 결정한다. 그리고 나서 우선 비지배해로 결정된 해들은 고려대상에서 제외한 채 남은 해들 중에서 비교하여 비지배해를 결정하여 2순위 값을 부여한다. 이러한 과정을 남은 모든 값들이 순위 값을 가지도록 반복한다. 가장 낮은 순위 값을 가진 해들이 가장 높은 적합성을 가지게 된다. 다시 말해 적합성은 순위 값에 반비례하여 매겨진다.

18.3.4 파레토 적합성 함수

다목적 적합성은 다양한 방법으로 정의되어 왔다(Balling et al., 1999, 2000; Balling, 2000). 아래의 함수는 최대최소 적합성 함수(*maximin fitness function*)인데 일부 분야에서 성공적으로 사용되었다(Balling, 2000).

$$F(\mathbf{x}_i) = \max_{j \neq i;\, j \in P} \left[\min_{1 \leq s \leq k} \{ f_s(\mathbf{x}_i) - f_s(\mathbf{x}_j) \} \right] \tag{18.8}$$

여기서 $F(\mathbf{x}_i)$는 i번째 설계해의 적합성이고, P는 현재 집단에서의 비지배해 집합이다. 각 목적함수는 적절한 양의 상수를 나누어주어 크기를 비슷하게 맞추어 사용한다. 각 반복과정에서는 먼저 설계 해의 적합성을 평가하기 전에 모든 비지배해들을 결정해야 한다. 여기서 비지배해들은 음의 적합성 값을 가진다는 것이 중요하다. 이 적합성 함수는 자연스럽게 비지배해들이 모이는 것을 막아준다. 따라서 다른 선택과정과 비교해서 이 방법은 상대적으로 간단하고 효과적이다.

18.3.5 파레토 집합 필터

어떤 특정 반복과정에서 파레토 최적해가 하위 반복과정에서 보이지 않는 경우가 있다. 이럴 경우 선택과정 동안 고려대상에서 제외될 수 있다. 이러한 상황을 막기 위해 **파레토 집합 필터**가 사용된다. 적합성에 상관없이 대부분의 다중 목적함수에 대한 유전 알고리즘에서는 잠재적인 파레토 최적해들을 잃어버릴 수 있는 상황을 피하기 위해 파레토 집합 필터를 도입하고 있다. 그중에 한 방법에서는 해들을 두 개의 집합으로 나누어 저장한다(Cheng and Li, 1997). 하나는 현재 집단이고 하나는 필터(다른 잠재적 해들의 집합)이다. 이 필터는 **유사 파레토 집합**(*approximate Pareto set*)이라고 부르고 파레토 최적집합의 근사집합이라고 볼 수 있다.

각 반복과정에서 1순위 값을 가지는 해들이 필터에 저장된다. 하위 반복과정에서 새로운 해들이 필터에 추가되면 필터 내에서의 해들과 비교하여 비지배해인지를 확인하고 지배해이면 버린다. 필터의 용량은 보통 집단의 크기와 같도록 정한다. 필터가 채워지면 필터 안의 해들 중에서 서로의 거리가 가장 짧은 해를 버리는데 이것은 파레토 최적해들의 분포를 유지시키기 위함이다. 이를 통해 필터는 실제 파레토 최적해 집단에 수렴하게 된다.

18.3.6 엘리트 전략

엘리트 전략은 파레토 집합 필터 방법과 비슷하지만 파레토 최적해를 잃지 않도록 보장하는 대안을 제시한다(Ishibuchi and Murata, 1996; Murata et al., 1996). 이 방법은 순위 값과는 독립적으로 작동한다. 먼저 파레토 집합 필터처럼 현재 집단과 비지배해의 **잠재집단**(*tentative set*) 이렇게 두 개의 집합으로 나뉜다. 각 반복과정에서 현재 집단의 해 중에서 잠재집단의 어떤 해와 비교해도 지배되지 않는 해들을 선정하여 잠재집단에 포함시킨다. 그리고 나서 잠재집단 안에서 다시 지배해들을 골라 버린다. 교차와 변이 연산을 거친 후에, 잠재집단에서 사용자가 정하는 양만큼의 해들을 현재 집단으로 재도입한다. 이 해들을 **엘리트 해**(*elite points*)라고 한다. 각 목적함수마다 최고의 값을 가지는 해들 또한 엘리트 해로 취급하여 다음 세대까지 집단에 보존시킨다.

18.3.7 토너먼트 선택

토너먼트 선택은 하위 반복과정에서 사용되는 선택 기술 중의 하나이다. 선택과정과 관련되어 있지만 적합성과는 상관이 없다. 이 방법은 앞선 랭킹 접근법의 대안법으로 쓰인다.

토너먼트 선택 과정은 참고문헌의 방법을 따른다(Horn et al., 1994; Srinivas and Deb, 1995). 현재 집단에서 랜덤하게 두 개의 **후보** 해들을 선택한다. 이 후보 해들은 다음 세대까지 살아남기 위해 서로 **경쟁**하게 된다. 개별적인 점들의 집합을 토너먼트 집합이라고 하고 이 또한 랜덤하게 수집된다. 후보 해들은 토너먼트 집합의 각 멤버들과 비교한다. 만약 모든 해들이 토너먼트 집합 내에서 지배해라면, 다른 쌍을 선택한다. 만약 토너먼트 집합에서 유일한 후보만 남는다면 그 후보가 선택되어 다음 세대에 살아남는다.

그러나 후보 사이에 더 나은 것이 없이 동등할 때는 뒤에 설명할 **적합성 공유**(*fitness sharing*)를 통해서 선택하게 된다. 토너먼트 집합의 크기는 처음에 전체 집합의 비율로 정한다. 이것은 살아남기 힘든 정도를 나타내며 **지배 압력**(*domination pressure*)이라고도 한다. 토너먼트 집합 크기가 너무 작으면 파레토 최적해의 개수가 부족할 수 있고 집합 크기가 너무 크면 너무 이르게 수렴할 수 있다.

18.3.8 틈새 기술

유전적 알고리즘에서 **틈새**(*niche*)는 보통 판정기준공간에서 서로 가까운 해들의 그룹을 의미한다. **틈새 기술**(*Niche technique* 또는 *Niche scheme, Niche-formation method*)은 설계해들이 하나의 틈새에 수렴하지 않도록 만들어주는 방법이다. 따라서 이 기법은 해들을 판정기준공간에서 골고루 퍼지도록 만들어준다. 다목적 유전 알고리즘에서는 몇몇 파레토 최적해들 근처에만 모여지는 등 제한된 틈새를 가지게 되는 경향이 있다. 이러한 현상을 유전적(집단) 표류현상이라고 하는데 틈새 기술은 어떤 하나의 틈새에서 해들이 모이는 것을 여러 틈새들을 만들려는 방향으로 강제한다.

적합성 공유는 틈새 기술에서 많이 쓰이는데, 해들이 모여있는 지역에 페널티를 가하여 다음 세대에 살아남을 가능성을 줄이는 방법이다(Deb, 1989; Fonseca and Fleming, 1993; Horn et al., 1994; Srinivas and Deb, 1995; Narayana and Azarm, 1999). 해의 적합성에 판정기준공간에 일정 거리 안에 있는 다른 점들의 개수에 비례하는 값을 나누어 주는 것이다. 한 틈새 안에 있는 모든 점이 적합성을 공유하는 형태로 생각하여 적합성 공유라고 불리게 되었다.

토너먼트 선택과 관련된 부분도 있는데, 두 후보 해가 똑같이 비지배해거나 지배해라면 주변에 가까운 해들의 개수가 더 적은 해가 선택된다. 이것을 **등치류 공유**(*equivalence class sharing*)라고 한다.

18.4 가중치 합 방법

다목적에 대한 가장 일반적인 접근법은 **가중치 합 방법**(*weighted sum method*)이다.

$$U = \sum_{i=1}^{k} w_i f_i(\mathbf{x}) \tag{18.9}$$

여기서 **w**는 가중치 벡터이고 $\sum_{i=1}^{k} w_i = 1,\ \ \mathbf{w} > 0$ 같이 이용자가 설정한다. 목적함수가 정규화되어 있지 않으면 w_i에 1을 더할 필요가 없다.

목적함수에 가중치를 두는 대부분의 방법에서 하나 또는 더 많은 목적함수의 가중치를 0으로 두면 약한 파레토 최적해가 될 수 있다. 가중치의 상대값은 보통 목적함수의 상대적인 중요도를 반영한다. 이게 가중치 방법의 일반적인 특징이다. 만약 모든 가중치를 없애거나 1로 두면 모든 목적함수를 동등한 가치로 여긴다는 것을 뜻한다.

가중치는 두 가지 방법으로 사용될 수 있다. 문제를 풀기 전에 선호도를 **w**에 먼저 반영시키는 것과 다른 파레토 최적해들을 얻기 위해 **w**를 체계적으로 바꾸는 방법이다. 실제로 **가중치를 도입하는 대부분의 방법들은** 두 가지를 같이 써서 하나 또는 여러 해를 도출한다.

만약 모든 가중치가 양의 값을 가진다면 식 (18.9)는 항상 파레토 최적해이다. 그러나 가중치 합 방법에는 몇 가지 문제가 있다(Koski, 1985; Das and Dennis, 1997). 먼저 가중치를 초기에 잘 부여했다고 해도 얻어진 해를 만족할만한 값이라고 보장할 수 없다. 그래서 다른 가중치들로 문제를 다시 풀어야 한다. 이것은 사실 대부분의 가중치 방법에서 나타나는 문제이다.

두 번째 문제는 판정기준공간에서 파레토 최적집합이 볼록하지 않을 때(nonconvex) 해를 얻을 수 없다(Marler and Arora, 2010). 파레토 최적집합이 볼록하지 않은 경우는 흔치 않지만, 몇몇 예제에 소개되어 있다(Koski, 1985; Stadler and Dauer, 1992; Stadler, 1995). 마지막 문제는 가중치를 다양하게 연속적으로 바꾸더라도 파레토 최적해들의 분포가 고르지 못할 수 있고, 정확하고 완전한 파레토 최적해가 얻어지지 못할 수 있다는 것이다.

18.5 가중 최소–최대법

가중 최소-최대법(또는 가중 *Tchebycheff* 방법)은 아래의 식과 같이 U를 최소화하게 된다(여기서 f°는 유토피아점).

$$U = \max_i \left\{ w_i \left[f_i(\mathbf{x}) - f_i^\circ \right] \right\} \tag{18.10}$$

식 (18.10)의 최대-최소 문제를 다루는 일반적인 방법은 새로운 변수 λ를 도입하는 것이다.

$$w_i \left[f_i(\mathbf{x}) - f_i^\circ \right] - \lambda \le 0; \quad i = 1 \text{ to } k \tag{18.11}$$

18.4절에서 다루었던 가중 합 방법은 항상 파레토 최적해를 도출하지만 가중치를 변화시키면서 몇몇 해를 놓칠 수가 있다. 그러나 이 방법은 완전한 모든 파레토 최적해를 구할 수 있다. 하지만 파레토 최적해가 아닌 해들이 같이 얻어질 수도 있다. 그럼에도 불구하고 최소-최대법을 이용하면 해가 항상 약한 파레토 최적해이고, 만약 해가 유일하다면 이 해는 파레토 최적해이다.

이 방법의 **장점**은 다음과 같다.

1. $f_i(\mathbf{x})$와 f_i° 사이의 가장 큰 차이값을 최소화한다는 분명한 해석을 제시해준다.
2. 모든 파레토 최적해를 얻을 수 있다.

3. 항상 약한 파레토 최적해를 얻게 된다.

4. 가중치를 변경시켜가며 완전한 파레토 최적집합을 생성하는 데 상대적으로 적합하다.

이 방법의 단점은 다음과 같다.

1. 유토피아점을 얻기 위해서 각 목적함수의 최솟값을 계산해야 하는데 이 과정이 계산 비용이 심하다.

2. 제약조건을 추가로 고려해야 한다.

3. 하나의 해만 필요할 때 어떻게 가중치를 설정해야 하는지 명확하지 않다.

18.6 가중 전역 판정기준법

이 방법은 모든 목적함수를 합쳐 하나의 스칼라 함수로 구성하고 이를 최소화시키는 방법이다. '글로벌 평가'라는 말이 보통 스칼라 함수를 뜻하기는 하지만 원래는 여기서 다루는 방법을 지칭하는 말이었다. 글로벌 평가에서 선호도와는 상관없는 수학적 함수를 이용하지만, **가중 전역 판정기준법**은 선호도를 모델링하는 매개변수를 이용하는 효용 함수이다. 가장 많이 쓰이는 가중 전역 판정기준법은 다음과 같이 정의된다.

$$ U = \left\{ \sum_{i=1}^{k} \left[w_i \left(f_i(\mathbf{x}) - f_i^\circ \right) \right]^p \right\}^{1/p} \tag{18.12} $$

글로벌 평가 공식은 $\mathbf{w}$와 p 값에 해가 영향을 받는다. 일반적으로 p는 $f_i(\mathbf{x})$와 f_i° 사이의 가장 큰 차이값을 최소화하는 것을 강조하는 정도를 나타내는 값이다. $1/p$ 제곱근은 사실 있든 없든 이론적으로 같은 해를 만들기 때문에 없어도 상관이 없다. p와 $\mathbf{w}$는 서로 동떨어져 있는 값이 아니다. p가 정해지면, $\mathbf{w}$는 선호도를 반영하여 문제를 풀기 전에 같이 바뀌어 다른 파레토 최적해를 도출하도록 한다.

p를 어떤 값으로 고정시키면 글로벌 평가 방법은 이전에 다뤘던 다른 방법들로 바뀐다. 예를 들어 $p = 1$이면, 식 (18.12)는 목적함수들의 가중 합 방법과 비슷해진다. $p = 2$이고 가중치가 모두 1이면 식 (18.12)는 유토피아점과의 거리를 나타내어 이전에 다뤘던 절충해를 구하는 문제가 된다. $p = \infty$이면, 식 (18.12)는 식 (18.10)이 된다.

가중 전역 판정기준법에서 p값이 증가하면 완전한 파레토 최적해를 구하는 효율성이 더 높아질 수 있다(Athan and Papalambros, 1996; Messac et al., 2000a,b). 이것은 가중 최소-최대법이 가중치를 변화시킴에 따라 완전한 파레토 최적해를 제공할 수 있는 이유를 설명해 준다. 식 (18.10)은 식 (18.12)에서 $p \to \infty$를 통해서 얻어진다.

계산 효율을 위해, 또는 함수의 독립적인 최솟값을 결정하기 어려운 경우에 $\mathbf{z}$를 통해 유토피아점을 근사할 수 있다. 이것을 **흡인점**(*aspiration point, reference point, goal,* 또는 *target point*)이라고 부른다. 이런 과정을 통한 U를 **열망함수**(*achievement function*)라고 한다. 따라서 이용자가 결정해야 하는 변수가 세 가지($\mathbf{w}, p, \mathbf{z}$)가 되었다. $\mathbf{w}$가 고정되었다고 하면 흡인점이 판정기준 해 공간의 유용해 집합 Z 안에 없는 한 흡인점 $\mathbf{z}$를 바꾸더라도 모든 파레토 최적해를 얻을 수 있다.

그러나 이것은 완전한 파레토 최적집합을 얻을 수 있는 좋은 방법은 아니다. 문제를 풀기 전에는 **z**가 판정기준공간의 유용해 집합 Z에 속하는지 알 수 없는 경우도 있기 때문이다. 또 만약 흡인점이 판정기준공간의 유용해 집합에 속해 있다면 파레토 최적해가 아닌 해를 도출할 수도 있다. 따라서 가능하면 유토피아점을 사용하는 것을 권장한다.

w > 0이고 유토피아점이 사용되는 한 식 (18.12)는 항상 파레토 최적해를 보장한다. 그러나 목적함수에 성질에 따라, 또는 p값을 어떻게 설정하느냐에 따라 몇몇 파레토 최적해를 건너뛸 수 있다. 일반적으로 p를 크게 잡을 때 모든 파레토 최적해를 더 잘 만들 수 있다.

우리는 식 (18.12)를 두 가지 방향으로 바라보았다. 하나는 원래 목적함수를 변형하는 것과 판정기준공간에서 유토피아점과 설계해와의 거리를 최소화하는 거리 함수로서의 역할이다. 결국 글로벌 평가 방법은 보통 **유토피아점(또는 절충해) 프로그래밍** 방법으로서 이용자가 최종 해와 유토피아점 사이에 절충해야 하는 방법이다.

글로벌 평가 방법의 **장점**은 아래와 같다.

1. 유토피아점(또는 흡인점)으로부터의 거리를 최소화하는 확실한 해석을 가능하게 한다.
2. 다른 많은 방법으로 파생이 가능한 매우 일반화된 공식이다.
3. 선호도를 반영하여 설정할 수 있는 많은 매개변수를 가지고 있다.
4. 유토피아점을 사용하면 항상 파레토 최적해를 찾을 수 있다.

이 방법의 **단점**은 다음과 같다.

1. 유토피아점을 사용하기 위해서는 각 목적함수에 대한 최솟값을 구해야 하는데 이는 계산비용이 매우 많이 든다.
2. 흡인점을 사용할 때 파레토 최적해를 얻기 위해서는 판정기준공간에서 유용해 집합이 아니어야 하는 조건이 있다.
3. 하나의 설계해를 구할 때 매개변수의 셋팅이 직관적이지 않다.

18.7 사전식 방법

사전식 방법에서는 가중치를 가하는 것이 아닌 중요한 정도에 따라 목적함수를 정렬하는 방식으로 선호도를 부과한다. 여기에선 아래의 최적화 문제를 하나씩 풀게 된다.

최소화 (for $i = 1$ to k)

$$f_i(\mathbf{x})$$

제약조건

$$f_j(\mathbf{x}) \leq f_j(\mathbf{x}_j^*); \quad j = 1 \text{ to } (i-1); \quad i > 1; \quad i = 1 \text{ to } k \tag{18.13}$$

여기서 i는 선호도에 따른 목적함수의 위치를 나타내고 $f_j(\mathbf{x}_j^*)$는 j번째 목적함수의 최솟값을 뜻한다. 첫 번째 반복과정 이후에 ($j > 1$), $f_j(\mathbf{x}_j^*)$는 $f_j(\mathbf{x})$를 독립적으로 최소화한 것과는 같지 않을 수 있는

데 그 이유는 반복과정마다 새로운 제약조건이 생기기 때문이다. 이 알고리즘은 하나의 유일한 최적해가 결정되면 끝나게 된다. 일반적으로 연속적인 두 최적화 문제의 해가 동일하면 끝나게 되나 해가 유일한지(설계공간의 유용해 집합 S에서) 결정하는 것은 어렵고 특히 국소적 기울기 기반의 최적화 엔진에서 그러한 경향이 있다.

이러한 이유로 이 방법을 쓰면 종종 연속적인 문제에서 첫 번째 목적함수 $f_1(\mathbf{x})$의 최적해를 구한 후 끝나게 된다. 따라서 이 방법과 글로벌 최적화 엔진을 함께 사용하는 것이 바람직하며 이론적으로는 도출되는 해는 항상 파레토 최적해이다. 그리고 이 방법은 각 목적함수를 독립적으로 다루기 때문에 벡터 기반 다목적 최적화 방법으로 분류된다.

이 방법의 **장점**은 아래와 같다.

1. 선호도를 구체화하는 유일한 방법이다.
2. 목적함수를 정규화할 필요가 없다.
3. 항상 파레토 최적해를 제공한다.

이 방법의 **단점**은 다음과 같다.

1. 단 하나의 해를 찾기 위해 많은 단일 목적함수 최적화 문제의 해들이 필요하다.
2. 추가적인 제약조건을 가해줘야 한다.
3. 글로벌 최적화 엔진과 함께 쓸 때 가장 효율적인데 이는 비용이 많이 드는 일이다.

18.8 유한 목적함수 방법

유한 목적함수 방법은 가장 중요한 하나의 목적함수 $f_s(\mathbf{x})$를 최소화하는 방법으로 다른 목적함수들은 제약조건으로 취급한다: $l_i \leq f_i(\mathbf{x}) \leq \varepsilon_i;\ i = 1$ to $k;\ i \neq s$. l_i과 ε_i는 각각 $f_i(\mathbf{x})$의 하한 상한 경계를 의미한다. 이러한 방법으로 이용자는 목적함수에 제한을 가함으로써 선호도를 부여한다. l_i은 $f_i(\mathbf{x})$에 대한 범위 안에 넣으려는 목적이 아닌 한 쓸모가 없다.

ε-제약방법(또는 e-제약, *trade-off*)은 l_i를 제외시켜 유한 목적함수 방법을 조금 변형한 방법이다. 이 경우에 체계적으로 ε_i를 변화시켜줌으로써 파레토 최적해들을 얻을 수 있다. 그러나 ε벡터를 적절하게 선택하지 못하면 설계해가 유용해 영역을 벗어나게 된다. 선호도를 반영하여 ε값의 선택을 도와주는 방법에 대해서도 논의된 바가 있다(Cohon, 1978; Stadler, 1988). 일반적으로 ε_i의 선정을 도와주는 수학적인 방법은 아래와 같다(Carmichael, 1980).

$$f_i(\mathbf{x}_i^*) \leq \varepsilon_i \leq f_s(\mathbf{x}_i^*) \tag{18.14}$$

ε-제약방법에서의 해는 만약 존재한다면 약한 파레토 최적해이다. 만약 해가 유일하다면 파레토 최적해이다. 물론 유일함을 검증하는 것은 어렵지만, 문제가 볼록(convex)하고 $f_s(\mathbf{x})$가 완전히 볼록하면, 해는 필연적으로 유일하다. e-제약조건이 활성화되어 있을 때(또한 라그랑지 멀티플라이어가 0이 아닐 때) 해는 파레토 최적해이다(Carmichael, 1980).

이 방법의 **장점**은 다음과 같다.

1. 다른 목적함수들은 제한하면서 하나의 목적함수에 초점을 맞춘다.
2. 해가 있다고 가정하면, 항상 약한 파레토 최적해를 제공한다.
3. 목적함수를 정규화 할 필요가 없다.
4. 해가 존재하고 유일하면 그 해는 파레토 최적해이다.

이 방법의 유일한 단점은 목적함수의 경계를 잘못 잡으면 최적화 문제가 유용해 영역에 속하지 못할 수 있다는 것이다.

18.9 목표 프로그래밍

목표 프로그래밍 방법에서는 각각의 목적함수 $f_j(\mathbf{x})$에 대한 목표 b_j가 정해진다. 그 이후에 목표에 대한 총 편차 $\sum_{i=1}^{k}|d_j|$를 최소화한다. 여기서 d_j는 j번째 목적함수에 대한 목표 b_j의 편차를 의미한다. 절댓값을 사용하기 위해 d_j를 음의 값과 양의 값으로 나눈다($d_j = d_j^+ - d_j^-$이고 $d_j^+ \geq 0$, $d_j^- \geq 0$와 $d_j^+ \times d_j^- = 0$을 만족한다). 여기서 d_j^+와 d_j^-는 각각 목표 이상, 목표 이하를 뜻한다. 최적화 문제를 아래와 같이 정식화한다.

최소화

$$\sum_{i=1}^{k}\left(d_i^+ + d_i^-\right) \tag{18.15}$$

제약조건

$$f_j(\mathbf{x}) + d_j^+ - d_j^- = b_j; \quad d_j^+, d_j^- \geq 0; \quad d_j^+ d_j^- = 0; \quad i = 1 \text{ to } k \tag{18.16}$$

다른 정보가 없기 때문에 목표값은 보통 유토피아점으로 설정한다: $b_j = f_j^\circ$. 이 경우에 식 (18.15)는 글로벌 평가 방법의 한 종류로 간주할 수 있다. Lee와 Olson (1999)은 목표 프로그래밍의 광범위한 적용에 대해 분석하였다. 그러나 유명한 것에 비해서 이 방법은 파레토 최적해를 보장하지 못한다. 또한 식 (18.15)는 비선형 등호제약조건이 존재하고 추가적인 변수가 필요하기 때문에 큰 문제에서 문제를 일으킬 수 있다.

이 방법의 **장점**은 아래와 같다.

1. 미리 결정한 목표치에 도달했는지에 대한 평가가 쉽다.
2. 다양한 문제에 이 방법을 적용하기에 용이하다.

이 방법의 **단점**은 다음과 같다.

1. 이 방법은 심지어 약한 파레토 최적해도 보장하지 못한다.
2. 변수의 개수가 많아진다.
3. 제약조건의 개수가 많아진다.

18.10 방법의 선택

다목적 최적화 방법을 선택함에 있어 가장 적절하거나 가장 효율적인 방법을 찾는 것은 어렵고 보통 이용자의 선호에 따라서 결정하거나 어느 종류의 해가 적절한지에 따라 결정한다(Floudas et al., 1990). 문제의 함수에 대한 지식이 있으면 방법을 선택하는 데 도움이 된다. 앞에서 방법론들에 대한 핵심적인 특징들을 설명하였고 아래의 특징들을 통해서 적절한 방법을 선택하는 데 도움이 될 것이다.

1. 항상 파레토 최적해를 제공한다.
2. 모든 파레토 최적해들을 제공한다.
3. 선호도를 표현하는 데 가중치를 이용한다.
4. 목적함수의 연속성에 영향을 받는다.
5. 유토피아점을 이용하거나 그 근삿값을 활용한다.
6. 표 18.1에 이 특징들을 정리하였다.

18장의 연습문제*

18.1 In the design space, plot the objective function contours for the following unconstrained problem and sketch the Pareto optimal set, which should turn out to be a curve:
Minimize

$$f_1 = (x_1 - 0.75)^2 + (x_2 - 2)^2$$

$$f_2 = (x_1 - 2.5)^2 + (x_2 - 1.5)^2$$

Draw the gradients of each function at any point on the Pareto optimal curve. Comment on the relationship between the two gradients.

TABLE 18.1 Characteristics of Multi-Objective Optimization Methods

Method	Always yields Pareto optimal point?	Can yield all Pareto optimal points?	Involves weights?	Depends on function continuity?	Uses utopia point?
Genetic	Yes	Yes	No	No	No
Weighted sum	Yes	No	Yes	Problem type and optimization engine determines this	Utopia point or its approximation is needed for function normalization or in the formulation of the method

Weighted min–max	Yes[a]	Yes	Yes	Same as above	Same as above
Weighted global criterion	Yes	No	Yes	Same as above	Same as above
Lexicographic	Yes[b]	No	No	Same as above	No
Bounded objective function	Yes[c]	No	No	Same as above	No
Goal programming	No	No	No[d]	Same as above	No

[a] Sometimes solution is only weakly Pareto optimal.
[b] Lexicographic method always provides Pareto optimal solution only if global optimization engine is used or if solution point is unique.
[c] Always weak Pareto optimal if it exists; Pareto optimal if solution is unique.
[d] Weights may be incorporated into objective function to represent relative significance of deviation from particular goal.

18.2 Sketch the Pareto optimal set for Exercise 18.1 in the criterion space.

18.3 In the design space, plot the following constrained problem and sketch the Pareto optimal set:
Minimize

$$f_1 = (x_1 - 3)^2 + (x_2 - 7)^2$$

$$f_2 = (x_1 - 9)^2 + (x_2 - 8)^2$$

subject to

$$g_1 = 70 - 4x_2 - 8x_1 \le 0$$

$$g_2 = -2.5x_2 + 3x_1 \le 0$$

$$g_3 = -6.8 + x_1 \le 0$$

18.4 Identify the weakly Pareto optimal points in the plot in Fig. E18.4.

18.5 Plot the following global criterion contour in the criterion space, using p-values of 1, 2, 5, and 20 (plot one contour line for each p-value):

$$U = \left(f_1^p + f_2^p \right)^{1/p} = 1.0$$

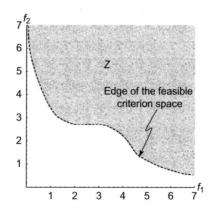

FIGURE E18.4   Identification of weakly Pareto optimal points.

Comment on the difference between the shapes of the different contours. Which case represents the weighted sum utility function (with all weights equal to 1)?

18.6 Plot contours for the following min–max utility function in the criterion space for Exercise 18.5:

$$U = \max\left[f_1, f_2\right]$$

Compare the shape of these contours with those determined in Exercise 18.5.

18.7 Solve the following problem using the Karush–Kuhn–Tucker (KKT) optimality conditions of chapter: Optimum Design Concepts: Optimality Conditions with the weighted sum method:
Minimize

$$f_1 = (x_1 - 3)^2 + (x_2 - 7)^2$$

$$f_2 = (x_1 - 9)^2 + (x_2 - 8)^2$$

Write your solution for the design variables in terms of the two weights w_1 and w_2. Comment on how the different weights affect the final solution.

18.8 Solve the following problem using KKT optimality conditions of chapter: Optimum Design Concepts: Optimality Conditions with the weighted sum method:
Minimize

$$f_1 = 20(x_1 - 0.75)^2 + (2x_2 - 2)^2$$

$$f_2 = 5(x_1 - 1.6)^2 + 2x_2$$

subject to

$$g_1 = -x_2 \le 0$$

First, use $w_1 = 0.1$ and $w_2 = 0.9$. Then, resolve the problem using $w_1 = 0.9$ and $w_2 = 0.1$. Comment on the constraint activity in each case.

18.9 Formulate the following problem (Stadler and Dauer, 1992) and solve it using Excel with the weighted sum method.
Determine the optimal height and radius of a closed-end cylinder necessary to simultaneously maximize the volume and minimize the surface area. Assume that the cylinder has negligible thickness. The height must be at least 0.1 m, and the radius must be at least half the height. Neither the height nor the radius should be greater than 2.0 m.
Use a starting point of $\mathbf{x}^{(0)} = (1, 1)$. Use the following vectors of weights and comment on the solution that each yields: w = (1, 0); w = (0.75, 0.25); w = (0.5, 0.5); w = (0.25, 0.75); w = (0, 1).

18.10 Solve Exercise 18.9 using Excel with a weighted global criterion. Use $\mathbf{x}^{(0)} = (1, 1)$, w = (0.5, 0.5), and $p = 2.0$. Compare the solution with those determined in Exercise 18.9.

18.11 Plot the objective functions contours for the following problem (on the same graph) and solve the problem using the lexicographic method:
Minimize

$$f_1 = (x - 1)^2 (x - 4)^2$$

$$f_2 = 4(x-2)^2$$

$$f_3 = 8(x-3)^2$$

Indicate the final solution point on the graph. Assume the functions are prioritized in the following order: f_1, f_2, f_3, with f_1 being the most important.

References

Athan, T.W., Papalambros, P.Y., 1996. A note on weighted criteria methods for compromise solutions in multi-objective optimization. Eng. Optim. 27, 155–176.

Balling, R.J., 2000. Pareto sets in decision-based design. J. Eng. Valuat. Cost Anal. 3 (2), 189–198.

Balling, R.J., Taber, J.T., Brown, M.R., Day, K., 1999. Multiobjective urban planning using a genetic algorithm. J. Urban Plan. Dev. 125 (2), 86–99.

Balling, R.J., Taber, J.T., Day, K., Wilson, S., 2000. Land use and transportation planning for twin cities using a genetic algorithm. Transport. Res. Rec. 1722, 67–74.

Carmichael, D.G., 1980. Computation of pareto optima in structural design. Int. J. Numer. Methods Eng. 15, 925–952.

Chen, W., Sahai, A., Messac, A., Sundararaj, G., 2000. Exploration of the effectiveness of physical programming in robust design. J. Mech. Design 122, 155–163.

Cheng, F.Y., Li, D., 1997. Multiobjective optimization design with Pareto genetic algorithm. J. Struct. Eng. 123, 1252–1261.

Cohon, J.L., 1978. Multiobjective programming and planning. Academic Press, New York.

Das, I., Dennis, J.E., 1997. A closer look at drawbacks of minimizing weighted sums of objectives for pareto set generation in multicriteria optimization problems. Struct. Optim. 14, 63–69.

Deb, K., 1989. Genetic algorithms in multimodal function optimization. Master's thesis (TCGA report No. 89002). University of Alabama, Tuscaloosa.

Ehrgott, M., Gandibleux, X. (Eds.), 2002. Multiple Criteria Optimization: State of the Art Annotated Bibliographic Surveys. Kluwer Academic, Boston.

Floudas, C.A., et al., 1990. Handbook of Test Problems in Local and Global Optimization. Kluwer Academic, Norwell, MA.

Fonseca, C.M., Fleming, P.J., 1993. Genetic algorithms for multiobjective optimization: formulation, discussion, and generalization. Fifth International Conference on Genetic Algorithms. Morgan Kaufmann, Urbana-Champaign, IL, San Mateo, CA, pp. 416–423.

Goldberg, D.E., 1989. Genetic Algorithms in Search, Optimization and Machine Learning. Addison-Wesley, Reading, MA.

Horn, J., Nafpliotis, N., Goldberg, D.E., 1994. A niched pareto genetic algorithm for multiobjective optimization. First IEEE Conference on Evolutionary Computation. IEEE Neural Networks Council, Orlando, FL and Piscataway, NJ, pp. 82–87.

Ishibuchi, H., Murata, T., 1996. Multiobjective genetic local search algorithm. IEEE International Conference on Evolutionary Computation. Nagoya, Japan, pp. 119–124.

Murata, T., Ishibuchi, H., Tanaka, H., 1996. Multiobjective genetic algorithm and its applications to flowshop scheduling. Comput. Ind. Eng. 30, 957–968.

Koski, J., 1985. Defectiveness of weighting method in multicriterion optimization of structures. Commun. Appl. Numer. Meth. 1, 333–337.

Lee, S.M., Olson, D.L., 1999. Goal programming. In: Gal, T., Stewart, T.J., Hanne, T. (Eds.), Multicriteria Decision Making: Advances in MCDM Models, Algorithms, Theory, and Applications. Kluwer Academic, Boston.

Marler, R.T., Arora, J.S., 2009. Multi-Objective Optimization: Concepts and Methods for Engineering. VDM Verlag, Saarbrucken, Germany.

Marler, R.T., Arora, J.S., 2010. The weighted sum method for multi-objective optimization: new insights. Struct. Multidiscip. Optim. 41 (6), 453–462.

Marler, T.R., Arora, J.S., 2004. Survey of multiobjective optimization methods for engineering. Struct. Multidiscip. Optim. 26 (6), 369–395.

Messac, A., 1996. Physical programming: effective optimization for computational design. AIAA J. 34 (1), 149–158.

Messac, A., Mattson, C.A., 2002. Generating well-distributed sets of Pareto points for engineering design using physical programming. Optim. Eng. 3, 431–450.

Messac, A., Puemi-Sukam, C., Melachrinoudis, E., 2000a. Aggregate objective functions and Pareto frontiers: required relationships and practical implications. Optim. Eng. 1, 171–188.

Messac, A., Puemi-Sukam, C., Melachrinoudis, E., 2001. Mathematical and pragmatic perspectives of physical programming. AIAA J. 39 (5), 885–893.

Messac, A., Sundararaj, G.J., Tappeta, R.V., Renaud, J.E., 2000b. Ability of objective functions to generate points on nonconvex pareto frontiers. AIAA J. 38 (6), 1084–1091.

Narayana, S., Azarm, S., 1999. On improving multiobjective genetic algorithms for design optimization. Struct. Optim. 18, 146–155.

Osyczka, A., 2002. Evolutionary Algorithms for Single and Multicriteria Design Optimization. Physica Verlag, Berlin.

Pareto, V., 1906. Manuale di economica politica (Manual of Political Economy), societa editrice libraria. In: Schwier, A. S., Page, A.N., Kelley A. M. (Eds.), (Trans., 1971). Augustus M. Kelley, New York.

Schaffer, J.D., 1985. Multiple objective optimization with vector evaluated GENETIC algorithms. First international conference on genetic algorithms and their applications. Pittsburgh. Hillsdale, NJ, Erlbaum, pp. 93–100.

Srinivas, N., Deb, K., 1995. Multiobjective optimization using nondominated sorting in general algorithms. Evolut. Comput. 2, 221–248.

Stadler, W., 1988. Fundamentals of multicriteria optimization. In: Stadler, W. (Ed.), Multicriteria Optimization in Engineering and in the Sciences. Plenum, New York, pp. 1–25.

Stadler, W., 1995. Caveats and boons of multicriteria optimization. Microcomput. Civil Eng. 10, 291–299.

Stadler, W., Dauer, J.P., 1992. Multicriteria optimization in engineering: a tutorial and survey. In: Kamat, M.P. (Ed.), Structural Optimization: Status and Promise. American Institute of Aeronautics and Astronautics, Washington, DC, pp. 211–249.

19

최적설계의 추가적 주제

Additional Topics on Optimum Design

이 장의 주요내용:

- 설계 최적화를 위한 메타 모형의 개념 이해와 활용
- 추출점 선택을 위한 실험 설계의 개념 이해와 활용
- 실제적 공학 문제를 위한 강건설계 기법의 이해와 활용
- 신뢰성 기반 설계 최적화(RBDO) 기법의 이해와 활용

이 장에서는 실제적인 문제에서 활용되는 다양한 최적화 관련 주제들에 대한 소개와 논의가 이루어진다. 실제적인 설계 최적화 문제를 위한 메타 모형의 생성, 반응표면 생성을 위한 실험 설계, 강건설계, 그리고 신뢰성 기반 설계 최적화(RBDO) 또는 불확실성에 의한 설계 기법을 다룰 것이다. 학부 과정에 있거나 이 교재를 처음 읽는 경우에는 이러한 주제들을 넘어가도 좋다. 이 장의 내용들은 여러 출처로부터 얻어진 것들이다. Park 외 (2006), Park (2007), Beyer와 Sandhoff (2007), 그리고 Choi 외 (2007). (이 장의 초고는 G. J. Park 교수님께서 작성해주신 것으로, 이에 매우 감사 드린다.)

19.1   설계 최적화의 메타 모형

19.1.1 메타 모형

많은 실제적인 문제에서 다양한 입력에 대한 시스템의 반응을 정확히 예측하기 위하여 그 시스템에 대한 상세한 모형이 요구된다. 이러한 모형들은 매우 크고 복잡하며, 엄청난 양의 계산을 요구한다. 이들 시스템에 대한 최적화는 불가능하지는 않지만 많은 횟수의 목적함수 및 제약조건함수 계산으로 매우 어렵다. 또한, 이러한 목적함수와 제약조건함수는 설계변수에 관하여 암묵적이기 때문에 그 경사도를 계산하기 위해서는 특별한 절차들이 필요하다. 이 계산은 역시 매우 번거로우며 많은 시간이 소요된다.

10장부터 14장에 이르기까지 여러 장에 걸쳐서 살펴본 바와 같이 함수와 그 미분의 계산이 최적화의 과정에서 반복적으로 이루어진다. 해석 및 설계 모델이 매우 클 경우에 이러한 계산 과정은 매우 많은 시간이 소요된다. 따라서 최적설계를 위해서 설계변수에 대하여 명시적으로 표현되는 단순화된 함수를 개발하여 유용하게 사용할 수 있으며, 이러한 명시적 함수를 메타 모형이라 한다. 메타 모형은 실험적 관찰 또는 수치 시뮬레이션을 통해 만들어질 수 있다.

다음과 같은 수학적 모형을 고려하자.

$$f = f(\mathbf{x}) \tag{19.1}$$

여기서 $f(\mathbf{x})$는 설계변수 $\mathbf{x}$에 대하여 명시적으로 표현되지 않는다. 추출점 $\mathbf{x}_i$에서의 정보를 이용하면 함수 $f(\mathbf{x})$가 단순화된 명시적 함수(메타 모형)로 근사될 수 있다. 이러한 메타 모형을 만들기 위하여 f는 다음과 같이 k개의 추출점에서 계산된다.

$$f_i = f(\mathbf{x}_i), \quad i = 1 \text{ to } k \tag{19.2}$$

실험 또는 수치 시뮬레이션을 통해 계산된 f_i를 이용하여 메타 모형이 만들어진다. 그림 19.1은 메타 모형의 예시들을 나타낸다. 여기서 $f(x)$는 변수 x에 대하여 명시적으로 표현될 수 없는 원래의 (original) 모형을 나타낸다. 그림 19.1에서는 선택된 3개의 점 (x_1, x_2, x_3)에서 f를 계산하였으며, $\hat{f}_j(x)(j = 1, 2, 3)$는 몇 가지 방법들에 의해 만들어진 3개의 메타 모형을 나타낸다.

메타 모형이 만들어지면 최적화 과정에서 원래의 모형 대신 사용될 수 있다. 일반적으로 메타 모형은 수학적인 근사, 실험 오차, 또는 계산상의 근사로 인하여 오차를 포함하고 있다. 메타 모형 $\hat{f}(x)$이 갖는 오차 $\varepsilon(x)$는 다음과 같이 표현된다.

$$\varepsilon(\mathbf{x}) = f(\mathbf{x}) - \hat{f}(\mathbf{x}) \tag{19.3}$$

주로 메타 모형은 이러한 오차 $\varepsilon(x)$를 최소화하도록 만들어진다.

19.1.2 반응표면법

반응표면법(Response Surface Method, RSM)은 메타 모형을 생성하는 대표적인 방법이다. 여러 개의 추출점에서 원래의 모형을 계산한 후에 1차 혹은 2차 함수를 활용하여 메타 모형을 만들게 된다. 이러한 메타 모형 함수의 계수들은 식 (19.3)의 오차를 최소화하도록 결정된다. 다시 말해, 반응표면은 **최소 자승법**(*least squares method*)을 활용하여 식 (19.3)의 오차를 최소화하는 명시적인 다항 함수에 의해 근사된다. 그림 19.2는 반응표면 메타 모형의 한 예를 나타낸다.

1950년대부터 RSM은 다양한 통계 정보를 생성하는 데 활용되어 왔다. 설계의 과정에서 RSM을 통해 얻어진 근사함수들은 설계 최적화에 활용된다. RSM을 활용한 최적화를 위해서는 아래의 관점들을 반드시 고려해야 한다.

- 반응표면 생성을 위한 추출점의 선택
- 추출점에서의 함수값을 활용한 반응표면의 생성

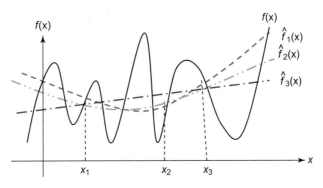

그림 19.1 메타 모형의 예시. 출처: Park, 2007에서 인용.

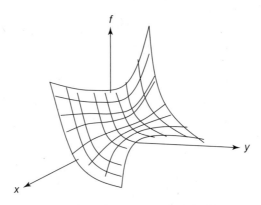

그림 19.2 2변수 함수 $f(x, y)$의 반응표면 예시. 출처: Park, 2007에서 인용.

2차식 반응표면 생성

반응표면 생성을 위해서 1차식, 2차식, 3차식, 그리고 몇몇 다른 특별한 함수들을 활용할 수 있다. 여기서 우리는 2차식을 활용한 반응표면 생성을 다룬다. 이 접근법에서는 근사되는 함수를 몇몇 추출점에서 계산하고, 이들을 2차 함수로 보간한다. 그리고 이 2차 함수의 계수들은 원래의 함수와 근사함수 간의 차이를 최소화하도록 결정된다.

먼저, 함수값을 계산할 추출 설계점들을 선택한다. 많은 경우에 이러한 추출점들은 임의로 선택된다. 때때로 추출점들을 직교 배열과 같은 방법을 사용해 선택하기도 하는데, 이 방법에 대해서는 다음 절에서 설명하기로 한다. 설계점을 n벡터 $x_1, x_2, \ldots, x_n$으로 표현한다고 하자. 2차식 근사함수 $f(\mathbf{x})$는 설계변수에 관하여 다음과 같이 정의된다.

$$
\begin{aligned}
f = a_{00} + a_{10}x_1 + a_{20}x_2 + \ldots + a_{n0}x_n + a_{11}x_1^2 + \ldots + a_{nn}x_n^2 \\
+ a_{12}x_1x_2 + \ldots + a_{n-1,n}x_{n-1}x_n + \varepsilon
\end{aligned}
\tag{19.4}
$$

이때, ε은 근사 과정에서의 오차를 나타내며, a_{ij} ($i, j = 0$부터 n)는 미정계수를 나타낸다.

함수 $f(\mathbf{x})$가 계산되는 추출 설계점의 개수를 k라 하자. 우리는 설계변수들의 추출점에서의 값을 나타내기 위해서 다음과 같이 이중 하첨자를 사용할 것이다.

$$x_{ij}; \quad i = 1 \text{ to } k; \quad j = 1 \text{ to } n \tag{19.5}$$

이때 k는 추출점의 개수, n은 설계변수의 개수를 나타낸다.

따라서 x_{ij}는 j번째 설계변수의 i번째 추출점에서의 값을 나타낸다. 즉, 첫 번째와 두 번째 하첨자는 각각 추출점과 설계변수의 번호를 나타낸다. 예를 들어, x_{23}은 세 번째 설계변수의 두 번째 추출점에서의 값을 의미한다. 추출점 정보는 표나 행렬로 표현될 수 있으며, 이때 열에 해당되는 것이 설계변수들이고, 행에 해당되는 것이 추출 설계점들이다. 그러므로 표에서 i번째 행은 i번째 추출점에서의 설계변수들의 값들을 나타내고, j번째 열은 모든 각각의 추출점에서의 j번째 설계변수들의 값들을 나타낸다. 이러한 표의 형식은 차후에 예제 문제에서 다루어질 것이다.

i번째 추출점에서의 함수값은 식 (19.4), 그리고 식 (19.5)에서 이중 하첨자로 표기된 변수들을 활용하여 다음과 같이 쓰여진다.

$$\begin{aligned} f_i = &\, a_{00} + a_{10}x_{i1} + a_{20}x_{i2} + \ldots + a_{n0}x_{in} + a_{11}x_{i1}^2 + \ldots + a_{nn}x_{in}^2 \\ &+ a_{12}x_{i1}x_{i2} + \ldots + a_{n-1,n}x_{in-1}x_{in} + \varepsilon \end{aligned} \tag{19.6}$$

이 식에서 미지수는 계수 a_{ij}뿐이다. 따라서 식 (19.6)의 1차와 2차 항들은 유사한 방식으로 다루어질 수 있다.

우리는 반응표면법을 개발하기 위하여 다음과 같이 간략화된 표기법을 도입한다.

$$a_{00} \rightarrow d_0, a_{10} \rightarrow d_1, \ldots, a_{11} \rightarrow d_{n+1}, \ldots, a_{n-1,n} \rightarrow d_l \tag{19.7}$$

$$x_1 \rightarrow \xi_1, \ldots, x_1^2 \rightarrow \xi_{n+1}, \ldots, x_{n-1}x_n \rightarrow \xi_l \tag{19.8}$$

이때 l은 1차와 2차 항들의 총 개수를 의미하며 다음과 같이 표현된다.

$$l = \frac{1}{2}n(n+1) + n \tag{19.9}$$

그러므로 식 (19.4)의 함수는 다음과 같이 새로운 변수들에 의하여 쓰여진다.

$$f = d_0 + d_1\xi_1 + d_2\xi_2 + \ldots + d_l\xi_l + \varepsilon = d_0 + \sum_{i=1}^{l} d_i\xi_i + \varepsilon \tag{19.10}$$

식 (19.10)에서 오차 ε을 제외하여 근사함수 $\hat{f}$를 다음과 같이 정의한다.

$$\hat{f} = d_0 + \sum_{i=1}^{l} d_i\xi_i \tag{19.11}$$

여러 개의 서로 다른 추출점에서의 식 (19.11)의 함수값을 표현하기 위하여 변수 ξ_j 에 대하여 이중 하첨자 표기법을 도입한다.

$$\xi_{ij}; \quad i = 1 \text{ to } k, \quad j = 1 \text{ to } l \tag{19.12}$$

따라서 ξ_{ij}는 변수 ξ_j의 i번째 추출점에서의 값을 의미한다. i번째 추출점에 대하여 식 (19.11)의 함수값은 다음과 같이 쓰여진다.

$$\hat{f}_i = d_0 + d_1\xi_{i1} + d_2\xi_{i2} + \ldots + d_l\xi_{il} = d_0 + \sum_{j=1}^{l} d_j\xi_{ij}; \quad i = 1 \text{ to } k \tag{19.13}$$

식 (19.13)에서 계수 d_i를 결정하기 위하여 오차 함수 E를 정의한다. 이 함수는 각 추출점에서의 오차 ε_i의 제곱으로 다음과 같이 표현된다.

$$E = \sum_{i=1}^{k} \varepsilon_i^2 = \sum_{i=1}^{k} \left(f_i - \hat{f}_i \right)^2 = \sum_{i=1}^{k} \left[f_i - (d_0 + \sum_{j=1}^{l} d_j\xi_{ij}) \right]^2 \tag{19.14}$$

이때 f_i는 f의 i번째 측정값을 나타낸다. 계수값 $d_0, d_1, \ldots, d_l$들은 다음의 최적성 조건에 따라서 E를 최소화하도록 결정된다.

$$\frac{\partial E}{\partial d_i} = 0, \quad i = 0 \text{ to } l \tag{19.15}$$

이러한 조건들에 의하여 다음과 같이 미지수 d_i에 대한 선형방정식 계를 얻을 수 있다(k는 함수값이 계산되는 추출점의 개수를 의미한다).

$$\begin{bmatrix} k & \sum_{i=1}^{k}\xi_{i1} & \sum_{i=1}^{k}\xi_{i2} & \cdots & \sum_{i=1}^{k}\xi_{il} \\ \sum_{i=1}^{k}\xi_{i1} & \sum_{i=1}^{k}\xi_{i1}^2 & \sum_{i=1}^{k}\xi_{i1}\xi_{i2} & \cdots & \sum_{i=1}^{k}\xi_{i1}\xi_{il} \\ \vdots & \vdots & \vdots & \vdots & \vdots \\ \sum_{i=1}^{k}\xi_{il} & \sum_{i=1}^{k}\xi_{il}\xi_{i1} & \sum_{i=1}^{k}\xi_{il}\xi_{i2} & \cdots & \sum_{i=1}^{k}\xi_{il}^2 \end{bmatrix} \begin{bmatrix} d_0 \\ d_1 \\ \vdots \\ d_l \end{bmatrix} = \begin{bmatrix} \sum_{i=1}^{k}f_i \\ \sum_{i=1}^{k}\xi_{i1}f_i \\ \vdots \\ \sum_{i=1}^{k}\xi_{il}f_i \end{bmatrix} \tag{19.16}$$

식 (19.16)을 풀면 계수 벡터 $\mathbf{d} = (d_0, d_1, \ldots d_l)$를 얻을 수 있는데, 이러한 과정은 최소 자승법과 완전히 동일하다. 얼마나 많은 계산이 이루어지는지는 식 (19.4)에 포함된 항의 개수와 연관된다. 만약 $l = n$이면, 식 (19.4)에서 선형 항들만이 근사에 활용된다. 만약 $l = 2n$이면 선형 및 완전 제곱 항들이 포함된다. 만약 $l = n(n + 1)/2 + n$이면, 1차와 2차항들이 포함된다. 일반적으로 l이 수록 더 많은 항들이 고려되며 메타 모형의 생성 비용이 증가하게 된다. 따라서 설계자는 반드시 원하는 정확도와 계산 비용을 고려하여 l을 선택해야 한다. 추출점의 개수 k는 반드시 미정계수의 개수 ($l + 1$)과 같거나 커야 한다. 그렇지 않으면 식 (19.16)의 계수행렬은 특이행렬이 된다.

예제 19.1　　**2차식 반응표면의 생성**

f가 다음과 같이 변수 x_1과 x_2의 함수라고 가정하자.

$$f = f(x_1, x_2) \tag{a}$$

표 19.1 예제 19.1의 9개의 추출 설계점(k = 9)

추출점	x_1	x_2	f
1	−1.5	−3	−1.022
2	−1.5	0	4.503
3	−1.5	3	31.997
4	1.25	−3	8.704
5	1.25	0	1.636
6	1.25	3	8.793
7	4	−3	37.341
8	4	0	10.243
9	4	3	4.157

표 19.1에 나타낸 것과 같이 9개의 추출점(k = 9)에서의 실험 값들을 갖고 있다(열 x_1과 x_2의 숫자들은 x_{ij}값들을 나타낸다). 최소 자승법을 이용하여 모든 1차 및 2차 항들을 포함한 반응표면을 생성하라.

풀이

식 (19.4), (19.7), (19.8) 그리고 (19.11)을 사용한 함수 f의 2차 근사식은 다음과 같이 주어진다.

$$\hat{f} = a_{00} + a_{10}x_1 + a_{20}x_2 + a_{11}x_1^2 + a_{22}x_2^2 + a_{12}x_1x_2 = d_0 + d_1\xi_1 + d_2\xi_2 + d_3\xi_3 + d_4\xi_4 + d_5\xi_5 \tag{b}$$

표 19.1에 주어진 설계변수 정보 및 식 (19.8), (19.12)를 활용하여, 표 19.2에 나타낸 것과 같이 ξ_{ij} 값들을 얻을 수 있다. 식 (19.16)에서 표 19.1의 함수 정보와 표 19.2의 ξ_{ij} 정보를 활용해서 다음과 같이 선

표 19.2 예제 19.1의 9개의 설계점 (k = 9)에서의 변수 ξ_{ij} 의 값

추출점	ξ_1	ξ_2	ξ_3	ξ_4	ξ_5
1	−1.5	−3	2.25	9	4.5
2	−1.5	0	2.25	0	0
3	−1.5	3	2.25	9	−4.5
4	1.25	−3	1.563	9	−3.75
5	1.25	0	1.563	0	0
6	1.25	3	1.563	9	3.75
7	4	−3	16	9	−12
8	4	0	16	0	0
9	4	3	16	9	12
최댓값	4	3	16	9	12
최솟값	−1.5	−3	1.563	0	−12

형방정식 계를 얻을 수 있다.

$$\begin{bmatrix} 9 & 11.25 & 0 & 59.4375 & 54 & 0 \\ 11.25 & 59.4375 & 0 & 187.734 & 67.5 & 0 \\ 0 & 0 & 54 & 0 & 0 & 67.5 \\ 59.4375 & 187.734 & 0 & 790.512 & 356.625 & 0 \\ 54 & 67.5 & 0 & 356.625 & 486 & 0 \\ 0 & 0 & 67.5 & 0 & 0 & 356.625 \end{bmatrix} \begin{bmatrix} d_0 \\ d_1 \\ d_2 \\ d_3 \\ d_4 \\ d_5 \end{bmatrix} = \begin{bmatrix} 106.352 \\ 177.663 \\ -0.228 \\ 937.577 \\ 809.73 \\ -546.46 \end{bmatrix} \tag{c}$$

식 (c)를 풀고 d_i의 값들을 식 (b)에 대입하면 다음과 같이 함수 $f(\mathbf{x})$를 변수 ξ_i에 관한 2차식으로 표현할 수 있다.

$$\hat{f} = 0.475 - 1.712\xi_1 + 2.504\xi_2 + 1.079\xi_3 + 1.0594\xi_4 - 2.006\xi_5 \tag{d}$$

식 (b) 또는 식 (19.8)로부터 ξ_i의 정의식을 식 (d)에 대입하면 다음과 같이 함수 $f(\mathbf{x})$에 대한 반응표면 모형을 얻을 수 있다.

$$\hat{f} = 0.475 - 1.712x_1 + 2.504x_2 + 1.079x_1^2 + 1.0594x_2^2 - 2.006x_1x_2 \tag{e}$$

19.1.3 변수의 정규화

반응표면 생성 문제에 대한 수치 계산 과정에서 변수들의 정규화가 유용하게 사용될 수 있으며, 이는 식 (19.16)의 선형방정식 계가 좋은 상태(well-conditioned)가 되도록 하여 수치적인 불안정성을 피할 수 있다. 여러 정규화 기법들이 활용될 수 있는데, 여기서 두 가지 과정을 살펴본다.

변수의 정규화: 과정 1

아래의 변수 변환은 변환된 변수들이 –1과 1 사이의 값을 갖도록 정의되었다.

$$w_j = \frac{\xi_j - \left[\max_m\left(\xi_{mj}\right) + \min_m\left(\xi_{mj}\right)\right]\big/2}{\left[\max_m\left(\xi_{mj}\right) - \min_m\left(\xi_{mj}\right)\right]\big/2} \tag{19.17}$$

이때 $\max_m\left(\xi_{mj}\right)$와 $\min_m\left(\xi_{mj}\right)$는 표 19.2에 나타나있는 것과 같이 각각 ξ_{mj} 표의 j번째 열에서의 최댓값과 최솟값을 나타낸다. 따라서 정규화된 변수 w_j에 관하여 식 (19.11)의 근사함수를 다음과 같이 쓸 수 있다.

$$\hat{f} = c_0 + c_1 w_1 + c_2 w_2 + \ldots + c_l w_l \tag{19.18}$$

이때 c_j는 정규화된 변수 w_j의 계수를 나타낸다. i번째 추출점에 대하여 함수값은 식 (19.18)을 사용해서 다음과 같이 쓸 수 있다.

$$\hat{f}_i = c_0 + c_1 w_{i1} + c_2 w_{i2} + \ldots + c_l w_{il}, \quad i = 1 \text{ to } k \tag{19.19}$$

이때 w_{ij}는 i번째 추출점에서의 w_j의 값을 나타낸다.

정규화된 변수들에 관하여 식 (19.14)의 오차 함수를 최소화하는 조건은 식 (19.16)의 선형방정식 계로 표현되며, 여기서 ξ_{ij}와 d_i는 각각 w_{ij}와 c_i로 바뀌었다. 예제 19.2에서는 이러한 정규화 과정을 사용하여 반응표면을 생성하는 과정을 다룬다.

예제 19.2 정규화를 이용한 반응표면 생성 1

예제 19.1을 식 (19.17)과 (19.18)의 정규화 과정을 이용하여 다시 해결하라.

풀이

정규화된 변수들에 의한 함수 f의 2차 근사는 다음과 같이 주어진다.

$$\hat{f} = a_{00} + a_{10}x_1 + a_{20}x_2 + a_{11}x_1^2 + a_{22}x_2^2 + a_{12}x_1x_2 = c_0 + c_1w_1 + c_2w_2 + c_3w_3 + c_4w_4 + c_5w_5 \tag{a}$$

이때 w_j는 변수 ξ_j의 정규화된 값을 나타낸다. 표 19.2에 주어진 ξ_{ij}와 $\max\limits_{m}(\xi_{mj})$값에 대한 정보와 식 (19.17)을 이용하여 변수 변환이 다음과 같이 정의된다.

$$w_1 = \frac{\xi_1 - (4-1.5)/2}{(4+1.5)/2} = \frac{x_1 - 1.25}{2.75} \tag{b}$$

$$w_2 = \frac{\xi_2 - (3-3)/2}{(3+3)/2} = \frac{x_2}{3} \tag{c}$$

$$w_3 = \frac{\xi_3 - (16+1.5625)/2}{(16-1.5625)/2} = \frac{x_1^2 - 8.782}{7.219} \tag{d}$$

$$w_4 = \frac{\xi_4 - (9+0)/2}{(9-0)/2} = \frac{x_2^2 - 4.5}{4.5} \tag{e}$$

$$w_5 = \frac{\xi_5 - (12-12)/2}{(12+12)/2} = \frac{x_1x_2}{12} \tag{f}$$

표 19.3은 표 19.2에 주어진 ξ_{ij} 정보에 대하여 식 (b)~(f)를 사용하여 얻은 정규화된 변수 w_{ij}를 포함하고 있다. 예를 들어, 식 (d)를 이용하여 w_{53}은 다음과 같이 계산된다.

$$w_{53} = \frac{\xi_{53} - 8.782}{7.219} = \frac{1.563 - 8.782}{7.219} = -1 \tag{g}$$

9개의 추출점들($k = 9$)에 대하여 표 19.3에 주어진 w_{ij} 정보와 표 19.1에 주어진 식 (19.16)의 함수 정보를 활용하여 다음의 선형방정식 계를 얻을 수 있다.

$$\begin{bmatrix} 9 & 0 & 0 & -2.715 & 3 & 0 \\ 0 & 6 & 0 & 5.715 & 0 & 0 \\ 0 & 0 & 6 & 0 & 0 & 1.875 \\ -2.715 & 5.715 & 0 & 8.457 & -0.905 & 0 \\ 3 & 0 & 0 & -0.905 & 9 & 0 \\ 0 & 0 & 1.875 & 0 & 0 & 2.477 \end{bmatrix} \begin{bmatrix} c_0 \\ c_1 \\ c_2 \\ c_3 \\ c_4 \\ c_5 \end{bmatrix} = \begin{bmatrix} 106.352 \\ 16.263 \\ -0.076 \\ 0.500 \\ 73.588 \\ -45.538 \end{bmatrix} \tag{h}$$

식 (h)의 계수행렬은 정규화 과정에 의해 대각요소가 지배적(diagonally dominant)이지만 예제 19.1

표 19.3 예제 19.2의 9개의 설계점 ($k = 9$)에서의 변수 w_{ij}의 값

추출점	w_1	w_2	w_3	w_4	w_5
1	-1	-1	-0.905	1	0.375
2	-1	0	-0.905	-1	0
3	-1	1	-0.905	1	-0.375
4	0	-1	-1	1	-0.3125
5	0	0	-1	-1	0
6	0	1	-1	1	0.3125
7	1	-1	1	1	-1
8	1	0	1	-1	0
9	1	1	1	1	1

의 식 (c)의 계수행렬은 그렇지 않다. 식 (h)를 풀어서 c_i값을 구하고 이를 식 (19.18)에 대입하면, 정규화된 변수 w_i에 관하여 다음과 같이 쓸 수 있다.

$$\hat{f} = 12.577 - 4.708w_1 + 7.510w_2 + 7.789w_3 + 4.767w_4 - 24.074w_5 \tag{i}$$

식 (b)~(f)의 변환을 활용하여 함수 $f(\mathbf{x})$의 반응표면 모형은 다음과 같이 주어진다.

$$\hat{f}(\mathbf{x}) = 12.577 - 4.708\left(\frac{x_1 - 1.25}{2.75}\right) + 7.510\left(\frac{x_2}{3}\right) + 7.789\left(\frac{x_1^2 - 8.782}{7.219}\right) + 4.767\left(\frac{x_2^2 - 4.5}{4.5}\right)$$

$$- 24.074\left(\frac{x_1 x_2}{12}\right) \tag{j}$$

$$= 0.475 - 1.712x_1 + 2.504x_2 + 1.079x_1^2 + 1.0594x_2^2 - 2.006x_1 x_2$$

이 식은 앞서 예제 19.1에서 얻은 식과 동일하다.

변수의 정규화: 과정 2

또 다른 과정은 식 (19.17)의 추출점 정보를 활용하여 변수 x_i를 정규화하는 것이다. 이러한 방법으로 변환된 변수들은 -1에서 1의 값을 갖는다. 이러한 정규화된 변수들을 활용하여 정규화된 정보 w_{ij}를 계산하고 이는 식 (19.16)에서 사용된다. 이러한 과정은 예제 19.3에서 검증된다.

예제 19.3 **정규화 과정을 이용한 반응표면 생성 2**

식 (19.17)과 (19.18)에 주어진 정규화 과정을 이용하여 예제 19.1을 다시 해결하라.

풀이

함수 $f(\mathbf{x})$의 2차식 근사는 다음과 같이 주어진다.

$$\hat{f} = d_0 + d_1 x_1 + d_2 x_2 + d_3 x_1^2 + d_4 x_2^2 + d_5 x_1 x_2 \tag{a}$$

표 19.2의 첫 2개의 열에 주어진 정보(또는 표 19.1에 변수 x_1과 x_2 정보)와 그 최대 및 최솟값을 활용하여 변수 변환은 식 (19.17)에 의해 다음과 같이 정의된다.

$$w_1 = \frac{x_1 - (4 - 1.5)/2}{(4 + 1.5)/2} = \frac{x_1 - 1.25}{2.75} \tag{b}$$

$$w_2 = \frac{x_2 - (3 - 3)/2}{(3 + 3)/2} = \frac{x_2}{3} \tag{c}$$

이러한 변환된 변수들을 활용하여 함수 f에 대한 식 (a)의 2차식 근사는 다음과 같이 얻어진다.

$$\hat{f} = c_0 + c_1 w_1 + c_2 w_2 + c_3 w_1^2 + c_4 w_2^2 + c_5 w_1 w_2 \tag{d}$$

이제 변수 w_3, w_4, 그리고 w_5를 다음과 같이 정의한다.

$$w_3 = w_1^2 = \left(\frac{x_1 - 1.25}{2.75} \right)^2 \tag{e}$$

$$w_4 = w_2^2 = \left(\frac{x_2}{3} \right)^2 \tag{f}$$

$$w_5 = w_1 w_2 = \left(\frac{x_1 - 1.25}{2.75} \right) \left(\frac{x_2}{3} \right) \tag{g}$$

따라서 식 (d)의 2차식 근사는 다음과 같이 주어진다.

$$\hat{f} = c_0 + c_1 w_1 + c_2 w_2 + c_3 w_3 + c_4 w_4 + c_5 w_5 \tag{h}$$

표 19.1의 설계변수 정보와 식 (b) 및 (c)의 변환 관계를 활용하면, 표 19.4에 나타낸 것과 같이 w_{ij} 값들을 계산할 수 있다. 식 (19.16)의 w_{ij} 값들을 활용하면 다음과 같이 선형방정식 계를 얻을 수 있다.

$$\begin{bmatrix} 9 & 0 & 0 & 6 & 6 & 0 \\ 0 & 6 & 0 & 0 & 0 & 0 \\ 0 & 0 & 6 & 0 & 0 & 0 \\ 6 & 0 & 0 & 6 & 4 & 0 \\ 6 & 0 & 0 & 4 & 6 & 0 \\ 0 & 0 & 0 & 0 & 0 & 4 \end{bmatrix} \begin{bmatrix} c_0 \\ c_1 \\ c_2 \\ c_3 \\ c_4 \\ c_5 \end{bmatrix} = \begin{bmatrix} 106.352 \\ 16.264 \\ -0.076 \\ 87.219 \\ 89.970 \\ -66.204 \end{bmatrix} \tag{i}$$

다시 우리는 식 (i)의 계수행렬이 대각요소가 지배적인 것이 주목한다. 식 (i)를 풀어서 계수 c_i를 구하고, 이를 다시 식 (h)에 대입하면 다음과 같이 정규화된 변수 w_i에 관하여 함수 식을 표현할 수 있다.

$$\hat{f} = 0.0214 + 2.711 w_1 - 0.01267 w_2 + 8.159 w_3 + 9.534 w_4 - 16.551 w_5 \tag{j}$$

식 (j)에 $w_3 = w_1^2$, $w_4 = w_2^2$ 그리고 $w_5 = w_1 w_2$를 대입하면 다음을 얻을 수 있다.

$$\hat{f} = 0.0214 + 2.711 w_1 - 0.01267 w_2 + 8.159 w_1^2 + 9.534 w_2^2 - 16.551 w_1 w_2 \tag{k}$$

표 19.4 예제 19.3에서 9개의 설계점 ($k = 9$)에서의 정규화된 변수 w_{ij}의 값

추출점	w_1	w_2	w_3	w_4	w_5
1	-1	-1	1	1	1
2	-1	0	1	0	0
3	-1	1	1	1	-1
4	0	-1	0	1	0
5	0	0	0	0	0
6	0	1	0	1	0
7	1	-1	1	1	-1
8	1	0	1	0	0
9	1	1	1	1	1

이제 식 (b)와 (c)에 주어진 변수 변환을 식 (k)에 대입하면 다음을 얻을 수 있다.

$$\hat{f}(\mathbf{x}) = 0.0214 + 2.711\left(\frac{x_1 - 1.25}{2.75}\right) - 0.01267\left(\frac{x_2}{3}\right) + 8.159\left(\frac{x_1 - 1.25}{2.75}\right)^2 + 9.534\left(\frac{x_2}{3}\right)^2$$
$$- 16.551\left(\frac{x_1 - 1.25}{2.75}\right)\left(\frac{x_2}{3}\right) \tag{l}$$
$$= 0.475 - 1.712x_1 + 2.504x_2 + 1.079x_1^2 + 1.0593x_2^2 - 2.006x_1x_2$$

식 (l)은 예제 19.1에서 얻은 식 (e)와 동일하다.

19.2 반응표면 생성을 위한 실험 설계법

앞 장에서 언급한 대로 반응표면법(RSM)의 첫 단계는 원래의 함수가 계산되는 추출점의 위치를 선택하는 것이다. 이러한 추출점의 선택은 임의로, 혹은 가능하다면 설계자의 직관과 경험에 의해 수행될 수 있다. 직관과 경험이 사용될 수 없다면 설계 범위 전체를 고려하는 선택법을 사용할 수 있으며, 앞으로 설명하게 될 직교 배열법이 유용하게 활용될 수 있다.

직교 배열은 2차원 행렬 혹은 표로 나타낼 수 있다. 우리는 직교 배열을 생성하는 몇 가지의 방법 중에서 Taguchi (1987)의 방법을 사용할 것이다. 직교 배열은 일반적으로 다음과 같이 표현된다.

$$L_N\left(\prod_{i=1}^{n} s_i^{k_i}\right) \tag{19.20}$$

여기서 N은 직교 배열에서 행의 개수(추출점의 개수 또는 **실험 횟수**), n은 특정 레벨의 값을 갖는 설계변수 그룹의 개수, s_i는 i번째 설계 그룹의 레벨 개수, 그리고 k_i는 s_i 레벨을 갖는 i번째 설계 그룹의 설계변수 개수를 나타낸다. 여기서 레벨(Level)은 설계변수 혹은 매개변수가 갖는 서로 다른 값의 개수를 의미한다. 예를 들어, 어떤 한 설계변수에 대한 3개의 레벨은 추출점 선택을 위한 3개의 서로

표 19.5 추출점 생성을 위한 설계변수 레벨을 나타내는 직교 배열 $L_{18}(2^13^7)$

추출점	열							
	x_1	x_2	x_3	x_4	x_5	x_6	x_7	x_8
1	1	1	1	1	1	1	1	1
2	1	1	2	2	2	2	2	2
3	1	1	3	3	3	3	3	3
4	1	2	1	1	2	2	3	3
5	1	2	2	2	3	3	1	1
6	1	2	3	3	1	1	2	2
7	1	3	1	2	1	3	2	3
8	1	3	2	3	2	1	3	1
9	1	3	3	1	3	2	1	2
10	2	1	1	3	3	2	2	1
11	2	1	2	1	1	3	3	2
12	2	1	3	2	2	1	1	3
13	2	2	1	2	3	1	3	2
14	2	2	2	3	1	2	1	3
15	2	2	3	1	2	3	2	1
16	2	3	1	3	2	3	1	2
17	2	3	2	1	3	1	2	3
18	2	3	3	2	1	2	3	1

다른 변수값을 의미한다.

표 19.5는 18개의 행, 2개의 설계변수 그룹, 2개의 레벨을 갖는 한 개의 설계변수, 그리고 3개의 레벨을 갖는 7개의 설계변수를 포함하는 $L_{18}(2^13^7)$ 직교 배열을 나타낸다. 실제로 설계변수에 대한 각 레벨은 해당 설계변수의 수치 값을 나타낸다. 예를 들어, 설계변수 1은 2개의 레벨을 갖는데 이는 해당 변수에 대한 두 개의 값이 적당한 범위 내에서 선택되었음을 의미하며, 레벨들은 열 x_1에서 숫자 1과 2로 표시되었다. 마찬가지로 설계변수 2~8은 3개의 레벨을 가지므로 각 변수들에 대항 3개의 값들이 적당한 범위 내에서 선택되었으며, 이들은 열 x_2~x_8에서 숫자 1, 2, 3으로 표현되었다.

레벨의 개수가 결정되면 각 레벨은 어떤 하나의 수치값을 부여 받는다. 따라서 직교 배열의 각 행은 문제의 함수들이 계산되는 설계점(추출점)을 나타낸다. 직교 배열의 각 열의 숫자들은 각 추출점에 사용된 설계변수 레벨을 나타낸다.

직교 배열이라는 이름은 각 열들이 서로 **직교함**에서 따온 것이다. 만약 표 19.5의 열 x_1에서 정수 1과 2를 정수 –1과 1로 바꾸고, 열 x_2~x_8 정수 1, 2, 3을 –1, 0, 1로 바꾼다면, 어떤 두 열을 선택하든 그 내적(dot product)값은 0이 된다(즉 서로 직교한다). 직교 배열을 생성하는 특정한 규칙은 없다. 여러 문헌에서 연구자들에 의해 다양한 직교 배열이 만들어졌다(인터넷에는 직교 배열 생성기도

표 19.6 각 3개의 레벨을 갖는 4개의 설계변수

설계변수	레벨		
	1	**2**	**3**
x_1	x_{11}	x_{12}	x_{13}
x_2	x_{21}	x_{22}	x_{23}
x_3	x_{31}	x_{32}	x_{33}
x_4	x_{41}	x_{42}	x_{43}

있다). 설계자는 직교 배열 데이터베이스로부터 설계변수 개수와 원하는 레벨에 해당되는 하나를 선택할 수 있다. 가장 작은 직교 배열을 선택하는 규칙은 Taguchi (1987)와 Park (2007)에 주어져있다. 메타 모형에 있어서 행의 개수는 추출점의 개수이며 이는 반드시 미지 매개변수의 개수($l + 1$)와 같거나 더 커야 한다.

각각이 3개의 레벨을 갖는 4개의 설계변수를 갖고 함수 f를 반응표면법(RSM)을 이용해 근사하는 경우를 생각해보자. 설계변수 값들은 표 19.6에 주어져 있으며, 여기서 x_{ij}는 i번째 설계변수의 j번째 레벨에서의 값을 나타낸다. 표 19.7에 나타나 있는 (문헌에서 얻은) 직교 배열 $L_9(3^4)$은 4개의 설계변수 각각이 3개의 레벨을 갖는 본 예제에서 추출점을 선택하는 데 활용될 수 있다. 열의 각 정수들은 레벨 숫자를 나타내며, 실험 횟수(이 경우에는 9)는 추출점의 개수와 같다. 정수 1, 2, 3은 각각 설계변수 레벨 1, 2, 3을 나타낸다. 이러한 숫자들은 식 (19.17)을 활용하여 –1과 1 사이에서 정규화될 수 있으며, 결과적으로 정수 1, 2, 3은 표 19.7의 괄호 안에 표현된 것과 같이 –1, 0, 1로 변환된다. 따라서 각 설계변수의 3개의 레벨은 정수 –1, 0, 1에 의해 표현될 수 있다.

표 19.7 직교 배열 $L_9(3^4)$

실험번호/ 추출점	설계변수와 레벨				함수값
	x_1	x_2	x_3	x_4	
1	1(–1)	1(–1)	1(–1)	1(–1)	f_1
2	1(–1)	2(0)	2(0)	2(0)	f_2
3	1(–1)	3(1)	3(1)	3(1)	f_3
4	2(0)	1(–1)	2(0)	3(1)	f_4
5	2(0)	2(0)	3(1)	1(–1)	f_5
6	2(0)	3(1)	1(–1)	2(0)	f_6
7	3(1)	1(–1)	3(1)	2(0)	f_7
8	3(1)	2(0)	1(–1)	3(1)	f_8
9	3(1)	3(1)	2(0)	1(–1)	f_9

Note: 정수 1,2,3은 각각 설계변수들의 레벨 1,2,3을 나타낸다. 또한, 정규화된 변수 –1,0,1은 각각 세개의 레벨 1,2,3을 나타낸다.

표 19.8 각 3개의 레벨을 갖는 4개의 설계변수

설계변수	레벨		
	1(−1)	2(0)	3(1)
x_1	−1.5	0	1.5
x_2	−3.0	0	3.0
x_3	−6.0	−3.0	0
x_4	1.2	2.4	3.6

−1, 0, 1이 레벨로서 사용되면 직교 배열이라는 이름처럼 모든 열이 서로 직교하게 된다. 표 19.7의 가장 오른쪽에 있는 열은 각 추출점에서의 함수 f의 값을 나타낸다. 표 19.7은 반응표면 생성을 위한 모든 정보를 포함하고 있다. 식 (19.11)의 근사화된 함수 $\hat{f}$은 19.1.2절에 기술된 과정에 따라서 정의된다. 물론 추출점 선택을 위해 다른 방법을 사용할 수도 있다.

예제 19.4 **직교 배열을 이용한 반응표면의 생성**

4개의 설계변수를 갖는 함수에 대한 반응표면을 다음과 같이 생성하라.

$$f = f(x_1, x_2, x_3, x_4) \tag{a}$$

추출점들은 표 19.7의 직교 배열 $L_9(3^4)$을 이용하여 선택될 수 있다. 이러한 설계변수들의 레벨과 그 수치값들이 표 19.8에 나타나있다. 직교 배열의 각 행에 대한 함수 f의 값이 표 19.9에 나타나있다. 교차곱 (cross-product) 항이 없는 2차식 반응표면을 생성하라.

풀이

표 19.9로부터 각 변수들의 최대 및 최솟값들이 표 19.10에 나타나 있다. 교차곱 항들은 무시되므로 $n = 4$, $l = 2n = 8$이다. 따라서 함수를 근사화하기 위해서 적어도 9개 ($l + 1$)의 추출점이 필요하다. 근사함수는 다음과 같이 표현된다.

$$\hat{f} = c_0 + c_1 w_1 + c_2 w_2 + c_3 w_3 + c_4 w_4 + c_5 w_5 + c_6 w_6 + c_7 w_7 + c_8 w_8 \tag{b}$$

식 (19.17)과 표 19.10에 주어진 정보를 활용하여 정규화된 변수 w_i는 다음과 같이 정의된다.

$$w_1 = \frac{x_1 - 0}{1.5}, \quad w_2 = \frac{x_2 - 0}{3}, \quad w_3 = \frac{x_3 - (-3)}{3}, \quad w_4 = \frac{x_4 - 2.4}{1.2} \tag{c}$$

예제 19.3에서의 정규화 과정 2를 활용하면, 식 (19.16)에 의해 다음을 얻을 수 있다.

표 19.9 예제 19.4에서 직교 배열 $L_9(3^4)$을 사용한 추출점과 함수값

실험번호	설계변수와 레벨				함수값
	x_1	x_2	x_3	x_4	
1	−1.5(−1)	−3(−1)	−6(−1)	1.2(−1)	−31.901
2	−1.5(−1)	0(0)	−3(0)	2.4(0)	−16.865
3	−1.5(−1)	3(1)	0(1)	3.6(1)	−20.661
4	0(0)	−3(−1)	−3(0)	3.6(1)	−21.622
5	0(0)	0(0)	0(1)	1.2(−1)	−2.258
6	0(0)	3(1)	−6(−1)	2.4(0)	−61.206
7	1.5(1)	−3(−1)	0(1)	2.4(0)	−0.608
8	1.5(1)	0(0)	−6(−1)	3.6(1)	−85.939
9	1.5(1)	3(1)	−3(0)	1.2(−1)	−4.479

표 19.10 예제 19.4의 변수 정규화를 위한 정보

	$x_1(w_1)$	$x_2(w_2)$	$x_3(w_3)$	$x_4(w_4)$	$x_1^2(w_5)$	$x_2^2(w_6)$	$x_3^2(w_7)$	$x_4^2(w_8)$
최대(max)	1.5	3	0	3.6	2.25	9	36	12.96
최소(min)	−1.5	−3	−6	1.2	0	0	0	1.44
$\dfrac{\text{max} + \text{min}}{2}$	0	0	−3	2.4	1.125	4.5	18	7.2
$\dfrac{\text{max} − \text{min}}{2}$	1.5	3	3	1.2	1.125	4.5	18	5.76

$$\begin{bmatrix} 9 & 0 & 0 & 0 & 0 & 6 & 6 & 6 & 6 \\ 0 & 6 & 0 & 0 & 0 & 0 & 0 & 0 & 0 \\ 0 & 0 & 6 & 0 & 0 & 0 & 0 & 0 & 0 \\ 0 & 0 & 0 & 6 & 0 & 0 & 0 & 0 & 0 \\ 0 & 0 & 0 & 0 & 6 & 0 & 0 & 0 & 0 \\ 6 & 0 & 0 & 0 & 0 & 6 & 4 & 4 & 4 \\ 6 & 0 & 0 & 0 & 0 & 4 & 6 & 4 & 4 \\ 6 & 0 & 0 & 0 & 0 & 4 & 4 & 6 & 4 \\ 6 & 0 & 0 & 0 & 0 & 4 & 4 & 4 & 6 \end{bmatrix} \begin{bmatrix} c_0 \\ c_1 \\ c_2 \\ c_3 \\ c_4 \\ c_5 \\ c_6 \\ c_7 \\ c_8 \end{bmatrix} = \begin{bmatrix} −245.538 \\ −21.6 \\ −32.216 \\ 155.52 \\ −89.584 \\ −160.452 \\ −140.477 \\ −202.572 \\ −166.86 \end{bmatrix} \qquad \text{(d)}$$

식 (d)의 해는 다음과 같다.

$$\begin{bmatrix} c_0 & c_1 & c_2 & c_3 & c_4 & c_5 & c_6 & c_7 & c_8 \end{bmatrix}^T$$
$$= \begin{bmatrix} −22.085 & −3.6 & −5.369 & 25.92 & −14.931 & 1.62 & 11.608 & −19.44 & −1.584 \end{bmatrix}^T \qquad \text{(e)}$$

식 (b)의 $w_5 = w_1^2$와 $w_6 = w_2^2$, $w_7 = w_3^2$, 그리고 $w_8 = w_4^2$를 사용하여 근사함수를 다음과 같이 얻을 수 있다.

$$\hat{f} = -22.085 - 3.6w_1 - 5.369w_2 + 25.92w_3 - 14.931w_4 + 1.62w_5 + 11.608w_6 - 19.44w_7 -$$

$$= -22.085 - 3.6\left(\frac{x_1 - 0}{1.5}\right) - 5.369\left(\frac{x_2 - 0}{3}\right) + 25.92\left(\frac{x_3 - (-3)}{3}\right) - 14.931\left(\frac{x_4 - 2.4}{1.2}\right)$$

$$+ 1.62\left(\frac{x_1 - 0}{1.5}\right)^2 + 11.608\left(\frac{x_2 - 0}{3}\right)^2 - 19.44\left(\frac{x_3 - (-3)}{3}\right)^2 - 1.584\left(\frac{x_4 - 2.4}{1.2}\right)^2 \tag{f}$$

$$= -7.921 - 2.4x_1 - 1.79x_2 - 4.32x_3 - 7.163x_4 + 0.72x_1^2 + 1.29x_2^2 - 2.16x_3^2 - 1.1x_4^2$$

우리는 최적화 과정에서 반응표면법의 결과를 활용할 수 있다. 목적함수와 제약조건함수들이 근사화되며, 최적화는 이러한 근사함수들을 이용해서 수행된다. 다음의 예제에서 이러한 과정을 검증한다.

예제 19.5 반응표면법을 활용한 최적화성

예제 13.7의 직사각형 보 최적화 문제를 모든 2차식항들을 포함한 반응표면법을 이용해서 해결하고, 예제 13.7의 결과와 비교하라. 표 19.11에 나타낸 것과 같이 직교 배열 $L_9(3^4)$을 활용하여 얻은 9개의 추출점이 있다(설계변수가 2개밖에 없으므로 표에서 2개의 열은 비어 있다).

풀이

반응표면법의 과정과 표 19.11의 정보를 사용하여 근사함수들을 다음과 같이 얻을 수 있다.
　목적함수

표 19.11 예제 19.5에서의 추출점과 함수값

추출점	$b(w_1)$	$d(w_2)$	비어있는 열	비어있는 열	목적함수 f	굽힘 g_1	전단 g_2	깊이 g_3
1	300(−1)	330(−1)	–	–	99,000	−0.2654	0.1364	−0.45
2	300(−1)	360(0)	–	–	108,000	−0.3827	0.0417	−0.4
3	300(−1)	390(1)	–	–	117,000	−0.4740	−0.0385	−0.35
4	350(0)	330(−1)	–	–	115,500	−0.3703	−0.0260	−0.5286
5	350(0)	360(0)	–	–	126,000	−0.4709	−0.1071	−0.4857
6	350(0)	390(1)	–	–	136,500	−0.5492	−0.1758	−0.4429
7	400(1)	330(−1)	–	–	132,000	−0.4490	−0.1477	−0.5875
8	400(1)	360(0)	–	–	144,000	−0.5370	−0.2188	−0.55
9	400(1)	390(1)	–	–	156,000	−0.6055	−0.2788	−0.5125

$$\hat{f} = c_0 + c_1w_1 + c_2w_2 + c_3w_3 + c_4w_4 + c_5w_5$$

$$= 126,000 + 18,000w_1 + 10,500w_2 + 1,500w_5$$

$$= 126,000 + 18,000\left(\frac{b-350}{50}\right) + 10,500\left(\frac{d-360}{30}\right) + 1,500\left(\frac{b-350}{50}\right)\left(\frac{d-360}{30}\right) \tag{a}$$

$$= bd$$

굽힘응력 제약조건

$$\hat{g}_1 = c_{10} + c_{11}w_{11} + c_{12}w_{12} + c_{13}w_{13} + c_{14}w_{14} + c_{15}w_{15}$$

$$= -0.4710 - 0.0782w_{11} - 0.0907w_{12} + 0.0112w_{13} + 0.0113w_{14} + 0.0130w_{15}$$

$$= -0.4710 - 0.0782\left(\frac{b-350}{50}\right) - 0.0907\left(\frac{d-360}{30}\right) + 0.0112\left(\frac{b-350}{50}\right)^2 \tag{b}$$

$$+ 0.0113\left(\frac{d-360}{30}\right)^2 + 0.0130\left(\frac{b-350}{50}\right)\left(\frac{d-360}{30}\right)$$

$$= 4.433 - 0.00782b - 0.0151d + 4.48\times10^{-6}b^2 + 1.26\times10^{-5}d^2 + 8.67\times10^{-6}bd$$

전단응력 제약조건

$$\hat{g}_2 = c_{20} + c_{21}w_{21} + c_{22}w_{22} + c_{23}w_{23} + c_{24}w_{24} + c_{25}w_{25}$$

$$= -0.1072 - 0.1308w_{21} - 0.0760w_{22} + 0.0187w_{23} + 0.0063w_{24} + 0.0109w_{25}$$

$$= -0.1072 - 0.1308\left(\frac{b-350}{50}\right) - 0.0760\left(\frac{d-360}{30}\right) + 0.0187\left(\frac{b-350}{50}\right)^2 \tag{c}$$

$$+ 0.0063\left(\frac{d-360}{30}\right)^2 + 0.0109\left(\frac{b-350}{50}\right)\left(\frac{d-360}{30}\right)$$

$$= 4.46 - 0.0105b - 0.0101d + 7.48\times10^{-6}b^2 + 7.0\times10^{-6}d^2 + 7.27\times10^{-6}bd$$

깊이 제약조건

$$\hat{g}_3 = c_{30} + c_{31}w_{31} + c_{32}w_{32} + c_{33}w_{33} + c_{34}w_{34} + c_{35}w_{35}$$

$$= -3.4 - w_{31} + 0.3w_{32}$$

$$= -3.4 - \left(\frac{b-350}{50}\right) + 0.3\left(\frac{d-360}{30}\right) \tag{d}$$

$$= -0.02b + 0.01d$$

RSM을 통해 얻은 근사함수를 활용하는 설계 최적화 문제는 다음과 같이 정의된다.

목적함수

$$f = bd \tag{e}$$

굽힘응력 제약조건

$$\hat{g}_1 = 4.433 - 0.00782b - 0.0151d + 4.48\times10^{-6}b^2 + 1.26\times10^{-5}d^2 + 8.67\times10^{-6}bd \leq 0 \tag{f}$$

전단응력 제약조건

$$\hat{g}_2 = 4.46 - 0.0105b - 0.0101d + 7.48\times10^{-6}b^2 + 7.0\times10^{-6}d^2 + 7.27\times10^{-6}bd \leq 0 \tag{g}$$

깊이 제약조건

$$\hat{g}_3 = -0.02b + 0.01d \le 0 \tag{h}$$

설계변수들에 대한 범위제약조건은 선형함수이므로 예제 13.7의 식 (d)의 함수들이 직접적으로 활용된다. 최적화는 식 (e)~(h)의 근사함수들과 범위경계조건들에 의해 수행된다. RSM을 통해 얻은 최적값들과 예제 13.7에서 얻은 값들을 표 19.12와 같이 비교하였다. 표의 값들은 근사함수들로부터 얻어졌다. 근사함수를 사용하였을 때 제약조건이 만족되었지만, 만약 원래의 함수로 계산한다면 제약조건이 위배될 수도 있다. 최적화 과정에서 RSM을 사용할 때에는 이러한 측면을 반드시 유의해야 한다. 반응표면법에 의해 얻어진 최적값에서의 예제 13.7의 원래 함수들은 다음과 같이 계산된다.

$$\hat{f} = 1.109 \times 10^5, \quad g_1 = -0.076 \text{ (satisfied)}, \quad g_2 = 0.014 \text{ (violated)}, \quad g_3 = -7.143 \text{ (satisfied)} \tag{i}$$

RSM을 통해서 식 (i)에 나타낸 것과 같이 실제 최적값에 비해 더 나은 목적함수 값을 얻는 경우, 대개 원래의 제약조건함수는 위배된다. 현재의 예제에서 제약조건 위배의 정도는 허용 가능한 수준(1.4%)이다. 위배 정도가 커지게 되면 RSM 기반 최적화는 모형에 대한 더 나은 근사를 위해 반드시 추출점을 추가하고, 설계 범위를 수정하는 등의 수정을 해야 한다.

표 19.12에 나타낸 것과 같이 반응표면법을 사용할 경우, 함수 계산 횟수는 추출점의 개수와 동일하며, 원래 함수의 경사도 정보는 필요하지 않다. 따라서 원래 함수의 경사도 정보를 얻을 수 없거나 계산 비용이 매우 클 경우에 반응표면법이 활용될 수 있다. 이때, 근사함수를 활용하므로 얻어진 최적점이 원래 제약조건을 만족시키지 않을 수도 있다.

설계변수의 범위가 넓은 경우에 엄밀한 최적값을 찾지 못할 수 도 있다. 이러한 경우에 더 나은 근사함수를 얻기 위해 더 많은 실험이 필요하다. RSM을 사용할 경우 일반적으로 설계변수 숫자에 대한 제한이 있다. 수학적으로 증명된 것은 아니지만, 설계변수 숫자가 10보다 클 경우에 근사 정보가 부정확해진다.

19.3 직교 배열을 이용한 이산 설계

지난 절에서 직교 배열은 최적화 과정에서 반응표면 생성을 위한 추출점 선택에 활용되었다. 설계변수들은 반드시 이산화된 값을 가지며, 직교 배열은 이산 공간에서 설계변수들을 선택하기 위해 활용될 수 있다. 이 절에서는 특정 이산값(discrete value)들로부터 이산 설계(discrete design)를 결정하기 위해 어떻게 직교 배열을 사용할 것인지에 대하여 논의한다.

표 19.12 예제 19.5의 최적해

	RSM 해	예제 13.7의 결과
최적점	(474.1, 234.0)	(335.4, 335.4)
최적 면적	1.109×10^5	1.125×10^5
함수 계산 횟수	9	6
제약조건 경사도 계산 횟수	–	12

$f(\mathbf{x})$를 최소화하는 비제약조건 최적화 문제를 고려한다. 제약조건 최적화 문제는 앞선 11장에서 설명한 대로 벌칙함수 방법을 활용하여 다룰 수 있다. 검증을 위해서 4개의 설계변수를 갖는 문제를 고려한다. 설계변수들이 가질 수 있는 이산값들은 앞서 표 19.6에서 제시되었다. 즉, 우리는 4개의 설계변수를 가지며, 각각은 3개의 레벨(3개의 이산값)을 갖는다. 이산 설계변수의 각 조합을 사용하여 목적함수를 계산하며, 가장 목적함수 값이 작은 지점을 최적점으로 선택한다. 하지만 이러한 계산은 3^4개의 설계점에서의 목적함수 계산을 요구하므로 매우 계산 비용이 크며, 설계변수의 숫자와 각 설계변수의 이산 값의 숫자가 증가함에 따라서 계산량이 급격히 증가하게 된다.

직교 배열과 추출점에서의 함수값은 이산 최적점(discrete optimum point)을 얻기 위하여 활용될 수 있다. 이는 직교 배열을 활용하면 부분적인 계산만 필요하다는 것을 의미한다. 4개의 설계변수를 갖는 경우, 표 19.7에 나타낸 것과 같이 직교 배열 $L_9(3^4)$을 활용할 수 있다. 목적함수는 9개의 추출점에서 계산된다. 이러한 과정을 통해서 이산해(discret solution)를 결정하기 위해 9개의 설계변수 조합만이 사용되었으며, 이는 전체 계산에 해당되는 $3^4 = 81$개의 조합에 비해 훨씬 적은 값이다.

이러한 과정을 검증하기 위해서 표 19.7의 9개의 추출점에서의 목적함수 값들이 표 19.13과 같이 주어져 있다고 하자(Park, 2007). 이러한 9개의 목적함수들의 조합의 평균값은 이산해를 찾기 위해 활용된다. 따라서 이러한 과정은 평균 해석(ANalysis Of Means, ANOM)이라 불린다. 이 방법은 정보 그룹 내에서 변화량을 기술하기 위해 활용되는 통계적 기법이며, 통계적으로 유의미한 차이를 발견하기 위하여 각 그룹의 평균값을 전체 평균과 비교한다. 이 방법은 제품 및 공정의 품질 제어에 널리 활용되어 왔다.

Taguchi (1987)에 의해 개발된 이산변수 설계 과정은 함수 근사를 위해 부가적인 모형(additive model)을 사용한다. 직교 배열에서 가용 범위 이상의 함수값들은 사용될 수 없다고 가정하는데, 이는 계산이 매우 번거롭거나 비용이 크기 때문에, 혹은 새로운 실험이 행해질 수 없기 때문이다. 따라서 이러한 값들은 다른 지점에서 계산이 수행될 필요가 있다. 이러한 부가적인 모형은 함수값들의 평균에 설계변수를 특정 레벨로 설정함에 따라 발생되는 편차를 더하면 함수값들이 근사화될 수 있다고 가정한다. 이러한 편차들은 서로 다른 목적함수 값 그룹들의 평균으로써 계산된다. 이 부가적 모형에서 2개 이상의 설계변수의 교차곱 항들은 허용되지 않는다. 이러한 부가적 모형에 대한 더 자세한 사항은 Taguchi (1987)와 Phadke (1989)을 참고하기 바란다.

먼저, 9개의 값에 대한 목적함수 값의 평균은 다음과 같이 계산된다.

표 19.13 각 실험(추출점)에 대한 함수값

실험번호	f_1	f_2	f_3	f_4	f_5	f_6	f_7	f_8	f_9
함수값	20	50	30	25	45	30	45	65	70

$$\mu = \frac{1}{9}\sum_{i=1}^{9} f_i = \frac{1}{9}(20+50+30+25+45+30+45+65+70) = 42.2 \qquad (19.21)$$

이 평균값은 다양한 설계변수들이 목적함수에 미치는 영향을 계산하기 위해 활용된다. 각 설계변수의 다양한 레벨(이산값)들이 목적함수에 미치는 영향을 조사하기 위해서 몇몇 목적함수 평균값들을 계산하였다. 이를 위해, 다음과 같이 다양한 평균값들에 대한 표기법을 정의하였다.

$$\mu_{ij} = \text{mean of cost functions calculated using sample design points containing} \\ \text{the } i\text{th design variable and its } j\text{th level} \qquad (19.22)$$

예를 들어, μ_{13}은 설계변수 x_1과 그것의 레벨 3에 해당되는 값 x_{13}을 포함하는 추출점들을 활용하여 계산한 목적함수의 평균값을 나타낸다. 표 19.7과 19.13을 참고하여 μ_{13}을 다음과 같이 계산할 수 있다.

$$\mu_{13} = \frac{1}{3}\left(f_7 + f_8 + f_9\right) \qquad (19.23)$$

그러므로 목적함수에 대한 변수 x_1의 레벨 3의 영향은 $(\mu_{13} - \mu)$이다. 이 값은 설계변수 x_1을 레벨 3 값에 설정함에 따른 평균값 μ로부터의 편차라 불린다. 유사한 방법으로 표 19.7과 19.13을 사용하여 μ_{11}과 μ_{12}가 다음과 같이 계산된다.

$$\mu_{11} = \frac{1}{3}\left(f_1 + f_2 + f_3\right) \qquad (19.24)$$

$$\mu_{12} = \frac{1}{3}\left(f_4 + f_5 + f_6\right) \qquad (19.25)$$

목적함수에 대한 설계변수 x_1의 레벨 1과 2의 영향은 각각 $(\mu_{13} - \mu)$, $(\mu_{11} - \mu)$, 그리고 $(\mu_{12} - \mu)$이다. 편차 $(\mu_{11} - \mu)$, $(\mu_{12} - \mu)$, 그리고 $(\mu_{13} - \mu)$를 모두 더하면 0이 된다. 즉, 각 설계변수에 대하여 그 레벨들의 영향은 다음의 식을 만족시킨다.

$$\left(\mu_{i1} - \mu\right) + \left(\mu_{i2} - \mu\right) + \left(\mu_{i3} - \mu\right) = \sum_{j=1}^{3}\left(\left(\mu_{ij} - \mu\right)\right) = 0 \qquad (19.26)$$

이것은 부가적 모형(*additive model*)의 특성이다.

설계변수 x_2, x_3, 그리고 x_4의 다양한 레벨의 평균값들은 식 (19.23)~(19.25)에서와 유사하게 계산된다. 표 19.7과 19.13의 정보를 이용해 계산된 결과가 표 19.14에 제시되어 있으며, 이를 일원표(*one-way table*)라 부른다. 일원표는 식 (19.26)의 부가적 모형의 특성을 만족시킴을 검증할 수 있다.

$$i = 1: \quad (33.3 - 42.2) + (33.3 - 42.2) + (60 - 42.2) = 0 \qquad (19.27)$$

$$i = 2: \quad (30 - 42.2) + (53.3 - 42.2) + (43.3 - 42.2) = 0 \qquad (19.28)$$

$$i = 3: \quad (38.3 - 42.2) + (48.3 - 42.2) + (40 - 42.2) = 0 \qquad (19.29)$$

표 19.14 직교 배열을 위한 일원표의 예시

설계변수	레벨 1	2	3
x_1	$\mu_{11} = \dfrac{f_1 + f_2 + f_3}{3} = 33.3$	$\mu_{12} = \dfrac{f_4 + f_5 + f_6}{3} = 33.3$	$\mu_{13} = \dfrac{f_7 + f_8 + f_9}{3} = 60$
x_2	$\mu_{21} = \dfrac{f_1 + f_4 + f_7}{3} = 30$	$\mu_{22} = \dfrac{f_2 + f_5 + f_8}{3} = 53.3$	$\mu_{23} = \dfrac{f_3 + f_6 + f_9}{3} = 43.3$
x_3	$\mu_{31} = \dfrac{f_1 + f_6 + f_8}{3} = 38.3$	$\mu_{32} = \dfrac{f_2 + f_4 + f_9}{3} = 48.3$	$\mu_{33} = \dfrac{f_3 + f_5 + f_7}{3} = 40$
x_4	$\mu_{41} = \dfrac{f_1 + f_5 + f_9}{3} = 45$	$\mu_{42} = \dfrac{f_2 + f_6 + f_7}{3} = 41.6$	$\mu_{43} = \dfrac{f_3 + f_4 + f_8}{3} = 40$

$$i = 4: \quad (45 - 42.2) + (41.6 - 42.2) + (40 - 42.2) = 0 \tag{19.30}$$

각 설계변수에 대하여, 부가적 모형의 가정에 의해서 일원표에서 f의 평균의 최솟값을 주는 레벨이 최종값으로 고려된다.

표 19.13에 제시된 목적함수 값들에 대하여 표 19.14의 계산 결과들이 그림 19.3에 표현되어 있다. 이 그림은 수직축을 따라서 각 설계변수 및 그 3개의 레벨에 대한 목적함수들의 평균값을 나타낸다. 이 그림을 통해 레벨은 각 설계변수의 평균값의 최솟값을 나타냄을 알 수 있다. x_1, x_{11} 또는 x_{12}은 가장 작은 평균값을 나타내며, x_2에 대해서는 x_{21}, x_3에 대해서는 x_{31}, x_4에 대해서는 x_{43}이다. 그러므로 최적설계변수값들은 $x_{11}x_{21}x_{31}x_{43}$ 또는 $x_{12}x_{21}x_{31}x_{43}$이다.

ANOM 과정은 함수 f에 대한 부가적 모형에 기반하고 있으며, 약간의 근본적인 오차를 포함하고 있다. 그러므로 최적설계변수값들에 대한 검증 실험이 필요하며, 이는 앞서 언급된 최종해의 검증 절차에 따라 진행될 수 있다. 즉, 목적함수가 설계변수들의 최적 레벨에서 계산된다. 이러한 검증 실험의 결과는 표 19.7의 직교 배열에 대하여 계산된 표 19.13의 함수값들과 비교된다. 만약 직교 배열 $L_9(3^4)$을 사용한다면 10가지의 경우를 갖게 되며 이로부터 최적의 해를 선택할 수 있다.

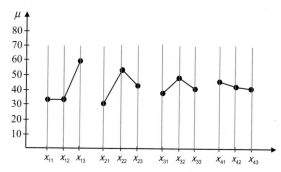

그림 19.3 표 19.14의 평균값들의 일원표에 대한 그래프. 출처: Park, 2007에서 인용.

앞선 예제에서는 비제약조건 최적화 문제에 대하여 ANOM 방법이 설명되었다. 하지만 대부분의 최적화 문제는 설계변수에 대한 제약조건을 갖고 있다. 앞선 예제들에 대하여 제약조건 문제를 비제약조건 문제로 바꾸기 위해서 벌칙함수법을 도입한다. 제약조건 문제를 비제약조건 문제로 바꾸기 위하여 다음과 같은 증대함수(augmented function) $\Phi(\mathbf{x})$를 정의한다.

$$\Phi(\mathbf{x}) = f(\mathbf{x}) + P(\mathbf{h}(\mathbf{x}), \mathbf{g}(\mathbf{x}), R) \tag{19.31}$$

여기서 $P(\mathbf{h}(\mathbf{x}), \mathbf{g}(\mathbf{x}), R)$는 벌칙함수를 의미하며, 등호제약조건 $\mathbf{h}(\mathbf{x})$와 부등호제약조건 $\mathbf{g}(\mathbf{x})$, 그리고 벌칙 매개변수 $R > 0$에 의존한다.

벌칙함수 $P(\mathbf{h}(\mathbf{x}), \mathbf{g}(\mathbf{x}), R)$는 제약조건의 위배(violation)에 대하여 목적함수에 벌칙을 추가한다. 예를 들어 식 (11.60)과 (12.30)에 나타낸 것과 같이 여러 가지 다른 방법들에 의해 정의될 수 있다. 식 (12.30)을 이용하여, 완전 벌칙함수는 다음과 같이 정의된다.

$$P(\mathbf{h}(\mathbf{x}), \mathbf{g}(\mathbf{x}), R) = RV(\mathbf{x}) \tag{19.32}$$

여기서 $V(\mathbf{x})$는 최대 제약조건 위배값을 나타내며 다음과 같이 정의된다.

$$V(\mathbf{x}) = \max\{0; \ |h_i|, \ i = 1 \text{ to } p; \ g_j, \ j = 1 \text{ to } m\} \tag{19.33}$$

검증 실험은 제약조건 문제에 대해서도 반드시 수행되어야 한다. 최종해는 직교 배열과 검증 실험의 여러 경우 중에서 최상의 유용해(feasible solution)이다.

예제 19.6 **직교 배열을 활용한 이산 설계**

예제 13.7의 최적화 문제를 직교 배열 $L_9(3^4)$을 활용하여 이산 공간에서 해결하라. 표 19.11은 직교 배열

표 19.15 예제 19.6의 추출점 및 함수값

실험번호	$b(w_1)$	$d(w_2)$	비어있는 열	비어있는 열	목적함수 f	제약조건 최대 위배값	P	Φ
1	300(-1)	330(-1)	-	-	99,000	0.1364	136,364	235,364
2	300(-1)	360(0)	-	-	108,000	0.0417	41,667	149,667
3	300(-1)	390(1)	-	-	117,000	0	0	117,000
4	350(0)	330(-1)	-	-	115,500	0	0	115,500
5	350(0)	360(0)	-	-	126,000	0	0	126,000
6	350(0)	390(1)	-	-	136,500	0	0	136,500
7	400(1)	330(-1)	-	-	132,000	0	0	132,000
8	400(1)	360(0)	-	-	144,000	0	0	144,000
9	400(1)	390(1)	-	-	156,000	0	0	156,000

표 19.16 예제 19.6의 일원표

설계변수	레벨		
	1	2	3
b	$\mu_{b1} = 167{,}344$	$\mu_{b2} = 126{,}000$	$\mu_{d3} = 144{,}000$
d	$\mu_{d1} = 160{,}955$	$\mu_{d2} = 139{,}889$	$\mu_{d3} = 136{,}500$

$L_9(3^4)$를 활용한 9개의 실험 결과를 나타낸다. 모든 경우에 대하여 최상의 이산 설계를 도출하고, 검증 실험, 그리고 예제 13.7의 결과와의 비교를 수행하라. 벌칙 매개변수 R은 1,000,000으로 설정하라.

풀이

직교 배열의 각 행에 대하여 표 19.15에 제시된 지점에서 함수들이 계산된다(설계변수가 2개뿐이므로 열 3과 4는 비어있다). 식 19.15의 정보를 이용하는 일원표가 표 19.16에 제시되어 있다. 예를 들어 μ_{b1}는 $\dfrac{235{,}364 + 149{,}667 + 117{,}000}{3} = 167{,}344$와 같이 계산된다. 일원표로부터 최솟값을 갖는 레벨은 b에 대해서는 2이고 d에 대해서는 3이다. 따라서 해는 $b = 350$, $d = 390$, 그리고 $f = 136{,}500$이며, 모든 제약조건이 만족되었다.

이 해는 표 19.15의 직교 배열의 모든 경우들과 비교된다. 표 19.15의 네 번째 경우가 더 나은 해를 나타냄을 알 수 있다. 그러므로 최종해는 $b = 350$, $d = 330$, 그리고 $f = 115{,}500$이다. 이는 예제 13.7의 해에 비해 좋지 않은데, 그 이유는 현재의 해는 이산 공간에서 얻어진 것이고, 예제 13.7은 연속 설계 공간에서 문제를 풀었기 때문이다.

19.4 강건설계 처리법

강건설계란 무엇인가?

강건설계법의 선구자인 Taguchi (1987)는 강건함을 다음과 같이 정의하였다. "강건함이란 가장 낮은 단위 생산 비용에서 기술, 제품, 또는 공정의 성능이 (생산 과정 혹은 사용자 환경에서의) 변화 요소들과 노화(aging)에 대하여 최소한으로 민감해지는 상태"를 의미한다. 이러한 강건함의 개념은 제품의 품질과 신뢰성, 그리고 산업 공학에서의 생산 공정을 향상시키기 위해 개발되어 왔다. 이 개념은 제품 사용 과정에서의 환경 변화, 생산 과정에서의 변화, 제품의 왜곡과 같은 잡음 요소들을 설명하며, 모든 종류의 설계 상황에 대하여 확장되고 적용되어 왔다. 이 절에서는 강건설계법에 대하여 소개한다. 자세한 내용은 Park 외 (2006)와 Beyer 와 Sandhoff (2007)에서 찾을 수 있다.

설계과정은 항상 설계변수 혹은 문제의 매개변수에 대한 불확실성을 포함하고 있다. 문제의 매개변수들은 설계과정에서 상수값으로 고려되는 것들이며 예를 들어, 구조 설계에서 외력, 물성치, 온도, 부재의 길이, 부품의 치수, 부재의 지지 조건 등을 들 수 있다. 최종 설계에서 불확실성은 설계변수에 대한 허용 오차(tolerance)와 문제 매개변수들의 잡음(noise)의 형태로 도입된다.

이러한 불확실성들은 알려져 있거나 혹은 알려지지 않은 요소들이며, 문제는 이들을 설계의 과정에서 어떻게 다룰 것인가이다. 설계자들은 불확실성이 있더라도 항상 그들의 설계가 꾸준한 성능을 보이기를 원한다. 다시 말해, 설계된 제품의 성능은 불확실성에 대하여 강건해야(둔감해야) 한다. 강건설계는 이러한 목적을 달성하기 위한 것이다.

강건설계는 문제와 관계된 매개변수 및 변수들의 변화에 상대적으로 둔감하다. 매개변수의 변화에 대하여 둔감한 설계를 찾는 과정을 강건설계법이라 한다.

강건설계법이 최적화의 과정과 연계되었을 때, 이를 **강건설계 최적화**(*robust design optimization*)라 한다. 앞서 8장, 11장에서 다루었던 최적화 기법 및 문제 정식화들은 결정론적 방법(*deterministic approach*)이라 불린다. 즉, 불확실성을 고려하지 않는 것이다.

강건설계 최적화에서 문제 매개변수들에 포함된 불확실성의 영향은 평균값과 여러 정보 및 함수의 분산에 의해서 문제 정식화에 반영된다.

강건함은 제약조건에도 적용되지만 주로 목적함수에 대하여 정의되는 개념이다. 이 절에서는 강건설계에 대하여 두 가지의 주된 접근법이 다루어진다: (1) 기존의 최적화 알고리즘을 활용하는 강건 최적화, 그리고 (2) 다구치법.

19.4.1 강건 최적화

평균값

평균값(*mean value* 혹은 *average value*)또는 **기댓값**(*expected value*)은 모든 값들의 합을 값의 개수로 나누어준 것이며, 주로 μ로 표현된다. 함수 f를 l개의 지점에서 계산한 값을 $f_1, f_2, \cdots, f_l$이라 하자. 이러한 함수값들의 평균 μ_f는 모든 관측 값들의 합을 전체 개수로 나누어준 것이다.

$$\mu_f = \frac{\sum_{i=1}^{l} f_i}{l} \tag{19.34}$$

평균값은 양수, 음수, 또는 0의 값을 갖는다.

분산

또 다른 중요한 통계적 성질은 **분산**(*variance*)이다. 분산은 평균으로부터의 편차의 제곱, 즉 $(f_i - \mu_f)^2$의 평균으로 정의되며 주로 σ^2으로 표기된다. 편차를 제곱하므로 분산은 항상 양수이다. 또한, 편차가 클수록 그 값이 더욱 두드러진다. 함수 f의 l회 계산을 수행하는 지난 예제에서 σ_f^2은 다음과 같이 계산된다.

$$\sigma_f^2 = \frac{\sum_{i=1}^{l} \left(f_i - \mu_f\right)^2}{l} \tag{19.35}$$

분산은 데이터가 평균값으로부터 얼마나 퍼져있는지(*dispersion*)를 나타낸다. 데이터가 많은 표본으로부터 추출되면 자유도는 $(l - 1)$이 된다. 이 경우에 식 (19.35)의 분모에서 l은 $(l - 1)$로 바뀌게 된다.

표준편차

표준편차는 분산의 제곱근, 즉 σ_f으로 정의된다. 따라서 표준편차 역시 데이터가 평균 혹은 기댓값으로부터 얼마나 퍼져있거나 변화하는지를 나타내는 양이다. 표준편차는 주로 σ로 표기되며, 데이터의 퍼진 정도를 나타내는 매우 의미 있는 양으로서 널리 사용된다. 표준편차가 작을수록 데이터는 평균에 매우 가까우며, 반대로 표준편차가 크면 데이터는 평균으로부터 멀리 퍼져있음을 의미한다.

만약 X가 평균이 μ인 임의변수이면,

$$E[X] = \mu \tag{19.36}$$

이때, 연산자 $E[X]$는 X의 평균 혹은 기댓값을 나타낸다. X의 표준편차는 다음과 같이 주어진다.

$$\sigma = \sqrt{E\left[(X - \mu)^2\right]} \tag{19.37}$$

표준편차는 분산의 제곱근이다. 즉, $(X - \mu)^2$의 평균 혹은 기댓값의 제곱근이다.

확률밀도함수

연속임의변수 X는 $-\infty < x < \infty$의 범위에서 다양한 값 x를 갖는다. 임의변수는 주로 대문자로 표기되며, 그 특정한 값은 소문자로 표기된다. 연속적인 임의변수의 분포를 나타내는 수학적인 함수를 **확률밀도함수**(*probability density function*, PDF)라 하며, $f_X(\mathbf{x})$로 표현한다. 즉, 확률밀도함수는 임의변수 X가 주어진 지점 x에서 발생할 상대적인 가능성(확률)을 의미한다. 확률밀도함수는 항상 0 이상의 값을 가지며, 전체 공간에서의 적분값은 1이다.

$$f_X(\mathbf{x}) \geq 0 \tag{19.38}$$

$$\int_{-\infty}^{\infty} f_X(\mathbf{x}) \, dx = 1 \tag{19.39}$$

문제의 정의

대부분의 공학적 설계문제들은 등호제약조건은 다루지 않으므로 부등호제약조건 최적화 문제를 고려한다.

최소화

$$f(\mathbf{x}) \tag{19.40}$$

제약조건

$$g_j(\mathbf{x}) \leq 0; \quad j = 1 \text{ to } m \tag{19.41}$$

문제 매개변수들은 고정되어 있지만, 설계변수들은 최적화의 과정에서 변화한다. 설계변수와 문제 매개변수들은 불확실성을 포함하고 있으므로 문제의 정의를 수정할 필요가 있다. 식 (19.40)과 (19.41)의 목적함수 및 제약조건함수들은 불확실성을 포함하도록 다음과 같이 재정의된다.

$$f(\mathbf{x}, \mathbf{y}) \rightarrow f(\mathbf{x} + \mathbf{z}^{\mathbf{x}}, \mathbf{y} + \mathbf{z}^{\mathbf{y}}) \tag{19.42}$$

$$g(\mathbf{x}, \mathbf{y}) \rightarrow g(\mathbf{x} + \mathbf{z}^{\mathbf{x}}, \mathbf{y} + \mathbf{z}^{\mathbf{y}}) \tag{19.43}$$

이때, $\mathbf{y} = (y_1, y_2, \cdots, y_r)$는 문제 매개변수 벡터를 나타내고, $\mathbf{z}^{\mathbf{x}} = (z^{x_1}, z^{x_2}, ..., z^{x_n})$와 $\mathbf{z}^{\mathbf{y}} = (z^{y_1}, z^{y_2}, ..., z^{y_r})$는 각각 설계변수와 문제 매개변수 벡터의 불확실성을 나타낸다.

불확실성은 변수들의 섭동량(perturbation) 혹은 잡음으로 해석될 수 있으며, 임의변수로 다루어진다. 강건 최적화에서 식 (19.40)과 (19.41)의 최적화 과정은 이러한 섭동량을 포함하도록 다음과 같이 바뀐다. 다음을 만족하는 설계변수 n 벡터 $\mathbf{x} = (x_1, x_2, . . . , x_n)$를 찾아라. 아래의 목적함수를 최소화한다.

$$\begin{aligned} F(\mathbf{x}, \mathbf{y}, \mathbf{z}^{\mathbf{x}}, \mathbf{z}^{\mathbf{y}}) &= F\left(f(\mathbf{x} + \mathbf{z}^{\mathbf{x}}, \mathbf{y} + \mathbf{z}^{\mathbf{y}})\right) \\ &= F\left(f(x_1 + z^{x_1}, x_2 + z^{x_2}, ..., x_n + z^{x_n}; \quad y_1 + z^{y_1}, y_2 + z^{y_2}, ..., y_r + z^{y_r})\right) \end{aligned} \tag{19.44}$$

다음의 m개의 부등호제약조건을 만족한다.

$$\begin{aligned} G_j(\mathbf{x}, \mathbf{y}, \mathbf{z}^{\mathbf{x}}, \mathbf{z}^{\mathbf{y}}) &= G_j\left(g_j(\mathbf{x} + \mathbf{z}^{\mathbf{x}}, \mathbf{y} + \mathbf{z}^{\mathbf{y}})\right) \\ &= G_j\left(g_j(x_1 + z^{x_1}, x_2 + z^{x_2}, ..., x_n + z^{x_n}; \quad y_1 + z^{y_1}, y_2 + z^{y_2}, ..., y_r + z^{y_r})\right) \leq 0 \end{aligned} \tag{19.45}$$

여기서 함수 F와 G_j는 각각 함수 f와 g_j의 잡음을 고려하여 주로 그 평균값과 분산을 이용하여 정의된다.

변수의 불확실성이 확률밀도함수(PDF)에 의해 주어질 때, 식 (19.42)에서 주어진 함수 f의 평균 μ_f와 분산 σ_f^2은 다음과 같이 계산된다(Phadke, 1989).

$$\begin{aligned} \mu_f = E\left[f(\mathbf{x}, \mathbf{y})\right] &= \int\int...\int f(\mathbf{x} + \mathbf{z}^{\mathbf{x}}, \mathbf{y} + \mathbf{z}^{\mathbf{y}}) \\ &\times u_1(z^{x_1}) \cdots u_n(z^{x_n}) v_1(z^{y_1}) \cdots v_r(z^{y_r}) dz^{x_1} \cdots dz^{x_n} dz^{y_1} \cdots dz^{y_r} \end{aligned} \tag{19.46}$$

$$\begin{aligned} \sigma_f^2 = E\left[\left(f(\mathbf{x}, \mathbf{y}) - \mu_f\right)^2\right] &= \int\int...\int\left[f(\mathbf{x} + \mathbf{z}^{\mathbf{x}}, \mathbf{y} + \mathbf{z}^{\mathbf{y}}) - \mu_f\right]^2 \\ &\times u_1(z^{x_1}) \cdots u_n(z^{x_n}) v_1(z^{y_1}) \cdots v_r(z^{y_r}) dz^{x_1} \cdots dz^{x_n} dz^{y_1} \cdots dz^{y_r} \end{aligned} \tag{19.47}$$

여기서 $E[b]$는 b의 기댓값을 나타내고 $u_i(z^{x_i})$와 $v_i(z^{y_i})$는 각각 불확실성 z^{x_i}와 z^{y_i}의 확률밀도함수를 나타낸다. 식 (19.46)과 (19.47)에서 불확실성들은 서로 통계적으로 독립적이라고 가정한다. 만약 그들이 가우스 (정규) 분포를 따른다면, 확률밀도함수 $u_i(z^{y_i})$는 다음과 같이 주어진다.

$$u_i(z^{x_i}) = \frac{1}{\sigma_{x_i}\sqrt{2\pi}} \exp\left[\frac{-(x_i - \mu_{x_i})^2}{2\sigma_{x_i}^2}\right] \tag{19.48}$$

이때, μ_{xi}와 σ_{xi}는 i번째 설계변수 x_i의 표준편차를 의미한다. 확률밀도함수 $v_i(z^{y_i})$는 식 (19.48)과 동일한 방법으로 정의된다.

식 (19.44)와 (19.45)는 식 (19.46)과 (19.47)의 평균과 분산을 이용하여 정의된다. 강건 최적화는 불확실성에 대하여 목적함수의 흩어짐(dispersion), 즉 민감도(sensitivity)를 줄이는 데 활용된다. 이는 목적함수의 표준편차가 최소화되어야 함을 의미한다. 목적함수의 평균값이 동시에 최소화되어야 하므로, 이는 2개 목적 최적화 문제가 된다. 가중 합 방법(18.4절 참고)을 이용하여, 강건 최적설계를 위한 식 (19.44)의 목적함수는 다음과 같이 정의된다.

$$F = w_1 \mu_f + w_2 \sigma_f \tag{19.49}$$

이때, w_1와 w_2는 가중치 계수가 된다. 만약 w_1이 크면, 목적함수의 최소화가 강건설계에 비해 더 강조되는 것이며, w_1이 작으면 그 반대가 된다. 만약 다목적 최적화를 위해 다른 방법이 활용된다면, 식 (19.49)는 그 방법에 따라 수정된다.

식 (19.45)의 제약조건은 불확실성이 있더라도 반드시 원래의 제약조건이 만족되도록 정의되어야 한다. 제약조건을 충분히 만족시키기 위해서 식 (19.45)의 제약조건은 다음과 같이 정의된다.

$$G_j \equiv \mu_{g_j} + k\sigma_{g_j}^2 \leq 0 \tag{19.50}$$

여기서 $k > 0$는 사용자 정의 상수를 의미하며 설계의 목적에 따라 달라진다. 그리고 $\sigma_{g_j}^2$는 제약조건 g_j에 대한 정보의 흩어짐을 나타낸다. 만약 불확실성에 어떤 상한과 하한이 있다면, 제약조건 g_j의 최악의 경우는 다음과 같이 고려될 수 있다.

$$G_j = \mu_{gj} + k^{x_j} \sum_{i=1}^{n} \left| \frac{\partial g_j}{\partial x_i} \right| |z^{x_i}| + k^{y_j} \sum_{i=1}^{r} \left| \frac{\partial g_j}{\partial y_i} \right| |z^{y_i}| \tag{19.51}$$

이때, $|z^{x_i}|$와 $|z^{y_i}|$는 불확실성 (허용) 범위의 최댓값을 나타낸다. 그리고 $k^{x_j} > 0$와 $k^{y_j} > 0$는 사용자 정의 상수값을 나타낸다. 식 (19.51)은 G_j의 선형 테일러 근사와 최악의 경우를 얻기 위한 두 번째와 세 번째 양의 절댓값을 사용하여 얻어진다.

설계변수들에 대한 분포를 알고 있다면, 목적함수 f의 분포 역시 알 수 있다. 따라서 우리는 식 (19.46)을 적분하여 f의 평균을 계산할 수 있다. 하지만 이 계산은 매우 비용이 크다. 따라서 목적함수의 평균과 분산은 다음과 같이 근사된다.

$$\mu_f \cong f(\boldsymbol{\mu_x}, \boldsymbol{\mu_y}) \tag{19.52}$$

$$\sigma_f^2 \cong \sum_{i=1}^{n} \left(\frac{\partial f}{\partial x_i} \right)^2 \sigma_{x_i}^2 + \sum_{i=1}^{r} \left(\frac{\partial f}{\partial y_i} \right)^2 \sigma_{y_i}^2 \tag{19.53}$$

여기서 $\boldsymbol{\mu_x}$는 설계변수 벡터 $\mathbf{x}$의 평균 벡터를 나타내고, $\boldsymbol{\mu_y}$는 문제 매개변수 벡터 $\mathbf{y}$의 평균 벡터를 나타낸다. 이들은 대응되는 확률밀도함수들을 이용해서 계산된다. 제약조건함수의 평균과 분산도 마찬가지 방법으로 계산된다.

식 (19.53)은 함수 f의 테일러 전개를 이용해 유도된다. 목적함수 $f(\mathbf{x},\ \mathbf{y})$의 $\boldsymbol{\mu_x}$와 $\boldsymbol{\mu_y}$ 지점에서의 1차 테일러 전개는 다음과 같이 정의된다.

$$f(\mathbf{x},\mathbf{y}) \cong f(\boldsymbol{\mu_x}, \boldsymbol{\mu_y}) + \sum_{i=1}^{n} \left(\frac{\partial f}{\partial x_i} \right)(x_i - \mu_{x_i}) + \sum_{i=1}^{r} \left(\frac{\partial f}{\partial y_i} \right)(y_i - \mu_{y_i}) \tag{19.54}$$

만약 모든 임의변수와 매개변수들이 통계적으로 상관관계가 없다면, 목적함수의 분산은 다음과 같이 근사될 수 있다.

$$\text{Var}\big[f(\mathbf{x},\mathbf{y})\big]=\sigma_f^2 \cong \text{Var}\left[f(\mu_\mathbf{x},\mu_\mathbf{y})+\sum_{i=1}^{n}\left(\frac{\partial f}{\partial x_i}\right)(x_i-\mu_{x_i})+\sum_{i=1}^{r}\left(\frac{\partial f}{\partial y_i}\right)(y_i-\mu_{y_i})\right]$$

$$=\text{Var}\big[f(\mu_\mathbf{x},\mu_\mathbf{y})\big]+\text{Var}\left[\sum_{i=1}^{n}\left(\frac{\partial f}{\partial x_i}\right)(x_i-\mu_{x_i})\right]+\text{Var}\left[\sum_{i=1}^{r}\left(\frac{\partial f}{\partial y_i}\right)(y_i-\mu_{y_i})\right]$$

$$=0+\sum_{i=1}^{n}\left(\frac{\partial f}{\partial x_i}\right)^2 \text{Var}[x_i]+\sum_{i=1}^{r}\left(\frac{\partial f}{\partial y_i}\right)^2 \text{Var}[y_i] \tag{19.55}$$

$$=\sum_{i=1}^{n}\left(\frac{\partial f}{\partial x_i}\right)^2 \sigma_{x_i}^2+\sum_{i=1}^{r}\left(\frac{\partial f}{\partial y_i}\right)^2 \sigma_{y_i}^2$$

강건 최적화에서 목적함수 f의 1계 미분은 분산에 포함되어 있으므로, 만약 경사도 기반의 최적화 법을 사용할 경우에 f의 2계 미분 정보가 필요하다. 특히, 큰 스케일의 문제에 대하여 2계 미분의 계산은 비용이 매우 크다. 따라서 이러한 계산을 피하기 위해서 앞서 11장에서 다루었던 직접 탐색법 (direct search method) 또는 17장에서 다루었던 자연 영감 탐색법(nature-inspired method)을 활용할 수 있다.

식 (19.44) 또는 (19.49)는 강건성 지표(robustness index)라 불린다. 강건성 지표는 다른 형태로도 정의될 수 있다. 또한, 식 (19.45) 또는 (19.50)은 설계 목적에 따라서 다르게 정의될 수 있다.

최적화 문제를 강건 최적화 문제로 바꾸기 위해서는 불확실성의 확률밀도함수를 알거나 가정해야 한다. 그러면 강건 최적화 문제는 목적함수와 제약조건함수의 평균과 분산에 의해 정의된다.

예제 19.7 **강건 최적화**

다음과 같은 강건 최적화 문제를 풀어라.

최소화

$$f=x_1 x_2 \cos x_1 + x_1^2 - \frac{1}{4}x_2^2 - e^{x_2} \tag{a}$$

제약조건

$$g_1(\mathbf{x})=(x_1-1)^2+x_2^2-x_1-6\le 0 \tag{b}$$

$$g_2(\mathbf{x})=\frac{3}{7}x_1^2-\frac{1}{10}x_2+(x_2-1)^2-5\le 0 \tag{c}$$

$$-2.0\le x_1 \le 2.0; \quad -2.0\le x_2 \le 2.0 \tag{d}$$

설계변수 x_1과 x_2는 $\sigma_{x1}=\sigma_{x2}=0.1$의 정규 분포를 갖는다. 최대 허용 오차는 $|z^{x_1}|=|z^{x_2}|=0.3$이다. 식

(19.49)와 (19.51), 그리고 $w_1 = w_2 = 0.5$와 $k^{x_1} = k^{x_2} = 0.5$를 사용하라. 초기 설계로 (0.4, 0.4)를 사용하라.

풀이

설계변수 x_1과 x_2에 대한 표준편차가 주어지고, 불확실성의 상한과 하한은 ± 0.3이다. 식 (19.52)와 (19.53)을 이용하여 함수 f의 평균 μ_f와 표준편차 σ_f는 다음과 같이 계산된다.

$$\mu_f = x_1 x_2 \cos x_1 + x_1^2 - \frac{1}{4} x_2^2 - e^{x_2} \tag{e}$$

$$\sigma_f = \sqrt{\left(\frac{\partial f}{\partial x_1}\right)^2 \sigma_{x_1}^2 + \left(\frac{\partial f}{\partial x_2}\right)^2 \sigma_{x_2}^2}$$
$$= \sqrt{\left(-x_1 x_2 \sin x_1 + x_2 \cos x_1 + 2x_1\right)^2 \sigma_{x_1}^2 + \left(x_1 \cos x_1 - 0.5 x_2 - e^{x_2}\right)^2 \sigma_{x_2}^2} \tag{f}$$

식 (19.52)의 근사에 의하여, 목적함수의 평균에 대한 표현식은 원래 목적함수에 대한 것과 동일하다. μ_f와 σ_f가 서로 다른 차수의 크기를 가지므로 식 (19.49)의 목적함수를 정의하기 위해 정규화의 과정이 필요하다. μ_f^*와 μ_f^*를 각각 (0.4, 0.4)에서의 μ_f와 σ_f값이라 하자. 그러면 식 (e)와 (f)로부터 다음을 얻을 수 있다.

$$\mu_f^* = (0.4)(0.4)\cos 0.4 + 0.4^2 - 0.25(0.4^2) - e^{0.4} = -1.224 \tag{g}$$

$$\sigma_f^* = \sqrt{\left\{(-0.4)(0.4)\sin 0.4 + 0.4\cos 0.4 + (2)(0.4)\right\}^2 (0.1^2) + \left\{0.4\cos 0.4 - (0.5)(0.4) - e^{0.4}\right\}^2 (0.1^2)}$$
$$= 0.172 \tag{h}$$

그러므로 다목적함수 $F = w_1 \mu_f + w_2 \sigma_f$는 다음과 같이 정규화된다.

$$F = w_1 \frac{\mu_f}{|\mu_f^*|} + w_2 \frac{\sigma_f}{\sigma_f^*} = (0.5)\frac{x_1 x_2 \cos x_1 + x_1^2 - \frac{1}{4}x_2^2 - e^{x_2}}{|-1.224|}$$
$$+ (0.5)\frac{\sqrt{\left(-x_1 x_2 \sin x_1 + x_2 \cos x_1 + 2x_1\right)^2 \sigma_{x_1}^2 + \left(x_1 \cos x_1 - 0.5 x_2 - e^{x_2}\right)^2 \sigma_{x_2}^2}}{0.172} \tag{i}$$

강건함을 고려한 제약조건들은 식 (19.51)을 이용하여 다음과 같이 주어진다.

$$G_1 = \mu_{g_1} + k^{x_j} \sum_{i=1}^{2} \left|\frac{\partial g_1}{\partial x_i}\right| |z^{x_i}| = (x_1 - 1)^2 + x_2^2 - x_1 - 6 + (0.5)\left\{|2(x_1 - 1) - 1|(0.3) + |2x_2|0.3\right\} \tag{j}$$

$$G_2 = \mu_{g_2} + k^{x_j} \sum_{i=1}^{2} \left|\frac{\partial g_2}{\partial x_i}\right| |z^{x_i}| = \frac{3}{7} x_1^2 - \frac{1}{10} x_2 + (x_2 - 1)^2 - 5$$
$$+ (0.5)\left\{\left|\frac{6}{7}x_1\right|(0.3) + \left|2(x_2 - 1) - \frac{1}{10}\right|(0.3)\right\} \tag{k}$$

식 (i)~(k)는 최적화 과정에서 사용된다. 최적화의 결과가 표 19.17에 제시되어 있다. 결정론적 최적값이 더 나은 μ_f를 갖는 반면, 강건 최적값은 훨씬 작은 σ_f값을 갖는다.

표 19.17 예제 19.7의 강건 최적해

(x_1, x_2)	초기점	결정론적 최적해	강건 최적해
	(0.4,0.4)	(−0.303, 2.0)	(0.265, −0.593)
μ_f	−1.224	−8.875	−0.722
σ_f	0.172	0.875	3.01E-06
f	−1.224	−8.875	−0.722
g_1	−5.88	8.1E-04	−5.373
g_2	−4.611	−4.16	−2.373

19.4.2 다구치법

Taguchi 방법(Taguchi, 1987)은 제품과 공정의 품질 향상을 위해 개발되었다. 초기에는 제품 설계보다는 공정에 적용되었고, 최적화 기법을 활용하지 않았다. 또한, 강건성의 개념은 목적함수에 대해서만 적용되었다. 최근에 들어서 이러한 방법론이 제품 설계문제에도 적용되고 있다. 품질 향상이 강건설계와 동등하게 고려될 수 있으므로 이 장에서는 강건설계의 관점에서 다구치법을 설명한다.

다구치는 강건함(둔감도)을 표현하기 위해 다음과 같이 2차식 손실함수를 도입하였다.

$$L(f) = k(f - m_f)^2 \tag{19.56}$$

여기서 L은 손실함수, m_f는 목적함수의 목표값, 그리고 $k > 0$는 상수값이다. 식 (19.42)에 나타낸 것과 같이 목적함수는 설계변수와 문제 매개변수의 함수이다. 일반적으로 다구치법에서 제약조건은 무시되고 목적함수의 강건함만을 고려한다. 손실함수는 불확실성(잡음)으로 인해서 목적함수 값이 목표값에 도달하지 못하였을 때의 손실을 의미한다. 손실이 클수록 해는 목표 목적함수 값으로부터 멀어지게 된다. 따라서, **만약 손실함수가 감소한다면 품질은 향상된다.** 즉, 다구치법의 목표는 식 (19.56)의 손실함수를 감소시키는 것이다.

여러 다른 종류의 잡음에 의한 다양한 경우를 고려할 때, 식 (19.56)의 손실함수의 기댓값은 다음과 같이 유도된다.

$$E[L(f)] = E[k(f^2 - 2m_f f + m_f^2)] = kE[f^2 - 2m_f f + m_f^2] = k\{E[f^2] - 2m_f E[f] + E[m_f^2]\} \tag{19.57}$$

f의 분산은 다음의 등식을 이용하여 계산된다.

$$\text{Var}[f] = E[f^2] - (E[f])^2; \quad \text{or} \quad E[f^2] = \text{Var}[f] + (E[f])^2 = \sigma_f^2 + \mu_f^2 \tag{19.58}$$

그러므로 식 (19.58)을 식 (19.57)에 대입하면, 손실함수의 기댓값은 다음과 같이 얻어진다.

$$E[L(f)] = k(\sigma_f^2 + \mu_f^2 - 2m_f\mu_f + m_f^2) = k(\sigma_f^2 + (\mu_f - m_f)^2) \equiv Q \tag{19.59}$$

여기서 σ_f와 μ_f는 각각 목적함수 f의 표준편차와 평균을 나타낸다. 식 (19.59)의 손실함수 Q는 식

(19.49)의 강건 최적화에서의 목적함수와 유사하다. 이 손실함수는 강건설계를 얻기 위해 최소화된다.

때때로, 손실함수는 환산계수(scale factor)에 의해 수정된다. 환산계수가 $s = m_f/\mu_f$라고 가정하자. 그러면 현재의 평균값 μ_f가 목적함수의 목표값인 m_f로 조절될 수 있다. 환산계수에 의해 σ_f와 μ_f가 $\dfrac{m_f}{\mu_f}\sigma_f$와 $\dfrac{m_f}{\mu_f}\mu_f$로 되므로, 새로운 손실함수 Q_a가 식 (19.59)로부터 얻어진다.

$$Q_a = k\left(\left(\frac{m_f}{\mu_f}\sigma_f\right)^2 + \left(\mu_f\,\frac{m_f}{\mu_f} - m_f\right)^2\right) = km_f^2\frac{\sigma_f^2}{\mu_f^2} \tag{19.60}$$

새로운 손실함수는 현재 설계가 목표값으로 변했을 때 예상되는 손실량이다. σ_f와 μ_f는 현재 설계에서 계산된다.

설계변수의 부가 효과(additive effect)를 강화하기 위하여 식 (19.60)은 다음과 같이 변환된다 (Taguchi, 1987; Phadke, 1989 참조).

$$\eta = 10\,log_{10}\,\frac{\mu_f^2}{\sigma_f^2} \tag{19.61}$$

이 식은 상수 km_f^2를 무시하고 Q_a를 $log_{10}(1/Q_a)$로 사용하였을 때의 결과에 10을 곱해서 얻어진다. 알고리즘을 사용하면 설계변수의 부가적 효과를 강화할 수 있다. 식 (19.61)은 신호 μ_f의 세기의 잡음 σ_f의 세기에 대한 비율을 나타내며, 신호 대 잡음(signal-to-noise, S/N) 비율이라 불린다.

신호의 세기는 설계자가 개선시키기를 원하는 특성을 말한다. 이 경우에, 설계자는 목표값 m_f에 도달하기를 원한다. 잡음의 세기는 불확실성(분산)의 양을 나타낸다. 우리는 잡음의 영향을 최소화하는 설계 매개변수를 찾고자 한다. 즉, S/N 비율을 최대화하고자 한다. 이것은 식 (19.60)에서 손실함수를 최소화하는 것과 동등하다. 다시 말해, 식 (19.61)에서 S/N 비율 η를 최대화함으로써 강건설계를 도출하게 된다.

우리는 다구치법을 통해서 손실함수를 최소화하거나 S/N 비율을 최대화하는 설계 매개변수(변수)를 찾고자 한다.

표 19.18 S/N에 대한 예시 요구조건

특성	S/N ratio
명목상 최상(Nominal-the-best)	$\eta = 10\,log\,\dfrac{\mu_f^2}{\sigma_f^2}$
작을수록 좋음(Smaller-the-better)	$\eta = -10\,log\left[\dfrac{1}{c}\displaystyle\sum_{i=1}^{c}f_i^2\right]$
클수록 좋음(Larger-the-better)	$\eta = -10\,log\left[\dfrac{1}{c}\displaystyle\sum_{i=1}^{c}\dfrac{1}{f_i^2}\right]$

목표값 m_f에서 f를 갖는 응답을 "명목상 최선(nominal-the-best)", 목표값 0을 갖는 응답을 "작을수록 더 좋은(smaller-the-better)", 목표값 무한대를 갖는 응답을 "클수록 더 좋은(larger-the-better)"이라 한다. 이러한 S/N 비율의 예시들이 표 19.18에 요약되어 있다. 이때, c는 추출점(반복)의 개수를 나타낸다. 표에서의 "작을수록 더 좋은(smaller-the-better)" 경우에 대하여, S/N 비율이 다음과 같이 유도된다.

이 경우에 목표값 m_f이 0이므로, 식 (19.56)의 손실함수는 다음과 같이 주어진다.

$$L(f) = kf^2 \tag{19.62}$$

손실함수의 기댓값은 다음과 같다.

$$Q = E\left[L(f)\right] = E\left[kf^2\right] = k\left(\frac{1}{c}\sum_{i=1}^{c} f_i^2\right) \tag{19.63}$$

여기서 c는 추출점(실험)의 총 개수를 나타낸다. 요소 k를 무시하고 $1/Q$에 로그를 취한 후 10을 곱하면 다음을 얻는다.

$$\eta = -10\log\left(\frac{1}{c}\sum_{i=1}^{c} f_i^2\right) \tag{19.64}$$

유사한 과정을 표 19.18의 "클수록 더 좋은(larger-the-better)"의 세 번째 경우에 대하여 S/N 비율을 유도하기 위해 사용할 수 있다.

손실함수 또는 S/N 비율을 계산하기 위해서 평균과 분산이 필요하며, 이러한 값들을 계산하기 위해서는 반복 실험(함수 계산)이 요구된다. S/N 비율은 주로 공정 설계에서 사용된다. 제품 설계에서는 (표 19.18의 두 번째 행에 나타낸) S/N 비율을 사용할 수도 있지만, 주로 손실함수가 직접적으로 활용된다.

지난 장에서 설명한 바와 같이 다구치법에서 직교 배열은 이산 설계에 활용된다. 목적함수를 최소화하며, 표 19.6에 나타낸 것과 같이 3개의 레벨을 갖는 4개의 설계변수를 고려한다. 직교 배열의 각 행에 대한 S/N 비율은 표의 가장 오른쪽 열에 제시된 것과 같이 계산되었다. 각 행(설계점)에 대하여, S/N 비율 계산을 위해 실험(함수 계산)이 반복적으로 수행된다. 각 행에 대하여 설계변수의 레벨이 고정되어 있지만, 미지의 불확실성(잡음)이 설계변수에 포함되어 있으므로 응답 f는 서로 다를 수 있다. 다음의 손실함수가 종종 활용된다.

$$Q = \frac{1}{c}\sum_{i=1}^{c} f_i^2 \tag{19.65}$$

f를 최소화하기 위해서 표 19.19의 S/N 비율이 최대화되거나 식 (19.65)의 손실함수가 최소화된다.

직교 배열의 각 설계점에서 물리적 실험이 수행될 때, 실험은 자동적으로 잡음을 포함하므로 그 결과는 서로 다르다. 따라서 우리는 실험 결과를 이용해서 함수 f의 분산을 계산할 수 있다. 만약 함수 계산을 위해서 실험 대신 수치 시뮬레이션을 수행한다면, 직교 배열의 각 행(각 설계점)에 대하여

표 19.19 직교 배열 $L_9(3^4)$

실험번호	설계변수와 레벨				신호 대 잡음 비
	x_1	x_2	x_3	x_4	
1	1	1	1	1	$\eta_1 = -10 \log\left[\dfrac{1}{c}\displaystyle\sum_{i=1}^{c} f_i^2\right]$
2	1	2	2	2	$\eta_2 = -10 \log\left[\dfrac{1}{c}\displaystyle\sum_{i=1}^{c} f_i^2\right]$
3	1	3	3	3	$\eta_3 = -10 \log\left[\dfrac{1}{c}\displaystyle\sum_{i=1}^{c} f_i^2\right]$
4	2	1	2	3	$\eta_4 = -10 \log\left[\dfrac{1}{c}\displaystyle\sum_{i=1}^{c} f_i^2\right]$
5	2	2	3	1	$\eta_5 = -10 \log\left[\dfrac{1}{c}\displaystyle\sum_{i=1}^{c} f_i^2\right]$
6	2	3	1	2	$\eta_6 = -10 \log\left[\dfrac{1}{c}\displaystyle\sum_{i=1}^{c} f_i^2\right]$
7	3	1	3	2	$\eta_7 = -10 \log\left[\dfrac{1}{c}\displaystyle\sum_{i=1}^{c} f_i^2\right]$
8	3	2	1	3	$\eta_8 = -10 \log\left[\dfrac{1}{c}\displaystyle\sum_{i=1}^{c} f_i^2\right]$
9	3	3	2	1	$\eta_9 = -10 \log\left[\dfrac{1}{c}\displaystyle\sum_{i=1}^{c} f_i^2\right]$

항상 동일한 결과를 얻게 된다. 따라서 서로 다른 시뮬레이션 결과를 얻기 위해서 인위적인 잡음이 도입되어야 한다. 인위적인 잡음은 설계변수 혹은 문제 매개변수들을 섭동(perturbing)함으로써 얻어진다. 섭동량은 사용자에 의해 임의로 결정될 수 있다. 대신에, 표 19.19에서 직교 배열의 각 행에 대하여 외부 배열이 만들어진다.

외부 배열은 다음과 같이 만들어진다. 먼저 잡음 수준(잡음 값)을 정의한다. 표 19.19의 각 행에 대하여, 함수가 계산되는 설계점들이 서로 다른 수준의 잡음에 의해 체계적으로 섭동된다. 앞서 설명된 직교 배열의 개념과 절차가 여기서도 사용된다. 예를 들어, 각 4개의 설계변수에 대하여 3개의 잡음 수준이 선택되었다면, 각 설계점(직교 배열의 각 행)은 9개의 섭동된 점을 생성할 것이다. 이러한 9개의 점은 외부 배열이라 불리는 또 다른 표를 정의하게 된다. 이 과정은 다음에 제시되는 예제에서 좀 더 명확해질 것이다. 표 19.19의 설계점들의 직교 배열은 내부 배열이라 불린다.

예제 19.8 다구치법의 활용

다음의 강건 최적화 문제를 해결하라.

　최소화

표 19.20   예제 19.8의 첫 행에 대한 내부 및 외부 배열

	내부 배열			
	설계변수와 레벨			
추출점	x_1	x_2	무시됨	무시됨
1	−1.0	−1.0	−1.0	−1.0
2	−1.0	0.0	0.0	0.0
3	−1.0	1.0	1.0	1.0
4	0.0	−1.0	0.0	1.0
5	0.0	0.0	1.0	−1.0
6	0.0	1.0	−1.0	0.0
7	1.0	−1.0	1.0	0.0
8	1.0	0.0	−1.0	1.0
9	1.0	1.0	0.0	−1.0

	내부 배열의 첫 행에 대한 외부 배열				
	설계변수와 레벨				
실험번호	x_1	x_2	무시됨	무시됨	$f(x)$
1	−1.1	−1.1	−1.1	−1.1	6.12
2	−1.1	−1.0	−1.0	−1.0	6.09
3	−1.1	−0.9	−0.9	−0.9	6.05
4	−1.0	−1.1	−1.0	−0.9	5.96
5	−1.0	−1.0	−0.9	−1.1	5.92
6	−1.0	−0.9	−1.1	−1.0	5.88
7	−0.9	−1.1	−0.9	−1.0	5.79
8	−0.9	−1.0	−1.1	−0.9	5.75
9	−0.9	−0.9	−1.0	−1.1	5.70
				S/N ratio	−15.45

$$f = x_1 x_2 \cos x_1 + x_1^2 - \frac{1}{4} x_2^2 - e^{x_2} + 5 \tag{a}$$

각 설계변수는 −1.0, 0.0, 1.0의 레벨을 가지며 각각에 대한 교란(disturbance) 정도는 $-0.1 \le z_i \le 0.1$ 의 범위에서 주어진다. 수치 실험의 반복을 위해서 외부 배열을 사용하라.

풀이

직교 배열 $L_9(3^4)$은 내부 배열로 활용된다. 외부 배열을 생성하기 위해서 i번째 설계변수의 교란 z_i에 대해서 3개의 레벨 −0.1, 0.0, 0.1이 선택된다. 그러므로 내부 배열의 각 행에 대하여 9개의 섭동된 설계점들이 생성된다. 내부 배열, 그리고 내부 배열의 첫 행에 대한 외부 배열이 표 19.20에 제시되어 있다(설계변수가 2개뿐이므로 직교 배열에서 열 3과 4는 무시되었다). 외부 배열은 각 설계변수에 −0.1, 0.0, 0.1의 3개의 레

표 19.21 예제 19.8의 S/N 비율

| 추출점 | 설계변수와 레벨 | | | | S/N 비율 |
	x_1	x_2	무시됨	무시됨	
1	−1.0	−1.0	−1.0	−1.0	−15.45
2	−1.0	0.0	0.0	0.0	−13.99
3	−1.0	1.0	1.0	1.0	−8.03
4	0.0	−1.0	0.0	1.0	−12.84
5	0.0	0.0	1.0	−1.0	−12.05
6	0.0	1.0	−1.0	0.0	−6.22
7	1.0	−1.0	1.0	0.0	−13.73
8	1.0	0.0	−1.0	1.0	−13.99
9	1.0	1.0	0.0	−1.0	−11.05

표 19.22 예제 19.8의 일원표

| 설계변수 | 레벨 | | |
	1	2	3
x_1	−12.49	−10.37	−12.92
x_2	−14.01	−13.34	−8.43
무시됨	−11.88	−12.63	−11.27
무시됨	−12.85	−11.31	−11.62

벨만큼 섭동을 주어서 체계적으로 생성되었다. 따라서 내부 배열의 각 행에 대하여 9개의 경우를 갖게 된다. 외부 배열에서는 표 19.20의 상단에 나타낸 것과 같이 내부 배열의 각 행에 대하여 μ_f와 σ_f를 계산한다.

이 예제에서는 f를 최소화하므로 표 19.18에서의 "작을수록 더 좋음"에 해당되는 S/N 비율을 사용하였다. 내부 배열의 첫 행에 대하여 "작을수록 더 좋음" 문제에 대한 S/N 비율이 외부 배열로부터 다음과 같이 계산된다.

$$\text{S/N ratio} = -10\,log\left[\frac{1}{c}\sum_{i=1}^{c}f_i^2\right] = -10\,log\left[\frac{1}{9}\left(6.12^2 + 6.09^2 + \cdots + 5.75^2 + 5.70^2\right)\right] = -15.4 \qquad (b)$$

이러한 방법으로 내부 배열의 각 행에 대하여 S/N 비율이 계산되며, 그 결과가 표 19.21에 제시되었다. 앞 장에서 설명된 (표 19.14에서 검증된) 일원표가 표 19.21의 정보를 활용하여 표 19.22에 나타낸 것과 같이 만들어진다. 이 표로부터 **x**에 대한 레벨 (2,3)이 최상의 해 **x** = (0.0, 1.0)를 주게 된다(왜냐하면 S/N 비율을 최대화하기 때문에 일원표에서 각 설계변수의 최댓값에 해당되는 레벨들이 선택된다). 이러한 해는 내부 배열의 행에서의 최상의 해와 비교된다. 표 19.21에서, S/N 비율을 최대화하는 해는 6번째 행에 해당되며 이 해는 일원표에서 얻은 것과 동일하다. 따라서 해 **x** = (0.0, 1.0)가 최종해로 선택된다.

예제 19.9　다구치법의 활용

예제 19.7의 제약조건 최적화 문제를 다구치법을 이용해 해결하라. 각 설계변수는 3개의 레벨 −1.0, 0.0, 1.0을 가지며, 각각에 대한 섭동량은 $-0.1 \leq z_i \leq 0.1$의 범위에서 주어진다. 수치 실험의 반복을 위해서 외부 배열을 사용하라.

풀이

이 문제에서는 직교 배열 $L_9(3^4)$이 내부 배열로 활용된다. 외부 배열을 생성하기 위해서 i번째 설계변수의 섭동량 z_i에 대하여 3개의 레벨 −0.1, 0.0, 0.1이 선택된다. 그러므로 내부 배열의 각 행에 대하여 9개의 섭동된 설계점들이 생성된다. 내부 배열, 그리고 내부 배열의 첫 행에 대한 외부 배열이 표 19.23에 제시되었

표 19.23　예제 19.9의 첫 행에 대한 내부 및 외부 배열

내부 배열				
설계변수와 레벨				
실험번호	x_1	x_2	무시됨	무시됨
1	−1.0	−1.0	−1.0	−1.0
2	−1.0	0.0	0.0	0.0
3	−1.0	1.0	1.0	1.0
4	0.0	−1.0	0.0	1.0
5	0.0	0.0	1.0	−1.0
6	0.0	1.0	−1.0	0.0
7	1.0	−1.0	1.0	0.0
8	1.0	0.0	−1.0	1.0
9	1.0	1.0	0.0	−1.0

내부 배열의 첫 행에 대한 외부 배열					
설계변수와 레벨					
실험번호	x_1	x_2	무시됨	무시됨	$f(\mathbf{x})$
1	−1.1	−1.1	−1.1	−1.1	1.12
2	−1.1	−1.0	−1.0	−1.0	1.09
3	−1.1	−0.9	−0.9	−0.9	1.05
4	−1.0	−1.1	−1.0	−0.9	0.96
5	−1.0	−1.0	−0.9	−1.1	0.92
6	−1.0	−0.9	−1.1	−1.0	0.88
7	−0.9	−1.1	−0.9	−1.0	0.79
8	−0.9	−1.0	−1.1	−0.9	0.75
9	−0.9	−0.9	−1.0	−1.1	0.70
				μ_f	0.92
				σ_f	0.15

표 19.24 예제 19.9의 결과

실험번호	설계변수와 레벨				제약조건				
	x_1	x_2	무시됨	무시됨	g_1	g_2	μ_f	σ_f	F
1	−1.0	−1.0	−1.0	−1.0	0.00	−0.47	0.92	0.15	0.53
2	−1.0	0.0	0.0	0.0	−1.00	−3.57	0.00	0.22	0.11
3	−1.0	1.0	1.0	1.0	0.00	−4.67	−2.51	0.38	−1.06
4	0.0	−1.0	0.0	1.0	−4.00	−0.90	−0.61	0.09	−0.26
5	0.0	0.0	1.0	−1.0	−5.00	−4.00	−1.00	0.09	−0.46
6	0.0	1.0	−1.0	0.0	−4.00	−5.10	−2.97	0.29	−1.34
7	1.0	−1.0	1.0	0.0	−6.00	−0.47	−0.15	0.21	0.03
8	1.0	0.0	−1.0	1.0	−7.00	−3.57	0.00	0.18	0.09
9	1.0	1.0	0.0	−1.0	−6.00	−4.67	−1.44	0.28	−0.58

표 19.25 예제 19.9의 일원표

설계변수	레벨		
	1	2	3
x_1	−0.14	−0.69	−0.15
x_2	0.10	−0.09	−0.99
무시됨	−0.24	−0.25	−0.50
무시됨	−0.17	−0.40	−0.41

다(설계변수가 2개뿐이므로, 직교 배열에서 열 3과 4는 무시된다). 외부 배열은 각 설계변수에 대하여 3개의 레벨 −0.1, 0.0, 0.1만큼의 섭동을 통해 체계적으로 생성된다. 그러므로 내부 배열의 각 행에 대하여 9개의 경우를 갖게 된다. 외부 배열에서 표 19.23에 나타낸 내부 배열의 각 행에 대하여 μ_f와 σ_f를 계산한다.

식 (19.59)의 손실함수를 이용하기 위해서는 목표(target)가 필요하다. 이 예제에서 목표는 −∞으로 설정되었으므로 식 (19.59)의 함수를 사용할 수 없다. 표 19.18의 "작을수록 더 좋음"의 특성은 최소화 문제에 활용될 수 있다. 하지만 이러한 지표를 활용하기 위해서는 목적함수가 반드시 양수여야 한다. 이 경우에 새로운 지표가 정의된다. 제약조건 최소화 문제이므로 강건성 지수 F는 다음과 같이 정의된다.

$$F = w_1\,\mu_f + w_2\,\sigma_f + P(\mathbf{x}) \tag{a}$$

여기서 w_1과 w_2는 가중치이고, $P(\mathbf{x})$는 식 (19.32)에서 정의된 벌칙함수이다. 즉, 제약조건이 위배되면 F가 증가한다.

외부 배열을 사용하여 내부 배열의 각 행에 대하여 F를 계산한다. μ_f와 σ_f는 표 19.23에 나타낸 것과 같이 계산되며, F는 내부 배열의 각 행에 대하여 계산된다. 내부 배열의 각 행에 대한 결과가 표 19.24에 제시되었다. 이 문제에서 가중치는 $w_1 = w_2 = 0.5$, 식 (19.32)에서의 벌칙 매개변수는 $R = 100$로 설정되었다. 앞 장에서 설명된 (표 19.14에서 검증된) 일원표는 표 19.24의 정보를 활용하여 표 19.25에 나타낸 것과 같이 만들어진다. 이 표로부터 **x**에 대한 레벨 (2, 3)으로부터 해 **x** = (0.0, 1.0)을 얻을 수 있다(*F*를 최소화하므로, 일원표에서 가장 작은 값에 해당되는 레벨들이 선택되었다). 이러한 해는 표 19.24의 내부 배열에서의 최상의 해와 비교된다. 최상의 해는 표의 6번째 행에 해당되며 일원표로부터 얻은 해와 동일함을 알 수 있다. 그러므로 해 **x** = (0.0, 1.0)가 최종해로 선택된다.

19.5 신뢰성 기반 설계 최적화 — 불확실성에 의한 설계

신뢰성 있는 설계는 설계변수와 문제 매개변수에 어느 정도 불확실성이 있더라도 설계기준을 만족시키는 것을 말한다. 신뢰성은 설계기준을 만족시킬 확률로써 측정된다. 신뢰성 요구 조건에 대한 계산을 포함하는 최적화 과정을 신뢰성 기반 설계 최적화(Reliability-Based Design Optimization, RBDO)라 한다. RBDO 정식화에서 신뢰도 제약조건은 원래의 제약조건이 위배될 확률이 특정한 값보다 작도록 정의된다. 따라서 RBDO에서 신뢰도는 제약조건으로써 부여된다. 이것은 (지난 절에서 논의한) 강건설계법에서 목적함수에 신뢰성이 부여된 것과 대조되는 것이다.

이 절에서는 RBDO의 주제에 대하여 소개한다. 이 분야에 대해서는 지난 30년간 상당한 연구가 이루어져왔다. 이 주제에 대한 좀 더 상세한 논의는 Nikolaidis et al. (2005)과 Choi et al. (2007)을 참조하기 바란다.

19.5.1 RBDO에 관한 배경 자료의 복습

RBDO의 기본 아이디어는 최적화 문제의 제약조건들을 신뢰도 기반 제약조건들로 변환하는 것이다. 이러한 변환 과정에서는 확률과 통계학의 개념과 절차들이 활용되며, 이들 중 몇몇을 이 절에서 복습하게 된다.

확률밀도함수

연속임의변수 X는 $-\infty < x < \infty$ 범위의 다양한 값 x를 갖는다. 연속임의변수의 분포를 수학적으로 기술하는 함수를 PDF라 하며, $f_X(\mathbf{x})$로 표기한다. 즉, PDF는 어떤 주어진 지점 **x**에서 이러한 임의변수 X의 상대적인 발생 가능성(확률)을 기술하는 함수이다.

> **표기법.** 임의변수는 대문자로 표기되며, 그 특정한 값은 소문자로 표기된다. 예를 들어, 임의변수는 X, 그리고 그 값은 x로 표기된다.

한 변수의 *PDF*(확률분포함수 또는 확률질량함수라고도 불림)는 모든 영역에서 0 이상의 값을 가지며, 전체 영역에서 그 적분 값은 1이다.

$$f_X(\mathbf{x}) \geq 0, \quad \int_{-\infty}^{\infty} f_X(\mathbf{x})\,dx = 1 \tag{19.66}$$

임의변수가 어떤 특정 영역에 있을 확률 P는 그 영역에서의 확률의 적분으로 주어진다. 예를 들어, X가 x와 $x + dx$ 사이의 어떤 미소 구간 dx에 있을 확률은 다음과 같이 주어진다.

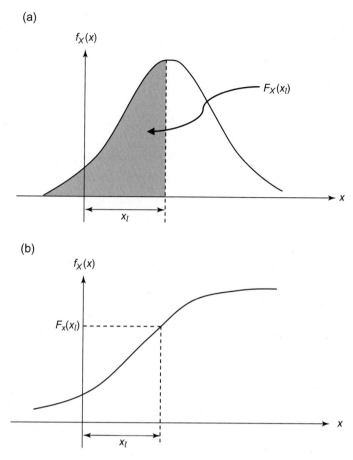

(a)

(b)

그림 19.4   (a) 확률밀도함수, (b) 누적분포함수

$$P[x \leq X \leq x+dx] = f_X(\mathbf{x})\,dx \tag{19.67}$$

따라서 X가 a와 b 사이에 있을 확률은 $P[a \leq X \leq b]$로 표기되며, 식 (19.67)의 적분으로 다음과 같이 주어진다.

$$P[a \leq X \leq b] = \int_a^b f_X(\mathbf{x})\,dx \tag{19.68}$$

정규(가우시안) 분포를 갖는 PDF를 그림 19.4a에 나타내었다.

누적분포함수

누적분포함수(CDF) $F_X(\mathbf{x})$는 주어진 확률 분포를 가진 임의변수 X가 x보다 작거나 같은 영역에서 발견될 확률을 말한다. 이 함수는 다음과 같이 주어진다.

$$F_X(\mathbf{x}) = P[X \leq x] = \int_{-\infty}^x f_X(u)\,du \tag{19.69}$$

즉, 주어진 값 x에 대하여 $F_X(\mathbf{x})$는 관측된 값 X가 x보다 작거나 같을 확률이다. 만약 f_X가 x에서 연속이면, 다음과 같이 PDF는 CDF의 미분으로 표현된다.

$$f_X(\mathbf{x}) = \frac{dF_X(\mathbf{x})}{dx} \tag{19.70}$$

CDF는 다음과 같은 특성들을 갖는다.

$$\lim_{x \to -\infty} F(\mathbf{x}) = 0; \quad \lim_{x \to \infty} F(\mathbf{x}) = 1 \tag{19.71}$$

CDF를 그림 19.4b에 나타내었다. X가 x_l보다 작거나 같을 확률은 $F_X(x_l)$이다. 이것은 그림 19.4b의 x에 대한 $F_X(\mathbf{x})$ 곡선이 한 점이며, 그림 19.4a의 어두운 영역이다.

파손 확률

j번째 부등호제약조건 $G_j(\mathbf{X}) \geq 0$에 대한 신뢰성 기반 제약조건은 다음과 같이 정의된다.

$$P_f = P\Big[G_j\big(\mathbf{x}+\mathbf{z}^x, \mathbf{y}+\mathbf{z}^y\big) \leq \mathbf{0}\Big] \leq P_{j,0}, \quad j = 1,\dots,m \tag{19.72}$$

여기서 앞선 식 P_f는 파손 확률이고, $P[b]$는 b의 확률, $\mathbf{x}$는 n차원 설계변수 벡터, $\mathbf{y}$는 r차원 문제 매개변수 벡터, 그리고 $\mathbf{z}^x$와 $\mathbf{z}^y$는 각각 설계변수와 문제 매개변수의 불확실성을 포함하고 있는 n차원과 r차원의 벡터를 나타낸다. $P_{j,0}$는 j번째 제약조건의 파손 확률의 한계를 나타낸다. 만약 불확실성의 확률 분포가 알려져 있다면, 식 (19.72)의 파손 확률은 다음과 같이 주어진다.

$$P_f = P\Big[G_j\big(\mathbf{x}+\mathbf{z}^x, \mathbf{y}+\mathbf{z}^y\big) \leq \mathbf{0}\Big] = \int_{G_j(\mathbf{x}+\mathbf{z}^x,\ \mathbf{y}+\mathbf{z}^y)\leq 0} d\big(\mathbf{z}^x,\mathbf{z}^y\big) d\mathbf{z}^x\, d\mathbf{z}^y, j=1,\dots,m \tag{19.73}$$

여기서 $d(\mathbf{z}^x, \mathbf{z}^y)$는 확률변수 $\mathbf{z}^x$와 $\mathbf{z}^y$의 결합확률밀도함수(joint PDF)를 나타내며

$$d\mathbf{z}^x d\mathbf{z}^y = \big(dz^{x_1} dz^{x_2}\dots dz^{x_n}\big)\big(dz^{y_1} dz^{y_2}\dots dz^{y_r}\big) \tag{19.74}$$

결합확률밀도함수는 다중 변수들에 의해 분포된 밀도함수이므로, 파손 확률을 계산하기 위해서는 임의변수들에 대하여 알려진 값이어야 한다.

기댓값

임의변수의 기댓값(혹은 기대, 평균, 제1 모멘트)은 그 변수가 가진 모든 가능한 값들의 가중치 평균이다. 이러한 평균을 계산하는 데 활용된 가중치는 이산 임의변수 경우에서의 확률, 또는 연속 임의변수 경우에서의 밀도에 해당된다. 기댓값은 확률 측도에 대한 임의변수의 적분이다. 이는 표본의 크기가 무한대가 되면 표본 평균이 된다.

임의변수 X가 확률 p_i ($i = 1$ to k)로 x_i를 갖는다고 하자. X의 기댓값 $E[X]$는 다음과 같이 정의된다.

$$E[X] = \sum_{i=1}^{k} x_i p_i \tag{19.75}$$

모든 확률 p_i를 더하면 1이 되므로 $\left(\sum_{i=1}^{k} p_i = 1\right)$, 기댓값은 p_i를 가중치로 하는 x_i의 가중치 평균으

로 볼 수 있다.

$$E[X] = \frac{\sum_{i=1}^{k} x_i p_i}{\sum_{i=1}^{k} p_i} = \sum_{i=1}^{k} x_i p_i \tag{19.76}$$

만약 X의 확률 분포가 PDF $f_X(\mathbf{x})$를 따른다면, 기댓값은 다음과 같이 계산된다.

$$E[X] = \int_{-\infty}^{\infty} x f_X(\mathbf{x}) dx \tag{19.77}$$

이것은 X의 제1모멘트이므로, $E[X]$는 제1모멘트라고도 불린다.

임의변수 X의 함수인 $G(X)$의 PDF $f_X(\mathbf{x})$에 대한 기댓값은 다음과 같이 주어진다.

$$E\big[G(X)\big] = \int_{-\infty}^{\infty} g(\mathbf{x}) f_X(\mathbf{x}) dx \tag{19.78}$$

$G(X) = X^m$의 기댓값은 X의 제m모멘트라 불리며, 다음과 같이 주어진다.

$$E\big[X^m\big] = \int_{-\infty}^{\infty} x^m f_X(\mathbf{x}) dx \tag{19.79}$$

평균과 분산

임의변수 X의 평균과 분산은 임의변수 X의 제1 및 제2모멘트이며 다음과 같이 계산된다.

$$\mu_X = E[X] = \int_{-\infty}^{\infty} x f_X(\mathbf{x}) dx \tag{19.80}$$

$$\begin{aligned}
\text{Var}[X] &= E\Big[(X - \mu_X)^2\Big] = \sigma_X^2 \\
&= \int_{-\infty}^{\infty} (x - \mu_X)^2 f_X(\mathbf{x}) dx = \int_{-\infty}^{\infty} (x^2 - 2x\mu_X + \mu_X^2) f_X(\mathbf{x}) dx \\
&= \int_{-\infty}^{\infty} x^2 f_X(\mathbf{x}) dx - 2\mu_X \int_{-\infty}^{\infty} x f_X(\mathbf{x}) dx + \mu_X^2 \int_{-\infty}^{\infty} f_X(\mathbf{x}) dx \\
&= E\big[X^2\big] - 2\mu_X^2 + \mu_X^2 = E\big[X^2\big] - \mu_X^2
\end{aligned} \tag{19.81}$$

표준편차

X의 표준편차 σ_X는 다음과 같이 주어진다.

$$\sigma_X = \sqrt{\text{Var}[X]} \tag{19.82}$$

변화의 계수

변화의 계수 δ_X는 불확실성의 상대적인 양을 나타내며, X의 표준편차의 평균에 대한 비율로써 정의된다.

$$\delta_X = \frac{\sigma_X}{\mu_X} \tag{19.83}$$

신뢰성 지표

신뢰성 지표 β는 변화의 계수 δ_X의 역수로 정의된다. 즉, X의 평균의 X의 표준편차에 대한 비율을 말한다.

$$\beta = \frac{\mu_X}{\sigma_X} \tag{19.84}$$

공분산

만약 두 개의 임의변수 X와 Y가 서로 상관 관계에 있으면, 그 상관 관계는 다음과 같이 계산되는 공분산 σ_{XY}에 의해 표현된다.

$$\sigma_{XY} = \text{Cov}(X,Y) = E\left[(X-\mu_X)(Y-\mu_Y)\right] = \int_{-\infty}^{\infty}\int_{-\infty}^{\infty}(x-\mu_X)(y-\mu_Y)d(x,y)dx\,dy \tag{19.85}$$

여기서 $d(x, y)$는 X와 Y의 결합확률밀도함수이다.

상관계수

상관계수는 상관 정도를 나타내는 무차원 값으로 다음과 같이 정의된다.

$$\rho_{XY} = \frac{\sigma_{XY}}{\sigma_X \sigma_Y} \tag{19.86}$$

가우시안 (정규) 분포

가우시안 (정규) 분포는 많은 공학 및 과학 분야에서 활용되고 있으며 X의 평균과 표준편차에 의해서 PDF로서 정의된다.

$$f_X(\mathbf{x}) = \frac{1}{\sigma_X \sqrt{2\pi}} \exp\left[-\frac{1}{2}\left(\frac{x-\mu_X}{\sigma_X}\right)^2\right], \quad -\infty < x < \infty \tag{19.87}$$

이는 $N(\mu_X, \sigma_X)$로 표현된다. 변수 X의 변환을 통해서 가우시안 분포는 다음과 같이 정규화될 수 있다.

$$U = \frac{(X-\mu_X)}{\sigma_X} \tag{19.88}$$

이를 통해 표준 정규 분포 $N(0,1)$을 얻을 수 있고, 대응되는 PDF는 다음과 같다.

$$f_U(u) = \frac{1}{\sqrt{2\pi}} \exp\left(\frac{-u^2}{2}\right), \quad -\infty < u < \infty \tag{19.89}$$

u에 대한 누적 분포는 CDF $\Phi(u)$로서 다음과 같이 얻어진다.

$$\Phi(u) = F_U(u) = \int_{-\infty}^{u} \frac{1}{\sqrt{2\pi}} \exp\left(\frac{-\xi^2}{2}\right)d\xi \tag{19.90}$$

$\Phi(u)$의 수치 값은 통계 문헌에서 찾을 수 있다. 식 (19.90)의 정규 분포는 $x = 0$에 대하여 대칭이므로

$$\Phi(-u) = 1 - \Phi(u) \tag{19.91}$$

역

만약 그 CDF가 순증가(strictly increasing)하고 연속이라면, $\Phi^{-1}(p)$, $p \in [0,1]$는 $\Phi(u_p) = p$를 만족하는 유일한 숫자 u_p이다. 즉, $u_p = \Phi^{-1}(p)$. 또한

$$u_p = \Phi^{-1}(p) = -\Phi^{-1}(1-p) \tag{19.92}$$

여기서 u_p는 표준 정규화된 변수, p는 대응되는 누적 확률, 그리고 Φ^{-1}는 CDF의 역이다.

19.5.2 신뢰성 지표의 계산

이 절에서는 최적화 과정에서 사용되는 신뢰성 지표의 계산에 대한 설명이 이루어진다. 신뢰성 지표를 알면 파손 확률을 계산할 수 있으며, 지표 그 자체가 직접 최적화 과정에 활용될 수도 있다.

한계상태방정식

구조 설계에서 한계상태란 구조의 저항과 하중 사이에서 안전을 보장하기 위한 여유(margin)를 나타낸다. 한계상태함수 ($G(\cdot)$)와 파손 확률 (P_f)는 다음과 같이 정의된다.

$$G(X) = R(X) - S(X) \tag{19.93}$$

$$P_f = P[G(\mathbf{X}) \le 0] \tag{19.94}$$

여기서 R은 구조적 저항, S는 하중을 나타낸다. $G(X) < 0$, $G(X) = 0$, $G(X) > 0$은 각각 파손 영역, 파손 표면, 안전 영역을 나타낸다. 이들은 모두 그림 19.5에 나타나 있다(Choi et al., 2007).

식 (19.93)을 이용하여 $G(X)$의 평균과 표준편차가 다음과 같이 계산된다.

$$\mu_G = \mu_R - \mu_S \tag{19.95}$$

$$\sigma_G = \sqrt{\sigma_R^2 + \sigma_S^2 - 2\rho_{RS}\sigma_R\sigma_S} \tag{19.96}$$

여기서 μ_R, μ_S 그리고 ρ_{RS}은 각각 R의 평균, S의 평균, 그리고 R과 S 사이의 상관계수를 나타낸다. $G(X)$의 분산은 다음과 같이 계산된다.

$$\begin{aligned} \text{Var}\big[G(X)\big] &= \text{Var}\big[R(X)-S(X)\big] = \text{Var}\big[R(X)\big] + \text{Var}\big[S(X)\big] - 2\text{Cov}\big[R(X),S(X)\big] \\ &= \sigma_R^2 + \sigma_S^2 - 2\sigma_{RS} = \sigma_R^2 + \sigma_S^2 - 2\rho_{RS}\sigma_R\sigma_S \\ \text{Var}\big[G(X)\big] &= \sigma_G^2 = \sigma_R^2 + \sigma_S^2 - 2\rho_{RS}\sigma_R\sigma_S \end{aligned} \tag{19.97}$$

그러므로 표준편차는 식 (19.96)과 같이 주어진다.

G에 대한 신뢰성 지표는 식 (19.84), (19.95), 그리고 (19.96)을 사용하여 다음과 같이 주어진다.

$$\beta = \frac{\mu_G}{\sigma_G} = \frac{\mu_R - \mu_S}{\sqrt{\sigma_R^2 + \sigma_S^2 - 2\rho_{RS}\sigma_R\sigma_S}} \tag{19.98}$$

R과 S가 정규 분포를 따른다고 가정하면, 한계상태함수의 PDF는

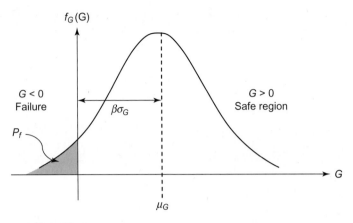

그림 19.5 한계상태 $G(X)$에 대한 PDF

$$f_G(g) = \frac{1}{\sigma_G \sqrt{2\pi}} \exp\left[-\frac{1}{2}\left(\frac{g-\mu_G}{\sigma_G}\right)^2\right] \tag{19.99}$$

식 (19.69)를 사용하면 손상 확률이 다음과 같이 주어진다.

$$P_f = P\left[G(\mathbf{X}) \le 0\right] = \int_{-\infty}^{0} f_G(g)\, dg = \int_{-\infty}^{0} \frac{1}{\sigma_G \sqrt{2\pi}} \exp\left[-\frac{1}{2}\left(\frac{g-\mu_G}{\sigma_G}\right)^2\right] dg \tag{19.100}$$

다음의 임의변수 G에 대하여 정규화 변환을 도입하여, 손상 확률이 식 (19.100)으로부터 다음과 같이 얻어진다.

$$U = \frac{(G-\mu_G)}{\sigma_G} \tag{19.101}$$

$$P_f = \int_{-\infty}^{-\beta} \frac{1}{\sqrt{2\pi}} \exp\left(-\frac{u^2}{2}\right) du \tag{19.102}$$

여기서 $\beta = \mu_G / \sigma_G = (\mu_R - \mu_S)/\sqrt{\sigma_R^2 + \sigma_S^2}$는 식 (19.98)의 상관계수가 0이라 가정하면 얻어진다. CDF의 정의와 식 (19.90)과 (19.91)에서의 성질을 이용하면, 다음을 얻는다.

$$P_f = \Phi(-\beta) = 1 - \Phi(\beta) \tag{19.103}$$

선형 한계상태방정식

만약 한계상태방정식이 정규 분포를 따르는 임의변수들 X_i ($i = 1, \ldots , n$)의 선형 조합이라 가정하면, 한계상태함수는 다음과 같이 주어진다.

$$G = a_0 + \sum_{i=1}^{n} a_i X_i \tag{19.104}$$

G에 대한 정규 분포를 가정하면, G의 평균과 분산은 다음과 같이 계산된다.

$$\mu_G = a_0 + \sum_{i=1}^{n} a_i \mu_i \tag{19.105}$$

$$\sigma_G^2 = \sum_{i=1}^{n} \sum_{j=1}^{n} a_i a_j \text{Cov}\left[X_i, X_j\right] = \sum_{i=1}^{n} \sum_{j=1}^{n} a_i a_j \rho_{ij} \sigma_i \sigma_j \tag{19.106}$$

여기서 X_i의 평균과 분산은 각각 μ_i와 σ_i이다. G의 손상 확률은

$$P_f = P[G \le 0] = \Phi\left(-\frac{\mu_G}{\sigma_G}\right) = \Phi(-\beta) \tag{19.107}$$

비선형 한계상태방정식

한계상태방정식이 임의변수 벡터 $\mathbf{X} = (X_1, X_2, \ldots, X_n)$의 비선형 함수일 때, X의 평균 $\mathbf{\mu}_X = (\mu_1, \mu_2, \ldots, \mu_n)$ 근처에서 테일러 급수에 의해 다음과 같이 선형화될 수 있다.

$$G(\mathbf{X}) = G(\mathbf{\mu}_X) + \sum_{i=1}^{n} \frac{\partial G}{\partial X_i}\bigg|_{\mu_X} (X_i - \mu_i) \tag{19.108}$$

이 선형화된 방정식의 평균과 분산은 다음과 같다.

$$\mu_G = G(\mathbf{\mu}_X) \tag{19.109}$$

$$\sigma_G = \sum_{i=1}^{n} \sum_{j=1}^{n} \frac{\partial G}{\partial X_i}\bigg|_{\mu_X} \frac{\partial G}{\partial X_j}\bigg|_{\mu_X} \text{Cov}\left[X_i, X_j\right] = \sum_{i=1}^{n} \sum_{j=1}^{n} \frac{\partial G}{\partial X_i}\bigg|_{\mu_X} \frac{\partial G}{\partial X_j}\bigg|_{\mu_X} \rho_{ij} \sigma_i \sigma_j \tag{19.110}$$

$\partial G / \partial X_i|_{\mu_X}$와 $\partial G / \partial X_j|_{\mu_X}$는 식 (19.106)에서의 a_i와 a_j에 대응된다. 그러므로 식 (19.98)을 이용하면 신뢰성 지표를 계산할 수 있다. 이것은 평균값 1차 제2모멘트법(Mean Value First-Order Second-Moment method, MVFOSM)라 불린다. MVFOSM은 단점이 있다. 한계상태방정식은 평균점 주변에서 선형화되기 때문에 신뢰성 지표가 방정식의 형태에 따라 달라진다. 한계방정식의 형태가 스케일에 따라서 달라지면, 신뢰성 지표 역시 달라진다. 즉, 이 방법은 신뢰성 지표의 불변성 측면에서 약점을 갖고 있다.

개량 1차 제2모멘트법

불변량의 한계를 극복하기 위하여 Hasofer와 Lind (1974)는 개량된 1차 제2모멘트법(Advanced First-Order Second-Moment method, AFOSM)을 제안하였다. 먼저, 표준 정규 분포 $N(0, 1)$에 대하여 임의변수가 다음과 같이 정의된다.

$$U_i = \frac{X_i - \mu_i}{\sigma_i}, \quad i = 1 \text{ to } n \tag{19.111}$$

식 (19.111)로부터 얻은 X_i를 대입하면 식 (19.104)의 한계상태방정식이 다음과 같이 변환된다.

$$G(\mathbf{U}) = a_0 + \sum_{i-1}^{n} a_i \left(\mu_i + \sigma_i U_i\right) \tag{19.112}$$

식 (19.112)의 G(**U**)의 평균 μ_G는 다음과 같이 계산된다.

$$
\begin{aligned}
\mu_G = E\big[G(\mathbf{U})\big] &= E\left[a_0 + \sum_{i=1}^{n} a_i\left(\mu_i + \sigma_i U_i\right)\right] \\
&= a_0 + \sum_{i=1}^{n} E\big[a_i\left(\mu_i + \sigma_i U_i\right)\big] \\
&= a_0 + \sum_{i=1}^{n} a_i E\big[\mu_i + \sigma_i U_i\big] \\
&= a_0 + \sum_{i=1}^{n} a_i\left(\mu_i + \sigma_i E[U_i]\right) \\
&= a_0 + \sum_{i=1}^{n} a_i \mu_i,\ \text{since}\, E[U_i] = 0
\end{aligned} \tag{19.113}
$$

그러므로 식 (19.112)에서 모든 $U_i = 0$이면 μ_G는 다음과 같이 쓸 수 있다.

$$
\mu_G = a_0 + \sum_{i=1}^{n} a_i \mu_i = \big|G\left(\text{all}\quad U_i = 0\right)\big| \tag{19.114}
$$

식 (19.112)에서 $G(U)$의 분산은 다음과 같이 유도된다.

$$
\begin{aligned}
\sigma_G^2 = \text{Var}\big[G(\mathbf{U})\big] &= \text{Var}\left[a_0 + \sum_{i=1}^{n} a_i\left(\mu_i + \sigma_i U_i\right)\right] \\
&= \text{Var}[a_0] + \text{Var}\left[\sum_{i=1}^{n} a_i \mu_i\right] + \text{Var}\left[\sum_{i=1}^{n} a_i \sigma_i U_i\right] \\
&= 0 + 0 + \sum_{i=1}^{n} a_i^2 \sigma_i^2 \text{Var}[U_i] \\
&= \sum_{i=1}^{n} a_i^2 \sigma_i^2,\ \text{since}\quad \text{Var}[U_i] = 1
\end{aligned} \tag{19.115}
$$

그러므로 $G(U)$의 표준편차는 다음과 같이 주어진다.

$$
\sigma_G = \sqrt{\sum_{i=1}^{n}\left(a_i \sigma_i\right)^2} = \sqrt{\sum_{i=1}^{n}\left(\frac{\partial G}{\partial U_i}\right)^2} \tag{19.116}
$$

따라서 식 (19.84)로부터 신뢰성 지표 β는 다음과 같이 주어진다.

$$
\beta = \frac{\mu_G}{\sigma_G} = \frac{\big|G\left(\text{all}\quad U_i = 0\right)\big|}{\sqrt{\sum_{i=1}^{n}\left(\dfrac{\partial G}{\partial U_i}\right)^2}} \tag{19.117}
$$

변수가 2개인 경우에, 식 (19.112)는 다음과 같다.

$$
G(\mathbf{U}) = a_0 + a_1\left(\mu_1 + \sigma_1 U_1\right) + a_2\left(\mu_2 + \sigma_2 U_2\right) \tag{19.118}
$$

이 방정식은 그림 19.6에서 직선 $G(\mathbf{U}) = 0$으로 그려지며, 선 AB라 명명되었다. 원점에서 이 선까지의 최단 거리는 다음과 같다.

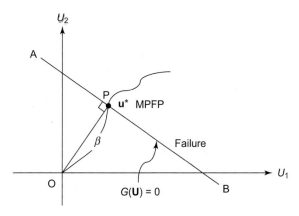

그림 19.6 신뢰성 지표의 기하학적 표현

$$\frac{\left| a_0 + a_1 \mu_1 + a_2 \mu_2 \right|}{\sqrt{\left(a_1 \sigma_1 \right)^2 + \left(a_2 \sigma_2 \right)^2}} \tag{19.119}$$

식 (19.119)를 유도하기 위해 먼저, 선 AB에 수직하며 원점을 지나는 선에 대한 식을 얻는다. 그리고 이 선과 선 AB의 교점으로서 점 P의 좌표를 얻는다. 점 P의 좌표를 알면 OP 길이를 계산할 수 있다.

식 (19.119)의 최단 거리에 대한 식은 식 (19.117)의 신뢰성 지표 β에 대한 식과 동일하다. 따라서 신뢰성 지표의 기하학적 의미는 원점으로부터 한계상태방정식까지의 최단 거리가 된다. 한계상태 표면상의 점 중 원점에서 가장 가까이에 있는 것을 최대 가능 파손점(Most Probable Failure Point, MPFP)이라 부르며, 현재까지 문헌들에서는 최대 가능점(Most Probable Point, MPP)이라 불러왔다. 그림 19.6에서 MPFP는 u^*로 표기되었다.

X 공간에서, 식 (19.111)을 사용하면 MPFP의 좌표들은 다음과 같이 표현된다.

$$x_i^* = \mu_i + \mu_i^* \sigma_i, \quad i = 1, \ldots, n \tag{19.120}$$

여기서 n은 설계변수의 개수를 나타낸다. 비선형 한계상태방정식은 MPFP $\mathbf{x}^*$ 주변에서 다음과 같이 선형화된다.

$$G(\mathbf{X}) \approx \sum_{i=1}^{n} \left. \frac{\partial G}{\partial X_i} \right|_{\mathbf{X}=\mathbf{x}^*} \left(X_i - x_i^* \right) \tag{19.121}$$

여기서 $G(\mathbf{x}^*) = 0$가 사용되었다.

식 (19.109)과 (19.110)을 사용하면, 식 $G(\mathbf{X}) = 0$의 평균과 분산은

$$\mu_G = \sum_{i=1}^{n} \left. \frac{\partial G}{\partial X_i} \right|_{\mathbf{X}=\mathbf{x}^*} \left(\mu_i - x_i^* \right) \tag{19.122}$$

$$\sigma_G^2 = \sum_{i=1}^{n} \left(\left. \frac{\partial G}{\partial X_i} \right|_{\mathbf{X}=\mathbf{x}^*} \right)^2 \sigma_i^2 \qquad (19.123)$$

연쇄법칙을 사용하면 다음을 얻는다.

$$\frac{\partial G}{\partial X_i} = \frac{\partial G}{\partial U_i} \frac{\partial U_i}{\partial X_i} = \frac{1}{\sigma_i} \frac{\partial G}{\partial U_i} \qquad (19.124)$$

식 (19.124)를 식 (19.122)와 (19.123)에 대입하고, 식 (19.111)를 사용하면 평균과 분산은 다음과 같이 얻어진다.

$$\mu_G = -\sum_{i=1}^{n} \left. \frac{\partial G}{\partial U_i} \right|_{\mathbf{u}^*} u_i^* \qquad (19.125)$$

$$\sigma_G^2 = \sum_{i=1}^{n} \left(\left. \frac{\partial G}{\partial U_i} \right|_{\mathbf{u}^*} \right)^2 \qquad (19.126)$$

여기서 U_i는 정규화된 표준 변수 벡터이고, u_i^*는 MPFP이다.

식 (19.121)의 선형화된 식은 정규화된 변수들에 관하여 다음과 같이 표현된다.

$$G(\mathbf{U}) = \sum_{i=1}^{n} \left. \frac{\partial G}{\partial U_i} \right|_{\mathbf{u}^*} \left(U_i - u_i^* \right) \qquad (19.127)$$

그러므로 비선형 상태방정식이 MPFP 주변에서 선형화되면, 식 (19.117)의 신뢰성 지표가 정규화된 변수 U_i에 의해 표현되므로 불변성 부족 문제를 해결할 수 있다(Hasofer and Lind, 1974).

AFOSM에서 MPFP는 비선형 한계상태방정식으로부터 얻어지고 이 한계상태방정식은 MPFP 주변에서 선형화된다. MPFP는 한계상태방정식에서 원점으로부터 가장 가까운 지점이므로 일반적으로 다음의 최적화 문제를 풀어서 구할 수 있다.

최소화

$$\beta = \sqrt{\mathbf{U}^T \mathbf{U}}, \quad \text{subject to } G(\mathbf{U}) = 0 \qquad (19.128)$$

여기서 β는 신뢰성 지표를 나타낸다.

반복법(Hasofer and Lind, 1974)을 활용하여, 식 (19.128)의 해를 찾기 위한 반복 방정식(iterative equation)은 다음과 같이 주어진다.

$$\mathbf{U}^{(k+1)} = \frac{G_{\mathbf{U}}^{(k)T} \mathbf{U}^{(k)} - G\left(\mathbf{U}^{(k)} \right)}{G_{\mathbf{U}}^{(k)T} G_{\mathbf{U}}^{(k)}} G_{\mathbf{U}}^{(k)} \qquad (19.129)$$

여기서 $G_{\mathbf{U}}^{(k)} = \dfrac{\partial G}{\partial \mathbf{U}}$ at $\mathbf{U} = \mathbf{U}^{(k)}$는 n차원 벡터이다.

반복 방정식 (19.129)을 유도하기 위해서 다음의 단계를 진행한다. k번째 반복 계산에서 벡터 $\mathbf{U}^{(k)}$를 $\mathbf{U}^{(k+1)}$를 다음과 같이 갱신하고자 한다.

$$\mathbf{U}^{(k+1)} = \mathbf{U}^{(k)} + \Delta\mathbf{U} \tag{19.130}$$

$\mathbf{U}^{(k)}$에서 우리는 제약조건 $G(\mathbf{U}^{(k+1)}) = 0$의 테일러 급수의 선형항을 다음과 같이 쓸 수 있다.

$$G\left(\mathbf{U}^{(k)}\right) + G_{\mathbf{U}}^{(k)T}\Delta\mathbf{U} = 0 \tag{19.131}$$

문제는 $\Delta\mathbf{U}$를 어떻게 결정할 것인가이다. $\Delta\mathbf{U}$를 계산하기 위해서 식 (19.128)에 정의된 원래의 문제를 활용하여 최소화 문제를 아래와 같이 정의한다.

최소화

$$\left(\mathbf{U}^{(k)} + \Delta\mathbf{U}\right)^T\left(\mathbf{U}^{(k)} + \Delta\mathbf{U}\right) \quad \text{subject to } G\left(\mathbf{U}^{(k)}\right) + G_{\mathbf{U}}^{(k)T}\Delta\mathbf{U} = 0 \tag{19.132}$$

식 (19.128)에서 목적함수는 제곱의 형태로 바뀌었으며, 이는 문제의 해에는 아무런 영향을 주지 않는다. 식 (19.132)에서 정의된 문제는 4장에서 다루었던 등호제약조건 문제에 대한 최적성 조건을 사용하여 해결할 수 있다. 이를 위해, 다음과 같이 라그랑지 함수를 정의하고 이를 $\Delta\mathbf{U}$에 대하여 미분한다.

$$L = \left(\mathbf{U}^{(k)} + \Delta\mathbf{U}\right)^T\left(\mathbf{U}^{(k)} + \Delta\mathbf{U}\right) + \lambda\left(G\left(\mathbf{U}^{(k)}\right) + G_{\mathbf{U}}^{(k)T}\Delta\mathbf{U}\right) \tag{19.133}$$

$$\frac{\partial L}{\partial(\Delta\mathbf{U})} = 2\left(\mathbf{U}^{(k)} + \Delta\mathbf{U}\right) + \lambda\left(G_{\mathbf{U}}^{(k)}\right) = 0 \tag{19.134}$$

여기서 λ는 등호제약조건에 대한 라그랑지 승수이다. 식 (19.131)의 등호제약조건과 식 (19.134)의 최적성 조건을 활용하면 λ와 $\Delta\mathbf{U}$를 구하기 위해 필요한 만큼의 방정식을 얻을 수 있다.

라그랑지 승수 λ를 얻는 데는 여러 가지 방법들이 있다. 그중 하나로서 식 (19.134)에 $G_{\mathbf{U}}^{(k)T}$를 곱하고 λ에 대하여 풀면 다음을 얻는다.

$$\lambda = -\frac{2}{G_{\mathbf{U}}^{(k)T}G_{\mathbf{U}}^{(k)}}G_{\mathbf{U}}^{(k)T}\left(\mathbf{U}^{(k)} + \Delta\mathbf{U}\right) \tag{19.135}$$

식 (19.135)에서 얻은 λ를 식 (19.134)에 대입하고 두 번째 항을 우변으로 옮기면, 다음을 얻는다.

$$2\left(\mathbf{U}^{(k)} + \Delta\mathbf{U}\right) = \left[\frac{2}{G_{\mathbf{U}}^{(k)T}G_{\mathbf{U}}^{(k)}}G_{\mathbf{U}}^{(k)T}\left(\mathbf{U}^{(k)} + \Delta\mathbf{U}\right)\right]\left(G_{\mathbf{U}}^{(k)}\right) \tag{19.136}$$

식 (19.136)의 좌변을 식 (19.130)으로 바꾸고, 식 (19.132)의 등호제약조건을 식 (19.136)의 우변에 대입하면 다음을 얻는다.

$$\mathbf{U}^{(k+1)} = \left[\frac{\left\{G_{\mathbf{U}}^{(k)T}\mathbf{U}^{(k)} - G\left(\mathbf{U}^{(k)}\right)\right\}}{G_{\mathbf{U}}^{(k)T}G_{\mathbf{U}}^{(k)}}\right]G_{\mathbf{U}}^{(k)} \tag{19.137}$$

이는 식 (19.129)와 동일하다.

MPFP가 결정되면, 신뢰도 지표는 다음과 같이 얻어진다.

$$\beta = \sqrt{\mathbf{u}^{*T}\mathbf{u}^*} = -\frac{G_U^{*T}\mathbf{u}^*}{\sqrt{G_U^{*T}G_U^*}} \tag{19.138}$$

식 (19.138)에서 다음의 벡터 α는 신뢰성 지표의 각 임의변수에 대한 민감도를 나타내는 값이다.

$$\alpha = -\frac{G_U^*}{\sqrt{G_U^{*T}G_U^*}} \tag{19.139}$$

MVFOSM와 AFOSM은 1차 신뢰도법(First-Order Reliability Method, FORM)에서 나온 것이다. 신뢰도 지표를 계산하기 위한 다른 많은 방법들이 있다. 상세한 내용은 Choi 외 (2007)를 참고하기 바란다.

앞선 방법은 제약조건의 손상 확률을 계산하기 위한 수학적인 기법이다. 추출점 또한 이러한 목적에서 사용되고 있으며 몬테카를로법(Monte Carlo Simulation, MCS)이 가장 널리 사용된다. MCS에서는 많은 시험이 이루어진다. 만약 제약조건 G_i에 대하여 N번의 시험이 이루어지면, 손상 확률은 근사적으로 다음과 같이 주어진다.

$$P_f = \frac{N_f}{N} \tag{19.140}$$

N_f는 N번의 시험 중 G_i가 위배되는 시험 횟수를 나타낸다. 큰 스케일의 문제에서 MCS 방법은 엄청난 계산을 필요로 한다. 따라서 MCS는 작은 스케일의 문제에서만 활용되거나 또는 신뢰성 지표를 계산하는 새로운 방법에 대한 검증 용도로 활용된다.

예제 19.10 **신뢰성 지표의 계산**

예제 19.7의 함수 $g_1(\mathbf{x})$에 대한 신뢰성 지표 β를 계산하라. 초기 설계는 $(-0.8, 0.8)$이고 $\sigma_1 = \sigma_2 = 0.1$이다.

풀이

예제 19.7의 함수 $G_1(X)$는 다음과 같이 주어진다.

$$G_1(\mathbf{X}) = -(X_1-1)^2 - X_2^2 + X_1 + 6 \geq 0 \tag{a}$$

초기 설계가 $(-0.8, 0.8)$이므로, $(\mu_1, \mu_2) = (-0.8, 0.8)$이다.

β의 계산을 위해서 반복법이 활용된다. 반복 과정의 종료 조건은 다음과 같이 정의된다.

$$\varepsilon = \left| \frac{\beta^{(k)} - \beta^{(k+1)}}{\beta^{(k)}} \right| \leq 0.001 \tag{b}$$

반복 계산 1 ($k = 0$)

식 (19.111)을 활용하면, $\mathbf{u}^{(0)}$는 $\left(x_1^{(0)}, x_2^{(0)}\right) = (-0.8, 0.8)$에서 다음과 같이 얻어진다.

$$u_1^{(0)} = \frac{x_1^{(0)} - \mu_1}{\sigma_1} = 0, \quad u_2^{(0)} = \frac{x_2^{(0)} - \mu_2}{\sigma_2} = 0 \tag{c}$$

$$G_1\left(\mathbf{x}^{(0)}\right) = 1.32 \tag{d}$$

G_U는 식 (19.124)를 사용하여 다음과 같이 계산된다.

$$G_U = \frac{\partial G}{\partial U_i} = \frac{\partial G}{\partial X_i}\sigma_i \tag{e}$$

이때,

$$\frac{\partial G}{\partial X_1} = -2X_1 + 3, \quad \frac{\partial G}{\partial X_2} = -2X_2 \tag{f}$$

그러므로

$$G_U^{(0)} = \begin{bmatrix} \left(-2x_1^{(0)}+3\right)\sigma_1 \\ \left(-2x_2^{(0)}\right)\sigma_2 \end{bmatrix} = \begin{bmatrix} 0.46 \\ -0.16 \end{bmatrix} \tag{g}$$

식 (19.129)를 사용하면

$$\mathbf{u}^{(1)} = \frac{G_U^{(0)T}\mathbf{u}^{(0)} - G\left(\mathbf{u}^{(0)}\right)}{G_U^{(0)T}G_U^{(0)}}G_U^{(0)} = \frac{\begin{bmatrix} 0.46 & -0.16 \end{bmatrix}\begin{bmatrix} 0 \\ 0 \end{bmatrix} - 1.32}{\begin{bmatrix} 0.46 & -0.16 \end{bmatrix}\begin{bmatrix} 0.46 \\ -0.16 \end{bmatrix}}\begin{bmatrix} 0.46 \\ -0.16 \end{bmatrix} = \begin{bmatrix} -2.560 \\ 0.891 \end{bmatrix} \tag{h}$$

식 (19.138)로부터 신뢰성 지표는 다음과 같이 계산된다.

$$\beta^{(1)} = \sqrt{\mathbf{u}^{(1)T}\mathbf{u}^{(1)}} = 2.710 \tag{i}$$

반복 계산 2 ($k = 1$)

$$x_1^{(1)} = \mu_1 + \sigma_1 u_1^{(1)} = (-0.8) + (0.1)(-2.560) = -1.0560$$
$$x_2^{(1)} = \mu_2 + \sigma_2 u_2^{(1)} = 0.8 + (0.1)(0.891) = 0.889 \tag{j}$$

$$G_1\left(\mathbf{x}^{(1)}\right) = -0.0736 \tag{k}$$

$$G_U^{(1)} = \begin{bmatrix} \left(-2x_1^{(1)}+3\right)\sigma_1 \\ \left(-2x_2^{(1)}\right)\sigma_2 \end{bmatrix} = \begin{bmatrix} 0.511 \\ -0.178 \end{bmatrix} \tag{l}$$

$$\mathbf{u}^{(2)} = \frac{G_U^{(1)T}\mathbf{u}^{(1)} - G\left(\mathbf{u}^{(1)}\right)}{G_U^{(1)T}G_U^{(1)}}G_U^{(1)} = \frac{\begin{bmatrix} 0.511 & -0.178 \end{bmatrix}\begin{bmatrix} -2.560 \\ 0.891 \end{bmatrix} + 0.0736}{\begin{bmatrix} 0.511 & -0.178 \end{bmatrix}\begin{bmatrix} 0.511 \\ -0.178 \end{bmatrix}}\begin{bmatrix} 0.511 \\ -0.178 \end{bmatrix} = \begin{bmatrix} -2.43 \\ 0.84 \end{bmatrix} \tag{m}$$

$$\beta^{(2)} = \sqrt{\mathbf{u}^{(2)T}\mathbf{u}^{(2)}} = 2.575 \tag{n}$$

$$\varepsilon = \left|\frac{2.710 - 2.575}{2.710}\right| = 0.05 \geq 0.001 \tag{o}$$

수렴 조건이 만족되지 않았다.

반복 계산 3 ($k = 2$)

$$x_1^{(2)} = \mu_1 + \sigma_1 u_1^{(2)} = (-0.8) + (0.1)(-2.431) = -1.043$$
$$x_2^{(2)} = \mu_2 + \sigma_2 u_2^{(2)} = 0.8 + (0.1)(0.846) = 0.885$$

(p)

$$G_1\left(\mathbf{x}^{(2)}\right) = -0.0001754$$

(q)

$$G_U^{(2)} = \begin{bmatrix} \left(-2x_1^{(2)} + 3\right)\sigma_1 \\ \left(-2x_2^{(2)}\right)\sigma_2 \end{bmatrix} = \begin{bmatrix} 0.509 \\ -0.177 \end{bmatrix}$$

(r)

$$\mathbf{u}^{(3)} = \frac{G_U^{(2)T}\mathbf{u}^{(2)} - G\left(\mathbf{u}^{(2)}\right)}{G_U^{(2)T}G_U^{(2)}} G_U^{(2)} = \frac{\begin{bmatrix} 0.509 & -0.177 \end{bmatrix}\begin{bmatrix} -2.431 \\ 0.846 \end{bmatrix} + 0.0001754}{\begin{bmatrix} 0.509 & -0.177 \end{bmatrix}\begin{bmatrix} 0.509 \\ -0.177 \end{bmatrix}}\begin{bmatrix} 0.509 \\ -0.177 \end{bmatrix} = \begin{bmatrix} -2.431 \\ 0.846 \end{bmatrix}$$

(s)

$$\beta^{(3)} = \sqrt{\mathbf{u}^{(3)T}\mathbf{u}^{(3)}} = 2.574$$

(t)

$$\varepsilon = \left| \frac{2.575 - 2.574}{2.575} \right| = 0.000128 \leq 0.001$$

(u)

수렴 조건이 만족되었다.

$$x_1^{(3)} = \mu_1 + \sigma_1 u_1^{(3)} = (-0.8) + (0.1)(-2.431) = -1.043$$
$$x_2^{(3)} = \mu_2 + \sigma_2 u_2^{(3)} = 0.8 + (0.1)(0.846) = 0.885$$

(v)

따라서 MPFP의 위치는 (−1.043, 0.885)이다. 신뢰성 지표는 $\beta = 2.574$이고, 식 (19.90)으로부터 신뢰성은 $\Phi(\beta) = 0.9947$로 얻어진다. $\Phi(\beta)$의 값은 정규 분포표로부터 얻을 수 있다.

19.5.3 신뢰성 기반 설계 최적화의 정식화

RBDO의 정식화를 제시한다. 설계변수 벡터는 $\mathbf{X} = (X_1, X_2, \ldots, X_n)$이고 목적함수 $F(\mathbf{X})$를 최소화한다. 신뢰성 제약조건은 다음과 같이 정의된다.

$$P_f = P\left[G_j(\mathbf{X}) \leq 0\right] = \int_{G_j(X) \leq 0} f_G(g_j)\, dg_j = \Phi\left(-\frac{\mu_{G_j}}{\sigma_{G_j}}\right) = \Phi(-\beta) \leq P_{j,0}, \quad j = 1,\ldots,m \quad (19.141)$$

식 (19.141)의 각 제약조건은 그 자체로 내부적인 최적화 문제이다. 이들은 외부 RBDO 문제의 내부 최적화 문제들이다. 그러므로 내부 문제에 대한 민감도 정보가 필요하다. 이러한 민감도를 **최적 민감도**라 부르며 Choi 외 (2007)와 Park (2007)에 상세히 설명되어 있다.

신뢰성 기반 설계 최적화

예제 19.7에 대한 RBDO를 수행하라. 초기 설계는 $(-0.8, 0.8)$이고, $\sigma_1 = \sigma_2 = 0.1$이다. 예제 19.7에서 얻은 해와 비교하라.

풀이

RBDO를 위한 최적화 문제는 다음과 같이 정식화된다.

설계변수

$$\mathbf{X} \tag{a}$$

목적함수

$$\text{Minimize} \quad F(\mathbf{X}) \tag{b}$$

제약조건

$$\beta_i(\mathbf{X}) \geq \beta_{i,\text{target}} \quad (i = 1, 2) \tag{c}$$

목표 신뢰도 지수는 $\beta_{\text{target}} = 3.0$으로 설정되었다(사용자에 의해 설정된다). 최적화 문제를 풀 때, 내부 최적화 문제는 예제 19.10에 설명된 절차를 활용해서 풀게 된다. 외부 문제는 내부 최적화 문제를 제약조건으로 갖게 된다. 그러므로 내부 문제의 미분 정보가 외부 문제에서 필요하게 되며, 이들은 내부 문제들의 최적점에서의 민감도 해석을 통해 계산된다(Choi 외, 2007; Park, 2007).

표 19.26에 최적화 결과가 제시되어 있다. 결정론적 최적화 기법을 통해 얻은 결과 역시 제시되어 있다. RBDO는 제약조건에 대한 어느 정도의 신뢰성 여유(margin)를 갖기 때문에, RBDO의 최적 목적함수 값은 결정론적 방법에 비해 다소 높다.

표 19.26 예제 19.11의 최적해

	초기점	결정론적 최적해	RBDO 해
설계변수 (x_1, x_2)	$(-0.8, 0.8)$	$(-0.304, 2.0)$	$(0.148, 2.0)$
목적함수 f	-2.191	-8.876	-8.660
제약조건 g_1	-1.320	-0.003	-0.534
g_2	-4.766	-4.161	-4.191

References

Beyer, H.-G., Sandhoff, B., 2007. Robust optimization—a comprehensive survey. Comput. Method. Appl. Mech. Eng. 196 (33–34), 3190–3218.

Choi, S.K., Grandhi, R.V., Canfield, R.A., 2007. Reliability-Based Structural Design. Springer-Verlag, Berlin.

Hasofer, A.M., Lind, N.C., 1974. Exact and invariant second-moment code format. J. Eng. Mech. Div. ASCE 100, 111–121.

Nikolaidis, E., Ghiocel, D.M., Singhal, S., 2005. Engineering Design Reliability Handbook. CRC Press, Boca Raton, FL.

Park, G.J., 2007. Analytical Methods in Design Practice. Springer-Verlag, Berlin.

Park, G.-J., Lee, T.-H., Lee, K.H., Hwang, K.-H., 2006. Robust design: an overview. AIAA J. 44 (1), 181–191.

Phadke, M.S., 1989. Quality Engineering Using Robust Design. Prentice-Hall, Englewood Cliff, NJ.

Taguchi, G., 1987. Systems of Experimental Design. Kraus International, New York, (Vols. I, II).

A

벡터와 행렬 대수학

Vector and Matrix Algebra

행렬과 벡터 표현은 많은 수치적인 방법과 공식 유도에서 조밀하고 유용하다. 행렬과 벡터 대수학은 계의 최적 설계에 대한 방법을 개발하는 데 필요한 도구이다. 선형 최적화 문제의 해는(선형계획법) 선형방정식 계의 해법 과정에 대한 이해를 요구한다. 그러므로 벡터와 행렬 연산에 대한 이해와 그것들의 표현에 익숙해지는 것이 중요하다. 주요 내용은 선형 대수학으로 지칭되기도 하며 지금까지 잘 발전되어온 학문이다. 그것은 지금까지 대부분의 공학과 과학의 응용에서 표준 도구가 되어 왔다.

이 부록에서는 벡터와 행렬에 대한 몇 가지 기본적인 특성들을 다시 학습할 것이다. 주제에 대한 좀 더 포괄적인 취급 방법을 위해 몇몇 탁월한 교과서들이 이용되고 논의되어야 한다(Strang, 1976; Jennings, 1977; Deif, 1982; Gere and Weaver, 1983; Kaw, 2011; Asaro, 2014). 게다가 대부분의 소프트웨어 라이브러리들은 직접적으로 이용되어야 하는 선형 대수학 연산에 대한 서브루틴을 가지고 있다.

기본적인 벡터와 행렬 표현, 특이행렬, 행렬식, 그리고 행렬의 계수에 대한 복습을 마친 후, 선형 방정식들의 연립 계의 해에 대해 논의할 것이다: 첫째는 $n \times n$ 계와 $m \times n$ 직사각형 계. 벡터들의 선형 독립에 대한 절 또한 포함될 것이다. 최종적으로 많은 공학 분야에서 마주치게 되는 고유값 문제가 논의될 것이다. 이러한 문제들은 볼록 계획법 문제와 최적화의 충분조건에 중요한 역할을 수행한다.

A.1 행렬의 정의

행렬은 실수와, 복소수, 또는 여러 변수들의 함수들의 양을 직사각 형태의 배열로 가지는 것으로 정의된다. 직사각 배열의 항목들은 행렬의 요소라고도 한다. 선형 연립 방정식의 해는 가장 흔한 행렬 응용된 형태이므로 그것들을 행렬의 개념을 발달시키는 데 이용할 것이다.

세 개의 변수를 포함하는 다음의 두 선형 연립 방정식을 고려한다.

$$x_1 + 2x_2 + 3x_3 = 6$$
$$-x_1 + 6x_2 - 2x_3 = 3 \tag{A.1}$$

x_1, x_2, x_3은 방정식들의 계에 대한 해 변수들을 의미한다. x_1, x_2, x_3은 다른 어떤 변수들로도 예를 들어, w_1, w_2, w_3으로 해에 영향을 주지 않는다면, 대체가 가능함을 알려둔다. 그러므로 이것들은 때때로 더미변수라고 불리기도 한다.

그것들은 더미변수이기 때문에 행렬 형식으로 방정식을 서술할 때 생략될 수 있다. 예를 들어, 식 (A.1)은 다음과 같은 직사각 배열로 서술될 수 있다.

$$\left[\begin{array}{ccc|c} 1 & 2 & 3 & 6 \\ -1 & 6 & -2 & 3 \end{array} \right] \tag{A.2}$$

좌측 수직선들의 항목들은 변수 x_1, x_2, x_3들의 계수이고, 우측 수직선은 방정식 우변의 숫자이다. 위에서 보여지듯이 배열을 사각 괄호로 묶는 것은 관습적인 표현이다. 따라서 식 (A.1) 방정식의 계가 두 개의 행을 가지고 네 개의 열을 가지는 형태로 표현될 수 있음을 알 수 있다.

m개의 행을 가지고 n개의 열을 가지는 배열은 (m, n) 또는 $m \times n$로 쓰여지는 "$m \times n$" 계수의 행렬이라 불린다. 행렬과 스칼라를 구분하기 위하여 행렬을 의미하는 변수들에는 굵은 글씨체로 서술할 것이다. 이에 더하여, 행렬을 표현하는 경우 대문자가 이용될 것이다. 예를 들어, 계수 $m \times n$의 일반적인 행렬 $\mathbf{A}$는 다음과 같이 표현된다.

$$\mathbf{A} = \begin{bmatrix} a_{11} & a_{12} & \cdots & a_{1n} \\ a_{21} & a_{22} & \cdots & a_{2n} \\ \vdots & \vdots & & \vdots \\ a_{m1} & a_{m2} & \cdots & a_{mn} \end{bmatrix} \tag{A.3}$$

계수 a_{ij}는 행렬 $\mathbf{A}$의 요소이다. 첨자 i와 j는 요소 a_{ij}에 대응되는 행과 열 숫자를 의미한다(예를 들어, a_{32}는 세 번째 행과 두 번째 열의 요소를 의미한다). 요소들은 아무 실수, 복소수, 또는 함수 값을 가질 수 있지만, 본문에서 복소 행렬은 논의되지 않을 것이다. 본문에서는 몇몇 변수들의 함수를 요소로 하는 행렬이 다루어질 것이다. 예를 들면, 4장에서 논의되었던 함수의 헷세행렬이 있다.

좀 더 조밀한 행렬 표현을 이용하는 것이 유용하다. 예를 들어, 요소 a_{ij}를 가지는 계수 $m \times n$ 행렬 $\mathbf{A}$는 다음과 같이 조밀하게 쓰여질 수 있다.

$$\mathbf{A} = [a_{ij}]_{(m \times n)} \tag{A.4}$$

종종, 행렬의 크기는 표현되지 않고, $\mathbf{A}$가 $[a_{ij}]$의 형태로 쓰여진다. 행렬의 행 개수와 열 개수가 같다면, 그 행렬은 **정사각 행렬**이라 한다. 식 (A.3) 또는 식 (A.4)에서 만약 $m = n$이면, $\mathbf{A}$는 정사각 행렬이다. 이때 행렬의 계수는 n이다.

본문에서는 선형방정식들을 행렬 표현으로 나타낼 것이기 때문에 행렬 표현을 선형방정식의 집합으로 이해하는 것이 중요하다. 예를 들어, 식 (A.1)은 다음과 같이 쓰여질 수 있다.

$$\begin{array}{cccc} x_1 & x_2 & x_3 & \mathbf{b} \end{array}$$

$$\left[\begin{array}{ccc|c} 1 & 2 & 3 & 6 \\ -1 & 6 & -2 & 3 \end{array} \right] \tag{A.5}$$

식 (A.5)의 배열은 방정식의 계수들을 포함하고 있고 우측의 매개변수들은 **확대계수행렬**이라 한다.

행렬의 각 열은 하나의 변수로서 인식될 수 있음을 알려둔다. 첫 번째 열은 모든 방정식의 x_1의 계수들을 포함하고 있기 때문에 변수 x_1와 연관되어 있다. 두 번째 열은 x_2와 연관되어 있고 세 번째 열은 x_3와 연관되어 있다. 그리고 마지막 열, 우측의 벡터는 **b**라 하기로 한다. (식 A.5에서도 알 수 있듯이) 이러한 해석은 선형방정식들의 해를 구하는 과정에서(이후에 논의되듯이) 또는 선형계획법 문제에서(8장에서 논의되듯이) 중요하다.

A.2 행렬과 행렬연산의 종류

A.2.1 영행렬

모든 원소를 0의 값으로 가지는 행렬을 **영행렬**이라 하고, 굵은 글씨체 **0**으로 표기된다. 적절한 계수의 어떤 **영행렬**은 다른 행렬에 전에 곱해지거나 후에 곱해지더라도 영행렬의 결과를 낳는다.

A.2.2 벡터

$1 \times n$ 계수를 가지는 어떤 행렬은 **행행렬**이라 하고, 또는 간단히 **행벡터**라 한다. 유사하게 $n \times 1$ 계수의 행렬은 **열행렬**이라 하고, 또는 간단히 **열벡터**라 한다. n개의 요소를 가지는 벡터는 n 성분 벡터라 하고, 간단히 n벡터라 한다. 본문에서는 모든 벡터는 열벡터로 고려될 것이고, 굵은 글씨체의 소문자로 표기될 것이다.

A.2.3 행렬의 덧셈

만약 **A**와 **B**가 $m \times n$ 계수의 행렬이라면, 그 행렬들의 합은 $m \times n$ 행렬로 다음과 같이 정의된다.

$$\mathbf{C}_{(m \times n)} = \mathbf{A} + \mathbf{B}; \quad c_{ij} = a_{ij} + b_{ij} \quad \text{for all } i \text{ and } j \tag{A.6}$$

행렬의 덧셈은 다음의 성질을 만족한다.

$$\mathbf{A} + \mathbf{B} = \mathbf{B} + \mathbf{A} \,(\text{commutative}) \tag{A.7}$$

만약 **A**, **B**와 **C**가 같은 계수를 가지는 세 행렬이라면 다음과 같다.

$$\mathbf{A} + (\mathbf{B} + \mathbf{C}) = (\mathbf{A} + \mathbf{B}) + \mathbf{C} \,(\text{associative}) \tag{A.8}$$

만약 **A**, **B**와 **C**의 계수가 같다면 다음을 만족한다.

$$\mathbf{A} + \mathbf{C} = \mathbf{B} + \mathbf{C} \text{ implies } \mathbf{A} = \mathbf{B} \tag{A.9}$$

여기서 **A** = **B**는 두 행렬이 같음을 의미한다. $m \times n$ 계수를 가지는 두 행렬 **A**와 **B**는 $i = 1$에서 m까지이고, $j = 1$에서 n까지인 $a_{ij} = b_{ij}$을 만족할 때와 같다.

A.2.4 행렬의 곱셈

$m \times n$ 계수를 가지는 어떤 행렬 $\mathbf{A}$의 스칼라 k에 대한 곱셈은 다음과 같이 정의된다.

$$k\mathbf{A} = [ka_{ij}]_{(m \times n)} \tag{A.10}$$

두 행렬 $\mathbf{A}$와 $\mathbf{B}$의 곱셈은 $\mathbf{A}$와 $\mathbf{B}$가 적절한 계수를 가질 때에만 정의된다. $\mathbf{AB}$ 곱이 정의되기 위해서는 $\mathbf{A}$의 열 개수가 $\mathbf{B}$의 행 개수와 같아야 한다. 이 경우, 행렬들이 곱셈에 **정합**하다고 한다. 만약 $\mathbf{A}$의 계수가 $m \times n$이고 $\mathbf{B}$의 계수가 $r \times p$라면, 곱셈 $\mathbf{AB}$는 $n = r$일 경우에만 정의되고, 곱셈 $\mathbf{BA}$는 $m = p$일 경우에만 정의된다. 적절한 계수를 가지는 두 행렬의 곱셈은 새로운 세 번째 행렬을 만들어낸다. 만약 $\mathbf{A}$와 $\mathbf{B}$의 계수가 각각 $m \times n$이고 $n \times p$라면, 다음과 같다.

$$\mathbf{AB} = \mathbf{C} \tag{A.11}$$

여기서 $\mathbf{C}$는 $m \times p$의 계수를 가지는 행렬이다. 행렬 $\mathbf{C}$의 요소는 행렬 $\mathbf{A}$의 행 요소와 행렬 $\mathbf{B}$의 열 요소를 곱하여 모두 덧셈함으로써 결정된다. 따라서

$$\begin{bmatrix} a_{11} & a_{12} & \cdots & a_{1n} \\ a_{21} & a_{22} & \cdots & a_{2n} \\ \vdots & \vdots & & \vdots \\ a_{m1} & a_{m2} & \cdots & a_{mn} \end{bmatrix} \begin{bmatrix} b_{11} & b_{12} & \cdots & b_{1p} \\ b_{21} & b_{22} & \cdots & b_{2p} \\ \vdots & \vdots & & \vdots \\ b_{n1} & b_{n2} & \cdots & b_{np} \end{bmatrix} = \begin{bmatrix} c_{11} & c_{12} & \cdots & c_{1p} \\ c_{21} & c_{22} & \cdots & c_{2p} \\ \vdots & \vdots & & \vdots \\ c_{m1} & c_{m2} & \cdots & c_{mp} \end{bmatrix} \tag{A.12}$$

여기서 요소 c_{ij}는 다음과 같이 계산된다.

$$c_{ij} = a_{i1}b_{1j} + a_{i2}b_{2j} + \cdots + a_{in}a_{nj} = \sum_{k=1}^{n} a_{ik}b_{kj} \tag{A.13}$$

만약 $\mathbf{B}$가 $n \times 1$ 행렬이면(즉 벡터이면), $\mathbf{C}$는 $m \times 1$ 행렬임을 알려둔다. 앞으로 본문에서는 이와 같은 종류의 행렬의 곱셈이 종종 다루어질 것이다. 예를 들어, 선형방정식들의 계는 $\mathbf{Ax} = \mathbf{b}$와 같이 표현되고, 여기서 x는 해 변수들을 의미하고 b는 우변 매개변수를 의미한다. 식 (A.1)도 이와 같은 형식으로 쓰여질 수 있다.

곱 $\mathbf{AB}$에서, 행렬 $\mathbf{A}$는 $\mathbf{B}$에 의해 후인자 곱해졌다고 하거나 $\mathbf{B}$가 $\mathbf{A}$에 의해 전인자 곱해졌다고 한다. 행렬의 곱셈은 교환 법칙을 만족하지만, 일반적으로 행렬의 곱셈은 그렇지 않다. 즉, $\mathbf{AB} \neq \mathbf{BA}$이다. 또한, $\mathbf{AB}$가 잘 정의되더라도 $\mathbf{BA}$는 정의되지 않을 수 있다.

예제 A.1	행렬의 곱셈

$$\mathbf{A} = \begin{bmatrix} 2 & 3 & 1 \\ 6 & 3 & 2 \\ 4 & 2 & 0 \\ 0 & 3 & 5 \end{bmatrix}_{(4 \times 3)} \quad \mathbf{B} = \begin{bmatrix} 2 & -1 \\ 1 & 0 \\ 3 & -2 \end{bmatrix}_{(3 \times 2)} \tag{a}$$

$$\mathbf{AB} = \begin{bmatrix} 2 & 3 & 1 \\ 6 & 3 & 2 \\ 4 & 2 & 0 \\ 0 & 3 & 5 \end{bmatrix} \begin{bmatrix} 2 & -1 \\ 1 & 0 \\ 3 & -2 \end{bmatrix} = \begin{bmatrix} (2\times2+3\times1+1\times3) & (-2\times1+3\times0-1\times2) \\ (6\times2+3\times1+2\times3) & (-6\times1+3\times0-2\times2) \\ (4\times2+2\times1+0\times3) & (-4\times1+2\times0-0\times2) \\ (0\times2+3\times1+5\times3) & (-0\times1+3\times0-5\times2) \end{bmatrix} = \begin{bmatrix} 10 & -4 \\ 21 & -10 \\ 10 & -4 \\ 18 & -10 \end{bmatrix}_{(4\times2)} \quad \text{(b)}$$

여기서 곱 $\mathbf{BA}$는 $\mathbf{B}$의 열 개수와 $\mathbf{A}$의 행 개수가 같지 않으므로 정의되지 않음을 알려둔다.

예제 A.2　**행렬의 곱셈**

$$\mathbf{A} = \begin{bmatrix} 4 & 1 \\ -2 & 0 \\ 8 & 3 \end{bmatrix} \quad \mathbf{B} = \begin{bmatrix} -3 & 8 & 6 \\ 8 & 3 & -1 \end{bmatrix} \quad \text{(a)}$$

$$\mathbf{AB} = \begin{bmatrix} 4 & 1 \\ -2 & 0 \\ 8 & 3 \end{bmatrix} \begin{bmatrix} -3 & 8 & 6 \\ 8 & 3 & -1 \end{bmatrix} = \begin{bmatrix} -4 & 35 & 23 \\ 6 & -16 & -12 \\ 0 & 73 & 45 \end{bmatrix} \quad \text{(b)}$$

$$\mathbf{BA} = \begin{bmatrix} -3 & 8 & 6 \\ 8 & 3 & -1 \end{bmatrix} \begin{bmatrix} 4 & 1 \\ -2 & 0 \\ 8 & 3 \end{bmatrix} = \begin{bmatrix} 20 & 15 \\ 18 & 5 \end{bmatrix} \quad \text{(c)}$$

여기서 곱 $\mathbf{AB}$와 $\mathbf{BA}$가 같은 계수의 행렬이 되기 위해서는 $\mathbf{A}$와 $\mathbf{B}$가 정사각 행렬이어야 함을 알려둔다.

만약 $\mathbf{A}$, $\mathbf{B}$와 $\mathbf{C}$가 적절히 정의된 행렬이라 하여도, $\mathbf{AB} = \mathbf{AC}$가 $\mathbf{B} = \mathbf{C}$를 의미하지는 않는다. 또한, $\mathbf{AB} = 0$은 단순히 $\mathbf{B} = 0$ 또는 $\mathbf{A} = 0$을 의미하지는 않는다. 하지만 행렬의 두 가지 중요한 법칙인 결합 법칙과 분배 법칙을 만족한다. 행렬 $\mathbf{A}$, $\mathbf{B}$, $\mathbf{C}$, $\mathbf{D}$와 $\mathbf{F}$가 적절한 차원을 가진다고 하자. 그렇다고 하면

결합 법칙

$$(\mathbf{AB})\,\mathbf{C} = \mathbf{A}\,(\mathbf{BC}) \tag{A.14}$$

분배 법칙

$$\mathbf{B}\,(\mathbf{C}+\mathbf{D}) = \mathbf{BC}+\mathbf{BD} \tag{A.15}$$

$$(\mathbf{C}+\mathbf{D})\,\mathbf{F} = \mathbf{CF}+\mathbf{DF} \tag{A.16}$$

$$(\mathbf{A}+\mathbf{B})(\mathbf{C}+\mathbf{D}) = \mathbf{AC}+\mathbf{AD}+\mathbf{BC}+\mathbf{BD} \tag{A.17}$$

A.2.5 행렬의 전치

행렬의 행을 열과 바꿔 서술함으로써 새로운 행렬을 얻을 수 있다. 그러한 연산을 행렬의 **전치**라 한다. 만약 $\mathbf{A} = [a_{ij}]$가 $m \times n$ 행렬이라면 그것의 전치는 $\mathbf{A}^T$로 표기되며, $n \times m$ 행렬이다. 그것은 $\mathbf{A}$의 열과 행을 (혹은 행과 열을) 바꿈으로써 얻어진다. $\mathbf{A}$의 첫 번째 열은 $\mathbf{A}^T$의 첫 번째 행과 같고,

$\mathbf{A}$의 두 번째 열은 $\mathbf{A}^T$의 두 번째 행과 같고 이후에도 같다. 따라서 $\mathbf{A} = [a_{ij}]$이면 $\mathbf{A}^T = [a_{ji}]$이다. 행렬의 전치 연산은 다음의 2×3 행렬에서 보여진다.

$$\mathbf{A} = \begin{bmatrix} a_{11} & a_{12} & a_{13} \\ a_{21} & a_{22} & a_{23} \end{bmatrix}; \quad \mathbf{A}^T = \begin{bmatrix} a_{11} & a_{21} \\ a_{12} & a_{22} \\ a_{13} & a_{23} \end{bmatrix} \tag{A.18}$$

전치의 몇 가지 특성은 다음과 같다.

$$(\mathbf{A}^T)^T = \mathbf{A} \tag{A.19}$$

$$(\mathbf{A} + \mathbf{B})^T = \mathbf{A}^T + \mathbf{B}^T \tag{A.20}$$

$$(\alpha\mathbf{A})^T = \alpha\mathbf{A}^T, \quad \alpha = \text{scalar} \tag{A.21}$$

$$(\mathbf{AB})^T = \mathbf{B}^T\mathbf{A}^T \tag{A.22}$$

A.2.6 기본적 행-열 연산

행렬의 행과 열에 대한 간단하고도 매우 유용한 세 가지 방법이 있다. 이후의 논의에서 사용되겠지만 서술하자면 다음과 같다.

1. 어떤 행(열)을 뒤바꾼다.
2. 행(열)에 0의 값이 아닌 스칼라를 곱한다.
3. 스칼라 값이 곱해진 행(열)에 다른 행(열)을 더한다.

A.2.7 행렬의 대등

$\mathbf{A}$가 하나 또는 그 이상의 기본적 행-열 연산에 의해 $\mathbf{B}$로 변환된다면, 행렬 $\mathbf{A}$는 또 다른 행렬 $\mathbf{B}$와 대등하다고 하고 이는 $\mathbf{A} \sim \mathbf{B}$로 서술된다. 만약 행(열) 연산만이 이용된다면, $\mathbf{A}$는 $\mathbf{B}$와 행(열) 대등하다고 한다.

A.2.8 벡터의 스칼라적/내적

행렬의 곱셈에 대해 유용한 특이 경우는 행벡터가 열벡터에 의해 곱셈되는 것이다. 만약 $\mathbf{x}$와 $\mathbf{y}$가 두 n 성분의 벡터라면,

$$\mathbf{x}^T\mathbf{y} = \sum_{j=1}^{n} x_j y_j \tag{A.23}$$

여기서

$$\mathbf{x}^T = [x_1 \quad x_2 \ldots x_n] \quad \text{and} \quad \mathbf{y}^T = [y_1 \quad y_2 \ldots y_n] \tag{A.24}$$

식 (A.23)의 적은 $\mathbf{x}$와 $\mathbf{y}$의 스칼라 적 혹은 내적이라 한다. 그것은 $(\mathbf{x} \cdot \mathbf{y})$로 표기되기도 한다. 두 벡터 내적의 결과가 스칼라이기 때문에 $\mathbf{x}T\mathbf{y} = \mathbf{y}T\mathbf{x}$ 이 성립한다.

어떤 벡터 $\mathbf{x}$와 관련하여 벡터의 노름 혹은 길이라 하는 다음과 같이 정의되는 스칼라가 있다.

$$(\mathbf{x}^T\mathbf{x})^{1/2} = \left(\sum_{i=1}^{n} x_i^2 \right)^{1/2} \tag{A.25}$$

$\mathbf{x}$의 크기는 $\|\mathbf{x}\|$로 지칭된다.

A.2.9 정방행렬

같은 수의 행과 열을 가지는 행렬을 **정방행렬**이라 한다. 그것이 아니라면, 그것은 **직사각 행렬**이라 한다. $i = 1$에서 n까지의 요소 a_{ii}는 **주대각요소**라 하고 다른 요소들은 **비대각요소**라 한다. 모든 비대각요소에 0의 값을 가지는 정방행렬을 **대각행렬**이라 한다. 만약 대각행렬의 주대각요소가 모두 같은 값이라면, 그것은 **스칼라 행렬**이라 한다.

만약 $\mathbf{A}^T = \mathbf{A}$가 성립한다면 정방행렬 $\mathbf{A}$는 **대칭적**이라 하고, 그렇지 않은 경우에는 **비대칭적**이라 한다. 만약 $\mathbf{A}^T = -\mathbf{A}$가 성립한다면 **반대칭적**이라 한다. 만약 정방행렬의 주대각 아래의 요소들이 모두 0의 값을 가진다면($a_{ij} = 0$ for $i > j$), 그것은 **상삼각 행렬**이라 한다. 유사하게 **하삼각 행렬**은 주대각 위의 요소들이 모두 0의 값을 가진다($a_{ij} = 0$ for $i < j$). 주대각 주위의 띠를 제외하고 모두 0의 값을 가지는 행렬은 **띠행렬**이라 한다.

주대각에 단위 요소 값을 가지고 이외에는 0의 값을 가지는 행렬을 **단위행렬**이라 한다. n 계수의 단위행렬은 $\mathbf{I}_{(n)}$로 표기된다. 단위행렬은 다른 행렬에 전인자 곱셈되거나 후인자 곱셈되더라도 곱해진 행렬이 변하지 않는다는 점에서 유용하다. 예를 들어, $\mathbf{A}$가 $m \times n$ 행렬이라면 다음과 같다.

$$\mathbf{I}_{(m)}\mathbf{A} = \mathbf{A} = \mathbf{A}\mathbf{I}_{(n)} \tag{A.26}$$

주대각요소에 α 값을 가지는 스칼라 행렬 $\mathbf{S}_{(n)}$는 다음과 같이 쓰여진다.

$$\mathbf{S}_{(n)} = \alpha\mathbf{I}_{(n)} \tag{A.27}$$

적절한 계수를 가지는 스칼라 행렬이 어떤 행렬에 전인자 곱셈되거나 후인자 곱셈되면, 곱해진 행렬은 원래의 행렬에 그 스칼라 값을 곱한 행렬이 됨을 알려둔다. 이 특성은 어떤 $m \times n$ 행렬 $\mathbf{A}$에 대해 다음과 같이 증명된다.

$$\mathbf{S}_{(m)}\mathbf{A} = \alpha\mathbf{I}_{(m)}\mathbf{A} = \alpha\mathbf{A} = \alpha(\mathbf{A}\mathbf{I}_{(n)}) = \mathbf{A}(\alpha\mathbf{I}_{(n)}) = \mathbf{A}\mathbf{S}_{(n)} \tag{A.28}$$

A.2.10 행렬의 분할

종종 벡터와 행렬을 좀 더 작은 요소들의 집합으로 분할하는 것이 유용하다. 이 과정은 행렬을 **부행렬**이라 하는 좀 더 작은 직사각 배열들로 분할하거나 벡터를 **부벡터**로 분할하는 것으로 행해진다. 예를 들어, 어떤 행렬 $\mathbf{A}$를 다음과 같이 고려하자.

$$\mathbf{A} = \begin{bmatrix} 2 & 1 & -6 & 4 & 3 \\ 2 & 3 & 8 & -1 & -3 \\ 1 & -6 & 2 & 3 & 8 \\ -3 & 0 & 5 & -2 & 7 \end{bmatrix}_{(4 \times 5)} \tag{A.29}$$

$\mathbf{A}$의 가능한 분할은 다음과 같다.

$$\mathbf{A} = \left[\begin{array}{ccc|cc} 2 & 1 & -6 & 4 & 3 \\ 2 & 3 & 8 & -1 & -3 \\ \hline 1 & -6 & 2 & 3 & 8 \\ -3 & 0 & 5 & -2 & 7 \end{array} \right]_{(4\times5)} \tag{A.30}$$

그러므로 $\mathbf{A}$의 부행렬은 다음과 같다.

$$\mathbf{A}_{11} = \begin{bmatrix} 2 & 1 & -6 \\ 2 & 3 & 8 \end{bmatrix}_{(2\times3)} \qquad \mathbf{A}_{12} = \begin{bmatrix} 4 & 3 \\ -1 & -3 \end{bmatrix}_{(2\times2)} \tag{A.31}$$

$$\mathbf{A}_{21} = \begin{bmatrix} 1 & -6 & 2 \\ -3 & 0 & 5 \end{bmatrix}_{(2\times3)} \qquad \mathbf{A}_{22} = \begin{bmatrix} 3 & 8 \\ -2 & 7 \end{bmatrix}_{(2\times2)} \tag{A.32}$$

여기서 $\mathbf{A}_{ij}$는 적절한 계수의 행렬이다. 따라서 $\mathbf{A}$는 다음과 같이 부행렬들로 표현된다.

$$\mathbf{A} = \left[\begin{array}{c|c} \mathbf{A}_{11} & \mathbf{A}_{12} \\ \hline \mathbf{A}_{21} & \mathbf{A}_{22} \end{array} \right] \tag{A.33}$$

벡터와 행렬을 분할하는 것은 덧셈과 곱셈 연산이 정의되도록 적절하게 이루어져야 한다. 분할된 두 행렬이 어떻게 곱해지는지 알아보기 위해 $m \times n$ 행렬 $\mathbf{A}$와 $n \times p$ 행렬 $\mathbf{B}$를 고려하자. 이것들이 다음과 같이 분할된다고 하자.

$$\mathbf{A} = \left[\begin{array}{c|c} \mathbf{A}_{11} & \mathbf{A}_{12} \\ \hline \mathbf{A}_{21} & \mathbf{A}_{22} \end{array} \right]_{(m\times n)} ; \quad \mathbf{B} = \left[\begin{array}{c|c} \mathbf{B}_{11} & \mathbf{B}_{12} \\ \hline \mathbf{B}_{21} & \mathbf{B}_{22} \end{array} \right]_{(n\times p)} \tag{A.34}$$

그렇다면 적 $\mathbf{AB}$는 다음과 같이 쓰여진다.

$$\mathbf{AB} = \left[\begin{array}{c|c} \mathbf{A}_{11} & \mathbf{A}_{12} \\ \hline \mathbf{A}_{21} & \mathbf{A}_{22} \end{array} \right] \left[\begin{array}{c|c} \mathbf{B}_{11} & \mathbf{B}_{12} \\ \hline \mathbf{B}_{21} & \mathbf{B}_{22} \end{array} \right] = \left[\begin{array}{c|c} (\mathbf{A}_{11}\mathbf{B}_{11} + \mathbf{A}_{12}\mathbf{B}_{21}) & (\mathbf{A}_{11}\mathbf{B}_{12} + \mathbf{A}_{12}\mathbf{B}_{22}) \\ \hline (\mathbf{A}_{21}\mathbf{B}_{11} + \mathbf{A}_{22}\mathbf{B}_{21}) & (\mathbf{A}_{21}\mathbf{B}_{12} + \mathbf{A}_{22}\mathbf{B}_{22}) \end{array} \right]_{(m\times p)} \tag{A.35}$$

행렬 $\mathbf{A}$와 $\mathbf{B}$를 분할하는 것은 $\mathbf{A}_{11}\mathbf{B}_{11}$, $\mathbf{A}_{12}\mathbf{B}_{21}$, $\mathbf{A}_{11}\mathbf{B}_{12}$, $\mathbf{A}_{12}\mathbf{B}_{22}$ 등과 같이 적절하게 이루어져야 한다. 이에 더하여, 행렬 $\mathbf{A}_{11}\mathbf{B}_{11}$, $\mathbf{A}_{12}\mathbf{B}_{21}$, $\mathbf{A}_{11}\mathbf{B}_{12}$, $\mathbf{A}_{12}\mathbf{B}_{22}$ 등의 쌍은 같은 계수를 가져야 한다.

A.3 n 미지수를 갖는 n 선형방정식 풀이

A.3.1 선형계

선형방정식은 수많은 공학과 과학 응용 분야에서 마주하게 된다. 그러므로 그것들의 풀이 과정을 연구하기 위한 수많은 작업들이 행해져 왔다. 본문에서 선형방정식에 대해 다룰 것이기 때문에 선형방정식의 기본 개념에 대해 이해하는 것이 중요하다. 이 절에서는 $n \times n$ (정사각) 선형방정식의 계를 풀기 위한, 가우스 소거라 알려져 있는 기본 절차에 대해 서술할 것이다. 직사각 $m \times n$ 계의 풀이를 위한 좀 더 일반적인 방법들은 다음 절에서 논의될 것이다.

행렬식의 개념이 선형방정식들의 묶음을 풀이하는 데 중요함이 알려져 있다. 따라서 먼저 행렬식과 그것의 특성에 대해 논의해야 한다. 정사각 계의 해는 계와 관련된 행렬의 역을 취함으로 찾을 수 있음이 알려져 있다. 따라서 행렬의 역을 취하는 방법들에 대해 논의할 것이다.

다음의 n 미지수와 n 방정식을 가지는 계를 생각하자.

$$\mathbf{Ax} = \mathbf{b} \tag{A.36}$$

여기서 $\mathbf{A}$는 고정된 상수들의 $n \times n$ 행렬이고, $\mathbf{x}$는 해 변수들의 n벡터이며, $\mathbf{b}$는 우변 벡터로 표현되는 고정된 상수들의 n벡터이다. $\mathbf{A}$는 **계수행렬**이라 하고, 벡터 $\mathbf{b}$가 $\mathbf{A}$에 더해져 $[\mathbf{A} \,|\, \mathbf{b}]$ $(n + 1)$째 열이 된다면, 그 결과 값은 주어진 방정식 계의 **확대계수행렬**이라 한다. 만약 우측 벡터 $\mathbf{b}$가 0의 값이라면, 식 (A.36)은 **균질계**라 하고 그렇지 않다면, 방정식들의 **비균질계**라고 한다.

식 $\mathbf{Ax} = \mathbf{b}$는 다음과 같은 합 형식으로 서술될 수 있다.

$$\sum_{j=1}^{n} a_{ij} x_j = b_i; \qquad i = 1 \text{ to } n \tag{A.37}$$

만약 행렬 $\mathbf{A}$의 각 행을 n차원 열벡터 $\bar{\mathbf{a}}^{(i)}$로 생각한다면, 식 (A.37)의 좌변은 두 벡터의 내적으로 해석될 수 있다.

$$(\bar{\mathbf{a}}^{(i)} \bullet \mathbf{x}) = b_i; \quad i = 1 \text{ to } n \tag{A.38}$$

만약 $\mathbf{A}$의 각 열이 n차원 열벡터 $\mathbf{a}^{(i)}$로 생각한다면, 식 (A.36)의 좌변은 행렬 $\mathbf{A}$의 적절히 조정된 열들의 합으로 해석될 수 있다.

$$\sum_{i=1}^{n} \mathbf{a}^{(i)} x_i = \mathbf{b} \tag{A.39}$$

이러한 해석들은 계 $\mathbf{Ax} = \mathbf{b}$ 해를 구하는 전략을 고안하고 그것을 시행하는 데 유용하다. 예를 들어, 식 (A.39)는 $\mathbf{A}$의 i번째 열의 조정된 요소가 해 변수 x_i임을 보여준다.

A.3.2 행렬식

선형 계 $\mathbf{Ax} = \mathbf{b}$의 해를 구하기 위한 전략을 개발하기 위해서 행렬식의 개념과 그것들의 특성을 소개하는 것이 우선된다. 행렬식을 계산하는 방법들은 선형방정식들을 풀이하는 과정과 친숙하게 관련되어 있다. 따라서 그것들에 대해 논의할 것이다.

모든 정방행렬은 그것의 요소들로부터 계산된 스칼라 값을 가지고 있고, 그 스칼라 값은 행렬식이라 불린다. 행렬식의 개념을 소개하기 위해 식 (A.36)에서 $n = 2$라 하고 다음의 2×2 연립 방정식 계를 고려하자.

$$\begin{bmatrix} a_{11} & a_{12} \\ a_{21} & a_{22} \end{bmatrix} \begin{bmatrix} x_1 \\ x_2 \end{bmatrix} = \begin{bmatrix} b_1 \\ b_2 \end{bmatrix} \tag{A.40}$$

계수행렬의 요소들에서 계산된 수 $(a_{11}a_{22} - a_{21}a_{12})$를 행렬식이라 한다. 이 수가 어떻게 생겨났는지 살펴보기 위해 소거 과정을 통해 식 (A.40)의 계를 풀이할 것이다.

식 (A.40)에서 첫 번째 행에 a_{22}를 곱하고, 두 번째 행에 a_{12}를 곱하면 다음을 얻는다.

$$\begin{bmatrix} a_{11}a_{22} & a_{12}a_{22} \\ a_{12}a_{21} & a_{12}a_{22} \end{bmatrix} \begin{bmatrix} x_1 \\ x_2 \end{bmatrix} = \begin{bmatrix} a_{22}b_1 \\ a_{12}b_2 \end{bmatrix} \tag{A.41}$$

식 (A.41)의 첫 번째 열에서 두 번째 열을 뺄셈하면, 첫 번째 방정식에서 x_2를 제외하고 다음을 얻을 수 있다.

$$(a_{11}a_{22} - a_{12}a_{21})x_1 = a_{22}b_1 - a_{12}b_2 \tag{A.42}$$

또, 식 (A.40) 두 번째 열에서 x_1을 제외하기 위해 앞의 과정을 반복하면, 첫 번째 방정식에 a_{21}을 곱하고 두 번째 방정식에 a_{11}을 곱하여 뺄셈하면 다음과 같다.

$$(a_{11}a_{22} - a_{12}a_{21})x_2 = a_{11}b_2 - a_{21}b_1 \tag{A.43}$$

선형방정식 계의 유일 해가 존재하기 위해서 식 (A.42)와 (A.43)에서 x_1와 x_2의 계수는 0이 아닌 값을 가져야 한다. 즉, $(a_{11}a_{22} - a_{12}a_{21}) \neq 0$이고 x_1와 x_2는 다음과 같이 계산된다.

$$x_1 = \frac{a_{22}b_1 - a_{12}b_2}{a_{11}a_{22} - a_{12}a_{21}}, \quad x_2 = \frac{a_{11}b_2 - a_{21}b_1}{a_{11}a_{22} - a_{12}a_{21}} \tag{A.44}$$

식 (A.44)에서 분모$(a_{11}a_{22} - a_{12}a_{21})$는 식 (A.40)의 행렬 $\mathbf{A}$의 행렬식이 된다. 그것은 $\det(\mathbf{A})$, 또는 $|\mathbf{A}|$으로 표시된다. 따라서 어떤 2×2 행렬 $\mathbf{A}$에 대해

$$|\mathbf{A}| = a_{11}a_{22} - a_{12}a_{21} \tag{A.45}$$

식 (A.45)의 정의를 이용하여, 식 (A.44)를 다음과 같이 새로 서술할 수 있다.

$$x_1 = \frac{|\mathbf{B}_1|}{|\mathbf{A}|}, \quad x_2 = \frac{|\mathbf{B}_2|}{|\mathbf{A}|} \tag{A.46}$$

여기서 $\mathbf{B}_1$는 $\mathbf{A}$의 첫 번째 열을 우변과 대체하고, $\mathbf{B}_2$는 $\mathbf{A}$의 두 번째 열을 우변과 대체하여 얻을 수 있다.

$$\mathbf{B}_1 = \begin{bmatrix} b_1 & a_{12} \\ b_2 & a_{22} \end{bmatrix}, \quad \mathbf{B}_2 = \begin{bmatrix} a_{11} & b_1 \\ a_{21} & b_2 \end{bmatrix} \tag{A.47}$$

식 (A.46)은 크래머 법칙이라 한다. 이 법칙에 의해 선형방정식의 2×2계의 해를 결정하기 위해 단지 세 행렬식 $|\mathbf{A}|$, $|\mathbf{B}_1|$와 $|\mathbf{B}_2|$의 계산만이 필요하다. 만약 $|\mathbf{A}| = 0$이면 식 (A.40)의 유일해가 존재하지 않는다. 무수히 많은 해가 존재하거나 해가 존재하지 않을 수 있다. 이러한 경우는 다음 절에서 다루어질 것이다.

앞선 행렬식의 개념은 $n \times n$ 행렬로 일반화 될 수 있다. 그러한 계에서는 크래머 법칙에 의해 식 (A.46)이 n개의 방정식을 가진다. 모든 임의 계수의 정사각 행렬 $\mathbf{A}$에 대해 $\mathbf{A}$의 행렬식이라 하는 유일한 스칼라 값을 연상할 수 있다. 행렬의 행렬식을 계산하는 많은 방법들이 있다. 이러한 과정들은 이번 절에서 논의될 선형방정식 계를 풀이하는 것들과 유사하다.

행렬식의 특성

행렬식은 그것을 계산하는 과정을 고안하는 데 유용한 몇 가지 특성들을 가지고 있다. 그러므로 이것들은 명확하게 이해되어야 한다.

1. 어떤 정사각 행렬 $\mathbf{A}$의 행렬식은 그 행렬의 전치의 행렬식과 같다(즉, $|\mathbf{A}| = |\mathbf{A}^T|$).
2. 만약 정사각 행렬 $\mathbf{A}$가 동일한 두 열(또는 행)을 가진다면, 그것의 행렬식은 0이다(즉, $|\mathbf{A}| = 0$).
3. 만약 새로운 행렬이 주어진 행렬 $\mathbf{A}$에서 어떤 두 열(혹은 두 행)을 서로 바꿔 얻어진 행렬이라면(기본적 행-열 연산 1), 얻어진 행렬의 행렬식은 원래 행렬의 행렬식의 음과 같다.
4. 만약 새로운 행렬이 주어진 행렬의 어떤 다수 행(열)에 다른 행(열)을 합하여 형성되었다면(기본적 행-열 연산 3), 얻어진 행렬의 행렬식은 원래 행렬의 행렬식과 같다.
5. 만약 정사각 행렬 $\mathbf{B}$의 몇 열(또는 행)이 $\mathbf{A}$의 대응되는 열(또는 행)에 다양한 스칼라 c를 곱하여 얻어진 점을 제외하고 행렬 $\mathbf{A}$와 같다면, $|\mathbf{B}| = c|\mathbf{A}|$ 이다.
6. 만약 어떤 정사각 행렬의 열 $\mathbf{A}$(또는 행)의 요소가 0이라면, $|\mathbf{A}| = 0$ 이다.
7. 만약 정사각 행렬 $\mathbf{A}$이 하삼각 또는 상삼각 행렬이라면, $\mathbf{A}$의 행렬식은 대각요소들의 곱셈과 같다.

$$|\mathbf{A}| = a_{11}a_{22}\cdot\ldots\cdot a_{nn} \tag{A.48}$$

8. 만약 $\mathbf{A}$와 $\mathbf{B}$가 같은 계수의 어떤 두 정사각 행렬이라면, $|\mathbf{AB}| = |\mathbf{A}||\mathbf{B}|$ 이다.
9. $|\mathbf{A}_{ij}|$ 가 $\mathbf{A}$의 i번째 행과 j번째 열을 제외하고 얻어진 행렬($n-1$ 계수의 정사각 행렬이 얻어내면)의 행렬식을 의미한다고 하자. 스칼라 $|\mathbf{A}_{ij}|$ 는 행렬 $\mathbf{A}$의 요소 a_{ij}의 소행렬식이라 한다.
10. a_{ij}의 여인수는 다음과 같이 정의된다.

$$\text{cofac}(a_{ij}) = (-1)^{i+j}|\mathbf{A}_{ij}| \tag{A.49}$$

$\mathbf{A}$의 행렬식은 행의 여인수에 관한 항으로 다음과 같이 계산될 수 있다.

$$|\mathbf{A}| = \sum_{j=1}^{n} a_{ij}\,\text{cofac}(a_{ij}), \quad \text{for any } i \tag{A.50}$$

또는, 행의 여인수에 관한 항으로 다음과 같이 정리하면,

$$|\mathbf{A}| = \sum_{i=1}^{n} a_{ij}\,\text{cofac}(a_{ij}), \quad \text{for any } j \tag{A.51}$$

$\text{cofac}(a_{ij})$는 소행렬식 $|\mathbf{A}_{ij}|$ 에서 얻어진 스칼라 값임을 알려준다. 그러나 $(-1)^{i+j}$와 같이 첨자 i와 j에 의해 양의 또는 음의 부호가 결정된다. 식 (A.50)은 $|\mathbf{A}|$를 구하기 위한 i번째 행에 의한 여인수 전개라 한다. 식 (A.51)은 $|\mathbf{A}|$를 구하기 위한 j번째 열의 여인수 전개라 한다. 식 (A.50)과 (A.51)은 특성 2, 5, 6과 7을 직접적으로 증명하기 위해 이용될 수 있다.

식 (A.50) 또는 식 (A.51)을 $\mathbf{A}$의 행렬식을 계산하는 데 이용하는 것은 어려움이 있음을 알려둔다. 이 식들은 그것 자체로 행렬식인 요소 a_{ij}의 여인수 계산을 요구한다. 그러나 **기본적 행-열 연산**을

이용하면, 정사각 행렬은 하삼각 또는 상삼각 형태로 전환될 수 있다. 그렇다면 행렬식은 식 (A.48)을 이용하여 계산될 수 있다. 이것은 이번 절에서 어떤 예시를 통해 추후에 보여질 것이다.

특이행렬

0의 행렬식 값을 갖는 정방행렬을 특이행렬이라 한다. 0이 아닌 행렬식 값을 가진 행렬은 비특이 하다고 한다. 비균질 $n \times n$ 방정식 계는 오직 그리고 오직 계수행렬이 비특이할 때만 유일 해를 가진다. 이러한 특성은 선형방정식 계를 풀이하기 위한 방법을 발달할 때 논의되고 이용될 것이다.

선행 주소 행렬식

모든 $n \times n$ 정방행렬 **A**는 선행 주소 행렬식이라 하는 그 행렬과 연관되는 스칼라 값을 가진다. 그 것은 **A**의 어떤 부행렬의 행렬식 값으로 얻어지고, 그것은 함수의 볼록성 또는 최적성의 충분 조건을 확인하는 데 필요한 행렬의 형식을 결정하는 과정에서 유용하다. 이것들은 4장에서 논의될 것이다. 그러므로 여기서 선행 주소 행렬식에 대해 면밀히 알아볼 것 이다.

M_k를 $k = 1$에서 n까지 **A**의 선행 주소 행렬식이라 하자. 그렇다면 각각의 M_k는 다음과 같은 부행렬의 행렬식 값으로 정의된다.

$$M_k = |\mathbf{A}_{kk}|, \quad k = 1 \text{ to } n \tag{A.52}$$

여기서 $\mathbf{A}_{kk}$는 **A**에서 마지막 $(n - k)$열과 대응되는 행을 삭제하여 얻어진 $k \times k$ 부행렬이다. 예를 들어, $M_1 = a_{11}$, $M_2 = A$에서 처음 두 번째 행과 열을 제외하고 행과 열을 삭제한 2×2 행렬의 행렬식을 의미하고, 같은 방법으로 **A**의 선행 주소 행렬식이 결정된다.

A.3.3 가우스 소거법

A.3.1절에서 서술된 2×2 방정식 계의 풀이를 위한 소거법은 $n \times n$ 방정식 계 풀이를 위해 일반화될 수 있다. 전체적인 과정은 행렬 표현을 이용하여 조직화되고 설명될 수 있다. 그 과정은 가우스 소거라 하고, 이것은 어떤 행렬의 행렬식을 결정하는 데도 이용할 수 있다. 다음으로 이것에 대해 자세히 서술한다.

A.2절에서 정의된 세 기본적 행-열 연산을 이용하여, 식 (A.36)의 $n \times n$ 계 **Ax** = **b**는 다음의 상삼각 형태로 변환된다.

$$\begin{bmatrix} 1 & \bar{a}_{12} & \bar{a}_{13} & \cdots & \bar{a}_{1n} \\ 0 & 1 & \bar{a}_{23} & \cdots & \bar{a}_{2n} \\ \vdots & \vdots & \vdots & & \vdots \\ 0 & 0 & 0 & \cdots & 1 \end{bmatrix} \begin{bmatrix} x_1 \\ x_2 \\ \vdots \\ x_n \end{bmatrix} = \begin{bmatrix} \bar{b}_1 \\ \bar{b}_2 \\ \vdots \\ \bar{b}_n \end{bmatrix} \tag{A.53}$$

또는, 식 (A.53)의 전개된 형태는 다음과 같다.

$$\begin{aligned} x_1 + \bar{a}_{12}x_2 + \bar{a}_{13}x_3 + \quad \cdots \quad + \bar{a}_{1n}x_n &= \bar{b}_1 \\ x_2 + \bar{a}_{23}x_3 + \quad \cdots \quad + \bar{a}_{2n}x_n &= \bar{b}_2 \end{aligned}$$

$$x_3 + \cdots + \overline{a}_{3n}x_n = \overline{b}_3$$
$$\vdots \qquad \vdots$$
$$x_n = \overline{b}_n \qquad\qquad (A.54)$$

기본 계의 aij와 bj의 변경된 요소를 나타내기 위해 $\overline{a}_{ij}$ 와 $\overline{b}_i$ 을 사용함을 일러둔다. 식 (A.54)계의 n 번째 방정식으로부터 $x_n = \overline{b}_n$임을 알 수 있다. 만약 이 값을 식 (A.54)의 $(n - 1)$번째 방정식에 대입하면, x_{n-1}에 대해서도 풀이할 수 있다.

$$x_{n-1} = \overline{b}_{n-1} - \overline{a}_{n-1,n}x_n = \overline{b}_{n-1} - \overline{a}_{n-1,n}\overline{b}_n \qquad\qquad (A.55)$$

식 (A.55)는 식 (A.54)의 $(n - 2)$번째 식에 대입될 수 있고 x_{n-2}는 결정될 수 있다. 이와 같은 방법으로 계속하면, 각각의 미지수들은 역순으로 풀이될 수 있다: $x_n, x_{n-1}, x_{n-2}, \ldots, x_2, x_1$. n 미지수의 n 방정식 계를 환원하여 성공적으로 $x_n, x_{n-1}, x_{n-2}, \ldots, x_2, x_1$에 대해 풀이하는 이 과정은 **가우스 소거** 또는 **가우스 환원**이라 한다. 이 방법의 후반부($x_n, x_{n-1}, x_{n-2}, \ldots, x_2, x_1$에 대해 성공적으로 풀이하는 것)는 **후진 대입** 또는 **후진 단계**라 한다.

후진 절차

가우스 소거 절차는 주어진 계수행렬의 주대각요소를 1로 바꾸고, 주대각 아래의 요소들을 0의 값으로 하기 위해 기본적 행-열 연산을 이용한다. 이러한 연산들을 수행하기 위해 다음의 단계들을 이용한다.

1. 방정식 계의 우변을 이용한 주어진 확대계수행렬의 첫째 열과 첫째 항으로 시작한다.
2. 대각요소를 1의 값으로 만들기 위해 첫째 행은 주대각 성분으로 나누어진다.
3. 첫째 열에서 주대각 아래의 요소들을 0으로 하기 위해, 첫째 행에 i번째 행에 해당하는 요소 $\overline{a}_{i1}$ ($i = 2$ to n)을 곱한다. 첫째 행의 결과적인 요소들은 i번째 행에서 뺄셈된다. 이것은 i번째 행의 요소 $\overline{a}_{i1}$이 0이 되게 한다.
4. 3단계의 연산들은 첫째 열을 이용하여 각각의 행 소거를 위해 매번 수행된다.
5. 첫째 열에서 주대각 아래의 모든 요소들이 0의 값을 가지게 되면, 절차는 두번째 열에 대해 두번째 행을 이용하여 소거가 반복되고 같은 방법으로 계속 진행된다.

하나의 열에서 0의 요소들을 얻기 위해 사용된 행은 **피봇행**이라 하고, 주대각 아래에 대해 소거가 수행된 열은 **피봇열**이라 한다. 이 절차에 대해서 예시와 함께 이후에 설명할 것이다.

주대각 아래의 요소들을 0으로 바꾸는 이전의 연산들은 또 다른 방법을 통해 설명될 수 있다. 첫째 열에서 주대각 아래의 요소들을 0으로 만들었다면, 첫째 열(x_1은 첫째 열과 관련된다)을 제외하고 모든 방정식에서 변수 x_1을 소거하고 있는 것이다. 이 소거 단계를 위해 첫 번째 방정식을 이용하고 있다. 일반적으로 i번째 열에서 주대각 아래의 요소들을 0의 값으로 환원한다면, i번째 행을 피봇 행으로 사용하고 있는 것이다. 그러므로 i번째 열 아래의 모든 방정식에서 i번째 변수를 소거하고 있는 것이다. 이러한 설명은 전에 일러두었듯이, 계수행렬의 각 열이 그것과 연관되어 있는 변수를 가지고 있다고 깨닫는다면 전적으로 간단하다.

예제 A.3	가우스 소거를 이용한 방정식의 해

다음의 3×3 방정식 계를 풀이하라.

$$
\begin{aligned}
x_1 - x_2 + x_3 &= 0 \\
x_1 - x_2 + 2x_3 &= 1 \\
x_1 + x_2 + 2x_3 &= 5
\end{aligned}
\tag{a}
$$

풀이

확대계수행렬 개념을 이용하여 가우스 소거 절차에 대해 순서대로 설명하려 한다. 식 (a)의 확대계수행렬은 각 방정식에서 변수들의 계수들과 우변의 매개변수들을 이용해 정의된다.

$$
\mathbf{B} = \begin{bmatrix} \overset{x_1}{1} & \overset{x_2}{-1} & \overset{x_3}{1} & \overset{\mathbf{b}}{0} \\ 1 & -1 & 2 & 1 \\ 1 & 1 & 2 & 5 \end{bmatrix}
\tag{b}
$$

위의 계를 식 (A.53)과 같은 형태로 바꾸기 위해 다음과 같은 기본적 행-열 연산을 이용할 것이다.

1. $-1 \times$ 행 1을 행 2에 더하고 $-1 \times$ 행 1을 행 3에 더한다(x_1를 두 번째와 세 번째 방정식에서 소거한다. 기본적 행 연산 3).

$$
\mathbf{B} \sim \begin{bmatrix} \overset{x_1}{1} & \overset{x_2}{-1} & \overset{x_3}{1} & \overset{\mathbf{b}}{0} \\ 0 & 0 & 1 & 1 \\ 0 & 2 & 1 & 5 \end{bmatrix} \quad \left(\begin{array}{c} 기호 ``\sim"는 \\ 두 행렬이 같음을 \\ 의미한다 \end{array} \right)
\tag{c}
$$

2. (2, 2) 위치의 요소가 0이므로 해당 위치에 0이 아닌 요소를 두기 위해 두 번째 행과 세 번째 행을 서로 바꿔준다(기본적 행 연산 1). 새로운 두 번째 행을 2로 나누면

$$
\mathbf{B} \sim \begin{bmatrix} \overset{x_1}{1} & \overset{x_2}{-1} & \overset{x_3}{1} & \overset{\mathbf{b}}{0} \\ 0 & 1 & 0.5 & 2.5 \\ 0 & 0 & 1 & 1 \end{bmatrix}
\tag{d}
$$

3. (3, 3) 위치의 요소가 1이고 주대각 아래의 요소들이 모두 0의 값을 가지기 때문에 위 행렬은 식 (a)의 계를 식 (A.53)의 형태로 바꾸었다.

$$
\begin{bmatrix} 1 & -1 & 1 \\ 0 & 1 & 0.5 \\ 0 & 0 & 1 \end{bmatrix} \begin{bmatrix} x_1 \\ x_2 \\ x_3 \end{bmatrix} = \begin{bmatrix} 0 \\ 2.5 \\ 1 \end{bmatrix}
\tag{e}
$$

후진 대입을 수행하여 얻어진 결과는

$$
\begin{aligned}
x_3 &= 1 \text{ (세 번째 행에서)} \\
x_2 &= 2.5 - 0.5x_3 = 2 \text{ (두 번째 행에서)} \\
x_1 &= 0 - x_3 + x_2 = 1 \text{ (첫 번째 행에서)}
\end{aligned}
\tag{f}
$$

그러므로 식 (a)의 해는

$$x_1 = 1, \quad x_2 = 2, \quad x_3 = 1 \tag{g}$$

가우스 소거 방법은 임의의 주어진 선형방정식 계를 다룰 수 있는 일반적인 목적의 컴퓨터 프로그램으로 쉽게 기록될 수 있다. 그러나 기계에 요구되는 수치적인 계산에서 유한한 수가 반올림 오류를 일으킬 수 있으므로 가우스 소거 절차에 어떤 수정이 가해져야 한다. 이러한 오류는 만약 어떤 경고가 취해지지 않았다면 의미 있게 커질 수 있다. 그 수정은 반올림 오류를 최소화하는 방향으로 주로 확대계수행렬의 행이나 열을 재배치하는 것이 수반된다.

이러한 재배치는 소거의 각 단계마다 행해져야 피봇행의 대각 성분 요소가 우변 하측 잔여 행렬의 요소 중에서 절대적으로 가장 큰 값을 가지게 된다. 이것은 **전체 피봇** 절차로 알려져 있다. 절대적으로 가장 큰 요소를 어떤 열에서 대각 위치에 두기 위해 열만을 서로 바꾸게 될 경우, 이 절차는 **부분 피봇**으로 알려져 있다. 많은 프로그램들이 선형방정식 계를 풀이하기 위해 이용될 수 있음을 일러둔다. 그러므로 가우스 소거를 위한 프로그램을 기술하려는 시도 이전에 존재하는 프로그램의 가용성이 탐색되어야 한다.

예제 A.4 **가우스 소거를 이용한 행렬의 행렬식**

가우스 소거 절차는 행렬의 행렬식을 계산하는 데도 이용될 수 있다. 다음의 3×3 행렬에 대해 그 절차를 설명하려 한다.

$$\mathbf{A} = \begin{bmatrix} 2 & 3 & 0 \\ 1 & 2 & 1 \\ 0 & 3 & 4 \end{bmatrix} \tag{a}$$

풀이

가우스 소거 절차를 이용하여 주대각 아래의 요소들을 0으로 만들 수 있다. 그러나 대각요소들이 1의 값으로 변환되지는 않는다. 행렬이 그러한 형태로 변환되면, 식 (A.48)을 이용하여 행렬식을 얻어낼 수 있다.

$$\begin{bmatrix} 2 & 3 & 0 \\ 1 & 2 & 1 \\ 0 & 3 & 4 \end{bmatrix} \sim \begin{bmatrix} 2 & 3 & 0 \\ 0 & 0.5 & 1 \\ 0 & 3 & 4 \end{bmatrix} \quad \text{(첫 번째 열에서의 소거)}$$

$$\sim \begin{bmatrix} 2 & 3 & 0 \\ 0 & 0.5 & 1 \\ 0 & 0 & -2 \end{bmatrix} \quad \text{(두 번째 열에서의 소거)} \tag{b}$$

위 계는 상삼각 형태이고, $|\mathbf{A}|$는 단순히 대각요소들을 곱셈하여 주어진다.

$$|\mathbf{A}| = (2)(0.5)(-2) = -2 \tag{c}$$

A.3.4 역행렬: 가우스-조단 소거

만약 두 정방행렬의 곱셈이 단위행렬을 만든다면 그것들은 서로 역행렬이라 한다. $\mathbf{A}$와 $\mathbf{B}$가 계수 n의 두 정방행렬이라 하자. 만약 다음과 같다면 $\mathbf{B}$는 $\mathbf{A}$의 역행렬이라 한다.

$$\mathbf{AB} = \mathbf{BA} = \mathbf{I}_{(n)} \tag{A.56}$$

$\mathbf{A}$의 역행렬은 $\mathbf{A}^{-1}$으로 표기된다. 행렬의 역행렬을 구하기 위한 방법은 이후에 논의될 것이다.

모든 정방행렬이 역행렬을 가지고 있지는 않다. 역행렬을 가지고 있지 않은 행렬을 **특이행렬**이라 한다. 만약 $n \times n$ 방정식 계의 계수행렬이 역행렬을 가진다면, 그 계는 미지변수에 대해 풀이 가능하다. 계수행렬 $\mathbf{A}$와 우변 벡터 $\mathbf{b}$인 $n \times n$ 방정식 계의 $\mathbf{Ax} = \mathbf{b}$를 고려하자. 식의 양변에 $\mathbf{A}^{-1}$를 전인자 곱셈하면, 다음을 얻는다.

$$\mathbf{A}^{-1}\mathbf{Ax} = \mathbf{A}^{-1}\mathbf{b} \tag{A.57}$$

$\mathbf{A}^{-1}\mathbf{A} = \mathbf{I}$을 만족하기 때문에 식은 다음과 같이 환원된다.

$$\mathbf{x} = \mathbf{A}^{-1}\mathbf{b} \tag{A.58}$$

따라서 행렬 $\mathbf{A}$의 역행렬을 알고 있다면, 위 식은 미지벡터 $\mathbf{x}$에 대해 풀이 가능하다.

여인수에 의한 역행렬

비특이행렬의 역행렬을 계산하기 위한 몇 가지 방법들이 있다. 그 첫 번째는 $\mathbf{A}$의 여인수와 그것의 행렬식에 기반한다. 만약 $\mathbf{B}$가 $\mathbf{A}$의 역행렬이라면, 그것의 요소는 다음과 같이 주어진다(여인수에 의한 역행렬이라 불린다).

$$b_{ji} = \frac{\text{cofac}(a_{ij})}{|\mathbf{A}|}; \quad i = 1 \text{ to } n; \quad j = 1 \text{ to } n \tag{A.59}$$

식 우변의 첨자는 ji이고 우변의 첨자는 ij임을 알려둔다. 그러므로 행렬 $\mathbf{A}$의 행의 여인수는 역행렬 $\mathbf{B}$의 대응되는 열을 만들어낸다.

바로 위에서 서술된 절차는 보다 작은 행렬, 말하자면 3×3 크기까지에 합당하다. 보다 큰 행렬에는 번거롭고 비효율적이다.

가우스 소거에 의한 역행렬

역행렬을 계산하기 위한 두 번째 절차의 단서는 식 (A.56)에서 찾을 수 있다. 그 식에서 $\mathbf{B}$의 요소들은 선형방정식 계의 미지수로 간주될 수 있다.

$$\mathbf{AB} = \mathbf{I} \tag{A.60}$$

그러므로 그 계는 $\mathbf{A}$의 역행렬을 구하기 위하여 가우스 소거를 이용해 풀이될 수 있다. 그 절차에 대해 예시와 함께 설명하려 한다.

가우스-조단 환원과 여인수를 이용한 행렬의 역행렬

다음의 3×3 행렬의 역행렬을 계산하라.

$$\mathbf{A} = \begin{bmatrix} 1 & 3 & 0 \\ 1 & 2 & 0 \\ 0 & 3 & 1 \end{bmatrix} \tag{a}$$

풀이

여인수에 의한 역행렬

$\mathbf{B}$가 행렬 $\mathbf{A}$의 역행렬인 3×3 행렬이라 하자. 식 (A.59)의 여인수 처리법을 이용하기 위해 우선 $|\mathbf{A}| = -1$ 와 같이 $\mathbf{A}$의 행렬식을 계산한다. 식 (A.49)를 이용하여, $\mathbf{A}$의 첫 번째 행의 여인수는 다음과 같다.

$$\text{cofac}(a_{11}) = (-1)^{1+1} \begin{vmatrix} 2 & 0 \\ 3 & 1 \end{vmatrix} = 2 \tag{b}$$

$$\text{cofac}(a_{12}) = (-1)^{1+2} \begin{vmatrix} 1 & 0 \\ 0 & 1 \end{vmatrix} = -1 \tag{c}$$

$$\text{cofac}(a_{13}) = (-1)^{1+3} \begin{vmatrix} 1 & 2 \\ 0 & 3 \end{vmatrix} = 3 \tag{d}$$

유사하게 두 번째와 세번째 행의 여인수들은 다음과 같다.

$$-3, \quad 1, \quad -3; \quad 0, \quad 0, \quad -1 \tag{e}$$

그러므로 이 값들을 식 (A.59)에서와 같이 $|\mathbf{A}| = -1$ 으로 나누면, $\mathbf{A}$의 역행렬은 다음과 같이 주어진다.

$$\mathbf{B} = \begin{bmatrix} -2 & 3 & 0 \\ 1 & -1 & 0 \\ -3 & 3 & 1 \end{bmatrix} \tag{f}$$

가우스 소거에 의한 역행렬

첫 번째로 가우스-조단 절차 이전에 가우스 소거 절차에 대한 증명을 하려 한다. $\mathbf{B}$가 $\mathbf{A}$의 역행렬이기 때문에 $\mathbf{AB} = \mathbf{I}$이다. 또는, 전개된 형식으로 서술하면

$$\begin{bmatrix} 1 & 3 & 0 \\ 1 & 2 & 0 \\ 0 & 3 & 1 \end{bmatrix} \begin{bmatrix} b_{11} & b_{12} & b_{13} \\ b_{21} & b_{22} & b_{23} \\ b_{31} & b_{32} & b_{33} \end{bmatrix} = \begin{bmatrix} 1 & 0 & 0 \\ 0 & 1 & 0 \\ 0 & 0 & 1 \end{bmatrix} \tag{g}$$

여기서 b_{ij}는 $\mathbf{A}$의 요소들이다. 위 식은 세 개의 다른 우변 벡터를 가지는 연립 방정식 계로서 생각될 수 있다. 가우스 소거 절차를 이용하여 대응되는 각각의 우변 벡터에 대한 미지 열들을 풀이할 수 있다. 예를 들어, $\mathbf{B}$의 첫 번째 열만을 생각한다면 다음을 얻는다.

$$\begin{bmatrix} 1 & 3 & 0 \\ 1 & 2 & 0 \\ 0 & 3 & 1 \end{bmatrix} \begin{bmatrix} b_{11} \\ b_{21} \\ b_{31} \end{bmatrix} = \begin{bmatrix} 1 \\ 0 \\ 0 \end{bmatrix} \tag{h}$$

확대계수행렬 형식에 소거 절차를 이용하면, 다음을 얻는다.

$$\begin{bmatrix} 1 & 3 & 0 & | & 1 \\ 1 & 2 & 0 & | & 0 \\ 0 & 3 & 1 & | & 0 \end{bmatrix} \sim \begin{bmatrix} 1 & 3 & 0 & | & 1 \\ 0 & -1 & 0 & | & -1 \\ 0 & 3 & 1 & | & 0 \end{bmatrix} \quad \text{(첫 번째 열에서의 소거)}$$

$$\sim \begin{bmatrix} 1 & 3 & 0 & | & 1 \\ 0 & 1 & 0 & | & 1 \\ 0 & 0 & 1 & | & -3 \end{bmatrix} \quad \text{(두 번째 열에서의 소거)} \tag{i}$$

후진 대입을 이용하여, $\mathbf{B}$의 첫 번째 열을 $b_{31} = -3$, $b_{21} = 1$, $b_{11} = -2$로서 구할 수 있다. 유사하게 $b_{12} = 3$, $b_{22} = -1$, $b_{32} = 3$, $b_{13} = 0$, $b_{23} = 0$, 그리고 $b_{33} = 1$을 구할 수 있다. 그러므로 $\mathbf{A}$의 역행렬은 다음과 같이 주어진다.

$$\mathbf{B} = \begin{bmatrix} -2 & 3 & 0 \\ 1 & -1 & 0 \\ -3 & 3 & 1 \end{bmatrix} \tag{j}$$

역행렬은 식 (f)와 같다.

가우스-조단 소거에 의한 역행렬

행렬의 역행렬을 계산하는 절차를 조금 다르게 조직화할 수 있다. 확대계수행렬은 우변의 모든 세 열들과 함께 정의될 수 있다. 가우스 소거 절차는 주 대각의 위뿐만 아니라 아래에서도 수행될 수 있다. 이 절차에서 좌측의 3×3 행렬은 단위행렬로 변환된다. 우측의 3×3 행렬은 요구되는 역행렬을 포함한다. 소거가 주대각 아래뿐만 아니라 위에서도 소거가 수행될 때 그 절차는 가우스-조단 소거라 한다. 그 과정은 A의 역행렬을 계산하며 진행된다.

$$\begin{bmatrix} 1 & 3 & 0 & | & 1 & 0 & 0 \\ 1 & 2 & 0 & | & 0 & 1 & 0 \\ 0 & 3 & 1 & | & 0 & 0 & 1 \end{bmatrix} \quad \text{(확대계수행렬)}$$

$$\sim \begin{bmatrix} 1 & 3 & 0 & | & 1 & 0 & 0 \\ 0 & -1 & 0 & | & -1 & 1 & 0 \\ 0 & 3 & 1 & | & 0 & 0 & 1 \end{bmatrix} \quad \text{(첫 번째 열에서의 소거)} \tag{k}$$

$$\sim \begin{bmatrix} 1 & 0 & 0 & | & -2 & 3 & 0 \\ 0 & 1 & 0 & | & 1 & -1 & 0 \\ 0 & 0 & 1 & | & -3 & 3 & 1 \end{bmatrix} \quad \text{(두 번째 열에서의 소거)}$$

이미 $\bar{a}_{13} = \bar{a}_{23} = 0$이고 $\bar{a}_{33} = 1$이기 때문에 세 번째 열에 대해서는 소거를 수행할 필요가 없다. 위 행렬에서 마지막 세 열은 식 (f)와 (j)에 주어진 것과 같이 $\mathbf{A}$의 역행렬인 행렬 $\mathbf{B}$를 만들어냄을 알 수 있다.

　　3×3 행렬의 역행렬을 계산하기 위한 가우스-조단 절차는 어떤 비특이 $n \times n$에 일반화될 수 있다. 그것은 행렬의 역행렬을 계산하기 위한 일반적인 목적의 컴퓨터 프로그램으로 체계적으로 컴퓨터 언어화 될 수 있다.

A.4　　n 미지수의 m 선형방정식에 대한 풀이

마지막 절에서 행렬식의 개념은 어떤 $n \times n$ 방정식 계의 유일 해의 존재성을 입증하는 데 사용되었다. 공학 응용 분야에서 변수의 수와 방정식의 수가 같지 않은 직사각 계의 예들이 많이 존재한다. n 미지수와 m 방정식의 계에서($m \neq n$), 계수들의 행렬은 정사각이 아니다. 그러므로 행렬식은 그것과 관계될 수 없다. 그러므로 그러한 계를 다루기 위해 행렬식보다 좀 더 일반적인 개념이 필요하다. 이 절에서 그러한 개념에 대해 설명하려 한다.

A.4.1 행렬의 계수

일반적인 $m \times n$ 방정식 계의 풀이 절차를 발달하기 위한 일반적인 개념은 **행렬의 계수**로 알려져 있고, 그것은 주어진 행렬의 가장 큰 비특이 정방행렬의 계수이다. 행렬의 계수에 대한 개념을 이용하여, 선형방정식 계의 풀이를 위한 일반적인 이론을 발달시킬 수 있다.

$m \times n$ 행렬 $\mathbf{A}$의 계수를 r이라 하자. 그렇다면 r은 다음의 조건들을 만족한다.

1. $m < n$에 대해 $r \leq m < n$ (만약 $r = m$이면, 그 행렬은 최대 행 계수를 가진다고 한다).
2. $n < m$ 에 대해 $r \leq n < m$ (만약 $r = n$이면, 그 행렬은 최대 열 계수를 가진다고 한다).
3. $n = m$에 대해 $r \leq n$ (만약 $r = n$이면, 그 정방행렬은 비특이하다고 한다).

행렬의 계수를 결정하기 위해 모든 부행렬의 행렬식을 확인할 필요가 있다. 이것은 다루기 힘들고 시간 소모가 많은 과정이다. 그러나 예제 A.5에서 도입된 가우스-조단 소거 과정이 선형계를 풀이할 때 뿐만 아니라 행렬의 계수를 결정할 때도 쓰일 수 있음이 알려져 있다.

가우스-조단 소거 절차를 이용하여 어떤 $m \times n$ 행렬 $\mathbf{A}$를 다음의 상응한 형식으로 변형할 수 있다($m < n$에 대해).

$$\mathbf{A} \sim \begin{bmatrix} \mathbf{I}_{(r)} & \mathbf{0}_{(r \times n-r)} \\ \mathbf{0}_{(m-r \times r)} & \mathbf{0}_{(m-r \times n-r)} \end{bmatrix} \tag{A.61}$$

여기서 $\mathbf{I}_{(r)}$는 $r \times r$ 단위행렬이다. 그렇다면 r은 행렬의 계수이고, r은 앞선 세 가지 조건 중 하나를 만족한다. 단위행렬 $\mathbf{I}_{(r)}$은 주어진 어떤 행렬에 대해 유일함을 알려둔다.

예제 A.6	기본적 연산에 의한 계수 결정

다음의 행렬의 계수를 결정하라.

$$\mathbf{A} = \begin{bmatrix} 2 & 6 & 2 & 4 \\ -2 & -4 & 2 & 2 \\ 1 & 2 & -1 & -1 \end{bmatrix} \tag{a}$$

풀이

기본적 연산은 다음의 행렬들을 만들어낸다.

$$\mathbf{A} \sim \begin{bmatrix} 1 & 3 & 1 & 2 \\ -2 & -4 & 2 & 2 \\ 1 & 2 & -1 & -1 \end{bmatrix} \left(\text{식 (a)의 첫 번째 행에 } \frac{1}{2} \text{을 곱하여 얻어진다.} \right) \tag{b}$$

$$\mathbf{A} \sim \begin{bmatrix} 1 & 3 & 1 & 2 \\ 0 & 2 & 4 & 6 \\ 0 & -1 & -2 & -3 \end{bmatrix} \quad \left(\begin{array}{l} \text{식 (b)의 첫 번째 행의 2배곱을 두 번째 행에 더하고,} \\ \text{첫 번째 행의 -1배곱을 세 번째 행에 더하여 얻어진다.} \end{array} \right) \quad \text{(c)}$$

$$\mathbf{A} \sim \begin{bmatrix} 1 & 0 & 0 & 0 \\ 0 & 2 & 4 & 6 \\ 0 & -1 & -2 & -3 \end{bmatrix} \quad \left(\begin{array}{l} \text{식 (c)의 첫 번째 열의 -3배곱을 두 번째 열에 더하고,} \\ \text{첫 번째 열의 -1배곱을 세 번째 열에 더하고,} \\ \text{첫 번째 열의 -2배곱을 네 번째 열에 더하여 얻어진다.} \end{array} \right) \quad \text{(d)}$$

$$\mathbf{A} \sim \begin{bmatrix} 1 & 0 & 0 & 0 \\ 0 & 1 & 2 & 3 \\ 0 & 0 & 0 & 0 \end{bmatrix} \quad \left(\begin{array}{l} \text{식 (d)의 두 번째 행에 } \frac{1}{2} \text{ 을 곱하고} \\ \text{그것을 세 번째 행에 더하여 얻어진다.} \end{array} \right) \quad \text{(e)}$$

$$\mathbf{A} \sim \begin{bmatrix} 1 & 0 & 0 & 0 \\ 0 & 1 & 0 & 0 \\ 0 & 0 & 0 & 0 \end{bmatrix} \quad \left(\begin{array}{l} \text{식 (e)의 두 번째 열의 -2배곱을 세 번째 열에 더하고,} \\ \text{두 번째 행의 -3배곱을 네 번째 행에 더하여 얻어진다.} \end{array} \right) \quad \text{(f)}$$

식 (e)의 행렬은 식 (A.61)의 형식이다. 2×2 단위행렬이 좌상각 모서리에서 얻어지므로, $\mathbf{A}$의 계수는 2이다.

A.4.2 $m \times n$ 선형방정식의 일반적인 풀이

n 미지수의 m 연립 방정식 계의 풀이를 생각하자. 그러한 계의 해의 존재성은 계의 계수행렬과 확대 계수행렬의 계수에 의존한다. 계가 다음과 같이 표현된다고 하자.

$$\mathbf{A}\mathbf{x} = \mathbf{b} \qquad \text{(A.62)}$$

여기서 $\mathbf{A}$는 $m \times n$ 행렬, $\mathbf{b}$는 m벡터이고, $\mathbf{x}$는 미지수의 n벡터이다. m은 n보다 클 수도 있음을 알려둔다. 즉, 미지수보다 더 많은 방정식이 있을 수 있다. 그 경우에, 계가 **불일치**하거나 몇몇 방정식들이 중복되고 제거될 수 있다. 다음에서 설명되는 풀이 과정은 이러한 경우들을 다룰 수 있다.

만약 어떤 방정식에 상수가 곱해진다면, 그 계의 해는 변하지 않는다. 만약 c배곱의 어떤 방정식이 또 다른 것에 더해져도 결과적인 계의 해는 원래의 계와 같다. 또한, 만약 계수행렬의 두 열이 서로 바뀐다면(예를 들어, 열 i와 j), 결과적인 방정식의 묶음은 원래의 계와 동일하다. 그러나 벡터 $\mathbf{x}$에서 해 변수 x_i와 x_j는 다음과 같이 서로 바뀐다.

$$x = [x_1 \quad x_2 \dots x_{i-1} \quad \overset{\downarrow}{x_j} \quad x_{i+1} \dots x_{j-1} \quad \overset{\downarrow}{x_i} \quad x_{j+1} \dots x_n]^T \qquad \text{(A.63)}$$

이것은 **계수행렬**의 각 열들이 그것과 연관되는 변수를 가지고 있음을 의미하고, 앞서 말해두었듯이 그것은 예를 들어, 각각 i번째와 j번째에 대한 x_i와 x_j이다.

기본적 행-열 연산을 이용하여 항상 식 (A.62)의 n 미지수와 m 방정식의 계를 식 (A.64)의 형식의 동등한 계로 변환할 수 있다. 방정식에서 각 요소 위의 막대는 원래의 계의 확대계수행렬에 기본적 행-열 연산을 수행하여 얻어진 새로운 값을 의미한다. 식 (A.64)에서 아래첨자 r의 값은 **계수 행렬의 계수**를 의미한다.

$$\begin{bmatrix} 1 & \bar{a}_{12} & \bar{a}_{13} & \bar{a}_{14} & \ldots & \bar{a}_{1r} & \ldots & \bar{a}_{1n} \\ 0 & 1 & \bar{a}_{23} & \bar{a}_{24} & \ldots & \bar{a}_{2r} & \ldots & \bar{a}_{2n} \\ 0 & 0 & 1 & \bar{a}_{34} & \ldots & \bar{a}_{3r} & \ldots & \bar{a}_{3n} \\ \cdot & \cdot & \cdot & 1 & & \cdot & & \cdot \\ \cdot & \cdot & \cdot & & & \cdot & & \cdot \\ \cdot & \cdot & \cdot & & & \cdot & & \cdot \\ 0 & 0 & 0 & 0 & \ldots & 1 & \ldots & \bar{a}_{rn} \\ 0 & 0 & 0 & 0 & \ldots & 0 & \ldots & 0 \\ \cdot & \cdot & \cdot & \cdot & & \cdot & & \cdot \\ \cdot & \cdot & \cdot & \cdot & & \cdot & & \cdot \\ \cdot & \cdot & \cdot & \cdot & & \cdot & \ldots & \cdot \\ 0 & 0 & 0 & 0 & \ldots & 0 & & 0 \end{bmatrix} \begin{bmatrix} x_1 \\ x_2 \\ x_3 \\ \cdot \\ \cdot \\ \cdot \\ \cdot \\ \cdot \\ \cdot \\ x_n \end{bmatrix} = \begin{bmatrix} \bar{b}_1 \\ \bar{b}_2 \\ \bar{b}_3 \\ \cdot \\ \cdot \\ \bar{b}_r \\ \bar{b}_{r+1} \\ \cdot \\ \cdot \\ \bar{b}_m \end{bmatrix} \tag{A.64}$$

만약 식 (A.64)에서 $\bar{b}_{r+1} = \bar{b}_{r+2} = \cdots = \bar{b}_m = 0$이라면, 마지막 $(m-r)$ 방정식은 다음과 같이 됨을 일러둔다.

$$0x_1 = 0x_2 + \cdots + 0x_n = 0 \tag{A.65}$$

이러한 열들은 심화 숙고를 통해 제거될 수 있다. 그러나 만약 벡터 $\bar{\mathbf{b}}$ 의 마지막 $(m-r)$ 성분들 중 어떤 값이 0이 아니라면, 마지막 $(m-r)$ 방정식들 중 적어도 하나는 불일치하고 그 계는 해를 가지지 않는다. 또한 계수행렬의 계수는 오직 $\bar{b}_i = 0$, $i = (r+1)$에서 m까지일 때만 확대 계수행렬의 계수와 같음을 일러둔다. 그러므로 n 미지수의 m 방정식의 계는 오직 그리고 오직 계수행렬과 확대 계수행렬의 랭크가 같을 때에만 일치한다(해를 가진다).

만약 기본적 연산이 비대각요소들을 소거하기 위해 주대각 위와 아래에서 수행되었다면(가우스-조단 절차), 다음의 동등한 계가 얻어진다.

$$\left[\begin{array}{c|c} \mathbf{I}_{(r)} & \mathbf{Q}_{(r \times n-r)} \\ \hline \mathbf{0}_{(m-r \times r)} & \mathbf{0}_{(m-r \times n-r)} \end{array} \right] \left[\begin{array}{c} \mathbf{x}_{(r)} \\ \mathbf{x}_{(n-r)} \end{array} \right] = \left[\begin{array}{c} \mathbf{q}_{(r+1)} \\ \mathbf{p}_{(m-r \times 1)} \end{array} \right] \tag{A.66}$$

여기서 $\mathbf{I}_{(r)}$는 $r \times r$ 단위행렬이고, $\mathbf{x}_{(r)}$와 $\mathbf{x}_{(n-r)}$는 벡터 $\mathbf{x}$의 부벡터 r 성분과 $(n-r)$ 성분이다.

r, n과 m 값에 따라 방정식은 몇 가지 다른 형식을 가질 수 있음을 일러둔다. 예를 들어, $r = n$ 이라면 행렬 $\mathbf{Q}_{(r \times n-r)}$, $\mathbf{0}_{(m-r \times n-r)}$와 벡터 $\mathbf{x}_{(n-r)}$는 사라진다. 유사하게 만약 $r = m$이라면, 행렬 $\mathbf{0}_{(m-r \times r)}$, $\mathbf{0}_{(m-r \times n-r)}$와 벡터 $\mathbf{p}_{(m-r \times 1)}$는 사라진다. 식 (A.62)의 방정식 계는 오직 식 (A.66)의 벡터 $\mathbf{p} = \mathbf{0}$일 때만 일치한다. 식 (A.66)을 만들어내기 위한 모든 열들의 서로 뒤바뀜은 대응되는 성분 $\mathbf{x}$ 또한 마찬가지로 뒤바뀌어야 한다.

그 계가 불일치할 때 식 (A.66)의 첫 번째 줄에서 다음을 얻는다.

$$\mathbf{I}_{(r)}\mathbf{x}_{(r)} + \mathbf{Q}\mathbf{x}_{(n-r)} = \mathbf{q} \tag{A.67}$$

또는

$$\mathbf{x}_{(r)} = \mathbf{q} - \mathbf{Q}\mathbf{x}_{(n-r)} \tag{A.68}$$

식 (A.68)에서 $\mathbf{x}$의 r 성분을 나머지 $(n-r)$ 성분들에 관하여 얻을 수 있다. 만약 그 계가 불일치하다면, 식 (A.68)은 방정식 $\mathbf{A}\mathbf{x} = \mathbf{b}$의 계에 대한 **일반 해**를 나타낸다. $\mathbf{x}$의 마지막 $(n-r)$ 성분들은 임의의 값을 가질 수 있다. $x_{r+1}, \ldots, x_n$에 대한 임의의 값은 해가 될 수 있다. 그러므로 방정식의 계는 무한히 많은 해를 가질 수 있다. 만약 $r = n$이라면 해는 유일하다. 식 (A.66)은 방정식 $\mathbf{A}\mathbf{x} = \mathbf{b}$의 계의 **정준형** 표현으로 알려져 있다. 이와 같은 형식의 표현은 8장에서 선형계획법 문제를 풀이할 때 유용하다. 다음의 예제는 가우스-조단 소거 과정에 대해 설명한다.

예제 A.7   **가우스-조단 환원에 의한 일반 해**

방정식들의 집합에 대한 일반 해를 찾아라.

$$
\begin{aligned}
x_1 + x_2 + x_3 + 5x_4 &= 6 \\
x_1 + x_2 - 2x_3 - x_4 &= 0 \\
x_1 + x_2 - x_3 + x_4 &= 2
\end{aligned}
\tag{a}
$$

풀이

방정식들의 집합에 대한 확대계수행렬은 다음과 같이 주어진다.

$$
\mathbf{A} \sim
\begin{array}{cccc}
x_1 & x_2 & x_3 & x_4 \quad \mathbf{b}
\end{array}
\left[
\begin{array}{cccc|c}
1 & 1 & 1 & 5 & 6 \\
1 & 1 & -2 & -1 & 0 \\
1 & 1 & -1 & 1 & 2
\end{array}
\right]
\quad \text{and} \quad
\mathbf{x} =
\begin{bmatrix}
x_1 \\ x_2 \\ x_3 \\ x_4
\end{bmatrix}
\tag{b}
$$

다음의 소거 단계는 계를 정준형으로 변형할 때 이용된다.

1. 행 2와 3에서 행 1을 뺄셈하여 첫 번째 열의 주대각 아래 요소들을 0으로 변환한다(a_{21} 와 a_{31}). 즉, 방정식 2와 3에서 x_1을 소거하고 다음을 얻는다.

$$
\mathbf{A} \sim
\begin{array}{cccc}
x_1 & x_2 & x_3 & x_4 \quad \mathbf{b}
\end{array}
\left[
\begin{array}{cccc|c}
1 & 1 & 1 & 5 & 6 \\
0 & 0 & -3 & -6 & -6 \\
0 & 0 & -2 & -4 & -4
\end{array}
\right]
\tag{c}
$$

2. 이제 a_{22}는 0이기 때문에 더 이상 소거 과정을 진행할 수 없다. a_{22} 위치에 0이 아닌 요소를 두기 위해 행 또는 열을 서로 바꾸어 주어야 한다. a_{22} 위치에 0이 아닌 요소를 두기 위해 세 번째 열이나 네 번째 열을 두 번째 열과 서로 바꿀 수 있다. (마지막 열은 다른 어떤 열과 서로 바꿀 수 없음을 일러둔다. 그것은 $\mathbf{A}\mathbf{x} = \mathbf{b}$ 계의 우변이기에 변수와 대응될 수 없다.) 두 번째 열과 세 번째 열을 서로 바꾸어주면(기본적 열 연산 1), 다음을 얻는다.

$$
\mathbf{A} \sim
\begin{array}{cccc}
x_1 & x_3 & x_2 & x_4 \quad \mathbf{b}
\end{array}
\left[
\begin{array}{cccc|c}
1 & 1 & 1 & 5 & 6 \\
0 & -3 & 0 & -6 & -6 \\
0 & -2 & 0 & -4 & -4
\end{array}
\right]
\quad \text{and} \quad
\mathbf{x} =
\begin{bmatrix}
x_1 \\ x_3 \\ x_2 \\ x_4
\end{bmatrix}
\tag{d}
$$

또한 변수 x_2와 x_3의 위치는 벡터 $\mathbf{x}$ 내에서 서로 바뀔 수 있음을 일러둔다.

3. 이제, 두 번째 행을 –3으로 나누고, 2를 곱하고 세 번째 행에 더하면 다음을 얻는다.

$$
\mathbf{A} \sim
\begin{array}{cccc}
x_1 & x_3 & x_2 & x_4 \ \mathbf{b}
\end{array}
\left[
\begin{array}{cc|cc|c}
1 & 1 & 1 & 5 & 6 \\
0 & 1 & 0 & 2 & 2 \\
\hline
0 & 0 & 0 & 0 & 0
\end{array}
\right]
\tag{e}
$$

그러므로 식 (e)에서 주대각 아래의 요소들은 0이고 가우스 소거 과정은 완료되었다.

4. 방정식을 식 (A.66) 정준형으로 바꾸기 위해 주대각 위에서 또한 소거를 수행할 필요가 있다(가우스-조단 소거). 첫 번째 행에서 두 번째 행을 뺄셈하고, 다음을 얻는다.

$$
\mathbf{A} \sim
\begin{array}{cccc}
x_1 & x_3 & x_2 & x_4 \ \mathbf{b}
\end{array}
\left[
\begin{array}{cccc|c}
1 & 0 & 1 & 3 & 4 \\
0 & 1 & 0 & 2 & 2 \\
\hline
0 & 0 & 0 & 0 & 0
\end{array}
\right]
\tag{f}
$$

식 (e)와 식 (f)에서 세 번째 행은 모두 0의 값을 가짐을 일러둔다. 이것은 식 (a)의 세 번째 방정식이 다른 것들에 대해 선형적으로 의존함을 의미한다. 식 (f)에서 이 방정식의 우변 또한 0이기 때문에 식 (a)에서 선형계는 일치한다. 계수행렬과 확대계수행렬의 계수 $r = 2$이다.

5. 식 (f)의 행렬을 이용하여 주어진 방정식의 계는 식 (A.66)의 정준형으로 다음과 같이 변형된다.

$$
\left[
\begin{array}{cc|cc}
1 & 0 & 1 & 3 \\
0 & 1 & 0 & 2 \\
\hline
0 & 0 & 0 & 0
\end{array}
\right]
\begin{bmatrix}
x_1 \\
x_3 \\
\hline
x_2 \\
x_4
\end{bmatrix}
=
\begin{bmatrix}
4 \\
2 \\
\hline
0
\end{bmatrix}
\tag{g}
$$

또는

$$
\left[
\begin{array}{c|c}
\mathbf{I}_{(2)} & \mathbf{Q}_{(2\times2)} \\
\hline
\mathbf{0}_{(1\times2)} & \mathbf{0}_{(1\times2)}
\end{array}
\right]
\begin{bmatrix}
x_1 \\
x_2 \\
x_3 \\
x_4
\end{bmatrix}
=
\begin{bmatrix}
\mathbf{q}_{(2\times1)} \\
\hline
\mathbf{p}_{(1\times1)}
\end{bmatrix}
\tag{h}
$$

여기서

$$
\mathbf{Q} =
\begin{bmatrix}
1 & 3 \\
0 & 2
\end{bmatrix};
\quad
\mathbf{q} =
\begin{bmatrix}
4 \\
2
\end{bmatrix};
\quad
\mathbf{p} = \mathbf{0}
\tag{i}
$$
$$
\mathbf{x}_{(r)} = (x_1, x_3), \quad \mathbf{x}_{(n-r)} = (x_2, x_4)
$$

6. $\mathbf{p} = \mathbf{0}$이기 때문에, 주어진 방정식 계는 일치한다(즉, 그것은 해를 가진다). 그것의 일반 해는 식 (A.68)의 형식으로 다음과 같다.

$$
\begin{bmatrix}
x_1 \\
x_3
\end{bmatrix}
=
\begin{bmatrix}
4 \\
2
\end{bmatrix}
-
\begin{bmatrix}
1 & 3 \\
0 & 2
\end{bmatrix}
\begin{bmatrix}
x_2 \\
x_4
\end{bmatrix}
\tag{j}
$$

또는, 전개된 표현으로 일반 해는

$$
\begin{aligned}
x_1 &= 4 - x_2 - 3x_4 \\
x_3 &= 2 - 2x_4
\end{aligned}
\tag{k}
$$

기저해

앞선 식 (k)의 일반적인 해에서 x_2와 x_4는 임의의 값으로 주어질 수 있고 대응되는 x_1와 x_3는 계산될 수 있다. 그러므로 그 계는 무한히 많은 수의 해를 가진다. 선형계획법(LP)에서 많은 관심이 있는 특수해는 식 (A.68)의 일반 해에서 $\mathbf{x}_{(n-r)} = 0$으로 가정함으로써 얻을 수 있다. 그러한 해는 선형방정식 $\mathbf{Ax} = \mathbf{b}$의 기저해라 불린다. 이전의 예에서 기저해는 식 (k)에서 $x_2 = x_4 = 0$으로 가정함으로 $x_1 = 4$, $x_2 = 0$, $x_3 = 2$, 그리고 $x_4 = 0$을 얻을 수 있다.

식 (k)는 방정식 계의 무수히 많은 해를 의미하지만, 기저해의 수는 유한하다. 예를 들어, 또 다른 기저해는 $x_2 = x_3 = 0$으로 두고 x_1와 x_4에 대해 풀이하여 얻을 수 있다. 이 기저해는 $x_1 = 1$, $x_2 = 0$, $x_3 = 0$, 그리고 $x_4 = 1$임을 알 수 있다. 기저해의 수가 유한하다는 사실은 8장에서 논의될 선형계획법 문제에서 매우 중요하다. 그 이유는 **선형계획법 문제에 대한 최저해는 기저해 중 하나이기 때문**이다.

예제 A.8 **표 형식의 가우스-조단 환원 과정**

가우스-조단 과정의 표 형식을 이용하여 다음의 방정식 집합들의 일반 해를 찾아라.

$$\begin{aligned}
-x_1 + 2x_2 - 3x_3 + x_4 &= -1 \\
2x_1 + x_2 + x_3 - 2x_4 &= 2 \\
x_1 - x_2 + 2x_3 + x_4 &= 3 \\
x_1 + 3x_2 - 2x_3 - x_4 &= 1
\end{aligned} \tag{a}$$

풀이

선형 계에서 가우스-조단 환원 과정의 반복 과정은 표 A.1에 설명되어 있다. 주어진 계를 식 (A.66)의 정준형으로 환원하기 위해 세 반복 과정이 필요하다. 두 번째 단계에서 요소 a_{33}는 0이기 때문에 그것은 피봇요소로서 사용될 수 없음을 일러둔다. 그러므로 요소 a_{34}를 피봇요소로서 사용하고 x_4열에서 소거를 수행한다. 이것은 효과적으로는 x_3열과 x_4을 서로 바꾸는 것을 의미한다(예제 A.7에서 행해졌던 것과 유사하다).

표 A.1의 세 번째 단계의 결과를 식 (A.66)의 형식으로 다시 서술하면 다음을 얻는다.

$$\begin{matrix} x_1 & x_2 & x_4 & x_3 \end{matrix}$$
$$\begin{bmatrix} 1 & 0 & 0 & 1 \\ 0 & 1 & 0 & -1 \\ 0 & 0 & 1 & 0 \\ 0 & 0 & 0 & 0 \end{bmatrix} \begin{bmatrix} x_1 \\ x_2 \\ x_4 \\ x_3 \end{bmatrix} = \begin{bmatrix} 2 \\ 0 \\ 1 \\ 0 \end{bmatrix} \tag{b}$$

마지막 방정식은 그 자체로 0 = 0을 의미하기 때문에 주어진 방정식의 계는 불일치한다(즉, 그것은 해를 가진다). 또한, 계수행렬의 계수가 방정식의 수보다 작은 3이기 때문에 선형 계의 해는 무수히 많이 존재한다.

식 (b)에서 일반 해는 다음과 같이 주어진다.

단계	x^1	x^2	x^3	x^4	b	
초기 값	−1	2	−3	−1	−1	첫 번째 행을 −1으로 나누고 그것을 열 x_1에서 소거를 수행하는 데 이용한다. 예를 들어, 새로운 첫 번째 행에 2를 곱셈하고 두 번째 행에서 그것을 뺄셈한다.
	2	1	1	−2	2	
	1	−1	2	1	3	
	1	3	−2	−1	1	
첫 번째	1	−2	1	1	1	두 번째 행을 5로 나누고 x_2 열에서 소거를 수행한다.
반복과정	0	5	−5	0	0	
	0	1	−1	2	2	
	0	5	−5	0	0	
두 번째	1	0	1	−1	1	세 번째 행을 2로 나누고 x_4 열에서 소거를 수행한다.
반복과정	0	1	−1	0	0	
	0	0	0	2	2	
	0	0	0	0	0	
세 번째	1	0	1	0	2	단위행렬을 포함한 열 x_1, x_2, a와 x_4을 이용한 정준형
반복과정	0	1	−1	0	0	
	0	0	0	1	1	
	0	0	0	0	0	

$$x_1 = 2 - x_3$$
$$x_2 = 0 + x_3$$
$$x_4 = 1$$

(c)

x_3를 0으로 두어 $x_1 = 2$, $x_2 = 0$, $x_3 = 0$, 그리고 $x_4 = 1$로 기저해를 얻을 수 있다.

이 절의 결과를 요약하기 위해 다음을 일러 둔다.

1. 만약 계수행렬의 계수와 확대계수행렬의 계수가 같다면 식 (A.62)의 $m \times n$ 계는 일치한다. 일치한 계는 그 계가 해를 가짐을 의미한다.

2. 만약 방정식의 수가 변수의 수보다 적고($m < n$) 그 계가 m 이하의 계수를 가져($r \le m$) 일치한다면, 그것은 무수히 많은 해를 가진다.

3. 만약 $m = n = r$이라면, 그것은 비특이 계수행렬의 정방 계이기 때문에 식 (A.62)의 계는 유일 해를 가진다.

A.5 벡터 집합 개념

몇몇 응용 분야에서 벡터 집합을 마주하게 된다. 벡터 공간이나 벡터의 선형 독립과 같은 벡터들의 집합과 관련된 개념을 논의하는 것이 유용하다. 이 절에서는 이러한 개념들에 대해 간단히 논의하고 벡터 집합의 선형 독립을 확인하는 절차에 대해 설명한다.

A.5.1 벡터 집합의 선형 독립

n차원의 k 벡터들의 집합을 생각하자.

$$A = \{\mathbf{a}^{(1)}, \mathbf{a}^{(2)}, \ldots, \mathbf{a}^{(k)}\} \tag{A.69}$$

여기서 위첨자 (i)는 i번째 벡터를 의미한다. 집합 A에서 벡터들의 선형 결합은 A 안의 각각 벡터의 척도를 조정하고 결과적인 벡터들을 모두 더하여 얻어진 또 다른 벡터이다. 즉, $\mathbf{b}$가 A 안의 벡터의 선형 결합이라면, 그것은 다음과 같이 정의된다.

$$\mathbf{b} = x_1\mathbf{a}^{(1)} + x_2\mathbf{a}^{(2)} + \cdots + x_k\mathbf{a}^{(k)} = \sum_{i=1}^{k} x_i\mathbf{a}^{(i)} \tag{A.70}$$

여기서 $x_1, x_2, \ldots, x_k$ 몇 스칼라이다. 위 식은 행렬 형식으로 조악하게 다음과 같이 쓰여질 수 있다.

$$\mathbf{b} = \mathbf{A}\mathbf{x} \tag{A.71}$$

여기서 x는 k 성분 벡터이고 $\mathbf{A}$는 $\mathbf{a}^{(i)}$을 그것의 열로 하는 $n \times k$ 행렬이다.

벡터 집합이 선형 독립인지 의존인지 결정하기 위해 식 (A.70)의 선형 결합을 0으로 둔다.

$$x_1\mathbf{a}^{(1)} + x_2\mathbf{a}^{(2)} + \cdots + x_k\mathbf{a}^{(k)} = \mathbf{0}; \quad \text{or} \quad \mathbf{A}\mathbf{x} = \mathbf{0} \tag{A.72}$$

이것은 x_i를 미지수로 하는 균질 방정식 계를 의미한다. 이것은 k개의 미지수와 n개의 방정식이다. $\mathbf{x} = \mathbf{0}$(자명한 해라 불린다)은 식 (A.72)를 만족함을 일러둔다.

만약 $\mathbf{x} = \mathbf{0}$이 유일한 해라면, 벡터의 집합은 선형 의존이다. 그 경우에 $\mathbf{A}$의 계수 r은 집합 안의 벡터의 개수 k와 같아야 한다. 만약 식 (A.72)를 만족하는 모든 값이 0이 아닌 스칼라 x_i 집합이 존재한다면, 주어진 벡터 $\mathbf{a}^{(1)}, \mathbf{a}^{(2)}, \ldots, \mathbf{a}^{(k)}$의 집합 $\mathbf{A}$는 선형 의존이라 한다. 이 경우 $\mathbf{A}$의 계수 r 은 k보다 작다.

만약 벡터의 집합이 선형 의존이라면, 하나 또는 그 이상의 벡터는 각각 평행하거나 나머지 벡터들의 선형 결합으로 표현 가능한 적어도 하나의 벡터가 존재한다. 즉, 스칼라 $x_1, x_2, \ldots, x_k$ 중 적어도 하나는 0이 아닌 값을 가진다. 만약 x_j이 0이 아닌 값을 가진다면 식 (A.72)는 다음과 같이 쓰여진다.

$$-x_j\mathbf{a}^{(j)} = x_1\mathbf{a}^{(1)} + x_2\mathbf{a}^{(2)} + \cdots + x_{j-1}\mathbf{a}^{(j-1)} + x_{j+1}\mathbf{a}^{(j+1)} + \cdots + x_k\mathbf{a}^{(k)} = \sum_{i\ 1}^{k} x_i\mathbf{a}^{(i)}; \quad i \neq j \tag{A.73}$$

또는 $x_j \neq 0$이기 때문에 양변을 그것으로 나누어 다음을 얻는다.

$$\mathbf{a}^{(j)} = -\sum_{i=1}^{k} (x_i/x_j)\, \mathbf{a}^{(i)}; \quad i \neq j \tag{A.74}$$

식 (A.74)에서 $\mathbf{a}^{(j)}$를 벡터 $\mathbf{a}^{(1)}, \mathbf{a}^{(2)}, \ldots, \mathbf{a}^{(j-1)}, \mathbf{a}^{(j+1)}, \ldots, \mathbf{a}^{(k)}$의 선형 결합으로 표현해왔다. 일반적으로 만약 벡터의 집합이 선형 의존이라면 그것들 중 적어도 하나는 나머지들의 선형 결합으로 표현될 수 있다.

예제 A.9 | **벡터의 선형 의존에 관한 검토**

다음의 벡터 집합의 선형 독립을 검토하라.

(i)
$$\mathbf{a}^{(1)} = \begin{bmatrix} 2 \\ 5 \\ 2 \\ -1 \end{bmatrix}, \quad \mathbf{a}^{(2)} = \begin{bmatrix} 3 \\ 2 \\ 1 \\ 0 \end{bmatrix}, \quad \mathbf{a}^{(3)} = \begin{bmatrix} 8 \\ 9 \\ 4 \\ -1 \end{bmatrix}$$

(ii)
$$\mathbf{a}^{(1)} = \begin{bmatrix} 2 \\ 6 \\ 2 \\ -2 \end{bmatrix}, \quad \mathbf{a}^{(2)} = \begin{bmatrix} 4 \\ 3 \\ 2 \\ 0 \end{bmatrix}, \quad \mathbf{a}^{(3)} = \begin{bmatrix} 6 \\ 9 \\ 4 \\ 1 \end{bmatrix}$$

풀이

선형 독립을 검토하기 위해 식 (A.70)을 선형 결합 형식화하고 식 (A.72)에서와 같이 그것을 0으로 둔다. 결과적인 방정식의 균질계는 스칼라 x_i에 관해 풀이될 수 있다. 만약 모든 스칼라 값이 0의 값을 가진다면, 주어진 벡터 집합은 선형 독립이다. 그렇지 않다면 그것은 의존한다.

집합 (i) 안의 벡터가 선형 의존이라면 $x_1 = 1$, $x_2 = 2$, 그리고 $x_3 = -1$은 식 (A.72)의 선형 결합이 0임을 의미하기 때문에 다음과 같다.

$$\mathbf{a}^{(1)} + 2\mathbf{a}^{(2)} - \mathbf{a}^{(3)} = 0 \tag{a}$$

주어진 벡터들을 열로 가지는 다음의 행렬의 계수가 2인지 또한 검토될 수 있다. 그러므로 벡터의 집합은 선형 의존이다.

$$\mathbf{A} = \begin{bmatrix} 2 & 3 & 8 \\ 5 & 2 & 9 \\ 2 & 1 & 4 \\ -1 & 0 & -1 \end{bmatrix} \tag{b}$$

집합 (ii)에 대해 주어진 벡터를 선형 결합 형식화하고 그것을 0으로 두자.

$$x_1\mathbf{a}^{(1)} + x_2\mathbf{a}^{(2)} + x_3\mathbf{a}^{(3)} = 0 \tag{c}$$

이것은 전개된 형식으로 서술되었을 때 다음의 계를 의미하는 벡터 식이다.

$$2x_1 + 4x_2 + 6x_3 = 0 \tag{d}$$

$$6x_1 + 3x_2 + 9x_3 = 0 \tag{e}$$

$$2x_1 + 2x_2 + 4x_3 = 0 \tag{f}$$

$$-2x_1 + x_3 = 0 \tag{g}$$

위 방정식 계를 소거 과정에 의해 풀이할 수 있다.

식 (g)에서 $x_3 = 2x_1$임을 구하였다. 식 (d)에서 (f)는 다음과 같다.

$$14x_1 + 4x_2 = 0 \qquad \text{(h)}$$

$$24x_1 + 3x_2 = 0 \qquad \text{(i)}$$

$$10x_1 + 2x_2 = 0 \qquad \text{(j)}$$

식 (j)에서 $x_2 = -5x_1$임을 구하였다. 이 결과를 식 (h)와 식 (i)에 대입하면 다음을 얻는다.

$$14x_1 + 4(-5x_1) = -6x_1 = 0 \qquad \text{(k)}$$

$$24x_1 + 3(-5x_1) = -9x_1 = 0 \qquad \text{(l)}$$

식 (k)와 (l)은 $x_1 = 0$임을 의미한다. 그러므로 $x_2 = -5x_1 = 0$, $x_3 = 2x_1 = 0$이다. 그러므로 식 (c)의 유일한 해는 자명한 해 $x_1 = x_2 = x_3 = 0$이다. 집합 (ii) 안의 벡터 $\mathbf{a}^{(1)}$, $\mathbf{a}^{(2)}$, $\mathbf{a}^{(3)}$는 그러므로 선형 의존이다.

식 (A.72) k 미지수의 n 연립방정식의 집합으로 생각될 수 있다. 이것을 확인하기 위해 k 벡터를 다음과 같이 정의한다.

$$\mathbf{a}^{(1)} = \begin{bmatrix} a_{11} \\ a_{21} \\ a_{31} \\ \cdot \\ \cdot \\ a_{n1} \end{bmatrix}, \quad \mathbf{a}^{(2)} = \begin{bmatrix} a_{12} \\ a_{22} \\ a_{32} \\ \cdot \\ \cdot \\ a_{n2} \end{bmatrix} \quad \ldots, \quad \mathbf{a}^{(k)} = \begin{bmatrix} a_{1k} \\ a_{2k} \\ a_{3k} \\ \cdot \\ \cdot \\ a_{nk} \end{bmatrix}, \quad \mathbf{x} = \begin{bmatrix} x_1 \\ x_2 \\ \cdot \\ \cdot \\ \cdot \\ x_k \end{bmatrix} \qquad \text{(A.75)}$$

또한, $\mathbf{A}_{(n \times k)} = [\mathbf{a}^{(1)}, \mathbf{a}^{(2)}, \ldots, \mathbf{a}^{(k)}]$라 하자. 즉, $\mathbf{A}$는 i번째 벡터 $\mathbf{a}^{(i)}$를 i번째 열로 가지는 행렬이다. 그렇다면 식 (A.72)는 다음과 같이 쓰여질 수 있다.

$$\mathbf{Ax} = \mathbf{0} \qquad \text{(A.76)}$$

A.4절의 결과는 식 (A.76)의 유일 해는 오직 $\mathbf{A}$의 계수 r이 $\mathbf{A}$의 열의 개수 k와 같을 때($r = k < n$)이다. 그 경우에, 유일 해는 $\mathbf{x} = 0$이다. 그러므로 벡터 $\mathbf{a}^{(1)}$, $\mathbf{a}^{(2)}$, $\ldots$, $\mathbf{a}^{(k)}$는 오직 $\mathbf{A}$의 계수가 집합 안의 벡터의 수 k일 경우에만 선형 독립이다.

만약 $k > n$ 이라면, $\mathbf{A}$의 계수는 n을 넘어설 수 없음을 일러둔다. 그러므로 $\mathbf{a}^{(1)}$, $\mathbf{a}^{(2)}$, $\ldots$, $\mathbf{a}^{(k)}$는 만약 $k < n$ 이라면 항상 선형 의존이다. 그러므로 선형 의존인 n 성분 벡터의 최대 수는 n이다. 어떤 ($n + 1$) 벡터의 어떤 집합은 항상 선형 의존이다.

n 선형 독립인(n 성분) 벡터 $\mathbf{a}^{(1)}$, $\mathbf{a}^{(2)}$, $\ldots$, $\mathbf{a}^{(n)}$의 어떤 집합을 생각할 때 다른 어떤(n 성분) 벡터 $\mathbf{b}$는 이 벡터들의 유일한 선형 결합으로 표현될 수 있다. 문제는 다음과 같이 스칼라 $x_1, x_2, \ldots, x_n$를 선택하는 것이다.

$$x_1 \mathbf{a}^{(1)} + x_2 \mathbf{a}^{(2)} + \cdots + x_n \mathbf{a}^{(n)} = \mathbf{b}; \quad \text{or} \quad \mathbf{Ax} = \mathbf{b} \qquad \text{(A.77)}$$

식 (A.77)의 해가 존재하고 그것은 유일하다는 것을 보이려 한다. $\mathbf{a}^{(1)}$, $\mathbf{a}^{(2)}$, $\ldots$, $\mathbf{a}^{(n)}$는 선형 독립임

을 일러둔다. 그러므로 계수행렬 **A**의 계수가 n이고, 확대계수행렬 [**A**, **b**]의 계수 또한 n이다. 그 행렬은 오직 n행을 가지기 때문에 그것은 $(n + 1)$이 될 수 없다. 그러므로 식 (A.77)은 주어진 어떤 **A**에 대해서도 항상 해를 가진다. 게다가 **A**는 비특이하다. 그러므로 그 해는 유일하다.

요약하여, 각각 n 성분인 벡터의 k 집합에 대한 다음의 사항들을 알려둔다.

1. 만약 $k > n$이라면, 벡터의 집합은 항상 선형 의존이다. — 예를 들어, 두 성분을 가지는 세 벡터이다. 바꿔말하면, 선형 독립인 벡터의 수는 항상 n보다 작거나 같다(예를 들어, 두 성분의 벡터에 대해 최대 두 선형 독립 벡터가 존재한다).

2. 만약 각각 n차원인 n 선형 독립 벡터가 존재한다면, 다른 어떤 n 성분 벡터는 그것들에 의해 유일한 선형 결합으로 표현될 수 있다. 예를 들어, 2차원의 두 선형 독립 벡터 $\mathbf{a}^{(1)} = (1, 0)$와 $\mathbf{a}^{(2)} = (0, 1)$을 생각할 때, 다른 어떤 벡터 $\mathbf{b} = (b_1, b_2)$는 $\mathbf{a}^{(1)}$와 $\mathbf{a}^{(2)}$의 유일한 선형 결합으로 표현될 수 있다.

3. 주어진 벡터 집합의 선형 독립성은 두 방법으로 결정될 수 있다.

   a. 주어진 벡터를 열로 삼는 $n \times k$ 차원의 행렬 **A**를 형성한다. 그렇다면 만약 계수 r이 k와 같다면($r = k$), 주어진 집합은 선형 독립이다. 그렇지 않다면 그것은 선형 의존이다.

   b. 주어진 벡터의 선형 결합을 $\mathbf{Ax} = \mathbf{0}$과 같이 0으로 둔다. 만약 $\mathbf{x} = \mathbf{0}$이 결과적인 계의 유일한 해라면, 그 집합은 독립이다. 그렇지 않다면 그것은 의존이다.

A.5.2 벡터 공간

벡터 공간을 정의하기 이전에 덧셈과 스칼라 곱셈에 대한 닫힘을 정의하자.

덧셈에 대한 닫힘: 만약 집합 안의 어떤 두 벡터의 합 또한 그 집합 안에 있다면, 벡터 집합은 덧셈에 대해 닫혀 있다고 한다.

스칼라 곱셈에 대한 닫힘: 만약 집합 안의 어떤 벡터의 스칼라 곱이 그 집합 안에 있다면, 벡터 집합은 스칼라 곱셈에 대해 닫혀 있다고 한다.

벡터 공간: 요소(벡터) **x**, **y**, **z**, . . . 의 공집합이 아닌 집합 S는 만약 그 요소들에 가해지는 두 대수 연산(벡터 덧셈과 실수 스칼라에 대한 곱셈)이 다음의 특성들을 만족한다면 벡터 공간(또는 선형 공간)이라 한다.

1. 덧셈에 대한 닫힘: 만약 $\mathbf{x} \in$ S이고 $\mathbf{y} \in$ S이면, $\mathbf{x} + \mathbf{y} \in$ S.

2. 덧셈의 교환: $\mathbf{x} + \mathbf{y} = \mathbf{y} + \mathbf{x}$.

3. 덧셈의 결합: $(\mathbf{x} + \mathbf{y}) + \mathbf{z} = \mathbf{x} + (\mathbf{y} + \mathbf{z})$.

4. 덧셈의 항원: 모든 **x**에 대해 집합 S 안에서 $\mathbf{x} + \mathbf{0} = \mathbf{x}$를 만족하는 영벡터 **0**이 존재한다.

5. 덧셈의 역원: 모든 **x**에 대해 집합 S 안에서 $\mathbf{x} + (-\mathbf{x}) = \mathbf{0}$을 만족하는 $-\mathbf{x}$가 존재한다.

6. 스칼라 곱셈에 대한 닫힘: 실수 스칼라 $\alpha, \beta, . . .$에 대해 만약 $\mathbf{x} \in$ S이라면, $\alpha\mathbf{x} \in$ S이다.

7. 분배: $(\alpha + \beta)\mathbf{x} = \alpha\mathbf{x} + \beta\mathbf{x}$.

8. 분배: $\alpha(\mathbf{x} + \mathbf{y}) = \alpha\mathbf{x} + \alpha\mathbf{y}$.

9. 스칼라 곱셈의 결합: $(\alpha\beta)\mathbf{x} = \alpha(\beta\mathbf{x})$.

10. 스칼라 곱셈의 항원: $1\mathbf{x} = \mathbf{x}$.

A.5.1절에서 n 성분 벡터 집합 안의 선형 독립인 벡터의 최대 수는 n임이 서술되었다. 그러므로 이 집합의 모든 부집합에 대해 선형 독립인 벡터의 최대 수가 몇몇 있다. 특이한 경우, 모든 벡터 공간은 선형 독립 벡터의 최대 수를 가진다. 이 수는 **벡터 공간의 차원**이라 한다. 만약 벡터 공간이 k차원을 가진다면, 벡터 공간 안의 k 선형 독립 벡터의 어떤 집합은 벡터 공간에 대한 **기저**라 한다. 벡터 공간의 다른 벡터는 주어진 기저 벡터의 집합으로 유일하게 표현될 수 있다.

예제 A.10 **벡터 공간의 검토**

벡터 집합 $S = \{(x_1, x_2, x_3) \mid x_1 = 0\}$가 벡터 공간인지 검토하라.

풀이

이것을 확인하기 위해 S 안의 어떤 두 벡터를 다음과 같이 생각하자.

$$\mathbf{x} = \begin{bmatrix} 0 \\ a \\ b \end{bmatrix} \quad \text{and} \quad \mathbf{y} = \begin{bmatrix} 0 \\ c \\ d \end{bmatrix} \tag{a}$$

여기서 스칼라 a, b, c와 d는 완전히 임의의 값이다. 그렇다면

$$\mathbf{x} + \mathbf{y} = \begin{bmatrix} 0 \\ a+c \\ b+d \end{bmatrix} \tag{b}$$

그러므로 $\mathbf{x} + \mathbf{y}$는 집합 S 안에 있다. 또한, 어떤 스칼라 α에 대해

$$\alpha\mathbf{x} = \begin{bmatrix} 0 \\ \alpha a \\ \alpha b \end{bmatrix} \tag{c}$$

그러므로 $\alpha\mathbf{x}$는 집합 S 안에 있고, 그렇기에 S는 덧셈과 스칼라 곱셈에 대해 닫혀있다. 벡터 공간의 정의에 대한 다른 모든 특성들은 쉽게 증명될 수 있다. 특성 (2)를 보이기 위해 다음을 생각하자.

$$\mathbf{x} + \mathbf{y} = \begin{bmatrix} 0 \\ a+c \\ b+d \end{bmatrix} = \begin{bmatrix} 0 \\ c+a \\ d+b \end{bmatrix} = \begin{bmatrix} 0 \\ c \\ d \end{bmatrix} + \begin{bmatrix} 0 \\ a \\ b \end{bmatrix} = \mathbf{y} + \mathbf{x} \tag{d}$$

"덧셈의 결합"은 다음과 같이 알려져 있다.

$$(\mathbf{x} + \mathbf{y}) + \mathbf{z} = \begin{bmatrix} 0 \\ a+c \\ b+d \end{bmatrix} + \begin{bmatrix} 0 \\ e \\ f \end{bmatrix} = \begin{bmatrix} 0 \\ a+c+e \\ b+d+f \end{bmatrix} = \begin{bmatrix} 0 \\ a \\ b \end{bmatrix} + \begin{bmatrix} 0 \\ c+e \\ d+f \end{bmatrix} = \mathbf{x} + (\mathbf{y} + \mathbf{z}) \tag{e}$$

덧셈의 항원에 대해 집합 S 안의 영벡터를 다음과 같이 생각할 수 있다.

$$\mathbf{0} = \begin{bmatrix} 0 \\ 0 \\ 0 \end{bmatrix} \tag{f}$$

다음과 같다.

$$\mathbf{x} + 0 = \begin{bmatrix} 0 \\ a+0 \\ b+0 \end{bmatrix} = \begin{bmatrix} 0 \\ a \\ b \end{bmatrix} = \mathbf{x} \tag{g}$$

$-\mathbf{x}$을 정의한다면 덧셈의 역원은 다음과 같이 존재한다.

$$-\mathbf{x} = -\begin{bmatrix} 0 \\ a \\ b \end{bmatrix} = \begin{bmatrix} 0 \\ -a \\ -b \end{bmatrix} \tag{h}$$

다음과 같다.

$$\mathbf{x} + (-\mathbf{x}) = \begin{bmatrix} 0 \\ a+(-a) \\ b+(-b) \end{bmatrix} = \begin{bmatrix} 0 \\ 0 \\ 0 \end{bmatrix} = 0 \tag{i}$$

유사하게 특성 (7)에서 (10)은 쉽게 보여진다. 그러므로 집합 S는 벡터 공간이다. 집합 $V = \{(x_1, x_2, x_3) | x_1 = 1\}$는 벡터 공간이 아님을 일러둔다.

S의 차원을 결정하자. $\mathbf{A}$가 S 안의 벡터를 열로 삼는 행렬이라면 그것은 세 행을 가지고, 첫 번째 행은 0 값만을 가짐을 일러둔다. 그러므로 $\mathbf{A}$의 계수는 2보다 작거나 같아야 하고, S의 차원은 1 또는 2이다. 그것이 사실 2임을 보이기 위해 오직 두 선형 독립 벡터를 찾으면 된다. 다음은 집합 S 안의 그러한 두 선형 독립 벡터 세 집합을 나타낸다.

(i)

$$\mathbf{a}^{(1)} = \begin{bmatrix} 0 \\ 1 \\ 0 \end{bmatrix}, \quad \mathbf{a}^{(2)} = \begin{bmatrix} 0 \\ 0 \\ 1 \end{bmatrix} \tag{j}$$

(ii)

$$\mathbf{a}^{(3)} = \begin{bmatrix} 0 \\ 2 \\ 1 \end{bmatrix}, \quad \mathbf{a}^{(4)} = \begin{bmatrix} 0 \\ 0 \\ 1 \end{bmatrix} \tag{k}$$

(iii)

$$\mathbf{a}^{(5)} = \begin{bmatrix} 0 \\ 1 \\ 1 \end{bmatrix}, \quad \mathbf{a}^{(6)} = \begin{bmatrix} 0 \\ 1 \\ -1 \end{bmatrix} \tag{l}$$

각각의 세 집합들은 S의 기저이다. S 안의 어떤 벡터는 각각의 선형 결합으로 표현될 수 있다. 만약 $\mathbf{x} = (0, c, d)$이 S의 어떤 요소라면 다음과 같다.

(i)

$$\mathbf{x} = c\mathbf{a}^{(1)} + d\mathbf{a}^{(2)}$$

$$\begin{bmatrix} 0 \\ c \\ d \end{bmatrix} = c \begin{bmatrix} 0 \\ 1 \\ 0 \end{bmatrix} + d \begin{bmatrix} 0 \\ 0 \\ 1 \end{bmatrix} \tag{m}$$

$$\mathbf{x} = \frac{c}{2}\mathbf{a}^{(3)} + \left(c - \frac{d}{2}\right)\mathbf{a}^{(4)}$$

$$\begin{bmatrix} 0 \\ c \\ d \end{bmatrix} = \frac{c}{2}\begin{bmatrix} 0 \\ 2 \\ 1 \end{bmatrix} + \left(c - \frac{d}{2}\right)\begin{bmatrix} 0 \\ 0 \\ 1 \end{bmatrix} \qquad \text{(n)}$$

(iii)

$$\mathbf{x} = \left(\frac{c+d}{2}\right)\mathbf{a}^{(5)} + \left(\frac{c-d}{2}\right)\mathbf{a}^{(6)}$$

$$\begin{bmatrix} 0 \\ c \\ d \end{bmatrix} = \frac{c+d}{2}\begin{bmatrix} 0 \\ 1 \\ 1 \end{bmatrix} + \frac{c-d}{2}\begin{bmatrix} 0 \\ 1 \\ -1 \end{bmatrix} \qquad \text{(o)}$$

A.6 고유값과 고유벡터

$n \times n$ 행렬 $\mathbf{A}$에 대해 어떤 0이 아닌 벡터 $\mathbf{x}$는 다음을 만족한다.

$$\mathbf{A}\mathbf{x} = \lambda\mathbf{x} \qquad \text{(A.78)}$$

여기서 $\mathbf{x}$는 고유벡터(eigenvector; 적절한 또는 특성벡터)라고 한다. 스칼라 λ는 **고유값**(적절한 또는 특징적 값)이라 한다. $\mathbf{x} \neq \mathbf{0}$이기 때문에, 식 (A.78)에서 λ는 특성 방정식의 근호로 주어짐을 알 수 있다.

$$|\mathbf{A} - \lambda\mathbf{I}| = 0 \qquad \text{(A.79)}$$

식 (A.79)은 λ에 대한 n차항의 다항식을 산출한다. 이 다항식의 근호는 요구되는 고유값이다. 고유값이 결정된 이후에 식 (A.78)에서 고유벡터가 결정될 수 있다.

계수행렬 $\mathbf{A}$는 대칭적이거나 비대칭적일 것이다. 많은 응용 분야에서 $\mathbf{A}$는 대칭 행렬이다. 그렇기에 본문에서는 이 경우에 대해 생각하기로 한다. 고유값과 고유벡터의 두 특성은 다음과 같다.

1. 실수 대칭 행렬의 고유값과 고유벡터는 실수이다. 그것들은 실수 비대칭 행렬에 대해서는 복소수일 수 있다.
2. 실수 대칭 행렬의 서로 다른 고유값에 대응되는 고유벡터는 서로 직교한다(즉, 그것들의 내적은 사라진다).

고유값과 고유벡터의 계산

행렬의 고유값과 고유벡터를 찾아라.

$$\mathbf{A} = \begin{bmatrix} 2 & 1 \\ 1 & 2 \end{bmatrix} \tag{a}$$

풀이

고유값 문제가 다음과 같이 정의된다.

$$\begin{bmatrix} 2 & 1 \\ 1 & 2 \end{bmatrix} \begin{bmatrix} x_1 \\ x_2 \end{bmatrix} = \lambda \begin{bmatrix} x_1 \\ x_2 \end{bmatrix} \tag{b}$$

특성 다항식은 $|\mathbf{A} - \lambda\mathbf{I}| = 0$으로 주어진다.

$$\begin{vmatrix} 2-\lambda & 1 \\ 1 & 2-\lambda \end{vmatrix} = 0 \tag{c}$$

또는

$$\lambda^2 - 4\lambda + 3 = 0 \tag{d}$$

이 이차 방정식의 근호는 다음과 같다.

$$\lambda_1 = 3, \quad \lambda_2 = 1 \tag{e}$$

그러므로 고유값들은 3과 1이다.

식 (A.78)에서 고유벡터가 결정된다. $\lambda_1 = 3$에 대해 식 (A.78)은 다음과 같다.

$$\begin{bmatrix} (2-3) & 1 \\ 1 & (2-3) \end{bmatrix} \begin{bmatrix} x_1 \\ x_2 \end{bmatrix} = \begin{bmatrix} 0 \\ 0 \end{bmatrix} \tag{f}$$

또는, $x_1 = x_2$이다. 그러므로 위 식에 대한 해는 (1, 1)이다. 정규화(그것의 길이로 나누는 것) 후에, 첫 번째 고유벡터는 다음과 같다.

$$\mathbf{x}^{(1)} = \frac{1}{\sqrt{2}} \begin{bmatrix} 1 \\ 1 \end{bmatrix} \tag{g}$$

에 대해 $\lambda_2 = 1$, 식 (A.78)은 다음과 같다.

$$\begin{bmatrix} (2-1) & 1 \\ 1 & (2-1) \end{bmatrix} \begin{bmatrix} x_1 \\ x_2 \end{bmatrix} = \begin{bmatrix} 0 \\ 0 \end{bmatrix} \tag{h}$$

또는, $x_1 = -x_2$이다. 그러므로 위 식에 대한 해는 (1, −1)이다. 정규화 후에, 두 번째 고유벡터는 다음과 같다.

$$\mathbf{x}^{(2)} = \frac{1}{\sqrt{2}} \begin{bmatrix} 1 \\ -1 \end{bmatrix} \tag{i}$$

$\mathbf{x}^{(1)}$ 내적 $\mathbf{x}^{(2)}$은 0임이 증명될 수 있다. 즉, $\mathbf{x}^{(1)}$와 $\mathbf{x}^{(2)}$은 서로 직교한다.

A.7 행렬의 노름과 조건 수

A.7.1 벡터와 행렬의 노름

모든 n차원 벡터 $\mathbf{x}$는 $\|\mathbf{x}\|$으로 표기되는 그것과 관련된 스칼라 값의 함수를 가진다. 그것은 다음의 세 조건을 만족한다면 $\mathbf{x}$의 노름이라 한다.

1. $\mathbf{x} \neq \mathbf{0}$에 대해 $\|\mathbf{x}\| > 0$, 그리고 오직 $\mathbf{x} = \mathbf{0}$일 때 $\|\mathbf{x}\| > 0$.
2. $\|\mathbf{x} + \mathbf{y}\| \leq \|\mathbf{x}\| + \|\mathbf{y}\|$ (삼각 부등식).
3. $\|a\mathbf{x}\| = |a|\,\|\mathbf{x}\|$ 여기서 a는 스칼라이다.

$n \leq 3$인 벡터의 일반적인 길이는 위 세 조건을 만족한다. 노름의 개념은 그러므로 1, 2 또는 3차원의 유클리드 공간 안의 벡터의 길이의 일반화이다. 예를 들어, n차원 공간의 유클리드 거리는

$$\|\mathbf{x}\| = \sqrt{\mathbf{x}^T\mathbf{x}} = \sqrt{(\mathbf{x} \cdot \mathbf{x})} \tag{A.80}$$

세 노름 조건을 만족하고 그러므로 노름이다.

모든 $n \times n$ 행렬 $\mathbf{A}$는 노름이라 하는 그것과 관련된 스칼라 함수를 가지고 있다. 그것은 $\|\mathbf{A}\|$로 표기되고 다음과 같이 계산된다.

$$\|\mathbf{A}\| = \max_{\mathbf{x} \neq 0} \frac{\|\mathbf{A}\mathbf{x}\|}{\|\mathbf{x}\|} \tag{A.81}$$

$\mathbf{A}\mathbf{x}$는 벡터이기 때문에 식 (A.81)은 $\mathbf{A}$의 노름은 $\|\mathbf{A}\mathbf{x}\|/\|\mathbf{x}\|$ 비를 최대화하는 벡터 $\mathbf{x}$에 의해 결정됨을 의미함을 일러둔다.

식 (A.81)에 대해 노름의 세 조건은 다음과 같이 증명될 수 있다.

1. 그것이 0인 영행렬이 아니라면, $\|\mathbf{A}\| > 0$.
2. $\|\mathbf{A} + \mathbf{B}\| \leq \|\mathbf{A}\| + \|\mathbf{B}\|$.
3. $\|a\mathbf{A}\| = |a|\,\|\mathbf{A}\|$ 여기서 a는 스칼라이다.

다른 벡터 노름 또한 정의될 수 있다. 예를 들어, 합 노름과 최대-노름(∞노름이라 하는)은 다음과 같이 정의된다.

$$\|\mathbf{x}\| = \sum_{i=1}^{n} |x_i|, \quad \text{or} \quad \|\mathbf{x}\| = \max_{1 \leq i \leq n} |x_i| \tag{A.82}$$

이것들은 벡터 $\mathbf{x}$의 노름의 세 조건을 만족한다.

만약 λ_1^2가 $\mathbf{A}^T\mathbf{A}$의 최대 고유값이라면, 식 (A.81)을 이용하여 $\mathbf{A}$의 노름이 다음과 같이 정의됨을 보일 수 있다.

$$\|\mathbf{A}\| = \lambda_1 > 0 \tag{A.83}$$

유사하게 만약 λ_n^2 가 $\mathbf{A}^T\mathbf{A}$의 최소 고유값이라면, $\mathbf{A}^{-1}$의 노름은 다음과 같이 정의된다.

$$\left\|\mathbf{A}^{-1}\right\| = \lambda_n > 0 \tag{A.84}$$

A.7.2 행렬의 조건 수

조건 수는 $n \times n$ 행렬과 관계된 또 다른 스칼라이다. 그것은 방정식의 선형 계 $\mathbf{Ax} = \mathbf{b}$를 풀이할 때 유용하다. 종종 계수행렬 $\mathbf{A}$ 또는 우변 벡터 $\mathbf{b}$의 요소에 불확실성이 있다. 그렇기에 $\mathbf{A}$와 $\mathbf{b}$의 작은 변화에 대해 해 벡터 $\mathbf{x}$가 얼마나 변화할 것인가 하는 것이 의문점이다. 이 의문에 대한 답은 행렬 $\mathbf{A}$의 조건수에 있다.

$\text{cond}(\mathbf{A})$로 표기되는 $n \times n$ 행렬 $\mathbf{A}$의 조건수는 다음과 같이 주어짐을 알 수 있다.

$$\text{cond}(\mathbf{A}) = \frac{\lambda_1}{\lambda_n} \geq 0 \tag{A.85}$$

여기서 λ_1^2 와 λ_n^2 는 $\mathbf{A}^T\mathbf{A}$의 가장 크고 가장 작은 고유값이다.

높은 조건 수는 해 $\mathbf{x}$가 $\mathbf{A}$와 $\mathbf{b}$의 요소 변화에 매우 민감함을 의미함이 드러나있다. 즉, $\mathbf{A}$와 $\mathbf{b}$의 작은 변화가 $\mathbf{x}$에 많은 변화를 가한다. $\mathbf{A}$의 매우 높은 조건 수는 그것이 거의 특이함을 의미한다. 대응되는 방정식 계 $\mathbf{Ax} = \mathbf{b}$는 불량 조건이라 한다.

A.8 부록 A의 연습문제

Evaluate the following determinants.

A.1
$$\begin{vmatrix} 2 & 1 & 3 \\ 1 & 2 & 1 \\ 3 & 1 & 5 \end{vmatrix}$$

A.2
$$\begin{vmatrix} 0 & 2 & 3 & 2 \\ 0 & 4 & 5 & 4 \\ 1 & -2 & -2 & 1 \\ 3 & -1 & 2 & 1 \end{vmatrix}$$

A.3
$$\begin{vmatrix} 0 & 0 & 0 & -2 \\ 0 & 0 & 5 & 3 \\ 0 & 1 & -1 & 1 \\ 2 & 3 & -3 & 2 \end{vmatrix}$$

For the following determinants, calculate the values of the scalar λ for which the determinants vanish.

A.4
$$\begin{vmatrix} 2-\lambda & 1 & 0 \\ 1 & 3-\lambda & 0 \\ 0 & 3 & 2-\lambda \end{vmatrix}$$

A.5

$$\begin{vmatrix} 2-\lambda & 2 & 0 \\ 1 & 2-\lambda & 0 \\ 0 & 0 & 2-\lambda \end{vmatrix}$$

Determine the rank of the following matrices.

A.6

$$\begin{bmatrix} 3 & 0 & 1 & 3 \\ 2 & 0 & 3 & 2 \\ 0 & 2 & -8 & 1 \\ -2 & -1 & 2 & -1 \end{bmatrix}$$

A.7

$$\begin{bmatrix} 1 & 2 & 2 & 2 & 4 \\ 1 & 6 & 3 & 0 & 3 \\ 2 & 2 & 3 & 3 & 2 \\ 1 & 3 & 2 & 5 & 1 \end{bmatrix}$$

A.8

$$\begin{bmatrix} 1 & 2 & 3 & 4 \\ 0 & 0 & 0 & 1 \\ 3 & 2 & 3 & 0 \\ 2 & 3 & 1 & 4 \\ 2 & 0 & 6 & 0 \\ 1 & 2 & 1 & 4 \end{bmatrix}$$

Obtain the solutions to the following equations using the Gaussian elimination procedure.

A.9 $2x_1 + 2x_2 + x_3 = 5$
$x_1 - 2x_2 + 2x_3 = 1$
$x_2 + 2x_3 = 3$

A.10 $x_2 - x_3 = 0$
$x_1 + x_2 + x_3 = 3$
$x_1 - 3x_2 = -2$

A.11 $2x_1 + x_2 + x_3 = 7$
$4x_2 - 5x_3 = -7$
$x_1 - 2x_2 + 4x_3 = 9$

A.12 $2x_1 + x_2 - 3x_3 + x_4 = 1$
$x_1 + 2x_2 + 5x_3 - x_4 = 7$
$-x_1 + x_2 + x_3 + 4x_4 = 5$
$2x_1 - 3x_2 + 2x_3 - 5x_4 = -4$

A.13 $3x_1 + x_2 + x_3 = 8$
$2x_1 - x_2 - x_3 = -3$
$x_1 + 2x_2 - x_3 = 2$

A.14 $x_1 + x_2 - x_3 = 2$
$2x_1 - x_2 + x_3 = 4$
$-x_1 + 2x_2 + 3x_3 = 3$

A.15 $-x_1 + x_2 - x_3 = -2$
$-2x_1 + x_2 + 2x_3 = 6$
$x_1 + x_2 + x_3 = 6$

A.16 $-x_1 + 2x_2 + 3x_3 = 4$
$2x_1 - x_2 - 2x_3 = -1$
$x_1 - 3x_2 + 4x_3 = 2$

A.17 $x_1 + x_2 + x_3 + x_4 = 2$
$2x_1 + x_2 - x_3 + x_4 = 2$
$-x_1 + 2x_2 + 3x_3 + x_4 = 1$
$3x_1 + 2x_2 - 2x_3 - x_4 = 8$

A.18 $x_1 + x_2 + x_3 + x_4 = -1$
$2x_1 - x_2 + x_3 - 2x_4 = 8$
$3x_1 + 2x_2 + 2x_3 + 2x_4 = 4$
$-x_1 - x_2 + 2x_3 - x_4 = -2$

Check if the following systems of equations are consistent. If they are, calculate their general solutions.

A.19 $3x_1 + x_2 + 5x_3 + 2x_4 = 2$
$2x_1 - 2x_2 + 4x_3 = 2$
$2x_1 + 2x_2 + 3x_3 + 2x_4 = 1$
$x_1 + 3x_2 + x_3 + 2x_4 = 0$

A.20 $x_1 + x_2 + x_3 + x_4 = 10$
$-x_1 + x_2 - x_3 + x_4 = 2$
$2x_1 - 3x_2 + 2x_3 - 2x_4 = -6$

A.21 $x_2 + 2x_3 + x_4 = -2$
$x_1 - 2x_2 - x_3 - x_4 = 1$
$x_1 - 2x_2 - 3x_3 + x_4 = 1$

A.22 $x_1 + x_2 + x_3 + x_4 = 0$
$2x_1 + x_2 - 2x_3 - x_4 = 6$
$3x_1 + 2x_2 + x_3 + 2x_4 = 2$

A.23 $x_1 + x_2 + x_3 + 3x_4 - x_5 = 5$
$2x_1 - x_2 + x_3 - x_4 + 3x_5 = 4$
$-x_1 + 2x_2 - x_3 + 3x_4 - 2x_5 = 1$

A.24 $2x_1 - x_2 + x_3 + x_4 - x_5 = 2$
$-x_1 + x_2 - x_3 - x_4 + x_5 = -1$
$4x_1 + 2x_2 + 3x_3 + 2x_4 - x_5 = 20$

A.25 $3x_1 + 3x_2 + 2x_3 + x_4 = 19$
$2x_1 - x_2 + x_3 + x_4 - x_5 = 2$
$4x_1 + 2x_2 + 3x_3 + 2x_4 - x_5 = 20$

A.26 $x_1 + x_2 + 2x_4 - x_5 = 5$
$x_1 + x_2 + x_3 + 3x_4 - x_5 = 5$
$2x_1 - x_2 + x_3 - x_4 + 3x_5 = 4$
$-x_1 + 2x_2 - x_3 + 3x_4 - 2x_5 = 1$

A.27 $x_2 + 2x_3 + x_4 + 3x_5 + 2x_6 = 9$
$-x_1 + 5x_2 + 2x_3 + x_4 + 2x_5 + x_7 = 10$
$5x_1 - 3x_2 + 8x_3 + 6x_4 + 3x_5 - 2x_8 = 17$
$2x_1 - x_2 + x_4 + 5x_5 - 2x_8 = 5$

Check the linear independence of the following set of vectors.

A.28

$$\mathbf{a}^{(1)} = \begin{bmatrix} 3 \\ 2 \\ 1 \end{bmatrix}, \quad \mathbf{a}^{(2)} = \begin{bmatrix} -3 \\ -4 \\ 1 \end{bmatrix}, \quad \mathbf{a}^{(3)} = \begin{bmatrix} 2 \\ 3 \\ 0 \end{bmatrix}, \quad \mathbf{a}^{(4)} = \begin{bmatrix} 4 \\ 0 \\ 1 \end{bmatrix}$$

A.29

$$\mathbf{a}^{(1)} = \begin{bmatrix} 1 \\ 2 \\ 3 \\ 4 \\ 5 \end{bmatrix}, \quad \mathbf{a}^{(2)} = \begin{bmatrix} -2 \\ 1 \\ 0 \\ 1 \\ -1 \end{bmatrix}, \quad \mathbf{a}^{(3)} = \begin{bmatrix} 4 \\ 0 \\ -3 \\ 2 \\ 1 \end{bmatrix}$$

Find eigenvalues for the following matrices.

A.30

$$\begin{bmatrix} 1 & 2 \\ 2 & 5 \end{bmatrix}$$

A.31

$$\begin{bmatrix} 2 & 2 \\ 2 & 4 \end{bmatrix}$$

A.32

$$\begin{bmatrix} 1 & 1 & 0 \\ 1 & 4 & 0 \\ 0 & 0 & 5 \end{bmatrix}$$

A.33

$$\begin{bmatrix} 1 & 0 & 0 \\ 0 & 0 & 1 \\ 0 & 1 & 2 \end{bmatrix}$$

A.34

$$\begin{bmatrix} 0 & 0 & 0 \\ 0 & 1 & 1 \\ 0 & 1 & 5 \end{bmatrix}$$

References

Asaro, R., 2014. Introduction to Linear Algebra for Structural Engineers. Modeling and Engineering Solutions, LLC, La Jolla.

Deif, A.S., 1982. Advanced Matrix Theory for Scientists and Engineers. Halsted Press, New York.

Gere, J.M., Weaver, W., 1983. Matrix Algebra for Engineers. Brooks/Cole Engineering Division, Monterey, CA.

Jennings, A., 1977. Matrix Computations for Engineers. John Wiley, New York.

Kaw, A., 2011. Introduction to Matrix Algebra, second ed. University of South Florida, Tampa, www.autarkaw.com.

Strang, G., 1976. Linear Algebra and its Applications. Academic Press, New York.

샘플 컴퓨터 코드

Sample Computer Programs

이 부록에서는 10장과 11장에 나온 비제약조건 최적화 방법에 대한 수치 알고리즘을 담고 있다. 학생들이 수치 알고리즘을 단계적으로 코드에 대입하는 방법을 배우는 것이 부록의 목적이다. 여기서는 가장 효율적인 코드를 다루지는 않는다. 알고리즘의 중요한 수치적 측면을 간단하고 바르게 배우는 것이 중요하다. 최적화의 수치적 기법에 초보자가 몇 가지 수치 예제들을 이 코드들을 통해 다양한 방법으로 해석할 수 있기를 기대한다.

B.1 등구간 탐색

10장에서 다룬 바와 같이 등구간 탐색은 1차원 최소화 문제에서 가장 간단한 방법이다. 이에 대한 프로그램은 그림 B.1를 기반으로 되어 있다. 문제가 단봉형인 1차원 함수이고 연속하며 관심 영역에서 음의 기울기를 가진다고 가정한다. 초기 간격(δ)과 선 탐색 정확도(ε)가 메인 프로그램에서 정해져야 한다.

서브루틴 EQUAL은 메인 프로그램에서 불려서 선 탐색을 수행한다. 이를 위해서 선행해야 하는 일은 세 가지가 있다. (1) 초기 간격 δ를 $f(0) > f(\delta)$가 만족되도록 정하는 것, (2) 초기 불확실성의 간격 (α_l, α_u)을 정하는 것, 그리고 (3) 불확실성의 간격을 $(\alpha_u - \alpha_l) \leq \varepsilon$를 만족하도록 줄이는 것이다.

서브루틴 EQUAL은 각 스탭에서 1차원 함수 값을 결정하기 위해서 서브루틴 FUNCT를 호출한다. FUNCT는 이용자가 완성해야 한다. 우선 1차원 최소화 함수를 $f(\alpha) = 2 - 4\alpha + e^{\alpha}$로 설정하였다. EQUAL 서브루틴에서는 다음의 표기들을 이용한다.

AA = 중간 점 α_a

AL = α의 하한값, α_l

AU = α의 상한값, α_u

FA = α_a에서의 함수값 $f(\alpha_a)$

FL = α_l에서의 함수값 $f(\alpha_l)$

FU = α_u에서의 함수값 $f(\alpha_u)$

```
C       MAIN PROGRAM FOR EQUAL INTERVAL SEARCH

        IMPLICIT DOUBLE PRECISION (A-H,O-Z)

        DELTA  = 5.0D-2
        EPSLON = 1.0D-3
        NCOUNT = 0
        F      = 0.0D0
        ALFA   = 0.0D0
C
C       TO PERFORM LINE SEARCH CALL SUBROUTINE EQUAL
C
        CALL EQUAL(ALFA,DELTA,EPSLON,F,NCOUNT)
        WRITE(*,10) ' MINIMUM =', ALFA
        WRITE(*,10) ' MINIMUM FUNCTION VALUE =', F
        WRITE(*,*) 'NO. OF FUNCTION EVALUATIONS =', NCOUNT
10      FORMAT(A,1PE14.5)

        STOP
        END



        SUBROUTINE EQUAL(ALFA,DELTA,EPSLON,F,NCOUNT)
C       -----------------------------------------------------------
C       THIS SUBROUTINE IMPLEMENTS EQUAL INTERVAL SEARCH
C       ALFA   = OPTIMUN VALUE ON RETURN
C       DELTA  = INITIAL STEP LENGTH
C       EPSLON = CONVERGENCE PARAMETER
C       F      = OPTIMUM VALUE OF THE FUNCTION ON RETURN
C       NCOUNT = NUMBER OF FUNCTION EVALUATIONS ON RETURN
C       -----------------------------------------------------------

        IMPLICIT DOUBLE PRECISION (A-H,O-Z)
C
C       ESTABLISH INITIAL DELTA
C
        AL = 0.0D0
        CALL FUNCT(AL,FL,NCOUNT)
10      CONTINUE
        AA = DELTA
        CALL FUNCT(AA,FA,NCOUNT)
        IF (FA .GT. FL) THEN
           DELTA = DELTA * 0.1D0
           GO TO 10
        END IF
```

그림 B.1   등구간 탐색 프로그램

```
C
C      ESTABLISH INITIAL INTERVAL OF UNCERTAINTY
C
20     CONTINUE
       AU = AA + DELTA
       CALL FUNCT(AU,FU,NCOUNT)
       IF (FA .GT. FU) THEN
          AL = AA
          AA = AU
          FL = FA
          FA = FU
          GO TO 20
       END IF
C
C      REFINE THE INTERVAL OF UNCERTAINTY FURTHER
C
30     CONTINUE
       IF ((AU - AL) .LE. EPSLON) GO TO 50
       DELTA = DELTA * 0.1D0
       AA = AL
       FA = FL
40     CONTINUE
       AU = AA + DELTA
       CALL FUNCT(AU,FU,NCOUNT)
       IF (FA .GT. FU) THEN
          AL = AA
          AA = AU
          FL = FA
          FA = FU
          GO TO 40
       END IF
       GO TO 30
C
C      MINIMUM IS FOUND
C
50     ALFA = (AU + AL) * 0.5D0
       CALL FUNCT(ALFA,F,NCOUNT)

       RETURN
       END
```

그림 B.1   (계속)

```
       SUBROUTINE FUNCT(AL,F,NCOUNT)
C      ------------------------------------------------------------
C      CALCULATES THE FUNCTION VALUE
C      AL    = VALUE OF ALPHA, INPUT
C      F     = FUNCTION VALUE ON RETURN
C      NCOUNT = NUMBER OF CALLS FOR FUNCTION EVALUATION
C      ------------------------------------------------------------

       IMPLICIT DOUBLE PRECISION (A-H,O-Z)

       NCOUNT = NCOUNT + 1
c       F = 1.0D0 - 3.0D0 * AL + DEXP(2.0D0 * AL)
        F = 18.5D0*AL**2-85.0D0*AL-13.5D0

       RETURN
       END
```

그림 B.1 (계속)

B.2   황금분할 탐색 방법

황금분할 탐색 방법은 좀 더 효율적인 방법 중 하나인데 함수값만을 필요로 한다. 서브루틴 GOLD는 그림 B.2에 나와 있고 황금분할 탐색 방법 알고리즘은 10장에 설명되어 있다. 그리고 이 서브루틴은 그림 B.1에 소개되어 있는 메인 프로그램에서 호출된다. EQUAL을 호출하는 대신 GOLD를 호출하는 것이다.

초기 탐색 간격 길이와 초기 불확실성 간격이 EQUAL과 마찬가지로 GOLD에서 정해진다. 불확실성의 간격은 10장의 알고리즘 3단계 선 탐색 정확도를 만족하기 위해 더 줄인다. 서브루틴 FUNCT는 각 단계에서 함수값을 계산하기 위해 사용된다.

GOLD에서 사용되는 표기들은 다음과 같다.

$AA = \alpha_a$

$AB = \alpha_b$

$AL = \alpha_l$

$AU = \alpha_u$

$FA = f(\alpha_a)$

$FB = f(\alpha_b)$

$FL = f(\alpha_l)$

$FU = f(\alpha_u)$

GR = golden ratio $(\sqrt{5} + 1)/2$

```
      SUBROUTINE GOLD(ALFA,DELTA,EPSLON,F,NCOUNT)
C     ----------------------------------------------------------
C     THIS SUBROUTINE IMPLEMENTS GOLDEN SECTION SEARCH
C     ALFA   = OPTIMUM VALUE OF ALPHA ON RETURN
C     DELTA  = INITIAL STEP LENGTH
C     EPSLON = CONVERGENCE PARAMETER
C     F      = OPTIMUM VALUE OF THE FUNCTION ON RETURN
C     NCOUNT = NUMBER OF FUNCTION EVALUATIONS ON RETURN
C     ----------------------------------------------------------

      IMPLICIT DOUBLE PRECISION(A-H,O-Z)

      GR = 0.5D0 * SQRT(5.0D0) + 0.5D0
C
C     ESTABLISH INITIAL DELTA
C
      AL = 0.0D0
      CALL FUNCT(AL,FL,NCOUNT)
10    CONTINUE
      AA = DELTA
      CALL FUNCT(AA,FA,NCOUNT)
      IF (FA .GT. FL) THEN
         DELTA = DELTA * 0.1D0
         GO TO 10
      END IF
C
C     ESTABLISH INITIAL INTERVAL OF UNCERTAINTY
C
      J = 0
20    CONTINUE
      J = J + 1
      AU = AA + DELTA * (GR ** J)
      CALL FUNCT(AU,FU,NCOUNT)
      IF (FA .GT. FU) THEN
         AL = AA
         AA = AU
         FL = FA
         FA = FU
         GO TO 20
      END IF
C
C     REFINE THE INTERVAL OF UNCERTAINTY FURTHER
C
      AB = AL + (AU - AL) / GR
      CALL FUNCT(AB,FB,NCOUNT)
30    CONTINUE
```

그림 B.2 황금분할 탐색 방법의 서브루틴 GOLD

```fortran
      IF ((AU - AL) .LE. EPSLON) GO TO 80
C
C     IMPLEMENT STEPS 4, 5 OR 6 OF THE ALGORITHM
C
      IF (FA - FB) 40, 60, 50
C
C     FA IS LESS THAN FB (STEP 4)

40    AU = AB

      FU = FB
      AB = AA
      FB = FA
      AA = AL + (AU - AL) * (1.0D0 - 1.0D0 / GR)
      CALL FUNCT(AA,FA,NCOUNT)
      GO TO 30
C
C     FA IS GREATER THAN FB (STEP 5)
C
50    AL = AA
      FL = FA
      AA = AB
      FA = FB
      AB = AL + (AU - AL) / GR
      CALL FUNCT(AB,FB,NCOUNT)
      GO TO 30
C
C     FA IS EQUAL TO FB (STEP 6)
C
60    AL = AA
      FL = FA
      AU = AB
      FU = FB
      AA = AL + (1.0D0 - 1.0D0 / GR) * (AU - AL)
      CALL FUNCT(AA,FA,NCOUNT)
      AB = AL + (AU - AL) / GR
      CALL FUNCT(AB,FB,NCOUNT)
      GO TO 30
C
C     MINIMUM IS FOUND
C
80    ALFA = (AU + AL) * 0.5D0
      CALL FUNCT(ALFA,F,NCOUNT)
      RETURN
      END
```

그림 B.2 (계속)

B.3   최속강하방법

최속강하방법은 비제약조건 최적화 문제에서 구배 기반의 방법 중 가장 간단하다. 프로그램은 그림 B.3에 나와 있다. 이 알고리즘에서 기본적인 절차는 다음과 같다. 먼저 (1) 현재의 위치에서 목적함수의 기울기를 계산한다. (2) 음의 기울기 방향을 따라 최적의 스텝 크기를 결정한다. (3) 설계해를 갱신하고 수렴 정도를 기준과 비교하여 필요하면 이 과정을 반복한다.

메인 프로그램에 선언된 배열들은 설계변수 벡터의 차원과 같아야 한다. 또한 초기 데이터와 시작 위치는 이용자가 정한다. 목적함수와 그 기울기는 각각 FUNCT와 GRAD에서 제공된다. 복수 변수 프로그램을 위한 황금분할 탐색 방법 프로그램인 GOLDM에서 선 탐색이 이루어진다. 목적함수는 $f(\mathbf{x}) = x_1^2 + 2x_2^2 + 2x_3^2 + 2x_1x_2 + 2x_2x_3$의 예시와 같이 구성된다.

B.4   수정 뉴턴법

수정 뉴턴법은 기울기뿐만 아니라 헷세행렬까지 사용하여 2차 수렴 정도를 가진다. 수렴 정도가 매우 좋지만 목적함수의 헷세행렬이 정의되지 않거나 특이점으로 인해 수렴에 실패하는 경우도 있다. 수정 뉴턴법은 그림 B.4에 나와 있다. 목적함수와 기울기 벡터, 그리고 헷세행렬은 각각 FUNCT, GRAD, HASN에서 정의된다. 예를 들어 $f(\mathbf{x}) = x_1^2 + 2x_2^2 + 2x_3^2 + 2x_1x_2 + 2x_2x_3$가 목적함수로 선택되었다.

뉴턴방향은 서브루틴 SYSEQ에서 선형 방정식을 풂으로써 얻어진다. 뉴턴방향은 경사의 방향이 하나가 아닐 수도 있어서 이러한 경우에 선 탐색과정에서 적절한 스텝 크기를 결정하는 데 실패할 수도 있다. 이때 반복과정이 멈추고 적절한 메시지가 출력된다. 수정 뉴턴법의 메인 프로그램과 관련된 서브루틴은 그림 B.4에 나와 있다.

```
C      THE MAIN PROGRAM FOR STEEPEST-DESCENT METHOD
C      ------------------------------------------------------------
C      DELTA  = INITIAL STEP LENGTH FOR LINE SEARCH
C      EPSLON = LINE SEARCH ACCURACY
C      EPSL   = STOPPING CRITERION FOR STEEPEST-DESCENT METHOD
C      NCOUNT = NO. OF FUNCTION EVALUATIONS
C      NDV    = NO. OF DESIGN VARIABLES
C      NOC    = NO. OF CYCLES OF THE METHOD
C      X      = DESIGN VARIABLE VECTOR
C      D      = DIRECTION VECTOR
C      G      = GRADIENT VECTOR
C      WK     = WORK ARRAY USED FOR TEMPORARY STORAGE
C      ------------------------------------------------------------

       IMPLICIT DOUBLE PRECISION (A-H, O-Z)
       DIMENSION X(4), D(4), G(4), WK(4)
C
C      DEFINE INITIAL DATA
C
       DELTA  = 5.0D-2
       EPSLON = 1.0D-4
       EPSL   = 5.0D-3
       NCOUNT = 0
       NDV    = 3
       NOC    = 100
C
C      STARTING VALUES OF THE DESIGN VARIABLES
C
       X(1)=2.0D0
       X(2)=4.0D0
       X(3)=10.0D0

       CALL GRAD(X,G,NDV)
       WRITE(*,10)
10     FORMAT(' NO.     COST FUNCT      STEP SIZE',
      &        '   NORM OF GRAD  ')
       DO 20 K = 1, NOC
           CALL SCALE (G,D,-1.0D0,NDV)
           CALL GOLDM(X,D,WK,ALFA,DELTA,EPSLON,F,NCOUNT,NDV)
           CALL SCALE(D,D,ALFA,NDV)
           CALL PRINT(K,X,ALFA,G,F,NDV)
           CALL ADD(X,D,X,NDV)
           CALL GRAD(X,G,NDV)
           IF(TNORM(G,NDV) .LE. EPSL) GO TO 30
20     CONTINUE
```

그림 B.3 최속강하방법 프로그램

```
            WRITE(*,*)
            WRITE(*,*)' LIMIT ON NO. OF CYCLES HAS EXCEEDED'
            WRITE(*,*)' THE CURRENT DESIGN VARIABLES ARE:'
            WRITE(*,*) X
            CALL EXIT

   30       WRITE(*,*)
            WRITE(*,*) 'THE OPTIMAL DESIGN VARIABLES ARE:'
            WRITE(*,40) X
   40       FORMAT (3F15.6)


            CALL FUNCT(X,F,NCOUNT,NDV)
            WRITE(*,50)' THE OPTIMUM COST FUNCTION VALUE IS :', F
   50       FORMAT(A, F13.6)
            WRITE(*,*)'TOTAL NO. OF FUNCTION EVALUATIONS ARE', NCOUNT

            STOP
            END




            SUBROUTINE GRAD(X,G,NDV)
C
C           CALCULATES THE GRADIENT OF F(X) IN VECTOR G
C
            IMPLICIT DOUBLE PRECISION (A-H, O-Z)
            DIMENSION X(NDV),G(NDV)

            G(1) = 2.0D0 * X(1) + 2.0D0 * X(2)
            G(2) = 2.0D0 * X(1) + 4.0D0 * X(2) + 2.0D0 * X(3)
            G(3) = 2.0D0 * X(2) + 4.0D0 * X(3)

            RETURN
            END




            SUBROUTINE SCALE(A,X,S,M)
C
C           MULTIPLIES VECTOR A(M) BY SCALAR S AND STORES IN X(M)
C
            IMPLICIT DOUBLE PRECISION (A-H, O-Z)
            DIMENSION A(M),X(M)
```

그림 B.3 (계속)

```fortran
      DO 10 I = 1, M
         X(I) = S * A(I)
10    CONTINUE

      RETURN
      END




      REAL*8 FUNCTION TNORM(X,N)
C
C     CALCULATES NORM OF VECTOR X(N)
C
      IMPLICIT DOUBLE PRECISION (A-H, O-Z)
      DIMENSION X(N)

      SUM = 0.0D0
      DO 10 I = 1, N
         SUM = SUM + X(I) * X(I)
10    CONTINUE
      TNORM = DSQRT(SUM)

      RETURN
      END




      SUBROUTINE ADD(A,X,C,M)
C
C     ADDS VECTORS A(M) AND X(M) AND STORES IN C(M)
C
      IMPLICIT DOUBLE PRECISION (A-H, O-Z)
      DIMENSION A(M), X(M), C(M)

      DO 10 I = 1, M
         C(I) = A(I) + X(I)
10    CONTINUE

      RETURN
      END
```

그림 B.3 (계속)

```
      SUBROUTINE PRINT(I,X,ALFA,G,F,M)
C
C     PRINTS THE OUTPUT
C
      IMPLICIT DOUBLE PRECISION (A-H, O-Z)
      DIMENSION X(M),G(M)

      WRITE(*,10) I, F, ALFA, TNORM(G,M)
10    FORMAT(I4, 3F15.6)

      RETURN
      END




      SUBROUTINE FUNCT(X,F,NCOUNT,NDV)
C
C     CALCULATES THE FUNCTION VALUE
C
      IMPLICIT DOUBLE PRECISION (A-H, O-Z)
      DIMENSION X(NDV)

      NCOUNT = NCOUNT + 1
      F = X(1) ** 2 + 2.D0 * (X(2) **2) + 2.D0 * (X(3) ** 2)
     &   + 2.0D0 * X(1) * X(2) + 2.D0 * X(2) * X(3)

      RETURN
      END

      SUBROUTINE UPDATE (XN,X,D,AL,NDV)
C
C     UPDATES THE DESIGN VARIABLE VECTOR
C
      IMPLICIT DOUBLE PRECISION (A-H, O-Z)
      DIMENSION XN(NDV), X(NDV), D(NDV)

      DO 10 I = 1, NDV
         XN(I) = X(I) + AL * D(I)
10    CONTINUE

      RETURN
      END
```

그림 B.3 (계속)

```
          SUBROUTINE GOLDM(X,D,XN,ALFA,DELTA,EPSLON,F,NCOUNT,NDV)
C         ----------------------------------------------------------
C         IMPLEMENTS GOLDEN SECTION SEARCH FOR MULTIVARIATE PROBLEMS
C         X      = CURRENT DESIGN POINT
C         D      = DIRECTION VECTOR
C         XN     = CURRENT DESIGN + TRIAL STEP * SEARCH DIRECTION
C         ALFA   = OPTIMUM VALUE OF ALPHA ON RETURN
C         DELTA  = INITIAL STEP LENGTH
C         EPSLON = CONVERGENCE PARAMETER
C         F      = OPTIMUM VALUE OF THE FUNCTION
C         NCOUNT = NUMBER OF FUNCTION EVALUATIONS ON RETURN
C         ----------------------------------------------------------

          IMPLICIT DOUBLE PRECISION (A-H, O-Z)
          DIMENSION X(NDV), D(NDV), XN(NDV)

          GR = 0.5D0 * DSQRT(5.0D0) + 0.5D0
          DELTA1 = DELTA
C
C         ESTABLISH INITIAL DELTA
C
          AL = 0.0D0
          CALL UPDATE(XN,X,D,AL,NDV)
          CALL FUNCT(XN,FL,NCOUNT,NDV)
          F = FL
10        CONTINUE
          AA = DELTA1
          CALL UPDATE(XN,X,D,AA,NDV)
          CALL FUNCT(XN,FA,NCOUNT,NDV)
          IF (FA .GT. FL) THEN
             DELTA1 = DELTA1 * 0.1D0
             GO TO 10
          END IF
C
C         ESTABLISH INITIAL INTERVAL OF UNCERTAINTY
C
          J = 0
20        CONTINUE
          J = J + 1
          AU = AA + DELTA1 * (GR ** J)

          CALL UPDATE(XN,X,D,AU,NDV)
          CALL FUNCT(XN,FU,NCOUNT,NDV)
          IF (FA .GT. FU) THEN
             AL = AA
```

그림 B.3 (계속)

```
                  AA = AU
                  FL = FA
                  FA = FU
                  GO TO 20
              END IF
C
C         REFINE THE INTERVAL OF UNCERTAINTY FURTHER
C
          AB = AL + (AU - AL) / GR
          CALL UPDATE(XN,X,D,AB,NDV)
          CALL FUNCT(XN,FB,NCOUNT,NDV)
30        CONTINUE
          IF((AU-AL) .LE. EPSLON) GO TO 80
C
C         IMPLEMENT STEPS 4 ,5 OR 6 OF THE ALGORITHM
C
          IF (FA-FB) 40, 60, 50
C
C         FA IS LESS THAN FB (STEP 4)
C
40        AU = AB
          FU = FB
          AB = AA
          FB = FA
          AA = AL + (1.0D0 - 1.0D0 / GR) * (AU - AL)
          CALL UPDATE(XN,X,D,AA,NDV)
          CALL FUNCT(XN,FA,NCOUNT,NDV)
          GO TO 30
C
C         FA IS GREATER THAN FB (STEP 5)
C
50        AL = AA
          FL = FA
          AA = AB
          FA = FB
          AB = AL + (AU - AL) / GR
          CALL UPDATE(XN,X,D,AB,NDV)
          CALL FUNCT(XN,FB,NCOUNT,NDV)
          GO TO 30
C
C         FA IS EQUAL TO FB (STEP 6)
C
```

그림 B.3 (계속)

```
60   AL = AA
     FL = FA
     AU = AB
     FU = FB
     AA = AL + (1.0D0 - 1.0D0 / GR) * (AU - AL)
     CALL UPDATE(XN,X,D,AA,NDV)
     CALL FUNCT(XN,FA,NCOUNT,NDV)
     AB = AL + (AU - AL) / GR
     CALL UPDATE(XN,X,D,AB,NDV)
     CALL FUNCT(XN,FB,NCOUNT,NDV)
     GO TO 30

C
C    MINIMUM IS FOUND
C
80   ALFA = (AU + AL) * 0.5D0

     RETURN
     END
```

그림 B.3 (계속)

```
C      THE MAIN PROGRAM FOR MODIFIED NEWTON'S METHOD
C      -------------------------------------------------------------
C      DELTA  = INITIAL STEP LENGTH FOR LINE SEARCH
C      EPSLON = LINE SEARCH ACCURACY
C      EPSL   = STOPPING CRITERION FOR MODIFIED NEWTON'S METHOD
C      NCOUNT = NO. OF FUNCTION EVALUATIONS
C      NDV    = NO. OF DESIGN VARIABLES
C      NOC    = NO. OF CYCLES OF THE METHOD
C      X      = DESIGN VARIABLE VECTOR
C      D      = DIRECTION VECTOR
C      G      = GRADIENT VECTOR
C      H      = HESSIAN MATRIX
C      WK     = WORK ARRAY USED FOR TEMPORARY STORAGE
C      -------------------------------------------------------------

       IMPLICIT DOUBLE PRECISION (A-H,O-Z)
       DIMENSION X(3), D(3), G(3), H(3,3), WK(3)
C
C      DEFINE INITIAL DATA
```

그림 B.4 뉴턴법 프로그램

```
C
      DELTA  = 5.0D-2
      EPSLON = 1.0D-4
      EPSL   = 5.0D-3
      NCOUNT = 0
      NDV    = 3
      NOC    = 100
C
C     STARTING VALUES OF THE DESIGN VARIABLES
C
      X(1) = 2.0D0
      X(2) = 4.0D0
      X(3) = 10.0D0

      CALL GRAD(X,G,NDV)
      WRITE(*,10)
10    FORMAT(' NO.      COST FUNCT     STEP SIZE',
     &        '   NORM OF GRAD  ')
      DO 20 K = 1, NOC
         CALL HASN(X,H,NDV)
         CALL SCALE (G,D,-1.0D0,NDV)
         CALL SYSEQ(H,NDV,D)
         IF (DOT(G,D,NDV) .GE. 1.0E-8) GO TO 60
         CALL GOLDM(X,D,WK,ALFA,DELTA,EPSLON,F,NCOUNT,NDV)
         CALL SCALE(D,D,ALFA,NDV)
         CALL PRINT(K,X,ALFA,G,F,NDV)
         CALL ADD(X,D,X,NDV)
         CALL GRAD(X,G,NDV)
         IF(TNORM(G,NDV) .LE. EPSL) GO TO 30
20    CONTINUE

      WRITE(*,*)
      WRITE(*,*)' LIMIT ON NO. OF CYCLES HAS EXCEEDED'
      WRITE(*,*)' THE CURRENT DESIGN VARIABLES ARE:'
      WRITE(*,*) X
      CALL EXIT
30    WRITE(*,*)
      WRITE(*,*) 'THE OPTIMAL DESIGN VARIABLES ARE  :'
      WRITE(*,40) X
40    FORMAT(4X,3F15.6)
      CALL FUNCT(X,F,NCOUNT,NDV)
      WRITE(*,50) ' OPTIMUM COST FUNCTION VALUE IS    :', F
50    FORMAT(A, F13.6)
      WRITE(*,*) 'NO. OF FUNCTION EVALUATIONS ARE  :  ', NCOUNT
      CALL EXIT
```

그림 B.4 (계속)

```
60      WRITE(*,*)
        WRITE(*,*)' DESCENT DIRECTION CANNOT BE FOUND'
        WRITE(*,*)' THE CURRENT DESIGN VARIABLES ARE:'
        WRITE(*,40) X

        STOP
        END


        DOUBLE PRECISION FUNCTION DOT(X,Y,N)
C
C       CALCULATES DOT PRODUCT OF VECTORS X AND Y
C
        IMPLICIT DOUBLE PRECISION (A-H,O-Z)
        DIMENSION X(N),Y(N)

        SUM = 0.0D0
        DO 10 I = 1, N
        SUM = SUM + X(I) * Y(I)
10      CONTINUE
        DOT = SUM

        RETURN
        END
        SUBROUTINE HASN(X,H,N)
C
C       CALCULATES THE HESSIAN MATRIX H AT X
C
        IMPLICIT DOUBLE PRECISION (A-H,O-Z)
        DIMENSION X(N),H(N,N)

        H(1,1) = 2.0D0
        H(2,2) = 4.0D0
        H(3,3) = 4.0D0
        H(1,2) = 2.0D0
        H(1,3) = 0.0D0
        H(2,3) = 2.0D0
        H(2,1) = H(1,2)
        H(3,1) = H(1,3)
        H(3,2) = H(2,3)
        RETURN
        END


        SUBROUTINE SYSEQ(A,N,B)
C
```

그림 B.4 (계속)

```
C       SOLVES AN N X N SYMMETRIC SYSTEM OF LINEAR EQUATIONS
        AX = B
C       A IS THE COEFFICIENT MATRIX; B IS THE RIGHT HAND SIDE;
C       THESE ARE INPUT

C       B CONTAINS SOLUTION ON RETURN
C
        IMPLICIT DOUBLE PRECISION (A-H,O-Z)
        DIMENSION A(N,N), B(N)
C
C       REDUCTION OF EQUATIONS
C
        M = 0
50      M = M + 1
        MM = M + 1
        B(M) = B(M) / A(M,M)
        IF (M - N) 70, 130, 70
70      DO 80 J = MM, N
          A(M,J) = A(M,J) / A(M,M)
80      CONTINUE
C
C       SUBSTITUTION INTO REMAINING EQUATIONS
C
        DO 120 I = MM, N
          IF(A(I,M)) 90, 120, 90
90        DO 100 J = I, N
            A(I,J) = A(I,J) - A(I,M) * A(M,J)
            A(J,I) = A(I,J)
100       CONTINUE
          B(I) = B(I) - A(I,M) * B(M)
120     CONTINUE
        GO TO 50
C
C       BACK SUBSTITUTION
C
130     M = M - 1
        IF(M .EQ. 0) GO TO 150
        MM = M + 1
        DO 140 J = MM, N
          B(M) = B(M) - A(M,J) * B(J)
140     CONTINUE
        GO TO 130

150     RETURN
        END
```

그림 B.4 (계속)

참고문헌

AA, 1986. Construction manual series, Section 1, No. 30. Aluminum Association, Washington, DC.

AASHTO, 2002. Standard Specifications for Highway Bridges, fifteenth ed. American Association of State Highway and Transportation Officials, Washington, DC.

Abadie, J. (Ed.), 1970. Nonlinear Programming. North Holland, Amsterdam.

Abadie, J., Carpenter, J., 1969. Generalization of the Wolfe reduced gradient method to the case of nonlinear constraints. In: Fletcher, R. (Ed.), Optimization. Academic Press, New York, pp. 37–47.

Abdel-Malek, K., Arora, J.S., 2013. Human Motion Simulation: Predictive Dynamics. Elsevier Academic Press, Waltham.

ABNT (Associação Brasileira de Normas Técnicas), 1988. Forças Devidas ao Vento em Edificações, NBR-6123 (in Portuguese).

Ackoff, R.L., Sasieni, M.W., 1968. Fundamentals of Operations Research. John Wiley, New York.

Adelman, H., Haftka, R.T., 1986. Sensitivity analysis of discrete structural systems. AIAA J. 24 (5), 823–832.

AISC, 2011. Manual of Steel Construction, fourteenth ed. American Institute of Steel Construction, Chicago.

Al-Saadoun, S.S., Arora, J.S., 1989. Interactive design optimization of framed structures. J. Comput. Civil Eng. ASCE 3 (1), 60–74.

Antoniou, A., Lu, W.-S., 2007. Practical Optimization: Algorithms and Engineering Applications. Springer, Norwell, MA.

Aoki, M., 1971. Introduction to Optimization Techniques. Macmillan, New York.

Arora, J.S., 1984. An algorithm for optimum structural design without line search. In: Atrek, E., Gallagher, R.H., Ragsdell, K.M., Zienkiewicz, O.C. (Eds.), New Directions in Optimum Structural Design. John Wiley, New York, pp. 429–441.

Arora, J.S., 1990a. Computational design optimization: a review and future directions. Struct. Safety 7, 131–148.

Arora, J. S., 1990b. Global optimization methods for engineering design. Proceedings of the Thirty First AIAA/ASME/ASCE/AHS/ASC Structures, Structural Dynamics and Materials Conference, Long Beach, CA. Reston, VA: American Institute of Aeronautics and Astronautics, pp. 123–135.

Arora, J.S., 1995. Structural design sensitivity analysis: Continuum and discrete approaches. In: Herskovits, J. (Ed.), Advances in Structural Optimization. Kluwer Academic, Boston, pp. 47–70.

Arora, J.S. (Ed.), 1997. Guide to Structural Optimization. ASCE Manuals and Reports on Engineering Practice, No. 90. American Society of Civil Engineering, Reston, VA.

Arora, J.S., 1999. Optimization of structures subjected to dynamic loads. In: Leondes, C.T. (Ed.), Structural dynamic systems: Computational techniques and optimization, Vol. 7, Gordon & Breech, Newark, NJ, pp. 1–73.

Arora, J.S., 2002. Methods for discrete variable structural optimization. In: Burns, S. (Ed.), Recent Advances in Optimal Structural Design. Structural Engineering Institute, Reston, VA, pp. 1–40.

Arora, J.S., 2007. Optimization of Structural and Mechanical Systems. World Scientific Publishing, Singapore.

Arora, J.S., Haug, E.J., 1979. Methods of design sensitivity analysis in structural optimization. AIAA J. 17 (9), 970–974.

Arora, J.S., Baenziger, G., 1986. Uses of artificial intelligence in design optimization. Comput. Method. Appl. Mech. Eng. 54, 303–323.

Arora, J.S., Thanedar, P.B., 1986. Computational methods for optimum design of large complex systems. Comput. Mech. 1 (2), 221–242.

Arora, J.S., Baenziger, G., 1987. A nonlinear optimization expert system. In: Jenkins, D.R. (Ed.), In: Proceedings of the ASCE Structures Congress, Computer Applications in Structural Engineering. American Society of Civil Engineers, Reston, VA, pp. 113–125.

Arora, J.S., Tseng, C.H., 1987a. User's manual for IDESIGN: Version 3.5. Optimal Design Laboratory, College of Engineering, University of Iowa.

Arora, J.S., Tseng, C.H., 1987b. An investigation of Pshenichnyi's recursive quadratic programming method for engineering optimization—a discussion. J. Mech. Transm. Auto. Design Trans. ASME 109 (6), 254–256.

Arora, J.S., Tseng, C.H., 1988. Interactive design optimization. Eng. Optim. 13, 173–188.

Arora, J.S., Huang, M.W., 1996. Discrete structural optimization with commercially available sections: a review. JSCE 13 (2), 93–110.

Arora, J.S., Wang, Q., 2005. Review of formulations for structural and mechanical system optimization. Struct. Multidiscip. Optim. 30, 251–272.

Arora, J.S., Chahande, A.I., Paeng, J.K., 1991. Multiplier methods for engineering optimization. Int. J. Numer. Method. Eng. 32, 1485–1525.

Arora, J.S., Huang, M.W., Hsieh, C.C., 1994. Methods for optimization of nonlinear problems with discrete variables: a review. Struct. Optim. 8 (2/3), 69–85.

Arora, J.S., Elwakeil, O.A., Chahande, A.I., Hsieh, C.C., 1995. Global optimization methods for engineering applications: a review. Struct. Optim. 9, 137–159.

Arora, J.S., Burns, S., Huang, M.W., 1997. What is optimization? Arora, J.S. (Ed.), Guide to Structural Optimization, ASCE Manual on Engineering Practice, 90, American Society of Civil Engineers, Reston, VA, pp. 1–23.

ASCE, 2010. Minimum Design Loads for Buildings and Other Structures. American Society of Civil Engineers, Reston, VA.

Asaro, R., 2014. Introduction to Linear Algebra for Structural Engineers. Modeling and Engineering Solutions, LLC, La Jolla.

Athan, T.W., Papalambros, P.Y., 1996. A note on weighted criteria methods for compromise solutions in multi-objective optimization. Eng. Optim. 27, 155–176.

Atkinson, K.E., 1978. An Introduction to Numerical Analysis. John Wiley, New York.

Balling, R.J., 2000. Pareto sets in decision-based design. J. Eng. Val. Cost Anal. 3 (2), 189–198.

Balling, R.J., 2003. The maximum fitness function: multi-objective city and regional planning. In: Fonseca, C.M., Fleming, P.J., Zitzler, E., Deb, K., Thiele, L. (Eds.), Second International Conference on Evolutionary Multi-Criterion Optimization. Springer, Faro, Portugal, April 8–11, Berlin, pp. 1–15.

Balling, R.J., Taber, J.T., Brown, M.R., Day, K., 1999. Multiobjective urban planning using a genetic algorithm. J. Urban Plan. Dev. 125 (2), 86–99.

Balling, R.J., Taber, J.T., Day, K., Wilson, S., 2000. Land use and transportation planning for twin cities using a genetic algorithm. Transport. Res. Rec.V 1722, 67–74.

Bartel, D. L., 1969. Optimum design of spatial structures. Doctoral dissertation, College of Engineering, University of Iowa.

Bazarra, M.S., Sherali, H.D., Shetty, C.M., 2006. Nonlinear Programming: Theory and Applications, third ed. Wiley-Interscience, Hoboken, NJ.

Belegundu, A.D., Arora, J.S., 1984a. A recursive quadratic programming algorithm with active set strategy for optimal design. Int. J. Numer. Method. Eng. 20 (5), 803–816.

Belegundu, A.D., Arora, J.S., 1984b. A computational study of transformation methods for optimal design. AIAA J. 22 (4), 535–542.

Belegundu, A.D., Arora, J.S., 1985. A study of mathematical programming methods for structural optimization. Int. J. Numer. Method. Eng. 21 (9), 1583–1624.

Belegundu, A.D., Chandrupatla, T.R., 2011. Optimization Concepts and Applications in Engineering, second ed. Cambridge University Press, New York.

Bell, W.W., 1975. Matrices for Scientists and Engineers. Van Nostrand Reinhold, New York.

Bertsekas, D.P., 1995. Nonlinear Programming. Athena Scientific, Belmont, MA.

Beyer, H.-G., Sandhoff, B., 2007. Robust optimization—a comprehensive survey. Comput. Method. Appl. Mech. Eng. 196 (33–34), 3190–3218.

Bhatti, M.A., 2000. Practical Optimization Methods with Mathematica Applications. Springer Telos, New York.

Bhatti, M.A., 2005. Fundamental Finite Element Analysis and Applications with Mathematica and MATLAB Computations. John Wiley, New York.

Blank, L., Tarquin, A., 1983. Engineering Economy, second ed. McGraw-Hill, New York.

Blum, C., 2005. Ant colony optimization: introduction and recent trends. Phys. Life Rev. 2, 353–373.

Box, G.E.P., Wilson, K.B., 1951. On the experimental attainment of optimum conditions. J. Royal Stat. Soc. Ser., 1–45.

Branin, F.H., Hoo, S.K., 1972. A method for finding multiple extrema of a function of n variables. In: Lootsma, F.A. (Ed.), Numerical Methods of Nonlinear Optimization. Academic Press, London.

Budynas, R., Nisbett, K., 2014. Shigley's Mechanical Engineering Design, tenth ed. McGraw- Hill, New York.

Carmichael, D.G., 1980. Computation of pareto optima in structural design. Int. J. Numer. Method. Eng. 15, 925–952.

Cauchy, A., 1847. Method generale pour la resolution des systemes d'equations simultanees. Comptes Rendus. de Academie Scientifique 25, 536–538.

Chahande, A.I., Arora, J.S., 1993. Development of a multiplier method for dynamic response optimization problems. Struct. Optim. 6 (2), 69–78.

Chahande, A.I., Arora, J.S., 1994. Optimization of large structures subjected to dynamic loads with the multiplier method. Int. J. Numer. Method. Eng. 37 (3), 413–430.

Chandrupatla, T.R., Belegundu, A.D., 2002. Introduction to Finite Elements in Engineering, third ed. Prentice-Hall, Upper Saddle River, NJ.

Chen, S.Y., Rajan, S.D., 2000. A robust genetic algorithm for structural optimization. Struct. Eng. Mech. 10, 313–336.

Chen, W., Sahai, A., Messac, A., Sundararaj, G., 2000. Exploration of the effectiveness of physical programming in robust design. J. Mech. Des. 122, 155–163.

Cheng, F.Y., Li, D., 1997. Multiobjective optimization design with Pareto genetic algorithm. J. Struct. Eng. 123, 1252–1261.

Cheng, F.Y., Li, D., 1998. Genetic algorithm development for multiobjective optimization of structures. AIAA J. 36, 1105–1112.

Choi, S.K., Grandhi, R.V., Canfield, R.A., 2007. Reliability-Based Structural Design. Springer-Verlag, Berlin.

Chong, K.P., Zak, S.H., 2008. An Introduction to Optimization, third ed. John Wiley, New York.

Chopra, A.K., 2007. Dynamics of Structures: Theory and Applications to Earthquake Engineering, third ed. Prentice-Hall, Upper Saddle River, NJ.

Clough, R.W., Penzien, J., 1975. Dynamics of Structures. McGraw-Hill, New York.

Coello-Coello, C.A., Van Veldhuizen, D.A., Lamont, G.B., 2002. Evolutionary Algorithms for Solving Multi-Objective Problems. Kluwer Academic, New York.

Cohon, J.L., 1978. Multiobjective Programming and Planning. Academic Press, New York.

Cook, R.D., 1981. Concepts and Applications of Finite Element Analysis. John Wiley, New York.

Cooper, L., Steinberg, D., 1970. Introduction to Methods of Optimization. W. B. Saunders, Philadelphia.

Corcoran, P.J., 1970. Configuration optimization of structures. Int. J. Mech. Sci. 12, 459–462.

Corne, D., Dorigo, M., Glover, F. (Eds.), 1999. New Ideas in Optimization. McGraw-Hill, New York.

Crandall, S.H., Dahl, H.C., Lardner, T.J., Sivakumar, M.S., 2012. An Introduction to Mechanics of Solids, third ed. McGraw-Hill, New York.

Dakin, R.J., 1965. A tree-search algorithm for mixed integer programming problems. Comput. J. 8, 250–255.

Dano, S., 1974. Linear Programming in Industry, fourth ed. Springer-Verlag, New York.

Dantzig, G.B., Thapa, M.N., 1997. Linear Programming, 1: Introduction. Springer-Verlag, New York.

Das, I., Dennis, J.E., 1997. A closer look at drawbacks of minimizing weighted sums of objectives for pareto set generation in multicriteria optimization problems. Struct. Optim. 14, 63–69.

Das, S., Suganthan, N., 2011. Differential evolution: a survey of the state-of-the-art. IEEE Trans. Evolut. Comput. 15 (1), 4–31.

Davidon, W.C., 1959. Variable Metric Method for Minimization, Research and Development Report ANL-5990. Argonne National Laboratory, Argonne, IL.

Day, H.J., Dolbear, F., 1965. Regional Water Quality Management. Proceedings of the 1st Annual Meeting of the American Water Resources Association. University of Chicago Press, Chicago, pp. 283–309.

De Boor, C., 1978. A practical guide to splines: Applied mathematical sciences, vol. 27, Springer-Verlag, New York.

Deb, K., 1989. Genetic algorithms in multimodal function optimization. Master's thesis (TCGA report No. 89002). University of Alabama, Tuscaloosa.

Deb, K., 2001. Multi-Objective Optimization Using Evolutionary Algorithms. John Wiley, Chichester, UK.

Deif, A.S., 1982. Advanced Matrix Theory for Scientists and Engineers. Halsted Press, New York.

Deininger, R.A., 1975. Water Quality Management—The Planning of Economically Optimal Pollution Control Systems. Proceedings of the 1st Annual Meeting of the American Water Resources Association. University of Chicago Press, Chicago, pp. 254–282.

Dixon, L.C.W., Szego, G.P. (Eds.), 1978. Towards Global Optimization, vol. 2, North-Holland, Amsterdam.

Dorigo, M., 1992. Optimization, learning and natural algorithms. PhD Thesis, Politecnico di Milano, Italy.

Drew, D., 1968. Traffic Flow Theory and Control. McGraw-Hill, New York.

Ehrgott, M., Gandibleux, X. (Eds.), 2002. Multiple Criteria Optimization: State of the Art Annotated Bibliographic Surveys. Kluwer Academic, Boston.

Elwakeil, O.A., 1995. Algorithms for global optimization and their application to structural optimization problems. Doctoral dissertation, University of Iowa.

Elwakeil, O.A., Arora, J.S., 1995. Methods for finding feasible points in constrained optimization. AIAA J. 33 (9), 1715–1719.

Elwakeil, O.A., Arora, J.S., 1996a. Two algorithms for global optimization of general NLP problems. Int. J. Numer. Method. Eng. 39, 3305–3325.

Elwakeil, O.A., Arora, J.S., 1996b. Global optimization of structural systems using two new methods. Struct. Optim. 12, 1–12.

Evtushenko, Yu.G., 1974. Methods of search for the global extremum. Oper. Res. Comput. Center USSR Akad. Sci. 4, 39–68.

Evtushenko, Yu.G., 1985. Numerical Optimization Techniques. Optimization Software, New York.

Fang, S.C., Puthenpura, S., 1993. Linear Optimization and Extensions: Theory and Algorithms. Prentice-Hall, Englewood Cliffs, NJ.

Fiacco, A.V., McCormick, G.P., 1968. Nonlinear Programming: Sequential Unconstrained Minimization Techniques. Society for Industrial and Applied Mathematics, Philadelphia.

Fletcher, R., Powell, M.J.D., 1963. A rapidly convergent descent method for minimization. Comput. J. 6, 163–180.

Fletcher, R., Reeves, R.M., 1964. Function minimization by conjugate gradients. Comput. J. 7, 149–160.

Floudas, C.A., et al., 1990. Handbook of Test Problems in Local and Global Optimization. Kluwer Academic, Norwell, MA.

Fonseca, C.M., Fleming, P.J., 1993. Genetic Algorithms for Multiobjective Optimization: Formulation, Discussion, and Generalization. Fifth International Conference on Genetic Algorithms. Morgan Kaufmann, Urbana-Champaign, IL, San Mateo, CA, pp. 416–423.

Forsythe, G.E., Moler, C.B., 1967. Computer Solution of Linear Algebraic Systems. Prentice- Hall, Englewood Cliffs, NJ.

Franklin, J.N., 1968. Matrix Theory. Prentice-Hall, Englewood Cliffs, NJ.

Gabrielle, G.A., Beltracchi, T.J., 1987. An investigation of Pschenichnyi's recursive quadratic programming method for engineering optimization. J. Mech. Transm. Auto. Des. Trans. ASME 109 (6), 248–253.

Gen, M., Cheng, R., 1997. Genetic Algorithms and Engineering Design. John Wiley, New York.

Gere, J.M., Weaver, W., 1983. Matrix Algebra for Engineers. Brooks/Cole Engineering Division, Monterey, CA.

Gill, P.E., Murray, W., Wright, M.H., 1981. Practical Optimization. Academic Press, New York.

Gill, P.E., Murray, W., Wright, M.H., 1991. Numerical linear algebra and optimization, vol. 1, Addison-Wesley, New York.

Gill, P.E., Murray, W., Saunders, M.A., Wright, M.H., 1984. User's Guide for QPSOL: Version 3.2. Systems Optimization Laboratory, Department of Operations Research, Stanford University, Stanford, CA.

Glover, F., Kochenberger, G. (Eds.), 2002. Handbook on Metaheuristics. Kluwer Academic, Norwell, MA.

Goldberg, D.E., 1989. Genetic Algorithms In Search, Optimization and Machine Learning. Addison—Wesley, Boston, MA, USA.

Grandin, H., 1986. Fundamentals of the Finite Element Method. Macmillan, New York.

Grant, E.L., Ireson, W.G., Leavenworth, R.S., 1982. Principles of Engineering Economy, seventh ed. John Wiley, New York.

Hadley, G., 1961. Linear Programming. Addison-Wesley, Reading, MA.

Hadley, G., 1964. Nonlinear and Dynamic Programming. Addison-Wesley, Reading, MA.

Haftka, R.T., Gurdal, Z., 1992. Elements of Structural Optimization. Kluwer Academic, Norwell, MA.

Han, S.P., 1976. Superlinearly convergent variable metric algorithms for general nonlinear programming. Math. Prog. 11, 263–282.

Han, S.P., 1977. A globally convergent method for nonlinear programming. J. Optim. Theory Appl. 22, 297–309.

Hasofer, A.M., Lind, N.C., 1974. Exact and invariant second-moment code format. J. Eng. Mech. Div. ASCE 100, 111–121.

Haug, E.J., Arora, J.S., 1979. Applied Optimal Design. Wiley-Interscience, New York.

Hestenes, M.R., Stiefel, E., 1952. Methods of conjugate gradients for solving linear systems. J. Res. Natl. Bur. Stand. 49, 409–436.

Hibbeler, R.C., 2013. Mechanics of Materials, ninth ed. Prentice-Hall, Upper Saddle River, NJ.

Hock, W., Schittkowski, K., 1981. Test Examples for Nonlinear Programming Codes, Lecture Notes in Economics and Mathematical Systems, vol. 187, Springer-Verlag, New York.

Hock, W., Schittkowski, K., 1983. A comparative performance evaluation of 27 nonlinear programming codes. Computing 30, 335–358.

Hohn, F.E., 1964. Elementary Matrix Algebra. Macmillan, New York.

Holland, J.H., 1975. Adaptation in Natural and Artificial Systems. University of Michigan Press, Ann Arbor.

Hooke, R., Jeeves, T.A., 1961. Direct search solution of numerical and statistical problems. J. Assoc. Comput. Mach. 8 (2), 212–229.

Hopper, M.J., 1981. Harwell Subroutine Library. Computer Science and Systems Division, AERE Harwell, Oxfordshire, UK.

Horn, J., Nafpliotis, N., Goldberg, D.E., 1994. A Niched Pareto Genetic Algorithm for Multiobjective Optimization. First IEEE Conference on Evolutionary Computation. IEEE Neural Networks Council, Orlando, FL. Piscataway, NJ, pp. 82–87.

Hsieh, C.C., Arora, J.S., 1984. Design sensitivity analysis and optimization of dynamic response. Comput. Method. Appl. Mech. Eng. 43, 195–219.

Huang, M.W., Arora, J.S., 1995. Engineering optimization with discrete variables. Proceedings of the Thirty Sixth AIAA SDM conference, New Orleans, April 10–12, pp. 1475–1485.

Huang, M.W., Arora, J.S., 1996. A self-scaling implicit SQP method for large scale structural optimization. Int. J. Numer. Method. Eng. 39, 1933–1953.

Huang, M.W., Arora, J.S., 1997a. Optimal design with discrete variables: Some numerical experiments. Int. J. Numer. Method. Eng. 40, 165–188.

Huang, M.W., Arora, J.S., 1997b. Optimal design of steel structures using standard sections. Struct. Multidiscip. Optim. 14, 24–35.

Huang, M.W., Hsieh, C.C., Arora, J.S., 1997. A genetic algorithm for sequencing type problems in engineering design. Int. J. Numer. Method. Eng. 40, 3105–3115.

Huebner, K.H., Thornton, E.A., 1982. The Finite Element Method for Engineers. John Wiley, New York.

Hyman, B., 2003. Fundamentals of Engineering Design, second ed. Prentice-Hall, Upper Saddle River, NJ.

IEEE/ASTM, 2010. American National Standard for Metric Practice. The Institute of Electrical and Electronics Engineers/American Society for Testing of Materials, New York.

Ishibuchi, H., Murata, T., 1996. Multiobjective Genetic Local Search Algorithm. IEEE International Conference on Evolutionary Computation. Institute of Electrical and Electronics Engineers, Nagoya, Japan. Piscataway, NJ, pp. 119–124.

Iyengar, N.G.R., Gupta, S.K., 1980. Programming Methods in Structural Design. John Wiley, New York.

Javonovic, V., Kazerounian, K., 2000. Optimal design using chaotic descent method. J. Mech. Des. ASME 122 (3), 137–152.

Jennings, A., 1977. Matrix Computations for Engineers. John Wiley, New York.

Karush, W., 1939. Minima of functions of several variables with inequalities as side constraints. Master's thesis, Chicago: Department of Mathematics, University of Chicago.

Kaw, A., 2011. Introduction to Matrix Algebra. Second Edition. Tampa: University of South Florida. www.autarkaw.com.

Kennedy, J., Eberhart, R.C., 1995. Particle swarm optimization. Proceedings of IEEE international conference on neural network, IV, 1942–1948. IEEE Service Center, Piscataway, NJ.

Kennedy, J., Eberhart, R.C., Shi, Y., 2001. Swarm Intelligence. Morgan Kaufmann, San Francisco.

Kim, C.H., Arora, J.S., 2003. Development of simplified dynamic models using optimization: application to crushed tubes. Comput. Method. Appl. Mech. Eng. 192 (16-18), 2073–2097.

Kim, J.H., Xiang, Y., Yang, J., Arora, J.S., Abdel-Malek, K., 2010. Dynamic motion planning of overarm throw for a biped human multibody system. Multibody Syst. Dynam. 24 (1), 1–24.

Kirsch, U., 1993. Structural Optimization. Springer-Verlag, New York.

Kirsch, U., 1981. Optimum Structural Design. McGraw-Hill, New York.

Kocer, F.Y., Arora, J.S., 1996a. Design of prestressed concrete poles: an optimization approach. J. Struct. Eng. ASCE 122 (7), 804–814.

Kocer, F.Y., Arora, J.S., 1996b. Optimal design of steel transmission poles. J. Struct. Eng. ASCE 122 (11), 1347–1356.

Kocer, F.Y., Arora, J.S., 1997. Standardization of transmission pole design using discrete optimization methods. J. Struct. Eng. ASCE 123 (3), 345–349.

Kocer, F.Y., Arora, J.S., 1999. Optimal design of H-frame transmission poles subjected to earthquake loading. J. Struct. Eng. ASCE 125 (11), 1299–1308.

Kocer, F.Y., Arora, J.S., 2002. Optimal design of latticed towers subjected to earthquake loading. J. Struct. Eng. ASCE 128 (2), 197–204.

Kolda, T.G., Lewis, R.M., Torczon, V., 2003. Optimization by direct search: new perspective on some classical and modern methods. SIAM Rev. 45 (3), 385–482.

Koski, J., 1985. Defectiveness of weighting method in multicriterion optimization of structures. Commun. Appl. Numer. Method. 1, 333–337.

Kunzi, H.P., Krelle, W., 1966. Nonlinear Programming. Blaisdell, Waltham, MA.

Lagarias, J.C., Reeds, J.A., Wright, M.H., Wright, P.E., 1998. Convergence properties of the Nelder-Mead Simplex method in low dimensions. SIAM J. Optim. 9, 112–147.

Land, A.M., Doig, A.G., 1960. An automatic method of solving discrete programming problems. Econometrica 28, 497–520.

Lee, S.M., Olson, D.L., 1999. Goal programming. In: Gal, T., Stewart, T.J., Hanne, T. (Eds.), Multicriteria Decision Making: Advances in MCDM Models, Algorithms, Theory, and Applications. Kluwer Academic, Boston.

Lemke, C.E., 1965. Bimatrix equilibrium points and mathematical programming. Manag. Sci. 11, 681–689.

Levy, A.V., Gomez, S., 1985. The tunneling method applied to global optimization. In: Boggs, P.T., Byrd, R.H., Schnabel, R.B. (Eds.), Numerical Optimization. Society for Industrial and Applied Mathematics, Philadelphia.

Lewis, R.M., Torczon, V., Trosset, M.W., 2000. Direct search methods: then and now. J. Comput. Appl. Math. 124, 191–207.

Lim, O.K., Arora, J.S, 1986. An active set RQP algorithm for optimal design. Comput. Method. Appl. Mech. Eng. 57, 51–65.

Lim, O.K., Arora, J.S., 1986. An active set RQP algorithm for engineering design optimization. Comput. Method. Appl. Mech. Eng. 57 (1), 51–65.

Lim, O.K., Arora, J.S., 1987. Dynamic response optimization using an active set RQP algorithm. Int. J. Numer. Method. Eng. 24 (10), 1827–1840.

Liu, D.C., Nocedal, J., 1989. On the limited memory BFGS method for large scale optimization. Math. Prog. 45, 503–528.

Lucidi, S., Piccioni, M., 1989. Random tunneling by means of acceptance-rejection sampling for global optimization. J. Optim. Theory Appl. 62 (2), 255–277.

Luenberger, D.G., Ye, Y., 2008. Linear and Nonlinear Programming, third edition Springer Science, New York, NY.

Marler, T.R., Arora, J.S., 2004. Survey of multiobjective optimization methods for engineering. Struct. Multidiscip. Optim. 26 (6), 369–395.

Marler, R.T., Arora, J.S., 2009. Multi-Objective Optimization: Concepts and Methods for Engineering. VDM Verlag, Saarbrucken, Germany.

Marler, R.T., Arora, J.S., 2010. The weighted sum method for multi-objective optimization: new insights. Struct. Multidiscip. Optim. 41 (6), 453–462.

Marquardt, D.W., 1963. An algorithm for least squares estimation of nonlinear parameters. SIAM J. 11, 431–441.

MathWorks, 2001. Optimization Toolbox for Use with MATLAB, User's Guide, Ver. 2. The MathWorks, Inc, Natick, MA.

McCormick, G.P., 1967. Second-order conditions for constrained optima. SIAM J. Appl. Math. 15, 641–652.

Meirovitch, L., 1985. Introduction to Dynamics and Controls. John Wiley, New York.

Messac, A., 1996. Physical programming: effective optimization for computational design. AIAA J. 34 (1), 149–158.

Messac, A., Mattson, C.A., 2002. Generating well-distributed sets of Pareto points for engineering design using physical programming. Optim. Eng. 3, 431–450.

Messac, A., Puemi-Sukam, C., Melachrinoudis, E., 2000a. Aggregate objective functions and pareto frontiers: required relationships and practical implications. Optim. Eng. 1, 171–188.

Messac, A., Sundararaj, G.J., Tappeta, R.V., Renaud, J.E., 2000b. Ability of objective functions to generate points on nonconvex pareto frontiers. AIAA J. 38 (6), 1084–1091.

Messac, A., Puemi-Sukam, C., Melachrinoudis, E., 2001. Mathematical and pragmatic perspectives of physical programming. AIAA J. 39 (5), 885–893.

Metropolis, N., Rosenbluth, A.W., Rosenbluth, M.N., Teller, A.H., Teller, E., 1953. Equations of state calculations by fast computing machines. J. Chem. Phys. 21, 1087–1092.

Microsoft. Microsoft EXCEL, Version 15.0, Redmond, WA: Microsoft.

Minoux, M., 1986. Mathematical Programming Theory and Algorithms. John Wiley, New York.

Mitchell, M., 1996. An Introduction to Genetic Algorithms. MIT Press, Cambridge, MA.

Moré, J.J., Wright, S.J., 1993. Optimization Software Guide. Society for Industrial and Applied Mathematics, Philadelphia.

Murata, T., Ishibuchi, H., Tanaka, H., 1996. Multiobjective genetic algorithm and its applications to flowshop scheduling. Comput. Ind. Eng. 30, 957–968.

NAG, 1984. FORTRAN Library Manual. Numerical Algorithms Group, Downers Grove, IL.

Narayana, S., Azarm, S., 1999. On improving multiobjective genetic algorithms for design optimization. Struct. Optim. 18, 146–155.

Nash, S.G., Sofer, A., 1996. Linear and Nonlinear Programming. McGraw-Hill, New York.

Nelder, J.A., Mead, R.A., 1965. A Simplex method for function minimization. Comput. J. 7, 308–313.

Nemhauser, G.L., Wolsey, S.J., 1988. Integer and Combinatorial Optimization. John Wiley, New York.

Nikolaidis, E., Ghiocel, D.M., Singhal, S., 2005. Engineering Design Reliability Handbook. CRC Press, Boca Raton, FL.

Nocedal, J., 1980. Updating quasi-Newton matrices with limited storage. Math. Comput. 35 (151), 773–782.

Nocedal, J., Wright, S.J., 2006. Numerical Optimization, second ed. Springer Science, New York.

Norton, R.L., 2000. Machine Design: An Integrated Approach, second ed. Prentice-Hall, Upper Saddle River, NJ.

Onwubiko, C., 2000. Introduction to Engineering Design Optimization. Prentice-Hall, Upper Saddle River, NJ.

Osman, M.O.M., Sankar, S., Dukkipati, R.V., 1978. Design synthesis of a multi-speed machine tool gear transmission using multiparameter optimization. J. Mech. Des. Trans. ASME 100, 303–310.

Osyczka, A., 2002. Evolutionary Algorithms for Single and Multicriteria Design Optimization. Physica Verlag, Berlin.

Paeng, J.K., Arora, J.S., 1989. Dynamic response optimization of mechanical systems with multiplier methods. J. Mech. Trans. Autom. Des. Trans. ASME 111 (1), 73–80.

Papalambros, P.Y., Wilde, D.J., 2000. Principles of Optimal Design: Modeling and Computation, second ed. Cambridge University Press, New York.

Pardalos, P.M., Rosen, J.B., 1987. Constrained global optimization: Algorithms and applications. In: Goos, G., Hartmanis, J. (Eds.), Lecture Notes in Computer Science. Springer-Verlag, New York.

Pardalos, P.M., Migdalas, A., Burkard, R., 2002. Combinatorial and global optimization, Series on Applied Mathematics, vol. 14, World Scientific Publishing, River Edge, NJ.

Pardalos, P.M., Romeijn, H.E., Tuy, H., 2000. Recent developments and trends in global optimization. J. Comput. Appl. Math. 124, 209–228.

Pareto, V., 1906. Manuale di economica politica (Manual of Political Economy), societa editrice libraria. In: Schwier, A.S., Page, A.N., Kelley, A.M. (Eds.) Transaction 1971, New York: Augustus M. Kelley.

Park, G.J., 2007. Analytical Methods in Design Practice. Springer-Verlag, Berlin.

Park, G.-J., Lee, T.-H., Lee, K.H., Hwang, K.-H., 2006. Robust design: an overview. AIAA J. 44 (1), 181–191.

Pederson, D.R., Brand, R.A., Cheng, C., Arora, J.S., 1987. Direct comparison of muscle force predictions using linear and nonlinear programming. J. Biomech. Eng. Trans. ASME 109 (3), 192–199.

Pezeshk, S., Camp, C.V., 2002. State-of-the-art on use of genetic algorithms in design of steel structures. In: Burns, S. (Ed.), Recent Advances in Optimal Structural Design. Structural Engineering Institute, ASCE, Reston, VA.

Phadke, M.S., 1989. Quality Engineering Using Robust Design. Prentice-Hall, Englewood Cliff, NJ.

Polak, E., Ribiére, G., 1969. Note sur la convergence de méthods de directions conjuguées. Revue Française d'Informatique et de Recherche Opérationnelle 16, 35–43.

Powell, M.J.D., 1978a. A fast algorithm for nonlinearly constrained optimization calculations. In: Watson, G.A., et, al. (Ed.), Lecture notes in mathematics. Berlin: Springer-Verlag. Also published in Numerical Analysis, June 1977, Proceedings of the Biennial Conference, Dundee, Scotland.

Powell, M.J.D., 1978b. The convergence of variable metric methods for nonlinearity constrained optimization calculations. Mangasarian, O.L., Meyer, R.R., Robinson, S.M. (Eds.), Nonlinear Programming, vol. 3, Academic Press, New York.

Powell, M.J.D., 1978c. Algorithms for nonlinear functions that use Lagrange functions. Math. Prog. 14, 224–248.

Price, C.J., Coope, I.D., Byatt, D., 2002. A convergent variant of the Nelder-Mead algorithm. J. Optim. Theory Appl. 113 (1), 5–19.

Price, K., Storn, R., Lampinen, J., 2005. Differential Evolution—A Practical Approach to Global Optimization. Springer, Berlin.

Price, W.L., 1987. Global optimization algorithms for a CAD workstation. J. Optim. Theory Appl. 55, 133–146.

Pshenichny, B.N., 1978. Algorithms for the general problem of mathematical programming. Kibernetica 5, 120–125.

Pshenichny, B.N., Danilin, Y.M., 1982. Numerical Methods in Extremal Problems, second ed. Mir Publishers, Moscow.

Qing, A., 2009. Differential Evolution—Fundamentals and Applications in Electrical Engineering. Wiley- Interscience, New York.

Randolph, P.H., Meeks, H.D., 1978. Applied Linear Optimization. GRID, Columbus, OH.

Rao, S.S., 2009. Engineering Optimization: Theory and Practice. John Wiley, Hoboken, NJ.

Ravindran, A., Lee, H., 1981. Computer experiments on quadratic programming algorithms. Eur. J. Oper. Res. 8 (2), 166–174.

Ravindran, A., Ragsdell, K.M., Reklaitis, G.V., 2006. Engineering Optimization: Methods and Applications. John Wiley, New York.

Rinnooy, A.H.G., Timmer, G.T., 1987a. Stochastic global optimization methods. Part i: clustering methods. Math. Prog. 39, 27–56.

Rinnooy, A.H.G., Timmer, G.T., 1987b. Stochastic global optimization methods. Part ii: multilevel methods. Math. Prog. 39, 57–78.

Roark, R.J., Young, W.C., 1975. Formulas for Stress and Strain, fifth ed. McGraw-Hill, New York.

Rosen, J.B., 1961. The gradient projection method for nonlinear programming. J. Soc. Indus. Appl. Math. 9, 514–532.

Rubinstein, M.F., Karagozian, J., 1966. Building design under linear programming. Proceedings of the ASCE, 92 (ST6), 223–245.

Salkin, H.M., 1975. Integer Programming. Addison-Wesley, Reading, MA.

Sargeant, R.W.H., 1974. Reduced-gradient and projection methods for nonlinear programming. In: Gill, P.E., Murray, W. (Eds.), Numerical Methods for Constrained Optimization. Academic Press, New York, pp. 149–174.

Sasieni, M., Yaspan, A., Friedman, L., 1960. Operations—Methods and Problems. John Wiley, New York.

Schaffer, J.D., 1985. Multiple Objective Optimization with Vector Evaluated Genetic Algorithms. First International Conference on Genetic Algorithms and Their Applications. Erlbaum, Pittsburgh. Hillsdale, NJ, pp. 93–100.

Schittkowski, K., 1981. The nonlinear programming method of Wilson, Han and Powell with an augmented Lagrangian type line search function, part 1: convergence analysis, part 2: an efficient implementation with linear least squares subproblems. Numer. Math. 38, 83–127.

Schittkowski, K., 1987. More test examples for nonlinear programming codes. Springer-Verlag, New York.

Schmit, L.A., 1960. Structural Design by Systematic Synthesis. Proceedings of the Second ASCE Conference on Electronic Computations. American Society of Civil Engineers, Pittsburgh. Reston, VA, pp. 105–122.

Schrage, L., 1991. LINDO: Text and Software. Scientific Press, Palo Alto, CA.

Schrijver, A., 1986. Theory of Linear and Integer Programming. John Wiley, New York.

Schwartz, A., Polak, E., 1997. Family of projected descent methods for optimization problems with simple bounds. J. Optim. Theory Appl. 92 (1), 1–31.

Shampine, L.F., Gordon, M.K., 1975. Computer Simulation of Ordinary Differential Equations: The Initial Value Problem. W. H. Freeman, San Francisco.

Shampine, L.F., 1994. Numerical Solution of Ordinary Differential Equations. Chapman & Hall, New York.

Siddall, J.N., 1972. Analytical Decision-Making in Engineering Design. Prentice-Hall, Englewood Cliffs, NJ.

Singer, S., Singer, S., 2004. Efficient implementation of the Nelder-Mead search algorithm. Appl. Numer. Anal. Comput. Math. 1 (3), 524–534.

Spotts, M.F., 1953. Design of Machine Elements, second ed. Prentice-Hall, Englewood Cliffs, NJ.

Srinivas, N., Deb, K., 1995. Multiobjective optimization using nondominated sorting in general algorithms. Evolut. Comput. 2, 221–248.

Stadler, W., 1977. Natural structural shapes of shallow arches. J. Appl. Mech. 44, 291–298.

Stadler, W., 1988. Fundamentals of multicriteria optimization. In: Stadler, W. (Ed.), Multicriteria Optimization in Engineering and in the Sciences. Plenum, New York, pp. 1–25.

Stadler, W., 1995. Caveats and boons of multicriteria optimization. Microcomput. Civil Eng. 10, 291–299.

Stadler, W., Dauer, J.P., 1992. Multicriteria optimization in engineering: A tutorial and survey. In: Kamat, M.P. (Ed.), Structural Optimization: Status and Promise. American Institute of Aeronautics and Astronautics, Washington, DC, pp. 211–249.

Stark, R.M., Nicholls, R.L., 1972. Mathematical Foundations for Design: Civil Engineering Systems. McGraw-Hill, New York.

Stewart, G., 1973. Introduction to Matrix Computations. Academic Press, New York.

Stoecker, W.F., 1971. Design of Thermal Systems. McGraw-Hill, New York.

Strang, G., 1976. Linear Algebra and its Applications. Academic Press, New York.

Sun, P.F., Arora, J.S., Haug, E.J., 1975. Fail-safe optimal design of structures. Technical report No. 19. Department of Civil and Environmental Engineering? University of Iowa.

Syslo, M.M., Deo, N., Kowalik, J.S., 1983. Discrete Optimization Algorithms. Prentice-Hall, Englewood Cliffs, NJ.

Taguchi, G., 1987. Systems of experimental design, vols. I and II, Kraus International, New York.

Thanedar, P.B., Arora, J.S., Tseng, C.H., 1986. A hybrid optimization method and its role in computer aided design. Comput. Struct. 23 (3), 305–314.

Thanedar, P.B., Arora, J.S., Tseng, C.H., Lim, O.K., Park, G.J., 1987. Performance of some SQP algorithms on structural design problems. Int. J. Numer. Meth. Eng. 23 (12), 2187–2203.

Thanedar, P.B., Arora, J.S., Li, G.Y., Lin, T.C., 1990. Robustness, generality and efficiency of optimization algorithms for practical applications. Struct. Optim. 2 (4), 202–212.

Törn, A., Zilinskas, A., 1989. Global optimization. In: Goos, G., Hartmanis, J. (Eds.), Lecture Notes in Computer Science. Springer-Verlag, New York.

Tseng, C.H., Arora, J.S., 1988. On implementation of computational algorithms for optimal design 1: preliminary investigation; 2: extensive numerical investigation. Int. J. Numer. Method. Eng. 26 (6), 1365–1402.

Tseng, C.-H., Arora, J.S., 1989. Optimum design of systems for dynamics and controls using sequential quadratic programming. AIAA J. 27 (12), 1793–1800.

Vanderplaats, G.N., 1984. Numerical Optimization Techniques for Engineering Design with Applications. McGraw-Hill, New York.

Vanderplaats, G.N., Yoshida, N., 1985. Efficient calculation of optimum design sensitivity. AIAA J. 23 (11), 1798–1803.

Venkataraman, P., 2002. Applied Optimization with MATLAB Programming. John Wiley, New York.

Wahl, A.M., 1963. Mechanical Springs, second ed. McGraw-Hill, New York.

Walster, G.W., Hansen, E.R., Sengupta, S., 1984. Test results for a global optimization algorithm. In: Boggs, T. et al., (Ed.), Numerical Optimization. SIAM, Philadelphia, pp. 280–283.

Wang, Q., Arora, J.S., 2005a. Alternative formulations for transient dynamic response optimization. AIAA J. 43 (10), 2188–2195.

Wang, Q., Arora, J.S., 2005b. Alternative formulations for structural optimization: an evaluation using trusses. AIAA J. 43 (10), 2202–2209.

Wang, Q., Arora, J.S., 2006. Alternative formulations for structural optimization: an evaluation using frames. J. Struct. Eng. 132 (12), 1880–1889.

Wang, Q., Arora, J.S., 2007. Optimization of large scale structural systems using sparse SAND formulations. Int. J. Numer. Method. Eng. 69 (2), 390–407.

Wang, Q., Arora, J.S., 2009. Several alternative formulations for transient dynamic response optimization: an evaluation. Int. J. Numer. Method. Eng. 80, 631–650.

Wilson, R.B., 1963. A simplicial algorithm for concave programming. Doctoral dissertation, School of Business Administration, Harvard University.

Wolfe, P., 1959. The Simplex method for quadratic programming. Econometica 27 (3), 382–398.

Wu, N., Coppins, R., 1981. Linear Programming and Extensions. McGraw-Hill, New York.

Xiang, Y., Arora, J.S., Abdel-Malek, K., 2011. Optimization-based prediction of asymmetric human gait. J. Biomech. 44 (4), 683–693.

Xiang, Y., Arora, J.S., Rahamatalla, S., Abdel-Malek, K., 2009. Optimization-based dynamic human walking prediction: one step formulation. Int. J. Numer. Method. Eng. 79 (6), 667–695.

Xiang, Y., Arora, J.S., Rahmatalla, S., Marler, T., Bhatt, R., Abdel-Malek, K., 2010. Human lifting simulation using a multi-objective optimization approach. Multibody Sys. Dynam. 23 (4), 431–451.

Xiang, Y., Chung, H.J., Kim, J., Bhatt, R., Marler, T., Rahmatalla, S., et al., 2010. Predictive dynamics: an optimization-based novel approach for human motion simulation. Struct. Multidiscip. Optim. 41 (3), 465–480.

Yang, X.-E., 2010. Engineering Optimization: An Introduction to Metaheuristic Applications. John Wiley, Hoboken, NJ.

Zhou, C.S., Chen, T.L., 1997. Chaotic annealing and optimization. Phys. Rev. E 55 (3), 2580–2587.

Zoutendijk, G., 1960. Methods of Feasible Directions. Elsevier, Amsterdam.

연습문제 해답

Chapter 3. 도식해법과 기본 최적화 개념

3.1 $\mathbf{x}^* = (2, 2)$, $f^* = 2$. **3.2** $\mathbf{x}^* = (0, 4)$, $F^* = 8$. **3.3** $\mathbf{x}^* = (8, 10)$, $f^* = 38$. **3.4** $\mathbf{x}^* = (4, 3.333, 2)$, $F^* = 11.33$. **3.5** $\mathbf{x}^* = (10, 10)$, $F^* = 400$. **3.6** $\mathbf{x}^* = (0, 0)$, $f^* = 0$. **3.7** $\mathbf{x}^* = (0, 0)$, $f^* = 0$. **3.8** $\mathbf{x}^* = (2, 3)$, $f^* = -22$. **3.9** $\mathbf{x}^* = (-2.5, 1.58)$, $f^* = -3.95$. **3.10** $\mathbf{x}^* = (-0.5, 0.167)$, $f^* = -0.5$. **3.11** Global minimum: $\mathbf{x}^* = (0.71, 0.71)$, $f^* = -3.04$; Global maximum: $\mathbf{x}^* = (-0.71, -0.71)$, $f^* = 4.04$. **3.12** Global minimum: $\mathbf{x}^* = (2.17, 1.83)$, $f^* = -8.33$; No local maxima. **3.13** Global minimum: $\mathbf{x}^* = (2.59, -2.02)$, $f^* = 15.3$; Local minimum: $\mathbf{x}^* = (-3.73, 3.09)$, $f^* = 37.88$; Global maximum: $\mathbf{x}^* = (-3.63, -3.18)$, $f^* = 453.2$; Local maximum: $\mathbf{x}^* = (1.51, 3.27)$, $f^* = 244.53$. **3.14** Global minimum: $\mathbf{x}^* = (2.0)$, $f^* = -4$; Local minimum: $\mathbf{x}^* = (0, 0)$, $f^* = 0$; Local minimum: $\mathbf{x}^* = (0, 2)$, $f^* = -2$; Local minimum: $\mathbf{x}^* = (1.39, 1.54)$, $f^* = 0$; Global maximum: $\mathbf{x}^* = (0.82, 0.75)$, $f^* = 2.21$. **3.15** Global minimum: $\mathbf{x}^* = (7, 5)$, $f^* = 10$; Global maximum: $\mathbf{x}^* = (0, 0)$, $f^* = 128$; Local maximum: $\mathbf{x}^* = (12, 0)$, $f^* = 80$. **3.16** Global minimum: $\mathbf{x}^* = (2, 1)$, $f^* = -25$; Global maximum: $\mathbf{x}^* = (-2.31, 0.33)$, $f^* = 24.97$. **3.17** Global minimum: $\mathbf{x}^* = (2.59, -2.01)$, $f^* = 15.25$; Local minimum: $\mathbf{x}^* = (-3.73, 3.09)$, $f^* = 37.87$; No local maxima. **3.18** Global minimum: $\mathbf{x}^* = (4, 4)$, $f^* = 0$; Global maximum: $\mathbf{x}^* = (0, 10)$, $f^* = 52$; Local maximum: $\mathbf{x}^* = (0, 0)$, $f^* = 32$; Local maximum: $\mathbf{x}^* = (5, 0)$, $f^* = 17$. **3.19** No local minima; Global maximum: $\mathbf{x}^* = (28, 18)$, $f^* = 8$. **3.20** Global minimum: $\mathbf{x}^* = (3, 2)$, $f^* = 1$; Global maximum: $\mathbf{x}^* = (0, 5)$, $f^* = 25$; Local maximum: $\mathbf{x}^* = (0, 0)$, $f^* = 20$. **3.21** $b^* = 24.66$ cm, $d^* = 49.32$ cm, $f^* = 1216$ cm^3. **3.22** $R_o^* = 20$ cm, $R_i^* = 19.84$ cm, $f^* = 79.1$ kg. **3.23** $R^* = 53.6$ mm, $t^* = 5.0$ mm, $f^* = 66$ kg. **3.24** $R_o^* = 56$ mm, $R_i^* = 51$ mm, $f^* = 66$ kg. **3.25** $w^* = 93$ mm, $t^* = 5$ mm, $f^* = 70$ kg. **3.26** Infinite optimum points, $f^* = 0.812$ kg. **3.27** $A^* = 5000$, $h^* = 14$, $f^* = \$13.4$ million. **3.28** $R^* \cong 1.0$ m, $t^* = 0.0167$ m, $f^* \cong 8070$ kg. **3.29** $A_1^* = 6.1$ cm^2, $A_2^* = 2.0$ cm^2, $f^* = 5.39$ kg. **3.31** $t^* = 8.45$, $f^* = 1.91 \times 10^5$. **3.32** $R^* = 7.8$ m, $H^* = 15.6$ m, $f^* = \$1.75 \times 10^6$. **3.33** Infinite optimum points; one point: $R^* = 0.4$ m, $t^* = 1.59 \times 10^{-3}$ m, $f^* = 15.7$ kg. **3.34** For $l = 0.5$ m, $T_o = 10$ kN m, $T_{max} = 20$ kN m, $x_1^* = 103$ mm, $x_2^* = 0.955$, $f^* = 2.9$ kg. **3.35** For $l = 0.5$, $T_o = 10$ kN m, $T_{max} = 20$ kN m, $d_o^* = 103$ mm, $d_i^* = 98.36$ mm, $f^* = 2.9$ kg. **3.36** $R^* = 50.3$ mm, $t^* = 2.35$ mm, $f^* = 2.9$ kg. **3.37** $R^* = 20$ cm, $H^* = 7.2$ cm, $f^* = -9000$ cm^3. **3.38** $R^* = 0.5$ cm, $N^* = 2550$, $f^* = -8000$ ($l = 10$). **3.39** $R^* = 33.7$ mm, $t^* = 5.0$ mm, $f^* = 41$ kg. **3.40** $R^* = 21.5$ mm, $t^* = 5.0$ mm, $f^* = 26$ kg. **3.41** $R^* = 27$, $t^* = 5$ mm, $f^* = 33$ kg. **3.42** $R_o^* = 36$ mm, $R_i^* = 31$ mm, $f^* = 41$ kg. **3.43** $R_o^* = 24.0$ mm, $R_i^* = 19.0$ mm, $f^* = 26$ kg. **3.44** $R_o^* = 29.5$ mm, $R_i^* = 24.5$ mm, $f^* = 33$ kg. **3.45** $D^* = 8.0$ cm, $H^* = 8.0$ cm, $f^* = 301.6$ cm^2. **3.46** $A_1^* = 413.68$ mm, $A_2^* = 163.7$ mm, $f^* = 5.7$ kg. **3.47** Infinite optimum points; one point: $R^* = 20$ mm, $t^* = 3.3$ mm, $f^* = 8.1$ kg. **3.48** $A^* = 390$ mm^2, $h^* = 500$ mm, $f^* = 5.5$ kg. **3.49** $A^* = 410$ mm^2, $s^* = 1500$ mm, $f^* = 8$ kg. **3.50** $A_1^* = 300$ mm^2, $A_2^* = 50$ mm^2, $f^* = 7$ kg. **3.51** $R^* = 130$ cm, $t^* = 2.86$ cm, $f^* = 57,000$ kg. **3.52** $d_o^* = 41.56$ cm, $d_i^* = 40.19$ cm, $f^* = 680$ kg. **3.53** $d_o^* = 1310$ mm, $t^* = 14.2$ mm, $f^* = 92,500$ N. **3.54** $H^* = 50.0$ cm, $D^* = 3.42$ cm, $f^* = 6.6$ kg.

Chapter 4. 최적설계 개념: 최적성 조건

4.2 $\cos x = 1.044 - 0.15175x - 0.35355x^2$ at $x = \pi/4$. **4.3** $\cos x = 1.1327 - 0.34243x - 0.25x^2$ at $x = \pi/3$. **4.4** $\sin x = -0.02199 + 1.12783x - 0.25x^2$ at $x = \pi/6$. **4.5** $\sin x = 0.06634 + 1.2625x - 0.35355x^2$ at $x = \pi/4$. **4.6** $e^x = 1 + x \pm 0.5x^2$ at $x = 0$. **4.7** $e^x = 7.389 - 7.389x + 3.6945x^2$ at $x = 2$. **4.8** $\bar{f}(x) = 41x_1^2 - 42x_1 - 40x_1x_2 + 20x_2^2 + 10x_2^2 + 15$; $\bar{f}(1.2, 0.8) = 7.64$, $f(1.2, 0.8) = 8.136$, Error $= f - \bar{f} = 0.496$. **4.9** Indefinite. **4.10** Indefinite. **4.11** Indefinite. **4.12** Positive definite. **4.13** Indefinite. **4.14** Indefinite. **4.15** Positive definite. **4.16** Indefinite. **4.17** Indefinite. **4.18** Positive definite. **4.19** Positive definite. **4.20** Indefinite. **4.22** $\mathbf{x} = (0, 0)$ — local minimum, $f = 7$. **4.23** $\mathbf{x}^* = (0, 0)$ — inflection point. **4.24** $\mathbf{x}^{*1} = (-3.332, 0.0395)$ — local maximum, $f = 18.58$; $\mathbf{x}^{*2} = (-0.398, 0.5404)$ — inflection point. **4.25** $\mathbf{x}^{*1} = (4, 8)$ — inflection point; $\mathbf{x}^{*2} = (-4, -8)$ — inflection point. **4.26** $x^* = (2n + 1)\pi$, $n = 0, \pm1, \pm2,\ldots$ local minima, $f^* = -1$; $x^* = 2n\pi$, $n = 0, \pm1, \pm2, \ldots$ local maxima, $f^* = 1$. **4.27** $\mathbf{x}^* = (0, 0)$ — local minimum, $f^* = 0$. **4.28** $x^* = 0$ — local minimum, $f^* = 0$; $x^* = 2$ — local maximum, $f^* = 0.541$. **4.29** $\mathbf{x}^* = (3.684, 0.7368)$ — local minimum, $f^* = 11.0521$. **4.30** $\mathbf{x}^* = (1, 1)$ — local minimum, $f^* = 1$. **4.31** $\mathbf{x}^* = (-2/7, -6/7)$ — local minimum, $f^* = -24/7$. **4.32** $\mathbf{x}^{*1} = (241.7643, 0.03099542)$ — local minimum, $U^* = 483,528.6$; $\mathbf{x}^{*2} = (-241.7643, -0.03099542)$ — local maximum. **4.40** $\mathbf{x}^* = (3.733, 0.341)$, $f^* = 1526.56$. **4.43** $\mathbf{x}^* = (13/6, 11/6)$, $v^* = -1/6$, $f^* = -25/3$ (local minimum). **4.44** $\mathbf{x}^* = (13/6, 11/6)$, $v^* = 1/6$, $F^* = -25/3$ (not a local minimum). **4.45** $\mathbf{x}^* = (32/13, -4/13)$, $v^* = -6/13$, $f^* = 9/13$. **4.46** $\mathbf{x}^* = (-0.4, 2.6/3)$, $v^* = 7.2$, $f^* = 27.2$. **4.47** $\mathbf{x}^* = (1.717, -0.811, 1.547)$, $v_1^* = -0.943$, $v_2^* = 0.453$, $f^* = 2.132$. **4.48** $\mathbf{x}_1^* = (1.5088, 3.272)$, $v^* = -17.1503$, $f^* = 244.528$; $\mathbf{x}_2^* = (2.5945, -2.0198)$, $v^* = -1.4390$, $f^* = 15.291$; $\mathbf{x}_3^* = (-3.630, -3.1754)$, $v^* = -23.2885$, $f^* = 453.154$; $\mathbf{x}_4^* = (-3.7322, 3.0879)$, $v^* = -2.122$, $f^* = 37.877$. **4.49** $\mathbf{x}^* = (2, 2)$, $v^* = -2$, $f^* = 2$. **4.50** (i) No, (ii) Solution of equalities, $\mathbf{x}^* = (3, 1)$, $f^* = 4$. **4.51** $\mathbf{x}^* = (11/6, 13/6)$, $v^* = -23/6$, $f^* = -1/3$. **4.52** $\mathbf{x}^* = (11/6, 13/6)$, $v^* = 23/6$, $F^* = -1/3$. **4.54** $\mathbf{x}_1^* = (0, 0)$, $F^* = -8$; $\mathbf{x}_2^* = (11/6, 13/6)$, $F^* = -1/3$. **4.55** $\mathbf{x}^* = (0, 0)$, $f^* = -8$. **4.56** $\mathbf{x}_1^* = (48/23, 40/23)$, $F^* = -192/13$; $\mathbf{x}_2^* = (13/6, 11/6)$, $u^* = 1/6$, $F^* = -25/3$. **4.57** $\mathbf{x}^* = (3, 1)$, $v^* = -2$, $u^* = 2$, $f^* = 4$. **4.58** $\mathbf{x}^* = (3, 1)$, $v^* = -2$, $u^* = 2$, $f^* = 4$. **4.59** $\mathbf{x}^* = (3, 1)$, $u_1^* = 2$, $u_2^* = 2$, $f^* = 4$. **4.60** $\mathbf{x}^* = (6, 6)$, $\mathbf{u}^* = (0, 4, 0)$, $f^* = 4$. **4.61** $\mathbf{x}_1^* = (0.816, 0.75)$, $\mathbf{u}^* = (0, 0, 0, 0)$, $f^* = 2.214$; $\mathbf{x}_2^* = (0.816, 0)$, $\mathbf{u}^* = (0, 0, 0, 3)$, $f^* = 1.0887$; $\mathbf{x}_3^* = (0, 0.75)$, $\mathbf{u}^* = (0, 0, 2, 0)$, $f^* = 1.125$; $\mathbf{x}_4^* = (1.5073, 1.2317)$, $\mathbf{u}^* = (0, 0.9632, 0, 0)$, $f^* = 0.251$; $\mathbf{x}_5^* = (1.0339, 1.655)$, $\mathbf{u}^* = (1.2067, 0, 0, 0)$, $f^* = 0.4496$; $\mathbf{x}_6^* = (0, 0)$, $\mathbf{u}^* = (0, 0, 2, 3)$, $f^* = 0$; $\mathbf{x}_7^* = (2, 0)$, $\mathbf{u}^* = (0, 2, 0, 7)$, $f^* = -4$; $\mathbf{x}_8^* = (0, 2)$, $\mathbf{u}^* = (5/3, 0, 11/3, 0)$, $f^* = -2$; $\mathbf{x}_9^* = (1.386, 1.538)$, $\mathbf{u}^* = (0.633, 0.626, 0, 0)$, $f^* = -0.007388$. **4.62** $\mathbf{x}^* = (48/23, 40/23)$, $u^* = 0$, $f^* = -192/23$. **4.63** $\mathbf{x}^* = (2.5, 1.5)$, $u^* = 1$, $f^* = 1.5$. **4.64** $\mathbf{x}^* = (6.3, 1.733)$, $\mathbf{u}^* = (0, 0.8, 0, 0)$, $f^* = -56.901$. **4.65** $\mathbf{x}^* = (1, 1)$, $u^* = 0$, $f^* = 0$. **4.66** $\mathbf{x}^* = (1, 1)$, $\mathbf{u}^* = (0, 0)$, $f^* = 0$. **4.67** $\mathbf{x}^* = (2, 1)$, $\mathbf{u}^* = (0, 2)$, $f^* = 1$. **4.68** $\mathbf{x}_1^* = (2.5945, 2.0198)$, $u_1^* = 1.439$, $f^* = 15.291$; $\mathbf{x}_2^* = (-3.63, 3.1754)$, $u_1^* = 23.2885$, $f^* = 453.154$; $\mathbf{x}_3^* = (1.5088, -3.2720)$, $u_1^* = 17.1503$, $f^* = 244.53$; $\mathbf{x}_4^* = (-3.7322, -3.0879)$, $u_1^* = 2.1222$, $f^* = 37.877$. **4.69** $\mathbf{x}^* = (3.25, 0.75)$, $v^* = 1.25$, $u^* = 0.75$, $f^* = 5.125$. **4.70** $\mathbf{x}_1^* = (4/\sqrt{3}, 1/3)$, $u^* = 0$, $f^* = -24.3$; $\mathbf{x}_2^* = (-4/\sqrt{3}, 1/3)$, $u^* = 0$, $f^* = 24.967$; $\mathbf{x}_3^* = (0, 3)$, $u^* = 16$, $f^* = -21$; $\mathbf{x}_4^* = (2, 1)$, $u^* = 4$, $f^* = -25$. **4.71** $\mathbf{x}^* = (-2/7, -6/7)$,

$u^* = 0$, $f^* = -24/7$. **4.72** $x^* = 4$, $y^* = 6$, $\mathbf{u}^* = (0, 0, 0, 0)$, $f^* = 0$. **4.74** Three local maxima: $x^* = 0$, $y^* = 0$, $\mathbf{u}^* = (0, 0, -18, -12)$, $F^* = 52$; $x^* = 6$, $y^* = 0$, $\mathbf{u}^* = (0, -4, 0, -12)$, $F^* = 40$; $x^* = 0$, $y^* = 12$, $\mathbf{u}^* = (-12, 0, -4, 0)$, $F^* = 52$; One stationary point: $x^* = 5$, $y^* = 7$, $\mathbf{u}^* = (-2, 0, 0, 0)$, $F^* = 2$. **4.79** $D^* = 7.98$ cm, $H^* = 8$ cm, $\mathbf{u}^* = (0.5, 0, 0, 0.063, 0)$, $f^* = 300.6$ cm^2. **4.80** $R^* = 7.871686 \times 10^{-2}$, $t^* = 1.574337 \times 10^{-3}$, $\mathbf{u}^* = (0, 3.056 \times 10^{-4}, 0.3038, 0, 0)$, $f^* = 30.56$ kg. **4.81** $R_o^* = 7.950204 \times 10^{-2}$, $R_i^* = 7.792774 \times 10^{-2}$, $\mathbf{u}^* = (0, 3.056 \times 10^{-4}, 0.3055, 0, 0)$, $f^* = 30.56$ kg. **4.82** $x_1^* = 60.50634$, $x_2^* = 1.008439$, $u_1^* = 19{,}918$, $u_2^* = 23{,}186$, $u_3^* = u_4^* = 0$, $f = 23{,}186.4$. **4.83** $h^* = 14$ m, $A^* = 5000$ m^2, $u_1^* = 5.9 \times 10^{-4}$, $u_2^* = 6.8 \times 10^{-4}$, $u_3^* = u_4^* = u_5^* = 0$, $f^* = \$13.4$ million. **4.84** $A^* = 20{,}000$, $B^* = 10{,}000$, $u_1^* = 35$, $u_3^* = 27$ (or, $u_1^* = 8$, $u_2^* = 108$), $f^* = -\$1{,}240{,}000$. **4.85** $R^* = 20$ cm, $H^* = 7.161973$ cm, $u_1^* = 10$, $u_3^* = 450$, $f^* = -9000$ cm^3. **4.86** $R^* = 0.5$ cm, $N = 2546.5$, $u_1^* = 16{,}000$, $u_2^* = 4$, $f = -8000$ cm^2. **4.87** $W^* = 70.7107$ m, $D^* = 141.4214$ m, $u_3^* = 1.41421$, $u_4^* = 0$, $f^* = \$28{,}284.28$. **4.88** $A^* = 70$ kg, $B = 76$ kg, $u_1^* = 0.4$, $u_4^* = 16$, $f^* = -\$1308$. **4.89** $B^* = 0$, $M^* = 2.5$ kg, $u_1^* = 0.5$, $u_3^* = 1.5$, $f^* = \$2.5$. **4.90** $x_1^* = 316.667$, $x_2^* = 483.33$, $u_1^* = 2/3$, $u_2^* = 10/3$, $f^* = -1283.333$. **4.91** $r^* = 4.57078$ cm, $h^* = 9.14156$ cm, $v_1^* = -0.364365$, $u_1^* = 43.7562$, $f^* = 328.17$ cm^2. **4.92** $b^* = 10$ m, $h^* = 18$ m, $u_1^* = 0.04267$, $u_2^* = 0.00658$, $f^* = 0.545185$. **4.94** $D^* = 5.758823$ m, $H^* = 5.758823$ m, $n_1^* = -277.834$, $f^* = \$62{,}512.75$. **4.96** $P_1^* = 30.4$, $P_2^* = 29.6$, $u_1^* = 59.8$, $f^* = \$1789.68$. **4.134** (i) $\pi \le x \le 2\pi$ (ii) $\pi/2 \le x \le 3\pi/2$. **4.135** Convex everywhere. **4.136** Not convex. **4.137** $S = \left\{ \mathbf{x} \,\middle|\, x_1 \ge -5/3, \ (x_1 + 11/12)^2 - 4x_2^2 - 9/16 \ge 0 \right\}$. **4.138** Not convex. **4.139** Convex everywhere. **4.140** Convex if $C \ge 0$. **4.141** Fails convexity check. **4.142** Fails convexity check. **4.143** Fails convexity check. **4.144** Fails convexity check. **4.145** Fails convexity check. **4.146** Fails convexity check. **4.147** Convex. **4.148** Fails convexity check. **4.149** Convex. **4.150** Convex. **4.151** $18.43° \le \theta \le 71.57°$. **4.152** $\theta \ge 71.57°$. **4.153** No solution. **4.154** $\theta \le 18.43°$.

Chapter 5. 최적설계 개념에 관한 보완: 최적성 조건

5.4 $x_1^* = 2.1667$, $x_2^* = 1.8333$, $v^* = -0.1667$; isolated minimum. **5.9** $(1.5088, 3.2720)$, $v^* = -17.15$; not a minimum point; $(2.5945, -2.0198)$, $v^* = -1.439$; isolated local minimum; $(-3.6300, -3.1754)$, $v^* = -23.288$; not a minimum point; $(-3.7322, 3.0879)$, $v^* = -2.122$; isolated local minimum. **5.12** Violates second order necessary condition. **5.20** $(0.816, 0.75)$, $\mathbf{u}^* = (0, 0, 0, 0)$; not a minimum point; $(0.816, 0)$, $\mathbf{u}^* = (0, 0, 0, 3)$; not a minimum point; $(0, 0.75)$, $\mathbf{u}^* = (0, 0, 2, 0)$; not a minimum point; $(1.5073, 1.2317)$, $\mathbf{u}^* = (0, 0.9632, 0, 0)$; not a minimum point; $(1.0339, 1.6550)$, $\mathbf{u}^* = (1.2067, 0, 0, 0)$; not a minimum point; $(0, 0)$, $\mathbf{u}^* = (0, 0, 2, 3)$; isolated local minimum; $(2, 0)$, $\mathbf{u}^* = (2, 0, 0, 7)$; isolated local minimum; $(0, 2)$, $\mathbf{u}^* = (1.667, 0, 3.667, 0)$; isolated local minimum; $(1.386, 1.538)$, $\mathbf{u}^* = (0.633, 0.626, 0, 0)$; isolated local minimum. **5.21** $(2.0870, 1.7391)$, $u^* = 0$; isolated global minimum. **5.22** $\mathbf{x}^* = (2.5, 1.5)$, $u^* = 1$, $f^* = 1.5$. **5.23** $\mathbf{x}^* = (6.3, 1.733)$, $\mathbf{u}^* = (0, 0.8, 0, 0)$, $f^* = -56.901$. **5.24** $\mathbf{x}^* = (1, 1)$, $u^* = 0$, $f^* = 0$. **5.25** $\mathbf{x}^* = (1, 1)$, $\mathbf{u}^* = (0, 0)$, $f^* = 0$. **5.26** $\mathbf{x}^* = (2, 1)$, $\mathbf{u}^* = (0, 2)$, $f^* = 1$. **5.27** $(2.5945, 2.0198)$, $u^* = 1.4390$; isolated local minimum; $(-3.6300, 3.1754)$, $u^* = 23.288$; not a minimum; $(1.5088, -3.2720)$, $u^* = 17.150$; not a minimum; $(-3.7322, -3.0879)$, $u^* = 2.122$; isolated local minimum. **5.28** $(3.25, 0.75)$, $u^* = 0.75$, $v^* = -1.25$; isolated global minimum. **5.29** $(2.3094, 0.3333)$, $u^* = 0$; not a minimum; $(-2.3094, 0.3333)$, $u^* = 0$; not a minimum; $(0, 3)$, $u^* = 16$; not a minimum; $(2, 1)$, $u^* = 4$; isolated local minimum. **5.30** $(-0.2857, -0.8571)$, $u^* = 0$; isolated local minimum.

5.38 $R_o^* = 20$ cm, $R_i^* = 19.84$ cm, $f^* = 79.1$ kg, $\mathbf{u}^* = (3.56 \times 10^{-3}, 0, 5.29, 0, 0, 0)$. **5.39** Multiple optima between (31.83, 1.0) and (25.23, 1.26) mm, $f^* = 45.9$ kg. **5.40** $R^* = 1.0077$ m, $t^* = 0.0168$ m, $f^* = 8182.8$ kg, $\mathbf{u}^* = (0.0417, 0.00408, 0, 0, 0)$. **5.41** $R^* = 0.0787$ m, $t^* = 0.00157$ m, $f^* = 30.56$ kg. **5.42** $R_o^* = 0.0795$ m, $R_i^* = 0.0779$ m, $f^* = 30.56$ kg. **5.43** $H^* = 8$ cm, $D^* = 7.98$ cm, $f^* = 300.6$ cm^2. **5.44** $A^* = 5000$ m^2, $h^* = 14$ m, $f^* = \$13.4$ million. **5.45** $x_1^* = 102.98$ mm, $x_2^* = 0.9546$, $f^* = 2.9$ kg, $\mathbf{u}^* = (4.568 \times 10^{-3}, 0, 3.332 \times 10^{-8}, 0, 0, 0, 0)$. **5.46** $d_o^* = 103$ mm, $d_i^* = 98.36$ mm, $f^* = 2.9$ kg, $\mathbf{u}^* = (4.657 \times 10^{-3}, 0, 3.281 \times 10^{-8}, 0, 0, 0, 0)$. **5.47** $R^* = 50.3$ mm, $t^* = 2.34$ mm, $f^* = 2.9$ kg, $\mathbf{u}^* = (4.643 \times 10^{-3}, 0, 3.240 \times 10^{-8}, 0, 0, 0, 0)$. **5.48** $H^* = 50$ cm, $D^* = 3.42$ cm, $f^* = 6.6$ kg, $\mathbf{u}^* = (0, 9.68 \times 10^{-5}, 0, 4.68 \times 10^{-2}, 0, 0)$. **5.50** Not a convex programming problem; $D^* = 10$ m, $H^* = 10$ m, $f^* = 60,000\pi$ m^3; $\Delta f = -800\pi$ m^3. **5.51** Convex; $A_1^* = 2.937 \times 10^{-4}$ m^2, $A_2^* = 6.556 \times 10^{-5}$ m^2, $f^* = 7.0$ kg. **5.52** $h^* = 14$ m, $A^* = 5000$ m^2, $u_1^* = 5.9 \times 10^{-4}$, $u_2^* = 6.8 \times 10^{-4}$, $u_3^* = u_4^* = u_5^* = 0$, $f^* = \$13.4$ million. **5.53** $R^* = 20$, $H^* = 7.16$, $u_1^* = 10$, $u_3^* = 450$, $f^* = -9000$ cm$_3$. **5.54** $R^* = 0.5$ cm, $N^* = 2546.5$, $u_1^* = 16,022$, $u_2^* = 4$, $f^* = 8000$ cm^2. **5.55** $W^* = 70.7107$, $D^* = 141.4214$, $u_3^* = 1.41421$, $u_4^* = 0$, $f^* = \$28,284.28$. **5.56** $r^* = 4.57078$ cm, $h^* = 9.14156$ cm, $v_1^* = -0.364365$, $u_1^* = 43.7562$, $f^* = 328.17$ cm^2. **5.57** $b^* = 10$ m, $h^* = 18$ m, $u_1^* = 0.04267$, $u_2^* = 0.00658$, $f^* = 0.545185$. **5.58** $D^* = 5.758823$ m, $H^* = 5.758823$ m, $v_1^* = -277.834$, $f^* = \$62,512.75$. **5.59** $P_1^* = 30.4$, $P_2^* = 29.6$, $u_1^* = 59.8$, $f^* = \$1789.68$. **5.60** $R_o^* = 20$ cm, $R_i^* = 19.84$ cm, $f^* = 79.1$ kg. **5.61** Multiple optima between (31.83, 1.0) and (25.23, 1.26) mm, $f^* = 45.9$ kg. **5.62** $R^* = 0.0787$ m, $t^* = 0.00157$ m, $\mathbf{u}^* = (0, 3.056 \times 10^{-4}, 0.3038, 0, 0)$, $f^* = 30.56$ kg. **5.63** $R_o^* = 0.0795$ m, $R_i^* = 0.0779$ m, $\mathbf{u}^* = (0, 3.056 \times 10^{-4}, 0.3055, 0, 0)$, $f^* = 30.56$ kg. **5.64** $D^* = 7.98$ cm, $H^* = 8$ cm, $\mathbf{u}^* = (0.5, 0, 0, 0.063, 0)$, $f^* = 300.6$ cm^2. **5.65** $R^* = 1.0077$ m, $t^* = 0.0168$ m, $f^* = 8182.8$ kg, $\mathbf{u}^* = (0.0417, 0.00408, 0, 0, 0, 0)$. **5.66** $x_1^* = 102.98$ mm, $x_2^* = 0.9546$, $f^* = 2.9$ kg, $\mathbf{u}^* = (4.568 \times 10^{-3}, 0, 3.332 \times 10^{-8}, 0, 0, 0)$. **5.67** $d_o^* = 103$ mm, $d_i^* = 98.36$ mm, $f^* = 2.9$ kg, $\mathbf{u}^* = (4.657 \times 10^{-3}, 0, 3.281 \times 10^{-8}, 0, 0, 0, 0)$. **5.68** $R^* = 50.3$ mm, $t^* = 2.34$, $f^* = 2.9$ kg, $\mathbf{u}^* = (4.643 \times 10^{-3}, 0, 3.240 \times 10^{-8}, 0, 0, 0, 0)$. **5.69** $R^* = 33.7$ mm, $t^* = 5.0$ mm, $f^* = 41.6$ kg, $\mathbf{u}^* = (0, 2.779 \times 10^{-4}, 0, 0, 0, 5.54, 0)$. **5.70** $R^* = 21.3$ mm, $t^* = 5.0$ mm, $f^* = 26.0$ kg, $\mathbf{u}^* = (0, 1.739 \times 10^{-4}, 0, 0, 0, 3.491, 0)$. **5.71** $R^* = 27.0$ mm, $t^* = 5.0$ mm, $f^* = 33.0$ kg, $\mathbf{u}^* = (0, 2.165 \times 10^{-4}, 0, 0, 0, 4.439, 0)$. **5.72** $A_1^* = 413.68$ mm^2, $A^{2*} = 163.7$ mm^2, $f^* = 5.7$ kg, $\mathbf{u}^* = (0, 1.624 \times 10^{-2}, 0, 6.425 \times 10^{-3}, 0)$. **5.73** Multiple solutions $R^* = 20.0$ mm, $t^* = 3.3$ mm, $f^* = 8.1$ kg, $\mathbf{u}^* = (0.0326, 0, 0, 0, 0, 0, 0)$. **5.74** $A^* = 390$ mm^2, $h^* = 500$ mm, $f^* = 5.5$ kg, $\mathbf{u}^* = (2.216 \times 10^{-2}, 0, 0, 0, 0, 1.67 \times 10^{-3})$. **5.75** $A^* = 415$ mm^2, $s^* = 1480$ mm, $f^* = 8.1$ kg, $u_1^* = 0.0325$, all others are zero. **5.76** $A_1^* = 300$ mm^2, $A_2^* = 50$ mm^2, $f^* = 7.04$ kg, $\mathbf{u}^* = (0.0473, 0, 0, 0, 0, 0, 0, 0)$. **5.77** $R^* = 130$ cm, $t^* = 2.86$ cm, $f^* = 57,000$ kg, $\mathbf{u}^* = (28170, 0, 294, 0, 0, 0, 0, 0)$. **5.78** $d_o^* = 41.6$ cm, $d_i^* = 40.2$ cm, $f^* = 680$ kg, $\mathbf{u}^* = (0, 0, 35.7, 6.1, 0, \ldots)$. **5.79** $d_o^* = 1310$ mm, $t^* = 14.2$ mm, $f^* = 92,500$ N, $\mathbf{u}^* = (0, 508, 462, 0, \ldots)$. **5.80** $H^* = 50.0$ cm, $D^* = 3.42$ cm, $f^* = 6.6$ kg, $\mathbf{u}^* = (0, 9.68 \times 10^{-5}, 0, 4.68 \times 10^{-2}, 0, 0)$.

Chapter 6. 최적설계: 수치해석 과정과 엑셀 해찾기

6.1 $\mathbf{x}^* = (241.8, 0.0310)$, $f^* = 483,528.61$. **6.2** $\mathbf{x}^* = (4.15, 0.362)$, $f^* = -1616.2$. **6.3** $\mathbf{x}^* = (3.73, 0.341)$, $f^* = -1526.6$. **6.4** $\mathbf{x}^* = (1.216, 1.462)$, $f^* = 0.0752$. **6.5** $\mathbf{x}^* = (0.246, 0.0257, 0.1808, 0.205)$, $f^* = 0.01578$. **6.6** $\mathbf{x}^* = (2, 4)$, $f^* = 10$. **6.7** $\mathbf{x}^* = (3.67, 0.667)$, $f^* = 6.33$. **6.8** $\mathbf{x}^* = (0, 1.67, 2.33)$, $f^* = 4.33$. **6.9** $\mathbf{x}^* = (1.34, 0.441, 0, 3.24)$, $f^* = 9.73$. **6.10** $\mathbf{x}^* = (0.654, 0.0756, 0.315)$, $f^* = 9.73$. **6.11** $\mathbf{x}^* = (0, 25)$, $f^* = 150$. **6.12** $\mathbf{x}^* = (103.0, 98.3)$, $f^* = 2.90$. **6.13** $\mathbf{x}^* = (294, 65.8)$, $f^* = 7.04$. **6.14** $\mathbf{x}^* = (2.84, 129.0)$,

$f^* = 562$. **6.15** $\mathbf{x}^* = (50, 3.42)$, $f^* = 6.61$. **6.16** $\mathbf{x}^* = (0.0705, 0.444, 10.16)$, $f^* = 0.0268$. **6.17** $\mathbf{x}^* = (0.05, 0.282)$, $f^* = 0.0155$. **6.18** $\mathbf{x}^* = (0.0601, 0.334, 8.74)$, $f^* = 0.0130$. **6.19** $\mathbf{x}^* = (2.5, 0.3, 0.045, 0.013)$, $f^* = 2.067$. **6.20** $\mathbf{x}^* = (2.11, 0.403, 0.0156, 0.0115)$, $f^* = 0.921$. **6.21** $\mathbf{x}^* = (0.4503, 0.0675)$, $f^* = 2.87$.

Chapter 7. 매트랩 최적설계

7.1 For $l = 0.5$ m, $T_o = 10$ kN m, $T_{max} = 20$ kN m, $x_1^* = 103$ mm, $x_2^* = 0.955$, $f^* = 2.9$ kg. **7.2** For $l = 0.5$, $T_o = 10$ kN m, $T_{max} = 20$ kN m, $d_o^* = 103$ mm, $di^* = 98.36$ mm, $f^* = 2.9$ kg. **7.3** $R^* = 50.3$ mm, $t^* = 2.35$ mm, $f^* = 2.9$ kg. **7.4** $A_1^* = 300$ mm^2, $A_2^* = 50$ mm^2, $f^* = 7$ kg. **7.5** $R^* = 130$ cm, $t^* = 2.86$ cm, $f^* = 57,000$ kg. **7.6** $d_o^* = 41.56$ cm, $d_i^* = 40.19$ cm, $f^* = 680$ kg. **7.7** $d_o^* = 1310$ mm, $t^* = 14.2$ mm, $f^* = 92,500$ N. **7.8** $H^* = 50.0$ cm, $D^* = 3.42$ cm, $f^* = 6.6$ kg. **7.9** $b^* = 0.5$ in, $h^* = 0.28107$ in, $f^* = 0.140536$ in^2; Active constraints: fundamental vibration frequency and lower limit on b. **7.10** $b^* = 50.4437$ cm, $h^* = 15.0$ cm, $t_1^* = 1.0$ cm, $t_2^* = 0.5218$ cm, $f^* = 16,307.2$ cm^3; Active constraints: axial stress, shear stress, upper limit on t_1 and upper limit on h. **7.11** $A_1^* = 1.4187$ in^2, $A_2^* = 2.0458$ in^2, $A_3^* = 2.9271$ in^2, $x_1^* = -4.6716$ in, $x_2^* = 8.9181$ in, $x_3^* = 4.6716$ in, $f^* = 75.3782$ in^3; Active stress constraints: member 1—loading condition 3, member 2—loading condition 1, member 3—loading conditions 1 and 3. **7.12** For $\phi = \sqrt{2}$: $x_1^* = 2.4138$, $x_2^* = 3.4138$, $x_3^* = 3.4141$, $f^* = 1.2877 \times 10^{-7}$; For $\phi = 2^{1/3}$: $x_1^* = 2.2606$, $x_2^* = 2.8481$, $x_3^* = 2.8472$, $f^* = 8.03 \times 10^{-7}$.

Chapter 8. 최적설계를 위한 선형계획법

8.21 $(0, 4, -3, -5)$; $(2, 0, 3, 1)$; $(1, 2, 0, -2)$; $(5/3, 2/3, 2, 0)$. **8.22** $(0, 0, -3, -5)$; $(0, 1, 0, -3)$; $(0, 2.5, 4.5, 0)$; $(-3, 0, 0, -11)$; $(2.5, 0, -5.5, 0)$; $(9/8, 11/8, 0, 0)$. **8.23** Decompose x_2 into two variables; $(0, 0, 0, 12, -3)$; $(0, 0, -3, 0, 6)$; $(0, 0, -1, 8, 0)$; $(0, 3, 0, 0, 6)$; $(0, 1, 0, 8, 0)$; $(4, 0, 0, 0, 1)$; $(3, 0, 0, 3, 0)$; $(4.8, 0, 0.6, 0, 0)$; $(4.8, -0.6, 0, 0, 0)$. **8.24** $(0, -8/3, -1/3)$; $(2, 0, 3)$; $(0.2, -2.4, 0)$. **8.25** $(0, 0, 9, 2, 3)$; $(0, 9, 0, 20, -15)$; $(0, -1, 10, 0, 5)$; $(0, 1.5, 7.5, 5, 0)$; $(4.5, 0, 0, -2.5, 16.5)$; $(2, 0, 5, 0, 9)$; $(-1, 0, 11, 3, 0)$; $(4, 1, 0, 0, 13)$; $(15/7, 33/7, 0, 65/7, 0)$; $(-2.5, -2.25, 16.25, 0, 0)$. **8.26** $(0, 4, -3, -7)$; $(4, 0, 1, 1)$; $(3, 1, 0, -1)$; $(3.5, 0.5, 0.5, 0)$. **8.27** Decompose x_2 into two variables; 15 basic solutions; basic feasible solutions are $(0, 4, 0, 0, 7, 0)$; $(0, 5/3, 0, 7/3, 0, 0)$; $(2, 0, 0, 0, 1, 0)$; $(5/3, 0, 0, 2/3, 0, 0)$; $(7/3, 0, 2/3, 0, 0, 0)$. **8.28** Ten basic solutions; basic feasible solutions are $(2.5, 0, 0, 4.5)$; $(1.6, 1.8, 0, 0)$. **8.29** $(0, 0, 4, -2)$; $(0, 4, 0, 6)$; $(0, 1, 3, 0)$; $(-2, 0, 0, -4)$; $(2, 0, 8, 0)$; $(-1.2, 1.6, 0, 0)$. **8.30** $(0, 0, 0, -2)$; $(0, 2, -2, 0)$; $(0, 0, 0, -2)$; $(2, 0, 2, 0)$; $(0, 0, 0, -2)$; $(1, 1, 0, 0)$. **8.31** $(0, 0, 10, 18)$; $(0, 5, 0, 8)$; $(0, 9, -8, 0)$; $(-10, 0, 0, 48)$; $(6, 0, 16, 0)$; $(2, 6, 0, 0)$. **8.32** $\mathbf{x}^* = (10/3, 2)$; $f^* = -13/3$. **8.33** Infinite solutions between $\mathbf{x}^* = (0, 3)$ and $\mathbf{x}^* = (2, 0)$; $f^* = 6$. **8.34** $\mathbf{x}^* = (2, 4)$; $z^* = 10$. **8.35** $\mathbf{x}^* = (6, 0)$; $z^* = 12$. **8.36** $\mathbf{x}^* = (3.667, 1.667)$; $z^* = 15$. **8.37** $\mathbf{x}^* = (0, 5)$; $f^* = -5$. **8.38** $\mathbf{x}^* = (2, 0)$; $f^* = -2$. **8.39** $\mathbf{x}^* = (2, 0)$; $z^* = 4$. **8.40** $\mathbf{x}^* = (2.4, 0.8)$; $z^* = 3.2$. **8.41** $\mathbf{x}^* = (0, 3)$; $z^* = 3$. **8.42** $\mathbf{x}^* = (0, 4)$; $z^* = 22/3$. **8.43** $\mathbf{x}^* = (0, 0)$; $z^* = 0$. **8.44** $\mathbf{x}^* = (0, 3)$; $z^* = 3$. **8.45** $\mathbf{x}^* = (0, 14)$; $f^* = -56$. **8.46** $\mathbf{x}^* = (0, 2)$; $f^* = -2$. **8.47** $\mathbf{x}^* = (0, 14)$; $z^* = 42$. **8.48** $\mathbf{x}^* = (0, 0)$; $z^* = 0$. **8.49** $\mathbf{x}^* = (33, 0, 0)$; $z^* = 66$. **8.50** $\mathbf{x}^* = (0, 2.5)$; $z^* = 5$. **8.51** $\mathbf{x}^* = (2, 1)$; $f^* = -5$. **8.52** $\mathbf{x}^* = (2, 1)$; $z^* = 31$. **8.53** $\mathbf{x}^* = (7, 0, 0)$; $z^* = 70$. **8.55** $\mathbf{x}^* = (2, 4)$; $z^* = 10$. **8.56** Unbounded. **8.57** $\mathbf{x}^* = (3.5, 0.5)$; $z^* = 5.5$. **8.58** $\mathbf{x}^* = (1.667, 0.667)$; $z^* = 4.333$. **8.60** $\mathbf{x}^* = (0, 1.667, 2.333)$; $f^* = 4.333$. **8.61** $\mathbf{x}^* = (1.125, 1.375)$; $f^* = 36$.

8.62 $\mathbf{x}^* = (2, 0)$; $f^* = 40$. **8.63** $\mathbf{x}^* = (1.3357, 0.4406, 0, 3.2392)$; $z^* = 9.7329$. **8.64** $\mathbf{x}^* = (0.6541, 0.0756, 0.3151)$; $f^* = 9.7329$. **8.65** $\mathbf{x}^* = (0, 25)$; $z^* = 150$. **8.66** $\mathbf{x}^* = (2/3, 5/3)$; $z^* = 16/3$. **8.67** $\mathbf{x}^* = (7/3, 2/3)$; $z^* = -1/3$. **8.68** $\mathbf{x}^* = (1, 1)$; $f^* = 5$. **8.69** $\mathbf{x}^* = (2, 2)$; $z^* = 10$. **8.70** $\mathbf{x}^* = (4.8, -0.6)$; $z^* = 3.6$. **8.71** $\mathbf{x}^* = (0, 2)$; $f^* = 4$. **8.72** $\mathbf{x}^* = (0, 5)$; $z^* = 40$. **8.73** Infeasible problem. **8.74** Infinite solutions; $f^* = 0$. **8.75** $\mathbf{x}^* = (0, 5/3, 7/3)$; $f^* = -13/3$. **8.76** $\mathbf{x}^* = (0, 9)$; $f^* = 4.5$. **8.77** $A^* = 20{,}000$, $B^* = 10{,}000$, Profit = \$4,600,000 (Irregular optimum point). **8.78** $A^* = 70$, $B^* = 76$, Profit = \$1308. **8.79** Bread = 0, Milk = 2.5 kg; Cost = \$2.5. **8.80** Bottles of wine = 316.67, Bottles of whiskey = 483.33; Profit = \$1283.3. **8.81** Shortening produced = 149,499.5 kg, Salad oil produced = 50,000 kg, Margarine produced = 10,000 kg; Profit = \$19,499.2. **8.82** $A^* = 10$, $B^* = 0$, $C^* = 20$; Capacity = 477,000. **8.83** $x_1^* = 0$, $x_2^* = 0$, $x_3^* = 200$, $x_4^* = 100$; $f^* = 786$. **8.84** $f^* = 1{,}333{,}679$ ton. **8.85** $\mathbf{x}^* = (0, 800, 0, 500, 1500, 0)$; $f^* = 7500$; $\mathbf{x}^* = (0, 0, 4500, 4000, 3000, 0)$; $f^* = 7500$; $\mathbf{x}^* = (0, 8, 0, 5, 15, 0)$, $f^* = 7500$. **8.86** Irregular optimum point; Lagrange multipliers are not unique: 20, 420, 0, 0. (a) No effect (b) Cost decreases by 200,000 (Profit increases by 200,000). **8.87** 1. No effect; 2. Out of range, re-solve the problem; $A^* = 70$, $B^* = 110$; Profit = \$1580; 3. Profit reduces by \$4; 4. Out of range, re-solve the problem; $A^* = 41.667$, $B^* = 110$; Profit = \$1213.33. **8.88** $y_1 = 0.25$, $y_2 = 1.25$, $y_3 = 0$, $y_4 = 0$. **8.89** Unbounded. **8.90** $y_1 = 0$, $y_2 = 2.5$, $y_3 = -1.5$. **8.91** $y_1 = 0$, $y_2 = 5/3$, $y_3 = -7/3$. **8.92** $y_1 = 4$, $y_2 = -1$. **8.93** $y_1 = -2/3$, $y_2 = -5/3$. **8.94** $y_1 = 2$, $y_2 = -6$. **8.95** $y_1 = 0$, $y_2 = 5$. **8.96** $y_1 = 0.654$, $y_2 = -0.076$, $y_3 = 0.315$. **8.97** $y_1 = -1.336$, $y_2 = -0.441$, $y_3 = 0$, $y_4 = -3.239$. **8.98** $y_1 = 0$, $y_2 = 0$, $y_3 = 0$, $y_4 = 6$. **8.99** $y_1 = -1.556$, $y_2 = 0.556$. **8.100** $y_1 = 0$, $y_2 = 5/3$, $y_3 = -7/3$. **8.101** $y_1 = -0.5$, $y_2 = -2.5$. **8.102** $y_1 = -1/3$, $y_2 = 0$, $y_3 = 5/3$. **8.103** $y_1 = 0.2$, $y_2 = 0.4$. **8.104** $y_1 = 0$, $y_2 = 0$, $y_3 = 0$, $y_4 = -2/3$. **8.105** $y_1 = 2$, $y_2 = 0$. **8.106** Infeasible problem. **8.107** $y_1 = 3$, $y_2 = 0$. **8.110** For $b_1 = 10$: $-8 \le \Delta_1 \le 8$; for $b_2 = 6$: $-2.667 \le \Delta_2 \le 8$; for $b_3 = 2$: $-4 \le \Delta_3 \le \infty$; for $b_4 = 6$: $-\infty \le \Delta_4 \le 8$. **8.111** Unbounded problem. **8.112** For $b_1 = 5$: $-0.5 \le \Delta_1 \le \infty$; for $b_2 = 4$: $-1 \le \Delta_2 \le 0.333$; for $b_3 = 3$: $-1 \le \Delta_3 \le 1$. **8.113** For $b_1 = 5$: $-2 \le \Delta_1 \le \infty$; for $b_2 = 4$: $-2 \le \Delta_2 \le 2$; for $b_3 = 1$: $-2 \le \Delta_3 \le 1$. **8.114** For $b_1 = -5$: $-\Delta_1 \le 4$; for $b_2 = -2$: $-8 \le \Delta_2 \le 4.5$. **8.115** $b_1 = 1$: $-5 \le \Delta_1 \le 7$; for $b_2 = 4$: $-4 \le \Delta_2 \le \infty$. **8.116** For $b_1 = -3$: $-4.5 \le \Delta_1 \le 5.5$; for $b_2 = 5$: $-3 \le \Delta_2 \le \infty$. **8.117** For $b_1 = 3$: $-\infty \le \Delta_1 \le 3$; for $b_2 = -8$: $-\infty \le \Delta_2 \le 4$. **8.118** For $b_1 = 8$: $-8 \le \Delta_1 \le \infty$; for $b_2 = 3$: $-14.307 \le \Delta_2 \le 4.032$; for $b_3 = 15$: $-20.16 \le \Delta_3 \le 101.867$. **8.119** For $b_1 = 2$: $-3.9178 \le \Delta_1 \le 1.1533$; for $b_2 = 5$: $-0.692 \le \Delta_2 \le 39.579$; for $b_3 = -4.5$: $-\infty \le \Delta_3 \le 7.542$; for $b_4 = 1.5$: $-2.0367 \le \Delta_4 \le 0.334$. **8.120** For $b_1 = 90$: $-15 \le \Delta_1 \le \infty$; for $b_2 = 80$: $-30 \le \Delta_2 \le \infty$; for $b_3 = 15$: $-\infty \le \Delta_3 \le 10$; for $b_4 = 25$: $-10 \le \Delta_4 \le 5$. **8.121** For $b_1 = 3$: $-1.2 \le \Delta_1 \le 15$; for $b_2 = 18$: $-15 \le \Delta_2 \le 12$. **8.122** For $b_1 = 5$: $-4 \le \Delta_1 \le \infty$; for $b_2 = 4$: $-7 \le \Delta_2 \le 2$; for $b_3 = 3$: $-1 \le \Delta_3 \le \infty$. **8.123** For $b_1 = 0$: $-2 \le \Delta_1 \le 2$; for $b_2 = 2$: $-2 \le \Delta_2 \le \infty$. **8.124** For $b_1 = 0$: $-6 \le \Delta_1 \le 3$; for $b_2 = 2$: $-\infty \le \Delta_2 \le 2$; for $b_3 = 6$: $-3 \le \Delta_3 \le \infty$. **8.125** For $b_1 = 12$: $-3 \le \Delta_1 \le \infty$; for $b_2 = 3$: $-\infty \le \Delta_2 \le 1$. **8.126** For $b_1 = 10$: $-8 \le \Delta_1 \le 8$; for $b_2 = 6$: $-2.667 \le \Delta_2 \le 8$; for $b_3 = 2$: $-4 \le \Delta_3 \le \infty$; for $b_4 = 6$: $-\infty \le \Delta_4 \le 8$. **8.127** For $b_1 = 20$: $-12 \le \Delta_1 \le \infty$; for $b_2 = 6$: $-\infty \le \Delta_2 \le 9$. **8.128** Infeasible problem. **8.129** For $b_1 = 0$: $-2 \le \Delta_1 \le 2$; for $b_2 = 2$: $-2 \le \Delta_2 \le \infty$. **8.132** For $c_1 = -1$: $-1 \le \Delta c_1 \le 1.667$; for $c_2 = -2$: $-\infty \le \Delta c_2 \le 1$. **8.133** Unbounded problem. **8.134** For $c_1 = 1$: $-\infty \le \Delta c_1 \le 3$; for $c_2 = 4$: $-3 \le \Delta c_2 \le \infty$. **8.135** For $c_1 = 1$: $-\Delta c_1 \le 7$; for $c_2 = 4$: $-3.5 \le \Delta c_2 \le \infty$. **8.136** For $c_1 = 9$: $-5 \le \Delta c_1 \le \infty$; for $c_2 = 2$: $-9.286 \le \Delta c_2 \le 2.5$; for $c_3 = 3$: $-13 \le \Delta c_3 \le \infty$. **8.137** For $c_1 = 5$: $-2 \le \Delta c_1 \le \infty$; for $c_2 = 4$: $-2 \le \Delta c_2 \le 2$; for $c_3 = -1$: $0 \le \Delta c_3 \le 2$; for $c_4 = 1$: $0 \le \Delta c_4 \le \infty$. **8.138** For $c_1 = -10$: $-8 \le \Delta c_1 \le 16$; for $c_2 = -18$: $-\infty \le \Delta c_2 \le 8$. **8.139** For $c_1 = 20$: $-12 \le \Delta c_1 \le \infty$; for $c_2 = -6$: $-9 \le \Delta c_2 \le \infty$. **8.140** For $c_1 = 2$: $-3.918 \le \Delta c_1 \le 1.153$; for $c_2 = 5$: $-0.692 \le \Delta c_2 \le 39.579$; for $c_3 = -4.5$: $-\infty \le \Delta c_3 \le 7.542$; for $c_4 = 1.5$: $-3.573 \le \Delta c_4 \le 0.334$. **8.141** $c_1 = 8$: $-8 \le \Delta c_1 \le \infty$; for $c_2 = -3$: $-4.032 \le \Delta c_2 \le 14.307$; for $c_3 = 15$: $0 \le \Delta c_3 \le 101.8667$; for $c_4 = -15$: $0 \le \Delta c_4 \le \infty$. **8.142** For $c_1 = 10$: $-\Delta c_1 \le 20$; for $c_2 = 6$: $-4 \le c_2 \le \infty$. **8.143** For $c_1 = -2$: $-\Delta c_1 \le 2.8$; for $c_2 = 4$: $-5 \le \Delta c_2 \le \infty$. **8.144** For $c_1 = 1$: $-\Delta c_1 \le 7$; for $c_2 = 4$: $-\Delta c_2 \le 0$;

for $c_3 = -4$: $-\Delta c_3 \leq 0$. **8.145** For $c_1 = 3$: $-1 \leq \Delta c_1 \leq \infty$; for $c_2 = 2$: $-5 \leq \Delta c_2 \leq 1$. **8.146** For $c_1 = 3$: $-5 \leq \Delta c_1 \leq 1$; for $c_2 = 2$: $-0.5 \leq \Delta c_2 \leq \infty$. **8.147** For $c_1 = 1$: $-0.3333 \leq \Delta c_1 \leq 0.5$; for $c_2 = 2$: $-\Delta c_2 \leq 0$; for $c_3 = -2$: $-1 \leq \Delta c_3 \leq 0$. **8.148** For $c_1 = 1$: $-1.667 \leq \Delta c_1 \leq 1$; for $c_2 = 2$: $-1 \leq \Delta c_2 \leq \infty$. **8.149** For $c_1 = 3$: $-\Delta c_1 \leq 3$; for $c_2 = 8$: $-4 \leq \Delta c_2 \leq 0$; for $c_3 = -8$: $-\Delta c_3 \leq 0$. **8.150** Infeasible problem. **8.151** For $c_1 = 3$: $0 \leq \Delta c_1 \leq \infty$; for $c_2 = -3$: $0 \leq \Delta c_2 \leq 6$. **8.154** $20{,}000 \leq b_1 \leq 30{,}000$; $5000 \leq b_2 \leq 10{,}000$; $20{,}000 \leq b_3 \leq \infty$; $10{,}000 \leq b_4 \leq \infty$. For $c_1 = -180$: $-20 \leq \Delta c_1 \leq 105$; for $c_2 = -100$: $-140 \leq \Delta c_2 \leq 10$. **8.155** For $c_1 = -10$: $-\Delta c_1 \leq 0.4$; for $c_2 = -8$: $-0.3333 \leq \Delta c_2 \leq 8$. **8.156** 1. $\Delta f = 0.5$; 2. $\Delta f = 0.5$ (Bread = 0, Milk = 3, $f^* = 3$); 3. $\Delta f = 0$. **8.157** 1. $\Delta f = 33.33$ (Wine bottles = 250, Whiskey bottles = 500, Profit = 1250); 2. $\Delta f = 63.33$. 3. $\Delta f = 83.33$ (Wine bottles = 400, Whiskey bottles = 400, Profit = 1200). **8.158** 1. Re-solve; 2. $\Delta f = 0$; 3. No change. **8.159** 1. Cost function increases by \$52.40; 2. No change; 3. Cost function increases by \$11.25, $x_1^* = 0$, $x_2^* = 30$, $x_3^* = 200$, $x_4^* = 70$. **8.160** 1. $\Delta f = 0$; 2. No change; 3. $\Delta f = 1800$ ($A^* = 6$, $B^* = 0$, $C^* = 22$, $f^* = -475{,}200$). **8.161** 1. $\Delta f = 0$; 2. $\Delta f = 2{,}485.65$; 3. $\Delta f = 0$; 4. $\Delta f = 14{,}033.59$; 5. $\Delta f = -162{,}232.3$. **8.162** 1. $\Delta f = 0$; 2. $\Delta f = 400$; 3. $\Delta f = -375$. **8.163** 1. $x_1^* = 0$, $x_2^* = 3$, $f^* = -12$; 2. $y_1 = 4/5$, $y_2 = 0$; 3. $-15 \leq \Delta_1 \leq 3$, $-6 \leq \Delta_2 \leq \infty$; 4. $f^* = -14.4$, $b_1 = 18$.

Chapter 9. 최적설계를 위한 선형계획법에 관한 보완

9.1 $y_1^* = 1/4$, $y_2^* = 5/4$, $y_3^* = 0$, $y_4^* = 0$, $f_d^* = 10$. **9.2** Dual problem is infeasible. **9.3** $y_1^* = 0$, $y_2^* = 2.5$, $y_3^* = 1.5$, $f^*d = 5.5$. **9.4** $y_1^* = 0$, $y_2^* = 1.6667$, $y_3^* = 2.3333$, $f^*d = 4.3333$. **9.5** $y_1^* = 1.4$, $y_2^* = 0.2$, $f^*d = -6.6$. **9.6** $y_1^* = 1.6667$, $y_2^* = 0.6667$, $f^*d = -4.3333$. **9.7** $y_1^* = 2$, $y_2^* = 6$, $f^*d = -36$. **9.8** $y_1^* = 0$, $y_2^* = 5$, $f^*d = -40$. **9.9** $y_1^* = 0.65411$, $y_2^* = 0.075612$, $y_3^* = 0.315122$, $f^*d = 9.732867$. **9.10** $y_1^* = 1.33566$, $y_2^* = 0.44056$, $y_3^* = 0$, $y_4^* = 3.2392$, $f^*d = -9.732867$. **9.11** $y_1^* = 0$, $y_2^* = 0$, $y_3^* = 0$, $y_4^* = 6$, $fd^* = 150$. **9.12** $y_1^* = 14/9$, $y_2^* = 5/9$, $f_d^* = 16/3$. **9.13** $y_1^* = 0$, $y_2^* = 5/3$, $y_3^* = 7/3$, $f_d^* = -1/3$. **9.14** $y_1^* = 0.5$, $y_2^* = 2.5$, $f_d^* = -5$. **9.15** $y_1^* = 1/3$, $y_2^* = 0$, $y_3^* = 5/3$, $f_d^* = 10$. **9.16** $y_1^* = 0.2$, $y_2^* = 0.4$, $f_d^* = 3.6$. **9.17** $y_1^* = 0$, $y_2^* = 0$, $y_3^* = 0$, $y_4^* = 2/3$, $f_d^* = -4$. **9.18** $y_1^* = 2$, $y_2^* = 0$, $f_d^* = 40$. **9.19** Unbounded dual problem. **9.20** $y_1^* = 0$, $y_2^* = 3$, $f_d^* = 0$. **9.21** $y_1^* = 5/3$, $y_2^* = 2/3$, $f_d^* = -13/3$. **9.22** $y_1^* = 0$, $y_2^* = 2.5$, $f_d^* = 45$.

Chapter 10. 비제약조건 최적설계의 수치해법

10.2 Yes. **10.3** No. **10.4** Yes. **10.5** No. **10.6** No. **10.7** No. **10.8** No. **10.9** Yes. **10.10** No. **10.11** No. **10.12** No. **10.13** No. **10.14** No. **10.16** $\alpha^* = 1.42850$, $f^* = 7.71429$. **10.17** $\alpha^* = 1.42758$, $f^* = 7.71429$. **10.18** $\alpha^* = 1.38629$, $f^* = 0.454823$. **10.19** $\mathbf{d}$ is descent direction; slope $= -4048$ ($-28.64°$); $\alpha^* = 0.15872$. **10.20** $\alpha^* = 0$. **10.21** $f(\alpha) = 4.1\alpha^2 - 5\alpha - 6.5$. **10.22** $f(\alpha) = 52\alpha^2 - 52\alpha + 13$. **10.23** $f(\alpha) = 6.88747 \times 10^9 \alpha^4 - 3.6111744 \times 10^8 \alpha^3 + 5.809444 \times 10^6 \alpha^2 - 27844\alpha + 41$. **10.24** $f(\alpha) = 8\alpha^2 - 8\alpha + 2$. **10.25** $f(\alpha) = 18.5\alpha^2 - 85\alpha - 13.5$. **10.26** $f(\alpha) = 288\alpha^2 - 96\alpha + 8$. **10.27** $f(\alpha) = 24\alpha^2 - 24\alpha + 6$. **10.28** $f(\alpha) = 137\alpha^2 - 110\alpha + 25$. **10.29** $f(\alpha) = 8\alpha^2 - 8\alpha$. **10.30** $f(\alpha) = 16\alpha^2 - 16\alpha + 4$. **10.31** $\alpha^* = 0.61$. **10.32** $\alpha^* = 0.5$. **10.33** $\alpha^* = 3.35\text{E-}03$. **10.34** $\alpha^* = 0.5$. **10.35** $\alpha^* = 2.2973$. **10.36** $\alpha^* = 0.16665$. **10.37** $\alpha^* = 0.5$. **10.38** $\alpha^* = 0.40145$. **10.39** $\alpha^* = 0.5$. **10.40** $\alpha^* = 0.5$. **10.41** $\alpha^* = 0.6097$. **10.42** $\alpha^* = 0.5$. **10.43** $\alpha^* = 3.45492\text{E-}03$. **10.44** $\alpha^* = 0.5$. **10.45** $\alpha^* = 2.2974$. **10.46** $\alpha^* = 0.1667$. **10.47** $\alpha^* = 0.5$.

10.48 $\alpha^* = 0.4016$. **10.49** $\alpha^* = 0.5$. **10.50** $\alpha^* = 0.5$. **10.52** $\mathbf{x}^{(2)} = (5/2, \ 3/2)$. **10.53** $\mathbf{x}^{(2)} = (0.1231, 0.0775)$. **10.54** $\mathbf{x}^{(2)} = (0.222, 0.0778)$. **10.55** $\mathbf{x}^{(2)} = (0.0230, 0.0688)$. **10.56** $\mathbf{x}^{(2)} = (0.0490, 0.0280)$. **10.57** $\mathbf{x}^{(2)} = (0.259, \ -0.225, \ 0.145)$. **10.58** $\mathbf{x}^{(2)} = (4.2680, 0.2244)$. **10.59** $\mathbf{x}^{(2)} = (3.8415, 0.48087)$. **10.60** $\mathbf{x}^{(2)} = (-1.590, 2.592)$. **10.61** $\mathbf{x}^{(2)} = (2.93529, 0.33976, 1.42879, 2.29679)$. **10.62** (10.52) $\mathbf{x}^* = (3.996096, \ 1.997073)$, $f^* = -7.99999$; (10.53) $\mathbf{x}^* = (0.071659, 0.023233)$, $f^* = -0.073633$; (10.54) $\mathbf{x}^* = (0.071844, \ -0.000147)$, $f^* = -0.035801$; (10.55) $\mathbf{x}^* = (0.000011, \ 0.023273)$, $f^* = -0.011626$; (10.56) $\mathbf{x}^* = (0.040028, \ 0.02501)$, $f^* = -0.0525$; (10.57) $\mathbf{x}^* = (0.006044, -0.005348, 0.002467)$, $f^* = 0.000015$; (10.58) $\mathbf{x}^* = (4.1453, 0.361605)$, $f^* = -1616.183529$; (10.59) $\mathbf{x}^* = (3.733563, 0.341142)$, $f^* = -1526.556493$; (10.60) $\mathbf{x}^* = (0.9087422, 0.8256927)$, $f^* = 0.008348$, 1000 iterations; (10.61) $\mathbf{x}^* = (0.13189, 0.013188, 0.070738, 0.072022)$, $f^* = 0.000409$, 1000 iterations. **10.63** $\mathbf{x}^* = (0.000023, 0.000023, 0.000045)$, $f_1^* = 0$, 1 iteration; $\mathbf{x}^* = (0.002353, 0.0, 0.000007)$, $f_2^* = 0.000006$, 99 iterations; $\mathbf{x}^* = (0.000003, \ 0.0, \ 0.023598)$, $f_3^* = 0.000056$, 135 iterations. **10.64** Exact gradients are: 1. $\nabla f = (119.2, \ 258.0)$, 2. $\nabla f = (-202, \ 100)$, 3. $\nabla f = (6, \ 16, \ 16)$. **10.65** $\mathbf{u} = \mathbf{c}/2v$, $v = $ Lagrange multiplier for the equality constraints. **10.67** $\mathbf{x}^{(2)} = (4.2)$. **10.68** $\mathbf{x}^{(2)} = (0.07175, 0.02318)$. **10.69** $\mathbf{x}^{(2)} = (0.072, 0.0)$. **10.70** $\mathbf{x}^{(2)} = (0.0, 0.0233)$. **10.71** $\mathbf{x}^{(2)} = (0.040, 0.025)$. **10.72** $\mathbf{x}^{(2)} = (0.257, -0.229, 0.143)$. **10.73** $\mathbf{x}^{(2)} = (4.3682, 0.1742)$. **10.74** $\mathbf{x}^{(2)} = (3.7365, 0.2865)$. **10.75** $\mathbf{x}^{(2)} = (-1.592, 2.592)$. **10.76** $\mathbf{x}^{(2)} = (3.1134, 0.32224, 1.34991, 2.12286)$.

Chapter 11. 비제약조건 최적설계의 수치해법 보완

11.1 $\alpha^* = 1.42857$, $f^* = 7.71429$. **11.2** $a^* = 10/7$, $f^* = 7.71429$, one iteration. **11.4** 1. $a^* = 13/4$ 2. $\alpha = 1.81386$ or 4.68614. **11.10** $\mathbf{x}^{(1)} = (4, \ 2)$. **11.11** $\mathbf{x}^{(1)} = (0.071598, 0.023251)$. **11.12** $\mathbf{x}^{(1)} = (0.071604, 0.0)$. **11.13** $\mathbf{x}^{(1)} = (0.0, 0.0232515)$. **11.14** $\mathbf{x}^{(1)} = (0.04, 0.025)$. **11.15** $\mathbf{x}^{(1)} = (0, 0, 0)$. **11.16** $\mathbf{x}^{(1)} = (-2.7068, 0.88168)$. **11.17** $\mathbf{x}^{(1)} = (3.771567, 0.335589)$. **11.18** $\mathbf{x}^{(1)} = (4.99913, 24.99085)$. **11.19** $\mathbf{x}^{(1)} = (-1.26859, \ -0.75973, \ 0.73141, \ 0.39833)$. **11.22** $\mathbf{x}^{(2)} = (4, \ 2)$. **11.23** $\mathbf{x}^{(2)} = (0.0716, 0.02325)$. **11.24** $\mathbf{x}^{(2)} = (0.0716, 0.0)$. **11.25** $\mathbf{x}^{(2)} = (0.0, 0.02325)$. **11.26** $\mathbf{x}^{(2)} = (0.04, 0.025)$. **11.27** DFP: $\mathbf{x}^{(2)} = (0.2571, -0.2286, 0.1428)$; BFGS: $\mathbf{x}^{(2)} = (0.2571, -0.2286, 0.1429)$. **11.28** DFP: $\mathbf{x}^{(2)} = (4.37045, 0.173575)$; BFGS: $\mathbf{x}^{(2)} = (4.37046, 0.173574)$. **11.29** $\mathbf{x}^{(2)} = (3.73707, 0.28550)$. **11.30** $\mathbf{x}^{(2)} = (-1.9103, -1.9078)$. **11.31** DFP: $\mathbf{x}^{(2)} = (3.11339, 0.32226, 1.34991, 2.12286)$; BFGS: $\mathbf{x}^{(2)} = (3.11339, 0.32224, 1.34991, 2.12286)$. **11.44** $x_1 = 3.7754$ mm, $x_2 = 2.2835$ mm. **11.45** $x_1 = 2.2213$ mm, $x_2 = 1.8978$ mm. **11.46** $x^* = 0.619084$. **11.47** $x^* = 9.424753$. **11.48** $x^* = 1.570807$. **11.49** $x^* = 1.496045$. **11.50** $\mathbf{x}^* = (3.667328, 0.739571)$. **11.51** $\mathbf{x}^* = (4.000142, 7.999771)$.

Chapter 12. 제약조건 최적설계의 수치해법

12.29 $\mathbf{x}^* = (5/2, \ 5/2)$, $u^* = 1$, $f^* = 0.5$. **12.30** $\mathbf{x}^* = (1, \ 1)$, $u^* = 0$, $f^* = 0$. **12.31** $\mathbf{x}^* = (4/5, \ 3/5)$, $u^* = 2/5$, $f^* = 1/5$. **12.32** $\mathbf{x}^* = (2, \ 1)$, $u^* = 0$, $f^* = -3$. **12.33** $\mathbf{x}^* = (1, \ 2)$, $u^* = 0$, $f^* = -1$. **12.34** $\mathbf{x}^* = (13/6, \ 11/6)$, $v^* = -1/6$, $f^* = -25/3$. **12.35** $\mathbf{x}^* = (3, \ 1)$, $v_1^* = -2$, $v_2^* = -2$, $f^* = 2$. **12.36** $\mathbf{x}^* = (48/23, \ 40/23)$, $u^* = 0$, $f^* = -192/23$. **12.37** $\mathbf{x}^* = (5/2, \ 3/2)$, $u^* = 1$, $f^* = -9/2$. **12.38** $\mathbf{x}^* = (63/10, \ 26/15)$, $u_1^* = 0$, $u_2^* = 4/5$, $f^* = -3547/50$. **12.39** $\mathbf{x}^* = (2, \ 1)$, $u_1^* = 0$, $u_2^* = 2$, $f^* = -1$. **12.40** $\mathbf{x}^* = (0.241507, 0.184076, 0.574317)$; $\mathbf{u}^* = (0, 0, 0, 0)$, $v_1^* = -0.7599$, $f^* = 0.3799$.

Chapter 14. 최적화의 실용

14.1 For $l = 500$ mm, $d_0^* = 102.985$ mm, $d_0^*/d_i^* = 0.954614$, $f^* = 2.900453$ kg; Active constraints: shear stress and critical torque. **14.2** For $l = 500$ mm, $d_0^* = 102.974$ mm, $d_i^* = 98.2999$ mm, $f^* = 2.90017$ kg; Active constraints: shear stress and critical torque. **14.3** For $l = 500$ mm, $R^* = 50.3202$ mm, $t^* = 2.33723$ mm, $f^* = 2.90044$ kg; Active constraints: shear stress and critical torque. **14.5** $R^* = 129.184$ cm, $t^* = 2.83921$ cm, $f^* = 56{,}380.61$ kg; Active constraints: combined stress and diameter/thickness ratio. **14.6** $d_0^* = 41.5442$ cm, $d_i^* = 40.1821$ cm, $f^* = 681.957$ kg; Active constraints: deflection and diameter/thickness ratio. **14.7** $d_0^* = 1308.36$ mm, $t^* = 14.2213$ mm, $f^* = 92{,}510.7$ N; Active constraints: diameter/thickness ratio and deflection. **14.8** $H^* = 50$ cm, $D^* = 3.4228$ cm, $f^* = 6.603738$ kg; Active constraints: buckling load and minimum height. **14.9** $b^* = 0.5$ in, $h^* = 0.28107$ in, $f^* = 0.140536$ in^2; Active constraints: fundamental vibration frequency and lower limit on b. **14.10** $b^* = 50.4437$ cm, $h^* = 15.0$ cm, $t_1^* = 1.0$ cm, $t_2^* = 0.5218$ cm, $f^* = 16{,}307.2$ cm^3; Active constraints: axial stress, shear stress, upper limit on t_1 and upper limit on h. **14.11** $A_1^* = 1.4187$ in^2, $A_2^* = 2.0458$ in^2, $A_3^* = 2.9271$ in^2, $x_1^* = -4.6716$ in, $x_2^* = 8.9181$ in, $x_3^* = 4.6716$ in, $f^* = 75.3782$ in^3; Active stress constraints: member 1—loading condition 3, member 2—loading condition 1, member 3—loading conditions 1 and 3. **14.12** For $\phi = \sqrt{2}$: $x_1^* = 2.4138$, $x_2^* = 3.4138$, $x_3^* = 3.4141$, $f^* = 1.2877 \times 10^{-7}$; For $\phi = 2^{1/3}$: $x_1^* = 2.2606$, $x_2^* = 2.8481$, $x_3^* = 2.8472$, $f^* = 8.03 \times 10^{-7}$. **14.13** d_0^* at base = 48.6727 cm, d_0^* at top = 16.7117 cm, $t^* = 0.797914$ cm, $f^* = 623.611$ kg. **14.14** d_0^* at base = 1419 mm, d_0^* at top = 956.5 mm, $t^* = 15.42$ mm, $f^* = 90{,}894$ kg. **14.15** Outer dimension at base = 42.6407 cm, outer dimension at top = 14.6403 cm, $t^* = 0.699028$ cm, $f^* = 609.396$ kg. **14.16** Outer dimension at base = 1243.2 mm, outer dimension at top = 837.97 mm, $t^* = 13.513$ mm, $f^* = 88{,}822.2$ kg. **14.17** $u_a = 25$: $f_1 = 1.07301\text{E}{-}06$, $f_2 = 1.83359\text{E}{-}02$, $f_3 = 24.9977$; $u_a = 35$: $f_1 = 6.88503\text{E}{-}07$, $f_2 = 1.55413\text{E}{-}02$, $f_3 = 37.8253$. **14.18** $u_a = 25$: $f_1 = 2.31697\text{E}{-}06$, $f_2 = 2.74712\text{E}{-}02$, $f_3 = 7.54602$; $u_a = 35$: $f_1 = 2.31097\text{E}{-}06$, $f_2 = 2.72567\text{E}{-}02$, $f_3 = 7.48359$. **14.19** $u_a = 25$: $f_1 = 1.11707\text{E}{-}06$, $f_2 = 1.52134\text{E}{-}02$, $f_3 = 19.815$, $f_4 = 3.3052\text{E}{-}02$; $u_a = 3.5$: $f_1 = 6.90972\text{E}{-}07$, $f_2 = 1.36872\text{E}{-}0_2$, $f_3 = 31.479$, $f_4 = 2.3974\text{E}{-}02$. **14.20** $f_1 = 1.12618\text{E}{-}06$, $f_2 = 1.798\text{E}{-}02$, $f_3 = 33.5871$, $f_4 = 0.10$. **14.21** $f_1 = 2.34615\text{E}{-}06$, $f_2 = 2.60131\text{E}{-}02$, $f_3 = 10.6663$, $f_4 = 0.10$. **14.22** $f_1 = 1.15097\text{E}{-}06$, $f_2 = 1.56229\text{E}{-}02$, $f_3 = 28.7509$, $f_4 = 3.2547\text{E}{-}02$. **14.23** $f_1 = 8.53536\text{E}{-}07$, $f_2 = 1.68835\text{E}{-}02$, $f_3 = 31.7081$, $f_4 = 0.10$. **14.24** $f_1 = 2.32229\text{E}{-}06$, $f_2 = 2.73706\text{E}{-}02$, $f_3 = 7.48085$, $f_4 = 0.10$. **14.25** $f_1 = 8.65157\text{E}{-}07$, $f_2 = 1.4556\text{E}{-}02$, $f_3 = 25.9761$, $f_4 = 2.9336\text{E}{-}02$. **14.26** $f_1 = 8.27815\text{E}{-}07$, $f_2 = 1.65336\text{E}{-}02$, $f_3 = 28.2732$, $f_4 = 0.10$. **14.27** $f_1 = 2.313\text{E}{-}06$, $f_2 = 2.723\text{E}{-}02$, $f_3 = 6.86705$, $f_4 = 0.10$. **14.28** $f_1 = 8.39032\text{E}{-}07$, $f_2 = 1.43298\text{E-}2$, $f_3 = 25.5695$, $f_4 = 2.9073\text{E}{-}02$. **14.29** $k^* = 2084.08$, $c^* = 300$ (upper limit), $f^* = 1.64153$. **14.31** $\mathbf{x}^* = (13.7, 5, 0.335, 0.23)$, $f^* = 21.6$, select W14x22. **14.32** $\mathbf{x}^* = (11.9, 4.85, 0.322, 0.269)$, $f^* = 20.9$, select W12x22. **14.33** $\mathbf{x}^* = (8.083, 5.46, 0.539, 0.331)$, $f^* = 27.9$, select W8x28. **14.34** $\mathbf{x}^* = (9.73, 4.59, 0.516, 0.398)$, $f^* = 27.9$, select W10x30. **14.35** $\mathbf{x}^* = (16.4, 16, 1.663, 0.970)$, $f^* = 224$, select W14x233. **14.36** $\mathbf{x}^* = (14.7, 12.8, 1.441, 0.876)$, $f^* = 160.4$, select W12x170. **14.37** $\mathbf{x}^* = (17.7, 11.7, 1.376, 1.108)$, $f^* = 165.6$, select W18x175. **14.38** $\mathbf{x}^* = (13.7, 8.44, 0.335, 0.966)$, $f^* = 62.0$, select W14x68. **14.39** $\mathbf{x}^* = (13.2, 8.28, 0.333, 0.926)$, $f^* = 58.0$, select W14x61. **14.40** $\mathbf{x}^* = (16.4, 16, 0.944, 0.23)$, $f^* = 113.9$, select W14x145. **14.41** $\mathbf{x}^* = (19.69, 11.7, 1.254, 0.3)$, $f^* = 117.2$, select W18x143. **14.42** $\mathbf{x}^* = (21.5, 6.13, 0.335, 0.23)$, $f^* = 30.2$, select W21x44. **14.43** $\mathbf{x}^* = (27.8, 17.44, 0.566, 0.1944)$, $f^* = 84.7$, select W18x143. **14.44** $\mathbf{x}^* = (16.4, 15.46, 1.023, 0.23)$, $f^* = 118.6$, select W14x145. **14.45** $\mathbf{x}^* = (25.5, 5, 1.56, 0.548)$, $f^* = 94.5$, select W21x111. **14.46** $\mathbf{x}^* = (25.5, 12.79, 0.699, 0.23)$, $f^* = 79.5$, select W21x111.

14.47 $\mathbf{x}^* = (25.5, 7.71, 0.360, 0.23)$, $f^* = 38.2$, select W21x57. **14.48** $\mathbf{x}^* = (0.3, 0.0032, 0.01874)$, $f^* = 33030.7$. **14.49** $\mathbf{x}^* = (0.3, 0.0032, 0.01874)$, $f^* = 33030.7$. **14.50** $\mathbf{x}^* = (0.3, 0.00619, 0.01173)$, $f^* = 46614$.

Chapter 16. 전역 최적화 개념과 방법

16.1 Six local minima, two global minima: $(0.0898, -0.7126)$, $(-0.0898, 0.7126)$, $f_G^* = -1.0316258$. **16.2** $10n$ local minima; global minimum: $x_i^* = 1$, $f_G^* = 0$. **16.3** Many local minima; global minimum: $\mathbf{x}^* = (0.195, -0.179, 0.130, 0.130)$, $f_G^* = 3.13019 \times 10^{-4}$. **16.4** Many local minima; two global minima: $\mathbf{x}^* = (0.05, 0.85, 0.65, 0.45, 0.25, 0.05)$, $\mathbf{x}^* = (0.55, 0.35, 0.15, 0.95, 0.75, 0.55)$, $f_G^* = -1$. **16.5** Local minima: $\mathbf{x}^* = (0, 0)$, $f^* = 0$; $\mathbf{x}^* = (0, 2)$, $f^* = -2$; $\mathbf{x}^* = (1.38, 1.54)$, $f^* = -0.04$; Global minimum: $\mathbf{x}^* = (2, 0)$, $f^* = -4$. **16.6** $\mathbf{x}^* = (49.96, 25.001, 1.499)$, $f_G^* = 0$. **16.7** $\mathbf{x}^* = (2.868E + 57, 1.732, 0.028, -0.731, 3.485E + 11)$, $f_G^* = -\infty$. **16.8** Six local minima; global minimum: $\mathbf{x}^* = (13.549, 51.66)$, $f_G^* = -51.359$. **16.9** Four local minima; global minimum: $\mathbf{x}^* = (1, 4.74, 3.82, 1.37)$, $f_G^* = 16.994$. **16.10** Two local minima; global minimum: $\mathbf{x}^* = (8, 49, 3, 1, 56, 0, 1, 63, 6, 3, 70, 12, 5, 77, 18)$, $f_G^* = 664.794$.

부록 A 벡터와 행렬 대수학

A.1 $|\mathbf{A}| = 1$. **A.2** $|\mathbf{A}| = 14$. **A.3** $|\mathbf{A}| = -20$. **A.4** $\lambda_1 = (5 - \sqrt{5})/2$, $\lambda_2 = 2$, $\lambda_3 = (5 - \sqrt{5})/2$. **A.5** $\lambda_1 = (2 - \sqrt{2})$, $\lambda_2 = 2$, $\lambda_3 = (2 + \sqrt{2})$. **A.6** $r = 4$. **A.7** $r = 4$. **A.8** $r = 4$. **A.9** $x_1 = 1$, $x_2 = 1$, $x_3 = 1$. **A.10** $x_1 = 1$, $x_2 = 1$, $x_3 = 1$. **A.11** $x_1 = 1$, $x_2 = 2$, $x_3 = 3$. **A.12** $x_1 = 1$, $x_2 = 1$, $x_3 = 1$, $x_4 = 1$. **A.13** $x_1 = 1$, $x_2 = 2$, $x_3 = 3$. **A.14** $x_1 = 2$, $x_2 = 1$, $x_3 = 1$. **A.15** $x_1 = 1$, $x_2 = 2$, $x_3 = 3$. **A.16** $x_1 = 1$, $x_2 = 1$, $x_3 = 1$. **A.17** $x_1 = 2$, $x_2 = 1$, $x_3 = 1$, $x_4 = -2$. **A.18** $x_1 = 6$, $x_2 = -15$, $x_3 = -1$, $x_4 = 9$. **A.19** $x_1 = (3 - 7x_3 - 2x_4)/4$, $x_2 = (-1 + x_3 - 2x_4)/4$. **A.20** $x_1 = (4 - x_3)$, $x_2 = 2$, $x_4 = 4$. **A.21** $x_1 = (-3 - 4x_4)$, $x_2 = (-2 - 3x_4)$, $x_3 = x_4$. **A.22** $x_1 = -x_4$, $x_2 = (2 + x_4)$, $x_3 = (-2 - x_4)$. **A.27** $x_1 = 4 + (2x_2 - 8x_3 - 5x_4 + 2x_5)/3$; $x_6 = (9 - x_2 - 2x_3 - x_4 - 3x_5)/2$; $x_7 = 14 - 13x_2 + 14x_3 + 8x_4 + 4x_5)/3$; $x_8 = (9 + x_2 - 16x_3 - 7x_4 + 19x_5)/6$. **A.28** Linearly dependent. **A.29** Linearly independent. **A.30** $\lambda_1 = (3 - 2\sqrt{2})$, $\lambda_2 = (3 + 2\sqrt{2})$. **A.31** $\lambda_1 = (3 - \sqrt{5})$, $\lambda_1 = (3 - \sqrt{5})$. **A.32** $\lambda_1 = (5 - \sqrt{13})/2$, $\lambda_2 = (5 + \sqrt{13})/2$, $\lambda_3 = 5$. **A.33** $\lambda_1 = (1 - \sqrt{2})$, $\lambda_2 = 1$, $\lambda_3 = (1 + \sqrt{2})$. **A.34** $\lambda_1 = 0$, $\lambda_2 = (3 - \sqrt{5})$, $\lambda_3 = (3 + \sqrt{5})$.

찾아보기

기타